Günter Bentele · Romy Fröhlich · Peter Szyszka (Hrsg.)

Handbuch der Public Relations

Günter Bentele · Romy Fröhlich
Peter Szyszka (Hrsg.)

Handbuch der Public Relations

Wissenschaftliche Grundlagen
und berufliches Handeln

Mit Lexikon

2., korrigierte und erweiterte Auflage

Bibliografische Information Der Deutschen Nationalbibliothek
Die Deutsche Nationalbibliothek verzeichnet diese Publikation in der
Deutschen Nationalbibliografie; detaillierte bibliografische Daten sind im Internet über
<http://dnb.d-nb.de> abrufbar.

1. Auflage Oktober 2005
2. Auflage 2008

Alle Rechte vorbehalten
© VS Verlag für Sozialwissenschaften | GWV Fachverlage GmbH, Wiesbaden 2008, Softcover 2013

Lektorat: Barbara Emig-Roller

Der VS Verlag für Sozialwissenschaften ist ein Unternehmen von Springer Science+Business Media.
www.vs-verlag.de

Das Werk einschließlich aller seiner Teile ist urheberrechtlich geschützt. Jede Verwertung außerhalb der engen Grenzen des Urheberrechtsgesetzes ist ohne Zustimmung des Verlags unzulässig und strafbar. Das gilt insbesondere für Vervielfältigungen, Übersetzungen, Mikroverfilmungen und die Einspeicherung und Verarbeitung in elektronischen Systemen.

Die Wiedergabe von Gebrauchsnamen, Handelsnamen, Warenbezeichnungen usw. in diesem Werk berechtigt auch ohne besondere Kennzeichnung nicht zu der Annahme, dass solche Namen im Sinne der Warenzeichen- und Markenschutz-Gesetzgebung als frei zu betrachten wären und daher von jedermann benutzt werden dürften.

Gedruckt auf säurefreiem und chlorfrei gebleichtem Papier
Printed in the Netherlands

ISBN 978-3-531-33755-5 (Hardcover)
ISBN 978-3-531-19666-4 (Softcover)

Inhalt

Vorwort.. 9

Einleitung.. 13

**Teil 1
Disziplinäre Perspektiven**.. 17

Public Relations aus kommunikationswissenschaftlicher Sicht
(Otfried Jarren/Ulrike Röttger)... 19

Public Relations aus organisationssoziologischer Perspektive
(Anna Maria Theis-Berglmair).. 37

Public Relations aus sozialpsychologischer Sicht
(Susanne Femers).. 50

Public Relations aus Sicht der Wirtschaftswissenschaften
(Markus Will).. 62

Public Relations aus politikwissenschaftlicher Sicht
(Silke Adam/Barbara Berkel/Barbara Pfetsch)..................................... 78

**Teil 2
Theorien: Ansätze und Modelle**... 91

Definitionen und Praktikertheorien

Die Problematik der PR-Definition(en)
(Romy Fröhlich).. 95

Praktikertheorien
(Michael Kunczik/Peter Szyszka)... 110

Allgemeine Theorieansätze

Systemtheoretisch-gesellschaftsorientierte Ansätze
(Manfred Rühl) 125

Konstruktivistischer Ansatz
(Klaus Merten) 136

Ein rekonstruktiver Ansatz der Public Relations
(Günter Bentele) 147

Organisationsbezogene Ansätze
(Peter Szyszka) 161

Kritische Ansätze: ausgewählte Paradigmen
(Joachim Westerbarkey) 177

Spezielle Ansätze mittlerer Reichweite

Determinationsthese
(Juliana Raupp) 192

Intereffikationsmodell
(Günter Bentele) 209

Verständigungsorientierte Öffentlichkeitsarbeit
(Roland Burkart) 223

PR-Verständnis im Marketing
(Peter Szyszka) 241

Public Relations im Kontext der Unternehmenskommunikation
(Nikodemus Herger) 254

Stakeholder Management als Ansatz der PR
(Matthias Karmasin) 268

Amerikanische Einflüsse

Systemtheoretisch-kybernetische Ansätze aus den USA und ihre Rezeption im deutschen Sprachraum
(Stefan Wehmeier) 281

Teil 3
Schlüsselbegriffe und Bezugsgrößen.. 295

Kommunikation und Persuasion
(Klaus Merten).. 297

Organisation und Organisationsinteresse
(Peter Szyszka)... 309

Identität und Image
(Reinhold Bergler).. 321

Öffentlichkeit und öffentliche Meinung
(Anna Maria Theis-Berglmair).. 335

Vertrauen und Glaubwürdigkeit
(Günter Bentele/René Seidenglanz).. 346

Themen der Öffentlichkeit und Issues Management
(Patrick Rössler)... 362

Teil 4
Öffentlichkeitsarbeit als berufliches Handeln.. 379

Berufsgeschichte

Bundesrepublik Deutschland
(Peter Szyszka)... 382

Schweiz
(Ulrike Röttger).. 396

Österreich
(Karl Nessmann)... 407

Sozialistische Öffentlichkeitsarbeit in der DDR
(Günter Bentele)... 415

Berufsrollen und Berufsfelder

Public Relations als Beruf: Entwicklung, Ausbildung und Berufsrollen
(Romy Fröhlich).. 431

Berufsfeld Wirtschaft
(Lothar Rolke) 444

Berufsfeld Politik
(Jens Tenscher/Frank Esser) 458

Berufsfeld Verbände
(Beatrice Dernbach) 468

Berufsfeld Kommunen/kommunale PR
(Tobias Liebert) 482

Berufsfeld Non-Profit-PR
(Jan Tonnemacher) 493

Kommunikationshandeln

Aufgabenfelder
(Ulrike Röttger) 501

Konzeption strategischer PR-Arbeit
(Michael Behrent) 511

Risikokommunikation und Konflikt
(Georg Ruhrmann) 524

Steuerung und Wertschöpfung von Kommunikation
(Ansgar Zerfaß) 536

Normative Grundlagen

Rechtliche Anforderungen an die Öffentlichkeitsarbeit
(Udo Branahl) 552

Ethik der Public Relations – Grundlagen und Probleme
(Günter Bentele) 565

Teil 5
Lexikon 578

Schlagwortregister 631

Autorinnen und Autoren 637

Vorwort zur 1. Auflage 2005

Vor mehr als zwei Jahrzehnten erschien erstmals, herausgegeben von Günther Haedrich, Günter Barthenheier und Horst Kleinert, das voluminöse Werk ‚Öffentlichkeitsarbeit. Dialog zwischen Institutionen und Gesellschaft. Ein Handbuch' (Berlin/New York 1982). Das Handbuch war der erste Versuch einer fachlichen Grundlegung auf der Schnittstelle zwischen Wissenschaft und Praxis. Anlass war seinerzeit die Einrichtung eines ‚Modellversuchs Öffentlichkeitsarbeit' an der Freien Universität Berlin. Zwar wurde der Modellversuch erfolgreich abgeschlossen, konnte aber aus hochschulpolitischen Gründen nicht in ein Dauerangebot überführt werden. Der Prozess der Etablierung und Institutionalisierung von Public Relations im Hochschulbereich hatte im deutschsprachigen Raum aber eingesetzt: 1985 wurde am Institut für Kommunikationswissenschaft der Universität Salzburg unter der Leitung von Benno Signitzer eine erste Abteilung für Public Relations dauerhaft eingerichtet. Dazu setzte in den neunziger Jahren des abgelaufenen Jahrhunderts ein immer lebhafterer Theoriediskurs ein, der gerade in den letzten Jahren neue Dynamik gewonnen hat. Public Relations haben seither als wissenschaftlicher Forschungs- und Studiengegenstand Konturen gewonnen, die deutlich über jene Praxisdarstellungen hinausgehen, die bis weit in die achtziger Jahre hinein den Diskurs bestimmten. Diese Konturen will das hier vorliegende ‚neue' Handbuch nachzeichnen, das im deutschsprachigen Raum in dieser Form ohne direktes Vorbild ist.

Das Handbuch kann und will damit kein ‚How-to-do'-Buch sein, wie sie im PR-Bereich weit verbreitet sind. Dort wird der unmittelbaren Praxisfrage nachgegangen, wie PR-Arbeit – vermeintlich – richtig zu machen sei. Die Frage, ob denn das Handeln stattfindet, wird dort kaum thematisiert und damit als positiv beschieden vorausgesetzt. Die Beiträge des vorliegenden Handbuchs stellen implizit diese Frage: nicht auf eine einzelne PR-Maßnahme bezogen, sondern grundsätzlich.

Ziel der Herausgeber war es, ein Handbuch vorrangig für den Einsatz im akademischen Bereich als Grundlage für Forschung und Lehre zu konzipieren. Insbesondere soll es Studierenden der Kommunikations- und Medienwissenschaft, aber auch anderer Disziplinen, die hierzu Lehrveranstaltungen oder Spezialisierungen anbieten, als grundlegendes Einführungswerk in theoretische und berufliche Grundlagen von Public Relations und Öffentlichkeitsarbeit dienen. Der Nutzen gerade für diese Zielgruppe, die in der Vergangenheit insbesondere mit akademischen Abschlussarbeiten ihren Beitrag zur PR-Forschung geleistet hat, stand bei allen konzeptionellen Überlegungen mit im Vordergrund.

Das Handbuch wendet sich aber auch an die Berufspraxis. In den vielfältigen, teilweise sehr engen Kontakten zur Praxis konnten die Herausgeber erfahren, dass auch in dieser Zielgruppe Bedürfnis und Nachfrage nach einem komprimierten Überblick über die zum Teil sehr heterogenen theoretischen Ansätze und Modelle von Public Relations und Öffentlichkeitsarbeit groß sind. Dies kann nicht überraschen, rekrutieren sich PR-Schaffende im deutschsprachigen Raum doch noch immer aus ganz unterschiedlich disziplinären und beruflichen Hintergründen. Das Berufsfeld

Public Relations ist nach wie vor durch eine überdurchschnittliche Quote von „Quereinsteigern" gekennzeichnet, was die Herausbildung einer gemeinsamen Wissensbasis wie auch den Austausch und die Verständigung über unterschiedliche Auffassungen, Zugänge und Modelle erheblich erschwert. So hoffen wir, dass das vorliegende Handbuch auch zu einem besseren Verständnis zwischen Fachwissenschaft und Berufspraxis beitragen und vorhandene Skepsis gegenüber der notwendigen wissenschaftlichen Fundierung von Kommunikationsarbeit und Kommunikationsmanagement abbauen kann. Der Anspruch des Bandes bleibt dabei aber ein vornehmlich wissenschaftlicher.

Auch wenn die Forschungsgeschichte von Public Relations/Öffentlichkeitsarbeit noch vergleichsweise jung ist und es der Anspruch an das Handbuch sein musste, das Feld der PR-Grundlagen so umfassend wie möglich abzubilden, war es dennoch notwendig, selektiv vorzugehen, um eine kompakte und von ihrem Umfang her noch akzeptable Darstellung zu erreichen. Vor diesem Hintergrund haben wir uns auf jene theoretischen Zugänge und Grundlagenthemen beschränkt, die seit Jahren im Zentrum einschlägiger akademischer wie auch praxisnaher oder -relevanter Debatten und Auseinandersetzung stehen, ohne dabei vorübergehend populären Themen wie der Hunzinger-Affäre oder einem berufsständischen Dauerthema wie der Selbstverständnisdebatte besonderes Gewicht zu verleihen. Damit fanden eher als randständig bewertete Modelle und Aspekte keine Aufnahme in den Band, was nicht bedeutet, dass alle vermeintlichen ‚Leerstellen' als weniger relevant eingestuft wurden.

Selektivität war auch das Basisprinzip der einzelnen Beiträge, die sich auf jeweils wesentliche Aspekte ihrer Thematik konzentrieren sollten. Sie waren als Überblicksartikel zu konzipieren, die einen grundlegenden Einstieg in die jeweilige Thematik ermöglichen sollen. Eine detailliertere Beschäftigung und tiefer gehende Auseinandersetzung ermöglichen die zumeist umfangreichen Literaturlisten zu den Beiträgen. In diesem Sinne will dieses Handbuch auch als systematische Fundstelle und Basisbibliografie fungieren und Servicefunktion für die Recherche in Wissenschaft, Studium und reflektierter Berufspraxis übernehmen.

Ein besonderes Augenmerk lag bei der Arbeit an diesem Band auch auf den ausgewählten Stichwörtern des Lexikonteils, der Begriffe, die aus wissenschaftlicher Perspektive im PR-Kontext relevant erscheinen, nochmals komprimiert und im Überblick zusammenstellt. Mit seiner eingeschränkten Auswahl kann dieser Teil kein Ersatz für ein originäres PR-Lexikon sein.

Die gemeinsame Idee zu diesem Handbuch entstand 1997 am Rande einer Fachtagung in Mülheim an der Ruhr. In mehr als dreijähriger gemeinsamer Diskussion wurden verschiedene Konzeptideen geboren und wieder verworfen, ehe sich dann das endgültige Handbuch-Konzept herausschälte. Von 2001 an wurden potenzielle Autoren zur Mitarbeit eingeladen; der Rücklauf einiger Beiträge, aber auch deren redaktionelle Bearbeitung und vor allem die berufliche Belastung der Herausgeber sorgten schließlich dafür, dass sich der Publikationstermin zu unserem eigenen Bedauern am Ende um mehr als ein Jahr verzögerte. Alle Manuskripte waren bis zum Februar 2004 abgeschlossen.

Allen, die uns auf diesem Weg mit Anregungen und Kritik unterstützt haben, sei herzlich gedankt. Dieser Dank gilt in erster Linie unseren Autorinnen und Autoren, deren Mitarbeit, aber auch deren Geduld mit dem Herausgeberteam es ermöglicht haben, dieses Handbuch-Projekt tatsächlich zu realisieren. Tatkräftige Unterstützung leistete das Redaktionsteam, das zunächst an der Fachhochschule Osnabrück und zum Schluss an der Zürcher Hochschule Winterthur mit Juliane Petrick, Katharina Urbahn, Harriet Schmitz und Alexandra Novkovic die Publikation praktisch realisierte. Und nicht zu vergessen auch Ulrike Burlein an der Universität München, welche die vielfältige Korrespondenz mit den Autorinnen und Autoren organisierte. Ihnen allen gilt unser herzlicher Dank.

Leipzig, München und Winterthur
im Juli 2005

Günter Bentele
Romy Fröhlich
Peter Szyszka

Vorwort zur 2. Auflage 2007

Nach weniger als zwei Jahren kann eine zweite, durchgesehene und im Lexikonteil erweiterte Auflage unseres „Handbuch der Public Relations" erscheinen. Die große Nachfrage, die der Band erfahren hat, freut uns nicht nur, sie ist auch sicheres Indiz dafür, dass damit eine Lücke in der Fachliteratur geschlossen werden konnte.

Der Erfolg hat uns überdies die Gelegenheit geboten, den Band (inklusive Vorwort) nochmals einem kritischen Lektorat zu unterziehen. Allen, die uns hierbei mit ihren Hinweisen unterstützt haben, sei an dieser Stelle ganz herzlich gedankt.

Der Lexikonteil wurde um mehr als 20 Stichwörter erweitert. Dabei konnten Lücken in der Systematik des Lexikons geschlossen werden. Zusätzlich haben wir Stichwörter aufgenommen, die in jüngerer Zeit in den Fokus des Fachdiskurses gerückt sind. Das Herausgeberteam bedankt sich herzlich bei den Autoren.

Leipzig, München und Winterthur
im August 2007

Günter Bentele
Romy Fröhlich
Peter Szyszka

Einleitung

Blickt man auf die Wissenschaftsgeschichte der Public Relations im deutschen Sprachraum zurück, dann ist es ziemlich genau ein Vierteljahrhundert her, dass Barbara Baerns mit ihrer Arbeit zur später so benannten Determinationsthese erstmals fachliches Aufsehen für eine wissenschaftliche PR-Fragestellung erregte. Ein Aufsatz von Benno Signitzer, 1988 in der ‚Publizistik' publiziert, transferierte die damaligen Ergebnisse der amerikanischen PR-Forschung in den deutschen Sprachraum: Grunig/Hunts PR-Definition wie auch ihre PR-Modelle spielten eine wichtige Rolle im aufflammenden PR-Fachdiskurs. Vier Jahre später erschien mit Ronneberger/Rühls ‚Theorie der Public Relations' ein erster kommunikations- und sozialwissenschaftlich geprägter PR-Theorieentwurf. Vier weitere Jahre später folgte mit der Grundlegung einer ‚Theorie der Unternehmenskommunikation und Public Relations' eine ebenso umfangreiche Arbeit von Ansgar Zerfaß, diesmal auf der Schnittstelle zwischen Wirtschafts- und Kommunikationswissenschaft. Viele andere ‚Bausteine' von Public Relations/Öffentlichkeitsarbeit wurden seit Beginn der neunziger Jahre wissenschaftlicher Analyse unterzogen und diskutiert; ihre Aufzählung muss an dieser Stelle unvollständig bleiben. Sie erstmals systematisch aufzuarbeiten und im Zusammenhang darzustellen, ist das Anliegen des vorliegenden Handbuchs.

Bei der Konzeption des Handbuchs waren die *systematische Fundierung* des Phänomens, die *Interdisziplinarität der Auseinandersetzung* und eine *allgemeine Praxisrelevanz* zentrale Zielgrößen. *Allgemeine Praxisrelevanz* meint dabei, dass wissenschaftliche Fundierung heute für ein Berufsfeld unumgänglich erscheint, das innerhalb der letzten 20 Jahre unverkennbar Fortschritte in Richtung Professionalisierung gemacht hat, das sich gleichzeitig aber weiter wandelnden Ansprüchen stellen muss. Rückblickend war es zweifellos ein Handikap, dass sich PR-Praxis lange Zeit ohne wissenschaftliche Fundierung entwickelt hat, was nicht zuletzt im noch immer bisweilen zu beobachtenden Ringen um deren Stellenwert in der Kommunikationspraxis zum Ausdruck kommt. Denn: Die Qualität des Verständnisses von Public Relations/Öffentlichkeitsarbeit und damit auch für praktischen Handlungsbedarf wie für Handlungspotenziale in der Praxis wird wesentlich durch die Qualität des Wissens zu den theoretischen Grundlagen mitbestimmt.

Die wissenschaftliche Auseinandersetzung über die Funktion(en) von Public Relations/Öffentlichkeitsarbeit, die damit verbundenen Ziele, Aufgaben und Leistungsansprüche sowie die Möglichkeiten und Grenzen entsprechenden beruflichen Handelns, also schlicht über die zentralen Charakteristika von Public Relations/ Öffentlichkeitsarbeit erweist sich im deutschsprachigen Raum, ganz im Gegensatz zum anglo-amerikanischen Raum, als heterogen und sperrig. Erschwerend kommt hinzu, dass sich der Fachdiskurs aus dem Berufsfeld heraus entwickelt und erst spät verwissenschaftlicht hat. Auffällig an dem aus der Praxis heraus geführten Diskurs ist dabei die Abhängigkeit der vertretenen Positionen von der teilweise sehr unterschiedlichen beruflichen Sozialisation der Akteure. Die Ausrichtung dieser Positionen ist dabei häufig sehr selektiv, nicht immer kritisch und teilweise auch widersprüchlich. So reicht, um ein Beispiel zu nennen, das Spektrum der Rollenselbstbilder der PR-Praxis vom ‚Kommunikationsmanager' am einen bis zum ‚Pressesprecher' am anderen Ende der Skala. Problematisch wird dies zudem, wenn anstelle von Differenzierung dabei Generalisierungen das Wort geredet wird. Dies gilt beispielsweise, wenn vom PR-Beruf als ‚Kunsthandwerk' gesprochen wird, besonders dann, wenn dies in der Bildungsdiskussion an oberster Verbandsspitze geschieht. Damit wird einer empirisch als überholt geltenden Begabungsideologie gefrönt, die im Widerspruch zum nachweisbaren Professionalisierungsbedarf und -prozess der Branche steht.

Auch wenn es sich bei Public Relations/Öffentlichkeitsarbeit grundlegend um eine Kommunikationsproblematik handelt, ist die wissenschaftliche Beschäftigung mit PR nicht auf die Kommunikationswissenschaft beschränkt geblieben. Vor allem die Politik- und die Wirtschaftswissenschaft und – mit Abstrichen – die (Organisations-)Soziologie haben sich in der Vergangenheit – jeweils aus ihren Fachperspektiven – mit der Kommunikation von Organisationen und deren Akteuren befasst. Unterschiedliche Zugänge müssen dabei kein Nachteil sein, wenn diese wechselseitig zur Kenntnis genommen, miteinander kommuniziert werden und man sich über die Sichtweise der jeweils anderen Seite auseinandersetzt. Ein *inter*disziplinär geführter Diskurs über die theoretischen Grundlagen der Public Relations kann also fruchtbarer sein, wenn er sich aus der Auseinandersetzung mit der Breite der Perspektiven und Forschungsinteressen speist. Voraussetzung dabei ist, dass ein solcher interdisziplinärer Diskurs auf soliden Kenntnissen über die jeweiligen disziplinären Perspektiven, ihre Vor- und Nachteile sowie über die spezifischen Bedingungen ihrer Gültigkeit(en) basiert. Da Public Relations/Öffentlichkeitsarbeit in der Praxis über ein breites, ausdifferenziertes Aufgabenfeld mit unterschiedlichsten Verknüpfungen verfügt, ist auch aus dieser Perspektive ein interdisziplinärer Rahmen für eine angemessene Auseinandersetzung unumgänglich. Das Handbuch will daher eine *interdisziplinäre* Basis liefern, die eine *breite Beschäftigung* mit den diversen ‚theoretischen Bausteinen' des Phänomens Public Relations *aus den unterschiedlichen Perspektiven* heraus möglich macht.

Die theoretischen Grundlagen der Public Relations/Öffentlichkeitsarbeit sind also vielfältig. Um eine übersichtliche Auseinandersetzung mit ihnen zu ermöglichen, haben wir eine Systematik entwickelt, die das breite Feld möglicher Themen vier Hauptkapiteln zuordnet.

Das erste Hauptkapitel ist unter dem Titel ‚**Disziplinäre Perspektiven**' verschiedenen disziplinären Zugängen zum Phänomen gewidmet. Public Relations/ Öffentlichkeitsarbeit werden von ihrer Zuordnung her meist in der *Kommunikationswissenschaft* angesiedelt. Da es sich hierbei um Kommunikation im Kontext von Organisationen handelt, spielt für ein Verständnis des Phänomens die *Organisationssoziologie* eine wesentliche Rolle. Werden Wirkungsfragen organisationaler Kommunikationsaktivitäten, wie auch organisationsbezogener Meinungsbildungsprozesse thematisiert, rücken zentrale Aspekte der *Sozialpsychologie* in den Blickpunkt. Mit den *Wirtschaftswissenschaften* und der *Politikwissenschaft* schließlich handelt es sich um zwei Disziplinen, in deren Rahmen der Umgang mit Kommunikation wie auch deren operativer Gebrauch wesentliche Gegenstände der Auseinandersetzung mit ihren grundlegenden Phänomenen bilden. Andere mögliche Perspektiven (z.B. sprachwissenschaftlich/semiotische und rhetorische Perspektive) erscheinen momentan noch nicht profiliert genug, weshalb sie in diesem Handbuch (noch) keine Berücksichtigung finden.

Das **zweite Hauptkapitel** versammelt Beiträge zu spezifischen ‚**Theorien, Ansätzen und Modellen**' von Public Relations/Öffentlichkeitsarbeit. Die Binnensystematik des Kapitels ist der Versuch, für die Darstellung der Theorien, Ansätze und Modelle in Abhängigkeit von ihren spezifischen Charakteristika zu einer möglichst überschneidungsfreien Darstellung zu gelangen. Nach einer Diskussion der Ausgangssituation anhand von *PR-Definitionen* und *Praktikertheorien* folgen überblicksartige Darstellungen zum *gesellschaftsbezogenen, konstruktivistischen, rekonstruktivistischen, organisationsbezogenen* und *kritischen Ansatz*. Sie sollen die Bandbreite der Debatte, bezogen auf *allgemeine* Theorieansätze, wie sie insbesondere seit Beginn der neunziger Jahre geführt wird, abbilden. *Determination, Intereffikation* und *Verständigungsorientierung* stellen dagegen *spezielle* Ansätze *mittlerer Reichweite* dar, die an prominenter Stelle diskutiert wurden und werden. Dem Diskurs in Wirtschaftswissenschaft und Management wird mit Beiträgen zum *marketingorientierten PR-Verständnis*, zur *Unternehmenskommunikation* und zur *PR im Stakeholderansatz* Rechnung getragen. Da *amerikanische Ansätze* an den verschiedenen Stellen des deutschsprachigen PR-Diskurses Eingang gefunden haben, schließt ein entsprechender Beitrag dieses Hauptkapitel ab.

Quer zu den beiden ersten Hauptkapiteln beschäftigt sich das **dritte Hauptkapitel** mit ‚**Schlüsselbegriffen und Bezugsgrößen**', die für eine aktuelle wissenschaftliche Analyse unumgänglich erscheinen. Dazu wurden mit *Kommunikation und Persuasion, Organisation und Organisationsinteresse, Identität und Image, Öffentlichkeit und öffentliche Meinung, Vertrauen und Glaubwürdigkeit* sowie *Thematisierung und Issues Management* sechs Begriffspaare ausgewählt, die im bisherigen PR-Diskurs durch ihre Thematisierung in unterschiedlichen Theorieansätzen eine bedeutende Rolle gespielt haben.

Da die Grundlagen des beruflichen Handelns einen weiteren wichtigen Baustein für das Verständnis von Public Relations/Öffentlichkeitsarbeit darstellen, versammelt das abschließende **vierte Hauptkapitel** unter dem Titel ‚**Öffentlichkeitsarbeit als berufliches Handeln**' Beiträge, die sich vier Teilaspekten zuordnen lassen. Zunächst wird die *Berufsgeschichte* im deutschsprachigen Raum (*Bundesrepublik Deutschland, Schweiz, Österreich* und *DDR*,) im Überblick dargestellt. Der zweite Teilaspekt befasst sich mit dem Thema *Beruf und Berufsrolle* und verfolgt die Unterschiede in der Praxis in den *Berufsfeldern Wirtschaft, Politik, Verbände, Kommunen* und *Non-Profit*. Da sich PR-Aufgabenfelder quer durch diese Berufsfelder ziehen, bilden die situativ unterschiedlichen Aspekte der *Konzeption* von Kommunikationsaktivitäten und des Umgangs mit *Risiko und Konflikt* gemeinsam den dritten

Teilaspekt. Zum Schluss dieses Hauptkapitels werden mit *Recht* und *Ethik* die normativen Grundlagen des beruflichen Handelns in der Öffentlichkeitsarbeit thematisiert.

Der **Lexikonteil** des Handbuches schließlich greift verschiedene, im wissenschaftlichen Kontext wichtige Begriffe mit dem Ziel auf, sie inhaltlich kompakt darzustellen und – weil im Fachdiskurs häufig mehrdeutig gebraucht – zu präzisieren. Ergänzt wird dieser abschließende Teil des Handbuchs durch das **Schlagwortregister** das den Zugang zu Informationen durch zielführende Querverweise ermöglichen soll.

Teil 1
Disziplinäre Perspektiven

Traditionell beschäftigt sich die Kommunikationswissenschaft in ihrem Kern mit massenmedial vermittelter Kommunikation; Public Relations/Öffentlichkeitsarbeit als Teilbereich der Kommunikationswissenschaft hat lange nur eine nachgeordnete Rolle gespielt. So sind etwa in der Fachzeitschrift ‚Publizistik' zwischen 1981 und 1990 lediglich sechs Beiträge zu diesem Themenfeld erschienen; in der folgenden Dekade erhöhte sich deren Zahl immerhin auf 23 Beiträge. Seit den 1990er Jahren ist der Fachdiskurs zu Fragen der Organisationskommunikation, denen Public Relations/Öffentlichkeitsarbeit zuzuordnen ist, nicht nur innerhalb der Kommunikationswissenschaft immer lebhafter geworden. Dabei spielt nicht nur der Aspekt der Selbstdarstellung von Organisationsinteressen nach innen und außen eine Rolle. Wird etwa journalistische Fremddarstellung, ein zentrales Thema der Kommunikationswissenschaft, betrachtet, geht es auch hier nicht unwesentlich um den Umgang mit Organisationsinteressen.

Weil Organisationen alle gesellschaftlichen Teilbereiche prägen und sich unterschiedliche Organisationstypen in ihren gesellschaftlichen Umfeldern teilweise sehr unterschiedlichen Kommunikationsproblemen stellen müssen, die sich aus verschiedenen Blickwinkeln betrachten lassen, haben sich verschiedene Wissenschaftsdisziplinen aus ihrer jeweiligen Perspektive mit dem Thema Organisationskommunikation beschäftigt. Daran wird deutlich, dass die wissenschaftliche Auseinandersetzung mit Public Relations/Öffentlichkeitsarbeit eine über die Kommunikationswissenschaft hinausreichende, interdisziplinäre Basis erfordert, um diesbezügliche Fragen und Probleme befriedigend untersuchen zu können. Das erste Hauptkapitel will hierzu einen Aufriss leisten.

Im ersten Beitrag beschäftigen sich *Otfried Jarren* und *Ulrike Röttger* mit „*Public Relations aus kommunikationswissenschaftlicher Perspektive*". Sie setzen sich dabei mit deren Ansiedlung und Beachtung in der ‚Mutterdisziplin' auseinander und legen wesentliche Forschungstraditionen und Forschungslinien dar. Deutlich wird in diesem Beitrag der breite, sozialwissenschaftlich ausgerichtete Ansatz kommunikationswissenschaftlicher Public Relations-Forschung, der neben traditionell kommunikationswissenschaftlicher und – allgemeiner – sozialwissenschaftlicher Orientierung auch auf Befunden anderer, in der Sozialwissenschaft verankerter Disziplinen – vorrangig der Politik- und der Wirtschaftswissenschaften – zurückgreift, um zu eigenen tragfähigen Befunden zu kommen. Dabei stellen die Autoren auch bislang kaum beachtete Anknüpfungspunkte vor, die einer künftigen PR-Forschung neue Perspektiven eröffnen sollten.

Public Relations/Öffentlichkeitsarbeit ist nicht ohne den Bezug zu Organisationen zu denken, denn ‚öffentliche Beziehungen' einer Organisation als meinungsbildende Prozesse in deren sozialem Umfeld, wie auch deren Kommunikationsaktivitäten lassen sich nicht ohne den Rückbezug auf eine Organisation als Objekt und Quelle denken. Entsprechend beschäftigt sich *Anna-Maria Theis-Berglmair* im zweiten Beitrag mit ‚*Public Relations aus organisationssoziologischer Perspektive'* und stellt dabei Organisationen als soziale Phänomene in den Mittelpunkt. Sie zeigt – auch in Auseinandersetzung mit Befunden der PR-Forschung – auf, dass sich bislang zwar keine Organisationstheorie nennen lässt, die eine befriedigende Basis für die Erklärung von Public Relations/Öffentlichkeitsarbeit liefert, welche sich andererseits aber aus einer zusammenführenden Beschäftigung mit neueren Organisationsansätzen erschließen lässt, da diese systemtheoretische und handlungstheoretische Elemente integrieren.

Neben organisationssoziologischen lassen sozialpsychologische Theorien und Modelle neue Erkenntnisse für die Public Relations-Forschung erwarten; ein früher Hinweis hierauf findet sich schon bei Bernays. Sie lassen sich deshalb erwarten, weil der Fundus der auf Persuasionsprozesse bezogenen Befunde der Sozialpsychologie bislang von der in der Kommunikationswissenschaft beheimateten PR-Forschung weitgehend ausgeblendet worden ist. *Susanne Femers* gibt in ihrem Beitrag ‚*Public Relations aus sozialpsychologischer Sicht'* einen Überblick über diesen Forschungsfundus, der nach einem Exkurs zum Erklärungspotenzial der Sozialpsychologie ausgewählte Fragestellungen in sechs Schritten vorstellt und dessen Erklärungspotenzial für die Public Relations-Forschung erläutert. Dazu sucht sie am Ende ihres Beitrags nach Gründen, die dafür verantwortlich gemacht werden können, dass bislang im Kontext von PR-Branche und -Forschung von einer regelrechten ‚Persuasionsphobie' zu sprechen ist.

Werden Public Relations/Öffentlichkeitsarbeit im deutschsprachigen Raum aus Perspektive der Berufsfeldentwicklung betrachtet, dann bilden Wirtschaft und Politik die beiden Anwendungsfelder, in denen sich schon früh und auf breiterer Ebene Public Relations-Aktivitäten finden lassen. Entsprechend sind beide betroffenen Wissenschaftsdisziplinen nach relevanten Befunden und zentralen Problemen zu befragen, die sich in diesem Kontext stellen lassen. Zunächst beleuchtet *Markus Will* ‚*Public Relations aus Sicht der Wirtschaftswissenschaften'*, wozu er die Fragen nach dem Stellenwert von und dem Umgang mit Kommunikation im Kontext strategischen Managements in den Vordergrund rückt und nach der Zukunft des Kommunikationsmanagements fragt. *Silke Adam*, *Barbara Berkel* und *Barbara Pfetsch* untersuchen analog dazu ‚*Public Relations aus politikwissenschaftlicher Sicht'*. Sie fragen dabei nach deren Funktionen für das politische System, nach Akteuren, Strategien und Instrumenten politischer Öffentlichkeitsarbeit und abschließend kritisch nach deren demokratietheoretischer Verträglichkeit.

Public Relations aus kommunikationswissenschaftlicher Sicht

Otfried Jarren/Ulrike Röttger

1. PR als kommunikationswissenschaftlicher Forschungsgegenstand

Mit Öffentlichkeitsarbeit bzw. Public Relations (PR) wird, ähnlich wie im Journalismus, ein recht vielfältiges, heterogenes Tätigkeitsfeld bezeichnet, das sich zudem im historischen Prozess kontinuierlich gewandelt hat. Das PR-Verständnis wurde über lange Zeit von reflektierenden Einzelpersönlichkeiten der Berufsgruppe, d.h. vor allem von Praktikern und nicht von Wissenschaftlern, beeinflusst. Dementsprechend variieren auch die sozialwissenschaftlichen Definitionen und Vorstellungen von PR, die im deutschsprachigen Raum erst seit rund 30 Jahren vorliegen. Von einer kommunikationswissenschaftlichen, empirisch ausgerichteten und auf Theoriebildung abzielenden PR-Forschung im engeren Sinne kann daher erst seit gut 20 Jahren gesprochen werden (einen Überblick liefern Signitzer 1988; Bentele 1997a; Röttger 2004a). Sozialwissenschaftliche PR-Forschung wird derzeit vor allem in den Disziplinen Wirtschafts- und Kommunikationswissenschaft betrieben, wobei gewisse Annäherungstendenzen im Hinblick auf Grundbegriffe und Basis-Modelle zwischen diesen beiden Disziplinen auszumachen sind. Insgesamt ist die universitäre Verankerung des Forschungsgebietes noch äußerst schwach; allerdings hat PR als Lehrgebiet, nicht zuletzt an Fachhochschulen, in den letzten Jahren deutlich an Bedeutung gewonnen.

In einer wirtschaftswissenschaftlichen Sichtweise wird PR als Instrument innerhalb der Kommunikationspolitik von Unternehmen gefasst, damit dem Marketing systematisch unterstellt und innerbetrieblich der Marketing-/Werbeabteilung zugeordnet. Erst in jüngeren Arbeiten wird PR als ein gleichrangiges, partiell eigenständiges Element der Unternehmenskommunikation (Integrierte Kommunikation) gesehen. Damit wird vermehrt auch auf Überlegungen, Ansätze und Kernbegriffe (u.a. Image, Vertrauen, Glaubwürdigkeit) der Kommunikationswissenschaft zurückgegriffen.

In der kommunikationswissenschaftlichen Perspektive wird PR generell als das Kommunikationsmanagement von allen gesellschaftlichen Organisationen mit ihren Umwelten begriffen und es wird zugleich, zumindest in systemtheoretischen Zugängen, die (gesamt-)gesellschaftliche Funktion von PR betont. Öffentlichkeitsarbeit wird als Teil der öffentlichen Kommunikation oder sogar als Teil des publizistischen Systems der Gesellschaft angesehen. In einer – stärker soziologisch beeinflussten – organisationsbezogenen kommunikationswissenschaftlichen Forschungsperspektive (Mikro- und Meso-Ebene) wird analysiert, welche Leistungen PR für Organisationen erbringt. In makrotheoretischer Perspektive wird diskutiert, ob PR als ein gesellschaftliches Teilsystem, und damit nicht nur als Organisationsfunktion, anzusehen sei. Über den Status von PR, als gesellschaftliches Funktionssystem (Systemtheorie) oder als Organisationsfunktion (Strukturations- und Organisationstheorie), bestehen in der von der deutschsprachigen Kommunikationswissenschaft vorangetriebenen Theoriedebatte unterschiedliche Positionen. Eine allgemeine PR-Theorie existiert nicht, allerdings liegen PR-Theorien mittlerer Reichweite vor, also empirisch prüfbare Aussagenzusammenhänge (vgl. Abschnitt 3).

Es ist nicht zu übersehen, dass die laufende PR-Forschung vor allem auf Theorien und Befunde anderer sozialwissenschaftlicher (Teil-)Disziplinen zurückgreift, insbesondere aus der Wirtschaftswissenschaft, aus der Organisationssoziologie (z.B. Organisationsmodelle) und der Sozialpsychologie (z.B. Persuasionsforschung), aber auch aus der Soziologie (System- und Handlungstheorien) und der Politikwissenschaft (z.B. Pluralismustheorie).

2. PR als ‚verspäteter' kommunikationswissenschaftlicher Lehr- und Forschungsgegenstand

Auffällig ist, dass die jüngere deutschsprachige PR-Forschung wie -Praxis, mit Ausnahme des Bereichs Kommunikatorforschung (PR-Akteure als Kommunikatoren; Verhältnis Journalismus und PR), noch stark von US-amerikanischen Ansätzen, Modellen und Überlegungen beeinflusst ist (insbesondere Grunig/Hunt 1984; Grunig 1992). So ist markant, dass auf die im deutschsprachigen Raum vorliegende Akteurstheorie (z.B. Schimank 2002) oder die Öffentlichkeitskonzepte (z.B. Gerhards 1994, 1998; Neidhardt 1994) bislang nur im geringen Umfang und höchst selektiv zurückgegriffen wird. Diese Selektivität mag ein Grund dafür sein, dass die kommunikationswissenschaftliche Forschung zur PR kaum in den anderen sozialwissenschaftlichen Disziplinen im deutschsprachigen Raum rezipiert wurde und wird.

Die relativ starke Beachtung der amerikanischen Forschungsarbeiten kann zum Teil auf den geringen Grad an Institutionalisierung der PR und der mit ihr verbundenen akademischen Forschung im deutschsprachigen Raum zurückgeführt werden. So dominierte in Deutschland, bis in die 1970er Jahre hinein, eine stark normative und berufspraktische Perspektive; die Arbeiten von Hundhausen (u.a. 1951, 1969) und Oeckl (1964, 1976) sind dafür exemplarisch. Die Zurückhaltung gegenüber Public Relations innerhalb der Kommunikationswissenschaft wiederum ist mit historischen Faktoren begründet – Propaganda während der NS-Zeit – sowie mit normativen Vorbehalten gegenüber Formen der persuasiven Kommunikation und der daraus resultierenden Betonung der besonderen Relevanz eines unabhängigen Journalismus. Die Gleichsetzung von Öffentlichkeitsarbeit/PR mit Propaganda hat, zumal nach dem 2. Weltkrieg, eine wissenschaftliche Befassung zweifellos erschwert. In den 60er und 70er Jahren führte der kritische Umgang mit Medien und Journalismus zu einer Fixierung auf Werbung und einer Kritik an dieser Kommunikationsform. Die Werbeabhängigkeit der Medien und Fragen der Manipulation durch Werbung wurden fokussiert, zugleich wurde ein möglicher Einfluss von PR ‚übersehen'.

PR als Teilgebiet der akademischen Disziplin Kommunikationswissenschaft hat sich daher erst in den 90er Jahren im deutschsprachigen Raum etablieren können. Im deutschsprachigen Raum sind die späte Entdeckung wie Institutionalisierung der PR als Forschungs- und Lehrgegenstand nicht zuletzt auch auf fachlich-systematische Abgrenzungsprobleme zurückzuführen. Unter Öffentlichkeitsarbeit wurde im Fach höchst Unterschiedliches subsumiert und es existierte keine klare Trennung von Formen der PR und Werbung bzw. Marketing. Zugleich hat die aus der wissenschaftlichen Abstinenz resultierende Dominanz auf dem Deutungsmarkt von ‚Praktikern', ‚to-do'-Literatur und einer stark normativen Orientierung (bei Praktikern und in deren Literatur) sowie ein unzureichendes begriffliches Instrumentarium die wissenschaftliche Reflexion wohl behindert. Dieses Phänomen gilt übrigens noch heute, wenn man sieht, wie die PR-Branche aus Markt- und professionellen Statusgründen (meist kurzlebige) Begriffs- oder Konzeptmoden kreiert und damit auf dem (nicht wissenschaftlichen) Buchmarkt präsent ist. Da auch in den USA bis in die 80er Jahre keine als relevant anzusehende PR-Wissenschaftskultur existierte, fehlte es an entsprechenden frühen Impulsen oder Einflüssen.

Erst Franz Ronneberger, ein namhafter Fachvertreter, befasste sich in den 70er Jahren, vorrangig mit einem politik- bzw. staatswissenschaftlichen Zugriff und unter Rückgriff auf pluralismustheoretische Überlegungen, systematisch mit Fragen der PR. Aufgrund der geringen Fachgröße dauerte es fast zwanzig Jahre bis diese Arbeiten verstärkt Aufmerksamkeit fanden und Anschlussforschungen auslösten. Gemeinsam mit Manfred Rühl legte Ronneberger vor gut einem Jahrzehnt einen systemtheoretisch fundierten Ansatz der PR vor (Ronneberger/Rühl 1992). Dieser makrotheoretische Entwurf geht über die stark pragmatisch und empirisch orientierte US-amerikanische PR-Forschungslinie hinaus. An weiteren elaborierten Theorieentwürfen fehlt es allerdings. Auch fand bislang keine systematische Auseinandersetzung mit dem systemtheoretischen Entwurf von Ronneberger und Rühl statt.

Der kommunikationswissenschaftliche Blick auf PR war und ist überdies stark durch die Journalismustradition im Fach geprägt (vgl. hierzu Bentele 1997a und b): Aus Sicht der traditionellen Kommunikationswissenschaft handelt es sich bei der PR-Forschung um eine Erweiterung der Kommunikatorforschung, zu der traditionell die Journalismusforschung zählt, und die deshalb einen deutlich höheren Institutionalisierungsgrad an Universitäten wie Fachhochschulen aufweist. PR kann aber nicht lediglich als weiteres Element der Kommunikatorforschung, gleichsam als eine Form des subsidiären Journalismus, begriffen werden: Politische, ökonomische oder kulturelle Organisationen können als Akteure aufgefasst werden, die auf den Prozess der öffentlichen Kommunikation einwirken und ihn maßgeblich beeinflussen. PR-Akteure aus allen gesellschaftlichen Teilsystemen stellen auch dem Journalismus Themen und Deutungen zur Verfügung, wirken aber auch in anderer Form auf die gesellschaftliche Kommunikation ein (von Nachbarschafts- bis fachwissenschaftlichen Teilöffentlichkeiten). Akteure aller gesellschaftlichen Teilsysteme generieren also *auch* bezogen auf die Medien Themen, um ihren jeweiligen Partialzielen zur Durchsetzung zu verhelfen. Darüber hinaus streben sie durch Kommunikation Image-Kreation, Glaubwürdigkeitsgewinn und Vertrauen an. Dabei agieren sie aber nicht allein bezogen auf Medien und Journalismus. Die kommunikationswissenschaftliche Forschung ist jedoch relativ stark auf öffentliche Kommunikation und damit – das Problemfeld noch weiter verengend – auf das Verhältnis von PR-Akteuren und Journalisten ausgerichtet. In der empirischen Forschung innerhalb der Kommunikationswissenschaft ist deshalb eine journalismuszentrierte Perspektive, in der wiederum die aktuellen Massenmedien dominieren, festzustellen. Dem entsprechend ist es nicht überraschend, dass in Befragungen im Rahmen von Berufsfeldanalysen Vergleiche zwischen Journalisten und PR-Berufsangehörigen hergestellt werden.

Die Beziehungen zwischen Journalismus und PR wurden zwar bereits in Werken der frühen (Zeitungs- und) Publizistikwissenschaft kontinuierlich beachtet, aber nur vereinzelt umfangreicher und theoriegeleitet betrachtet. Von einer theoretisch und systematisch ausgerichteten Analyse kann bis Anfang der 80er Jahre daher nicht gesprochen werden. Pressestellen, staatliche oder kommunale oder wirtschaftliche, wurden als ‚Zulieferinstitutionen' für den Journalismus aufgefasst. Die spezifischen Produkte der PR, z.B. Betriebs- oder Kundenzeitschriften, fanden und finden in der Kommunikationswissenschaft nur eine geringe Beachtung. Die Sichtweise im Fach begann sich erst mit der Studie von Barbara Baerns (1985) markant zu verändern, in der dem Verhältnis von PR und Journalismus empirisch und mit dem Anspruch auf Erklärung nachgegangen wurde. Die Feststellung, dass PR Themen und Timing der Medienberichterstattung beeinflusse, wurde innerhalb der Community zu einer generellen Aussage gemünzt und zugespitzt: PR determiniere Journalismus (Determinationshypothese) (siehe hierzu u.a. Grossenbacher 1986; Barth/Donsbach 1992; Ruß-Mohl 1994; Rolke/Wolff 1999; Schantel 2000; Altmeppen/Röttger/Bentele 2004).[1] Damit wurden Macht- und Einflussfragen aufgeworfen. Bezogen auf diesen Sachverhalt wurden seitdem zahlreiche empirische Studien, vor allem auch von Journalismusforschern, durchgeführt und unterschiedliche theoretische Überlegungen zur Erklärung der Beziehung angestellt (z.B. das Intereffikationsmodell, Bentele/Seeling/Liebert 1997).[2] PR als Kommunikatorforschung zu begreifen dominiert, nicht zuletzt aufgrund der Fachkultur und den jeweiligen Interessen der Journalismus- und PR-Forscher, in der Kommunikationswissenschaft noch heute.

Zur verspäteten Institutionalisierung von PR gehört, dass metaorientierte PR-Forschung, so zur Geschichte der Öffentlichkeitsarbeit, zur Geschichte der Teildisziplin oder zu maßgeblichen PR-Akteuren (zu den wenigen historischen Arbeiten zählen u.a. Wolbring 2000; Hein 1998; Zipfl 1997; Szyszka 1997) im deutschsprachigen Raum in nur geringem Umfang vorhanden ist (vgl. Bentele 1997a und b). Erst seit den späten 80er Jahren hat die Zahl an akademischen Abschlussarbeiten deutlich zugenommen und einschlägige wissenschaftliche Schriftenreihen existieren erst seit kurzer Zeit. Seit 1992 besteht innerhalb der Deutschen Gesellschaft für Publizistik- und Kommunikationswissenschaft (DGPuK) eine Fachgruppe ‚Public Relations und Organisationskommunikation'. Wesentliche Impulse erhielt die PR-Forschung in den 90er Jahren durch die Aktivitäten der Münchner Quandt Stiftung, die einen Austausch zwischen amerikanischen und deutschen Wissenschaftlerinnen und -schaftlern ermöglichte. Der Grad vor allem an universitärer Institutionalisie-

---

1   Siehe hierzu auch den Beitrag von Juliana Raupp in Teil 2, Spezielle Ansätze mittlerer Reichweite.
2   Siehe hierzu auch den Beitrag von Günter Bentele in Teil 2, Spezielle Ansätze mittlerer Reichweite.

rung ist gemessen an der Zahl der Lehrstühle und der durchgeführten Forschungsarbeiten – zumindest im Vergleich zu den USA – noch sehr gering. Lediglich in Berlin (Barbara Baerns), Leipzig (Günter Bentele), Münster (Klaus Merten, Ulrike Röttger) und München (Romy Fröhlich) konnten sich derweil an den Universitäten forschungs- und theorieorientierte Kompetenzzentren mit eigenen Professuren und einer gewissen personellen Größe sowie anhaltenden Forschungsaktivitäten etablieren. Die universitäre Kapazität für PR-Grundlagenforschung fehlt aber weitgehend noch. Ebenso mangelt es an übergreifenden Infrastruktureinrichtungen, nennenswerten Forschungsstellen oder Archiv- und Dokumentationsstellen als eigenständigen wissenschaftlichen Einrichtungen. Immerhin ist ein Ausbau der Forschungs- und Lehraktivitäten an zahlreichen Universitäten erkennbar. Zwar hat die Zahl der Stellen und Hochschulstandorte in den letzten Jahren erheblich zugenommen, doch kann bei diesem Zuwachs die starke Ausbildungsorientierung (so bei Fachhochschulen) nicht übersehen werden. Vielfach wird die vorhandene, traditionelle Ausbildung im Bereich Journalismus um PR ergänzt oder erweitert und dies nicht zuletzt aufgrund der massiv angestiegenen studentischen Nachfrage.

3. Forschungstraditionen und -linien in der kommunikationswissenschaftlichen PR-Forschung

Eine kommunikationswissenschaftliche Theoriebildung im engeren Sinne ist bislang noch nicht auszumachen, wenn man einmal von den systemtheoretischen und organisationstheoretischen Ansätzen mit Bezug zur öffentlichen Kommunikation absieht. Allerdings ist es bei den systemtheoretischen Modellbildungen, in denen PR als funktionales Teilsystem der Gesellschaft begründet werden soll, noch nicht gelungen, einen plausiblen Entwurf vorzulegen. So fehlt es an konsentierten Begriffen und einem klaren Systemverständnis, dies zeigt sich beispielsweise bei der Problematik, welche Codes des ‚Systems PR' benannt werden. Innerhalb der organisationstheoretischen Arbeiten, die bereits eine gewisse Tradition entwickelt haben, sind Erkenntnisfortschritte auszumachen (siehe hierzu auch Herger 2004). Dies betrifft zum Beispiel Erklärungsansätze auf Basis strukturationstheoretischer Überlegungen. Insgesamt aber gilt nach wie vor: In der PR-Forschung dominieren interdisziplinäre Zugänge, so indem auf Theorien, Konzepte und Modelle aus der Soziologie, der Sozialpsychologie und der Wirtschaftswissenschaft zurückgegriffen wird. Im Folgenden werden einige bedeutende Ansätze, die die PR-Theorieentwicklung im deutschsprachigen Raum nachhaltig geprägt haben, kurz vorgestellt.

3.1 Public Relations als System

Gesellschaftsorientierte, systemtheoretisch fundierte PR-Ansätze, die Public Relations eng an die Existenz einer demokratischen, pluralistischen Gesellschaftsordnung koppeln und ihr zentrale Funktionen im Kontext demokratischer Gesellschaften zuweisen, dominierten lange die deutschsprachige PR-Theorieentwicklung. ‚Geistiger Urvater' der gesellschaftsorientierten Perspektive ist Franz Ronneberger, der zusammen mit Manfred Rühl 1992 die für die PR-Theorieentwicklung im deutschsprachigen Raum bedeutsame Theorie der Public Relations veröffentlichte. Ebenfalls systemtheoretisch fundiert ist der Ansatz „Public Relations als Innovation" von Ulrich Saxer (1991).

3.2 Public Relations als Innovation

Ulrich Saxer (1991) versteht Public Relations als gesellschaftsbezogenes Phänomen. Er skizziert die historische Entwicklung der PR als Ergebnis gesellschaftlichen Wandels, der zu einem erhöhten Repräsentations- und Kommunikationsbedarf auf Seiten von Organisationen führt. Er beschreibt diese Form einer „reaktiven Systembildung" anhand drei historischer Phasen der Industrialisierenden, Industrialisierten und Postindustriellen Gesellschaft. Zunächst hatte PR noch zahlreiche Gemeinsamkeiten mit der Wirtschaftswerbung und war in seinem Verhältnis zu Medien durch starke Instrumentalisierungsbemühungen geprägt. Im sodann entstehenden Sozial- und Wohlfahrtsstaat gewann PR langsam an Bedeutung, da gesellschaftlich mehr und mehr die Notwendigkeit bestand, soziale Verhältnisse – u.a. mittels gezielter Kommunikation – zu stabilisieren. In der modernen, ausdifferenzierten Gegenwartsgesellschaft sind alle gesellschaftlichen Organisationen schließlich stark darauf angewiesen, kommunikativ gesellschaftliche Akzeptanz sicherzustellen und kontinuierlich für die jeweilige Organisation selbst, aber auch für Produkte und Dienstleistungen ein entsprechendes Umfeld mittels PR zu schaffen. Saxer betont in diesem Zusammenhang die besondere Bedeutung des Mediensystems und er spricht von einem symbiotischen Verhältnis zwischen PR und Journalismus. Problematisch für die weitere Entwicklung der PR ist seiner Meinung nach u.a. die mangelnde Ausdifferenzierung der PR aus der Werbung und die Abhängigkeit der PR von ihren Auftraggebern, die die Entwicklung einer eigenständigen PR-Identität erschwert oder gar verhindert.

3.3 Entwurf einer Theorie der Public Relations

Ronneberger und Rühl beschreiben die Entstehung und Entwicklung von PR ähnlich wie Saxer als Phänomen und Ergebnis moderner, sich differenzierender Gesellschaften. Sie skizzieren Public Relations – in Anlehnung an die Systemtheorie Luhmanns – als Teilsystem des gesellschaftlichen Funktionssystems öffentliche Kommunikation (Publizistik): PR ist ein sich selbsterzeugendes, selbstorganisierendes, selbsterhaltendes und selbstreferentielles System im Sinne der Autopoiesis. Die Autoren identifizieren drei relevante Strukturdimensionen, die je spezifische Intersystembeziehungen zwischen Public Relations und anderen Sozialsystemen implizieren (vgl. Ronneberger/Rühl 1992: 249ff).
Auf der Makro-Ebene beschreiben die Autoren PR als ein eigenständiges gesellschaftliches Funktionssystem, dessen Funktion in der „Herstellung und Bereitstel-

lung durchsetzungsfähiger Themen" für die öffentliche Kommunikation (Rühl 1990) liegt, beziehungsweise in der „Durchsetzung von Themen durch Organisationen auf Märkten mit der Wirkungsabsicht, öffentliches Interesse (Gemeinwohl) und öffentliches Vertrauen zu stärken" (Ronneberger/Rühl 1992: 283). PR stellt eine Möglichkeit dar, öffentliche Kommunikation (Publizistik) herzustellen. Ihr Ziel ist es, durch Thematisierung Anschlusskommunikation und -handeln zu ermöglichen. Auf der Meso-Ebene erbringt das PR-Teilsystem – unter den Marktbedingungen konkurrierender Interessen – Werte und Zielvorstellungen als spezifische Leistungen für andere gesellschaftliche Funktionssysteme: PR kreiert durchsetzungsfähige Themen, die soziales Vertrauen für Organisationen und ihre Leistungen in der Öffentlichkeit fördern sollen (vgl. Bentele 1998a). „Gegenleistungen" erhält die PR in erster Linie in Form von sozialen und psychischen Ressourcen, also z.B. Aufmerksamkeit, Interesse und Zeit. Auf der Mikro-Ebene beschreiben Ronneberger/Rühl PR schließlich als ein Analyse- und Handlungssystem: PR als Teilorganisation in Organisationen hat die Aufgabe, PR-Handlungsbedarf zu ermitteln und entsprechende Lösungsvorschläge anzubieten. Ziel von PR-Kommunikationsangeboten ist es, Anschlusskommunikation zu einem Thema auszulösen bzw. spezifische Einstellungs- oder Verhaltensänderungen bei den Zielpublika zu bewirken.

Die Kritik am Theorieentwurf von Ronneberger und Rühl bezieht sich insbesondere auf die Konzeptionierung von PR als funktionales Teilsystem der Gesellschaft bzw. als Teilsystem öffentlicher Kommunikation (Publizistik). Gegen einen eigenständigen Systemcharakter der PR spricht ihr Charakter als Auftragskommunikation und ihre funktionale Abhängigkeit von anderen gesellschaftlichen Systemen (Wirtschaft, Politik etc.). So unterscheiden sich auch die PR-Leistungen je nach Teilsystem. Umstritten ist zudem auch die starke Gemeinwohlorientierung, die die Autoren der PR zuweisen, denn als Auftragskommunikation vertritt PR primär Partialinteressen. In der Summe können zwar auch an Partialinteressen orientierte PR gesellschaftliche Funktionen erfüllen wie z.B. soziale Integration und Interessenausgleich, dabei handelt es sich aber nicht um intendierte Primärwirkungen, sondern ggf. um sekundäre Folgewirkungen.

3.4 Organisationstheoretische Perspektiven

Lange Zeit dominierten gesellschaftsorientierte Ansätze die deutschsprachige PR-Theorieentwicklung. Insbesondere seit den 90er Jahren haben aber Ansätze an Bedeutung gewonnen, die PR primär als Kommunikationsfunktion von Organisationen ansehen und nach den Funktionen und Bedingungen der PR im organisationalen Kontext fragen. Keiner dieser Ansätze kann jedoch als genuin kommunikationswissenschaftlich beschrieben werden, vielmehr handelt es sich um interdisziplinäre Ansätze, die auf betriebswirtschaftliche, organisationstheoretische und kommunikationswissenschaftliche Wissensbestände gleichermaßen zurückgreifen.

Bedeutsam für die Entwicklung organisationstheoretischer PR-Perspektiven im deutschsprachigen Raum waren und sind die Arbeiten von James Grunig und seinen Forscherkollegen. Die umfangreichen Forschungsarbeiten – u.a. die vier Modelle der PR, das Excellence-Projekt, das zweiseitige Modell der Public Relations und die „situational theory of publics" (siehe dazu u.a.: Grunig/Hunt 1984; Grunig 1992) – sollen hier nicht im Detail vorgestellt und diskutiert werden.[3] Deutlich ist jedoch, dass die US-amerikanische PR-Forschungsperspektive mit dem Fokus auf Organisationen einen erheblichen Einfluss auf die deutschsprachige PR-Forschung hatte und nach wie vor hat. So gewann mit der verstärkten Rezeption der Arbeiten von Grunig und anderen auch in der deutschsprachigen PR-Forschung stärker die Meso-Ebene der Organisation als zentrale Analysedimension an Bedeutung.

Großen Einfluss hatten zudem Grunigs Vorstellungen von Public Relations als symmetrische Kommunikation, die von zahlreichen Autoren und – vor allem auch von – PR-Praktikern aufgegriffen wurden und die mit einer generellen Aufwertung von Bezugsgruppen und der Beziehungen zu Teilöffentlichkeiten im Organisationsumfeld verbunden sind. Die mit dem Modell verbundene normative Aufladung ist zugleich aber auch ein Problem, nicht zuletzt deshalb, weil im Anwendungs- oder Praxisbereich normative Zielsetzungen vielfach als soziale Realität angenommen oder behauptet werden.

3.4.1 Entwurf einer Theorie der Unternehmenskommunikation

Einer der ersten deutschsprachigen Theoriebeiträge, der Public Relations als Organisationsfunktion betrachtet und konsequent versucht, betriebswirtschaftliche und kommunikationswissenschaftliche Fragestellungen in einen konsistenten Theorierahmen zu integrieren, stammt von Ansgar Zerfaß (2004, 1996). Zerfaß bricht mit der betriebswirtschaftlichen Fokussierung allein auf den Markt und stellt den doppelten Umweltbezug von Unternehmen – Markt und Gesellschaft – in den Mittelpunkt seiner theoretischen Konzeption. Beziehungen zum Markt und zum gesellschaftspolitischen Umfeld sind für Zerfaß gleichrangig – entsprechend wird PR nicht als eine untergeordnete Funktion des Marketings, sondern als gleichberechtigtes funktionales Element der integrierten Unternehmenskommunikation ausgewiesen. In Anlehnung u.a. an Grunigs Überlegungen zur Relevanz von Bezugsgruppen für Organisationen entwickelt Zerfaß ein Arenen-Modell, das vier Handlungsfelder – das organisationsinterne, gesellschaftspolitische, soziokulturelle und politisch-administrative Handlungsfeld – der Unternehmenskommunikation systematisiert.

Zugleich unterscheidet Zerfaß nach sozial-räumlichen Kriterien zwischen einem „Nahbereich" und einem „Fernbereich". Während im Nahbereich vor allem kontinuierlich kommuniziert und argumentiert werden muss, wird bezogen auf den Fernbereich eher eine situationsbezogene Interventionsstrategie verfolgt. PR besteht für Zerfaß aus Argumentation, Information und Persuasion.

---

3 Zusammenfassende Darstellungen finden sich u.a. bei: Röttger 2001d, 2000; Zerfaß 1996; Kückelhaus 1998.

3.5 Kommunikationstheoretische Perspektiven auf PR

Innerhalb der kommunikationswissenschaftlichen PR-Forschung konkurrieren verschiedene kommunikationstheoretische Ansätze miteinander. Sie stammen aus unterschiedlichen Theoriesträngen (z.B. Konstruktivismus oder Sprach- und Kommunikationstheorie) und sie sind, nicht zuletzt aufgrund ihrer unterschiedlichen Gegenstandsbereiche und normativen Prämissen, nicht miteinander vergleichbar.

3.5.1 PR als Konstruktion wünschenswerter Images

Die Konstruktion und Funktionen von Images stehen im Mittelpunkt des konstruktivistischen Ansatzes von Klaus Merten (Merten 1992; auch: Merten/Westerbarkey 1994). Images erfüllen nach Merten in modernen ausdifferenzierten Gesellschaften, in denen die Möglichkeiten persönlicher Wirklichkeitserfahrung zunehmend abnehmen und der Einfluss medienvermittelter Information steigt, zentrale Selektions- und Entscheidungsfunktionen, „indem komplexe Objekte auf eingängige, subjektive Muster reduziert werden" (Derieth 1995: 99). Images als kognitiv wie emotional geprägte Wirklichkeitsvorstellungen des Individuums, können von Organisationen durch gezielte Maßnahmen (kommunikative Strategien) beeinflusst werden. Die Funktionen und Wirkungen von Images nutzt die Öffentlichkeitsarbeit, die deshalb als „Prozess intentionaler und kontingenter Konstruktion wünschenswerter Wirklichkeiten durch Erzeugung und Befestigung von Images in der Öffentlichkeit" (Merten 1992: 44) beschrieben wird.

PR fungiert damit als Sozialtechnologie, sie wird zur Verbreitung von ‚geschönten' Informationen und Bildern genutzt, um selektiv Organisationsgeheimnisse zu schützen bzw. die öffentliche Aufmerksamkeit auf bestimmte – positiv besetzte – Themen hinzulenken. Als „Konstruktionsbüros" (Merten 1992: 44) sind PR-Abteilungen bei der Konstruktion von Images nicht der Wahrheit oder Wahrhaftigkeit, sondern ausschließlich dem Erfolg verpflichtet. Zweifel an der Reduktion der PR auf eine sozialtechnologische Rolle bestehen allerdings insofern, da Organisationen ja durch derartige Konstrukte faktisch soziale Verbindlichkeiten eingehen, die eben nicht – zumindest keineswegs immer –‚sozialtechnisch' bearbeitet werden können. Inwieweit es also möglich ist, ‚wünschenswerte Wirklichkeiten' mittels PR zu erzeugen, ist umstritten: Zum einen muss dies durch empirische Arbeiten geklärt werden. Zum anderen kann Kommunikation immer nur an Kommunikation anschließen, d.h. jedem Akteur sind aufgrund des bestehenden Images Grenzen gesetzt.

3.5.2 PR als ‚Interaktion in Gesellschaft'

Images stehen auch im Mittelpunkt der systemtheoretischen PR-Perspektive von Werner Faulstich (2000), die auf der Arbeit von Ragnwolf Knorr (1984) basiert. Faulstich, der seinen Ansatz in der Kulturwissenschaft verortet (vgl. Faulstich 2000: 11), definiert Öffentlichkeitsarbeit als „Interaktion in Gesellschaft", deren Ziel die permanente Imagegestaltung ist. Organisationen verfügen immer über vielfältige Beziehungen zu ihren Umwelten und sie werden – ob sie es wollen oder nicht – kontinuierlich beobachtet. Organisationen sind daher zu ständigen Interaktionen gezwungen. Diese Interaktionen sind komplex und sie sind u.a. aufgrund der hohen gesellschaftlichen Dynamik ständigen Veränderungen unterworfen. Mittels Images wird nun ein Wahrnehmungs- und Kommunikationsfeld geschaffen, in dem auf einer Basis von relativ stabilen Erwartungen interagiert werden kann. Die Interaktionsmöglichkeiten von Organisationen sind somit wesentlich vom Image geprägt. Anders als bei Merten wird Image hier nicht als bloßes nicht der Wahrheit verpflichtetes Konstrukt beschrieben. Nach Faulstich „rekurriert Image auf Identität als Wert" (Faulstich 2000: 235), und „Öffentlichkeitsarbeit ist Imagegestaltung als Explikation und Vermittlung des jeweiligen System-„Sinns" mit dem Ziel der Strukturhomologie" (Faulstich 2000: 130). Mit dem Begriff der Strukturhomologie beschreibt Faulstich die wechselseitige Entsprechung von Sinnzuweisungen.

3.5.3 Public Relations als Verständigung

Große Aufmerksamkeit sowohl in der Wissenschaft wie auch in der Praxis fand und findet das von Roland Burkart und Sabine Probst Anfang der 90er Jahre erstmals publizierte Modell der Verständigungsorientierten Öffentlichkeitsarbeit (VÖA) (Burkart/Probst 1991). Dies verwundert nicht, betont der Ansatz doch dialogische Formen der Konfliktlösung zwischen Organisationen und deren Bezugsgruppen, die zu Verständigung führen sollen. Verständigung und Dialog – das VÖA-Modell scheint Handlungsanleitungen für ethisch hochwertige und normativ korrekte PR zu offerieren und bietet insofern eine Antwort auf die nach wie vor erheblichen Legitimations- und Akzeptanzprobleme der Branche. Die Rezeption der VÖA als generelles Modell ethischer PR entspricht jedoch nicht ihrer theoretischen Modellierung als situatives Konzept zur kommunikativen Bearbeitung spezifischer – in der Regel einmaliger und politischer – Konfliktsituationen zwischen Organisationen und ihren Bezugsgruppen. Das VÖA-Konzept stellt daher kein allgemeines Leitbild von dialogischer Öffentlichkeitsarbeit dar.

Für Burkarts Ansatz ist Dialog als Form der symmetrischen Kommunikation (vgl. dazu auch Grunig/Hunt 1984) zentral. Gegen die Diskurs- und Dialoganspruche können allerdings sowohl im Hinblick auf Fragen der theoretischen Konsistenz und in Bezug auf die soziale Praxis Einwände formuliert werden: Diskurse im Sinne von Habermas stellen eine direkte Kommunikationssituation zwischen zwei prinzipiell gleichberechtigten Gesprächspartnern dar. Diese Voraussetzung ist aber in der Regel nicht gegeben, da Bezugsgruppen üblicherweise nicht über die gleichen Möglichkeiten der Organisation und Artikulation ihrer Interessen verfügen. Dies betrifft Fragen ihrer Organisationsfähigkeit, der Verfügbarkeit von Ressourcen und z.B. auch der ungleich vorhandenen Zugänge zum Mediensystem für unterschiedliche Akteursgruppen (vgl. dazu Jarren/Donges 2002). Kritischer ist auch die Rolle der PR zu sehen, die in diesem Konzept lediglich als „neutraler Verfahrensbegleiter" konzipiert ist, aufgrund ihrer Auftraggeberabhängigkeit aber ebenso wie die in den

Konflikt involvierte Organisation in keiner neutralen Rolle ist: Es existiert ein Interesse an der Durchsetzung einer Maßnahme, so dass es im Kern allenfalls um die Konditionen, Zeitpunkte, Ortswahl etc. geht, nicht aber um die Sache selbst. Der Diskurs-Begriff ist im Kontext der PR problematisch, da Öffentlichkeitsarbeit immer strategisch agiert und letztlich persuasive Ziele verfolgt.

4. Felder der kommunikationswissenschaftlichen PR-Forschung

Thematisch konzentriert sich die kommunikationswissenschaftliche PR-Forschung vor allem auf die Analyse des Verhältnisses von PR und Journalismus, die Erforschung des PR-Berufsfeldes, der PR-Professionalisierung und auf die Politische PR. An Bedeutung gewonnen hat in den letzten Jahren zudem der Bereich der Krisenkommunikation und des Issues Managements. Im Folgenden werden die zentralen Themenfelder der PR-Forschung kurz umrissen.

4.1 Berufsfeld- und Professionalisierungsforschung

Zweifellos gehört der Bereich der Berufsfeld- oder Kommunikatorforschung zu einem wesentlichen Forschungsfeld der kommunikationswissenschaftlichen PR-Forschung. Böckelmann (1988, 1991a, 1991b) legte eine umfangreiche, deskriptive Studie über die Pressestellen in der Wirtschaft, bei staatlichen Einrichtungen sowie anderen Organisationen (Parteien, Verbände etc.) in Deutschland vor. Dorer analysierte für Österreich die Public Relations politischer Organisationen (Dorer 1995). Gesamterhebungen sind nicht zuletzt aufgrund des Problems, die Grundgesamtheit zu bestimmen und für empirische Zwecke Stichproben zu ziehen, problematisch. Die Definition des Berufsfeldes bereitet anhaltend Schwierigkeiten, weil die Grenzen einerseits zu Werbung und Marketing und andererseits zum Journalismus fließend sind. Es kommt hinzu, dass die Zahl an (kleinen) PR-Agenturen, an PR-Büros oder Einzelberaterinnen und -beratern als relativ hoch einzuschätzen ist.

Über den Bereich der PR-Agenturen hat Nöthe (1994) eine erste empirische Überblicksstudie vorgelegt. Insgesamt liegen, nicht zuletzt durch akademische Abschlussarbeiten, zahlreiche Berufs(teil)studien vor, doch fehlt es noch an systematisierenden Bemühungen, so insbesondere auch zu dem für das Berufsfeld relevanten Agentur- und Beraterbereich.

Röttger (2000) hat in einer aufwendigen Studie eine Vollerhebung über PR-Akteure im Kommunikationsraum Hamburg durchgeführt, die u.a. auf den geringen Professionalisierungsgrad, die unterschiedlichen Formen der organisatorischen Verankerung von PR-Stellen sowie auf die Abhängigkeit der PR-Rolleninhaber von den Organisationen aufmerksam macht. Auf Basis dieser Vorarbeiten wurde für die Schweiz erstmalig eine Vollerhebung in einem Land durchgeführt (Röttger/ Hoffmann/Jarren 2003). Die Studie zeigt, dass PR und Organisation in einem engen Kontext gesehen werden müssen (Organisationsfunktionen) und diese empirische Studie macht, wie die Mehrzahl der vorliegenden Berufsfeldstudien, auf die anhaltend bestehenden Professionalisierungsprobleme im PR-Bereich abermals aufmerksam. Zu ähnlichen Ergebnissen kommt auch Wienand (2003), die die Qualifikationsprofile und -anforderungen in der Öffentlichkeitsarbeit analysierte.

Aufgrund der Tatsache, dass der Anteil von Frauen in der PR-Ausbildung und im PR-Berufsfeld deutlich angestiegen ist, wird in Berufsfeldstudien zudem häufig so genannten Genderingeffekten Aufmerksamkeit geschenkt (siehe u.a. Redlich 1995; Dees/Döbler 1997; Fröhlich 2002; Gründl 1997; Lüdke 2001; Röttger 2001e; Zowack 2001).

4.2 Politische PR und Kampagnen

Im Zusammenhang mit der Herausbildung der ‚Mediengesellschaft' kann eine Ausweitung wie Professionalisierung der Kommunikationsaktivitäten der Akteure im intermediären Bereich (Parteien, Verbände, NGOs) wie auch bei Staat und Verwaltung festgestellt werden. Diesem Phänomen, vielfach als ‚Amerikanisierung' in westeuropäischen Ländern bezeichnet, wird auch jenseits von Wahlkämpfen zunehmend in der politischen Kommunikations- und der PR-Forschung Aufmerksamkeit geschenkt: Parteien-, Regierungs-, Behörden- und Parlamentskommunikation werden verstärkt empirisch analysiert und es werden normative Konzepte und Modelle der ‚Staatskommunikation' entwickelt (vgl. Sarcinelli 1994; Pfetsch/Dahlke 1996; Bentele 1998b; zusammenfassend dazu Jarren/Donges 2002).

Vor allem Kampagnenkommunikation gewinnt in der politischen PR bei allen Akteuren offenkundig an Bedeutung, so beispielsweise in der Gesundheitskommunikation, im Zusammenhang mit der Gefahrenabwehr oder im Rahmen von Mitglieder- und Imagekampagnen (vgl. Röttger 2001c; zuerst 1997). Kampagnen als dramaturgisch angelegte, thematisch begrenzte und zeitlich befristete kommunikative Strategien zur Erzeugung öffentlicher Aufmerksamkeit waren bislang für die PR im Wirtschaftssystem typisch. Kommunikationswissenschaftliche Erkenntnisse aus der Rezeptions- und Wirkungsforschung können hier verwandt werden, so für Evaluationen. In der politischen PR-Forschung finden zunehmend aber auch Formen der internationalen PR, so von Staaten, NGOs oder supranationalen Organisationen, an Beachtung.

4.3 Journalismus – PR

Dem Verhältnis von Journalisten und PR-Akteuren wird innerhalb der Kommunikationswissenschaft anhaltend ein großes Interesse entgegengebracht (vgl. Altmeppen/Röttger/Bentele 2004). Die in der Folge der Studie von Baerns (1985) vielfach angestellte Determinationshypothese (vgl. auch Grossenbacher 1986) kann aufgrund zahlreicher empirischer Einzelstudien (vgl. zusammenfassend Hoffjann 2001) nicht aufrechterhalten werden. Zwar kann gesamthaft von einem strukturellen Einfluss der PR auf die Medienleistung ausgegangen werden, aber der Einfluss der PR-Akteure variiert je nach Medium, Thema, Skandalisierungsgrad eines Vorgangs sowie aufgrund sozialer und/oder situativer Faktoren. Es ist – in einer handlungstheoretischen Sichtweise – von einer interaktionistischen Beziehung zwischen Journalisten und PR auszugehen (vgl. Jarren/Röttger 1999). Auch in der systemtheoretischen Perspektive handelt es sich um ein wechselseitiges Abhängigkeitsverhältnis. Journalismus als soziales System kann demnach von außen zwar nicht gesteuert, wohl aber beeinflusst werden: PR-Aktivitäten können also Resonanzen im System Journalismus auslösen und entsprechende Handlungen – in Einzelfällen – im Journalismus zur Folge haben. Die Entscheidung über eine Veröffentlichung darüber fällt aber im Journalismus.

Bentele et al. (1997) betrachten die Beziehungen von PR und Journalismus systemtheoretisch, wobei sie allerdings von zwei eigenständigen sozialen Teilsystemen ausgehen, die sie zum publizistischen System als zugehörig ansehen. Zwischen den beiden Teilsystemen besteht ein Verhältnis mit wechselseitig vorhandenen Einfluss-, Orientierungs- und Abhängigkeitsbeziehungen. Jedes Teilsystem würde die Leistungen des anderen Systems erst ermöglichen, weshalb die Autoren von Intereffikation sprechen. Das Modell wird in zweierlei Hinsicht kritisch diskutiert: Zum einen ist in systemtheoretischer Hinsicht offen, ob PR als soziales (Teil-) System gefasst werden kann. Zum anderen sind normative wie empirische Einwände gegen die Gleichstellung von Journalismus und PR zu formulieren: PR-Akteure agieren interessengeleitet im Auftrag für Organisationen oder Kunden und verfolgen auch persuasive Kommunikationsstrategien. Ihr Handeln ist im geringeren Maß als das journalistische Handeln durch berufsgruppeninterne Regeln und – vor allem – externe Normen gesteuert. Zum anderen besteht für die Rezipienten die Notwendigkeit im Rahmen der sozialen Orientierungssicherheit, zwischen PR und Publizistik unterscheiden zu können.

4.4 Issues Management und Krisenkommunikation

Sowohl von der Berufspraxis wie auch der PR-Forschung wurden Krisen und deren Verhinderung in den vergangenen Jahren vermehrt Aufmerksamkeit geschenkt (siehe u.a. Ingenhoff 2004; Röttger 2001b; Schaufler/Signitzer 1993; Loew 1999; Liebl 2000, 1996; Lauzen 1997; Lauzen/Dozier 1994; Zühlsdorf 2002). Zentrale Rahmenparameter für diese Entwicklung sind die zunehmende Handlungs- und Planungsunsicherheit für Organisationen aufgrund steigender Umweltkomplexität in funktional ausdifferenzierten Gesellschaften und der wachsende gesellschaftliche Legitimationsdruck, unter dem die Organisationen aller gesellschaftlichen Teilsysteme heute stehen (vgl. Hoffjann 2001: 126f). Zahlreiche Krisenfälle der jüngeren Vergangenheit – angefangen von der Swissair bis hin zu Coppenrath & Wiese – verweisen auf die steigende Bedeutung einer systematischen (kommunikativen) Vorbereitung auf Krisen und einer professionellen PR in Krisensituationen.

Die Früherkennung von möglichen Krisen und Gefahren und die frühzeitige Beeinflussung dieser konfliktträchtigen Themen stehen im Mittelpunkt des Issues Managements. Ziel ist es, über Thematisierungs- und De-Thematisierungsstrategien Prozesse der öffentlichen Meinungsbildung so zu beeinflussen, dass Krisen gar nicht erst entstehen und Konflikte beigelegt werden, bevor es zu einer breiten öffentlichen Thematisierung kommt. Issues Management umfasst die Identifikation, Analyse und strategische Beeinflussung von öffentlich relevanten Themen bzw. Erwartungen von Anspruchsgruppen (Issues), die die Handlungsspielräume einer Organisation potenziell oder tatsächlich tangieren. Die systematische Identifikation von Issues basiert vor allem auf Formen der Umweltanalyse (Scanning, Monitoring) und auf Prognosetechniken (u.a. Delphi-Befragungen, Szenariotechniken) (vgl. Geissler 2001).

Issues Management als Frühwarnfunktion schafft für Organisationen die informatorischen Grundlagen für eine proaktive Auseinandersetzung mit (potenziell) kritischen Themen. Aufgrund seiner ausgeprägten strategischen Ausrichtung wird Issues Management in Theorie und Praxis mit hohen Erwartungen verknüpft, als „one of the key phrases" der Public Relations (Grunig/Hunt 1984: 296) bezeichnet. Ob und inwieweit die Potenziale des Issues Managements als strategische Frühaufklärung in der Organisationspraxis sich tatsächlich entfalten können, ist bislang allerdings noch offen. Empirische Befunde (Röttger 2001a; Bentele/Rutsch 2001) deuten darauf hin, dass im deutschsprachigen Raum bislang nur wenige Organisationen – vor allem international tätige Unternehmen, die in öffentlich stark beobachteten Handlungsfeldern agieren – ein ausgereiftes Issues Management praktizieren.

5. Probleme und Perspektiven der kommunikationswissenschaftlichen PR-Forschung

Der Bestand an kommunikationswissenschaftlichem Wissen über PR ist zwar in den letzten zehn Jahren deutlich gestiegen, jedoch fehlt es noch immer an systematisierenden und metatheoretischen Bemühungen. Dies gilt auch für berufs- und fachhistorische Forschungsarbeiten. So ist es kein Zufall, dass noch keine Publikation einführender Art mit einem Überblick über Theorien der oder für PR vorliegt (einen ersten Überblick liefert Röttger 2004). In den wenigen Einführungswerken wird der Gegenstandsbereich PR vorrangig deskriptiv dargeboten.

Für die deutschsprachige PR-Forschung stellt sich die Frage, ob und inwieweit der Anschluss an Sozialtheorien aus dem deutschsprachigen wie dem europäischen Raum, so zu Öffentlichkeitstheorien, gefunden werden kann. Es ist eigentümlich, dass zum Beispiel auf relevante Öffentlichkeitsmodelle deutschsprachiger Autoren nicht eingegangen wird, während US-amerikanische Überlegungen relativ unkritisch übernommen werden. Die Auseinandersetzung mit dem Begriff und der Kategorie Öffentlichkeit steht zweifellos noch aus (siehe hierzu auch Szyszka 1999).

Schließlich ist auffällig, dass die PR-Forschung sowohl vom Gegenstand als auch von der Fragestellung her stark mit der Journalismusforschung in Verbindung steht. Dies zeigt sich in der Vielzahl von Fallstudien, in denen das Verhältnis von Journalisten und PR-Akteuren (empirisch) betrachtet wird. Durch diese Orientierung können aber nur Teilfunktionen von PR erkannt und empirisch erfasst werden.

Zudem fließen durch diese Fokussierung Frage- und Problemstellungen in die PR-Forschung ein, die im Interesse einer Eigenständigkeit von PR und auch von PR-Forschung stärker (selbst-)kritisch reflektiert werden sollten.

Offen ist, ob sich für die theoretische Weiterarbeit systemtheoretische Ansätze anbieten: Der Erklärungsgehalt makrotheoretischer Ansätze ist gering, zumal sie für empirische Analysen sowohl auf der Meso- wie auch auf der Mikro-Ebene wenig geeignet sind. Es kommt hinzu, dass offenkundig die Normen, Regeln und Formen von Kommunikation je nach Teilsystem unterschiedlich sind, und dann die Frage beantwortet werden muss, ob es sich bei PR tatsächlich um ein gesellschaftliches Totalphänomen, um ein Teilsystem der Gesellschaft, handelt. Empirische Analysen der PR-Praxis in unterschiedlichen sozialen Teilsystemen stehen aber noch aus. Der Gehalt strukturations- und organisationstheoretischer Ansätze wird sich ebenso noch erweisen müssen, auch weil es in diesem Bereich noch an weitergehenden empirischen Analysen fehlt. Zudem stehen hier weitere Studien, so bei Akteuren in unterschiedlichen Teilsystemen sowie zwischen unterschiedlichen Akteurs- bzw. Organisationstypen, noch aus.

Für die Erklärung von PR scheint die Fortsetzung und Intensivierung der Zusammenarbeit mit anderen Sozialwissenschaften sinnvoll, weil erkenntnisfördernd: PR lässt sich allein aus einer kommunikationswissenschaftlichen Perspektive nicht überzeugend beschreiben und erklären. PR ist damit im besten Sinne ein attraktiver Gegenstand für interdisziplinäre Bemühungen – wie übrigens andere Phänomene und Gegenstände der öffentlichen Kommunikation auch.

Literatur

Altmeppen, Klaus-Dieter/Röttger, Ulrike/Bentele, Günter (2004): Schwierige Verhältnisse. Interdependenzen zwischen Journalismus und PR. Wiesbaden: Verlag für Sozialwissenschaften.
Baerns, Barbara (1985): Öffentlichkeitsarbeit oder Journalismus? Zum Einfluß im Mediensystem. Köln: Wissenschaft und Politik.
Barth, Henrike/Donsbach, Wolfgang (1992): Aktivität und Passivität von Journalisten gegenüber Public Relations: Fallstudie am Beispiel von Pressekonferenzen zu Umweltthemen. In: Publizistik, 37. Jg. Nr. 2, S. 151-165.
Bentele, Günter (1998a): Vertrauen/Glaubwürdigkeit. In: Jarren, Otfried/Sarcinelli, Ulrich/Saxer, Ulrich (Hrsg.): Politische Kommunikation in der demokratischen Gesellschaft. Ein Handbuch mit Lexikonteil. Opladen: Westdeutscher Verlag, S. 305-311.
Bentele, Günter (1998b): Politische Öffentlichkeitsarbeit. In: Sarcinelli, Ulrich (Hrsg.): Politikvermittlung und Demokratie in der Mediengesellschaft. Opladen: Westdeutscher Verlag, S. 124-145.
Bentele, Günter (1997a): Defizitäre Wahrnehmung: Die Herausforderung der PR an die Kommunikationswissenschaft. In: Bentele, Günter/Haller, Michael: Aktuelle Entstehung von Öffentlichkeit. Konstanz: UVK, S. 67-84.
Bentele, Günter (1997b): PR-Wissenschaft in Deutschland. Eine Annäherung. In: PR-Forum, Nr. 3, S. 8-15.
Bentele, Günter/Rutsch, Daniela (2001): Issues Management in Unternehmen: Innovation oder alter Wein in neuen Schläuchen? In: Röttger, Ulrike (Hrsg.): Issues Management. Wiesbaden: Westdeutscher Verlag, S. 141-160.
Bentele, Günter/Seeling, Stefan/Liebert, Tobias (1997): Von der Determination zur Intereffikation. Ein integriertes Modell zum Verhältnis von Public Relations und Journalismus. In: Bentele, Günter/Haller, Michael (Hrsg.): Aktuelle Entstehung von Öffentlichkeit. Akteure, Strukturen, Veränderungen. Konstanz: UVK, S. 225-250.
Böckelmann, Frank (1991): Pressestellen der öffentlichen Hand. (Pressestellen 3). München: Öhlschläger.
Böckelmann, Frank (1991): Pressestellen der Organisationen. (Pressestellen 2). München: Öhlschläger.
Böckelmann, Frank (1988): Pressestellen in der Wirtschaft. (Pressestellen 1). München: Öhlschläger.

Burkart, Roland/Probst, Sabine (1991): Verständigungsorientierte Öffentlichkeitsarbeit: Eine kommunikationstheoretisch begründete Perspektive. In: Publizistik, 36. Jg., Nr. 1, S. 56-76.
Dees, Matthias/Döbler, Thomas (1997): Public Relations als Aufgabe für Manager? Rollenverständnis, Professionalisierung, Feminisierung. Eine empirische Untersuchung. Stuttgart: Thomas Döbler.
Derieth, Anke (1995): Unternehmenskommunikation. Eine Analyse zur Kommunikationsqualität von Wirtschaftsorganisationen. Opladen: Westdeutscher Verlag.
Dorer, Johanna (1995): Politische Öffentlichkeitsarbeit in Österreich: Eine empirische Analyse zur Public Relations politischer Institutionen. Wien: Wilhelm Braumüller.
Faulstich, Werner (2000): Grundwissen Öffentlichkeitsarbeit. München: UTB.
Fröhlich, Romy (2002): Die Freundlichkeitsfalle. Über die These der kommunikativen Begabung als Ursache für die „Feminisierung" des Journalismus und der PR. In: Starkulla Jr., Heinz/Nawratil, Ute/Schönhagen, Philomen (Hrsg.): Festschrift für Hans Wagner. Leipzig: Leipziger Universitätsverlag, S. 225-243.
Geissler, Ulrike (2001): Frühaufklärung durch Issues Management. Der Beitrag der Public Relations. In: Röttger, Ulrike (Hrsg.): Issues Management. Wiesbaden: Westdeutscher Verlag, S. 207-215.
Gerhards, Jürgen (1994): Politische Öffentlichkeit. Ein system- und akteurstheoretischer Bestimmungsversuch. In: Neidhardt, Friedhelm (Hrsg.): Öffentlichkeit, öffentliche Meinung, soziale Bewegungen. Opladen: Westdeutscher Verlag, S. 77-105.
Grossenbacher, Rene (1986): Hat die „vierte Gewalt" ausgedient? In: Media Perspektiven, Nr. 11, S. 725-731.
Gründl, Klaudia (1997): Feminisierung von Public Relations. Eine empirische Studie zum Einfluss und der Stellung von Frauen im Berufsbereich Public Relations in Österreich. In: pr-magazin, Nr. 11, S. 33-42.
Grunig, James E. (Hrsg.) (1992): Excellence in Public Relations and Communication Management. Hillsdale: Lea.
Grunig, James E./Hunt, Todd (1984): Managing Public Relations. New York u.a.: Thomson Learning.
Hein, Stephanie (1998): Public Relations und soziale Marktwirtschaft. Eine Geschichte ihrer Abhängigkeiten. München: Reinhard Fischer.
Herger; Nikodemus (2004): Organisationskommunikation. Beobachtung und Steuerung eines organisationalen Risikos. Wiesbaden: Verlag für Sozialwissenschaften.
Hoffjann, Olaf 2001: Journalismus und Public Relations. Ein Theorieentwurf der Intersystembeziehungen in sozialen Konflikten. Opladen/Wiesbaden: Westdeutscher Verlag.
Hundhausen, Carl (1951): Werbung um öffentliches Vertrauen. Essen: Girardet.
Hundhausen, Carl (1969): Public Relations. Theorie und Systematik. Berlin: De Gruyter, Bln.
Jarren, Otfried/Donges, Patrick (2002): Politische Kommunikation in der Mediengesellschaft. Eine Einführung. 2 Bd. Wiesbaden: Westdeutscher Verlag.
Ingenhoff, Diana (2004): Corporate Issues Management in internationalen Unternehmen. Eine empirische Studie zu organisationalen Strukturen und Prozessen. Wiesbaden: Verlag für Sozialwissenschaften.
Jarren, Otfried/Röttger, Ulrike (1999): Politiker, politische Öffentlichkeitsarbeiter und Journalisten als Handlungssystem. Ein Ansatz zum Verständnis politischer PR. In: Rolke, Lothar/Wolff, Volker (Hrsg.): Wie die Medien die Wirklichkeit steuern und selber gesteuert werden. Opladen/Wiesbaden: Westdeutscher Verlag, S. 199-221.
Knorr, Ragnwolf H. (1984): Public Relations als System-Umwelt-Interaktion. Dargestellt an der Öffentlichkeitsarbeit einer Universität. Wiesbaden: Westdeutscher Verlag.
Kückelhaus, Andrea (1998): Public Relations: die Konstruktion von Wirklichkeit. Kommunikationstheoretische Annäherungen an ein neuzeitliches Phänomen. Opladen: Westdeutscher Verlag.
Lauzen, Martha M. (1997): Understanding the Relation between Public Relations and Issues Management. In: Journal of Public Relations Research, 9. Jg., Nr. 1, S. 65-82.
Lauzen, Martha M./Dozier, David M. (1994): Issues Management Mediation of Linkages Between Environmental Complexity and Management of the Public Relations Function. In: Journal of Public Relations Research, 6. Jg., Nr. 3, S. 163-184.
Liebl, Franz (1996): Strategische Frühaufklärung. Trends, Issues, Stakeholders. München: Oldenbourg.
Liebl, Franz (2000): Der Schock des Neuen. Entstehung und Management von Issues. München: Gerling Akademiker.
Loew, Hans-Christian (1999): Frühwarnung, Früherkennung, Frühaufklärung – Entwicklungsgeschichte und theoretische Grundlagen. In: Henckel von Donnersmarck, Marie/Schatz, Roland (Hrsg.): Frühwarnsysteme. Bonn u.a.: InnoVatio, S. 19-47.

Lüdke, Dorothea (2001): „Feminisierung" und Professionalisierung der PR. US-amerikanische Konzeptionalisierungen eines sozialen Wandels. In: Klaus, Elisabeth/Röser, Jutta/Wischermann, Ulla (Hrsg.): Kommunikationswissenschaft und Gender Studies. Wiesbaden: Westdeutscher Verlag, S. 163-186.

Merten, Klaus (1992): Begriff und Funktionen der Public Relations. In: pr-magazin, 23. Jg., Nr. 11, S. 35-46.

Merten, Klaus/Westerbarkey, Joachim (1994): Public Opinion und Public Relations. In: Merten, Klaus/Schmidt, Siegfried J./Weischenberg, Siegfried (Hrsg.): Die Wirklichkeit der Medien. Opladen: Westdeutscher Verlag, S. 188-211.

Neidhardt, Friedhelm 1994: Öffentlichkeit, öffentliche Meinung, soziale Bewegungen. In: Neidhardt, Friedhelm (Hrsg.): Öffentlichkeit, öffentliche Meinung, soziale Bewegungen. Opladen: Westdeutscher Verlag, S. 7-41.

Nöthe, Bettina (1994): PR-Agenturen in der Bundesrepublik Deutschland. Bestandsaufnahme und Perspektiven. Münster: Agenda.

Oeckl, Albert (1964): Handbuch der Public Relations. Theorie und Praxis der Öffentlichkeitsarbeit in Deutschland und der Welt. München: Süddeutscher Verlag.

Oeckl, Albert (1976): PR-Praxis. Der Schlüssel zur Öffentlichkeitsarbeit. Düsseldorf: Econ.

Pfetsch, Barbara/Dahlke, Kerstin (1996): Politische Öffentlichkeitsarbeit zwischen Zustimmungsmanagement und Politikvermittlung. Zur Selbstwahrnehmung politischer Sprecher in Berlin und Bonn. In: Jarren, Otfried/Schatz, Heribert/Wessler, Hartmut (Hrsg.): Medien und politischer Prozess. Politische Öffentlichkeitsarbeit und massenmediale Politikvermittlungen im Wandel. Opladen: Westdeutscher Verlag, S. 137-154.

Redlich, Diana R. (1995): Frauen im Berufsfeld Public Relations. Eine empirische Studie zur beruflichen Situation weiblicher Public-Relations-Fachleute in Deutschland. In: pr-magazin, Nr. 5, S. 33-40.

Rolke, Lothar/Wolff, Volker (Hrsg.) (1999): Wie die Medien die Wirklichkeit steuern und selber gesteuert werden. Opladen/Wiesbaden: Westdeutscher Verlag.

Ronneberger, Franz/Rühl, Manfred (1992): Theorie der Public Relations. Ein Entwurf. Opladen: Westdeutscher Verlag.

Röttger, Ulrike (2000): Public Relations – Organisation und Profession. Öffentlichkeitsarbeit als Organisationsfunktion. Eine Berufsfeldstudie. Wiesbaden: Westdeutscher Verlag.

Röttger, Ulrike (2001a): Issues Management – Mode, Mythos oder Managementfunktion? Begriffsklärungen und Forschungsfragen – eine Einleitung. In: Röttger, Ulrike (Hrsg.): Issues Management. Theoretische Konzepte und praktische Umsetzung. Eine Bestandsaufnahme. Wiesbaden: Westdeutscher Verlag, S. 11-39.

Röttger, Ulrike (Hrsg.) (2001b): Issues Management. Theoretische Konzepte und praktische Umsetzung. Eine Bestandsaufnahme. Wiesbaden: Westdeutscher Verlag.

Röttger, Ulrike (Hrsg.) ²(2001c): PR-Kampagnen. Über die Inszenierung von Öffentlichkeit. Opladen: Westdeutscher Verlag.

Röttger, Ulrike (2001d): Public Relations. In: Jarren, Otfried/Bonfadelli, Heinz (Hrsg.): Einführung in die Publizistikwissenschaft. Stuttgart: UTB, S. 287-307.

Röttger, Ulrike (2001e): Public Relations und Gendering: Aktuelle empirische Befunde und theoretische Perspektiven zur Öffentlichkeitsarbeit als Organisationsfunktion. In: Klaus, Elisabeth/Röser, Jutta/Wischermann, Ulla (Hrsg.): Kommunikationswissenschaft und Gender Studies. Wiesbaden: Westdeutscher Verlag, S. 187-210.

Röttger, Ulrike (Hrsg.) (2004): Theorien der Public Relations. Grundlagen und Perspektiven der PR-Forschung. Wiesbaden: Verlag für Sozialwissenschaften.

Röttger, Ulrike (2004a): Welche Theorien für welche PR? In: diess. (Hrsg.) Theorien derr Public Relations. Wiesbaden: Verlag für Sozialwissenschaften, S. 7-22.

Röttger, Ulrike/Hoffmann, Jochen/Jarren, Otfried (2003): Public Relations in der Schweiz. Konstanz: UVK.

Rühl, Manfred (1990): Innenansichten eines emergierenden Fachtypus der Kommunikationswissenschaft. Analysen und Synthesen. Berichte und Monographien zur Kommunikationstheorie und Kommunikationspolitik. Bd. 3. Bamberg: Forschungsstelle für Kommunikationspolitik.

Ruß-Mohl, Stephan (1994): Symbiose oder Konflikt: Öffentlichkeitsarbeit und Journalismus. In: Jarren, Otfried (Hrsg.): Medien und Journalismus 1. Opladen: Westdeutscher Verlag, S. 314-326.

Sarcinelli, Ulrich (1994): Mediale Politikdarstellung und politisches Handeln: Analytische Anmerkungen zu einer notwendigerweise spannungsreichen Beziehung. In: Jarren, Otfried (Hrsg.): Politische

Kommunikation in Hörfunk und Fernsehen. Elektronische Medien in der Bundesrepublik Deutschland. Opladen: Westdeutscher Verlag, S. 35-50.

Saxer, Ulrich (1991): Public Relations als Innovation. Innovationstheorie als public-relations-wissenschaftlicher Ansatz. In: Media Perspektiven, Nr. 5, S. 273-290.

Schantel, Alexandra (2000): Determination oder Intereffikation? In: Publizistik, 45. Jg., Nr. 1, S. 70-88.

Schaufler, Günter/Signitzer, Benno (1993): Issues Management – strategisches Instrument der Unternehmensführung. In: Fischer, Heinz-D./Wahl, Ulrike G. (Hrsg.): Public Relations. Frankfurt/Main: Lang, S. 309-317.

Schimank, Uwe [2](2002): Handeln und Strukturen. Einführung in die akteurstheoretische Soziologie. Weinheim: Juventa.

Signitzer, Benno (1988): Public Relations-Forschung im Überblick. Systematisierungsversuche auf der Basis neuerer amerikanischer Studien: In: Publizistik, 33. Jg., Nr. 1, S. 92-116.

Szyszka, Peter (Hrsg.) (1999): Öffentlichkeit. Diskurs zu einem Schlüsselbegriff der Organisationskommunikation. Opladen: Westdeutscher Verlag.

Szyszka, Peter (Hrsg.) (1997): Auf der Suche nach Identität. PR-Geschichte als Theoriebaustein. Berlin: Vistas.

Töpfer, Armin (2000): Plötzliche Unternehmenskrisen, Gefahr oder Chance? Neuwied/Kriftel: Luchterhand.

Wolbring, Barbara (2000): Krupp und die Öffentlichkeit im 19. Jahrhundert. Selbstdarstellung, öffentliche Wahrnehmung und gesellschaftliche Kommunikation. München: C.H. Beck.

Wienand, Edith (2003): Public Relations als Beruf. Kritische Analyse eines aufstrebenden Kommunikationsberufes. Wiesbaden: Verlag für Sozialwissenschaften.

Zerfaß, Ansgar (1996): Unternehmensführung und Öffentlichkeitsarbeit. Grundlegung einer Theorie der Unternehmenskommunikation und Public Relations. Opladen: Westdeutscher Verlag.

Zerfaß, Ansgar (2004): Unternehmensführung und Öffentlichkeitsarbeit. Grundlegung einer Theorie der Unternehmenskommunikation und Public Relations. Wiesbaden: Verlag für Sozialwissenschaften.

Zipfl, Astrid (1997): Public Relations in der Elektroindustrie. Die Firmen Siemens und AEG, 1847 bis 1939. Köln: Böhlau.

Zowack, Martina (2001): Frauen in den österreichischen Public Relations. Studie zur Berufssituation in der österreichischen PR-Branche. Präsentation im Rahmen des PRVA. In: www.prva.at (Stand: 18.11.2001).

Zühlsdorf, Anke (2002): Gesellschaftsorientierte Public Relations: Eine strukturationstheoretische Analyse der Interaktion von Unternehmen und kritischer Öffentlichkeit. Wiesbaden: Westdeutscher Verlag.

Public Relations aus organisationssoziologischer Perspektive

Anna Maria Theis-Berglmair

Im Bemühen darum, das Feld der Public Relations zumindest einigermaßen zu systematisieren, werden verschiedentlich vortheoretische Definitionen von PR denjenigen Ansätzen gegenüber gestellt, die dieses Phänomen aus einer gesamtgesellschaftlichen oder aus einer Organisationsperspektive zu erfassen versuchen (Faulstich 2000: 21f). Das Feld der Organisationstheorien ist aber zwischenzeitlich so umfangreich und komplex geworden, dass sich diese Vielfalt kaum noch in zusammenfassenden Werken wiedergeben lässt (vgl. Türk 2000). Angesichts dieser Entwicklungen verblüfft die Feststellung, wonach die Gemeinsamkeit organisationstheoretischer Ansätze darin läge, dass sie im Wesentlichen die Managementperspektive thematisieren, die strategische Dimension von Kommunikationskonzepten in den Vordergrund rücken (Zerfaß 1996) und „mehr oder weniger ausgeprägt die ‚Macher'-Perspektive wiedergeben" würden (Faulstich 2000: 21). Die Vielfalt der existierenden Ansätze verbietet es zumindest derzeit noch, von *der* modernen Organisationstheorie zu sprechen (Fröhlich 1994: 37), auf deren Basis sich eine einheitliche Sinngebung und Definition von Public Relations entwickeln ließe. Stattdessen ist die Reichweite eines PR-Verständnisses immer abhängig von der jeweils verwendeten Organisationstheorie (Signitzer 1995). Dass dabei vielfach auf mechanistische, normativ geprägte Ansätze zurückgegriffen wird, welche dem Rationalitätsgedanken und der „Machtperspektive" Vorschub leisten, hängt möglicherweise auch mit dem Bestreben (von Theoretikern und Praktikern gleichermaßen) zusammen, auf diese Weise den Beitrag von PR zur Erreichung von Organisationszielen näher konkretisieren zu wollen. Eine Analyse von PR aus einer organisationssoziologischen Perspektive kann sich jedoch nicht in der Bezugnahme auf dieses, in der Organisationsforschung zunehmend kritisierte, rational und normativ konzipierte Organisationsverständnis erschöpfen, sondern muss die jeweiligen Problemlagen reflektieren, die sich aus der Weiterentwicklung organisationstheoretischer Ansätze ergeben.

1. Von bürokratischen Organisationen zu sozialen Systemen

Die Bürokratietheorie Max Webers (Weber 1972) bietet zunächst wenig Anhaltspunkte für Public Relations, da Weber sein Augenmerk hauptsächlich auf *interne* Vorgänge in Organisationen richtet. Sein Interesse gilt den Möglichkeiten legaler, legitimer Herrschaftsausübung, die er in den gesetzten Regeln realisiert sieht. Regeln setzen der Willkür Grenzen und erzeugen dadurch eine Berechenbarkeit von Handlungen. Schon Weber verweist auf die Tatsache, dass die zweckbezogene, entpersönliche und betriebliche Organisation als Grundlage umfassender sozialer Gebilde verstanden werden muss – ein Gedanke, der in den sechziger Jahren des 20. Jahrhunderts von Renate Mayntz (1963) aufgegriffen wird. In der Organisiertheit sieht sie geradezu ein zentrales Charakteristikum moderner Gesellschaften. Organisationen sind verselbstständigte soziale Gebilde, denen – ganz im Sinne des struktur-funktionalistischen Gedankenguts – eine Tendenz zum Selbsterhalt und zum Gleichgewicht attestiert wird. Für eine PR-Forschung ergeben sich daraus noch keine unmittelbaren Anknüpfungspunkte, sieht man einmal ab von dem besonderen Stellenwert, welcher diesen reifizierten sozialen Gebilden für moderne Gesellschaften zugestanden wird.

Durch die Anbindung von Organisationstheorien an gesellschaftstheoretische Traditionen, vor allem an systemtheoretische Ansätze, vollzieht sich eine Öffnung dahingehend, dass weniger die Zweckbestimmung einer Organisation als ihre Einbettung in eine Umwelt verstärkte Beachtung erhält. Die Gleichsetzung der Einheit der Organisation mit der Einheit ihres Zwecks findet mit der Konzeption von Organisationen als soziale Systeme ein Ende. Der Systembegriff ermöglicht zudem, auch andere Formen der Organisation von Aktivitäten in den Blickpunkt zu rücken als diejenigen, die noch zu Beginn des 20. Jahrhunderts mit dem Organisationsbegriff assoziiert werden. Neben Organisationen der Massenproduktion und der Verwaltung treten andere Zusammenschlüsse, wie beispielsweise Umweltverbände oder Therapiegruppen, die ebenfalls als soziale Systeme zu definieren sind und als solche die Beziehungen zu ihrer Umwelt regulieren müssen.

In dem Maße, in dem Organisationen weniger als Zweckverband denn als *soziale Systeme* begriffen werden, rücken nicht isolierte Zwecke, sondern deren Funktionen in den Mittelpunkt der Betrachtung. Einzelhandlungen können zwar auf Zwecke hin bezogen sein, müssen sich aber nicht zwangsläufig positiv für das soziale System in der Gesamtheit erweisen (Endruweit 1981). Unter Bezugnahme auf system- und entscheidungstheoretische Grundlagen gelangt Luhmann (1968) zu einem veränderten Zweckbegriff, der sich nicht ausschließlich auf die Auswahl der Mittel, sondern auch auf diejenigen Entscheidungsprozesse bezieht, die der *Auswahl von Zwecken* dienen. Entscheidungen über Zwecke und Mittel sind demzufolge immer im Hinblick auf ihre problemlösende Funktion für Systeme zu werten. Rationalität, die seit Max Weber mit bürokratischen Organisationen verbunden ist, erfährt spätestens mit den Arbeiten der Entscheidungstheoretiker eine Einschränkung. March (1988) zeigt auf, dass Entscheidungsprozesse nicht durch rationale Informationsverarbeitung gekennzeichnet sind, sondern dass es in diesem Prozess um die *Verteilung von Aufmerksamkeit für Themen* geht, die zur Entscheidung anstehen. Entscheidungen dienen somit nicht als Instrument zur Problemlösung, sondern sind *Ausdruck interpretativer Prozesse,* die nun erstmals Eingang in die Organisationstheorie finden. Dabei spielt die jeweilige *Organisationsgeschichte* insofern eine Rolle, als sie die Regeln der Angemessenheit beeinflusst, welche bei Entscheidungen herangezogen werden. Weil Entscheidungen selbst aber weitgehend auf die Organisation bzw. das Innenleben dieser Gebilde bezogen werden, scheinen von der verhaltenswissenschaftlichen Entscheidungstheorie zunächst keine unmittelbaren Implikationen für eine extern gerichtete Öffentlichkeitsarbeit ableitbar zu sein. Das soll sich einige Jahre später unter dem Einfluss einer Systemtheorie, die den Autopoiesegedanken aufgreift, schlagartig ändern.

Zunächst aber offeriert die Einführung des System-Umwelt-Denkens erstmals konkrete Möglichkeiten einer theoretischen Verankerung von (kommunikativen) Maßnahmen, die der Regelung der (Austausch-)Beziehungen zwischen Organisation und Umwelt dienen, wobei die frühe Systemtheorie Organisationen als offene Systeme begreift, die Spezifikation des Austauschverhältnisses jedoch weitgehend offen lässt. An diesem Punkt setzen auch die so genannten Kontingenzansätze an, die darum bemüht sind, bestimmte Umweltvariablen mit Strukturcharakteristika von Organisationen in Verbindung zu bringen. Turbulente Umwelten erfordern demnach durchlässigere Kommunikationsstrukturen, um eine bessere Informationsverarbeitung zu gewährleisten (Lawrence/Lorsch 1967). Neben dem Aspekt der internen Strukturierung von Organisationen lenkt der Systemgedanke den Blick auf die Grenzen zwischen System und Umwelt. In dieser Grenzregion findet auch Öffentlichkeitsarbeit eine Verortung, sichtbar vor allem daran, dass der Gedanke der wechselseitigen Abstimmung zwischen System und Umwelt, zwischen Organisation und Öffentlichkeit in der PR-Literatur der siebziger Jahre verstärkt aufgegriffen wird und sich in einschlägigen PR-Definitionen widerspiegelt. So betrachtet Albert Oeckl (1976) beispielsweise Öffentlichkeitsarbeit als Resultat von Information, Anpassung und Integration. Dem damaligen Systemdenken entsprechend wird ‚Umwelt' jedoch als *gegebene* Größe vorausgesetzt. Für die extern gerichteten PR-Aktivitäten ergibt sich daraus die Aufgabe der Konfliktvermeidung, der Interessenlegitimierung u.ä.m. Heute ist der Systemgedanke aus der PR-Forschung nicht mehr wegzudenken (siehe dazu die Beiträge von Manfred Rühl und Peter Szyszka in diesem Band), gleichwohl sind die Konsequenzen für ein Verständnis von PR bzw. Öffentlichkeitsarbeit mit dem Verweis auf den Systemcharakter von Organisationen allein noch nicht zufriedenstellend erfasst. Entscheidend für die Verortung und Beschreibung von PR ist vielmehr, *wie* die Beziehung zwischen Organisation und Umwelt konzipiert wird.[1]

Unter Berücksichtigung der autopoietischen Reproduktion und der Selbstreferenz von Systemen stellt sich das System-Umwelt-Verhältnis heute gänzlich anders dar als noch in den siebziger Jahren des 20. Jahrhunderts (Luhmann 2000: 36). Neuere Systemansätze gehen nicht mehr davon aus, dass eine Systemumwelt per se gegeben ist, sondern betonen stattdessen die Notwendigkeit der permanenten Erzeugung einer Differenz zwischen System und Umwelt, welche *im System selbst* vollzogen wird. Mit anderen Worten, die Umwelt einer bestimmten Organisation ist nicht als gegeben unterstellbar, sondern erweist sich als Produkt dieses nämlichen Systems. Dieser Gedanke ist bereits bei Karl E. Weick (1985) zu finden, der konsequenterweise nicht länger von einer (reifizierten) Organisation, sondern vom *Prozess des Organisierens* spricht. Er kommt einer sukzessiven Reduktion von Mehrdeutigkeit gleich und setzt sich aus unterschiedlichen Schritten zusammen, die Weick als Gestaltung, Selektion und Retention beschreibt. *Gestaltung* entspricht der Tätigkeit einer Einklammerung bzw. Konstruktion: „Leute [setzen] aktiv Dinge in die Welt, [nehmen] sie dann wahr und [diskutieren] über ihre Wahrnehmung. Diese

---

1 Die von Faulstich vorgeschlagene Verortung von Öffentlichkeitsarbeit als spezielle System-Umwelt Interaktion in den Bereich der Kulturwissenschaft (Faulstich 2000: 40) trägt allein noch nichts zur Lösung des Theorieproblems bei, wenn nicht gleichzeitig das System-Umwelt-Verhältnis näher spezifiziert wird.

ursprüngliche Setzung von Realität ist das, was durch das Wort *Gestaltung* festgehalten wird" (Weick 1985: 238). Als Ergebnis dieses Gestaltungsprozesses liegen unterschiedliche „Rohmaterialien" vor, die einer weiteren Selektion bedürfen. Im Verlauf des *Selektionsprozesses* wird „eine Mehrzahl von Figuren aus einer Mehrzahl von Hintergründen [ausgesondert] und (diese Selektion, ATB) stabilisiert dann eine oder mehrere von diesen Figur-Hintergrund-Beziehungen..." (Weick 1985: 290). Durch den *Retentionsprozess* werden die Produkte erfolgreicher Sinngebung gespeichert. Von daher erweisen sich *sinnvolle Umwelten* nicht als Input, d.h. als gegeben, sondern als *Produkt* der Tätigkeit des Organisierens.

2. Der Autopoiesegedanke in der Organisationssoziologie: Zur Relevanz von Selbstbeschreibungen für den Stellenwert von Public Relations

Unter Bezugnahme auf den Autopoiesegedanken in der neueren Systemtheorie können Organisationen als Systeme verstanden werden, die sich selbst als Organisationen erzeugen. Ihre (Letzt-)Elemente sind Kommunikationen, wobei es für Organisationen charakteristisch ist, dass es sich um die Kommunikation von Entscheidungen handelt (Luhmann 2000). So gesehen gibt es nur interne Ereignis- bzw. Entscheidungsfolgen. Entscheiden heißt, „irgendeine Interpretation der Welt und irgendeine Reihe von Schlüssen aus dieser Interpretation für nachfolgendes Handeln verbindlich zu machen" (Weick 1985: 290). Das gilt auch für Entscheidungen hinsichtlich (des Bildes der Organisation von) der Umwelt. Informationen fließen nicht aus der Umwelt in ein System ein, in dem sie dann weiterverarbeitet werden, um als Output das System wieder zu verlassen, wie es das Input-Throughput-Output-Modell offener Systeme suggeriert hatte. Stattdessen werden Informationen über die Umwelt im System erzeugt. Die Erzeugung einer Differenz zwischen Organisation und Umwelt dient dabei nicht nur der Grenzziehung, sondern gleichzeitig der Identitätsbestimmung der Organisation. Um dies leisten zu können, müssen Systeme in der Lage sein, ihre Umwelt zu beobachten.

Die veränderte Sicht auf das System-Umwelt-Verhältnis birgt weitreichende Folgen für den Stellenwert ‚extern' gerichteter kommunikativer Aktivitäten. Unter diesem theoretischen Blickwinkel betrachtet, ergeben die seit den achtziger Jahren des 20. Jahrhunderts zu beobachtenden Anstrengungen zur Identitätsbestimmung von Organisationen durchaus einen Sinn, auch wenn die Versuche, Konzepte wie ‚Corporate Identity' oder ‚Image' zu eigenständigen Theorien auszubauen, bislang weitgehend gescheitert sind. Die Public Relations-Forschung hat diese Konzepte bereitwillig aufgenommen (siehe unter vielen z.B. Armbrecht/Avenarius/Zabel 1993; Merten 1992), womit letztlich die Aufmerksamkeit der Forscher auf das Phänomen der *Identität* sozialer Systeme gelegt wird. Im Kontext neuerer Organisationsansätze, welche die Problematik der System-Umwelt-Interaktion nicht auf die Bestandserhaltung als solche, sondern auf die Etablierung einer Differenz zwischen System und Umwelt verlagern, erweist sich Identität als Phänomen, das permanent (re-)produziert werden muss, beispielsweise mittels eines Image- und Issue-Managements (Cheney/Vibbert 1987; Röttger 2001). Konsequenterweise kommt Public Relations eine zentrale Bedeutung im Hinblick auf eine *Selbstbeobachtung* und *Selbstbeschreibung* von Organisationen zu. Public Relations könnte man von daher als systemeigene Form der Selbst- und Umweltbeobachtung und -beschreibung bezeichnen. Aufgrund der permanenten (Re-)Produktionsnotwendigkeit erweisen sich die auf Selbstdarstellung gerichteten kommunikativen Aktivitäten von Organisationen denn auch als Daueraufgabe und nicht als punktuelle, zeitlich limitierte Aktivität.

Das hat wesentlich damit zu tun, dass autopoietische Systeme sich in einem Dauerzustand der Unsicherheit über sich selbst in ihrem Verhältnis zur Umwelt befinden. Aber nicht dergestalt, dass Systeme sich gegen ‚Störungen' von außen ‚wappnen', sich quasi vor ihnen ‚schützen' müssten, wie manche ältere Systemkonzeptionen es nahe legen. Ein derartiges System-Umwelt-Modell würde Public Relations sehr schnell die Rolle einer Vorbeugungs- bzw. Abwehrmaßnahme zuschreiben. Die Rollenzuschreibung ändert sich jedoch, wenn man sich die Gegebenheiten vergegenwärtigt, welche für die permanente Unsicherheit des Organisations-Umwelt-Verhältnisses sorgen.

Eine prinzipielle Unsicherheit kommt dadurch zustande, dass bei der Kommunikation von Entscheidungen immer auch „die abgelehnten Möglichkeiten mitkommuniziert werden, denn anders würde nicht verständlich werden, dass es sich überhaupt um eine Entscheidung handelt" (Luhmann 2000: 64). Gleichzeitig tauchen mit der Kommunikation der Entscheidung Zweifel auf, ob die getroffene (und kommunizierte) Entscheidung richtig war. Neben die Reduktion von Unsicherheit treten damit neue Unsicherheiten. Darüber hinaus ergibt sich die Notwendigkeit, ständig neue Entscheidungen zu kommunizieren, auch dadurch, „dass die Ereignissequenzen (Prozesse) in der Umwelt anders verlaufen als im System" (Luhmann 2000: 66). Die Theorie autopoietischer Systeme nimmt Abschied von der Vorstellung, dass es einen unmittelbaren Zusammenhang gibt zwischen den Entscheidungen eines Systems und bestimmten Umweltreaktionen, auch wenn die Zuschreibungen der beteiligten Akteure oft Anderes suggerieren. Das hängt wiederum mit dem zweiten Aspekt der Unsicherheit zusammen. Er resultiert aus der Vernetzung von Organisation und Umwelt, die unter heutigen Bedingungen extrem stark ausgeprägt ist. Die starke Vernetzung bringt eine hohe Komplexität der Zusammenhänge mit sich, was die „objektive" Feststellung von Ursache-Wirkungs-Zusammenhängen deutlich erschwert.[2] Umso mehr sind die Akteure selbst darum bemüht, Handlungszuschreibungen vorzunehmen und möglichst solche durchzusetzen, die sie selbst in ein günstiges Licht rücken. Wirtschaftsunternehmen, die sich traditionell als rational funktionierende Hierarchie beschreiben, vermitteln in ihrer Außendarstellung häufig das Bild einer Zentrale, welche die effektive Kontrolle über das Geschehen innehat. Just

---

2 Das gilt auch für Public Relations selbst, die sich – ganz in der Tradition einer rational geprägten Selbstbeschreibung – in den letzten Jahren verstärkt um den empirischen Nachweis ihrer Effizienz und Effektivität bemüht. Diesbezüglich wäre zu prüfen, ob eine stärkere Professionalisierung der Tätigkeiten nicht ein der Situation angemesseneres Resultat im Hinblick auf Zuschreibungen erbringt. Unabhängig davon bleiben derartige Zuschreibungen aber auch dann ambivalent: Je wirksamer und potenter PR eingeschätzt wird, desto eher müssen sich Verantwortliche auch mit nicht erwünschten Zuschreibungen auseinander setzen.

diese Selbstbeschreibung macht Organisationen prinzipiell angreifbar, weil adressierbar.

Denn im Gegensatz zu Funktionssystemen können Organisationen für sich sprechen und umgekehrt selbst Adressat von Kommunikation sein. Als Akteur können ihnen folglich auch Handlungen/Kommunikationen zugerechnet werden. Oft merkt eine Organisation erst an der sozialen Resonanz, dass ihr ein bestimmtes Handeln zugerechnet wird (Luhmann 2000: 124). Der dritte Aspekt schließlich bezieht sich auf das generelle Unbekanntsein der Zukunft. Daraus entsteht die Daueraufgabe, Unbekanntes in Bekanntes zu transformieren. In diesem Prozess nimmt eine Organisation in erster Linie Bezug auf ihr Gedächtnis.

Aus dem prinzipiell ungewissen Verhältnis einer Organisation zu ihrer Umwelt ergeben sich weitreichende Konsequenzen für ein organisationstheoretisch fundiertes Verständnis von Public Relations. PR-Definitionen bzw. -Ansätze, die mehr oder weniger implizit die Selbstbeschreibung von Organisationen als rational konzipierter Zweckverband zugrunde legen, können allenfalls an der Handlungszuschreibung ansetzen. Die Aufgabe von PR bezieht sich dann auf den (strategischen) Einsatz diverser Kommunikationsmedien für die Selbst- und Fremdzuschreibung, ein Prozess, in dem Massenmedien eine wichtige Rolle spielen. Organisationen (be-)nutzen Massenmedien, um (Selbst-)Zuschreibungen zu erzeugen. Umgekehrt werden auf diesem Weg aber auch Fremdzuschreibungen, d.h. Handlungszuschreibungen durch andere Akteure vorgenommen. Dass die von Organisationen und deren Repräsentanten vorgenommenen Zuschreibungen und Strategien nicht immer aufgehen, belegen viele Beispiele aus der Praxis. Als besonders markantes Beispiel wären an dieser Stelle die Ereignisse um die Ölverlade- und Lagereinrichtung Brent Spar zu nennen, während der sich die Shell-AG in die Rolle eines Umweltzerstörers gedrängt sah, obwohl sich das von dem Unternehmen vorgeschlagene Verfahren letztlich als ökologisch vorteilhafteste Lösung herausstellte (Deutsche Shell-AG 1995). Durch die Einrichtung von PR-Stellen und -Abteilungen haben sich Organisationen in den letzten Jahrzehnten verstärkt auf diese – gewollten oder ungewollten – Zurechnungen eingestellt und halten entsprechende Erklärungen, Absichten und Motive bereit. Aus diesen praktischen Erfordernissen lässt sich aber noch keine theoretische Grundlage für eine PR-Forschung ableiten.

Im Hinblick auf die Entwicklung einer organisationssoziologisch begründeten PR-Theorie ist besonders den Beobachtungen jener empirischen Fallstudien Rechnung zu tragen, die sich näher mit dem Innenleben einer Organisation beschäftigen und zu dem Schluss kommen, dass ihre Ergebnisse häufig nicht mit den von den Organisationen selbst verwendeten und publizierten (rationalen) Selbstbeschreibungen in Übereinstimmung zu bringen sind. Nicht zuletzt aus diesen Erfahrungen heraus sehen Grunig/Grunig (1989: 29) die Aufgabe der PR-*Forschung* darin, herauszufinden, wie und warum Öffentlichkeitsarbeit von Organisationen so getätigt wird, wie es in Fallstudien empirisch nachweisbar ist. Eine solche Forschung bedarf jedoch einer Theorie, die in der Lage ist, die Selbstbeschreibungen von Organisationen überhaupt als solche zu identifizieren. Eine derartige Aufgabe ist nur auf einer übergeordneten Beobachtungsebene zu leisten, auf einer Ebene, die es erlaubt, den blinden Fleck der ersten Beobachtungsebene zu erkennen, und die Selbstbeschreibung des rationalen Akteurs ‚Organisation' als einen (durchaus handlungsleitenden!) Mythos zu entlarven. Aus wissenschaftstheoretischen Gründen muss ein Vorhaben, das sich anschickt, eine PR-*Theorie* zu entwerfen, auf einer höheren Beobachtungsebene angesiedelt sein als derjenigen, die Organisationen als Akteure für sich selbst in Anspruch nehmen.

Während die Diskrepanz zwischen (theoretischem) Anspruch und (empirischer) Wirklichkeit in der PR-Forschung immer deutlicher zutage tritt, werden in der einschlägigen Literatur in erster Linie methodische Aspekte zur Begründung herangezogen (Grunig/Grunig 1989; Fröhlich 1994). Methoden sind in diesem Fall aber sekundär, weil theoriegeleitet. Von daher ist die Lösung dieses Problems nur von einer – auch diese Diskrepanzen erklärenden – Organisationstheorie zu erwarten. Eine derartige Theorie sollte in der Lage sein, auch diejenigen Ergebnisse empirischer Studien zu erklären, die nicht in ein von rationalen Erwägungen geprägtes Erklärungsgerüst passen.

3. Ein integrativer Ansatz zu einem organisationssoziologisch begründeten Verständnis von Public Relations

Ein erster Ansatzpunkt zur Theorieentwicklung kann ein Organisationsverständnis sein, das dem autopoietischen Charakter von sozialen Systemen gerecht wird, d.h. der permanenten (Re-)Produktion einer System-Umwelt-Differenz und der Selbstreferenz im Hinblick auf die zu treffenden Entscheidungen. Angesichts der nie endgültig zu bewältigenden Unsicherheiten im Verhältnis einer Organisation zu ihren Umwelten geht es um das *Management der Umweltbeziehungen* und zwar in sachlicher, zeitlicher und sozialer Hinsicht. Während das ‚Management von Umweltbeziehungen' spätestens mit der Verbreitung des Systemdenkens als relevante Aufgabe von Public Relations erkannt wird, liegt die Stärke einer organisationssoziologischen Annäherung an dieses Thema darin, die unterschiedlichen Dimensionen dieses Unterfangens aufzuzeigen und ganz im Sinne neuerer Organisationsansätze (siehe dazu u.a. den Überblick bei Theis-Berglmair 2003) system- und handlungstheoretische Elemente miteinander zu verknüpfen.

In Anlehnung an die Weicksche Vorstellung von Organisation bezieht sich die *Sachdimension* darauf, ein Bild von der Umwelt bzw. den von der Organisation als relevant betrachteten Umwelten zu zeichnen, welches den kommunikativen Anschlusshandlungen zugrunde liegt. Als Beispiele hierfür können die Bemühungen großer Unternehmen angeführt werden, über den Einsatz kontrollierter Medien (mission statements, Redemanuskript-Verteilung, Erstellung und Verbreitung von Booklets) und anderer Formen des Lobbying engen Kontakt zu ausgewählten Segmenten der Umwelt zu etablieren und aufrecht zu erhalten (Cutlip/Center 1982). Auf diese Weise sollen Informationen z.B. über künftige Entwicklungen, geplante (Gesetzes-)Vorhaben u.ä. gesammelt werden, die potenziell relevant für das Unternehmen sein könnten. Diesem Zweck dient insbesondere das so genannte „Monitoring", welches mit einem Radarsystem vergleichbar ist, mit dessen Hilfe sich anbahnende Veränderungen/Themen erkennen und gegebenenfalls mitgestalten lassen. Auf der

Sachebene dienen diese Aktivitäten der Festlegung einer relevanten Umwelt eines Systems, wobei die Relevanzen (und folglich auch die Umwelten) sich im Zeitablauf und situationsbedingt verändern können. Auch Maßnahmen eines korporativen - Agenda-Settings mittels publizistischer Medien zielen in diese Richtung. Umwelt und Grenzen der Organisation erweisen sich als ein kognitives Produkt, das mittels Symbolen geschaffen und aufrechterhalten wird. Nicht zuletzt beruht auch die Festlegung von Zielgruppen, für die bestimmte Maßnahmen entwickelt werden, auf Vorstellungen, die eine Organisation über sich und ihre ‚Umwelt(en)' hat. Public Relations auf der Sachebene ist damit gleichzusetzen mit einem *Bedeutungsmanagement*, welches den kommunikativen Maßnahmen implizit oder explizit zugrunde liegt und in einem engen Zusammenhang mit der Identität und Grenzziehung des jeweiligen Systems steht. Das hat auch Konsequenzen für die Berufsgruppe, die mit diesen Aufgaben befasst ist und in Anlehnung an Adams (1976) häufig als ‚boundary spanner' bezeichnet wird. Die Notwendigkeit, die Differenz zwischen Organisation und Umwelt permanent zu reproduzieren, führt zu der Einsicht, dass „Public Relation (and related corporate communication) specialists are 'boundary spanners' […] who not only 'sit' on the organizational border, but also *help determine, how and where that line will be drawn*" (Cheney/Vibbert 1987: 176f, Hervorheb. ATB).

Wegen des Möglichkeitsreichtums, den moderne, funktional differenzierte Gesellschaften andauernd produzieren, ergibt sich für Organisationen ein permanenter Entscheidungsdruck bei nachwachsender Unbestimmtheit. Entscheidungen sind aber in hohem Maße von vergangenen Entscheidungen, mithin von der im Organisationsgedächtnis gespeicherten Systemgeschichte, abhängig. Damit erhalten Fallstudien einen völlig anders gearteten Stellenwert als dies etwa bei den Kontingenzansätzen noch der Fall war. Sie dienen nicht mehr dazu, Erkenntnisse über die relevanten und ‚Erfolg' versprechenden Variablen und deren Ausprägung zu sammeln, um diese Ergebnisse dann auf andere Organisationen anzuwenden. Stattdessen geben sie Auskunft über die Strategien, welche die jeweiligen Systeme anwenden, um die Beziehungen zu ihrer Umwelt zu regulieren. Die Gestaltung des System-Umwelt-Verhältnisses erweist sich damit als etwas sehr Spezielles, als eine Entscheidung, die im System selbst gefällt wird und die wesentlich durch das Systemgedächtnis, sprich die jeweilige Organisationsgeschichte, geprägt ist und deshalb kaum auf andere Organisationen übertragbar ist. Insofern ließe sich auch von einer Kulturgeprägtheit von Entscheidungen sprechen. Unter dem Blickwinkel einer autopoietischen - Systemtheorie dient eine Organisationskultur weniger der Anpassung an eine vorausgesetzte, externe Umwelt. Indem sie das Vergessen und Erinnern reguliert, prägt sie vielmehr das Systemgedächtnis und stellt somit einen wichtigen, auch im Hinblick auf Public Relations nicht zu vernachlässigenden *Zeitfaktor* beim Management von Umweltbeziehungen dar.

Das betrifft auch Entscheidungen über die Kommunikation von Entscheidungen, beispielsweise Entscheidungen von Organisationen über ihre Öffentlichkeitsarbeit, wie Romy Fröhlich in ihrer Arbeit über Rundfunk-PR eindrucksvoll belegt (Fröhlich 1994). Für die PR-Arbeit der von ihr untersuchten ARD sind in erster Linie die (Situations-)Interpretationen einiger entscheidungsbefugter Akteure entscheidend, etwa hinsichtlich der Einschätzung des externen Bedrohungspotenzials. Dies lässt sich für jede der von ihr untersuchten Zeitphasen belegen. Auf die Relevanz einer dominanten Koalition für die Öffentlichkeitsarbeit hatte bereits Grunig (1984) - verwiesen. Die bisher vorliegenden empirischen Beobachtungen des PR-Verhaltens von Organisationen bestätigen, wenn auch von den Autoren meist unbeabsichtigt, die Aussagen autopoietisch konzipierter Systemansätze, wonach ‚sinnvolle' Umwelten ein Produkt der jeweiligen Organisation sind.

Zu der zeitlichen und sachlichen Komponente tritt der *soziale* Aspekt eines Managements von Umweltbeziehungen. Er ergibt sich daraus, dass Turbulenzen in der Organisationsumwelt häufig durch andere Organisationen hervorgerufen werden. Dieses Faktum begünstigt die Entwicklung von Netzwerken und die Suche nach „symbiotischen Verhältnissen" (Luhmann 2000: 409) zu anderen Organisationen, um auf diese Weise Abhängigkeit in „soziales Kapital" (Coleman 1991: 389ff) umzuwandeln. Derartige Symbiosen sind besonders zwischen Unternehmen bzw. Parteien und Medienorganisationen beobachtbar und empirisch nachgewiesen (Baerns 1985; Grossenbacher 1986; Jarren et. al. 1993). Während diese Beziehungen anfangs noch unter dem Aspekt diskutiert wurden, wem in diesem Prozess der größere Einfluss zukomme, den Journalisten oder den Öffentlichkeitsarbeitern (Baerns 1985), macht der auf die Arbeiten von Giddens (1984) und Crozier/Friedberg (1979) bezugnehmende organisationssoziologisch orientierte PR-Ansatz von Theis (1992) erstmals auf den *Verhandlungs- und Machtcharakter* dieser situativ variierenden und ständig reproduktionsbedürftigen (Inter-Organisations-)Beziehungen aufmerksam. Die Etablierung und das Management von Kontingenzen (durch Regeln, Normen und Ressourcen) erweisen sich dabei als wichtige Handlungs- und Kontrollstrategien, die von den Repräsentanten der beteiligten Systeme eingesetzt werden.

Derartige Strategien kommen auch beim so genannten „Lobbying" sowie im zunehmend von PR-Agenturen aufgegriffenen Bereich „Public Affairs" zum Tragen. Lobbying geht auf den Begriff „Lobby" zurück, der eine Wandelhalle im britischen und im amerikanischen Parlamentsgebäude bezeichnet. In dieser Wandelhalle hatten die Vertreter von Interessen Gelegenheit, mit Parlamentariern zusammen zu treffen. Die Formen des „Zusammentreffens" sind zwischenzeitlich jedoch sehr viel differenzierter geworden. Spätestens seit den neunziger Jahren des 20. Jahrhunderts wächst der Markt für Lobbying, das sich zwischenzeitlich zu einer – im Hinblick auf die dabei eingesetzten Mittel durchaus nicht unumstrittenen – Dienstleistung entwickelt hat. Die PR-Branche hat „Public Affairs" in ihren Aufgabenbereich übernommen und damit das Spektrum des traditionellen Lobbyings erweitert. Neben der Kontaktpflege zu Abgeordneten und anderen Entscheidungsbefugten geht es zunehmend um das Aufspüren von Themen und geplanten Regelungen, die für den Auftraggeber in irgendeiner Weise von Relevanz sind und das zu einem Zeitpunkt, *bevor* diese Themen in der massenmedialen Öffentlichkeit diskutiert werden. Just in diesem Punkt unterscheidet sich die Tätigkeit der „Public Affairs" von einer primär auf Massenmedien hin orientierten Öffentlichkeitsarbeit/Public Relations. Erstere ist – trotz des Wortbestandteils ‚public' – in erster Linie auf einen *vor-öffentlichen Raum* hin ausgerichtet, während die traditionelle PR in der Regel auf eine massenmedial produzierte Öffentlichkeit abzielt, was durchaus auch Strategien der Geheimhaltung bzw. der Nicht-Veröffentlichung einschließt wie Westerbarkey (1991) betont. In beiden Fällen bedarf es zur Realisierung der Vorhaben der Etablierung sozialer Netzwerke und der Ausbildung von (Vertrauens-)Beziehungen zwischen Akteuren unterschiedlicher systemischer Herkunft.[3] Der soziale Aspekt eines Managements von Umweltbeziehungen zeigt sich daher nicht nur im Zusammenspiel zwischen Journalisten und PR-Arbeitern (Theis 1992; Westerbarkey 1995), in der Triade Politiker, Journalisten und Öffentlichkeitsarbeiter (Jarren/Röttger 1999) oder im Fall einer „verständigungsorientierten Öffentlichkeitsarbeit" (Burkart 1993),[4] sondern ist, ebenso wie die Sach- und Zeitdimension, jedweder System-Umwelt-Beziehung eigen (sofern es sich um soziale Systeme als Analyseeinheit handelt).[5] Inwiefern durch die Etablierung und die situative Nutzung von sozialem Kapital tatsächlich eine absolute Kontrolle der Ereignisse durch die beteiligten Akteure möglich ist, muss angesichts der oft komplexen Machtverhältnisse jedoch bezweifelt werden. Erzielte Ergebnisse erweisen sich meist als wechselseitig konsentierter Kompromiss und sind oft nur von vorübergehender Dauer, weil die Unsicherheiten im Verhältnis einer Organisation zu ihren Umwelten letztlich nie ganz zu bewältigen sind bzw. durch immer neu entstehende ersetzt werden. Möglicherweise bezieht sich die stabilisierende Wirkung derartiger symbiotischer Beziehungen eher auf kleinere Störungen, wohingegen die Empfindlichkeiten gegenüber größeren Veränderungen vielleicht sogar noch verstärkt werden (Luhmann 2000: 409). Unter Berücksichtigung dieser Überlegungen erweist sich Public Relations denn auch als Daueraufgabe, die aus der Notwendigkeit resultiert, die Grenzen zwischen Organisation und Umwelt permanent zu (re-)produzieren und zu verhandeln. Eine organisationstheoretische Fundierung von Public Relations vermag an dieser Stelle nicht nur auf die im Zeitablauf wechselnden Erfolgsaussichten dieses Unterfangens verweisen, die es nicht erlauben, die in der Vergangenheit erfolgreichen Maßnahmen einfach in die Zukunft fortzuschreiben. Sie kann darüber hinaus die Kontingenz des Erfolgs von Public Relations begründen, ohne den bedeutsamen Stellenwert dieses Tätigkeitsfelds zu schmälern.

---

3 Wie sensibel in diesem Handlungsgefüge mit Geld umgegangen werden muss, zeigt sich in der Reaktion von Berufskollegen auf die Aktivitäten des PR-Beraters Hunzinger, der weniger auf Vertrauen als auf Geld setzte und entsprechende Sanktionen in der Öffentlichkeit erfuhr (Karweil 2002).
4 Bei diesem Typus von PR wäre zu prüfen, ob es sich um einen „Reparaturmechanismus" zur Behebung einer nicht ausreichend betriebenen Public Affairs im Vorfeld einer Veröffentlichung/ Maßnahme/Entscheidung handelt, der erforderlich wird, weil relevante Umwelten vom System (zunächst) nicht als solche „erkannt" bzw. beschrieben wurden. Dem hier dargestellten organisationssoziologischen Ansatz zufolge würde in diesem Fall ein „Beschreibungs"- oder „Definitionsfehler" des Systems im Hinblick auf seine Umwelt vorliegen, welcher der Korrektur bedarf. Andererseits können, wie Rolke (2002) betont, verständigungsorientierte Kommunikationsaktivitäten dazu dienen, Frühindikatoren für Entwicklungen zu gewinnen, die sich erst zu einem späteren Zeitpunkt im ökonomischen Code eines Unternehmens bemerkbar machen. Dieser Aspekt wird aber eher durch den Begriff des „Monitoring" erfasst.
5 Der „soziale Aspekt" eines Managements von Umweltbeziehungen lässt sich theoretisch durchaus unterschiedlich fassen, handlungstheoretisch, wie Jarren/Röttger (1999) vorschlagen oder strukturations- und machttheoretisch wie bei Theis (1992) und Röttger (1999) zu beobachten. Insofern als die Systemtheorie in der Vergangenheit selbst wenig dazu beigetragen hat, das Austauschverhältnis näher zu spezifizieren, bedarf es dieser theoretischen Ansätze, die aber nicht als substitutiv, sondern als komplementär zur Systemtheorie zu verstehen sind. Ohne systemtheoretisches Denken würde die System-Umwelt-Beziehung gar nicht in das Blickfeld der Forscher treten.

4. Zusammenfassung

Zwar lässt sich bis heute noch keine einheitlich konzipierte zufriedenstellende Organisationstheorie benennen, auf deren Basis sich eine umfassende organisationssoziologisch begründete PR-Theorie entwickeln ließe. Gleichwohl bieten neuere Organisationsansätze, welche um die Integration von handlungs- und systemtheoretischen Elementen bemüht sind, bessere Möglichkeiten einer Verortung von Public Relations als die vormals existierenden Input-Throughput-Output- bzw. System-Umwelt-Modelle, die der PR allenfalls den Stellenwert einer Grenzposition zwischen System und Umwelt zuweisen, die Konkretisierung des Austauschverhältnisses aber offen lassen. Erkenntnisleitende Fragestellungen ergeben sich durch die Annahme, dass soziale Systeme nicht als gegeben, sondern als konstruiert und als permanent reproduktionsbedürftig zu denken sind. Möglichkeiten eines integrativen organisationssoziologischen Verständnisses von Public Relations erwachsen insbesondere durch die Spezifizierung des Austauschverhältnisses zwischen System und Umwelt in sachlicher, zeitlicher und sozialer Hinsicht. In der *Sachdimension* geht es um die Sicherstellung der Identität eines Systems und die Definition von „sinnvollen" Umwelt(en), was sich beispielsweise in der Produktion von Selbstzuschreibungen als auch in der Beeinflussung von Fremdzuschreibungen bzw. Reaktionen auf diese äußert. Die *Zeitdimension* verweist auf das Organisationsgedächtnis und die jeweilige Organisationsgeschichte, welche sowohl die Produktion von Systemumwelten als auch Entscheidungen im Hinblick auf diese Umwelten prägt. Die soziale Dimension ist eng mit der Produktion von sozialem Kapital verknüpft und verweist auf Beziehungsnetzwerke von Akteuren, die bedarfsabhängig aktiviert werden, die aber erst einmal aufgebaut werden müssen und der ständigen Reproduktion bedürfen. Diese analytisch getrennten Dimensionen lassen sich im konkreten Handlungsfeld nur schwer separieren und wirken zusammen in der Ausgestaltung des prinzipiell ungewissen und schwierigen System-Umwelt-Verhältnisses.

Aus dieser organisationssoziologischen Zugangsweise ergeben sich einige für die PR-Forschung aber auch für die PR-Praxis durchaus folgenreiche Fragestellungen:

- Die Gestaltung des Austauschverhältnisses mit der Umwelt muss von allen sozialen Systemen und zwar dauerhaft und mehrdimensional, d.h. in der Sach-, Zeit- und Sozialdimension geleistet werden. Diesbezüglich ist nach der Rolle zu fragen, die den etablierten PR-Stellen bzw. -abteilungen in diesem Prozess zukommt und danach, welche anderen Akteure in diese Prozesse involviert sind. In welchen Fällen bedarf es beispielsweise einer eigenen PR-Abteilung und unter welchen Umständen lässt sich die Tätigkeit eines Umweltmanagements (oder Teile davon) „auslagern"?
- Worin liegen Stärken und Schwächen einer symbiotischen Beziehung zwischen Organisationen (bzw. deren Repräsentanten)?
- Trotz existierender Interaktionsbeziehungen zwischen den Akteuren unterschiedlicher systemischer Herkunft sind inter-organisatorische Handlungsfelder von hohen Kontingenzen gekennzeichnet. Wie ist angesichts dieser Situation die

Suche nach Erfolgsfaktoren einer PR und nach Effizienzkriterien zur „Messung" dieser Tätigkeit zu bewerten?
- Darüber hinaus stellt sich die Frage nach dem Zusammenhang zwischen den Selbstbeschreibungen einer Organisation und dem Einsatz von bzw. der Art von Effizienzkriterien. Welche Selbstbeschreibungen von Organisationen erweisen sich für PR als besonders problematisch?
- In welchem Zusammenhang stehen „Public Relations" und „Public Affairs"? Wie lassen sich die unterschiedlichen Tätigkeitsbereiche von PR und PR-Agenturen theoretisch verorten ohne einerseits einer willkürlichen Systematik zu verfallen und andererseits Handlungsfelder auszuklammern, die nicht in einem unmittelbaren Zusammenhang mit einer massenmedial hergestellten Öffentlichkeit stehen?

Eine wissenschaftliche Forschung, die über PR reflektiert, kann diese Fragen nur dann zufriedenstellend angehen, wenn sie nicht an den Selbstbeschreibungen der Organisationen ansetzt, sondern diese als soziales Phänomen reflektiert, sie in ihre Analyse einbezieht und die empirischen Ergebnisse dazu nutzt, vorhandene Ansätze zu Theorien weiter zu entwickeln.

Literatur

Adams, J. Stacy (1976): The structure and dynamics of behaviour in organizational boundary roles. In: Dunnette, Marvin N. (Hrsg.): Handbook of industrial and organizational psychology. Chicago: Rand McNally, S. 1175-1199.
Armbrecht, Wolfgang/Avenarius, Horst/Zabel, Ulrich (Hrsg.) (1993): Image und PR. Kann Image Gegenstand einer PR-Wissenschaft sein? Opladen: Westdeutscher Verlag.
Baerns, Barbara (1985): Öffentlichkeitsarbeit oder Journalismus. Zum Einfluß im Mediensystem. Köln: Verlag Wissenschaft und Politik.
Burkart, Roland (1993): Public Relations als Konfliktmanagement. Ein Konzept für verständigungsorientierte Öffentlichkeitsarbeit. Untersucht am Beispiel der Planung von Sonderabfalldeponien in Niederösterreich. Wien: Braumüller.
Coleman, James S. (1991): Grundlagen der Sozialtheorie. Bd. 1: Handlungen und Handlungssysteme. München: Oldenbourg.
Cheney, George/Vibbert, Steven L. (1987): Corporate Discourse: Public Relations and Issue Management. In: Jablin, Frederic M. et al. (Hrsg.): Handbook of Organizational Communication. Newbury Park, Beverly Hills, London, New Delhi: Sage, S. 165-194.
Crozier, Michel/Friedberg, Erhard (1977): L'Acteur et le Système. Paris. (deutsch 1979: Macht und Organisation. Die Zwänge kollektiven Handelns. Königstein: Beltz Athenäum).
Cutlip, Scott M./Center, Allen H. (1982): Effective public relations. Englewood Cliffs: Prentice Hall.
Deutsche Shell-AG (Hrsg.) (1995): Die Ereignisse um BRENT SPAR in Deutschland. Darstellung und Dokumentation mit Daten und Fakten. Hamburg: Shell-AG.
Endruweit, Günter (1981): Organisationssoziologie. Berlin, New York: DeGruyter.
Faulstich, Werner (2000): Grundwissen Öffentlichkeitsarbeit. München: Fink.
Fröhlich, Romy (1994): Rundfunk-PR im Kontext. Historische und organisationstheoretische Bedingungen. Opladen: Westdeutscher Verlag.
Giddens, Anthony (1984): The Constitution of Society. Cambridge: Polity Press.
Grossenbacher, René (1986): Hat die „vierte Gewalt" ausgedient? Zur Beziehung zwischen Public Relations und Medien. In: Media Perspektiven, S. 725-731.
Grunig, James E. (1984): Organizations, environments, and models of public relations. In: Public Relations Research & Education, Nr.1, S. 6-29.
Grunig, James E./Grunig Larissa A. (1989): Toward a theory of public relation behaviour of organizations: Review of a program of research. In: Public Relations Research Annual, Nr. 1, S. 27-63.

Jarren, Otfried/Altmeppen, Klaus-Dieter/Schulz, Wolfgang/Peters, Ralf/Rudzio, Kolja (1993): Beziehungsspiele – Politiker, Öffentlichkeitsarbeiter und Journalisten in der politischen Kommunikation. Hamburg: Institut für Journalistik.

Jarren, Otfried/Röttger, Ulrike (1999): Politiker, politische Öffentlichkeitsarbeiter und Journalisten als Handlungssystem. Ein Ansatz zum Verständnis politischer PR. In: Rolke, Lothar/Wolff, Volker (Hrsg.): Wie Medien die Wirklichkeit steuern und selber gesteuert werden. Opladen: Westdeutscher Verlag, S. 199-223.

Karweil, Christiane (2002): Wer macht denn so was? Public Affairs-Berater nach der Hunzinger-Affaire. In: Die Zeit Nr. 39 vom 19.9.2002, S. 73.

Lawrence, Paul R. /Lorsch, Jay W. (1967): Organization and environment: managing differentiation and integration. Boston: Harvard University Press.

Luhmann, Niklas (1973): Zweckbegriff und Systemrationalität. Über die Funktion von Zwecken in sozialen Systemen. Frankfurt/M: Suhrkamp.

Luhmann, Niklas (2000): Organisation und Entscheidung. Opladen/Wiesbaden: Westdeutscher Verlag.

March, James G. (1988): Decisions and Organizations. Oxford et al.: Blackwell.

Mayntz, Renate (1963): Soziologie der Organisation. Reinbek: Rowohlt.

Merten, Klaus (1992): Begriff und Funktion von Public Relations. In: pr-magazin, Nr. 11, S. 35-46.

Oeckl, Albert (1976): PR-Praxis. Der Schlüssel zur Öffentlichkeitsarbeit. Düsseldorf: Econ.

Rolke, Lothar (2002): Unternehmenskommunikation in Deutschland: Auf dem Weg zum monetären Leitprinzip und kommunikationsbasierten Stakeholder-Kompass. In: Public Relations Forum, Nr. 1, S. 12-16.

Röttger, Ulrike (1999): Public Relations – Organisation und Profession. Wiesbaden/Opladen: Westdeutscher Verlag.

Röttger, Ulrike (2001): Issues Management. Wiesbaden/Opladen: Westdeutscher Verlag.

Theis, Anna M. (1992): Inter-Organisations-Beziehungen im Mediensystem. Public Relations aus organisationssoziologischer Perspektive. In: Publizistik, 37. Jg., S. 25-36.

Theis, Anna M. (2003): Organisationskommunikation. Theoretische Grundlagen und empirische Forschungen. Hamburg, Münster, London (2. Auflage): Lit.

Türk, Klaus (Hrsg.) (2000): Hauptwerke der Organisationstheorie. Opladen: Westdeutscher Verlag.

Weber, Max ^{5}(1972): Wirtschaft und Gesellschaft. Tübingen: Mohr.

Weick, Karl E. (1985): Der Prozeß des Organisierens. Frankfurt/M: Suhrkamp.

Westerbarkey, Joachim (1991): Geheimnis-Management. Zur Theorie der Öffentlichkeit. In: gdi-Impuls, 9. Jg., Nr. 1, S. 47-55.

Westerbarkey, Joachim (1995): Journalismus und Öffentlichkeit. Aspekte publizistischer Interdependenz und Interpenetration. In: Publizistik, 40. Jg., S. 152-162.

Zerfaß, Ansgar (1996): Unternehmensführung und Öffentlichkeitsarbeit. Grundlegung einer Theorie der Unternehmenskommunikation und Public Relations. Opladen: Westdeutscher Verlag.

Public Relations aus sozialpsychologischer Sicht

Susanne Femers

1. Erleben und Verhalten im sozialen Kontext – oder: Das Erklärungspotenzial der Sozialpsychologie für die Public Relations

Die Psychologie als die Wissenschaft vom Erleben und Verhalten des Menschen kann selbstverständlich neben anderen Disziplinen auch beansprucht werden, wenn es darum geht, Gegenstände der Public Relations (PR) als angewandte Wissenschaft zu verstehen, zu erklären und vorherzusagen. Mit Blick auf die ‚öffentlichen Beziehungen' ist selbstverständlich davon auszugehen, dass die psychologische Teildisziplin ‚*Sozial*psychologie' als theorieorientierte Grundlagenwissenschaft ganz besonders hohe Aussagekraft für diesen Themenbereich haben dürfte, definiert die sich doch – soweit besteht Einigkeit unter Sozialpsychologen in der ansonsten üblichen akademischen definitorischen Uneinigkeit – als die *Wissenschaft des Erlebens und Verhaltens im sozialen Kontext*. So hat Gordon Allport, einer der Gründerväter der Sozialpsychologie, diese bereits 1954 wie folgt umrissen:

> „With few exceptions, social psychologists regard their discipline as an attempt to understand and explain how the thoughts, feelings, and behaviors of individuals are influenced by the actual, imagined or implied presence of other human beings. The term 'implied presence' refers to the many activities the individual carries out because of his position (role) in a complex social structure and his membership in a cultural group." (Allport 1954: 5)

Die enge thematische Beziehung von Psychologie und Kommunikation zeigt sich u.a. auch an kombinierten Lehrangeboten: So hatte beispielsweise der wohl bekannteste Vertreter der deutschen PR-Branche, Albert Oeckl, in den 70er Jahren eine außerplanmäßige Professur für „Sozialpsychologie und Public Relations" an der internationalen Universität in Rom inne (Bentele 2000). Edward Bernays, amerikanischer PR-Pionier und Neffe Sigmund Freuds, war von der Notwendigkeit der Nutzung sozialpsychologischen Wissens für die PR-Praxis sehr überzeugt: Die Ausbildung in den Public Relations sollte seiner Meinung nach auf jeden Fall Sozialpsychologie beinhalten und für ihn war ein PR-Mann im Grunde nichts anderes als ein praktisch arbeitender Sozialwissenschaftler – eine Grundhaltung, die er selber konsequent umsetzte (Burkart 1993: 3; Ronneberger/Rühl 1992: 143).

Für welche Probleme oder aktuellen Fragen der Public Relations sollte die Sozialpsychologie Erklärungs- und Vorhersagewissen bereitstellen? Diese Leitfrage bildet die Perspektive der nachfolgenden Ausführungen zum Nutzen der Sozialpsychologie für die *Public Relations – die Gestaltung und das Management der ‚öffent-*

lichen Beziehungen'.¹ Nutzenorientiert ist diese Auswahl ganz im Sinne eines der bekanntesten Sozialpsychologen – Kurt Lewins:

> „Many psychologists working today in an applied field are keenly aware of the need for a close cooperation between theoretical and applied psychology. This can be accomplished in psychology, as it has been accomplished in physics, if the theorist does not look toward applied problems with high eyebrow aversion or with a fear of social problems, and if the applied psychologist realizes that *there is nothing so practical as a good theory.*" (Lewin 1944: 23, Hervorheb. SF)

Im Folgenden werden exemplarisch *Theorien der Sozialpsychologie mit praktischem Anwendungsnutzen für die PR-Arbeit* vorgestellt sowie einige empirische Befunde genannt, die illustrieren können, in welchem breiten Rahmen die Grundlagendisziplin Sozialpsychologie mit der Anwendungsorientierung Public Relations genutzt werden kann.² Dies kann und soll allerdings keine grundlagenwissenschaftlich abgesicherte Handlungsanleitung zur erfolgreich eingesetzten PR darstellen – sind doch Praxisbedingungen und -aufgaben sehr spezifisch und ist doch wissenschaftlich gesichertes Wissen eher allgemein und leider auch ‚rudimentär' angesichts der Fülle der Fragen, die der Kommunikationsmanager an die Wissenschaft stellen könnte.

2. Die Anfänge der Persuasionsforschung – oder: Absage an den Allmachtsmythos der kommunikativen Beeinflussung

Die Erforschung von *Beeinflussung in der öffentlichen Kommunikation* hat bereits eine lange Tradition. Besonders inspiriert wurde dieses Feld durch die Propagandaeuphorie im ersten Weltkrieg. Zunächst orientierte sich die Untersuchung der psychischen *Massenpersuasion* am einfachen Ein-Wege-Modell der Kommunikation bzw. an der Omnipotenz-Hypothese, nach welcher der übermächtige Kommunikator den beeinflussungsbereiten, uniformen Massenmenschen steuert (Ronneberger/Rühl 1992: 141f). Mit naivem Vertrauen in die geniale Einfachheit des mechanistischen Menschenbildes untersuchte man begeistert, welche Reize man präsentieren muss, damit der Mensch wie gewünscht reagiert. Der Mensch als Black-Box gab aber nicht immer den gewünschten Output – er gab vielmehr Rätsel auf.

Insbesondere den Forschern der Yale-Gruppe um Carl I. Hovland und William J. McGuire mit seinem Entwurf einer *Theorie öffentlicher Kommunikationskampagnen* ist es in den folgenden Jahr(zehnt)en dann zu verdanken gewesen, dass eine Reihe der Rätsel entschlüsselt wurden (siehe hierzu im Überblick Ronneberger/Rühl 1992: 143ff; Fischer/Wiswede 1997: 300ff; McGuire 1981).

Kommunikative Effizienz lässt sich dann herstellen, so die neue Erkenntnis, wenn man die relevanten Variablen der Kommunikation kennt: Die Merkmale des Kommunikators, der Situation, der Botschaft, des Kanals und des Rezipienten.

---

1 Auf alternative Definitionsmöglichkeiten und die Definitionsproblematik der Public Relations soll hier aus Platzgründen nicht weiter eingegangen werden. Diesem Thema sind andere Kapitel des vorliegenden Bandes verpflichtet.
2 Die folgenden Beispiele für Fragen der Public Relations und Antworten der Sozialpsychologie sind selbstverständlich nicht erschöpfend.

So erwies sich die Interessengebundenheit und Intentionalität als zentral für die Offenheit für bzw. Resistenz gegen Persuasion. Reihenfolgeeffekte (Priming) und die Wirkungen mehrseitiger Argumentation waren weitere Aspekte, denen sich McGuire (1981) in der Untersuchung von Kampagnen widmete. Insbesondere der Glaubwürdigkeit als Kommunikatorvariable wurde in den so genannten *Yale-Studien* eine große Bedeutung für die Akzeptanz und Persuasionskraft zugemessen (Hovland/Janis/Kelley 1953). *Glaubwürdigkeit* zeigte sich als Grundvoraussetzung für Kommunikatorwirkung und diese wiederum wurde durch Kompetenz, Vertrauenswürdigkeit, Status/Macht und Dynamik als attribuierte Faktoren bestimmt.

Der Aufbau und die Modifikation von Einstellungen erwiesen sich in weiteren Studien als hoch komplexe kognitiv-emotive Vorgänge – komplexer noch als die *McGuiresche Persuasionsmatrix* es vorsah –, in denen einzelne Variablen zwar eine Schlüsselfunktion zu haben scheinen, dies aber immer in Konkurrenz zu anderen intervenierenden Variablen zu sehen ist: So spielt beispielsweise die Glaubwürdigkeit eine weniger zentrale Rolle, wenn ein Einstellungsthema eine hohe subjektive Bedeutung aufweist (Fischer/Wiswede 1997: 302).

3. Elaboration-likelihood-Modell (ELM) – oder: Das kleine ABC der kommunikativen Beeinflussung

Den Wissenschaftlern Petty/Cacioppo ist es zu verdanken, dass sie (1986) ein durch viele empirische Untersuchungen – und trotz vieler diffiziler Details – recht gut abgesichertes allgemeines Rahmenmodell der Einstellungsbildung bzw. -änderung vorgelegt haben, das die *Wirkungen beeinflussender Kommunikation in Abhängigkeit von der subjektiven Bedeutung der Inhalte* (Ich-Beteiligung) zu erklären vermag (Frey/Irle 1998a: 327ff). Das ELM als ‚ABC der Kommunikationswirkung' gilt als ‚Muss' für jeden, der Kommunikation in den PR zielgerichtet aufbereiten und einsetzen will.

Im ELM oder auch *„Cognitive-Response-Modell"* (Raab/Unger 2001: 97ff) werden zwei Arten der Informationsverarbeitung und Stärken der Beeinflussung unterschieden – *der zentrale und der periphere Pfad*. Ist eine ausreichende Motivation gegeben („high involvement" des Rezipienten), stehen mehrere Quellen zur Beurteilung eines Gegenstands zur Verfügung, sind angebotene Argumente vielfältig und überzeugend, ist die Fähigkeit zur tiefen Verarbeitung von Information vorhanden (d.h. auch ein reichhaltiges Wissen im Kontext des Beurteilungsgegenstandes), dann ist die Wahrscheinlichkeit hoch, dass die Informationen auf dem zentralen Wege verarbeitet werden und eine gründliche Beeinflussung resultiert – ansonsten erfolgt die periphere Verarbeitung und rein oberflächliche Beeinflussung. Das Ausmaß der „cognitive responses", ihre Anzahl und ihre Valenzen bestimmen, ob eine Information langfristig und stabil in die gewünschte Einflussrichtung (positive responses) wirkt oder nicht (negative responses).

Die Wahrscheinlichkeit dafür, dass eine Information *überhaupt* erst in einer gewünschten Richtung beeinflusst, ist unter den genannten Bedingungen ebenfalls sehr hoch. Eine durch zentrale Beeinflussung erreichte Einstellungsbildung bzw.

-änderung gilt im Gegensatz zur peripheren Beeinflussung als langlebig und stabil. Allerdings sind hier auch die *typischen Verzerrungen der kognitiven Informationsverarbeitung* zu berücksichtigen, z.B. die Tendenz, wahrgenommene Informationen bestehenden Einstellungen anzupassen. Diese Vermeidung kognitiver Dissonanz (s.u.) bzw. das Bemühen, einen kognitiven Gleichgewichtszustand zu erhalten, kann sogar verhindern, dass überhaupt eine Einstellungsänderung – egal ob durch periphere oder zentrale Pfade der Beeinflussung – zustande kommt. Für die strategische Kommunikationsplanung bedeutet das ELM, dass nur bei exakter Kenntnis der Zielgruppen sowie deren ‚Wissen und Meinen' und unter Einsatz von *zielgruppenspezifischen* Maßnahmen ein angestrebter Kommunikationserfolg möglich ist.

4. Theorie kognitiver Dissonanz – oder: Was Wahrnehmungs- und Informationsverarbeitungsprozesse steuern kann

Eine zweite sozialpsychologische Theorie sollte ebenfalls unbedingt zum Knowhow des Kommunikationsmanagers gehören: die Theorie der kognitiven Dissonanz, die Leon Festinger 1957 begründete und die eine ungeheure Fülle empirischer Untersuchungen nach sich zog (Frey/Irle 1998a: 275ff). Aktuell ist sie in ihren Grundzügen noch immer und ganz zentral für das Verständnis der Wirkung von Kommunikation. Empfindet ein Mensch *Widersprüche zwischen Kognitionen*, so ist es ihm ein Bedürfnis, kognitive Konsistenz herzustellen. Was genau ist unter dem *steuernden Faktor der kognitiven Dissonanz* zu verstehen?

> „Die Wahrnehmung von Kognitionen, die mit der Handlung im Widerspruch stehen, also die Wahrnehmung handlungsdissonanter Kognitionen und der daraus resultierende unangenehme Spannungszustand ist die kognitive Dissonanz. Dieser führt zu Aktivitäten der Person, die Dissonanz zu reduzieren oder möglichst vollständig abzubauen. Kognitive Dissonanz steuert das Wahrnehmungs- und Informationsverarbeitungsverhalten." (Raab/Unger 2001: 43)

Im Rahmen dieser Steuerungsprozesse wird Dissonanz erzeugende Information *selektiv verarbeitet*: gemieden, eliminiert, verzerrt oder geleugnet, und Dissonanz verringernde Information intensiv gesucht und verarbeitet.[3] Steht beispielsweise die Kognition „Gesundheitsbewusstsein" mit der Information „Rauchen verursacht Lungenkrebs" in kognitiver Dissonanz, so erinnert sich ein Raucher vielleicht zur Vermeidung des unangenehmen Spannungszustandes besonders gerne an solche Beispiele, bei denen jemand 90 Jahre alt wurde und immer gerne seine Zigarette geraucht hat. Dieses *Bemühen um dissonanzreduzierende Kognitionen* kann u.a. den spärlichen Erfolg vieler Antiraucherkampagnen erklären.

Auch in der Publizistik-Forschung hat man die Dissonanztheorie genutzt, z.B. um den „selective exposure bias" zu erklären. Wie gehen Zeitungsleser mit Medieninhalten um, die ihren (politischen) Einstellungen widersprechen? Wolfgang Donsbach (1988, 1989) hat sich mit dieser Frage beschäftigt und nachgewiesen, dass es eine Korrelation zwischen Selektionsentscheidung und Prädisposition des Rezipien-

---

[3] In Modifikation der Ursprungstheorie werden auch einige Bedingungen unterschieden, in denen dissonante Informationen gegenüber konsonanten bevorzugt werden, z.B. wenn sie leicht widerlegbar sind (Raab/Unger 2001: 46).

ten gibt. Er hat dies mit dem Motiv in Zusammenhang gebracht, kognitive Spannungen zu verhindern bzw. abzubauen. Hauptergebnis seiner Studie war, dass positive Informationen über einen Politiker – bedingt durch das selektive Zuwenden zu Medieninhalten im Printbereich – eine größere Chance haben, den politischen Freund als den Gegner zu erreichen (Dissonanzreduktion durch Selektion).

Ein weiteres Beispiel der Dissonanzreduktion kann die Chancen für die Unternehmenskommunikation illustrieren: Nach einer Kaufhandlung kann sich Unsicherheit über die Kaufentscheidung einstellen (z.B. ‚Wurde ich denn gut beraten mit diesem Produkt?'). Diese Phase des Bedauerns nach Entscheidungen („post decisional regret") ist ein häufiges Phänomen, dem sozialpsychologisch versierte Pflege der Kundenbeziehung abhelfen kann. So versendet beispielsweise eine bekannte Optikerkette zwei Wochen nach dem Brillenkauf einen freundlichen Brief an den Kunden, in dem darauf hingewiesen wird, dass bei Nichtgefallen das gewählte Modell ohne Probleme umgetauscht werden kann. Allerdings stellt sich in der Folge weniger der Umtausch als die Zufriedenheit mit dem Kauf und der Wahl des Geschäftspartners mit entsprechenden Imagepluspunkten für selbigen ein (Tenor: ‚Wenn der Optiker zu diesem (finanziellen) Aufwand bereit ist, dann muss ich gut beraten worden sein...').

Die in der Spenden-Akquisition bekannte und sehr effektive „Foot in the door"-Technik lässt sich ebenfalls gut dissonanztheoretisch erklären (Aronson 1994; 201): Eine Person, die sich zu einer Spende durchringen soll, kann dazu eher veranlasst werden, wenn sie zuvor einen kleineren Schritt gemacht hat: einen Sticker angenommen und angesteckt hat oder etwa sich auf einer Unterschriftenliste eingetragen hat. Nach einem ersten vollzogenen Schritt entsteht Dissonanz, wenn man sich einem zweiten größeren, eben der Spende, verweigert.

Das *Ausmaß kognitiver Dissonanz*, das Information erzeugen kann, hängt von einer ganzen Reihe von Faktoren ab, die für die Gestaltung von Kommunikationsprozessen und Schwerpunktsetzungen bei Inhalten von Kommunikationsmitteln interessant sein können, so z.B. von der Wichtigkeit einer anstehenden Entscheidung, der relativen Attraktivität der jeweils nicht gewählten Alternative, der wahrgenommenen Kompetenz eines Kommunikators oder der Attraktivität und empfundenen Bedeutung der Übereinstimmung zwischen Informierendem und Rezipienten. Die ‚Treue' zu Kognitionen bzw. die *Änderungsresistenz von Kognitionen* ist bestimmt durch die Zentralität der in Frage stehenden Kognition und dem Commitment gegenüber einem Meinungsgegenstand (z.B. einem öffentlich abgegeben Werturteil über eine bestimmte Automarke) (Frey/Irle 1998a: 275ff). Das heißt, die beeinflussende Kommunikation darf keine zentralen Kognitionen aufzubrechen versuchen und ein Commitment muss respektiert werden.

5. Theorien sozialer Wahrnehmung und Urteilsbildung – oder: Warum sich PR vom hohen Anspruch der Einstellungsänderung verabschieden sollte

Wahrnehmungen sind Konstrukte: Sie sind u.a. beeinflusst durch das, was der Wahrnehmende bereits als sein Wissen und Meinen über die Welt verbuchen kann. Auf der Grundlage von Wahrnehmungen gebildete Hypothesen oder Einstellungen fungieren als Erwartungshaltungen in der Wahrnehmung. Diese Einsichten der frühen Sozialpsychologie wurden durch empirische Befunde ergänzt, die die Neigung des Rezipienten von Information nachwiesen, durch Wahrgenommenes die eigenen Erwartungen tendenziell bestätigt zu sehen (Raab/Unger 2001: 15). Diese für Verfechter der ‚kommunikativen Beeinflussungswissenschaften' bittere Erkenntnis zeigt die Grenzen der Public Relations (wie anderer Kommunikationsdisziplinen auch) im Hinblick auf ihre zum Teil gefürchtete, sicherlich aber stark überschätzte Machbarkeit und ihren *‚Manipulationsmythos'* auf.

Einstellungen erwiesen sich im Laufe der sozialpsychologischen Einstellungsforschung als nur schwerlich veränderbar, häufig sogar als änderungsresistent. Informationen, die Einstellungen verändern sollen, können darüber hinaus mehr deren Verfestigung dienen und Polarisierungseffekte zwischen einstellungskonträren Gruppen zur Folge haben. Solche kontraproduktiven Effekte von Informations- und Imagekampagnen sind seitens der Kommunikanten bei der strategischen PR-Planung selbstverständlich ins Kalkül zu ziehen.

Die Grenzen der durch Information und Kommunikation bewirkbaren Einstellungsänderung sind vornehmlich da gegeben, wo Einstellungen bereits sehr stark verfestigt sind, wie dies beispielsweise beim *Stereotyp* und beim *Vorurteil* der Fall ist: „Stereotype und Vorurteile sind spezifische, im Zusammenhang von Auseinandersetzungen zwischen Gruppen besonders relevante und änderungsresistente Einstellungen." (Fischer/Wiswede 1997: 258) Viele PR-Kampagnen mit dem *Ziel der ‚sozialen Harmonisierung'* können aufgrund dieser Barrieren in ihren Auswirkungen nur bedingt als erfolgreich betrachtet werden.

Unter Kommunikationsmanagern kursiert noch ein anderer, weit verbreiteter und hartnäckiger Veränderungs- und Formbarkeitsirrtum im Hinblick auf einen anderen Einstellungstypus, nämlich *Werte*. In der Praxis der Public Relations werden diese gerne entweder in der Zielgruppenansprache bemüht oder aber mit großen Versprechungen in PR-Konzepten visionär bei ‚wertarmen' Teilöffentlichkeiten aufgebaut oder – falls überhaupt vorhanden – tiefgreifend modifiziert. Zu befürchten ist, dass hier in der Regel Effekte von Kommunikation nur vorgegaukelt werden und sich die Auftraggeber von Informationstätigkeit mit einer ‚Mogelpackung' zufrieden geben. Der Grund für diese vorprogrammierte Enttäuschung liegt in der *kognitiven Ökonomie* der Rezipienten von Werte-Botschaften: „Die zentralen, viele andere Einstellungen beeinflussenden Einstellungen sind Werte. Sie sind besonders änderungsresistent, weil ihre Änderung dazu führen würde, viele andere Einstellungen ebenfalls zu ändern." (Raab/Unger 2001: 20).

Die aus der sozialpsychologischen Theorie und Empirie zu ziehende Konsequenz für die Kommunikationspraxis lautet wie folgt: Für den Erfolg einer Informationskampagne müssen Zielgruppen im Hinblick auf ihr Wissen und ihre Einstellungen sehr genau untersucht und entsprechend ihres Vorwissens und ihrer Voreinstellungen deutlich differenziert werden. Denn die Theorie der sozialen Wahrnehmung sagt auch nicht voraus, dass vorhandene Hypothesen oder Einstellungen stets zu einer Wahrnehmung der Realität im vorgeprägten Sinne führen (und hier liegt die Chance für die Kommunikationswirkung der Public Relations). *Überzeugende* widersprechende Informationen können zur Änderung von Hypothesen und Einstellungen führen. Allerdings sind weit weniger Informationen zur Bestätigung von Hypothesen als zur Aufgabe derselben notwendig. U.a. spielt auch noch die Ich-Beteiligung oder das Involvement des Rezipienten eine Rolle: Je stärker dieses ausgeprägt ist, desto geringer ist der Akzeptanz- und desto größer ist der Ablehnungsbereich von Informationen, konkret: „Die Weite des Spielraumes der Akzeptanz ist eine negative Funktion der Stärke der Ich-Beteiligung" (Irle 1975: 291).

6. Theorie sozialer Vergleiche und des ‚Third-Party-Statements' – oder: Warum selber sprechen Silber und Dritte sprechen lassen Gold wert ist

Auch der Einfluss Dritter auf die Informationsverarbeitungs- und Meinungsbildungsprozesse des Individuums wurde in der Sozialpsychologie bereits früh thematisiert. Schon in Festingers Theorie sozialer Vergleichsprozesse (Festinger 1954) galt das Bedürfnis, die eigene Meinung mit der unabhängiger Anderer – insbesondere im Hinblick auf *spezifische wünschbare Persönlichkeitseigenschaften* sozial ähnlicher Personen – zu vergleichen, als eigenständiges Motiv. Der Druck, die Diskrepanz zwischen der eigenen Meinung oder Einstellung und der des sozialen Vergleichspartners zu reduzieren, ist nach den Erkenntnissen der Theorie sozialer Vergleichsprozesse umso größer, je höher die Relevanz der in Frage stehenden Meinung ist bzw. je mehr sie auch das Selbstbild der Person tangiert.

Die Konfrontation einer Person mit einer anderen Person, die eine zu einem wichtigen Thema von der eigenen Einstellung abweichende Meinung äußert, kann kognitive Veränderungsprozesse auslösen.[4] Dies dürfte den enormen Einfluss erklären, den man sich in der Praxis von Dritten in der Kommunikation verspricht, z.B. die meinungsbildende Beeinflussung durch einen unabhängigen Experten, dessen Meinung man in Publikationen kommuniziert, oder den Effekt einer von einer Problematik (z.B. Krankheit) betroffenen Person, die man direkt auf einer Pressekonferenz über die Leistungen eines Unternehmens zur Bearbeitung des Problems oder die Vorteile eines entsprechenden Produktes (z.B. Medikaments) sprechen lässt.

Aus der Werbung kennt man zur Genüge den Einsatz von Testimonials – bei denen die Herstellung sozialer Ähnlichkeit oder die Nachvollziehbarkeit der Tendenz zu sozialen ‚*Aufwärtsvergleichen*' allerdings häufig schwer fallen bzw. nur für spezifische Zielgruppen beansprucht werden dürfte (und im Sinne der strategischen

---

4 Genau wie in den Theorieansätzen zu sozialen Vergleichsprozessen selbst werden hier die Begriffe ‚Meinung' und ‚Einstellung' austauschbar verwendet.

Kommunikationsplanung auch nur beansprucht werden soll). In der Kommunikationswirkung geht es hierbei nicht etwa – wie man beim Expertenauftritt denken könnte – um den Antritt eines Beweises oder die Überzeugung durch einen wissenschaftlichen Befund oder ein Gutachterurteil, sondern um die *wünschbare Ähnlichkeit* zwischen dem ‚Dritten', der sich zur Sache äußert, und dem Informationsrezipienten, der sich im sozialen Vergleich dem ‚Sprecher' gerne annähern würde und dies *durch Reduktion der Meinungsabweichung* zwischen dem ‚Dritten' und ihm (zumindest in Teilen) vollzieht.

Dieser auch als *‚soziale Validierung'* bezeichnete Prozess ist insbesondere auch im Hinblick auf den Vergleich von ganz spezifischen Selbst-Aspekten wie z.B. Hilfsbereitschaft, Großzügigkeit, soziales Engagement, Toleranz etc. für die Public Relations interessant. Soziale Vergleichsprozesse werden vornehmlich dann angestoßen, wenn der Selbst-Aspekt oder das Personenmerkmal im Rahmen des sozialen Wertesystems hoch geschätzt wird, häufig als Vergleichsmerkmal Verwendung findet, sozial sichtbar ist und/oder schwer kompensierbar ist (Fischer/Wiswede 1997: 146). Der intensive Einsatz von Prominenten (wie Sportlern, Schauspielern und Staatsmännergattinnen), d.h. weithin bewunderten und sozial angesehenen Personen des öffentlichen Lebens, als Schirmherrin oder Schirmherr von Vereinen, Initiativen, Kampagnen und auch Stiftungen, ermöglicht positive soziale Vergleichsprozesse in Bezug auf soziale Verantwortungsübernahme und soziales Engagement. Unterstützt werden kann der Kommunikationserfolg über den sozialen Vergleichsprozess, wenn der Informationsrezipient durch Handeln (wenn auch nur symbolisches wie bei der Spende) seine positive Vergleichsbilanz bestätigen und auch nach außen hin dokumentieren kann (z.B. durch das Tragen von Stickern, Abzeichen oder eindeutigen Kleidungsstücken bzw. leicht identifizierbaren Accessoires).

7. Theorien psychologischer Reaktanz – oder: Warum man es mit der Kommunikation auch nicht übertreiben sollte

Von einem *Bumerangeffekt* spricht man dann, wenn beeinflussende Kommunikation das Gegenteil von dem bewirkt, was sie bewirken sollte. Dies ist für die PR-Beratung quasi der ‚größte anzunehmende Unfall'. Was macht die kontraproduktiven Kommunikationseffekte aus? In den Termini des ELM bzw. des „Cognitive Response Modells" spricht man in diesem Zusammenhang auch von *dem Überwiegen der negativen Responses* auf eine beeinflussende Botschaft – oder auch im ursprünglichen Sinne von Brehm (1966) von psychologischer Reaktanz: „Reaktanz ist die Motivation zur Wiederherstellung eingeengter oder eliminierter Freiheitsspielräume. [...] Freiheit bezieht sich nicht nur auf den Bereich des beobachtbaren Verhaltens. Auch die Freiheit, bestimmte Meinungen zu besitzen, gehört dazu." (Raab/Unger 2001: 65). Sozialer Einfluss über Kommunikation kann als Freiheitsbedrohung oder -elimination aufgefasst werden. Mit der Stärke der Wahrnehmung dieses Einflusses wächst auch der Widerstand, also die psychologische Reaktanz, gegen die Beeinflussung. Die Bedingungen, unter denen es zu solchen

Phänomenen kommt, lesen sich wie die ‚Don'ts' der PR-Arbeit, die man leider aber aus dem Praxisalltag nur allzu gut kennt:

> „Sozialer Einfluss bzw. Kommunikation werden dann als einengend empfunden, wenn sie a) als einseitig und unfair empfunden werden, b) Botschaftsempfänger vermuten, dass die Kommunikation systematische Fehlinformationen zugunsten der durch Botschaftsabsender bevorzugten Position enthalten, c) Schlussfolgerungen enthalten sind, die aus Sicht der Empfänger nicht nachvollziehbar sind, d) die Beeinflussungsabsicht über ein von den Empfängern akzeptiertes Maß hinaus erkennbar wird und e) Botschaftsabsender ein hohes Maß an Eigennutzen aus der bevorzugten Position ziehen können." (Raab/Unger 2001: 65)

Das sind genau die ‚dirty approaches' in der Geisteshaltung von Kommunikationsmachern, die häufig gerade erwartet werden, auch wenn dieses Verlangen nicht immer explizit gemacht wird. Sind Wirkungen von Kommunikation nicht offensichtlich, nicht stark genug oder treten sie nur zögerlich ein, so verlangen Auftraggeber von Kommunikation gerade im Sinne der ‚Don'ts', den Kommunikationsdruck zu verstärken. Der PR-Berater als Dienstleister ist damit einem typischen Berufskonflikt ausgesetzt: Einerseits muss er kommunikative Dienstleistungen verkaufen, andererseits weiß er aber, dass man ‚des Guten' auch zu viel tun kann. Diese Ambivalenz zwischen ‚Beeinflussungspflicht' und Reaktanzrisiko ist belastend für die Beratungsrolle – Berater müssen hier eine Gratwanderung machen.

8. Rollentheorie – oder: Was leistet die Sozialpsychologie zur Klärung des ‚Dienstleidens' respektive Rollenverständnisses in der PR-Beratung?

Das ‚Leiden' an der Dienstleistungs- und/oder Beratungsrolle ist ein weit verbreitetes Problem im Berufsfeld Public Relations (Femers 2002). Zu diesem in der reflexiven Berufsfeldforschung längst überfälligen Thema vermag die sozialpsychologische Rollentheorie relevante Beiträge zur Klärung der Rollenproblematik zu leisten. Sie lehrt etwa, dass *Beraterrollen als ‚weiche Rollen'* zu verstehen sind, die durch Interaktions-, bzw. Gestaltungs- und Aushandlungsprozesse konturiert werden können (im Sinne eines ‚role-making' in Abgrenzung zum ‚role-taking'). In Dienstleistungsinteraktionen, wie den Public Relations, sind Rollen nämlich keine fertigen „Interaktionsgebrauchsanweisungen", sondern soziale Erwartungskonstellationen mit hoher Plastizität (Fischer/Wiswede 1997). Dies kann möglicherweise von der in der Praxis gängigen Vorstellung der ‚Schicksalsknechtschaft' vieler PR-Treibender emanzipieren, von der ansonsten nur die Berufsflucht befreien kann.

In der früheren so genannten strukturfunktionalistischen Perspektive der Rollentheorie war ursprünglich eine Rolle schlichtweg als eine soziale Hülse gedacht worden, als „ein anonymer Bestandteil eines stetig vorgegebenen Rechts- und Pflichtgefüges, das der Veränderbarkeit weitgehend entzogen ist. [...] Die positionale Zuordnung ist verbunden mit einer jeweils spezifischen Bündelung von Verhaltenserwartungen an den Partner, die dann dessen Rollenhandeln leiten." (Fischer/Wiswede 1997: 429f). Beratungsrollen in den Public Relations sind allerdings jenseits dieses frühen normativen Paradigmas zu verstehen, denn dieses kann nur für die Erklärung solcher Rollen akzeptiert werden, die weitgehend fix sind: ‚harte' Rollen.

Die Vielfalt der Interaktionsspielräume in Berater-Klienten-Beziehungen hingegen veranschaulicht, dass Berater- wie Klientenrollen keine ‚entsubjektivierten Fertigprodukte' (Fischer/Wiswede 1997: 431) sind, die Handlungsanweisungen für die Berater-Klient-Kommunikation bereitstellen. Besser wird die *interaktionistische Perspektive* (Mead 1934) diesen Rollen gerecht, die einem interpretativen Paradigma verpflichtet ist, das Berater- und Klientenrollen als ‚weich' begreift. Dieses ‚moderne' sozialpsychologische Credo birgt enorme Spielräume für das Rollenlernen und -gestalten und damit große Herausforderungen und Chancen für die gelungene berufliche Sozialisation von PR-Beratern (z.B. Supervisions- und Coachinggruppen, berufsbegleitende Rollentrainings).

9. Ausblick

Nur die wichtigsten der sozialpsychologischen Theorien konnten hier in Auszügen mit dem Blick auf die Anwendung in den Public Relations skizziert werden. Dem Verständnis von Motiven, Prozessen, Funktionsweisen und Effekten des Managements ‚öffentlicher Beziehungen' können selbstverständlich noch viele weitere Ergebnisse sozialpsychologischer Theoriebildung und empirischer Arbeit zuträglich sein. Sie können an dieser Stelle allerdings nur erwähnt und nicht inhaltlich gewürdigt werden. Der Leser sei daher auf Überblicksarbeiten verwiesen: z.B. zu verhaltensorientierten Ansätzen von Bornewasser/Hesse/Mielke/Mummendy (1979); zu den sozialen Lerntheorien, den Theorien der Personenwahrnehmung und zur Interaktion in Gruppen bei Herkner (1996); zur Theorie des Impression-Managements, des Selbstwertschutzes und der Selbstwerterhöhung bei Frey/Irle (1998b); zur Balancetheorie als Spezifikation der Dissonanztheorien bei Raab/Unger (2001); zur Konformität von Einstellungen und Verhalten bei Semin/Fiedler (1996); zur Attributionstheorie bei Fischer/Wiswede (1997) oder etwa zur Rolle von Motiven und Emotionen (wie Angst und Aggression) oder des prosozialen Verhaltens oder auch der Affiliation und ihren Implikationen für das Kommunikationsmanagement bei Stroebe/Hewstone/Stephenson (1996).

So naheliegend ein Beitrag der Sozialpsychologie zur Klärung von Fragen der PR als angewandter Wissenschaft ist, so sehr vermisst man jedoch bei der Betrachtung der Bemühungen um Verwissenschaftlichung in dieser (freilich noch jungen) Disziplin die Nutzung der Sozialpsychologie auf breiter Basis und mit der angebrachten Selbstverständlichkeit. Für die auffällige Zurückhaltung bei der wissenschaftlichen Rezeption bereitstehenden Wissens über das Funktionieren der menschlichen Informationsverarbeitung im sozialen Kontext und der Anwendung von Sozialtechniken sind eine Reihe von Gründen denkbar: Ein in Kreisen von Kommunikationsleuten grundsätzlich gespanntes, wenn nicht gar neurotisches Verhältnis zum Beeinflussungspotenzial von Kommunikation – ‚man muss es können und darf es zugleich nicht tun' –, eine Art ‚Persuasionsphobie', eine verbreitete Animosität gegen die Beschäftigung mit kommunikativem ‚Manipulationswissen', eine Angst vor der unreflektierten Anwendung von ‚Sozialtechniken', Bedenken, sich als „Helfershelfer im Dienste niedriger Gesinnungen und Absichten" (Wiswede 1995: 19) zumeist im Kontext wirtschaftlicher Interessen – suspekt per se – zu engagieren. Dazu gesellt sich von der Seite der Grundlagenwissenschaften selbstverständlich verstärkend das schon zu Zeiten Kurt Lewins angestrengt gepflegte „Augenbrauenhochziehen" der Elfenbeinturm-Wissenschaftler, die der Praxis- bzw. Anwendungsorientierung kritisch gegenüberstehen bzw. auf selbige herabsehen.

Die kommunikative Nachbardisziplin der Public Relations, die „Werbung", ist bezüglich der Nutzung sozialpsychologischen Grundlagenwissens in der Vergangenheit keineswegs zurückhaltend gewesen und wird auch in der Gegenwart nicht durch wissenschaftsethische Gewissensbisse behindert. Hier wird vielleicht eher gemacht, was machbar ist. Es wird angenehm offen, ohne jede Koketterie über „das Kaufen, das Haben und das Sein" reflektiert (Solomon/Bamossy/Askegaard 2001: 11), was – wie der Blick in die einschlägige Literatur zeigt – der wissenschaftlichen Fundierung keineswegs abträglich gewesen ist. Dies zeigen etwa die Arbeiten von Rosenstiel/Kirsch „Psychologie der Werbung" (1996), von Felser „Werbe- und Konsumentenpsychologie" (2001) oder etwa das „Lexikon Werbung" (2001) von Behrens/Esch/Leischner/Neumaier – um nur einige Publikationen anzusprechen. In ähnlicher Weise muss sich Public Relations vor dem Hintergrund des Anspruchs angewandte *Wissenschaft* zu sein, von der ‚Persuasionsphobie' lösen, um eine reflektierte und verantwortungsvolle Nutzung von bereitstehendem Beeinflussungswissen für die Praxis der PR zu ermöglichen.

Literatur

Allport, Gordon W. (1954): The Nature of Prejudice. Boston-Cambridge: Bacon Press.
Aronson, Elliot (1994): Sozialpsychologie – Menschliches Verhalten und gesellschaftlicher Einfluss. Heidelberg: Spektrum.
Behrens, Gerold/Esch, Franz-Rudolph/Leischner, Erika/Neumaier, Maria (Hrsg.) (2001): Gabler Lexikon Werbung A-Z. Wiesbaden: Gabler.
Bornewasser, Manfred/Hesse, Friedrich Wilhelm/Mielke, Rosemarie/Mummendy, Hans Dieter (1979): Einführung in die Sozialpsychologie. Heidelberg: Quelle & Meyer.
Brehm, Jack W. (1966): A Theory of psychological Reactance. New York: Academic Press.
Burkart, Roland (1993): Public Relations als Wissenschaft? In: Der Blätterteig, Nr. 15, S. 1-4.
Donsbach, Wolfgang (1988): Selektive Zuwendung zu Medieninhalten. Forschungsstand und Feldstudie am Beispiel des Selektionsverhaltens von Zeitungslesern. Habilitationsschrift Johannes Gutenberg-Universität Mainz.
Donsbach, Wolfgang (1989): Selektive Zuwendung zu Medieninhalten. Einflussfaktoren auf die Auswahlentscheidung der Rezipienten. In: Kaase, Max/Schulz, Winfried (Hrsg.): Massenkommunikation. Theorien, Methoden, Befunde. In: Kölner Zeitschrift für Soziologie und Sozialpsychologie, Nr. 30, Sonderheft. Opladen: Westdeutscher Verlag, S. 392-405.
Felser, Georg (2001): Werbe- und Konsumentenpsychologie. Heidelberg: Spektrum.
Femers, Susanne (2002): Berater und Klienten – Die Inszenierung destruktiver Beziehungen. In: Güttler, Alexander/Klewes, Joachim (Hrsg.): Drama Beratung! Consulting oder Consultainment. Frankfurt: Frankfurter Allgemeine Buch, S. 41-54.
Festinger, Leon (1954): A Theory of social Comparison Processes. In: Human Relations, Nr. 7, S. 117-140.
Festinger, Leon (1957): A Theory of cognitive Dissonance. Stanford: Stanford University Press.
Fischer, Lorenz/Wiswede, Günter (1997): Grundlagen der Sozialpsychologie. München: Oldenbourg.
Frey, Dieter/Irle, Martin (1998a): Theorien der Sozialpsychologie: Band 1 – Kognitive Theorien. Bern: Hans Huber.

Frey, Dieter/Irle, Martin (1998b): Theorien der Sozialpsychologie: Band 3 – Motivations- und Informationsverarbeitungstheorien. Bern: Hans Huber.
Herkner, Werner (1996): Lehrbuch Sozialpsychologie. Bern: Hans Huber.
Hovland, Carl I./Janis, Irving L./Kelley, Harold H. (1993): Communication and Persuasion. Psychological Opinion Change. New Haven: Yale University Press.
Irle, Martin (1975): Lehrbuch der Sozialpsychologie. Göttingen: Verlag für Psychologie.
Lewin, Kurt (1944): Constructs in Psychology and psychological Ecology. University of Iowa Studies in Child Welfare, Nr. 20, S. 23-27.
McGuire, William J. (1981): Theoretical Foundations of Campaigns. In: Rice, Ronald E./Paisley, William J. (Hrsg.): Public Communication Campaigns. London: Sage, S. 41-70.
Mead, George Herbert (1936): On Social Psychology. Chicago: Chicago University Press.
Petty, Richard E./Cacioppo, John T. (1986): Communication and Persuasion – Central and peripheral Routes to Attitude Change. New York: Springer.
Raab, Gerhard/Unger, Fritz (2001): Marktpsychologie – Grundlagen und Anwendung. Wiesbaden: Gabler Verlag.
Ronneberger, Franz/Rühl, Manfred (1992): Theorie der Public Relations: Ein Entwurf. Opladen: Westdeutscher Verlag.
Rosenstiel, Lutz von/Kirsch, Alexander (1996): Psychologie der Werbung. Rosenheim: Komar.
Semin, Günin R./Fiedler, Klaus (1996): Applied Social Psychology. London: Sage.
Solomon, Michael/Bamossy, Gary/Askegaard, Soren (2001): Konsumentenverhalten. Der europäische Markt. München: Pearson Studium.
Stroebe, Wolfgang/Hewstone, Miles/Stephenson, Geoffrey M. (1996): Sozialpsychologie – Eine Einführung. Heidelberg: Springer.
Wiswede, Günter (1995): Einführung in die Wirtschaftspsychologie. München: Ernst Reinhardt.

Public Relations aus Sicht der Wirtschaftswissenschaften

Markus Will

1. Vorbemerkung

Als Klaus Esser den Übernahmekampf um Mannesmann verloren hatte, war einer der von ihm selbst herausgestellten Gründe für die Niederlage gegen Vodafone folgender: Es sei ihm als Vorstandsvorsitzendem nicht gelungen, die Meinungsführer der angelsächsischen Wirtschaftspresse von der Überlegenheit seiner Strategie zu überzeugen. (In Anlehnung an Äußerungen in der FAZ, 11.12.2000). Während die eigentlich entscheidenden institutionellen Analysten aus Essers Sicht seiner Unternehmensstrategie für Mannesmann mehrheitlich zugeneigt waren, tendierten die wichtigen unter den eigentlich nicht entscheidenden Journalisten in dieser größten Übernahmeschlacht zu Vodafone. Die Moral von der Geschicht'? Ohne Journalisten geht es nicht!

2. Ausgangslage

Für die Frage der Bedeutung der Kommunikation für das Management von Unternehmungen zeigt der Fall Mannesmann/Vodafone einen sehr wichtigen Zusammenhang: Selbst die besten Analysten unter den institutionellen Anlegern – und deren Führungsebenen – können die *veröffentlichte Meinung* nicht außer Acht lassen. Das Beispiel verdeutlicht dreierlei:

- *Erstens*: *Strategie gilt für alle Anspruchsgruppen* (Stakeholder) gleichermaßen und muss ihnen gegenüber von der Unternehmung dauerhaft, nachhaltig und glaubwürdig mit allen Instrumenten vermittelt werden.
- *Zweitens*: *Kommunikation ist vor allem Chefsache*, die nicht mehr und nicht weniger delegiert werden kann wie andere Managementfunktionen auch, und zwar einschließlich der Organisation der Kommunikation in der Unternehmung.
- *Drittens*: *Management benötigt eine neue Funktion*, die diese Aufgabe im Sinne von Gestaltung, Entwicklung und Lenkung aller Kommunikationsbeziehungen der Unternehmung übernehmen kann.

Die drei Punkte gelten – wegen ihrer besonderen Multiplikatorfunktion – vor allem für Journalisten, die als eigene Anspruchsgruppe in der etablierten Managementlehre nur eine Randbedeutung in den Kommunikationsbeziehungen der Unternehmung haben.

Die Managementlehre arbeitet mit einem Dreiklang aus Strategie, Struktur und Kultur oder – wie Bleicher (1999) formuliert – mit Strukturen, Aktivitäten und Verhalten. Nun sind solche Einteilungen keine Managementfunktionen. Auf die klassischen Managementfunktionen (Mackenzie 1969) werden die aufgeführten Dreiklänge in der Regel angewandt.[1] Die Forschungsfrage dieses Beitrages über Public Relations aus Sicht der Wirtschaftswissenschaften lautet deshalb: Ist Kommunikation in der Lage, eine solche eigenständige Funktion zu sein, auf die ein entsprechendes Dreieck angelegt werden kann?

Folgendermaßen wird vorgegangen: Nach *Definitionen* der wesentlichen Begriffe (2) wird auf die *Bedeutung der Kommunikation für das strategische Management* eingegangen (3). Dann ist es notwendig, *Kommunikation in strategischen Sichtweisen* zu behandeln (4), um darauf aufbauend die *Funktion der Kommunikation für Wert und Marke der Unternehmung* vorzustellen (5). Das letzte Kapitel gehört dem Ausblick *der Zukunft des Kommunikationsmanagements* (6).

3. Definitionen

Die hier im Weiteren vorgestellte Managementfunktion soll das *Kommunikationsmanagement* sein. Der Terminus kann nur in einer „*Begriffsfamilie*" definiert werden, zu der neben dem Kommunikationsmanagement die Termini *Unternehmensmarketing* (englisch: Corporate Branding) und *Unternehmenskommunikation* (englisch: Corporate Communications) gehören (Will 2001). Sie werden hier so definiert, dass sie sich in ihrer Management-Terminologie beispielsweise an Bleicher (1999) orientieren. Es handelt sich hierbei um eine wirtschaftswissenschaftliche Nomenklatur. In Abgrenzung zur kommunikationswissenschaftlichen Perspektive muss Folgendes auseinander gehalten werden:

- *Kommunikationsmanagement* beschreibt das ganzheitliche *normative* Management*konzept* der Kommunikation der Unternehmung mit allen externen und internen Ziel- und Zwischenzielgruppen, d.h. die Entwicklung, Gestaltung und Lenkung aller internen wie externen Kommunikationsbeziehungen. Dabei sind bestehende Inter- und Intradependenzen zwischen den Gruppen zu berücksichtigen. Ziel des Kommunikationsmanagements ist die Gestaltung und Entwicklung der Unternehmensmarke mittels einer ganzheitlich vernetzten Betrachtung der Funktion Kommunikation und der entsprechenden Integration in die Managementkonzepte. Kommunikationsmanagement als Managementaufgabe umfasst

---

[1] Wer eine zusätzliche Managementfunktion debattieren will, sollte bei Erich Gutenberg noch einmal die Rolle von elementaren und dispositiven Faktoren nachlesen, aus der sich alle späteren Spezialisierungen herausentwickelt haben. Gutenberg (1983) stellt im Zusammenhang mit den dispositiven Faktoren besonders die Koordinierungsaufgabe heraus. Einer solchen Anforderung muss dann auch Kommunikation als Managementfunktion gerecht werden. Das gilt auch für Mackenzies Einteilung der fünf Managementfunktionen. Alle diese klassischen Funktionen sind im Sinne Gutenbergs dispositive Faktoren. Steinmann (1993) unterscheidet in Management- und Sachfunktionen, die sich wiederum auf Gutenbergs Unterscheidung zwischen Steuerungsfunktion und Koordinierungsfunktion des dispositiven Faktors beziehen.

alle kommunikativen Aktivitäten im Rahmen der „generellen Zielplanung" (Hahn 1992) beziehungsweise des „normativen Managements" (Bleicher 1999) und definiert so die generellen Sach-, Wert- und Sozialziele mit. Auf strategischer Ebene beteiligt sich Kommunikationsmanagement dann – wiederum in Anlehnung an Hahn und Bleicher – an der Festlegung von Potenzial- und Aktionsobjektstrukturen.

- *Unternehmensmarketing* beschreibt den ganzheitlichen *strategischen* Management*prozess* der Kommunikation der Unternehmensdarstellung einschließlich der Potenziale, Aktionen und Objekte. Unternehmensmarketing bezieht sich ausschließlich auf die Ebene der Unternehmung selbst.[2]
- *Unternehmenskommunikation* beschreibt die integrierte *operative* Management*aufgabe* der Kommunikation der Unternehmung. Unternehmenskommunikation umfasst dabei alle Bereiche der Kommunikation der Unternehmung, die dazu dienen, die Unternehmung als gesamte Organisation in Wirtschaft (insbesondere im Umfeld von Güter-, Kapital- und Arbeitsmarkt) und Gesellschaft darzustellen. Die Unternehmenskommunikation berücksichtigt dabei technologische und rechtliche sowie soziale Rahmenbedingungen.[3]

Zur *Organisation* der Kommunikation einer Unternehmung im Kontext dieser drei Dimensionen werden folgende *Bestandteile* verlangt: Presse- und Öffentlichkeitsarbeit, Finanzkommunikation, Politische Unternehmenskommunikation, Mitarbeiterkommunikation, Unternehmenswerbung, Unternehmenssponsoring, Unternehmensdesign. *Zielgruppen* der Kommunikation sind: Kunden, Lieferanten, Aktionäre, Mitarbeiter, Wettbewerber und Politiker und in Iteration deren Interessenvertretungen. *Zwischenzielgruppen* der Kommunikation sind Analysten, Journalisten und Lobbyisten.

Im Folgenden argumentiert dieser Beitrag mit dem Begriff des Kommunikationsmanagements, da hier die Anbindung an das Management ermöglicht wird. Diese auf den ersten Blick herabstufende Einordnung der Unternehmenskommunikation ist zwingend, denn es braucht ein übergeordnetes Managementkonzept für die Unternehmenskommunikation, um alle Schnittstellen mit bestehenden Management- und Sachfunktionen definieren zu können.

Wenn in der Betriebswirtschafts- und Managementlehre von integrierter Kommunikation gesprochen wird, so ist dies – bis auf wenige Ausnahmen – vom Marketing dominiert. Führend ist hier vor allem der Baseler Ökonom Manfred Bruhn (1995, 1997). Kommunikationspolitik definiert er in seinem gleichnamigen Buch als

---

2 Vgl. zum Begriff vor allem Gregory und Ind (Gregory 1997; Ind 1997).
3 Die wirtschaftswissenschaftliche Literatur bietet zum Begriff „Unternehmenskommunikation" folgendes Bild: Unter den hier im Folgenden zitierten Arbeiten von Argenti (1998), Bruhn (1995, 1997) und van Riel (1995, 1997) empfiehlt sich vor allem van Riels Forschungsüberblick, da er sehr gut den internationalen Stand widerspiegelt (van Riel 1997). Im deutschen Sprachraum bietet vor allem Zerfaß (1996) einen guten Überblick. Des Weiteren ist auf Beger/Gärtner/Mathes (Beger et al. 1989) zu verweisen, die Grundlagen, Strategien und Instrumente der Unternehmenskommunikation zusammenstellen.

„Darstellung des unternehmerischen Leistungsprogramms" (Bruhn 1997). Bei ihm nimmt Public Relations jedoch nicht die zentrale Rolle ein, die hier vorgeschlagen wird. Public oder auch Media Relations, die Beziehungen zur allgemeinen und speziellen Tages- und Wirtschaftspresse, sind aber für ein ganzheitliches Management der Erwartungen von Anspruchsgruppen kein Randthema.

Bruhn befasst sich allerdings auch bereits in zweiter Auflage mit „integrierter Unternehmenskommunikation", die er als „Gesamtheit aller Kommunikationsinstrumente und -maßnahmen eines Unternehmens" bezeichnet, die eingesetzt werden, „um das Unternehmen und seine Leistungen den relevanten externen und internen Zielgruppen der Kommunikation darzustellen" (Bruhn 1995: 12). Allerdings thematisiert Bruhn nur untergeordnet die prozessuale und inhaltliche Ausprägung und vernachlässigt die Frage, wie ein System Unternehmung mit *allen* Ziel- und Zwischenzielgruppen zu welchen Themen kommunizieren muss oder soll.

Der Hauptunterschied zwischen Marketing und Kommunikationsmanagement reduziert sich im Wesentlichen darauf, dass Kommunikationsmanagement nicht nur am Kunden als Zielgruppe ausgerichtet ist, sondern die wichtigen Zwischenzielgruppen wie Journalisten, Analysten und Lobbyisten sowie deren Intra- und Interdependenzen mit den Zielgruppen mit einbezieht.

Ansonsten kommt Kommunikation in der Managementlehre quasi nur en passant vor: im Führungsprozess, im Personalmanagement und in jüngster Zeit auch im Finanzmanagement über das Thema Investor Relations (Drill 1995; Volkart 1997).

4. Die Bedeutung der Kommunikation für das strategische Management

Welche Bedeutung hat Kommunikation für das *strategische Management*? Einer der ganz wenigen aus der Strategischen Unternehmensführung kommenden Ansätze zur Bedeutung von – wie es dort heißt – Öffentlichkeitsarbeit bietet Hahn (1992). Aus dem kommunikationswissenschaftlichen Umfeld kommend, geht Zerfaß (1996) am weitesten. Er bringt „Unternehmensführung und Öffentlichkeitsarbeit" nicht nur in einen Zusammenhang, sondern offeriert zudem auch eine Integration mit der Publizistikwissenschaft.[4]

Die Feststellung muss eigentlich verwundern, schließlich hat beispielsweise schon Hans Ulrich (1970), Gründervater des St. Galler Managementmodells, vier Dimensionen der Unternehmensführung benannt: die materielle, wertmäßige, soziale und *kommunikative* Dimension. Wenn heute in der Betriebswirtschafts- und Ma-

---

4   Die kommunikationswissenschaftliche Literatur bietet ansonsten folgendes Bild: Nur wenige theoretische PR-Ansätze befassen sich überhaupt mit der Unternehmung oder Organisation als Subjekt der Kommunikation (beispielsweise Theis 1994; Grunig/Hunt 1996; Zerfaß 1996). Szyszka (1997) bietet einen Überblick zur PR-Praxis und ihren theoretischen Grundlagen. Diesen Ansätzen ist jedoch gemein, dass sie keine Evolution des betriebswirtschaftlichen Strategieprozesses postulieren, sondern quasi statisch argumentieren. Aus internationaler Perspektive wird in der Regel zuerst auf Grunig (1992) und Grunig/Hunt (1996) verwiesen, denen aber auch die Integration aller Teildisziplinen sowie die Berücksichtigung der Unternehmenskommunikation beziehungsweise Public Relations in die Managementlehre fehlt.

nagementlehre von integrierter Kommunikation gesprochen wird, so ist dies – wie oben beschrieben – im Wesentlichen vom Marketing dominiert.

Beispiele wie das von Mannesmann/Vodafone sind selbstredend immer speziell und es stellt sich somit die Frage nach der Zulässigkeit einer induktiven, generalisierenden Vorgehensweise. Insofern wird sich vorliegender Beitrag weniger mit den bestehenden Zusammenhängen der genannten Dreiklänge beschäftigen, sondern mehr damit, ob und wo Kommunikation in der Managementlehre bereits thematisiert wird und ob und wo es gegebenenfalls als Funktion verortet werden sollte. Die Strategie-Komponente – genauer: die Unternehmensstrategie – hat dabei eine besondere Rolle, da gerade sie in erster Linie zu kommunizieren sein wird.

Bei Bleicher (1999) geht das *Strategische Management* deshalb auch über alle drei Bereiche (Strukturen, Aktivitäten und Verhalten), da in der Öffentlichkeit Strukturen in der Regel dann analysiert werden, wenn Strategien beurteilt werden und Verhalten in der Öffentlichkeit zumeist eine längerfristigere Perspektive hat als Strategien. Alle drei spiegeln sich in der Unternehmensmarke.

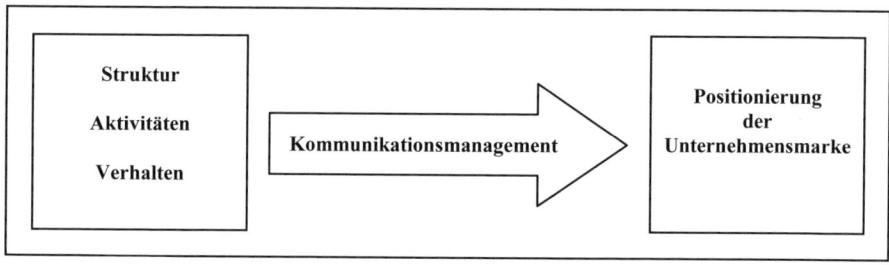

Abb. 1: Die Bedeutung der Kommunikation (Will 2000: 47; Bleicher 1999: 77)

Bei Bleicher lässt sich die Bedeutung der Kommunikation auf allen Ebenen zeigen: Im Bereich der *Aktivitäten* kommt Kommunikation wie folgt zum Einsatz: Unternehmenspolitik (normative Ebene), Programme (strategische Ebene) und Aufträge (operative Ebene) müssen kommuniziert werden. Noch deutlicher wird dies beim *Verhalten*: Unternehmenskultur beschreibt sich über Identität und Image. Problemverhalten zeigt sich beispielsweise in Krisenkommunikation und Kooperationsverhalten operationalisiert sich nur über Beziehungsmanagement. Und auch bei den *Strukturen* zeigt sich die Bedeutung der Kommunikation: Eine Unternehmensverfassung kann nur gelebt werden, wenn sie vermittelt und verstanden wird. Organisations- und Managementsysteme müssen auf diese Dialogfähigkeit abgestimmt werden und auch die entsprechenden Prozesse müssen auf die Kommunikation abgestimmt sein.

Das ist die grundsätzliche Bedeutung. Wie kann nun das Kommunikationsmanagement in den Managementprozess eingefügt werden? Hahn (1992) hat Kommunikation konsequent, das heißt auf allen Ebenen des *Managementprozesses* in die Unternehmensführung integriert. Er erkennt generelle, strategische und operative Ziele beziehungsweise Planungsebenen, die vor allem wechselseitig sind, also nicht nur aus der Unternehmenspolitik abgeleitet werden, sondern selbige auch mitbestimmen können.

Es kommt auf zweierlei an: Zum einen muss der *strategische Kommunikationsprozess* ausreichend in die bestehenden Managementmodelle integrierbar sein. Zum anderen muss erkannt werden, dass sich daraus zusammen mit einem sich weiter verstärkenden Paradigmenwechsel vom Produktions- zum Kommunikationsmanagement (Schmid 2000) ohnehin eine stärkere Bedeutung der Kommunikation ergibt.

Die Rahmenbedingungen für Kommunikation der Unternehmensstrategie gruppieren sich nun um den Faktor Aufmerksamkeit. Aufmerksamkeitsökonomie ist ein junger Ansatz, der nicht mehr die produktiven Faktoren als die relevanten knappen Faktoren betrachtet, sondern den Kampf um die Aufmerksamkeit der Rezipienten.[5]

Aus kommunikativer Sicht gibt es drei Elemente, die die Aufmerksamkeit zum knappen Faktor machen: die *Fragmentierung der Kommunikationsmärkte*, auf denen sich eine Veränderung der Sender-Empfänger-Beziehungen ergeben haben: Es sind neue Mittler in der Kommunikationsbeziehung hinzugekommen (beispielsweise Analysten). Der Kommunikationsmarkt hat sich insgesamt in mehrere Teilmärkte (beispielsweise für Finanzkommunikation) zerlegt. Dabei ist problematisch, dass ein Teilmarkt für Finanzkommunikation nicht notwendigerweise deckungsgleich ist mit *dem* Finanzmarkt, denn gerade Kleinanleger, die sich zu einer immer wichtiger werdenden Gruppe entwickeln, beziehen ihre Finanzinformation nicht nur über diesen einen kommunikativen Teilmarkt.

Ähnlich verhält es sich mit der *Globalisierung der Kommunikationsthemen*: Die Unternehmung ist mit immer mehr quantitativen wie qualitativen Themen konfrontiert, die sich häufig von der reinen Produktebene gelöst haben, die Ebene der Unternehmung betreffen und grenzüberschreitenden Charakter haben (beispielsweise Zwangsarbeiterentschädigung oder SEC-Financial Disclosure).

Während die ersten beiden Elemente des Knappheitsfaktors Aufmerksamkeit eher unabhängig von der technologischen Entwicklung sind, so betrifft die *Digitalisierung der Kommunikationskanäle* diese Entwicklung. Auch dabei sind quantitative und qualitative Veränderungen zu unterscheiden. Die Digitalisierung der Kanäle betrifft den Wechsel von Zielgruppen zu Gemeinschaften.

Aus Sicht des Kommunikationsmanagements hat der Faktor Aufmerksamkeit aber keinesfalls nur eine knappe, sondern auch eine „reichliche" Variante. Neben dem aus Sicht der Unternehmung knappen Faktor Aufmerksamkeit gibt es aber auch eine Komponente von Aufmerksamkeit, die für Unternehmen im Überfluss vorhanden ist. Sie basiert ebenfalls auf drei Elementen: der *Politisierung von Ökonomie* (beispielsweise über runde Tische), der *Ökonomisierung von Politik* (beispielsweise durch Übertragung von vormals öffentlichen Aufgaben in die Privatwirtschaft [Finanzierung von Straßenbau oder Privatisierung der Telekommunikation]) und auf den kommunikativen Konsequenzen der *Digitalisierung von Wirtschaft und Gesellschaft*. Dadurch, dass viel mehr Individuen und Gruppen Zugang zur Unternehmung bekommen, steht sie einer viel größeren Anzahl von Ansprüche stellenden Wirt-

---

5 Hummel/Schmidt (2001) weisen allerdings darauf hin, dass die Ökonomie der Aufmerksamkeit nicht unbedingt neu sei, sondern bereits sehr ausführlich in der Transaktionskostentheorie und Informationsökonomie behandelt werde.

schaftssubjekten gegenüber. Neben der bereits eingangs erwähnten Dimension der Aufmerksamkeit als Knappheitsfaktor durch die klassische Push-Kommunikation von Unternehmen sehen sich diese also gleichzeitig mit Aufmerksamkeit im Überfluss konfrontiert, die durch den beschriebenen Pull-Prozess ausgelöst wird.

5. Die Berücksichtigung von Kommunikation in den strategischen Sichtweisen

Nach der grundsätzlichen Frage der Bedeutung der Kommunikation stellt sich die weitere Überlegung, wie Kommunikation in den strategischen Sichtweisen berücksichtigt wird.

Argenti (1998: 43) hat mit Referenz an Porter die grundsätzliche Verbindung von Strategie und Kommunikation einer Unternehmung beschrieben:

> „By creating a coherent strategy [...] the organisation is well on its way to reinventing its handling of communications. Just as important for the firm, however, is the ability to link the overall strategy of the firm to the communications efforts. Michael Porter set the agenda for discussion of strategy in 1979. [...] Managers looking toward the development of communication strategies in the next century need to think about how external forces shape its strategy as well."

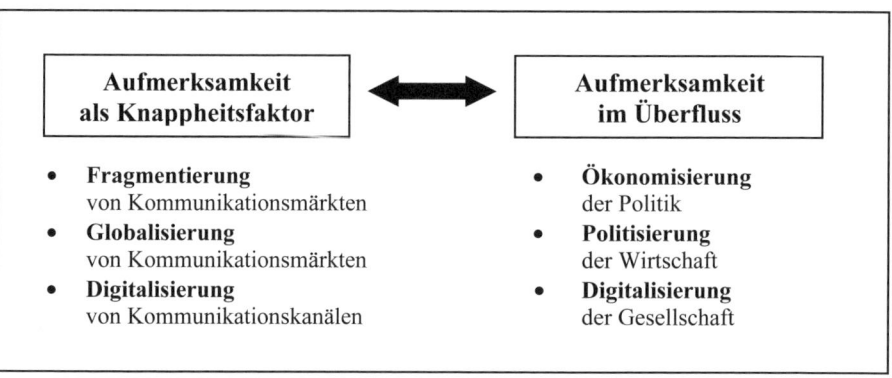

Abb. 2: Problemfeld Aufmerksamkeit (eigene Darstellung)

Das Problem ist die Art und Weise, wie Strategie und Kommunikation miteinander verbunden werden. Der Eindruck, dass das Thema zwar erkannt, aber nicht umgesetzt wird, kann an vielen anderen Stellen festgemacht werden. Argenti/Forman (2000: 233) fassen das folgendermaßen zusammen:

> „Since the 1970s, numerous studies have identified how organisations develop their strategies and, in some instances, how they succeed or fail as they attempt to move from a formulated strategy to its implementation. (...) Some of these studies also discuss the importance of communication to the process of implementing strategy, but none of them considers communication to be a central focus."

Die beiden etablierten Sichtweisen zu Strategie sind zum einen der *market based view*, den vor allem Porter (1986) vertritt, und der *resource based view*, den vor allem Hamel/Prahalad (1995) propagieren. Aus Sicht eines Kommunikationsmanagements, so wie es hier definiert worden ist, kann Kommunikation in beiden Fällen zusätzliche Bedeutung einnehmen: Im Fall des resource based views als *zusätzliche Kernkompetenz des Managements* und im Fall des market based views als Bestandteil der *Generierung von immateriellen Werten* entlang der propagierten Wertschöpfungskette auf Unternehmens- und Konzernebene. Der Ressourcen-Ansatz wird auch als eine Inside-Out-Perspektive eingestuft, da man sich in erster Linie mit den Kompetenzen innerhalb der Unternehmung auseinandersetzt, während im Markt-Ansatz die Outside-In-Perspektive vorherrscht, bei der man sich in erster Linie mit der Wettbewerbssituation auseinandersetzt.

6. Sichtweisen

Im *resource based view* gehen die Autoren von einer konsequenten Zukunftsbetrachtung der Unternehmung aus, bei der das strategische Management seine Analysen auf die zukünftigen Märkte ausrichten möge. Dazu müsse man konzernübergreifende Fähigkeiten in den Mittelpunkt stellen, strategische Allianzen eingehen, langfristig operieren, in unstrukturierten Arenen Strategien entwickeln und einen mehrphasigen Wettbewerb zulassen.

Hamel/Prahald fordern daher eine strategische Architektur statt der statischen strategischen Planung, die gemeinsames Wissen aller Linien und Stäbe verlangt. Da man sich nun nicht an aktuellen Portfolios orientieren möge, müsse man in *Kernkompetenzen* investieren, die zum zukünftigen Aufbau von Geschäftsfeldern und Produkten führen könnten. Zur Identifikation von solchen Kernkompetenzen müssten alle Funktionen und Bereiche zusammenarbeiten, um einen unternehmensinternen Lernprozess zu gestalten.

Aus Sicht dieses Ansatzes ist ein Kommunikationsmanagement, das alle Anspruchsgruppen gesamtunternehmensbezogen und vernetzt betrachtet, eine zusätzliche Kernkompetenz, die Einschätzungen, Erwartungen und Entwicklungen in das Kompetenz-Portfolio einbringt. Dies schließt im Übrigen den übergeordneten Blick mit ein, denn ohne Kapitaleinsatzfaktoren ist keine Kundenbetreuung möglich.

Im *market based view* baut der Autor auf den *Wertaktivitäten* für die Wertschöpfungskette auf, die Porter in einem Längsschnitt in primäre und unterstützende Wertaktivitäten unterteilt. Im Wesentlichen arbeitet Porter sodann sehr wettbewerbsorientiert und anhand der Kostenführerschaftsstrategie. Interessanterweise formuliert er aber zusätzlich, dass neben den Strategien für die Geschäftsfeld- und Branchenebenen auch Strategien für die Unternehmens- und Konzernebenen entwickelt werden müssten.

An diesem Punkt setzen Überlegungen an, dass die immateriellen Werte einer Unternehmung zwar aus dem Produkt- und Brand-Portfolio abgeleitet werden, aber andererseits auch aus dem Wert der Kapitaleinsatzfaktoren und Kundenbindungen, Image und Identität, also der Unternehmenskultur stammen.

Nun können immaterielle Werte einerseits eigentlich nur durch Kommunikation entstehen (Distribution), andererseits ist gerade Kommunikation selbst ein immaterieller Wert (Produktion). Entscheidend für das Kommunikationsmanagement ist jedoch, dass die Wertschöpfung der immateriellen Werte viel mit Kommunikation zu tun haben muss.

Aus der betriebswirtschaftlichen Rechnungslegung und dem strategischen Controlling kommen nun Ansätze, die – anders bezeichnet – genau diesen Ansatz verfolgen. Das Stichwort hier ist Value Reporting beziehungsweise Werttransformation und -kommunikation (Volkart 1997), welches eine spezielle Betrachtung des Value Based Management ist. Auch die Marketingbereiche versuchen sich auf dieser Basis am erweiterten Kommunikationsthema, das hier unter dem Stichwort Corporate Branding verfolgt wird (Gregory 1997; Ind 1997).

Nur wenige Autoren haben sich ausdrücklich mit der kommunikativen Dimension in diesen beiden Sichtweisen auseinandergesetzt:

6.1 Kommunikation im market based view

Rindova/Fombrun (1999) bauen explizit auf Porters Wettbewerbsvorteilen auf und führen eine kommunikative Interaktion ein, indem sie zwischen den *Aktionen* selbst und den *Interpretationen dieser Aktionen* durch bestimmte Anspruchsgruppen unterscheiden. Sie liefern dazu drei Gründe: Zum einen ignorierten ökonomische Theorien über Wettbewerbsvorteile die Interpretationen, zum zweiten fokussierten sich die Theorien auf wettbewerbliche Interaktionen zwischen Rivalen, aber nicht auf die Rolle der Ressourcen-Halter und zum dritten erklärten die bekannten Ansätze nicht, wie die strategischen Aktionen der Firmen und der Ressourcen-Halter die jeweiligen Branchenbedingungen kreierten (Rindova/Fombrun 1999: 705). Sie stellen deshalb folgendes Modell auf:

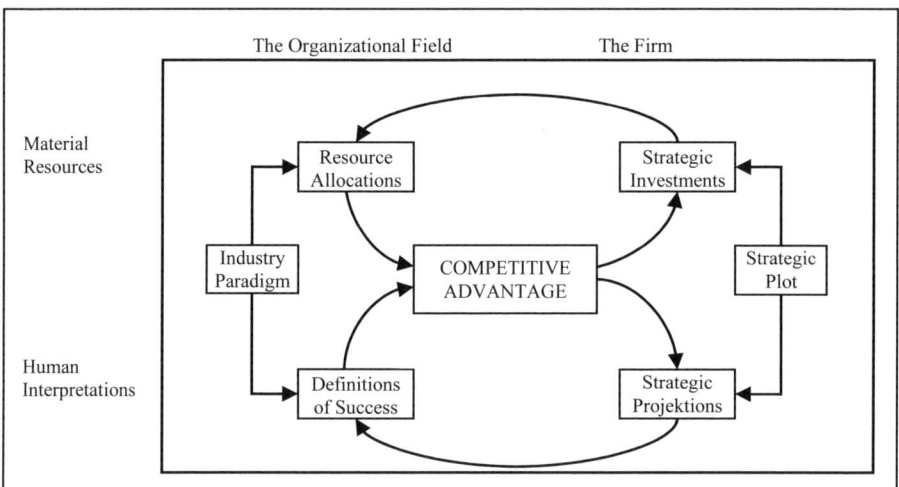

Abb. 3: A systematic model of competitive advantage (Rindova/Fombrun 1999: 702)

Ihr Modell liefert zwei Weiterentwicklungen: (1) Wettbewerb beschränkt sich nicht nur auf Ressourcen, sondern beinhaltet auch Interpretationen multipler Anspruchsgruppen und (2) Marktstellungen auf bestimmten Aktionen werden nicht nur dazu eingesetzt, Wettbewerber zu bekämpfen, sondern auch um die Wahrnehmung und Reaktionen von Anspruchsgruppen zu beeinflussen (Rindova/Fombrun: 705).

Aus diesem Ansatz leiten Rindova/Fombrun vier Implikationen für die Strategie-Forschung ab: Erstens, die Entwicklung von Wettbewerbsvorteilen ist ein interaktiver Prozess; zweitens, Wettbewerbsvorteile werden durch einen sozialen Prozess gebildet; drittens, Wettbewerbsvorteile bilden sich aus Beziehungen und viertens, das Schaffen von Wettbewerbsvorteilen ist ein Lernprozess (Rindova/Fombrun: 706).

6.2 Kommunikation im resource based view

Eine solche ausführliche kommunikative Betrachtung mit Hamel/Prahalads resource based view gibt es leider nicht. Es gibt allerdings Ansätze: Im Editorial der Millenniumsausgabe von „Die Unternehmung" schreibt Manfred Bruhn einleitend über Georg Schreyöggs Beitrag über die Entwicklungstendenzen und Zukunftsperspektiven des Strategischen Managements Folgendes:

> „Als zentral (in Schreyöggs Beitrag – der Autor) werden dabei die abnehmende Planbarkeit strategischer Systeme und die zunehmende Entwicklung hin zu kompensierenden organisatorischen Ansätzen angesehen. (...) Um überhaupt sinnvoll arbeiten zu können, gehört es demnach zu den Hauptaufgaben der Führung, die Umwelt richtig zu interpretieren." (Bruhn 1999)

In Schreyöggs Überblicksbeitrag findet sich nur am Rande der Hinweis auf Kommunikation – nämlich bei der Beschreibung von Hamel/Prahalads marktbasiertem Ansatz der Kernkompetenzen: „Das Strategische Management wird aus dieser Sicht ganz und gar ein Kompetenzmanagement. Kernkompetenzen sollen gepflegt werden durch: verbesserte Kommunikation, Beseitigung von Lernbarrieren, eine nur lose Kopplung der Subsysteme usw." (Schreyögg 1999: 394).

Ausführlicher, wenn auch nicht zentral befasst sich Bouncken (2000) im Rahmen der Identifikation von Kernkompetenzen mit der Kommunikation. Für sie sind Kompetenzen auch eine Integrationsleistung von Ressourcen und Fähigkeiten, die insbesondere eine Koordination zwischen Menschen und deren Fähigkeiten betrifft. Kernkompetenzen sind eine Bündelung von Ressourcen und Kompetenzen, die zusammenwirken müssen, um eine bestimmte Marktleistung zu erbringen (Bouncken 2000: 868).

Als *Quelle von Kernkompetenzen* benennt sie neben anderen auch die *Außenwirkung der Unternehmung*. Darunter listet sie Faktoren wie Marketing, Public Relations oder die Vergangenheit der Unternehmung. Des Weiteren unterscheidet Bouncken die *Informationsbereiche über Kernkompetenzen* und listet hier unter Außenwirkung Produkte/Dienstleistungen, Unternehmensimage und Erfolgsgeschichte auf (Bouncken 2000: 869f).

Bouncken stellt sodann einen eigenen weiterführenden integrativen Ansatz vor, bei dem sie – fast im Porterschen Sinne – wertschöpfungsübergreifende Bereiche und wertschöpfende Phasen unterscheidet. Zu den letzteren zählt Bouncken neben der Kreationskompetenz und der Ausführungskompetenz auch die *externe Kommu-*

nikationskompetenz. Die *interne Kommunikation* ordnet sie übergreifenden Bereichen zu. Auch wenn Bouncken die Differenzierung in interne und externe Kommunikationskompetenz so weit führt, dass sie sie unterschiedlich im Sinne der übergreifenden Klammer einstuft, so zählt sie die Produkt- und Unternehmenskommunikation u.a. eindeutig zu den Kernkompetenzen.

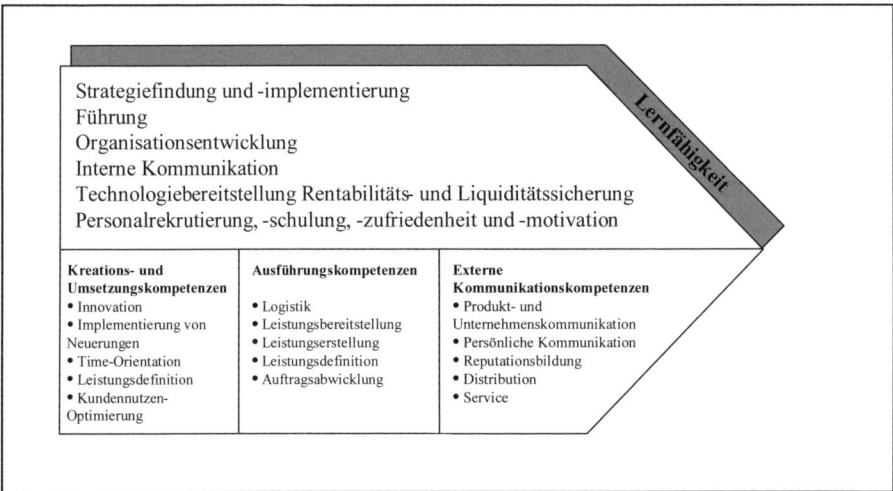

Abb. 4: Kompetenzmodell (Bouncken 2000: 877)

7. Die Funktion der Kommunikation für Wert und Marke der Unternehmung

Nachdem Bedeutung der Kommunikation und Berücksichtigung derselben in strategischen Sichtweisen behandelt worden sind, stellt sich jetzt die Aufgabe, die Funktion der Kommunikation für Wert und Marke der Unternehmung darzustellen.

Die einleitende Abbildung 1: „Die Bedeutung der Kommunikation" gesteht der Kommunikation die Aufgabe zu, die Darstellung der Unternehmensmarke zu gestalten und zu entwickeln. Genau diesen Kommunikationsprozess bezeichnet *Corporate Branding.* Demgegenüber befasst sich die Wertkommunikation mit der Kommunikationsfunktion aus einer Value Based Management-Perspektive, weshalb bei diesem Kommunikationsprozess auch von *Value Reporting* gesprochen wird.

7.1 Wertkommunikation (Value Reporting)

Volkart und Labhard (Volkart 1997; Labhard 1999) haben sich des Aspektes der Wertkommunikation angenommen. Volkart argumentiert, dass ein Shareholder-Value-orientiertes Management den Unternehmenswert als oberste Finanzzielgröße betrachte. Im Prinzip gehen alle diese Überlegungen des Value Based Managements auf Rappaports (1998) Ansatz des Shareholder Value zurück. Mit seinem Ansatz, den Shareholder Value als Erfolgskennziffer zu formulieren, hat sich die Unternehmung gleichzeitig der Notwendigkeit ausgesetzt, dieses Ziel gegenüber externen Anspruchsgruppen zu erklären. Das gilt auch für alle aus Freemans (1984) Stakeholder-Ansatz entwickelten Erweiterungen wie auch für Kaplan/Nortons (1995) Balanced Score Card. Alle diese Ansätze vernachlässigen jedoch den externen Zwang zur Erklärung der Zielgrößen.

Volkarts Überlegungen gehen nun dahin, dass in der reinen Lehre sich dieser Unternehmenswert auf Basis diskontierter Cash-Flows in entsprechenden Aktienbewertungen niederschlagen müsse. Dass dieses nicht der Fall ist, führt Volkart auf Informationsasymmetrien und Interessensgegensätze zurück (Volkart 1997: 120f). Damit erkennt er die Rahmenbedingungen an, die offensichtlich aus Sicht einer Kommunikationsorientierung auf die Unternehmungen einwirken (vgl. Abschnitt 3).

Deshalb untersucht Volkart die *„externe Wertkommunikation"*, die er als Informationsvermittlung an Aktionäre, Investoren und Öffentlichkeit bezeichnet. Dabei beschränkt sich Volkart auf die Finanzberichterstattung und lässt die Wirtschafts- und Finanzpresse außen vor. Volkart fasst seine Überlegungen folgendermaßen zusammen: „Ineffizienzen sind sorgfältig zu erforschen. Ihre Offenlegung spricht nicht gegen ein erfolgreiches Funktionieren der Marktwirtschaft, sondern sie führt eine ausreichende Markteffizienz geradezu herbei." (Volkart 1997: 129) Aus der hier vertretenen Sicht gehört aber eine Einbindung von Finanzpresse, Finanzwerbung und Finanzevents sicher dazu.

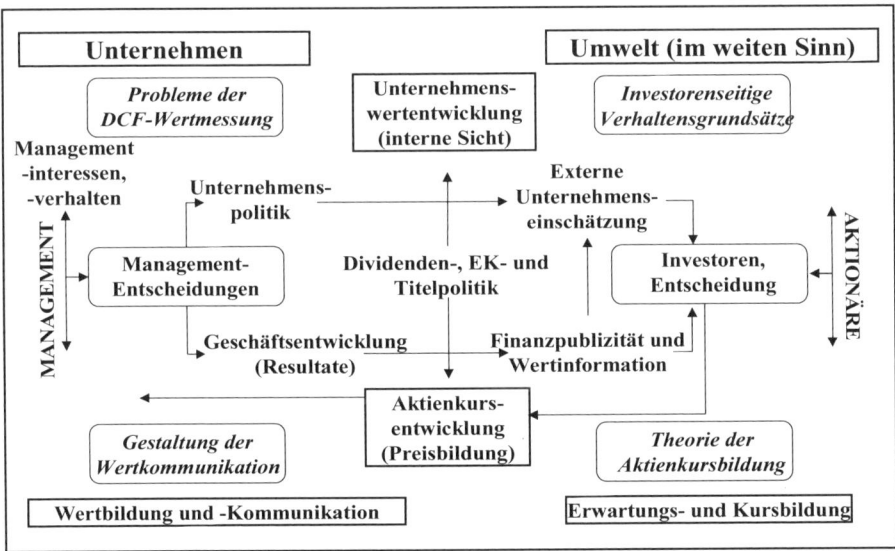

Abb. 5: Gesamtzusammenhänge innerhalb des Shareholder-Value-Managements aus unternehmensinterner und -externer Sicht. (Volkart 1997: 128)

Die Funktion der Kommunikation für den Wert der Unternehmung ist aus Volkarts Sicht offensichtlich: Eine Werttransformation und eine Wertkommunikation soll zur Erklärung der Werte beigetragen werden. Dabei gilt das Augenmerk natürlich vor allem auch den immateriellen Werten, deren Darstellung ja genau das Problem der Informationsasymmetrien ist. Reflektiert man aber noch einmal Rindova/Fombrum (1999) aus dem vorherigen Abschnitt, dann ist der Einbezug der immateriellen Werte das eine, aber die Interpretation aller Wertaktivitäten das andere Kommunikationsproblem.

7.2 Expressive Organisation (Corporate Branding)

Der Mangel an einer integrierten und ganzheitlichen Sichtweise der Kommunikation ist offensichtlich. Schultz/Hatch/Larsen (Schultz et al. 2000) beschreiben dies in ihrem Sammelband folgendermaßen:

> „Ideas such as organisational identity, reputation, and corporate branding have been around for a long time. But never before have the interests that promote these ideas within business – the functions of HRM, communication, marketing strategy, and accounting – been in greater need of one anothers support." (Schultz et al. 2000: 1f)

Sie sprechen deshalb von der Notwendigkeit einer ausdrucksfähigen Organisation – also einer ganzheitlichen Darstellung der Unternehmensmarke (Corporate Branding). Eine der Implikationen für die neue Bedeutung der Ausdrucksfähigkeit ist für die Autoren, dass Strategie allen Stakeholdern dienen müsse: also Mitarbeitern wie Kunden, Aktionären, Kreditgebern, Lieferanten, lokalen Communities und den Medien. Dieser Ansatz ist insofern umfassender als der von Volkart, aber gleichwohl weniger detailliert.

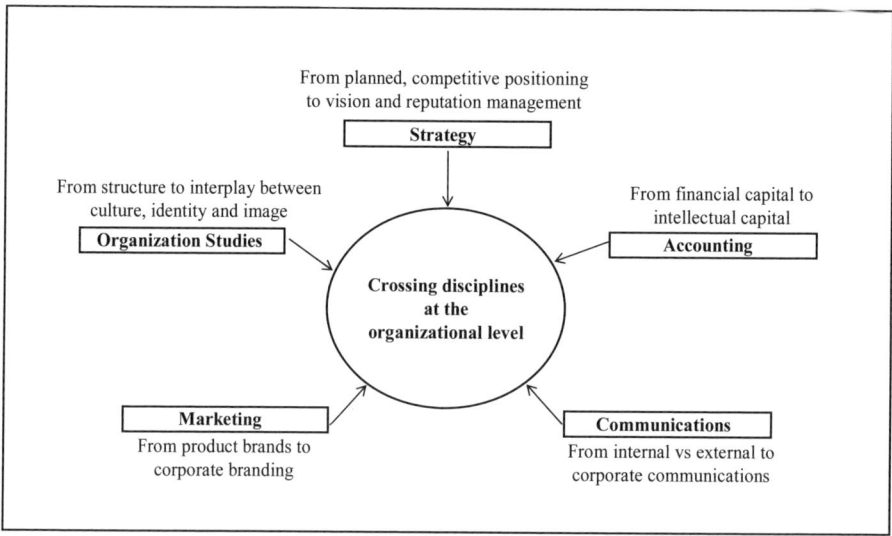

Abb. 6: Ganzheitlicher, interdisziplinärer Rahmen (Schultz/Hatch/Larsen 2000: 3)

Das Buch der hochkarätigen Autoren ist damit begründet, „der Krise in der Strategie zu begegnen", indem man ein Integrationslevel auf Strategieebene über die Organisation anstreben will. Das wiederum ist ein bemerkenswerter Ansatz, da die Integration aus Sicht der Autoren nur auf der strategischen Ebene der Organisation gesehen wird. Die Funktion der Kommunikation der Marke der Unternehmung ist dann, dass auf der Strategieebene das Markenmanagement der Unternehmung integriert mit anderen Funktionen koordiniert gestaltet werden muss.[6]

Interessant ist vor allem auch van Riels Aufsatz in diesem Sammelband. Für die eigentliche Ausgestaltung bietet er an, eine „sustainable Corporate Story" zu entwickeln (van Riel 2000: 157ff). Van Riel argumentiert wie folgt:

> „Stakeholders will be more receptive to corporate messages if the contents of organisational messages are coherent and appealing. (...) I shall claim that communication will be more effective if organisations rely on a so-called sustainable corporate story as a source of inspiration for all internal and external communication programs." (van Riel 2000: 157)

Der in diesem Zusammenhang interessante Punkt ist, dass van Riel darauf hinweist, dass Einzigartigkeit als Unternehmung schwer zu finden sein wird, obwohl gerade diese Differenzierungsmöglichkeit vom Wettbewerber als ein entscheidender Wettbewerbsfaktor von Porter genannt worden wäre. Die Chance, solche Differenzierungsmöglichkeiten zu schaffen, liegt nach Ansicht von van Riel darin, „to connect the words in a story in such a way that the content is perceived by internal and external audiences as a reflection of their own input" (van Riel 2000: 163). Van Riel bietet dann ein entsprechendes Modell zur Entwicklung der Corporate Story an, dessen Diskussion hier zu weit führen würde.

8. Ausblick: Zur Zukunft des Kommunikationsmanagements

Im Beitrag wurde eingangs die Frage gestellt, ob Kommunikation eine eigenständige Funktion sein kann, auf welche das Dreieck Strategie, Struktur und Kultur angelegt werden kann. Gerade das letzte Kapitel über die Funktionen der Kommunikation für Wert und Marke der Unternehmung zeigt aus Sicht des Autors, dass man Kommunikationsmanagement nicht auf eine Koordinationsfunktion reduzieren sollte. Es bedarf einer Managementfunktion, die Gestaltung, Entwicklung und Lenkung der Kommunikationsbeziehungen übernimmt.

Es ist eine müßige Frage, ob dies nicht der Marketing- oder gar der Finanzbereich leisten kann. Müßig deshalb, weil dann gewisse zusätzliche Teilfunktionen wie

---

[6] Im Kontext des Corporate Branding erkennt Balmer (1995) sieben Koordinierungskonzepte in vier Gruppen (strategic, cultural, communications and fashionability focus). Der Ansatz des „Total Corporate Communications" bedeutet für ihn „communicating the organisation's mission and philosophy through formal corporate communications policies" (Balmer 1995: 37). Bruhn (1995) stellt drei Koordinierungskonzepte vor (Kommunikationsmix [Meffert 1979], Corporate Identity-Konzept [beispielsweise Raffée/Wiedmann 1985] und das Corporate Communications-Konzept). Bei letzterem ist für Bruhn bedeutend, dass „alle Zielgruppen des Unternehmens betrachtet sowie konsequenterweise sämtliche Kommunikationsbereiche in einer Gesamtbetrachtung mit eingebunden werden. (...) Bei der Umsetzung der Corporate Communications im Rahmen der Corporate Identity-Konzepte finden sich für die integrierte Unternehmenskommunikation jedoch kaum konkrete Ansatzpunkte." (Bruhn 1995: 35f)

die Kombination von Media mit Investor Relations oder die cross-mediale Betrachtung von Werbung und Presse in diese Funktionen eingebracht werden müssten. Zudem können sich aus der integrierten Betrachtung von Werten und Marken möglicherweise noch weitergehende Fragestellungen ableiten, die sicher besser von einer eigenen Managementfunktion im Sinne Mackenzies übernommen werden sollten.

Eine solche Vorgehensweise hinge aber, wie gezeigt, nicht im luftleeren Raum der Sichtweisen des Strategischen Managements, sondern lässt sich sehr wohl in marktbasierte und/oder ressourcenbasierte Sichtweisen integrieren (Rindova/-Fombrun 1999; Bouncken 2000). Dieser Aspekt ist sehr entscheidend, da viele strategische Ansätze auf den beiden Sichtweisen basieren.

Unabhängig von der Tatsache, dass die Managementlehre sich mit Kommunikationsmanagement als Managementfunktion befassen müsste, ist die Bedeutung der Kommunikation für das Management von Unternehmungen offensichtlich.

Beispiele wie das von Mannesmann/Vodafone zeigen schließlich klar auf, dass Strategien, Strukturen und Kulturen trotzdem fehlschlagen können, wenn die Kommunikation unzureichend in die Managementprozesse integriert ist. Das vorgestellte Kommunikationsmodell mag dazu einen Diskussionsbeitrag liefern.

Literatur

Argenti, Paul A. [2](1998): Corporate Communication. Boston: McGraw-Hill Companies.
Argenti, Paul A./Forman, Janis (2000): The Communication Advantage: A Constituency-Focused Approach to Formulating and Implementing Strategy. In: Schultz, Majken/Hatch, Mary Jo/Larsen, Mogens Holten (Hrsg.): The Expressive Organization: Linking Identity, Reputation and the Corporate Brand. New York: Oxford University Press, S. 233-245.
Balmer, John M.T. (1995): Corporate Branding and Connoisseurship. In: Journal of General Management, 21. Jg., Nr. 1, S. 24-46.
Beger, Rudolf/Gärtner, Hans-Dieter/Mathes, Rainer (1989): Unternehmenskommunikation: Grundlagen – Strategien – Instrumente. Frankfurt a. M: Gabler.
Bleicher, Knut [5](1999): Das Konzept integriertes Management. Frankfurt: Campus.
Bouncken, Ricarda B. (2000): Dem Kern des Erfolges auf der Spur? State of the Art zur Identifikation von Kernkompetenzen. In: Zeitschrift für Betriebswirtschaft, 70. Jg., Nr. 7, S. 865-885.
Bruhn, Manfred [2](1995): Integrierte Unternehmenskommunikation. Ansatzpunkte für eine strategische und operative Umsetzung integrierter Kommunikationsarbeit. Stuttgart: Schäffer-Poeschel.
Bruhn, Manfred (1997): Kommunikationspolitik: Grundlagen der Unternehmenskommunikation. München: Vahlen.
Bruhn, Manfred (1999): Editorial Milleniums-Ausgabe: „BWL an der Schwelle zum Jahrtausendwechsel". In: Die Unternehmung, 53 Jg., Nr. 6, S. 385-386.
Freeman, R. Edward (1984): Strategic Management. A Stakeholder approach. Boston, MA.: Ballinger.
Gregory, James R. (1997): Lincolnwood: Leveraging the Corporate Brand.
Grunig, James E. /Hunt, Todd T. [2](1996): Managing Public Relations. Fort Worth: Holt, Rinehart and Winston.
Grunig, James E. (1992): Excellence in Public Relations and Communication Management. Lea: Hillsdale.
Gutenberg, Erich [24](1983): Grundlagen der Betriebswirtschaftslehre. Bd. 1. Die Produktion. 24. Berlin u.a: Springer.
Hahn, D. (1992): Unternehmensführung und Öffentlichkeit. In: Zeitschrift für Betriebswirtschaft, 62. Jg., Nr.1/2, S. 148-156.
Hamel, Gary/Prahalad, C. K. (1995): Wettlauf um die Zukunft. Wien: Ueberreuter Wirtschaftsverlag.

Hummel, J./Schmidt, J. (2001): Zum Theoriegefasel der ‚Ökonomie' der Aufmerksamkeit. In: Beck, Klaus/Schweiger, Wolfgang (Hrsg.): Attention please – die Ökonomie der Aufmerksamkeit. München: Reinhard Fischer, S. 93-108.

Ind, Nicholas (1997): The Corporate Brand. New York: Palgrave Macmillan.

Kaplan, Robert S. /Norton, David P. (1995): The Balanced Scorecard: Translating Strategy into Action. Boston: Harvard Business School Press..

Labhard, Peter A. (1999): Value Reporting: Informationsbedürfnisse des Kapitalmarktes und Wertsteigerung durch Reporting. Zürich: Versus.

Mackenzie, R. (1969): The management process in 3-D. In: Harvard Business Review, 47. Jg., Nr. 6, S. 80-87.

Porter, Michael E. (1986): Wettbewerbsvorteile: Spitzenleistungen erreichen und behaupten. Frankfurt: Campus.

Raffée, Hans/Wiedmann, Klaus-Peter (Hrsg) (1985): Strategisches Marketing. Stuttgart: Schäffer.

Rappaport, Alfred (1998): Creating Shareholder Value. New York: Simon and Schuster.

Rindova, Violina P./Fombrun, Charles J. (1999): Constructing Competitive Advantage: The Role of Firm-constituent Interactions. In: Strategic Management Journal, 20. Jg., Nr. 8, S. 691-710.

Schmid, Beat F. (2000): Was ist neu an der digitalen Ökonomie. In: Belz, Christian/Bieger, Thomas (Hrsg.): Dienstleistungskompetenz und innovative Geschäftsmodelle. St. Gallen: Thexis, S. 178-196.

Schreyögg, Georg (1999): Strategisches Management – Entwicklungstendenzen und Zukunftsperspektiven. In: Die Unternehmung, 53. Jg., Nr. 6, S. 387-407.

Schultz, Majken/Hatch, Mary Jo/Larsen, Mogens Holten (2000): Introduction: Why the Expressive Organization. In: Schultz, Majken/Hatch, Mary Jo/Larsen, Mogens Holten (Hrsg.): The Expressive Organization: Linking Identity, Reputation and the Corporate Brand. New York: Oxford University Press.

Steinmann, Horst/Schreyögg, Georg ³(1993): Management. Grundlagen der Unternehmensführung. Wiesbaden: Gabler.

Szyszka, Peter (1997): PR-Praxis und ihre theoretischen Grundlagen. Zum Stand der theoretischen Fundierung von Public Relations. In: Martini, Bernd-Jürgen (Hrsg.): Handbuch PR. Neuwied: Luchterhand.

Theis, Anna M. (1994): Organisationskommunikation: Theoretische Grundlagen und empirische Forschungen. Opladen: Westdeutscher Verlag.

Ulrich, Hans ²(1970): Die Unternehmung als produktives, soziales System: Grundlagen der allgemeinen Unternehmungslehre. Bern: Haupt.

Van Riel, Cees (1995): Principles of Corporate Communication. FT Prentice Hall: London.

Van Riel, Cees (1997): Research in Corporate Communication. In: Management Communication Quarterly, 11. Jg., Nr. 2, S. 288-309.

Van Riel, Cees (2000): Corporate Communication Orchestrated by a Sustainable Corporate Story. In: Schultz, Majken/Hatch, Mary Jo/Larsen, Mogens Holten (Hrsg.): The Expressive Organization: Linking Identity, Reputation and the Corporate Brand. New York: Oxford University Press, S. 157-171.

Volkart, Rudolf (1997): Wertkommunikation, Aktienkursbildung und Managementverhalten. In: Die Unternehmung, 51. Jg., Nr. 2, S. 119-132.

Will, Markus (2000): Why Communications Management? In: The International Journal on Media Management, 2. Jg., Nr. 1, S. 46-53.

Will, Markus (2001): Stichwort: Corporate Communications. In: Brauner, Detlef J./Leitolf, Jörg et al. (Hrsg.): Lexikon der Presse- und Öffentlichkeitsarbeit. Wien: Oldenbourg, S. 48-57.

Zerfaß, Ansgar (1996): Unternehmensführung und Öffentlichkeitsarbeit. Opladen: Westdeutscher Verlag.

Public Relations aus politikwissenschaftlicher Sicht

Silke Adam/Barbara Berkel/Barbara Pfetsch

1. Einleitung

Politisches Handeln ist in modernen westlichen Demokratien nicht mehr denkbar ohne die kommunikative Vermittlungsleistung durch die Massenmedien. Die strategische Kommunikationsplanung gehört nicht nur zur Aufgabe von Pressereferenten, sondern beeinflusst auch das Handeln der Politiker selbst. Parlamentarier haben ihren Tagesablauf zunehmend an den redaktionellen Produktionszyklus angepasst (Kepplinger 1998: 153ff), und die Parteien haben ihre Organisationsstruktur und Öffentlichkeitsarbeit unter dem Druck der Mediendemokratie modernisiert. [1]

Der Bedeutungszuwachs politischer PR gehört zu den Folgen eines grundlegenden gesellschaftlichen Wandels, der die drei wesentlichen Koordinaten des Kommunikationssystems – Sprecher, Medien und Publikum – verändert hat. Auf der Seite des Publikums haben Prozesse der Individualisierung zu einer Auflösung traditioneller Muster der Identitätsbildung geführt. Dies hat eine Lockerung von Parteibindungen und die Abnahme mobilisierungsfähiger Wähler zur Folge (Plasser 1989: 209). Auf der Seite der Medien kam es zur Säkularisierung und Kommerzialisierung: Seit dem Niedergang der Parteipresse sind Politiker auf die allgemeinen Publikumsmedien angewiesen, wollen sie die Wähler erreichen (Kepplinger 1998: 162). In westlichen Ländern ist das Fernsehen zur Hauptinformationsquelle der Bürger avanciert und übernimmt wesentliche Funktionen der politischen Sozialisation, die früher die Parteien inne hatten (Swanson/Mancini 1996: 9; Iyengar/Kinder 1987: 133). Durch die Privatisierung des Rundfunks hat sich der Wettbewerb um Zuschauer verschärft, die Berichterstattung – auch in anderen Medien – orientiert sich zunehmend am Publikumsgeschmack und löst sich von den „institutionalisierten politischen Prozessen" (Brettschneider 1998: 396). Vor diesem Hintergrund wird die Kommunikationskompetenz politischer Akteure zu einer zentralen Bedingung für die erfolgreiche Vermittlung politischer Botschaften. Der Wettbewerb um öffentliche Aufmerksamkeit[2] scheint zu erzwingen, dass sich die politische PR professionalisiert und traditionelle Formen der Pressearbeit ersetzt werden durch eine öffentlichkeitswirksame, an der Medienlogik ausgerichtete strategische Kommunikation.

Das Spannungsfeld zwischen Medien und Sprechern ist Gegenstand zahlreicher empirischer Arbeiten, die sich häufig in deskriptiven Studien über Einzelakteure wie Pressesprecher (z.B. Friedmann 1972; Weth 1991), einzelne Parteien (z.B. Pauli-

---

[1] So haben z.B. B90/die Grünen Anfang der 90er Jahre eine hierarchisierte, auf Personalisierung abgestellte Öffentlichkeitsarbeit eingeführt (Knoche/Lindgens 1993).
[2] Bei der „heute"-Redaktion des ZDF laufen täglich etwa 400.000 Wörter nur durch Agenturmeldungen über den Ticker. Diese Zahl zeigt beeindruckend, mit wie vielen Ereignissen die Politiker um einen Nachrichtenplatz konkurrieren müssen (Jansen/Ruberto 1997: 104).

Balleis 1987; Redlich 1992), das Bundespresseamt (z.B. Kordes/Pollmann 1983) oder die Öffentlichkeitsarbeit der EU (Bender 1998) erschöpfen. Im Vergleich dazu verfolgt der vorliegende Beitrag das Ziel, politische Öffentlichkeitsarbeit im Kontext des politischen Prozesses zu verorten und ihre Zielparameter aus einer makroanalytischen Perspektive zu beleuchten, bevor in einem zweiten Teil auf die Institutionalisierung und konkrete Methoden der PR politischer Akteure eingegangen wird. Am Ende steht die Frage im Mittelpunkt, wie die Kommunikationsmittel und -methoden sich mit demokratietheoretischen Normen vereinbaren lassen. Die Frage nach der Funktionalität bzw. Dysfunktionalität politischer PR für die Demokratie steht im Zentrum der politikwissenschaftlichen Reflexion von Öffentlichkeitsarbeit und bildet den Anker der Bewertung von Kommunikationsaktivitäten politischer und gesellschaftlicher Akteure und ihrer Öffentlichkeitsexperten.

2. Funktionen der Public Relations für das politische System

Die Funktionen der Öffentlichkeitsarbeit für das politische System können auf der Grundlage systemtheoretischer Überlegungen von Easton (1953, 1965) erfasst werden. Im Gegensatz zu den meisten politikwissenschaftlichen Modellen reflektiert Easton die Umweltbeziehungen des politischen Systems, die über Kommunikationsprozesse hergestellt werden. Das politische System ist mit der Gesellschaft über einen einfachen Input-Output Prozess verbunden. Zentrale Funktion des politischen Systems ist die Herstellung und Durchsetzung gesamtgesellschaftlich verbindlicher Entscheidungen, die autoritative Wertzuteilung. Um diesen Output zu produzieren und zugleich die eigene Existenz zu sichern, ist das politische System für Ansprüche und Unterstützung aus der Gesellschaft offen. Die Beziehungen zwischen dem politischen und gesellschaftlichen System werden über Politikvermittlungs- bzw. Kommunikationsprozesse abgebildet. Dieser Aspekt des Modells wirft die Frage auf, welche Rolle die Öffentlichkeitsarbeit für die Input- und Outputprozesse spielt und welche Funktionen sie damit für das politische System innehat.

Für den Inputprozess, wie auch für den Outputprozess, ist Öffentlichkeit als intermediäres System unabdingbar. Öffentlichkeit findet in Form von Medienkommunikation eine auf Dauer gestellte institutionalisierte Arena, die in Form von Publikumsmedien eine Laienorientierung aufweist und ein großes Publikum erreicht (Gerhards/Neidhardt 1991). Gesellschaftliche Akteure nehmen zwar auch direkt über Lobbying und Expertise Einfluss auf das politische System, zentral ist aber der indirekte Weg über öffentliche Meinung, vor allem wenn Sachfragen dem Publikum wichtig sind und die politischen Akteure darum wissen. Die Beeinflussung des Öffentlichkeitssystems durch PR ist somit für alle Beteiligten politischer Prozesse eine entscheidende Voraussetzung zur Durchsetzung ihrer Interessen (Kriesi 2001: 2).

In Bezug auf die Inputleistungen versuchen gesellschaftliche Gruppen, Aufmerksamkeit und Zustimmung für ihre Interessen im politischen System zu finden. Aus der Perspektive des politischen Systems trägt die Öffentlichkeitsarbeit gesellschaftlicher Akteure dazu bei, dass Anforderungen gebündelt und vermittelt werden. Sie ermöglicht so dem politischen System die Beobachtung von Problemen und Bedürfnissen und damit letztlich die Beobachtung der öffentlichen Meinung (Pfetsch 1997). Diese Offenheit für Anforderungen aus dem Gesellschaftssystem sichert dem politischen System seinen Bestand.

In Bezug auf die Outputleistungen des politischen Systems versuchen die Entscheidungsinstanzen durch Öffentlichkeitsarbeit den Einfluss und die Interpretation der Massenmedien auf die Implementierung ihrer Entscheidungen zu kontrollieren (Schulz 1997: 217f). Zielt Kommunikationspolitik[3] des politischen Systems dabei vor allem auf die Vermittlung von Programmen, so endet sie nicht hier. Angesichts der Konkurrenzbeziehungen innerhalb des politischen Systems (z.B. zwischen Regierung und Opposition) beabsichtigt die PR politischer Akteure die Beeinflussung der öffentlichen Meinung, um Unterstützung für eigene Positionen zu finden (Pfetsch 1997). Dies stellt ein wichtiges Instrument dar, um Entscheidungen zu legitimieren und im Wettbewerb um Entscheidungspositionen zu bestehen. PR als Instrument der Politik wird umso wichtiger, je stärker die tatsächliche Handlungsfähigkeit der Politik sinkt. Geraten die im politischen System handelnden Akteure unter Stress, so wird häufig versucht, die Probleme mit Maßnahmen im Bereich der Öffentlichkeitsarbeit zu lösen (Jarren 1994), um so Legitimationsverlusten entgegenzutreten.

3. Public Relations in der Politik: Akteure, Strategien und Instrumente

Die politische Systemtheorie und die Öffentlichkeitssoziologie betrachten die für den politischen Prozess relevante PR als Informationsaustausch zwischen Politik und Medien im Hinblick auf die Gesellschaft bzw. das politische Publikum in einer makroanalytischen Perspektive. Aus meso- und mikroanalytischer Sicht stehen Fragen nach den Akteuren, den Strategien und Instrumenten von PR im Mittelpunkt.

3.1 Handlungsziele und -spielräume politischer Institutionen und Gruppen

Die Kommunikationsziele und der Handlungsspielraum der Öffentlichkeitsarbeit wird maßgeblich bestimmt durch die Stellung der Akteure im politischen und gesellschaftlichen System – Regierung und Opposition, Parteien, Verbände, NGOs und neue soziale Bewegungen haben je nach institutionellem Status und Ressourcen unterschiedliche Handlungsziele, Ressourcen, Handlungsrepertoires und Erfolgschancen (Gebauer 1998; Wiesendahl 1998; Steffani 1998; Patzelt 1998; Hackenbroch 1998). Das folgende Schaubild verdeutlicht diese Unterschiede.

---

3 Unter Kommunikationspolitik verstehen wir die Festlegung von Regeln *über die an Öffentlichkeit* gerichteten Kommunikationen im weitesten Sinne.

	Regierungsorganisationen	Parteien, Verbände, Soziale Bewegungen
Handlungsziele	Akzeptanz für Entscheidungen (Machterhalt)	Zustimmung für (z.T. gemeinwohlorientierte) Teilinteressen
Ressourcen	umfangreicher Informationsapparat (u.a.: Bundespresseamt, Sprecher von Ministerien)	verhältnismäßig schmale Budgets, eher kleine PR-Stäbe
Handlungsrepertoire	Regierungskonferenzen, Auslandsreisen, Kampagnen- und Informationsarbeit	Kampagnenarbeit, Inszenierung von Ereignissen, Informationsarbeit
Erfolgschancen	unterstellter Gemeinwohlanspruch erhöht öffentliche Aufmerksamkeit, Selbstverständnis des politischen Journalismus als Kritikinstanz verringert Durchsetzungschancen von Themen und Wertungen tendenziell	*Parteien*: Spagat zwischen Kernwählerschaft und Wechselwählern *Verbände*: abhängig vom Rückhalt der Mitglieder und der persuasiven Darstellung von Teilinteressen als Gemeinwohlinteresse *Soziale Bewegungen*: abhängig von der Durchsetzung des Anspruchs auf Führerschaft über ein öffentliches Thema

Abb.: Öffentlichkeitsarbeit politischer Organisationen

Aus politikwissenschaftlicher Perspektive liegt besonderes Augenmerk auf der Kommunikation der Akteure im Zentrum des politischen Entscheidungssystems. Das Interesse von Regierungen besteht darin, politisch relevante Themen in ihr Programm aufzunehmen und möglichst umfassende Akzeptanz für ihre Entscheidungen zu finden. In einem repräsentativen Regierungssystem wie der Bundesrepublik hat die *Regierung* wesentliche strategische Vorteile in der Öffentlichkeitsarbeit. Sie verfügt über die politische Initiative und agiert auf der Grundlage von intern ausgehandelten und mit den Mehrheitsfraktionen festgelegten Positionen. Im Vergleich zu anderen Akteuren verfügt die Regierung über die größeren materiellen Ressourcen der Öffentlichkeitsarbeit, die im Presse- und Informationsamt der Bundesregierung (BPA) und in den Ministerien institutionalisiert sind. Aufmerksamkeitsvorteile hat sie zudem aufgrund von Prominenz und Prestige der Regierungsmitglieder.

Im Gegensatz dazu haben *Parteien und Verbände* nicht den Aufmerksamkeitsvorteil von legitimierten Regierungen. Vielmehr müssen sich diese Organisationen ständig neu positionieren, um öffentliche Aufmerksamkeit und Medieninteresse zu erlangen. Die Bedingungen der Kommunikationsarbeit von Parteien und Verbänden stehen unter dem Zeichen der – eingangs erwähnten – umfassenden gesamtgesellschaftlichen Modernisierungs- und Individualisierungsprozesse, deren Konsequenz abnehmende Stammwählerschaften und wachsende Anteile von Nichtwählern und Wechselwählern sind. Die Parteien versuchen dies durch stärkere Anstrengungen auf dem Feld der Kommunikation und Werbung zu kompensieren.

Wenngleich Verbände nicht dem Druck von Wahlen und dem Problem der kurzfristigen, aber regelmäßigen Mobilisierung in Wahlkämpfen ausgesetzt sind, so ist die Grundkonstellation ihrer PR ähnlich wie der der Parteien. Sie müssen ihre themen- oder bereichsspezifischen Forderungen und Interessen vor dem allgemeinen

Publikum überzeugend legitimieren und gleichzeitig versuchen, ihre eigenen Anhänger langfristig an sich zu binden. Die Verbände sind dabei noch stärker auf die Unterstützung ihrer eigenen Klientel angewiesen als die Parteien.

Eine besondere Problematik ergibt sich für Organisationen, die ihre Existenz auf moralische oder weltanschauliche Motive gründen. So sind die Kirchen und die Gewerkschaften in besonderer Weise vom Mitgliederschwund betroffen. Sie tun sich schwer, mit ihren „weichen" Botschaften im Kampf um mediale Aufmerksamkeit zu bestehen. Konkurrenz erwächst diesen Organisationen zudem durch die so genannten *Non-governmental Organizations* (NGOs) und die *Neuen Sozialen Bewegungen*. Zahlreiche Beispiele öffentlicher Mobilisierung zeigen, dass gerade auch nicht-etablierte Akteure, Protestgruppen oder Basisbewegungen, in der Auseinandersetzung um mediale Aufmerksamkeit erfolgreich sind. Da diese Gruppen in der Regel kaum über einen großen Apparat von professionellen Öffentlichkeitsarbeitern verfügen, ist es für sie umso wichtiger, unter strategischer Zuhilfenahme von Aufmerksamkeitswerten für ihre Anliegen zu werben (Gerhards 1992).

3.2 Strategien und Instrumente der PR in der Politik

In Bezug auf die Strategien der PR in der Politik unterscheidet Neidhardt (1994) zwei Formen der „Öffentlichkeitsrhetorik": die Überzeugungs- und die Thematisierungsstrategie. Die Thematisierungsstrategie zielt auf die Beeinflussung des Agenda-Settings der Medien. Die Medienagenda soll so bestimmt werden, dass für die genannten Themen das dominante Interpretationsmuster, die richtigen Schlagworte und möglicherweise schon eine Problemlösung geliefert werden (Pfetsch 1994). Empirische Studien belegen inzwischen, dass die politische Bedeutung dieser Strategie weitreichend ist. Die Forschung zeigt, dass der thematische Fokus der Medien die Grundlage dafür bildet, wie Politiker, deren Amtsführung und auch deren Charakter bewertet werden (Iyengar/Kinder 1987). In diesem Sinne ist eine geschickte und strategisch geplante Thematisierungspolitik eine entscheidende Voraussetzung für die Kommunikationsleistung und das Image politischer Akteure. Als entscheidendes Erfolgskriterium der Überzeugungsstrategie nennt Neidhardt (1994) die Plausibilität von Erklärungen. Der Verweis auf allgemein geltende Werte dient der Legitimierung von Urteilen. Häufig werden hierfür Experten oder so genannte „opportune Zeugen" (Hagen 1992) eingesetzt.

Nicht immer ist die medienwirksame Thematisierung politischer Botschaften bzw. die Überzeugung des Publikums das Ziel von Öffentlichkeitsarbeit. Manchmal kann eine bewusste Dethematisierungsstrategie erfolgreicher sein, um Raum und Zeit für interne politische Verhandlungen zu gewinnen (Pfetsch 1993: 100).

Die Methoden der Öffentlichkeitsstrategien sind vielfältig. Zu den klassischen Instrumenten der PR gehören Pressemitteilungen oder Pressekonferenzen. Im Rahmen dieser Ereignisse, die allein zum Zwecke der Berichterstattung veranstaltet werden, findet pure Verlautbarungspolitik statt. Aus politikwissenschaftlicher Perspektive interessanter ist zu untersuchen, wie die Orientierung an den Medien das politische Handeln selbst beeinflusst. Zunehmend werden im Kampf um das rare

Gut Aufmerksamkeit genuin politische Ereignisse für die Medien inszeniert (Boorstin 1961). Das wohl anschaulichste Beispiel für dieses gezielte Ereignismanagement liefern die Parteitage im Vorfeld von Wahlen, die als regelrechte Medienspektakel inszeniert werden. Den Akteuren der Regierung bietet die Routine des politischen Alltags mit Gipfeltreffen, Regierungskonferenzen, Auslandsreisen und Kongressen jede Menge Gelegenheit, sich und ihre Themen ins öffentliche Rampenlicht zu rücken. Oppositionspolitiker und Bürgerinitiativen sind dagegen stärker auf symbolische, spektakuläre Aktionen und die Produktion von Skandalen angewiesen, um Beachtung zu finden (Pfetsch 1993: 97).

Im Mittelpunkt strategischer politischer PR steht die Inszenierung von Ereignissen, die das Interesse der Medien wecken sollen. Ein Ansatz, die medienspezifischen Aufmerksamkeitsregeln zu charakterisieren, ist die Nachrichtenwerttheorie. Dabei wird davon ausgegangen, dass einzelne Merkmale bzw. Nachrichtenfaktoren einer Aussage oder eines Ereignisses dessen Nachrichtenwert bestimmen. Die Grundannahme lautet: „Je stärker einer oder mehrere Nachrichtenfaktoren ausgeprägt sind, desto größer ist der Nachrichtenwert eines Ereignisses und damit dessen Chance, als Nachricht veröffentlicht zu werden" (Schulz 1997: 75). Personalisierung und Konflikthaltigkeit gehören zu den gängigen Nachrichtenkriterien, die in der Öffentlichkeitsarbeit strategisch eingesetzt werden können. Hieran knüpft sich der Vorwurf, dass Politik zunehmend auf Symbole statt auf Inhalte setzt, ja zuweilen sogar zur reinen Inszenierung von Polittheater verkommt.

3.3 Professionalisierung politischer PR und Wahlkämpfe als Prototyp der Parteienkommunikation

Den Stellenwert von Öffentlichkeitsarbeit bestimmen maßgeblich die Charakteristika des politischen und des Öffentlichkeitssystems. In Ländern mit mehrheitsdemokratischen Strukturen, schwacher Parteibindung, einer schwach konzentrierten Presse und einem kommerzialisierten, diversifizierten Mediensystem kommt der Öffentlichkeitsarbeit politischer Akteure besondere Bedeutung zu (Kriesi 2001: 46). Entsprechend zeigen sich im internationalen Vergleich sehr unterschiedliche Professionalisierungsgrade politischer Öffentlichkeitsarbeit. In verschiedenen westlichen Re-gierungssystemen, insbesondere aber in Großbritannien und in den USA, haben seit den 80er Jahren so genannte „Spin doctors" beachtliche Prominenz erfahren, die in einer oder für eine politische(n) Institution arbeiten, ohne selbst ein politisches Amt zu bekleiden. Diese „Politikvermittlungsexperten" (Tenscher 1999: 1ff) sorgen dafür, dass die Informationspolitik von Regierungen gegenüber den Medien sorgfältig geplant und orchestriert und dass politische Botschaften entsprechend interpretiert werden.

Im Zentrum der politikwissenschaftlichen Beschäftigung mit politischer Öffentlichkeitsarbeit stehen Wahlkämpfe als prototypische Situationen der Parteienkommunikation. Die Kommunikationsstrategien im Vorfeld von Wahlen konzentrieren sich langfristig darauf, eine günstige Ausgangsposition im Wahlkampf zu erarbeiten, das heißt mit den in den Massenmedien hervorgehobenen Themen und Themeninterpretationen die eigene Seite zu stärken und die gegnerische Seite zu schwächen (Radunski 1983). Dem Vorbild US-amerikanischer Präsidentschaftswahlkämpfe folgend wurden die Wahlkampagnen weltweit unter Einsatz von Kommunikationsexperten, Bevölkerungsumfragen und strategischem Themen- und Ereignismanagement professionalisiert. Als vorläufiger Höhepunkt dieser Entwicklung in Deutschland gilt der Bundestagswahlkampf 1998, für den die CDU 50 Millionen Mark und die SPD 40 Millionen Mark ausgab und für den die beiden großen Volksparteien eigens einen Mitarbeiterstab von jeweils 100 Personen engagierten (Müller 1999: 252ff). Details der Kampagnenorganisation zeigen, dass bei der SPD die Professionalisierung der Wahlkampfführung ein hohes Niveau erreicht hatte. Laut eigenen Angaben beruhte das Erfolgsrezept der SPD-Wahlkampfzentrale „Kampa"[4] auf der „konsequenten Anwendung einer für Markenprodukte üblichen Vorgehensweise" (Ristau 1998: 16). Der Leiter der Werbeagentur KNSK, die den SPD-Wahlkampf betreute, sah seine Aufgabe darin, Sympathie für ein Produkt aufzubauen, sei es nun „Katzenfutter oder ein Kanzlerkandidat". Mit dem einzigen Unterschied: „In diesem Fall ist das Produkt lebendig" (Schadt 1998). Ein Element des politischen Marketings war es, regelmäßige Meinungsumfragen durchzuführen und abhängig von den Ergebnissen Aktionen zu planen und den Journalisten „Gesprächsstoff" und „interessante Fotomotive" vorzugeben (Ristau 1998: 16).

Wenngleich mit der Kampa im Jahre 1998 Professionalisierungstendenzen sichtbar wurden, so kann dies nicht darüber hinwegtäuschen, dass in Deutschland im Vergleich zu den USA der Organisationsgrad und die Professionalisierung politischer PR ausgesprochen gering sind. So hatte z.B. die CDU drei Werbeagenturen für den Wahlkampf engagiert, doch das letzte Wort über konkrete Wahlkampfschritte behielt sich der ehemalige Bundeskanzler Helmut Kohl vor. Auch für die SPD gilt unterm Strich, dass es die Partei war, die die „finanzielle, personelle und programmatische Wahlkampforganisation" bestimmte (Müller 1999: 259).

4. Zur demokratietheoretischen Verträglichkeit der Public Relations

Aus einer handlungstheoretischen PR-Perspektive mag es legitim sein, Öffentlichkeitsarbeit für Katzenfutter und Kanzlerkandidaten gleichzusetzen, da die Erfolgsfaktoren der Kommunikation ähnlich sind. Die Folgen einer solchen Gleichsetzung müssen aber aus einer demokratietheoretischen Perspektive skeptisch beurteilt werden. Wo liegen die Probleme von politischer Public Relations für die Demokratie?

Moderne Demokratien sind repräsentative Demokratien. Damit trotz Repräsentation das Volk weiterhin souverän bleibt, bedarf es spezifischer Kommunikationsleistungen, die zwischen dem politischen und gesellschaftlichen System vermitteln (Beierwaltes 2000: 43f). Der Geltungsanspruch politischer Herrschaft, die Legitimität, ist an eine öffentliche Begründungspflicht geknüpft (Sarcinelli 1998: 253), der beständig neu nachgekommen werden muss. Legitimation ist daher ein „Vorgang, der sich ununterbrochen vollzieht" (Kielmansegg 1971: 373). Die kommunikativen

---

4 Die hierarchische Struktur der Kampa unter Leitung von Bundesgeschäftsführer Franz Müntefering und seinem Büroleiter Matthias Machnig ist abgebildet bei Müller 1999: 253.

Beziehungen, die den Staat, die gesellschaftlichen Handlungsträger und die Bürger in der Öffentlichkeit miteinander verbinden, werden als konstitutiv für die Qualität der Legitimation angesehen (Ronneberger 1991: 13; Sarcinelli 1998: 257). Die drei großen Stränge der Demokratietheorie legen ihren Schwerpunkt auf unterschiedliche Aspekte dieser kommunikativen Beziehungen und variieren dementsprechend in ihrer Bedeutungszuweisung an die politische Öffentlichkeitsarbeit. In der Elitentheorie der Demokratie ist die Kommunikation von der Politik „hin" zum Bürger konstitutiv. Nur wenn Bürger über Entscheidungen informiert sind, können sie über die Wahlen ihre Kontrollfunktion gegenüber dem politischen System wahrnehmen (*Legitimation durch Kontrolle*). Die Pluralismustheorie der Demokratie betont die responsive Funktion der Kommunikation: Die Bevölkerung fordert ein bestimmtes Handeln ihrer Repräsentanten ein, indem Anforderungen und Unterstützung an sie herangetragen werden (*Legitimation durch Responsivität*). Responsivität bedeutet jedoch nicht, dass die öffentliche Meinung den politischen Prozess beherrscht. Legitimation wird vielmehr durch besonders hohe Anforderungen an eben diesen öffentlichen Diskurs gewährleistet (*Legitimation durch Diskurs*).

Betrachtet man die *Legitimation durch Kontrolle*, so gilt: Damit die Bürger die Politik kontrollieren können, müssen der politische Output öffentlich gemacht, Transparenz hergestellt und Verantwortlichkeit zugeschrieben werden. Hieraus leitet sich die Notwendigkeit politischer Öffentlichkeitsarbeit ab. So garantiert Artikel 5 der Verfassung die Freiheit, sich aus „allgemein zugänglichen Quellen ungehindert zu unterrichten", was staatliche Organisationen dazu verpflichtet, den Medien die nötige Information zur Verfügung zu stellen. 1977 hat das Bundesverfassungsgericht explizit erklärt, dass Öffentlichkeitsarbeit von Staatsorganen innerhalb bestimmter Grenzen nicht nur verfassungsrechtlich zulässig, sondern notwendig sei (Bentele 1998: 143; Schulz 1997: 233). Probleme aus Sicht der Demokratietheorie ergeben sich jedoch dann, wenn den Bürgern „kommunikative Kunstprodukte" präsentiert werden, die politische Sachverhalte nicht transparent machen, sondern eher die politische Wirklichkeit verhüllen (Detjen 1998: 278). Als Folge konstatiert Münch (1993: 267) den „Triumph der Kommunikationspolitik über die Sachpolitik". Angesichts begrenzter sachlicher Handlungsspielräume entscheidet die Kommunikationspolitik über die Durchsetzung politischer Programme und Ideen. Bekommt der Bürger aber lediglich Politik vermittelt, die sich auf die Nachrichtenwert-Logik der Medien und deren verkürzten Zeithorizont beschränkt, kann er das politische System nur noch eingeschränkt kontrollieren. Damit werden die Grundbedingungen der Demokratie in Frage gestellt (Beierwaltes 2000: 119).

In Bezug auf die *Legitimation durch Responsivität* ist Kommunikation für eine repräsentative und responsive Demokratie unabdingbar, da Anforderungen an das politische System herangetragen werden müssen. Diese Information dient der Politik als ein Steuerungsfaktor bei der Entscheidungsfindung (Kevenhörster 1998: 293), d.h. die Politik berücksichtigt den Wählerwillen. Hieraus leitet sich die Notwendigkeit der politischen PR gesellschaftlicher Gruppen ab: Interessen werden von diesen aggregiert und schließlich durch Öffentlichkeitsarbeit artikuliert. Interessenvertreter sind damit „unerlässliche Informationsquellen, die einem Absinken der Richtigkeit und Akzeptierbarkeit der politischen Entscheidungen entgegenwirken" (Detjen

1998: 280). Die entscheidende Frage aus demokratietheoretischer Perspektive lautet dann: Welche Interessen finden in der Öffentlichkeit Gehör? Olson belegt in seiner Arbeit, dass „große unorganisierte und unorganisierbare Gruppen benachteiligt werden, Gruppen, die keine Lobbies unterhalten und keinen Druck ausüben, aber doch zu den größten Gruppen eines Landes gehören und einige der lebenswichtigen Interessen vertreten" (Hayek 1968: IXf). Das Problem der unterschiedlichen Organisierbarkeit von Interessen verschärft sich durch Öffentlichkeitsarbeit. Denn: Je größer die finanziellen, organisatorischen und sozialen Ressourcen von Gruppen/Akteuren, desto eher können sie eine umfangreiche und professionelle Medienarbeit aufbauen, die wiederum ihre Chancen auf Repräsentanz in den Medien erhöht (Gerhards u.a. 1998: 65). Durch Öffentlichkeitsarbeit werden also die Zugangsbarrieren zum Öffentlichkeitssystem größer, Ungleichheiten nehmen zu.

Auch im Output-Bereich von Öffentlichkeit kollidiert die PR mit normativen Vorstellungen der Pluralismustheorie. Diese betont, dass die Herstellung von Entscheidungen Aufgabe des institutionalisierten politischen Prozesses bleibt, da hier bewährte Verfahren dafür sorgen, dass gegensätzliche Standpunkte in tragfähige Lösungen überführt werden. Das „Going public" (Kernell 1986) politischer Akteure gefährdet aber genau diese bewährten Verfahren der Entscheidungsfindung. Der Gang an die Öffentlichkeit führt dazu, dass Positionen im Voraus festgelegt, Kompromisse deshalb kaum mehr zu finden sind. Zudem untergräbt das „Going public" die Legitimität der anderen, am politischen Entscheidungsprozess beteiligten Akteure, da ihr Mandat als Repräsentanten der Bürger in Frage gestellt wird (Kaase 1998: 49; Kriesi 2001: 18).

Schließlich stellt politische Öffentlichkeitsarbeit auch in Bezug auf die *Legitimation durch Diskurs* ein Problem dar. Legitimation wird hier vor allem durch die Begründung von Argumenten, das Eingehen auf Gegenargumente, durch den „zwanglosen Zwang des besseren Arguments" (Habermas 1986: 352) hergestellt.[5] Habermas betont damit den Throughput von Öffentlichkeit, die Diskursqualität. PR muss aus dieser Perspektive heraus kritisch beurteilt werden, denn der Großteil der von ihr verwendeten Vereinfachungen und Verkürzungen, die Personalisierung und Dramatisierung widerspricht den Diskursanforderungen in fundamentaler Weise. Besondere Bedeutung hat dies, wenn man bedenkt, dass zumindest einige Vertreter dieser Demokratievorstellung, das Ergebnis des Diskurses direkt in eine politische Entscheidung überführen wollen.

Trotz all dieser demokratietheoretischen Probleme der PR weist Sarcinelli (1998: 262) darauf hin, dass symbolische Politik auch Steuerungsleistungen erbringen, Komplexität reduzieren und damit – so lässt sich schlussfolgern – zumindest empirisch gesehen zur Legitimität beitragen kann. Ronneberger (1991: 15) geht sogar soweit und bezeichnet die „PR-Funktion als konstitutiver Faktor" demokratisch verfasster politischer Systeme.

---

5 Habermas betont die Bedeutung zivilgesellschaftlicher Akteure, um den Anforderungen des Diskurses zu entsprechen. Aus dieser Überlegung leiten sich seine Offenheitsanforderungen im Inputbereich des Öffentlichkeitssystems ab.

Fasst man unsere Überlegungen zusammen, so verortet die politikwissenschaftliche Perspektive die politische Öffentlichkeitsarbeit im Kontext des demokratischen politischen Prozesses. Politische Öffentlichkeitsarbeit zielt ab auf die Beeinflussung des intermediären Systems Öffentlichkeit, das eine Mittlerrolle zwischen politischem System und Gesellschaft einnimmt. Um ihre Interessen zu artikulieren und entsprechende Themen und Meinungen via politische Öffentlichkeit zu kommunizieren, sind die Beteiligten insbesondere auf die Vermittlungsleistung von Massenmedien angewiesen. Insofern liegt der Schwerpunkt des politikwissenschaftlichen Interesses auf dem Zusammenspiel zwischen Medien und Politik und Fragen nach Machterzielung und Machterhalt. Politische und gesellschaftliche Akteure sind einerseits gezwungen, ihr Handeln an die Medienlogik anzupassen, andererseits verfügen sie, abhängig von ihren jeweiligen Ressourcen, über unterschiedlich große Handlungsspielräume, um die Medieninhalte durch strategische PR zu beeinflussen. Aus demokratietheoretischer Sicht muss politische Öffentlichkeitsarbeit gleichwohl kritisch beurteilt werden. Denn wenn die mediengerechte Inszenierung von Politik die Funktionen von politischer Kontrolle, Responsivität und Diskurs gefährdet, stehen auch die Legitimierungsmechanismen des demokratischen Prozesses zur Disposition.

Literatur

Beierwaltes, Andreas (2000): Demokratie und Medien. Der Begriff der Öffentlichkeit und seine Bedeutung für die Demokratie in Europa. Baden-Baden: Nomos.

Bender, Peter (1998): Europa als Gegenstand der politischen Kommunikation – Eine vergleichende Untersuchung der Informations- und Öffentlichkeitsarbeit von Europäischer Kommission, Europäischem Parlament und Regierungen ausgewählter EU-Mitgliedsstaaten. Basel: Dissertation.

Bentele, Günter (1998): Politische Öffentlichkeitsarbeit. In: Sarcinelli, Ulrich (Hrsg.): Politikvermittlung und Demokratie in der Mediengesellschaft. Beiträge zur politischen Kommunikationskultur. Opladen: Westdeutscher Verlag, S. 125-145.

Boorstin, Daniel J. (1961): The Image or What Happened to the American Dream. Tennessee: Kingsport Press.

Brettschneider, Frank (1998): Medien als Imagemacher? Bevölkerungsmeinung zu den beiden Spitzenkandidaten und der Einfluss der Massenmedien im Vorfeld der Bundestagswahl 1998. In: Media Perspektiven, Nr. 8, S. 392-401.

Detjen, Joachim (1998): Pluralismus. In: Jarren, Otfried/Sarcinelli, Ulrich/Saxer, Ulrich (Hrsg.): Politische Kommunikation in der demokratischen Gesellschaft. Ein Handbuch. Opladen: Westdeutscher Verlag, S. 275-284.

Easton, David (1953): The political system. New York: Knopf.

Easton, David (1965): A systems analysis of political life. New York: Wiley.

Friedmann, Günther M. (1972): Der Pressesprecher in den Bundesministerien. Sein Rollenverständnis und dessen Verwirklichung. In: Publizistik, 17. Jg., S. 311-319.

Gebauer, Klaus-Eckart (1998): Regierungskommunikation. In: Jarren, Otfried/Sarcinelli, Ulrich/Saxer, Ulrich (Hrsg.): Politische Kommunikation in der demokratischen Gesellschaft. Ein Handbuch. Opladen: Westdeutscher Verlag, S. 463-472.

Gerhards, Jürgen/Neidhardt, Friedhelm (1991): Strukturen und Funktionen moderner Öffentlichkeit. Fragestellungen und Ansätze. In: Müller-Doohm, Stefan/Neumann-Braun, Klaus (Hrsg.): Öffentlichkeit, Kultur, Massenkommunikation. Oldenburg: bis, S. 31-89.

Gerhards, Jürgen (1992): Dimensionen und Strategien öffentlicher Diskurse. In: Journal für Sozialforschung, 32. Jg., Berlin: Wissenschaftszentrum Berlin für Sozialforschung, S. 307-318.

Gerhards, Jürgen/Neidhardt, Friedhelm/Rucht, Dieter (1998): Zwischen Palaver und Diskurs: Strukturen öffentlicher Meinungsbildung am Beispiel der deutschen Diskussion zur Abtreibung. Opladen/Wiesbaden: Westdeutscher Verlag.

Habermas, Jürgen (1986): Entgegnung. In: Honneth, Axel/Joas, Hans (Hrsg.): Kommunikatives Handeln. Beiträge zu Jürgen Habermas' „Theorie kommunikativen Handelns". Frankfurt a. M.: Suhrkamp, S. 327-405.

Hackenbroch, Rolf (1998): Verbändekommunikation. In: Jarren, Otfried/Sarcinelli, Ulrich/Saxer, Ulrich (Hrsg.): Politische Kommunikation in der demokratischen Gesellschaft. Opladen: Westdeutscher Verlag, S. 482-488.

Hagen, Lutz (1992): Die opportunen Zeugen. Konstruktionsmechanismen von Bias in der Zeitungsberichterstattung über die Volkszählungsdiskussion. In: Publizistik, 37. Jg., S. 444-460.

Hayek, Friedrich. A. von (1968): Vorwort. In: Olson, Mancur: Die Logik des kollektiven Handelns. Tübingen: Mohr Siebeck.

Iyengar, Shanto/Kinder, Donald R. (1987): News that matters: television and American opinion. Chicago: University of Chicago Press.

Jansen, Andrea/Ruberto, Rosaia (1997): Mediale Konstruktion politischer Realität. Wiesbaden: Deutscher Universitäts-Verlag.

Jarren, Otfried (1994): Kann man mit Öffentlichkeitsarbeit die Politik „retten"? Überlegungen zum Öffentlichkeits-, Medien- und Politikwandel in der modernen Gesellschaft. In: Zeitschrift für Parlamentsfragen, Nr. 4, S. 653-673.

Kaase, Max (1998): Demokratisches System und die Mediatisierung von Politik. In: Sarcinelli, Ulrich (Hrsg.): Politikvermittlung und Demokratie in der Mediengesellschaft. Beiträge zur politischen Kommunikationskultur. Opladen: Westdeutscher Verlag, S. 24-51.

Kepplinger, Hans Mathias (1998): Die Demontage der Politik in der Informationsgesellschaft. München: Alber.

Kernell, Samuel (1986): Going Public. New Strategies of Presidential Leadership. Washington, D.C.:Congressional Quarterly Books.

Kevenhörster, Paul (1998): Repräsentation. In: Jarren, Otfried/Sarcinelli, Ulrich/Saxer, Ulrich (Hrsg.): Politische Kommunikation in der demokratischen Gesellschaft. Ein Handbuch. Opladen/Wiesbaden: Westdeutscher Verlag, S. 292-297.

Kielmansegg, Peter Graf (1971): Legitimität als analytische Kategorie. In: Politische Vierteljahresschrift, 12. Jg., S. 389-401.

Knoche, Manfred/Lindgens, Monika (1993): Grüne, Massenmedien und Öffentlichkeit. In: Raschke, Joachim (Hrsg.): Die Grünen. Wie sie wurden, was sie sind. Köln: Bund, S. 742-768.

Kordes, Walter/Pollmann, Hans (1983): Das Presse- und Informationsamt der Bundesregierung. Düsseldorf: Droste.

Kriesi, Hanspeter (2001): Die Rolle der Öffentlichkeit im politischen Entscheidungsprozess. Discussion Paper P 01-701. Wissenschaftszentrum Berlin.

Müller, Marion (1999): Parteienwerbung im Bundestagswahlkampf 1998. Eine qualitative Produktionsanalyse politischer Werbung. In: Media Perspektiven, Nr. 5, S. 251-261.

Münch, Richard (1993): Journalismus in der Kommunikationsgesellschaft. In: Publizistik, 38. Jg., S. 261-279.

Neidhardt, Friedhelm (1994): Öffentlichkeit, Öffentliche Meinung, Soziale Bewegungen. In: Kölner Zeitschrift für Soziologie und Sozialpsychologie (Sonderheft 34). Opladen: Westdeutscher Verlag, S. 7-41.

Patzelt, Werner J. (1998): Parlamentskommunikation. In: Jarren, Otfried/Sarcinelli, Ulrich/Saxer, Ulrich (Hrsg.): Politische Kommunikation in der demokratischen Gesellschaft. Opladen: Westdeutscher Verlag, S. 431-441.

Pauli-Balleis, Gabriele (1987): Polit-PR – Strategische Öffentlichkeitsarbeit politischer Parteien. Zur PR-Praxis der CSU. Nürnberg [Auszugsweise als: Der funktionale Beitrag politischer Public Relations zur Integration des politischen Systems. In: Flieger, Heinz (Hrsg.) Public Relations Reader. Teil 2. Wiesbaden, S. 13-82].

Pfetsch, Barbara (1993): Strategien und Gegenstrategien – Politische Kommunikation bei Sachfragen. Eine Fallstudie aus Baden-Württemberg. In: Donsbach, Wolfgang/Jarren, Otfried/Kepplinger, Hans Matthias (Hrsg.): Beziehungsspiele – Medien und Politik in der öffentlichen Diskussion. Fallstudien und Analysen. Gütersloh: Bertelsmann Stiftung.

Pfetsch, Barbara (1994): Themenkarrieren und politische Kommunikation. Zum Verhältnis von Politik und Medien bei der Entstehung der politischen Agenda. In: Aus Politik und Zeitgeschichte Nr. 39 vom 30. September 1994, S. 11-20.

Pfetsch, Barbara (1997): Zur Beobachtung und Beeinflussung öffentlicher Meinung in der Mediendemokratie. Bausteine einer politikwissenschaftlichen Kommunikationsforschung. In: Rohe, Karl (Hrsg.): Politik und Demokratie in der Informationsgesellschaft. Baden-Baden: Nomos, S. 54-55.

Plasser, Fritz (1989): Medienlogik und Parteienwettbewerb. In: Böckelmann, Frank E. (Hrsg.): Medienmacht und Politik. Berlin: Wissenschaftlicher Verlag Spiess.

Radunski, Peter (1983): Strategische Überlegungen zum Fernsehwahlkampf. In: Schulz, Winfried/Schönbach, Klaus (Hrsg.): Massenmedien und Wahlen. München: UVK, S. 131-146.

Redlich, Thomas (1992): Gesellschaftsorientierte Öffentlichkeitsarbeit als Chance für das politische System und die Parteien unter Berücksichtigung der Umsetzungsproblematik in einer Kommune an Hand von Beobachtungen und Aktivitäten des SPD-Stadtverbandes Lippstadt. Hamburg u.a.: LIT.

Ristau, Malte (1998): Wahlkampf für den Wechsel – Die Wahlkampagne der SPD 1997/1998. Bonn: (Manuskript).

Ronneberger, Franz (1991): Legitimation durch Information. Ein kommunikationstheoretischer Ansatz zur Theorie der PR. In: Dorer, Johanna/Lojka, Klaus (Hrsg.): Öffentlichkeitsarbeit. Theoretische Ansätze, empirische Befunde und Berufspraxis der Public Relations. Wien: Wilhelm Braumüller. (zuerst veröffentlicht in: Ronneberger, Franz 1977: Legitimation durch Information. Ein kommunikationstheoretischer Ansatz zur Theorie der PR. Wien/Düsseldorf: Econ.)

Sarcinelli, Ulrich (1998): Legitimität. In: Jarren, Otfried/Sarcinelli, Ulrich/Saxer, Ulrich (Hrsg.): Politische Kommunikation in der demokratischen Gesellschaft. Ein Handbuch. Opladen/Wiesbaden: Westdeutscher Verlag, S. 253-267.

Schadt, Thomas (1998): Der Kandidat. SWR-Dokumentarfilm.

Schulz, Winfried (1997): Politische Kommunikation: Theoretische Ansätze und Ergebnisse empirischer Forschung zur Rolle der Massenmedien in der Politik. Opladen: Westdeutscher Verlag.

Steffani, Winfried (1998): Oppositionskommunikation. In: Jarren, Otfried/Sarcinelli, Ulrich/Saxer, Ulrich (Hrsg.): Politische Kommunikation in der demokratischen Gesellschaft. Opladen: Westdeutscher Verlag, S. 456-463.

Swanson, David L./Mancini, Paolo (1996): Politics, media, and modern democracy: Introduction. In: Swanson, David L./Mancini, Paolo (Hrsg.): Politics, media, and modern democracy. An international study of innovations in electoral campaigning and their consequences. Westport, Connecticut: Greenwood Press, S. 1-26.

Tenscher, Jens (1999): Politikvermittlungsexperten. Eine akteurs- und handlungsorientierte Untersuchung zu Selbst- und Fremdinszenierungsstrategien im Rahmen politisch-medialer Interaktionen. In: Landauer Arbeitspapiere und Preprints, Nr. 07, S. 7-16.

Weth, Burkard (1991): Der Regierungssprecher als Mediator zwischen Regierung und Öffentlichkeit. Rollen- und Funktionsanalyse von Regierungssprechern im Regierungs- und Massenkommunikationssystem der Bundesrepublik Deutschland (1949-1982). Würzburg: Dissertation.

Wiesendahl, Elmar (1998): Parteienkommunikation. In: Jarren, Otfried/Sarcinelli, Ulrich/Saxer, Ulrich (Hrsg.): Politische Kommunikation in der demokratischen Gesellschaft. Opladen: Westdeutscher Verlag, S. 442-449.

Teil 2
Theorien: Ansätze und Modelle

Theorien werden in den Sozialwissenschaften als systematische und widerspruchsfreie Systeme von Aussagen oder Sätzen verstanden, die der wissenschaftlichen Beschreibung, Erklärung oder der Vorhersage von Wirklichkeit dienen. Geht man zudem von der Beobachtung aus, dass auch im Alltag oder in der Berufspraxis *Handeln* mittels kognitiver Systematiken erfolgt, dann erscheint ein etwas weiterer, nicht nur an wissenschaftliche Beschreibung gebundener Theoriebegriff plausibel und notwendig. Dies gilt insbesondere für die Auseinandersetzung mit Public Relations, die lange eher aus der Praxis heraus ohne größere wissenschaftliche Begleitung erfolgte. Innerhalb der Wissenschaft sind erst in den letzten 30 Jahren – zunächst vor allem in den USA, dann auch in Deutschland und anderen Ländern – eine Reihe von theoretischen Ansätzen entstanden, teilweise empirisch überprüft und weiterentwickelt worden. Typologische Übersichten hierzu haben Signitzer (1992) und Bentele (1998) vorgelegt; systematische Zusammenfassungen finden sich bei Botan/Hazleton (1989), Szyszka (1997), Kückelhaus (1998) und Kunczik (2002).[1] Für eine Systematisierung theorieorientierter Arbeiten der Public Relations-Forschung bieten sich traditionell vier Kriterien an:

1. *Status der Überprüfbarkeit und allgemeine Herkunft*
2. *Reichweite/Potenzial für Verallgemeinerung*
3. *Disziplinäre Herkunft*
4. *Wissenschaftstheoretisches Paradigma*

Nach dem Status der *(empirischen) Überprüfbarkeit* und ihrer *allgemeinen Herkunft* unterscheidbar sind *Alltags*theorien, *Berufs*theorien und *wissenschaftliche* Theorien. Unter Alltagstheorien lassen sich Theorien verstehen, die Alltagsbeobachtungen und -erfahrungen zu Einsichten verdichten. Sie ermöglichen und steuern bewusstes Handeln und sind somit existenziell notwendig. Sie werden nicht systematisch empirisch überprüft und enthalten häufig bewertende Komponenten. Berufs- oder Praktikertheorien sind davon abgegrenzte Theorien, welche beschreiben, wie zu handeln

---

[1] *Bentele*, Günter (1998): Berufsfeld Public Relations. PR-Fernstudium. Studienband 1. Berlin: PR-Kolleg. *Botan*, Carl H./*Hazleton* Jr., Vincent (1989): Public Relations Theory. Hillsdale, N.J.: Erlbaum. *Kückelhaus*, Andrea (1998): Public Relations: Die Konstruktion von Wirklichkeit. Kommunikationstheoretische Annäherungen an ein neuzeitliches Phänomen. Wiesbaden: Westdeutscher Verlag. *Kunczik*, Michael ^{4}(2002): Public Relations. Konzepte und Theorien. Köln u.a.: Böhlau. *Signitzer*, Benno (1992): Theorie der Public Relations. In: Burkart, Roland/Hömberg, Walter (Hrsg.) (1992): Kommunikationstheorien. Ein Textbuch zur Einführung. Wien: Braumüller, S. 134-152. *Szyszka*, Peter (1997): PR-Praxis und ihre theoretischen Grundlagen. Zum Stand der theoretischen Fundierung von Public Relations. In: Schulze-Fürstenow, Günter/Martini, Hans-Jürgen (Hrsg.), Handbuch PR. Loseblattsammlung. Neuwied: Luchterhand, Nr. 3.250.

ist (operative Theorien) oder wie berufliches Handeln optimierbar ist (normative Theorien, Best Practice-Beispiele). Sie sind erfahrungsgesättigt, bisweilen trendgeschuldet und werden in der Regel empirisch nicht überprüft. *(Sozial-) wissenschaftliche* Theorien der PR verfolgen demgegenüber den Anspruch, das Phänomen Public Relations oder ausgewählte Teilaspekte systematisch zu beschreiben und zu erklären, teilweise auch zu prognostizieren. Sie haben den Anspruch, systematisch überprüfbar zu sein. Da es sich bei Public Relations-Aktivitäten um eine Form zielgerichteten kommunikativen Handelns handelt, interessiert sich die Wissenschaft auch für Qualitätsfragen, die nicht nur dem (sozialwissenschaftlichen) Beschreibungs-, sondern auch dem (wirtschaftswissenschaftlichen oder managementbezogenen) Optimierungsparadigma unterliegen.

Ein zweites Unterscheidungskriterium liefert die Frage nach der *Reichweite* bzw. dem *Potenzial*, das eine Theorie oder ein theoretischer Ansatz oder ein Modell zur *Verallgemeinerung* bietet. Nach diesem Kriterium lassen sich erstens Theorien globaler Reichweite (hohes Potenzial für Verallgemeinerung) von Theorien mittlerer Reichweite (eingeschränktes Potenzial für Verallgemeinerung) unterscheiden. Zweitens können hier Theorien und Ansätze auch nach dem Grad ihrer Spezifik systematisiert und z.B. in *allgemeine* und *spezielle* (Teil-)Theorien unterschieden werden.

Ein drittes Unterscheidungskriterium zieht die unterschiedliche *disziplinäre Herkunft* von Theorien in Betracht. Nach diesem Kriterium lassen sich z.B. gesellschaftsbezogene von organisations- und handlungsbezogenen Ansätzen und innerhalb der organisationsorientierten Ansätze wiederum kommunikationswissenschaftliche von marketingorientierten Sichtweisen unterscheiden.

Eine vierte Unterscheidungsmöglichkeit schließlich ergibt sich in Abhängigkeit des jeweils zur Anwendung kommenden *allgemeinen* oder *spezifischen wissenschaftstheoretischen Paradigmas*. Nach diesem Kriterium lassen sich etwa kybernetische von systemtheoretischen, strukturationstheoretischen, konstruktivistischen oder akteurstheoretischen Ansätzen, Modellen und Theorien unterscheiden. Da zwischen diesen vier Kriterien ein hohes Potenzial an Überschneidungen besteht, lassen sich theoretische Arbeiten nicht immer trennscharf und eindeutig zuordnen. Deshalb scheint es wenig sinnvoll, Ansätze und Modelle nach diesem Schema ‚abzuarbeiten'. Für diesen zweiten Teil des Handbuchs wurde deshalb eine einfache Systematik entwickelt, welche die beschriebenen Kriterien in eine neue Ordnung überführt und die Darstellung von theoretischen Ansätzen, und Modellen vergleichsweise überschneidungsfrei in Abhängigkeit spezifischer Charakteristika erlaubt:

- *Praktikertheorien* als aus der beruflichen Praxis heraus entwickelte systematisierende Beschreibungen von Public Relations und Public Relations-Aktivitäten (berufliches Handeln und Verhalten).
- *Allgemeine wissenschaftliche Theorieansätze*, die der Beobachtung und Bewertung von Public Relations verschiedene wissenschaftliche Paradigmen zugrunde legen.
- *Spezielle* wissenschaftliche Ansätze und Modelle, die sich mit zentralen Teilaspekten der Public Relations auseinandersetzen.

Dazu wurden spezielle Teilaspekte integriert, die für eine theoretische Auseinandersetzung mit Public Relations im deutschsprachigen Raum wesentlich erscheinen.

Zwei Merkmale haben lange den PR-Diskurs bestimmt: das Ringen um treffende Definitionen und die Führung des Diskurses aus der Praxis heraus bzw. in enger Anlehnung an die PR-Praxis. Da diese Diskurse nicht ohne Einfluss auf die wissenschaftliche Auseinandersetzung mit Public Relations bleiben konnten, beschäftigen sich die beiden ersten *Beiträge des ersten Teilkapitels* mit der *Problematik der PR-Definition(en) (Romy Fröhlich)* und dem Fundus und Erklärungspotenzial der *Praktikertheorien (Michael Kunczik/Peter Szyszka)*. Beide Beiträge zeigen, dass der Diskurs der Problematisierung der Definitionsfrage und die Auswertung vorwissenschaftlicher Annahmen und Verbindungslinien nicht abgeschlossen ist, und ihr fortgesetzter Einbezug in den wissenschaftlichen Diskurs sinnvoll erscheint.

Das *zweite* Teilkapitel ist Beiträgen gewidmet, welche sich mit *allgemeinen Theorieansätzen* beschäftigen, die sich aus den Positionen verschieder Wissenschaftsparadigmen heraus mit Public Relations auseinandersetzen. Die Zusammenschau macht dabei deutlich, dass nicht nur Widersprüche zu Tage treten, sondern durchaus auch Anschlussfähigkeit und Kompatibilität vorliegen. Als fachgeschichtlich bedeutsam muss hier zunächst der Entwurf einer „Theorie der Public Relations" eingestuft werden, den Ronneberger/Rühl (1992) vorgelegt haben. Dieser Entwurf, der von der Systemtheorie Niklas Luhmanns geprägt ist und gesellschaftsbezogen argumentiert, hat in den 1990er Jahren den deutschsprachigen Theoriediskurs der Public Relations deutlich mitgeprägt. Entsprechend eröffnet ein Beitrag zu *systemtheoretisch-gesellschaftsorientierten Ansätzen (Manfred Rühl)* dieses Teilkapitel. Neben der Systemtheorie hat die Konstruktivismus-Debatte in den 1990er Jahren den Fachdiskurs der Kommunikationswissenschaft beeinflusst. Auch der Konstruktivismus hat schon früh mit verschiedenen Fachbeiträgen Eingang in den PR-Fachdiskurs gefunden. Die Annahmen dieses Ansatzes zeichnet der Beitrag zum *konstruktivistischen Ansatz (Klaus Merten)* nach. Im einem gewissen Widerspruch hierzu stehen Beiträge, die den konstruktivistischen Grundgedanken rekonstruktivistische Überlegungen entgegengestellt haben. Diese bislang eher implizit vertretene Position wird im Beitrag zum *rekonstruktivistischen Ansatz (Günter Bentele)* hier erstmals zusammenhängend dargestellt. Neben dem Gesellschaftsfokus ist schon früh der Organisationsfokus Bestandteil des PR-Fachdiskurses gewesen. Die Genese dieses Diskurses, der sich aus der Systemtheorie heraus entwickelt und über die Integration anderer theoretischer Paradigmen fortgesetzt hat, zeichnet der Beitrag zum *organisationsbezogenen Ansatz (Peter Szyszka)* nach. Er enthält dabei Verweise auf neuere Integrationsentwicklungen dieses Diskurses, etwa den Einbezug der Strukturationstheorie, die als eigenständige Beiträge noch keinen Eingang in das vorliegende Handbuch finden konnten. Das Teilkapitel schließt mit einem Beitrag, der *ausgewählte Paradigmen kritischer Ansätze (Joachim Westerbarkey)* im Überblick zusammenfasst. Er soll deutlich machen, dass die gesellschaftliche Akzeptanz von Public Relations im Wissenschaftsdiskurs nicht unwidersprochen geblieben ist.

Das *dritte Teilkapitel* versammelt Beiträge zu *speziellen Ansätzen mittlerer Reichweite*, die seit Mitte der 1980er Jahre breite Teile des PR-Theoriediskurses eingenommen haben. Sie waren und sind zentralen Teilaspekten der Public Relations gewidmet, die aus gesellschaftlicher, kommunikationswissenschaftlicher oder PR-fachwissenschaftlicher Perspektive Relevanz erlangt haben. Anders als bei der

Gruppe der *allgemeinen* wissenschaftlichen Ansätze verfolgen diese Ansätze ausdrücklich *nicht* den Anspruch, mit ihren Annahmen und Erkenntnissen allgemeingültig zu sein. Stattdessen vereinen diese Theoriearbeiten das Ziel, für einen zuvor eng definierten, hoch spezifischen Problem- und Fragenbereich – und nur für diesen – Antworten zu generieren. Die in diesem Bereich älteste und wohl auch meist diskutierte Forschungsfrage gilt dem Einfluss von Public Relations auf Massenmedien und öffentliche Kommunikation. Der unter dem Stichwort *Determinationsthese (Juliana Raupp)* bekannt gewordene Diskurs eröffnet deshalb dieses Teilkapitel. In Auseinandersetzung mit diesem Diskurs entstand das Modell der *Intereffikation (Günter Bentele)*, das hieran anschließend dargestellt wird. Eine zweite, in den 1990er Jahren zeitweise intensiv verfolgte Diskurslinie macht sich am Modell der *verständigungsorientierten Öffentlichkeitsarbeit (Roland Burkart)* fest, das auf der Basis von Habermas' Theorie des kommunikativen Handelns nach dem Konfliktlösungspotenzial von Public Relations in der Konflikt- und Risikogesellschaft fragte und eine Verständigungsfunktion von Öffentlichkeitsarbeit herauszuarbeiten suchte. Während die drei vorstehenden Beiträge dem klassischen kommunikationswissenschaftlichen Diskurs zuzuordnen sind, reflektieren die weiteren Beiträge des Teilkapitels Positionen aus Wirtschaftswissenschaften und Managementlehre. Zunächst wird nach dem *PR-Verständnis im Marketing (Peter Szyszka)* gefragt, wobei deutlich wird, dass dort die Frage nach der Funktion von PR-Arbeit im Rahmen der Absatzmarktkommunikation bislang weitgehend unbefriedigend diskutiert worden ist. Die Beiträge zu *Public Relations im Kontext der Unternehmenskommunikation (Nikodemus Herger)* und *Stakeholder-Management als Ansatz der PR (Matthias Karmasin)* sollen abschließend deutlich machen, wo mögliche künftige Problemlösungspotenziale anzusiedeln sind, die es erforderlich machen, Public Relations in einem trans- oder interdisziplinären Kontext zu betrachten.

Auch wenn der amerikanischen PR-Forschung gerne und nicht zu unrecht unterstellt wird, dass sie ihren Fokus stark an Handlungsproblemen von Public Relations-Aktivitäten ausrichtet, haben doch verschiedene Arbeiten, die grundsätzlichen Fragestellungen gewidmet waren, Einfluss auf den deutschsprachigen Theoriediskurs genommen. Eine Übersicht über diese im wesentlichen *systemtheoretisch-kybernetischen Ansätze aus den USA (Stefan Wehmeier)*, die im deutschen Sprachraum rezipiert worden sind, dokumentiert die *amerikanischen Einflüsse* und schließt als *viertes Teilkapitel* diesen Teil des Handbuches ab.

Definitionen und Praktikertheorien

Die Problematik der PR-Definition(en)

Romy Fröhlich

Der Begriff ‚Public Relations' wurde wohl 1882 zum ersten Mal verwendet;[1] der amerikanische PR-Pionier Edward L. Bernays[2] hat ihn wesentlich verbreitet und ‚gesellschaftsfähig' gemacht. Albert Oeckl[3] beanspruchte öffentlich für sich, für den amerikanischen Begriff die deutsche Übersetzung ‚Öffentlichkeitsarbeit' eingeführt zu haben.[4] Dies hat sich allerdings mittlerweile als falsch herausgestellt: Historische Forschungen in Leipzig haben nachweisen können, dass der deutsche Begriff ‚Öffentlichkeitsarbeit' spätestens 1917 von August Hinderer und Ferdinand Katsch im Kontext der damaligen Diskussion der Evangelischen ‚Pressverbände' semantisch durchaus einschlägig gebraucht wurde.[5] Über die Synonymität der beiden Begriffe herrscht in Wissenschaft und Praxis seit langem Konsens. Aber: In Abhängigkeit bestimmter disziplinärer Blickwinkel auf Public Relations bzw. Öffentlichkeitsarbeit entstehen unterschiedliche Begrifflichkeiten und Verständnisse und eine kaum mehr zu überblickende Anzahl von Definitionen. Öffentlichkeitsarbeit, Unternehmenskommunikation, Vertrauenswerbung, Meinungspflege, Organisationskommunikation... – die Vielzahl an Begriffen ist verwirrend. Hierfür gibt es mehrere Ursachen, die zumindest ansatzweise erklären, warum sich die Definitionsarbeit für das Phänomen ‚Public Relations' im Vergleich zu anderen Formen der öffentlichen Kommunikation (z.B. Journalismus oder Werbung) als eher kompliziert erweist und außerdem auch wenig stringent verläuft. Eine erste Ursache erklärt sich vor dem Hintergrund, dass hier Begrifflichkeiten für ein Berufsfeld zu klären waren und sind, das seit seiner Entstehung (vgl. Teil 4) eine enorme Entwicklung und Ausweitung erfahren hat. Zu schnell und zu oft haben sich im Zuge dieses Entwicklungsbooms

---

1 Vgl. Grunig/Hunt (1984: 14).
2 Bernays (1891-1995) gilt als Nestor der amerikanischen Public Relations. Er begann seine Karriere als Journalist, arbeitete danach als ‚Pressagent' am Broadway und während des Ersten Weltkrieges in der Propagandaabteilung der amerikanischen Regierung. Anfang der zwanziger Jahre gründete er als einer der Ersten in den USA eine eigene Beratungsfirma.
3 Oeckl (1909-2001) gilt als Nestor der deutschen Public Relations und ist Gründungsmitglied der DPRG. In den 30er und 40er Jahren war er Sachbearbeiter in der Presseabteilung der I.G.-Farben, bis 1959 Geschäftsführer und Abteilungsleiter Öffentlichkeitsarbeit des Deutschen Industrie- und Handelstages und danach bis Mitte der 70er Jahre bei BASF Direktor der Zentralabteilung Öffentlichkeitsarbeit. 1972 verantwortete er die Öffentlichkeitsarbeit der Olympischen Spiele in München.
4 Zur Berufsgeschichte der PR in Deutschland vgl. Szyszka in diesem Band, Teil 4 Berufsgeschichte.
5 Vgl. Liebert (2003).

z.B. das konkrete berufliche Handeln und Handwerk, das Selbstverständnis, die Ethikgrundsätze und Spezialisierungstendenzen im Bereich der PR verändert.

Eine weitere Ursache für die problematische Definitionssituation leitet sich aus der Tatsache ab, dass das Phänomen ‚Public Relations' einen vergleichsweise stark ausgeprägten interdisziplinären Charakter aufweist. So entstehen je nach disziplinärem Blickwinkel spezifische Interpretationen, Sichtweisen und Zugänge, die zum Teil extrem unterschiedlich sind. Teil 2 dieses Buches vermittelt einen Eindruck von diesem interdisziplinären Charakter des Phänomens. Die hier vorgestellten kommunikationswissenschaftlichen, wirtschaftswissenschaftlichen, politikwissenschaftlichen, organisationssoziologischen und sozialpsychologischen Ansätze sind aber nur ein Teil des interdisziplinären Gesamtzusammenhangs, der sich durchaus noch erweitern ließe – unter anderem z.B. auch um einen kulturwissenschaftlichen Blickwinkel. In Abhängigkeit des Selbstverständnisses und der Standards gültiger Paradigma, theoretischer Modelle und empirischer Methoden einer bestimmten wissenschaftlichen Disziplin entsteht eine jeweils hoch spezifische Sichtweise, die ihren Ausdruck in einer jeweils spezifischen Definition von PR findet.

Eine andere Ursache für die unbefriedigende Definitionssituation ist in der Tatsache zu suchen, dass Public Relations als Form öffentlicher Kommunikation Ähnlichkeiten aufweist zu anderen Formen öffentlicher Kommunikation wie dem Journalismus, der Werbung und der Propaganda. Das Gleiche gilt auch für die Tatsache, dass es sich bei Public Relations – wie auch bei Werbung und Propaganda – um eine originäre Form persuasiver[6] Kommunikation handelt. Solche Ähnlichkeiten zu anderen Kommunikationsformen verstellen zuweilen den Blick auf die Grenzen dazwischen, so dass der (vermeintliche!) Eindruck entsteht, entsprechende Grenzziehungen nicht trennscharf vornehmen zu können. Auch die graduelle Unsichtbarkeit eines Teils der PR-Produktion verschärft die Definitionsproblematik. Werbeanzeigen wie auch journalistische Medienbeiträge sind in der Regel klar identifizierbare, publizistische Produkte kreativer und handwerklicher Arbeitsprozesse. Wenngleich es zu solchen Produkten im Bereich der PR natürlich auch Entsprechungen gibt, wie etwa eine Firmenbroschüre, eine PR-Anzeige oder eine Mitarbeiterzeitschrift, so bleibt dennoch ein nicht zu unterschätzender Aufgabenbereich, der für die Öffentlichkeit in der Regel unsichtbar ist, wie z.B. Konzeptionen für PR-Strategien, Unternehmensberatungsprozesse, Pressearbeit per se oder Lobbying. Dieser Grad an Unsichtbarkeit, der zu einem gewissen Teil ja gerade auch die Besonderheit von Public Relations und unter bestimmten Gegebenheiten auch die Vorteile und die Überlegenheit dieser Kommunikationsform ausmacht, engt das Vorstellungsvermögen ein, erschwert das allgemeine Verständnis von und für PR und verkompliziert so Begrifflichkeiten.

Es ließen sich noch etliche weitere Gründe für die Definitionsmisere im Bereich PR finden, etwa die Schwierigkeit, den konkreten Leistungsbeitrag von Public Relations für Unternehmen in *betriebswirtschaftlichen* Größen und Maßen zu beschreiben. Und was man nicht messen kann, so der mögliche Eindruck, das lässt sich auch

---

6 Der persuasive Charakter von PR ergibt sich aus ihrem ausdrücklichen Ziel, beim Empfänger überzeugende oder gar überredende Wirkung zu hinterlassen im Sinne von Kommunikationseffekten, die in der Lage sind, Einstellungen und/oder Verhalten zu verändern.

sonst schwer fassen. Auch der bis heute völlig offene Berufszugang ohne systematische Ausbildungs-, Qualifikations- oder Hierarchiestruktur sowie Probleme bei der breiten Durchsetzung eines klar umrissenen Berufsbildes oder das völlige Fehlen einer standespolitisch anerkannten Berufsbezeichnung erschweren Definitionsbemühungen natürlich zusätzlich. Ziel des vorliegenden Kapitels kann es aber nicht sein, die bereits existierende und von Praktikern wie von der Wissenschaft bemängelte Unübersichtlichkeit noch durch einen weiteren Definitionsversuch zu verschärfen. Dieses Kapitel soll stattdessen einen Systematisierungsvorschlag liefern, der Möglichkeiten aufzeigt, wie PR-Definitionen innerhalb bestimmter disziplinärer oder struktureller Zusammenhänge besser verstanden, eingeordnet und bewertet werden können. Auf dieser Basis kann sich dann, so die Vorstellung, ein solides Bewusstsein für den spezifischen Grad an Sinnhaftigkeit unterschiedlicher Definitionen entwickeln.

1. Licht ins Dickicht: Zur Systematisierung vorliegender Definitionsversuche

1.1 Quellensystematik

Günter Bentele (1998) schlägt zur Systematisierung vorliegender PR-Definitionen ein sehr brauchbares Raster vor. Auf der Basis von Systematisierungsmodellen, die Denis McQuail (1994) und Manfred Rühl (1987) ganz allgemein für Theorien vorgeschlagen haben, unterscheidet Bentele PR-Definitionen erstens nach der so genannten *Alltagsperspektive*, zweitens nach der *Berufs-* oder *Berufsfeldperspektive* und drittens nach der *wissenschaftlichen Perspektive*. Aufgrund der Tatsache, dass diese Einteilung der Frage folgt, *wer* oder *welcher Bereich* (= Quelle) hier Definitionsvorschläge vornimmt (Alltagsbereich: Laien; Berufsfeldbereich: PR-Praktiker; Wissenschaftsbereich: WissenschaftlerInnen), bezeichne ich diese Systematik als ‚Quellensystematik'.

Der Alltagsperspektive rechnet Bentele solche PR-Defintionen – eigentlich sind es eher Meinungen über PR – zu, nach denen „Laien ‚von außen' und ohne spezielle Kenntnisse" PR beschreiben (S. 27). Dabei kommen wegen mangelnder Sachkenntnisse oder verkehrten Vorstellungen vom Definitionsgegenstand nicht selten Vorurteile zum Ausdruck, auf deren Basis das Phänomen falsch, unvollständig, widersprüchlich oder oberflächlich beschrieben wird. Beispiele:

- „PR ist Werbung mit raffinierteren Mitteln"

- „PR bedeutet positive/gute Nachrichten"

Für die Praxis wie auch für die Wissenschaft sind solche Definitionsversuche unbrauchbar.

Der Berufs- bzw. Berufsfeldperspektive ordnet Bentele (1998) PR-Definitionen und -Beschreibungen zu, die PR-*Praktiker* vornehmen und in die „in der Regel eine

Menge an beruflichen Erfahrungen in und mit diesem Berufsfeld ein[fließen]." (S. 28) Szyszka (1999a) bezeichnet diese Gruppe von Definitionen als „Praxisdefinitionen", die er weiter unterteilt in „Praktikerdefinitionen" einerseits und „standespolitische Definitionen" andererseits (S. 16). Charakteristisch für Berufsfeld- oder Praxisdefinitionen ist der Versuch, das Phänomen PR durch die *Beschreibung von Instrumenten, Zielen und Aufgaben* der PR zu definieren. Szyszka spricht in diesem Zusammenhang von einem „How-to-do"-Definitionsverständnis. Beispiele:

- „Tu Gutes und rede darüber." (Zedtwitz-Arnim 1961: 21)

- „Public Relations sind der Versuch, durch Information, Überzeugung und Anpassung öffentliche Unterstützung für Tätigkeit, Anschauung, Entwicklungstendenz oder Institution zu verschaffen." (Bernays 1923 zit. nach Hundhausen 1967: 527)

- „Public Relations ist die Unterrichtung der Öffentlichkeit (oder ihrer Teile) über sich selbst mit dem Ziel, um Vertrauen zu werben." (Hundhausen 1951: 53)

Als gravierendes Problem von Praxisdefinitionen beschreibt Bentele ganz richtig die Tatsache, dass es in Abhängigkeit spezifischer und individueller professioneller Erfahrungen sowie in Abhängigkeit des jeweiligen historischen Kontextes auch zu einer Vielzahl unterschiedlicher ‚Definitionen' und Beschreibungen kommt.

Innerhalb der Gruppe der Praxisdefinitionen sind nach Szyszka (1999a) von Praktikerdefinitionen *standespolitische* Definitionsversuche zu unterscheiden. Standespolitische Definitionen nehmen Berufsverbände und Standesorganisationen wie etwa die Deutsche Public Relations Gesellschaft (DPRG) vor:

- „Nach der Berufsauffassung der DPRG sind Public Relations das bewusste und legitime Bemühen um Verständnis sowie um Aufbau und Pflege von Vertrauen in der Öffentlichkeit auf der Grundlage systematischer Erforschung." (Avenarius 1998: 44)

- „Public Relations, kurz PR, sind die Pflege und Förderung der Beziehungen eines Unternehmens, einer Organisation oder Institution zur Öffentlichkeit; sie sind eine unternehmerische Führungsfunktion." (DPRG 1988: 2)

- „Öffentlichkeitsarbeit ist das Management von Kommunikationsprozessen für Organisationen und Personen mit deren Bezugsgruppen." (DPRG 1990: 28)

Auch diese Art von Praxisdefinitionen erfüllt in der Regel nicht den Anspruch wissenschaftlicher Definitionen. Bei standespolitischen Definitionsversuchen[7] geht es zwar weniger darum, Berufsrealität abbilden zu wollen, das übergeordnete, hehre Ziel, positionsbezogene Funktionen oder standesethische Ansprüche von und an PR

---

7 Vgl. auch ‚Grundsätze der Deutschen Public Relationsgesellschaft' DPRG Satzung, S. 40 http://www.dprg.de

im Sinne eines, wie Szyszka es nennt, „How-to-pray"-Verständnisses (S. 16-17) formulieren zu wollen, ist aber nicht weniger problematisch, denn auch hier dominiert ein stark normativer und idealisierender Charakter. Das kommt z.B. im Definitionsversuch der DPRG (1998) zum Ausdruck, wo es unter anderem heißt: „Sie [PR] dient dem demokratischen Kräftespiel." (S. 6) Zu allgemeingültigen Definitionen im wissenschaftlichen Sinne ist es deshalb alles in allem auch auf der Ebene der Berufs(feld)perspektive bisher nicht gekommen.

Wissenschaftliche Definitionen müssen erstens dem Anspruch gerecht werden, zumindest innerhalb eines bestimmten disziplinären Rahmens und eines spezifischen historischen Kontextes allgemeingültig zu sein. Enge Normvorstellungen, Vorurteile, persönliche Meinungen oder auch exemplarische Beschreibung von handwerklichen Tätigkeiten als Bestandteil von Definitionen erfüllen solche Ansprüche nicht. Wissenschaftliche Definitionen müssen außerdem frei sein von undefinierten, missverständlichen, breit interpretierbaren oder im wissenschaftlichen Sinne nicht allgemein gültigen Begriffen. Eine Definition, die einen Begriff oder Prozess mit nicht definierten anderen Begriffen oder Prozessen zu klären versucht, ist keine wissenschaftlich brauchbare Definition. In diesem Sinne erfüllt z.B. auch der Definitionsversuch „Public Relations ist Auftragskommunikation" den Anspruch an eine wissenschaftliche Definition nicht, weil der Begriff ‚Auftragskommunikation' nicht zweifelsfrei definiert und nicht trennscharf ist: Auch Werbung z.B. ist Auftragskommunikation. Beispiele für PR-Definitionen, die wissenschaftliche Ansprüche erfüllen, sind die folgenden:

- „PR ist ein Prozess intentionaler und kontingenter Konstruktion wünschenswerter Wirklichkeiten durch Erzeugung und Befestigung von Images in der Öffentlichkeit." (Merten 1992: 44)

- „Die Funktion […] liegt in autonom entwickelten Entscheidungsstandards zur Herstellung und Bereitstellung durchsetzungsfähiger Themen, die […] mit anderen Themen in der öffentlichen Kommunikation um Annahme und Verarbeitung konkurrieren. Die besondere gesellschaftliche Wirkungsabsicht von Public Relations ist es, durch Anschlusshandeln […] öffentliche Interessen (Gemeinwohl) und das soziale Vertrauen der Öffentlichkeit zu stärken, zumindest das Auseinanderdriften von Partikularinteressen zu steuern und das Entstehen von Misstrauen zu verhindern." (Ronneberger/Rühl 1992: 252)

- „Public relations is the management[8] of communication between an organization and its publics." (Grunig/Hunt 1984: 6)[9]

---

[8] „management" nicht im Sinne einer hierarchischen Eingliederung der PR-Funktionen innerhalb einer „organisation", sondern im Sinne der Übersetzung von „management" als ‚bewusst geplante Handhabung bzw. Umsetzung'.

[9] Auch die DPRG (2000) hat sich mittlerweile an diese Definition angelehnt: „Öffentlichkeitsarbeit/PR ist das Management von Kommunikation."

In der Zusammenführung der Definitionssystematiken von Bentele und von Szyszka ergibt sich also zunächst einmal folgende Einteilung:

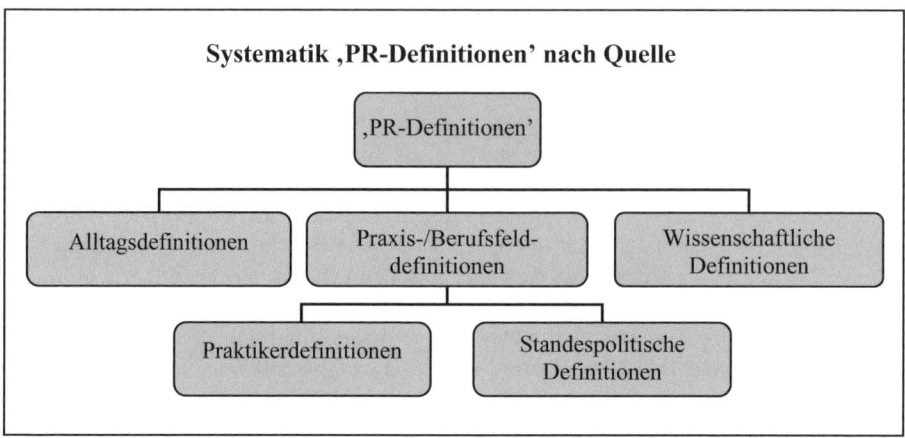

Abb. 1: Systematik ‚PR-Definitionen' nach Quelle

Diese vergleichsweise einfache Systematik wird überlagert von zwei weiteren Systematiken: Erstens von einer Abgrenzungssystematik und zweitens von einer Systemsystematik. Die Abgrenzungssystematik versucht, Definitionsansätze und -vorschläge zu ordnen, die sich weniger aus dem Bemühen ergeben, PR selbst zu definieren als vielmehr aus dem Versuch, PR über die Abgrenzung von anderen Formen öffentlicher und/oder persuasiver Kommunikation zu erklären. Die Systemsystematik schließlich berücksichtigt die spezifische systemische Theorieperspektive einer betreffenden Definition: Handlungs-, Organisations- oder Gesellschaftsperspektive. Hierzu später mehr. Widmen wir uns erst der Abgrenzungssystematik.

1.2 Abgrenzungssystematik

Trotz der Tatsache, dass vor allem im wissenschaftlich disziplinären Kontext keine Einigkeit über die Definition von PR besteht, herrscht zumindest über die Erkenntnis Konsens, dass Public Relations, wie bereits gesagt, eine Form *öffentlicher* Kommunikation ist wie *Journalismus, Werbung* und *Propaganda* auch. Weitgehend Einigkeit besteht ebenfalls darüber, dass PR eine Form persuasiver Kommunikation ist wie Werbung und Propaganda[10] auch. Im Gegensatz zum Journalismus, dem zuwei-

---

10 Szyszka (1999b) allerdings widerspricht dieser Sichtweise: „Propaganda ist von ihrem Typ her keine Form persuasiver Kommunikation. Vielmehr ist hier von indoktrinärer Kommunikation zu sprechen, was bedeutet, dass in Propagandaprozessen nur eine potenzielle Handlungsoption als unbedingte Verhaltenserwartung vorgegeben wird und alle anderen potenziellen Verhaltensoptionen damit prinzipiell diskreditiert werden. Von Impetus und Zielsetzung her schließt sie damit alle anderen Verhaltensoptionen prinzipiell aus." (S. 2) Seine Argumentation übersieht allerdings, dass auch indoktrinäre Kommunikation eine Form persuasiver Kommunikation ist. So gibt z.B. auch Werbung nur eine potenzielle Handlungsoption als Verhaltenserwartung vor.

len ebenfalls persuasive Ziele unterstellt werden, ist die Absicht, Verhalten und/oder Einstellungen beim Empfänger entsprechender Botschaften zu verändern, für Public Relations – wie für Werbung und Propaganda – wesensimmanent und intentional. Beim Journalismus gelten persuasive Ziele außerhalb explizit meinungsbetonter Darstellungsformen eher als Zeichen von Unprofessionalität oder sind in expliziter Form zumindest unerwünscht. Aus den Erkenntnissen zum Öffentlichkeits- und Persuasionscharakter von PR ergibt sich die Notwendigkeit, zwischen den Kommunikationsformen *PR*, *Journalismus*, *Werbung* und *Propaganda* unterscheiden zu wollen bzw. zu müssen und sie voneinander abzugrenzen. Die Abgrenzungen von PR zu anderen Formen öffentlicher und/oder persuasiver Kommunikation sind aber keine Definitionen im engeren Sinne. Ab- und Eingrenzungen sind bestenfalls Vorstufen auf dem Weg hin zur Entwicklung von Definitionen.

1.2.1 Journalismus und PR

Für eine Abgrenzung zwischen PR und Journalismus lassen sich eine ganze Reihe von Unterscheidungskriterien identifizieren (vgl. Bentele 1998: 40ff), denn PR ist – auch darüber herrscht Einigkeit – keine ‚andere' oder ‚spezifische' Form des Journalismus; das trifft auch und besonders auf das PR-Spezialgebiet ‚Pressearbeit' zu. Aus der Tatsache, dass für den Journalismus wie auch für ‚Pressearbeit' die gleichen handwerklichen Fähigkeiten nötig sind und angewendet werden, lässt sich keine Gleichsetzung der beiden Formen öffentlicher Kommunikation ableiten. Denn der Journalismus genießt verfassungsrechtliche Privilegien; Journalistinnen und Journalisten sowie deren massenmedial verbreiteten Arbeitsprodukte sind in unserer Demokratie durch eine ganze Reihe spezifischer Gesetze geschützt, die im Übrigen auch die konkrete Ausübung des Journalismus regeln, sanktionieren und schützen. Gleiches gilt für Public Relations nicht. Hierin besteht einer von vielen ganz wesentlichen Unterschieden zwischen PR und Journalismus. Die einzelnen Kriterien hier zu diskutieren, würde aber zu weit führen. Viel schwieriger für das Verständnis von PR, aber wichtiger, ist die Frage der Abgrenzung von PR zu *Werbung/Marketing* und zu *Propaganda*, weshalb ich hierauf jeweils genauer eingehen möchte als auf die Unterschiede zwischen PR und Journalismus.

1.2.2 Werbung/Marketing und PR

Aus Sicht der Betriebswirtschaft und des Marketing wird die These vertreten, PR sei ein Instrument des so genannten Marketing-Mix, zu dem auch Produkt-, Distributions- und Preispolitik gehören. Eine solche Einordnung der PR zu und unter das Marketing beschränkt den Funktionszusammenhang von PR auf Wirtschaftsunternehmen und dort wiederum auf Marktkommunikation. Diese Marketingsicht auf PR greift zu kurz: Sie ist erstens nicht in der Lage, das Phänomen PR für Organisationen außerhalb des kommerziellen Bereichs zu definieren und zu beschreiben. Tatsache aber ist, dass auch Non-Profit-Organisationen wie z.B. staatliche Hochschulen, humanitäre Einrichtungen oder öffentliche Ämter und Behörden PR betreiben. Die Informations- und Auskunftspflicht staatlicher Institutionen wie z.B. der Gerichte, des Bundestags oder der Polizei ist sogar gesetzlich geregelt. Die Marketingsichtweise ist zweitens nicht in der Lage, PR im Rahmen ihrer organisationspolitischen, weit über marktpolitische Ziele hinausgehenden Funktion zu verstehen, zu beschreiben und zu definieren. Die Marketingsichtweise auf PR klammert drittens die interne Kommunikation (z.B. Mitarbeiterkommunikation, Unternehmensphilosophie/-kultur) aus der Betrachtung aus.

Kommen wir zur Frage der Abgrenzung zwischen PR und dem wichtigen Marketinginstrument ‚Werbung': Das Kommunikationsphänomen ‚PR' ist nicht identisch mit dem Kommunikationsphänomen ‚Werbung'. PR hat sich nicht aus der Werbung heraus entwickelt und ist also auch keine spezielle oder raffiniertere Form der Werbung (vgl. Bentele 1998: 22). Das Bemühen, sich von Werbung abzugrenzen, ist in der Berufsgruppe der PR-Praktiker sehr ausgeprägt – ausgeprägter auf jeden Fall als umgekehrt Versuche von Werbe-Profis, strikte Grenzen zwischen Werbung und PR ziehen zu wollen. Dies ist neuerdings auch vor dem Hintergrund erklärbar, dass das Marketing nach neuen Formen der Marktkommunikation sucht, die die Wirkungsgrenzen von Werbung zu überschreiten in der Lage sind. Eine Annäherung an Mittel und Instrumente der PR – am deutlichsten im Bereich der so genannten Produkt- oder Marken-PR zu beobachten – erscheint vor diesem Hintergrund aus Sicht der Werbebranche als innovativ. Wie aber erklärt sich das aus Sicht der PR-Profis zuweilen verbissen erscheinende Bemühen der PR-Branche, nicht mit Werbung in einen Topf geworfen zu werden? Nun, hierfür gibt es höchst legitime Beweggründe. Aus Sicht der PR-Branche ergibt sich die Notwendigkeit zur Abgrenzung von Werbung und Marketingkommunikation vor allem aus der Tatsache, dass ein ganz erheblicher Teil der kommunikativen PR-Botschaften auf eine Zielgruppe zugeschnitten ist, die Anspruch darauf hat, PR als Quelle *seriöser*, *sachlicher* und *wahrhaftiger* Informationen nutzen zu können: der Journalismus. Journalistinnen und Journalisten sind eine der wichtigsten Zielgruppen von PR; für den Bereich Pressearbeit, der im Gesamtphänomen Public Relations das klassische, traditionelle Kerngeschäft repräsentiert, sind Journalistinnen und Journalisten *die* zentrale Zielgruppe. Deshalb muss es das Ziel von Public Relations sein, sich gerade im Hinblick auf diese enorm wichtige Zielgruppe als glaubwürdige, seriöse, sachliche und wahrhafte Informationsquelle zu profilieren – eine Informationsquelle also, die ausdrücklich nicht mit Werbebotschaften ‚handelt'. Aber: In dem Maße, in dem PR auch andere Zielgruppen jenseits des Journalismus anspricht und in dem Maße, in dem PR neben dem Kerngeschäft ‚Pressearbeit' zunehmend auch andere kommunikative Aufgaben und Funktionen erfüllen soll, in dem Maße verliert möglicherweise auch eine strenge Abgrenzung zur Werbung ihre Bedeutung.

Abgesehen von der gerade beschriebenen Notwendigkeit zur Grenzziehung aus Sicht der Berufspraxis gibt es auch eine wissenschaftliche Notwendigkeit, zwischen den Kommunikationsphänomenen ‚Werbung' und ‚PR' unterscheiden zu wollen oder zu müssen, und zwar vor allem dann, wenn die Phänomene selbst Gegenstand wissenschaftlicher Untersuchungen werden sollen. Die Klarheit über einen jeweiligen Untersuchungsgegenstand, also Werbung *oder* PR, ist von einer genauen Definition desselben abhängig oder doch zumindest von einer Ab- und Eingrenzung. Wer z.B. die PR-Aktivitäten eines Unternehmens wissenschaftlich untersuchen möchte, der muss eine Gegenstandseingrenzung – um nicht zu sagen eine Gegenstandsdefinition – anwenden, die PR-Aktivitäten von anderen kommunikativen Aktivitäten eines Unternehmens wie etwa Werbung abgrenzt. Das wiederum ist nicht ganz einfach, da mit Ausnahme des Kerngeschäfts ‚Pressearbeit' in vielen anderen Bereichen angewandter Public Relations ehemals auszumachende Grenzen zur Werbung durchaus verschwimmen können.

Für gewöhnlich wird eine Grenzziehung zwischen PR und Werbung über die Diskussion inhaltlicher und funktionaler Kriterien versucht. Die gängigsten inhaltlichen und funktionalen Abgrenzungskriterien sind in der folgenden Tabelle einander gegenübergestellt.

WERBUNG...	PUBLIC RELATIONS...
ist im Wesentlichen produkt- oder dienstleistungsbezogen	ist auf natürliche oder juristische Personen verschiedenster Art ausgerichtet
soll verkaufen helfen; beeinflusst das Kaufverhalten	soll Verständnis und Vertrauen aufbauen und pflegen; beeinflusst Imagevorstellungen
dient der Information und Koordination des Marktes	wendet sich an die breite Öffentlichkeit oder unterschiedlichste Kreise der Bevölkerung (Zielgruppen)
ist eine Funktion des Verkaufs und untersteht meist der Verkaufsleitung eines Unternehmens oder arbeitet eng mit ihr zusammen	gehört zu den Führungsfunktionen einer Organisation
wirkt ganz überwiegend einseitig auf den/die intendierte(n) Käufer(in)	wirkt zweiseitig in Richtung Öffentlichkeit und nach innen
soll Marktanteile gewinnen	soll Sympathieanteile gewinnen
ist in ihrer Wirkung eher kurzfristig angelegt	sind in ihrer Wirkung eher langfristig angelegt

Abb. 2: Abgrenzung Werbung und Public Relations

Die inhaltlichen und funktionalen Kriterien, die hier für PR ins Feld geführt werden, haben einen stark normativen Charakter und ein idealisierendes Verständnis von PR. Sie repräsentieren keine hinreichenden Definitionskriterien. Die Behauptung z.B., dass PR im Gegensatz zu Werbung zu den Führungsfunktionen einer Organisation gehört, ist eine idealisierende Normsetzung, die stark determiniert wird durch die tatsächlichen Verhältnisse in der Realität. Wie wenig die hier genannten Kriterien in ihrer Gesamtheit bei modernen Formen der Werbe- und PR-Kommunikation greifen und wie wenig sie geeignet sind, eine klare Grenzziehung zwischen PR und Werbung vornehmen zu können, sollen die beiden folgenden Anzeigenbeispiele verdeutlichen.

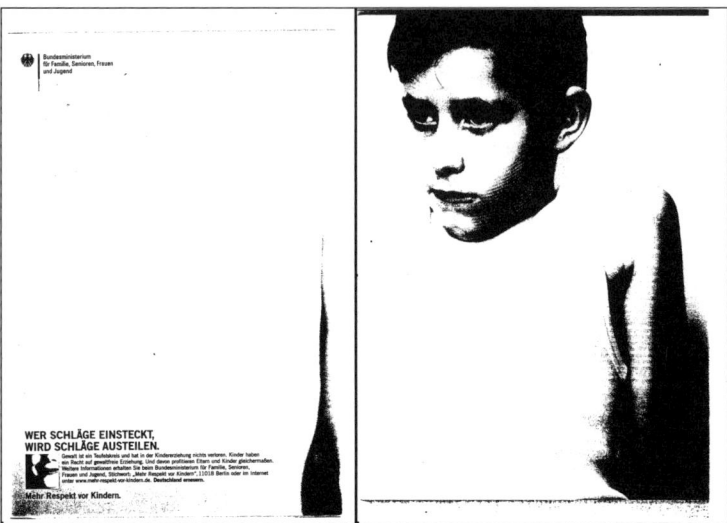

Abb. 3: Anti-Gewalt-Anzeige des Bundesministeriums für Familie, Senioren, Frauen und Gesundheit

Kann man hier unter Zuhilfenahme allein der inhaltlichen und funktionalen Kriterien aus der Tabelle oben etwa eindeutig die Frage klären, ob es sich bei dieser Anzeige um Werbung oder um PR handelt? Entscheiden wir uns für Werbung – schließlich haben wir es hier ja mit der klassischen Form einer Zeitschriften*anzeige* zu tun – dann stellt sich allerdings die Frage, welches Produkt, welche Dienstleistung hier eigentlich *beworben* wird und welcher ‚Markt' hier jeweils ‚informiert' und ‚koordiniert' werden soll? Beide Fragen sind ohne Zusatzinformationen, die nicht der Anzeige selbst entnommen werden können, nicht eindeutig zu beantworten. Also handelt es sich bei dieser ‚Anzeige' eher um PR? Dann stellt sich aber die Frage, worin bei diesen beiden Beispielen das der PR bescheinigte Kriterium der ‚Zweiseitigkeit' der Kommunikationsform zum Ausdruck kommt.

Eine bessere Möglichkeit als inhaltliche und funktionale Kriterien zur Grenzziehung zwischen Werbung und PR bieten formale Kriterien, wie sie Cutlip und Center in ihrer 1985er Auflage von ‚Effective Public Relations' für ihre Definition von Werbung heranziehen: „Advertising is paid, nonpersonal communication through various media by business firms, nonprofit organizations, and individuals who are in some way identified in the advertising message and who hope to inform or persuade members of a particular audience." So problematisch Kriterien wie ‚nonpersonal' oder ‚identified' hier im Bezug auf Werbung auch sein mögen, entscheidend für unsere Frage, wie PR von Werbung abgegrenzt werden kann, ist ein einziges Kriterium dieser Definition von Werbung: ‚paid'! Und so kann man es auf einen vergleichsweise einfachen Nenner bringen: *Bezahlte* Kommunikation ist *Werbung*. Wer zur Verbreitung seiner kommunikativen Botschaften Raum (z.B. in Printmedien) oder Zeit (z.B. in elektronischen Medien) *kauft*, behält die absolute Kontrolle über seine Botschaft insofern, als er alle Aspekte des Timings, der Platzierung und der Gestaltung der Botschaft selbst bestimmen kann. Diese Möglichkeit bietet allein die

Kommunikationsform ‚Werbung'. Wer seine Botschaft hingegen ausdrücklich nicht mit Hilfe von Werbung verbreitet, sondern sie z.B. mittels klassischer Pressearbeit an den Journalismus weitergibt in der Hoffnung, dass sie in den redaktionellen Teilen unserer Massenmedien Verbreitung findet, der gibt die Kontrolle über seine Botschaft auf. Platzierung, Timing und Gestaltung der Botschaft liegen dann allein in den Händen von Journalisten. Hierbei ist natürlich vom ethisch korrekten Normalfall auszugehen, und das heißt nicht zu unterstellen, dass Journalisten bestechlich sind und ihre Kontrolle über Botschaften gegen Bares an ihre Informationszulieferer abgeben.

Fazit: Inhaltlich und funktional argumentierende Versuche einer Grenzziehung zwischen Werbung und PR werden in modernen Kommunikations- und Informationsgesellschaften wie der unseren vor dem Hintergrund einer rasant voranschreitenden Entwicklung neuer Kommunikationsformen zunehmend unmöglich. Wissenschaftlichen Anforderungen halten sie nicht Stand. Eine andere Möglichkeit bietet der formal argumentierende Abgrenzungsversuch, der unterscheidet zwischen Prozessen der Botschaftsverbreitung gegen Bezahlung (Sicherung der Absenderkontrolle) und der unbezahlten Botschaftsverbreitung (Aufgabe der Absenderkontrolle). So betrachtet kann Werbung genau wie Pressearbeit als eines von vielen unterschiedlichen Kommunikations*mitteln* erscheinen, denen sich Public Relations in Abhängigkeit eines spezifischen Kommunikationsziels bedienen können. Werbung verliert aber eben nicht allein schon deshalb ihre formalen Charakteristika, weil sie als Anzeige z.B. im Rahmen einer umfassenden *PR*-Strategie geplant und realisiert wird. Auch als PR-Kommunikationsmittel bleibt Werbung was sie ist: Werbung.

1.2.3 Propaganda und PR

Die Abgrenzung zwischen PR und Propaganda ist ungleich schwieriger, und so schreibt Michael Kunczik (1993): „Insgesamt gesehen sind alle Versuche, Werbung, Public Relations und Propaganda unterscheiden zu wollen, lediglich semantische Spielerei." (S. 15) Zu einem solchen Schluss kann man vor allem auch deshalb kommen, weil Propaganda – wie auch Werbung – als Kommunikationsmittel erscheinen kann, das sich Public Relations zuweilen bedient (vgl. z.B. Wilcox/Phillip/Agee 1997 oder Newsom/Scott/Turk 1992). Wie schon im Falle der Werbung so erscheint es dann auch hier als sehr einfach, aus der zuweilen lediglich situativ bedingten Anwendung propagandistischer Kommunikationsmittel und -strategien innerhalb einer PR-Konzeption das Gesamtphänomen ‚PR' mit Propaganda gleichzusetzen. Solche ‚instrumentellen' Abgrenzungsversuche führen allerdings in eine Sackgasse, weil in Abhängigkeit bestimmter Instrumente, Mittel und Werkzeuge jedes Mal eine andere Definition und Zuordnung ein und desselben Phänomens vorgenommen werden müsste.

An bestehenden Abgrenzungsversuchen zwischen PR und Propaganda fällt auf, dass auch hier wieder der normative und idealisierende Charakter der Argumentation im Vordergrund steht. Das trifft z.B. auf die Behauptung zu, es gäbe zwischen PR und Propaganda einen deutlichen Unterschied im Anspruch an Wahrheitsgehalt und Wahrhaftigkeit der verbreiteten Inhalte und Botschaften. Zur Gruppe der stark normativen und idealisierenden Abgrenzungsversuche zählen auch Argumente, die PR als *informationsbetont* und Propaganda als *meinungs-* und/oder *ideologiebetont* charakterisieren sowie Argumente, die der PR bescheinigen, sie wollte *überzeugen*, während das Ziel von Propaganda die *Manipulation* sei, oder auch Argumente, die PR als *rationale* und Propaganda als *emotionale* Kommunikationsform bezeichnen. Idealisierend sind solche Versuche deshalb, weil sie kompromisslos von einem idealisierten PR-Verständnis ausgehen, wie es z.B. in den ethischen Grundsätzen nationaler und internationaler Berufsverbände oder in berufsständischen PR-Definitionen zum Ausdruck kommt. Das Problem hierbei ist erstens, dass angewandte PR nicht immer und überall diesen Idealvorstellungen entspricht und zweitens, dass, wie bereits gesagt, sich PR in einzelnen Teilbereichen durchaus und legitimerweise propagandistischer Kommunikationsmittel zur Durchsetzung gesetzter Kommunikationsziele bedient. Vor diesem Hintergrund erweist sich die Lösung des Definitionsproblems ‚PR oder Propaganda' umso schwieriger, als wir hier nicht wie im Falle der Werbung auf ein formales Kriterium (bezahlte Kommunikation → Kontrolle der Kommunikation) zurückgreifen können, das uns dann zumindest in bestimmten Definitionszusammenhängen weiterhelfen könnte. Aus wissenschaftlicher Sicht bleibt damit das Problem einer abgrenzenden Definition von Public Relations und Propaganda bis heute ungelöst. Wenn überhaupt, dann ist eine Abgrenzung zwischen beiden Kommunikationsformen nur auf der Ebene normativer Definitionen möglich, die von einem idealtypischen PR-Modell ausgehen. Ein wirkliches Problem ergibt sich aus dieser unbefriedigenden Situation nach meiner Einschätzung allerdings nur aus der speziell deutschen Sicht: Da der Begriff ‚Propaganda' historisch bedingt im deutschen und zum Teil auch im europäischen Sprachraum extrem negativ belastet ist[11], entsteht auf Seiten der PR ein umso größeres Bedürfnis, sich von einem solchen negativen Propagandaverständnis abzugrenzen. In den USA z.B. wird die Notwendigkeit einer klaren und deutlichen Abgrenzung der PR von Propaganda weitaus weniger dringlich empfunden.

Für die funktionalen Verhältnisse zwischen Propaganda, PR und Werbung hat Szyszka (1999b) ein einfaches Modell entworfen, das auch das Überschneidungspotenzial zwischen allen drei Formen öffentlicher und persuasiver Kommunikation berücksichtigt und das zusammenfassend die unterschiedlichen Kommunikationsfunktionen wie auch die unterschiedlichen instrumentellen Formen begrifflich zu fassen sucht – selbstverständlich auf der Ausgangsbasis idealtypischer Vorstellungen. Unter den genannten Bedingungen und Problemen bietet dieses Modell zumindest ansatzweise eine Möglichkeit, Unterscheidungen und Überschneidungen zwischen den drei Kommunikationsformen modellhaft und vereinfacht darzustellen. Für diesen Beitrag habe ich das Originalmodell von Szyszka leicht überarbeitet und konkretisiert. (s. Abb. 4)

---

11 Kriegspropaganda im Deutschen Kaiserreich während des ersten Weltkriegs und politische Propaganda während der Zeit des Nationalsozialismus.

1.3 Systemsystematik: Handlungsebene, Organisationsebene, Gesellschaftsebene

Die dritte Möglichkeit der Systematisierung unterschiedlicher Definitionsansätze ergibt sich auf Basis unterschiedlicher systemischer Betrachtungsebenen für das Phänomen PR. PR kann erstens aus Sicht der *Handlung*sebene bzw. *Tätigkeit*sperspektive definiert werden. Zu dieser Perspektive sind Definitionen zu rechnen, die PR innerhalb des ‚Mikrokosmos' des PR-Handelnden bzw. der PR-Handlungen zu beschreiben versuchen. Definitionen aus dieser Mikro-Perspektive beschäftigen sich mit PR als einem „Fundus einschlägiger Sozialtechniken" und deren konkreter Umsetzung in Handlungen (Szyszka 1999a: 20). Nicht zu verwechseln hiermit sind die in der Quellensystematik beschriebenen Praktikerdefinitionen. Diese können jeweils auf unterschiedlichen Ebenen und aus unterschiedlichen Perspektiven erfolgen, so z.B. auch aus Sicht der Organisation oder des Gesamtsystems ‚Gesellschaft'.

PR-Definitionen aus der organisationsbezogenen Perspektive beschreiben PR in Abhängigkeit der Frage, welche Funktionen und Aufgaben PR für *Organisationen* der unterschiedlichsten Art – von Wirtschaftsunternehmen über Institutionen der öffentlichen Verwaltung bis hin zu Non-Profit-Organisationen – übernimmt. Wie auch auf der Handlungsebene, so können auch auf dieser Ebene wiederum alle drei aus der Quellsystematik bekannten Formen von PR-Definitionen angesiedelt sein: Definitionen aus Alltags-, Praxis- oder aus der wissenschaftlichen Perspektive.

Und PR kann drittens aus Sicht der gesellschaftsbezogenen Perspektive beschrieben und definiert werden – die umfassendste Perspektive überhaupt. Auf dieser Ebene stehen Fragen der allgemeinen und speziellen Funktion von PR für das System ‚Gesellschaft' im Vordergrund, weil davon ausgegangen wird, dass PR nicht nur für einzelne Organisationen wichtige Funktionen übernimmt, sondern für die Gesellschaft insgesamt. Dementsprechend ordnet man PR aus gesellschaftsbezogener Perspektive dem *publizistischen* Teilsystem zu, zu dem auch der

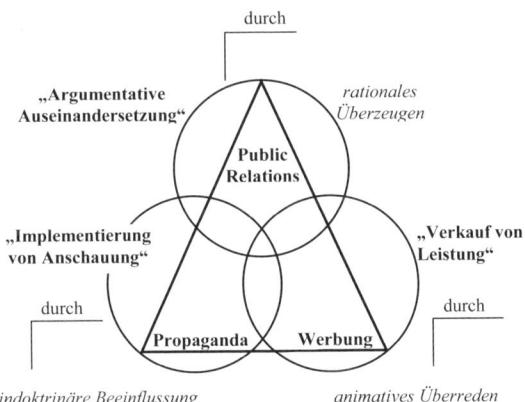

Abb. 4: Modell zum idealtypischen funktional-instrumentellen Verhältnis zwischen Public Relations, Propaganda und Werbung

Journalismus gehört. Das Verständnis von PR ist nach gesellschaftsbezogener Perspektive das umfassendste. Und natürlich können alle drei aus der Quellensystematik bekannten Formen von PR-Definitionen auch auf dieser umfassenden Ebene angesiedelt sein. Quellen-, Abgrenzungs- und Systemsystematik überlagern sich auf komplexe Weise. Abbildung 5 verdeutlicht, wie sich diese drei Systematiken durchdringen.

Systemebene	Handlungs-perspektive	Organisations-perspektive	Gesellschafts-perspektive
	↘	↘	↘
Quellenebene	**Alltagsperspektive**	**Alltagsperspektive**	**Alltagsperspektive**
	↘	↘	↘
Abgrenzungsebene	PR, Journalismus, Werbung, Propaganda…	PR, Journalismus, Werbung, Propaganda…	PR, Journalismus, Werbung, Propaganda…
	↘	↘	↘
Quellenebene	**Praxisperspektive**	**Praxisperspektive**	**Praxisperspektive**
	↘	↘	↘
Abgrenzungsebene	PR, Journalismus, Werbung, Propaganda…	PR, Journalismus, Werbung, Propaganda…	PR, Journalismus, Werbung, Propaganda…
	↘	↘	↘
Quellenebene	**wissenschaftliche Perspektive**	**wissenschaftliche Perspektive**	**wissenschaftliche Perspektive**
	↘	↘	↘
Abgrenzungsebene	PR, Journalismus, Werbung, Propaganda…	PR, Journalismus, Werbung, Propaganda…	PR, Journalismus, Werbung, Propaganda…

Abb. 5: Übersicht zu Quellensystematik, Abgrenzungssystematik und Systemsystematik

Abgrenzungsversuche als die unterste Ebene von Definitionsbemühungen können als laienhafte *Alltagsdefinitionen* vorkommen, von der *Praxis* nach idealtypischen und normbehafteten Vorstellungen vorgenommen werden oder von der *Wissenschaft* – und dort wiederum von unterschiedlichen Disziplinen – in Definitionsversuche integriert werden. Dabei wäre wiederum jeweils zu prüfen, welche der drei Systemebenen – *Handlungs-*, *Organisations-* oder *Gesellschaftsebene* – jeweils die Betrachtungsperspektive als Gültigkeitsbereich bildet: Soll versucht werden, PR-Funktionen im konkreten kleinteiligen *Handlungskontext*, im Kontext der *Gesamtorganisation* oder gar im Kontext einer *gesamtgesellschaftlichen* Bedeutung zu definieren. Die unterschiedlichen wissenschaftlichen Disziplinen werden auch hier wieder gemäß ihrer dominierenden Gegenstandsbereiche spezifische Systemebenen typischerweise wählen, so die Sozialwissenschaft vorzugsweise die gesellschaftliche Ebene oder die Wirtschaftswissenschaft vorzugsweise die Organisationsebene. Wenn es in Zukunft gelänge, bei einschlägigen PR-Definitionen die einzelnen Bezugsebenen und Perspektiven klarer offenzulegen und herauszuarbeiten, wäre ein wesentlicher Teil des ‚Definitionschaos' bereits entschärft.

Literatur

Avenarius, Horst (1998): Die ethischen Normen der Public Relations: Codices, Richtlinien, freiwillige Selbstkontrolle. Neuwied/Kriftel: Luchterhand.
Bentele, Günter (1998): Was ist eigentlich PR? Verständnisse von PR in Beruf und Wissenschaft. In: Bentele, Günter (Hrsg.): Berufsfeld Public Relations. PR-Fernstudium. Studienband 1. Berlin: PR Kolleg Berlin Kommunikation & Marketing.
Bernays, Edward L. (1923): Crystallizing Public Opinion. New York: Boni & Liveright.
Cutlip, Scott M./Center, Allen H. (1985): Effective Public Relations. Englewood Cliffs, NJ: Prentice Hall.
DPRG (Hrsg.) (1988): DPRG in Stichworten [Informationsbroschüre]. Bonn: DPRG.
DPRG (1990): Public Relations – Das Berufsfeld Öffentlichkeitsarbeit. In: prmagazin, Nr. 3, S. 27-29.

DPRG (Hrsg.) (2000): Einstieg in die Public Relations (Redaktion Lutz Schildmann). Bonn: DPRG.
Grunig, James E./Hunt, Todd (1984): Managing Public Relations. New Jersey: Holt, Rinehart and Winston.
Hundhausen, Carl (1951): Werbung um öffentliches Vertrauen. Essen: Girardet.
Kunczik, Michael (1993): Public Relations. Konzepte und Theorien. Köln, Wien: Böhlau.
Liebert, Tobias (2003): Frühe Verwendungen der Begriffe „Public Relations" und „Öffentlichkeitsarbeit" in Deutschland. In: Liebert, Tobias: Der Take-off von Öffentlichkeitsarbeit. Beiträge zur theoriegestützten Real- und Reflexionsgeschichte öffentlicher Kommunikation und ihrer Differenzierung. Lehrstuhl für Öffentlichkeitsarbeit. Leipziger Skripten für Public Relations und Kommunikationsmanagement, Nr. 5. Leipzig, S. 129-133.
Merten, Klaus (1992): Begriff und Funktion von Public Relations. In: prmagazin, Nr. 11, S. 35-38 & 43-46.
Newsom, Doug/Scott, Alan/Turk, Judy VanSlyke (1992): This is PR. The realities of public relations. Belmont, CA: Wadsworth.
Ronneberger, Franz/Rühl, Manfred (1992): Theorie der Public Relations. Ein Entwurf. Opladen: Westdeutscher Verlag.
Szyszka, Peter (1999a): Grundzüge der Öffentlichkeitsarbeit. Unveröffentlichtes Skript. Offenburg.
Szyszka, Peter (1999b): Public Relations, Propaganda & Werbung. Thesen zur funktionalen Verortung dreier Kommunikationsfelder. Vortrag auf der DGPuK-Fachgruppentagung „Public Relations/Organisationskommunikation". Unveröffentlichtes Manuskript: Naumburg.
Wilcox, Dennis L./Ault, Phillip, H./Agee, Warren K. (1997): Public relations strategies and tactics. (5. Auflage). New York: Harper Collins.
Zedtwitz-Arnim, Georg Volkmar Graf von (1961): Tu Gutes und rede darüber. Public Relations für die Wirtschaft. Frankfurt a. M: Ullstein.

Praktikertheorien

Michael Kunczik/Peter Szyszka

1. PR-Praktiker als Theoretiker?

Ein großer Teil der PR-Literatur besteht aus Praxis- oder Praktikerliteratur. Dass dieses Material Quelle wissenschaftlicher Analyse sein kann, muss nicht besonders betont werden. Wie aber verhält es sich mit einem theoretischen Potenzial? Kurt Lewin, einer der Begründer der Aktionsforschung, der sich für die Lösung praktischer Organisationsprobleme interessierte, wird der Satz zugeschrieben, dass nichts praktischer sei, als eine gute Theorie (Marrow 1969: VIII). Seinem Verständnis nach hatte Theorie zwei Funktionen: *vorhandenes Wissen zu systematisieren* und *Wege zu neuem Wissen aufzuzeigen* (vgl. Marrow 1969: 30). Lazarsfeld nahm den Begriff „Theorie" zurück und schlug vor, von „analytischer Reflexion" zu sprechen und *Hypothesen* als Annahmen über die Beziehungen zwischen Ereignis und Ursache anzusehen (1973: 63). Entsprechend sollen hier Konzepte und systematisierende Erklärungen von PR-Arbeit als *Praktikertheorien* verstanden werden, welche Berufsangehörige in reflektierender Auseinandersetzung mit ihrer praktischen Arbeit formuliert haben. Auch wenn sie nicht die Qualität wissenschaftlicher Theorien erreichen[1], kann gezeigt werden, dass es sich hier um mehr handelt als nur um „eine Ansammlung ideologieverdächtiger Schlagworte ohne theoretischen Hintergrund", wie einmal von Burkart und Probst behauptet (1991: 58).

Mit Ronneberger oder Saxer kann kommunikative Interessenvertretung als eine gesellschaftliche Innovation eingestuft werden, deren Entwicklung mit der Ablösung des Absolutismus und dem Entstehen einer Organisationengesellschaft in der ersten Hälfte des 19. Jahrhundert ansetzte (vgl. Ronneberger 1989: 427; Saxer 1992: 57f; zum Begriff: Büschges 1983: 22ff). Einschlägige Berufsfelder haben sich im europäischen Raum erst seit Mitte des 20. Jahrhunderts entwickelt, wie es die Gründung von Berufsverbänden dokumentiert. Entsprechend müssen bei der Frage nach Praktikertheorien zwei Phasen unterschieden werden: Die einer PR-Frühgeschichte, in der sich dokumentierte Lösungen PR-adäquater Kommunikationsaufgaben finden lassen, und die einer deutschsprachigen PR-Berufsgeschichte, in der Praktiker in Publikationen über PR-Arbeit reflektiert haben (vgl. Kunczik 1997; Szyszka 1997).

Aus dem Angebot möglicher Beispiele zur PR-Frühgeschichte wurden für die Darstellung markante Beispiele ausgewählt, die zeigen, das sich in funktionaler Annäherung schon erstaunlich früh Adäquanz zu den Ideen moderner PR-Arbeit

---

1   In Anlehnung an McQuail hat Rühl zwei Typen von Praktikertheorien von sozialwissenschaftlichen Theorien unterschieden: *Laientheorien* als Theorien des gesunden Menschenverstandes zur Erklärung von Alltagsbeobachtungen und *Theorien praktischer PR-Arbeit* als Systematisierungsversuche der Alltagserfahrungen von Praktikern (vgl. 1992: 36f).

nachweisen lässt. Mit dem Aufkommen eines eigenen PR-Diskurses in den fünfziger Jahren kann dann auf zentrale Diskursbeispiele zurückgegriffen werden.

2. Deutsche PR-Frühgeschichte (1800-1945)

In der PR-Frühgeschichte finden sich Auseinandersetzungen mit PR-adäquaten Kommunikationsproblemen und -aktivitäten eher implizit. Die Eingangsvorträge des deutschen Soziologentages 1930 machen aber deutlich, dass zu diesem Zeitpunkt zumindest ihr auf die Presse gerichteter Teil schon sehr ausgeprägt gewesen sein muss (vgl. Verhandlungen 1931). Parallel zur amerikanischen Entwicklung lassen sich dann auch in der ersten Hälfte des 20. Jahrhunderts Beispiele expliziter Auseinandersetzung finden, die allerdings noch nicht die Qualität amerikanischer Quellen erreichen. Entsprechend hatten in der zweiten Hälfte des 20. Jahrhunderts auch amerikanische Quellen Einfluss auf die deutschsprachige PR-Literatur.

2.1 Ansätze im 19. Jahrhundert

Die bereits 1807 von Karl August Fürst von Hardenberg (1750-1822) und Karl Freiherr von Stein zum Altenstein (1770-1840) vorgelegte *Rigaer Denkschrift* kann als frühes Konzept staatlicher PR-Arbeit in Deutschland eingestuft werden.[2] Großzügiges Auftreten des Staates sei wichtig, hieß es dort, weil dies Kredit gebe und Vertrauen erzeuge. „Lobbying" – hier Bestechung – wurde angeraten: „Die Opinion zu gewinnen, ist höchst wichtig, und doch vernachlässigt man dieses im In- und Ausland viel zu sehr. Ebenso wenig sollte man versäumen, durch gute Schriftsteller auf sie zu wirken" (Ranke 1881: 373). Zum Vertrauen – zentrales Element vieler moderner PR-Definitionen – bemerkte Hardenberg schon 1810: „Durch zweckmäßige Publikationen sind die notwendigen Einrichtungen bekannt zu machen [...], so dass Vertrauen zur Verwaltung erregt und bestärkt werde" (Ranke 1881: 216). So ist unter Hardenberg bereits 1816 ein „Literarisches Büro" als Vorläufer späterer Pressestellen nachweisbar (vgl. Hofmeister-Hunger 1994: 372).

Mit Friedrich List (1789-1846), Nationalökonom und bedeutender politischer Publizist des Vormärzes, erreichte die Aufforderung zur Öffentlichkeitsarbeit auch den wirtschaftlichen Bereich: Die von ihm gegründeten Verbände, Vorläufer späteren Spitzenverbände von Industrie und Handel, verfolgten das Ziel, Wirtschaftsinteressen im öffentlichen Leben Gehör zu verschaffen und Sachverstand in die öffentliche Diskussion einzubringen (Lenz 1956). Der Industrielle Gustav von Mevissen (1815-1899) etwa plädierte Mitte des 19. Jahrhunderts dafür, der öffentlichen Kritik an Aktiengesellschaften durch größtmögliche Offenheit bei der Darlegung eigener

---

2   Hardenberg erkannte bereits in seiner Ansbach-Bayreuther Zeit (1791-1800), wie wichtig es war, die öffentliche Meinung in den außerhalb des Preußischen Kernlandes liegenden Gebieten zu steuern und zugunsten Preußens sowie für die Durchführung von Reformmaßnahmen zu beeinflussen.

Leistungen und Interessen zu begegnen. Publizität sollte Vertrauen schaffen, wofür er Jahresberichte – heute Geschäftsberichte – vorschlug (vgl. Hansen 1906).

Insgesamt scheint die Idee, das Bild eines Unternehmens in Medien und Öffentlichkeit grundsätzlich nicht dem Zufall zu überlassen, schon früh verankert. So forderte der Stahlindustrielle Alfred Krupp (1812-1887) 1866 eine gezielte Pressearbeit in Sachen Wirtschaftsberichterstattung: „Wir können das Material dazu liefern und sofern wir nicht die geeigneten Autoritaeten dazu bereit finden, möchten wir uns selbst mit den entsprechenden respectablen Zeitungs-Redactionen in Verbindung setzen" (Krupp 1928: 225f). Die Informationspolitik des 1893 eingerichteten Krupp-Nachrichtenbüros (vgl. Guratzsch 1974: 197) war nach heutigen Maßstäben allerdings eher zweifelhaft, weil eher auf Manipulation statt Information ausgerichtet (vgl. Benz 1976: 202).[3] Interessenvertretung vollzog sich möglichst verdeckt. Das Haus Krupp etwa achtete darauf, dass der Öffentlichkeit eigene Interessenvertretung verborgen blieb, beispielsweise, dass „die Herren Krupp" darauf bedacht waren, „nicht persönlich in den Industrieverband-Vorständen vertreten zu sein und möglichst sogar die Mitgliedschaft geheim zu halten" (Kirchner 1984: 14).

Ging es nicht um die wirtschaftlichen Interessen der Unternehmer selbst, sondern um die öffentliche Akzeptanz von Unternehmensleistungen, so liefert die Elektroindustrie (AEG, Siemens) ein Beispiel für Ansätze moderner Imagepolitik. Für das ‚neue' Produkt „elektrischer Strom" mussten Bedürfnisse geweckt und Akzeptanz gewonnen werden. Siemens suchte mittels Lobbying den Einfluss auf Entscheidungsträger: Er veranstaltete Festlichkeiten und führte elektrische Beleuchtungsanlagen vor. Daneben wurden Journalisten gezielt mit Informationsmaterialien und Hintergrundinformationen versorgt.[4] AEG richtete zudem 1886 in Berlin eine Musterwohnung ein; ganz im Sinne späterer Corporate Identity erhielten hierzu Künstler und Architekten Aufträge oder wurden Mitglieder im künstlerischen Beirat der AEG. Der Siemens-Unternehmensstandort *Siemensstadt* in Berlin,[5] wurde Stadtteil mit eigenem S-Bahn-Anschluss, was dem Unternehmen zwei klassische PR-Ziele sicherte: Bekanntheit und Identifikation (vgl. Zipfel 1997).

2.2 Ansätze im frühen 20. Jahrhundert

Im frühen 20. Jahrhundert schrieb sich diese Linie zunächst fort, wie das Beispiel des Nationalökonomen Gustav Stresemann (1878-1929) zeigt, 1902 Syndikus des *Verbandes Sächsischer Industrieller* und später Außenminister des Deutschen Reichs. Nach seinem Verständnis hatte verbandliche Interessenvertretung „die Hand an die Klinke der Gesetzgebung zu legen und zu versuchen, an denjenigen Stellen

---

3 Die Behauptung von Hundhausen, „der alte Krupp hat das unvergängliche Wort geprägt: *Der Zweck der Arbeit soll das Gemeinwohl sein*. Eine solche Losung für Werk und Arbeit ist praktische Public Relations Policy" (1937: 1054) steht hierzu in einem gewissen, noch nicht aufgearbeiteten Widerspruch.

4 1899 stellte Siemens einen eigenen Pressereferenten ein; 1902 wurde hier eine *Zentralstelle für das Pressewesen* gegründet.

5 Der Name existiert seit 1914.

zur Geltung zu kommen, wo die letzte Entscheidung über neue Rechtsvorschriften [...] fällt" (Faller 1995: 128). Eine volkswirtschaftlich so bedeutende Gruppe wie die deutsche Industrie müsse sich bemühen, Einfluss zu gewinnen. Stresemann wusste um die Bedeutung der Öffentlichkeit für die Durchsetzung der Interessen der Industrie und argumentierte 1913: „Ich meine, wir müssen die Dinge nehmen, wie sie sind, und uns sagen: Wir leben im Zeitalter der Massenwirkung, deshalb muss auch die Industrie Massen um sich sammeln und versuchen, durch diese Massen auf die öffentliche Meinung und auf die Gesetzgebung und auf die nach diesen Ziffern mitschauenden politischen Parteien zu wirken" (Ullmann 1976, 139f).

Ludwig Roselius (1874-1943), Gründer der Kaffee Handels-Aktien-Gesellschaft, der Kaffee HAG zu einem der ersten internationalen Markenartikel machte, vertrat bereits eine moderne PR-Auffassung. Seit seiner Jugendzeit mit dem späteren Soziologen Johann Plenge (1874-1963) befreundet, was ihn mit dessen Organisations- und Propagandalehre in Verbindung kommen ließ,[6] waren für Roselius Geist und Wille als *energetischer Imperativ* wesentliche Organisationsprinzipien einer Unternehmung: „Handle so, dass mit dem geringsten Aufwand die höchste Leistung erreicht wird" (Vetter 1995: 28f). Er vertrat die These, dass „eine gute Organisation [...] nur geschaffen werden [kann] durch die Gruppierung dieser Organisation um einen einheitlichen Gedanken. Diesem einheitlichen Gedanken muss nach außen hin Ausdruck verliehen werden, denn die Propaganda[7] braucht ein Symbol, eine Fahne, einen Kristallisationspunkt, um den sich alles gruppiert [...] für die kaufmännischen Geschäfte ist es *die Marke*" (Vetter 1995: 91, Anm. 567).

Eine erste Analyse des entstehenden PR-Berufes nahm Hans Brettner, Leiter der Pressestelle der I.G.-Farben, vor. In *„Die Organisation der industriellen Interessen in Deutschland unter besonderer Berücksichtigung des „Reichsverband der deutschen Industrie"* beschrieb er 1935 den *Interessenvertreter als Beruf*. Diesen sah er als Ergebnis einer in den vorangegangenen zwanzig Jahren erfolgten Arbeitsteilung an. Brettner ging von der Annahme aus, dass industrielle Interessenvertretung, „die journalistischen Usancen, die sich mit der Zeit zu einem wichtigen und 'peinlichen Ehrenkodex' des Redakteursstandes herausgebildet haben, kennen [muss], um in der Wahl der Mittel sich keinen Rückschlägen auszusetzen" (1935: 25ff, hier 32). Anders formuliert: PR-Arbeit muss wissen, anhand welcher Kriterien Nachrichten selektiert werden und sich dieses Wissen zunutze machen, um Medien zu instrumentalisieren.[8] Dazu gehörte eine geschickte Presseregie bei öffentlichen Tagungen: Fachjournalisten wurden als Wirtschaftsvertreter angesehen, deren „Mitarbeit die Industrie nicht entbehren kann". Durch enge persönliche Bindungen sollten ein Vertrauensverhältnis zu Journalisten hergestellt und kontinuierlich gepflegt werden „Ist die Presse erst misstrauisch gegen das Pressgebaren einer Fachvertretung ge-

---

6 So erschien dann auch Plenges *Deutsche Propaganda* 1922 im einem Roselius gehörenden Verlag.
7 Roselius benutzte Propaganda als Oberbegriff für PR-Aktivitäten, in denen er Instrumente der Meinungsbeeinflussung in einem allgemeinen Sinne sah.
8 Ähnlich argumentierte Bernays in *Crystallizing Public Opinion*: Der PR-Berater wisse, was Nachrichtenwerte sind und sei damit in der Lage, Ereignisse mit Nachrichtenwert zu inszenieren (1923: 197).

worden, so ist das verlorene Vertrauen zum Nachteil der öffentlichen Wirkung der betreffenden I.V. [Interessenvertretung; MK/PS] nur schwer wieder herzustellen" (Brettner 1935: 33).

2.3 Amerikanische Einflüsse

Bereits bei Brettner wird deutlich, dass – wahrscheinlich mangels entsprechender deutscher Quellen – spätestens ab 1930 die Arbeiten populärer US-Praktiker zur Kenntnis genommen worden sein müssen; den Diskurs nach 1945 haben sie deutlich mitgeprägt. Gemeint sind Ivy L. Lee (1877-1934) und Edward L. Bernays (1891-1995). Lee, 1904 Mitbegründer des ersten bekannten PR-Beratungsbüros (*Parker & Lee*), nannte sich bereits 1916 *Adviser in Public Relations* und *Publicity and Advertising Counsel*; Ende der zwanziger Jahre beriet er auch in Deutschland die I.G.-Farben (vgl. Cutlip 1994: 40; Raucher 1968: 121). 1906 veröffentlichte er das Grundsatzpapier *Declaration of Principles*, das spätere Vorstellungen von PR-Beratung beeinflusste. Lee erklärte darin, kein geheimes Pressebüro zu betreiben, sondern in aller Offenheit zu agieren, um die Presse mit korrekten Informationen zu versorgen. In einer vom unternehmerischen Denken „the public be damned" bestimmten Zeit wollte Lee nicht nur Sprachrohr, sondern auch Berater seiner Kunden in den geschäftspolitischen Fragen sein, die Einflüsse auf das Klima in der Öffentlichkeit erwarten ließen (vgl. Cutlip 1994: 45). Lee betonte öffentliches Interesse an angemessener Information; dass ihm der Titel „Minnesinger to Millionaires"[9] anhing, scheint auf eine Kluft zwischen Anspruch und Wirklichkeit zu verweisen.

International einflussreichste Arbeit der frühen US-Berufsgeschichte war das 1923 von Bernays veröffentlichte Buch *Crystallizing Public Opinion* (Kunczik/Zipfel 2002). Bernays charakterisierte hier die Rolle des PR-Beraters als die eines Vermittlers „in interpreting the public to his client and in helping to interpret his client to the public" (1923: 57). Öffentliche Meinung stellte für Bernays das zentrale, von PR-Beratern zu regelnde Problem dar. PR-Berater waren nach seiner Vorstellung „social technician" mit der Aufgabe eines „engineering of consent": Traten Widersprüche zwischen Unternehmens- und anderen Zielen und Interessen auf oder wurde unternehmerisches Verhalten missverstanden, sollten sie durch „information, persuasion, and adjustment" Übereinstimmung und Unterstützung für die Belange des Unternehmens herbeiführen (Bernays 1923: 44; 1955: 3) – an diese Position knüpfte später der deutschsprachige Praxisdiskurs an.

In seinem Buch *Propaganda* vertrat Bernays in Anlehnung an den Psychoanalytiker Freud, dessen Neffe er war, die These, dass viele Gedanken und Bedürfnisse des Menschen kompensatorische Substitute für jene Bedürfnisse darstellten, die der Mensch zu unterdrücken gezwungen sei. Erfolgreiche PR-Berater müssten die wahren, den Menschen selbst nicht bewussten Bedürfnisse kennen und dieses Wissen

---

9   TIME schrieb am 7. August 1933: „No competitor can approach Ivy Lee in wealth and social stature. His friends are the Rockefellers, Mackays, Guggenheims [...]. He lives magnificently in swank East 66th Street" (Cutlip 1994: 126).

instrumental nutzen. Damit ersparte PR-Arbeit der Gesellschaft Chaos, weil sie die Ordnung erhalte. Aus der Massenpsychologie leitete er seine Manipulationsvorstellungen ab (1928: 47):[10] Würden Mechanismen und Motive des Gruppenbewusstseins verstanden, wären unbemerkte Kontrolle und Steuerung möglich. Gelänge es, die Anführer zu beeinflussen, würden automatisch auch die zugehörigen Gruppen beeinflusst. Diese unsichtbaren Steuerungsmechanismen der Gesellschaft seien die unsichtbare Regierung, in deren Händen die wahre Macht liege: Manipulation der öffentlichen Meinung als wichtiges Element einer Massendemokratie. Dies unterstreicht Bernays selbst gewählte Zuordnung zur Tradition der „Sozialingenieure", die an die Möglichkeit der Steuerung einer Gesellschaft zum Wohle aller durch Experten bzw. Expertengremien glaubten (1928: 11f).

3. Ansätze in der deutschsprachigen PR-Berufsfeldgeschichte (nach 1945)

Zu Beginn der zweiten Hälfte des 20. Jahrhunderts, in der sich das PR-Berufsfeld entwickelte und ausdifferenzierte, fällt auf, dass in den fünfziger Jahren ein lebhafter, durch vergleichsweise viele Publikationen belegter Diskurs stattfand, dessen inhaltliche Substanz im Verlaufe der sechziger Jahre verebbte. An seine Stelle traten eher deskriptive Arbeiten, die vorhergehende Grundrichtungen übernahmen, ohne neue Impulse zu geben. Erst mit Ronnebergers 1977 erschienener Schrift „Legitimation durch Information" begann ein erneuter theoretischer Diskurs, der sich zunehmend auf die Seite der Wissenschaft verlagerte. Bis heute – wenn auch weniger dominant – leistet eine kleine Zahl von Praktiker hierzu weiterhin Beiträge.

3.1 Grundausrichtungen des Praxisdiskurses

Die deutsche PR-Diskussion der fünfziger Jahre bewegte sich zwischen zwei Polen: den Fragen nach einer gesellschaftlichen und nach einer organisationspolitischen Rolle von PR-Arbeit. Aus den Publikationen dieser Zeit können zwei Arbeiten herausgehoben werden, die beide nach wissenschaftlicher Verknüpfung ihrer Grundannahmen suchten und von denen Herbert Gross (1907-1976) mit seinem Begriff der „modernen Meinungspflege" eine eher gesellschaftsorientierte und Carl Hundhausen (1893-1977) mit seinem Begriff der „Vertrauenswerbung" eine eher organisationsbezogene Position vertrat. Die Grundaussagen beider Arbeiten durchziehen den weiteren PR-Diskurs und finden sich auch heute im wissenschaftlichen Diskurs.

Der Arbeit des Wirtschaftspublizisten Gross lag ein zentrales gesellschaftliches Problem im Nachkriegsdeutschland zugrunde: Wie lässt sich Akzeptanz für eine für diese Gesellschaft neue Wirtschaftsordnung gewinnen, in welcher es Aufgabe der

---

10 Die Frage nach dem möglichen Unterschied zwischen PR- und Propagandaarbeit löste er pragmatisch: „The only difference between ,propaganda' and ,education', really, is the point of view. The advocacy of what we believe in is education. The advocacy of what we don't believe in is propaganda" (1928: 212).

Unternehmen und nicht des Staates sei, wirtschaftlichen und sozialen Fortschritt zu sichern (vgl. 1951: 35)? Sein Lösungsvorschlag: Mittels Meinungspflege sollte die Identität persönlicher Interessen mit Unternehmensinteressen[11] als gesellschaftstragende Interessen (wirtschaftlicher Fortschritt = sozialer Fortschritt) im öffentlichen Bewusstsein verankert werden; entsprechend sollte Meinungspflege eine derartige Ausrichtung der diesen Prozess stützenden öffentlichen Meinung unterstützen (vgl. Gross 1951: bes. 19).[12] Auch wenn Gross betonte, dass es dabei um die Vertretung der jeweils eigenen Interessen gehe, „denn jede Einrichtung bedarf der Anerkennung durch die öffentliche Meinung" (Gross 1951: 21), stand für ihn die Integration des Einzelinteresses in das unterstellte gesamtwirtschaftliche Interesse der Gesellschaft im Mittelpunkt. Entsprechend war für ihn PR-Arbeit mehr als eine „Publizitätstechnik", da es darum ginge, „sich als Träger einer sinnvollen Ordnung allseits verständlich zu machen und akzeptiert zu werden" (Gross 1951: 30).

Gross' Vorstellungen von Gesellschaft und öffentlicher Meinung orientierten sich flüchtig an Ferdinand Tönnies und Gustave Le Bon. Vom Soziologen Tönnies übernahm Gross die Begriffe „Gesellschaft" für das übergeordnete Ganze und „Gemeinschaft" für die soziale Lebensform, innerhalb derer sich aufgrund von Gemeinsamkeiten und Verbundenheit die meinungsbildenden Prozesse vollzögen. Die Massenpsychologie prägte seine Vorstellung von den Möglichkeiten einer Einflussnahme auf Öffentlichkeit, auch wenn er relativierte, ob öffentliche Meinung bei Tönnies „nicht zu bewusst" und bei Le Bon „nicht zu irrational" gesehen würde (Gross 1951: 13). Da öffentliche Meinung mit Tönnies eine Erscheinung der Gesellschaft wäre, so Gross, sei „Pflege der öffentlichen Meinung im Grunde die Kunst des Bewusstmachens der Interessen und des Nachweises der Interessenidentität innerhalb gegebener Einrichtungen", wobei Meinungspflege „vornehmlich auf dem Weg über den Verstand zu überzeugen" hätte (Gross 1951: 12).

Einen anderen Ansatzpunkt wählte Hundhausen, der sich grob an der Organisationssoziologie Leopold von Wieses orientierte. Für Hundhausen waren „Unternehmungen [...] Lebewesen, Persönlichkeiten, Bürger! Gute oder schlechte!",[13] die nicht in wirtschaftlicher Abgeschlossenheit, sondern als soziale Gebilde in der Öffentlichkeit stehen (1951: 34). Unter Public Relations verstand er eine „Beziehungslehre der Unternehmung"; später sprach er in erneuter Anlehnung an von Wiese von einem „sozialen Prozess", „durch den Menschen mehr miteinander verbunden oder mehr voneinander gelöst werden" (1969: 26f). Entscheidendes Moment war für ihn die Haltung einer Unternehmung, die in deren Verhalten zu Ausdruck käme. PR-Arbeit hatte dabei die Aufgabe, die „festgelegte Haltung der Unternehmung zu interpretieren und verständlich zu machen, damit aus dem Echo dieser Haltung eine weitere Förderung und Festigung der Unternehmung nach innen und außen kommt"

---

11 Gross sprach meist von den Interessen der „Einrichtungen" (vgl. z.B. 1951: 19).
12 Entsprechend definierte er „Meinungspflege" als „die Summe derjenigen Maßnahmen und Verhaltensweisen der Unternehmer, welche in der Öffentlichkeit das Bewusstsein einer allgemeinen Interessenidentität mit der Marktwirtschaft erzeugen" (1951: 22).
13 Hundhausen benutzt hier den heute wieder aktuellen Begriff des „Corporate Citizen" (1951: 34; 37ff).

(1951: 31). Um Beziehungs- und Handlungsaspekt voneinander trennen zu können, unterschied Hundhausen – leider nur in seinen einleitenden Bemerkungen – Public Relations ausdrücklich von Public Relations-Arbeit (Hundhausen 1951: 15f).

Auch bei Hundhausen bildeten Öffentlichkeit und öffentliche Meinung zentrale Begriffe. In Anlehnung an von ihm rezipierte amerikanische PR-Literatur unterschied er Öffentlichkeit (the public) als Allgemeinheit und Öffentlichkeit (a public) als Teil-„Segment", dessen Angehörige „durch irgendein gemeinsames Interesse verbunden sind, ohne dass sie notwendigerweise auch gebietsmäßig zusammenleben" (Hundhausen 1951: 36). In der Denktradition Le Bons spielte für ihn öffentliche Meinung die zentrale Rolle in den Beziehungen zwischen Unternehmen und der Öffentlichkeit (vgl. bes. 41): Ziel von PR-Arbeit sollte es entsprechend sein, mittels „Unterrichtung der Öffentlichkeit (oder ihrer Teile) [...] um Vertrauen zu werben" (Hundhausen 1951: 53), das in der Ausprägung der öffentlicher Meinung sein Niederschlag finden würde. Was Hundhausen unter (öffentlichem) Vertrauen verstand, muss mangels Darlegung leider aus dem Kontext seiner Ausführungen interpretiert werden (vgl. bes.Hundhausen 1951: 48f).

Insgesamt kann Hundhausen attestiert werden, dass er mit seinem rudimentären Verweis auf Public Relations als soziale Prozesse (Beziehungen zwischen einer Organisation und deren sozialem Umfeld) auf eine grundlegende Problematik verwies, die erst im wissenschaftlichen Diskurs der neunziger Jahre eine tiefere Auseinandersetzung erfahren sollte. In seinem darauf gründenden Verständnis von PR-Arbeit finden sich explizite Anlehnungen an Bernays. Wenn er sogar dessen Gedanken notwendiger Übereinstimmung zwischen öffentlichen und privaten Interessen aufgriff (vgl.Hundhausen 1951: 164f), wird – trotz des gleichen Ansatzpunkts – der Unterschied zur Auffassung von Gross deutlich: Hundhausen ging es um die Existenzbedingungen einer Unternehmung, nicht um einen Nachweis von Interessenidentität als gesellschaftspolitische Größe.

3.2 Praxisreflexion als berufliches Grundgerüst

Der Wandel in der PR-Literatur zwischen den fünfziger und sechziger Jahren wird am besten an zwei Publikationen des Schweizers Alphons Helbling (1917-1981) deutlich. Helbling legte zunächst 1953 – gemeinsam mit Charles Metzler – eine Schrift vor, welche die bekannte PR-Literatur differenziert zur Kenntnis nahm, ohne explizit auf sie zu verweisen; auch fehlt hier ein ausgewiesener wissenschaftlicher Bezugsrahmen. Der organisationsbezogene Ansatz wurde hier auf 18 Seiten dargelegt. Wenn die Verfasser „das Ziel der Public Relations [...] in der Steigerung der gesellschaftlichen Leistungsfähigkeit eines Unternehmens" sahen, war hiermit der Unternehmensbeitrag zur „gemeinschaftlichen Wohlfahrt" gemeint, der über ein positives „Klima" für „dauernden geschäftlichen Erfolg" sorgen sollte (Metzler/

Helbling 1953: 15).[14] In seinem zehn Jahre später herausgegebenen Handbuch hatte Helbling eine ‚praktizistische Wende' vollzogen: Seine theoretischen Ausführungen waren in zehn Fragestellungen zusammengefasst, denen 45 Praxisseiten folgten, die abschließend in 55 Leitsätzen zusammengefasst waren (Helbling 1963)[15] – eine theoretische Fundierung war zugunsten praxisnaher Anschaulichkeit auf der Strecke geblieben.

Der sehr grundlegende Diskurs der fünfziger Jahre wurde unter dem Einfluss sich etablierender Praxis- und Verbandsstrukturen im Laufe der sechziger Jahre von Arbeiten abgelöst, die sich am konkreten beruflichen Handeln orientierten. Wichtigster deutscher Autor wurde schnell Albert Oeckl (1909-2001), dessen 1964 und 1976 erschienene Handbücher noch Anfang der neunziger Jahre die beiden meistzitierten Titel der beginnenden wissenschaftlichen Auseinandersetzung mit PR-Arbeit waren (vgl. Signitzer 1992: 199). Ob hierfür deren Qualität oder die Rolle ihres Autors als über drei Jahrzehnte wichtigster, mit Professorentitel ausgestatteter deutscher Verbandsfunktionär verantwortlich war, muss die Forschung noch zeigen.[16]

Auch Oeckl attestierte die Existenz einer Massengesellschaft, in der die Bindung an die bisherigen Primärgruppen weitgehend verloren gegangen und Informationsbedarf entstanden sei. Um dies zu kompensieren und die Informationslage der Gesellschaft zu verbessern, war es seinem normativen Verständnis von Öffentlichkeitsarbeit zufolge deren Aufgabe, den für eine Demokratie notwendigen politischen und sozialen Konsens herzustellen (1964: 22ff). Dieser gesellschaftliche Anspruch fußte in sechs Kategorien, die er seinem Begriff von *Öffentlichkeitsarbeit* – in Anlehnung das Verständnis des britischen PR-Verbandes – zugrunde legte:

- *bewusstes Bemühen* (in klarer Kenntnis der Bedeutung),
- *geplantes Bemühen* (systematisches Vorgehen),
- *dauerndes Bemühen* (kontinuierliches Vorgehen),
- *gegenseitig* (Wechselbeziehungen der öffentlichen Meinung und des Informations- und Kontaktbedürfnis des Auftraggebers),
- *Verständnis aufbauen* (Einblick gewähren in das Wesentliche),
- *Vertrauen pflegen* (Übereinstimmung zwischen den Anliegen des Auftraggebers und den öffentlichen Interessen herbeiführen und dadurch Goodwill in allen beteiligten Öffentlichkeiten aufbauen und erhalten) (vgl. Oeckl 1964: 36f).

---

14 Im Ergebnis vertraten die Verfasser die Auffassung, dass die PR-Definition der Amerikaner Griswold/Griswold (1948) zielführend sei, weil sie den sozialen Zusammenhang menschlicher Beziehungen, die mit der Beobachtung der Tendenzen öffentlicher Meinung verbundene „Selbsterhaltungs- und Selbstförderungsaufgabe" und die Zweck/Mittel-Beziehung der Arbeitstechniken betone: Public Relations ist „die Funktion der Exekutive eines Unternehmens, einer Organisation oder einer Institution [...], welche nach Evaluierung einer öffentlichen Meinung und nach Identifizierung der Geschäftspolitik mit dem öffentlichen Interesse ein kontinuierliches, fortschrittliches und auf bestimmte gesellschaftliche Gruppen gerichtetes Aktionsprogramm durchführt, welches Goodwill, Verständnis und Unterstützung schaffen, fördern oder erhalten soll" (Metzler/Helbling 1953: 26).

15 Die sicherlich populärste Arbeit, die PR-Arbeit in Leitsätzen zusammenfasste, stammt von Zankl (1975); sie wird bis heute in der Marketingliteratur zitiert.

16 Helbling wie Oeckl waren – der eine in der Schweiz und der andere in Deutschland – zentrale Persönlichkeiten in den sich entwickelnden Berufsverbänden. Zu Oeckl vgl. aktuell: Mattke 2004.

Zwar dominierte auch in den Arbeiten von Gross und Hundhausen vom Umfang her die Darlegung von Praxis, beide skizzierten aber um einen theoretischen Reflexionsrahmen. Bei Oeckl verschoben sich nun die Proportionen. Er verzichtete auf wissenschaftliche Anlehnung und griff auf Allgemeinplätze zurück.[17] Pragmatisch erklärte er seinen zentralen Begriff „Öffentlichkeitsarbeit" als „Arbeit mit der Öffentlichkeit, Arbeit für die Öffentlichkeit, Arbeit in der Öffentlichkeit" (Oeckl 1964: 36f). In der Neubearbeitung seines Handbuchs fasste er dies in die Formel (1976: 15):

„*Öffentlichkeitsarbeit = Information + Anpassung + Integration*".

Dabei ging er einerseits vom unmittelbaren Organisationsbezug aus – „Öffentlichkeitsarbeit wird [...] im Interesse eines Auftraggebers" betrieben (vgl. 1964: 47) –, andererseits nahm er auch Anleihen bei Bernays, wenn er seine Formel damit erklärte, „dass mithilfe von Öffentlichkeitsarbeit durch ständigen Dialog das für ein friedliches Miteinander erforderliche Minimum an Übereinstimmung erreicht werden kann, obwohl es in einer pluralistischen Gesellschaft zwangsläufig Interessengegensätze geben muss" (Oeckl 1976: 15).

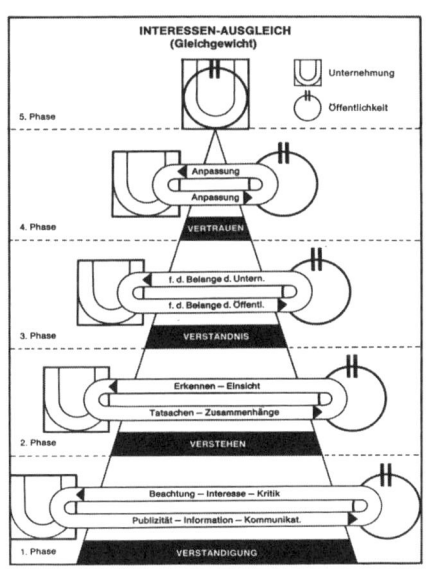

Abb. 1: Modell der „4-V-Pyramide" der PR

Können Helbling für das theoriebezogene Abflachen des Diskurses und Oeckl für Versuche möglichst vollständiger Gesamtdarstellung des Berufs- und Aufgabenfeldes stehen, so repräsentiert das hier letzte Beispiel vereinzelte Arbeiten der sechziger und siebziger Jahre, die einzelne theoretische Aspekte aus der Praxis heraus zu vertiefen suchten. Harry Nitsch (*1925) rückte in seinem deutlich organisationsbezogenen Denkansatz den Aspekt des Vertrauens ins Zentrum.

Eine seiner Ansicht nach notwendigerweise gleichgewichtige Beziehung zwischen Unternehmung und Öffentlichkeit sah er im Begriff Vertrauen „manifestiert", was er seinem Modell „Vier-V-Pyramide der Public Relations" anschaulich darlegte (Nitsch 1975: 33).

Das seit den fünfziger Jahren diskutierte Diktum des Interessenausgleichs zwischen einem Unternehmen und dessen Öffentlichkeit basierte hiernach auf vier aufeinander aufbauenden Prozessphasen (Oeckl 1975: 34f; vgl. Abb.1):

---

17 Ein Beispiel: „Der Ausstattung des Individuums mit allen Freiheitsrechten der Demokratie steht trotz größter Entfaltungsmöglichkeiten das Gefühl der Unsicherheit, ja der Lebensangst gegenüber. Dagegen kann nur ruhige, aufklärende Unterrichtung helfen" (Oeckl 1964: 23).

- *Verständigung* (Aufmerksamkeit und Publizität),
- *Verstehen* (Einsicht, Nachvollziehbarkeit von Zusammenhängen),
- *Verständnis* (Akzeptanz für vertretene Positionen),
- *Vertrauen* (unterstellte Anpassung an die Positionen der anderen Seite)

Nitsch setzte sich mit dem Vertrauensbegriff auseinander, ohne jedoch wissenschaftlichen Anschluss zu suchen oder Bezugsquellen auszuweisen. In den Mittelpunkt stellte er den Begriff des sozialen Vertrauens, das er von persönlichem Vertrauen und Elementarvertrauen mit dem Charakteristikum unterschied, dass dessen Vertrauensgegenstände einer Überprüfung nicht nur zugänglich seien, sondern der Überprüfung auch bedürften, damit sich soziales Vertrauen fortschreibe (Nitsch 1975: 195-201; bes. 197). Nitsch konkretisierte den Vertrauensbegriff, der als Leitidee seit Hundhausen im PR-Diskurs verankert war;[18] sein Modell ist bis heute verbreitet.[19]

3.3 Praxisdarlegung versus wissenschaftliche Orientierung

Ende der siebziger Jahre setzt mit den Arbeiten Franz Ronnebergers, die noch von Hundhausen angeregt und bis zu dessen Tod unterstützt wurden (vgl. Szyszka 1997a), ein allmählicher sozialwissenschaftlicher Diskurs ein. Erste Ergebnisse dieses Diskurs bestanden im ersten in Deutschland realisierten, post-gradualen PR-Modell-Studiengang, der bald wieder an mangelndem politischen Willen scheitern sollte (vgl. Szyszka/Bentele 1995: 31f), und einem auf der Schnittstelle zwischen Wissenschaft und Praxis angelegten PR-Handbuch (Haedrich u.a. 1982) hervor. Von den neunziger Jahren an intensivierte sich der wissenschaftliche Diskurs, dem der Praxisdiskurs in dreierlei Weise folgte bzw. sich ihm verweigerte:

- Typ 1: *gar nicht*, wie die auch weiterhin populäre How-to-Do-Literatur zeigt.[20]
- Typ 2: durch mehr oder weniger reflektierte *Paraphrasierung*.
- Typ 3: durch *Verknüpfung* wissenschaftlicher und praktischer Erkenntnisse bis hin zu *eigenen Modellvorstellungen*.

Ronnebergers 1977 veröffentlichter Essay „Legitimation durch Information" kann als Ausgangspunkt dieses Prozesses gelten. Ronneberger setzte sich hier mit der Frage nach gesellschaftlich wie organisationspolitisch attestierbaren Funktionen von

---

18 In weitreichender Analogie zur 4-V-Pyramide skizzierten Fuchs/Kleindieck später ein „Denk- und Aktionsmodell der PR-Kommunikation", welche „durch Information – Kenntnisse vermitteln", „durch Kenntnisse – Meinung bilden", „durch Meinung – Überzeugung gewinnen", „durch Überzeugung – Vertrauen erwerben" und „durch Vertrauen – Übereinstimmung erzeugen" sollte, dem sie eine bereits zweieinhalb Jahrzehnte während Tradition bescheinigten (1984: 13).

19 So ist es etwa wichtiger Bestandteil eines zentralen Kapitels der aktuellen Selbstdarstellung des schweizerischen PR-Bildungsinstituts SPRI.

20 Etwa: Bürger, Joachim H. 1989: PR – Gebrauchsanweisung für praxisorientierte Öffentlichkeitsarbeit. Landsberg a.L.: moderne Industrie.

PR-Arbeit auseinander, die den Nerv der Selbstverständnisdiskussion der PR-Branche trafen (Ronneberger 1977: 21f):

> „Wenn also Public Relations-Aktivitäten intentional auf Geltendmachung der eigenen Interessen gerichtet sind und für diese eine möglichst große Resonanz erstreben, so bedeutet dies funktional für das demokratische System, dass die Denkgewohnheiten, sozialen und kulturellen Normen einer Gesellschaft in ihren Teilöffentlichkeiten ständig geprüft, durch Prüfung bestätigt oder gewandelt, jedenfalls ständig in Erinnerung gebracht werden. Das alles geschieht im durchaus partikularen Interesse."

Den oben angeführten Typus zwei verkörperte der wissenschaftlich sehr aufgeschlossene und im Theorie-Praxis-Diskurs engagierte Heinz Flieger, der zentrale Aussagen Ronnebergers paraphrasierte, ohne dass es substanziell zu einem Zugewinn gekommen wäre, wie das markante Beispiel (Flieger 1981: 10) zeigt:

> „Public Relations/Öffentlichkeitsarbeit wird als funktionaler Beitrag zur Erhaltung und Entwicklungsfähigkeit pluralistischer sozialer Systeme verstanden. [...] Ihr Zweck ist es, Interessen, Ziele und Handlungen der unterschiedlichen Organisationen öffentlich darzustellen und zu legitimieren. [...] Über ihre Rückkopplungsfunktion zwischen den internen und externen Öffentlichkeiten auf der einen und zwischen den jeweiligen Entscheidungsträgern auf der anderen Seite soll sie die Entscheidungsprozesse innerhalb des sozialen Systems beeinflussen, Konflikte offen legen und zu Kompromiss- oder Konsensmöglichkeiten beitragen. Dadurch sollen Identität, Integration und Effektivität des sozialen Systems verbessert werden."

Die zunehmende Zahl wissenschaftlicher Publikationen im deutschen Sprachraum wie in den USA bot Anfang der neunziger Jahre die Chance, nicht mehr nur einer Leitidee folgen zu müssen, sondern sich auch mit komplementären theoretischen Ansätzen und Modelle unterschiedlicher Reichweite auseinandersetzen zu können. So wird Typ drei zunächst von Horst Avenarius verkörpert, der Ende der achtziger und Anfang der neunziger Jahre vier deutsch-amerikanische Konferenzen über wissenschaftliche Aspekte der Public Relations moderierte, als Mitherausgeber zweier Tagungsbände fungierte (Avenarius u.a. 1992; 1993) und so wichtige Anstöße für den deutschen Sprachraum gab. Avenarius nutzte seine gewonnenen Einblicke, um 1995 mit einer eigenen Monographie den Weg vom Handbuch zum Lehrbuch einzuschlagen. Diese Publikation kann bis heute als die umfangreichste Verknüpfung von Praxisproblemen mit wissenschaftlichen Annahmen zu einer systematischen Darstellung der PR-Praxis gelten.

Ein anderer Vertreter dieses Types ist der Österreicher Franz Bogner. Er gab 1990 ein Handbuch heraus, das auf den ersten Blick ganz in der Tradition der PR-Handbücher seit Oeckl zu stehen scheint. An verschiedenen Stellen dieses Buches äußerte der Autor jedoch Kritik am unbefriedigenden Kenntnisstand oder den aus vermeintlich falschen Quellen entliehenen Modellvorstellungen. Ein zentrales Defizit sah Bogner offensichtlich in den Abgrenzungs- bzw. Verknüpfungsproblemen der verschiedenen organisationspolitischen Kommunikationsdisziplinen (1990: 52ff) mit ihren teilweise ‚standesideologischen' Wurzeln, wie sie sich beispielsweise bei Oeckl finden (1976: 72).

Bogner skizzierte ein eigenes Modell vernetzter bzw. integrierter Kommunikation; Verwendung finden beide Begriffe. Seinem Verständnis nach ist Kommunikationsmanagement nichts anderes als ein „strategisch angelegter Optimierungsprozess der gleichwertigen Vernetzung der Marketing-, PR- und CI-Kommunikation" (vgl. Abb. 2):

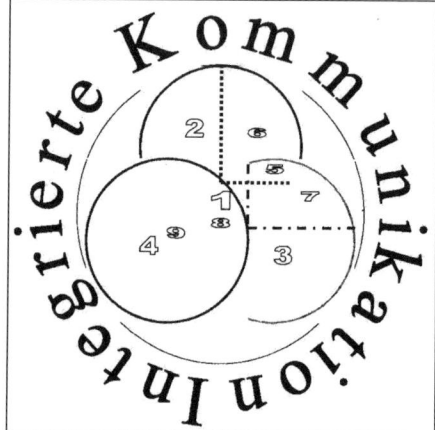

1. Strategisches Kommunikationsmanagement inklusive interne Kommunikation (8)
2. Operative Marketing-Kommunikation
3. Operative PR
4. Operative CI
5. Produkt-PR
6. Werbung
7. Medienarbeit
8. Interne Kommunikation
9. Corporate Design

Abb. 2: Modell vernetzter Kommunikation

„Die drei gleich großen Kreise symbolisieren, dass Marketing, PR und CI in umfassender Sichtweise jeweils die Gesamtkommunikation für sich beanspruchen und daher im Idealfall, jede Disziplin für sich, schon Integrierte Kommunikation darstellt. [...] Durch Integration (Vernetzen, Ineinanderschieben) der drei Disziplinen ergibt sich ein Kernbereich, in dem sich die drei Disziplinen absolut überlappen. Dies stellt den Bereich der strategischen Kommunikation dar, der ja in identer Weise für jede der Disziplinen gilt bzw. verankert sein muss. [...] Dieses Modell lässt aber auch für den Anspruch Platz, dass die Bereiche [...] wohl Gesamtkommunikation umfassen, jedoch auch über fachspezifische Teilbereiche, Tools und Know how verfügen, kein kommunikativer Einheitsbrei sind" (2003: 93).

4. Abschließende Bemerkungen

Praktikertheorien haben in der Berufsfeldgeschichte der Nachkriegszeit für die Beschreibung von Funktion und Rolle im deutschsprachigen Raum ein Vierteljahrhundert lang eine wichtige Rolle eingenommen. Letztlich mussten sie einen lange Zeit fehlenden wissenschaftlichen Begleitdiskurs ersetzen, der erst Mitte der siebziger Jahre zögerlich und dann von den neunziger Jahren an lebhafter geführt wurde. Bei aller zwangsläufigen Oberflächlichkeit finden sich im reflektierenden Praktikerdiskurs im Zeitverlauf jeweils alle zeitgenössisch wesentlichen Begriffe und Aspekte wieder, von denen sich die meisten als zeitlos, weil grundlegend erweisen sollten. Vor diesem Hintergrund, so konnte gezeigt werden, bleiben Praktikertheorien Teil des Quellenfundus wissenschaftlicher Theoriebildung. Den fehlenden wissenschaftlichen Diskurs konnten sie dagegen nur sehr bedingt kompensieren, wie die theoretische Durchdringung von Public Relations, aber auch die lange geführte Diskussion um die öffentliche Akzeptanz von Public Relations-Aktivitäten unterstreichen.

Literatur

Armbrecht, Wolfgang/Avenarius, Horst/Zabel, Ulf (Hrsg.) (1993): Image und PR. Kann Image Gegenstand einer Public Relations-Wissenschaft sein? Opladen: Westdeutscher Verlag.
Avenarius, Horst (1995): Public Relations. Die Grundform der gesellschaftlichen Kommunikation. Darmstadt: Wissenschaftliche Buchgesellschaft.
Avenarius, Horst/Armbrecht, Wolfgang (Hrsg.) (1992): Ist Public Relations eine Wissenschaft? Opladen: Westdeutscher Verlag.
Benz, Wolfgang (1976): Die Entstehung des Kruppschen Nachrichtendienstes. In: Vierteljahreshefte für Zeitgeschichte, 24. Jg., S. 199-205.
Bernays, Edward L. (1923): Crystallizing Public Opinion. New York: Boni and Liveright Publishers.
Bernays, Edward L. (1928): Propaganda. New York: Horace Liveright.
Bernays, Edward L. (1955): The Engineering of Consent. Norman: University of Oklahoma Press.
Bogner, Franz (1990): Das neue PR-Denken. Wien: Ueberreuter.
Bogner, Franz (2003): Die Wiener Schule der Vernetzten Kommunikation. In: Public Relations-Forum, 9. Jg., Nr. 2, S. 86-94.
Brettner, Hans (1935): Die Organisation der industriellen Interessen in Deutschland unter besonderer Berücksichtigung des Reichsverband der deutschen Industrie. Berlin: Organisation Verlagsgesellschaft.
Burkart, Roland/Probst, Sabine (1991): Verständigungsorientierte Öffentlichkeitsarbeit. Eine kommunikationswissenschaftlich begründete Perspektive. In: Publizistik, 36. Jg., Nr. 1, S. 56-76.
Büschges, Günter (1983): Einführung in die Organisationssoziologie. Stuttgart: Teubner.
Cutlip, Scott M. (1994): The Unseen Power. Public relations: A History. Erlbaum: Hillsdale, N.J.
Faller, Heike (1995): Gustav Stresemann als Öffentlichkeitsarbeiter. Unv. Magisterarbeit, Institut für Publizistik: Mainz.
Flieger, Heinz (1981): Public Relations. Studium an Universitäten. Vorschläge des DPRG-Arbeitskreises PR-Lehre und -Forschung an Universitäten. Düsseldorf: Verlag für Wirtschaftsbiographien.
Fuchs, Reimar/Horst W. Kleindieck (1984): Öffentlichkeitsarbeit heute. Bochum: Industriewerkstätten GmbH.
Griswold, Glenn/Griswold, Denny (1948): Your Public Relations. The Standard Public Relations Handbook. New York: Funk & Wagnalis.
Gross, Herbert (1951): Moderne Meinungspflege. Düsseldorf: Droste.
Guratzsch, Dankwart (1974): Macht durch Organisation. Die Grundlegung des Hugenbergschen Presseimperiums. Düsseldorf: Bertelsmann Universitäts-Verlag.
Haedrich, Günther/Bartenheier, Günter/Kleinert, Horst (Hrsg.) (1982): Öffentlichkeitsarbeit. Dialog zwischen Institutionen und Gesellschaft. Ein Handbuch. Berlin: Walter de Gruyther.
Hansen, Joseph (1906): Gustav von Mevissen. Ein rheinisches Lebensbild 1815-1889, Bd. 1 und 2. Berlin: Reimer.
Helbling, Alphons (1963): Public Relations Handbuch. St. Gallen: Zollikofer.
Hofmeister-Hunger, Andrea (1994): Pressepolitik und Staatsreform. Die Institutionalisierung staatlicher Öffentlichkeitsarbeit bei Karl August von Hardenberg (1792-1822). Göttingen: Vandenhoeck & Ruprecht.
Hundhausen, Carl (1937): Public Relations. Ein Reklamekongress für Werbefachleute der Banken in USA. In: Deutsche Werbung, Nr. 19, S. 1054.
Hundhausen, Carl (1951): Werbung um öffentliches Vertrauen (Public Relations). Essen: Girardet.
Hundhausen, Carl (1969): Public Relations. Theorie und Systematik. Berlin: Walter de Gruyter.
Kirchner, Hans Otto (1984): Stahl und Eisen. Aus den Anfängen der Öffentlichkeitsarbeit deutscher Industrieverbände. In: Publizistik, 29. Jg., Nr. 1, S. 7-33.
Kunczik, Michael (1997): Geschichte der Öffentlichkeitsarbeit in Deutschland. Köln, Weimar und Wien: Böhlau.
Kunczik, Michael/Zipfel, Astrid (2002): Edward L. Bernays, Crystallizing Public Opinion. In: Holtz-Bacha, Christina/Kutsch, Arnulf (Hrsg.): Schlüsselwerke für die Kommunikationswissenschaft. Wiesbaden: Westdeutscher Verlag, S. 61-63.
Krupp, Alfred (1928): Alfred Krupps Briefe 1826-1887, Im Auftrage der Familie und der Firma Krupp von Wilhelm Berdrow (Hrsg.): Berlin.
Lazarsfeld, Paul F. (1973): Soziologie. Hauptströme der sozialwissenschaftlichen Forschung. Frankfurt a. M.: Ullstein.

Lenz, Friedrich (1956): Friedrich List als politischer Publizist. In: Zeitschrift für Politik, 3. Jg., S. 228-242.

Marrow, Alfred J. (1969): The Practical Theorist. The Life and Work of Kurt Lewin. New York, London: Basic Books.

Mattke, Christian (2004): Albert Oeckl – sein Leben und sein Wirken für die deutsche Öffentlichkeitsarbeit. Phil. Diss. Leipzig: Institut für Kommunikations- und Medienwissenschaft.

Metzler, Charles R./Helbling, Alphons (1953): Das Unternehmen und die öffentliche Meinung. Public Relations. Thalwil: Oesch. [maschinenschriftl. Manuskript].

Nitsch, Harry (1975): Dynamische Public Relations. Unternehmerische Öffentlichkeitsarbeit – Strategie für die Zukunft. Stuttgart: Taylorix.

Oeckl, Albert (1964): Handbuch der Public Relations. Theorie und Praxis der Öffentlichkeitsarbeit In: Deutschland und der Welt. München: Süddeutscher Verlag.

Oeckl, Albert (1976): PR-Praxis. Der Schlüssel zur Öffentlichkeitsarbeit. Düsseldorf, Wien: Econ.

Ranke, Leopold von (1881): Hardenberg und die Geschichte des preußischen Staates von 1793-1913. In: Ranke, Lepopold: Sämtliche Werke, Bd. 48, 2. Auflage, Leipzig: Duncker & Humblot.

Raucher, Alan (1968): Public Relations and Business, 1900-1920. Boston: John Hopkins Press.

Ronneberger, Franz (1977): Legitimation durch Information. Düsseldorf: Econ.

Ronneberger, Franz (1989): Theorie der Public Relations. In: Pfalum, Dieter/Pieper, Wolfgang (Hrsg.): Lexikon der Public Relations. Landsberg a.L.: Moderne Industrie, S. 426-430.

Rühl, Manfred (1992): Public Relations ist, was Public Relations tut. Fünf Schwierigkeiten, eine allgemeine PR-Theorie zu entwerfen. In: pr-magazin, 23. Jg., Nr. 4, S. 35-46.

Saxer, Ulrich (1992): Public Relations als Innovation. In: Avenarius, Horst/Armbrecht, Wolfgang (Hrsg.): Ist Public Relations eine Wissenschaft? Opladen: Westdeutscher Verlag, S. 47-76.

Signitzer, Benno (1992): Aspekte der Production von Public Relations-Wissen. PR-Forschung in studentischen Abschlussarbeiten. In: Avenrius, Horst/Armbrecht, Wolfgang (Hrsg.): Ist Public Relations eine Wissenschaft? Opladen: Westdeutscher Verlag, S. 171-206.

Szyszka, Peter (1997a): Carl Hundhausen - ein Ahne im Abseits? In: Szyszka, Peter (Hrsg.): Auf der Suche nach Identität. PR-Geschichte als Theoriebaustein. Berlin: Vistas, S. 233-241.

Szyszka, Peter (Hrsg.) (1997): Auf der Suche nach Identität. PR-Geschichte als Theoriebaustein. Berlin: Vistas.

Szyszka, Peter/Bentele, Günter (1995): Auf dem Weg zu einer Fata Morgana? Anspruch und Wirklichkeit deutscher PR-Bildungsarbeit. Ein historischer Aufriss. In: Bentele, Günter/Szyszka, Peter (Hrsg.): PR-Ausbildung in Deutschland. Entwicklung, Bestandsaufnahme und Perspektiven. Opladen: Westdeutscher Verlag, S. 17-43.

Ullmann, Hans-Peter (1976): Der Bund der Industriellen. Organisation, Einfluss und Politik klein- und mittelbetrieblicher Industrieller im Deutschen Kaiserreich 1895-1914. Göttingen: Vandenhoeck & Ruprecht.

Verhandlungen des Siebenten Deutschen Soziologentages 1930 in Berlin (1931): Tübingen.

Vetter, Nicola (1995): Ludwig Roselius. Ein Pionier der deutschen Öffentlichkeitsarbeit. Unveröffentlichte Magisterarbeit, Institut für Publizistik: Mainz.

Zankl, Hans Ludwig (1975): Public Relations. Leitfaden für die Unternehmens-, Verbands- und Verwaltungspraxis. Wiesbaden: Gabler.

Zipfel, Astrid (1997): Public Relations in der Elektroindustrie. Die Firmen Siemens und AEG 1874-1939. Köln, Weimar und Wien: Böhlau.

Allgemeine Theorieansätze

Systemtheoretisch-gesellschaftsorientierte Ansätze

Manfred Rühl

1. Ausgangslage

Aus kommunikationswissenschaftlichen Perspektiven beobachtet sind Public Relations (PR) historisch veränderbare Sachverhalte und Sozialverhältnisse der öffentlichen Kommunikation des Alltags und lassen sich damit der *Alltagspublizistik* (Rühl 2001) zurechnen. Wer PR kommunikationswissenschaftlich verstehen und erklären will, kann auf keine urtümliche Einheitstheorie hoffen. Stattdessen ist ein sozialwissenschaftlicher Theorienpluralismus funktional-vergleichend zu bearbeiten. Wissenschaftliche PR-Theorien sind hypothetische, das heißt vorläufig geltende Forschungsprogramme, die aus der Bearbeitung bewährter sozialwissenschaftlicher Theorien hervorgehen. Neben wissenschaftlichen PR-Theorien sind zwei, oft damit verwechselte PR-Theorietypen im Umlauf: PR-Laien- und PR-Expertentheorien. Diese *vorwissenschaftlichen* PR-Theorien können zur Bearbeitung *wissenschaftlicher* PR-Theorien getestet werden, ob sie erkenntnis- und methodentheoretisch wissenschaftsfähig sind. Zu ihrer Charakterisierung einige Stichwörter:

- *Public Relations-Laientheorien (common-sense-theories)* setzen den gemeinen alias gesunden Menschenverstand (common sense) voraus, eine wissenschaftlich nicht testfähige Rationalität. Damit werden Was-Ist-Fragen gestellt („Was ist PR?"), die wissenschaftlich nicht zu beantworten sind. Laientheorien beobachten und beurteilen mithilfe umgangssprachlicher Metaphern, Begriffe, Anekdoten und Episoden persönlich Erlebtes, Empfundenes und Erfahrenes zu Public Relations. Laien bevorzugen zur Deutung von PR die Methode ‚Versuch und Irrtum' (‚trial and error') und sie bewerten sie vorzugsweise moralisch anhand des Gegensatzpaares gut/schlecht.
- *Public Relations-Expertentheorien (working theories)* entstehen als Theorien alltagspraktischer PR-Arbeit. Produzieren Experten PR-Erfahrungswissen (knowhow), dann im Namen der Vernunft, das ist die seit der europäischen Aufklärung jedermann zugerechnete Rationalität. Mit Hilfe von Arbeitstechniken (How-to-do-instruments) wird in (nicht eigens analysierten) Organisationen praktisches PR-Wissen gewonnen und angewandt. Formelle und informelle Normen strukturieren und bewirken Expertentheorien unterschiedlich, namentlich in Gestalt von Rechtsnormen, und moralischen Normen, die von Berufsverbänden in Ehrenko-

dizes festgelegt werden (Avenarius 1998). Ferner operieren Experten mit Normen der Macht, der Autorität, der Führung (leadership), des Vertrauens, der Bräuche und Konventionen. Selbstbilder und Fremdbilder prominenter ‚Grand Old Men of PR' werden von Experten für ‚richtig' und ‚wahr' gehalten. Ratschläge von der Art: „Tu(e) Gutes und rede darüber" (Zedtwitz-Arnim 1981) führt man auf weithin unbestimmte Subjekt-Modelle (Akteur, Homo oeconomicus, corporate citizen) zurück, denen ein Sonderbewusstsein für PR zugeschrieben wird.

PR-Laientheorien und PR-Expertentheorien können sich zur Lösung selbstgestellter ‚praktischer' Probleme eignen. Damit kann die PR-Wissenschaft nicht konkurrieren. Auf ‚praktische' PR-Fragen können – nach den Erkenntnis- und Methodenregeln der Wissenschaft – keine wissenschaftlichen PR-Antworten gegeben werden. Auch wissenschaftlich bearbeitete PR-Theorien können nicht laien- oder expertenvernünftig beantwortet werden. Erschwerend kommt zu diesen Unterscheidungsversuchen die unbestreitbare Tatsache, dass in einer ‚verwissenschaftlichten Gesellschaft' viele nichtwissenschaftliche PR-Vorstellungen mit wissenschaftlichen Begriffen bearbeitet werden. Zu denken ist an Kommunikation, Information, Wirklichkeit, Gesellschaft, Öffentlichkeit, Recht, Ethik, Produktion, Rezeption, Persuasion, Manipulation, Organisation, Markt, Gemeinwohl, Vertrauen, Glaubwürdigkeit, Kampagne und andere.

2. Eine knappe Theoriegeschichte der PR-Schlüsselbegriffe System, - Gesellschaft, Kommunikation, Öffentlichkeit

2.1 System

Seit der Antike arbeiten Wissenschaftler und Künstler systemisch: Mediziner am menschlichen Körper, die Militärs strategisch, die Dichter beim Versebau. Wirkmächtig wurden systemische Weltbilder, als man von der Erde aus den gestirnten Himmel zu beobachten begann, um aus den Beobachtungsergebnissen Systeme abzuleiten, als verschieden geordnete Beziehungen zwischen Planeten und Naturgewalten, zwischen Göttern und Menschen. *Systeme* dienen seither als *Reduktionen von Beziehungskomplexitäten*, im vorliegenden Fall von *Public Relations in Relation zur Weltgesellschaft*. Der *klassische* Systembegriff ist innengerichtet und kennzeichnet umweltlose Ganzes/Teile-Beziehungen. Die *synthetisierende* Systemtheorie Immanuel Kants (1787) unterscheidet Erfahrungen als vereinheitlichende Architektur, die durch eine Funktion zusammengehalten wird. An die Stelle der kantischen Systemarchitektur treten bei Hegel (1807) organische Formenunterschiede des Systems, wenn er das Neue im Alten aufgehoben sieht, wie die Blüte in der Knospe. Nicht näher bestimmte Systemverständnisse florieren in der sozial-politischen Sprache der industriellen Revolution als Herrschafts-, Kredit-, Steuer-, Verwaltungs-, Verkehrs- oder Fabriksysteme. Anregend für die Kommunikationswissenschaft in der zweiten Hälfte des 20. Jahrhunderts werden diverse Systemvorstellungen (Rühl

1969; Saxer 1992). Erkenntnistheoretisch ausgearbeitet wird die Systemtheorie der *Kybernetik erster Ordnung*, eine im Ansatz planende Theorie *beobachteter Systeme (observed systems)*, exemplifiziert an Maschinen und Organismen (Wieser 1959). Sie soll der Reduktion von Umweltkomplexität dienen (Ashby 1952, 1974), wird allerdings selten zur Erklärung sozialer Kommunikationssysteme herangezogen (Reimann 1974). Mit der *Kybernetik zweiter Ordnung* als der *Theorie sich selbst beobachtender Systeme (theory of observing systems)* (Foerster 1982; Maturana 1985; Pörksen 2001; Maturana/Pörksen 2002) operiert dann eine Theorie der Kommunikationsgesellschaft (Luhmann 1997).

2.2 Gesellschaft

Mit einem Begriff von Gesellschaft als menschliche Beziehungen arbeiten im 17. Jahrhundert Hugo Grotius (1625) und Christian Thomasius (1692). Thomas Hobbes (1651) konzipiert die Gesellschaft als wissenschaftsfähige Theorie geordneter Sozialitäten. Er unterscheidet ‚natürliche' Einheiten (Familien) von ‚künstlichen' Einheiten (vertraglich auf Eigentum gestützte Korporationen, Zünfte, Handelsgesellschaften, Gemeinden). Im 18. Jahrhundert entstehen die Wissenschaften vom Sozialen und von der Kommunikation (Rühl 1999). Adam Smith (1776) entwirft die Politische Ökonomie als Theorie einer zirkulierenden *Wirtschaftsgesellschaft (commercial society)*, als zweckhaftes Zusammenleben nach den ‚Gesetzen des Marktes', in Unabhängigkeit vom Staat. Nach Kant (1787) entsteht die *bürgerliche Gesellschaft* als Systemmodell menschlicher Vergesellschaftung, als gleichzeitiges Miteinander *und* Gegeneinander, als Vereinigung *und* Vereinzelung, beides in Freiheit, Gleichheit und Selbständigkeit (Kant 1793, 1798). Talcott Parsons (1976, 1980) konstituiert die erste wissenschaftsfähige Gesellschaftstheorie, bestehend aus handelnden Individuen, deren Handeln durch Untersysteme auf strukturierte Systemprobleme ausgerichtet ist, die permanent auf problematische Ordnungsleistung zurückgeführt wird. Der jüngste Entwurf einer empirisch-wissenschaftsfähigen *Weltgesellschaft* beansprucht Universalität auf verschiedenen Systemebenen (Luhmann 1997; Stichweh 2000).

2.3 Kommunikation

Der Kommunikationsbegriff der Antike umfasst mit Gewährung, Mitteilung, Verbindung, Austausch, Verkehr, Umgang und Gemeinschaft eine große Sinnprovinz (Saner 1976). Francis Bacon (1605) attackiert als erster die Ein-Weg-Kommunikationsidee der klassischen Rhetorik. Für Christian Thomasius (1692) wird der Mensch erst durch die Gesellschaft zum Menschen, da die Kommunikation andere kommunizierende Menschen als Gesellschaft voraussetzt. Mit der Spiegelmetapher und einem Ego/Alter-Modell beschreibt Adam Smith (1759) die Kommunikationsqualität der Selbst- und der Fremdbeobachtung anhand der Vorstellungskraft (imagination) und dem Mitfühlen (fellow feeling; sympathy) (Rühl 1999), die Menschen eigen sind. Halten frühe Sozialwissenschaftler Kommunikation und Transport für Synonyme (Knies 1853, 1857), dann beschreibt der Symbolische Interaktionismus mit dem Ego/Alter-Modell einen sinnbezogenen Kommunikationsakt (Cooley 1909; Mead 1934). Max Webers Versuch (1922), eine Gesellschaftswissenschaft des *verstehenden Handelns* zu begründen, scheitert an der Idee, die Sinndimension am Subjekt festmachen zu wollen. Heute wird Kommunikation sach-, sozial- und zeitdimensional vorgestellt. *Sachlich* ist Kommunikation eine Synthese aus Sinn, Thema, Information, Mitteilung, Gedächtnis und Verstehen, die verbal und nonverbal durch symbolisierte Kommunikationsmodi (Worte, Gebärden, Bilder, Musik) ausgedrückt werden kann. Vorausgehende Kommunikationen können in psychischen und sozialen Gedächtnissen bewahrt und verfügbar gemacht werden (Retention), zum Auswählen (Selektion), Abwandeln (Variation) und Umbau (Rekonstruktion). Dreh- und Angelpunkt menschlicher Kommunikation (human communication) ist der Kommunikationsmodus *Sprache*, der in oralen und literalen Formen ausgedrückt werden kann. In die Sprache ist ein reflexiver Selbstbezug eingebaut, so dass mit der Sprache über Sprache, über Kommunikation und über die Kommunikationsform Public Relations kommuniziert werden kann (Luhmann 1995; Rühl 1987; Ronneberger/Rühl 1992). Wird Kommunikation in der *sozialen* Dimension der traditionellen Schichten- und Klassengesellschaften *hierarchisiert*, dann modelliert man Kommunikation der modernen Weltgesellschaft *heterarchisch*, das heißt als eine selbstvernetzte Ordnung zahlenmäßig nicht erfassbarer Kommunikations-Funktionssysteme (Luhmann 1997; Stichweh 2000). *Zeitlich* wird Public Relations durch Normen des Rechts, der Moral, des Vertrauens und der Konventionen strukturiert und stabilisiert. In Lehre und Forschung wird die dreidimensional analysefähige PR nur noch teilweise kausal, zunehmend als spiralförmiges Wiedereintreten (re-entry) in bewahrte PR-Theorien untersucht (Rühl 2001).

2.4 Öffentlichkeit

Eine Form der *öffentlichen Kommunikation (public communication)* beschreibt Homer als Ratschlagsrede (Rühl 1999). Seit dem 15. Jahrhundert werden durch den Buchdruck eine *Buchpublizistik*, seit dem 17. Jahrhundert mit der Druck- und der besonderen Leseform Zeitung eine *Alltagspublizistik* auf den Weg gebracht (Rühl 2001). *Nichtstaatliche Öffentlichkeitsideen* (‚public(s)') entstehen in England und im Frankreich des 17. Jahrhunderts, und zwar im Zusammenhang mit frühbürgerlichen Gesellschaftstheorien. In Deutschland bedeutet ‚publik' noch bis ins 18. Jahrhundert ‚staatlich'. Eine *bürgerliche Öffentlichkeit* wird als ‚die zum Publikum versammelten Privatleute' beschrieben (Habermas 1990). Öffentlichkeit wird im 19. Jahrhundert gesellschaftsfähig, und zwar in Interrelation zu Publika (Schäffle 1875). Seinerzeit, so wird vermutet, bringen der Journalismus (Rühl 1980; Blöbaum 1994; Scholl/Weischenberg 1998) und Public Relations (Ronneberger/Rühl 1992; Szyszka 1999) eigene Öffentlichkeiten hervor. Neuerdings wird versucht, Öffentlichkeit als eigenes Funktionssystem der Gesellschaft zu konzipieren (Merten 1999; Görke 2002).

3. Systemtheoretisch-gesellschaftsorientierte Rekonstruktionen der Public Relations

Statt begrifflich vorgefasste „PR-Akteure" als Ausgangspunkt zu wählen, wählen wir als Bezugsgesichtspunkt für unsere Analyse von Public Relations ein systemtheoretisches Erkenntnisprogramm, das wechselseitig abhängt von Kommunikations-, Gesellschafts- und Öffentlichkeitstheorien und von Fall zu Fall von einem sozialwissenschaftlichen Theorienpluralismus, der Organisation, Markt und weitere Systemtheorien umfasst (Ronneberger/Rühl 1992). PR wird als besonderes weltgesellschaftliches Kommunikationssystem begriffen, das über eine Produktionsseite und eine Rezeptionsseite verfügt, die aufeinander bezogen operieren. Die Sachverhalte und Sozialverhältnisse der Public Relations sind funktional ausgerichtet auf ein Werben um öffentliches Vertrauen und öffentliches Verständnis ‚öffentlicher Interessen' (Ronneberger 1976/1977). Werden PR-Probleme mit modernen Systemtheorien formuliert und bearbeitet (Löffelholz 2000; Dernbach 2002), dann in der Absicht, mit der Systemrationalität eine höhere Erkenntnis- und Erklärungskraft zu gewinnen, in Relation zu Makroproblemen der Gesellschaft, zu Mesoproblemen der Märkte und zu Mikroproblemen der Organisationen (und Haushalte). Die Funktion, deretwegen Public Relations als eigenes Persuasionssystem der Weltgesellschaft ausdifferenziert wird, kann wie folgt umschrieben werden:

> „Public Relations ist ein überredendes und überzeugendes [persuadierendes] Kommunikationssystem der Weltgesellschaft, das sich selbst [autopoietisch] als Prozessieren programmierter Programme reproduziert, in der Absicht, Gemeinwohl alias öffentliche Interessen [public interests; public policies] und Normierungen öffentlichen Vertrauens (public trusts) herzustellen, zu pflegen und zu verstärken."(Ronneberger/Rühl 1992; Rühl 2001)

Klassische Beispiele für diese funktionalen PR-Perspektiven sind Robert E. Parks *Publicity für organisiertes Helfen*, ausgerichtet an Problemen der Armut in den USA und in Europa (Rühl/Dernbach 1996; Rühl 1999), und Harold D. Lasswells *Public Relations-Funktion* für die demokratische US-Lebensführung, verglichen mit denen totalitärer Regime in Europa (Lasswell 1941; Rühl 1997, 1999).

Ausgehend von PR-Theorien, die in PR-Lehrprogrammen (Bentele/Szyszka 1995) Eingang finden, planen *PR-Forschungsprogramme* ein methodisches Beschreiben für ein empirisches Erkennen (Ronneberger/Rühl 1992). Stellt sich die PR-Forschung in die Tradition von Park und Lasswell, dann bevorzugt sie PR-Probleme des Gemeinwohls und des öffentlichen Vertrauens, die heute mehr denn je weltweit zu bewältigen sind. In Stichworten: Alphabetisierung, Armut, Arbeitslosigkeit, Asylantentum, Behinderung, Bildung, Drogenkonsum, Erziehung, Forschung und Lehre, Hunger, Krankheit, Kriege, Migration, Ökologie, Prostitution, Trinkwasser, Überbevölkerung usw. Da es keine PR-Einheitstheorie mit einer PR-Einheitssprache gibt, die als letztes Ziel der alltäglichen Nutzanwendung von Public Relations dienen könnte, ist gemeinwohlorientiertes öffentliches Vertrauen als weltgesellschaftliches Systemvertrauen (Luhmann 1968; Rühl 2005) durch *PR-Politik* kleinzuarbeiten (Ronneberger/Rühl 1992): Als PR-Politik *für* Flugsicherung, Impfen, Stabilisierung von Währungen, Selbstdarstellung souveräner Staaten und *gegen* AIDS, Fundamentalismus, Terrorismus, Rauchen, Vernichtung des Mittelstandes usw.

PR-Probleme sind in ihren *sachlichen, sozialen* und *zeitlichen* Zuständen immer wieder öffentlich bewusst zu machen, zusammen mit der Suche nach Zuständigkeit und Verantwortung sowie nach erfolgversprechenden Lösungsmöglichkeiten. Ein Beispiel: Komplementär zur strukturell-finanziellen Reform der Bundeswehr strebt diese eine Imagereform an. Dazu taugen keine ad hoc erfundenen Tricks, auch keine Traditionsarmee als Vorbild. Stattdessen gilt es, zur zeitgemäßen Imagebildung der Bundeswehr reale weltgesellschaftliche Widersprüche aufzuzeigen und abzuklären. Die Bundeswehr ist bündnispolitisch komplex strukturiert und war noch in keinem Krieg direkt involviert. Sie soll einen ‚standortlosen', wenn auch international operierenden Terrorismus bekämpfen, ohne eine Polizeitruppe zu werden. In Somalia, Kosovo und Afghanistan ist die Bundeswehr am Wiederaufbau gesellschaftlicher Infrastrukturen beteiligt, die andere Armeen zerstört haben, ohne dass daran gedacht wird, die Bundeswehr zur Entwicklungshilfeagentur umzubauen. Zweites Beispiel: Nach allgemeiner Übereinkunft gründen weltgesellschaftliche Fortschritte auf wissenschaftlicher Grundlagenforschung, die zeitlich oft Jahre früher initiiert wurde. Noch keine Wissenschaft war in der Lage, ihre Wissensgewinne selbst zu finanzieren. War ‚der Staat' bisher Hauptfinanzier (teils direkt, teils als Geldgeber für Forschungsorganisationen wie der Deutschen Forschungsgemeinschaft), und sollen an seine Stelle ‚die Gesellschaft' bzw. ‚gesellschaftliche Organisationen' treten, dann besteht die Gefahr, dass die Wissenschaft in Abhängigkeit zu zwecksetzenden Sponsorenerwartungen gerät. Die Erfahrung lehrt, dass Sponsoren – anders als Mäzene – dazu neigen, der Wissenschaft, bei der Vergabe von Mitteln, ‚notwendige' und ‚vordringliche' Ziele vorzugeben. Dadurch können die selbstbestimmten Bedingungen und Prämissen wissenschaftlicher Grundlagenforschung ausgeschaltet werden.

Mit der obenstehenden *PR-Funktion* definieren Ronneberger/Rühl (1992) die sachlichen, sozialen und zeitlichen Komponenten gesellschaftsabhängiger PR-Ordnungsprobleme zur Analyse und Synthese von PR-Makro-, PR-Meso- und PR-Mikroproblemen. Aus der sozialwissenschaftlichen Forschungsgeschichte werden bisher besondere Problemkomplexe gebildet, die um Arbeit, Beruf, Profession und Professionalisierung, Entscheidung, Organisation und Markt, Öffentlichkeit, Publikum und öffentliche Meinung im gesellschaftlichen Wandel, Interessen und Gemeinwohlkonsens, Rechts-, Moral- und Vertrauensnormen rotieren.

3.1 Makroprobleme und Mesoprobleme

PR-Makroprobleme standen ganz oben auf der Forschungsagenda, als Franz Ronneberger (Universität Erlangen-Nürnberg) Mitte der 70er Jahre im Umfeld der „Rummelsberger Seminare" mit Diplomanden und Doktoranden, Mitarbeitern und eingeladenen Experten die Funktionssysteme Politik, öffentliche Verwaltung und unternehmerische Wirtschaft zu problematisieren begann (Ronneberger 1978a, 1981; Flieger/Ronneberger 1983). Anfangs der 90er Jahre ringen europäische und US-amerikanische PR-Forscher um ‚Public Relations als Wissenschaft' (Avenarius/Armbrecht 1992). Das Problematisieren einer ‚Europäischen PR-Wissenschaft' wird anhand der wissenschaftstheoretischen Arbeitsprämissen Rationalität, Normativität und Faktizität untersucht (Rühl 1994). Makroprobleme sind von Meso- und Mikroproblemen zu unterscheiden, aber nicht zu trennen! Dies macht eine Untersuchung des Gemeinwohlproblems ‚Abfall' deutlich. Systemrational und funktionalvergleichend werden im vernetzten Zusammenspiel gesamtgesellschaftlicher, ökologischer, ökonomischer, politischer, rechtlicher und journalistischer Operations- und Gestaltungsweisen sowohl PR-Marktleistungen als auch innerorganisatorische PR-Aufgaben transparent gemacht (Dernbach 1998). Als PR-Makroprobleme werden historische Leistungen der *Federalist Papers* thematisiert, das sind 85 Zeitungsartikel, die einen politisch-wirtschaftlichen Gesellschaftsentwurf für die Vereinigten Staaten von Amerika explizieren, um konkret für die 1787/1788 anstehende Volksabstimmung über die US-Verfassung zu werben (Göllnitz 2002). Andere Makroagenden fragen nach normativen Aspekten erfolgreicher PR (Armbrecht/Zabel 1994), nach Unterscheidungsmöglichkeiten latenter und manifester Images als Selbstbilder und/oder als Fremdbilder der PR (Armbrecht/ Avenarius/Zabel 1993) und nach Funktionen und Leistungen von Geld und Aufmerksamkeit in PR/Gesellschafts-Beziehungen (Theis-Berglmair 2000). Mit der Wiedervereinigung Deutschlands fragt die deutschsprechende PR-Kommunität nach wissenschaftsfähigen-institutionellen Möglichkeiten künftiger PR-Ausbildung (Bentele/Szyszka 1995), um anschließend ihr wissenschaftliches Tun selbstreflexiv zu beobachten (Szyszka 1997).

3.2 Mikroprobleme

Organisationsprobleme können auf der Mikroebene interrelational zu Meso- und Makroproblemen identifiziert werden (Theis 1992; Szyszka 1999). Organisationsprobleme betreffen Unternehmen, Haushalte, Verbände, Parteien, Redaktionen, Agenturen als umweltorientierte soziale Systeme. Sie werden traditionell als Handlungssysteme, seit wenigen Jahren zunehmend als Kommunikationssysteme konzipiert und ‚gefahren' (Theis 1994, 2003; Bentele/Steinmann/Zerfaß 1996; Jablin et al. 1987). Angeregt werden Organisationssysteme von bestimmbaren weltgesellschaftlichen Ereignissen. Für sie werden Strukturen (Rollen, Stellen, Normen, Werte, Programme) vorausgedacht und konstant gesetzt, die gewährleisten sollen, dass Organisationen nicht bei jeder Enttäuschung, bei jedem Widerspruch oder bei jeder Zustimmungsverweigerung aufgegeben oder angepasst werden. Organisatorische Operationsweisen setzen Erkennungsregeln und Entscheidungsprogramme voraus, die erlauben, festzustellen, welche Handlungen bzw. welche Kommunikationen unter welchen Aspekten als PR-Entscheidungen der Organisationen gelten können. Werden einzelne PR-Akteure als besonders geschickte Kommunikationsartisten zu Bezugseinheiten der PR-Forschung, dann können an sie keine Management- und Marketingfragen gestellt werden. Denn „PR-Menschen" haben – im Unterschied zu Organisationen – keine Management- und Marketingprobleme. Management und Marketing wurden erfunden, um Organisations- und Marktarbeit strukturieren und ordnen zu können, um Organisations- und Markt-Verhältnisse der PR strukturieren und (vorläufig) stabilisieren zu können. Management und Marketing in und für Organisationen sind elastisch zu führen, damit sie für künftige Irritationen und Alternativen offen und sensibel bleiben.

Im Kontext der oben erwähnten ‚Rummelsberger Seminare' untersuchte man variate Organisationsprobleme: Die PR politischer Parteien (Ronneberger 1978b; Pauli-Balleis 1987), mittelständischer Unternehmen (Friedrich 1979), einer Universität (Knorr 1984) und den Umgang mit PR-Material in der Wirtschaftsredaktion einer Regionalzeitung (Hintermeier 1982). Verglichen werden die PR der Gewerkschaften und Wirtschaftsverbände (Rühl 1981), der Non-Profit-Organisationen (Ronneberger/Rühl 1982) und der Organisationen der Berufe und Professionen (Flieger/ Ronneberger 1984; Rühl/Hesse/Zeller 1986) – ein Problemkreis, in dem auf neuem Niveau wieder eingetreten wird (Röttger 2000). Fragen nach der Historie organisatorischer PR in Deutschland können auf publizistisch aktive Interessenverbände verwiesen werden, die im Kaiserreich ab 1871 ein eigenes publizistisches System wurden, politisch-wirtschaftlich-rechtlich vernetzt mit dem Journalismussystem (Seeling 1996).

4. Zusammenfassung

Seit den 70er Jahren wird klar, dass mit einer System(umwelt)theorie als Erklärungshilfe und einer funktional vergleichenden Methode, die gestellten Probleme der Public Relations hinreichend abstrakt konzipiert, analysiert und synthetisiert werden können. Mit diesem Erkenntnisprogramm muss weder eine a-historische, noch eine metaphysische Einheits-PR beschworen werden, die aus empirisch unzugänglichen Prinzipien oder postulierten Grundnormen hergeleitet wird. Die kommunikationswissenschaftliche Bedeutung einer funktional-systemtheoretischen Forschung und Lehre der Public Relations liegt in der *Vergleichbarkeit* der Probleme, das sind von Fall zu Fall Organisationsaufgaben, Marktleistungen und gesellschaftliche Funktionen. Gewiss können die klassischen Persuasionssysteme Public Relations, Journalismus, Werbung und Propaganda graduell unterschiedlich manipulieren und manipuliert werden. Allein, es gibt keine wissenschaftlichen Begründungen dafür, dass Public Relations ‚natürlich schlecht' sei und dass sie den ‚natürlich guten' Journalismus in jedem Falle determinierend beeinträchtigt (Fröhlich 1992).

Literatur

Armbrecht, Wolfgang/Avenarius, Horst/Zabel, Ulf (Hrsg.) (1993): Image und PR. Kann Image Gegenstand einer Public Relations-Wissenschaft sein? Opladen: Westdeutscher Verlag.
Armbrecht, Wolfgang/Zabel, Ulf (Hrsg.) (1994): Normative Aspekte der Public Relations. Grundlegende Fragen und Perspektiven. Eine Einführung. Opladen: Westdeutscher Verlag.
Ashby, W. Ross (1952/1966): Design for a brain. The origin of adaptive behaviour. Chapman, Hall: Science.
Ashby, W. Ross (1974): Einführung in die Kybernetik. Frankfurt am Main: Suhrkamp.
Avenarius, Horst (1998): Die ethischen Normen der Public Relations. Kodizes, Richtlinien, freiwillige Selbstkontrolle. Neuwied, Kriftel: Luchterhand.
Avenarius, Horst/Armbrecht, Wolfgang (Hrsg.) (1992): Ist Public Relations eine Wissenschaft? Eine Einführung. Opladen: Westdeutscher Verlag.

Bacon, Francis (1605/1973): The advancement of learning. Edited by G. W. Kitchin. Introduction by Arthur Johnston. London: Dent & Sons.
Bentele, Günter/Steinmann, Horst/Zerfaß, Ansgar (Hrsg.) (1996): Dialogorientierte Unternehmenskommunikation. Grundlagen – Praxiserfahrung – Perspektiven. Serie Öffentlichkeitsarbeit, Public Relations und Kommunikationsmanagement. Bd. 4. Berlin: Vistas.
Bentele, Günter/Szyszka, Peter (Hrsg.) (1995): Public Relations – Ausbildung in Deutschland. Entwicklung, Bestandsaufnahme und Perspektiven. Opladen: Westdeutscher Verlag.
Blöbaum, Bernd (1994): Journalismus als soziales System. Geschichte, Ausdifferenzierung und Verselbständigung. Opladen: Westdeutscher Verlag.
Cooley, Charles Horton (1909/^{3}1962): Social organization. A study of the larger mind. New York: Schocken.
Dernbach, Beatrice (1998): Public Relations für Abfall. Ökologie als Thema öffentlicher Kommunikation. Opladen, Wiesbaden: Westdeutscher Verlag.
Dernbach, Beatrice (2002): Public Relations als Funktionssystem. In: Scholl, Armin (Hrsg.): Systemtheorie und Konstruktivismus in der Kommunikationswissenschaft. Konstanz: UVK, S. 129-145.
Flieger, Heinz/Ronneberger, Franz (1983): Public Relations für die unternehmerische Wirtschaft. Wiesbaden: Verlag für deutsche Wirtschaftsbiographien.
Flieger, Heinz/Ronneberger, Franz (Hrsg.) (1984): Public Relations für die Architekten. Ergebnisse eines Forschungsseminars. Wiesbaden: Verlag für deutsche Wirtschaftsbiographien.
Foerster, Heinz von (1982): Observing Systems. Mit einer Einleitung von Francisco J. Varela. Seaside: Intersystems.
Friedrich, Wolfgang (1979): Erkenntnisse und Methoden interner Public Relations. Praktische Ansätze in mittelständischen Unternehmen. Nürnberg: Verlag der Nürnberger Forschungsvereinigung.
Fröhlich, Romy (1992): Qualitativer Einfluß von Pressearbeit auf die Berichterstattung. Die ‚geheime Verführung' der Presse? In: Publizistik, Nr. 37, S. 37-49.
Göllnitz, Anke (2002): Public Relations im Prozess soziokultureller Emergenz. Der Einfluss der *Federalist Papers* auf den Gesellschaftsentwurf für die Vereinigten Staaten von Amerika. Wiesbaden: Deutscher Universitäts-Verlag.
Görke, Alexander (2002): Journalismus und Öffentlichkeit als Funktionssystem. In: Scholl, Armin (Hrsg.): Systemtheorie und Konstruktivismus in der Kommunikationswissenschaft. Konstanz: UVK, S. 69-90.
Grotius, Hugo (1625/1950): De jure belli ac pacis libri tres. Drei Bücher vom Recht des Krieges und des Friedens, nebst einer Vorrede von Christian Thomasius zur ersten deutschen Ausgabe des Grotius vom Jahre 1707. Neuer deutscher Text und Einleitung. von Walter Schätzel. Tübingen: Mohr Siebeck.
Habermas, Jürgen (1962/1990): Strukturwandel der Öffentlichkeit. Untersuchungen zu einer Kategorie der bürgerlichen Gesellschaft. Frankfurt am Main: Suhrkamp.
Hegel, Georg Wilhelm Friedrich (1807/1986): Phänomenologie des Geistes. Frankfurt am Main: Suhrkamp.
Hintermeier, Josef (1982): Public Relations im journalistischen Entscheidungsprozeß, dargestellt am Beispiel einer Wirtschaftsredaktion. Düsseldorf: Verlag für Wirtschaftsbiographien.
Hobbes, Thomas (1651/1966): Leviathan, hrsg. von Iring Fetscher. Neuwied, Berlin: Luchterhand.
Jablin, Fredric M. /Putnam, Linda L./Roberts, Karlene H./Porter, Lyman W. (Hrsg.) (1987): Handbook of Organizational Communication. An Interdisciplinary Perspective. Newbury Park u.a.: Sage.
Kant, Immanuel (1787/1968): Kritik der reinen Vernunft. Kant Werke. Bde. 3 und 4. Darmstadt: Wissenschaftliche Buchgesellschaft.
Kant, Immanuel (1793/1968): Über den Gemeinspruch: Das mag in der Theorie richtig sein, taugt aber nicht für die Praxis. Kant Werke Bd. 9. Darmstadt: Wissenschaftliche Buchgesellschaft, S. 125-172.
Kant, Immanuel (1798/1968): Metaphysik der Sitten, Rechtslehre. Kant Werke. Bd. 7. Darmstadt: Wissenschaftliche Buchgesellschaft, S. 309-614.
Knies, Karl (1853): Die Eisenbahnen und ihre Wirkungen. Braunschweig: Schwetschke.
Knies, Karl (1857): Der Telegraph als Verkehrsmittel. Mit Erörterungen über den Nachrichtenverkehr überhaupt. Tübingen: Laupp.
Knorr, Ragnwolf H. (1984): Public Relations als System-Umwelt-Interaktion, dargestellt an der Öffentlichkeitsarbeit einer Universität. Wiesbaden: Verlag für deutsche Wirtschaftsbiographien.
Lasswell, Harold D. (1941): Democracy through public opinion. Menasha: Banta.

Löffelholz, Martin (2000): Ein privilegiertes Verhältnis. Inter-Relationen von Journalismus und Öffentlichkeitsarbeit. In: Löffelholz, Martin (Hrsg.): Theorien des Journalismus. Ein diskursives Handbuch. Wiesbaden: Westdeutscher Verlag, S. 185-208.

Luhmann, Niklas (1968): Vertrauen. Ein Mechanismus der Reduktion sozialer Komplexität. Stuttgart: Enke.

Luhmann, Niklas (1995): Was ist Kommunikation? In: Luhmann, Niklas: Soziologische Aufklärung 6. Opladen: Westdeutscher Verlag, S. 113-124.

Luhmann, Niklas (1997): Die Gesellschaft der Gesellschaft. 2 Bde. Frankfurt am Main: Suhrkamp.

Maturana, Humberto R. [2](1985): Erkennen: Die Organisation und Verkörperung von Wirklichkeit. Braunschweig, Wiesbaden: Vieweg.

Maturana, Humberto R./Pörksen, Bernhard (2002): Vom Sein zum Tun. Die Ursprünge der Biologie des Erkennens. Heidelberg: Carl-Auer-Systeme.

Mead, George Herbert (1934/[2]1967): Mind, self and society. From the standpoint of a social behaviorist. Chicago, London: University of Chicago Press.

Merten, Klaus (1999): Öffentlichkeit in systemtheoretischer Perspektive. In: Szyszka, Peter (Hrsg.): Öffentlichkeit. Diskurs zu einem Schlüsselbegriff der Organisationskommunikation. Opladen, Wiesbaden: Westdeutscher Verlag, S.49-66.

Parsons, Talcott (1976): Zur Theorie sozialer Systeme, hrsg. und eingel. v. Stefan Jensen. Opladen: Westdeutscher Verlag.

Parsons, Talcott (1980): Zur Theorie der sozialen Interaktionsmedien, hrsg. und eingel. v. Stefan Jensen. Opladen: Westdeutscher Verlag.

Pauli-Balleis, Gabriele (1987): Polit-PR. Strategische Öffentlichkeitsarbeit politischer Parteien. Zirndorf: Pauli-Balleis.

Pörksen, Bernhard (2001): Abschied vom Absoluten. Gespräche zum Konstruktivismus. Heidelberg: Carl-Auer-Systeme Verlag.

Reimann, Horst [2](1974): Kommunikations-Systeme. Umrisse einer Soziologie der Vermittlungs- und Mitteilungsprozesse (1968). Tübingen: Mohr Siebeck.

Ronneberger, Franz (1976): Legitimation durch Information – Ein kommunikationspolitischer Ansatz zur Theorie der Public Relations. In: Wasilewski, Rainer/Stosberg, Manfred (Hrsg.): Aspekte soziologischer Forschung. Karl Gustav Specht zum 60. Geburtstag. Selbstverlag: Nürnberg, S. 183-195. Nachdruck als Ronneberger, Franz (1977): Legitimation durch Information/Legitimation by information. Düsseldorf: Econ.

Ronneberger, Franz (1978a): Public Relations des politischen Systems. Staat, Kommunen und Verbände. Nürnberg: Verlag der Nürnberger Forschungsvereinigung.

Ronneberger, Franz (1978b): Public Relations der politischen Parteien. Nürnberg: Verlag der Nürnberger Forschungsvereinigung.

Ronneberger, Franz (1981): Beiträge zu Public Relations der öffentlichen Verwaltung. Düsseldorf: Verlag für Wirtschaftsbiographien.

Ronneberger, Franz/Rühl, Manfred (Hrsg.) (1982): Public Relations der Non-Profit-Organisationen. Düsseldorf: Verlag für deutsche Wirtschaftsbiographien.

Ronneberger, Franz/Rühl, Manfred (1992): Theorie der Public Relations. Ein Entwurf. Opladen: Westdeutscher Verlag.

Röttger, Ulrike (2000): Public Relations: Organisation und Profession: Öffentlichkeitsarbeit als Organisationsfunktion: eine Berufsfeldstudie. Wiesbaden: Westdeutscher Verlag.

Rühl, Manfred (1969/1987): Systemdenken und Kommunikationswissenschaft. In: Publizistik, Nr. 14, S. 185-206. Nachdruck in: Gottschlich, Maximilian (Hrsg.): Massenkommunikationsforschung. Theorieentwicklung und Problemperspektiven. Wien: Braumüller, S. 43-63.

Rühl, Manfred (1980): Journalismus und Gesellschaft. Bestandsaufnahme und Theorieentwurf. Mainz: Hase und Koehler.

Rühl, Manfred (Hrsg.) (1981): Public Relations der Gewerkschaften und Wirtschaftsverbände. Düsseldorf: Verlag für deutsche Wirtschaftsbiographien.

Rühl, Manfred (1986): Das Selbstbild der Architekten. Eine Untersuchung von Image-Faktoren im Prozess des Image-Wandels. Unter Mitarbeit von Kurt R. Hesse und Klaus Zeller. Bamberg: Forschungsstelle für Kommunikationspolitik.

Rühl, Manfred (1987): Humankommunikation und menschliche Erfahrung. Zum Umbau von Kernbegriffen in der gegenwärtigen Gesellschaft. In: Rühl, Manfred (Hrsg.): Kommunikation und Erfahrung. Wege anwendungsbezogener Kommunikationsforschung. Nürnberg: Verlag der Kommunikationswissenschaftlichen Forschungsvereinigung, S. 5-66.

Rühl, Manfred (1994): Europäische Public Relations. Rationalität, Normativität und Faktizität. In: Armbrecht, Wolfgang/Zabel, Ulf (Hrsg.): Normative Aspekte der Public Relations. Grundlagen und Perspektiven. Eine Einführung. Opladen: Westdeutscher Verlag, S. 171-194.

Rühl, Manfred/Dernbach, Beatrice (1996): Public Relations – soziale Randständigkeit – organisatorisches Helfen. Herkunft und Wandel der Öffentlichkeitsarbeit für sozial Randständige. In: PR Magazin 27. Jg., Nr.11, S. 43-50.

Rühl, Manfred (1997): Harold D. Lasswell oder: Public Relations für eine demokratische Lebensführung. In: Szyszka, Peter (Hrsg.): Auf der Suche nach Identität. PR-Geschichte als Theoriebaustein. Berlin: Vistas, S. 173-195.

Rühl, Manfred (1999): Publizieren. Eine Sinngeschichte der öffentlichen Kommunikation. Opladen, Wiesbaden: Westdeutscher Verlag.

Rühl, Manfred (2001): Alltagspublizistik. Eine kommunikationswissenschaftliche Wiederbeschreibung. In: Publizistik, 46. Jg., S. 249-276.

Rühl, Manfred 2005: Vertrauen - kommunikationswissenschaftlich betrachtet. In: Dernbach, Beatrice/Meyer, Michael (Hrsg.): Vertrauen und Glaubwürdigkeit. Interdisziplinäre Perspektiven. Wiesbaden: Verlag für Sozialwissenschaften, S. 121-134.

Saner, Hans (1976): Kommunikation. In: Historisches Wörterbuch der Philosophie. Bd. 4. Darmstadt: Wissenschaftliche Buchgesellschaft, S. 893-895.

Saxer, Ulrich (1992): Systemtheorie und Kommunikationswissenschaft. In: Burkart, Roland/Hömberg, Walter (Hrsg.): Kommunikationstheorien. Ein Textbuch zur Einführung. Wien: Braumüller, S. 91-110.

Schäffle, Albert (1875): Bau und Leben des sozialen Körpers. 1. Band. Tübingen: Laupp.

Scholl, Armin/Weischenberg, Siegfried (1998): Journalismus in der Gesellschaft. Theorie, Methodologie und Empirie. Opladen, Wiesbaden: Westdeutscher Verlag.

Seeling, Stefan (1996): Organisierte Interessen und öffentliche Kommunikation. Eine Analyse ihrer Beziehungen im Deutschen Kaiserreich (1871-1914). Opladen: Westdeutscher Verlag.

Smith, Adam (1759/1976): The theory of moral sentiments. Hrsg. v. D. D. Raphael/A. L. Macfie. Clarendon Press: Oxford. Dt. [2](1977): Theorie der ethischen Gefühle. Hrsg. v. Walther Eckstein. Hamburg: Meiner.

Smith, Adam (1776/1970): An inquiry into the nature and causes of the wealth of nations. Hrsg. von R. H. Campbell, A. S. Skinner, W. B. Todd. 2 Vols. Clarendon Press: Oxford. Dt. 1974: Der Wohlstand der Nationen. Eine Untersuchung seiner Natur und seiner Ursachen. Aus dem Englischen übertragen mit einer Würdigung von Horst Claus Recktenwald. München: Beck.

Stichweh, Rudolf (2000): Die Weltgesellschaft. Soziologische Analysen. Frankfurt am Main: Suhrkamp.

Szyszka, Peter (Hrsg.) (1997): Auf der Suche nach Identität. PR-Geschichte als Theoriebaustein. Berlin: Vistas.

Szyszka, Peter (Hrsg.) (1999): Öffentlichkeit. Diskurs zu einem Schlüsselbegriff der Organisationskommunikation. Opladen, Wiesbaden: Westdeutscher Verlag.

Theis, Anna Maria (1992): Inter-Organisations-Beziehungen im Mediensystem: Public Relations aus organisationssoziologischer Perspektive. In: Publizistik 37. Jg., S. 25-36.

Theis, Anna Maria (1994/2003): Organisationskommunikation. Theoretische Grundlagen und empirische Forschungen. Opladen: Westdeutscher Verlag.

Theis-Berglmair, Anna Maria (2000): Aufmerksamkeit und Geld, schenken und zahlen. Zum Verhältnis von Publizistik und Wirtschaft in einer Kommunikationsgesellschaft – Konsequenzen für die Medienökonomie. In: Publizistik, 45. Jg., S. 310-329.

Thomasius, Christian (1692/1995): Einleitung zur Sittenlehre (Von der Kunst Vernünftig und Tugendhaft zu lieben. Als dem einzigen Mittel zu einer glückseligen/galanten und vergnügten Leben zu gelangen/oder Einleitung zur SittenLehre] 1692. Vorwort von Werner Schneiders [Ausgewählte Werke, Bd. 10]. Nachdruck: Hildesheim, Zürich, New York: Olms.

Weber, Max (1922/[5]1985): Wirtschaft und Gesellschaft. Grundriß der verstehenden Soziologie, hrsg. von Johannes Winckelmann. Tübingen: Mohr Siebeck.

Wieser, Wolfgang (1959): Organismen, Strukturen, Maschinen: Zu einer Lehre vom Organismus. Frankfurt am Main: Fischer.

Zedtwitz-Arnim, Graf Georg Volkmar (1981): Tu Gutes und rede darüber. Public Relations für die Wirtschaft. München: Heyne.

Konstruktivistischer Ansatz

Klaus Merten

1. Grundlagen des Konstruktivismus

Wurzeln konstruktivistischen Denkens lassen sich bereits bei Sextus Empiricus ausmachen (1. Jhdt. n. Chr.). Einflussreicher war Immanuel Kant (1724-1804), der Zeit und Raum als Erfindung des menschlichen Denkens begreift und damit die für den Konstruktivismus zentrale Frage nach der Bedingung der Möglichkeit objektiver Erkenntnis stellt (vgl. Kant 1992: 71ff). Dass diese Frage im 20. Jahrhundert so vehement aufgenommen wird, verdankt sich zwei Entwicklungen: Zum einen der Entdeckung des Rückkopplungsprinzips durch die Arbeiten von Wiener (1963), der die universelle Geltung und die höhere Leistung desselben entdeckte und damit *systemisches Denken* in der Wissenschaft hoffähig machte.

Die zweite Entwicklung bestand in der vor allem von Maturana (1982) vorangetriebenen Erkenntnis, dass es möglicherweise „Objektivität" gibt, dass diese aber von Menschen niemals als solche festgestellt werden kann. Verkürzt kann man dieses *„Basistheorem des Konstruktivismus"* wie folgt formulieren: Menschen konstruieren ihre Wirklichkeit subjektiv und eigenverantwortlich. Es gibt demnach so viele Wirklichkeiten, wie es Menschen gibt. Objektivität hat nunmehr den Rang einer operativen Fiktion, freilich mit strategischen sozialen Funktionen (vgl. Schmidt 1987: 13ff). Die strategische Rolle der Systemtheorie für den Konstruktivismus leitet sich aus der Annahme der Geschlossenheit von Organismen (Organisationen, Gesellschaften) her, die sich abstrakt als lebende bzw. als soziale Systeme modellieren lassen.

Die erste Anwendung der Systemtheorie war technischer Art. Die Anwendung systemischer Theorie auf soziale Bereiche wurde erstmals von Talcott Parsons (1951) vorgenommen und später vor allem durch Luhmann als Theorie sozialer Systeme ausgearbeitet (vgl. Luhmann 1987). Ebenfalls von besonderer Relevanz für die Kommunikationswissenschaft ist die Feststellung von Maturana (1992: 98ff), dass es ohne Sprache kein (Selbst)bewusstsein geben kann.

Aus diesen und weiteren Annahmen leitet sich die für die Kommunikationswissenschaft wesentliche Erkenntnis ab, dass Kommunikation der basale Prozess für die Katalyse aller höheren sozialen Systeme ist. Kommunikation kann dabei nicht mehr kausal ordnend an Positionen (Personen), sondern nur an reflexiv aufeinander-bezogenen Handlungen, die das System katalysieren und erhalten, festgemacht werden. Nach Luhmann (1972) ist der Mensch im System „Kommunikation" Umwelt; nur die vom Kommunikationssystem selegierten Handlungen beteiligter Menschen zählen (vgl. Luhmann 1972; Luhmann 1987: 286ff).

Die Anwendung dieser Entdeckungen auf Kommunikation beschreibt Maturana (1982: 79) in seiner „Biologie der Kognition" wie folgt:

„Ich habe dies mit der Unterscheidung zwischen dem, was zum Bereich des Beobachters gehört und dem, was zum Bereich des Organismus gehört, getan und außerdem dadurch, dass ich die entsprechend radikalen Schlüsse aus den sich aus der zirkulären selbstreferentiellen Organisation der lebenden Systeme ergebenden Konsequenzen gezogen habe [...] Erst nach dieser Analyse kann die funktionale Komplexität der lebenden und sprachlich interagierenden Systeme angemessen erfasst werden, ohne dass sie durch solche magischen Wörter wie Bewusstsein, Symbolisierung oder Information verschleiert wird."

Maturana folgert daraus weiter: „Menschen können über Gegenstände sprechen, da sie die Gegenstände, über die sie sprechen, eben dadurch erzeugen, dass sie über sie sprechen" (Maturana 1982: 264). Daraus folgt die fundamentale Überlegung, dass soziale Wirklichkeit nur durch Kommunikationsprozesse konstruiert werden kann.

2. Kommunikationstheoretische Anwendungen

Die erkenntnistheoretische Revolution, die das konstruktivistische Denken angestoßen hat, trifft erklärtermaßen eine Disziplin ganz besonders: die Kommunikationswissenschaft. Gegenüber anderen Theorieansätzen kann die konstruktivistische Systemtheorie eine Reihe von wesentlichen Vorzügen für sich in Anspruch nehmen:
1) Die Systemtheorie erlaubt die Analyse unterschiedlicher Aggregate (Person, Organisation, Gesellschaft) und die Herstellung von Bezügen (Relationen).
2) Die Systemtheorie kann das Entstehen größerer Systeme durch kleinere Systeme erklären.
3) Die Systemtheorie kann auf kausale, unbeweisbare Annahmen verzichten.

Und selbst wenn die Implikationen konstruktivistischer Systemtheorie für die Kommunikationsforschung durchgreifend sind und daher noch umfangreicher Ausarbeitungen bedürfen[1], kann sie – gleichsam aus dem Stand heraus – zur Klärung relevanter Probleme der Kommunikationsforschung herangezogen werden. Dies soll im Folgenden exemplarisch a) für den Begriff der „Bedeutung", b) die Beschreibung von öffentlicher Meinung, c) die Skizzierung von „Mediengesellschaft" und d) die Rolle von Public Relations gezeigt werden.

2.1 „Bedeutung" als Konstrukt

Die klassische Kommunikationstheorie unterstellte, dass gleiche Stimuli gleiche Wirkungen haben. Sie musste also unabdingbar davon ausgehen, dass Bedeutungen für Menschen notwendig konsentiert sind. Man muss vermuten, dass dies der Grund dafür war, dass die Behaviouristen so beharrlich alle Hinweise auf die Varianz von Bedeutungen leugnen *mussten*.[2] Das führte folgerichtig zu der weit verbreiteten Vorstellung, dass der Kommunikationsprozess nur dann funktionieren könne, wenn

---
1 Vgl. dazu etwa Schmidt 1994 sowie Merten/Schmidt/Weischenberg 1994.
2 Umberto Eco schlägt nicht von ungefähr vor, „die schädliche Auffassung von Bedeutung [...] aus jeder semiotischen Untersuchung kurz und bündig zu eliminieren als ein Residuum, welches verhindert, das kulturelle Wesen der Signifikationsprozesse zu begreifen" (Eco 1972: 70f).

Bedeutungen der Zeichen in bestimmtem Umfang deckungsgleich seien[3] resp. eine „Bedeutungsübermittlung" zwischen Kommunikator und Rezipient stattfinden könne (so noch Maletzke 1972: 18). Diese Beharrung auf behaviouristischen Positionen führt dann – ebenso folgerichtig wie irrig – zu der Vorstellung, dass der Kommunikationsprozess ein Übertragungs- oder Tauschprozess sein könne.

Der Denkfehler ist somit ein doppelter: Er geht von einer Objektivierbarkeit von „Bedeutung" aus und er materialisiert „Bedeutung" (was immer das sei) als eine Eigenschaft, die mit dem Zeichen (was immer auch dies sei) fest verbunden ist. Wenn jedoch die Annahme gleicher Bedeutungen zutreffen würde, gäbe es keine kommunikationsfähigen Individuen, sondern nur bewusstlose, im Rhythmus von Stimuli, auf die eine „Bedeutung" aufgeprägt ist und die ein raffinierter Kommunikator abfeuert, massenhaft zuckende Automaten. Genau diese Vorstellung findet sich in der Wirkungsforschung als „Kanonentheorie" wieder.

Nimmt man das Basistheorem des Konstruktivismus, wonach Menschen ihre Wirklichkeit subjektiv konstruieren, jedoch ernst und fragt nach den Bedingungen der Möglichkeit, so zu verfahren, so wird man schnell fündig bei einem Phänomen, das in der Kommunikationsforschung weithin bekannt ist, das aber gerade in konstruktivistischer Perspektive einen ganz anderen Stellenwert besitzt, nämlich *Selektivität*.

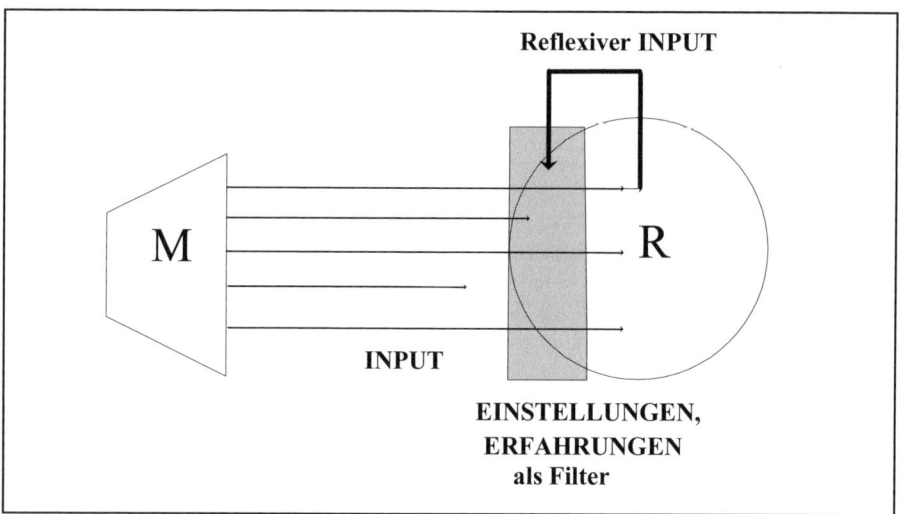

Abb. 1: Selektivität und Reflexivität beim Aufbau von Wirklichkeit

In der Kommunikationsforschung ist Selektivität offenbar erstmalig von Lazarsfeld – sozusagen als Störfall – entdeckt worden (Lazarsfeld et al. 1944: 80f). Später wurde

---

3   In diesem Sinne instruktiv Prakke (1968: 87): „Kommunikation ist Zeichenaustausch [...]. In einem Kommunikationsprozess tritt nun folgendes ein: Nur ein Teil des bereitstehenden Zeichenvorrats wird realisiert. Um die Verständigungsbasis zu verbreitern, ist es nötig, den von beiden Partnern im Kommunikationsprozess eingesetzten Zeichenvorrat möglichst zur Deckungsgleichheit zu bringen. Kommunikationsprozesse implizieren die Kongruenz der Zeichenvorräte als Ideal."

Selektivität als typisch humane Strategie, sich der Informationsüberlastung zu erwehren, gedeutet – beispielsweise in der Gestalt des gatekeepers (vgl. etwa Weischenberg 1992: 304ff).

Aus konstruktivistischer Perspektive ist Selektivität jedoch die fundamentale anthropologische Voraussetzung dafür, dass ein Individuum überhaupt konstruieren kann: Interpretationen, Einstellungen, Erwartungen oder Erfahrungen sind selektive Mechanismen. Selektives Verhalten ist zugleich die Grundvoraussetzung für Kommunikation überhaupt und markiert genau in der Unterscheidung von Signal und Symbol den Übergang vom animalischen Signal- zum humanen Symbolverhalten: Auf der animalischen Ebene sind Wahrnehmungs- und Verhaltensprozesse noch gekoppelt, wir sprechen von Reflexen und demgemäß können Tiere Wahrnehmungen nur auf der Signal-Ebene anstellen, d.h. sie sind in ihren Reaktionen eindeutig *fixiert*. Oder anders gesagt: Sie können Signale nicht deuten, weil ihnen die Möglichkeit, sich in Bezug auf Wahrnehmungen *selektiv* zu verhalten, nicht gegeben ist (vgl. Moltz 1965).

Auf der Humanebene dagegen ist die Kopplung zwischen Wahrnehmung und Verhalten, zwischen Reiz und Reaktion, aufgehoben. Homo sapiens ist durch Freiheitsgrade des Wahrnehmens und Verhaltens, also durch Selektivität, ausgezeichnet. Wenn aber Selektivität gegeben ist, dann folgt daraus, wie Abbildung 1 verdeutlicht, dass Einstellungen und Erfahrungen sich a priori schon selektivem Verhalten verdanken: Jede Wahrnehmung wird durch die schon vorher angestellten Wahrnehmungen determiniert, jede Erfahrung durch die schon vorher gemachte Erfahrung etc. Die vom Individuum aufgebauten Bestände an Einstellungen, Erfahrungen etc., der interne Erfahrungskontext, wird reflexiv, indem er als Filter für allen weiteren Input vorgeschaltet wird. Daraus ergibt sich genau das, was das Basistheorem behauptet: Wirklichkeit kann nur immer subjektiv erzeugt werden. Zugleich zeigt sich neben der Selektivität ein weiteres wichtiges Strukturmerkmal lebender Systeme, nämlich *Reflexivität*.[4] Der einfachste Kommunikationsprozess wäre ohne die Möglichkeit reflexiver Strukturbildung undenkbar, denn genau dieser verdankt er sich ja (vgl. Merten 1977: 161f).

2.2 Öffentliche Meinung

Ausgangspunkt für die Analyse öffentlicher Meinung ist ebenfalls das *Basistheorem des Konstruktivismus*: Menschen konstruieren ihre Wirklichkeit subjektiv und eigenverantwortlich. Wenn dem aber so ist, dann wird begreiflich, dass Menschen diese Freiheit auch als Risiko begreifen können, als Risiko, auch unangemessen zu konstruieren und dass sie sich dessen bewusst sind. Die ethnomethodologischen Krisenexperimente von Garfinkel (1967) etwa verweisen exakt in diese Richtung: Wenn man jemand signalisiert, dass man dessen Wirklichkeitskonstruktion nicht akzeptiert – Garfinkel ist ja durch seine drastischen Beispiele hierzu berühmt geworden – dann reagieren Menschen aggressiv – aggressiv, wie jeder, der fundamental verunsichert ist. Allgemeiner: Menschen werden sich gegen solche Wirklichkeitsverluste

---

4   Dass Selektivität einen Entscheidungsprozeß voraussetzt und damit selbst Reflexivität bedingt, sei hier nur angemerkt.

zu schützen versuchen, indem sie sich an *anderen* orientieren, denn – so Tocqueville – „sie (fürchten) die Absonderung mehr als den Irrtum" (zit. nach Noelle-Neumann 1980: 62).

Diese Lösung des Unsicherheitsproblems ist in mehrfacher Hinsicht interessant. Einmal, weil die Beschaffung von Struktur (man könnte auch sagen: Die Viabilität der Wirklichkeitskonstruktion) durch Reflexivisierung des Handelns (Handeln wie *andere* Handeln) bewerkstelligt wird und damit im Prozess der öffentlichen Meinung mit einer anderen reflexiven Struktur verknüpft wird, nämlich mit einer Meinung, verstanden als Information *über* eine Information (Abb. 2). Öffentliche Meinung (zu einem bestimmten Thema) wäre demnach die Meinung, was man meint, was andere zu diesem Thema meinen, bzw. was man meint, dass „man" meint.

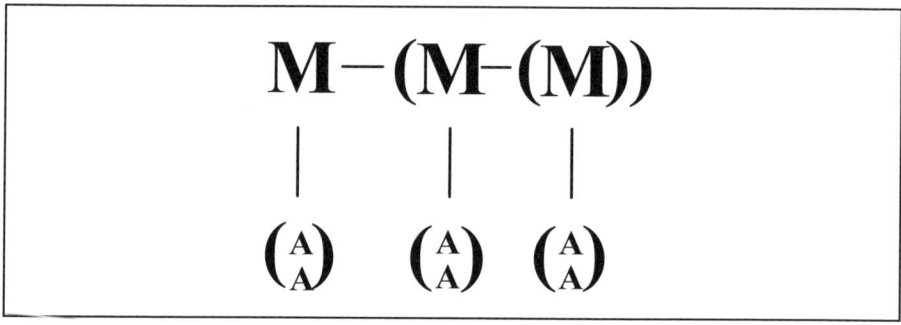

Abb. 2: Reflexive Superstruktur öffentlicher Meinung

Aus der Systemtheorie ist bekannt, dass die Installation reflexiver Strukturen stets besondere Leistungen oder Leistungssprünge erbringt (vgl. Luhmann 1970: 101). Da hier eine Verknüpfung verschiedener Typen von Reflexivität auf verschiedenen Ebenen vorliegt, müsste demnach eine besonders leistungsfähige Struktur angesprochen sein. Damit lässt sich zunächst systemtheoretisch die besondere Bindekraft öffentlicher Meinung demonstrieren.

Diese Lösung des Unsicherheitsproblems ist aber auch aus einer ganz anderen Perspektive aufschlussreich, weil das Konstrukt „öffentliche Meinung" eine durchgängige Fiktion darstellt, also weder wahrnehmbar noch auf Wahrheit verpflichtet ist. Menschen aber brauchen, wie oben ausgeführt, Gewissheit, also Strukturen zur Ordnung ihres Handelns und Erlebens. *Weil* dies so ist – darauf verweisen etwa Experimente aus der sensorischen Deprivation, die berühmten Experimente über Gruppenkonsens (vgl. Asch 1954), aber auch die Theorie der Gerüchtverbreitung, um nur ein paar Beispiele aus der Kommunikationsforschung zu nennen – greifen sie buchstäblich nach jedem Strohhalm. Nicht, weil ein Strohhalm de facto Struktur gibt, sondern weil Menschen supponieren, dass er Struktur geben *könnte*. Abstrakter: Weil Wirklichkeiten immer konstruiert werden, ist deren Authentizität letztlich unerheblich: Wirklichkeitskonstruktionen sind daher nicht auf Wahrheit, sondern nur auf Viabilität verpflichtet. Dass Massenkommunikation nur fiktive resp. „parasoziale" Kommunikation darstellt, dass kommunikative Fiktionen Fakten mühelos als unwirklich, sicher aber als unwirksam deklassieren können, findet so seine konstruktivistische Erklärung.

2.3 Mediengesellschaft: Fakt und Fiktion

Stark verkürzt kann man zunächst sagen, dass die Informationsgesellschaft sich über die Knappheit bzw. über den Überfluss an oder die Zunahme und Vernetzung von Information definiert oder aber über die wirtschaftliche Bedeutung, die vor allem in der technischen Dimension von Verbreitung und Rezeption von Information besteht (vgl. Merten 2004). Ganz anders die Mediengesellschaft, deren spezifische Leistung nicht in der Vervielfältigung von Kommunikationsangeboten besteht, sondern zunächst einmal in der Tatsache, dass alles Handeln gesellschaftlicher Teilsysteme, aller Organisationen und aller Personen als kommunikatives Handeln abgebildet und in kommunikatives Handeln transponiert werden kann. Weil diese Transposition ins Fiktionale grundsätzlich einfacher, schneller und wirksamer zu bewerkstelligen ist und weil sie genügend affin strukturiert ist, kann sie das eigentliche Handeln tendenziell substituieren. Zu sehr ähnlichen Überlegungen gelangt man, wenn man die kommunikative bzw. mediale Transposition in der Funktion eines Stellvertreters sieht, der den real zugrunde liegenden Sachverhalt stellvertretend abbilden, behandeln und damit zugleich fiktionalisieren kann: Gesellschaftlich relevantes Handeln kann auf diese Weise sozusagen dupliziert werden – um den Preis allerdings, dass die klassische Trennschärfe zwischen Fakt und Fiktion, der sich u.a. auch der Begriff der Wahrheit verdankt, verloren geht. Von Mediengesellschaft kann man also immer dann sprechen, wenn es nicht prinzipiell, sondern laufend möglich ist, dass Fiktionen faktische Wirkungen ausüben oder als Fakten definiert werden können.[5] Es liegt auf der Hand, dass diese Perspektive Weiterungen eröffnet, deren Grenzen noch gar nicht absehbar sind.

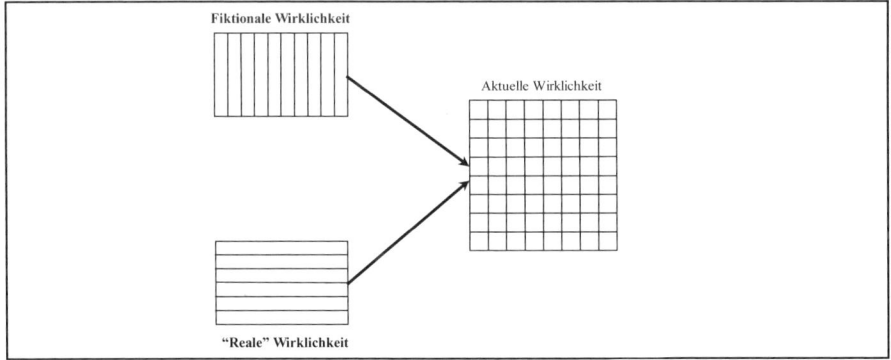

Abb. 3: Drei Wirklichkeiten

---

5 Als Indikatoren könnte man hier z.B. die gesellschaftliche Akzeptanz von Fiktionen oder die Indifferenz gegen Fälschungsleistungen ansehen. Die Kreation von kompletten fiktionalen Welten mit fiktionalen Wesen, zunächst als Comic, dann mit extragalaktischem Zuschnitt oder die in den letzten Jahren zu beobachtende auffällige Häufung von Ereignissen, wie die Publikation der gefälschten Hitlertagebücher im STERN, die gefakten Interviews mit Stars in der Süddeutschen Zeitung oder andere mögen hier als Beispiele dienen.

Während also Informationsgesellschaft schlicht durch eine rein quantitative Veränderung des Informationsumsatzes definiert werden kann, stellt Mediengesellschaft auf ungleich weiterreichende qualitative Veränderungen ab, die zu einer Verdreifachung von Welt führen: Neben die Welt des Realen tritt eine Welt des Fiktionalen und in der Transzendenz der Grenzen zwischen beiden Welten etabliert sich eine neue, dritte Welt, in der Fakten und Fiktionen einander wechselseitig und viabel substituieren können. Auf der Ebene von Wirklichkeit heißt dies, dass die klassische faktenbasierte, „reale" Wirklichkeit ergänzt wird um eine fiktionale Wirklichkeit und dass in der Transzendenz von Fakt und Fiktion eine dritte, transklassische Wirklichkeit katalysiert wird, die zugleich die eigentliche, aktuelle Wirklichkeit abgibt (Abb. 3).

Es liegt auf der Hand, dass die Mediengesellschaft neue Kommunikationsstrukturen erzeugt und gleichzeitig solche benötigt. Die vermutlich prominenteste Entwicklung der Mediengesellschaft stellt, nicht zufällig, das *Image* dar. Das erkennt man bereits daran, dass dieser Begriff erst in der zweiten Hälfte des 20. Jahrhunderts aufkam, zu einem Zeitpunkt also, wo auch der Beginn der Mediengesellschaft festzumachen ist. Im Gegensatz zu einer *Meinung,* die ein *individuelles*, subjektives Fürwahrhalten darstellt, ist das Image eine *kollektive*, fiktionale Vorstellung, die aus vielen wertenden Einzelinformationen zu einem Ganzen zusammengesetzt ist. Images lassen sich für alle Objekte herstellen (Personen, Organisationen, Ereignisse, Ideen etc.), lassen sich schnell, kontingent und ökonomisch verändern und sind im Sinn des Konstruktivismus die viable Antwort auf neuzeitliche Vergewisserungsansprüche.

In diesem Verständnis besteht – analog zur öffentlichen Meinung – ein Image zunächst aus einer Aussage (A), die von anderen Aussagen bewertet wird (A(A)). Die Fiktionalität wird durch die Reflexivisierung der Vorstellung V, dass andere sich vorstellen (V(V)), was „man" sich vorstellt (V(V(V))), erzeugt (Abb. 4).

Die besondere, einzigartige Funktion von Images liegt in ihrer Stellvertreterrolle: Da in der Mediengesellschaft die Berichterstattung über Irgendetwas die authentische Präsenz von Irgendetwas substituieren kann, kann ein Image analog stellvertretend wirken.

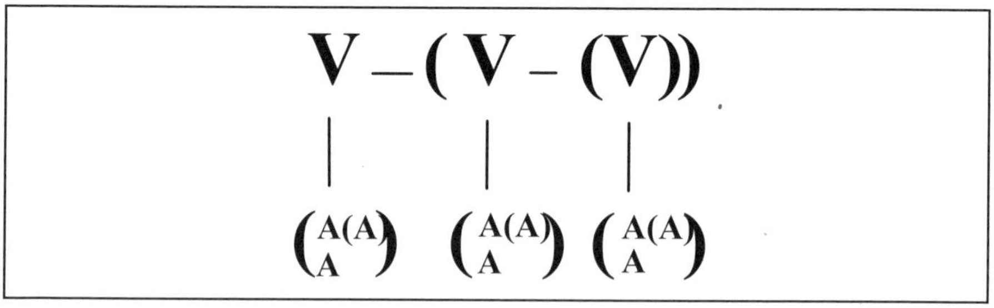

$$V - (V - (V))$$

$$\begin{pmatrix}A(A)\\A\end{pmatrix} \quad \begin{pmatrix}A(A)\\A\end{pmatrix} \quad \begin{pmatrix}A(A)\\A\end{pmatrix}$$

Abb. 4: Struktur von Images

Plausibel ist auch (vgl. Abb. 2), dass Image und öffentliche Meinung eine affine Struktur haben, denn die öffentliche Meinung erzeugt auch für Images den notwendigen Unterbau für resultierenden Konsens.

2.4 Public Relations als Konstruktion von Wirklichkeit

472 Definitionsversuche von Public Relations (vgl. Harlow 1976) signalisieren, dass die bisherigen Anstrengungen zur Theoriebildung von Public Relations bislang nicht eben erfolgreich waren. Aus konstruktivistischer Sicht lässt sich die Entwicklung von Public Relations dagegen präziser erklären und als Begriff definieren.

Ausgangspunkt für das Verständnis der Funktion von Public Relations ist die Ausdifferenzierung der Gesellschaft in Teilsysteme. Während aber die Vergrößerung der Teilsysteme von n auf n+1 Teilsysteme linear erfolgt, vergrößert sich das Potenzial P der notwendig zu garantierenden kommunikativ zu leistenden Integration quadratisch, als $P = n(n-1)/2$. Daraus folgt, dass das Kommunikationssystem einer Gesellschaft grundsätzlich schneller wachsen muss als deren übrige Teilsysteme. Es entsteht, mit anderen Worten, ein stetig wachsender Bedarf für die Beschaffung von Wissens- und Glaubensstrukturen auf fiktionaler Basis, der geradezu erwartbar zur Ausbildung einer neuen Profession geführt hat: Public Relations.

Public Relations antworten auf dieses neuzeitliche Erfordernis, indem sie sich professionell auf die Konstruktion wünschenswerter Wirklichkeiten, vor allem durch Konstruktion von *Images* einrichten. Images abstrahieren von bestimmten Elementen, sie fungieren selektiv, lassen sich vergleichsweise schneller ändern als die zugrundeliegenden Einstellungen oder das Bewusstsein, wobei die Medien das zentrale Vehikel abgeben. Zur Absicherung ihrer Konstruktionen sind Images zudem auf bestätigende Strukturierung angewiesen, die ebenfalls fiktional ausfallen darf und ebenfalls über die Medien zu bewerkstelligen ist. Insbesondere a) Orientierung an *anderen*, b) *Bewertungen* und c) progressive *Wiederholungen* („das neue X"), also erneut reflexive Strukturen in sozialer, sachlicher und zeitlicher Dimension, können diese Bestätigung leisten.

In diesem konstruktivistisch begründeten Verständnis lässt sich Public Relations daher definieren als „Prozeß intentionaler und kontingenter Konstruktion wünschenswerter Wirklichkeiten" (vgl. Merten/Westerbarkey 1994: 205ff). Und wenn Grunig/Hunt (1984: 6) PR definieren als „management of communication" so ließe sich konstruktivistisch ergänzen, dass PR in der Lage ist, die Semantik einer Sache zu der Sache selbst in viabler kommunikativer Distanz zu halten.

Aus systemischer Perspektive lässt sich schließlich auch das Verhältnis von Journalismus und PR neu definieren. Während andere Erklärungsversuche bislang nur auf der Mikro-Ebene das Verhältnis von Journalisten und PR-Schaffenden beschreiben (vgl. etwa Bentele 1999), führt die systemische Analyse auf der Makro-Ebene zu anderen, abstrakteren Erkenntnissen.

Allerdings kann man Journalismus, PR und Werbung nicht als gesellschaftliche Subsysteme mit je eigenem Code skizzieren. Dagegen ist es möglich, das Verhältnis von Journalismus und PR vor der Folie der Ausdifferenzierung des Kommunikationssystems zu betrachten. Dies führt auf ein Dreiphasenmodell der Entwicklung des Kommunikationssystems. In der ersten *Phase der archaischen Kommunikation,* wo noch keine Medien zur Verfügung stehen, besteht die für den Rezipienten R gültige Wirklichkeit ausschließlich aus unvermittelt beobachtbaren Ereignissen E, von denen der Rezipient stets nur einige, aber nicht alle wahrnehmen kann.

Das ändert sich in der *Phase der Industriegesellschaft*, die nicht zufällig jetzt die Medien hervorbringt:[6] Der Radius wahrnehmbarer Ereignisse E für den Rezipienten R wird durch die Tätigkeit der Journalisten J und das jeweils von diesem bediente Medium in einem nie gekannten Ausmaß erweitert. Gleichwohl bleibt es dem Rezipienten möglich, in bestimmten Bereichen, die seinen alltäglichen Nahraum ausmachen, neben die mediale die eigene Beobachtung zu setzen.

Im Zeitalter der Mediengesellschaft differenziert sich die Rolle des Journalisten weiter aus in die der Informationsbeschaffung, die nun den PR-Fachleuten angesonnen wird, und in die des redaktionellen Handelns: Der Journalist selbst nimmt weniger die Rolle der Recherche vor Ort wahr und stattdessen immer mehr die Rolle dessen, der vor dem Bildschirm nur mehr aus Fremdangeboten – die von PR immer mehr und professioneller bereitgestellt werden – auswählt. Das laufend zu beschaffende tägliche Volumen redaktioneller Berichterstattung über Ereignisse E kann durch den Zugriff von PR nun erheblich gesteigert werden (Abb. 5). Zugleich gewinnen PR-Fachleute die Möglichkeit, bei Bedarf über einen neuen, *nicht* naturwüchsigen Ereignistypus É zu berichten[7], der als *synthetisches Ereignis* (etwa: Pressekonferenzen) oder gar als schier fiktionales Konstrukt mit bis hin zur perfekten Unwahrheit reichenden Bezügen in den laufenden Strom der Information nicht nur eingefädelt werden, sondern auf Grund der spezifischen person-to-person-interaction mit den Journalisten vergleichsweise durchsetzungsfähig gestaltet und strategisch

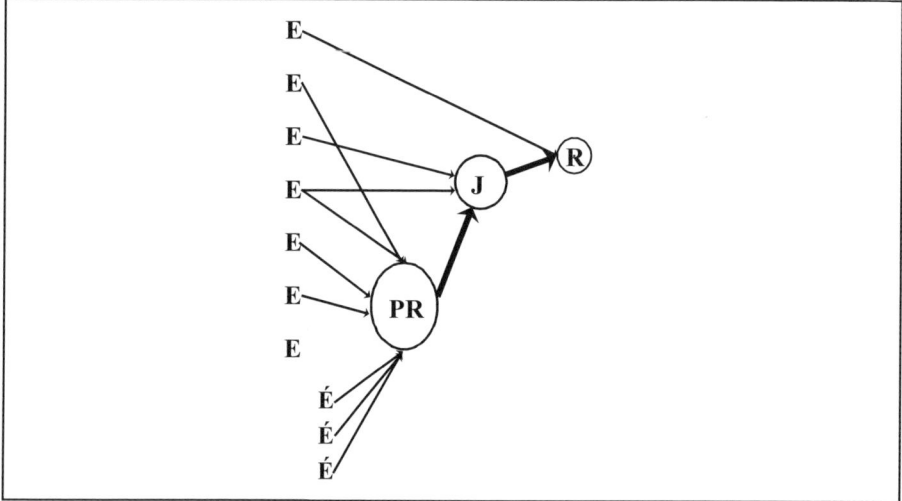

Abb. 5: Kommunikationssystem der Mediengesellschaft

---

6   Anzumerken ist, dass die Erfindung des Buchdrucks (1452) nicht nur das erste Printmedium hervorbringt, sondern zugleich auch das erste Produkt industrieller Massenfertigung. Das verweist auf die besondere Rolle der Medienentwicklung schon zu Beginn der Phase der Industriegesellschaft.

7   Ein synthetisches oder *Pseudoereignis* ist, konstruktivistisch gewendet, ein Meta-Ereignis, dessen Konstruktion erfolgt, um die Aufmerksamkeit für ein dadurch bzw. darin gerahmtes, vorab noch undefiniertes, eigentliches Ereignis zu fokussieren.

genutzt werden kann. Noch immer können die Journalisten zwar selbst vor Ort recherchieren; aber das gilt nur für den Ausnahmefall, dessen Wahrscheinlichkeit weiter abnimmt. Systemtheoretisch ist die hier beschriebene Leistungssteigerung des Kommunikationssystems weder neu noch ungewöhnlich, sondern stellt erwartbar erneut eine strukturelle Reflexivisierung – hier: als Selektion aus Selektion – dar, die Systeme offenbar immer zur Anwendung bringen, wenn sie überlastet sind und ihre Komplexität steigern müssen.[8] Was PR-Fachleute nicht auswählen, wird nicht mehr in der Berichterstattung auftreten, bzw. umgekehrt: Nur das, was die PR-Fachleute *und* Journalisten als relevant selegieren, wird in der Berichterstattung zu finden sein. Und: In dem Maß, wie der Journalist nunmehr Selektionen *aus* Selektionen vornimmt, schirmt ihn dies zugleich von der Wahrnehmung vor Ort, von Authentizität, vom „Atem des Geschehens" ab, was ebenfalls dazu beitragen dürfte, dass der Anteil fiktionaler Ereignisse É zunehmen wird. Theoretisch bedeutet dieses *Reflexivwerden der Informationsbeschaffung* (der Selektion aus Selektion) eine fast strategische Zäsur: Informanten (Journalisten) werden selbst durch andere Informanten (PR-Fachleute) informiert. Systemisch gesehen zählt dabei nur, *dass* Information genügend schnell und in genügendem Umfang vom Kommunikationssystem erzeugt wird. Das System ist dabei indifferent (und muss dies auch sein!) gegen die Frage, ob der Journalismus nun von PR determiniert wird, ob dieses Verhältnis wechselseitig (intereffikativ) ist, ob es möglicherweise ethische Codes des Journalismus tangieren könnte oder ob dafür ein ganz anderer Preis zu zahlen ist (vgl. Merten 2002).

3. Fazit

Der Konstruktivismus hat sich nicht zufällig vor der Folie *systemischen* Denkens entwickelt, die von Ingenieurs- und Geisteswissenschaften in der zweiten Hälfte des 20. Jahrhunderts so heuristisch aufgespannt worden ist. Auch die Kommunikationswissenschaft ist auf ihn – vor allem durch Arbeiten von Niklas Luhmann einerseits und die von Umberto Maturana andererseits – aufmerksam geworden. Dass es dabei unterschiedliche Strömungen gibt, ist als Indiz für einen binnenpluralistischen Diskurs (den jede große Theorie aushalten muss und dem sie sich letztlich verdankt), aber sicher nicht als Indiz für eine „kommunikationswissenschaftliche Mode" (Kunczik 2002: 256) zu begreifen.

Gerade für die PR, die in der strategischen Vernetzung von informeller und medialer Kommunikation, von Fakt und Fiktion, von Image und öffentlicher Meinung neue Fragen und Probleme zuhauf für die Kommunikationswissenschaft erzeugt hat, kann konstruktivistische Theorie, wie hier ansatzweise zu zeigen versucht wurde, neue Erkenntnisse und viable Erklärungen bereitstellen.

---

8 Beispielsweise wurde im Wirtschaftssystem unter dem Druck notwendiger Leistungssteigerung zunächst der Tausch reflexiv – als Eintausch von Tauschmöglichkeiten, als Geld also –, und in einem weiteren Schritt nochmals das Geld – was unter dem Rubrum „Zins" aufscheint. Ohne diese geradezu typisch zu nennende Selbsthilfemöglichkeit sozialer Systeme wäre die Entwicklung von Hochkulturen unmöglich gewesen.

Literatur

Asch, Solomon E. (1954): The Effects of Group Pressure Upon the Modification and Distortion of Judgements. In: Harald Guetzkow et al.: Groups, Leadership and Men. Pittsburgh: Carnegie Press. S. 177-190.

Bentele, Günter (1999): Parasitentum oder Symbiose? Das Intereffikationsmodell in der Diskussion. In: Rolke, Lothar/Wolff, Volker (Hrsg.): Wie die Medien die Wirklichkeit steuern und selber gesteuert werden. Opladen: Westdeutscher Verlag. S. 177-194.

Eco, Umberto (1972): Einführung in die Semiotik. München: Fink.

Garfinkel, Harold D. (1967): Studies in Ethnomethodology. Englewood Cliffs: Prentice Hall.

Grunig, James E./Hunt, Todd (Hrsg.) (1984): Managing Public Relations. New York/Chicago: Holt, Rinehart & Winston.

Harlow, Rex (1976): Building a Public Relations Definition, in: Public Relations Review, Nr. 2, S. 34-41.

Kant, Immanuel [12](1992): Kritik der reinen Vernunft. Bd. III. Herausgegeben von Wilhelm Weischedel Frankfurt: Suhrkamp.

Kunczik, Michael (2002): Public Relations. Konzepte und Theorien. Köln: Böhlau.

Lazarsfeld, Paul F./Berelson, Bernard/Gaudet, Hazel (1944): The People's Choice. New York: Columbia University Press [1](1944) Dt.: Wahlen und Wähler. Neuwied: Luchterhand 1969 (Teilabdr.).

Luhmann, Niklas (1970): Soziologische Aufklärung. Opladen: Westdeutscher Verlag.

Luhmann, Niklas (1972): Einfache Sozialsysteme, in: Zeitschrift für Soziologie, Nr. 1, S. 51-65.

Luhmann, Niklas (1987): Soziale Systeme. Frankfurt: Suhrkamp.

Maletzke, Gerhard [2](1972): Psychologie der Massenkommunikation. Hamburg: Verlag Hans-Bredow-Institut.

Maturana, Humberto R. (1982): Erkennen: Die Organisation und Verkörperung von Wirklichkeit. Braunschweig, Wiesbaden: Vieweg.

Maturana, Humberto (1992): The Biological Foundations of Self Consciousness and the Physical Domain of Existence. In: Luhmann et al. (Hrsg.): Beobachter. Konvergenz der Erkenntnistheorien? München: Fink, S. 47-118.

Merten, Klaus (1977): Kommunikation. Opladen: Westdeutscher Verlag.

Merten, Klaus (2002): Politik in der Mediengesellschaft. Zur Interpenetration von Politik- und Kommunikationssystem. In: Merten, Klaus/Zimmermann, Rainer/Hartwig, Andreas (Hrsg.): Handbuch der Unternehmenskommunikation 2002/2003. Kriftel, Neuwied: Luchterhand, S. 81-98.

Merten, Klaus (2004): Postindustrielle Gesellschaft, Informationsgesellschaft oder Mediengesellschaft? Begriffliche Klärungen und theoretischer Anspruch (in Vorbereitung).

Merten, Klaus/Schmidt, Siegfried J./Weischenberg, Siegfried (Hrsg.) (1994): Die Wirklichkeit der Medien. Eine Einführung in die Kommunikationswissenschaft. Opladen: Westdeutscher Verlag.

Merten, Klaus/Westerbarkey, Joachim (1994): Public Opinion und Public Relations. In: Merten, Klaus/ Schmidt, Siegfried J./Weischenberg, Siegfried (Hrsg.): Die Wirklichkeit der Medien. Eine Einführung in die Kommunikationswissenschaft. Opladen: Westdeutscher Verlag, S.188-211.

Moltz, Howard (1965): Contemporary Instinct Theory and the Fixed Action pattern. In: Psychological Review, Nr. 72, S. 27-47.

Noelle-Neumann, Elisabeth (1980): Die Schweigespirale. München: Piper.

Parsons, Talcott (1951): The Social System. New York: The Free Press/London: Collier-MacMillan.

Prakke, Hendricus Johannes (1968): Kommunikation der Gesellschaft. Münster: Regensberg.

Schmidt, Siegfried J. (Hrsg.) (1987): Der Diskurs des radikalen Konstruktivismus. Frankfurt: Suhrkamp.

Schmidt, Siegfried J.(Hrsg.) (1994): Kognitive Autonomie und soziale Orientierung. Frankfurt: Suhrkamp.

Weischenberg, Siegfried (1992): Journalistik. Bd.1: Mediensysteme. Medienethik, Medieninstitutionen. Opladen: Westdeutscher Verlag.

Wiener, Norbert (1963): Kybernetik. Regelung und Nachrichtenübertragung im Lebewesen und in der Maschine. Düsseldorf: Econ.

Ein rekonstruktiver Ansatz der Public Relations

Günter Bentele

1. Rekonstruktiver Ansatz und Gesellschaftstheorie

Der hier vorgestellte Ansatz ist zunächst im Kontext einer Reflexion von *Kommunikationsnormen der öffentlichen Kommunikation*, also beispielsweise der journalistischen Wahrheits- und Objektivitätsnorm entstanden (Bentele 1982, 1988b). Auf Basis einer erkenntnistheoretischen, wissenschaftstheoretischen und historischen Reflexion solcher zentraler Berichterstattungsnormen sind die Überlegungen in meiner Habilitationsschrift (Bentele 1988a) erkenntnistheoretisch fundiert und auf einen zentralen Rezeptionsaspekt von Medien, die wahrgenommene *Glaubwürdigkeit* von Medien ausgeweitet worden. Später kam eine Reflexion *ethischer Normen der PR* (Bentele 1992b), von *Wirklichkeitsbezügen* des Fernsehens (Bentele 1992a) und der Public Relations (Bentele 1994b) sowie die Entwicklung einer *Theorie öffentlichen Vertrauens* (Bentele 1994a) hinzu. Die theoretischen Überlegungen basierten dabei seit den achtziger Jahren auf der biologisch begründeten Evolutionären Erkenntnistheorie (EE) die hier aus Platzgründen nicht dargestellt werden kann. Es existieren durchaus Ähnlichkeiten mit biologisch begründeten Konzepten des „radikalen Konstruktivismus", der entscheidende Unterschied liegt in der erkenntnistheoretischen Position: die EE[1] bekennt sich zu und argumentiert für eine realistische Position, nämlich eine *hypothetisch-realistische* (Lorenz 1975; Vollmer 1975). Dass solche Positionen durchaus mit systemtheoretischen Ansätzen verträglich sein können, macht die Bemerkung des Systemtheoretikers Helmut Willke deutlich, der einen „reflektierten Rekonstruktivismus" eher für angemessen hält als einen „radikalen Konstruktivismus".[2]

Die Bezeichnung „rekonstruktiver Ansatz" bezieht sich auf einen Begriff von Rekonstruktion, der einen Prozess der *kognitiven (und kommunikativen) Modellbil-*

---

1 Vgl. anstatt vieler Campbell (1974), Irrgang (2001), Lorenz (1975), Vollmer (1975, 1985, 1986, 2002), vgl. auch Popper (1984). In Bentele (1988a, 1992a) wird die EE als Basistheorie für die Kommunikationswissenschaft eingeführt.
2 „Wohlgemerkt heißt dies nicht, den „radikalen Konstruktivismus" [...] als Erkenntnistheorie zu übernehmen. Eher angemessen scheint ein *reflektierter Rekonstruktivimus* (Hervorhebung durch den Autor, G.B.), ein Verfahren der Erkenntnisgewinnung also, in welchem das erkennende System zwar ausschließlich an die *eigenen* Mittel des Beobachtens und Verstehens gebunden ist und deshalb den Gegenstand seiner Erkenntnis nicht „objektiv" oder „real" oder wirklich „wirklich" ergründen kann, aber dies heißt andererseits doch nicht, dass das erkennende System einfach irgendwelche Phantasieprodukte erfinden und diese als richtige Erkenntnis ausgeben kann. Augenscheinlich ist zwischen Erklärung und Erklärtem zumindest eine plausible Relation erforderlich, eine Passung, ein „goodness of the fit" [...], eine Art Schlüssel-Schloss-Verhältnis ...", (vgl. Willke 1996: 167f.). Willke vertritt einen „funktional-genetischen" Ansatz der Systemtheorie, einen Ansatz, der auch mit zentralen Gedanken des Autors, z.B. der genetischen Semiotik (Bentele 1984) oder dem funktional-integrativen Schichtenansatz (Bentele, 1997) gut kompatibel scheint.

dung bezeichnet, also den Prozess, in dem im beobachtenden System ein *strukturisomorphes Modell* hergestellt wird, das zu dem Beobachteten „passt". Der Begriff und Prozess der Rekonstruktion bezieht sich somit auf die Relationen, die – auf den Wahrnehmungs- bzw. Erkenntnisprozess bezogen – zwischen *Beobachter und Beobachtetem, Subjekt und Objekt* (traditionell formuliert) existieren. Auf den Kommunikationsprozess gemünzt, bezieht sich der Begriff auf die Relationen zwischen *Zeichen und Bezeichnetem, Beschreibung und Beschriebenem, Medienwirklichkeit und Wirklichkeit.* In der *Beobachtung* von Wirklichkeit wird diese *kognitiv* rekonstruiert, im Prozess der kommunikativen *Beschreibung* von Wirklichkeit (durch Zeichen, Wörter, Texte und Themen) wird natürliche und soziale Wirklichkeit *kommunikativ* rekonstruiert. Andere Beobachter tun dies genauso und wenn die beobachtete Wirklichkeit auch von diesen in kommunikativen Formen (Texten) rekonstruiert wird, sichert vor allem diese rekonstruktive Eigenschaft von Texten, dass verschiedene Kommunikationspartner den Eindruck haben, sich kommunikativ auf *dieselbe* Wirklichkeit zu beziehen. Kommunikation, die Verständnis ermöglichen soll, benötigt dieselben Referenzwirklichkeiten.

Dieser erkenntnistheoretisch begründete Ansatz, der in Auseinandersetzung mit konstruktivistischen Ansätzen entwickelt wurde (vgl. Bentele 1993a) lässt sich verknüpfen mit handlungstheoretisch „rückgekoppelten" Systemtheorien von Gesellschaft, wie sie z.B. von Schimank (2000) oder in der Strukturierungstheorie von Giddens (1995) vertreten werden. Diese Anbindung kann hier jedoch nicht ausgeführt werden. In jedem Fall wird hier auch von der Existenz einer funktional gegliederten Gesellschaft und damit auch der Existenz funktionaler Teilsysteme wie Wirtschaft, Recht, Politik, Erziehung und Wissenschaft ausgegangen. Diese schließen allerdings *handlungsfähige Sozialsysteme* wie z.B. Unternehmen, Parteien, Ministerien, Verbände, Forschergemeinschaften, soziale Bewegungen, religiöse Sekten oder politische Protestbewegungen ein. Ihr Handeln bewegt sich in der Regel in den von den prägenden Systemen vorgegebenen Strukturen, zugleich produziert das Handeln der Organisationen aber auch die Struktur des prägenden Systems immer mit, insofern lässt sich von einer Dualität von Handlung und Struktur sprechen (vgl. Giddens 1995: 77-81). Die handlungsfähigen Sozialsysteme, in der Regel kollektive Akteure (vgl. Willke 1996: 178ff), sind Strukturbestandteile der Funktionssysteme und fassen sich gegenseitig als strategisch kalkulierend auf. Aus gegenseitiger Beobachtung, dem Sammeln von Informationen übereinander und deren Interpretation ergeben sich bestimmte *Akteurskonstellationen* und *dynamische (Handlungs-) Entwicklungen.* Gesellschaftliche Dynamik ergibt sich aus dem Zusammenspiel dieser Ebenen.

Sinnvoll scheint es, auf Basis dieser Skizze auch für PR-theoretische Zwecke *drei Analyseebenen*[3] zu unterscheiden, die mittlerweile weitgehend selbstverständlich geworden sind. Auf einer ersten Ebene der *Mikroanalyse*, wird das Handeln einzelner Akteure, ihre Motive, Ziele, die von ihnen benutzten bzw. geschaffenen *Regeln*, die Effekte ihrer Handlungen, etc. beobachtet und analysiert. Auf der *zweiten* – organisatorischen – *Ebene* wird der Kommunikationsprozess in der Organisa-

---

3 Vgl. zu einer etwas anderen Bestimmung von drei Dimensionen auch Ronneberger/Rühl (1992: 249ff).

tion und zwischen Organisationen und ihren sozialen Umwelten („Publics', ,Stakeholder') beschrieben. Organisation wird als die Ebene verstanden, die zwischen gesellschaftlichen Funktionssystemen, der Gesellschaft als sozialem System insgesamt und dem einzelnen Akteur vermittelt. Hier sind es insbesondere die Aufgaben, Funktionen, Handlungen oder – systemtheoretisch formuliert – *Entscheidungs- und Handlungsprogramme* der PR-Organisation im Zusammenhang mit der übergeordneten 'Mutter-Organisation' bzw. dem Auftraggeber, die im Mittelpunkt der Analyse stehen. Die dritte Analyseebene betrifft die *makroanalytische Ebene*, auf der sich die Frage nach der Verbindung zur Gesellschaft stellt, z.B. die Frage, ob bzw. wieweit Public Relations selbst als ein gesellschaftliches Funktionssystem oder der Teil eines gesellschaftlichen Funktionssystems (z.B. Publizistik, Öffentlichkeit?) sinnvoll skizziert werden kann, oder welche Art von Sozialsystem es ansonsten darstellt. Der Schwerpunkt in diesem Aufsatz liegt auf den ersten beiden Ebenen.

2. Strukturen und Prozesse der PR bzw. des Kommunikationsmanagements

Auf den ersten beiden Analyseebenen wird Public Relations zunächst als ein *strukturiertes, kommunikatives Handeln* von Einzelakteuren in *organisatorischen Kontexten* betrachtet, d.h. entweder *innerhalb* von sozialen Organisationen oder in systematischen Beziehungen *mit* Organisationen. *Organisatorische Formen*, innerhalb derer PR als Handeln von Akteuren stattfindet, sind erstens *Kommunikationsabteilungen* von Organisationen, zweitens spezielle *Dienstleistungsorganisationen* wie Kommunikations-, PR- oder auch Werbeagenturen, Beratungsfirmen, etc. Auch *Einzelakteure*, die Beratungs- und Kommunikationsleistungen für ihre Auftraggeber (z.B. das Schreiben von Pressemitteilungen und das Erstellen von Informationsbroschüren, die Organisation einer Pressekonferenz, die Beratung zur Neugestaltung des Firmenlogos) erbringen, arbeiten nie ausschließlich *solitär*. Sie kooperieren mit anderen Einzelakteuren (z.B. freien Mitarbeitern), zumindest aber stellt ihre Dienstleistung immer auch eine *Interaktion* zwischen Auftraggeber und Auftragnehmer dar. Der *organisatorische Kontext* ist also konstitutiv für die Erbringung der Kommunikationsleistung, auch wenn diese Leistung von Einzelakteuren erbracht wird. Innerhalb von organisatorischen Kontexten agieren die Akteure in bestimmten *Positionen* und *Rollen, d.h. gebündelten Verhaltenserwartungen. Vertikal* können *Leitungs*positionen, *ausführende (operationale)* Positionen und *unterstützende* Positionen (z.B. Sekretärinnen) unterschieden werden. Die ersten beiden Positionen sind in der empirischen PR-Rollenforschung z.B. als „Kommunikationsmanager" und „Kommunikationstechniker" bekannt geworden (vgl. zusammenfassend Grunig/Grunig 2002: 196ff). Positionen bzw. Rollen sind innerhalb unterschiedlicher *Organisationsformen* (vgl. Kieser/Kubicek 1992) wie Linien-, Stab-Linien- oder Matrix-Organisation etc. organisiert. *Horizontal* gibt es eine nach Objekt- bzw. Kommunikationsbereichen differenzierte Struktur: Unterabteilungen oder nebengeordnete Kommunikationsabteilungen wie Presse- und Medienarbeit, Besucherbetreuung, Sponsoring, Public Affairs, Investor Relations, Standort-Kommunikation usw. sind Beispiele. Sie sind nach jeweiligen Zielgruppen oder der instrumentellen Ausrichtung geordnet.

Organisationen bestehen, wie alle sozialen Systeme, nur *durch* Kommunikation (Luhmann 2000: 62). Innerhalb von Organisationen wird kommuniziert und Organisationen kommunizieren – als Kollektivakteure – mit ihrer Außenwelt (vgl. Theis 1994). *Interne* Kommunikationsprozesse lassen sich unterscheiden in solche, die
a) relativ *ungesteuert* ablaufen (informelle Kommunikation wie Gespräche am Mittagstisch, am Kaffeeautomat, Gerüchtebildung) und die
b) von der Organisation bewusst *gesteuerten*, internen Kommunikationsprozesse.

Dazu gehören einerseits die Prozesse, die mittels (interner) Medien und Kommunikationsinstrumente (z.B. Schwarzes Brett, Mitarbeiterzeitschriften, Intranet, etc.) vollzogen werden, aber auch die Kommunikationsprozesse, die zur Vorbereitung der eigentlichen (internen und externen) Kommunikationsprozesse vor allem in den Kommunikationsabteilungen selbst ablaufen und auf Planung, Umsetzung und Produktion von Kommunikation und organisationseigenen Medien ausgerichtet sind. Als *Resultate* werden kommunikative *Produkte* (Texte, Bilder, Themen, PR-Medien, Veranstaltungen) generiert.

Je nachdem, wie strukturiert, differenziert und arbeitsteilig der Prozess sich darstellt, können wir von *ungeordneter, routinisierter* oder von *strategisch geplanter PR* sprechen. In dem Maße, in dem der Prozess dem Idealtyp von strategisch geplanter und umgesetzter PR nahe kommt, ist der Begriff „Kommunikationsmanagement" angebracht. Als *Kommunikationsmanagement* (KM) soll hier der arbeitsteilig und hierarchisch organisierte *Steuerungsprozess* bezeichnet werden, der den komplexen Prozess der (Umwelt-)Beobachtung, Analyse, Strategieentwicklung, Organisation, Umsetzung und Evaluation von organisationsbezogenen Kommunikationsprozessen enthält. Im Extremfall läuft dieser Prozess als nicht oder nur wenig strukturierte Handlungskette einer einzelnen Person (der Organisationsspitze) ab.[4] Bei einem großen Unternehmen ist dieser Prozess arbeitsteilig vertikal und horizontal organisiert, für die einzelnen Phasen und Bereiche sind ganze Abteilungen zuständig. In diesem Prozess werden *Kommunikationsinstrumente* (z.B. Pressemitteilungen; Mitarbeiterzeitschriften), *Methoden* (z.B. Medienresonanzanalyse) und Kommunikationstechniken, bis hin zu komplexen *Verfahren* (z.B. Issues Management oder Kampagnen) eingesetzt. Der Einsatz solcher Instrumente, Medien und Verfahren beruht idealerweise auf Strategien. *Strategien* sind Planungen von Handlungsketten, die Bedingungen mit einbeziehen und *sachliche* und *zeitliche* Dimensionen aufweisen. Sie werden auch *Programme* genannt (Luhmann 1987: 432). Alle internen und externen Kommunikationsprogramme hängen von den zur Verfügung stehenden personellen und finanziellen *Ressourcen* ab. Die Entscheidung über Größe und Ausrichtung organisationsinterner Kommunikationsressourcen wird in der Regel von der obersten Organisationsleitung getroffen, wobei die Ressourcenzuteilung auch von den organisations*externen* Bedingungen (z.B. konjunkturelle Situation) abhängig ist.

---

4 Das junge Ein-Mann-Unternehmen beobachtet die Organisationsumwelt, entscheidet sich nach kurzer Überlegung (Analyse) dafür, eine Information an die Presse zu geben (Strategieentwicklung), tut dies auch (Umsetzung) und sieht sich zwei Tage später die Zeitungsartikel an (Evaluation), die seine Information hervorgebracht hat.

3. Wirklichkeitsbezüge und Wirklichkeitsrekonstruktion

3.1 Konstruktion oder Rekonstruktion?

Ebenso wie ein mangelnder Akteursbezug mancher Ausprägungen der Systemtheorie beklagt werden kann (vgl. Schimank 1985), stelle ich einen *mangelnden Wirklichkeitsbezug* mancher systemtheoretischer und konstruktivistischer Ansätze der Kommunikations- und der PR-Wissenschaft fest. Merten/Westerbarkey (1994: 219) definieren z.B. Public Relations als „Prozess intentionaler und kontingenter Konstruktion wünschenswerter Wirklichkeiten durch Erzeugung und Befestigung von Images in der Öffentlichkeit". Abgesehen davon, dass in dieser Definition der Begriff „wünschenswerte Wirklichkeit" unklar bleibt, wie Merten (2000: 251) selbst einräumt, bleibt in dieser Definition offen, ob es und ggf. welche *Grenzen* (constraints) es für das „Wünschenswerte" gibt und wie sich diese wünschenswerten Wirklichkeiten zu den empirisch feststellbaren, organisatorischen Wirklichkeiten verhalten. Pressemeldungen oder Geschäftsberichte als medial konstruierte, „wünschenswerte" PR-Wirklichkeiten sind keine Weihnachtswunschzettel – ebenso wenig wie journalistische Nachrichten oder Berichte – sondern müssen nach Vorgaben und im Rahmen beobachtbarer Wirklichkeit „konstruiert" sein, stellen also insofern „Rekonstrukte" dar. Gründe dafür, diesen Wirklichkeitsbezug von kommunikativen Prozessen und Produkten insgesamt und speziell von PR-Prozessen theoretisch aufzugreifen, liegen erstens in der Tatsache, dass Wirklichkeitsbezüge in Begriffen wie Wahrheit, Objektivität, Präzision, Genauigkeit, Glaubwürdigkeit und Vertrauen, die für berufliche Praxis ebenso wie für wissenschaftliche Reflexion wichtig sind, aufscheinen und reflektiert werden. Zweitens entstehen massive theoretische Probleme und Fragen bleiben unbeantwortet, wenn man versucht, dem auszuweichen.[5]

---

5 Vgl. dazu auch Bentele (1993a). Bei einigen Vertretern des *radikalen Konstruktivismus* wird dieser Realitätsbezug mittels der *Konstruktions*metapher beiseite geschoben (Medienwirklichkeit ist *keine* Abbildung, *sondern* Konstruktion), das theoretische Problem damit aber nicht gelöst. Von Glasersfeld (1987, 1992) versucht, dem Problem mit dem Viabilitätsbegriff beizukommen. Viabilität, also die Überlebensfähigkeit kognitiver Vorstellungen, wird richtigerweise als Gegenbegriff zu einem naiven Abbildbegriff eingeführt, ist allerdings keine Lösung für das grundsätzliche Problem der Herstellung richtiger bzw. wahrer Aussagen, weil nicht erklärt werden kann, *warum* manche Vorstellungen viabel sind, andere nicht. Zudem argumentiert auch der Konstruktivist von Glasersfeld *realistisch*: „Um zu überleben, muss der Organismus lediglich mit den einschränkenden Bedingungen seiner Umwelt „fertigwerden". Um es metaphorisch zu sagen: er muss sich sozusagen durch das Gitter dieser Bedingungen hindurchzwängen." (von Glasersfeld 1987: 137ff.) Dies ist (ungewollt) ein wichtiges Argument für eine realistische Erkenntnistheorie: Es geht für das beobachtende System genau darum, diese „Gitterstäbe" als etwas zu erkennen, was vorhanden ist und es von einem Zustand unterscheiden zu können, in denen die Gitterstäbe nicht vorkommen. Dies ist viel überzeugender mit einem Passungsbegriff der Evolutionären Erkenntnistheorie möglich (vgl. Vollmer 2002).

3.2 Das rekonstruktive Beobachtungs- und Kommunikationsmodell

3.2.1 Wahrnehmung, Beobachtung und Rekonstruktion

In dem von mir entwickelten *rekonstruktiven* Modell (vgl. z.B. Bentele 1988, 1994a) wird – auf Basis des „hypothetischen Realismus" für die Position argumentiert, dass jede *Konstruktion* von kognitiver und auch *kommunikativer Wirklichkeit* nur dann ausreichend beschreibbar ist und verstanden werden kann, wenn ihr *Wirklichkeitsbezug* verstanden wird, anders ausgedrückt, wenn diese Prozesse als *Rekonstruktionsprozesse* verstanden werden. *Rekonstruktion* lässt sich dabei definieren als der Informations-, Wahrnehmungs- oder Beobachtungs-Prozess, in dem auf unterschiedlichen Ebenen (Wahrnehmung, Denken/Kognition, Kommunikation) Wirklichkeit, die außerhalb von Lebewesen existiert, von diesen durch ihre Wahrnehmungs- und Kognitionsorgane hindurch verarbeitet wird und zwar so, dass isomorphe (strukturähnliche) Konstrukte, eben *Rekonstrukte,* entstehen. *Kognitive* Rekonstruktion findet im menschlichen Wahrnehmungs- und Denkprozess, *kommunikative* Rekonstruktion innerhalb der menschlichen Kommunikationsprozesse statt, d.h. auch bei der Herstellung und dem Verstehen *kommunikativer Wirklichkeiten*. Rekonstruktionsprozesse finden also auch in Prozessen *öffentlicher Kommunikation* statt, die durch PR-Tätigkeiten, Werbetätigkeiten und journalistische Tätigkeiten zu Stande kommen.

Wirklichkeit oder Realität – verstanden als all das, was je vorhanden war, vorhanden ist oder vorhanden sein wird – wird informationstheoretisch definiert. Dabei wird davon ausgegangen, dass Wirklichkeit potentiell unendlich viele verschiedene Informationen ‚enthält'. Sie ist durch menschliche Wahrnehmungs- oder Kognitionstätigkeit weder zu einem bestimmten Zeitpunkt, noch innerhalb der Länge eines menschlichen Lebens noch innerhalb der Existenz der Menschheit als Ganzer *vollständig* bzw. *als Ganzes* erfassbar. Aus den unendlich vielen, *potenziellen Informationen*, die für das einzelne menschliche Gehirn als *Informationsangebote* fungieren, wird innerhalb des menschlichen Wahrnehmungs-, Kognitions- und Kommunikationsprozesses ein bestimmter Teil *aktualisiert* (Bentele/Bystrina, 1978: 96ff).[6] Beobachtung eines (biologischen, physiologischen oder sozialen) Systems ist zwar immer eine *systeminterne* Operation, die auf der Generierung von Unterscheidungen basiert, aber diese Unterscheidungen werden nicht *willkürlich* oder rein *zufällig,* sondern nach Maßgabe vorhandener *Regeln*, nach Maßgabe schon vorhandener objektiver und subjektiver Information, d.h. *auch* nach Maßgabe der *beobachteten Muster* vorgenommen. Aus diesem Grund ist der Aktualisierungsprozess nicht nur ein *Konstruktions-* sondern ein *Rekonstruktionsprozess.*

Die Herstellung von kommunikativen Wirklichkeiten findet als Produktion von Zeichen, Texten, Bildern, Tönen, Geräuschen, Fernsehsendungen, Werbespots oder wissenschaftlichen Theorien statt. Für die Analyse kommunikativer Wirklichkeiten ist zumindest von drei *Hauptebenen* auszugehen: *Zeichen, Texte* und *Themen.* Die

---

6 Diese Vorstellung ist dabei durchaus kompatibel mit der Vorstellung von der basalen Operation *Beobachtung,* verstanden als das das *Feststellen eines Unterschieds,* wie sie in der Systemtheorie geläufig ist, vgl. z.B. Willke (1999: 12ff.), Luhmann (1984), Kneer/Nassehi (1993: 95ff.).

Produktion und die Rezeption auf diesen Ebenen erfolgt nach bestimmten (humanspezifischen) *Regeln*, die sich historisch entwickelt haben und sich auch entsprechend verändern. Auch die Regeln selbst entstehen nicht *beliebig* oder rein zufällig, sondern nach Maßgabe von Einschränkungen (constraints), die in der sozialen Wirklichkeit und in den Notwendigkeiten des menschlichen Zusammenlebens selbst zu suchen sind. Aktualisierung von potentieller Information heißt, aus einer bestimmten Perspektive (*Perspektivität*) und einer großen Vielfalt auszuwählen (*Selektion*), dadurch neue Information generieren (*Konstruktion*), zunächst im Kopf, in einem zweiten Schritt mithilfe von materiellen Medien. Mit der Materialisierung von Information in kommunikativen und technischen Medien (Sprechen, Sprache, Schrift, Bilder, Texte, Bücher, Broschüren, Filme) beginnt auch der Prozess der Kommunikation für andere und – sobald Öffentlichkeit mit ins Spiel kommt – der von vielen beobachtbare Prozess der öffentlichen *Kommunikation*.

3.2.2 Drei Grundprinzipien: Perspektivität, Selektivität, Konstruktivität

Innerhalb des Rekonstruktionsprozesses spielen (ebenfalls auf verschiedenen Ebenen) drei wesentliche *Grundprinzipien* eine zentrale Rolle: *Perspektivität, Selektivität* und *Konstruktivität*. Jede Beobachtung, jede Beschreibung von irgendetwas geschieht aus einer *spezifischen Perspektive*. Dies ist durch die Zeit- und Ortsabhängigkeit jedes Beobachters, jeder Kommunikation notwendig. Die Einnahme bestimmter örtlicher und zeitlicher Perspektiven ist also für jeden Akteur *konstitutiv*, der seine Umwelt beobachtet oder mit ihr in kommunikativen Kontakt tritt. In einem sozialen Kontext besteht darüber hinaus die Notwendigkeit, von *sozialen Perspektiven* aus zu agieren. *Altersperspektiven, Geschlechtsperspektiven* sind zwar an biologische Gegebenheiten gebunden, haben aber auch wichtige soziale Dimensionen. Einkommen, Bildung, Lebensstil, politisches Interesse, Parteienbindung sind Faktoren, die *soziale Perspektiven* konstituieren und damit auch den Beobachtungs- und Kommunikationsprozess beeinflussen. *Örtliche, zeitliche und soziale Perspektiven* sind insoweit konstitutiv für jede Beobachtung und jede Kommunikation. *Perspektivenwechsel* ist möglich und findet häufig statt. Es ist aber nicht möglich, *gleichzeitig* alle oder auch nur 100 Perspektiven einzunehmen. Bei der Beobachtung von irgendetwas und der Kommunikation mit irgendwem gelingt uns zwar – dem einen weniger, dem anderen mehr der Perspektivenwechsel; dies ist auch eine Fähigkeit, die gelernt werden muss. Dieser muss in der durch Medien vermittelten öffentlichen Kommunikation als ein wichtiges Grundprinzip angenommen werden.[7]

Selektivität ist im Wahrnehmungs- und Erkenntnisprozess wie auch im Kommunikationsprozess ein ebenso fundamentales Prinzip und eine konstitutive Notwendigkeit. In jedem Kommunikationsprozess, so auch in öffentlichen, findet Selektion

---

[7] Bei der Betrachtung einer Landschaft mit und ohne Fernrohr ist es möglich, kurz nacheinander eine Nah- und eine Fernperspektive einzunehmen. Eine Wand mit 40 Fernsehmonitoren kann einem Hoteldetektiv gleichzeitig die verschiedenen Zimmer und Gänge des Hotels zeigen, in Fernsehnachrichten ist der Perspektivenwechsel ein sehr wichtiges Mittel, um die Sicht auf größere Wirklichkeitsbereiche zu ermöglichen.

in der Herstellung, der Verbreitung/Vermittlung und beim Verstehensprozess statt.[8] Bei der sprachlichen Kommunikation wählen die Kommunikationspartner aus einem bestimmten Wortschatz aus, sie wählen bestimmte Lautmuster, Stil- und sogar grammatische Formen. In der öffentlichen Kommunikation entstehen innerhalb der dafür zuständigen Organisationen, den Medien, eigene *Selektionsmuster* und Selektionsverfahren wie z.B. das Verfahren, Informationen (Nachrichten) nach *Nachrichtenfaktoren* auszuwählen. Eine Regel der organisatorischen Selbstdarstellung verbietet es, die eigene Organisation kontinuierlich oder zu stark negativ zu charakterisieren. Selektion findet auch im Beobachtungs- und Kommunikationsprozess der Public Relations auf den drei Ebenen von Zeichen, Texten und Themen statt.

Der Aspekt der *Konstruktion* kommunikativer (und medialer) Wirklichkeiten ist wesentlich für das Verständnis von Kognition und Kommunikation insgesamt. Unser Gehirn konstruiert im Prozess der Wahrnehmung und Beobachtung kognitive Wirklichkeiten, wir konstruieren als Akteure im Kommunikationsprozess *kommunikative Wirklichkeiten*, die sich von anderen Formen von Wirklichkeiten (materiellen Wirklichkeiten, sozialen Wirklichkeiten) klar unterscheiden lassen. Wird jedoch der Wirklichkeitsbezug des Konstruktionsprozesses nicht mitgedacht, so stellt dies – in der wissenschaftlichen Beschreibung – eine unzulässige *Reduktion* des gesamten Prozesses dar, die wesentliche Aspekte ausblendet und damit eine adäquate Beschreibung verhindert. Werden aber die Einschränkungen, denen der Beobachtungs- und Kommunikationsprozess unterliegt („reality constraints"), mit erfasst, kommt man schnell zum Begriff „Rekonstruktion". Es ist nicht nur das beobachtende System, sondern es sind die *Strukturen der Wirklichkeit* selbst, die die *Perspektiven* medialer Wirklichkeitskonstruktion, den *Selektionsprozess* innerhalb der unterschiedlichen Phasen des Kommunikationsmanagements und damit auch die *Konstruktivitätspotenziale* begrenzen und steuern. Was heißt das? In der Beobachtung und im Kommunikationsprozess, auch in der persuasiven Dimension der Organisationskommunikation, besteht eine Art Zwang, eine Notwendigkeit, sich an *Realitätsstrukturen* zu orientieren.[9] Für den PR-Prozess heißt dies z.B., dass eine Pressemeldung oder die in einer Pressekonferenz gegebenen Informationen in etwa den Sachverhalt, um den es geht, „richtig" darstellen sollen, dass der jährlich zu produzierende Geschäftsbericht die wirtschaftliche Situation „adäquat" abbilden soll, dass eine sogenannte „ad hoc-Meldung" einer Aktiengesellschaft eine richtige und eine relevante Information enthalten muss. Gerade im Bereich der Investor Relations, wo es um Gelder von Anlegern geht, ist der Wirklichkeitsbezug der von den Unternehmen produzierten Informationen auch *rechtlich* geregelt.[10]

---

8   Vgl. dazu auch den Luhmannschen Kommunikationsbegriff, der Kommunikation als „Prozessieren von Selektion", als eine „Synthese" dreier Selektionen: Information, Mitteilung und Verstehen begreift (Luhmann 1987: 194ff.).
9   Diese Einsicht hat nichts mit platter Abbildung von Wirklichkeit zu tun, sondern muss als Herstellung von „Strukturisomorphien", verstanden werden, also Strukturähnlichkeiten zwischen Beschreibung und Beschriebenem, zwischen Text und sozialer Wirklichkeit.
10 Vgl. z.B. die Beiträge von Zitzmann/Taubert und Leis in Kirchhoff/Piwinger (2001).

3.2.3 Ereignistypen und Regeln des Wirklichkeitsbezugs

Für berufliche PR-Kommunikatoren – Einzelakteure oder korporative Akteure – stellt sich die „äußere" Wirklichkeit vor allem als Komplex von *Sachverhalten* und *Ereignissen* dar. Diese Ereignisse (vgl. für die folgenden Ausführungen Abb. 1) geschehen entweder auf eine natürliche Art und Weise (*natürliche* Ereignisse), sind sozial induziert oder konstruiert (*soziale* Ereignisse) oder sind speziell für die öffentliche Kommunikation bestimmt (*Medien*ereignisse wie z.B. Pressekonferenzen, Events, etc.). Ereignisse werden nach berufsbezogenen, medienbezogenen und genrebezogenen *Regeln* und *Routinen* wahrgenommen, rekonstruiert und in einem zweiten Schritt – gemäß medienspezifischer Regeln und Codes – in *Texte* und *Themen* umgesetzt.[11] Im Fall von Medienereignissen werden nicht nur die Texte, sondern die Ereignisse selbst nach solchen oder ähnlichen Regeln und Berufsroutinen innerhalb eines sozialen Prozesses real *konstruiert* (soziale Konstruktion) und sind mit Texten, meist mit Themen verbunden.

In der PR-Praxis vorhandene *Regeln des Wirklichkeitsbezugs* sind jene, wonach die *Fakten innerhalb von PR-Texten* (z.B. Pressemeldungen, Geschäftsberichten) stimmen und verzerrungsfrei sein sollen, Wort und Tat konsistent sein sollen, die Generierung von externen Unternehmens-*Images* ihre Entsprechung in der Wahrnehmung des Unternehmens bei den Unternehmensangehörigen haben sollte usw.

Wenn man davon ausgeht, dass Öffentlichkeit – als mit einer öffentlichen Arena vergleichbares Kommunikationssystem (Neidhardt 1994) – wesentlich durch die Kommunikationsaktivitäten von Akteuren gesellschaftlicher Organisationen und der Medien generiert wird, dann lässt sich feststellen, dass auch zwischen PR-Akteuren, PR-Organisationen und dem professionellen PR-System einerseits und andererseits journalistischen Akteuren, den Medien als journalistischen Organisationen und dem gesamten journalistischen System Kommunikationsprozesse stattfinden, die als perspektivische Selektions-, Konstruktions- und Rekonstruktionsprozesse beschrieben und in ihrem gegenseitigen Induktions- und Adaptionshandeln empirisch untersucht werden können.[12]

Die kommunikativen ‚Produkte', die aus den beiden Kommunikatorteilsystemen resultieren, werden als journalistische Texte (im weiten Sinn) bzw. Themen[13] zur *Medienrealität* oder *Medienwirklichkeit*. Die *Thematisierungsfunktion*, d.h. die Generierung, Herstellung und Bereitstellung von relevanten Themen für die Öffent-

---

11 Vgl. zur Analyse medienspezifischer Codes z.B. Bentele (1985). Zum medienspezifischen Routinebegriff vgl. Saxer u.a. (1986).
12 Vgl. dazu die einschlägigen Beiträge im vorliegenden Band, insbesondere zu der von Baerns entwickelten „Determinationsthese" und dem in Leipzig entwickelten Intereffikationsmodell.
13 (Öffentliche) Themen werden hier als Zeichen- bzw. Sinnkomplexe verstanden, die in einem komplexen Kommunikationsprozess innerhalb eines Zusammenspiels von a) beobachtbaren Sachverhalten und Ereignissen, b) Äußerungen von Akteuren (Beschreibungen, Interpretationen und Bewertungen der Sachverhalte/Ereignisse) und c) Äußerungen über die Äußerungen zustande kommen. Verschiedene Typen von Kommunikatoren generieren die Themen vor dem Hintergrund eines historisch entstandenen Themenreservoirs. Themenkarriere, Themendauer, Akzeptanz und Relevanz der Themen beim Publikum sind abhängig davon, wie dieses das Verhältnis zwischen den zugrunde liegenden Sachverhalten/Ereignissen und den Themen selbst wahrnimmt (vgl. Bentele/Liebert/Seeling, 1997).

lichkeit kann dabei – auf der gesellschaftlichen Makro-Ebene – als wichtige Funktion nicht nur der Medien, sondern auch von PR betrachtet werden.

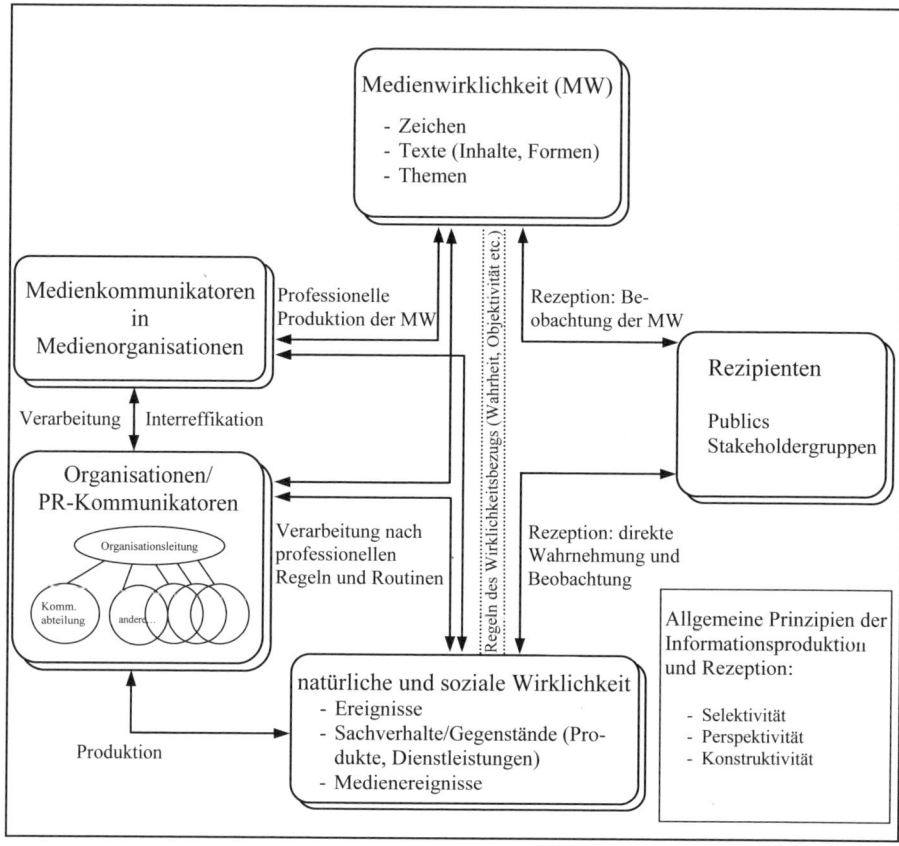

Abb.: Modell gesellschaftlicher Informations- und Kommunikationsbeziehungen im rekonstruktiven Ansatz

Medienwirklichkeit, die sich zu Analysezwecken in die kommunikativen Wirklichkeiten von Gesamtmedien, Einzelmedien, Themen und Texte differenzieren lässt, ist eine *kommunikativ konstruierte* Wirklichkeit, in ihrer informativen Komponente (Nachrichten, Berichte, etc.) aber wesentlich eine nach vorhandenen Mustern *nachkonstruierte* oder *rekonstruierte* Medienwirklichkeit. Diese so generierte Information steht in mehrfacher Hinsicht *in Relation* zu den ursprünglich potenziell oder aktuell vorhandenen Informationen und Informationsstrukturen. Der Grad der strukturellen Übereinstimmung zwischen schon vorhandenen (natürlichen und sozialen) Wirklichkeiten einerseits und durch die Kommunikatoren konstruierten Medienwirklichkeiten andererseits wird durch berufliche Adäquatheitsnormen wie Wahrheit oder Objektivität prozessual gesteuert und kann dementsprechend untersucht werden. Der Grad an *Adäquatheit* von Medienwirklichkeiten ist gleichzeitig ein Qualitätskriterium für berufliche Kommunikation. Grundsätzlich besteht eine nicht aufhebbare *Differenz* zwischen sozialen Wirklichkeiten und Medienwirklichkeiten. Diese Differenz zwischen Sachverhalten und Ereignissen einerseits und deren Darstellung andererseits besteht auch noch im Fall von „Medienereignissen", d.h. dort, wo von PR-Akteuren ein Stück sozialer und kommunikativer Wirklichkeit (z.B. eine Pressekonferenz, eine Jubiläumsveranstaltung, etc.) organisiert wurde, um öffentliche Aufmerksamkeit und Berichterstattung zu generieren. Die Beschreibung solcher Ereignisse in den Medien unterliegt auch bei diesem Ereignistyp denselben *Adäquatheitsregeln* (Wahrheit, Objektivität) wie die Rekonstruktion anderer Ereignistypen. Die möglichst *adäquate Rekonstruktion* von Ereignissen kann als eine Grundform des – notwendigen – *Wirklichkeitsbezugs* aufgefasst werden.

Die *Rezipienten* bzw. das *Publikum,* das als *Teilöffentlichkeiten* (publics) oder *Stakeholdergruppen* ins *Spiel* kommt, beobachten Medienwirklichkeiten und nehmen damit die ursprünglich vorhandenen Sachverhalte, Ereignisse und Medienereignisse zum allergrößten Teil nur *vermittelt* über den massenkommunikativen Konstruktions- und Rekonstruktionsprozess wahr. Aber eben nur zum allergrößten Teil. Denn einerseits existieren *Teile des Publikums*, die als *Teilnehmer* oder *Betroffene* direkt an den Ereignissen teilhaben, über die berichtet wird. Diese Individuen können (ähnlich wie vor Ort berichtende Journalisten) innerhalb eines *Realitätsvergleichs* (vgl. Kepplinger 1992) direkt und subjektiv erfahrene Wirklichkeit mit der Medienwirklichkeit vergleichen.[14] Aber auch die Teile des Publikums, die nicht an den Ereignissen teilnehmen – dies ist der weitaus größte Teil – hat beispielsweise über interpersonale Informationsquellen oder über den *Vergleich verschiedener Medien* eine von der Medienberichterstattung zumindest teilweise unabhängige Wirklichkeitswahrnehmung.

Sowohl beim *Realitätsvergleich* als auch beim *Medienvergleich* kann von Seiten des Publikums die Adäquatheit der innerhalb der Medienwirklichkeit enthaltenen Information eingeschätzt werden. Dies ergibt Indikatoren für die wahrgenommene *Glaubwürdigkeit* der Berichterstattung, der Medien insgesamt und der dahinter stehenden Berufskommunikatoren (Bentele 1988a, c). Die Möglichkeit des Publikums, solche Glaubwürdigkeitseinschätzungen der Medienwirklichkeit vorzunehmen, dürfte historisch und funktional eine wichtige Ursache für die Entstehung von *Adäquatheitsregeln* (Wahrheit, Objektivität) auf der Kommunikatorseite sein. Wenn von Kommunikatoren oder Kommunikatorsystemen diese Regeln nicht beachtet werden, enthält die Medienrealität für die Rezipienten wahrnehmbare *Verzerrungen*. Das Publikum kann *Diskrepanzen* zwischen direkt wahrgenommenem Wirklichkeitsausschnitten und Medienwirklichkeiten (Realitätsvergleich) oder zwischen den verschiedenen Medienwirklichkeiten (Medienvergleich) wahrnehmen. Beispiele für Diskrepanzen sind Unwahrheiten, Tabuisierungen, wahrnehmbare Beschönigungen, die Auslassung negativer Information, etc. Wahrgenommene Diskrepanzen führen zu sinkenden Glaubwürdigkeits- und Vertrauenswerten der Kommunikation. Dieser Vertrauens-Mechanismus (Bentele 1994a) existiert nicht nur zwischen dem Publikum und den Kommunikatorsystemen, sondern auch *zwischen* den beiden Kommunikatorsystemen. Auch Journalisten schätzen aufgrund ihrer beruflichen Erfahrun-

---

14 Innerhalb eines Krieges sind es die Soldaten und die betroffene Zivilbevölkerung, die einen solchen Realitätsvergleich direkt anstellen können.

gen mit PR-Leuten diese Quellen als mehr oder weniger vertrauenswürdig ein. Dies ist auch der Grund für die spätestens seit Ivy L. Lee in der PR-Berufspraxis existierenden *Adäquatheits- und Angemessenheitsregeln.*

4. Abschließende Bemerkungen

Von Kommunikatoren und Rezipienten wird erwartet, dass Medienwirklichkeit, zumindest wenn es sich nicht um Unterhaltung handelt, sondern um Berichterstattung über Ereignisse und Themen, die in der Welt real geschehen, in einer *Adäquatheits-* bzw. *Passungsrelation* zu dieser stehen. Für PR-Instrumente, PR-Medien und für massenmediale Texte gelten dabei ähnliche *Regeln des Wirklichkeitsbezugs.* Zwar sind verschiedene *Themenkonstruktionen* über dieselben sozialen Wirklichkeiten möglich. Verlassen solche Texte und medialen Darstellungen aber einen bestimmten „Realitätskorridor", werden die *Diskrepanzen* zwischen der direkt erfahrbaren und der medialen Wirklichkeit, die ja diese wiedergeben soll, zu groß, so dass Glaubwürdigkeits- und Vertrauensprobleme entstehen. In zentral gesteuerten, totalitären Gesellschaften machen sich beobachtbare Diskrepanzen zwischen sozialer Realität und staatlichen Wunschbildern als negative Propagandaeffekte bemerkbar. Adäquate Wirklichkeitsrekonstruktion in der Wahrnehmung und im Denken ist eine biologisch erklärbare Leistung, adäquate Wirklichkeitsrekonstruktion der PR und der Medien ist eine sozial begründete Notwendigkeit, die mit Vertrauensverlusten sanktioniert wird, wenn sie durchbrochen wird.

Literatur

Bea, Franz Xaver/Göbel, Elisabeth (1999): Organisation. Theorie und Gestaltung. Stuttgart: Lucius & Lucius.
Bentele, Günter (1982): Objektivität in den Massenmedien - Versuch einer historischen und systematischen Begriffsklärung. In: Bentele, Günter/Ruoff, Robert (Hrsg.): Wie objektiv sind unsere Medien? Frankfurt a.M.: Fischer, S. 111-155.
Bentele, Günter (1984): Zeichen und Entwicklung. Vorüberlegungen zu einer genetischen Semiotik. Tübingen: Narr.
Bentele, Günter (1985): Die Analyse von Mediensprachen am Beispiel von Fernsehnachrichten. In: Bentele, Günter/Hess-Lüttich, Ernest W.B. (Hrsg.): Zeichengebrauch in Massenmedien. Zum Verhältnis von sprachlicher und nichtsprachlicher Information in Hörfunk, Film und Fernsehen. Tübingen: Niemeyer, S. 95-127.
Bentele, Günter (1988a): Objektivität und Glaubwürdigkeit von Medien. Eine theoretische und empirische Studie zum Verhältnis von Realität und Medienrealität. Berlin: unveröff. Habilitationsschrift.
Bentele, Günter (1988b): Wie objektiv können Journalisten sein? In: Erbring, Lutz/Ruß-Mohl, Stephan/ Seewald, Berthold/Sösemann, Bernd (Hrsg.): Medien ohne Moral. Variationen über Journalismus und Ethik. Berlin: Argon, S. 196-225
Bentele, Günter (1988c): Der Faktor Glaubwürdigkeit. Forschungsergebnisse und Fragen für die Sozialisationsperspektive. In: Publizistik, 33.Jg., Nr. 2-3, S. 406-426.
Bentele, Günter (1992a): Fernsehen und Realität. Ansätze zu einer rekonstruktiven Medientheorie. In: Hickethier, Knut/Schneider, Irmela (Hrsg.): Fernsehtheorien. Berlin: edition sigma.
Bentele, Günter (1992b): Ethik der Public Relations als wissenschaftliche Herausforderung. In: Avenarius, Horst/Armbrecht, Wolfgang (Hrsg.): Ist Public Relations eine Wissenschaft? Eine Einführung. Opladen: Westdeutscher Verlag, S. 151-170.

Bentele, Günter (1993a): Wie wirklich ist die Medienwirklichkeit? Einige Anmerkungen zum Konstruktivismus und Realismus in der Kommunikationswissenschaft. In: Bentele, Günter/Rühl, Manfred (Hrsg.): Problemfelder, Positionen, Perspektiven. München: Ölschläger, S. 152-171.

Bentele, Günter (1994a): Öffentliches Vertrauen - normative und soziale Grundlage für Public Relations. In: Armbrecht, Wolfgang/Zabel, Ulf (Hrsg.): Normative Aspekte der Public Relations. Grundlagen und Perspektiven. Eine Einführung. Opladen: Westdeutscher Verlag, S. 131-158.

Bentele, Günter (1994b): Public Relations und Wirklichkeit. Anmerkungen zu einer PR-Theorie. In: Bentele, Günter/Hesse, Kurt R. (Hrsg.): Publizistik in der Gesellschaft. Konstanz: Universitätsverlag, S. 237-267.

Bentele, Günter (1997a): PR-Historiographie und funktional-integrative Schichtung. Ein neuer Ansatz zur PR-Geschichtsschreibung. In: Szyszka, Peter (Hrsg.): Auf der Suche nach einer Identität. PR-Geschichte als Theoriebaustein. Berlin: Vistas, S. 137-169.

Bentele, Günter/Bystrina, Ivan (1978): Semiotik - Grundlagen und Probleme. Stuttgart, Berlin, Köln, Mainz: Kohlhammer.

Bentele, Günter/Liebert, Tobias /Seeling, Stefan (1997): Von der Determination zur Intereffikation. Ein integriertes Modell zum Verhältnis von Public Relations und Journalismus. In: Bentele, Günter/ Haller, Michael (Hrsg.): Aktuelle Entstehung von Öffentlichkeit. Akteure, Strukturen, Veränderungen. Konstanz: UVK, S. 225-250.

Campbell, Donald T. (1974): Evolutionary epistemology. In: Schilpp, Paul Arthur (ed.): The Philosophy of Karl R. Popper. Open Court: La Salle, S. 413-463.

Giddens, Anthony (1995): Die Konstitution der Gesellschaft. Grundzüge einer Theorie der Strukturierung. Frankfurt, New York: Campus.

Glasersfeld, Ernst von (1987): Die Begriffe der Anpassung und Viabilität in einer radikal konstruktivistischen Erkenntnistheorie. In: Glaserfeld, Ernst von (Hrsg.): Wissen, Sprache und Wirklichkeit. Arbeiten zum radikalen Konstruktivismus. Braunschweig, Wiesbaden: Vieweg & Sohn, S. 137-143.

Glasersfeld, Ernst von (1992), Konstruktion der Wirklichkeit und des Begriffs der Objektivität. In: Einführung in den Konstruktivismus, Serie Piper. München, Zürich: Piper, S. 9-39.

Grunig, Larissa A./Grunig, James E./Dozier, David M. (2002): Excellent Public Relations and Effective Organizations. A Study of Communication Management in Three Countries. Mahwah, NJ, London: Erlbaum.

Irrgang, Bernhard [2](2001): Lehrbuch der Evolutionären Erkenntnistheorie. Thesen, Konzeptionen und Kritik. München, Basel: Reinhardt.

Kepplinger, Hans Mathias (1992): Ereignismanagement. Wirklichkeit und Massenmedien. Zürich: Edition Interfromm.

Kneer, Georg/Nassehi, Armin [2](1994): Niklas Luhmanns Theorie sozialer Systeme. Eine Einführung. München: Fink.

Kirchhoff, Klaus Rainer/Piwinger, Manfred (2001): Die Praxis der Investor Relations. Effiziente Kommunikation zwischen Unternehmen und Kapitalmarkt. Neuwied, Kriftel: Luchterhand.

Lorenz, Konrad (1975): Die Rückseite des Spiegels. Versuch einer Naturgeschichte des Erkennens. München, Zürich: Piper.

Luhmann, Niklas [2](1973): Vertrauen. Ein Mechanismus der Reduktion sozialer Komplexität. Stuttgart: Ferdinand Enke.

Luhmann, Niklas (1987): Soziale Systeme. Grundriss einer allgemeinen Theorie. Frankfurt am Main: Suhrkamp.

Luhmann, Niklas (2000): Organisation und Entscheidung. Opladen, Wiesbaden: Westdeutscher Verlag.

Merten, Klaus (2000): Das Handwörterbuch der PR. Band 1, 2. Frankfurt am Main: F.A.Z.- Institut.

Merten, Klaus/Westerbarkey, Joachim (1994): Public Opinion und Public Relations. In: Merten, Klaus/ Schmidt, Siegfried J. /Weischenberg, Siegfried (Hrsg.): Die Wirklichkeit der Medien. Eine Einführung in die Kommunikationswissenschaft. Opladen: Westdeutscher Verlag, S. 188-211.

Neidhardt, Friedhelm (Hrsg.) (1994): Öffentlichkeit, öffentliche Meinung, soziale Bewegungen. Kölner Zeitschrift für Soziologie und Sozialpsychologie, Sonderheft 34. Opladen: Westdeutscher Verlag.

Popper, Karl [4](1984): Objektive Erkenntnis. Ein evolutionärer Entwurf. Hamburg: Hoffmann und Campe.

Ronneberger, Franz/Rühl, Manfred (1992): Theorie der Public Relations. Ein Entwurf. Opladen: Westdeutscher Verlag.

Saxer, Ulrich/Gantenbein, Heinz/Gollmer, Martin/Hättenschwiler, Walter/Schanne, Michael (1986): Massenmedien und Kernenergie. Journalistische Berichterstattung über ein komplexes, zur Entscheidung anstehendes, polarisiertes Thema. Bern, Stuttgart: Haupt.

Schimank, Uwe (1985): Der mangelnde Akteurbezug systemtheoretischer Erklärungen gesellschaftlicher Differenzierung. Ein Diskussionsvorschlag. In: Zeitschrift für Soziologie, Nr. 14, S. 421-434.

Schimank, Uwe (2000): Handeln und Strukturen. Einführung in die akteurtheoretische Soziologie. München: Juventa.

Theis, Anna Maria (1994): Organisationskommunikation. Theoretische Grundlagen und empirische Forschungen. Opladen: Westdeutscher Verlag.

Vollmer, Gerhard (1975): Evolutionäre Erkenntnistheorie. Angeborene Strukturen im Kontext von Biologie, Psychologie, Linguistik, Philosophie und Wissenschaftstheorie. Stuttgart: Hirzel.

Vollmer, Gerhard (1985): Was können wir wissen? Bd.1. Die Natur der Erkenntnis. Beiträge zur Evolutionären Erkenntnistheorie. Stuttgart: Hirzel.

Vollmer, Gerhard (1986): Was können wir wissen? Bd.2. Die Erkenntnis der Natur. Beiträge zur modernen Naturphilosophie. Stuttgart: Hirzel.

Vollmer, Gerhard (2002): Wieso können wir die Welt erkennen? Stuttgart, Leipzig: Hirzel.

Willke, Helmut [5](1996): Systemtheorie 1: Grundlagen. Eine Einführung in die Grundprobleme der Theorie sozialer Systeme. Stuttgart: Lucius & Lucius.

Willke, Helmut [3](1999): Systemtheorie 2: Interventionstheorie. Grundzüge einer Theorie der Intervention in komplexe Systeme. Stuttgart: Lucius & Lucius.

Organisationsbezogene Ansätze

Peter Szyszka

1. Zugangsperspektiven

Im deutschsprachigen PR-Theoriediskurs fällt dessen international vergleichsweise stark ausgeprägte gesellschaftsbezogene Linie auf, die im Kern nach der Bedeutung von Public Relations „für Dasein und Funktionsweise der modernen (pluralistischen) Gesellschaften" fragt (Signitzer 1992: 136). Verkörpert wird dieser Ansatz vom Theorieentwurf Ronneberger/Rühls, die Public Relations als gesellschaftliches Teilsystem verstanden wissen wollten. Ausdrückliche Funktion dieses Teilsystems seien die Stärkung öffentlicher Interessen (Gemeinwohl) und sozialen Vertrauens in der Öffentlichkeit sowie die Integration von Partikularinteressen (vgl. insb. 1992: 252). Dazu differenzierten sie drei PR-Typen mit jeweils verschiedenen Referenzsystemen: Gesamtgesellschaft, Märkte und Organisationen (ebd.: 279).[1]

Da Public Relations-Aktivitäten ursächlich eine bestimmte Form von Organisationshandeln sind, dass gleichermaßen gesellschafts- wie organisations- und handlungsbezogenen PR-Ansätzen zugrunde liegt,[2] ist nach der spezifischen Differenz dieser Ansätze als deren primärem erkenntnisleitenden Interesse zu fragen:

- Der *gesellschaftsbezogene Ansatz* muss zwar anerkennen, dass Public Relations-Aktivitäten auf organisationspolitischen Handlungsbedarf beruhen; diesem gilt hier aber nur ein vergleichsweise geringes Interesse. Das primäre Erkenntnisinteresse richtet sich stattdessen auf den gegenseitigen Nutzen und betont dabei Funktion und Folgen von Public Relations-Aktivitäten für eine Gesellschaft.
- Der *organisationsbezogene Ansatz* richtet sein primäres Erkenntnisinteresse auf den mittels Public Relations-Aktivitäten zu regelnden organisationspolitischen Handlungsbedarf. Er rückt die Frage des Nutzens für eine Organisation in den Mittelpunkt. Gefragt wird nach der Funktion, den angestrebten (Nutzen-)Zielen und den mittels dieser Aktivitäten zu erfüllenden Leistungsansprüchen; hieran knüpfen sich dann operative Aufgabenfelder und einzelne Aufgaben.
- Im *handlungsbezogenen Ansatz* schließlich gilt das primäre Erkenntnisinteresse der zweckmäßigen und effektiven Umsetzung von Public Relations-Aktivitäten. Im Gegensatz zum organisationsbezogenen Ansatz, der sich mit den

---

1 Der gesellschaftsbezogene Ansatz geht im deutschen Sprachraum in seinen Anfängen bis in die Praktikerdiskussion der frühen fünfziger Jahre zurück (vgl. Kunczik/Szyszka: Praktikertheorien, in diesem Band), ist aber kein rein oder typisch deutscher Diskurs, wie z.B. der Blick auf Wilcox u.a. zeigt: „Public relations activity should be mutually beneficial to the organization and the publics; it is the alignment of the organization's self-interests with the public's concerns and interests" (^{5}1998: 6).
2 Zur Differenzierung dient hier gängige systemtheoretische Unterscheidung in die Ebenen Gesellschaft, Organisation und Handlung (vgl. z.B. Luhmann 1984: 16).

strategischen Potenzialen von Public Relations-Aktivitäten beschäftigt, rückt hier die operative Ebene des realisierten bzw. zu realisierenden Nutzens ins Zentrum.

Die Ausrichtung am Organisationsfokus (Meso-Ebene) blendet die Ebenen von Gesellschaft (Makro-Ebene) und Handlung (Mikro-Ebene) nicht aus, sondern bezieht sie als abgeleitete Fragestellungen ein. Damit werden auch die Schnittstellen Meso/Makro und Meso/Mikro – perspektivisch geprägt – zu Teilen des Diskurses.

2. Erste Zugänge

2.1 Hundhausen

Auch wenn organisationstheoretische Ansätze im deutschen Sprachraum erst in den neunziger Jahren an Bedeutung gewonnen haben (vgl. Zerfaß 1996), finden sie sich rudimentär schon im Praktikerdiskurs der frühen fünfziger Jahre. Besonders interessant ist dabei der Blick in die erste Nachkriegsschrift von Carl Hundhausen.[3] Hundhausen orientierte sich hier am Soziologen Leopold von Wiese,[4] dessen „Beziehungslehre" er Kernpassagen ‚entlieh', um sie zitierend und kommentierend zum theoretischen Rahmen seiner Schrift zu ‚verarbeiten'. Organisationen[5] begriff er ausdrücklich als „soziale Gebilde" (1951: 28), Public Relations als Netzwerk der „zwischenmenschlichen Beziehungen einer Unternehmung und die Beziehungen dieser Unternehmung zur Öffentlichkeit" (1951: 25) – heute würde man von internen und externen Beziehungen sprechen. Hundhausen betonte zunächst den Beziehungsaspekt, um hiervon einen operativen PR-Handlungsbedarf abzuleiten. Als ‚Klammer' dienten ihm die Begriffe „Haltung" einer Organisation als maßgebliches beziehungsprägendes Element zwischen Organisation und Öffentlichkeit und „Eigenschaften", welche im Organisationsverhalten zum Ausdruck kämen. Für Hundhausen bestand die wesentliche Aufgabe von Public Relations-Aktivitäten darin, die „festgelegte Haltung der Unternehmung zu interpretieren und verständlich zu machen, [...]. Entscheidend ist aber die Erkenntnis: Es kommt weniger auf die Interpretation an, sondern auf das Wesen der Unternehmung und auf ihre Eigenschaften, die zu interpretieren sind. Public Relations im echten Sinne sollte gestaltendes Element sein, ist aber häufig nur unterrichtende Interpretation" (ebd.: 31).

---

3 Daneben finden sich Ansätze, die zwar im Kontext von Public Relations von der gesellschaftlichen Leistungsfähigkeit einer Organisation sprechen, dies von der funktionalen Ausrichtung her allerdings organisations- und nicht gesellschaftsbezogen verstanden wissen wollen (z.B. Metzler/Helbling 1953).
4 Leopold von Wiese (1876-1969) gehörte mit seiner Arbeit „System der Allgemeinen Soziologie als Lehre von den sozialen Prozessen und den sozialen Gebilden der Menschen (Beziehungslehre)" (Berlin 1933; zuerst 1924/26) zu den bekannten Soziologen in der Weimarer Republik. Von Wiese stand mit seiner Arbeit in der Tradition von Herbert Spencer (vgl. Korte ³1995: 63f). Der Richtungswechsel der deutschen Soziologie nach 1945 ließ die Arbeit von Wieses schnell in Vergessenheit geraten.
5 Hundhausen schränkte seinen Blick zeitgenössisch auf die „Unternehmung" ein.

Neben von Wiese orientierte sich Hundhausen an der amerikanischen PR-Literatur, die er integrierte: der Begriff des Unternehmungsbürgers (corporate citizen) als Charakteristikum der Organisations-Umwelt-Beziehung, die Differenzierung von Öffentlichkeit in „the public" (Allgemeinheit) und „a public" (Teilöffentlichkeit/Bezugsgruppe), besondere Merkmale von Beziehungen zu einzelnen Gruppen sowie öffentliche Meinung und Gerüchte als gestaltende Elemente dieser Beziehungen (ebd.: 25ff). In späteren Arbeiten waren Hundhausens PR-Darlegungen deutlich von amerikanischer PR-Literatur – vor allem den Ideen Bernays' – geprägt:[6] „Public Relations [haben] die primäre Aufgabe, in sozialen Prozessen Übereinstimmung (adaptations, adjustments oder identities of interests) herbeizuführen" (1969: 27) – die amerikanischen Termini verwandte er dabei weitgehend unübersetzt (vgl. ebd.: 60ff). Seine Idee, Public Relations im Sinne einer „gesellschaftsethischen Therapeutik" als „soziale Ätiologie und Prophylaxe" zu verstehen,[7] macht seine teilweise Abwendung vom systemisch-organisationsbezogenen Denken deutlich.

2.2 Ronneberger

Während mit Hundhausen ein theoretisierender Praktiker nach einem schlüssigen PR-Ansatz suchte, war Franz Ronneberger der erste deutschsprachige Sozialwissenschaftler, der sich dezidiert mit Public Relations auseinander setzte.[8] Aufgrund seines 1992 gemeinsam mit Manfred Rühl vorgelegten PR-Theorieentwurfs wird Ronneberger in der Regel als Vertreter des gesellschaftsbezogenen Ansatzes eingeordnet. Seine früheren PR-Arbeiten zeigen aber, dass sein Denkansatz organisationsbezogen geprägt ist.[9] Eine Schlüsselpassage findet sich in seiner ersten PR-Schrift „Legitimation durch Information", wo er auf die Abhängigkeit gesellschaftlichen Nutzen von Organisationsnutzen verwies (1977: 21f):

> „Wenn also Public Relations-Aktivitäten intentional auf Geltendmachung der eigenen Interessen gerichtet sind und für diese eine möglichst große Resonanz erstreben, so bedeutet dies funktional für das demokratische System, dass die Denkgewohnheiten, sozialen und kulturellen Normen einer Gesellschaft in ihren Teilöffentlichkeiten ständig geprüft, durch Prüfung bestätigt oder gewandelt, jedenfalls ständig in Erinnerung gebracht werden. Dies alles geschieht im durchaus partikulären Interesse."

---

6 Hundhausen betreute nicht nur die deutschsprachige Herausgabe verschiedener amerikanischer PR-Publikationen (darunter insb.: Howard Stephenson (Hrsg.) 1964: Leitbuch der Public Relations, Essen), sondern auch die deutsche Fassung der Lebenserinnerungen von Edward L. Bernays 1967: Biographie einer Idee. Die hohe Schule der PR. Lebenserinnerungen, Düsseldorf.

7 „Unter ‚Ätiologie' ist in diesem Zusammenhang die Lehre von den Ursachen der Spannungen in unserer modernen Gesellschaft und unter ‚Prophylaxe' ist die Lehre von der Vorbeugung oder Verhütung der Folgen dieser Spannungserscheinungen zu verstehen. Jedenfalls ist soviel auch aus deutschsprachigen Publikationen zu erkennen, dass Public Relations ein selbständiger und eigener Wissenschaftsbereich im Gesamtgebiet der Sozialwissenschaften sind" (Hundhausen 1969: 61).

8 Hundhausen hatte Ronneberger für eine Beschäftigung mit dem Thema Public Relations gewinnen können und ihn mit amerikanischen PR-Praktikern zusammen- und deren Fachliteratur nahegebracht.

9 Entsprechend weist auch der Theorieentwurf Brüche zwischen den von Ronneberger und von Rühl verantworteten Passagen auf, wobei bei Rühl eine Nähe zu seiner Schrift „Journalismus und Gesellschaft. Bestandsaufnahme und Theorieentwurf, Mainz 1980" nicht zu übersehen ist.

Die gesellschaftliche Nutzenausrichtung fand im kleinen Nachsatz die entscheidende Wendung: Ronneberger betonte das grundlegende partikuläre Interesse der Public Relations-Aktivitäten und damit Organisationsinteresse als Ausgangspunkt. Zwölf Jahre später lieferte er einen kurzen, von der Forschung häufig übersehenen Theorieaufriss, der erneut nach der Bedeutung von Public Relations „für Dasein und Funktionsweisen der modernen freiheitlichen Gesellschaft" fragte (1989: 430). Zur Entwicklung seiner Argumentation leitete Ronneberger das Auftreten von Public Relations historisch ab (Folge der Interessenkonkurrenz in der modernen Gesellschaft); seine angeführten „Tatbestände" (Analyse und Selektion von Umwelterwartungen, Bewusstmachen eigener Interessen, Artikulations-, Öffentlichkeits- und Integrationsfunktion) machen seinen organisationsbezogen Zugriff deutlich ab (ebd.: 429). Damit beschrieb er letztlich nicht anderes als den Prozess notwendiger kommunikativer Integration einer Organisation in deren gesellschaftliches Umfeld.

3. Einflussreicher amerikanischer Ansatz: Grunig/Hunt

Bevor wir uns dem weiteren deutschsprachigen Theoriediskurs zuwenden, ist es notwendig, den Blick auf eine amerikanische Arbeit zu werfen, deren punktuelle Rezeption für den weiteren Diskurs einflussreich war: „Managing Public Relations" von James E. Grunig und Todd Hunt.[10] Die Rezeption beschränkte sich vor allem auf deren bekannte PR-Definition, der zufolge Public Relations-Aktivitäten „the management of communication between an organization and its publics" seien (1984: 6),[11] und ihre aus amerikanischer PR-Geschichte und situativer PR-Praxis abgeleiteten „Vier Public Relations Modelle" (ebd.: 11 und 22). Um Definition und Modell(e) einzuordnen, skizzierten sie Public Relations-Aktivitäten als Organisationsfunktion. Angelehnt an Grundannahmen der struktur-funktionalen Systemtheorie Parsons (1971) und der Organisationstheorie Katz/Kahns (1978) sahen sie in Public Relations ein organisationales Subsystem, das sie ausdrücklich als Teil des Management Subsystems einordneten. Dieses Management-Subsystem – in ihrer grafischen Darstellung umschließt es als Ring das Managementsystem[12] – habe die Organisationsführung bei Planung und Bewertung aller Kommunikationsaktivitäten zu

---

10 Für die deutsche Forschung von insgesamt zentraler Bedeutung ist der umfangreiche Fundus theoretischer und empirischer Arbeiten von Grunig und seinen in der Zusammensetzung wechselnden Forscherteam (vgl. Röttger 2000: 26). Einen ersten Zugang zum amerikanischen PR-Diskurs versuchte Benno Signitzer 1988 mit einem Überblicksartikel in der Zeitschrift „Publizistik" zu vermitteln; Eine transatlantische Tagungsreihe führte in den Folgejahren amerikanische und deutschsprachige Wissenschaftler zusammen und fand in drei Tagungsbänden unter Beteiligung der amerikanischen Kollegen ihren Niederschlag (Avenarius/Armbrecht 1992; Armbrecht/Avenarius/Zabel 1993; Armbrecht/Zabel 1994) – Eingang in den deutschen PR-Diskurs in Wissenschaft wie Praxis fanden im wesentlichen jedoch nur Arbeiten von Grunig. So hat das schon 1989 verfasste Berufsbild der DPRG die PR-Definition von Grunig/Hunt praktisch unverändert übernommen. (DPRG – Deutsche Public Relations-Gesellschaft o. J.: Qualifikationsprofil Öffentlichkeitsarbeit/PR. Bonn: 6f).
11 Grunig/Hunt verstehen den Begriff „Public Relations" als zusammenfassenden Begriff aller Public Relations-Aktivitäten einer Organisation (vgl. 1984: 6); daneben sprechen sie von „relationship" als Beziehungen und „consequences" als inhaltliche Dimension von Beziehungen (ebd.: 10).
12 Vgl auch Wehmeier: Amerikanische Ansätze; in diesem Band.

unterstützen sowie Supportfunktion für die im einzelnen mit speziellen Aufgabenstellungen ausdifferenzierten Subsysteme des Managements zu übernehmen. Wenn auch ihre in diesem Kontext verwendete Metapher, Public Relations personal habe „one foot in the organization an one outside", irreführend ist, weil sie das vertretene Mandat nicht eindeutig organisationsseitig zuordnet, erscheint die zugewiesene „‚boundary'-role" zutreffend: Mittels Public Relations-Aktivitäten sollen interne wie externe organisationale Kommunikationsgrenzen (boundaries of the organization) überschritten werden (vgl. 1984: 9).

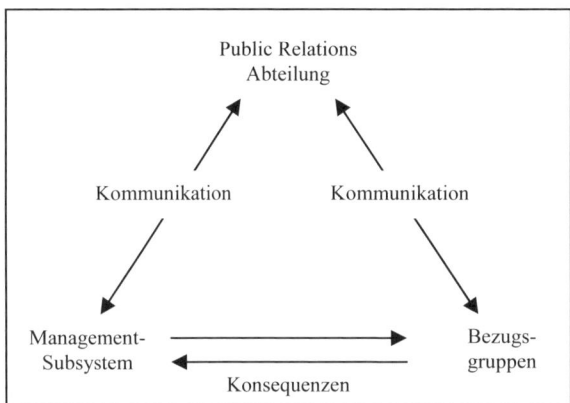

Abb.: Modell der Public Relations-Funktion einer Organisation nach Grunig/Hunt (1984: 10)

Ihr Modell stellte die Public Relations-Funktion als Dreieck (Triangel) dar (vgl. Abb. 1). Dabei gingen Grunig/Hunt davon aus, dass von den organisationspolitischen Führungsentscheidungen wie vom hierauf bezogenen Bezugsgruppenverhalten wechselseitige Einflüsse und daraus resultierende Probleme (Konsequenzen) ausgingen. Diese zu ermitteln, zu bewerten und gegenüber der Organisationsführung wie gegenüber Bezugsgruppen zu lösen, sei Aufgabe von Public Relations-Aktivitäten: Public Relations-Aktivitäten dienten mit einer im Sinne der Organisationsinteressen regelnden Absicht der Einflussnahme auf eben diese Beziehungen. Insgesamt ging es Grunig/Hunt weniger um eine dezidierte Auseinandersetzung mit der Frage organisationspolitischen Handlungsbedarf, sondern vielmehr um ein Modell, das Public Relations-Aktivitäten als zweckmäßige Regelungsfunktion (Managementfunktion) von Organisationen einordnen sollte (ebd.: 11).

4. Organisationsbezug im Diskurs der frühen neunziger Jahre

4.1 Faulstich

Der eigentliche PR-Theoriediskurs begann im deutschsprachigen Raum Anfang der neunziger Jahre. Als ‚Theoriejahr' kann dabei 1992 gelten, in welchem neben dem Entwurf Ronneberger/Rühls drei weitere Theorieskizzen erschienen. Der Kulturwissenschaftler Werner Faulstich griff in einer als Lehrbuch gedachten Publikation den Grundgedanken einer wenig bekannten Dissertation des Ronneberger Schülers

Knorr (1984)[13] auf, welcher Public Relations als spezielle System-Umwelt-Interaktion entwickelt hatte. Faulstich benutzte die Begriffe „Public Relations" und „Öffentlichkeitsarbeit" synonym und definierte „Öffentlichkeitsarbeit" systemtheoretisch organisationsbezogen als „Interaktion in Gesellschaft" mit der Absicht kontinuierlicher Imagegestaltung (1992: 50; 2000: 45):

> „Jedes System interagiert in Gesellschaft, jedes System betreibt Öffentlichkeitsarbeit, ob es will oder nicht. [...] Die Frage ist nicht: Braucht oder will ein System Interaktionen, braucht oder will eine Organisation PR, sondern lediglich: Wird Interaktion, wird Öffentlichkeitsarbeit bewusst gestaltetet, gesteuert oder nicht? [...] Da jedes System zwangsläufig wahrgenommen wird, und zwar als wahrnehmendes und handelndes, sind Wahrnehmung, Kommunikation, Handeln unvermeidbar."

Ähnlich wie Hundhausen verschränkte er Beziehungs- und Handlungsebene,[14] wenn er vom permanenten Bestehen von Beziehungen eines Systems (Organisation) zu seiner Umwelt sprach und gleichzeitig auf das notwendige Anliegen der Imagegestaltung verwies.[15] „Image", „Sinn" und vor allem „Strukturhomologie" stellten für ihn zentrale Begriffe dar, mit deren Hilfe er operative Rahmenbedingungen an die Beziehungsebene knüpfte. Auf die operative Ebene übertragen diente nach seinem Verständnis Öffentlichkeitsarbeit – jetzt als Public Relations-Aktivitäten – der „Imagegestaltung als Explikation und Vermittlung des jeweiligen System-'Sinns' mit dem Ziel der Strukturhomologie"; Strukturhomologie erklärte er als „Interaktion in Übereinstimmung mit Strukturiertheit" (1992: 71f). Faulstich betonte den engen Zusammenhang zwischen Identität und Image. Organisationalen Nutzen leitete er aus einer möglichst großen Übereinstimmung zwischen organisationspolitisch verankerter Sinndisposition (Haltung), kommunizierter Sinndisposition (mittels Handlungsmedien der Öffentlichkeitsarbeit und journalistische Handlungsmedien) und öffentlich zugewiesener Sinndisposition (Images) ab.

4.2 Theis

Einen in der Bewertung ähnlichen, in der theoretischen Ableitung aber anderen Ansatz legte Anna Theis 1992 vor. Sie wandte sich gegen die funktionalistischen Organisationsvorstellungen der Systemtheorie und die in deren Kontext formulierten gesellschaftsbezogenen Ansätze. Um organisationale Interessen in den Vordergrund rücken, System und Akteur stärker aufeinander beziehen und Strukturen als perma-

---

13 Die Arbeit Knorrs ist aufgrund ihres Versuches mathematischer Darstellung praktisch unlesbar und wurde trotz ihres interessanten Ansatzes kaum rezipiert (vgl. Faulstich 1992: 23, Anm. 30). Knorrs Grundgedanke: „Systemale (d.h. auf das einzelne soziale (Organisations-)System bezogene Öffentlichkeitsarbeit wird somit als interaktionsorientierte, der Erhaltung der Systemexistenz dienende System-Leistung bzw. System-Verhaltensweise verstanden, die auch der (gesellschaftlichen) Umwelt dient. Öffentlichkeitsarbeit dient also intentional dem System, nämlich der Gestaltung bzw. Steuerung seiner potenziellen System-Umwelt-Interaktionen [SUI] mit, mittels und in der Öffentlichkeitsarbeit" (1984: 4).
14 Auch Faulstich spricht von „Haltung", die in der Interaktion zum Ausdruck käme (1992: 60).
15 Sein deutlich organisationsbezogenes Erkenntnisinteresse deklarierte er selbst als kulturwissenschaftlich, indem er eher handlungsbezogene Ansätze als organisationsbezogen einstufte und „Interaktion" als primär kulturwissenschaftliches Phänomen verstanden wissen wollte (2000: 40f).

nent (re-)produzierte Handlungen von Akteuren analytisch erfassen zu können, wählte sie eine organisationssoziologische Annäherung. Hier bezog sie sich insbesondere auf die Strukturationstheorie Giddens und das politischen Organisationsmodell von Crozier und Friedberg (ebd.: 28).[16] Theis ging von Interorganisationsbeziehungen aus, innerhalb derer nicht, wie in anderen Ansätzen, Interessendarstellung, Konfliktmanagement oder gesellschaftliche Verantwortung im Vordergrund standen, „sondern das spezifische Interesse von Organisationen an Umweltkontrolle" (1992: 33). Diese sei notwendig, da Entscheidungen über die Relevanz von Umweltsegmenten nur teilweise Organisationsentscheidungen seien, denn andere Systeme definierten auch die Organisation als für sie relevante Umwelt (ebd.: 29f).

Öffentlichkeitsarbeit – Theis orientierte sich an Long/Hazleton (1987: 6) – sei entsprechend ein an Organisationszielen orientiertes Kommunikationsmanagement zur Sicherung und Ausweitung organisationaler Autonomiespielräume (ebd.: 31ff):

„Ebenso wie Organisationen einerseits bestrebt sind, Einfluss auf Interpretations- und Definitionsfragen zu nehmen und bestimmte Aspekte nach außen hin sichtbar zu machen, sind sie andererseits darum bemüht, Bereiche räumlich und informell nach außen hin abzuschirmen. Neben der Selbstdarstellung sind Organisationen auch am Schutz ihrer ‚Privatsphäre', ihrer ‚back stage', interessiert. PR-Maßnahmen [...] erfüllen daher mindestens eine Doppelrolle: Sie machen bestimmte Aspekte nach außen hin sichtbar und verhüllen gleichzeitig andere."

Es ginge daher weniger um das Herstellen von Öffentlichkeit, sondern vielmehr auch um ein differenziertes Geheimnismanagement, das in Interorganisationsbeziehungen Machtstrukturen aushandele. Vertrauensbeziehungen seien dabei „ein probates Mittel zum *Management von Kontingenz*", da solche Beziehungen für beide Seiten verpflichtend seien. Die Existenz einer solchen Beziehung dürfe aber nicht darüber hinwegtäuschen, dass die Beteiligten in erster Linie ihrem jeweiligen Herkunftssystem gegenüber zu Loyalität verpflichtet seien (ebd.: 32f).

4.3 Merten

Einen anderen Zugang schlug Klaus Merten 1992 vor. In systemtheoretisch-konstruktivistischer Sicht ging er davon aus, dass alle sozialen Systeme durch Kommunikation gesteuert würden und Wirklichkeit niemals objektiv, sondern subjektiv in den Köpfen der Menschen konstruiert sei. Da derartige Wirklichkeitsentwürfe laufend einer Stabilisierung bedürften, habe sich im Prozess der Evolution von Kommunikation mit Public Relations ein „neuzeitliches, rasch wachsendes Subsystem für die professionelle Konstruktion und Veränderung von Images" herausgebildet (1992: 36): „PR ist ein Prozess intentionaler und kontingenter Konstruktion wünschenswerter Wirklichkeiten durch Erzeugung und Befestigung von Images in der Öffentlichkeit" (ebd.: 44). Merten unterstellte eine allgemeine Orientierung an öffentlicher Meinung, in der er „einen Kommunikationsprozess zur Auswahl von relevanten oder für relevant ausgegebenen Sachverhalten oder Problemen, die als The-

---

16 Giddens, Anthony 1988: Die Konstitution der Gesellschaft. Frankfurt a.M./New York. Crozier, Michel/Friedberg, Erhard 1979: Macht und Organisation. Die Zwänge kollektiven Handelns. Königstein/Ts.

men etabliert werden und zu denen vor allem durch die Medien Meinungen erzeugt werden" sah, welcher Relevanz suggerierte (ebd.: 43). Wirklichkeitsentwürfe fänden im Image als „konsonantem Schema kognitiver und emotiver Struktur, das sich der Mensch von einem Objekt (Person, Organisation, Produkt, Idee, Ereignis) erzeugt", ihren Niederschlag (ebd.). Da der Anteil medienvermittelter Informationen, die faktische und fiktionale Elemente verschränkten, ständig zunehme, würden Konstruktion und Instrumentalisierung von Images mittels PR möglich (ebd.: 43f; vgl. auch Merten/Westerbarkey 1994).

Mertens Erkenntnisinteresse galt Public Relations als strategischer Organisationsfunktion, mit deren Hilfe sich Organisationen[17] in der (Medien-)Öffentlichkeit profilierte Bekanntheit zu verschaffen und ihre Interessen durch zu setzten versuchten. Die Frage von Möglichkeiten, Zweckmäßigkeit und Grenzen diskutierte er auf operativer Ebene. So sei Authentizität nicht verpflichtend, so dass Images „kurzfristig und ökonomisch am Reißbrett entworfen und durch geeignete Strategien an die Öffentlichkeit vermittelt werden" könnten (ebd.: 43). Faktische und fiktionale Elemente seien prinzipiell gleichwertig. Neben dem Verweis auf ethische und rechtliche Grenzen musste er allerdings einräumen, „dass das Hantieren mit fiktionalen Elementen nur solange effizient sein kann, wie die Fiktionalität von den Rezipienten akzeptiert und geglaubt werde: Dieser Typus von Fiktionalität ist kontraproduktiv, wenn er durchschaut wird" (ebd.: 45). Merten unterstellte damit, dass zwar prinzipiell alles möglich, es aber gleichzeitig die Frage sei, ob damit auch der angestrebte Organisationsnutzen erreicht werden könne.

4.4 Bentele

Zwei Jahre später legte Günter Bentele einen rekonstruktiven Ansatz mit „Glaubwürdigkeit" und „öffentlichem Vertrauen" als zentrale Begriffe vor. Ähnlich wie Merten richtete Bentele den Fokus auf die operative Ebene von Public Relations-Aktivitäten und zog Rückschlüsse auf deren organisationspolitische Funktion. Ähnlich wie Faulstich mit dem Begriff der „Strukturhomologie" betonte Bentele das eingeschränkte Potenzial von Handlungsoptionen, wofür er die Möglichkeiten des Individuums zur Wirklichkeitswahrnehmung und den in der deutschsprachigen Praktiker-Literatur nahezu durchgängig geforderten Wahrheitsbezug verantwortlich sah. Im Gegensatz zu Merten zog er den Schluss: Nicht die Konstruierbarkeit von Images, sondern die Rekonstruierbarkeit von Wirklichkeitsbezügen sei das maßgebliche Element. Wirklichkeit als die Summe aller potenziellen Informationsangebote könne durch menschliche Wahrnehmungs-, Kognitions- und Rekonstruktionsprozesse nur teilweise aktualisiert werden, wobei neue Informationen schon nach dem Muster vorhandener Informationen selektiert und generiert würden und damit Adäquatheits- oder Passungsrelationen beständen; dies gelte auch für Medienwirklichkeit. Das Individuum vergleiche Informationen verschiedener Quellen und überprüfe „die wahrgenommene Glaubwürdigkeit". Entsprechend formulierte er für Public Relations-Aktivitäten einen Adäquatheitsanspruch. Würden nämlich Adäquatheits-

---
17 Merten bezog sich vor allem auf Unternehmen.

bzw. Passungsregel verletzt (Unwahrheit, Tabuisierung, Fehler, Beschönigungen, Auslassung negativer Information usw.), käme es zu Diskrepanzwahrnehmungen und in ihrer Folge zu Glaubwürdigkeitseinbußen und Vertrauensverlusten (Bentele 1994b: 251ff, 2003: 63).

Bentele argumentierte perzeptionsbezogen, indem er die Frage nach dem Umgang der Individuen mit verfügbaren Informationsangeboten der nach dem strategischen Potenzial von Public Relations-Aktivitäten voranstellte. Mit seinem Adäquatheitsanspruch schlussfolgerte Bentele eine operative Basisanforderung an Public Relations-Aktivitäten. Die Frage nach Funktionalität oder Dysfunktionalität derartiger Prozesse thematisierte er an anderer Stelle in der Auseinandersetzung mit dem Begriff des „öffentlichen Vertrauens". Öffentliches Vertrauen kam für Bentele im möglichst positiv bewerteten „Klima" eines Organisationsumfeldes zum Ausdruck, das organisationale Handlungsspielräume bestimme: „Vertrauen als kommunikativer Mechanismus hat für PR nicht nur die Funktion eines Zielwerts, sondern ist als sozialer Mechanismus gleichzeitig der Boden, auf dem PR-Kommunikation agieren muss" (1994a: 155). Die Einbettung in ein derartiges Feld stellte für ihn die Basisprämisse mittel- und langfristiger Organisationsexistenz dar.

5. Kommunikationsmanagement als Organisationsfunktion

5.1 Zerfaß

Den neben Ronneberger/Rühl einzigen umfangreichen Theorieentwurf legte 1996 Ansgar Zerfaß mit seiner „Grundlegung einer Theorie der Unternehmenskommunikation und Public Relations" vor, die eine managementbezogene Funktion integrierter Kommunikationspolitik als „unverzichtbaren Bestandteil der strategischen und operativen Unternehmensführung" auszuweisen (1996: 290)[18] und damit die z.B. von Grunig/Hunt aufgerissene Einordnung von Public Relations-Aktivitäten als Kommunikationsmanagement substanziell zu untermauern versuchte. Zerfaß verknüpfte dazu sozialtheoretische, kommunikationswissenschaftliche und betriebswirtschaftliche Zugänge. In seinem Grundgedanken ging er davon aus, dass ein Unternehmen an der Durchsetzung seiner partikularen Interessen interessiert sein müsste und Kommunikationspolitik damit als potenzieller Erfolgsfaktor zu behandeln sei. Da Unternehmen Teile von Gesellschaft und unternehmenspolitische Handlungsspielräume von gesellschaftlicher Akzeptanz abhängig seien, hätte sich Kommunikationspolitik nicht nur – wie in Marketingansätzen – mit der Kommunikation in (Absatz-)Märkten, sondern mit unterschiedlichen Referenzpunkten auseinandersetzen müssen, wobei er die partikulare Nutzenorientierung hervorhob: Unternehmen „kommunizieren mit gesellschaftlichen Bezugsgruppen in erster Linie, um ihre par-

---

18 Zerfaß benutzte den Begriff „Kommunikationspolitik" in einem management- und nicht in einem marketingbezogenen Sinne; „Public Relations" und „Öffentlichkeitsarbeit" wurden als Begriffe für kommunikationspolitische Aktivitäten praktisch synonym verwendet.

tikularen Gewinnziele zu erreichen" (ebd.: 302). Sein Modell wies drei zentrale Handlungsfelder von Unternehmenskommunikation aus:
- „Organisationskommunikation" als nach innen auf das Organisationsfeld (Organisationsöffentlichkeit) gerichteter Teil, den er in „die direkte Kommunikation zwischen den verfassungskonstituierenden Organisationsmitgliedern und die administrative Koordination der übrigen Rollenträger" unterschied (ebd.: 289),
- „Marktkommunikation" in Richtung Marktöffentlichkeit und Marktumfeld, bei der „von einer prinzipiell tauschvertraglichen Abstimmung" auszugehen sei und
- „Public Relations" als Kommunikationsaktivitäten mit Integrationsabsicht im gesellschaftspolitischen Umfeld (politisch-administrative und soziokulturelle Öffentlichkeiten), die sich „auf Reputation, geteilte Wertmuster und normierte Verfahren" stützten und durch soziale Integration „prinzipielle Handlungsspielräume zu sichern und konkrete Strategien zu legitimieren" hätten (ebd.: 317).

Zerfaß stellte die Ausrichtung am Markt und die Ausrichtung am relevanten Teilen des gesellschaftspolitischen Umfeldes „gleichrangig nebeneinander" und nicht, wie in betriebswirtschaftlicher Literatur üblich, „hierarchisch übereinander" (vgl. Faulstich 2000: 31).

Zerfaß' Funktionsverständnis mündete in den drei Leitideen der (1) strategischen Öffentlichkeitsarbeit (Umsetzung von Strategien wie Mitwirkung bei deren Revision), der (2) integrierten Öffentlichkeitsarbeit (Abstimmung im Rahmen einer kommunikativen Gesamtkonzeption) und der (3) situativen Öffentlichkeitsarbeit (Ausrichtung an situationsspezifischen Problemen) (ebd.: 324f). Er fasste die Beziehungen eines Unternehmens[19] zu dessen sozialem Umfeld als Integrationsproblematik auf, die mit Mitteln des Kommunikationsmanagements (Koordinationsmechanismus der sozialen Integration) zielgerichtet und unter Maßgabe von Effektivitäts- und Effizienzkriterien zu lösen sei. In einer jüngeren Arbeit haben dazu Vercic und Grunig deutlich gemacht, dass sich ein derartiger Nutzenansatz konkret aus betriebswirtschaftlichen Wurzeln der Public Relations ableiten lässt, etwa wenn Umwelt als Quelle von Wettbewerbsvorteilen aufgefasst wird, dem Postulat der Minimierung negativer und der Maximierung positiver Effekte gefolgt oder die Ermittlung von Bezugsgruppenbetroffenheit dem Ausweis organisationspolitischen Handlungsbedarfs zugrundegelegt wird (2000: 36ff).

5.2 Röttger

Einen anderen Weg hat Ulrike Röttger (2000) eingeschlagen, die ihre Überlegungen entlang der organisationssoziologischen „Theorie der Strukturierung" von Anthony Giddens (1988) entwickelt. Im Anschluss an Theis untersucht sie PR als handlungs- und strukturrelevantes Phänomen mit der Funktion organisationaler Umweltkontrolle, um unsichere und potenziell handlungsbegrenzende Austauschprozesse innerhalb

---

19 Zerfaß sprach häufig von Organisation und deutete damit – wohl unbeabsichtigt – auch die grundsätzliche Übertragbarkeit auf andere Organisationstypen an.

der Organisations-Umwelt-Beziehungen zu stabilisieren (Theis 1992: 28ff).[20] Röttger hält systemtheoretischen Ansätzen vor, den handelnden Akteur nicht zu kennen und die Ausdifferenzierung von Public Relations, insbesondere deren Funktion und Bedeutung, nicht erklären zu können. Entsprechend schwierig sei es, auf dieser Basis PR-Praxis empirisch zu erfassen. Ihren strukturationstheoretischen Ansatz, der einen empirischen Zugang ermöglichen soll, begründet sie damit, dass „alle vorliegenden Theorieansätze hinsichtlich der theoretischen Fassung des Verhältnisses von Struktur und Handlung bzw. System und Akteur" unbefriedigend seien, weil sie ignorierten, „dass Prozesse der Strukturbildung auf Handlungen basieren" (ebd.: 60).

Anhand der Strukturationstheorie entwickelt Röttger Organisationen als soziale Systeme organisierten Handelns, deren Fähigkeit zur reflexiven Selbstreproduktion auf der Nutzung von Wissen und Informationen basiere. Als strukturpolitische Akteure seien Organisationen in verschiedenen gesellschaftlichen Handlungsfeldern präsent, in denen der Organisationstypus wie auch handlungsfeldspezifische Modalitäten in Wahrnehmungs- und Bewertungsmodalitäten ihren Niederschlag finden. „Strategische Früherkennung von potenziell autonomiebegrenzenden Konfliktlagen und eine proaktive Ausrichtung werden zu zentralen Aufgaben von Management und der Öffentlichkeitsarbeit. Ziel ist die Sicherung von Handlungsspielräumen und die Legitimation unternehmerischen Handelns, ohne die eine optimale Gewinnmaximierung nicht möglich ist" (ebd.: 172). Öffentlichkeitsarbeit, so ihre Funktionszuweisung, ziele „im Anschluss an die Strukturierungstheorie darauf ab, Deutungsmuster, Interpretationsschemata und Normen zu beeinflussen. Regeln der Sinnkonstruktion bilden den dominanten Orientierungsrahmen für PR" (ebd.: 176). Insgesamt sieht Röttger in PR die im Grunde „zentrale Kontaktstelle von Organisationen zur gesellschaftspolitischen Umwelt und zu den für die Organisation relevanten gesellschaftspolitischen Akteuren; sie kontrolliere und gestalte Austauschprozesse und Beziehungen zwischen Organisation und den gesellschaftspolitischen Akteuren und kontrolliert für die Organisation damit eine wesentliche Ungewissheitszone" (ebd.: 182). Als Umweltnahtstelle sei sie prinzipiell eine Machtquelle, deren Nutzung als Organisationsfunktion und deren tatsächlicher Einfluss jedoch von der Zuweisung von Macht, Autonomie und Kompetenzen abhängig sei.

5.3 Szyszka

Der jüngste Ansatz von Peter Szyszka (2004) rückt – von einer allgemeinen systemtheoretischen Basis aus – die Organisationsperspektive (Meso-Ebene) in den Mittelpunkt und fragt nach Einfluss und Funktion von Public Relations auf *Organisation-Umwelt-Beziehungen*; Vorstudien wurden in den 1990er Jahren publiziert (Szyszka 1993; 1996; 1999). Im Mittelpunkt stehen die Begriffe des *sozialen Vertrauens* und der *funktionalen Transparenz*. Wie Faulstich geht Szyszka davon aus, dass zwischen einer Organisation und deren sozialem Umfeld ein Netz kommunikativer Beziehun-

---

20 Auch Zerfaß' Theorieentwurf griff bereits auf das strukturationstheoretische Konzept Giddens zurück, dass organisationale Strukturen und Beziehungen in und zwischen Organisationen nicht als gegeben voraussetzt, sondern als kontinuierlich im Handeln reproduziert versteht (Röttger 2000: 61).

gen besteht, das eine Organisation per se zum potenzialen Objekt von Thematisierungs- und Meinungsbildungsprozessen bei Bezugsgruppen macht. Um sich mit diesen Prozessen auseinandersetzen und bei Bedarf auf sie einwirken zu können, bedienten sich Organisationen der Funktion des Kommunikationsmanagements. Um diesen Zusammenhang analytisch fassen zu können, wird begrifflich in *Public Relations* als „öffentliche Beziehungen oder das Bestehen eines auf Kommunikation basierenden Beziehungsnetzes, [...] das eine ausdifferenzierte Organisation aufgrund umweltseitiger Beobachtungsprozesse in eine Gesellschaft einbindet" (Organisation als Objekt von Kommunikation), und *Public Relations-Aktivitäten* (Öffentlichkeitsarbeit, PR-Arbeit) „als Operationen zum Umgang mit öffentlichen Beziehungen" (Organisation als Subjekt von Kommunikation) unterschieden (2004: 153). Public Relations werden damit als Meso-Makro-Problematik (Frage von Beziehungen und Beziehungsqualität) und Meso-Mikro-Problematik (Frage nach einer adäquaten Organisationsfunktion) behandelt.

Der Ansatz geht davon aus, dass alle Teile von Gesellschaft explizit oder implizit *nutzenorientiert* operieren. Organisationen als ausdifferenzierte Teile gesellschaftlicher Teilsysteme (soziale Systeme, korporative Akteure) verfolgen ganz bestimmte Organisationsinteressen (Zweck), verfügen über ein einzigartiges Profil (Identität) und entwickeln sich mittels Kommunikation permanent weiter. Eigenartigkeit markiert die konkrete *Organisation-Umwelt-Differenz* und prägt situativ oder andauernd das Organisation-Umwelt-Verhältnis (Interessenkonkurrenz und -konflikte, Kooperation oder einflussfreier Parallelexistenz) qualitativ. Als Reaktion hierauf entsteht innerhalb der Gesellschaft Kommunikation über eine Organisation, ihre Profilmerkmale und ihre Leistungen (*Meinungsmärkte*). Da Bezugsgruppen als Teile der Organisationsumwelt ganz bestimmte Erwartungen an Organisationen und deren Entscheidungshandeln knüpfen (Bindung an die Art des Meinungsmarktes), wird der Organisation-Umwelt-Differenz immer dann Aufmerksamkeit und Beobachtung (Aktualisierung) zuteil, wenn als relevant eingestufte Erwartungsdifferenzen drohen oder auftreten. Hieraus konstituiert sich ein *Beziehungsnetz*, das eine Organisation in die Gesellschaft einbindet. *Öffentliche Beziehungen* bestehen also, weil diese Differenz von Bezugsgruppen beobachtet und bedeutungsgenerierend interpretiert wird. Es entstehen Kommunikations- und Meinungsbildungsprozesse, die auf existenzielle organisationale Handlungsspielräume zurückwirken können; sie markieren organisationsseitigen Handlungsbedarf.

Organisationen verfügen damit über *potenzielle Publizität*, d.h. sie können prinzipiell und permanent Objekte öffentlicher Meinungsbildungsprozesse und Thema öffentlicher Kommunikation werden. Da öffentliche Beobachtung und Kommunikation nach dem Kriterium der Relevanz verfährt, verweist *potenziell* auf Selektivität in sachlicher, zeitlicher und sozialer Hinsicht. Organisationen sind *prinzipiell öffentlich* (zugänglich), weil sie sich Beobachtung und darauf bezogener öffentlicher Kommunikation nicht entziehen können. Bleiben sie aus diesen Prozessen ausgeblendet, dann genießen sie soziales Vertrauen als eine ihr entgegengebrachte, aus Erfahrung gewonnene oder substituierte Kontinuitätserwartung (vgl. Luhmann 1968: 23). *Soziales Vertrauen* als „latente und generalisierte Sicherheitsüberlegung" (ebd.: 38) kann als angestrebte operative Ausgangsbasis einer Organisation (Routinesituation) eingestuft werden. „Soziales Vertrauen grenzt Beobachtung ein oder schließt sie aus und sorgt damit für Nicht-Öffentlichkeit beobachtbarer Teile organisationaler Existenz" (Szyszka 2004: 155). Da in dieser Situation *Umwelterwartungen als Erwartungskorridore* generalisiert sind, d.h. nur in ihren Eckwerten konkretisiert vorliegen, eröffnet sich organisationspolitischem Entscheidungshandeln ein breiter Fächer von *Handlungsoptionen*. Umgekehrt formuliert Beobachtung vergleichsweise konkrete Erwartungen, welche Handlungspotenziale einschränken. Mit zunehmender Entfernung vom Aktualisierungszeitpunkt nimmt Konkretisierung wieder zugunsten von Generalisierung ab. Öffentliche Kommunikation *über eine Organisation* nimmt damit rückwirkenden Einfluss auf deren Entwicklungs- und Handlungsspielräume.

Hier setzt die Funktion von Public Relations-Aktivitäten an. *Kommunikationsmanagement*[21] hat hierfür ausgeprägte Suborganisation und ist dabei ein Beobachter 2. Ordnung, der die eigene Organisation, wie auch Beobachter der eigenen Organisation und deren Bedeutungszuweisungen beobachtet, gewonnene Informationen auf Relevanz und kommunikativen Handlungsbedarf überprüft und beim Vorliegen von Handlungsbedarf und der Verfügbarkeit notweniger Ressourcen entsprechende Operationen als Mitteilungsaktivitäten entwickelt und einleitet. Kommunikationsmanagement ist dabei gleichermaßen *Aufmerksamkeitsmanagement* (Hinlenkung/Weglenkung), *Öffentlichkeitsmanagement* von Themen und Inhalten (öffentlich/nichtöffentlich), wie auch *Ambivalenzmanagement*[22] zwischen wechselseitigen Bedeutungszuweisungen (Selbstbild/Fremdbild). *Nicht-Öffentlichkeit* kann dabei nur gewünschte *strategische Ausgangsbasis und eine mögliche strategische Option* sein, da unter Nutzenaspekten (Chancen/Risiken) *partielle Öffentlichkeit* immer dann gewünscht werden muss, wenn sie der Realisierung von Organisationszielen öffentliche Unterstützungspotenziale, das Angebot spezifischer Organisationsleistungen deren Nachfrage oder Sinndiskrepanzen (vertretene Werte und Bewertungen) Sinndarlegung dient.

Kommunikationsmanagement hat damit *funktionale Transparenz* zu schaffen, der immer ein *Nutzen* (Wertschöpfung) gegenüberstehen muss. Dieser besteht in der *Nutzung von Chancen* (Nutzen als Mehrwert/Zugewinn) oder dem *Umgang mit Risiken* (Abwendung/Eingrenzung drohenden bzw. Begrenzung/Bewältigung eingetretenen Schadens). Dadurch sollen *organisationale Handlungsspielräume optimiert* und die *Effizienz organisationaler Prozesse gesteigert* werden. Kommunikationsmanagement agiert damit mit dem Ziel, eine Organisation an ihre Umwelt anzupassen bzw. auf Umwelt verändernd oder stabilisierend einzuwirken. Um Organisationsziele zu erreichen, sollen Chancen für Erhaltung und Weiterentwicklung der Organisation genutzt bzw. Risiken minimiert werden (vgl. Long/Hazleton 1987: 6; Szyszka 2004: 159f).

---

21 Dieser auch in der amerikanischen Literatur eingeführte Begriff (vgl. Grunig/Hunt 1984: 6) erscheint in diesem Kontext deshalb als zweckmäßig, weil er auf den Regelungscharakter der Funktion verweist.

22 Die jüngere Diskussion hat gezeigt, dass die Begriffe Ambivalenzmanagement, Bedeutungsmanagement und Diskrepanzmanagement in diesem Kontext weitgehend synonym zu verwenden sind.

6. Kritik und Fazit

Mitte der neunziger Jahre hat Laurie Wilson organisationsbezogenen Ansätzen vorgehalten, im Grundsatz manipulativ und letztlich auch nicht zielführend zu sein. Organisationen hätten nicht nur eine Beziehung zur Gesellschaft bzw. Teilen von Gesellschaft, sondern seien selbst auch Mitglied von Gesellschaft. Hieraus erwachse ihnen soziale Verantwortung gegenüber der Gemeinschaft[23], in die sie eingebunden seien (1994; 1996). Wilsons Idee einer „strategic cooperative community" lässt sich gleichermaßen gesellschaftsbezogen wie organisationsbezogen interpretieren. Im organisationsbezogenen Kontext entscheidend bleibt auch hier die explizite Betonung des Einflusses des gesellschaftlichen Umfeldes auf Handlungs- und Entwicklungsspielräume von Organisation, auf den Organisationen mit der Ausprägung von Public Relations-Aktivitäten reagieren.

Gesellschaftsbezogenen Ansätzen ist aufgrund ihrer augenscheinlichen Nähe zu klassischen standespolitischen Selbstbildern bisweilen vorgehalten worden, sich in „konservativer Rechtfertigungsideologie" zu ergehen (vgl. z.B. Kunczik 2001: 433). Kritik an handlungsbezogenen Ansätzen wie etwa dem Konzept der verständigungsorientierten Öffentlichkeitsarbeit[24] richtet sich an deren mangelnde Generalisierbarkeit (vgl. z.B. ebd.: 44). Vergleichbare Kritiken an organisationsbezogenen Ansätzen fehlen im deutschen Sprachraum bislang. Anders ist dies etwa im englischsprachigen Diskurs, wo z.B. Jacquie L'Etang den ausdrücklich zweckrationalen (utilitaristischen) Charakter dieser Ansätze (Gewinnmaximierung, Imagebildung) kritisierte, da diese die Übernahme sozialer Verantwortung instrumentalisierten (1994: 121).

Public Relations und Public Relations-Aktivitäten entstehen, soweit dürfte sich die Forschung einig sein, immer im Zusammenhang mit organisationaler Existenz und organisationalem Handeln. Daher erscheint es angebracht, der Frage nach der oder den organisationsbezogenen Funktion(en) künftig ein Forschungsprimat einzuräumen, denn nur bei einer differenzierenden und befriedigenden Klärung dieser Frage lassen sich auch befriedigende Antworten zu gesellschafts- und handlungsbezogenen Fragen finden. So kann die Frage nach der oder den möglichen gesellschaftlichen Funktion(en) kaum ohne einen Blick etwa auf die Qualität der tatsächlich in öffentlicher Kommunikation verfügbaren Organisationsinformationen und die Frage nach handlungsoptimierenden Kriterien im PR-Alltag, wie in der amerikanischen Excellence-Forschung (vgl. insb. Grunig 1992) thematisiert, kaum ohne Blick auf organisationstypspezifische Funktionalisierung sowie hieran zu bemessende Funktionsadäquanz beantwortet werden. Von der bisweilen vorgetragenen Behauptung, „die meisten Kommunikationswissenschaftler" seien sich in der Wahl des gesellschaftsbezogenen Ansatzes und deren zentraler Forschungsfrage nach der „gesellschaftliche Integrationsfunktion" von Public Relations einig (Rolke 1999: 432), kann also kaum die Rede sein.

---

23 Wilson operiert in Anlehnung an Tönnies mit der Unterscheidung „community" und „society" (1996: 72); vgl. dazu auch den Beitrag Kunczik/Szyszka: Praktikertheorien in diesem Band.
24 Siehe den gleichnamigen Beitrag von Burkart in Teil 2 dieses Bandes.

Literatur

Armbrecht, Wolfgang/Avenarius, Horst /Zabel, Ulf (Hrsg.) (1993): Image und PR. Kann Image Gegenstand einer Public Relations-Wissenschaft sein? Opladen: Westdeutscher Verlag.

Bentele Günter (1994a): Öffentliches Vertrauen – normative und soziale Grundlage für Public Relations. In: Armbrecht, Wolfgang/Zabel, Ulf (Hrsg.): Normative Aspekte der Public Relations. Grundlagen und Perspektiven. Eine Einführung. Opladen: Westdeutscher Verlag, S. 131-158.

Bentele, Günter (1994b): Public Relations und Wirklichkeit. Beitrag zu einer Theorie der Öffentlichkeitsarbeit. In: Bentele, Günter/Hesse, Kurt (Hrsg.): Publizistik in der Gesellschaft. Konstanz: UVK, S. 237-267.

Bentele, Günter (2003): Kommunikatorforschung: Public Relations. In: Bentele, Günter/Brosius, Hans-Bernd/Jarren, Otfried (Hrsg.): Öffentliche Kommunikation. Wiesbaden: Westdeutscher Verlag, S. 54-78.

Faulstich, Werner (1992): Öffentlichkeitsarbeit. Grundwissen. Kritische Einführung in Problemfelder. Bardowick: Ifam.

Faulstich, Werner (2000): Grundwissen Öffentlichkeitsarbeit. Stuttgart: UTB.

Giddens, Anthony (1988): Die Konstitution der Gesellschaft. Grundzüge einer Theorie der Strukturierung. Frankfurt a. M., New York: Campus.

Grunig, James E. (Hrsg.) (1992): Excellence in Public Relations and Communication Management. Hillsdale: Lea.

Grunig, James E./Grunig, Larissa/Dozier, David (1996): Das Modell exzellenter Public Relations. Schlussfolgerungen aus einer internationalen Studie. In: Bentele, Günter/Steinmann, Horst/Zerfaß, Ansgar (Hrsg.): Dialogorientierte Unternehmenskommunikation. Berlin: Vistas, S. 199-228.

Grunig, James E./Hunt, Todd (1984): Managing Public Relations. Harcourt, Brace, Jovanovich: College Publishers.

Hundhausen, Carl (1951): Werbung um öffentliches Vertrauen. Public Relations. Essen: Giradet.

Hundhausen, Carl (1969): Public Relations. Theorie und Systematik. Berlin: De Gruyter.

Katz, Daniel/Kahn, Robert L. [2](1978): The Social Psychology of Organizations. New York: John Wiley and Sons.

Korte, Hermann [3](1995): Einführung in die Geschichte der Soziologie. Opladen: Westdeutscher Verlag.

Knorr, Ragnwolf H. (1984): Public Relations als System-Umwelt-Interaktion. Wiesbaden: Verlag für deutsche Wirtschaftsbiographien.

Kunczik, Michael (2001): Dr. Fox lebt oder warum laut Lothar Rolke Public Relations gesellschaftlich erwünscht sind: „If jou can't convince them, confuse them. In: Publizistik, 46. Jg., Nr. 4, S. 425-437.

L'Etang, Jacquie (1994): Public Relations and Corporate Social Responsibility. Some Issues Arising. In: Journal of Business Ethics, 13. Jg., S. 111-123.

Luhmann, Niklas (1968): Vertrauen. Ein Mechanismus der Reduktion sozialer Komplexität. Stuttgart: Enke.

Luhmann, Niklas (1984): Theorie sozialer Systeme. Grundriss einer allgemeinen Theorie. Frankfurt a.M.: Suhrkamp.

Merten, Klaus (1992): Begriff und Funktion von Public Relations. In: prmagazin, 23. Jg., Nr. 11, S. 35-46.

Merten, Klaus/Westerbarkey, Joachim (1994): Public Opinion und Public Relations. In: Merten, Klaus/Schmidt, Siegfried J./Weischenberg, Siegfried (Hrsg.): Die Wirklichkeit der Medien. Eine Einführung in die Kommunikationswissenschaft. Opladen: Westdeutscher Verlag, S. 188-211.

Metzler, Charles R./Helbling, Alphons (1953): Das Unternehmen und die öffentliche Meinung. Public Relations. Thalwil: Oesch. (maschinenschriftl. Vervielfält.).

Parsons, Talcott (1971): The System of Modern Societies. Eaglewood Cliffs: Prentice Hall.

Röttger, Ulrike (2000): Public Relations – Organisation und Profession. Öffentlichkeitsarbeit als Organisationsfunktion. Eine Berufsfeldstudie. Wiesbaden: Westdeutscher Verlag.

Rolke, Lothar (1999): Die gesellschaftliche Kernfunktion von Public Relations – ein Beitrag zur kommunikationswissenschaftlichen Theoriediskussion. In: Publizistik, 44. Jg., Nr. 4, S. 31-444.

Ronneberger, Franz (1977): Legitimation durch Information. Düsseldorf: Econ.

Ronneberger, Franz (1989): Theorie der Public Relations. In: Pflaum, Dieter/Pieper, Wolfgang (Hrsg.): Lexikon der Public Relations. Landsberg a. L.: Moderne Industrie, S. 426-430.

Ronneberger, Franz/Rühl, Manfred (1992): Public Relations. Ein Entwurf. Opladen: Westdeutscher Verlag.

Signitzer, Benno (1988): Public Relations-Forschung im Überblick. Systematisierungsversuche auf der Basis neuerer amerikanischer Studien. In: Publizistik, 33. Jg., Nr. 1, S. 92-116.

Signitzer, Benno (1992): Theorie der Public Relations. In: Burkart, Roland/Hömberg, Walter (Hrsg.): Kommunikationstheorien. Ein Textbuch zur Einführung. Wien: Braumüller, S. 134-152.

Szyszka, Peter (1993): Öffentlichkeit als konstituierendes Prinzip der Public Relations. In: Faulstich, Werner (Hrsg.): Konzepte von Öffentlichkeit. Bardowick: Wissenschaftler Verlag, S. 195-214.

Szyszka, Peter (1996): »Brent Spar« – nur ein Ölfass in der Weite des Ozeans? Befunde zur Organisationskommunikation. In: Public Relations-Forum, 2. Jg., Nr. 2, S. 24-27.

Szyszka, Peter (1999): „Öffentliche Beziehungen" als organisationale Öffentlichkeit. Funktionale Rahmenbedingungen von Öffentlichkeitsarbeit. In: Szyszka, Peter (Hrsg.): Öffentlichkeit. Diskurs zu einem Schlüsselbegriff der Organisationskommunikation. Opladen, Wiesbaden: Westdeutscher Verlag, S. 131-146.

Szyszka, Peter (2004): PR-Arbeit als Organisationsfunktion. Konturen eines organisationalen Theorieentwurfs zu Public Relations und Kommunikationsmanagement. In: Röttger, Ulrike (Hrsg.): Theorien der Public Relations. Wiesbaden: Verlag für Sozialwissenschaften, S. 149-168.

Theis, Anna M. (1992): Inter-Organisations-Beziehungen im Mediensystem. Public Relations aus organisationssoziologischer Perspektive. In: Publizistik, 37. Jg., Nr. 1, S. 25-36

Vercic, Dejan/James E. (2000): The Origins of Public Relations Theory in Economics and Strategic Management. In: Moss, Danny/Vercic, Dejan/Warnaby, Gary (Hrsg.): Perspectives on Public Relations Research. London: Routledge, S. 9-58.

Wilcox, Dennis L./Ault, Philipp H./Agee, Warren K. [5](1998): Public Relations Strategies and Tactics. Addison-Wesley: Reading.

Wilson, Laurie J. (1994): The Return to 'Gemeinschaft'. A Theory of Public Relations and Corporate Community Relations as Relationship-Building. In: Alkhafaji, A. F. (Hrsg): Business Research Yearbook. Global Business Perspectives, 1. Jg., S. 135-141.

Wilson, Laurie J. (1996): Strategic Cooperative Communities. A Synthesis of Strategic Issue Management and Relationship – Building Approaches in Public Relations. In Culbertson, Hugh M./Chen, Ni (Hrsg.): International Public Relations. A Comparative Analysis. Mahwah: Erlbaum, S. 67-80.

Zerfaß, Ansgar (1996): Unternehmensführung und Öffentlichkeitsarbeit. Grundlegung einer Theorie der Unternehmenskommunikation und Public Relations. Opladen: Westdeutscher Verlag.

Kritische Ansätze: ausgewählte Paradigmen

Joachim Westerbarkey

1. Kritische Theorie vs. PR-Kritik

Abgesehen von Jürgen Habermas hat im deutschen Sprachraum bisher wohl niemand hinreichende Grundlagen für eine elaborierte kritische PR-Theorie gelegt, was wahrscheinlich darauf zurückzuführen ist, dass Public Relations lange Zeit nicht als nennenswerter Faktor der Kulturindustrie galt und dass noch heute affirmative wissenschaftliche PR-Paradigmen dominieren, die sich positive Aspekte in den Mittelpunkt stellen. Hier tritt der Manipulationsverdacht zugunsten von Harmonievorstellungen, Gemeinwohlpostulaten und der Konzentration auf die Herstellung von Systemvertrauen verständlicherweise in den Hintergrund (vgl. Kunczik ^{3}1996: 248, 253).

Außerdem dürften eher jene an Fragen der Unternehmenskommunikation interessiert sein, die nach Möglichkeiten und Modellen ihrer praktischen Optimierung suchen, und zu denen zählen gewiss nicht solche, deren theoretische Ahnen Karl Marx und Sigmund Freud heißen. Habermas hat in seinem Frühwerk (1961) diese Fäden jedoch PR-theoretisch aufgegriffen und weitergesponnen, wobei er sich primär für den Verfall demokratischer Öffentlichkeit interessiert und damit vor allem für PR als Mittel und Merkmal *politischer* Repräsentation.

Daneben finden sich zwar diverse Darstellungen problematischer PR-Modelle und -Praxen, doch kritisieren diese nicht die Öffentlichkeitsarbeit als solche, sondern nur bestimmte Erscheinungsformen.[1] Damit beanspruchen sie weder selbst den Rang einer (kritischen) Theorie, noch erfüllen sie heuristisch diese Qualität[2] (vgl. Kunczik ^{3}1996: 246). Exemplarisch sei hier auch auf die prominenten Modelle von Grunig/Hunt (1984: 22) hingewiesen, die bekanntlich Idealtypen sind und die sich in historischer Folge aus der kritischen Auseinandersetzung mit dem jeweils Vorhergehenden ergeben haben. So etwa resultiert das Postulat dialogischer PR aus der Beanstandung von Mängeln massenmedialer Öffentlichkeitsarbeit in Konfliktsituationen, ob mit oder ohne organisierte Feedbackschleifen.

Doch bekanntlich können Dialoge mit sensiblen Bezugsgruppen oder gar einzelnen *stakeholders* schon aus Zeit- und Kostengründen die Mittel und Wege konventioneller PR allenfalls akzidentiell ergänzen, was zwar manchmal zu einem verstärkten Einsatz entsprechender Maßnahmen führen kann, aber den Routinebetrieb allenfalls vorübergehend in den Hintergrund stellt. Interessanterweise gibt es hier eine Konvergenz zwischen der organisationstheoretischen Perspektive von Grunig/Hunt

---

1   Ein Beispiel dafür bietet Klaus Jarchow (1992: 110f), der untaugliche PR-Texte kritisiert.
2   Wie etwa die Sammlung anekdotischer Essays des PR-praktizierenden „Querdenkers" Klaus Kocks (2001).

und der Kommunikationstheorie des späteren Habermas (1981), mit der Roland Burkart (1993) sein handlungsorientiertes PR-Konzept begründet.

Schließlich kann PR auch aus systemtheoretischer Sicht kritisiert werden, so etwa unter dem Aspekt von Folgeproblemen funktionaler Entdifferenzierung (massen-) kommunikativer Systeme für die Viabilität von Realitätsentwürfen. Mit Hilfe der Luhmannschen Unterscheidung sachlicher, normativer und sozialer Dimensionen lassen sich im Übrigen den drei genannten Perspektiven verschiedene Schwerpunkte der PR-Kritik zuweisen,[3] womit weder in Abrede gestellt werden soll, dass sie jeweils auch andere Aspekte problematisieren, noch dass sie partielle Überschneidungen miteinander verbinden:

Paradigma	Kritische Gesellschaftstheorie	Kritische Handlungstheorie	Kritische Systemtheorie
Vertreter (exemplarisch)	*Habermas*	*Burkart*	*Luhmann*
Zentrale Kritikdimension	*normativ (Manipulation)*	*sozial (Einseitigkeit)*	*sachlich (Entdifferenzierung)*
Hauptproblem	*repräsentative Öffentlichkeit*	*Verständigungsdefizite*	*Vertrauensverlust*
kritisierte PR-Praxis	*Bewusstseinslenkung*	*strategische Kommunikation*	*Themenmanagement*
Funktionskritik	*Refeudalisierung*	*Erfolgsorientierung*	*Unbeantwortbarkeit*
Problemlösung	*Partizipation*	*Dialog*	*Differenzierung*

Abb. 1: PR-kritische Perspektiven im Überblick

Im Folgenden soll exemplarisch aufgezeigt werden, dass und wie die verschiedenen Ansätze die Öffentlichkeitsarbeit für Gesellschafts-, Handlungs- und Systemprobleme mitverantwortlich machen.

2. Gesellschaftskritische Perspektive

2.1 Repräsentative Öffentlichkeit

Bei allen berechtigten Einwänden gegen einige Darstellungen historischer Details, normative Prämissen und utopische Postulate kann man von Habermas lernen, dass repräsentative Öffentlichkeit eine genuine Funktion *hierarchischer* Gesellschafts-

---

3 Und zwar auf der Ebene von Beobachtungen fünften Grades: Ich beobachte (4) gleichsam durch Luhmanns „Brille" (3) wissenschaftliche Beobachter (2) von PR (1), wobei ich mich bei der Beschreibung und Begründung dieses Vorgehens wiederum selbst beobachte (5).

ordnungen ist. Die Repräsentanten der Macht demonstrieren ebenso deren Bestand und Berechtigung wie die Legitimität ihrer eigenen privilegierten Position (Habermas ⁵1996: 60ff). Dagegen ist demokratische bzw. *partizipative* Öffentlichkeit zumindest idealiter eine kommunikative Funktion konkurrierender Interessen und widerstreitender Argumente, deren Vertreter (und das sollten möglichst alle sein) permanent um eine vernünftige Ordnung ringen. Zugrunde liegt hier ein egalitäres und dynamisches Modell politischer Konfliktaustragung. Haben wir es hier mit einer diskursiv hergestellten Öffentlichkeit *durch* das Volk zu tun, so dort mit einer Zur-Schau-Stellung *vor* dem Volk, mit einer Präsentation elitärer Ansprüche und Entscheidungen, die auch undemokratisch bleiben, wenn sie günstig für das Volk ausfallen.

Von besonderem wissenschaftlichem Wert wäre es also zu klären, ob, wie und warum sich demokratische Öffentlichkeit von der Idealvorstellung allgemeiner Aufklärung und Partizipation entfernt. Offensichtlich stellt „das Volk" (als konstitutioneller Souverän) politische Öffentlichkeit in der Regel nämlich nicht (mehr) selbst her, sondern Politik wird (meistens via media) vor dem Volk zur Schau gestellt, vor allem in Gestalt von Spitzenakteuren, die gern zusammen mit Repräsentanten wirtschaftlicher, kultureller oder religiöser Interessengruppen auftreten – für Habermas eindeutige Anzeichen für eine Refeudalisierung der Gesellschaft, in der sich machtvolle Organisationen die plebiszitäre Zustimmung eines medialisierten Publikums für politische Kompromisse einholen, die unter Ausschluss der Öffentlichkeit ausgehandelt wurden (Habermas ⁵1996: 337): „Einst mußte Publizität gegen die Arkanpolitik der Monarchen durchgesetzt werden [...]. Heute wird Publizität umgekehrt mit Hilfe einer Arkanpolitik der Interessenten durchgesetzt: sie erwirbt einer Person oder Sache öffentliches Prestige und macht sie dadurch [...] akklamationsfähig." (ebd: 299f)

Auf diese Weise wird die mühsam erstrittene kritische Funktion moderner Öffentlichkeit wieder in eine symbolisch-demonstrative umfunktioniert, die dem Prinzip der „gesteuerten Integration" folgt (ebd.: 307).

2.2 PR als Vehikel von Refeudalisierung

Bildlich gesprochen wird Öffentlichkeit damit wieder „zum Hof, vor dessen Publikum sich Prestige entfalten läßt" (Habermas ⁵1996: 299): „Die bürgerliche Öffentlichkeit nimmt im Maße ihrer Gestaltung durch public relations wieder feudale Züge an: die ‚Angebotsträger' entfalten repräsentativen Aufwand vor folgebereiten Kunden." (ebd.: 292)

Im Gegensatz zum historischen Feudalismus soll freilich nicht erkennbar sein, dass PR eine Selbstdarstellung *spezifischer* Interessen ist, sondern sie soll als Darstellung *allgemeiner* Interessen wahrgenommen werden: „Der Absender kaschiert in der Rolle eines am öffentlichen Wohl Interessierten seine geschäftlichen Absichten." (Habermas ⁵1996: 289)

Wenn dadurch Themen, die für alle von Bedeutung sind, deren Einblick und Eingriff entzogen und durch wohlfeile Fassaden ersetzt werden, wird der Gesellschaft freilich nur noch „Spielmaterial" zur Verfügung gestellt und eine nur scheinbar politische Öffentlichkeit hergestellt. Insofern ist Öffentlichkeitsarbeit auch ein Indikator dafür, dass (und wie) historisch gewachsene Ansprüche einer allgemeinen Kontrolle von und Partizipation an politischer Macht mit Hilfe symbolischer Politik unterlaufen werden.

2.3 Bewusstseinslenkung durch Persuasion

Habermas betrachtet PR folglich als *manipulative* Schlüsselbranche öffentlicher Meinungsbildung, die demokratische Publizität zwecks unkritischer Akklamation oder wenigstens wohlwollender Duldung des herrschenden Systems und der Herrschenden verdrängt (*engineering of consent*; vgl. Kunczik ^{3}1996: 155ff). Die Manager der Meinungspflege halten sich dabei „streng an Psychologie und Technik der mit den Massenmedien verknüpften feature- und pictorial-publicity", um ihr Material entweder direkt in die Medien einzuschleusen, „oder sie arrangieren in der Öffentlichkeit spezifische Anlässe, die in vorhersehbarer Weise die Kommunikationsapparate in Bewegung setzen [...]." (Habermas ^{5}1996: 290)

Dabei zählen weniger sachliche Argumente, als zugkräftige Identifikationssymbole, namentlich die Präsentation von Führern oder Führungsgarnituren in möglichst marktgerechter Aufmachung und Verpackung (ebd.: 321).[4] Und weil Publizität über ein fingiertes Allgemeininteresse entfaltet wird, mobilisiert PR das Publikum nicht nur für eine Regierung, Partei, Firma oder Branche, sondern verleiht dem gesamten System „quasi-politischen Kredit" (ebd.: 291).

2.4 Partizipation als Problemlösung

Wenn aber ein Publikum derart mediatisiert wird, dass es nur noch zur Legitimation politischer Entscheidungsträger dient, aber nicht an wichtigen Entscheidungen teilnimmt oder nicht einmal mehr dazu fähig ist (vgl. Habermas ^{5}1996: 325), dürfte auch das allgemeine politische Interesse daran schwinden: „Die verständige Kritik an öffentlich diskutierten Sachverhalten weicht einer stimmungshaften Konformität mit öffentlich präsentierten Personen oder Personifikationen [...]." (ebd.: 292). Ein Ausweg aus diesem Dilemma kann folglich nur in der Motivation und Mobilisierung zu einer möglichst breiten und aktiven Teilnahme am öffentlichen Diskurs liegen, die mit den herkömmlichen Strategien und Mitteln der PR aber kaum zu erreichen sein dürfte.

---

4 In diesem Zusammenhang lohnt es sich übrigens, Machiavellis Sentenzen über absolutistische Fürsten nachzulesen, klingt es doch erstaunlich aktuell, wenn er schreibt: „Ein Fürst braucht also nicht alle [...] Tugenden zu besitzen, muß aber im Rufe davon stehen. Ja, ich wage zu sagen, daß es sehr schädlich ist, sie zu besitzen und sie stets zu beachten; aber fromm, treu, menschlich, gottesfürchtig und ehrlich zu scheinen ist nützlich." (Machiavelli 1990: 88)

2.5 Andere gesellschaftskritische Konzepte

In ausdrücklicher Anlehnung an Habermas' Refeudalisierungsthese denunziert Scheidges (1982) PR-Experten pauschal als „Klempner des gesellschaftlichen Konsums": „Die Selbstdarstellungen privat organisierter und quasi-öffentlicher Interessen erheischen sich [...] die Autorität öffentlichen Belanges und adressieren ihre messages an das Phantom „öffentliche Meinung" des Publikums versammelter Privatleute." (S. 9).

Sein Anliegen ist weniger die Darstellung einer eigenen PR-Theorie als die Demontage Albert Oeckls, dessen Konzept von Interessen und interessengefärbten Inhalten ablenke („Degradierung der Massenmedien zu Dienern kaschierter Interessen", „Gleichschaltung"; vgl. S.10), und Franz Ronnebergers (ahistorischer Ansatz, Vergewaltigung Habermasscher Kategorien etc.; vgl. S.11f). Seine Kritik gilt vor allem funktionalistischen PR-Theorien, da sie s. E. der Legitimation problematischer Praktiken dienen und „wohlweislich" nicht zwischen der Rationalisierung von Herrschaft und der Inszenierung von Massenloyalität unterscheiden (S.12).

Und ähnlich heftig polemisiert er gegen den Mainstream amerikanischer PR „als Mittel zur Homogenisierung des nationalen Bewußtseins" (S.9): „Damit sind die PR-Bemühungen nicht mehr bloße Informationsstrategien [...], sondern sie sind in ihrer politischen Vermessenheit Stätten von ideological labor" im Sinne von Propaganda (S.12).

Kunczik (^{3}1996: 152ff) hat eine kleine Kollektion weiterer gesellschaftskritischer Ansätze zusammengestellt, die auch die PR thematisieren (vgl. auch Kückelhaus 1998: 128-134). Sie sollen hier der Vollständigkeit halber erwähnt, aber nicht näher erörtert werden, und zwar deshalb nicht,

- weil sie entweder keine spezifischen PR-Theorien sind, sondern ihre Vertreter ganz allgemein Strategien und Formen persuasiver (Massen-)Kommunikation in Frage stellen, also auch Reklame (wie Veblen, der Werbung generell für Verschwendung hält) und/oder Propaganda (wie Baran, Buß, Galbraith, Hirsch, Lindblom oder Sweezy; vgl. Literaturverzeichnis),
- weil sie sich primär mit ökonomischen Fragen auseinandersetzen, also wirtschaftstheoretisch argumentieren (Kunczik ^{3}1996: 154)
- oder weil sie sich auf klassisch-marxistische Definitionen beschränken, wie Klein (1969: 376), der PR als „ideologisches Kampfprogramm der Großbourgeoisie" denunziert, das die Massen davon überzeugen soll, die Interessen der Unternehmer seien auch ihre Interessen.

Eine Ausnahme macht hier Gandy, der die Aufgabe der PR darin sieht, mit Hilfe von Journalisten unbezahlte Publizität für Einzelinteressen zu schaffen und dabei die Quelle und deren Ambitionen sorgfältig vor dem Publikum zu verbergen. Damit würden die Öffentlichkeit indirekt manipuliert, Herrschaftsverhältnisse stabilisiert und Demokratie verhindert: „The PR specialist's resources for delivering an undercover subsidy include virtually every trick in the book [...]. Popular textbooks in the field provide the hopeful practitioner with guidance in the use of theses techniques to their client's best advantage." (Gandy 1982: 64)

Punktuelle Parallelen zu Habermas entdeckt Kunczik (^{3}1996: 159ff, 222) außerdem bei Riesman (Politik als Konsumgut), Brenner (organisationsinterne PR) und Münch (Inszenierung und Idealisierung). Doch der zurzeit wohl prominenteste amerikanische PR-Kritiker ist Noam Chomsky. Er vertritt ein gesellschaftskritisches „Propaganda-Modell", nach dem Nachrichtenquellen und Werbung als einflussreiche „Filter" für die Medienberichte operieren, wobei er keinen Unterschied zwischen PR und Propaganda macht: „Das Propaganda-Modell macht Voraussagen auf drei verschiedenen Ebenen. [...] Die allgemeine Aussage auf jeder Ebene lautet, dass das, was an Informationen in den Mainstream gelangt, den Bedürfnissen der etablierten Mächte dient." (2003: 202)

Chomsky führt eine Fülle von historischen und aktuellen Beispielen für die staatliche Instrumentalisierung der amerikanischen Medien durch Propaganda-Organisationen und PR an und distanziert sich entschieden von deren Apologeten, namentlich von Edward Bernays und Walter Lippmann und deren Postulaten des „organizing consent" bzw. „manufacturing consent", da sie s. E. beinhalten, „die Öffentlichkeit auf Ereignisse einzustimmen, die sie eigentlich ablehnt": „Das ist eine sehr alte [...] Sichtweise, die hervorragend mit Lenins Konzept einer revolutionären Avantgarde harmoniert. [...] Insofern gehen liberal-demokratische Theorie und Marxismus-Leninismus von gemeinsamen ideologischen Voraussetzungen aus." (2003: 30)

Ziel einer solchen elitären PR sei es, „die verwirrte Herde" durch Herstellung von Konsens ruhig zu halten und zu steuern, wobei sich die Strategie bewährt habe, die Bevölkerung durch nichtssagende Propaganda-Slogans von wichtigen und bedeutungsvollen Fragen abzulenken (2003: 35): „Mittlerweile gibt die PR-Industrie etwa eine Milliarde Dollar pro Jahr für ihre Aktivitäten aus [...] mit der Absicht, ‚das Bewusstsein der Öffentlichkeit zu kontrollieren". (2003: 33)

Populärwissenschaftliche Schützenhilfe erhält Chomsky übrigens von der Organisation PR WATCH (Public Interest Reporting on the PR/Public Affairs Industry) sowie deren Wortführern Stauber und Rampton (vgl. z.B. Stauber/Rampton 1995), die seit 1994 die Zeitschrift PR Watch Archives herausgibt und die sich auf ihrer Homepage dem Enthüllungsjournalismus verpflichtet:

> „PR Watch offers investigative reporting on the public relations industry. We help the public recognize manipulative and misleading PR practices by exposing the activities of secretive, little-known propaganda-for-hire firms that work to control political debates and public opinion." [http://www.prwatch.org (28.05.2003)]

Schließlich stellt sich Kunczik (^{3}1996: 248) selbst in die gesellschaftskritische Tradition der PR-Theorie, wenn er in Anlehnung an Riesman behauptet, PR ziele primär auf außengeleitete Konformisten. Zwar beanstandet auch er, dass Habermas' PR-Theorie zu weiten Teilen empirisch nicht prüfbar sei (vgl. Kunczik ^{3}1996: 246), doch postuliert er ähnlich wie dieser, dass die wirtschaftliche und politische Elite PR dazu benutze, Vertrauen und Legitimität herzustellen und damit „falsches Bewusstsein" zu schaffen, verstanden als „unkritisches Akzeptieren der Realität" (ebd.: 252). Aus diesem Grunde zählt er den gesamten Berufsstand nicht zur gesellschaftlichen Intelligenz, denn:

„Die Intelligenz verhält sich kritisch gegenüber jeglicher sozialer Wirklichkeit – und genau dies macht Public Relations nicht. [...] Die Ausübung der Kritikfunktion bedeutet einen Dauerkonflikt mit etablierten Interessen, und den kann sich PR nicht leisten. [...] Kritisches, unkonventionelles Denken würde Pfründe gefährden." (ebd.: 254)

Daher hält er es keineswegs für abwegig, Öffentlichkeitsarbeiter in Anlehnung an Bertold Brecht als „erfinderische Zwerge" zu bezeichnen, die für alles gemietet werden können (Kunczik [3]1996: 254).

3. Handlungskritische Perspektive

3.1 Verständigungsdefizite

Der spätere Habermas (1981: 446) unterscheidet in seiner nunmehr handlungsorientierten Kommunikationstheorie die beiden Idealtypen verständigungsorientierte und strategische Kommunikation:

verständigungsorientierte Kommunikation	Kriterien: *Verständlichkeit, Wahrheit, Wahrhaftigkeit, Richtigkeit*
strategische Kommunikation	offen: *Überredung* bewusst verdeckt: *Manipulation* unbewusst verdeckt: *systembedingte Täuschung*

Abb. 2: Kommunikationstypen nach Habermas (1981: 446)

In Alltagskommunikationen gehen wir gewöhnlich davon aus, dass sich die Beteiligten im Großen und Ganzen um Verständlichkeit, Wahrheit, Wahrhaftigkeit und Richtigkeit bemühen, dass die Geltung dieser Ansprüche also allgemein anerkannt wird, zumindest wenn es um Verständigung geht (und nicht um Beeinflussung oder gar Täuschung), also um wechselseitiges Verstehen, gemeinsames Wissen, gegenseitiges Vertrauen und Konsens (vgl. Habermas 1981: 149). Werden solche Erwartungen enttäuscht, gilt es, die gescheiterte Verständigung *metakommunikativ* zu problematisieren, also dialogisch nach Erklärungen und vernünftigen Lösungen zu suchen, um den entstandenen Schaden zu begrenzen oder zu beheben:

„Im Klartext: Überall dort, wo sich aufgestellte Behauptungen als unwahr, Vertrauen als unangemessen und das Vorhaben als illegitim herausstellt, ist der Verständigungsprozess in seinen Grundfesten erschüttert und funktionierende Kommunikation nur mehr sehr schwer aufrechtzuerhalten." (Burkart 1993: 35)

Derartige Diskurse dienen also der Reparatur kommunikativer Störfälle, wobei Wahrhaftigkeit allerdings als „diskursunfähig" gilt, weil argumentativ kaum zu beweisen oder zu widerlegen ist, ob jemand meint, was er sagt (vgl. Habermas 1971: 115; Habermas 1981: 69; Burkart 1993: 24).

Metakommunikative Verständigung setzt freilich eine *ideale Sprechsituation* voraus, nämlich eine zwanglose und herrschaftsfreie Zusammenkunft aller Teilnehmer, die es in Reinkultur wohl kaum jemals gibt. Zweckfrei sind solche Diskurse hingegen nicht, wie manche Kritiker behaupten (z.B. Merten 2000: 8), sondern sie dienen der intersubjektiven und sozialverträglichen Abstimmung konfligierender Ziele auf der Basis gemeinsamer Situationsdefinitionen, was gewöhnlich wechselseitige Zugeständnisse erfordert (vgl. Habermas 1981: 385; Burkart 1993: 25). Letztlich geht es aber immer darum, einen rational begründeten Konsens zu finden, und nicht etwa, sich anderen gegenüber durchzusetzen.

3.2 PR als erfolgsorientierte Kommunikation

Burkart postuliert daher, dass Unternehmen nicht allein eigene Interessen im Auge haben dürfen, sondern auch die Interessen jener miteinbeziehen müssen, „die von den geplanten Aktivitäten betroffen sind" (Burkart 1993: 36). Deshalb transformiert er Habermas' kritische Handlungstheorie in ein Modell verständigungsorientierter Öffentlichkeitsarbeit, wobei er ausdrücklich klarstellt, dass er verständigungsorientiertes Handeln nicht als „Normalfall realer Kommunikation" betrachtet, sondern als „Idealvorstellung von gelungener Kommunikation, die in der Realität überhaupt nur annäherungsweise erreicht werden kann" (ebd. 1993: 28). Und so wie Habermas geht er auch nicht von einer „für jedermann zugänglichen absoluten Wahrheit oder Wirklichkeit" oder von „identischem Verstehen" aus, wie Kückelhaus (1998: 120, 138) meint, sondern nur vom kommunikativen *Geltungsanspruch* wahrer Aussagen.

Daher betrachtet er verständigungsorientierte Öffentlichkeit auch nur als „eine bestimmte Form" von PR (Burkart 1993: 219), die vor allem dem Konfliktmanagement dient, wenn sich z.B. Widerstand gegen Organisationspraktiken formiert. Insofern postuliert er sie keineswegs für alle PR-Aktivitäten, wenngleich er sie als *kritischen Maßstab* zur Beurteilung strategischer Kommunikation verwendet (vgl. Burkart 1993: 37; Lang 1993).

Dagegen macht *Merten* (2000: 8) darauf aufmerksam, dass gerade das, was in der PR-Praxis normal und notwendig ist, von Habermas zur *erfolgsorientierten* Kommunikation gezählt wird, nämlich die „Zugrundelegung von Interessen, die Verwendung von Strategien, das Risiko unbewusster Täuschung (verzerrte Kommunikation) oder sogar die bewusste Täuschung [...]." Und auch Kunczik ([3]1996: 254) konstatiert unmissverständlich: „PR [...] bedeutet den Versuch, die Interessen der Großgestalten durchzusetzen. Die Konzeption symmetrischer PR ist so gesehen eine Ideologie, die von diesem Tatbestand ablenkt."

Folglich erfordere eine symmetrische PR zunächst eine radikale Änderung der strukturellen Bedingungen dieses Berufs „im Sinne eines utopischen Entwurfs", nämlich seine Abkopplung von machtvollen Interessenten zwecks rationaler Konfliktmoderation (Kunczik [3]1996: 254).

Bei genauer Betrachtung entpuppt sich dieser akademische Streit um dialogische PR freilich als *Missverständnis* des Habermasschen Modells, denn offensichtlich verwechseln Burkarts Kritiker dialogische Kommunikation mit metakommunikativen Diskursen. Denn dass PR letztlich immer darum bemüht sein muss, wünschenswerte Images ihrer Auftraggeber öffentlich zu etablieren (vgl. Merten/ Westerbarkey 1994: 208ff), wird wohl niemand in Abrede stellen, und selbstverständlich können zu diesem Zweck auch Dialoge geführt werden. Das aber funktioniert nur so lange, wie niemand daran Anstoß nimmt und das Bemühen der Gesprächspartner um die Einhaltung besagter Geltungsansprüche anzweifelt, denn dann hilft (zumindest nach Habermas und Burkart) nur noch eine diskursive Verständigung über die Ursachen von Misstrauen und Ablehnung, selbst wenn die idealen Bedingungen solcher Diskurse allenfalls annähernd hergestellt werden können (nämlich Egalität, Symmetrie, Transparenz, Vernunft, Kompromissbereitschaft etc.).

3.3 Konfliktmanagement durch Dialog

Burkart setzt allerdings auch unter den gegebenen gesellschaftlichen Bedingungen auf die Möglichkeit verständigungsorientierter PR, so z.B. durch das Arrangement offener *Risiko-* oder *Krisendialoge* zwischen Organisations- und Publikumsvertretern mit dem Ziel, konsensuelle Lösungen herbeizuführen (Burkart 1993: 34f). Eine solche Öffentlichkeitsarbeit habe dafür zu sorgen, dass es zu einem Einverständnis über die Relevanz der thematisierten Gegenstände, die Vertrauenswürdigkeit der jeweiligen Organisation und die Berechtigung der vertretenen Interessen kommt (Burkart 1993: 26f). Verständigungsorientierte Öffentlichkeitsarbeit soll also der planmäßigen Abstimmung von Organisationsentscheidungen mit den davon Betroffenen dienen, die zunächst möglichst umfassend zu informieren sind, dann in Diskussionen und Diskurse über strittige Sachverhalte („objektive Welt"), die Organisation und ihre Entscheidungsträger („subjektive Welt") sowie die Legitimität der verfolgten Ziele („soziale Welt") eingebunden werden, um schließlich zu akzeptablen Vereinbarungen zu kommen, also zu Konsens oder Kompromissen (Burkart 1993: 36).

Insofern ist Burkarts Konzept durchaus mit dem symmetrischen PR-Modell von Grunig/Hunt (1984) kompatibel, das ebenfalls Dialoge zwecks besseren wechselseitigen Verstehens postuliert (vgl. Kückelhaus 1998: 119f). Zwar hält er ihren praktischen Einsatz nur dann für unbedingt erforderlich, wenn der PR-Träger bei der Verwirklichung seiner Ziele mit Widerstand rechnen muss oder diesen bereits registriert, doch empfiehlt er darüber hinaus „eine grundsätzliche Rückbesinnung auf den dargestellten Begriff von Verständigung [...] für jedwede Form von Öffentlichkeitsarbeit" (Burkart 1993: 26).

4. Systemkritische Perspektive

4.1 Verlust von Systemvertrauen

Die zentrale Funktion öffentlicher Kommunikation und Meinungsbildung ist laut Luhmann (1974: 31f) die Herbeiführung verbindlicher *Entscheidungen*: „Die hohe Beliebigkeit des politischen und rechtlich Möglichen soll, wenn nicht durch Wahrheiten, so doch durch diskussionsgestählte Meinungen reduziert werden." Eine breite Akzeptanz solcher Entscheidungen sollte daher dadurch gewährleistet werden, dass alle die Möglichkeit haben, sich an Prozessen der Meinungsbildung zu beteiligen, doch dieses ist offenbar nicht (oder nicht mehr) der Fall, denn: „Was als management by participation geplant war, wird zum participation by management, nämlich zur Teilnahme derer, die Informationen, Konstellationen, Verbindungen, Stimmzahlen und nicht zuletzt sich selbst politisch auszuwerten verstehen." (Luhmann 1974: 49)

Außerdem kennzeichnen moderne Gesellschaften ungezählte funktionale und strategische *Teilöffentlichkeiten*, die durch Barrieren wie (In)Kompetenz und Informationskontrolle getrennt sind. So hat die Differenzierung von Lebensbereichen zwar zu einer immensen Vielfalt von Möglichkeiten geführt, aber eben nicht zu einer allgemeinen Öffnung maßgeblicher Entscheidungsbereiche, und selbst die vielbeschworene Akzeptanzkrise von Politik und Industrie hat bisher weder deren größere Transparenz zur Folge, noch mehr Partizipationschancen für alle, sondern primär eine immer präzisere Abstimmung von PR auf ihren Legitimationsbedarf.

Folglich bauen Öffentlichkeitsarbeiter in den *Grenzstellen* organisierter Systeme ebenso Brücken wie Barrieren zwischen internen Ereignissen und Umwelten (Luhmann 1964: 220f). Ihr Selektionsverhalten folgt primär hauseigenen Erwartungen und Programmen und mündet in sehr spezifischen Darstellungen ihrer Organisation. Und weil mit der wachsenden Undurchschaubarkeit komplexer Organisationen auch das *allgemeine* Systemvertrauen der Bürger zu schwinden droht, sind Kommunikationsexperten, die erfolgreich mit Medien umgehen können, gefragter denn je.

4.2 Zur Unbeantwortbarkeit von PR

Luhmann, dem wohl niemand eine prinzipiell kritische Perspektive attestiert, spricht immerhin von „Gefährdungen der Funktion der öffentlichen Meinung" durch *Manipulation*, wenn Themen und Meinungen so miteinander verschmolzen werden, dass Kommunikate unbeantwortbar erscheinen, sei es durch technisch bedingte Einseitigkeit der Kommunikation, durch psychotechnisch überlegtes Arrangement oder durch Moralisierung von Kommunikation (Luhmann 1974: 33, 48). Zumindest die *konventionellen* Formen der PR wären demnach als hochgradig manipulativ zu qualifizieren, denn sie erfüllen exakt die Tatbestände der massenmedialen (also einseitigen) Verbreitung von Botschaften, ihrer Auswahl und Gestaltung nach dem wohlüberlegten Kalkül optimaler Publikationschancen durch Journalisten und ihrer mehr oder weniger expliziten Moralisierung durch *meritorische* Behauptungen, die ihre Akzeptanz im Publikum sicherstellen sollen.

Um eine möglichst breite Zustimmung zu erzielen, müssen bekanntlich alle, die von gesellschaftlicher Akzeptanz und Reputation abhängen und um sie rivalisieren, die Aufmerksamkeitsregeln der Medien nutzen. Besonders bewährt hat sich dabei die Inszenierung von *Prominenten*auftritten, also die Präsentation von Personen, die als Autoritäten, Vorbilder oder Identifikationsfiguren Vertrauen in Institutionen stiften können. An der publizistischen Oberfläche profilieren sich folglich zunehmend zugkräftige Darsteller organisierter Interessen, deren Fensterreden häufig nicht einmal eigene Erzeugnisse sind, sondern Produkte anonymer *ghostwriter*. Doch das beste Argument, eigenen Interessen gesellschaftliche Legitimität zu verschaffen, ist zweifellos die Behauptung, gemeinnützige Interessen oder gar den „öffentlichen Willen" zu vertreten.

4.3 Themenmanagement

Auch wenn viele PR-Praktiker großen Wert darauf legen, ihre Arbeit von Werbung (für Produkte oder Dienstleistungen) und erst recht von Propaganda abzugrenzen, üben sie doch Ähnliches aus: Sie lenken durch ein möglichst attraktives Angebot betriebsfreundlicher Botschaften von problematischen Aspekten ihrer Organisation ab und betreiben damit genau das, was Lippmann (1964: 35) einst „propaganda" genannt hat. Schon das Wort *Öffentlichkeitsarbeit* verrät, dass solche Strategien der Außendarstellung letztlich auf dem Prinzip organisierter Nicht-Öffentlichkeit beruhen, ob es sich nun um Unternehmen, Behörden oder Verbände handelt. Sie alle pflegen mit Hilfe der Medien ihr *Image*, um hinter seiner Fassade ihre konkurrenztüchtigen Arkana schützen zu können und beeinflussen zugleich die Publikation von Themen und Meinungen.

Vorrang haben dabei ganz offensichtlich Strategien thematischer *Ablenkung*, um die Verfolgung eigener Ziele möglichst ungestört fortsetzen zu können.[5] Um beispielsweise zu vermeiden, dass schwerwiegende Fakten bekannt werden, werden sie gern durch leichter darstellbare und akzeptablere Ersatzprobleme verschlüsselt, etwa durch Geld- oder Zeitmangel, oder es werden wohlklingende Formeln von minimalem Informationswert verwendet. Und zählen innen gewöhnlich diskutable und entscheidungsdienliche Argumente, so dominieren außen oft Schlagwörter und Slogans (Badura 1971: 94ff). Denn hier geht es primär um den Verkaufswert von Behauptungen und weniger um ihren Wahrheitswert. Hinzu kommen probate Strategien der partiellen Umgehung von Themen und Informationen durch Timing und Fragmentierung (Luhmann 1974: 47). *Ablenkung durch Hinlenkung* umfasst insofern alle imagefördernden Maßnahmen, mit denen Vertrauen in soziale Organisatio-

---

5 Darauf weist übrigens auch Habermas (1973: 99) hin: „Die legitimationswirksam hergestellte Öffentlichkeit hat vor allem die Funktion, die Aufmerksamkeit durch Themenbereiche zu strukturieren, d.h. andere Themen, Probleme und Argumente unter die Aufmerksamkeitsschwelle herunterzuspielen."

nen gebildet und erhalten werden soll.[6] Und sie beruht auf dem Vertrauen der Kommunikationsmanager, dass Nichteingeweihte ihren taktischen Umgang mit Reden und Schweigen, Wahrheit und Täuschung nicht durchschauen.

4.4 Riskanter Differenzverlust

Der Clou aber liegt in der unbemerkten Transformation von betrieblichen Selbstdarstellungen in journalistische Fremddarstellungen durch eine „parasitäre" Nutzung medialer Betriebssysteme samt ihrer operativen Logik. Diese *Metamorphose* geschieht durch Verlagerung medienspezifischer Operationen und Optionen in die Grenzstellen organisierter Systeme: Hier wird Selbstdarstellung im Modus journalistischer Fremddarstellungen vollzogen, d.h. durch reflexive Selbstbeobachtung gelingt der Schein publizistischer Fremdbeobachtung. Im Wettbewerb um Druckzeilen und Sendeplätze sind PR-Agenten deshalb umso erfolgreicher, je *professioneller* ihr Material zur Veröffentlichung präpariert ist, je besser sie also die Selektions- und Darstellungsregeln der Medien beherrschen und verwenden (vgl. z.B. Baerns 1985; Fröhlich 1992; Gandy 1982: 64ff). Flankierend dazu pflegen sie rituelle Medienkontakte und vertrauliche Beziehungen zu Medienvertretern, um deren Selektionen berechenbarer zu machen.

Derart enge Beziehungen sind allerdings durchaus brisant, weil sie im Widerspruch zum so genannten „Objektivitätsprinzip" des Mediensystems stehen, denn gerade problematische Organisationsaspekte können hochinformativ sein. Lassen Journalisten es zu, dass sich Öffentlichkeitsarbeit ungefiltert den Glaubwürdigkeitsbonus der Medien zunutze macht, der auf der Unterstellung inhaltlicher Interessenneutralität basiert, gefährden sie diesen und mit ihm die Funktionsfähigkeit ihres gesamten Systems. Ein allgemeiner Werbe- oder *Bias*-Verdacht dürfte diesen Bonus sogar noch mehr ruinieren als eine offene Deklaration von Motiven, denn wenn das Publikum eine *verborgene* Absicht vermutet, ist es erst recht (und zu Recht) verstimmt.

Allerdings nehmen die Medien dem Publikum häufig die Möglichkeit, PR-Produkte als strategische Kommunikate zu erkennen, weil sie oft deren Quellen nicht nennen (wozu sie freilich auch nicht verpflichtet sind). Diese Praxis ist vergleichbar mit dem *product placement* der Wirtschaftswerbung und kommt den PR-Praktikern sehr gelegen, denn Apostel sind allemal glaubwürdiger als Propheten. Ihr größtes Risiko liegt folglich darin, dass die Glaubwürdigkeit des journalistischen Systems aufgrund seiner extensiven Instrumentalisierung *insgesamt* beschädigt wird, denn dadurch verlören sie die wichtigste Bühne für Transformationen interessengeleiteter Kommunikate. Folglich müssten eigentlich *alle* Beteiligten darum bemüht

---

6 Gemessen an diesen Fragen sind Habermas' Geltungsansprüche kommunikativen Handelns übrigens keineswegs irrelevant, aber doch sekundär: Verständlichkeit, Wahrheit, Wahrhaftigkeit und Legitimität sind gewiss brauchbare Kriterien kommunikativer Orientierung, doch vorrangig unter allen Kommunikationsfragen sind die Entscheidungen darüber, ob man überhaupt etwas mitteilt oder nicht und was man ggf. mitteilt und was nicht.

sein, die Eigenständigkeit journalistischer Programme und Funktionen zu erhalten und deutlich von PR zu trennen, um in den herkömmlichen Formen überleben zu können.

5. Fazit

Bei aller Problematik, die hier vorgestellten kritischen Ansätze zu einer PR-Theorie auf Kernthesen zu reduzieren und diese miteinander zu vergleichen, soll dieses abschließend dennoch versucht werden:

- Jürgen Habermas beklagt vor allem, dass PR als Instrument zur Refeudalisierung gesellschaftlicher Strukturen eingesetzt wird und damit den historisch begründeten Prozess politischer Aufklärung und Demokratisierung konterkariert.
- Roland Burkart bemängelt, dass monologische Öffentlichkeitsarbeit Verständigungsdefizite provoziert, die eine konsensuelle Austragung und Beilegung von Interessenkonflikten behindern.
- Niklas Luhmann prangert (zumindest implizit) die tendenzielle Verschmelzung der Systeme PR und Journalismus an, die zur Folge haben könne, dass wichtige Themen der allgemeinen Meinungs- und Entscheidungsbildung entzogen werden.

Trotz ganz unterschiedlicher metatheoretischer Positionen haben diese Konzepte also einen gemeinsamen Fluchtpunkt, nämlich die Sorge um den Fortbestand politischer Transparenz, Partizipation und Rationalität, die auch Chomskys aktuelles „Propaganda-Modell" motiviert. Eine allgemeine PR-Theorie wird diese so verschieden begründete Sorge sehr ernst nehmen müssen, sollte sie jemals entwickelt werden und Akzeptanz beanspruchen.

Literatur

Badura, Bernhard (1971): Sprachbarrieren. Zur Soziologie der Kommunikation. Stuttgart, Bad Cannstatt: Frommann.
Baerns, Barbara (1985): Öffentlichkeitsarbeit oder Journalismus? Zum Einfluß im Mediensystem. Köln: Verlag Wissenschaft und Politik.
Baran, Paul A. (1966): Politische Ökonomie des wirtschaftlichen Wachstums. Neuwied: Luchterhand.
Burkart, Roland (1993): Public Relations als Konfliktmanagement. Ein Konzept für verständigungsorientierte Öffentlichkeitsarbeit. Wien: Braumüller.
Buß, Eugen (1983): Markt und Gesellschaft. Eine soziologische Untersuchung zum Strukturwandel der Wirtschaft. Berlin: Duncker Humbolt.
Chomsky, Noam (2003): Media Control. Wie die Medien uns manipulieren. Hamburg, Wien: Europa Verlag.
Fröhlich, Romy (1992): Qualitativer Einfluß von Pressearbeit auf die Berichterstattung: Die »geheime Verführung« der Presse? In: Publizistik, 37. Jg., S. 37-49.
Galbraith, John K. (1968): Die moderne Industriegesellschaft. München: Droemer Knaur.
Gandy, Oscar H. Jr. (1982): Beyond Agenda Setting: Information Subsidies and Public Policy. Norwood, N. J.: Ablex.
Grunig, James E./Hunt, Todd (1984): Managing Public Relations. Fort Worth, Texas: Harcourt Brace.

Habermas, Jürgen (1961): Strukturwandel der Öffentlichkeit. Untersuchungen zu einer Kategorie der bürgerlichen Gesellschaft. Neuwied: Luchterhand.

Habermas, Jürgen (1971): Vorbereitende Bemerkungen zu einer Theorie der kommunikativen Kompetenz. In: Habermas, Jürgen/Luhmann, Niklas: Theorie der Gesellschaft oder Sozialtechnologie – Was leistet die Systemforschung? Frankfurt a. M.: Suhrkamp, S. 101-141.

Habermas, Jürgen (1973): Legitimationsprobleme im Spätkapitalismus. Frankfurt a. M.: Suhrkamp.

Habermas, Jürgen (1981): Theorie des kommunikativen Handelns. Bd. I: Handlungsrationalität und gesellschaftliche Rationalisierung. Frankfurt a. M.: Suhrkamp.

Habermas, Jürgen [5](1996): Strukturwandel der Öffentlichkeit. Untersuchungen zu einer Kategorie der bürgerlichen Gesellschaft. Frankfurt a. M.: Suhrkamp.

Hirsch, Fred (1980): Die sozialen Grenzen des Wachstums. Reinbek: Rowohlt.

Jarchow, Klaus (1992): Wirklichkeiten, Wahrheiten, Wahrnehmungen. Bremen: WMIT.

Klein, Alfred (1969): Public relations. In: Eichhorn, Wolfgang (Hrsg.): Wörterbuch der marxistisch-leninistischen Soziologie. Köln, Opladen: Westdeutscher Verlag, S. 376-377.

Kocks, Klaus (2001): Glanz und Elend der PR. Zur praktischen Philosophie der Öffentlichkeitsarbeit. Wiesbaden: Westdeutscher Verlag.

Kückelhaus, Andrea (1998): Public Relations: Die Konstruktion von Wirklichkeit. Kommunikationstheoretische Annäherungen an ein neuzeitliches Phänomen. Opladen, Wiesbaden: Westdeutscher Verlag.

Kunczik, Michael [3](1996): Public Relations. Konzepte und Theorien. Köln et al.: Böhlau.

Lang, Alfred (1993): Jürgen Habermas' Verständigungsparadigma als theoretischer und forschungsleitender Rahmen in der Kommunikationswissenschaft. In: Bentele, Günter/Rühl, Manfred (Hrsg.): Theorien öffentlicher Kommunikation. München: Ölschläger, S. 214-217.

Lindblom, Charles E. (1980): Jenseits von Markt und Plan. Eine Kritik der politischen und ökonomischen Systeme. Stuttgart: Klett-Cotta.

Lippmann, Walter (1964): Die öffentliche Meinung. München: Rütten Loenig.

Luhmann, Niklas (1964): Funktionen und Folgen formaler Organisation. Berlin: Duncker Humblot.

Luhmann, Niklas (1974): Öffentliche Meinung. In: Langenbucher, Wolfgang R. (Hrsg.): Zur Theorie der politischen Kommunikation. München: Piper, S. 27-54.

Machiavelli, Niccolò (1990) [1513]: Der Fürst. Frankfurt a. M.: Insel.

Merten, Klaus (2000): Die Lüge vom Dialog. Ein verständigungsorientierter Versuch über semantische Hazards. In: Public Relations Forum, 6. Jg., S. 6-9.

Merten, Klaus/Westerbarkey, Joachim (1994): Public Opinion und Public Relations. In: Merten, Klaus/Schmidt, Siegfried J./Weischenberg, Siegfried (Hrsg.): Die Wirklichkeit der Medien. Opladen: Westdeutscher Verlag, S. 188-211.

Münch, Richard (1992): Kommunikationsprobleme in der modernen Kommunikationsgesellschaft. In: prmagazin, Nr. 3, S. 37-48.

Riesman, David/Denney, Reuel/Glazer, Nathan (1956): Die einsame Masse. Darmstadt: Luchterhand.

Scheidges, Rüdiger (1982): Kommunikationsverschmutzung. Zur „übergreifenden Theorie" der PR. In: Medium, Nr. 1, S. 9-12.

Stauber, John/Rampton, Sheldon (1995): Toxic Sludge Is Good For You: Lies, Damn Lies and the Public Relations Industry. Monroe/Maine: Common Courage Press.

Stauber, John/Rampton, Sheldon (2001): Trust Us, We're Experts: How Industry Manipulates Science and Gambles with Your Future. New York: Tarcher Putnam.

Sweezy, Paul M. (1970): Die Zukunft des Kapitalismus und andere Aufsätze zur politischen Ökonomie. Frankfurt a. M.: Suhrkamp.

Veblen, Thorstein (1921): The Engineers and the Price System. New York: Huebsch.

Westerbarkey, Joachim (1989): Publizistische Maskenbildner. Zur Theorie und Praxis der Öffentlichkeitsarbeit. In: Bellers, Jürgen (Hrsg.): Sozialwissenschaften in Münster. Münster: Lit., S. 253-261.

Westerbarkey, Joachim (1991): Das Geheimnis. Zur funktionalen Ambivalenz von Kommunikationsstrukturen. Opladen: Westdeutscher Verlag.

Westerbarkey, Joachim (1991a): Geheimnis-Management. Zur Theorie der Öffentlichkeitsarbeit. In: gdi-impuls, Nr. 1, S. 47-55.

Westerbarkey, Joachim (1994): Öffentlichkeit als Funktion und Vorstellung. In: Wunden, Wolfgang (Hrsg.): Öffentlichkeit und Kommunikationskultur. Hamburg, Stuttgart: Steinkopf, S. 53-64.

Westerbarkey, Joachim (1995): Journalismus und Öffentlichkeit. Aspekte publizistischer Interdependenz und Interpenetration. In: Publizistik, 40. Jg., S. 152-162.

Westerbarkey, Joachim (1998): Das Geheimnis. Die Faszination des Verborgenen. Leipzig: Kiepenheuer, bes. S. 174-183.
Westerbarkey, Joachim (2001): Propaganda – Public Relations – Reklame. Ein typologischer Entwurf. In: Communicatio Socialis, 34. Jg., S. 438-447.

Spezielle Ansätze mittlerer Reichweite

Determinationsthese

Juliana Raupp

1. Bedeutung des Begriffs

Die unter dem Begriff Determinationsforschung subsummierten Untersuchungen haben Prozesse der Entstehung von Medieninhalten zum Gegenstand. Dabei fokussieren sie auf die Rolle, die Öffentlichkeitsarbeit als Quelle von Nachrichten spielt. Obwohl diese Frage seit den 1970er Jahren empirisch untersucht wurde, ging eine Initialzündung zur deutschsprachigen Determinationsforschung von der 1985 veröffentlichten Studie ‚Öffentlichkeitsarbeit oder Journalismus – Zum Einfluss im Mediensystem' von Barbara Baerns aus. Baerns untersuchte am Beispiel der nordrheinwestfälischen Landespolitik den Einfluss von Öffentlichkeitsarbeit auf die Medienberichterstattung und gelangte zu dem Ergebnis, Öffentlichkeitsarbeit habe Themen und Timing der Medienberichterstattung unter Kontrolle. Unter Bezugnahme auf diese Feststellung wurde in der Rezeption der Begriff ‚Determinationsthese' geprägt.[1] Baerns bezeichnete diese Rezeptionsweise als „nachträgliche Unterstellung einer falsifizierbaren Hypothese" (Baerns 2004: 66). In der Tat kann die Richtigkeit der Determinationsthese nicht im Sinne des kritischen Rationalismus bestätigt oder verworfen werden. Ihr kommt vielmehr der Status eines „heuristischen Paradigmas" zu (vgl. Donsbach/Wenzel 2002: 386). Als solches hat die Determinationsthese die kommunikationswissenschaftliche Erforschung des Einflusses der Öffentlichkeitsarbeit auf die Medienberichterstattung nachhaltig beeinflusst.

2. Erste Untersuchungen zum Einfluss von Öffentlichkeitsarbeit auf die Berichterstattung

Die Kommunikationswissenschaft beschäftigt seit langem die Frage, wie Nachrichten zustande kommen. Diese Frage interessiert insbesondere, da Medieninhaltsana-

---

[1] Neben ‚Determinationsthese' sind auch die Begriffe ‚Determinationshypothese', ‚Determinierungsthese' und ‚Determinierungshypothese' im Umlauf. Um einen einheitlichen Sprachgebrauch in diesem Handbuch zu wahren, wird im Folgenden nur der Begriff ‚Determinationsthese' verwendet. Entsprechend wird auch von ‚Determinationsforschung', nicht von ‚Determinierungsforschung' gesprochen.

lysen durchweg eine hohe Konsonanz in der Medienberichterstattung konstatieren. Warum besteht über verschiedene Medien hinweg eine hohe Übereinstimmung in der Thematisierung von Problemen? Mehrere alternative Ansätze versuchen eine Antwort auf diese Frage zu finden, so zum Beispiel die Nachrichtenwertforschung, die News-Bias-Forschung, die Redaktionsforschung und die Gatekeeper-Forschung. Eine Gemeinsamkeit dieser Ansätze besteht darin, dass sie beim handelnden Journalisten ansetzen und die Bedingungen in den Medieninstitutionen, die zur Selektion und Aufbereitung bestimmter Informationen führen, in den Blick nehmen. Im Unterschied dazu setzt die Determinationsforschung bei den Inhalten an und versucht, aus dem Umgang mit Quellen Rückschlüsse auf journalistische Selektionsentscheidungen zu ziehen.

Eine der ersten empirischen Untersuchungen zu diesem Themenkomplex legte Sigal (1973) vor. Die Arbeit fragte nach der Routinisierung der journalistischen Informationsbeschaffung. Als Indiz für routinisierte Informationsbeschaffung wertete Sigal u.a., inwieweit die Medienberichterstattung auf bereits vorgefertigten Informationen beruht. Er unterschied zwischen standardisierten Informationskanälen (Pressekonferenzen, Pressemitteilungen und offiziellen Anlässen), informellen Kanälen (Hintergrundgesprächen) und journalistischer Eigenrecherche. Eine Inhaltsanalyse aller redaktionellen Beiträge, die innerhalb von jeweils zwei Wochen in den Jahren 1949, 1954, 1959, 1964, 1969 auf der Seite eins der New York Times und der Washington Post erschienen, ergab ein hohes Maß an routinemäßiger Informationsverarbeitung: In über 70 Prozent aller Beiträge ließ sich der Aufhänger des Beitrags auf eine standardisierte Informationsquelle zurückführen. Journalistische Eigenrecherche spielte demgegenüber kaum eine Rolle (vgl. Sigal 1973: 122).

Im deutschsprachigen Raum untersuchten erstmals Nissen und Menningen (1977) den Einfluss von Öffentlichkeitsarbeit auf Medienberichterstattung.[2] Im Unterschied zu Sigal, der nur den journalistischen Output untersuchte, führten Nissen und Menningen eine Input-Output-Analyse durch, um die Nutzung von Pressemitteilungen verschiedener politischer Institutionen durch drei regionale Tageszeitungen zu ermitteln. Im Ergebnis konstatierten sie hohe Abdruckquoten[3] und ein geringes Maß an journalistischer Bearbeitung der Presseinformationen: Die Pressemitteilungen wurden zu einem großen Teil unkommentiert und nur unwesentlich umformuliert und gekürzt in die Berichterstattung übernommen. Ihre Befunde interpretierend, sprachen Nissen und Menningen von „Determination": „[...] Themenbestimmung, Informationsvorauswahl und z.T. sogar die publizistische Aufbereitung [werden] nicht autonom von den Journalisten bestimmt, sondern von den Primärkommunikatoren determiniert." (Nissen/Menningen 1977: 222)

An diesen Befund anschließend, stellte Baerns 1979 die Frage nach den „Determinanten" journalistischer Informationsleistungen. In einer Fallstudie zur Öffent-

---

2 Nissen und Mennigen verorteten ihre Untersuchung im Kontext der Gatekeeper-Forschung, doch durch das anders geartete Forschungsdesign hebt sich ihre Studie von der herkömmlichen Gatekeeper-Forschung deutlich ab (vgl. auch Schweda/Opherden 1995: 94).

3 Abzüglich der Pressemitteilungen, die wegen eines Streiks nicht benutzt wurden, und abzüglich Terminmitteilungen etc. ermittelten sie Übernahmequoten von 45 Prozent (Flensburger Tageblatt), 58,7 Prozent (Kieler Nachrichten) und 63,9 Prozent (Lübecker Nachrichten) (vgl. Nissen/Menningen 1977: 214).

lichkeitsarbeit eines Industrieunternehmens wurden alle schriftlichen und mündlichen Pressemitteilungen des Unternehmens im Jahr 1974 mit der gesamten Berichterstattung über den Konzern in den auflagestärksten regionalen und lokalen Tageszeitungen sowie einer überregionalen Tageszeitung konfrontiert. Baerns identifizierte 42 Prozent aller Beiträge über den Konzern als wörtliche, vollständige oder gekürzte Übernahmen des PR-Materials. Zusätzlich basierten 38 Prozent der Beiträge auf dem Informationsmaterial (vgl. Baerns 1979: 310). „Die Ergebnisse bestätigen [...] die Vermutung, dass Öffentlichkeitsarbeit die Berichterstattung inhaltlich zu strukturieren vermag, wenn Journalisten auf selbständige Recherche verzichten." (Baerns 1979: 310)

3. Die Determinationsthese wird aufgestellt

Einen über Fallstudien hinausgehenden Nachweis für die Beeinflussung der Medienberichterstattung durch PR-Informationen lieferte Baerns' Untersuchung ‚Öffentlichkeitsarbeit oder Journalismus – Zum Einfluss im Mediensystem' (1985/ 1991). Wie eingangs dargestellt, wurde diese Untersuchung im Nachhinein mit dem Schlagwort ‚Determinationsthese' belegt, ohne dass dieser Terminus in der Publikation auftaucht.

Ausgangspunkt der Untersuchung war die Beobachtung konsonanter Medienberichterstattung trotz bestehender Medienvielfalt. Das normative Leitbild, an dem sich die bundesdeutsche Kommunikationspolitik bis heute orientiert, besagt, Medienvielfalt gewährleiste inhaltliche Vielfalt. Doch obwohl eine Vielzahl unabhängiger Medien existiert, die miteinander im Wettbewerb stehen, ist die Berichterstattung von hoher Übereinstimmung geprägt. Auf der Grundlage berufspraktischer Erfahrungen im Journalismus und in der Öffentlichkeitsarbeit hatte Baerns eine Vermutung, die diesen Widerspruch erklären könnte: Sie nahm an, die Verwendung von Informationen aus der Öffentlichkeitsarbeit sei für die Konsonanz in der Medienberichterstattung verantwortlich.

Erkenntnisleitend für die empirische Untersuchung dieser Mutmaßung war die funktionale Unterscheidung zwischen Öffentlichkeitsarbeit als „Selbstdarstellung partikularer Interessen durch Information" und Journalismus als „Fremddarstellung und [...] als Funktion des Gesamtinteresses" (Baerns 1985: 16). Die beiden Informationssysteme Öffentlichkeitsarbeit und Journalismus wurden als Kontrahenten konzipiert, deren Gemeinsamkeit darin besteht, dass ihre Aktionen auf das Mediensystem gerichtet sind und sich dort niederschlagen. Diese funktionale Differenzierung zwischen Öffentlichkeitsarbeit und Journalismus stützte sich auf zwei Ausgangspunkte: Erstens wurden die formulierten Berufsbilder sowie Befragungsergebnisse zum Selbstverständnis von Journalismus und Öffentlichkeitsarbeit als Interpretationsfolie für die empirische Untersuchung herangezogen. Den zweiten Bezugspunkt stellte die Kommunikationsordnung der Bundesrepublik Deutschland dar, die dem Journalismus eine öffentliche Aufgabe zuweist. Gleichzeitig sieht der Gesetzgeber umfassende Auskunftspflichten der öffentlichen Behörden und Institutionen vor, die weiter reichen als die Offenlegungspflichten der Privatwirtschaft. Dem Journalismus steht so prinzipiell die Möglichkeit der eigenständigen Recherche gerade in diesem Bereich offen.

Die Beziehungen zwischen Öffentlichkeitsarbeit und Journalismus beim Entstehen und Zustandekommen von Medieninhalten beschrieb Baerns als Einfluss:

> „Öffentlichkeitsarbeit hat erfolgreich Einfluss geübt, wenn das Ergebnis der Medienberichterstattung ohne diese Einflussnahmen anders ausgesehen hätte. [...] Journalismus hat erfolgreich Einfluss geübt, wenn das Ergebnis ohne dieses anders ausgefallen wäre. Unter der Voraussetzung, andere Faktoren existierten nicht, wäre schließlich eine gegenseitige Abhängigkeit zu konstatieren: je mehr Einfluss Öffentlichkeitsarbeit ausübt, umso weniger Einfluss kommt Journalismus zu und umgekehrt." (Baerns 1985: 17)

Für diese aus dem Alltagswissen heraus formulierte Vermutung sollte ein induktiv-deskriptiver Nachweis erbracht werden.

Methodisch war die Untersuchung als so genannte ‚Prozessanalyse' angelegt. Dieser Begriff deutet auf den Versuch hin, den Produktionsprozess von Nachrichten zu rekonstruieren, indem nicht nur Medieninhalte, sondern auch deren Quellen empirisch untersucht werden. Der Untersuchungszeitraum waren die Monate April und Oktober 1978 (für die Tagespresse jeweils zwei Wochen in den entsprechenden Untersuchungsmonaten). Für diesen Zeitraum wurden auf der Seite des Journalismus alle landespolitischen Beiträge in 27 Publizistischen Einheiten und alle Agenturmeldungen von folgenden Nachrichtenagenturen: dpa-Basisdienst, dpa-Landesdienst Nordrhein-Westfalen (dpa-lnw), Deutscher Depeschendienst (ddp) und The Associated Press (ap) mit landespolitischem Bezug untersucht. Insgesamt flossen in die Untersuchung 826 Agenturmeldungen der vier Agenturdienste, 1.797 Beiträge aus 27 Tageszeitungen (die meisten davon regionale Zeitungen), 347 Fernseh- und 562 Hörfunkbeiträge ein. Die journalistischen Beiträge (einschließlich der Agenturmeldungen) wurden daraufhin analysiert, inwieweit sie auf identifizierbaren Quellen der Öffentlichkeitsarbeit, weiteren Quellen und journalistischer Eigenrecherche basieren.

Als Quellen zur Landespolitik wurden im entsprechenden Zeitraum alle Pressemitteilungen der legislativen und exekutiven Organe Nordrhein-Westfalens, Beobachtungsprotokolle der Landespressekonferenz sowie die amtlichen Protokolle der Landtagssitzungen und öffentliche Landtagspublikationen untersucht. Als Quelle definierte Baerns „schriftlich oder mündlich verbalisierte Textinformationen in der vom Informator vorgegebenen formalen oder inhaltlichen Gestalt" (Baerns 1985: 45). Journalistische Recherche wurde als „Abwesenheit anderer Quellentypen" (Baerns 1985: 43) operationalisiert. Für die Öffentlichkeitsarbeit wurden insgesamt 159 Pressemitteilungen und Protokolle von Pressekonferenzen inhaltsanalytisch ausgewertet.

Die Ergebnisse lassen sich bezogen auf Thematisierungsleistungen, Transformationsleistungen und Quellentransparenz systematisieren. Im Hinblick auf die Bereitstellung von Themen erhob Baerns einen ausgesprochen geringen Anteil an journalistischen Eigenleistungen. Auf der Mikroebene, d.h. bezogen auf Agenturen und einzelne Medien, fand sie einen kontinuierlich hohen Niederschlag der Öffentlichkeitsarbeit sowohl auf die Themen der Nachrichtenagenturen als auch auf die der Medienberichterstattung. Dieser Befund gilt gleichermaßen für die als Makroebene bezeichnete Dimension, d.h. über alle Medientypen hinweg. In rund zwei von drei

Beiträgen basierte die Primärquelle (als solche definierte Baerns diejenige Quelle, die als erste im Beitrag auftaucht und für den Aufhänger verantwortlich ist) auf Informationen aus Pressemitteilungen oder aus Pressekonferenzen: Insgesamt beruhten durchschnittlich 62 Prozent der Berichterstattungsanlässe der gesamten Agentur- und Medienberichterstattung auf Material der Öffentlichkeitsarbeit (vgl. Abb. 1).

	Primärmedien Agenturen	Sekundärmedien Presse	Sekundärmedien Hörfunk	Sekundärmedien Fernsehen
Öffentlichkeitsarbeit	59 %	64 %	61 %	63 %
andere Quellen	41 %	36 %	39 %	37 %
Zahl der Primärquellen	826	1.768	562	347

Abb. 1: Dominanz standardisierter Quellen (Öffentlichkeitsarbeit) in Medienbeiträgen (Baerns 1985: 87)

Neben den Thematisierungsleistungen untersuchte Baerns journalistische Transformationsleistungen, d.h. Prozesse der Informationsbearbeitung. Auch hier verweisen die Ergebnisse auf einen geringen Anteil des Journalismus am Zustandekommen der Medieninhalte: Die journalistische Nach- und Zusatzrecherche spielte eine untergeordnete Rolle; über 80 Prozent aller analysierten Beiträge beruhten auf nur einer Quelle. Wenn andere Quellen verwendet wurden, dann waren auch dies überwiegend standardisierte Quellen, d.h. Quellen, die von den politischen Akteuren zur Verfügung gestellt wurden. Eigenständige journalistische Themenrecherche fand demgegenüber nur zu acht Prozent (Nachrichtenagenturen) bzw. zu elf Prozent (Sekundärmedien) statt (vgl. Baerns 1985: 88). Die journalistische Bearbeitungsleistung beschränkte sich überwiegend auf das Kürzen des PR-Materials: In 87,5 Prozent aller Beiträge (einschließlich der Agenturmeldungen) wurden die Informationen aus den Pressemitteilungen und Pressekonferenzen gekürzt. Vollständig (allerdings nicht wörtlich) wurde das PR-Material in 6,5 Prozent aller Beiträge übernommen. In knapp sechs Prozent dienten die PR-Quellen lediglich als Anlass für die Berichterstattung. Neben der Kürzung des Quellenmaterials wies Baerns als weitere journalistische Leistung die schnelle Verbreitung des PR-Materials aus: Sie ermittelte eine hohe Umschlaggeschwindigkeit der PR-Quellen. Agenturen, Hörfunk und Fernsehen verarbeiteten die PR-Informationen zu über 70 Prozent noch am selben Tag, die Tagespresse verwendete die PR-Informationen in 65 Prozent der Fälle am nächsten Tag (vgl. Baerns 1985: 88, Tab. 4.24).

Der Quellentransparenz maß Baerns auf Grund des normativen Bezugsrahmens, auf den sie sich stützte, eine besondere Bedeutung zu. Nur wenn in der Berichterstattung die Herkunft der Informationen transparent gemacht wird, könnten Rezipienten eine eventuelle Interessengebundenheit der Information erkennen, und nur so würde die Definitionsmacht der Öffentlichkeitsarbeit sichtbar. Als „Offenlegung" von Quellen galten Nennungen wie „Erklärung vor Journalisten..." oder „ein Ministerium teilt mit". Wurde hingegen ein politischer Handlungsträger zitiert, ohne dass ein weiterer Hinweis auf den Informationsanlass gegeben wurde, dann wurde dies nicht als Offenlegung kodiert (vgl. Baerns 1985: 131, Anm. 100). Im Ergebnis stellte Baerns eine hohe Intransparenz der Berichterstattung fest. Vor allem das Fernsehen legte die Herkunft der Primärquelle, d.h. die für den Aufmacher der Beiträge verantwortliche Quelle, selten offen. Agenturen nannten die Herkunft der Primärquelle immerhin in etwas über der Hälfte aller Beiträge (vgl. Abb. 2). Wenn Quellen genannt wurden, so ein weiteres Ergebnis, dann war dies häufig irreführend. So kennzeichnete z.B. die Tagespresse über die Hälfe aller Beiträge, die auf PR-Informationen beruhen, als Agenturmeldungen; der Rest der standardisierten Quellen erschien mit Namen eines Autors versehen oder anonym (vgl. Baerns 1985: 73).

	Primärmedien Agenturen	Sekundärmedien Presse	Sekundärmedien Hörfunk	Sekundärmedien Fernsehen
Quelle genannt	55 %	28 %	33 %	17 %
Quelle nicht genannt	45 %	72 %	67 %	83 %
Zahl der Primärquellen	491	1.132	340	218

Abb. 2: Offenlegung standardisierter Quellen (Öffentlichkeitsarbeit) in Medienbeiträgen (nach Baerns 1985/90)

Aus den Gesamtbefunden schlussfolgerte Baerns, die journalistische Leistung bestehe vor allem aus der schnellen Verarbeitung von vorgegebenen Informationen durch Schreiben und Produzieren sowie durch Auswählen und Redigieren. „Der Eindruck von Informationsvielfalt entsteht auf dieser Grundlage fast nur durch Selektion und/oder Interpretation des vorgegebenen Angebots sowie durch medientechnisch und -dramaturgisch ungleiche Umsetzung." (Baerns 1985: 89) Für den Rezipienten sei die starke Abhängigkeit der Massenmedien von Quellen der Öffentlichkeitsarbeit nicht transparent. Die mangelnde Transparenz der Informationsbeschaffung könne eine Ursache dafür sein, „dass Journalisten und Medien zugeschrieben wird, was Öffentlichkeitsarbeit zukommt." (Baerns 1985: 90) Daraus folgt auf der Ebene des Mediensystems, in Abwandlung der eingangs aufgestellten These, das Fazit: „(J)e mehr Beiträge zur Landespolitik irgendein Medium verbreitete, umso mehr Pressemitteilungen und Pressekonferenzen und je weniger Beiträge irgendein Medium brachte, um so weniger Pressemitteilungen und Pressekonferenzen wurden veröffentlicht." (Baerns 1985: 91) Diesen Befund brachte Baerns auf den griffigen Nenner: Öffentlichkeitsarbeit hat die Themen und indirekt auch das Timing der Berichterstattung unter Kontrolle, denn die Informationen werden mit einer geringen Umschlagzeit weitergegeben (vgl. Baerns 1985: 98).

Im Hinblick auf die Nachrichtenforschung schlussfolgerte Baerns aus ihrer Untersuchung, die Konsonanz in der Berichterstattung liege ebenso wenig in der Prominenz von Nachrichtenwerten wie in journalistischen Produktionsroutinen begründet, sondern in der schlichten Vervielfältigung und Zirkulation einiger weniger Primärquellen der Öffentlichkeitsarbeit durch den Journalismus. Mit Blick auf die Kommunikationsordnung der Bundesrepublik Deutschland, die sich auf die Annahme stützt, Informationsvielfalt entstehe durch Medienvielfalt, ergab sich für Baerns aus ihrer Untersuchung die Folgerung, diese Annahme sei eine Fiktion. Sie setze nicht nur einen Rezipienten voraus, der die verschiedenen Medieninhalte vergleicht, was sehr unwahrscheinlich ist. Stattdessen sind die Quellen der Medienberichterstattung dem Rezipienten – und auch dem Kommunikationswissenschaftler, der sich ausschließlich auf die Analyse von Medieninhalten beschränkt – nicht transparent. Übereinstimmungen in der Berichterstattung könnten so als Folge unabhängiger Umweltbeobachtungen durch den Journalismus erscheinen, obwohl sie eigentlich aus der Vervielfältigung ein- und derselben Quelle resultieren.

4. Die Determinationsthese auf dem Prüfstand

Obwohl die Untersuchungsergebnisse von Baerns vor dem Hintergrund bereits erfolgter Analysen nicht gänzlich überraschen konnten, lösten sie eine intensive wissenschaftliche Auseinandersetzung über das Verhältnis zwischen Journalismus und Öffentlichkeitsarbeit aus.[4] Das Echo war kontrovers, denn Baerns hatte sowohl das gesellschaftliche Selbst- und Fremdbild als auch die kommunikationswissenschaftliche Konzeption von Journalismus in Abrede gestellt. Stattdessen hatte sie das Bild einer mächtigen, im Verborgenen wirkenden PR-Macht entworfen, die journalistische Recherchekraft zu lähmen vermöge (vgl. Baerns 1985: 99). Diese Kontrastierung rief vielfältige Kritik hervor. Auf der einen Seite setzte die Kritik bei der Konzeption einer Konkurrenzbeziehung zwischen Journalismus und Öffentlichkeitsarbeit an. Auf der anderen Seite wurden etliche empirische Untersuchungen durchgeführt, die versuchten, den quantitativ ermittelten Einfluss von PR auf die Berichterstattung zu überprüfen.

4.1 Theoretische Gegenentwürfe zur Determinationsthese

Die Determinationsthese konzipierte die Beziehung zwischen Öffentlichkeitsarbeit und Journalismus als eine (ungleiche) Machtbeziehung. In der Auseinandersetzung mit dieser Konzeption wurde aus normativer Sicht beanstandet, die mit der Vokabel ‚Determination' belegten PR-Leistungen würden damit zu unrecht negativ beurteilt, obwohl es sich um legitime und funktionale Kommunikationsleistungen handelt. Kommunikationstheoretisch sei die Determinationsthese ein Rückfall in behaviouristische Stimulus-Reaktions-Vorstellungen (vgl. Saffarnia 1993: 420). Zahlreiche Gegenvorschläge wurden erarbeitet, die das Verhältnis von PR und Journalismus als wechselseitig begriffen und beispielsweise als antagonistische Partnerschaft (Rolke

---

4   Dabei blieb die Rezeption auf den deutschsprachigen Raum beschränkt, eine ähnliche Auseinandersetzung beispielsweise in den USA fand nicht statt (vgl. zur Nicht-Rezeption der deutschsprachigen Determinierungsforschung und allg. der deutschsprachigen PR-Forschung in den USA Wehmeier 2004).

1999), als interdependente und interpenetrierende Systembeziehung (Westerbarkey 1995), als strukturelle Kopplung (Hoffjann 2004), als privilegiertes Verhältnis (Löffelholz 2000) oder als potenzielle win-win-Beziehung (Ruß-Mohl 2004) charakterisieren. Diese Gegenvorschläge sind dadurch gekennzeichnet, dass sie das Verhältnis zwischen PR und Journalismus nicht als einseitige Einflussbeziehung begreifen, sondern gegenseitige Einfluss- und Abhängigkeitsstrukturen geltend machen. In die Sprache der Determinationsforschung übersetzt, thematisieren alle konkurrierenden Modellvorstellungen in der einen oder anderen Weise „Determinanten des Journalismus in Richtung Öffentlichkeitsarbeit." (Szyszka 1997: 231) Vor allem das von Bentele, Liebert und Seeling (1997) entwickelte ‚Intereffikationsmodell' (vgl. Beitrag von Bentele in Teil 2), das explizit auf wechselseitigen Einfluss und wechselseitiges Anpassungshandeln abhebt, wurde in diesem Kontext als Gegenmodell zur Determinationsthese rezipiert (vgl. etwa Dernbach 1998; Schantel 2000). Bei genauer Betrachtung zeigt sich jedoch, dass die Modellvorstellungen unterschiedliche Sachverhalte thematisieren. Das Intereffikationsmodell nimmt ebenso wie zahlreiche andere Modelle zur Interaktion von Journalismus und Öffentlichkeitsarbeit die Beziehungen zwischen zwei Berufsfeldern oder Handlungssystemen in den Blick. Die Determinationsthese dagegen fokussiert primär den Einfluss von Öffentlichkeitsarbeit auf journalistische Texte – nicht auf den Journalismus. Sie konzipiert PR und Journalismus als zwei „syntaktisch gleichartige, semantisch nicht äquivalente Informationssysteme" (Baerns 1985: 16), die beide auf eine dritte Größe, nämlich den Medieninhalt, abzielen. Dem Zustandekommen des Medieninhalts gilt das primäre Untersuchungsinteresse. Insofern handelt es sich bei der Determinationsthese eher um einen Beitrag zur Nachrichtenforschung und weniger um eine Studie zum Verhältnis zwischen PR und Journalismus.[5] Nichts desto trotz macht die Determinationsthese auch Aussagen zum Verhältnis von Journalismus und Öffentlichkeitsarbeit. Dieses wurde, wie dargestellt, als Konkurrenzverhältnis angelegt. Die Ergebnisse legitimierten die erkenntnisleitende funktionale Differenzierung zwischen Öffentlichkeitsarbeit und Journalismus jedoch nicht, wie Baerns im Nachhinein feststellte: „Die funktionale Differenzierung hat sich nach Lage der Dinge nicht (!) bewährt." (Baerns 2004: 70) Vor diesem Hintergrund hält sie im Anschluss an Weber (2002: 15) und Rühl (1980: 319) eine Sichtweise für denkbar, die, in den Worten Rühls, die „Herstellung und Bereitstellung von Themen zur öffentlichen Kommunikation" als Primärfunktion des Journalismus sieht, „Öffentlichkeitsarbeit ist eingeschlossen." (Baerns 2004: 71)

---

5 Szyszkas Einschätzung, bei der Determinationsthese handele es sich um Journalismusforschung, ist diesbezüglich zutreffend, da die Produktion bzw. die Konstruktion von Nachrichten gemeinhin als Gegenstand der Journalismusforschung behandelt wird (vgl. Szyszka 1997: 209).

4.2 Empirische Untersuchungen zum Einfluss von Öffentlichkeitsarbeit auf die Medienberichterstattung

Die Determinationsthese konstatierte ein Abhängigkeitsverhältnis zwischen Journalismus und Öffentlichkeitsarbeit „unter der Voraussetzung, andere Faktoren existierten nicht." (Baerns 1985: 17) Diese ceteris paribus-Klausel provozierte eine Vielzahl von Folgestudien, die versuchten, den Einfluss von Randbedingungen bzw. intervenierenden Variablen im Hinblick auf den Umgang von Journalisten mit PR-Material genauer zu bestimmen. Ein Überblick über die empirische Forschung zeigt folgende – hier punktuell dargestellte – Forschungsinteressen:

- *Schlüsselrolle der Nachrichtenagenturen*: Die Ergebnisse von Baerns (1985) hatten bereits auf die zentrale Stellung verwiesen, die den Nachrichtenagenturen bei der Verbreitung von PR-Informationen zukommt. Weitere Untersuchungen bestätigten diesen Befund. So stellten Knoche und Lindgens (1988) in einer Untersuchung zur Berichterstattung über die Partei Die Grünen anlässlich der Bundestagswahl 1987 fest, dass über 80 Prozent aller von ihnen analysierten Artikel in 65 als repräsentativ erachteten Zeitungen auf eine Agenturmeldung über die Partei Bezug nahmen. Auf den Pressemitteilungen der Partei basierten dagegen nur 22,2 Prozent der Beiträge über Die Grünen (vgl. Knoche/Lindgens 1988: 498ff). Rossmann (1993) untersuchte das Medienecho auf Aktionen von Greenpeace im Zeitraum Mai/Juni 1991. Er stellte eine hohe Beeinflussung der Berichterstattung durch die Aktivitäten der Organisation fest: Alle von Greenpeace initiierten Berichterstattungsanlässe zusammengenommen waren der Auslöser für 84 Prozent aller Beiträge über Greenpeace (vgl. Rossmann 1993: 91). Bei der Verbreitung der Informationen über Greenpeace spielten die Nachrichtenagenturen eine herausragende Rolle: Über die Hälfte aller Artikel hatte erkennbar ihren Ursprung bei den Nachrichtenagenturen (vgl. Rossmann 1993: 92). Auch Saffarnia (1993), der die Berichterstattung auf Seite zwei der österreichischen Tageszeitung ‚Kurier' im Zeitraum von 14 Tagen (5. bis 18. Oktober 1992) im Hinblick auf den Niederschlag und die Verwendung aller während dieses Zeitraums in der Redaktion Innenpolitik eingegangenen PR-Informationen untersuchte, verwies auf die bedeutende Rolle der österreichischen Nachrichtenagentur APA (Austria Presse Agentur): Über 80 Prozent des gesamten Inputs, und 78 Prozent des PR-Inputs in die Redaktion stammte von der Nachrichtenagentur (vgl. Saffarnia 1993: 416f). Angesichts dieser Befunde fragten Donsbach und Meißner (2004) nach Auswahl- und Verarbeitungsprozessen von PR-Informationen in Nachrichtenagenturen. In einer Untersuchung über die Selektion und Verwendung eingehenden PR-Materials durch den dpa-Landesdienst Sachsen im Zeitraum 25. Juni bis 8. Juli 2001 ermittelten sie einen Anteil PR-basierter Meldungen von 48 Prozent an der dpa-Gesamtberichterstattung (vgl. Donsbach/Meißner 2004: 108). Insgesamt wurde nur ein kleiner Teil des eingegangenen Pressematerials verwendet. Mit diesen wenigen ausgewählten Pressemitteilungen wurde rund die Hälfte der Berichterstattung bestritten bzw. angereichert (vgl. Donsbach/Meißner 2004: 109).

- *Einfluss von Nachrichtenfaktoren*: Auch wenn die Determinationsannahme in Absetzung zur Nachrichtenwertforschung aufgestellt wurde (vgl. Baerns 1979: 306-308), liegt eine Verknüpfung der Determinationsforschung mit der Nachrichtenwertforschung nahe. Barth und Donsbach (1992) gingen der Frage nach, ob der Einfluss von PR auf die Berichterstattung variiert, je nachdem, welchen Nachrichtenwert das Ereignis hat, über das berichtet wird. Ein Vergleich der Berichterstattung über zwei Pressekonferenzen mit hohem Nachrichtenwert (so genannte Krisen-Pressekonferenzen) und von zwei Pressekonferenzen mit niedrigem Nachrichtenwert (so genannte Aktions-Pressekonferenzen) erbrachte das Ergebnis, dass die Zeitungen sowohl häufiger als auch umfangreicher auf der Basis eigener Recherchen über die Krisen-Pressekonferenzen als über die Aktions-Pressekonferenzen berichteten (vgl. Barth/Donsbach 1992: 157). Baerns (1999) griff diese Untersuchungsergebnisse auf, als sie am Beispiel des Nationalen Risikoverfahrens zur „Pille der dritten Generation" die Berichterstattung über diese Pille über einen längeren Zeitraum hinweg (Oktober 1995 bis Juni 1998) beobachtete. In Anlehnung an Rosengren (1973) unterschied Baerns Ereignisse mit verschiedenen Antizipationswerten, um den Nachrichtenfaktor Krise zu operationalisieren. Sie konnte keinen signifikanten Einfluss der Art der Ereignisse (gemessen am Grad ihrer Vorhersehbarkeit) auf die Zusammensetzung der Quellen (Öffentlichkeitsarbeit oder journalistische Eigenrecherche) nachweisen (vgl. Baerns 1999: 117ff). Diesem Ergebnis widerspricht die Studie von Gazlig (1999), der den Einfluss von Nachrichtenfaktoren auf PR-Erfolg am Beispiel der Pressearbeit der Niedersächsischen Landesregierung und ihrer Resonanz in zwei regionalen Abonnementzeitungen im Untersuchungszeitraum Januar bis März 1995 untersuchte. Gazlig stellte beim Vergleich der selektierten mit den nichtselektierten Pressemitteilungen im Hinblick auf die Nachrichtenfaktoren eine positive Korrelation zwischen dem Vorhandensein von Nachrichtenfaktoren und der Veröffentlichung fest (vgl. Gazlig 1999: 191ff). Dass die Determinationsthese keine Alternative, sondern durchaus eine Ergänzung zur Nachrichtenwertforschung darstellt, wird auch an der Untersuchung von Donsbach und Wenzel (2002) deutlich. Die Autoren konnten in ihrer Studie zum Einfluss der politischen PR von Landtagsfraktionen auf die regionale Berichterstattung im Zeitraum 28. April bis 23. Juli 2000 nachweisen, dass sich bestimmte Merkmale von Pressemitteilungen, wie das Vorhandensein von Nachrichtenfaktoren, auf deren Chancen auswirken, in die Medienberichterstattung übernommen zu werden. Überraschender ist der Befund, dass sich ein hoher professioneller Standard der Pressemitteilungen aber nicht auf die Selektion auswirkte (vgl. Donsbach/ Wenzel 2002: 383).

- *Transformationsleistungen des Journalismus*: Die Determinationsforschung untersuchte in ihrer ursprünglichen Fassung neben Thematisierungsleistungen auch formale Transformationsleistungen des Journalismus wie etwa das Kürzen der PR-Materialien. In der Folge stellten zahlreiche Autoren die Frage nach den Verarbeitungs- und Ergänzungsleistungen des Journalismus in den Mittelpunkt. Grossenbachers Untersuchung (1986) zur Berichterstattung in 18 Schweizer Zeitungen, die durch 53 Pressekonferenzen von Bund, Kantonen und Wirtschaftsunternehmen ausgelöst worden war, stellte insgesamt nur schwache Transformationsleistungen des Journalismus fest. So fand kaum eine Themennachrecherche statt, und die von der PR vorgegebene Themengewichtung wurde übernommen (vgl. ebenda: 730). Zu einem anderen Befund gelangte Saffarnia (1993). Von den Pressemitteilungen, die in die innenpolitische Redaktion des ‚Kurier' eingegangen waren, fanden nur 10,6 Prozent Verwendung, 41 Prozent der analysierten Beiträge beruhten dagegen vollständig auf journalistischer Eigenrecherche (vgl. Saffarnia 1993: 417). Schweda und Opherden (1995) untersuchten den Umgang mit Pressemitteilungen der im Düsseldorfer Stadtrat vertretenen Parteien durch die Lokalredaktionen dreier Düsseldorfer Abonnementzeitungen im Zeitraum April bis Juli 1992. Wie Saffarnia stellten auch Schweda und Opherden eine geringe Determinationsleistung der PR fest. Journalistische Nach-Recherche dagegen fand in nennenswertem Umfang statt (vgl. Schweda/Opherden 1995: 176f). Salazar-Volkmann (1994), der die Presseberichterstattung über Frankfurter Messen in der deutschen und internationalen Fach- und Tagespresse untersucht hatte, stellte fest, dass die PR-Treibenden bei der Durchsetzung der eigenen Wertungen wenig erfolgreich waren: Vor allem werbliche Aussagen in den Pressemitteilungen wurden von den Journalisten kaum übernommen (vgl. Salazar-Volkmann 1994: 199). Fröhlich und Rüdiger (2004) ergänzten die Themenanalyse um eine Framing-Analyse. Am Beispiel der Diskussion über die Zuwanderungsdebatte im Zeitraum von zwei Jahren (Mai 2000 bis März 2002) untersuchten sie Pressemitteilungen der im Bundestag vertretenen Parteien, der Bundestagsfraktionen und des Bundesministeriums des Inneren sowie die Berichterstattung in zwei überregionalen Qualitätszeitungen. Im Hinblick auf das Framing zeigte sich, dass wenig Frames in der Medienberichterstattung aus dem PR-Material stammten. Wenn Frames jedoch bestimmten Politakteuren zugeschrieben wurden, dann stimmten diese – wenn auch in unterschiedlicher Gewichtung – weitgehend mit den Frames überein, die die Politakteure in ihren Pressemitteilungen kommunizierten (vgl. Fröhlich/Rüdiger 2004).

- *Einfluss der redaktionellen Linie auf die Verwendung von PR-Informationen*: Vor allem im Bereich der parteipolitischen Öffentlichkeitsarbeit spielt die redaktionelle Linie der Zeitungen eine Rolle bei der Selektion und Verwendung von Pressemitteilungen. Diese Annahme bestätigte die bereits zitierte Untersuchung von Knoche und Lindgens (1988). Zeitungen, die eine Affinität zu den Grünen besitzen, insbesondere die Berliner ‚tageszeitung' und die ‚Frankfurter Rundschau', verwendeten häufiger positive Pressemitteilungen und Agenturberichte über die Partei und veröffentlichten seltener negative Berichte (vgl. Knoche/Lindgens 1988: 505). Auch Donsbach und Wenzel (2002) ermittelten einen Einfluss der redaktionellen Linie auf die Auswahl und Behandlung der Pressemitteilungen der sächsischen Landtagsfraktionen durch die regionale Presse (vgl. Donsbach/Wenzel 2002: 384). Dieses Ergebnis bestätigte auch die Untersuchung von Kepplinger und Maurer (2004), die die Verwendung von Pressemitteilungen der im Bundestag vertretenen Parteien zu Wirtschaftsthemen in der wirtschaftspolitischen Berichterstattung untersucht hatten. So wurden die Pressemitteilungen der CDU/CSU und der FDP von den liberal-konservativen Zeitungen häufiger publiziert als die der SPD und der Grünen. Die Autoren konstatierten demzufolge eine instrumentelle Aktualisierung der Pressemitteilungen (vgl. Kepplinger/Maurer 2004: 123).

4.3 Vergleich zwischen den empirischen Untersuchungen

Die Ergebnisse der Studien, die der Determinationsforschung zugerechnet werden können, streuen stark, und sie beziehen sich auf jeweils unterschiedliche Quellen und Medien. Ein systematischer Vergleich der Untersuchungen macht deutlich, dass unterschiedliche Befunde vor allem auf unterschiedliche Forschungsdesigns zurückzuführen sind. Entscheidend ist vor allem, welches Material die Basis der Inhaltsanalysen darstellt (vgl. hierzu auch Schantel 2000: 74-76; Donsbach/Meißner 2004: 100f). Prinzipiell ist zwischen zwei möglichen Vorgehensweisen zu unterscheiden: a) Resonanzanalysen und b) Determinationsanalysen.

Resonanzanalysen ermitteln Selektions- oder *Resonanzquoten,* das sind Übernahme- bzw. Abdruckquoten: Auf der Basis einer Analyse des PR-Materials und der darauf basierenden Berichterstattung wird untersucht, welche Pressemitteilungen von den Agenturen bzw. Sekundärmedien aufgegriffen und weiterverwendet werden. Resonanzanalysen ermöglichen Aussagen über die Effektivität von Öffentlichkeitsarbeit; Aussagen über den Einfluss von PR auf die Berichterstattung können auf dieser Grundlage jedoch nicht gemacht werden. Denn Resonanzanalysen fokussieren auf PR-Leistungen. Determinationsanalysen fokussieren demgegenüber auf journalistische Leistungen. Sie vergleichen den thematisch oder über bestimmte PR-Akteure definierten PR-Input mit der gesamten Berichterstattung über bestimmte Akteure bzw. über ein bestimmtes Themengebiet. Sie ermitteln *Determinationsquoten*[6] und ermöglichen so zusätzlich Aussagen über Thematisierungsleistungen von Öffentlichkeitsarbeit und Journalismus im Vergleich. Die Abbildungen 3.1 (Resonanzanalysen) und 3.2 (Determinationsanalysen) geben einen Überblick über Forschungsanlagen und Befunde häufig zitierter Untersuchungen zum Einfluss der Quellen auf die Berichterstattung. Die Resonanzquote gibt den Prozentsatz der Pressemitteilungen an, die verwendet worden sind, die Determinationsquote dagegen den Prozentsatz der Berichterstattung, die auf PR-Quellen beruht.

---

6   Bentele spricht in diesem Zusammenhang von Induktionsquoten (vgl. Bentele in diesem Handbuch). Determinationsquoten entsprechen den Induktionsquoten im Rahmen des Intereffikationsmodells.

Autoren	Untersuchungsbereich	Resonanzquote
Nissen/Menningen (1977)	PM*; politische Akteure; regionale Ebene**	54 %
Lang (1980)	PM; Parteien; regionale Ebene	k.g.A.***
Hintermeier (1982)	PM; politische Akteure; lokale Ebene	19 %
Grossenbacher (1986)	PK****; politische Akteure und Unternehmen; überregionale Ebene (Schweiz)	k.g.A.
Schnitzmeier (1989)	PM; eine Parteifraktion; regionale und überregionale Ebene	48 %
Barth/Donsbach (1992)	PK; Unternehmen, Verband und NGO; lokale, regionale und überregionale Ebene	k.g.A.
Saffarnia (1993)	PM; politische Akteure; überregionale Ebene	11 %
Schweda/Opherden (1995)	PM; Parteien; lokale Ebene	65 %
Gazlig (1999)	PM; Landesregierung; regionale Ebene	36 %
Müller-Hennig (2000)	PM; NGO; überregionale Ebene	76 %*****
Donsbach/Wenzel (2002)	PM; Fraktionen; regionale Ebene	28 %
Fröhlich/Rüdiger (2004)	PM; politische Akteure; überregionale Ebene	17 %
Kepplinger/Maurer (2004)	PM; Parteien; regionale und überregionale Ebene	10 %

Abb. 3.1: Überblick über Forschungsanlagen und Befunde der Determinationsforschung: Resonanzanalysen. Die Prozentangaben sind gerundet.

*   Pressemitteilungen
**   Die Angabe zur Ebene (lokal, regional oder überregional) bezieht sich auf die ausgewerteten Medien, nicht auf die PR-Akteure.
***   Keine genaue Angabe
**** Pressekonferenzen
***** 19 von 26 PM

Autoren	Untersuchungsbereich	Determinationsquote
Baerns (1979)	PM* + PK**; Unternehmen; lokale, regionale und überregionale Ebene***	42 %
Baerns (1985/1991)	PM + PK; politische Akteure; regionale Ebene	62 %
Knoche/Lindgens (1988)	PM; eine Partei; regionale und überregionale Ebene	22 %
Fröhlich (1992)	PM; Unternehmen; überregionale Ebene	62 %
Saffarnia (1993)	PM; politische Akteure; überregionale Ebene	34 %
Rossmann (1993)	PM; NGO; lokale, regionale und überregionale Ebene	84 %.
Salazar-Volkmann (1994)	PM; Unternehmen; überregionale Ebene	65 %
Baerns (1999)	PM; Unternehmen, Behörden, Verbände; überregionale Ebene	71 %
Schweda/Opherden (1995)	PM; Parteien; lokale Ebene	18 %
Müller-Hennig (2000)	PM; NGO; überregionale Ebene	31 %
Donsbach/Wenzel (2002)	PM; Fraktionen; regionale Ebene	25 %
Donsbach/Meißner (2004)	PM; politische Akteure; regionale Ebene	48 %****
Fröhlich/Rüdiger (2004)	PM; politische Akteure; überregionale Ebene	17 %
Kepplinger/Maurer (2004)	PM; Parteien; regionale und überregionale Ebene	10 %

Abb. 3.2: Überblick über Forschungsanlagen und Befunde der Determinationsforschung: Determinationsanalysen. Die Prozentangaben sind gerundet.

*   Pressemitteilungen
**   Pressekonferenzen
***   Die Angabe zur Ebene (lokal, regional oder überregional) bezieht sich auf die ausgewerteten Medien, nicht auf die PR-Akteure.
**** Diese Zahl bezieht sich nur auf Agenturberichterstattung.

Die Übersicht zeigt eine Bandbreite von Resonanzquoten zwischen zehn und 76 Prozent und von Determinationsquoten zwischen sieben und 78 Prozent. Wie sind diese extremen Bandbreiten zu erklären? Es ist anzunehmen, dass sich der Status der PR-treibenden Organisationen auf die Möglichkeiten auswirkt, über Pressearbeit Einfluss auf die Berichterstattung zu nehmen. Darüber hinaus ist von Bedeutung, welche konkurrierenden Akteure sich um die Aufmerksamkeit der Journalisten bemühen. Schließlich ist ausschlaggebend, ob die Öffentlichkeitsarbeit und die Berichterstattung zu einem bestimmten Thema oder allgemein untersucht wurden. Die Auswahl der PR-Akteure, deren PR-Material analysiert wird, und eine mögliche thematische Eingrenzung dürften sich auf die ermittelten Resonanz- und Determinationsquoten auswirken. Weiter ist entscheidend, wie Öffentlichkeitsarbeit und ihr Einfluss auf die Berichterstattung operationalisiert werden. So macht es einen Unterschied, ob als PR-Quellen nur Pressemitteilungen, nur Pressekonferenzen oder beides untersucht werden.[7] Vor allem aber macht es einen großen Unterschied, wie „Einfluss" gedeutet wird: Müssen Passagen aus der PR-Quelle im Artikel wörtlich auftauchen, damit von „Einfluss" die Rede sein kann; muss die Quelle genannt sein, oder reicht es aus, wenn die PR-Quelle erkennbar den thematischen Anlass für den Artikel darstellt? Uneinheitlich ist auch die Bewertung von Nachrichtenagenturen: Manche Untersuchungen werten Artikel in Zeitungen, die Agenturberichte wiedergeben, die ihrerseits auf PR-Quellen beruhen, als Einfluss der PR auf die Berichterstattung und beziehen sie entsprechend in die Ermittlung des Determinationsquotienten mit ein (so geht etwa Baerns vor). Andere Untersuchungen differenzieren zwischen PR-Quellen und Nachrichtenagenturen und gelangen dabei zu stark divergierenden Werten (vgl. z.B. Hintermeier 1982). Ein Vergleich der Ergebnisse der Determinationsforschung wird dadurch erschwert, dass die meisten Untersuchungen nur lückenhaft und ungenau Auskunft über das angewandte methodische Verfahren geben. In der Gesamtschau sind so nur bedingt empirisch abgesicherte Aussagen zum Einfluss der Öffentlichkeitsarbeit auf die Berichterstattung möglich.

5. Geltungsbereich der Determinationsforschung und Forschungsdefizite

Die Untersuchungen, die sich unter dem Nenner Determinationsforschung rubrizieren lassen, kennzeichnet keine einheitliche theoretische Ausrichtung. Manche Untersuchungen sind systemtheoretisch inspiriert (etwa Hintermeier 1982; Schweda/ Opherden 1995), manche orientieren sich an der kritisch-normativen Publizistikwissenschaft, wie sie Ende der 1970er Jahre betrieben wurde (etwa Lang 1979; Baerns 1979, 1985/1991), manche operieren mit der Begrifflichkeit des Intereffikationsmodells (Donsbach/Wenzel 2002). Diese theoretische Breite verdeutlicht, dass es sich bei der Determinationsthese nicht um eine Theorie im Sinne eines in sich geschlos-

---

7 Selbst wenn das geklärt scheint, sind noch große Unterschiede möglich: Während etwa Saffarnia Pressemitteilungen nur dann als PR-Texte kodierte, wenn sie Partikularinteressen zum Ausdruck bringen (etwa durch Formulierungen wie „forderte", „verlangte", „legte Bekenntnis ab zu"), beziehen andere Studien auch Ankündigungen und Berichte, die von Pressestellen herausgegeben werden, in die Analyse mit ein.

senen Denkansatzes handelt. Ebenso wenig handelt es sich bei der Determinationsthese um eine deduktiv abgeleitete Hypothese. Die Determinationsforschung ist dadurch gekennzeichnet, dass mit Hilfe eines bestimmten Forschungsdesigns, nämlich einer Input-Output-Analyse, Rückschlüsse auf den Einfluss von PR-Informationen auf die Medienberichterstattung gezogen werden. Der Vorteil des inhaltsanalytischen Zugriffs besteht darin, dass damit anhand der *Ergebnisse* des Zusammenspiels von PR und Journalismus Aussagen über das Zustandekommen des Medieninhalts gemacht werden können. Selbstaussagen von Journalisten und PR-Praktikern, wie sie durch Befragungen erhoben werden, haben demgegenüber den Nachteil, dass die ermittelten Aussagen interessengeleitet und sozial erwünscht sein können. Allerdings ist fraglich, ob der (mitunter postulierte) Anspruch, im Rahmen des Determinationsansatzes *Prozesse* zu analysieren, durch einen ausschließlich inhaltsanalytischen Zugriff eingelöst werden kann.

Die Determinationsforschung hat den Nachweis erbracht, dass die Intensität, mit der Organisationen Öffentlichkeitsarbeit betreiben, von Einfluss auf die Medienberichterstattung ist: Je mehr Öffentlichkeitsarbeit eine Organisation betreibt, desto größer ist die Wahrscheinlichkeit, dass die durch Öffentlichkeitsarbeit bereitgestellten Informationen Eingang in die Berichterstattung finden. Vor allem in der Routineberichterstattung liegt die Thematisierungsleistung weniger auf Seiten des Journalismus, sondern die Journalisten übernehmen die von institutionalisierten Akteuren bereitgestellten Themenangebote. Einschränkend ist zu bemerken, dass sich die Befunde der Determinationsforschung nahezu ausschließlich auf die Berichterstattung von Tageszeitungen beziehen. Fernsehberichterstattung wurde dagegen im Rahmen der Determinationsforschung kaum untersucht (anders Baerns 1985/1991). Von wenigen Ausnahmen abgesehen, ist auch die Berichterstattung von Boulevardzeitungen kein Forschungsgegenstand. Wenn Boulevardzeitungen ausgewertet wurden, dann zeigte sich ein ausgesprochen geringer Einfluss der PR-Informationen auf die Berichterstattung (vgl. etwa Donsbach/Wenzel 2002: 391). Der gegenwärtige Stand der Determinationsforschung ermöglicht so hauptsächlich Aussagen über das Zustandekommen politischer Berichterstattung in Abonnement- und überregionalen Qualitätszeitungen in Bezug auf die Pressearbeit statushoher PR-Akteure. Der Einfluss von Quellen der Öffentlichkeitsarbeit in anderen Medientypen und bezogen auf andere PR-Akteure ist trotz einer umfangreichen Forschungstätigkeit zur Determinierung der Berichterstattung weiterhin ein Desiderat.

Literatur

Baerns, Barbara (1979): Öffentlichkeitsarbeit als Determinante journalistischer Informationsleistungen. Thesen zur realistischen Beschreibung von Medieninhalten. In: Publizistik, 24. Jg., S. 301-316.

Baerns, Barbara (1985): Öffentlichkeitsarbeit oder Journalismus? Zum Einfluss im Mediensystem. (2., erw. Neuauflage 1991). Köln: Verlag Wissenschaft und Politik.

Baerns, Barbara (1999): Kommunikationsrisiken und Risikokommunikation: Das nationale Risikoverfahren (Stufenplanverfahren) zur „Pille der dritten Generation". In: Rolke, Lothar/Wolff, Volker (Hrsg.): Wie die Medien die Wirklichkeit steuern und selbst gesteuert werden. Opladen, Wiesbaden: Westdeutscher Verlag, S. 93-125.

Baerns, Barbara (2004): Öffentlichkeitsarbeit und Erkenntnisinteressen der Publizistik- und Kommunikationswissenschaft. In: Röttger, Ulrike (Hrsg.): Theorien der PR. Wiesbaden: Verlag für Sozialwissenschaften, S. 61-74.

Barth, Henrike/Donsbach, Wolfgang (1992): Aktivität und Passivität gegenüber Public Relations. Fallstudie am Beispiel von Pressekonferenzen zu Umweltthemen. In: Publizistik, 36. Jg., S. 151-165.

Bentele, Günter/Liebert, Tobias/Seeling, Stefan (1997): Von der Determination zur Intereffikation. Ein integriertes Modell zum Verhältnis von Public Relations und Journalismus. In: Bentele, Günter/Haller, Michael (Hrsg.): Aktuelle Entstehung von Öffentlichkeit. Konstanz: UVK, S. 225-250.

Dernbach, Beatrice (1998): Von der Determination zur Intereffikation. Das Verhältnis von Journalismus und PR. In: PR Forum Nr. 2, S. 62-65.

Donsbach, Wolfgang/Wenzel, Arnold (2002): Aktivität und Passivität von Journalisten gegenüber parlamentarischer Pressearbeit. Inhaltsanalyse von Pressemitteilungen und Presseberichterstattung am Beispiel der Fraktionen des sächsischen Landtags. In: Publizistik, 47. Jg., S. 373-387.

Donsbach, Wolfgang/Meißner; Antje (2004): PR und Nachrichtenagenturen. Missing link in der kommunikationswissenschaftlichen Forschung. In: Raupp, Juliana/Klewes, Joachim (Hrsg.): Quo vadis Public Relations? Auf dem Weg zum Kommunikationsmanagement: Bestandsaufnahme und Entwicklungen. Wiesbaden: Verlag für Sozialwissenschaften, S. 113-124.

Fröhlich, Romy/Rüdiger; Burkhard (2004): Determinierungsforschung zwischen PR-„Erfolg" und PR-„Einfluss". Zum Potenzial des Framing-Ansatzes für die Untersuchung der Weiterverarbeitung von Polit-PR durch den Journalismus. In: Raupp, Juliana/Klewes, Joachim (Hrsg.): Quo vadis Public Relations? Auf dem Weg zum Kommunikationsmanagement: Bestandsaufnahme und Entwicklungen. Wiesbaden: Verlag für Sozialwissenschaften, S. 125-141.

Gazlig, Thomas 1999: Erfolgreiche Pressemitteilungen. Über den Einfluss von Nachrichtenfaktoren auf die Publikationschancen. In: Publizistik, Jg. 44, S. 185-199.

Grossenbacher, René (1986): Hat die „Vierte Gewalt" ausgedient? Zur Beziehung zwischen Public Relations und Medien. In: Media Perspektiven, Nr. 11, S. 725-731.

Hintermeier, Josef (1982): Public Relations im journalistischen Entscheidungsprozeß. Dargestellt am Beispiel einer Wirtschaftsredaktion. Düsseldorf: Verlag für Deutsche Wirtschaftsbiographien Flieger.

Hoffjann, Olaf (2004): 62 – Die Folgen einer Zahl. Ein systemtheoretischer Blick auf die Beziehungen zwischen PR und Journalismus. In: Raupp, Juliana/Klewes; Joachim (Hrsg.): Quo vadis Public Relations? Auf dem Weg zum Kommunikationsmanagement: Bestandsaufnahme und Entwicklungen. Wiesbaden: Verlag für Sozialwissenschaften, S. 42-51.

Knoche, Manfred/Lindgens, Monika (1988): Selektion, Konsonanz und Wirkungspotential der deutschen Tagespresse. Politikvermittlung am Beispiel der Agentur- und Presseberichterstattung über die Grünen zur Bundestagswahl 1987. In: Media Perspektiven, Nr.8, S. 490-510.

Lang, Hans-Joachim (1980): Parteipressemitteilungen im Kommunikationsfluss politischer Nachrichten. Eine Fallstudie über den Einfluss politischer Werbung auf Nachrichtentexte. Lang: Bern u.a.

Löffelholz, Martin (2000): Ein privilegiertes Verhältnis. Inter-Relationen von Journalismus und Öffentlichkeitsarbeit. In: Löffelholz, Martin (Hrsg.): Theorien des Journalismus. Ein diskursives Handbuch. Wiesbaden: Westdeutscher Verlag, S. 185-208.

Nissen, Peter/Menningen, Walter (1979): Der Einfluss der Gatekeeper auf die Themenstruktur der Öffentlichkeit. In: Langenbucher, Wolfgang R. (Hrsg.): Politik und Kommunikation. Über die öffentliche Meinungsbildung. München, Zürich: Piper, S. 211-231.

Rolke, Lothar (1999): Journalisten und PR-Manager – Eine antagonistische Partnerschaft mit offener Zukunft. In: Rolke, Lothar/Wolff, Volker (Hrsg.): Wie die Medien die Wirklichkeit steuern und selbst gesteuert werden. Opladen, Wiesbaden: Westdeutscher Verlag, S. 223-247.

Rossmann, Torsten (1993): Öffentlichkeitsarbeit und ihr Einfluss auf die Medien. Das Beispiel Greenpeace. In: Media Perspektiven, 31. Jg., S. 85-94.

Ruß-Mohl, Stefan (2004): PR und Journalismus in der Aufmerksamkeits-Ökonomie. In: Raupp, Juliana/Klewes, Joachim (Hrsg.): Quo vadis Public Relations? Auf dem Weg zum Kommunikationsmanagement: Bestandsaufnahme und Entwicklungen. Wiesbaden: Verlag für Sozialwissenschaften, S. 52-65.

Saffarnia, Pierre A. (1993): Determiniert Öffentlichkeitsarbeit tatsächlich den Journalismus? Empirische Belege und theoretische Überlegungen gegen die PR-Determinierungsannahme. In: Publizistik, 38. Jg., S. 412-425.

Salazar-Volkmann, Christian (1994): Marketingstrategien und Mediensystem. Pressearbeit und Medienberichterstattung am Beispiel der Frankfurter Messen. In: Publizistik, 39. Jg., S. 190 - 204.

Schantel, Alexandra (2000): Determination oder Intereffikation? Eine Metaanalyse der Hypothesen zur PR-Journalismus-Beziehung. In: Publizistik, 45. Jg., S. 70-88.

Schweda, Claudia/Opherden, Rainer (1995): Journalismus und PR. Grenzbeziehungen im System lokaler politischer Kommunikation. Wiesbaden: Deutscher Universitätsverlag.

Sigal, Leon V. (1973): Reporters and Officials. Lexington, Mass., u.a.: D.C. Heath.

Szyszka, Peter (1997): Bedarf oder Bedrohung? Zur Frage der Beziehung des Journalismus zur Öffentlichkeitsarbeit. In: Bentele, Günter/Haller, Michael (Hrsg.): Aktuelle Entstehung von Öffentlichkeit. Akteure – Strukturen – Veränderungen. Konstanz: UVK Medien, S. 209-224.

Wehmeier, Stefan (2004): PR und Journalismus. Forschungsperspektiven in den USA. In: Altmeppen, Klaus-Dieter/Röttger, Ulrike/Bentele, Günter (Hrsg.): Schwierige Verhältnisse. Interdependenzen zwischen Journalismus und Öffentlichkeitsarbeit. Wiesbaden: Verlag für Sozialwissenschaften, S. 197-222.

Westerbarkey, Joachim (1995): Journalismus und Öffentlichkeit. Aspekte publizistischer Interdependenz und Interpenetration. In: Publizistik, 40. Jg., S. 152-162.

Intereffikationsmodell

Günter Bentele

1. Zur Entstehung und zum Status des Modells[1]

Das 1997 erstmals vorgestellte Intereffikationsmodell (vgl. Bentele/Liebert/Seeling 1997) ist aus einem empirischen Projekt heraus erwachsen, in dem es explizit um die Arbeit, den Einfluss, die Organisation und das Image von zwei städtischen Abteilungen für kommunale Öffentlichkeitsarbeit sowie um die damit zusammenhängenden Informationsflüsse ging.[2] Das Modell war dabei ein ursprünglich nicht intendiertes, theoretisches Projektergebnis, das in der Untersuchung selbst nicht zur theoretischen oder empirischen (Über-)Prüfung anstand, sondern sich erst in Auseinandersetzung mit der Forschungsfrage entwickelte. Angesichts der Vielschichtigkeit der Beziehungen und Verflechtungen im kommunalen Raum sah sich die Projektgruppe mit der Schwierigkeit konfrontiert, dass vorliegende konzeptionelle Ansätze das Verhältnis zwischen Journalismus und PR wesentlich als einseitige Beeinflussung des Journalismus durch PR konstruieren. Die kommunikationswissenschaftliche Forschungstradition, die sich auf Basis der Arbeiten vor allem von Baerns (1979, ²1991) unter dem Namen ‚Determinierungshypothese' (Saffarnia 1993), ‚Determinierungsthese' (Burkart 1995: 283) oder ‚Determinationshypothese' (Bentele/Liebert/Seeling 1997: 236; Szyszka 1997: 210) entwickelt hat,[3] schien nicht ausreichend komplex, um *wechselseitige* Abhängigkeits- und Gegenseitigkeitsbeziehungen zu durchdringen.

Vor allem drei Aspekte galt es demnach zunächst in einem Modell höherer Komplexität greif- und verortbar zu machen. *Erstens*, dass die Vorstellung, in der Beziehung zwischen Public Relations handele es sich im Wesentlichen um eine

---

[1] Der folgende Text enthält Textpassagen (vor allem in den Abschnitten 3 und 4) aus der ausführlicheren Darstellung in Bentele/Nothhaft (2004). Ich danke Howard Nothhaft ausdrücklich für diese Textarbeit.

[2] 1996 und 1997 wurde in diesem Projekt die kommunale Öffentlichkeitsarbeit der Städte Leipzig und Halle näher untersucht. Dabei wurden umfangreiche Medienresonanzanalysen der Pressearbeit des Referats für Presse- und Öffentlichkeitsarbeit der Stadt Leipzig sowie des Presse- und Werbeamtes Halle durchgeführt. Darüber hinaus wurden die Mitarbeiter der jeweiligen PR-Abteilungen, die innerorganisatorischen Informations- und Kommunikationsquellen für die PR-Kommunikatoren, also vor allem die Dezernenten, sowie die in der Berichterstattung über die beiden Städte involvierten Journalisten befragt. Vgl. den Abschlussbericht Bentele/Liebert/Reinemann (1998).

[3] Barbara Baerns, die diese Forschungstradition in Deutschland wesentlich angestoßen hat, hat selbst nie einen dieser Begriffe für ihre Arbeiten verwandt. Da kein Name für empirische Studien zur Verfügung stand, den Einfluss von PR auf Journalismus zu untersuchen, haben sich im Fach – nicht präzise und eher naturwüchsig – seit Anfang der neunziger Jahre die genannten Begriffe entwickelt, die sich auf Formulierungen von Baerns stützen, dass Öffentlichkeitsarbeit eine Determinante für Journalismus sei. Wir verwenden im Folgenden den Begriff „Determinationsthese", da es sich bei Baerns nicht um eine Hypothese im strengen Sinn, sondern um einen empirisch gestützten Argumentationszusammenhang handelt.

Einfluss- (oder Macht)beziehung dergestalt, dass die PR den Journalismus „determiniere", nicht „falsch", aber zu einfach ist. *Zweitens*, dass es neben Einflüssen, die von Seiten der PR auf den Journalismus wirken, auch *gegenläufige* Einflüsse gibt. *Drittens* schließlich, dass abseits direkter, unmittelbar wirkender Einflüsse zumindest noch eine andere, fundamentale Beziehungsdimension zwischen Journalismus und PR existiert, die der Erforschung bedarf: Diejenige, die wir als *Adaption* bezeichnet haben. In PR-Definitionen und in der Praktikerliteratur wurde schon seit langem darauf hingewiesen, dass Public Relations auch eine Funktion der Anpassung an Organisationsumwelten darstellt (vgl. z.B. Bernays 1952: 3; Oeckl 1976: 52). Das Modell selbst (vgl. Abb. 1) entstand durch Diskussionen in der Projektgruppe, in denen auch die Unterscheidung von drei Ebenen (Akteursebene, organisatorische Ebene, System-Ebene) und die Unterscheidung von drei Dimensionen konsensual festgelegt wurde.

Versteht man *Modelle* auf Basis der allgemeinen Modelltheorie (vgl. Stachowiak 1973: 128ff) als komplexitätsreduzierte, systematische und gleichwohl – gegenüber dem Original – informationsreichere Darstellungen von sozialer Wirklichkeit, die vor allem organisierende, heuristische und teilweise auch prognostische Funktionen haben (vgl. Bentele/Beck 1994; Deutsch 1952), dann lassen diese sich als Teile oder spezifische Darstellungen von Theorien begreifen, die aber in der Regel nicht unmittelbar empirisch überprüfbar sind. Beim Intereffikationsmodell handelt es sich um ein *Modell* im gerade beschriebenen Sinn, nicht um eine Theorie und nicht um einen Hypothesenkatalog (der sich als Theorie interpretieren ließe). Generell ist festzuhalten, dass dieses Modell nicht unmittelbar empirisch überprüfbar ist, ebenso wie es kaum möglich scheint, Kommunikations- oder Massenkommunikationsmodelle wie die von Merten (1977) oder Maletzke (1963) empirisch zu überprüfen. Eine direkte Falsifikationsmöglichkeit von solchen Modellen müsste ja z.B. die Nichtexistenz von Modellelementen oder -dimensionen oder eine falsche Relation zwischen diesen Elementen nachweisen. Allerdings kann man für oder gegen Modelle, für oder gegen deren Sinn oder Nutzen *argumentieren*, dies auch mit empirischen Argumenten.

2. Beschreibung des Intereffikationsmodells

2.1 Grundbegriffe

Das Verhältnis zwischen PR-System und journalistischem System, das ja in den neunziger Jahren und bis heute nicht nur im Praktikerdiskurs mit (meist biologischen) Metaphern wie dem der „Symbiose" (Ruß-Mohl 1994), der „siamesischen Zwillinge" (Bentele 1992) oder dem des Parasitismus (Kocks 2001) bezeichnet wurde, ist kommunikationswissenschaftlich präziser und – bezogen auf die darin enthaltene Machtkonstellation neutraler – als komplexes Verhältnis eines *gegenseitig vorhandenen Einflusses*, einer gegenseitigen *Orientierung* und einer gegenseitigen *Abhängigkeit* zwischen zwei relativ autonomen Systemen zu begreifen. Die Kommunikationsleistungen jeder Seite sind – so das Postulat des Intereffikationsmodells – nur *möglich*, weil die jeweils andere Seite existiert und mehr oder weniger bereitwillig „mitspielt". Der einzelne PR-Praktiker, die PR-Abteilung und das PR-System insgesamt können einen großen Teil ihrer Kommunikationsziele (z.B. Publizität für Themen, Marken, Verbreitung von Images, Einstellungs- oder Verhaltensänderungen beispielsweise durch Kampagnen) nur mit Hilfe von Journalisten, Redaktionen bzw. des gesamten Mediensystems erreichen.[4] Umgekehrt ist die Existenz des journalistischen Systems bzw. des Mediensystems und deren Subsysteme von der Zuliefer- und Kommunikationsbereitschaft des PR-Systems abhängig. Ohne PR-Kommunikationsleistungen könnte das Mediensystem seine verfassungsrechtlich geforderte Informationsfunktion, vermutlich aber auch die anderen Funktionen nicht aufrechterhalten.[5] Weil die Kommunikationsleistungen jeder Seite nur dadurch möglich sind, dass die Leistungen der anderen Seite vorhanden sind, ergibt sich die Feststellung, dass jede Seite so die Leistungen der anderen Seite *ermöglicht*. Dies führt zu dem Begriff *Intereffikation*. Der Begriff ist abgeleitet aus lat. ‚efficare' = etwas ermöglichen.[6]

Mit dem Begriff ‚Intereffikation' wird die komplexe *Gesamtbeziehung* zwischen den publizistischen Teilsystemen Journalismus und Public Relations bezeichnet. Der Begriff kann auch zur Kennzeichnung des Verhältnisses auf der organisatorischen Ebene (z.B. der Abteilung für Presse- und Öffentlichkeitsarbeit einer Kommune und den Redaktionen, die über Angelegenheiten der Kommune berichten) und auf der individuellen Ebene zwischen Journalisten und PR-Praktikern innerhalb einzelner Berichterstattungsbereiche (z.B. Politik, Wirtschaft) dienen. Innerhalb der Intereffikationsbeziehung sind empirisch untersuchbare Grundbeziehungen festzustellen: Generell sind a) kommunikative *Induktionen* und b) *Adaptionen* zu unterscheiden.

Induktionen lassen sich als intendierte, gerichtete Kommunikations*anregungen* oder *-impulse* definieren, die – werden sie wahrgenommen oder aufgenommen – zu *Kommunikationseinflüssen* werden, die wiederum zu beobachtbaren Wirkungen auf der komplementären Seite führen. *Adaptionen* hingegen lassen sich als kommunikatives und organisatorisches *Anpassungshandeln* definieren, als Handeln, das sich bewusst an verschiedenen sozialen Gegebenheiten (z.B. organisatorischen oder zeitlichen Routinen) der jeweils anderen Seite *orientiert*, häufig um den Kommunikationserfolg der eigenen Seite zu optimieren. Gegenseitige Adaption ist die Voraussetzung für gelingende Interaktion. Geschieht sie nicht in ausreichendem Maße, wird die Interaktion behindert oder sogar unmöglich. Sowohl die jeweiligen Induktionsaktivitäten, aber auch die Adaptionen bauen auf *Erwartungen* und *vergangenen Erfahrungen* auf, die sich in der beruflichen Praxis bilden und teilweise – als Regeln – innerhalb der Ausbildung vermittelt werden. PR-Induktionen finden z.B. in Form

---

4 Auf Publika bzw. Stakeholder (z.B. Nachbarschaft, Investoren, eigene Mitarbeiter) ausgerichtete Kommunikationsziele sind natürlich auch unabhängig von Journalisten und Massenmedien erreichbar.

5 Dies hat zu der Auffassung geführt, dass unter demokratietheoretischen Gesichtspunkten Public Relations und Journalismus als gleichermaßen „demokratiekonstitutiv" aufgefasst werden müssen. Vgl. Ronneberger (1977), Bentele (1998).

6 In einer systemtheoretischen Perspektive Luhmannscher Prägung wird in diesem Kontext meist der Begriff „strukturellen Koppelung" verwendet, vgl. z.B. Löffelholz (1997), Hoffjann (2001), Scholl (2004).

von PR-Aktivitäten wie Pressemeldungen, Pressekonferenzen, Geschäftsberichten, etc. statt. Die (von PR-Seite intendierte) Aufnahme eines Themas durch eine Zeitungsnachricht oder einen Bericht wäre – als Resonanz – der Effekt (die Wirkung) einer PR-Induktion, wir sprechen dann von „durch PR induzierter" Berichterstattung. PR-Induktionen werden empirisch z.B. durch Inhaltsanalysen von Pressemitteilungen, oder durch Inhaltsanalysen von deren Resonanzen in der Medienberichterstattung (*Medienresonanzanalysen)* oder durch den Vergleich beider Aktivitäten (Input-Output-Analysen) untersucht.

Zu den Induktionsleistungen des PR-Systems in Richtung auf das journalistische System gehört unter anderem die Themensetzung bzw. die Themengenerierung (Issue-Building, Agenda-Building), die Bestimmung über den Zeitpunkt der Information (Timing), die Bewertung von Sachverhalten, Personen, Ereignissen etc. und die Präsentation der angebotenen Information. Induktionsleistungen des Journalismus werden vor allem in der *Selektion* der Informationsangebote, in der Entscheidung über *Platzierung* und *Gewichtung* der Information, der journalistischen *Eigenbewertung*, in der *Veränderung* (Vervollständigung, Nachrecherche) sowie in der eigenen journalistischen *Informationsgenerierung* (journalistisches Agenda-Setting) sichtbar.

Zu den Adaptionen des PR-Systems gehören Anpassungen an zeitliche, sachliche und soziale *Regeln* oder *Routinen* des Journalismus. Journalistische *Adaptionsprozesse* finden ebenfalls durch die Orientierung an organisatorische, sachlich-thematischen und zeitlichen Vorgaben des PR-Systems statt.

Oberflächlich gesehen sind die Adaptionsleistungen des einen Systems mit den Induktionsleistungen des anderen Systems und vice versa identisch. Bei näherer Betrachtung aber lässt sich feststellen, dass dies nur manchmal der Fall ist. *Auf beiden Seiten* finden Induktionsprozesse und gleichzeitig Adaptionsprozesse statt, die sich wiederum (auf jeder Seite) gegenseitig beeinflussen. Man kann so – zumindest auf einer analytischen Ebene – von einem *doppelten* und gleichzeitig *dualen* Kommunikationssystem sprechen, dessen zwei ‚Pole' nicht nur gegenseitig aufeinander angewiesen sind und ihre Ziele jeweils nur mit Hilfe des anderen erreichen können, sondern die damit tatsächlich in einer *Intereffikationsbeziehung* stehen.

Wichtig ist es, festzustellen, dass mit dem Intereffikationsmodell – obwohl es wegen der graphischen Form so scheinen könnte – kein Gleichgewichts- oder Symmetriemodell beabsichtigt ist: Induktionen und Adaptionen können in verschiedenen Bereichen bzw. Dimensionen durchaus unterschiedlich *stark* und unterschiedlich *intensiv* ausgeprägt sein. Das Modell ist deskriptiv und hat den Sinn, eine theoretisch-systematische Grundlage für empirische Studien bereit zu stellen.[7]

---

7 Ebenfalls ist festzuhalten, dass die *historische* Gültigkeit des Modells relativ ist: Das Modell kann volle Anwendbarkeit nur für entwickelte Industriegesellschaften mit einem demokratischen politischen System inklusive eines relativ autonomen Mediensystem beanspruchen. Schon in obrigkeitsstaatlichen Gesellschaften wie dem Deutschen Kaiserreich oder gar in Gesellschaften autoritär-diktatorischen Typs ist die relative Autonomie des Mediensystems stark eingeschränkt und es findet eine deutlich stärkere thematische Steuerung der Medien von staatlicher Seite aus statt. Vgl. z.B. zum Verhältnis zwischen dem PR-System und den Medien in Ländern wie der VR China Chen/Culbertson (2003).

Dieses doppelt-duale System lässt sich in *drei* unterschiedliche *Dimensionen* ausdifferenzieren: einer *sachlichen,* einer *zeitlichen* und einer *psychisch-sozialen* Dimension. In Anlehnung an analoge Dreiteilungen bei Luhmann (1987) und Rühl (1993) geht das Intereffikationsmodell dabei davon aus, dass sich Induktionen und Adaptionen in einer *sozial-psychischen*, in einer *zeitlichen* und einer *sachlichen* Dimension beobachten lassen.

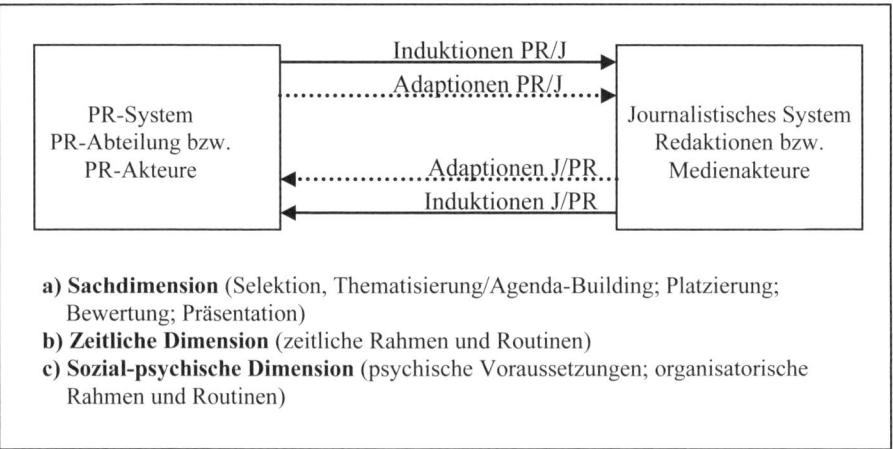

a) **Sachdimension** (Selektion, Thematisierung/Agenda-Building; Platzierung; Bewertung; Präsentation)
b) **Zeitliche Dimension** (zeitliche Rahmen und Routinen)
c) **Sozial-psychische Dimension** (psychische Voraussetzungen; organisatorische Rahmen und Routinen)

Abb. 1: Intereffikationsmodell (nach Bentele/Liebert/Seeling 1997: 242).

2.2 Induktionen und Adaptionen in der Sachdimension

Innerhalb der *Sachdimension* sind vor allem vier Bereiche wichtig: a) die *Themen und deren Selektion*, b) die Festlegung von *Relevanzen*, c) die *Bewertung* von Sachverhalten, Personen und Themen und d) die *Präsentation* der Information.

Die Existenz eigenständiger Thematisierungsleistungen des Journalismus ist unstrittig, die Frage ist nur, in welchen Größenordnungen welches System originär Themen generiert. Durch die bisherigen Forschungsergebnisse im Rahmen der Determinationsthese gestützt, kann zusammenfassend festgestellt werden, dass ein starker und großer thematischer Einfluss von PR-Seite auf die journalistische Berichterstattung, die Medienwirklichkeit besteht. Die Stärke der thematischen Induktionen – dies zeigen diverse Studien – variiert aber von Medium zu Medium, von Ressort zu Ressort, von Situation zu Situation. Die Forschung beginnt erst allmählich, sich mit den relevanten *Einflussvariablen* wie Krisenhaftigkeit, Grad der Personalisierung, Professionalitätsgrad von Pressemitteilungen, unterschiedliche Grade von ‚Macht' von PR-Abteilungen und Journalisten zu beschäftigen (vgl. Barth/Donsbach 1992; Seidenglanz/Bentele 2004; Schlenz 2002).

Obwohl der thematische Einfluss des PR-Systems groß ist, können Themen von diesem nicht ‚beliebig' generiert werden, Themen müssen sich z. B. an die journalistischen *Nachrichtenfaktoren* wie Relevanz, Aktualität, Konflikt, Negativismus, Prominenz, Überraschung etc. anpassen. Nachrichtenfaktoren lassen sich für das

PR-System als relativ stabiler *Orientierungsrahmen*, als Muster von ‚constraints' verstehen, das sich historisch herausgebildet hat, sich aber durchaus kulturell und intermediär differenziert: Boulevardzeitungen arbeiten nach einem anderen ‚Nachrichtenfaktorenmix' als überregionale Qualitätszeitungen. Thematische Adaptionsleistungen des PR-Systems bestehen z.B. darin, dass man Themen verstärkt generiert, die eine höhere Publikationschance im journalistischen System versprechen: Ein Thema „liegt in der Luft", „läuft im Moment gut" etc. Inwieweit das journalistische System die Induktionsangebote akzeptiert, entscheidet es weitgehend autonom.

Auf der Ebene der *Bewertungen* liefert das PR-System Vorgaben. In ‚Normalsituationen' hält sich der Journalismus häufig an diese Vorgaben, schwächt allerdings positive Bewertungen oft ab und bewertet zusätzlich eigenständig (vgl. z.B. Mathes/Salazar-Volkmann/Tscheulin 1995; Salazar-Volkmann 1994). Nicht nur durch die dafür vorgesehenen journalistischen Stilformen wie z. B. den Kommentaren, sondern auch durch andere Formen sowie durch Selektion und Platzierung bestimmter Themen hat aber das journalistische System eigene originäre Möglichkeiten, Bewertungsinduktionen vorzunehmen und damit z.B. Publikumswirkungen zu erzielen. Obwohl auch PR-Texte ihre eigenen Präsentationsformen besitzen, dürften vor allem die im Mediensystem vorhandenen *Präsentations*routinen (z.B. die Nachrichten*form:* Das Wichtigste an den Anfang, Verständlichkeits- und stilistische Kriterien etc.) Einfluss auf die PR haben und sie zur Adaption zwingen.

Während bei der Themengenerierung eher das PR-System zu dominieren scheint, ist bezüglich der Entscheidung über die *Themenrelevanz* häufig das Mediensystem im Vorteil. Natürlich kann sich umgekehrt das PR-System bezüglich seiner Themenauswahl schon von vornherein an journalistische Relevanzkriterien anpassen und wird dies in der Regel auch tun.

2.3 Induktionen und Adaptionen in der zeitlichen Dimension

Oberflächlich betrachtet bestimmt das journalistische System durch seine ihm eigene Aktualitätslogik den Zeitpunkt, zu dem Themen aktuell sind. In der Tat werden auch Themen, die keinen Neuigkeitswert versprechen, oftmals vom Journalismus gar nicht aufgenommen oder von vornherein ausgesondert. Bei näherer Betrachtung ist es aber insgesamt eher das PR-System, das „das Timing" der meisten Themen „unter Kontrolle" hat (vgl. z.B. Baerns 1991; Grossenbacher 1989). In dem Maß, in dem Themen (z.B. auf Pressekonferenzen) vom journalistischen System aufgegriffen werden, wird sozusagen unhinterfragt auch die Aktualität dieser Themen akzeptiert. Die zeitliche Induktionsleistung des PR-Systems besteht vor allem in der Möglichkeit der *Definition des Aktualitätszeitpunkts* von Themen. Gleichzeitig passt sich der Journalismus dieser PR-Induktion – in der Regel – an. Die Regel ist aber abhängig von der sozialen Situation (z.B. ‚Normalsituation' oder Krise), in der die Kommunikation stattfindet. Wie die Studie von Barth/Donsbach (1992) gezeigt hat und die Erfahrungen in Krisenfällen oftmals zeigen, kann den Organisationen in solchen Situationen die „normale" Möglichkeit, Aktualitätszeitpunkte zu bestimmen, entgleiten und auf das Mediensystem übergehen. Weitere zeitliche Induktionsleistungen der PR-Seite bestehen in der Möglichkeit, Kampagnen zeitlich zu strukturieren, den Zeitpunkt von Pressekonferenzen, Events, Jahresberichten, etc. festzulegen.

Die zeitlichen Induktionsleistungen des Journalismus liegen in deren ‚Medienlogik' begründet: der *Periodizität* der Medien, den *zeitlichen Routinen* des Mediensystems, etc. Hieran muss sich PR-Kommunikation zeitlich anpassen, will sie erfolgreich sein. Der Zeitpunkt und die Dauer von Pressekonferenzen beispielsweise müssen sich an Redaktionsschlüssen oder Erscheinungsterminen orientieren. ‚Aktualität' als journalistischer Nachrichten- und Qualitätsfaktor stellt also gleichzeitig eine journalistische Induktionsleistung und eine Adaptionsvorgabe für das PR-System dar. Soll ein Thema PR-seitig kommuniziert werden, das dieses journalistische Kriterium nicht von sich aus erfüllt, wird es häufig z.B. dadurch zeitlich adaptiert, dass ein ‚Aufhänger' gesucht wird. Auch die erwartbare oder tatsächliche zeitliche *Dauer eines Themas* kann in diesem Kontext genannt werden.

Die zeitlichen PR-Adaptionsleistungen sind in diesem Fall weitgehend identisch mit den journalistischen Induktionsleistungen: Der Beginn oder das Ende des journalistischen Arbeitstages, der Redaktionsschluss oder die Periodizität des jeweiligen Mediums, etc. Soweit Themen von journalistischer Seite generiert werden, ist es für diese Medien in der Regel auch möglich, den Publikationszeitpunkt zu bestimmen. Dass hier ‚Leitmedien' wie der Spiegel, die FAZ oder die Süddeutsche Zeitung größere Möglichkeiten besitzen, ist einsichtig. Auch die ‚Macht', ein bestimmtes Thema gar nicht oder nicht auf einmal, sondern ‚häppchenweise' zu publizieren (auch wenn zu einem frühen Zeitpunkt die gesamte Information zum Thema vorhanden ist) und damit beispielsweise eine stärkere und länger anhaltende Wirkung beim Publikum zu erzielen, gehört zu den Induktionsmöglichkeiten des journalistischen Systems in zeitlicher Hinsicht. Wohl die meisten der zeitlichen Induktionsleistungen sind organisatorische Routinen *bzw. Arbeitsroutinen*, die meisten der zeitlichen Adaptionsleistungen Anpassungen an bzw. Reaktionen auf diese.

2.4 Induktionen und Adaptionen in der psychisch-sozialen Dimension

Innerhalb der *psychisch-sozialen Dimension* sind unter anderem die persönlichen und organisatorischen sozialen Beziehungen zwischen PR- und Medienkommunikatoren zu nennen. Die Organisationsstrukturen beispielsweise einer Kommune oder eines großen Unternehmens beeinflussen auch die Kommunikation der jeweiligen Organisation nicht nur im Inneren, sondern auch nach außen. Bis zu einem gewissen Grad muss sich das Mediensystem an diese Strukturen anpassen: Journalisten können z.B. den Oberbürgermeister einer Stadt oder den Vorstandsvorsitzenden eines Unternehmens nur dann sprechen, wenn die Organisation es zulässt; die internen, organisatorischen Entscheidungsstrukturen sind für das Mediensystem weitgehend vorgegeben. Umgekehrt sind die Strukturen des Mediensystems insgesamt, ist aber auch die soziale Organisation der Redaktion ein wichtiger Einflussfaktor, den das PR-System im Rahmen seiner Adaptionsleistungen in Rechnung stellen muss. Durch Redaktionsbesuche von PR-Praktikern oder durch spezifische Ansprache bestimmter

Personen mit bestimmten Themen werden PR-Anpassungen an soziale Routinen des Journalismus vollzogen.

Da soziale Systeme – zumindest in der Perspektive kombinierter handlungs- und systemtheoretischer Ansätze – von den Handlungen personaler Akteure mit konstituiert werden, kommt hier auch die psychische Dimension mit ins Spiel. Die Verfügbarkeit von *Ressourcen* innerhalb der organisatorischen Rahmen sowohl auf PR-Seite, wie auf journalistischer Seite, z.B. Anzahl, Verfügbarkeit, Redaktions- bzw. Abteilungsgröße, die Stellung innerhalb der Organisation oder die persönlichen Beziehungen zwischen journalistischen und PR-Kommunikatoren sind weitere Faktoren der Sozialdimension.

3. Rezeption, Kritik, empirische Konkretisierung, theoretische Weiterentwicklung und Desiderate

Gut sechs Jahre nach der Veröffentlichung kann insgesamt bilanziert werden, dass das Intereffikationsmodell in der deutschsprachigen Kommunikationswissenschaft aufgegriffen worden ist. In der neueren kommunikationswissenschaftlichen Einführungs- und Überblicksliteratur wird es erwähnt und teilweise ausführlich dargestellt (vgl. z.B. Bentele 2003: 65ff; Burkart 2002: 299ff; Kunczik 2002: 358f; Kunczik/Zipfel 2001: 196f; Merten 2000: 269ff; Merten 1999: 268f; Pürer 2003: 137f; Röttger 2001: 304ff; Schulz 2002: 532). In mehreren Arbeiten ist es beschrieben worden, wurde teilweise auch kritisch diskutiert und als Basis für weiterführende Überlegungen benutzt (vgl. z.B. Dernbach 1998; Schantel 2000; Weber 1999: 269f; Wolff 2002). Im Februar 2002 fand in Leipzig eine wissenschaftliche Fachgruppentagung der Deutschen Gesellschaft für Publizistik- und Kommunikationswissenschaft (DGPuK) statt, die sich des Themas Beziehungen zwischen Journalismus und Public Relations angenommen hatte. Der Tagungsband (vgl. Altmeppen/Röttger/Bentele 2004) enthält mehrere Beiträge, die sich konstruktiv und weiterführend mit dem Intereffikationsmodell beschäftigen.

Die *kritische Diskussion* stützt sich auf einige eher schwache und einige eher ernst zu nehmende Argumente. Das sprachkritische Argument von Ruß-Mohl (1999: 169), der sich am Begriff selbst stößt und das Argument, dass dieses Modell die Machtdimension zwischen den „Partnern", die häufig auch Kontrahenten sind, nicht abbilde, lässt sich leicht entkräften. Es wurde bewusst diese Neuschöpfung gewählt, um nicht weiter biologische Metaphern (wie Symbiose, etc.) benutzen zu müssen und Machtbeziehungen sind jederzeit mit und auf Basis dieses Modells untersuchbar, wie z.B. die Arbeit von Schlenz (2002) zeigt. Ernster zu nehmen ist die Kritik von Schantel (2000: 78ff), die das Intereffikationsmodell zwar als „elaborierteste Gegenposition zur Determinationshypothese" sieht (ebd.: 86), aber Probleme auf der Systemebene sieht. Dem ist insofern zuzustimmen, als ein ausgearbeiteter theoretischer *Anschluss* an gesellschaftstheoretische Modelle bislang explizit nicht vorliegt. Allerdings wird hier der Anspruch erhoben, dies in naher Zukunft leisten zu können. Das Intereffikationsmodell wurde mehrfach mit Gewinn für empirisch-kommunikationswissenschaftliche Studien als begriffliche und theoretische Grundlage benutzt.

Die Arbeit von Annette Rinck (2001) hat an einem Fallbeispiel der BMW-PR zum Thema ‚Mobilität' gezeigt, dass die durch eine Input-Output-Analyse untersuchten Einflüsse von der PR-Seite auf die journalistische Seite, aber auch andere Einflussbeziehungen das Intereffikationsmodell bestätigen, und dass sich dieses Modell recht gut als Basismodell für konkrete empirische Studien eignet. Donsbach/Wenzel (2002) haben das Intereffikationsmodell benutzt, um Aktivität und Passivität von Journalisten gegenüber parlamentarischer Pressearbeit zu untersuchen. Schlenz (2002) hat das Intereffikationsmodell als Ausgangsmodell benutzt, um am Beispiel der Berichterstattung über die Formel 1 die *Machtbeziehungen* und die gegenseitigen *Adaptionsbeziehungen* zwischen den Media Relations-Abteilungen der Formel 1-Teams und von Sportjournalisten, die über die Formel 1 berichten, anhand von Leitfadeninterviews mit diesen Akteuren zu untersuchen. Die Studie zeigt, dass je mehr Macht das Media-Relations-System (und dessen Akteure) in der Formel 1 hat, es desto geringere Adaptionsleistungen gegenüber dem journalistischen System in der Formel 1 erbringen muss. Und je mehr Macht das journalistische System in der Formel 1 hat, es desto weniger Adaptionsleistungen gegenüber dem Media-Relations-System erbringen muss. Darüber hinaus zeigte sich an diesem Beispiel, dass das jeweils andere System auch bereit ist, größere Anpassungsleistungen zu akzeptieren, wenn das Komplementärsystem „mächtiger" ist (z.B. sind Journalisten bei den führenden – und damit auch mächtigen – Teams und Akteuren bereit, länger auf Interviewtermine zu warten) (vgl. Schlenz 2002: 183).

Seidenglanz (2002) hat in einer Leipziger Magisterarbeit *Einflussvariablen* innerhalb des Intereffikationsprozesses, insbesondere auf Induktionsprozesse (anhand von einer Input-Output-Analyse zur sächsischen Parlamentsberichterstattung) untersucht. Als wichtige Variable konnte Krisenhaftigkeit ausgemacht und deutliche Effekte nachgewiesen werden: Pressemitteilungen (PM), die sich mit Krisenthemen befassten, kamen auf eine deutlich höhere Übernahme- und Verwendungsquote als Pressemitteilungen zu anderen Themen. 75 Prozent der Krisen-PM gingen in die Berichterstattung ein, jede von ihnen wurde 2,9-mal verwendet. Hingegen wurden nur 21 Prozent der sonstigen Texte – jeweils 1,4-mal – aufgegriffen. Krisen-PM der Opposition fanden weit häufiger Eingang in die journalistische Berichterstattung als PM der Regierungsfraktion (vgl. Seidenglanz/Bentele 2004).

Das Intereffikationsmodell ist auch in mehreren Leipziger Magisterabschlussarbeiten[8] als *theoretische Basis* benutzt worden und es sind an verschiedenen Wirklichkeitsbereichen a) weitere empirische Belege für die Existenz *starker PR-Induktionen* gefunden worden, b) vereinzelt sind auch Adaptionsbeziehungen untersucht worden und c) ist die Begrifflichkeit des Modells selbst weiter ausdifferenziert worden, ohne das Modell selbst in Frage zu stellen.

---

8   Vgl. die Arbeiten von Schmidtke (2002), Schmidt-Heinrich (2002), Lausch (2001), Rehhan (2001) und Röwer (2002). Alle Arbeiten wurden als Input-Output-Analysen mit demselben Design angelegt. Ausführlicher und systematisch werden die Ergebnisse dieser Arbeiten in Bentele/Nothhaft (2004) dargestellt.

Folgende Hauptergebnisse dieser Arbeiten können festgehalten werden:

1. Im Rahmen der Arbeiten wurden einige begriffliche Differenzierungen vorgenommen, die mittlerweile weiterentwickelt und systematisch dargestellt wurden (vgl. Bentele/Nothhaft 2004). So unterscheiden wir nunmehr systematisch folgende Induktions*typen*: *Themeninduktion* als basale Ausprägung, die auf eine Quellen-/PR-Inititative oder eine Redaktionsinitiative zurückgehen kann, eine *Initiativ- (oder Anlass-)induktion*, d.h. z.B. eine PR-Information z.B. über eine kulturelle Veranstaltung, über die der Journalist dann eigenständig berichtet, ohne irgendwelche Textteile zu übernehmen), *Textinduktion* als – graduelle – Beeinflussung durch bzw. Übernahme von Kernbotschaften, Zitaten, Zahlen, Grafiken/Bildern und die *Tendenzinduktion* als – ebenfalls graduelle – Übernahme von Bewertungen von (häufig ambivalenten) Sachverhalten. Initiativinduktionen bilden eine Teilmenge der Themeninduktionen, Textinduktionen ebenfalls. Eine Teilmenge der Textinduktionen wiederum stellen die Tendenzinduktionen dar.

2. Die *Induktionsquote* hat sich, was die *Themeninduktion* anbelangt, in allen empirisch untersuchten Bereichen als *hoch* herausgestellt. Angesichts der Ergebnisse lässt sich sagen, dass in der Berichterstattung über bestimmte Organisationen (z.B. MDR, EXPO 2000) oder Themenkomplexe die *Themeninitiative* in der Mehrzahl der Fälle auf Seiten der PR liegt. In durchschnittlich zwei Dritteln der Fälle sind die untersuchten journalistischen Beiträge thematisch auf Öffentlichkeitsarbeit insgesamt zurückzuführen, in ungefähr einem Drittel auf Pressemitteilungen. Eine wichtige Erkenntnis bisheriger empirischer Studien im Gefolge der Arbeiten von Baerns konnte damit bestätigt werden: ein *starker PR-Einfluss*.

    Es wurden auch deutliche Indikatoren für eine *Unterschätzung* der PR-Themeninduktion durch Journalisten, gleichzeitig eine *Überschätzung* ihrer eigenen journalistischen Aktivität gefunden: Trotz der in der ursprünglichen Studie (vgl. Bentele/Liebert/Reinemann 1998) inhaltsanalytisch nachgewiesenen hohen Induktionsquoten waren alle 34 der befragten Lokaljournalisten in Halle und Leipzig der Meinung, dass im Bereich kommunale Administration/Politik der Einfluss der *Journalisten* auf die Themensetzung (also auf die Frage, welches Thema aufgegriffen werde) *größer* sei als der respektive Einfluss der Verwaltung. Interessant ist in diesem Zusammenhang ferner, dass der nachweisbar große Einfluss der PR auf journalistische Produkte zumindest auf formaler Ebene nur unzureichend offen gelegt wird. Quellenangaben, die Medienbeiträge als auf PR-Material basierend kennzeichnen, sind äußerst selten – bei 489 möglichen Fällen zählten die Leipziger Untersuchungen lediglich acht –, gewöhnlich greift die von Rolke formulierte, ungeschriebene Regel, „[...] dass PR-Beiträge dann Journalistenbeiträge geworden sind, wenn sie gedruckt oder gesendet wurden..." (Rolke 1998: 69).

3. Was andere Induktionstypen anbelangt, *variiert das Bild von Kommunikationsfeld zu Kommunikationsfeld und von Thema zu Thema.* Mit Blick auf *Textinduktion* und *Kernbotschaften* lässt sich festhalten: *Wenn* Redakteure eine Pressemitteilung *verwenden*, übernehmen sie beinahe immer auch zumindest eine Kernbotschaft. Bloße *Initiativinduktion* – also der Fall, dass eine Pressemitteilung lediglich das journalistische Interesse auf ein Thema lenkt, ohne die Re-

cherche formulierungstechnisch zu beeinflussen – ist vergleichsweise selten und vermutlich auf bestimmte Ereigniskonstellationen (viele Veranstaltungen, Mega-Events wie Weltausstellungen, Olympiaden, etc.) bezogen (vgl. Lausch 2001). Solche Fälle dürften sich dort häufen, wo der Berichterstattungsgegenstand öffentlich zugänglich ist und journalistische Korrespondenten vor Ort arbeiten. Gleichzeitig zeigt die Zwischenbestandsaufnahme zum Intereffikationsmodell (Bentele/Nothhaft 2004), dass neben der theoretisch-begrifflichen Ausdifferenzierung und den empirischen Konkretisierungen eine Reihe von *Desideraten* auszumachen sind, die sich einerseits aus Forschungslücken, andererseits aus einem Bedarf an weiterer Ausarbeitung der Modellierung ergeben.

Zunächst könnte eine weitere *Differenzierung der Terminologie* durch Unterscheidung weiterer *nachweisbarer* Induktionstypen, insbesondere in der zeitlichen und sozial-psychischen Dimension, angestrebt werden. Sinnvoll wäre z.B. eine anspruchsvolle Operationalisierung des Begriffs *Induktionsstärke*, einen Ansatz legt z.B. Röwer (2002: 121ff) vor. Vermehrt sollten formale Spezifika der Medienbeiträge (z.B. Artikelgröße in cm^2, Platzierung, Prominenz, etc.) in die Analyse einbezogen werden. Explorative Untersuchungen, die der Autor im Rahmen kommunikationswissenschaftlicher Seminare in Leipzig und Zürich mit Studenten durchgeführt hat, legen hier eindeutige und stabile Zusammenhänge nahe, z.B. zwischen *Induktionsstärke* und *Artikelgröße:* Kleinere Artikel basieren deutlich häufiger auf Presseinformationen als größere Artikel, die in der Regel stärker eigenrecherchiert sind.

Ein wichtiges Desiderat ist die Untersuchung von *Variablen*, die das Verhältnis von Public Relations und Journalismus beeinflussen. Auch der Prozess der *PR-Adaption* an journalistische Zwänge und Bedürfnisse ist noch nicht ausreichend untersucht. Die Anregung des Intereffikationsmodells, solche Adaptionsprozesse auch empirisch zu untersuchen, ist bislang nur selten aufgegriffen worden (vgl. z.B. Parthey 1999; Seidenglanz 2002; Schlenz 2002).

Das Intereffikationsmodell modelliert ausschließlich *kommunikative Beziehungen*. Andere Dimensionen wurden bewusst außen vor gelassen. Nun ist aber evident, dass z.B. *Macht*beziehungen oder die *ökonomische Dimension* ebenfalls das Verhältnis zwischen Journalismus und PR tangieren. Beispielsweise existieren ‚Koppelgeschäfte' dergestalt, dass journalistische Redaktionen sich bei entsprechenden Buchungen von Werbeanzeigen oder -zeit bereit erklären oder auch angewiesen werden, redaktionell freundliche bzw. passende Beiträge zu produzieren. Auch dies verweist auf den Sinn, den eine Einbettung des Intereffikationsmodells in gesellschaftstheoretische Modelle machen würde. In theoretischer Hinsicht bietet es sich schließlich an, das Intereffikationsmodell nicht nur synchron, sondern auch *diachron*, d.h. historisch zu interpretieren. Der Intereffikationsansatz liefert auch ein Rahmenkonzept, um die Entstehung und Veränderung professioneller Regeln und Routinen in Journalismus und PR als Ergebnis eines ständigen, durchaus antagonistischen und nicht notwendigerweise symmetrischen Ringens zu verstehen, bei dem bewusst oder unbewusst ‚Regelverletzungen' eingesetzt werden, um Induktionserfolge zu vergrößern, Adaptionsspielräume auszuweiten, etc.

Insgesamt gesehen hat sich offenbar das Intereffikationsmodell bewährt, es wird von der Kommunikationswissenschaft als ein sinnvoller Ansatz, als ein geeignetes

Modell wahrgenommen, das Verhältnis von Journalismus und Öffentlichkeitsarbeit zu rekonstruieren. Es ist offenbar auch in der Lage, empirische Forschung auf ein solides theoretisch-konzeptionelles Fundament zu stellen und weitere empirische Forschung zu stimulieren. Bislang wurden allerdings hauptsächlich PR-*Induktionen* sowie, in geringerem Maße PR-*Adaptionen* untersucht. *Journalistische* Induktionsleistungen, die sich ja z.b. als Selektions- und Transformationsleistungen, aber auch in beobachtbaren Veränderungen organisatorischen Handelns niederschlagen, wurden bislang kaum, journalistische *Adaptionen* an Vorgaben und Zwänge der Öffentlichkeitsarbeit unseres Wissens bislang gar nicht untersucht. Als Desiderat sehen wir anspruchsvolle empirische Designs, welche das Intereffikationsmodell nicht nur in ausgewählten Aspekten, sondern in der *Gesamtheit* der doppelt-dualen Struktur ausschöpfen. Dazu bedarf es allerdings theoretischer wie empirischer Anstrengungen, die sich interdisziplinär – über disziplinäre Barrieren der Journalistik und PR-Wissenschaft, der Organisations- und Betriebswirtschaftslehre hinaus – nicht nur mit *Strukturen*, sondern auch mit der *Genese* öffentlicher Kommunikation beschäftigt.

Literatur

Altmeppen, Klaus-Dieter/Röttger, Ulrike/Bentele, Günter (Hrsg.) (2004): Schwierige Verhältnisse. Interdependenzen zwischen Journalismus und PR. Wiesbaden: Verlag für Sozialwissenschaften.
Baerns, Barbara (1979): Öffentlichkeitsarbeit als Determinante journalistischer Informationsleistungen. Thesen zur Beschreibung von Medieninhalten. In: Publizistik, 24. Jg., Nr. 3, S. 301-316.
Baerns, Barbara [2](1991): Öffentlichkeitsarbeit oder Journalismus? Zum Einfluss im Mediensystem. Köln: Wissenschaft und Politik.
Barth, Henrike/Donsbach, Wolfgang (1992): Aktivität und Passivität von Journalisten gegenüber Public Relations. Fallstudie am Beispiel von Pressekonferenzen zu Umweltthemen. In: Publizistik, 37. Jg., Nr. 2, S. 151-165.
Bentele, Günter (1992): Journalismus und PR. Kontaktpflege. In: Der Journalist, Nr. 7, S. 11-14.
Bentele, Günter (1998): Politische Öffentlichkeitsarbeit. In: Sarcinelli, Ulrich (Hrsg.): Politikvermittlung und Demokratie in der Mediengesellschaft. Beiträge zur politischen Kommunikationskultur. Wiesbaden: Westdeutscher Verlag, S. 124-145.
Bentele, Günter (1999): Parasitentum oder Symbiose? Das Intereffikationsmodell in der Diskussion. In: Rolke, Lothar/Wolff, Volker (Hrsg.): Wie die Medien Wirklichkeit steuern und selber gesteuert werden. Opladen: Westdeutscher Verlag, S. 177-193.
Bentele, Günter (2003): Kommunikatorforschung: Public Relations. In: Bentele, Günter/Brosius, Hans-Bernd/Jarren, Otfried (Hrsg.): Öffentliche Kommunikation. Handbuch Kommunikations- und Medienwissenschaft. Wiesbaden: Westdeutscher Verlag, S. 54-78.
Bentele, Günter/Beck, Klaus (1994): Information – Kommunikation – Massenkommunikation: Grundbegriffe und Modelle der Publizistik- und Kommunikationswissenschaft. In: Jarren, Otfried (Hrsg.): Medien und Journalismus. Eine Einführung. Bd. 1. Opladen: Westdeutscher Verlag, S. 15-50.
Bentele, Günter/Liebert, Tobias/Reinemann, Carsten (1998): PR der kommunalen Verwaltung. Die Presse- und Öffentlichkeitsarbeit der Stadtverwaltung Leipzig. Abschlussbericht des Projektes 'Bestandsaufnahme, Informationsfluss und Resonanz kommunaler Presse- und Öffentlichkeitsarbeit in Leipzig'. Leipzig: Universität Leipzig, (unveröffentl. Forschungsbericht) (2 Bände).
Bentele, Günter/Liebert, Tobias/Seeling, Stefan (1997): Von der Determination zur Intereffikation. Ein integriertes Modell zum Verhältnis von Public Relations und Journalismus. In: Bentele, Günter/Haller, Michael (Hrsg.): Aktuelle Entstehung von Öffentlichkeit. Akteure, Strukturen, Veränderungen. Konstanz: UVK, S. 225-250.
Bentele, Günter/Nothhaft, Howard (2004): Das Intereffikationsmodell. Theoretische Weiterentwicklung, empirische Konkretisierung und Desiderate. In: Altmeppen, Klaus-Dieter/Röttger, Ulrike/Bentele, Günter (Hrsg.): S. 67-104.

Bernays, Edward L. (1952): Public Relations. Norman: Oklahoma University Press.
Burkart, Roland ²(1995): Kommunikationswissenschaft. Grundlagen und Problemfelder. Umrisse einer interdisziplinären Sozialwissenschaft. Wien, Köln, Weimar: Böhlau.
Burkart, Roland ⁴(2002): Kommunikationswissenschaft. Grundlagen und Problemfelder. Umrisse einer interdisziplinären Sozialwissenschaft. Wien, Köln, Weimar: Böhlau.
Chen, Ni/Culbertson, Hugh (2003): Public Relations in Mainland China: An Adoleszent With Growing Pains. In: Krishnamurthy, Sriramesh/Dejan, Vercic (Eds.): The Global Public Relations Handbook. Mahwah, N.J, London: Erlbaum, S. 23-45.
Dernbach, Beatrice (1998): Von der Determination zur Intereffikation. Das Verhältnis von Journalismus und PR. In: Public Relations Forum, Nr. 2, S. 62-65.
Deutsch, Karl W. (1952): On Communication Models in the Social Sciences. In: Public Opinion Quarterly, Nr. 16, S. 357-380.
Donsbach, Wolfgang/Wenzel, Arnd (2002): Aktivität und Passivität von Journalisten gegenüber parlamentarischer Pressearbeit. In: Publizistik, 47. Jg., Heft 4, S. 373-387.
Grossenbacher, René ²(1989): Die Medienmacher. Eine empirische Untersuchung zur Beziehung zwischen Public Relations und Medien in der Schweiz. Solothurn: Vogt-Schild.
Hoffjann, Olaf (2001): Journalismus und Public Relations. Ein Theorieentwurf der Intersystembeziehungen in sozialen Konflikten. Wiesbaden: Westdeutscher Verlag.
Kocks, Klaus (2001): Glanz und Elend der PR. Zur praktischen Philosophie der Öffentlichkeitsarbeit. Wiesbaden: Westdeutscher Verlag.
Kunczik, Michael ⁴(2002): Public Relations. Konzepte und Theorien. Köln, Weimar, Wien: Böhlau.
Kunczik, Michael/Zipfel, Astrid (2001): Publizistik. Ein Studienhandbuch. Köln, Weimar, Wien: Böhlau.
Lausch, Katja (2001): Intereffikationsbeziehungen zwischen PR und Journalismus. Eine Studie über die PR-Einflüsse auf die journalistische Berichterstattung über Mega-Events am Beispiel der EXPO 2000. Leipzig: Universität Leipzig (unveröffentl. Magisterarbeit).
Löffelholz, Martin (1997): Dimensionen struktureller Kopplung von Öffentlichkeitsarbeit und Journalismus. Überlegungen zur Theorie selbstreferentieller Systeme und Ergebnisse einer repräsentativen Studie. In: Bentele, Günter/Haller, Michael (Hrsg.): Aktuelle Entstehung von Öffentlichkeit. Akteure, Strukturen, Veränderungen. Konstanz: UVK, S. 187-208.
Luhmann, Niklas (1987): Soziale Systeme. Grundriss einer allgemeinen Theorie. Frankfurt a.M.: Suhrkamp.
Maletzke, Gerhard (1963): Psychologie der Massenkommunikation. Hamburg: Hans-Bredow-Institut.
Mathes, Rainer/Salazar-Volkmann, Christian/Tscheulin, Jochen (1995): Medien-Monitoring – Ein Baustein der Public Relations-Erfolgskontrolle. Untersuchungen am Beispiel Messe und Medien. In: Baerns, Barbara (Hrsg.): PR-Erfolgskontrolle. Messen und Bewerten in der Öffentlichkeitsarbeit. Verfahren, Strategien, Beispiele. Frankfurt a.M.: IMK, S. 147-172.
Merten, Klaus (1977): Kommunikation. Eine Begriffs- und Prozessanalyse. Opladen: Westdeutscher Verlag.
Merten, Klaus (1999): Einführung in die Kommunikationswissenschaft. Bd. 1: Grundlagen der Kommunikationswissenschaft. Münster, Hamburg, London: Lit.
Merten, Klaus (Hrsg.) (2000): Das Handwörterbuch der PR. (2 Bände). Frankfurt a.M.: F.A.Z.-Institut.
Oeckl, Albert (1976): PR-Praxis. Der Schlüssel zur Öffentlichkeitsarbeit. Düsseldorf, Wien: Econ.
Parthey, Kathleen (1999): Das Pressefoto als adaptierte journalistische Arbeitsform der PR. (2 Bände). Leipzig: Universität Leipzig (unveröffentl. Magisterarbeit).
Pürer, Heinz (2003): Publizistik- und Kommunikationswissenschaft: Ein Handbuch. Konstanz: UVK.
Rehhahn, Kerstin (2001): Interdependenzen zwischen Sportjournalismus und Sport-PR. Eine Input-Output-Analyse zum Einfluss von Presseinformationen auf die lokale Sportberichterstattung und eine Befragung zur Presse- und Öffentlichkeitsarbeit von Leipziger Sportvereinen und -verbänden. Leipzig: Universität Leipzig (unveröffentl. Magisterarbeit).
Rinck, Annette (2001): Interdependenzen zwischen PR und Journalismus. Eine empirische Untersuchung der PR-Wirkungen am Beispiel einer dialogorientierten PR-Strategie von BMW. Wiesbaden: Westdeutscher Verlag.
Rolke, Lothar (1998): Journalismus und PR-Manager. Unentbehrliche Partner wider Willen. In: Public Relations Forum, Nr. 2, S. 66-76.
Ronneberger, Franz (1977): Legitimation durch Information. Ein kommunikationstheoretischer Ansatz zur Theorie der PR. Wien, Düsseldorf: Econ.

Röttger, Ulrike (2001): Public Relations. In: Jarren, Otfried/Bonfadelli, Heinz (Hrsg.): Einführung in die Publizistikwissenschaft. Bern, Stuttgart, Wien: Haupt, S. 285-307.

Röwer, Katja (2002): Das Verhältnis zwischen Journalismus und Presse- und Öffentlichkeitsarbeit. Eine Input-Output-Analyse am Beispiel der ImmobilienMesse der Leipziger Messe GmbH vor dem Hintergrund des Intereffikationsmodells. Leipzig: Universität Leipzig (unveröffentl. Magisterarbeit).

Rühl, Manfred (1993): Zur Technisierung freiheitlicher Publizistik – jenseits von Neuen Medien und Neuer Technik. In: Bungard, Walter/Lenk, Hans (Hrsg.): Technikbewertung. Philosophische und psychologische Perspektiven. Frankfurt a.M.: Suhrkamp, S. 343-377.

Ruß-Mohl, Stephan (1994): Symbiose oder Konflikt? Öffentlichkeitsarbeit und Journalismus. In: Jarren, Otfried (Hrsg.): Medien und Journalismus 1. Eine Einführung. Opladen: Westdeutscher Verlag, S. 313-327.

Ruß-Mohl, Stephan (1999): Spoonfeeding, Spinning, Whistleblowing. Beispiel: USA. Wie sich die Machtbalance zwischen PR und Journalismus verschiebt. In: Rolke, Lothar/Wolff, Volker (Hrsg.): Wie die Medien die Wirklichkeit steuern und selber gesteuert werden. Wiesbaden: Westdeutscher Verlag, S. 163-176.

Saffarnia, Pierre A. (1993): Determiniert Öffentlichkeitsarbeit tatsächlich den Journalismus? Empirische Belege und theoretische Überlegungen gegen die PR-Determinierungsannahme. In: Publizistik, 38. Jg., Nr. 3, S. 412-425.

Salazar-Volkmann, Christian (1994): Marketingstrategien und Mediensystem. Pressearbeit und Messeberichterstattung am Beispiel der Frankfurter Messen. In: Publizistik, 39. Jg., Nr. 2, S. 190-204.

Schantel, Alexandra (2000): Determination oder Intereffikation? Eine Metaanalyse der Hypothesen zur PR-Journalismus-Beziehung. In: Publizistik, 45. Jg., Nr. 1, S. 70-88.

Schlenz, Julia (2002): Der Einfluss von Macht auf den Grad der Adaptionsleistung der Systeme Public Relations und Journalismus. Ein Modifikationsvorschlag des Intereffikationsmodells am Beispiel der Formel 1. Wien: Universität Wien (unveröffentl. Diplomarbeit, Betreuer: Roland Burkart).

Schmidt-Heinrich, Christina (2002): Das Verhältnis von Journalismus und PR im Bereich Rundfunk. Eine Analyse am Beispiel von JUMP (MDR). Leipzig: Universität Leipzig (unveröffentl. Magisterarbeit).

Schmidtke, Reimar (2002): Die Interdependenzen zwischen PR und Journalismus. Eine kombinierte Medienresonanz-, Input-Output-Analyse am Beispiel des Mitteldeutschen Rundfunks. (2 Bände). Leipzig: Universität Leipzig (unveröffentl. Magisterarbeit)

Scholl, Armin (2004): Steuerung oder strukturelle Kopplung? Kritik und Erneuerung theoretischer Ansätze und empirischer Operationalisierungen. In: Altmeppen, Klaus-Dieter/Röttger, Ulrike/Bentele, Günter (Hrsg.): Schwierige Verhältnisse. Interdependenzen zwischen Journalismus und PR. Wiesbaden: Verlag für Sozialwissenschaften, S. 37-51.

Schulz, Winfried (2002): Public Relations/Öffentlichkeitsarbeit. In: Noelle-Neumann, Elisabeth/Schulz, Winfried/Wilke, Jürgen (Hrsg.): Fischer Lexikon Publizistik Massenkommunikation. Frankfurt a.M.: Fischer, S. 517-545.

Seidenglanz, René A. (2002): Das Verhältnis von Öffentlichkeitsarbeit und Journalismus im Kontext von Variablen. Leipzig: Universität Leipzig (unveröffentl. Magisterarbeit).

Seidenglanz, René/Bentele, Günter (2004): Das Verhältnis von Öffentlichkeitsarbeit und Journalismus im Kontext von Variablen. Modellentwicklung auf Basis des Intereffikationsansatzes und empirische Studie im Bereich der sächsischen Landespolitik. In: Altmeppen, Klaus-Dieter/Röttger, Ulrike/ Bentele, Günter (Hrsg.): Schwierige Verhältnisse. Interdependenzen zwischen Journalismus und PR. Wiesbaden: Verlag für Sozialwissenschaften, S. 105-120.

Stachowiak, Herbert (1973): Allgemeine Modelltheorie. Wien, New York: Springer.

Szyszka, Peter (1997): Bedarf oder Bedrohung? Zur Frage der Beziehungen des Journalismus zur Öffentlichkeitsarbeit. In: Bentele, Günter/Haller, Michael (Hrsg.): Aktuelle Entstehung von Öffentlichkeit. Akteure, Strukturen, Veränderungen. Konstanz: UVK, S. 209-224.

Weber, Johanna (1999): Das Verhältnis Journalismus und Öffentlichkeitsarbeit. Eine Forschungsübersicht zu den Eckpunkten einer wiederentdeckten Diskussion. In: Rolke, Lothar/Wolff, Volker (Hrsg.): Wie die Medien Wirklichkeit steuern und selber gesteuert werden. Opladen: Westdeutscher Verlag, S. 265-275.

Weischenberg, Siegfried (1995): Journalistik. Bd. 2. Opladen: Westdeutscher Verlag.

Wolff, Volker (2002): Wer ist das Futtertier? In: Message. Internationale Fachzeitschrift für Journalismus. Nr. 1.

Verständigungsorientierte Öffentlichkeitsarbeit

Roland Burkart

Das Konzept einer ‚Verständigungsorientierten Öffentlichkeitsarbeit' (VÖA) wurde als Instrument zur Planung und Evaluation von Public Relations entwickelt. Im Mittelpunkt stand die Analyse der Konfliktkommunikation zwischen der Niederösterreichischen Landesregierung und protestierenden Bürgern, die gegen den geplanten Bau von zwei Sonderabfalldeponien aktiv geworden waren. (Burkart/Probst 1991, Burkart 1993, 1996, 2001).[1] Es beruht im Wesentlichen auf zwei Prämissen und daraus abgeleiteten Konsequenzen für Öffentlichkeitsarbeit.

1. Public Relations in der Risiko- und Konfliktgesellschaft

Die *erste Prämisse* betrifft den Umstand, dass wirtschaftliches Handeln in entwickelten Industriegesellschaften nicht mehr allein vom Geld bestimmt ist. Unternehmen, die in der Gewinnzone bleiben wollen, müssen sich fragen, ob und wie sie ihre Ziele gesamtgesellschaftlich verantworten können und sie sind oft darauf angewiesen, ihr Tun öffentlich verständlich zu machen (Münch 1991). Wirtschaftliches Handeln ist immer stärker eine Form kommunikativen Handelns geworden.

Die Ursachen dafür liegen zum Teil in der komplexen Problematik, die mit dem wissenschaftlich-technischen Fortschritt in der zweiten Hälfte des 20. Jahrhunderts verbunden ist. Seit der viel zitierten Veröffentlichung von Ulrich Beck (1986) und dem (zeitgleich stattgefundenen) Unfall im Atomreaktor von Tschernobyl hat sich in diesem Kontext das Etikett der ‚Risikogesellschaft' etabliert: In der modernen Industriegesellschaft geht die Produktion von Reichtum systematisch mit der Produktion von Risiken einher (Beck 1986: 25) und diesen Modernisierungsrisiken wohnen noch dazu fatale Globalisierungstendenzen inne. Unter dem Motto „Not ist hierarchisch, Smog ist demokratisch" (ebd.: 48) weist Beck darauf hin, dass die Folgen weltweiter Industrialisierung, wie wir sie etwa in der Luftverschmutzung, im Waldsterben, im Treibhaus-Effekt, in Kernenergieunfällen oder in Überschwemmungskatastrophen erleben, weder schichtspezifisch noch geographisch lokalisierbar sind.

Die Angst vor der lebensbedrohenden Störung unseres Öko-Systems gepaart mit einem Vertrauensschwund in Politik und Wissenschaft (Rödel et al. 1989: 9ff) brachte eine Vielzahl von Bürgerinitiativen, Besetzungen, Blockaden und andere

---

1 In Publikationen, die das VÖA-Konzept kritisch kommentieren, wird bisweilen unterstellt, die Kommunikation zwischen Landesregierung und Bürgern sei seinerzeit gemäß den Kriterien des VÖA-Konzeptes geplant worden und habe sich nicht bewährt, weil die Deponien nicht realisiert wurden (vgl. Kunczik/Heintzel/Zipfel 1995: 105; Merten 2000). Dies ist falsch. Wir haben die Situation damals nur zum Anlass genommen, um über innovative Formen der PR-Arbeit nachzudenken. Als Ergebnis entstand das VÖA-Konzept, mit dem dann die PR-Arbeit der NÖ. Landesregierung evaluiert wurde (vgl. Burkart 1993).

Formen des „zivilen Ungehorsams" (Kleger 1993) hervor, die vor allem dann registrierbar waren und sind, wenn die Betroffenen das Gefühl haben, dass bedrohliche Entscheidungen über ihre Köpfe hinweg getroffen werden (Röglin 1994). Spätestens seit Mitte der 80er Jahre des 20. Jahrhunderts wurde auch in Österreich bevölkerungsweit eine deutlich gestiegene Partizipationsbereitschaft registriert (Ulram 1990), die Unternehmen und Organisationen immer häufiger in Konflikt mit protestierenden Bürgern geraten ließ (Kienast 1988; ÖWAV 1995; Stock 1986). Und sie gerieten damit zugleich unter Legitimationsdruck, d.h. man erwartet stets von ihnen, dass sie sich für ihr Handeln rechtfertigen können.

Die *Konsequenzen*, die sich daraus für Public Relations ergeben, hat bereits zu Beginn der 90er Jahre ein Mann aus der Praxis auf den Punkt gebracht: der Sprecher des Zentralausschusses der Deutschen Werbewirtschaft (ZAW), Volker Nickel. Unternehmen – so Nickel (1990) – verhalten sich reaktionär, wenn sie Öffentlichkeitsarbeit bloß in den Dienst der Absatzstrategie stellen. Deshalb plädiert er für die ‚Sozialpflicht' des modernen Unternehmers, die darin bestehen sollte, Konflikte mit der Öffentlichkeit vernünftig auszutragen, er spricht von der ‚Anhörpflicht', wonach ein Unternehmen Kritik und Forderungen diverser Gruppen einholen und auch ernst nehmen müsste und sogar von der ‚Korrekturpflicht', die diese Kritik in unternehmensinterne Entscheidungsprozesse einfließen lässt und gegebenenfalls sogar eine Änderung bereits gefällter Beschlüsse nach sich zu ziehen hätte. Der zeitgemäße Auftrag an Öffentlichkeitsarbeit liest sich bei Nickel dann so: „Rede über das, was du tust. Frage die anderen, ob sie mit deinem Tun einverstanden sind. Erkläre ihnen die Beweggründe, so gehandelt zu haben oder so handeln zu wollen. Beziehe die Interessen der anderen in deine Entscheidungsprozesse mit ein" (w&v Nr.15/13.4.1990: 36). Meine Kernthese lautet daher: Öffentlichkeitsarbeit ist gut beraten, wenn sie ihre kommunikative Grundstruktur ernst nimmt.

2. Öffentlichkeitsarbeit als Verständigungsprozess

Damit ist bereits die *zweite Prämisse* des VÖA-Konzepts angesprochen. Sie lautet: Menschliche Kommunikation ist aus grundsätzlicher Perspektive heraus auf das Ziel wechselseitiger Verständigung hin angelegt. Wenn Öffentlichkeitsarbeit also ihre kommunikative Grundstruktur ernst nehmen will, dann sollte sie sich – insbesondere in einer Risiko- und Konfliktgesellschaft – an den Prinzipien der Verständigung orientieren: Aus dieser Position heraus ist das VÖA-Konzept formuliert worden.

2.1 Die Bedingungen von Verständigung

Als theoretischer Ausgangspunkt des VÖA-Konzepts fungiert ein Begriff von ‚Verständigung', wie ihn Jürgen Habermas (1981) in seiner Theorie des kommunikativen Handelns entwickelt hat. Habermas identifiziert dort ganz elementare (‚universale') Voraussetzungen für Verständigung. Diese Voraussetzungen bestehen im (in der

Regel unreflektiert vorhandenen) Wissen beider Kommunikationspartner, dass bestimmte universale Ansprüche Gültigkeit besitzen, denen sie zu entsprechen haben.

2.1.1 Geltungsansprüche

Es handelt sich um die Geltungsansprüche Verständlichkeit, Wahrheit, Wahrhaftigkeit und Richtigkeit.[2] Konkret heißt das: Damit Verständigung zustande kommen kann, müssen beide Kommunikationspartner voneinander annehmen können, dass sie

- die Regeln der gemeinsamen Sprache beherrschen (also: ‚*verständlich*' formulieren können), sie müssen weiter
- davon ausgehen, dass sie Aussagen über Wirklichkeiten machen, deren Existenz auch der jeweils Andere anerkennt (sie müssen also unterstellen, dass sie ‚*wahre*' Aussagen machen), sie müssen außerdem
- davon ausgehen, dass sie ihre tatsächlichen Absichten zum Ausdruck bringen (sie müssen also unterstellen, dass sie wahrhaftig kommunizieren, ihr Gegenüber nicht täuschen wollen und somit ‚*vertrauenswürdig*' sind) und sie müssen schließlich
- davon ausgehen, dass sie mit ihren Interessen und Absichten die geltenden Werte und Normen nicht verletzen (sie müssen also unterstellen, dass sie ihre Interessen richtigerweise vertreten, weil sie (auch für andere) akzeptabel sind bzw. als ‚*legitim*' begriffen werden können.

Ziel des Verständigungsprozesses ist die Herbeiführung eines Einverständnisses zwischen den beiden Kommunikationspartnern, das im wechselseitigen Verstehen, geteilten Wissen, gegenseitigen Vertrauen und wechselseitiger Akzeptanz (jeweils beanspruchter Normen) besteht. Ungestört verläuft der Verständigungsprozess also nur dann, wenn die Wahrheit der thematisierten Gegenstände (= objektive Welt), die Wahrhaftigkeit bzw. Vertrauenswürdigkeit des Kommunikators (= subjektive Welt) und die Legitimität seines Interesses bzw. Vorhabens (= soziale Welt) nicht in Zweifel gezogen werden.

2.1.2 Diskurs

Für den kommunikativen Alltag ist jedoch eher das Gegenteil typisch: häufig gerät man in Situationen nicht ausreichender Übereinstimmung, in denen zumindest einer dieser drei Geltungsansprüche angezweifelt wird. Im Alltag haben die Kommunikationspartner aber oftmals wenigstens die Chance, ein solches Verständigungsdefizit

---

2   Habermas spricht auch von unterschiedlichen ‚Welten', in denen Menschen einander kommunikativ begegnen. Gemeint sind vor allem die ‚objektive Welt' der Gegenstände (Personen, Dinge, Vorgänge, Ideen etc.), die ‚subjektive Welt' der Erlebnisse, Eindrücke, Empfindungen etc. (die nur der jew. Person selbst zugänglich ist) und die ‚soziale Welt' der nach (jew. bestimmten) Normen geregelten sozialen Beziehungen.

wieder auszugleichen, indem sie vom Gegenüber Begründungen für seine Behauptung oder sein Verhalten einfordern. Habermas unterscheidet deshalb zwischen ‚kommunikativem Handeln' und ‚Diskurs'.

Während die Kommunikationspartner im kommunikativen Handeln das Befolgen der Geltungsansprüche (naiv) voraussetzen, tun sie im Diskurs genau dies nicht: der Diskurs setzt ein, wenn gestörte Kommunikation ‚repariert' werden soll, d.h. die Kommunikationspartner versuchen, ein gestörtes Einverständnis (hinsichtlich eines oder mehrerer Geltungsansprüche) durch argumentative Begründung wiederherzustellen. Im Diskurs werden also problematisch gewordene Geltungsansprüche selbst Thema von Kommunikation. Der Diskurs ist darauf angelegt, „überzeugende Argumente, mit denen Geltungsansprüche eingelöst oder zurückgewiesen werden können, zu produzieren." (Habermas 1981a: 48)

Habermas unterscheidet im wesentlichen drei Formen des Diskurses: Den ‚*explikativen' Diskurs*, in dem wir die Verständlichkeit einer Äußerung problematisieren (typische Fragen: Wie meinst du das? Wie soll ich das verstehen? – Antworten darauf nennen wir ‚Deutungen'), den ‚*theoretischen' Diskurs*, in dem wir die Wahrheit einer Aussage zum Thema machen (typische Fragen: Verhält es sich so, wie du sagst? Warum verhält es sich so und nicht anders? – Antworten darauf nennen wir ‚Behauptungen' und ‚Erklärungen') und den ‚*praktischen' Diskurs*, in dem wir die normative Richtigkeit (Legitimität) einer Sprechhandlung bzw. ihren normativen Kontext in Zweifel ziehen (typische Fragen: Warum hast du das getan? Warum hast du dich nicht anders verhalten? – Antworten darauf nennen wir ‚Rechtfertigungen') (vgl. Habermas 1984: 110ff.).[3]

Geltungs-anspruch	Einverständnis	Diskurstyp	diskursleitende Frage	Antwort
Verständlichkeit	Wechselseitiges Verstehen der Aussagen	explikativer	Wie meinst du das? Wie soll ich das verstehen?	Deutung
Wahrheit	Geteiltes Wissen über Inhalte	theoretischer	Verhält es sich so, wie du sagst? Warum verhält es sich so und nicht anders?	Behauptung/ Erklärung
Wahrhaftigkeit	Vertrauen ineinander		Täuscht er mich? Täuscht er sich über sich selbst?	
Legitimität	wechselseitige Akzeptanz von Normen	praktischer	Warum hast du das getan? Warum hast du dich nicht anders verhalten?	Rechtfertigung

Abb. 1: Geltungsansprüche und Diskurstypen in der Theorie des kommunikativen Handelns (Habermas)

---

3 Lediglich der Geltungsanspruch der Wahrhaftigkeit (Vertrauenswürdigkeit) stellt eine Ausnahme dar (typische Fragen: Täuscht er mich? Täuscht er sich über sich selbst?): Er gilt als diskursunfähig, denn er ist „nicht von der Art, dass er wie Wahrheits- oder Richtigkeitsansprüche unmittelbar mit Argumenten eingelöst werden könnte. Der Sprecher kann allenfalls in der Konsequenz seiner Handlungen beweisen, ob er das Gesagte auch wirklich gemeint hat. Die Wahrhaftigkeit von Expressionen lässt sich nicht begründen, sondern nur zeigen." (Habermas 1981a: 69)

Diskurse stehen allerdings unter einem besonderen Anspruch: Sie müssen frei sein von äußeren und inneren Zwängen, denn in ihnen soll ein Konsens über problematisch gewordene Geltungsansprüche hergestellt werden, der auf nichts anderem beruht, als auf dem „eigentümlich zwanglosen Zwang des besseren, weil einleuchtenderen Arguments" (Habermas 1984: 116). Ein derartiger Konsens erfordert seinerseits aber wieder eine Voraussetzung, die Habermas als „ideale Sprechsituation" etikettiert. Ein wesentliches Kennzeichen dieser idealen Sprechsituation besteht darin, dass für alle Diskursteilnehmer „eine symmetrische Verteilung der Chancen, Sprechakte zu wählen und auszuführen, gegeben ist" (ebd.: 177). Doch dies ist ‚kontrafaktisch', denn die ideale Sprechsituation ist in der realen Diskurspraxis nicht anzutreffen: sie ist kein empirisches Phänomen, sie ist allerdings auch kein „bloßes Konstrukt, sondern eine in Diskursen unvermeidliche, reziprok vorgenommene Unterstellung [...], eine im Kommunikationsvorgang operativ wirksame Fiktion." (ebd.: 180) Habermas spricht deshalb auch von einer Antizipation oder von einem Vorgriff auf die ideale Sprechsituation:

> „Es gehört zu den Argumentationsvoraussetzungen, dass wir im Vollzug der Sprechakte kontrafaktisch so tun, als sei die ideale Sprechsituation nicht bloß fiktiv, sondern wirklich [...]. Das normative Fundament sprachlicher Verständigung ist mithin beides: antizipiert, aber als antizipierte Grundlage auch wirksam." (ebd.: 181)

Nun ist ‚Verständigung' aber nicht bloßer Selbstzweck von Kommunikation, sondern in der Regel ein Mittel zum Zweck der Realisierung von Interessen[4]: „die sprachliche Verständigung [ist] nur der Mechanismus der Handlungskoordinierung, der die Handlungspläne und die Zwecktätigkeiten der Beteiligten zur Interaktion zusammenfügt" (Habermas 1981a: 143). Allerdings ist unter den von Habermas beschriebenen Voraussetzungen kommunikativen Handelns nicht das bedingungslose Durchsetzen der Interessen das Ziel, sondern die am Verständigungsprozess Beteiligten „verfolgen ihre individuellen Ziele unter der Bedingung, dass sie ihre Handlungspläne auf der Grundlage gemeinsamer Situationsdefinitionen aufeinander abstimmen können. Insofern ist das Aushandeln von Situationsdefinitionen ein wesentlicher Bestandteil der für kommunikatives Handeln erforderlichen Interpretationsleistungen" (ebd.: 385).[5]

Es soll nicht unerwähnt bleiben, dass gerade dort, wo partikulare Interessen im Spiel sind, Konflikte (wenigstens in demokratischen Gesellschaften) in der Regel durch Verhandlungen beigelegt werden, die in Kompromisse münden.[6] Wie auch immer – als Fazit bleibt festzuhalten: erst über störungsfrei abgelaufene Verständi-

---

[4] Diesen Begriff von Kommunikation habe ich ausführlich entwickelt in: Burkart 2002: 26ff.
[5] Habermas unterscheidet grundsätzlich zwischen „strategischem" (erfolgsorientiertem) und „kommunikativem" (verständigungsorientierten) Handeln, wobei letzteres seinen Zweck durch die „Herstellung eines rational motivierten Einverständnisses zwischen Ego und Alter" Habermas 1984: 576) erreicht und „nicht primär am eigenen Erfolg orientiert" ist. (Habermas 1981a: 385)
[6] Kompromisse sind in der Realität heute nicht nur weit verbreitet, sie haben nach Habermas auch „einen ganz unverächtlichen Stellenwert." (1985: 243) „Die Verfahren der Kompromissbildung können allerdings ihrerseits unter normativen Gesichtspunkten beurteilt werden. Man wird etwa einen fairen Kompromiss nicht erwarten dürfen, wenn die beteiligten Parteien nicht über gleiche Machtpositionen oder Drohpotentiale verfügen." (ebd.)

gungsprozesse werden gemeinsam anerkannte Situationsdefinitionen möglich, auf deren Grundlage dann zu entscheiden ist, was in der Sache selbst getan werden soll.

2.2 Verständigungsorientierte Öffentlichkeitsarbeit (VÖA)

Das VÖA-Konzept geht nun davon aus, dass der Verständigungsprozess auch in der Öffentlichkeitsarbeit eine zentrale, nicht zu unterschätzende Rolle spielt.

Vorweg muss allerdings gesagt werden: Das VÖA-Konzept versucht keineswegs naiv, die Habermas'schen Bedingungen von Verständigung unmittelbar auf die Realität von Öffentlichkeitsarbeit zu übertragen. Dies wird bisweilen unterstellt,[7] trifft jedoch nicht zu und wäre angesichts der soeben erwähnten kontrafaktischen Implikationen der Theorie auch nicht angemessen. Ziel war es vielmehr, aus der Perspektive des Habermas'schen Verständigungsbegriffes Anregungen für das Erfassen realer PR-Kommunikation zu gewinnen.

Der zentrale Impuls für die Entwicklung des VÖA-Konzeptes ging dabei von der Differenzierung kommunikativer Geltungsansprüche aus sowie von dem Hinweis, dass Zweifel an der Gültigkeit eines (oder mehrerer) dieser Ansprüche durch argumentative Begründung (bei Habermas: im Diskurs) wieder beseitigt werden können.

Vor allem in konfliktträchtigen Situationen müssen PR-Leute nämlich damit kalkulieren, dass ihre Botschaften (und überhaupt alles, was sie im Dienste ihres Auftraggebers inszenieren) von kritischen Rezipienten beinhart hinterfragt werden. Und mit Blick auf die kommunikativen Geltungsansprüche lässt sich dieses ‚Hinterfragen' nunmehr systematisch differenzieren: PR-Leute können demnach davon ausgehen, dass vor allem an der Wahrheit von Behauptungen, an der Vertrauenswürdigkeit von Kommunikatoren und an der Legitimität von (jeweils zu realisierenden) Interessen öffentlich bzw. seitens der Mitglieder relevanter (Teil-) Öffentlichkeiten gezweifelt wird.[8]

Zur Verdeutlichung ein Beispiel: Wenn z.B. eine Abfalldeponie angelegt werden soll, dann löst dies bei den betreffenden Anrainern zumeist wenig Freude aus. Mehr noch: In der Regel formiert sich eine Bürgerinitiative, deren Ziel die Ablehnung der Deponie ist, und oft leisten die regionalen Medien sowie (überregionale) Umweltverbände entsprechende Schützenhilfe – der Konflikt ist also ‚programmiert'. Die verantwortlichen PR-Leute des potenziellen Deponiebetreibers können auf der Basis der kommunikativen Geltungsansprüche nun damit kalkulieren, dass
- alle Behauptungen, die sie aufstellen, gnadenlos auf ihren Wahrheitsgehalt hin durchleuchtet werden: z.B. wird danach gefragt werden, ob die Angaben bezüglich der zu deponierenden Stoffmengen tatsächlich stimmen, ob die Luft, die Flora/Fauna, das Grundwasser etc. tatsächlich nicht gefährdet sein werden, ob die vorliegenden (zumeist wissenschaftlichen) Befunde über die Umweltbelastung

---

[7] So etwa von Kunczik/Heintzel/Zipfel 1995, zuletzt von Merten 2000, siehe dazu meine Replik (Burkart 2000a). Verwiesen sei außerdem auf die ausführliche Diskussion meines Ansatzes in Bentele/Liebert 1995.

[8] Dies gilt freilich auch für den Anspruch der „Verständlichkeit". Doch der ist nicht von vergleichbar tiefgreifender Tragweite und wird daher in der Folge vernachlässigt.

der Anlage tatsächlich die tolerierbaren Grenzwerte nicht überschreiten usw., sie können weiter erwarten,
- dass den involvierten Personen (Firmen, Organisationen etc.) Misstrauen entgegengebracht wird: z.B. kann den Firmenvertretern Befangenheit, den Gutachtern Inkompetenz, vielleicht sogar Bestechlichkeit etc. unterstellt werden – kurz: die potenziellen Deponiebetreiber werden mit wenig (oder keinem) Vertrauensvorschuss rechnen dürfen und
- sie können auch noch damit kalkulieren, dass die Absicht bzw. das Ziel, eine Deponie anzulegen, grundsätzlich angezweifelt werden wird, etwa weil man an der Richtigkeit der Müllentsorgungsstrategie ganz allgemein zweifelt (z.B. kann man sich fragen, ob es nicht besser wäre, mehr Energie in die Abfallvermeidung zu investieren, anstatt Deponien anzulegen), oder weil man die Legitimität der speziellen Standortwahl anzweifelt (z.B. mit dem Argument, die Region sei soeben dabei, sich im Tourismus zu engagieren – aber wer macht gern Urlaub neben einer Müllkippe? –, oder mit dem Argument, die Umweltbelastung sei hier – z.B. durch einen nahe gelegenen Flughafen – ohnehin bereits so hoch und jetzt bekäme man auch noch den Abfall hierher: dies sei wohl mehr als ungerecht...)

Mit Hilfe des Habermas'schen Verständigungsbegriffes bzw. unter Rückgriff auf das Differenzierungspotenzial kommunikativer Geltungsansprüche sind PR-Strategen also bereits im Vorfeld potenzieller Konfliktfälle zu einer derartigen Analyse imstande und können sich darum kümmern, wie sie die Wahrheit ihrer Behauptungen, die Vertrauenswürdigkeit der involvierten Kommunikatoren und die Legitimität der in Rede stehenden Interessen gegebenenfalls untermauern können.

Es scheint einerseits nahe liegend, derartige Überlegungen insbesondere für potenzielle Konfliktfälle anzustellen, denn gerade in solchen Situationen werden Zweifel höchstwahrscheinlich nicht nur vermehrt artikuliert, sondern sie werden in der Regel durch entsprechende Medienresonanz auch öffentlich gemacht werden. PR-Strategen, die spätestens zu diesem Zeitpunkt keine entsprechenden Argumente vorbereitet haben, sollten sich eigentlich für kommunikativ bankrott erklären lassen. Um dies tunlichst zu vermeiden, spricht wohl kaum etwas dagegen, verständigungsorientierte Überlegungen unbeschadet des interpretierten Konfliktpotenzials bereits in den ersten Schritt jedes PR-Management-Prozesses – in die Situationsanalyse – mit einfließen zu lassen: Nur dann können sie für die Definition von PR-Zielsetzungen relevant werden und sind bei allfälligen Evaluationen auch auf ihre Zielerreichung hin überprüfbar.[9] Es stellt sich daher die Frage nach den Zielen einer verständigungsorientierten Öffentlichkeitsarbeit.

2.3 VÖA-Ziele

Das übergreifende Ziel verständigungsorientierter Öffentlichkeitsarbeit besteht im Gewährleisten eines möglichst ‚störungsfrei' ablaufenden Kommunikationsprozes-

---

9 Der idealtypische Arbeitsablauf in der Öffentlichkeitsarbeit besteht bekanntlich aus den vier Schritten: Situationsanalyse, Planung, Durchführung und Erfolgskontrolle. (vgl. z.B.: Fuhrberg 1995.)

ses zwischen dem PR-Auftraggeber und den jeweils relevanten Teilöffentlichkeiten. Dies ist dann der Fall, wenn auf den drei unterscheidbaren Ebenen der Kommunikation zwischen den Kommunikationspartnern Einverständnis vorliegt[10] – und zwar auf der Ebene
- *der zu thematisierenden Sachverhalte* muss klar sein, *WAS* unter der Sache, die es zu vertreten gilt, genau zu verstehen ist und es muss Konsens über den *Wahrheitsgehalt* von *Behauptungen und Erklärungen des Unternehmens vorliegen.*
- *der involvierten Kommunikatoren* muss transparent sein, *WER* im Unternehmen für die Interessen bzw. Pläne verantwortlich ist und es muss die *Vertrauenswürdigkeit* der Organisation sowie ihrer Vertreter unumstritten sein.
- *der vertretenen Interessen* muss nachvollziehbar sein, *WARUM* die jeweiligen (Unternehmens-)Interessen eigentlich verfolgt werden und es muss Konsens über die *Legitimität* dieser Interessen vorliegen.

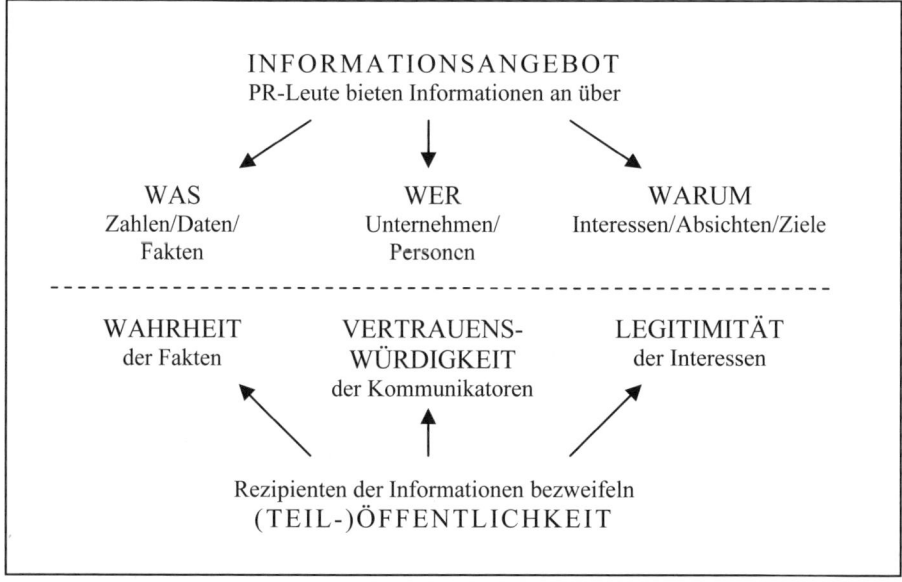

Abb. 2: PR-Kommunikation aus der VÖA-Perspektive

Zu ‚Störungen' des Kommunikationsprozesses kommt es dann, wenn (Mitglieder der) Teilöffentlichkeiten Zweifel an einem (oder mehreren) dieser Geltungsansprüche erheben. In einer solchen Situation entsteht – gemäß der Theorie des kommunikativen Handelns – Bedarf nach einem Diskurs. Zentrale Aufgabe einer verständi-

---

10 An dieser Stelle ist auf die möglicherweise missverständliche Interpretation der aus der Habermas'schen Theorie entnommenen Begriffe ‚Einverständnis' bzw. ‚Konsens' hinzuweisen: Das Missverständnis kann darin bestehen, dass man meint, Einverständnis mit Zustimmung zu bzw. Akzeptanz einer (strittigen) Sache gleichsetzen zu können. Dies ist falsch. Gemeint ist ausschließlich Einverständnis über die kommunikativen Geltungsansprüche! Allerdings entsteht Akzeptanz – dies sei hier vorweggenommen – eher dann, wenn keine (bzw. nur geringe) Zweifel an den kommunikativen Geltungsansprüchen erhoben werden.

gungsorientierten Öffentlichkeitsarbeit hat es daher zu sein, diesen Diskursbedarf ernst zu nehmen und ihm soweit wie möglich auch nachzukommen.

Wie dies geschehen kann, soll in der Folge erläutert werden. Allerdings ist diese diskursive Phase nur eine einzige Etappe im VÖA-Prozess. Insgesamt lassen sich schwerpunktartig vier Phasen und entsprechende Teilziele einer verständigungsorientierten Öffentlichkeitsarbeit definieren, die schrittweise festgelegt werden können. Dadurch wird es auch möglich, den Erfolg von PR-Arbeit etappenweise zu überprüfen. Deshalb soll auch überlegt werden, welche Fragen im Falle einer solchen Überprüfung zu stellen sind. Um möglichst konkret zu sein, nehme ich stellenweise auf das Fallbeispiel meiner Wiener Evaluationsstudie (Burkart 1993) Bezug, bei der es um die Planung von zwei Sonderabfalldeponien in Niederösterreich ging.

2.3.1 PR-Ziel: Information

Voraussetzung für eine rationale Urteilsbildung zu einem Thema ist ein einigermaßen ausreichendes themenspezifisches Wissen. Öffentlichkeitsarbeit muss daher die relevanten Sachverhalte (Zahlen/Daten/Fakten) des jeweiligen Projekts ausgewählten Teilöffentlichkeiten zugänglich machen.

Erfolg in dieser Informationsphase setzt dann zum einen aus der Kommunikatorperspektive voraus, dass eine bestimmte *Qualität des Informationsangebotes* erreicht werden muss. Nach den Vorgaben des VÖA-Konzeptes ist diese Informationsqualität auf den drei kommunikativen Ebenen relativ klar bestimmbar.

- So müssen die Planer einer Abfalldeponie z.B. zunächst darum bemüht sein, zentrale – mit der Abfallentsorgung zusammenhängende – Sachverhalte darzustellen und zu erläutern. Neben rein technischen Angaben (welche die zu lagernden Materialien, das Deponievolumen, die Absicherung der Deponie, etc. betreffen), sind hier auch Hinweise auf die nächsten Planungsschritte vonnöten (ob und inwieweit z.B. Anrainer in die Planung miteinbezogen werden sollen, ob bzw. welche Gutachten man einholen will etc.).
- Über diese Sachverhaltsdarstellungen hinaus hat sich aber auch die involvierte Institution (z.B. die Landesregierung) und/oder das mit dem Auftrag befasste Unternehmen (z.B. die Entsorgungsfirma), so zu präsentieren, dass (z.B. anhand eines Unternehmensleitbildes) klar werden kann, mit wem man es zu tun hat und wie die entsprechenden Zuständigkeiten aussehen (z.B. welche Ansprechpartner wofür existieren, wie sie erreichbar sind etc.).
- Und schließlich ist die Legitimität des gesamten Vorhabens zu beleuchten, d.h. es sind Argumente anzuführen, mit denen sich die gewählte Variante der Abfallentsorgung (z.B. Deponierung statt Verbrennung), die Wahl des Standortes und der Ablauf der gesamten Planung rechtfertigen lassen.

Erfolg in der Informationsphase heißt weiter, dass ein entsprechender Niederschlag in der redaktionellen Berichterstattung (relevanter Medien) stattfindet und Erfolg heißt schließlich aus der Rezipientenperspektive, dass (Mitglieder der) Teilöffentlichkeiten die Informationen auch in ausreichendem Maß aufgenommen haben. Wobei erst jetzt die eigentliche (auf die kommunikativen Geltungsansprüche bezogene) Kernfrage gestellt werden kann, nämlich: Ob und für welche Themen es Erklärungs- sowie Rechtfertigungsbedarf seitens der Rezipienten gibt und ob das Unternehmen als vertrauenswürdig empfunden wird.

Die Evaluation des PR-Erfolgs, verweist somit auf verschiedene Untersuchungsgegenstände sowie auf unterschiedliche methodische Zugriffsweisen.

- Zunächst geht es um eine *Evaluation aller PR-Informationsaktivitäten*, die seitens des Kommunikators (der PR-Auftraggeber bzw. das PR-Management) gesetzt wurden. Dazu zählen z.B. ausgesendete Informationsblätter, Rundbriefe, Plakate, Kundmachungen, bezahlte Anzeigen aber auch Presseaussendungen. Methodisch kommt hier die Inhaltsanalyse zum Einsatz.
- Weiter ist eine *Medienresonanzanalyse* durchzuführen, eine spezielle Variante der Inhaltsanalyse, die danach fragt, ob bzw. inwieweit und mit welcher Qualität diese Presseaussendungen sowie das übrige Informationsmaterial, das man ausgewählten Journalisten direkt zukommen ließ, in der redaktionellen Berichterstattung seinen Niederschlag gefunden hat und
- schließlich ist nach dem *Wissensstand* sowie nach dem Grad an Konsensbereitschaft der Teilöffentlichkeiten zu fragen. Hier ist an eine (repräsentative) Befragung der (Mitglieder der) Teilöffentlichkeiten zu denken, mit der auch der Grad des Einverständnisses im Hinblick auf die kommunikativen Geltungsansprüche erhoben werden kann.

Erst auf der Basis dieser Befunde kann entschieden werden, ob die nächste PR-Phase einzuleiten ist.

2.3.2 PR-Ziel: Diskussion

Wenn Themen strittig sind – und das heißt: wenn Geltungsansprüche in erheblichem Ausmaß angezweifelt werden – , dann ist eine „Diskussions-Phase" zu initiieren.

Obwohl PR-Arbeit keinesfalls auf Medienarbeit reduziert werden darf, ist hier dennoch nicht primär an direkte Diskussionen zwischen Unternehmen(-svertretern) und Mitgliedern relevanter Teilöffentlichkeiten gedacht. Im Focus stehen eher jene „klassischen" an ausgewählte Medien bzw. Journalisten gerichtete PR-Aktivitäten, in denen man Journalisten ganz gezielt mit Informationen versorgt.

Wenn ich also z.B. im Falle der Planung einer Abfalldeponie aus der Befragung meiner Teilöffentlichkeit erkenne, dass starke Zweifel an der Legitimität der Wahl des Deponiestandortes erhoben werden, dann werde ich die Journalisten vor allem mit solchen Informationen versorgen, die das Für und Wider der Standortwahl betreffen und ich werde auf andere Aspekte (wie etwa die Zusammensetzung der zu deponierenden Stoffe oder die Organisation des Betreiber-Unternehmens) weniger bzw. gar nicht eingehen.

Darüber hinaus ist es sicher sinnvoll, auch interaktive Formen der Auseinandersetzung einzuplanen: Expertenhearings, Diskussionsabende, Bürgerversammlungen oder Sprechstunden mit Projektplanern bzw. Verantwortlichen können hier etwa angesetzt werden. Überdies bietet heute das Internet völlig neue Möglichkeiten für

Online-Dialoge (Burkart 2000b), an die vor einigen Jahren noch nicht einmal zu denken war.[11]

Erfolg in der Diskussionsphase bedeutet somit zunächst, dass sich der PR-Auftraggeber dort, wo es Kritik und/oder Erklärungsbedarf gibt, nicht kommunikativ „verschlossen" zeigt, sondern dass er sich diesen Diskussionen tatsächlich stellt und auch *organisatorische Voraussetzungen* dafür schafft, damit ein Kontakt zwischen Unternehmen und Teilöffentlichkeit(en) möglich wird. Dieser Anspruch kann verschiedentlich realisiert werden.

Im Falle des seinerzeit analysierten Deponieprojektes hatte der potenzielle Deponiebetreiber z.B. ein Bürgerbüro vor Ort eingerichtet, in dem zu bestimmten Zeiten konkrete Ansprechpersonen präsent und diskussionsbereit waren, es gab außerdem Informationsveranstaltungen, bei denen man mit Gutachtern der Umweltverträglichkeitsprüfung ins Gespräch kommen konnte [...]. Heute wird meistens eine entsprechende Homepage im Internet eingerichtet, die über ein gewisses interaktives Potenzial verfügt [...].

Alle diese Initiativen auf Kommunikatorseite kalkulieren aber auch mit einer entsprechenden Medienresonanz bzw. mit einer „*virtuellen Diskussion*" des Themas in den (relevanten) Massenmedien: etwa in Form von Interviews mit Experten, die unterschiedliche Meinungen vertreten, in Form von Berichten und Kommentaren, die verschiedene Standpunkte zur Sprache bringen etc.

Abermals ist der Erfolg dieser Diskussionsphase zu evaluieren. Methodisch muss erneut inhaltsanalytisch im Rahmen einer *Medienresonanzanalyse* geprüft werden, ob und inwieweit eine virtuelle Diskussion im Rahmen der redaktionellen Bearbeitung des Themas stattgefunden hat und welches Unternehmensimage in diesem Kontext vermittelt wird. Außerdem kann an den Einsatz der *teilnehmenden Beobachtung* gedacht werden (etwa im Rahmen von Bürgerversammlungen oder öffentlichen Expertenhearings), es kann an qualitative Rezeptionsanalysen (oder auch quantitative Logfile-Analysen) einer Internet-Seite (falls vorhanden) gedacht werden und es ist abermals im Rahmen einer (repräsentativen) *Befragung* die Kernfrage im Sinne des VÖA-Konzeptes zu stellen: Werden kommunikative Geltungsansprüche angezweifelt – und wenn ja: welche und in welchem Ausmaß?

2.3.3 PR-Ziel: Diskurs

Prinzipiell ist vorstellbar, dass sich bereits im Rahmen der Diskussionsphase ein kommunikatives Einverständnis zwischen den PR-Auftraggebern und den angesprochenen Teilöffentlichkeiten abzeichnet. In äußerst umstrittenen Fragen ist dies aber wohl in der Regel nicht so und man wird auch im Anschluss an die Diskussion strittiger Standpunkte ausreichend hohe Zweifel an den kommunikativen Geltungsan-

---

11 In Wien wurde z.B. im Rahmen einer universitären PR-Beratung im Umfeld der mobilen Telefonie ein sog. „elektronisches Dialogforum" (Burkart 2000) im Internet eingerichtet, über das man Online mit der zuständigen Interessenvertretung in Österreich (dem Forum Mobilkommunikation) in einen Dialog treten konnte.

sprüchen diagnostizieren müssen, die nun – im Sinne des VÖA-Konzeptes – auf einen entsprechenden Diskursbedarf schließen lassen.

Um es anhand des strittigen Deponie-Beispiels wieder zu konkretisieren:
- Zweifel am Geltungsanspruch der Wahrheit von Aussagen lässt sich an folgenden (prototypischen) Feststellungen demonstrieren: „Der Befund des Gutachters X ist falsch" oder „Die Angaben über das für die kommenden Jahre benötigte Deponievolumen stimmen nicht."
- Zweifel an der Vertrauenswürdigkeit der Kommunikatoren äußern sich in Sätzen wie „Die Deponieplaner verheimlichen uns relevante Sachverhalte", oder: „Die Verantwortlichen lassen uns nur zum Schein mitbestimmen, in Wirklichkeit ist alles längst beschlossen" und
- Zweifel an der Legitimität des Vorhabens manifestieren sich in Äußerungen wie „Das Verbrennen von Abfällen ist eine bessere Lösung als das Deponieren", oder: „Die Wahl des Deponie-Standortes in diesem touristischen Hoffnungsgebiet ist ungerecht."

Im Sinne der Theorie des kommunikativen Handelns sind von den hier in Frage kommenden Geltungsansprüchen ausschließlich ‚Wahrheit' und ‚Legitimität' einer diskursiven Auseinandersetzung zugänglich. Es ist daher in dieser VÖA-Phase zu überlegen, welche PR-spezifischen Anforderungen sich ergeben, wenn man die Bedingungen für einen ‚theoretischen' und einen ‚praktischen' Diskurs reflektiert.

Im theoretischen Diskurs geht es um den Wahrheitsbeweis von Sachurteilen, d.h. für umstrittene Angaben (Zahlen/Daten/Fakten), müssen Erklärungen bzw. Wahrheitsbeweise geliefert werden, die entsprechende Zweifel unhaltbar machen.

Sachurteile basieren in der Regel auf technischen bzw. naturwissenschaftlich begründbaren Tatsachen, die meist als mehr oder weniger eindeutig bestimmbare (zähl- und messbare) Befunde aufscheinen.

Im Rahmen des seinerzeit analysierten Deponieprojektes waren dies vielfach Gutachten von Fachwissenschaftlern (z.B. aus der Geologie, Hydrologie, Biologie etc.), die im Rahmen der Umweltverträglichkeitsprüfung beauftragt worden sind. Über derartige Gutachten lässt sich trefflich streiten. Man kann die Wahrheit der Befunde anzweifeln, indem man die Beurteilungsgrundlage für falsch erklärt: Man behauptet z.B. bestimmte Grenzwerte wären zu niedrig angesetzt, der jeweilige Gutachter wäre befangen, er gehöre außerdem einer wissenschaftlichen Position an, von der man sich ja bestimmte Befunde erwarten dürfe, die allenfalls sogar überholt sei etc.

Im praktischen Diskurs geht es um die Rechtfertigung von Interessen/Zielen bzw. Entscheidungen, damit stehen Werturteile zur Diskussion, d.h. es müssen Gründe angeführt werden, warum – genauer: auf Basis welcher Norm- und Wertentscheidungen – das jeweilige Ziel verfolgt wird.

Werturteile sind nicht im klassisch-naturwissenschaftlichen Sinn begründbar. Sie sind im jeweiligen gesellschaftlichen Normenkontext verankert bzw. resultieren letztlich auf moralischen Regeln bzw. ethischen Prinzipien.

Im Rahmen des seinerzeit analysierten Deponieprojektes waren dies in der Regel Zweifel an der Standortwahl. Im Mittelpunkt der Diskussion standen zwei Standorte und in beiden Fällen empfand man die Wahl als ungerecht: Einmal, weil die betroffene Region dabei war, sich im sanften Tourismus zu engagieren und dieses Ziel sah man durch die Errichtung einer Deponie gefährdet. Im anderen Fall argumentierte man mit der starken Umweltbelastung durch einen nahe gelegenen Flughafen und empfand es als ungerecht, zusätzlich noch eine Mülldeponie zu bekommen. Dazu gab es keinerlei gutachterliche Tätigkeiten und generell wenig Diskussionsbereitschaft seitens des potenziellen Deponiebetreibers. Eine – mit der Umweltverträglichkeitsprüfung vielleicht vergleichbare – Sozialverträglichkeitsprüfung wurde nicht durchgeführt.

Auch hier gilt – wie schon weiter oben: es ist nicht primäres Ziel, zwischen dem PR-Auftraggeber und den Teilöffentlichkeiten tatsächlich face-to-face-Auseinandersetzungen stattfinden zu lassen, gleichwohl sollte dieser nicht ausgeschlossen sein. Abermals ist an Medienarbeit zu denken: insbesondere in Konfliktfällen in denen Diskussions- bzw. Diskursbedarf besteht, die also auch einen hohen Nachrichtenwert provozieren, werden inszenierte Ereignisse (wie Bürgerversammlungen) ohnehin zumeist Gegenstand redaktioneller Berichterstattung. Ausgewählte Journalisten werden daher nicht bloß an einschlägigen Veranstaltungen, sondern auch an kompetenten Interviewpartnern interessiert sein, die entsprechende Erklärungen abgeben und Argumente zur Rechtfertigung von Zielen entwickeln. Wenn das PR-Management z.B. solche Interviewpartner bereitstellt, dann kann ein „virtueller Diskurs" stattfinden: eine Reflexion von Sach- und/oder Werturteilen zwischen einschlägigen Experten im Rahmen verschiedener redaktioneller Formen (Bericht, Interview, Kommentar etc.) journalistischer Berichterstattung.

Erfolg in dieser Diskursphase bedeutet nun, dass Konsens sowohl auf der Ebene der Sachurteile (betreffend die Wahrheit von Behauptungen), als auch auf der Ebene der Werturteile (betreffend die Angemessenheit der Begründungen) erzielt werden kann – realistischer: dass vorhandene Zweifel an den Sach- und Werturteilen minimiert werden konnten.

Methodisch ist wie bisher eine Medienresonanzanalyse sinnvoll, mit der geprüft wird, ob und inwieweit diese diskursträchtigen Argumentationen auch ihren Niederschlag in der Berichterstattung gefunden haben. Gleiches gilt für die Befragung der Teilöffentlichkeiten im Hinblick auf ihren Informationsstand und den Grad ihres kommunikativen Einverständnisses.

2.3.4 PR-Ziel: Situationsdefinition

In dieser letzten VÖA-Phase ist nunmehr der Status quo der erreichten Verständigung festzuhalten und den Teilöffentlichkeiten entsprechend zu kommunizieren – was abermals auf die Notwendigkeit von Medienarbeit verweist. Zu fragen ist, inwieweit Zweifel
- an der Wahrheit behaupteter Sachverhalte (sowie an allfälligen strittigen Sachurteilen)
- an der Vertrauenswürdigkeit involvierter Unternehmen bzw. Personen und
- an der Legitimität vertretener Interessen (sowie an allfälligen strittigen Werturteilen)

bei den (Mitgliedern der) Teilöffentlichkeiten beseitigt bzw. minimiert werden konnten, inwieweit also ein diesbezügliches Einverständnis vorliegt.

Vollständiger Konsens bzw. schrankenloses Einverständnis auf allen drei Ebenen kommunikativer Geltungsansprüche wird es in der Praxis kaum geben können – diese Vorstellung impliziert nicht einmal die Theorie des kommunikativen Handelns selbst. In diesem Kontext ist der Hinweis auf eine Position aus der Konfliktsoziologie erwähnenswert, die im sog. ‚rationalen Dissens' (Miller 1992) bereits eine ganz wesentliche Etappe in der Bewältigung sozialer Konflikte sieht: man weiß, worüber man sich (noch) nicht einig ist – und zwar dann, wenn man die strittigen Punkte genau identifizieren kann. Und genau dazu verhilft die im VÖA-Konzept verwendete Unterscheidung von kommunikativen Geltungsansprüchen.

So hatten z.B. im Rahmen des seinerzeit analysierten Deponieprojektes die meisten Menschen zwar den Aussagen der Deponieplaner geglaubt (also an ihrer Wahrheit nicht gezweifelt) und die Projektplaner auch für vertrauenswürdig gehalten, aber von der Legitimität der Standortwahl waren sie keineswegs überzeugt, im Gegenteil: Sie empfanden die Wahl gerade ihrer Region für eine Mülldeponie (aus den weiter oben erwähnten Gründen) als ungerecht.

Der Terminus ‚Situationsdefinition' (der aus der Theorie des kommunikativen Handelns entnommen wurde) weist eigentlich bereits über das VÖA-Konzept hinaus. Im Anschluss an die Diagnose und Kommunikation des erreichten kommunikativen Einverständnisses ist nunmehr (insbesondere dann, wenn privatwirtschaftlich organisierte Unternehmen im Mittelpunkt stehen) nämlich der PR-Auftraggeber am Zug: Er muss entscheiden, was zu tun ist. Zweifellos wird die Entscheidung leichter fallen, wenn der Grad des erzielten Einverständnisses hoch ist: dann ist mit weitreichender Akzeptanz der jeweiligen Projektziele zu rechnen – dies zeigten die Ergebnisse im Rahmen des seinerzeit analysierten Deponieprojektes (vgl. Burkart 1993).

In dieser Studie wurde zunächst die Vorgehensweise der Deponieplaner nach VÖA-Kriterien analysiert und dabei konnten bereits ‚Defizite' im PR-Informationsangebot diagnostiziert werden: Sowohl in den PR-Publikationen, als auch in der medialen Berichterstattung wurden relativ wenige Fakten über die geplante Deponie verbreitet und außerdem fanden sich keine Argumente zur Legitimität der Standortwahl. Es passt somit durchaus ins Bild, dass die geplante Deponie bei der Mehrheit keine Zustimmung fand.

In einer repräsentativen Befragung, in der wir alle Interviewpartner im Hinblick auf die verständigungsrelevanten Kriterien untersuchten, stellte sich aber letztendlich heraus, dass eine potenzielle Akzeptanz der Deponieanlage,[12] stets mit hohem Verständigungserfolg zusammenhängt. Konkret: Jene Personen, die sich die Errichtung der Deponieanlage vorstellen konnten, waren mehrheitlich nicht nur besser informiert, sondern zweifelten auch deutlich seltener an der Vertrauenswürdigkeit der Deponieplaner und an der Legitimität der Standortwahl. Insgesamt kann man daher resümieren: das VÖA-Konzept hat sich als Diagnoseinstrument zu Evaluation von PR-Kommunikation bewährt.

---

12 ‚Potenziell' meint hier, dass die Frage nach der Akzeptanz der Deponieanlage vorbehaltlich einer positiven Umweltverträglichkeitsprüfung beantwortet wurde.

2.4 Das VÖA-Konzept als PR-Evaluationsprogramm

‚Evaluation', das Messen und Bewerten der Qualität und des Erfolgs von Öffentlichkeitsarbeit, ist spätestens seit Mitte der 90er Jahre des 20. Jahrhunderts ein viel diskutiertes Thema (vgl. etwa Baerns 1995; GPRA 1997). In der Evaluationsforschung (vgl. etwa Pavlik 1987; Fuhrberg 1995) ist schon länger von zwei unterscheidbaren Vorgehensweisen die Rede. Während man unter „Summative Research" (summativer Evaluation) die Messung am Ende eines durchgeführten (PR-)Programms begreift, sind unter „Formative Research" (formativer Evaluation) laufende Messungen zu verstehen, in denen „die einzelnen Arbeitsschritte kontinuierlich überprüft und beurteilt werden" (Fuhrberg 1995: 55), um eine Verbesserung der Situationsanalyse, der Planung, der Durchführung von Programmschritten und letztlich auch der abschließenden (summativen) Evaluation zu gewährleisten.

Im Rahmen der zuletzt beschriebenen VÖA-Phase ‚Situationsdefinition' ist die abschließende, summative Evaluation angesiedelt. Die nachfolgende Abbildung 3 führt vor Augen, dass in den ersten drei VÖA-Phasen aber nach dem Prinzip der formativen Evaluation – also der laufenden Erfolgskontrolle – gearbeitet werden sollte, weil die Entscheidung über die nächsten Schritte in hohem Maß vom Wissen über die erreichten Ziele abhängt.

Abbildung 3 stellt die beschriebenen Ebenen und Phasen einer verständigungsorientierten Öffentlichkeitsarbeit überblicksartig dar und benennt zentrale Fragen zur PR-Evaluation nach VÖA-Kriterien. Dabei sind für jede der drei kommunikativen Ebenen (objektive, subjektive und soziale Welt) pro VÖA-Phase die entsprechenden Fragen angeführt, die zum Zweck einer Messung des PR-Erfolgs zu stellen sind. Zusätzlich sind die jeweiligen Analyseobjekte spezifiziert, die pro VÖA-Phase fokussiert werden:

Wenn sich nun – wie oben festgehalten wurde – der Denkansatz einer verständigungsorientierten Öffentlichkeitsarbeit ‚bewährt' hat, so sollte man das VÖA-Konzept dennoch nicht vorschnell als Modell zur Beschaffung von Akzeptanz begreifen: Zustimmung zu einem Projekt, kann nicht wie ‚auf Knopfdruck' durch Öffentlichkeitsarbeit erfolgen, sie kann nur bei den Betroffenen selbst entstehen. „Wer Akzeptanz will, darf sie nicht wollen" diese griffige Formulierung von Christian Röglin (1996: 235) passt hier ganz gut.

Allerdings – so lässt sich ergänzen – entsteht Akzeptanz eher dann, wenn das kommunikative Einverständnis zwischen Projektbetreiber(n) und Teilöffentlichkeit(en) hoch ist. Und das Entstehen dieses (hohen) Einverständnisses wird begünstigt, wenn die Unternehmen bzw. die verantwortlichen Kommunikationsmanager den Diskursbedarf jener involvierten Teilöffentlichkeiten ernst nehmen, die sich von den Unternehmensinteressen in ihrem Handeln eingeschränkt oder gar bedroht fühlen.

Genau darin besteht der praxisrelevante Sinn einer verständigungsorientierten Öffentlichkeitsarbeit und genau daraus könnte auch die Motivation seitens der Unternehmensführung erwachsen, sich tatsächlich um Verständigung zu bemühen.

Verständigungsorientierte Öffentlichkeitsarbeit
Fragen zur Evaluation auf drei Ebenen

VÖA-Phasen / Verständigungsebenen		objektive Welt **WAS** Sachverhalte	subjektive Welt **WER** Unternehmen/Personen	soziale Welt **WARUM** Gründe
Information	K	Wurden die relevanten Sachverhalte/Themen dargestellt?	Wurden zentrale Unternehmensdaten präsentiert?	Wurden die Projektziele begründet?
	M	Welche dieser Sachverhalte oder Themen waren medial präsent (und wie)?	Welche dieser Unternehmensdaten waren medial präsent (und wie)?	Über welche dieser Projektziele und Gründe wurde berichtet (und wie)?
	R	Inwieweit wissen die TÖ über die relevanten Sachverhalte Bescheid?	Inwieweit sind die TÖ über das Unternehmen informiert?	Inwieweit kennen die TÖ die projektbezogenen Begründungen?
	G	Existiert (seitens der TÖ und/oder in der Berichterstattung) Erklärungsbedarf – und wenn ja: für welche Themen?	Existiert (seitens der TÖ und/oder in der Berichterstattung) weiteren Informationsbedarf über das Unternehmen?	Existiert (seitens der TÖ und/oder in der Berichterstattung) Rechtfertigungsbedarf – und wenn ja: für welche Projektziele?
Diskussion	K	Inwieweit hat der Projektbetreiber eine themenbezogene Auseinandersetzung ermöglicht und/oder geführt?		Inwieweit hat der Projektbetreiber eine Auseinandersetzung über die Projektziele ermöglicht und/oder geführt?
	M	Wie haben sich die sachbezogenen Auseinandersetzungen medial niedergeschlagen?	Welches Unternehmensimage wurde medial entworfen?	Wie haben sich die Auseinandersetzungen über die Projektziele medial niedergeschlagen?
	R	Inwieweit haben die TÖ an diesen Sachdiskussionen partizipiert und/oder diese rezipiert?	Über welches Image verfügt das Unternehmen bei den relevanten TÖ?	Inwieweit haben die TÖ an diesen Legitimitätsdiskussionen teilgenommen und/oder diese rezipiert?
	G	Existieren (seitens der TÖ und/oder in der Berichterstattung) Zweifel an der Wahrheit von Daten/Fakten?	Existieren (seitens der TÖ und/oder in der Berichterstattung) Zweifel an der Vertrauenswürdigkeit des Unternehmens?	Existieren (seitens der TÖ und/oder in der Berichterstattung) Zweifel an der Legitimität der Projektziele?
Diskurs	K	Wurden Sachurteile als Wahrheitsbeweise für angezweifelte Daten/Fakten angeboten?		Wurden Werturteile als Legitimitätsnachweise für angezweifelte Begründungen angeboten?
	M	Waren diese Sachurteile bzw. Wahrheitsbeweise medial präsent – und wie?	Wird die (Qualität der) Unternehmenskommunikation medial thematisiert – und wie?	Waren diese Werturteile bzw. Legitimitätsnachweise medial präsent – und wie?
	R	Inwieweit haben die TÖ diese Sachurteile bzw. Wahrheitsbeweise rezipiert?	Wird die (Qualität der) Unternehmenskommunikation seitens der relevanten TÖ wahrgenommen?	Inwieweit haben die TÖ diese Werturteile bzw. Legitimitätsnachweise rezipiert?
	G	Existieren (seitens der TÖ und/oder in der Berichterstattung) Zweifel an der Wahrheit der jew. Sachurteile?	Existieren (seitens der TÖ und/oder in der Berichterstattung) Zweifel an der Diskursqualität der Unternehmenskommunikation?	Existieren (seitens der TÖ und/oder in der Berichterstattung) Zweifel an der Legitimität der jew. Werturteile?
Situationsdefinition	M/R/G	Inwieweit existiert Einverständnis bezüglich der Themen und Sachurteile?	Inwieweit existiert Einverständnis bzgl. der Vertrauenswürdigkeit des Unternehmens?	Inwieweit existiert Einverständnis bzgl. der Projektziele und Werturteile?
	K	Wurde das Ergebnis angemessen kommuniziert?		

Abb. 3: PR-Evaluation nach VÖA-Kriterien

Abkürzungen zu Abbildung 3:

K	Kommunikator, bzw. PR-Auftraggeber
M	Medien, bzw. redaktionelle Berichterstattung von Journalisten
R	Rezipienten, bzw. Mitglieder der anzusprechenden Teilöffentlickeiten (TÖ)
TÖ	Teilöffentlichkeit
G	Kommunikative Geltungsansprüche

Literatur

Baerns, Barbara (Hrsg.) (1995): PR-Erfolgskontrolle. Messen und Bewerten in der Öffentlichkeitsarbeit. Verfahren, Strategien, Beispiele. Frankfurt a.M.: IMK

Beck, Ulrich (1986): Risikogesellschaft. Auf dem Weg in eine andere Moderne. Frankfurt a.M.: Suhrkamp

Bentele, Günter/Liebert, Tobias (Hrsg.) (1995): Verständigungsorientierte Öffentlichkeitsarbeit. Darstellung und Diskussion des Ansatzes von Roland Burkart. Leipziger Skripten für Public Relations und Kommunikationsmanagement, Nr.1, S. 7-27.

Burkart, Roland (1993): Public Relations als Konfliktmanagement. Ein Konzept für verständigungsorientierte Öffentlichkeitsarbeit. Untersucht am Beispiel der Planung von Sonderabfalldeponien in Niederösterreich. Wien: Braumüller.

Burkart, Roland (1996): Verständigungsorientierte Öffentlichkeitsarbeit. Der Dialog als PR-Konzeption. In: Bentele/Steinmann/Zerfaß (Hrsg.): Dialogorientierte Unternehmenskommunikation: Grundlagen - Praxiserfahrungen - Perspektiven. Berlin: Vistas, S. 245-270.

Burkart, Roland (2000a): Die Wahrheit über die Verständigung. Eine Replik auf Klaus Merten. In: Public Relations Forum für Wissenschaft und Praxis, Nr. 2, S. 96-99.

Burkart Roland (2000b), Online-Dialoge: eine neue Qualität für Konflikt-PR? In: Baerns, Barbara/Raupp, Juliane (Hrsg.): Information und Kommunikation in Europa. Forschung und Praxis. Berlin: Vistas, S. 222-230.

Burkart, Roland (2001): Verständigungsorientierte Public Relations-Kampagnen. Eine kommunikationswissenschaftlich fundierte Strategie für Kampagnenarbeit. In: Röttger, Ulrike (Hrsg.): PR-Kampagnen. Über die Inszenierung von Öffentlichkeit. (2. überarbeitete und ergänzte Auflage). Opladen: Westdeutscher Verlag, S. 303-318.

Burkart, Roland (2002): Kommunikationswissenschaft. Grundlagen und Problemfelder. Umrisse einer interdisziplinären Sozialwissenschaft. (4. überarbeitete und aktualisierte Auflage). Wien: Böhlau.

Burkart, Roland/Probst, Sabine (1991): Verständigungsorientierte Öffentlichkeitsarbeit: eine kommunikationstheoretisch begründete Perspektive. In: Publizistik, Nr.1, S. 56-76.

Cutlip, Scott M./Center, Allen H./Broom, Glen M. (2000): Effective Public Relations. (8th edition). New Jersey: Prentice Hall.

Fuhrberg, Reinhold (1995): Teuer oder billig, Kopf oder Bauch – Versuch einer systematischen Darstellung von Evaluationsverfahren. In: Baerns, Barbara (Hrsg.): PR-Erfolgskontrolle. Messen und Bewerten in der Öffentlichkeitsarbeit. Verfahren, Strategien, Beispiele. Frankfurt a.M.: IMK, S. 47-69.

GPRA/Gesellschaft Public Relations Agenturen (Hrsg.) (1997): Evaluation von Public Relations. Dokumentation einer Fachtagung. Frankfurt a.M.: IMK.

Habermas, Jürgen (1981a): Theorie des kommunikativen Handelns. Bd.1: Handlungsrationalität und gesellschaftliche Rationalisierung. Frankfurt a.M.: Suhrkamp.

Habermas, Jürgen (1981b): Theorie des kommunikativen Handelns. Bd. 2: Zur Kritik der funktionalistischen Vernunft. Frankfurt a.M.: Suhrkamp.

Habermas, Jürgen (1984): Vorstudien und Ergänzungen zur Theorie des kommunikativen Handels. Frankfurt a.M.: Suhrkamp.

Habermas, Jürgen (1985): Die neue Unübersichtlichkeit. Kleine politische Schriften V. Frankfurt a.M.: Suhrkamp.

Kienast, Günther (1988): Mit den Betroffenen. Impulse zur praktischen Zusammenarbeit mit Bürgerinitiativen. Wien: Signum.

Kleger, Heinz (1993): Der neue Ungehorsam. Widerstände und politische Verpflichtung in einer lernfähigen Demokratie. Frankfurt a.M., New York: Campus.

Kunczik, Michael/Heintzel, Alexander/Zipfel, Astrid (1995): Krisen-PR. Unternehmensstrategien im umweltsensiblen Bereich. Köln: Böhlau.

Merten, Klaus (2000): Die Lüge vom Dialog. Ein verständigungsorientierter Versuch über semantische Hazards. In: Public Relations Forum für Wissenschaft und Praxis, 6.Jg., Nr. 1, S. 6-9.

Miller, Max (1992): Rationaler Dissens. Zur gesellschaftlichen Funktion sozialer Konflikte. In: Giegel, Hans-Joachim (Hrsg.): Kommunikation und Konsens in modernen Gesellschaften. Frankfurt a.M.: Suhrkamp, S. 31-58.

Münch, Richard (1991): Dialektik der Kommunikationsgesellschaft. Frankfurt a.M.: Suhrkamp.

Nickel, Volker (1990): Umweltorientierte Öffentlichkeitsarbeit" In: Werben und Verkaufen (w&v) Nr.14/15/17/18 vom April/Mai 1990.

ÖWAV/Österreichischer Wasser- und Abfallwirtschaftsverband (Hrsg.) (1995): Konfliktkommunikation: Dialog zwischen Projektplanern und Betroffenen. Wien. ÖWAV.

Pavlik, John (1988): Public Relations. What Research Tells Us. Newburry Park, Bevery Hills: Sage.

Rödel, Ulrich/Frankenberg, Günter/Dubiel, Helmut (1989): Die demokratische Frage. Ein Essay. Frankfurt/Main: Suhrkamp.

Röglin, Christian (1994): Technikängste und wie man damit umgeht. Düsseldorf: VDI.

Röglin, Christian (1996): Die Öffentlichkeitsarbeit und das Konzept der kühnen Konzepte. In: Bentele/Steinmann/Zerfaß 1996: 229-244.

Stock, Wolfgang (Hrsg.) (1986): Ziviler Ungehorsam in Österreich. Wien.

Ulram, Peter (1990): Hegemonie und Erosion. Politische Kultur und politischer Wandel in Österreich. Wien: Böhlau.

PR-Verständnis im Marketing

Peter Szyszka

1. PR-Arbeit als Instrument des Marketing

Wird die betriebswirtschaftliche Literatur danach befragt, welche Aufmerksamkeit sie bislang Public Relations gewidmet hat, fällt das Urteil eindeutig aus: marginale; der Vergleich zur Werbung macht dies besonders deutlich. Insbesondere eine inhaltliche Auseinandersetzung um die Funktion(en) von PR-Arbeit hat kaum stattgefunden. Stattdessen findet sich eine *meist reflexionslose Einordnung* von PR-Arbeit als *Instrument des Marketing* mit marktkommunikativer „Ergänzungsfunktion beim Aufbau von Unternehmens- und Produktimages" (Mast 2002: 43). Weiterreichende Konzepte wie das eines gesellschaftsorientierten Marketing (Wiedmann 1993) oder der Unternehmenskommunikation (Zerfaß 1996), die differenziert mit PR-Arbeit oder adäquaten Leistungsansprüchen umgehen, sind weitgehend ohne Einfluss auf allgemein betriebswirtschaftliche, Management- und Marketing-Standardwerke geblieben. Verantwortlich scheint der seit den achtziger Jahren vertretene duale *Anspruch des Marketing als marktorientiertes Führungskonzept*, das gleichermaßen „Leitbild des Managements" (Führung des Unternehmens vom Markt her) wie „gleichberechtigte Unternehmensfunktion" (verantwortlich für die Absatzpolitik) sein will (vgl. Meffert [8]1998: 5f): Die hier traditionelle Zuordnung der Kommunikationsinstrumente ins Marketing ist unternehmenspolitisch bislang kaum in Frage gestellt worden. Entsprechend kann nur von einem *PR-Verständnis innerhalb des Marketing*, kaum aber von einem theoretischen Ansatz gesprochen werden.

2. Positionierung: PR-Arbeit in Betriebswirtschaft und Marketing

Die PR-Geschichte beschreibt die Integration von PR-Arbeit ins Marketing gerne als ‚feindliche Übernahme', die sich im Zuge des raschen Bedeutungszuwachses von Absatzpolitik in den sechziger Jahren vollzog, als aus Nachfragemärkten Angebotsmärkte wurden. Sie erfolgte in der Absicht, aus der Platzierung von Produktinformationen im redaktionellen Teil der Medien marktlichen und damit betriebswirtschaftlichen Nutzen zu ziehen (vgl. Korte 1997: 44ff). Ideengeschichtlich muss zuerst nach Bezugsquellen in betriebswirtschaftlicher Grundlagenliteratur gefragt werden.

2.1 Bewertung: Der Schatten Carl Hundhausens

Bis heute gelten in der Betriebswirtschaft die Arbeiten Gutenbergs als wesentliche theoretische Grundlegung (vgl. Wöhe [18]1993: 75). In seinem Mitte der sechziger

Jahre publizierten Band „Absatz" widmete er „Public Relations" knapp eine von 488 Seiten. Ganz *im Sinne der zeitgenössischen deutschen PR-Diskussion* sah er in Public Relations alle Bestrebungen einer Unternehmung, „das Ansehen in der Öffentlichkeit zu festigen und zu steigern", indem „die Öffentlichkeit über das Unternehmen selbst, seine technische und wirtschaftliche Situation, seine Pläne und seine internen und externen Geschäftsbedingungen in, wie ebenfalls hinzuzufügen wäre, sachlicher Beweisführung" mittels PR-Arbeit aufzuklären sei ([7]1964: 414f). Gutenberg bezog sich dabei ausdrücklich auf den PR-Pionier Hundhausen, der seinerzeit gleichermaßen Ansehen als PR- wie Werbefachmann genoss. Hundhausen hatte in seinen Arbeiten die Einbindung der Unternehmung in die Gesellschaft und eine damit verbundene existenzielle Notwendigkeit einer *Werbung um Vertrauen* betont (z.B. 1957: 9ff; vgl. Szyszka 1997).

In jüngeren betriebswirtschaftlichen Grundlegungen hat sich dieser Ansatz erhalten. So vertritt Wöhe die Auffassung, dass Unternehmen als Teile von Gesellschaft nicht nur ihre Güter oder Dienstleistungen in erwarteter Qualität und Menge am Markt bereitstellen, sondern auch gesellschaftlichen Normvorstellungen (sorgsamer Umgang mit der Umwelt, Einsatz für soziale Belange von Mitarbeitern und deren Angehörigen, Unterstützung kommunalpolitischer Anliegen der Betriebsstandorte u.m.) entsprechen müssen: „Ein Unternehmen, das diesen Wunschvorstellungen nicht gerecht wird, genießt geringes gesellschaftliches Ansehen, hat ein schlechtes Image", was sich negativ auf den Geschäftserfolg eines Unternehmens niederschlage ([18]1993: 748). Er leitet hieraus die PR-Aufgabe ab, „durch verschiedene kommunikationspolitische Maßnahmen zur *Verbesserung des Unternehmensbildes in der Öffentlichkeit"* und damit zur *Steigerung des Imagewertes* beizutragen, was der *Erreichung von Unternehmenszielen* diene (ebd.: 748f). Mit dieser betont indirekten, absatzpolitischen Wirkung tun sich Marketingautoren indes schwer.

2.2 Einordnung: PR- Arbeit als Instrument der Kommunikationspolitik

Der synoptische Blick auf die Marketingliteratur zeigt, dass PR-Arbeit praktisch durchgängig als Instrument absatzorientierter Kommunikationspolitik eingestuft wird. Sie gehört hier als Element des Kommunikations-Mix' zu einem der Gestaltungsfelder marktstrategischer Marketingaktivitäten, die Becker in drei *Instrumentalbereiche* unterscheidet ([5]1993: 464ff):[1]

- *Angebotspolitik* mit der Aufgabe, marktfähige Produkte zu schaffen (*Produktleistung*),
- *Distributionspolitik* mit der Aufgabe, für eine ausreichende Präsenz dieser Produkte am Markt zu sorgen (*Präsenzleistung*),

---

1   In der Regel finden 4er-Systematiken Verwendung, die sich mit den Aktionsfeldern ‚Produktpolitik', ‚Preispolitik', ‚Vertriebspolitik' und ‚Kommunikationspolitik' (vgl. z.B. Meffert[7] 1991) in ihrem Ursprung auf den Amerikaner McCarthy (1960) zurückführen lassen. Becker und verschiedene andere Autoren vertreten dagegen die Auffassung, dass es sich beim Preis gemeinsam mit Produkt und Programm um originäres Gestaltungsmerkmal der Angebotspolitik handelt (vgl. Becker [5] 1993: 464f).

- *Kommunikationspolitik* mit der Aufgabe, für die angebotenen Produkte marktadäquate Profile zu erarbeiten (*Profilleistung*).

Komponenten des Marketingmix (Marketinginstrumente)		
Produkt-Leistung (Produktpolitik)	Präsenzleistung (Vertriebspolitik)	Profilleistung (Kommunikationspolitik)
Produkt Programm Preis	Absatzwege Absatzorganisation Absatzlogistik	Werbung Produkt-PR Verkaufsförderung

Abb. 1: Komponenten des Marketingmix bei Becker (^{5}1993; 2002; eigene Darstellung) [2]

Becker stuft *PR-Arbeit* neben Werbung und Verkaufsförderung als *Basisinstrument des Marketings* und damit im Vergleich zu anderen Ansätzen hochwertig ein (Becker ^{5}1993: 464ff). Seine indifferenten Vorstellungen von PR-Arbeit dagegen sind typisch für die Mehrzahl der Marketingdarstellungen: „Während Werbung und Verkaufsförderung auf die Auslobung der Produkte (Leistungen) eines Unternehmens abzielen, sind die Aktivitäten der Öffentlichkeitsarbeit auf die Gestaltung positiver Beziehungen zu seiner Umwelt gerichtet (= Vertrauenswerbung)" (ebd.: 469).

Die zugewiesene Funktion steht – zumindest ohne Erörterung – im Widerspruch zur deklarierten marktadäquaten Profilleistung, die von Instrumenten der Kommunikationspolitik für Produkte zu erbringen wäre. Deutlich wird hieran ein Dilemma, in dem sich offensichtlich die Mehrzahl der Marketingautoren befindet: Sie erkennen in PR-Arbeit makroökonomische wie mikroökonomische Ergänzungen der Marktbearbeitung (vgl. Bruhn 1997: 6ff). Die vorwiegend mikroökonomischen Denkkategorien des Marketings machen es aber schwer, makroökonomische Phänomene, wie den Einfluss von Medienberichterstattung oder Unternehmensimage, auf absatzpolitische Prozesse ökonomisch zu fassen und zu bewerten. Entsprechend bleibt eine inhaltliche Auseinandersetzung ausgeblendet.

2.3 Differenzierung: Absatz-, Unternehmens- und Gesellschaftsorientierung

Um dieses Dilemma zu umgehen, unterscheiden Hermanns/Naundorf zwei „*basale PR- Konzepte*" *unterschiedlicher Grundausrichtung*:
- *absatzorientierte PR* als Kommunikationsleistungen am Absatzmarkt und in dessen Umfeld „mit dem Ziel, Bekanntheits- und Imagewerte zu beeinflussen, um – flankierend zur Werbung – verkaufsfördernde Effekte zu erreichen" und
- *strategische PR* als Kommunikationsleistungen im Unternehmensumfeld, welche „zu Vertrauen, Akzeptanz und Interessenausgleich führen soll[en], um somit den

---

[2] Ohne Erörterung werden etwa bei Bruhn summarisch und ohne hierarchische Ordnung Public Relations, Mediawerbung, Verkaufsförderung, Direct-Marketing, Sponsoring, persönliche Kommunikation, Messen/Ausstellungen, Event-Marketing, Multimedia- und Mitarbeiter-Kommunikation als kommunikationspolitisches Instrumentarium anführt (^{4}1999: 31).

Erfolg und den Bestand der Organisationen in einer dynamischen Umwelt langfristig zu sichern" (Hermanns/Naundorf 1994: 982f).

Bruhn, der hierfür die Begriffe „*leistungsorientierte PR*" (Produkte, Dienstleistungen) und „*unternehmensbezogene PR*" (Unternehmensbild, -selbstverständnis) benutzt, unterscheidet zudem „*gesellschaftsbezogene PR*" (Unternehmen als Teil der Gesellschaft) ([4]1999: 237f).[3] Absatzorientierte bzw. leistungsorientierte PR kann dabei als im engeren Sinne marketinggenuin eingestuft werden; alle anderen Typen verfügen auch über auf die allgemeinen Unternehmensführung verweisenden umfeldorientierten Implikationen.

3. Absatzorientierung: PR-Arbeit im Marketing-Mix

Marketing unterscheidet seinem Selbstverständnis nach klassische, rein auf die absatzpolitische Funktion bezogene Ansätze von modernen Ansätzen, die sich darüber hinaus als marktorientiertes Führungskonzept verstehen. Die operative Ebene der Marketinginstrumente, welcher *PR-Arbeit* im Rahmen *der Kommunikationspolitik* (Teil des Kommunikations-Mix) zugeordnet wird (vgl. Abb. 1), spiegelt Managementansprüche allerdings kaum. Sie wären hier zu vernachlässigen, würden Definitionen die als Subfunktion des Marketing-Mix eingestufte Kommunikationspolitik nicht als „Gesamtheit der Kommunikationsinstrumente und -maßnahmen eines Unternehmens [...], die eingesetzt werden, um *das Unternehmen und seine Leistungen* den relevanten Zielgruppen der Kommunikation *darzustellen*" verstehen (Bruhn [4]1999: 203; Hervorh. PS).

Unternehmensdarstellung macht Kommunikationspolitik makroökonomisch zu einem allgemeinen Managementinstrument. Da ein Diskurs über die Zweckmäßigkeit der Verankerung von Kommunikationspolitik im Marketing fehlt, und – wie noch zu zeigen sein wird – Funktionen und Leistungen der hier zugeordneten PR-Arbeit nicht differenziert betrachtet werden, bleibt das ‚klassische' Marketingverständnis von PR-Arbeit weitgehend diffus.

---

3 An anderer Stelle hat Bruhn unterschieden in *mikro-ökonomische Funktion* (Information, Beeinflussung, Bestätigung), *makro- ökonomisch/wettbewerbsgerichtete Funktion* (Marketing-Unterstützung) und *makro- ökonomisch/sozial-gesellschaftliche Funktion* (Vermittlung von Normen und Werten) (1997: 6). Wiedmann hat den letzten Fall schon früh als *Gesellschaftsorientiertes Marketing* eingestuft, worin er einen erweiterten Ansatz marktorientierter Unternehmensführung mit langfristiger und ganzheitlicher Perspektive durch Einbezug gesellschaftlicher und sozialer Anforderungen und Verantwortung in Managemententscheidungen sieht (vgl. Wiedmann 1986: 5).

3.1 PR-Funktionen: Definition und Darlegung

Die im deutschen Sprachraum im Marketing bekanntesten PR-Definitionen stammen von Meffert und Bruhn[4]. Mefferts Zugang weist dabei große *Nähe zu älteren PR-eigenen Definitionen* auf, während bei Bruhn eine nicht eindeutige Makro-/Mikro-Orientierung mit *instrumentellem Duktus* auffällt:

- *Meffert*: PR-Arbeit kennzeichnet „die planmäßig zu gestaltende Beziehung zwischen der Unternehmung und den verschiedenen Teilöffentlichkeiten (z.B. Kunden, Aktionäre, Lieferanten, Arbeitnehmer, Institutionen, Staat) mit dem Ziel, bei diesen Teilöffentlichkeiten Vertrauen und Verständnis zu gewinnen bzw. auszubauen" (^{8}1998: 704).
- *Bruhn*: „Public Relations (Öffentlichkeitsarbeit) als Kommunikationsinstrument beinhaltet die Planung, Organisation, Durchführung sowie Kontrolle aller Aktivitäten eines Unternehmens, um bei ausgewählten Zielgruppen (extern und intern) um Verständnis und Vertrauen zu werben und damit die Ziele der Unternehmenskommunikation zu erreichen" (^{4}1999: 237).

Wird in beiden Fällen der zugehörige Kontext mitbetrachtet, so geht dieser substanziell kaum über die jeweilige Definition hinaus. Vor allem bleibt die makroökonomische Dimension weitgehend ausgeblendet. Welche Rolle etwa ‚Vertrauen' und ‚Verständnis' spielen und welche Optimierungspotenziale mit ihnen verbunden werden, bleibt offen. Nieschlag u.a. sprechen davon, dass ein positives Image allgemeine Organisationsziele wie Nachwuchswerbung und Mitarbeiteridentifikation unterstütze, aber auch die Glaubwürdigkeit von Werbeaussagen steigere, vermischen makro- und mikroökonomische Ziele ohne jede Differenzierung (^{17}1994: 537). Pepels identifiziert „psychographische Werbeziele" als mittelbar ökonomische Werbeziele, die er von produkt- oder marktbezogenen Zielen unterscheidet (^{3}1999: 556); PR-Arbeit ordnet er eine marktpsychologische Leistung zu. Der Verweis auf die Realisierung „psychologischer Kommunikationsziele wie z.B. Vertrauen oder positive Einstellung" findet sich auch bei Bruhn (^{4}1999: 239).

Die mikroökonomische Orientierung in der Einstufung von PR-Arbeit offenbaren Kotler/Bliemel, die großen Teilen deutscher Marketingliteratur als Referenzquelle dienen. Die von ihnen angeführten PR-Aufgabenfelder (Pressebeziehungen, Produkt-Publicity, Unternehmenskommunikation, Interessenvertretung/Lobbying, Beratung zu Unternehmensimage und Themen öffentlichen Interesses) greifen zwar die gesamte Breite absatz- wie unternehmensorientierter PR-Aufgaben ab, formulieren aber ausschließlich mikroökonomische Absatzziele (Unterstützung von Marketingzielen, Aufbau von Produktbekanntheit, Beeinflussung von Präferenzen am Markt, Repositionierung und Verteidigung von Produkten des Unternehmens); eine mögliche makroökonomische Dimension bleibt ausgeblendet (^{7}1992: 949ff).

Ähnlich verfährt Meffert, der danach fragt: „Welche Informations- und Beeinflussungsmaßnahmen sollen ergriffen werden, um die Leistungen abzusetzen?"

---

4 Von 1968 an baute Heribert Meffert an der Universität Münster das erste deutsche Institut für Marketing auf. Sein Schüler Manfred Bruhn, heute Marketing-Ordinarius an der Universität Basel, gehört zu den Marketingautoren, die sich explizit mit Kommunikationspolitik beschäftigt haben (1997).

(Meffert⁷ 1991: 115). Die neun von ihm angeführten PR-Funktionen (Informations-, Kontakt-, Image-, Harmonisierungs-, Absatzförderungs-, Stabilisierungs-, Kontinuitäts-, Sozial- und Balancefunktion) sind weitgehend älterer PR-Literatur (vgl. Zankl 1975) entliehen und erfahren keine ausreichenden Darlegungen und Begründungen. Deutlich konkreter ist die *kommunikationspolitische Zielsetzung* bei Nieschlag u.a., die potenzielle Abnehmer informieren, sie von der Vorteilhaftigkeit des Produkts überzeugen und zum Kauf aktivieren wollen (¹⁷1994: 21). Bruhn hält dem entgegen, dass PR-Arbeit „für die Realisierung kurzfristiger Kommunikationsziele, wie z.B. die Steigerung des Abverkaufs, [...] kaum geeignet" sei (⁴1999: 239).

3.2 Zentrales Marketinginteresse: Produkt-Publizität

Werden Marketingansätze nachdrücklich auf ihre Leistungserwartung gegenüber PR-Arbeit hinterfragt, wird implizit und teilweise auch explizit deutlich: PR-Arbeit soll Produkt-Publizität schaffen. Hill/Rieser etwa rücken den Begriff „Publizität"⁵ an die Stelle von Kommunikationspolitik; sie zielt hier „nicht unmittelbar auf Absatzerfolg", sondern soll „das Umfeld der Aktivitäten einer Unternehmung günstig beeinflussen und so die Grundlage für erfolgreiche Einzelmaßnahmen schaffen" (²1993: 415; vgl. auch Bruhn ⁴1999: 237); hier findet sich die Linie zu Gutenberg wieder. Hill/Rieser unterscheiden – ohne dies argumentativ auszuführen – *Produkt-Publizität* als „alle Maßnahmen, mit denen in der Öffentlichkeit ein positives Bild über die Gesamtheit der Marktleistungen bzw. über ein bestimmtes Produkt, eine Dienstleistung oder eine Marke erzeugt werden soll", und *Marketing-PR oder marktorientierte PR* als „jede Form der unbezahlten und *unsignierten Übertragung von Informationen und persönliche Medien*, von der die Unternehmung positive Reaktionen auf ihr Leistungsangebot erwartet" (ebd.: 416).⁶

Deutlich werden hieran Leistungserwartungen, die von Seiten der PR Tondeur/ Lerf schon 1968 in die These gekleidet haben, PR-Arbeit sei der Versuch, „publizistische Aussagen über eine Firma oder ein Produkt in die redaktionellen Spalten der Presse hineinzubringen, d.h.: interessengebundene Aussagen mit einem ‚offiziellen' Absender auszustatten" (1968: 8).⁷ Angestrebt werden *Bekanntheits-, Profil- und Akzeptanzleistung* für Produkte und deren präferierte Nachfrage am Markt, die mittels Werbung nicht zu erreichen sind. Für Kotler/Bliemel bietet PR-Arbeit „eine Vielzahl von Möglichkeiten, auf indirektem Wege das Image des Unternehmens und seiner Produkte im Bewusstsein der Öffentlichkeit zu fördern" (⁷1992: 828).

PR-Aktivitäten sind hier publizistische Aktivitäten, denen sie besondere wahrnehmungspsychologische Rahmenbedingungen zumessen: Kotler/Bliemel unterstellen Presseberichten hohe Glaubwürdigkeit und eine gegenüber Werbeanzeigen hö-

---

5   Publizität bindet für Merten den Begriff Öffentlichkeit an mediale Veröffentlichung und die dadurch bedingte, prinzipiell unbegrenzte mediale Zugänglichkeit für einen Sachverhalt (1999: 218).
6   Hiervon grenzen sie *Corporate Identity* „als Weiterentwicklung des PR-Gedankens" ab (ebd.).
7   Schon damals vertraten die Schweizer die Ansicht: „PR sind primär eine Gesamtschau, ein Gesamtdenken, das Überdenken und Übersichtlichmachen *aller* Beziehungen, die eine Firma, mit ihren spezifischen Gegebenheiten, zu ihrer Umwelt unterhält. PR zielen auf die Einordnung des Unternehmens in seine Umwelt, nicht nur auf seinem Markt" (Tondeur/Lerf 1968: 34).

here Authentizität, die Argwohn reduziere und Personen erreiche, die Werbung meiden würden: Verwiesen wird also auf eine *Glaubwürdigkeitsleistung.* Inszenierbarkeit und Dramatisierbarkeit, die in diesem Kontext zudem angeführt werden, seien dazu Mittel der *Generierung notwendiger Aufmerksamkeit* (vgl. ebd.: 857).

4. Umfeldorientierung: Vom Marketing zum Management

Mit Raffée und Wiedmann traten Mitte achtziger Jahre zwei Autoren in Erscheinung, die sich intensiv mit der Integration gesellschaftsorientierter Denkweisen in das Marketing beschäftigt haben. Diese Arbeiten mündeten in Wiedmanns 1993 vorgelegter Promotionsschrift zur *Rekonstruktion des Marketingansatzes.* Sein gesellschaftsorientiertes Marketingkonzept rückt dabei u.a. den kommunikativen Umgang mit wechselseitigen Geltungsansprüchen (Eigeninteressen und Gesellschaftsinteressen) mittels *Public Marketing* ins Zentrum, was als ein weitreichender PR-Ansatz eingestuft werden kann. Diesem Ansatz hat insbesondere Haedrich widersprochen, der für eine getrennte Funktionszuweisung von *produktbezogener PR-Arbeit an das Marketing* und *unternehmensbezogener PR-Arbeit an das allgemeine Management* des Unternehmens eingetreten ist (1992: 264).

4.1 Raffée/Wiedmann: Gesellschaftsorientiertes Marketing (GOM)

Gesellschaftsorientiertes Marketing ist ein *Konzept strategischer Unternehmensführung,* das Fragen gesellschaftlicher und sozialer Verantwortung in alle Managemententscheidungen einbezieht und sich nicht auf gewinnoptimale Absatzpolitik oder ein allein an Marktbedürfnissen und dominanten Engpässen in Absatz- und Beschaffungsmärkten ausgerichtetes Denken beschränkt (Wiedmann 1986: 5). Entsprechend werden hier alle betrieblichen Ziele, Aktivitäten und Leistungen auf die Anforderungen der Gesellschaft bzw. die Bedürfnisse und Erwartungen aller direkten sowie indirekten Austauschpartner hin ausgerichtet. Neben Beschaffungs- und Absatzmarketing wird Public Marketing zur dritten und gleichberechtigten Aktionsebene mit der Aufgabenstellung, durch gesellschaftsorientierte Ausrichtung der Unternehmenspolitik Unterstützungs- und Erfolgspotenziale aufzubauen, auszuschöpfen und langfristig zu sichern (vgl. Raffée/Wiedmann 1994: 984f).

Der von Raffée/Wiedmann als ‚Public Marketing' bezeichnete Teilbereich ihres erweiterten Modells strategischen Marketings repräsentiert nichts anderes als einen auf die Auseinandersetzung mit relevanten Teilen der Öffentlichkeit (Meinungsmärkte) hin ausgerichtetes Aufgabenfeld, das klassischerweise der Öffentlichkeitsarbeit zugerechnet wird. Gesellschaftsorientiertes Marketing umfasst hier drei Arten von Managementprozessen (vgl. auch Abb. 2):

- *Transaktionsmanagement*: Austausch der Unternehmensleistung gegen Geld.
- *Reputations- und Beziehungsmanagement*: Aufbau/Pflege langfristiger Beziehungen, Sicherung von Unterstützungspotenzialen (Akzeptanz, Vertrauen, Zu-

neigung), positive Einstellungen gegenüber dem Unternehmen, seinen Zielen, Leistungen und Verhaltensweisen.

- *Kontextmanagement*: Beeinflussung relevanter Rahmenbedingungen, unter denen sich die vorstehenden Prozesse vollziehen sollen (politisch-rechtliche, soziokulturelle, branchenpolitische Bedingungen) (vgl. Wiedmann 1989: 240).

Public Marketing steht hier zwischen Absatz- und Beschaffungsmärkten und richtet sich an öffentliche Meinungsmärkte und politische und administrative Entscheider. Es soll dabei „faktische und/oder potenzielle Widerspruchspotenziale abbauen und nach Möglichkeit in Zustimmung umwandeln" (Raffée 1982: 83) – eine Idee, die auch die deutschsprachige PR-Literatur seit deren Anfängen mehr oder weniger explizit durchzieht. Zwar behauptet Wiedmann, dass die Konzeption von PR-Arbeit

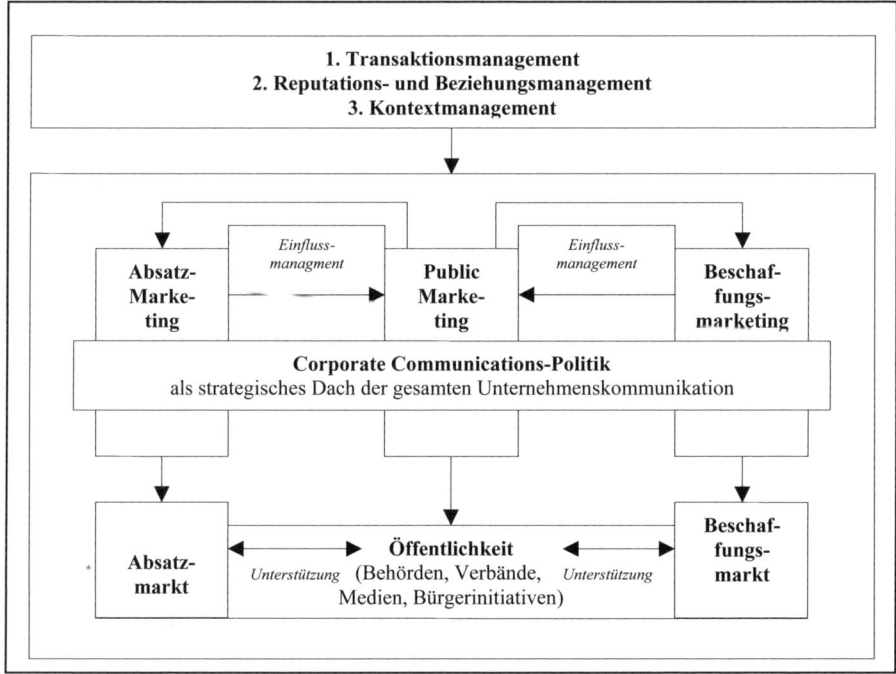

Abb. 2: Ziel- bzw. Aufgabenfelder eines am GOM-Konzept ausgerichteten Management von Umweltbeziehungen nach Wiedmann (1989: 243)

eine Erweiterung erfahren müsse, die in Public Marketing zum Ausdruck komme. Tatsächlich greift sein Konzept aber weitgehend auf Leistungsanforderungen zurück, die aus PR-Ansätzen bekannt sind: systematische Gewinnung, Verarbeitung und Aufbereitung von Informationen über gesellschaftliche Entwicklung, Bedürfnisse, Erwartungen und Forderungen der Öffentlichkeit, langfristige Folgewirkungen der Marketing-Programme des Unternehmens, Einspeisung von Informationen in ein zentrales strategisches Marketing-Informationssystem und Maßnahmen im Sinne eines internen Einflussmanagements, um die gesellschaftliche Ausrichtung aller

Unternehmensaktivitäten zu gewährleisten, Entwicklung von Vorschlägen zur Gestaltung gesellschaftsorientierter Marketingprogramme und Mitwirkung in Planungs- und Entscheidungsgremien, operative Planung und Realisierung spezieller Kommunikationsmaßnahmen gegenüber den verschiedenen Zielgruppen der Öffentlichkeit und operative Planung und Realisierung von Sozio-Programmen (vgl. 1986: 8f).

Im Grunde beschreibt Wiedmann damit eine aus dem Marketing entwickelte, aber dem allgemeinen Management zuzuordnende Vorstellung von Kommunikationspolitik, die als Unternehmenskommunikation oder Integrierte Kommunikation in einem unternehmenspolitischen Sinne einzustufen wäre. Wohl um sich von klassischen Marketingvorstellungen zu differenzieren, spricht er statt von ‚Kommunikationspolitik' von ‚Corporate Communications-Politik'.

4.2 Haedrich: Notwendiger Paradigmenwechsel?

Neben Raffée/Wiedmann hat Haedrich durch die Auseinandersetzung mit erweiterten Marketingkonzepten auf sich aufmerksam gemacht. Auf unternehmenspolitischer Ebene geht er davon aus, dass sich jedes Unternehmen im Sinne einer übergeordneten langfristigen Überlebensstrategie rechtzeitig auf neue Umweltsituationen einstellen muss, indem es die Belange relevanter gesellschaftlicher Interessengruppen und hier insbesondere konfliktäre Ansprüche bei unternehmenspolitischen Entscheidungen berücksichtigt. Gleichzeitig tritt er aber der Position von Raffée/Wiedmann entgegen, da Marketing nach seiner Ansicht mit dieser Aufgabenstellung überfordert sei.[8] Für Haedrich bleibt nämlich die grundlegende Aufgabenstellung des Marketing unverändert, sich „so konsequent wie möglich am Nutzenkonzept, d.h. am unmittelbaren Verbrauchernutzen zu orientieren", was in ökonomischen Dimensionen (angestrebter Marktanteil, Absatzeinheiten, Umsatzwerten oder Deckungsbeiträgen) zum Ausdruck kommt. Gleichzeitig wirft er die Frage auf, ob PR-Arbeit nicht das Fundament der Unternehmenskommunikation darstelle (1982: 74). Da gesellschaftliche Belange, die von anderen Teilgruppen der Öffentlichkeit artikuliert werden, dazu teilweise in Konkurrenz treten, müssen diese zwangsläufig zu kurz kommen. Haedrich tritt daher für die *Doppelstrategie* eines Ausbalancierens zwischen ökonomischen und außerökonomischen Zielen auf Managementebene ein, die einem Paradigmenwechsel im Marketing gleichkommt:

> „*Marketing und Public Relations verschmelzen zu einer geschlossenen unternehmerischen Führungskonzeption*. Dabei sei der Schwerpunkt der *Marketingaktivitäten auf die Aufgabenumwelt der Organisation im engeren Sinne gerichtet*, während *PR ihren schwerpunktmäßigen Wirkungsbereich im gesellschaftlichen Umfeld* haben" (1992: 264).

Haedrichs Doppelstrategie bedeutet nichts anderes als eine unternehmenspolitische Aufgabenteilung in die Auseinandersetzung mit marktlichen und gesellschaftlichen Umfeldern, die in unternehmenspolitischen Entscheidungsprozessen aufeinander abzustimmen wäre. Die Überprüfung der Tragfähigkeit von Entscheidungen in rele-

---

8 Zerfaß/Emmendörfer vertreten die gleiche Auffassung wenn sie feststellen, dass dies das Marketing zwangsläufig überfordere, da sich Marketingfachleute dann nicht mehr ausreichend mit der Identifizierung und Lösung genuiner Marketingprobleme beschäftigen würden (1994: 48).

vanten Meinungsbildungsprozessen wird hier zum eigenständigen Mandat. Öffentlichkeitsarbeit ist damit nur *in ihrem produktbezogenen Teilbereich ein Marketinginstrument*, in ihrem *Hauptaufgabenbereich* aber ein *zentrales Kommunikationsinstrument der Unternehmenspolitik* (vgl. schon 1982: 75). In jüngerer Zeit hat auch Meffert eingestanden, dass es aufgrund der unternehmenspolitischen Bedeutung von PR-Arbeit in der Praxis häufiger „zu einer von der Marketing-Abteilung getrennten Ansiedlung der PR auf Geschäftsführungs- bzw. Vorstandsebene" komme, um „den Gedanken des ‚Öffentlichkeitsbezugs' sowie der ‚sozialen Verantwortlichkeit' in den Führungsgremien der Unternehmung zu implementieren (^{8}1998: 708).

5. Produkt-PR als Marketing-Instrument – eine Annäherung

Wird dieser Position gefolgt, wirft dies dennoch die Frage auf, wie die absatzspezifische PR-Funktion zu beschreiben und in ihrem inneren Zusammenhang zu allgemeiner PR-Arbeit zu begründen ist. Die mit dem Begriff der „Product Publicity" in Verbindung gebrachte Absicht vom „Hereintragen von Produktinformationen in den redaktionellen Teil der Medien", kennzeichnet zwar eine Zielsetzung, liefert aber keine Begründung; gleiches gilt für ein Marketingverständnis von „Public Relations" als „Maßnahmen mit dem Ziel, Imageverbesserung des Unternehmens als Ganzes anzustreben" (vgl. hier Berndt 1993: 12).

Ein plausibler Absatz zur absatzpolitischen Positionierung von *Produkt-PR als einem absatzorientierten Teilbereich von Öffentlichkeitsarbeit* kann beim kommunikationspolitischen Verständnis von Becker ansetzen. Werbung zielt dabei „auf eine ziel- und marktadäquate Verhaltenssteuerung tatsächlicher und potenzieller Abnehmer speziell über sog[enannte] Massenkommunikationsmittel" (Ziele: Bekanntheit, unverwechselbares Image); die Aufgabe von Verkaufsförderung besteht „in einer unmittelbaren, d.h. am Verkaufsort wirksamen Verkaufshilfe" (Promotion, Merchandising) (vgl. Becker^5 1993: 469). Wird Kaufverhalten als Prozess betrachtet, entsteht eine Lücke zwischen der Animation des Leistungsnachfragers zu einer intensiveren Beschäftigung mit der Möglichkeit des Erwerbs (Werbung) und der Situation des Leistungserwerbs (Verkaufsförderung). In dieser Lücke ist die Kaufentscheidung angesiedelt, die aus Perspektive des Konsumenten für ihn dann eine riskante Entscheidung darstellt, wenn eine individuelle Toleranzschwelle überschritten wird. Dabei lassen sich drei markante Risikotypen ausmachen:

- finanzielles Risiko: der Konsument bewertet Kosten und Nutzen,
- technisches Risiko: der Konsument sieht sich als Laien-Anwender,
- Status-Risiko: der Konsument bewertet die sozio-psychologische Dimension.

Um dieses Risiko abzubauen, nutzt der Konsument Reduktionstechniken, die den Ablauf seines Entscheidungsprozesses beeinflussen: Entsprechend der Involvement-Hypothese sucht er mit Zunahme des wahrgenommenen Kaufrisikos nach zusätzlichen Informationen (vgl. Kroeber-Riel ^{5}1992: 261f u. 410). Diese Informationen entnimmt er Medien, die er für glaubhaft hält, oder er orientiert sich an individuellen Meinungsführern, denen er eine für die Entscheidungssituation relevante Kompetenz unterstellt. Diese besitzen Themenkompetenz, ohne in der unmittelbaren oder mittelbaren Entscheidungssituation selbst Konsumenten oder potenzielle Konsumenten dieser Leistung sein zu müssen. Da sich diese Personen – so kann unterstellt werden – mit gewisser Kontinuität mit dem entsprechenden Themenkomplex (z.B. Thema ‚Auto') auseinandersetzen, nutzen sie mediale Informationspotenziale, wie sie z.B. von entsprechenden Fachmedien bereitgestellt werden und sich auch in sogenannten Servicebeiträgen der Medien finden.

Hier setzt Produkt-PR an, die diese Informationslücke schließen will. Mittels Produkt-PR gelangt notwendige, substanzielle Produktkenntnis in die Öffentlichkeit. Produkt-PR stellt dazu im marktlichen Umfeld der Leistungsangebote eines Unternehmens (potenzielle Konsumenten, allgemein Interessierte) *Informationen über diese Leistungen* mittels Medienarbeit und anderer Publikationen zur Verfügung, um mit deren Hilfe über die Gruppe der potenziellen Konsumenten hinaus gesellschaftliche Informiertheit bei relevanten Meinungsbildnern zu erzeugen, die wiederum bei potenziellen Konsumenten Einfluss auf den Abbau von Verhaltensunsicherheit gegenüber den entsprechenden Leistungen nehmen sollen. Produkt-PR verfolgt damit eine doppelte Zielsetzung (vgl. Abb. 3):

- Sie will *im marktlichen Umfeld* Aufmerksamkeit, inhaltliche Bekanntheit/ Informiertheit und positive Bewertung herbeiführen, um Leistungen ins Gespräch zu bringen (Aktualität, Trend) und über den Umweg von Diskussion und Empfehlungen mittelbar Einfluss auf Entscheidungsverhalten nehmen.

- *Beim potenziellen Konsumenten* will sie den Abbau von Verhaltensunsicherheit durch Informiertheit und allg. Risikoabsicherung (Orientierung an öffentlicher Meinung) herbeiführen und die Kaufentscheidung im Sinne des Angebots beeinflussen.

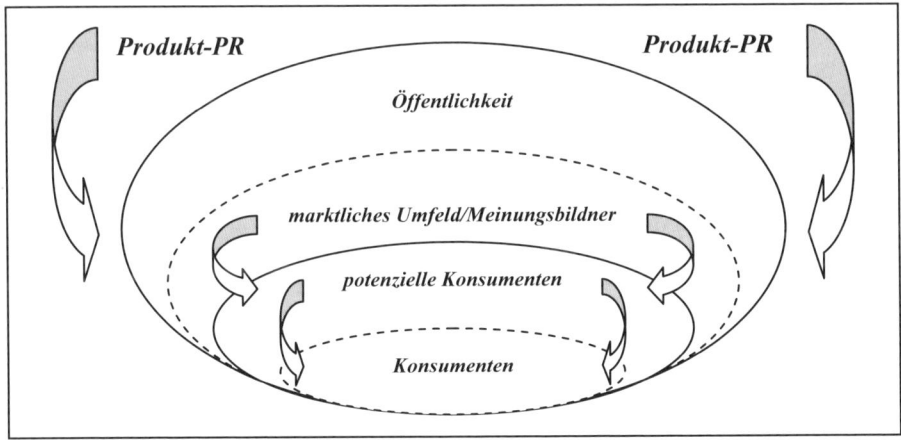

Abb. 3: Produkt-PR als entscheidungsunterstützendes Informationspotenzial

6. „Integrierte Kommunikation" als strukturelle Integration und Perspektive?

Das marketingseitige Reflexionsniveau, das PR-Arbeit zuteil wird, ist insgesamt gering; dass eine notwenige, klärende, substanzielle Auseinandersetzung in der Regel fehlt, ist bedauerlich, wie das marketinggenuine Beispiel Produkt-PR zeigt. Es ist besonders bedauerlich, weil sich an den dualen Anspruch bekannter Marketingkonzepte absatzpolitische und managementbezogene Leistungsansprüche gerade an das Kommunikationsinstrument PR-Arbeit knüpfen, die mangels Auseinandersetzung in den meisten Darstellungen verschwimmen. Dass Führungsleistungen des Marketing nicht an dem in den meisten Fällen erklärtermaßen umfeldorientierten Kommunikationsinstrument PR-Arbeit exemplifiziert werden, kann als Indiz dafür gelten, das PR-Arbeit im Marketingkontext ein im Grunde nur nachgeordneter Stellenwert zugemessen wird.

Als abschließendes Beispiel für Entwicklungs- und Differenzierungspotenziale kann der Begriff „Integrierte Kommunikation" gelten. Wird nämlich unternehmenspolitische Kommunikationsarbeit als eine Problematik der Präsenz und Bearbeitung unterschiedlicher, für ein Unternehmen relevanter Meinungsmärkte begriffen, dann wird deutlich, dass Unternehmen mit ihrem Profil (Image, Marke, Reputation) in mindestens fünf Meinungsmärkten positioniert sein müssen, die auf Profilbekanntheit und hierauf bezogenen Werturteilen beruhen: *öffentlicher Meinungsmarkt* (Ziel öffentliche Akzeptanz), *Meinungsmarkt politischer und administrativer Entscheider* (Ziel: politische Akzeptanz), *Absatzmarkt* (Ziel: Marktakzeptanz), *interner und externer Personalmarkt* (Ziel: soziale Akzeptanz) und *Finanzmarkt* (Ziel: ökonomische Akzeptanz).

Die aus dem Marketing heraus entwickelten Ansätze weisen dazu drei Integrationsebenen aus: *inhaltliche Integration* als thematische Abstimmung, *formale Integration* als Abstimmung anhand festgelegter Gestaltungsprinzipien und *zeitliche Integration* als periodische Ereignisplanung (vgl. z.B. Bruhn 1997: 100).

Der Begriff „Integrierte Kommunikation" kennzeichnet dort im Grunde nichts anderes als selbstverständliche Prozesse notwendiger Koordination aller Kommunikationsaktivitäten des Marketing. Der im gesellschaftsorientierten Marketing beschriebene notwendige Abgleich aller Kommunikationsaktivitäten und -wirkungen eines Unternehmens, die ein managementbezogener Begriff mit einer *Ebene unternehmenspolitischer oder ‚struktureller Integration'* ins Zentrum rücken müsste, wäre also als Dachkategorie hinzuzufügen. Damit wird hier bislang das Potenzial des Begriffs genauso wenig ausgeschöpft wie beim ebenfalls vom Marketing-Mix vereinnahmten Begriff ‚Kommunikationspolitik'. Fortschritte lassen sich nur erwarten, wenn – wie von Haedrich vorgeschlagen – allgemein unternehmenspolitischen Funktionen von PR-Arbeit künftig von der eindeutig im Marketing angesiedelten und allein absatzorientierten PR-Funktion ‚Produkt-PR' unterschieden würden.

Literatur

Becker, Jochen ⁵(1993): Marketing-Konzeption. Grundlagen des strategischen Marketing-Managements. München: Vahlen.

Bruhn, Manfred (1997): Kommunikationspolitik. Bedeutung – Strategien – Instrumente. München: Vahlen.

Bruhn, Manfred ⁴(1999): Marketing. Grundlagen für Studium und Praxis. Wiesbaden: Gabler.

Gutenberg, Erich ⁷(1964): Grundlagen der Betriebswirtschaftslehre. Band 2. Der Absatz. Berlin: Springer.

Haedrich, Günter (1982): Öffentlichkeitsarbeit und Marketing. In: Haedrich, Günter/Barthenheier, Günter/Kleinert, Horst (Hrsg.): Öffentlichkeitsarbeit. Dialog zwischen Institutionen und Gesellschaft. Ein Handbuch. Berlin, New York: de Gruyter, S. 67-75.

Haedrich, Günter (1992): Public Relations im System des Strategischen Managements. In: Avenarius, Horst/Armbrecht, Wolfgang (Hrsg.): Ist Public Relations eine Wissenschaft? Opladen: Westdeutscher Verlag, S. 257-278.

Hermanns, Arnold/Naundorf, Stefan [A.H./S.N.] (1994): Public Relations (P.R.). In: Diller, Hermann (Hrsg.): Vahlens Großes Marketing Lexikon. München: Beck, S. 982-984.

Hill, Wilhelm/Rieser, Ignaz ²(1993): Marketing-Management. Bern u.a.: Haupt.

Hundhausen, Carl (1957): Industrielle Publizität als Public Relations. Essen: Girardet.

Kotler, Philip/Bliemel, Friedhelm ⁷(1992): Marketing-Management. Analyse, Planung, Umsetzung und Steuerung. Stuttgart: Schäffer-Poeschel.

Korte, Friedrich H. (1997): Spurensuche auf einem ‚weiten' Feld. In: Szyszka, Peter (Hrsg.): Auf der Suche nach Identität. PR-Geschichte als Theoriebaustein. Berlin: Szyszka, Peter (Hrsg.): Auf der Suche nach Identität. PR-Geschichte als Theoriebaustein. Berlin: Vistas, S. 37-67.

Kroeber-Riel, Werner ⁵(1992): Konsumentenverhalten. München: Vahlen.

Mast, Claudia (2002): Unternehmenskommunikation. Stuttgart: Lucius & Lucius.

Meffert, Heribert ⁷(1991): Marketing. Grundlagen der Absatzpolitik. Wiesbaden: Gabler.

Meffert, Heribert ⁸(1998): Marketing. Grundlagen marktorientierter Unternehmensführung. Konzepte – Instrumente – Praxisbeispiele. Wiesbaden: Gabler.

Merten, Klaus (1999): Einführung in die Kommunikationswissenschaft. Bd. 1: Grundlagen der Kommunikationswissenschaft. Münster: Lit.

Nieschlag, Robert/Dichtl, Erwin /Hörschgen, Hans ¹⁷(1994): Marketing. Berlin: Springer.

Pepels, Werner ³(1999): Kommunikations-Management. Marketing-Kommunikation vom Briefing bis zur Realisation. Stuttgart: Schäffer Poeschel.

Raffée, Hans (1982): Marketingperspektiven der 80er Jahre. In: Marketing ZfP, Nr. 2, S. 81-90.

Raffée, Hans/Wiedmann, Klaus-Peter [H.R./K.-P.W.] (1994): Public Marketing. In: Diller, Hermann (Hrsg.): Vahlens Großes Marketing Lexikon. München: Beck, S. 984-985.

Szyszka, Peter (1997): Carl Hundhausen – ein Ahne im Abseits? In: Szyszka, Peter (Hrsg.): Auf der Suche nach Identität. PR-Geschichte als Theoriebaustein. Berlin: Vistas, S. 233-241.

Tondeur, Edmond/Lerf, Rolf (1968): Public Relations ohne Schlagworte. Zürich: Verlag Organisator.

Wiedmann, Klaus-Peter (1986): Public Marketing und Corporate Communications als Bausteine eines strategischen und gesellschaftsorientierten Marketing. Arbeitspapier Nr. 38, Institut für Marketing, Universität Mannheim.

Wiedmann, Klaus-Peter (1989): Gesellschaft und Marketing. Zur Neuorientierung der Marketingkonzeption im Zeichen des gesellschaftlichen Wandels. In: Specht, Günter/Silberer, Günter /Engelhardt, Werner Hans (Hrsg.): Marketing-Schnittstellen. Stuttgart: Poeschel, S. 227-246.

Wiedmann, Klaus-Peter (1993): Rekonstruktion des Marketingansatzes und Grundlagen einer erweiterten Marketingkonzeption. Stuttgart: Poeschel.

Wöhe, Günter ¹⁸(1993): Einführung in die Allgemeine Betriebswirtschaftslehre. München: Vahlen.

Zankl, Hans Ludwig (1975): Public Relations. Leitfaden für die Unternehmens-, Verbands- und Verwaltungspraxis. Wiesbaden: Gabler.

Zerfaß, Ansgar/Emmendörfer, Alexander (1994): Gesellschaftsorientiertes Marketing und sozial verantwortliche Unternehmensführung. Diskussionsbeitrag Nr. 80, Lehrstuhl für Allgemeine BWL und Unternehmensführung, Universität Erlangen-Nürnberg.

Zerfaß, Ansgar (1996): Unternehmensführung und Öffentlichkeitsarbeit. Grundlegung einer Theorie der Unternehmenskommunikation und Public Relations. Opladen: Westdeutscher Verlag.

Public Relations im Kontext der Unternehmenskommunikation

Nikodemus Herger

1. Zum Begriff der Unternehmenskommunikation

Die Unternehmenskommunikation umfasst in allgemeiner Umschreibung von Theis die Kommunikation *in* und *von* Organisationen (Theis 1993: 313). Bestimmend für die Präzisierung dieser Definition ist das Grundverständnis des Kommunikationsbegriffs, der in der Unternehmenskommunikation zur Anwendung kommt. Die in der Marketingliteratur vielzitierte Vorstellung eines trivialen Prozesses der Informationsübertragung zwischen Sender und Empfänger, erweist sich angesichts der Vieldimensionalität der Kommunikation als ungenügend und allzu verkürzt für die Beobachtung der Unternehmenskommunikation (Kotler/Bliemel 1999: 928; Kühn 1999). Die Komplexitätsbewältigung der Unternehmenskommunikation setzt Denkmodelle auf den Plan, welche eine umfassende Beobachtung der Dynamik zulassen. Als besonders geeignet für die Fragestellungen der Unternehmenskommunikation erweisen sich jene systemtheoretischen Ansätze, welche die Kommunikation als reflexiv strukturierten Prozess abbilden und die Unternehmenskommunikation als spezifische, dynamische Relation zwischen Unternehmen und Rezipienten begreifen (Kückelhaus 1998: 149-266). Im Gegensatz zur oben genannten Übertragungsvorstellung versteht Luhmann unter Kommunikation einen dreistelligen Selektionsprozess, der Information, Mitteilung und Verstehen miteinander verbindet (Luhmann 1991: 191ff).

Konkreter als Theis definiert van Riel die Unternehmenskommunikation, indem er sie mit dem zweckorientierten unternehmerischen Handeln verknüpft: „Corporate communication is, […], a framework in which all communication specialists […] integrate the totality of the organizational message, thereby helping to define the corporate image as a means to improving corporate performance" (van Riel 1995: xi). Van Riel erschließt die Unternehmenskommunikation als einen Managementprozess, um die Stakeholderbeziehungen optimal zu gestalten:

> „Corporate communication is an instrument of management by means of which all consciously used forms of internal and external communication are harmonized as effectively and efficiently as possible, so as to create a favorable basis for relationships with groups upon which the company is dependent" (ebd.: 26).

Der *Integrationsgedanke* ist nicht nur bei van Riel ein definitorisches Kernelement, sondern auch in den meisten anderen aktuellen Definitionen der Unternehmenskommunikation (Zerfaß 1996: 20f; Bruhn 1997: 96; Goodman 1998: xiii).

Die Aufgabenfelder und Prozesse der Unternehmenskommunikation sollen dabei aufeinander abgestimmt werden, um nach innen und außen ein konsistentes Unternehmensbild (Image) zu vermitteln.

2. Steuerungsmodelle der Unternehmenskommunikation

Die Steuerungs- bzw. Managementmodelle der Unternehmenskommunikation werden primär über das *grundsätzliche Führungsverständnis* des Unternehmens gegenüber der Public Relations bestimmt. Denn die Positionierung der Public Relations innerhalb der Unternehmenskommunikation wirkt sich direkt auf die Strukturentwicklung als unternehmerische Managementaufgabe aus. Die Public Relations als Teilfunktion der Unternehmenskommunikation sind je nach theoretischem Ansatz unterschiedlich verankert, was zu entsprechend unterschiedlichen Modellierungen der Unternehmenskommunikation führt.

Umfasst das Führungsverständnis des Unternehmens neben ökonomischen auch gesellschaftliche Dimensionen, steigen die Chancen zur eigenständigen Ausdifferenzierung der Public Relations innerhalb der Unternehmenskommunikation (Rüegg-Stürm 2003). Erst in einem derart mehrdimensional formulierten Ansatz kann die Public Relations auf sämtliche für das Unternehmen relevante Anspruchsgruppen prozessiert und ausdifferenziert werden.

Durch die steigenden Interdependenzen zwischen den ökonomischen und den übrigen gesellschaftlichen Bezugssystemen und infolge der Entkopplung der Medien von intermediären Organisationen (Jarren 2001) gewinnen jene Führungskonzeptionen an Bedeutung, welche die Public Relations und die Marketingkommunikation zu einem gemeinsamen Führungskonzept zusammenführen. Dabei ergänzen sich diese beiden Teilsysteme der Unternehmenskommunikation, wie dies insbesondere im Rahmen des Konfliktmanagements beobachtet wird (Jeschke 1993). Haedrich plädierte bereits in den 90er Jahren für eine Zusammenfassung der beiden Kompetenzfelder unter einer Führung, denn die „Public Relations sind grundsätzlich umso eher in der Lage, die Grundsätze der Unternehmenspolitik mitzubestimmen, je konsequenter sie gemeinsam mit Marketing als Führungskonzeption des Unternehmens aufgefasst und implementiert werden" (Haedrich 1994: 99).

In Unternehmen bilden sich vier grundsätzliche Beziehungsmuster mit unterschiedlichen Ausprägungen von Public Relations und Marketing bzw. Marktkommunikation heraus (Kotler/Mindak 1978):

- Marktkommunikation und Public Relations als *getrennte Bereiche mit unterschiedlichen Funktionen* und Fachkompetenzen.
- Marktkommunikation und Public Relations *mit einem Überschneidungsbereich,* der als Produkte Public Relations bezeichnet werden kann.
- Marktkommunikation und Public Relations als gleichrangige Bereiche unterschiedlicher Funktion zu einer *gemeinsamen Führungskonzeption* von Organisationen zusammengefasst.

- Public Relations funktional *in die Marktkommunikation integriert und untergeordnet.*

In der Folge haben sich drei unterschiedliche *Modellvorstellungen* ausgebildet. Die eine Perspektive ist mehrheitlich auf die *kommunikationswissenschaftliche Theoriebildung* zurückzuführen, welche die Public Relations als eigenständige Managementaufgabe neben der Marktkommunikation definiert (DPRG; Grunig/Hunt 1984; van Riel 1995: 26). Die Ansicht des *klassischen Marketings* hingegen ordnet die Public Relations in den Kanon der absatzfördernden Instrumente ein (Kotler/Bliemel 1999: 1023; Berndt 1993). Und die dritte Vorstellung baut auf die *sozialwissenschaftliche Systemtheorie* auf, die die Public Relations als Teilsystem der Unternehmenskommunikation mit spezifischer Funktionalität beobachtet (Herger 2004).

2.1 Marketingorientierte Ansätze

Das klassische absatzorientierte Marketing hat sein ursprüngliches Konzept der ‚4 P's' (product, price, place, promotion) um Dimensionen der gesellschaftlichen Sphären (‚politics' und ‚public opinion') erweitert und erfasst derart sämtliche kommunikativen Handlungsfelder eines Unternehmens. Kotler etwa spricht in diesem Zusammenhang von „Mega-Marketing" (Kotler 1986). Daraus haben sich in der Folge verschiedene Konzepte entwickelt, welche eine Steuerung der Unternehmenskommunikation insgesamt zulassen, doch durch ihre Struktur die Teilaufgaben der Unternehmenskommunikation unterschiedlich einbinden und gewichten.

Die Corporate Communications als Teil des strategischen Marketings, der Marketing-Mix, das Direct-Marketing Modell und das Konzept der integrierten Unternehmenskommunikation gehören zu den wesentlichen konzeptionellen Weiterentwicklungen von Kotlers Ansatz (Raffée/Wiedmann 1989; Bruhn 1995; Belz 1997; Berndt 1993; Kühn 1999; Kotler/Bliemel 1999). Alle sind auf den transaktionalen Ansatz des Marketings zurückzuführen. Die Public Relations stehen dann in Ableitung der Marketingziele und werden über den Managementprozess des Marketings zur Unterstützung der Transaktionsbeziehungen eingesetzt. Als eines unter anderen Kommunikationsinstrumenten dienen die Public Relations dem Zweck, Transaktionsbeziehungen im Markt gegenüber den Marktteilnehmern anzubahnen und zu begleiten. Sie müssen also Markenimages aufbauen, Akzeptanzen für das Unternehmen oder deren Angebote gegenüber den Transaktionspartnern in den Märkten (Kunden, Lieferanten, Investoren, Personal) pflegen oder erreichen. In dieser Funktion werden die Programme der Public Relations über die Leitdifferenz Zahlung/Nichtzahlung geführt, was aber im Kern nicht zur Funktionalität der Public Relations gehört. Grunig/Hunt sprechen in diesem Zusammenhang von einer marginalisierten Funktionalität der Public Relations in einer lediglich unterstützenden Rolle (Grunig/Hunt 1984: 357).

2.1.1 Kommunikation als Teil des Marketing-Mix

Das populärste Kommunikationsmodell im Umfeld des Marketings ist der Kommunikations-Mix als Teil des übergeordneten Marketing-Mix bzw. des Marketingmanagements (Kotler/Bliemel 1999; Meffert 1997; Kühn 1999). Neben der Preis-, Produkt- und Distributionspolitik (,Place') umfasst der Marketing-Mix auch alle organisationalen Kommunikationsaufgaben in der Promotions- bzw. Kommunikationspolitik.

Auf dieser Subebene des Marketings werden in der Folge die Kommunikationsinstrumente zu einem *Kommunikations-Mix* kombiniert (Kühn 1999: 11-15). Kotler zählt fünf wesentliche Instrumente zu seinem Kommunikations- und Absatzförderungsmix: Werbung, Direktmarketing, Verkaufsförderung, Public Relations und Persönlicher Verkauf (Kotler/Bliemel 1999: 926). Als Mittel zum Zweck sollen u.a. mit diesen Instrumenten die Marketingziele wie Wachstum, Ertrag, Umsatz oder Marktanteile erreicht werden.

Die Aufgabe des Kommunikationsprozesses im Marketing ist die Festlegung der jeweiligen Informations- und Beeinflussungsmaßnahmen zur Erreichung des optimalen Absatzes der Produkte bzw. Dienstleistungen im Markt (Meffert 1986). Die persuasive und intentionale Kommunikation sieht Kotler konsequent auf den Kunden und die Phasen des Kaufprozesses gerichtet: „Aus neuerer Sicht wird Kommunikation angesehen als eine längerfristige gestaltende Einflussnahme auf den Prozess des Kaufs und Konsums, den die Kunden von der ersten Kenntnisnahme eines Produktes bis zum Verhalten nach dessen Konsum durchlaufen" (Kotler/Bliemel 1999: 927).

Die Public Relations werden in diesem Prozess als gleichgewichtetes Kommunikationsinstrument neben anderen dem Marketing-Mix untergeordnet, der ausschließlich dem Absatz und der betrieblichen Effizienzsteigerung dient. Kotlers Forderung an die Public Relations gelten einer stärkeren Marktorientierung, um einen direkten ergebniswirksamen Beitrag an das Unternehmen zu leisten.

2.1.2 Unternehmenskommunikation in Ableitung des gesellschaftsorientierten Marketings

Raffée/Wiedmann gehen im Gegensatz zu Kotler nicht von einer funktionalen Managementvorstellung des Marketings aus, sondern verstehen das Marketing als übergeordnete Führungskonzeption des Gesamtunternehmens. Unter dem Dach des gesellschaftsorientierten und strategischen Marketings führen Raffée/Wiedmann die Public Relations in Verschmelzung mit dem Marketing unter dem Begriff des *Public Marketings* neben dem *Absatz-* und *Beschaffungs-Marketing* ein (Raffée/Wiedmann 1989). Mit dem Public Marketing verbinden sie sämtliche internen und externen Kommunikationsinstrumente, die über die Unterstützung der organisationalen Leistungserstellung hinausgehen. Das Public Marketing ist „die konsequente Ausrichtung aller betrieblichen Ziele, Aktivitäten und Leistungen an den Anforderungen der Gesellschaft bzw. den Bedürfnissen und Erwartungen aller direkten sowie indirekten Austauschpartner" (Raffée/Wiedmann 1989: 667). Damit erfährt die Public Relations – unter dem Vorbehalt der entscheidenden Instrumentalisierung des Marketings – eine Aufwertung, was die Ausrichtung an eine gesellschaftsorientierte Perspektive betrifft.

Diese drei Standbeine des Marketings bilden die Grundlage für die *Corporate Communications* und der generellen Zielbereiche sämtlicher Kommunikationsprogramme. Die Corporate Communications werden von Raffée/Wiedmann „als ein strategisches Aktionsinstrumentarium verstanden, um Erfolgspotenziale bei allen relevanten Umweltpartnern und bei den Mitarbeitern aufzubauen [...]: sie übersetzt die Identität eines Unternehmens in Kommunikation und bildet das strategische Dach für die unterschiedlichsten Kommunikationsaktivitäten nach innen und aussen" (Raffée/Wiedmann 1989: 665). Dieses „strategische Aktionsinstrumentarium" weist drei zentrale Kommunikationsfelder auf:

- *Leistungsbezogene Kommunikation:* Spezifische Informationen und Anreize zur Unterstützung der Transaktionsbeziehungen bezüglich der Produkte oder Leistungen.
- *Imagebezogene Kommunikation:* Kommunikative Handlungen mit imagebildender Wirkung insgesamt auf das Unternehmen.
- *Kontextbezogene Kommunikation*: Einflussnahme auf die Rahmenbedingungen des Unternehmens bzw. dessen gesellschaftlichen und organisatorischen Tatbestände.

2.1.3 Das Konzept der integrierten Unternehmenskommunikation

Konzepte der integrierten Unternehmenskommunikation werden seit Anfang der 90er Jahre entwickelt, um die Unternehmenskommunikation als eigenständige Aufgabe moderner Unternehmensführung zu etablieren. Das Denkmodell bezieht sich auf die systemtheoretische Erkenntnis, welche bei zunehmender Ausdifferenzierung der Kommunikationsinstrumente eine übergreifende Koordination zusehends notwendiger macht. Je komplexer die Kommunikation in Unternehmen wird, desto mehr bedarf sie der Integration, d.h. einer Abstimmung zwischen den Teilen in Beziehung zu einem Ganzen. Zudem steigt die Informationsüberlastung bei den Rezipienten stetig an, so dass die Unternehmen gezwungen sind, zur Erreichung der angesteuerten kommunikativen Wirkung, die Investitionen in die Kommunikation zu erhöhen und die Synergien zwischen den Kommunikationsinstrumenten durch deren Integration in einem Gesamtkonzept voll auszuschöpfen (Bruhn 1997). Marketing und Kommunikation werden auf spezifische Kundengruppen bzw. –bedürfnisse ausgerichtet. Über dieses Vorgehen können die Unternehmen ihre Kompetenzen zu einer Positionierung verdichten und als Kunden-/Konkurrenzvorteil (Unique Advertising Proposition) gewinnbringend einsetzen.

Im deutschsprachigen Raum setzt sich Bruhn (1997) intensiv mit dem integrierten Ansatz auseinander. Bruhns Verdienst ist die differenzierte Beschreibung der Kommunikationsinstrumente und insbesondere die Analyse der Beziehungen zwischen den Instrumenten in *inhaltlicher, zeitlicher* und *formaler* Hinsicht (ebd.: 100ff). Er fördert auch die grundlegende Erkenntnis, dass unternehmerische Kommunikation als Einheit wahrgenommen wird und dementsprechend auch integriert realisiert werden soll. Bruhn definiert die integrierte Unternehmenskommunikation aus prozessualer Sicht:

> „Integrierte Kommunikation ist ein Prozess der Analyse, Planung, Organisation, Durchführung und Kontrolle, der darauf ausgerichtet ist, aus den differenzierten Quellen der internen und externen Kommunikation von Unternehmen eine Einheit herzustellen, um ein für die Zielgruppen der Unternehmenskommunikation konsistentes Erscheinungsbild über das Unternehmen zu vermitteln" (ebd.: 96).

2.2 Kommunikationswissenschaftliche Ansätze

Eine umfassende und differenzierte Sichtweise liefern jene Ansätze, welche die PR mit der Marktbearbeitung verknüpfen und über kommunikationswissenschaftliche Theorien erschließen. Die Public Relations stehen in diesen Denkmodellen als gleichwertige, strategisch relevante Funktion neben der Marketing- bzw. Marktkommunikation, um die politisch-administrative, soziokulturelle, gesellschaftspolitische und organisationsinterne Öffentlichkeit der Unternehmen zu erfassen. Sie wirken gestaltend auf die Interaktionen zwischen dem Unternehmen und seinen relevanten Teilöffentlichkeiten bzw. Anspruchsgruppen. Funktional entwickeln die Public Relations für Unternehmen „Entscheidungsstandards zur Herstellung und Bereitstellung durchsetzungsfähiger Themen, die – mehr oder weniger – mit anderen Themen in der öffentlichen Kommunikation um Annahme oder Verarbeitung konkurrieren" (Ronneberger/Rühl 1992: 252). Mit dieser Funktionalität der Public Relations in Unternehmen findet eine operative Schließung statt, welche auch zu einer Schließung der Informationsverarbeitung führt. Erst damit kann die Leistungsfähigkeit der Unternehmenskommunikation voll ausgeschöpft und der Forderung nach einer aktuellen, markt- und gesellschaftsnahen Funktion entsprochen werden. Die Public Relations können aus dieser Sicht als eigenstrukturdeterminiert behandelt werden. Derart operieren die Programme der Public Relations neben und in Ergänzung jener der Marktkommunikation doppelcodiert zwischen Effizienz bzw. Effektivität und Legitimität des Unternehmens (Hoffjann 2001: 138).

2.2.1 Identitätsorientierte Unternehmenskommunikation

Der Zusammenhang zwischen unternehmerischem Selbstverständnis, dem daraus resultierenden Image im Markt und in der Öffentlichkeit und dem entsprechenden Vertrauen, der Akzeptanz und der Wahrnehmung ist vorab durch das Konzept der Corporate Identity von Birkigt/Stadler gefördert worden (Birkigt/Stadler/Funck 2002).

Absicht des Corporate Identity Ansatzes (CI) ist die gezielte Abstimmung zwischen der unternehmerischen Kommunikation (Corporate Communications/CC), den Verhaltensweisen (Corporate Behaviour/CB) bis hin zum Design (Corporate Design/CD). Nach innen und aussen soll ein widerspruchsfreier, unverwechselbarer Gesamteindruck des Unternehmens gegenüber allen seinen Stakeholdern vermittelt werden. Bei der Corporate Communications als Teilstrategie der Corporate Identity stehen die Verzahnung aller unternehmerischen Kommunikationsmassnahmen sowie die Notwendigkeit eines homogenen Unternehmensauftritts im Zentrum. Das durch das Konzept vermittelte Erscheinungsbild beeinflusst zusammen mit den Umweltfaktoren das Unternehmensimage. Die Corporate Communications stabilisieren das Unternehmen im Prozess der Marktwandlungen und sie haben die Aufgabe, Orientierungsfaktoren zu schaffen, wie das Unternehmen zu positionieren ist und wohin es sich entwickeln soll. Der Corporate Identity Ansatz hat seine Leistungen auf der Ebene der Kommunikationsstrategie der Unternehmen, vergleichbar mit der Markenführung und umfasst die Kommunikation von Markt *und* Öffentlichkeit als übergeordnete Aufgabe.

2.2.2 Unternehmenskommunikation als Ganzes mehrerer Handlungsfelder und Teilbereiche

Zerfaß formuliert einen sozial- und kommunikationstheoretischen sowie betriebswirtschaftlich begründeten Ansatz der Unternehmenskommunikation (Zerfaß 1996). Entsprechend breit definiert er die Unternehmenskommunikation auf die erwerbswirtschaftlichen Unternehmen fokussiert, „als alle kommunikativen Handlungen von Organisationsmitgliedern, mit denen ein Beitrag zur Aufgabendefinition und -erfüllung in gewinnorientierten Wirtschaftseinheiten geleistet wird" (ebd.: 287). Wesentlich an seinem Ansatz ist – neben dem umfassenden Verständnis organisationaler Kommunikation –, dass er diesen aus mehreren theoretischen Grundlagen heraus bildet und die Unternehmenskommunikation zu einem eigenständigen Theorieansatz entwickelt. Dies ist ein Gewinn, denn sämtliche organisationalen Kommunikationsprozesse, jene der ökonomischen Sphäre und der internen und externen gesellschaftlichen Handlungsarenen, können aufeinander abgestimmt werden.

Zerfaß differenziert konsequent zwischen Integrationsleistungen in *marktlichem* bzw. *gesellschafts-politischem Umfeld* oder im *Organisationsfeld* (vgl. ebd.: 217). Die Identifikation der Grundmuster kommunikativer Integration bei Unternehmen bildet für Zerfaß jene Voraussetzung, um die Kommunikationspolitik erklären, begründen und kritisch hinterfragen zu können (ebd.: 289; Abb. 1).

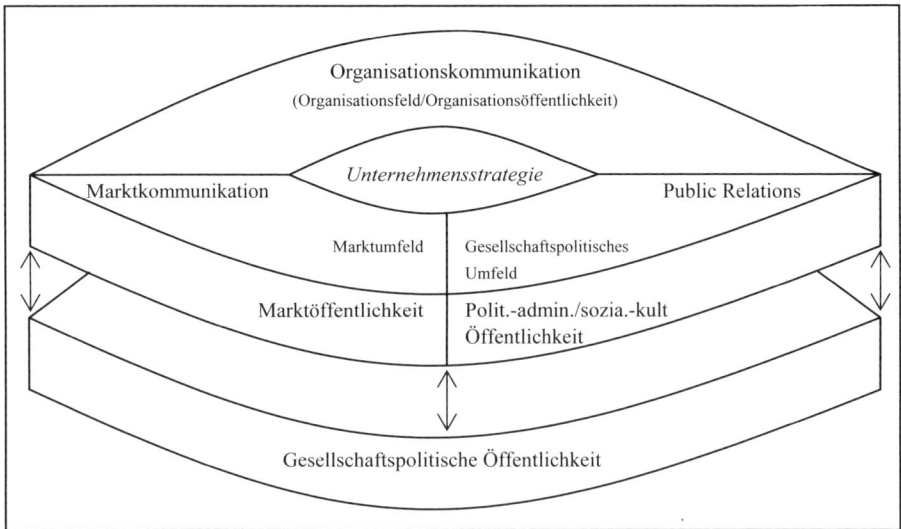

Abb. 1: Handlungsfelder und Teilbereiche der Unternehmenskommunikation (Zerfaß 1996: 289)

Unternehmenskommunikation ist in allen ihren Teilbereichen stets der Formulierung, Realisierung und Durchsetzung konkreter Unternehmensstrategie verpflichtet. Zerfaß stellt diesen Grundgedanken betriebswirtschaftlichen Handelns ins Zentrum der Teilaufgaben organisationaler Kommunikation. Denn letztlich ist für den Erfolg der Unternehmen die effektive und effiziente Umsetzung dieser Strategie entscheidend. Die Unternehmenskommunikation lässt sich auf dieser strategischen Ebene wie auch unter dem Aspekt des operativen Handelns realisieren, z.B. in der Gestaltung und Durchführung konkreter Kommunikationskampagnen.

Zerfaß unterscheidet zwischen den Referenzpunkten der *internen* und *externen* Kommunikation. Letztere ist zusätzlich in die tauschvertragliche *Abstimmung im Markt* und in das *gesellschaftliche Integrationsfeld* der geteilten Wertmuster und normierten Verfahren gegliedert. Diese unterschiedlichen Referenzpunkte der Handlungsfelder Organisation, Ökonomie, Gesellschaft münden für Zerfaß in die Differenzierung der drei Teilbereiche der Unternehmenskommunikation:

- *Public Relations*
  Zielen vor allem darauf ab, im gesellschaftlichen Umfeld der Unternehmenstätigkeit grundsätzliche Handlungsspielräume zu sichern und konkrete Strategien zu legitimieren.
- *Marktkommunikation*
  Unterstützt die „prinzipiell sprachfreie Koordination über das Preissystem, wenn Verträge qua Kommunikation angebahnt, ausgehandelt, erfüllt und kontrolliert werden" (ebd.: 317), d.h. sie begleitet die tauschvertragliche Handlungskoordination.

- *Unternehmenskommunikation*
  Betrifft die unternehmensinternen Kommunikationsprozesse der verfassungskonstituierenden Organisationsmitglieder auf dem Grundsatz der direkten Kommunikation und die laufende Strukturierung und Steuerung des Leistungsprozesses ausdifferenziert in mehreren Arenen.

2.3 Systemtheoretische Modellierung der Unternehmenskommunikation

Die Komplexität als Problem der Unternehmenskommunikation bildet bei Herger den Ausgangspunkt der Modellierung (Herger 2004). Die *interaktions-orientierte* Public Relations und die *tauschhandlungs-orientierte* Marktkommunikation werden in der Einheit der Unternehmenskommunikation zusammengefasst. Bei dieser funktionalen Ausdifferenzierung der Unternehmenskommunikation geht es nicht um eine Verbindung von Teilen zu einem Ganzen, wie dies in den Modellen der integrierten Kommunikation oder bei Zerfaß der Fall ist, sondern um Beziehungen zwischen operational geschlossenen, dabei aber intern strukturierten Teilsystemen. Der Begriff der Integration wird von Herger im Sinne Luhmanns umgedeutet und meint die Versorgung der Public Relations und der Marktkommunikation mit wechselseitigen Leistungsbeziehungen (Luhmann 1997: 598ff).

Insgesamt bildet die Unternehmenskommunikation über die *strukturelle Kopplung* (Luhmann 2000: 397ff) der Public Relations und der Marktkommunikation ein Organisationssystem, welches über das Image die Gleichzeitigkeit von Ereignissen entstehen lässt, ohne dabei die operative Autonomie der beiden Teilsysteme auf der Basis ihrer spezifischen Elemente zu gefährden. Die Unternehmenskommunikation insgesamt umfasst zwei Teilsysteme, die mit eigenständigen Sinnofferten kommunikative Anschlusskommunikation über je spezifische Programme – Markenführung und Themenmanagement – auszulösen oder abzulehnen vermögen. Auf der Themenebene wird je nach Referenzpunkt von der Public Relations und von der Marktkommunikation zwischen Themen auf der Organisations- und der Produkt-Ebene unterschieden (Herger 2004: 96-124).

Die *funktionale* und *thematische* Differenzierung führt zu Selektionsleistungen der Unternehmenskommunikation in zwei Richtungen:
- *die Selektion gegenüber Bezugsgruppen, welche den organisationalen Output kaufen bzw. sanktionieren,*
- *die Selektion von Themen, um Anschlusskommunikation bei den Bezugsgruppen für die Transaktion oder Interaktion zu erreichen.*

Die Bezugsgruppen sind differenziert nach *Zielgruppen und PR-Publika* und die Themen nach den Referenzebenen der *Angebote oder der Organisation*. Das System der Unternehmenskommunikation umfasst in der Folge vier Kommunikationsfelder, die sich in ihren Aufgaben und Leistungen voneinander unterscheiden und mit den Wertschöpfungsketten der Organisation verknüpft bleiben (Abb. 2):

1. *Angebots-Marktkommunikation*
   Umfasst Kommunikationsentscheidungen über Produkte- und Dienstleistungsthemen gegenüber den Zielgruppen, zu welchen die Organisationen in tauschvertraglichen Beziehungen stehen (Tomczak/Reinecke 1996; Belz 1998).
2. *Organisations-Marktkommunikation*
   Umfasst Kommunikationsentscheidungen, die sich auf die Organisation insgesamt beziehen und die Transaktionen unterstützen. Die Entscheide sind auf jene Themen fokussiert, welche mit dem Handeln der Organisation (Organisationserfolg, -politik, -management, -marke) assoziiert werden. Sie richten sich ausschliesslich an die Transaktionspartner bzw. Vertragspartner (Kunden, Mitarbeiter, Investoren, Lieferanten).
3. *Angebots-Public Relations*
   Richten sich an Anspruchsgruppen, um die Akzeptanz für die Produkte bzw. Leistungen der Organisation zu gestalten.
4. *Organisations-Public Relations*
   Richten sich an Anspruchsgruppen, um die Akzeptanz für die Ziel- und Zweckbestimmungen der Organisation insgesamt zu gestalten.

Die *internen Bezugsgruppen* werden im Modell nicht explizit abgebildet, da Erwartungen an diese Gruppen in allen vier Aufgabenfeldern der Unternehmenskommunikation formuliert werden. Als Akteure wechseln sie je nach Kommunikationsabsicht ihre Funktionalität. Die sequentielle Betrachtung der Unternehmenskommunikation nach internen und externen Kommunikationshandlungen wird auch in diesem Punkt zugunsten der funktionalen Beobachtung überwunden.

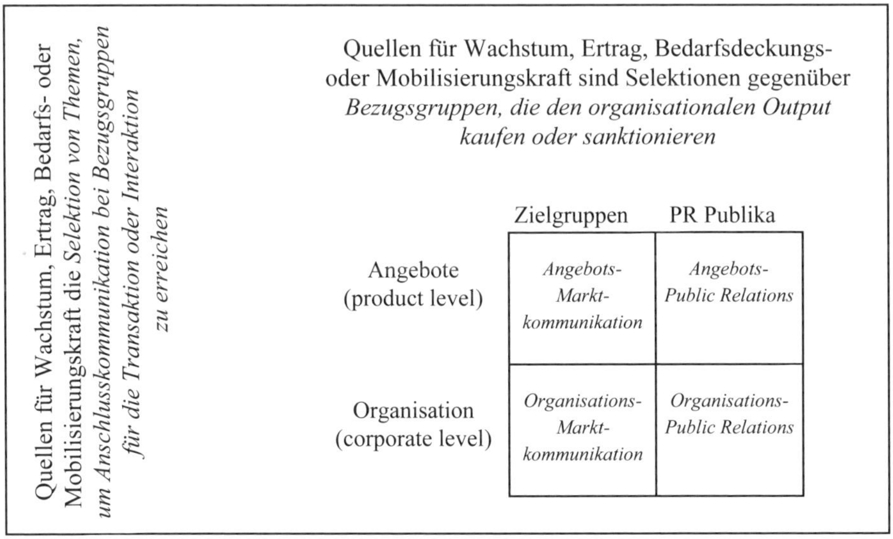

	Quellen für Wachstum, Ertrag, Bedarfsdeckungs- oder Mobilisierungskraft sind Selektionen gegenüber *Bezugsgruppen, die den organisationalen Output kaufen oder sanktionieren*	
	Zielgruppen	PR Publika
Angebote (product level)	*Angebots-Marktkommunikation*	*Angebots-Public Relations*
Organisation (corporate level)	*Organisations-Marktkommunikation*	*Organisations-Public Relations*

Quellen für Wachstum, Ertrag, Bedarfs- oder Mobilisierungskraft die *Selektion von Themen, um Anschlusskommunikation bei Bezugsgruppen für die Transaktion oder Interaktion zu erreichen*

Abb. 2: Das System der Unternehmenskommunikation (Herger 2004: 127)

3. Image als strategisches Dach der Unternehmenskommunikation

Der theoretisch multidisziplinär verankerte Imagebegriff ist die strategische Grundlage der Unternehmenskommunikation: „Es sind die Images, genauer gesagt: als Selbstbilder bzw. als Fremdbilder. Es sind die im Image verbundenen Selbstbilder und Fremdbilder, die Ego und Alter symbolisch substituieren, und es sind Images, die Information und Verstehen möglich machen" (Ronneberger/Rühl 1992: 235).

Das Image bildet den übergeordneten Referenzpunkt für die kommunikationswissenschaftlichen Ansätze und jene des Marketings – allerdings unterschiedlich definiert (van Riel 1997; Raffée/Wiedmann 1993; Haedrich 1993). Im Sinne eines strategischen Dachs beanspruchen beide Perspektiven in ihrer eigenen Begrifflichkeit das populäre Corporate Identity-Image Modell von Birkigt/Stadler (2002). Das Image wird im oben genannten Modell von Herger als Form struktureller Kopplung zwischen der Public Relations und der Marktkommunikation über ihre jeweiligen Programme ermöglicht (Herger 2004: 110ff).

Aus Sicht des Marketings wird auf das Image gestaltend über den Prozess der strategischen Markenführung Einfluss genommen (Haedrich/Tomczak 1996). Unterschieden wird dabei zwischen Markenstrategien auf ‚corporate level' und ‚product level', welche in gegenseitigem Wechselverhältnis zu einander stehen.

Die kommunikationswissenschaftlichen Theorien prozessieren das Image über Themen (Theis 1994: 96ff; Bentele u.a. 1997: 229; Zerfaß 1996: 319ff). Mittels der Programme des Issues- und Themen-Managements, des Agenda-Buildings und -Settings oder der Public Relations werden die Themen begleitet. Den radikalsten Standpunkt in der Diskussion um die Gestaltung von Images nehmen die Konstruktivisten ein, indem sie das Image als idealisiertes Konstrukt von Unternehmenswirklichkeit definieren (Kückelhaus 1998).

4. Management der Unternehmenskommunikation

Die disziplinäre Auseinandersetzung innerhalb der einzelnen Handlungsfelder der Unternehmenskommunikation führen zu einem erst schwach ausgebildeten übergeordneten Management der Unternehmenskommunikation (Röttger 2000: 89). Eigenständige Fragestellungen auf dieser Ebene sind erst im Entstehen (Theis 1993: 313). Der Forderung nach einer zentralen Managementfunktion der Unternehmenskommunikation (Goodman 1998: 3; Haedrich 1987: 29; van Riel 1995: 14) stehen die Dezentralisierungstendenzen der Organisationslehre (Frese 1998: 325f) und das konfliktive Beziehungsverhältnis zwischen den Stabsstellen und Linieninstanzen (Staehle 1999: 701) gegenüber.

Die Unternehmenskommunikation als Managementfunktion erfüllt für die Unternehmen eigenständige Selektionsleistungen und entlastet damit die Gesamtsteuerung der Unternehmen, ebenso wie andere zum Teil als Querschnittfunktion ausdifferenzierte Aufgaben der Unternehmen, etwa das Marketing-, das Finanz- oder das Personalmanagement durch spezifische Operationen und Entscheidungsstandards (Steinmann/Schreyögg 1997: 130f; Staehle 1999: 653).

Van Riel entwickelte ein Konzept für ein Management der Unternehmenskommunikation, welches über die Strukturfragen und die Prozesse des homogenisierenden Corporate Identity-Image Modells von Birkigt u.a. hinausgehen (van Riel 1995). In Ableitung der Organisationsstrategie, -identität und des Organisationsimages werden sämtliche Kommunikationsaktivitäten über so genannte ‚common starting points' (CPSs) initiiert (van Riel 1995: 19). Die Koordination erfolgt übergeordnet im Sinne eines strategischen Kommunikationsprozesses mit thematischem Fokus, der sich auf die Gestaltung der Identität und des Images des Unternehmens ausrichtet.

Ergänzend zu diesem integrativen Managementansatz der Unternehmenskommunikation stehen die zahlreichen Managementprozesse auf der Ebene der Public Relations oder der Marketingkommunikation (Herger 2004: 294ff). Die sichtbare Struktur des Managementprozesses der PR erfolgt über die basalen Managementfunktionen nach Phasen gegliedert (vgl. dazu Steinmann/Schreyögg 1997: 8f). Zerfaß unterteilt sein Grundkonzept des PR-Managements etwa in die Phasen: PR-Analyse, Planung von PR-Programmen, Realisation von Kommunikationskonzepten und PR-Ergebniskontrolle (Zerfaß 1996: 320ff). Dieses Phasenschema wird sowohl bei einfacheren PR-Kampagnen als auch bei komplexeren Kommunikationsaufgaben wie etwa beim Issues Management beobachtet (Merten 2001). Von diesem Prozessablauf differenziert sich die Marketingkommunikation kaum. ‚Das Phasen-Modell des Integrierten Marketing-Kommunikations-Managements' von Hermanns/Püttmann umfasst die gleichen Managementfunktionen und bindet wie Zerfaß den Managementprozess an die strategischen Vorgaben des Unternehmens an (Hermanns/Püttmann 1993; Zerfaß 1996).

Beide Teilfunktionen der Unternehmenskommunikation sind jedoch organisatorisch in unterschiedlicher Gewichtung verankert (Herger 2004: 255). Während das Management der Marketingkommunikation in der Regel von der Linienautorität verantwortet wird (van Riel 1995: 145), so werden die Public Relations vorab als Stabsstelle im Umfeld der Geschäftsleitung integriert (Röttger 2000: 215).

Literatur

Belz, Christian (1997): Strategisches Direct Marketing. Wien: Überreuter.
Belz, Christian (1998): Akzente im innovativen Marketing. St. Gallen: Thexis.
Bentele, Günter/Liebert, Tobias/Seeling, Stefan (1997): Von der Determination zur Intereffikation. Ein integriertes Modell zum Verhältnis von Public Relations und Journalismus. In: Bentele, Günter/Haller, Michael: Aktuelle Entstehung von Öffentlichkeit. Akteure – Strukturen – Veränderungen. Konstanz: UVK, S. 225-250.
Berndt, Ralph (1993): Kommunikationspolitik im Rahmen des Marketings. In: Berndt, Hermanns (Hrsg.): Handbuch Marketing Kommunikation. Wiesbaden: Gabler, S. 3-18.
Birkigt Klaus/Stadler, Marinus M./Funck, Hans Joachim [11](2002): Corporate Identity: Grundlagen, Funktionen, Fallbeispiele. München: Moderne Industrie.
Bruhn, Manfred (1995): Integrierte Unternehmenskommunikation. Ansatzpunkte für eine strategische und operative Umsetzung integrierter Kommunikationsarbeit. Stuttgart: Schäffer-Poeschel.

Bruhn, Manfred (1997): Kommunikationspolitik: Grundlagen der Unternehmenskommunikation. München: Vahlen.
DPRG: Deutsche Public Relations-Gesellschaft. Bonn.
Frese, Erich [7](1998): Grundlagen der Organisation: Konzept – Prinzipien – Strukturen. Wiesbaden: Gabler.
Goodman, Michael B. (1998): Corporate Communications for Executives. State University of New York Press.
Grunig, James E. /Hunt, Todd (1984): Managing Public Relations. Fort Worth u.a.: Thomson Learning.
Haedrich, Günther (1994): Die Rolle von Public Relations im System des normativen und strategischen Managements. In: Armbrecht, Wolfgang/Zabel, Ulf (Hrsg.): Normative Aspekte der PR. Opladen: Westdeutscher Verlag, S. 91-101.
Haedrich, Günther (1993): Images und strategische Unternehmens- und Marketingplanung. In: Armbrecht, Wolfgang/Avenarius, Horst/Zabel, Ulrich (Hrsg.): Image und PR. Kann Image Gegenstand einer Public-Relations-Wissenschaft sein? Opladen: Westdeutscher Verlag, S. 251-262.
Haedrich, Günther (1987): Zum Verhältnis von Marketing und Public Relations. In: Marketing-ZFP, Nr. 1, S. 25-31.
Haedrich, Günther/Tomczak, Torsten [2](1996): Strategische Markenführung: Planung und Realisation von Marketingstrategien für eingeführte Produkte. Bern, Stuttgart: UTB.
Herger, Nikodemus (2004): Organisationskommunikation. Beobachtung und Steuerung eines organisationalen Risikos. Wiesbaden: Verlag für Sozialwissenschaften.
Hermanns, Arnold/Püttmann, Michael (1993): Integrierte Marketing-Kommunikation. In: Berndt, Ralph/Hermanns, Arnold (Hrsg.): Handbuch Marketing Kommunikation. Wiesbaden: Gabler, S. 19-42.
Hoffjann, Olaf (2000): Journalismus und Public Relations. Ein Theorieentwurf der Intersystembeziehungen in sozialen Konflikten. Wiesbaden: Verlag für Sozialwissenschaften.
Jarren, Otfried (2001): „Mediengesellschaft" – Risiken für die politische Kommunikation. In: Das Parlament, Beilage zur Wochenzeitung, 5. Oktober, S. 10-19.
Jeschke, Barnim G. (1993): Überlegungen zu den Determinanten des Unternehmens-Image. In: Armbrecht, Wolfgang/Avenarius, Horst/Zabel, Ulrich (Hrsg.): Image und PR. Kann Image Gegenstand einer Public-Relations-Wissenschaft sein? Opladen: Westdeutscher Verlag, S. 73-85.
Kotler, Philip/Bliemel, Friedhelm [9](1999): Marketing-Management. Analyse, Planung, Umsetzung und Steuerung. Stuttgart: Schäffer-Poeschel.
Kotler, Philip/Mindak, William A. (1978): Marketing und Public Relations. In: Journal of Marketing, 42. Jg., S. 13-20.
Kotler, Philip (1986): Megamarketing. In: Harvard Business Review, 3 und 4, S. 117-124.
Kückelhaus, Andrea (1998): Public Relations: Die Konstruktion von Wirklichkeit; kommunikationstheoretische Annäherung an ein neuzeitliches Phänomen. Opladen: Westdeutscher Verlag.
Kühn, Richard [4](1999): Marketing, Analyse und Strategie. Zürich: Werd.
Luhmann, Niklas [4](1991): Soziale Systeme. Grundriss einer allgemeinen Theorie. Frankfurt a.M.: Suhrkamp.
Luhmann, Niklas (1997): Die Gesellschaft der Gesellschaft. Frankfurt a.M.: Suhrkamp.
Luhmann, Niklas (2000): Organisation und Entscheidung. Opladen, Wiesbaden: Westdeutscher Verlag.
Meffert, Heribert [8](1997): Grundlagen marktorientierter Unternehmensführung. Konzepte – Instrumente – Praxisbeispiele. Mit neuer Fallstudie VW Golf. Wiesbaden: Gabler.
Meffert, Heribert [7](1986): Marketing: Grundlagen der Absatzpolitik. Wiesbaden: Gabler.
Merten, Klaus (2001): Determinanten des Issues Managements. In: Röttger, Ulrike (Hrsg.): Issues Management. Wiesbaden: Verlag für Sozialwissenschaften, S. 41-58.
Raffée, Hans/Wiedmann, Klaus-Peter (Hrsg.) (1989): Strategisches Marketing. Stuttgart: Schäffer.
Raffée, Hans/Wiedmann, Klaus-Peter (1993): Corporate Identity als strategische Basis der Marketingkommunikation. In: Berndt, Ralph/Hermanns, Arnold (Hrsg.): Handbuch Marketing-Kommunikation. Wiesbaden: Gabler, S. 43-67.
Ronneberger, Franz/Rühl, Manfred (1992): Theorie der Public Relations: Ein Entwurf. Opladen: Westdeutscher Verlag.
Röttger, Ulrike (2000): Public Relations – Organisation und Profession. Öffentlichkeitsarbeit als Organisationsfunktion. Eine Berufsfeldstudie. Wiesbaden: Westdeutscher Verlag.
Rüegg-Stürm, Johannes [2](2003): Das neue St. Galler Management-Modell. Grundkategorien einer integ-

rierten Managementlehre. Bern: Haupt.
Staehle, Wolfgang H. [8](1999): Management: Eine verhaltenswissenschaftliche Perspektive. München: Vahlen.
Steinmann, Horst/Schreyögg, Georg [4](1997): Management: Grundlagen der Unternehmensführung. Konzepte – Funktionen – Fallstudien. Wiesbaden: Gabler.
Szyszka, Peter (2003): Integrierte Kommunikation als Kommunikationsmanagement. Position – Probleme – Perspektiven. In: prmagazin, 34. Jg., Nr.12, S. 45-52.
Theis, Anna Maria (1993): Organisation – Eine vernachlässigte Grösse in der Kommunikationswissenschaft. In: Bentele, Günter/Rühl, Manfred (Hrsg.): Theorien öffentlicher Kommunikation. München: UVK, S. 309-313.
Theis, Anna Maria (1994): Organisationskommunikation: theoretische Grundlagen und empirische Forschungen. Opladen: Westdeutscher Verlag.
Tomczak, Torsten/Reinecke, Sven (1996): Der aufgabenorientierte Ansatz. Eine neue Perspektive für das Marketing-Management. In: Belz, Christian/Tomczak, Torsten (Hrsg.): Thexis, Fachbericht für Marketing, Nr. 5. St. Gallen.
van Riel, Cees B. M. (1997): Research in Corporate Communication. An Overview of an Emerging Field. In: Management Communication Quarterly, 11. Jg., Nr. 2, S. 288-309.
van Riel, Cees B. M. (1995): Principles of Corporate Communication. London: FT Prentice Hall.
Zerfaß, Ansgar (1996): Unternehmensführung und Öffentlichkeitsarbeit. Grundlegung einer Theorie der Unternehmenskommunikation und Public Relations. Opladen: Westdeutscher Verlag.

Stakeholder Management als Ansatz der PR

Matthias Karmasin

1. Zum Begriff Stakeholder Management

Das Konzept des Stakeholder Managements verfügt in vielen Kontexten über eine beträchtliche und – betrachtet man die intensive Diskussion auf wissenschaftlichen Konferenzen[1] und in einschlägigen Journalen[2] – auch ungebrochene Tradition. Im Kern stammt der Ansatz aus der (anglo-)amerikanischen Diskussion um strategisches Management und die Natur, Rolle, Aufgabe und Verantwortung der Unternehmung in der modernen Gesellschaft und hat sich von dort weg auf verschiedenste Theoriebereiche und Anwendungsfelder differenziert.[3] Der Ansatz lässt sich zusammenfassend folgendermaßen charakterisieren:[4]

1. In *deskriptiver* Hinsicht beschreibt er die Natur der Unternehmung als „öffentlich exponierte" bzw. quasi-öffentliche (gesellschaftliche) Organisation. Stakeholder Management stellt auf das Verhältnis rekursiver Konstitution (Dualität und Rekursivität) von Organisation und Gesellschaft ab.[5] Stakeholder Manage-

---

1 Die Academy of Management (größte Vereinigung von Managementwissenschaftlern) widmet sich dem Thema in breitem Raum; zudem ist es fester Bestandteil der jährlichen IABS Konferenz.
2 Sondernummern zum Thema ‚Stakeholder Management': Academy of Management Review (Oktober 1997 und April 1999), Academy of Management Journal (Oktober 1999), BEQ – Business Ethics Quaterly – (2/2002).
3 Zur historischen Dimension des Ansatzes etwa Ambler/Wilson 1995. Der ursprünglich aus den USA stammende Ansatz wurde von Freeman (1984, dt.1991) für die Managementwissenschaft fruchtbar gemacht und durch Frederick/Davis/Post 1988 weiterentwickelt. So kommt Frooman (1999: 191) zu folgendem Schluss: „Freeman's (1984) Strategic Management: A Stakeholder Approach brought stakeholder theory into the mainstream of management literature." Vgl. zur Darstellung rezenter und aktueller Ansätze den Sammelband von Clarkson 1998.
4 Zur übersichtshaften Darstellung und Argumentation Donaldson/Preston (1995). Zur Diskussion Frooman (1999: 233). „Descriptive stakeholder theory would describe how organizations manage or interact with stakeholders, normative stakeholder theory would prescribe how organizations ought to treat their stakeholders, and instrumental theory would include such statements as 'If you want to maximize shareholder value, you should pay attention to key stakeholders.'" Freeman argumentiert a.a.O. für eine Integration dieser Ansätze auf der Ebene des Managements.
5 Vgl. zur „Rückkehr der Gesellschaft" in die Organisationstheorie den Sammelband von Ortmann/Sydow/Türk (1997). So in der Einleitung S.19: „Einen Teil dieser Vertracktheit macht es aus, dass Organisation und moderne Gesellschaft in einem Verhältnis rekursiver Konstitution zueinander stehen, derart, dass die Organisationen eben jene gesellschaftlichen Strukturen und Institutionen, denen sie unterliegen, ihrerseits produzieren und reproduzieren – manchmal, wenn auch bei weitem nicht immer, in durchaus strategischer Absicht. Diesen Gesichtspunkt, allgemein von Giddens (1984a) als Dualität und Rekursivität von Struktur bezeichnet, auch im Verhältnis von Organisation und Gesellschaft zur Geltung zu bringen, halten wir für ein gutes Gegengift wider allfällige Ismen und besonders wider das Einbahnstraßendenken des Neoinstitutionalismus [...]." Aus diesem Grund ist der Stakeholder Ansatz auch besonders als Theorie der Organisationskommunikation geeignet.

ment ermöglicht so via der Integration von Interessen (Ansprüchen –,stakes'), die durch Entscheidungen der Unternehmung betroffen werden und die diese betreffen, die „Rückkehr der Gesellschaft"[6] in die Organisation. Dadurch werden auch Mitgliedschaftsrechte und -pflichten in einer Organisation kommunikativ und interaktiv neu definiert.[7] Als Stakeholder oder (strategische) Anspruchsgruppe[8] lassen sich alle direkt artikulierten (und organisierten) Interessen bzw. Umwelteinflüsse, die an die Unternehmung herangetragen werden, verstehen und alle jene Interessen bzw. Gruppen, die durch das Handeln der Unternehmung betroffen werden (bzw. betroffen werden können).[9] Post/Preston/Sachs (2002: 19) definieren: „The stakeholders in a corporation are the individuals and constituencies that contribute, either voluntarily or involuntarily, to its wealth-creating capacity and activities, and therefore its potential beneficiaries and/or risk bearers." Primäre Stakeholder sind dabei über marktliche Prozesse mit der Unternehmung verbunden, sekundäre Stakeholder sind Gruppen, die über nicht-marktliche Prozesse mit der Unternehmung verbunden sind.

2. Der Ansatz konzentriert sich in *instrumenteller* Hinsicht auf das Management der Interaktionen mit den Anspruchsgruppen und den damit verbundenen organisatorischen und institutionellen Prozessen. Er setzt dabei im Wesentlichen am Leistungsergebnis der Unternehmung an und stellt die Identifikation der Ansprüche und Interessen (stakes) der Anspruchsgruppen (stakeholder) und die Ausbalancierung derselben in den Mittelpunkt, weshalb sich hier auch operative Berührungspunkte zu Konzepten wie BSC (Balanced Scorecard) Modellen ergeben.[10] Stakeholder Management wird sowohl als allgemeine Strategie als auch (quasi als Fraktal) als auf die unterschiedlichen Management(sub)funktionen bezogener

---

6 So untertiteln Ortmann/Sydow/Türk (1997) ihren Sammelband zur Organisationstheorie. Perrow (1996) nennt unsere Kultur treffend eine „Gesellschaft von Organisationen". Dies entspricht auf betrieblicher Ebene auch der gesellschaftlichen Tendenz, dem Strukturwandel der Öffentlichkeit, im Besonderen der Auflösung von ‚Privatsphäre' und ‚Öffentlichkeit'. So besehen ist auch das private Eigentum an Unternehmungen Gegenstand öffentlicher Diskussionen und öffentlicher Legitimationsdiskurse. Da Wirtschaft ja generell mit anderen gesellschaftlichen Systemen und Subsystemen verflochten ist, kann es so etwas wie Privatsphäre in diesem Bereich nur ansatzweise geben. Wirtschaft ist sui generis öffentlich.
7 Hierzu und zur politischen Implikation vgl. Kelley et. al. (1997).
8 Der Begriff ‚Stakeholder' wird meist mit ‚Anspruchsgruppe' übersetzt. Allerdings findet sich auch die Verwendung von ‚Interessensgruppe'. Janisch (1993: 115) stellt auf die „personifizierten Umwelteinflüsse", die ihre Interessen in Koalitionen gegenüber dem Unternehmen vertreten, ab. Baecker (1999: 364f) spricht von „Stakeprovidern". Wir verstehen in der Folge ‚Stakeholder' als ‚Anspruchsgruppe'.
9 Wie Freeman/Evan (1993: 255) ‚klassisch' definieren: „Stakeholders are those groups who have a stake in or claim on the firm. Specifically we include suppliers, customers, employees, stockholders, and the local community, as well as management in its role as agent for these groups."
10 Die Stakeholder Auffassung setzt am Leistungsergebnis der Unternehmung an, das ja für divergente Gruppen Unterschiedliches bedeutet. Wie Carroll (1996: 74) präzisiert: „In the stakeholder view of the firm, management must perceive its stakeholders as not only these groups that management thinks to have some stake in the firm but also those groups that themselves think that they have some stake in the firm." Zum BSC Ansatz Kaplan/Norton 1997.

Ansatz aufgefasst.[11] Die Idee des Stakeholder Managements stellt damit eine Erweiterung und Ergänzung traditioneller ‚shareholder' bzw. ‚stockholder' Konzepte dar.[12] Wie Post/Preston/Sachs (2002: 11ff) ausführen auch deswegen, weil diese Konzepte empirisch falsch und normativ inakzeptabel sind. Empirisch falsch, weil Shareholder „securities" halten, aber die Unternehmung weder „besitzen", noch die einzigen Schlüsselfaktoren zu ihrem Erfolg sind. Normativ inakzeptabel, weil eine alleinige Dominanz der Interessen dieser Anspruchsgruppe nicht begründet werden kann.

3. In *normativer* Hinsicht betont er die Notwendigkeit der Einbeziehung aller (legitimer)[13] Ansprüche (Stakes) in unternehmerische Entscheidungen. Nicht mehr nur die Interessen der Kapitaleigentümer und vertraglich festgelegte Anteile an Unternehmen, sondern auch alle anderen Rechte (legaler oder ethischer Natur), Interessen und Ansprüche sollen in Unternehmensentscheidungen einbezogen werden. Dies sowohl aus einer metaökonomischen (individuell formuliert: nicht nutzenorientierten) ethischen Zielsetzung wie aus einer (unternehmensstrategisch) induzierten Vorwegnahme gesellschaftlicher und kultureller Veränderungen, also einer proaktiven Strategie,[14] die der simultanen Besserstellung *aller* Anspruchsgruppen dient. Freeman/Evan (1993: 262) stellen klar:

> „The stakeholder theory does not give primacy to one stakeholder group over another, though there will surely be times when one group will benefit at the expense of other: In general, however, management must keep the relationships among stakeholders in balance. When these relationships become unbalanced, the survival of the firm is in jeopardy."

Waddock/Graves (1997: 250f) argumentieren empirisch, dass strategischer Erfolg (durchaus im erfolgsrationalen Sinne) nur auf die Qualität der Beziehungen zu den Anspruchsgruppen rückführbar ist. Svendsen (1998) sieht Stakeholder Strategien als Möglichkeit aus „collaborative business relationships" zu profitieren. Walker/Marr (2001) sehen in „stakeholder commitment" sogar eine der zentralen Ursachen für Unternehmenswachstum.

---

11 So gibt es nicht nur Überlegungen zum Stakeholder Management als allgemeinem Managementansatz, sondern auch zum Stakeholder Marketing, Stakeholder Controlling etc. Vgl. zu einer Übersicht Donaldson/Preston (1995), die über 100 Artikel und mehr als 12 Bücher zum Thema diskutieren.
12 Wie Freeman/Evan (1993: 255) ausführen, geht es um eine Ergänzung traditioneller betriebswirtschaftlicher Konzepte, nicht um deren völlige Substitution. „We do not seek the demise of the modern corporation, neither intellectually or in fact. Rather, we seek its transformation. [...] Our thesis is that we can revitalize the concept of managerial capitalism by replacing the notion that managers have a duty to stockholders with the concept that managers bear a fiduciary relationship to stakeholders."
13 Wie Ambler/Wilson (1995: 33) zu Recht problematisieren, ist die Frage der Anerkennung von Anspruchsgruppen und ihrer Ansprüche (insbesondere das Ausmaß derselben) ein zentrales, aber theoretisch schwer lösbares Problem. Wahrscheinlich werden realiter allerdings jene Anspruchsgruppen, die das höchste Macht- bzw. Bedrohungspotenzial haben, vorrangig berücksichtigt werden. Hierzu auch Donaldson/Preston (1995); Mitchell et al. (1997).
14 Dyllick (1992: 246) spricht in Weiterführung von Wilson von einem „Lehrsatz", der die zentrale Bedeutung des Konzeptes des Lebenszyklus gesellschaftlicher Anliegen darstellen soll. Er lautet: „Ohne angemessene unternehmerische Reaktion werden die gesellschaftlichen Anliegen von heute zu den politischen Problemen von morgen, die übermorgen geregelt werden (müssen) und die am Tag darauf ein bestimmtes Verhalten unter Sanktionsdrohung vorschreiben – ob es uns passt oder nicht."

4. Damit verbunden ist eine *Redefinition des Begriffs Unternehmen*. Konsequenterweise übertitelt sich eine der Monographien aus 2002 „Redefining the Corporation. Stakeholder Management and Organizational Wealth"[15]. Freeman/Evan (1993: 262) führen hierzu aus:

> „A stakeholder theory of the firm must redefine the purpose of the firm. The stockholder theory claims that the purpose of the firm is to maximize the welfare of the stockholders, perhaps subject to some moral or social constraints, either because such maximization leads to the greatest good or because of property right: The purpose of the firm is quite different in our view. [...] The very purpose of the firm is, in our view, to serve as a vehicle for coordinating stakeholder interests."

Post/Preston/Sachs (2002: 17) definieren: „The Corporation is an organization engaged in mobilizing resources for productive uses in order to create wealth and other benefits (and not to intentionally destroy wealth, increase risk, or cause harm) for its multiple constituents, or stakeholders" und (ebd.: 45) „Organizational Wealth is the summary measure of the capacity of an organization to create benefits for any and all of its stakeholders over the long term." Damit sind alle Unternehmungen, ob groß oder klein, ob profit oder non-profit in ihrer Funktion als Stakeholder Plattform und in ihrer Bedeutung als zentrales Element moderner Gesellschaften gleichermaßen gemeint, denn Stakeholder Management fasst jede Organisation als Veranstaltung zur Maximierung der Erfüllung von Ansprüchen und der Sicherstellung der Wohlfahrt der Anspruchsgruppen und nicht als Veranstaltung zur Realisierung von Partikulärinteressen auf.

2. Stakeholder Management und PR

Die stetig steigende theoretische und praktische Verbreitung der Stakeholder Theorie hat zu einer Differenzierung und Ausweitung der Anwendungsfelder geführt. Auch wenn der Ansatz angesichts seiner Popularität von einer „universal theory for everything" da und dort nicht weit entfernt scheint, zeigt sich, dass er doch heuristischen und praktischen Nutzen in vielen Kontexten entfalten kann.[16]

So auch in der Frage des Verhältnisses von Organisation und Kommunikation. Die folgenden Ausführungen sind von der These geleitet, dass „Stakeholder PR" nicht nur die Umsetzung einer allgemeinen Stakeholder Strategie auf Ebene der Öffentlichkeitsarbeit, der Organisationskommunikation bzw. der Public Relations[17] ist, sondern auch, dass damit ein spezifisches Verständnis von Organisation, Kommunikation und Öffentlichkeit konstituiert wird. Bei Stakeholder PR geht es also nicht nur um den öffentlichkeitswirksamen und imageträchtigen Transport der Stellung der Organisation in der Gesellschaft (im Sinne von good corporate citizenship oder sozialer Verantwortung etc.) und nicht nur um die Kommunikation von An-

---

15 Post/Preston/Sachs 2002.
16 Zur Diskussion von Convergent bzw. Divergent Stakeholder Theorie vgl. Jones/Wicks 1999 bzw. Freeman 1999.
17 Auf eine begriffliche Differenzierung wird verzichtet, da SHM jede Kommunikation der Organisation (ob nach innen oder außen) als Diskurs über Ansprüche versteht.

sprüchen (im Sinne der operativen Abwicklung von Stakeholder Dialogen, Stakeholder Assemblies etc.), sondern um eine kommunikative Restrukturierung der Organisation bzw. um eine Reorganisation der Kommunikation.

Gemeinsam mit anderen aktuellen Theorien der PR und der Organisationskommunikation ist dem Stakeholder Ansatz in diesem Kontext der Ausgangspunkt, nämlich dass eine Organisation nicht autonom existiert, sondern in diverse Umwelten auch kommunikativ integriert ist. Diese kommunikativen Verhältnisse und ihre gesellschaftliche Rolle werden auch in der traditionellen Betrachtung von Organisationskommunikation[18], Public Relations[19] und integrierter Kommunikation[20] thematisiert. Von einer theoretischen Integration der instrumentellen und normativen Spezifika des Stakeholder Ansatzes kann aber m. E. nicht die Rede sein, auch wenn in der deutschsprachigen PR-Literatur der Begriff ‚Stakeholder' (Avenarius 2000: 178f; Kunczik 1993: 183f; Zimmermann 1998: 61ff) selektiv verwendet wird. Dass die Verhältnisse der Organisationen zu ihren Umwelten auch kommunikativ bestimmt sind, und dass die Gestaltung dieser Verhältnisse entscheidend für das Gelingen von zielgeleiteter Kommunikation ist, ist zwar ebenfalls Ausgangspunkt der Stakeholder Theorie, aber eben nicht deren Kern. Im Folgenden will ich daher versuchen, Spezifika des Stakeholderansatzes anhand der Differenz zu anderen Auffassungen (1.) im Verständnis von Kommunikation und (2.) im Unterschied zwischen Zielgruppen und Anspruchgruppen zu verdeutlichen.

2.1 Stakeholder Kommunikation

Fasst man Public Relations als massenkommunikativen Prozess auf, so ist die Leitdifferenz der Public Relations-Aktivitäten ein Unterschied von Innen und Außen. Die Organisation der Leistungserstellung und die Organisation der Kommunikation sind voneinander systematisch, aber auch operativ und managementpraktisch getrennte Prozesse. Die Organisation der Leistung wird in Input-Output-Relationen dargestellt. Ein wie immer geartetes Produkt (das freilich auch virtuell oder eine Dienstleistung sein kann) wird in bestimmten organisatorischen Abläufen produziert. Dominante Rationalität hierbei ist die ökonomische Rationalität, d.h. die Realisierung eines möglichst günstigen Input-Output-Verhältnisses bei gleichzeitiger Realisierung von Zielgrößen, die in betriebs-wirtschaftlichen Kontexten messbar gemacht werden, wie Shareholder oder Stock-holder Value, ROI, Cashflow, Umsatz, Gewinn etc. Die Organisation der Kommunikation orientiert sich an der Organisation des Verhältnisses zu Öffentlichkeit bzw. an dem Versuch, bestimmte Informationen über bestimmte kommunikative Kanäle (‚Gate Keeper', ‚Opinion Leader', ‚Events', ‚Medien') zu transportieren. Die Organisation erscheint dabei von außen betrachtet als eine Art ‚blackbox', die bestimmte Güter und Dienstleistungen in einer bestimmten Qualität produziert. Transparenz wird nur strategisch hergestellt (etwa um den Imagewert zu steigern) und die Organisation schottet bestimmte

---

18 Exemplarisch der Sammelband von Szyszka (1999).
19 Exemplarisch der Sammelband von Röttger (1997).
20 So etwa in Ansätzen zur integrierten Kommunikation. Vgl. den Sammelband von Bruhn et al. (2000).

Bereiche (etwa durch firewalls, physische Zutrittskontrollen, etc.) von der Öffentlichkeit ab, wie es die folgende Abbildung skizziert:

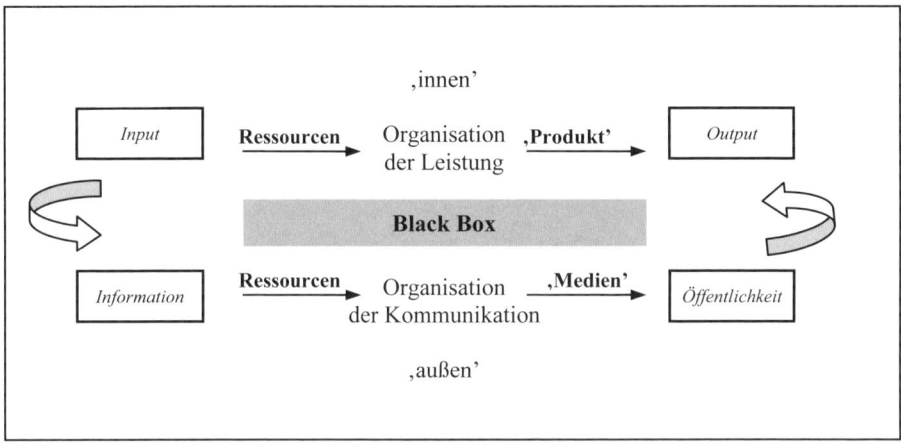

Abb. 1: Der PR-Prozess unter der Leitdifferenz von ‚innen' und ‚außen'

Charakterisieren lässt sich dieser Ansatz durch eine geringe Verschränkung von Kommunikation über die Organisation und Leistungserstellung der Organisation und durch einen hohen Grad der Differenzierung von interner und externer Kommunikation. Die Grenzen der Organisation werden durch die Mitgliedschaft in der Organisation bestimmt und diese Grenzen stellen auch Grenzen der Mitentscheidung über die Struktur und den Ablauf der Produktion dar, denn dominantes Paradigma des Feedbacks ist die Hierarchie nach innen und die marktliche und börsliche Interaktion nach außen. Es besteht grosso modo keinerlei Möglichkeit über kommunikative Prozesse in die Steuerung der Produktion und Leistungserstellung einzugreifen oder diese in den Ursachen und Wirkungen zu steuern.

Ziel ist die Kommunikation über die Qualität der Güter und Dienstleistungen, die Kommunikation über die Organisation und ihre Mitglieder nach innen und nach außen. Die intendierte Wirkung ist nach *außen* die Steuerung von „Öffentlichkeiten", d.h. die Steuerung von Messgrößen wie Bekanntheitsgrad (Impactwerten) und die Beeinflussung öffentlicher Meinungen, die Kreation von Images, das Herstellen von Investor-Relations, die Produktion von kommunikativem Mehrwert, das Aufrechterhalten eines Markenwertes etc. Nach *innen* wird kommunikativer Mehrwert in Form von Differenzierungsangeboten und Motivation vermittelt. Eine Verschränkung von Wissensmanagement, Innovationsmanagement, Personalentwicklung und PR findet nicht oder nur rudimentär statt.

Der *Stakeholderansatz* sieht die Organisation hingegen als Plattform für die Aushandlung der Interessen von Anspruchsgruppen. Im Mittelpunkt dieses Ansatzes steht die Kommunikation mit den Anspruchsgruppen. Die Leitdifferenz ist nicht innen-außen, sondern legitim-illegitim. Die Grenzen der kommunikativen Interaktion sind nicht die Grenzen der Organisation, sondern die Legitimität der Ansprüche. Transparenz und proaktive Kommunikation sind in diesen Prozessen dominante

Leitmotive und nicht die Bewirtschaftung strategischen Vorsprungswissens.

Öffentlichkeit konstituiert sich je spezifisch in Bezug auf die Organisation in einem Prozess der Interaktion und des Dialoges mit den Anspruchsgruppen, wie im nächsten Schaubild exemplarisch und allgemein angeführt ist:

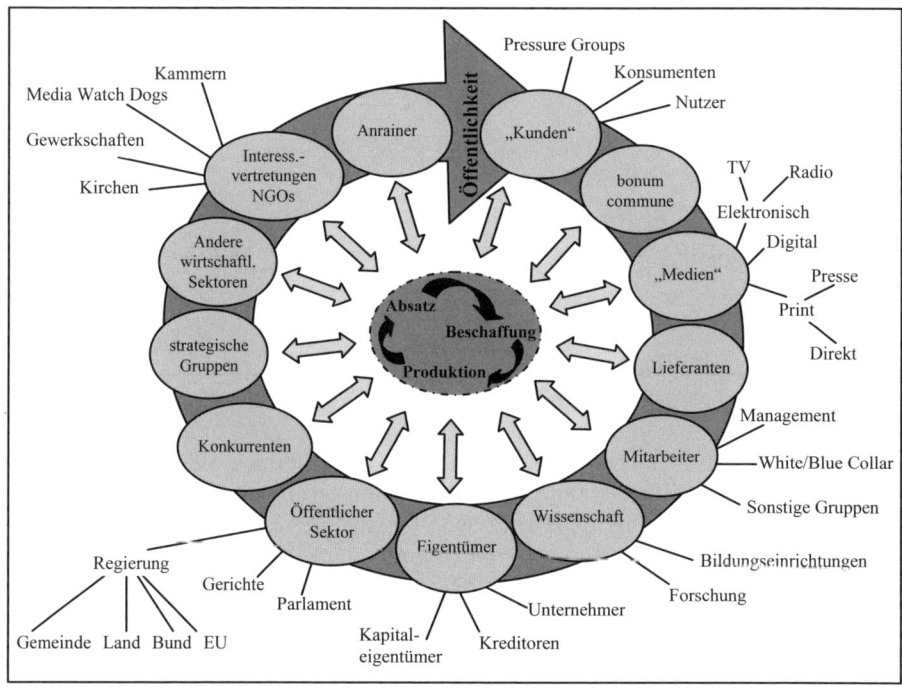

Abb. 2: Der PR-Prozess aus Stakeholder Perspektive

Konsequenterweise wird die Organisation als kommunikatives Konstrukt aufgefasst.[21] Organisation wird als Sinn und Wertstiftungsgemeinschaft begriffen, deren Grenzen eben auch kommunikativ sind. Normatives Ziel ist die Integration der Organisation in die Gesellschaft bzw. die Rückkehr der Gesellschaft in die Organisation (und nicht nur der Märkte). Die Organisation wird als offenes und öffentliches zumindest jedoch öffentlich exponiertes, soziales System interpretiert. Organisationskommunikation wird als Umgang mit der durch die Organisation selbst erzeugten Öffentlichkeit verstanden. Öffentlichkeitsarbeit ist damit als rekursive und auch selbstorganisierende Konstitution von Öffentlichkeit und als Prozess der Produktion und Reproduktion von je spezifischer organisatorischer Identität und Legitimation aufzufassen.

Organisation wird als System der Unterscheidung und Entscheidung dahingehend begriffen, dass es einen Zusammenhang zwischen Leistungserstellung der Organisation und ihrem Verhältnis zu internen und externen, zu primären über

---

21 Wie dies auch aus kommunikationswissenschaftlicher Perspektive verschiedentlich argumentiert wird. Hierzu etwa Saxer (1999); Schmidt (2000).

Marktprozesse verbundenen und sekundären nicht über Marktprozesse verbundenen Anspruchsgruppen gibt. Die Interaktion folgt dem Paradigma des Dialoges und hat zum Ziel nicht *über* die Anspruchsgruppen, sondern *mit* ihnen zu kommunizieren.

Eine Verschränkung von Wissensmanagement, Innovationsmanagement, Personalentwicklung, Organisationsentwicklung und Kommunikation ist strategisch und operativ intendiert.

Das zweite wesentliche Spezifikum des Stakeholder Ansatzes in diesem Kontext ist die Strukturierung des strategischen und operativen Planungsprozesses. Da eine Organisation, die Schlüsselfragen[22] ihrer unternehmerischen Existenz (Why are we in this business?) und die zentralen Fragen ihrer operativen Geschäftsfelder (What business are we in?) nicht autonom beantworten kann, ist der Beginn des Prozesses der Planung auch kommunikativer Strategien nicht mehr als eine Einschränkung von Handlungsmöglichkeiten aufzufassen, sondern im Gegenteil als deren Erweiterung. Die Anschlussfähigkeit einer Organisation an verschiedene Lebenswelten und die Produktion von Sozialkapital entsteht gerade nicht durch eine Selektionsleistung, die durch die strategische und operative Planung vorstrukturiert und durch das Management erbracht wird, sondern (paradoxerweise) durch die Erweiterung der strategischen Optionen. PR-Management im *stakeholdertheoretischen* Sinne bedeutet nicht, dass die Umwelt über den Filter der strategischen Planung wahrgenommen wird, sondern, dass ganz im Gegenteil die Anspruchsgruppen die strategischen Optionen der Unternehmung definieren. Damit steht am Beginn des Managementprozesses *nicht* die Frage nach den Möglichkeiten und den Potenzialen der Unternehmung, sondern jene nach den *Ansprüchen* der Anspruchsgruppen. Der strategische Prozess der Öffentlichkeitsarbeit wird im Stakeholderansatz also vom Kopf auf die Füße gestellt, denn die Kommunikation der Organisation wird durch Ansprüche, die von innen und außen an sie herangetragen werden, bestimmt und gesteuert. Der Unterschied von legitim und nicht-legitim als Leitdifferenz von Stakeholder orientierter Kommunikation wird auch hier schlagend. Die Akzeptanz der Stakeholder durch die Organisation, aber auch die Akzeptanz der kommunikativen Bemühungen der Organisation durch die Stakeholder als legitim und authentisch, ist die Voraussetzung für den Aufbau von Sozialkapital (Vertrauen, Reputation, Anschlussfähigkeit an Netzwerke etc). Eine PR-Strategie, die konkrete Inhalte und Ziele a priori festschreibt und die Interaktion mit den Stakeholdern lediglich instrumentell und persuasiv gestaltet, ist nicht geeignet, organisatorischen Erfolg im Sinne einer Besserstellung aller Anspruchsgruppen sicherzustellen.[23] Deshalb ist die Kommunikation mit den Stakeholdern auch als offener, rekursiver Prozess zu gestalten, in dessen Mittelpunkt die Definition der Organisation und ihrer Leistungen in Relation zu je spezifischen Ansprüchen (stakes) und Anspruchsgruppen (stakeholdern) steht, wie es die folgende Abbildung beschreibt:

---

22 Freeman (1984: 88) formuliert diese klassischen Kernfragen wie folgt:
What is our Business?
What Businesses are we in?
What Businesses do we want to be in?
What Businesses should we be in?
Freeman ergänzt diese Fragen um die (für ihn wesentlichste): What do we stand for?
23 Hierzu auch Levine/Locke/Searls/Weinberger (2000): bes. Thesen 25f.

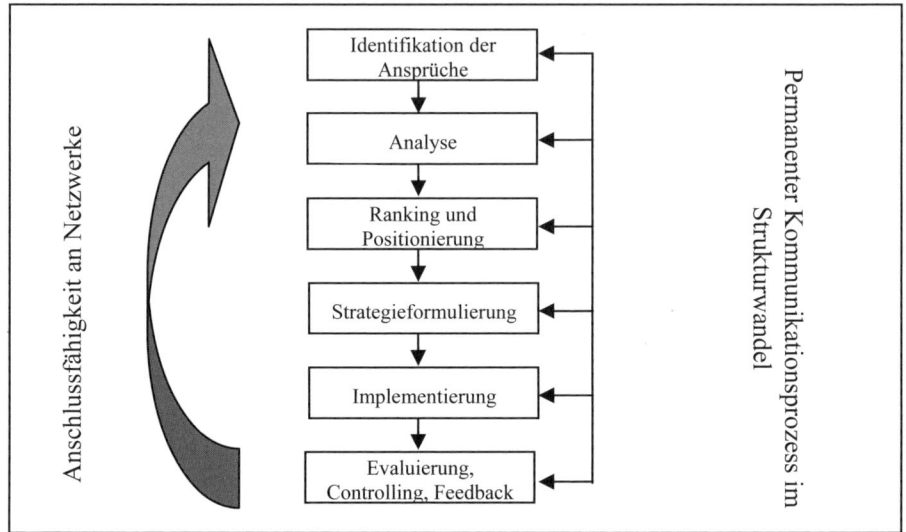

Abb. 3: Stakeholder orientierte PR-Strategien[24]

2.2 Zur Differenz von Ziel- und Anspruchsgruppe

Die zweite wesentliche Differenzierung, die der Stakeholderansatz vornimmt, ist jene zwischen Zielgruppe und Anspruchsgruppe. Diese geht über eine rein terminologische Differenz hinaus. Die folgende Übersicht versucht den Unterschied im Grundverständnis von Medien, Kommunikation, Steuerung und Koordination anhand des Begriffes der Zielgruppe bzw. Anspruchsgruppe deutlich zu machen. Diese Darstellung soll der Orientierung und Differenzierung zwischen beiden Ansätzen dienen.[25]

Es geht also bei dieser Differenz nicht nur um eine begriffliche Spielerei, indem man den Begriff Zielgruppe durch einen anderen (scheinbar aktuelleren) wie Stakeholder oder Anspruchsgruppe substituiert und ansonsten zur ‚PR as usual' zurückkehrt, sondern ganz wesentlich auch um die materiellen, normativen Implikationen des Stakeholder Ansatzes. So fasst Ulrich (1998: 443) zusammen:

„Die Anerkennung der vorbehaltlosen republikanisch-öffentlichen Legitimationspflicht der Unternehmung mündet folgerichtig in die umfassende Perspektive des Stakeholder-Konzepts als jenes Konzepts, das die Unternehmung, verstanden als quasi-öffentliche Wertschöpfungsveranstaltung, vor den Horizont des prinzipiell unabgrenzbaren öffentlichen Legitimationsdiskurses in einer modernen Wirtschaftsbürgergesellschaft (civil society) stellt und diesen als den systematischen Ort der unternehmenspolitischen Moral erkennt: Im öffentlichen Deliberationsprozess unter mündigen Wirtschaftsbürgern hat sich die Geschäftsintegrität einer Unternehmensleitung zu bewähren, und nur in ihm lässt sie sich begründen."

---

24 flow charts vgl. Hemmati 2002: 211ff.
25 Auf eine Einordnung der bestehenden Literatur im Kontext dieser Grundauffassungen von Kommunikation, des Umganges mit der Organisation mit ihren Anspruchsgruppen bzw. Zielgruppen, soll verzichtet werden. Die tabellarische Darstellung dient lediglich der Konturierung und Etablierung der wichtigsten Differenzen zwischen beiden Ansätzen.

Paradimga	Zielgruppe	⇨	Anspruchsgruppe
Koordinationsmodell	Geschlossen Monolog Organisationssicht Märkte	⇨	Offen Dialog Lebenswelt Netzwerke
Kommunikationsmodell	Persuasion ‚Kontrolle der Öffentlichkeit' Komplexitätsreduktion bringt Sicherheit Massenkommunikation	⇨	Legitimation Anerkennung Komplexitätssteigerung (dann Reduktion) bringt Anschluss Fähigkeit Medienkommunikation
Medienverständnis	Medien als Instrument der Kommunikation über Organisation	⇨	Medien als Infrastruktur Teil der Organisation ist Kommunikation
Steuerungsmodell	Kommunikative Verhaltenssteuerung Definition von Kommunikationskanälen	⇨	Selbststeuernde Kommunikationsnetzwerke (Interessenkoalition)
Integration von Kommunikation	Gering Kommunikation und Organisationsleistung sind unabhängig Leistung ist Objekt	⇨	Hoch Zusammenhang von Sozial- und Realkapital Organisation als Content Provider und Plattform
Kommunikationsstrategie	Reaktiv, defensiv Informationstransfer Intention des Senders (Ziel: gemeinsamer Code)	⇨	Proaktiv strategische Symbolverwendung (Kontingenz von Kommunikation)
Organisationsstrategie	Systemische Trennung ‚innen'/‚außen' (Eigentümer, Entscheider, Mitarbeiter) Mikro-/Makro-PR	⇨	Betroffene werden zu Beteiligten (alle Stakeholder) Zivilgesellschaft

Abb. 4: Zur Differenz von Ziel- und Anspruchsgruppe

Während vor dem Hintergrund rein erfolgsstrategischer und ökonomischer Überlegungen nur Zielgruppen als relevant erachtet werden, die auch unmittelbar in ökonomischen Kategorien anschlussfähig sind (d.h. zumindest auf Frist gesehen Einzahlungen und Auszahlungen bewirken), ist aus stakeholdertheoretischer Perspektive eine Einbeziehung aller legitimen Ansprüche gefordert.[26] Während Zielgruppen

---

26 Ulrich (1998: 442) unterscheidet zwei Konzepte zur Identifikation von Anspruchsgruppen.
„a) Machtstrategisches Konzept: Als Stakeholder werden alle Gruppen bezeichnet, die ein Einflusspotenzial gegenüber der Unternehmung haben, sei es aufgrund ihrer Verfügungsmacht über bestimmte knappe Ressourcen oder aufgrund ihrer Sanktionsmacht (Drohpotenzial) für den Fall, dass sich die Unternehmung ihren Ansprüchen nicht beugt [...].
b) Normativ-kritisches Konzept: Als Stakeholder werden alle Gruppen bezeichnet, die gegenüber der Unternehmung legitime Ansprüche haben, seien das spezielle Rechte aus vertraglichen Vereinbarungen (Arbeits-, Kooperations-, Werk- oder Kaufvertrag) oder allgemeine moralische Rechte der von

selektiv und einseitig mit Informationen versorgt werden, verlangt Stakeholder PR nach Dialog. Einen paradigmatischen Abschied vom Konzept (und nicht nur vom Begriff) der ‚Zielgruppe' deuten auch Konzepte wie ‚Dialogkommunikation' (Lischka 2000; Zerfaß 1996), ‚verständigungsorientierte Öffentlichkeitsarbeit' (Burkart 1996) und ‚Corporate Dialogue' (Steinmann/Zerfaß 1993) an, die in eine ähnliche Richtung argumentieren. Zentral dabei ist das Kriterium der Transparenz, das aus Stakeholder-Perspektive fordert:

- dass Informationen an alle Stakeholder gleich verteilt werden,
- dass die Kriterien für die Auswahl der Stakeholder offengelegt werden,
- dass die Kriterien für die Abwägung konfligierender Stakeholder Interessen offengelegt werden.[27]

3. Fazit: PR aus Stakeholder Perspektive

PR bedeutet aus Stakeholder Perspektive *zusammenfassend* den kommunikativen Umgang mit Widersprüchen, Konflikten und konfligierenden Interessen im Hinblick auf konkrete Organisationen und ihre Anspruchsgruppen und immer weniger (nur) eine allgemeine öffentliche Imagekonstruktion. Zentral dabei ist die Organisation von kommunikativen Prozessen, die der Kommunikation von Ansprüchen und ihrer Umsetzung in die quasi-öffentliche Wertschöpfungsveranstaltung Unternehmung dienen.[28] Es geht damit nicht um Kommunikation, die sich einseitig oder gar persuasiv an bestimmte Gruppen richtet, sondern um Legitimation in einem Umfeld divergenter Interessen. Der Grund dafür liegt auf der Hand: Widersprüche, Konflikte und konfligierende Interessen treten in der Medien- und Kommunikationsgesellschaft zuerst im Kontext von Kommunikation – als Fakten und Fiktionen in Medienwirklichkeiten – hervor. Sie müssen daher zuerst im Kontext von (zumeist) öffentlicher Kommunikation bearbeitet werden und zwar auch dann, wenn die Ursache für diese Konflikte „nur" ethisch und nicht auch schon ökonomisch herleitbar scheint. Sicher: Solange ein entsprechender infrastruktureller und ordnungspolitischer Rah-

---

unternehmerischen Handlungen oder Unterlassungen Betroffenen [...]". Aus unternehmensethischer Perspektive so schlussfolgert Ulrich, ist freilich nur das normativ-kritische Konzept zu akzeptieren.

27 Etwas operabler (allerdings unvermeidlicherweise begründungstheoretisch unschärfer) formuliert heißt dies, dass aus unserer Perspektive für diese Interaktion folgende (formalen) Normen maßgeblich sind: zur wirtschafts- und medienethischen Diskussion Karmasin/Karmasin (1997).
- Die (je situativ und lebensweltlich zu thematisierenden und transparent zu machenden) Regeln eines Diskurses (d.h. im Sinne eines diskursiv-deontologischen Minimalethos eines fairen Prozesses, der die Anspruchsgruppen in ihrer Lebenswelt respektiert und sie als Organisationsbürger als Teil einer Zivilgesellschaft versteht),
- Das Zugestehen erheblicher Argumente an andere (d.h., dass man andere in ihrer Andersartigkeit vorbehaltlos ernst nimmt und dass man anderen elementare Persönlichkeits- und Kommunikationsrechte zugesteht),
- Der Versuch, vernünftig zu argumentieren (also auch Gegenargumente zuzulassen bzw. ein let us agree to differ peacefully, als Referenzpunkt nimmt), Offenheit und Selbstreflexivität (Transparenz) herzustellen.

28 Wie eben ein Stakeholder Board, Stakeholder Assemblies, Stakeholder Dialogues, die konkrete Organisation von MSP's etc.

men für die Anschlussfähigkeit ethischer und ökonomischer Rationalität in der Unternehmensführung nicht existiert, ist die Einbeziehung von (scheinbar oder evident) ohnmächtigen und ‚irrelevanten' Anspruchsgruppen nur auf volativer und unternehmensethischer Basis zu leisten. Dies kann aber, wie wir schon oben argumentiert haben, durchaus auch im erfolgsstrategischen Sinne rational sein.[29] PR bekommt aus dieser Perspektive eine neue Rolle und eine neue innerbetriebliche Funktion: nicht mehr nur kommunikativ, sondern auch organisatorisch und strategisch integrativ zu wirken.[30] Der Stakeholder Ansatz deutet damit auch für die Strukturierung der ‚öffentlichen Beziehungen' einen Weg an, erfolgstrategische Klugheit, ethische Integrität und kommunikative Kompetenz zu vereinen. Es würde sich also nicht nur theoretisch lohnen, diesen Weg weiter zu beschreiten.

Literatur

Ambler, Thomas/Wilson, Andrew (1995): Problems of Stakeholder Theory. In: Business Ethics, 4. Jg., Nr. 1, S. 30-35.
Avenarius, Horst (2000): Public Relations. Die Grundform der gesellschaftlichen Kommunikation. Darmstadt: Primus.
Baecker, Dirk (1999): Organisation als System. Frankfurt a. M: Suhrkamp.
Bruhn, Manfred/Schmidt, Siegfried J./Tropp, Jörg (Hrsg.) (2000): Integrierte Kommunikation in Theorie und Praxis. Wiesbaden: Gabler.
Burkart, Roland (1996): Verständigungsorientierte Öffentlichkeitsarbeit. Der Dialog als PR-Konzeption. In: Bentele, Günter/Steinmann, Horst/Zerfaß, Ansgar (Hrsg.): Dialogorientierte Unternehmenskommunikation. Berlin: Vistas, S. 245-270.
Clarkson, Max B. E. (1998): The Corporation and its Stakeholders. Toronto: University of Toronto Press.
Donaldson, Thomas/Preston, Lee (1995): The stakeholder theory of the corporation. Concepts, evidence, implications. In: Academy of Management Review, Nr. 20, S. 65-91.
Dyllick, Thomas (1992): Management der Umweltbeziehungen. Öffentliche Auseinandersetzungen als Herausforderung. Wiesbaden: Gabler.
Freeman, Edward R./Evan, William M. (1993): A stakeholder theory of the modern corporation. Kantian capitalism. In: Chryssides, George D./Kaler, John H. (Hrsg.): An Introduction to Business Ethics. London u.a.: Thomson Learning.
Freeman, Edward R. (1984): Strategic Management. A Stakeholder Approach. Marshfield: Pitman.
Freeman, Edward R. (1999): Divergent Stakeholder Theory. In: Academy of Management Review, 24. Jg., Nr. 2, S. 123-237.
Frooman, Jeff (1999): Stakeholder Influence Strategies. In: Academy of Management Review, 24. Jg., Nr. 2, S. 191-205.
Hemmati, Minu (2002): Multi-Stakeholder Processes for Governance and Sustainability. London: Earthscan.

---

29 Freeman/Evan (1993: 262) formulieren abstrakte „*Stakeholder Management Principles*"
„P1: The corporation should be managed for the benefit of its stakeholders, its customers, suppliers, owners, employees, and local communities: The rights of these groups must be ensured, and, further, the groups must participate, in some sense, in decisions that substantially affect their welfare.
P2: Management bears a fiduciary relationship to stakeholders and to the corporation as an abstract entity. It must act in the interests of the stakeholders as their agent, and it must act in the interests of the corporation to ensure the survival of the firm, safeguarding the long-term stakes of each group."
30 Dies impliziert auch ein neues Selbstverständnis der PR-Abteilungen (als Querschnittsabteilungen) und ein neues Rollenverständnis der PR-Berater und -Agenturen und PR-Profis (als Agenten der Stakeholder und der Organisation). Dies könnte auch auf für die Diskussion um die Professionalisierung und die gesellschaftliche Verantwortung der PR Impulse geben.

Janisch, Monika (1993): Das strategische Anspruchsgruppenmanagement. Vom Shareholder Value zum Stakeholder Value. Bern u.a: Haupt.
Jones, Thomas M./Wicks, Andrew C. (1999): Convergent Stakeholder Theory. In: Academy of Management Review, 24. Jg., Nr. 2, S. 206-221.
Kaplan, Robert S./Norton, David P. (1997): Balanced-Scorecard-Strategien erfolgreich umsetzen. Stuttgart: Gabler.
Karmasin, Matthias/Karmasin, Helene (1997): Cultural Theory. Ein neuer Ansatz für Kommunikation, Marketing und Management (mit einem Vorwort von Mary Douglas). Wien: Linde.
Kelley, Gavin/Kelly, Dominic/Gamble, Andrew (Hrsg.) (1997): Stakeholder Capitalism. Sheffield.
Levine, Rick/Locke, Christopher/Searls, Doc/Weinberger, David (2002): Das Cluetrain Manifest. München: Econ.
Lischka, Andreas (2000): Dialogkommunikation im Rahmen der integrierten Kommunikation. In: Bruhn, Manfred/Schmidt, Siegfried J./Tropp, Jörg (Hrsg.): Integrierte Kommunikation in Theorie und Praxis. Wiesbaden: Gabler, S. 47-65.
Mitchell, Ronald K./Agle, Bradley R./Wood, Donna J. (1997): Toward a theory of stakeholder identification and salience. Defining the principle of who and what really counts. In: Academy of Management Review, Nr 22, S. 853-886.
Ortmann, Günther/Sydow, Jörg/Türk, Klaus (1997): Theorien der Organisation. Die Rückkehr der Gesellschaft. Opladen: Verlag für Sozialwissenschaften.
Perrow, Charles (1996): Eine Gesellschaft von Organisationen. In: Kenis, Patrick/Schneider, Volker (Hrsg.): Organisation und Netzwerk. Institutionelle Steuerung in Wirtschaft und Politik. Frankfurt a. M., New York: Campus, S. 75-123.
Post, James E./Preston, Lee E./Sachs, Sybille (2002): Redefining the Corporation. Stakeholder Management and Organizational Wealth. Stanford: Stanford University Press.
Röttger, Ulrike (Hrsg.) (1997): PR-Kampagnen. Über die Inszenierung der Öffentlichkeit. Opladen: Westdeutscher Verlag.
Saxer, Ulrich (1999): Organisationskommunikation aus kommunikationswissenschaftlicher Sicht. In: Szyszka, Peter (Hrsg.): Öffentlichkeit. Diskurs zu einem Schlüsselbegriff der Organisationskommunikation. Opladen: Westdeutscher Verlag, S. 21-37.
Schmidt, Siegfried J. (2000): Kommunikationen über Kommunikation über Integrierte Unternehmenskommunikation. In: Bruhn, Manfred/Schmidt, Siegfried J./Tropp, Jörg (Hrsg.): Integrierte Kommunikation in Theorie und Praxis. Wiesbaden: Gabler, S. 121-143.
Steinmann, Horst/Zerfaß, Ansgar (1993): Corporate Dialogue – a new perspective for Public Relations. In: Business Ethics, 2. Jg., Nr. 2, S. 58-63.
Svendsen, Ann (1998): The stakeholder strategy: profiting from collaborative business relationships. San Francisco: Berrett-Koehler Publishers.
Szyszka, Peter (Hrsg.) (1999): Öffentlichkeit. Diskurs zu einem Schlüsselbegriff der Organisationskommunikation. Opladen: Westdeutscher Verlag.
Ulrich, Peter (1998): Integrative Wirtschaftsethik. Grundlagen einer lebensdienlichen Ökonomie. Bern, Stuttgart, Wien: Haupt.
Waddock, Steven/Graves, S. B. (1997): Quality of Management and Quality of Stakeholder Relations. Are they Synomyous? In: Business and Society, 36. Jg., Nr. 3, S. 250-279.
Walker, Steven F./Marr, Jeffrey W. (2001): Stakeholder Power. A winning plan for building stakeholder commitment and driving corporate growth. Cambridge: Perseus.
Zerfaß, Ansgar (1996): Dialogkommunikation und strategische Unternehmensführung. In: Bentele, Günter/Steinmann, Horst/Zerfaß, Ansgar (Hrsg.): Dialogorientierte Unternehmenskommunikation. Berlin: Vistas, S. 23-58.
Zimmerman, Rainer (1998): Public Relations als Führungsdisziplin. In: Merten, Klaus/Zimmermann, Rainer (Hrsg.): Das Handbuch der Unternehmenskommunikation. Köln: Luchterhand, S. 57-67.

Amerikanische Einflüsse

Systemtheoretisch-kybernetische Ansätze aus den USA und ihre Rezeption im deutschen Sprachraum

Stefan Wehmeier

1. Aufriss

Die Einflüsse US-amerikanischer Massenkommunikationsforschung sind in Deutschland in vielen kommunikationswissenschaftlichen Gebieten spürbar. Vor allem nach dem 2. Weltkrieg wurde die sozialwissenschaftlich-empirische Heuristik US-amerikanischer Forschung von der deutschsprachigen Kommunikationsforschung aufgegriffen. Diese vollzog einen Wandel von einer hauptsächlich hermeneutischen Geistes- zu einer meist empirisch ausgerichteten Sozialwissenschaft. Stärker noch als in der allgemeinen Kommunikationswissenschaft ist dieser Einfluss in der Domäne der PR-Wissenschaft erkennbar. Dies hat historische Gründe. Während die PR-Praxis in den USA seit dem 19. Jahrhundert bruchlos wachsen konnte, gab es in der deutschen Entwicklung zahlreiche Zäsuren, die Auswirkungen auf den PR-Prozess hatten – die einschneidendste ist sicher die Zeit der nationalsozialistischen Diktatur. Nach 1945 musste sich eine auf marktwirtschaftlich-pluralistische Eckpfeiler gestützte Öffentlichkeitsarbeit neu etablieren und vom Begriff Propaganda abgrenzen. Im Schlepptau der bruchlosen Praxis-Entwicklung in den USA hat sich dort auch die PR-Forschung früher herausgebildet als in Deutschland (vgl. Bentele 1997: 8f; Bentele/Liebert 1998: 71f; Grunig 1992: 105f). Insofern verwundert es nicht, wenn eine Vielzahl von Ansätzen in der deutschsprachigen PR-Forschung ihren Ursprung in den USA hat. Besondere Bedeutung haben hier die Forschungen von James E. Grunig. Niemand sonst hat die PR-Forschung in den vergangenen zwanzig Jahren derart geprägt wie er. So ist etwa sein Lehrbuch ‚Managing Public Relations' (Grunig/Hunt 1984) das am häufigsten zitierte Werk in den vergangenen Jahren.[1]

---

1 Die überdurchschnittliche Rezeption der Ansätze Grunigs in den USA zeigen Morton/Lin (1995) und Pasadeos/Renfro/Hanily (1999). Beide weisen Grunig als mit Abstand führenden PR-Forscher bezogen auf die Zahl der Zitationen aus. Grunig führt das Ranking der meist zitierten Autoren mit deutlichem Abstand (342 Nennungen) vor David Dozier (166) und Glen Broom (153) an (Pasadeos/Renfro/Hanily 1999: 38). Morton/Lin werteten die Jahrgänge 1975-1993 der Zeitschrift Public Relations Review aus, Pasadeos/Renfro/Hanily untersuchten die Jahrgänge 1990-1995 der Zeitschriften Public Relations Review, Journal of Public Relations Research und Journalism and Mass Communication Quarterly.

‚Managing Public Relations' ist gleichzeitig eine der bedeutenden Publikationen für diesen Beitrag, da dort nennenswerte Beiträge zur systemtheoretischen Fundierung der Public Relations entwickelt werden: das strukturfunktionalistische PR-Modell und das Vier-Typen-Modell. Zusammen mit den kybernetischen Systemtheorieansätzen von Long/Hazleton und Cutlip/Center/Broom bilden sie das Gerüst für diesen Beitrag.

2. Systemtheorie und ihre Adaption in der US-amerikanischen PR-Forschung

2.1 Allgemeine Systemtheorie

Die Systemtheorie entspringt nicht der Sozialwissenschaft, sondern anderen Domänen wie der Biologie und der Mechanik/Physik. Von dort aus expandierte der Systemgedanke dann in diverse Disziplinen, bis Bertalanffy den Versuch unternahm, eine Allgemeine Systemtheorie zu entwickeln, die als Metatheorie für einzelne Wissenschaften dienen sollte. Grundlegend geht es bei der Allgemeinen Systemtheorie um die Bestimmung von Merkmalen von Systemen. Bertalanffy definiert System dabei recht simpel als „complexes of elements standing in interaction" (Bertalanffy 1956: 2). Hall und Fagen definieren im gleichen Jahr: „A system is a set of objects together with relationships between the objects and their attributes" (1956: 18). Geschuldet ist diese relative Unspezifiziertheit des Systembegriffs dem Umstand, dass die Allgemeine Systemtheorie den Anspruch hat, für so unterschiedliche wissenschaftliche Disziplinen wie Mathematik, Biologie, Verhaltens- und Sozialwissenschaften als Rahmen zu dienen. Bertalanffy konkretisiert später den Systembegriff und unterscheidet „real systems" wie biologische Zellen oder Galaxien und „conceptual systems" wie Logik und Mathematik als symbolische Konstrukte (Bertalanffy 1971: XIXf). Deutlich wird, dass Systeme nicht nur wissenschaftliche Hilfsmittel zur Beschreibung von Realität sind, sondern in der Realität vorfindbare Entitäten. Daraus folgt wiederum, dass man sie mit Hilfe von Theorien erklären und mit Hilfe von Hypothesen prüfen können muss.

2.2 PR als Organisationssubsystem

Das heuristische Potenzial, das die Allgemeine Systemtheorie für die Sozialwissenschaft hat, wird schnell ersichtlich. Die Systemtheorie bietet Grundmuster zur Erklärung gesellschaftlicher Strukturen und gesellschaftlicher Differenzierung an. Vor allem Talcott Parsons transformierte die Systemtheorie in Richtung der Soziologie (1964, 1971). Seine strukturell-funktionale Analyse zielt darauf ab, den Beitrag der Elemente eines Systems (Subsysteme) zum Funktionieren des Gesamtsystems zu analysieren. Überträgt man diesen Strukturfunktionalismus auf PR-treibende Organisationen, so rückt der Beitrag in den Mittelpunkt, den PR als Subsystem leistet, um die Strukturen der Organisation zu erhalten. In diesem Sinn sehen Grunig/Hunt PR als Subsystem von Organisationen (1984: 8f). Die Autoren unterscheiden angelehnt an Katz/Kahn (1978) idealtypisch fünf Subsysteme einer (wirtschaftlichen) Organisation: Produktion, Vertrieb, Personalwesen, Forschung und (Unternehmens-) Entwicklung sowie das diese Subsysteme kontrollierende und integrierende Management. PR sehen sie als Teil dieses Managementsystems, das Dienstleistungen für alle vier anderen Subsysteme erbringen kann. PR schreiben Grunig/Hunt eine Grenzgängerrolle zu: PR-Mitarbeiter stünden mit einem Fuß in und mit dem anderen außerhalb der Organisation, da sie den Kontakt zu unterschiedlichen Anspruchsgruppen hielten und gleichzeitig Sprachrohr für die anderen Subsysteme seien.

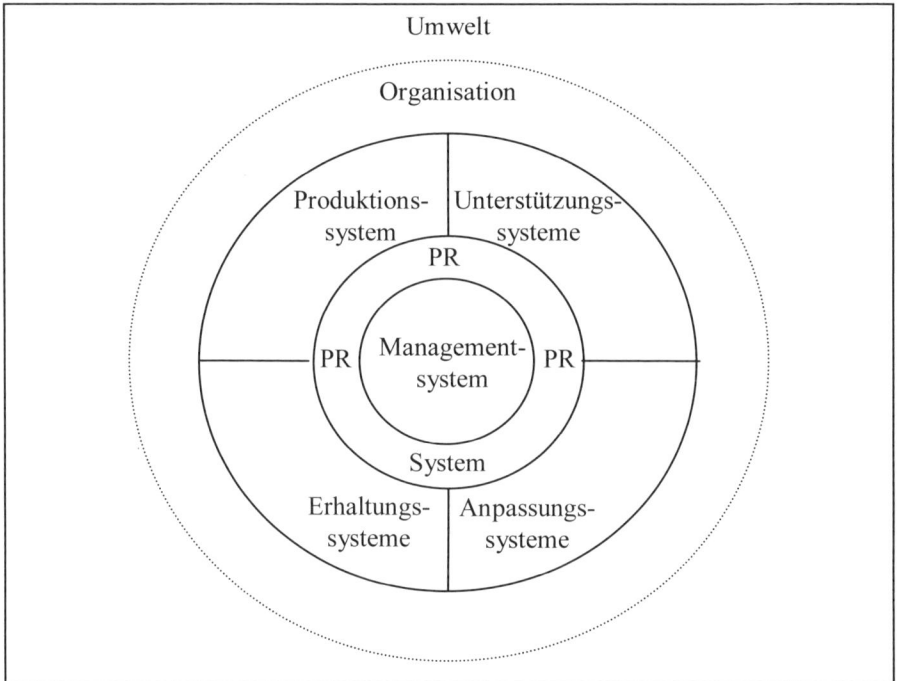

Abb. 1: PR als Organisations-Subsystem (Quelle: Grunig/Hunt 1984: 9)

Die Autoren konstruieren die Organisation und ihre Subsysteme als offene Systeme: „In an open system, organizational subsystems affect one another and affect and are affected by environmental systems." (Grunig/Hunt 1984: 93) Strukturbildende Elemente der Systeme sind etwa unterschiedliche Rollen der Organisationsmitglieder, einzelne Abteilungen und ihre horizontale und/oder vertikale Anordnung sowie die Stellung der Subsysteme zueinander. Geprägt werden organisatorische Subsysteme durch bestimmte Funktionen: So ist es etwa die Funktion des PR-Systems, für Verständnis und Verständigung mit anderen (sowohl internen als auch externen) (Sub-) Systemen zu sorgen und bestimmte Systeme zu überzeugen, ihre Einstellungen oder Verhaltensweisen zu ändern. Dabei hat Public Relations nicht nur eine, sondern mehrere Funktionen, die je nach Zielstellung der durchzuführenden Aufgabe variieren. Grunig/Hunt unterschieden hier hauptsächlich zwischen vier Funktionen oder auch Modellen („models") der PR: Publicity, Information, asymmetric communication und symmetric communication (1984: 96).

2.3 Die Vier Modelle der PR und ihre Weiterentwicklungen

Die Unterscheidung von geschlossenen und offenen Systemen verbinden Grunig/ Hunt (G/H) mit unterschiedlichen PR-Modellen oder -Typen. Während nach G/H in geschlossenen Systemen ein reaktiver Typ von PR vorherrscht, der dann tätig wird, wenn die Umwelt starken Handlungsdruck auf die Organisation ausübt, ist der proaktive Typ von PR in offenen Systemen bestrebt, andere Systeme in seiner Umwelt zu ändern, um seine Strukturen zu erhalten. Auch die vier aus der Analyse der PR-Geschichte abgeleiteten Modelle der Öffentlichkeitsarbeit werden von G/H in dieser Weise mit der Systemtheorie verbunden: PR-Manager, die in Organisationen wirken, die dem geschlossenen System entsprechen, betreiben Öffentlichkeitsarbeit im Sinne von Publicity und Informationstätigkeit, PR-Manager in offenen Systemen betreiben asymmetrische und symmetrische Kommunikation. Diese vier Modelle der PR skizzieren G/H auf Basis der (Wirtschafts-)Geschichte der USA. Publicity dient Reklamezwecken, ist Einweg-Kommunikation und legt auf vollständige Wahrheit keinen Wert. Anwendungsgebiete sind etwa: Sport, Theater oder Verkaufsförderung. Informationstätigkeit ist auch Einweg-Kommunikation, dient aber dem Verbreiten wahrer Informationen. Als historisches Beispiel für dieses Modell gilt Ivy Lee, der 1906 seine Declaration of Principles veröffentlichte und damit zu einer stärkeren Verpflichtung der PR auf den Wahrheitsbegriff beitrug. Asymmetrische Kommunikation ist Zweiweg-Kommunikation, die auf Basis wissenschaftlicher Erkenntnis überzeugen will. Meinungen in der Bevölkerung werden in diesem Sinn evaluiert, um die Ziele der Organisation besser erreichen zu können. Symmetrische Kommunikation zielt als Zweiweg-Kommunikation schließlich auf ein wechselseitiges Verständnis von Organisation und Anspruchgruppen.

Diese vier Modelle der PR sind für Grunig/Hunt sowohl historisch gewachsene als auch in der Gegenwart vorfindbare Praktiken. Dass – vorausgesetzt Organisationen seien eher offene und weniger geschlossene Systeme – Grunig/Hunt einzig die asymmetrische und symmetrische Öffentlichkeitsarbeit als kompatibel mit der zugrunde gelegten Systemtheorie sehen, verwundert nicht. Denn offene Systeme sind auf den Input angewiesen, um ihre Struktur durch Anpassung an Veränderungen der Umwelt zu erhalten oder gar zu optimieren. Grunig entwickelt später diese Modelle weiter und spricht von Propaganda (Modell: Publicity) und Journalismus (Modell: Informationstätigkeit) als *handwerklich-technische Public Relations* und Asymmetrischer und Symmetrischer Kommunikation als *professioneller* Public Relations (Grunig/Grunig 1989; Signitzer 1992).

Vier Modelle der PR

Charakteristik	Publicity	Information	Asymmetrische Kommunikation	Symmetrische Kommunikation
Zweck	Propaganda	Verbreitung von Informationen	Überzeugen auf Basis wiss. Erkenntnis	Wechselseitiges Verständnis
Art der Kommunikation	Einweg: vollständige Wahrheit nicht wesentlich	Einweg: vollständige Wahrheit wesentlich	Zweiweg: unausgewogene Wirkung	Zweiweg: ausgewogene Wirkungen.
Kommunikationsmodell	Sender → Empfänger	Sender → Empfänger	Sender ↔ Empfänger	Gruppe ↔ Gruppe
Art der Forschung	Kaum vorhanden; quantitativ	Kaum vorhanden; Verständlichkeitsstudien	Programmforschung Evaluierung von Einstellungen	Programmforschung Evaluierung des Verständnisses
Typischer Vertreter	P. T. Barnum	Ivy Lee	E. L. Bernays	Bernays, PR-Profis, Berfusverbände
Anwendungsfelder heute	Sport, Theater, Verkaufsförderung	Behörden, Non-Profit Verbände, Unternehmen	Freie Wirtschaft, Agenturen	Gesellschaftsorientierte Unternehmen, Agenturen
Geschätzter Anteil von Organisationen, die die Modelle heute anwenden	15%	50%	20%	15%
	1850 bis 1900	1900 bis 1920	1920 bis 1960	ab 1960

Abb. 2: Vier-Typen-Modell der PR (Quelle: angelehnt an Grunig/Hunt 1984: 22)

2.4 Kybernetische PR-Modelle

Der Kybernetik geht es um die Beschreibung und Erklärung der (Selbst-) Regulierung von Maschinen und Lebewesen. Ontologische Erklärungen sind der Kybernetik fremd, sie fragt nicht *warum* ein System funktioniert, sondern *wie* es funktioniert (Wiener 1968). Im Blickfeld stehen dabei nicht-lineare, rückgekoppelte Systeme. Ein System gilt dann als rückgekoppelt, wenn seine Umwelteinwirkungen auf die Funktionsweise zurückwirken. Ein Teil der Informationen, die ein System nach außen abgibt, fließt als (teils veränderter) Input über die Rezeptoren des Systems zurück und wird als Umweltinformation registriert. Während sich das Erklärungspotenzial der Kybernetik für mechanische Systeme wie etwa das Heizungsthermostat und für biologische Systeme wie etwa den Wärmehaushalt von Lebewesen recht schnell offenbart, ist die wissenschaftliche Heuristik für den Bereich sozialer Systeme nicht sofort evident. Betrachtet man zunächst handelnde Menschen, lässt sich das Prinzip kybernetischer Systeme wie folgt übertragen:

> „Ein Akteur fasst eine Absicht, der gemäß er seinen Handlungsablauf organisiert. Über Prozesse des *negativen feedback*[2] werden positive und negative Abweichungen vom Handlungsziel korrigiert. An den aktuellen Handlungsverlauf rückgekoppelt, reagiert der Akteur auf Verschiebungen des Zielobjekts und extrapoliert den weiteren Verlauf des Geschehens. Erfolgreiches Handeln hängt demzufolge von der Fähigkeit und der Geschwindigkeit ab, nichtbeachtete oder mitverursachte Umweltveränderungen in Rechnung zu stellen." (Müller 1996: 132, Hervorhebungen im Original)

---

2 Negative Rückkopplung: Die Umwelt-Information wird dazu genutzt, einen vom Sollzustand abweichenden Output-Wert zu normalisieren. Positive Rückkopplung: Output-Wert und Umwelt-Information (Input) haben dasselbe Vorzeichen.

Während die Anordnung von PR als Subsystem der Organisation durch Grunig/Hunt (s.o., Abb. 1) strukturorientiert ist, zielen Long/Hazleton auf die Darstellung von PR als Prozess ab. Auch sie konzeptualisieren PR als „open systems model" (1987: 8), konzentrieren sich dann aber auf die Darstellung und Erklärung unterschiedlicher Regelkreise: Der große Regelkreis (Abb. 3) ist gekennzeichnet durch das Zusammenspiel des übergeordneten Umweltsystems, bestehend aus den Dimensionen Politik/Recht, Soziales, Wirtschaft, Technologie und Wettbewerb, mit den drei Subsystemen Organisation, Kommunikation und Publikum. Das Umweltsystem gibt exogene Input-Informationen an alle drei Subsysteme. Diese Inputs speisen sich aus interagierenden Zusammenhängen zwischen den fünf Dimensionen des Umweltsystems: Die *politisch-rechtliche Dimension* generiert bestimmte gesellschaftliche Regeln, die von den Organisationen wahrgenommen werden müssen (public affairs). Die *wirtschaftliche Dimension* beeinflusst die finanzielle Handlungsfähigkeit von Organisationen, die Verarbeitung relevanter Input-Informationen wird hier durch die Finanzkommunikation gewährleistet. Die *soziale Dimension* beinhaltet Kommunikationen/Handlungen von Konsumenten, Aktivisten oder auch der Nachbarschaft von Organisationen, mithin allgemein die öffentliche Meinung. Stimmungen der sozialen Dimension wahrzunehmen und in den Regelkreis der Organisation als Information einzuspeisen, ist Aufgabe der PR-Abteilung. Auch das Beobachten und Bewerten der (Konkurrenz-)Beziehungen zu anderen Organisationen (*competetive dimension*) ist Bestandteil täglicher PR-Arbeit. Schließlich existieren bestimmte technologische Möglichkeiten und Beschränkungen (*technologische Dimension*), wie etwa das Aufkommen neuer Kommunikationstechnologien, die die PR-Arbeit beeinflussen.

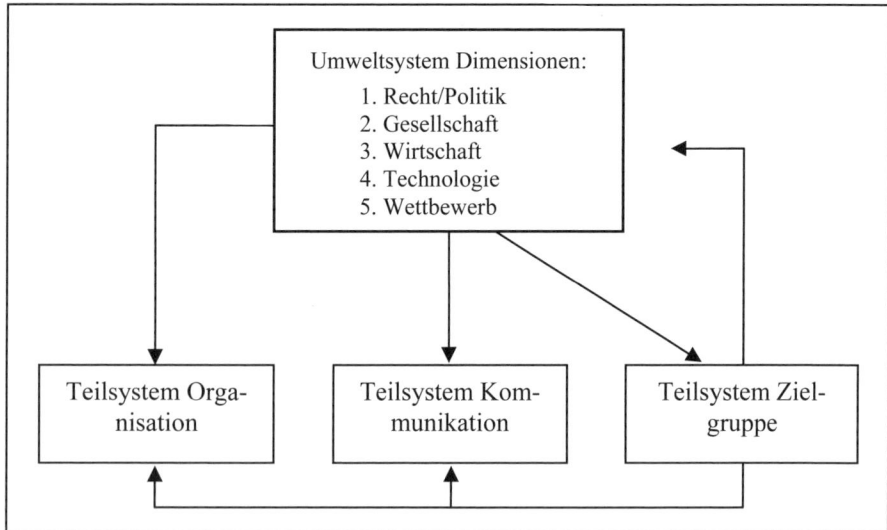

Abb. 3: Kybernetisches PR-Prozess-Modell (Quelle: Long/Hazleton 1987: 9)

Die kleineren Regelkreise beziehen sich auf die Prozesse, die sich in den einzelnen Subsystemen abspielen. Alle drei Regelkreise bestehen aus dem Fluss von Input,

Transformation und Output. Im Organisationssubsystem (Abb. 1) existieren u.a. bestimmte Ziele, Strukturen, Ressourcen und eine Unternehmensphilosophie, die für den PR-Entscheidungsprozess als Input die Basis bereitstellen. Insofern sind etwa PR-Abteilungen von Unternehmen immer auch an das übergeordnete Organisationsziel „Gewinn" als Rahmenvorgabe gebunden. Während des PR-Entscheidungsprozesses kommen zu diesen Basisvorgaben noch Informationen aus dem übergeordneten Umweltsystem und aus den anderen Subsystemen Kommunikation und Ziel-Publikum hinzu. Es geht also im Organisationssubsystem um die strategische Kombination aus Organisationszielen, -strukturen und -ressourcen und Umwelteinflüssen, die nicht immer mit den Zielen, Strukturen und Ressourcen kompatibel sind. Es bedarf daher einer Problemerkennung, -erforschung und -analyse mit anschließender Umsetzung in eine Lösung. Die Kommunikation dieser Lösung ist genuine Aufgabe der PR. Die in der PR-Konzeption mündenden Kommunikationsziele stellen damit zum einen den Output des Subsystems Organisation und zum anderen den Input des Systems Kommunikation dar.

Das Subsystem Kommunikation hat in diesem Modell eine ‚boundary-spanning'-Funktion zwischen Organisation, Umwelt und Ziel-Publikum. Genuine Aufgabe des Systems ist die Produktion und das Aussenden von Mitteilungen. Dabei muss in Bezug auf Umwelt, Ziel-Publikum und Organisation u.a. die Zweckmäßigkeit des Medieneinsatzes etwa hinsichtlich der Relation von Aufwand und Ertrag berücksichtigt werden. Das Aussenden von Mitteilungen hat physische (gedrucktes Papier, gesprochene Worte), psychologische und kognitive (Bedeutungen und Interpretationen) sowie soziale (andere Quellen, die die Meinungsbildung beeinflussen wie Meinungsführer, Familienmitglieder, Arbeitskollegen) Eigenschaften.

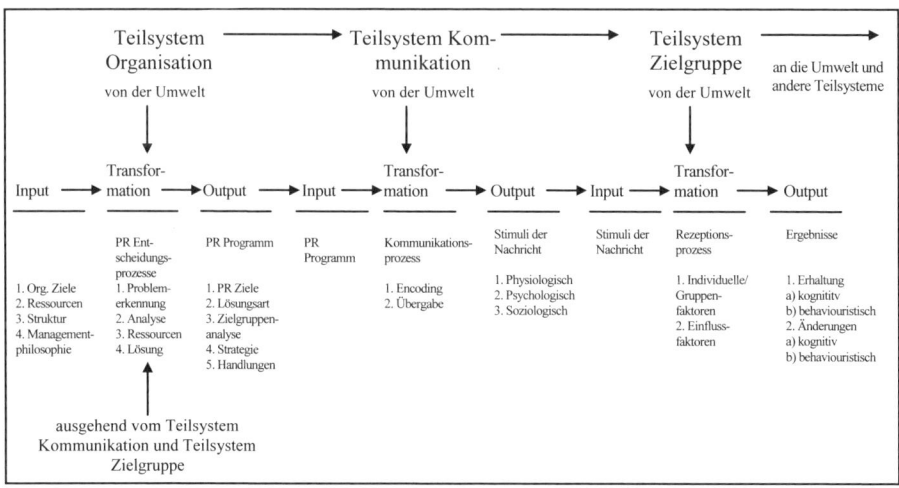

Abb. 4: Organisations-, Kommunikations- und Publikums-Systeme im PR-Prozess (Quelle: Darstellung angelehnt an Long/Hazleton 1987: 10-12)

Der (PR-)Output des Kommunikationssystems ist zugleich der Input des Zielpublikums, das zudem noch Informationseinflüsse aus der Umwelt aufnimmt. Gemeinsam mit den persönlichen Erfahrungen, der demografischen Stellung und den Verhaltensprofilen des Zielpublikums bilden die Informationsflüsse die Grundlage für eine Meinungsbildung über ein bestimmtes Thema. Es kann bei einem kognitiven Prozess bleiben oder auch zu einer Verhaltensänderung als Folge des kognitiven Verarbeitungsprozesses kommen. Der aus dem Verarbeitungsprozess resultierende Kommunikationsoutput fließt als rückgekoppelte Information an das Umweltsystem und an die beiden anderen Subsysteme. Je nach Art des Outputs kommt es im Anschluss zu einem Wandel oder einer Bestätigung des Verhaltens des hier im Fokus stehenden Organisationssystems.

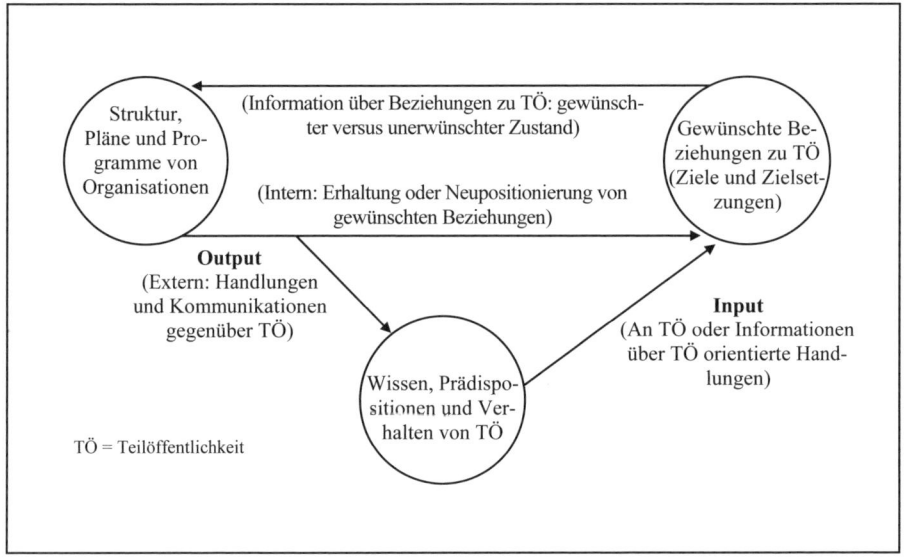

Abb. 5: Public Relations als offenes System (Quelle: Cutlip/Center/Broom 1999: 244)

Auch Cutlip/Center/Broom (CCB 1999) beschreiben PR prozessorientiert als kybernetisches, offenes System. Stärker als Long/Hazleton fokussieren sie die Abgrenzung zwischen geschlossenen und offenen Systemen. Relativ geschlossene Systeme, so CCB, würden nur im Extremfall auf Umwelteinflüsse reagieren: Erst wenn die Struktur des Systems an sich bedroht sei, reagierten sie auf Veränderungen. Offene Systeme würden hingegen gerade durch beständige Strukturanpassung an veränderte Bedingungen ihre Existenz sichern: „[...] sophisticated open systems anticipate changes in their environments and initiate corrective actions designed to counteract or neutralize the changes before they become major problems." (1999: 238) Geschlossene und offene Systeme vergleichen CCB wie Grunig/Hunt mit reaktiver und proaktiver Öffentlichkeitsarbeit. Während die reaktive PR lediglich darauf ziele, öffentliche Meinung im Sinne der Organisation effektiv zu beeinflussen, erforsche die proaktive PR mit wissenschaftlichen Methoden die Umwelt, um sich gegebenenfalls veränderten Umweltbedingungen anzupassen (CCB 1999: 243f). Als wichtigste Kommunikationsform der PR im Modell offener Systeme erachten CCB die ‚two-way symmetric'-Kommunikation: Nur mit Hilfe dialogischer Kommunikation könne die Organisation die Ansprüche der Publika feststellen und sie als wechselseitige Partner betrachten. Insgesamt ist damit bei der Modellierung von PR durch CCB der Versuch erkennbar, eine kybernetisch-system-theoretische, prozessorientierte Sichtweise mit der symmetrischen Kommunikation von Grunig/Hunt zu verbinden.

3. Die Deutsche Rezeption

„The development of PR theory in the United States and Europe is characterized by ideas traveling in both directions, with Americans influencing Europeans much more than vice versa in the past and present." (Nessmann 1995: 153). Um es vorwegzunehmen: Diese Einschätzung trifft auf die hier behandelten theoretischen Ansätze nur bedingt zu. Einzig das Vier-Typen-Modell (und dessen Weiterentwicklung) erfährt hierzulande eine recht rege Diskussion sowohl in historischen als auch in theoretischen Kontexten. Grunigs Betrachtung von vier Typen oder Modellen der PR dürfte, ohne dies anhand von Zahlen wie Zitationshäufigkeiten belegen zu können, der bekannteste PR-Theorieimport aus den USA sein. Ausgangspunkt für eine breitere Rezeption in Deutschland dürfte Signitzers Überblick über den Stand der US-amerikanischen PR-Forschung sein, in dem er das Vier-Typen-Modell als einen Beitrag zur „Makro-Modellbildung" bezeichnet (1988: 99). Seitdem taucht das Modell nicht nur in den gängigen Grundlagen- sowie theoretischen und einführenden Überblickswerken zu PR auf (Avenarius 1995: 84-89; Faulstich 2000: 29f; Kunczik 1993: 88f; Kückelhaus 1998: 107-115; Signitzer 1992; Merten 2000: 95f), sondern auch in zahlreichen Aufsätzen (Bentele 1996; Merten 1997), teils auch in kritischer Auseinandersetzung (Rolke 1999; Zerfaß 1996). Häufig begnügt sich die Rezeption des Ansatzes allerdings mit seiner bloßen Darstellung, ohne den Versuch zu machen, ihn weiterzuentwickeln oder in eigene Forschungen direkt zu integrieren.

Inhaltliche Anschlusskommunikation zum Vier-Typen-Modell findet sich somit eher selten: Burkarts verständigungsorientierter Ansatz (Burkart 1995), der auf der Theorie kommunikativen Handelns beruht, nimmt auch Anleihen bei Grunigs symmetrischer Kommunikation. Weil es bei der verständigungsorientierten Öffentlichkeitsarbeit um einen Ausgleich divergierender Interessen und Konsensfindung unterschiedlicher Ansprüche geht, ist symmetrische Kommunikation erforderlich (vgl. dazu auch den Beitrag von Burkart in diesem Band). Auch Merten (1997) baut seine historisch-konstruktivistische Sichtweise der PR-Genesis auf den Ausführungen von Grunig/Hunt auf. In ‚Lob des Flickenteppichs' sucht er die Entwicklung von Massenmedien seit dem 19. Jahrhundert mit dem Wachstum der PR und dem Wandel seines Verständnisses bis hin zu dialogischer Kommunikation zu kombinieren. Sämtliche dialogorientierte Kommunikationskonzepte kommen ohne Bezugnahme auf Grunig/Hunt nur schwer aus, der Band ‚Dialogorientierte Unternehmenskommunikation' (Bentele/Steinmann/Zerfaß 1996) steht dabei pars pro toto. In kritischer Reflexion greift Zerfaß das Vier-Typen-Modell und die Weiterentwicklungen in der Exzellenz-Forschung auf, um Teile davon schließlich in seine ‚Theorie der Unternehmenskommunikation' zu integrieren (1996: 62-73). Dass das Vier-Typen-Modell vergleichsweise umfangreich rezipiert wird, dürfte vor allem zwei Umständen geschuldet sein: Erstens haftet dem Modell der Charme des Evolutionären an: Es bietet eine Entwicklung von Public Relations an, die, biblisch abgewandelt und vielleicht etwas zu scharf gewendet, Öffentlichkeitsarbeit im Verlauf der geschichtlichen Evolution vom Saulus zum Paulus werden lässt. Zum anderen dürften die an das Modell anknüpfenden Forschungszusammenhänge wie die Excellence-Studie und die Theorie situativer Teilöffentlichkeiten (etwa Grunig/Grunig/Dozier 1996) die theoretische und empirisch vorfindbare Bedeutung der Konzepte asymmetrischer und symmetrischer Kommunikation gestärkt haben. Schließlich mag auch die exponierte Stellung James Grunigs in der US-amerikanischen und internationalen PR-Wissenschaftlergemeinde eine Rolle spielen.

Die strukturfunktionalistische Einordnung der PR als Organisationssubsystem und die kybernetische Prozessdarstellung von Public Relations hat in Deutschland dagegen kaum nennenswerte Resonanz im Sinne einer Adaption und Weiterentwicklung gefunden. Die schwache Beachtung dieser Ansätze verwundert auf den ersten Blick nicht nur, weil per se ein PR-Forschungsimport aus den USA festzustellen ist, sondern auch, weil diese Ansätze teilweise sogar eine Art Anschubpublizität erfahren haben: Die Quandt-Stiftung führte Anfang der 90er Jahre drei deutsch-amerikanische Symposien zu PR-theoretischen Fragestellungen durch, deren Ergebnisse jeweils in Tagungsbänden publiziert wurden (Avenarius/Armbrecht 1992; Avenarius/Armbrecht/Zabel 1993; Armbrecht/Zabel 1994). Darin finden sich auch Beiträge, die die struktur-funktionalistischen und kybernetischen Systemansätze skizzieren (Grunig 1992, 1994; Grunig, L. 1992; Hazleton 1992).[3] Wissenschaftliche Anschlusskommunikation haben diese Ansätze in Deutschland danach kaum erfahren. Referiert und gewürdigt werden die Ansätze immerhin in einigen theoretischen und einführenden Überblickswerken und -Aufsätzen (Signitzer 1988; Kunczik 1993: 170-175, 178f; Avenarius 1995: 188-194; Kückelhaus 1998: 85f, 103-107).

Armbrecht (1992: 59f) baut zudem im Definitions-Kapitel seiner Untersuchung innerbetrieblicher Public Relations die Abbildung des kybernetischen PR-Prozesses von Long/Hazleton (Abb. 3) ein, und auch Saxer (1992: 52-55) geht in seinem innovationstheoretischen Aufsatz zur Beschreibung der PR-Genese auf den Beitrag von Long/Hazleton ein.

Andere relevante Werke, die den Stand der systemtheoretischen PR-Theoriebildung aus deutscher Sicht reflektieren, gehen auf die Modelle aus den USA so gut wie gar nicht ein. Die systemtheoretische Diskussion der PR bei Röttger etwa spart die hier referierten US-amerikanischen Ansätze aus (2001: 27-37), einzig das Vier-Typen-Modell und die Excellence-Weiterentwicklungen werden bei ihr unter dem Begriff der „PR als organisationale[r] Kommunikationsfunktion" diskutiert (ebd.: 44-54). Die Einführung in die PR von Faulstich (2001) behandelt diese Ansätze ebenso wenig wie die systemtheoretische Dissertation von Lewald zum Thema ‚Gesellschaftspolitische Unternehmenskommunikation' (1994) oder die systemtheoretisch-konstruktivistische Theorieschrift von Jarchow (1992). In Theis' Grundlagenwerk zur Organisationskommunikation finden sich nicht einmal im Literaturverzeichnis die Namen Grunig, Cutlip, Long und Hazleton. Dennoch geht Theis auf

---

3   Der Ansatz von Long/Hazleton findet sich zudem in dem Reader von Fischer/Wahl (1993).

strukturfunktionalistische und kybernetische Analysen offener Systeme ein, bezieht sich aber direkt auf die Grundlagen von Katz/Kahn und Parsons, verwendet also nicht die PR-theoretische Transformation dieser Konzepte (1994: 135-143).

4. Kritik und Fazit

Nicht zu Unrecht haben das Vier-Typen-Modell der PR und seine Weiterentwicklungen in den USA und im deutschsprachigen Raum eine recht lebhafte Resonanz erfahren. Die historische und systematische Abbildung der PR-Entwicklung von einer rein auf Aufmerksamkeit zielenden zu einer strategisch ausgerichteten und auf Dialog und Gleichberechtigung bedachten Aktivität hat theoretische Erklärungskraft, weil sich u.a. Public-Relations-Instrumente und Methoden sowie ethische Grundlagen im Lauf der Jahrzehnte geändert haben und damit ein Fortschritt von der Einweg- zur Zweiwegkommunikation zu erkennen ist. Allerdings birgt die von den Autoren getroffene Favorisierung der symmetrischen (und asymmetrischen) Kommunikation als ‚professionelle' PR gegenüber der Einweg-Information als ‚handwerkliche' (also unprofessionelle?) PR eine zu starke normative Fixierung auf Dialogkommunikation. Die handwerkliche PR im Sinne von Publicity und Informationstätigkeit kann durchaus professionell eingesetzt und in manchen Fällen der ‚professionellen' PR hinsichtlich der Effizienz überlegen sein (Rolke 1999: 438). Welches Modell eine Organisation anwenden sollte, dürfte keine normativ sondern eine pragmatisch-situativ zu entscheidende Frage sein: Ist es die Zielstellung, ein Image zu verändern, dürfte rein handwerkliche PR kaum ausreichen; ist es aber die Aufgabe, bestimmte Dinge bekannt zu machen, dürften asymmetrische und symmetrische Verfahren gegenüber den handwerklich-technischen zu teuer und damit ineffizient sein.[4]

Das Erklärungspotenzial der strukturfunktionalistischen und kybernetischen PR- und Prozessmodelle offenbart sich dann, wenn sie im Rahmen einer Organisationstheorie eingesetzt werden, deren Anliegen es ist, Funktionsweisen, Abläufe, Prozesse, also insgesamt Fragen nach dem Wie zu klären. Gerade für die Verbindung von PR-Planungsprozessen und Kampagnen, die idealiter Verfahren der Umweltbeobachtung samt Ziel- und Ausführungskorrektur durchführen, um Organisationsstabilität durch Anpassung zu erreichen, sind die kybernetischen Modelle und auch das strukturfunktionalistische Modell ein solider theoretischer Rahmen. Überzeugen kann jedoch nicht die Darstellung des Kommunikationssystems nach Long/Hazleton als außerhalb der Organisation stehendes System. Diese Radikalisierung der boundary-spanning-function zwecks Schaffung eines eigenen (PR-Kommunikations-)Systems zwischen der Organisation und dem Publikum, ist ein theoretischer Schachzug, der nicht einleuchten mag, denn es werden Subsysteme gebildet, die nicht auf der gleichen Ebene angesiedelt werden können, da sie unterschiedliche Abstraktionsniveaus haben: Organisations- und das Publikumssystem bestehen aus in der Realität greifbaren Strukturen. Das Kommunikationssystem, das aus den PR-

---

4 Teilweise ist Grunig inzwischen auf die Kritik an seiner normativen Überhöhung symmetrischer Kommunikation eingegangen. Siehe dazu Grunig 2001.

Aktivitäten gebildet wird und zwischen den Systemen vermitteln soll, ist – im Unterschied zu den anderen beiden Systemen – in der Realität nicht vorfindbar, da die Elemente des Systems, ihre Akteure und Kommunikationen, immer Teil des Organisationssystems sind. Bezüglich der Abstraktionsebene werden hier Äpfel (Organisation, Publikum als Strukturen) mit Birnen (Kommunikation als abstrakter Prozess) verglichen. Die Schwierigkeiten, PR als eigenständiges (Funktions-)System zu modellieren, bestehen auch in der deutschsprachigen Forschung. Hier konnten bisherige Modellierungen nicht überzeugen, weil die Grenzen und genuinen Funktionen des Systems unklar waren, bzw. nicht gut genug von Journalismus unterschieden wurden (vgl. Schantel 2000).

Grundsätzlicher als diese Kritik an der Darstellung von Long/Hazleton fällt Hoffjanns Einwand gegen die strukturfunktionalistischen Grundlagen von Grunig/Hunt aus: „Systemtheorie [wird] in dem ‚PR-Klassiker' Managing Public Relations von Grunig/Hunt (1984) allein am Anfang für eine – theoretisch dürftige – Einordnung genutzt, um anschließend wieder auf das Niveau der PR-Kunde zurückzufallen." (Hoffjann 2001: 99) Diese Kritik ist insofern nicht ganz gerechtfertigt, als dass Grunig/Hunt auf diese Einordnung der PR als Subsystem einer offenen Organisation zum Beispiel in ihren Ausführungen zum PR-Management zurückkommen und das PR-Management als systemtheoretischen Prozess der Umweltbeobachtung beschreiben (1984: 92-104, 248-256).

Hintergrund sowohl dieser hier exemplarisch herausgegriffenen Kritik als auch der gesamten geringen Rezeption dieser Ansätze in Deutschland dürfte ein unterschiedliches Wissenschaftsverständnis sein. In Anlehnung an die Untersuchung von Merton (1957: 439ff) spricht Kunczik (1994: 234f) von einer „Verwertungsorientierung" der US-amerikanischen Kommunikationswissenschaft, die mehr auf das kurzfristige Sammeln von Informationen für praktische Entscheidungshilfe aus sei, als nach dem „Warum" zu fragen.[5] Insofern ist die Modellierung der PR als kybernetisches Prozess-Modell verständlich. Das deutsche (sozialwissenschaftliche) Wissenschaftsverständnis ist historisch dagegen mehr von der Frage nach den Ursachen und von einer grundlegenden gesellschaftlichen Einbettung bestimmter Teilprozesse geprägt. Insofern hat sich hinsichtlich der Systemtheorie ein „Sonderphänomen bundesrepublikanischer Soziologie" (Müller 1996: 356) entwickelt, dass die systemtheoretische forschende Kommunikationswissenschaft paradigmatisch geprägt hat: die Luhmannsche Systemtheorie. Luhmanns Weiterentwicklungen der Parsonschen Übertragung der Systemtheorie auf das Soziale sowie seine Kombination von Systemtheorie und biologisch ausgerichtetem Konstruktivismus zur Entwicklung eines Modells autopoetischer gesellschaftlicher Funktionssysteme lenkt die Aufmerksamkeit der deutschen Kommunikationswissenschaft häufig darauf, Kommunikationssysteme wie Medien, Journalismus oder PR als gesellschaftliche Teilsysteme zu definieren und anschließend das Zusammenspiel von Teilsystemen untereinander

---

5 Seit der Schrift Mertons sind zwar mehr als vier Jahrzehnte vergangen, ein grundlegender Wandel des US-amerikanischen kommunikationswissenschaftlichen Verständnisses dürfte indes nicht eingetreten sein. Vgl. dazu auch den Beitrag von Nessmann 1995 und die Untersuchung von Wehmeier 2004 zum Forschungsfeld PR und Journalismus, die bezüglich der US-amerikanischen Perspektive zu ähnlichen Ergebnissen kommt.

und der Gesellschaft zu erklären. Da erscheint eine Betrachtung, Beschreibung und Erklärung der Funktionsweise von Einheiten auf der organisationalen Mikro- und Mesoebene eher banal. Andersherum werden in der US-amerikanischen Kommunikationswissenschaft gesellschaftsbezogene Fragestellungen und Erklärungsversuche, selbst wenn sie mit Kommunikation zusammenhängen, häufig eher den Soziologen überlassen, weswegen komplexere Entwicklungen der Systemtheorie, wie die von Luhmann, bisher kaum Eingang in die dortige Kommunikationsforschung gefunden haben.[6]

Literatur

Armbrecht, Wolfgang (1992): Innerbetriebliche Public Relations. Grundlagen eines situativen Gestaltungskonzepts. Opladen: Westdeutscher Verlag.
Armbrecht, Wolfgang/Zabel, Ulf (Hrsg.) (1994): Normative Aspekte der Public Relations. Opladen: Westdeutscher Verlag.
Avenarius, Horst (1995): Public Relations: die Grundform gesellschaftlicher Kommunikation. Darmstadt: Wissenschaftliche Buchgesellschaft.
Avenarius, Horst/Armbrecht, Wolfgang (Hrsg) (1992): Ist PR eine Wissenschaft? Opladen: Westdeutscher Verlag.
Avenarius, Horst/Armbrecht, Wolfgang/Zabel, Ulf (Hrsg.) (1993): Image und PR. Opladen: Westdeutscher Verlag.
Bentele, Günter (1996): Was ist eigentlich PR? Eine Positionsbestimmung und einige Thesen. In: Widerspruch. Zeitschrift für Philosophie, Nr. 28, S. 11-26.
Bentele, Günter (1997): PR-Wissenschaft in Deutschland: Eine Annäherung. In: PR Forum, Nr.3, S. 8-13.
Bentele, Günter/Liebert, Tobias (1998): Geschichte der PR in Deutschland: Zentrale Aspekte In: Bentele, Günter (Hrsg): Berufsfeld Public Relations. PR-Fernstudium. Studienband 1. Berlin: PR Kolleg Berlin Kommunikation & Marketing:, S. 71-99.
Bentele, Günter/Steinmann, Horst/Zerfaß, Ansgar (Hrsg.) (1996): Dialogorientierte Unternehmenskommunikation. Grundlagen, Praxiserfahrungen, Perspektiven. Berlin: Vistas.
Bertalanffy, Ludwig v. (1956): General System Theory. In: General Systems, 1. Jg., Nr. 1, S. 1-10.
Bertalanffy, Ludwig v. (1971): General System Theory. Foundations, Development, Application. London: Lane.
Burkart, Roland (1995): Verständigungsorientierte Öffentlichkeitsarbeit – ein kommunikationstheoretisch fundiertes Konzept für die PR-Praxis. In: Bentele, Günter/Liebert, Tobias (Hrsg.): Verständigungsorientierte Öffentlichkeitsarbeit. Darstellung und Diskussion des Ansatzes von Roland Burkart. Leipziger Skripten für Public Relations und Kommunikationsmanagement, Nr. 1. Leipzig: Lehrstuhl Öffentlichkeitsarbeit/PR, S. 7-27.
Cutlip, Scott M./Center, Allen H./Broom, Glen M. [9](1999): Effective PR. Upper Saddle River. NJ u.a: Prentice Hall.
Faulstich, Werner (2001): Grundwissen Öffentlichkeitsarbeit. München: Fink.
Grunig, James E./Grunig, Larissa A./Dozier, David M. (1996): Das situative Modell exzellenter Public Relations: Schlußfolgerungen einer internationalen Studie. In: Bentele, Günter/Steinmann, Horst/Zerfaß, Ansgar (Hrsg.): Dialogorientierte Unternehmenskommunikation. Grundlagen, Praxiserfahrungen, Perspektiven. Berlin: Vistas, S. 199-228.
Grunig, James E./Grunig, Larissa A. (1989): Toward a theory of the public relations behaviour of organizations: Review of a program research. In: Public Relations Research Annual, Nr. 1, S. 27-66.
Grunig, James E. (1992): The development of public relations research in the United States and its status in communication science. In: Avenarius, Horst/Armbrecht, Wolfgang (Hrsg.): Ist Public Relations eine Wissenschaft? Eine Einführung. Opladen: Westdeutscher Verlag, S. 103-132.

---

6 In der US-amerikanischen PR-Forschung wird die komplexe Gesellschaftstheorie von Jürgen Habermas im Rahmen des critical and rhetorical approaches rezipiert. Allerdings stellt dieser in den USA nicht die Mainstream-, sondern einen recht kleinen Zweig der PR-Forschung dar.

Grunig, James E. (2001): Two-way symmetrical public relations: past, present, and future. In: Heath, Robert L. (Hrsg.): Handbook of Public Relations. Thousand Oaks: Sage, S. 11-30.
Grunig, James/Hunt, Todd (1984): Managing Public Relations. Fort Worth u.a: Thomson Learning.
Grunig, Larissa A. (1992): How organization theory can influence public relations theory. In: Avenarius, Horst/Armbrecht, Wolfgang (Hrsg.): Ist Public Relations eine Wissenschaft? Opladen: Westdeutscher Verlag, S. 223-244.
Hazleton, Vincent (1992): Toward a systems theory of public relations. In: Avenarius, Horst/Armbrecht, Wolfgang (Hrsg.): Ist Public Relations eine Wissenschaft? Eine Einführung. Opladen: Westdeutscher Verlag, S. 33-45.
Hoffjann, Olaf (2001): Journalismus und Public Relations. Ein Theorieentwurf der Intersystembeziehungen in sozialen Konflikten. Wiesbaden: Westdeutscher Verlag.
Katz, Daniel/Kahn, Robert [2](1978): The social psychology of organizations. New York: Wiley & Sons.
Kückelhaus, Andrea (1998): Public Relations: Die Konstruktion von Wirklichkeit. Kommunikationstheoretische Annäherungen an ein neuzeitliches Phänomen. Opladen: Westdeutscher Verlag.
Kunczik, Michael (1993): Public Relations. Konzepte und Theorien. Köln u.a.: Böhlau.
Kunczik, Michael (1994): Public Relations: Angewandte Kommunikationswissenschaft oder Ideologie? Ein Beitrag zur Ethik der Öffentlichkeitsarbeit. In: Armbrecht, Wolfgang/Zabel, Ulf (Hrsg.): Normative Aspekte der Public Relations. Opladen: Westdeutscher Verlag, S. 225-264.
Lewald, Günter (1994): Gesellschaftspolitisch orientierte Unternehmenskommunikation. Entwurf eines systemtheoretisch basierten Management-Ansatzes. Münster, Hamburg: LIT.
Long, Larry W./Hazleton Jr. , Vincent (1987): Public relations: a theoretical and practical response. In: Public Relations Review, 13. Jg., Nr. 2, S. 3-13.
Merten, Klaus (1997): Lob des Flickenteppichs. Zur Genesis von PR. In: PR Forum, Nr. 4, S. 22-32.
Merten, Klaus (2000): Handwörterbuch der PR. 2 Bände. Frankfurt a. M.: F.A.Z.-Institut.
Merton, Robert K. (1957): Social theory and social structure. Glencoe: Free Press.
Morton, Linda P./Lin, Li-Yun (1995): Content and citation analyses of Public Relations Review. In: Public Relations Review, 21. Jg., Nr. 4, S. 337-349.
Müller, Klaus (1996): Allgemeine Systemtheorie. Geschichte, Methodologie und sozialwissenschaftliche Heuristik eines Wissenschaftsprogramms. Opladen: Westdeutscher Verlag.
Nessmann, Karl (1995): Public relations in Europe: A comparison with the United States. In: Public Relations Review, 21. Jg., Nr. 2, S. 151-160.
Parsons, Talcott (1964): The social system. New York: The Free Press.
Parsons, Talcott (1971): The system of modern societies. Englewood Cliffs, N. J.: Prentice-Hall.
Pasadeos, Yorgo/Renfro, R. Bruce/Hanily, Mary Lynn (1999): Influential authors and works of the public relations scholarly literature: a network of recent research. In: Journal of Public Relations Research, 11. Jg., Nr. 1, S. 29-52.
Rolke, Lothar (1999): Die gesellschaftliche Kernfunktion von Public Relations – ein Beitrag zur kommunikationswissenschaftlichen Theoriediskussion. In: Publizistik, 44. Jg., Nr. 4, S. 430-444.
Röttger, Ulrike (2000): Public Relations – Organisation und Profession. Öffentlichkeitsarbeit als Organisationsfunktion. Eine Berufsfeldstudie. Wiesbaden: Westdeutscher Verlag.
Saxer, Ulrich (1992): Public Relations als Innovation. In: Avenarius, Horst/Armbrecht, Wolfgang (Hrsg.): Ist Public Relations eine Wissenschaft? Eine Einführung. Opladen: Westdeutscher Verlag, S. 47-76.
Schantel, Alexandra (2000): Determination oder Intereffikation? Eine Metaanalyse der Hypothesen zur PR-Journalismus-Beziehung. In: Publizistik, 4. Jg., Nr. 1, S. 70-88.
Signitzer, Benno (1988): Public Relations-Forschung im Überblick. Systematisierungsversuche auf der Basis neuerer amerikanischer Studien. In: Publizistik, 33. Jg., Nr. 1, S. 92-116.
Signitzer, Benno (1992): Theorie der Public Relations. In: Burkart, Roland/Hömberg, Walter (Hrsg.): Kommunikationstheorien: Ein Textbuch zur Einführung. Wien: Braumüller, S. 134-152.
Theis, Anna Maria (1994): Organisationskommunikation. Theoretische Grundlagen und empirische Forschungen. Opladen: Westdeutscher Verlag.
Wehmeier, Stefan (2004): PR und Journalismus: Forschungsperspektiven in den USA 1989-2001. In: Altmeppen, Klaus-Dieter/Bentele, Günter/Röttger, Ulrike (Hrsg.): Schwierige Verhältnisse: Interdependenzen zwischen Journalismus und PR. Wiesbaden: Verlag für Sozialwissenschaften, S. 197-222.
Wiener, Norbert [2](1968): Kybernetik: Regelung und Nachrichtenübertragung im Lebewesen und in der Maschine. Düsseldorf, Wien: Econ.

Teil 3
Schlüsselbegriffe und Bezugsgrößen

Public Relations und Public Relations-Aktivitäten sind – je nach Auffassung – als Phänomen oder Phänomene an die Präsenz einer Organisation in deren gesellschaftlichem Umfeld gebunden. Kausal verantwortlich für ihr Entstehen sind somit immer Organisationen. Unabhängig davon, ob nach deren Funktion für eine Organisation, der Anlage und der Optimierbarkeit einschlägiger Aktivitäten oder nach deren Folgen für öffentliche oder gesellschaftliche Kommunikation gefragt wird, immer wieder tauchen in der Diskussion eine Reihe von Schlüsselbegriffen als zentrale Bezugsgrößen auf. Wissenschaftliche Auseinandersetzung mit Public Relations und Public Relations-Aktivitäten machen nicht zuletzt aufgrund ihrer Trans- bzw. Interdisziplinarität eine explizite Auseinandersetzung mit derartigen Schlüsselbegriffen erforderlich, die über eine Abhandlung im Rahmen allgemeiner und spezieller Theorien der PR deutlich hinausgehen. Entsprechend ist ihnen dieser dritte Teil des Handbuchs gewidmet.

Die Bandbreite derartiger Schlüsselbegriffe und Bezugsgrößen ist groß, so dass auch hier eine Auswahl getroffen werden musste. Dabei wurde zunächst auf jene Begriffe verzichtet, die vor allem im handlungsorientierten Praxisdiskurs zentrale Rollen gespielt haben und teilweise spielen (z.B. Offenheit, Transparenz usw.); sie finden sich, soweit sie wissenschaftlich weiterreichende Relevanz besitzen, im organisations- und handlungsbezogenen Fachdiskurs wieder. Die für das Handbuch ausgewählten Themen und Bezüge mussten mehrere Bedingungen erfüllen:

1. Sie stellen quer durch theoretische Ansätze und disziplinäre Perspektiven zentraler Probleme dar, die dort implizit oder explizit thematisiert werden.
2. Sie repräsentieren Aspekte, die grundlegende Bedeutung für die Auseinandersetzung mit der Frage der Definition und Einordnung von Public Relations und Public Relations-Aktivitäten haben.
3. Sie spielen auf einer der drei Annäherungsebenen eine wichtige Rolle, wenn es um die Fragen nach den Funktionen von Public Relations in modernen (Medien-) Demokratien, nach den Funktionen und Aufgaben von Public Relations-Aktivitäten im Organisationskontext oder – unter Praxisbezügen – nach deren Anwendungs- und Wirkungsgrenzen geht.

In den sechs Beiträgen dieses Handbuchteils werden entsprechend Schlüsselbegriffe und Bezugsgrößen hinsichtlich ihrer spezifischen Bedeutung für das Verständnis von PR definiert und kontrastiert.

Zunächst macht es die bekannte Vielfalt der in der Kommunikations- und Medienwissenschaft, aber auch in anderen Wissenschaftsdisziplinen diskutierten Kommunikationsbegriffe notwendig, den Kommunikationsbegriff spezifisch aus PR-Perspektive zu durchleuchten. Da Public Relations-Aktivitäten mit einer ausgeprägt persuasiven Absicht erfolgen, bilden *Kommunikation und Persuasion (Klaus Merten)* das erste Begriffspaar.

Public Relations und Public Relations-Aktivitäten sind immer an die Existenz von Organisationen gebunden. Organisationen selbst werden dabei in der Ausrichtung ihrer Organisationsinteressen vom grundlegenden Dachinteresse ‚ihrer' Organisationstypus und unter Maßgaben dieser Disposition von Individualinteressen bestimmt. *Organisation und Interesse (Peter Szyszka)* wurden deshalb als zweites Begriffspaar aufgenommen.

In öffentlicher wie bezugsgruppenseitiger Auseinandersetzung mit einzelnen Organisationen liefern deren identitätsbildende Merkmale eine vermeintliche Bezugsgröße, zu der imagebildende und meinungsbeeinflussende Prozesse organisationaler Umfelder in zumindest gewisser Relation stehen. Dies macht *Identität und Image (Reinhold Bergler)* zu einem weiteren hoch relevanten Begriffspaar.

Organisationen sind aus kommunikationswissenschaftlicher Perspektive nicht ohne Öffentlichkeit und Öffentlichkeit im Kontext von Organisationen nicht ohne Meinungsbildungsprozesse zu denken, von denen in ihrer Konsequenz Rückwirkungen auf organisationale Handungs- und Entwicklungspotenziale ausgehen. Eine Auseinandersetzung mit Konzepten von *Öffentlichkeit und öffentlicher Meinung (Anna-Maria Theis-Berglmair)* ist damit für diesen Band wesentlich.

Im funktions- und handlungsorientierten Fachdiskurs spielt – schon seit dem frühen Praxisdiskurs der 1950er Jahre – die Frage des Vertrauens in eine Organisation bzw. nach deren Vertrauenswürdigkeit und damit deren Glaubwürdigkeit als ein grundlegendes Handlungspostulat eine bedeutende Rolle. Entsprechend wurde die Auseinandersetzung mit Konzepten zu *Vertrauen und Glaubwürdigkeit (Günter Bentele)* aufgenommen.

Das letzte Begriffspaar schließlich bindet Organisationen mit ihren organisationspolitischen Anliegen wie auch als Teile gesellschaftlicher Medienrealität in die Öffentlichkeit zurück. Themen der *Öffentlichkeit und Issues Management (Patrick Rössler)* setzen sich entsprechend mit dem Problem der direkten wie indirekten Relevanz öffentlicher Diskurse für Organisationen und den Möglichkeiten eines Umgangs mit diesen Diskursen grundsätzlich auseinander.

Kommunikation und Persuasion

Klaus Merten

1. Aufriss

Der Begriff der persuasiven Kommunikation ist nicht klar definiert[1], vermutlich vor allem deshalb, weil er in verschiedene Disziplinen hineinreicht. Zweifelsohne aber liegen die Wurzeln persuasiver Kommunikation in der Rhetorik des Aristoteles begründet, vor allem deswegen, weil Aristoteles ausdrücklich die Vorsätzlichkeit des Kommunikators zur Erzielung von Informations- und Persuasionspotenzialen betont hatte (vgl. Aristoteles 1959a: 40f), die nach seinem Verständnis drei Typen von Rede umfasst (vgl. Abb 1):

> „Es gibt drei Gattungen öffentlicher Reden, die Volksrede, Festrede und Gerichtsrede. Abarten dieser Reden gibt es sieben, die empfehlende und warnende, preisende und scheltende, anklagende, verteidigende und prüfende Rede, sei es an sich oder vergleichsweise. Das also ist die Zahl der Abarten aller Reden. Man wird sich ihrer bedienen in öffentlichen Auseinandersetzungen, in Gerichtsverhandlungen über Verträge und im persönlichen Verkehr. Die beste Bereitschaft in diesen Arten werden wir erzielen, wenn wir für jede einzelne die Möglichkeiten, Anwendungen und Wirkungen aufzählen" (Aristoteles 1959b: 21).

Typ der Rede	Tempus	Binärer Modus	Funktion
Gerichtsrede	Vergangenheit	Anklage/Verteidigung	Wahrheitsfindung durch Urteil
Lobrede	Gegenwart	Lob/Tadel	Stärkung der Tugend
Ratsrede	Zukunft	Zuraten/Abraten	Nutzenmaximierung durch Entscheidung

Abb. 1: Grundstruktur der Rhetorik (nach: Aristoteles 1959a: 41ff)

‚Möglichkeiten, Anwendungen und Wirkungen' sind nach Aristoteles immer der Versuch, mit *Überzeugung* zu wirken – sowohl bei Anklage und Verteidigung, bei Lob und Tadel als auch bei Empfehlung oder Ablehnung. Aristoteles geht notwendig davon aus, dass die zu erzielende Wirkung allemal durch geschickte vorsätzliche Zurichtung von Stimuli erreicht werden kann.

Im 20. Jahrhundert entwickelt sich eine politikwissenschaftliche Tradition persuasiver Kommunikation, die eng mit dem Namen Harold D. Lasswell verbunden ist und sich der Analyse der Bedingungen und Möglichkeiten von Propaganda widmet.

---

1 Als Standard kann noch immer die Definition von Bettinghaus (1968: 13) gelten: „In order to be persuasive in nature, a communication situation must involve *a conscious attempt by one individual to change the behavior of another individual or group of individuals through the transmission of some messages.*" Vgl. aber Nickl (1998: 26ff), der den Aspekt der Intention des Kommunikators um die Situation erweitert.

Lasswell begreift Propaganda als Oberbegriff, unter den seiner Ansicht nach auch Phänomene wie Werbung und Publicity (PR) zu fassen sind. Zugleich grenzt er Propaganda (Manipulation von Zeichen) als rein *kommunikaive* Aktivität ab von Agitation und definiert diese als „technique of influencing human action by the manipulation of representations. These representations may take spoken, written, pictorial or musical form" (Lasswell 1935: 13). Dreißig Jahre später formuliert Smith (1968: 583) elf Faktoren, deren Berücksichtigung er für erfolgreiche Propaganda unabdingbar hält:

1. Auf welche *Ziele* hin (auf welche Selektivität von *Werten* hin?) sowie
2. auf welchen Zustand der Gesellschaft und
3. ihrer Subsysteme hin entscheidet
4. der Propagandist,
5. welche Symbole er
6. durch welche Medien
7. an welche Zielgruppe richtet,
8. wie er die erzielte Wirkung misst,
9. welche Störung (counterpropaganda) er
10. über welche Kanäle (Medien) zu erwarten hat und
11. wie er diese Effekte messen kann?

Weiterhin gibt es Ansätze aus der frühen Massenkommunikationsforschung, die ihren Niederschlag etwa in der mittlerweile klassischen Studie von Robert K. Merton (1946) gefunden haben und die der Frage nachgehen, unter welchen Bedingungen es gelingt, große Publika (,Massen') zu einem gewünschten Verhalten (hier: Spenden für die Kriegsführung der Vereinigten Staaten) zu bewegen. Merton (1946: xi) benutzt dabei zunächst wie Lasswell den Begriff der Propaganda, merkt jedoch an, dass persuasive Kommunikation gegenüber Propaganda „involves a higher degree of social interaction between the ,persuader' and the ,persuadee' and it permits the persuader to adapt his argumentation to the flow of reactions of the persons he is seeking to influence" (Merton 1946: 38f).

Merton (1946: 22ff) nennt als wichtige Kriterien für den Erfolg 1) das einzigartige Ereignis, 2) der Marathon-Charakter des Ereignisses, 3) die Erwartung hinsichtlich des Ergebnisses (exciting finish), 4) Wiederholungen, 5) Nutzung von Feedback (sofortige Kommunikation des aktuellen Erfolgs in der weiteren Sendung), 6) Wiederholung der Sendungen, 7) die Person Kate Smith.[2] Interessant ist weiterhin, dass die Wirkung von Persuasion durch die Nutzung von Fiktionen (Vortäuschungen, Unwahrheiten etc.) gesteigert werden kann – Merton (1946: 143) spricht hier von einem Trend „to instrumentalize human relationships [...] society is experienced as an arena for rival frauds" und fährt fort: „The very same society that produces this sense of alienation and estrangement generates in many a craving for reassurance, an acute need to believe, a fight into faith" (Merton 1946: 143).

---

2   Kate Smith versprach in der Sendung, 24 Stunden lang am Mikrophon zu bleiben und um Spenden zu bitten. Damit gewann die Sendung auch den Charakter einer sportlichen Veranstaltung, bei der das Durchhalten der Kandidatin als solches bereits Spannung mobilisieren konnte.

Schließlich gibt es ein sprachwissenschaftliches Paradigma, das sich unter dem Begriff „Neue Rhetorik" um die Analyse der Strukturen persuasiver Kommunikation bemüht, wobei vor allem die Analyse der Gestaltung und Struktur von Texten auf ihre persuasiven Potenziale im Mittelpunkt stehen (vgl. Hoffmann/Kessler 1998).

2. Typologie von Persuasion

Schon der Vergleich nur dieser hier genannten Konzepte zeigt, dass das Konzept der Persuasion – aus erklärlichen Gründen – wenig konsentiert ist. Im Folgenden wird daher zunächst versucht, eine allgemeine Definition zugrunde zu legen und, daran anschließend, relevante Begriffe zueinander in Beziehung zu setzen.

Persuasion rekurriert auf die Wirkung von Kommunikation. Wenn es richtig ist, dass man nicht *nicht* kommunizieren kann (so Watzlawick et al. 1971: 53), dann kann Kommunikation auch nicht *nicht* wirken. Aber nur die Wirkungen von Kommunikation können als persuasiv gelten, die sich einer *vorsätzlichen*, gezielten Kommunikation seitens des Kommunikators verdanken. Diese Wirkung soll hier als Einfluss (durch Kommunikation) bezeichnet werden. Sie lässt sich tentativ weiter differenzieren in drei ordinal zueinander geordnete Komplexe der Belehrung, der Überredung und der Überzeugung[3] (vgl. Abb. 2).

Belehrung bedeutet vorsätzliche Veränderung oder Neugenerierung von Wissensbeständen, die beim Kommunikator bereits identisch vorhanden sind. Dies erlaubt es, den Erfolg von Belehrung zu kontrollieren. Belehrung wird, aus Sicht des Rezipienten freiwillig akzeptiert resp. geduldet, wenn sie (ex post) in *kognitiver* Perspektive nützlich erscheint. Man kann aber auch, vor allem in kollektiven Situationen, unter Betonung auf normative Randbedingungen – z.B. unter Rückgriff auf die allgemeine Schulpflicht – eine entsprechende Rezeptionssituation sicherstellen.

Unter Belehrung wird hier nicht die kommunikative Alltagssituation verstanden, in der ein Kommunikator zunächst Fragen stellt und aus der erwarteten Antwort eine Belehrung im Sinn einer nützlichen Information erfährt (etwa: „Was kostet das?"). Denn der antwortende Kommunikator agiert hier nicht von sich aus, er verfolgt kein Ziel, sondern er genügt einer Kommunikationsaufforderung aus Höflichkeit, er kommt gar nicht in die Verlegenheit, persuasiv vorgehen zu müssen oder zu wollen.

Überredung (zu etwas) setzt Belehrung bereits voraus, wird jedoch mit anderen, vorzugsweise *affektiven* Elementen, kombiniert, die die Akzeptanz der angesonnenen Verhaltensprämisse erleichtern oder gar erst ermöglichen. Während Belehrung rein kognitiv ausgeübt werden kann, stehen bei der Überredung kognitive und affektive Elemente in einem Verhältnis funktionaler Äquivalenz, so dass erfolgreiche Über-

---

3 Es wäre denkbar, diese drei Kategorien mit den drei Kategorien der Wirkung, nämlich der Veränderung von Wissen (durch Belehrung), von Einstellungen (durch Überzeugung) und von Verhalten (durch Überredung) zu verknüpfen. Das würde aber ihre prinzipielle Unabhängigkeit voneinander bedingen, die nicht gegeben ist: Schon Aristoteles (1959b: 21ff) betont, dass Überzeugung sowohl kognitiv (qua Argumentation, also durch einen Typ von Belehrung) als auch affektiv (bei Aristoteles: vor allem durch Empfehlung und Warnung, also eher persuasiv) zustande kommt.

redung (als Veränderung rein kognitiver Elemente) in der Regel nicht allein kognitiv zustande kommt.

Überzeugung setzt Elemente der Belehrung und auch Elemente der Überredung schon voraus.[4] Während Überredung – zumindest in der Alltagssemantik – nur eine kurzfristige Verhaltensänderung, eben bis zur Ausführung des angesonnenen Kaufaktes, bedingt, sind Überzeugungen auf Dauer angelegt, sie sind ungleich stabiler.

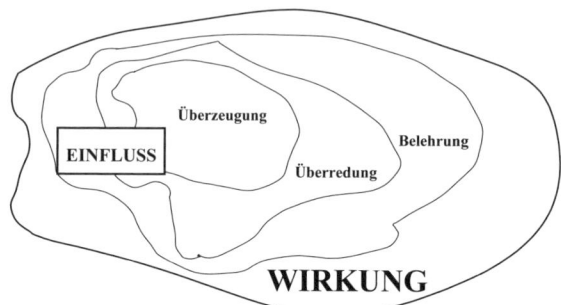

Abb. 2: Mengenmodell persuasiver Kommunikation

Überzeugen unterscheidet sich von Überreden zunächst einmal dadurch, dass Überzeugungen als Folge von Kommunikation langfristig angelegt und auf das Bewusstsein gerichtet sind, während Überredung sozusagen nur die Gunst der Situation nutzen muss, also nur solange, bis der Akt, den die Überredung auslösen soll, erfolgt ist. Nach Kant (1968, Bd.4: 687f) ist eine Überzeugung ein Fürwahrhalten, das auf objektiven Gründen beruht „wenn es für jedermann gültig ist, so fern er nur Vernunft hat". Überzeugung gilt als Grundfunktion von *Public Relations*. Überzeugungen können aber nicht nur kognitiv (vernünftig, d.h. logisch begründbar) zustande kommen, sondern auch affektiv. Diese Erkenntnis verdanken wir Aristoteles (1959a: 32f). In der Kant'schen Formulierung findet sich bereits eine Generalisierung („für jedermann"), die, wie alle Generalisierungen, auf ihrem Negationspotenzial („niemand ist ausgeschlossen") beruht und durch Reflexivisierung zustande kommt. Man kann vermuten, dass auch die temporale Dimension gerade durch Reflexivisierung verstärkt wird („auf Dauer", i.e. unendlich).

Eine andere Unterscheidung wäre die, dass bei der Werbung der Verführungsaspekt als solcher mitkommuniziert wird, denn Werbung wird stets als solche ausgewiesen bzw. metakommuniziert (vgl. Luhmann 1996: 86), während Überzeugungen kein Selbsteingeständnis, sondern stattdessen die Überzeugung von der (eigenen) Überzeugung fordert.

Das eigentliche Unterscheidungskriterium liegt mithin auf einer anderen Ebene, die systemtheoretisch zu orten ist: Komplexe mentale Strukturen wie Vertrauen, Glauben, Überzeugung verdanken sich ihre Existenz offenbar der Tatsache, dass sie a priori eine *reflexive* Struktur aufweisen. Dies überrascht dann nicht, wenn man in Anlehnung an Luhmann (1970b: 101f) davon ausgeht, dass die Leistungssteigerung in sozialen Systemen (hier: im Kommunikationssystem) stets über die Implementation reflexiver Struktur erfolgt.

---

4 Mit dieser Auffassung in Widerspruch steht die für die Differenzierung von Werbung und Public Relations verwendete, aber bislang nicht ausreichend begründete Vorstellung, dass beide streng geschieden seien, derart, dass Überredung Sache der Werbung, Überzeugung dagegen Sache von Public Relations sei. Vgl. dazu auch Merten (2004).

3. Prozesse der Persuasion

Wenn Persuasion gezielte (bewusst herbeigeführte) Wirkung von Kommunikation ist, dann muss Persuasion, wie alle kommunikativ erzielte Wirkung, den Bedingungen der Möglichkeit von Wirkungen genügen. Schematisiert sind diese Bedingungen in Abbildung 3 als *trimodales Wirkungsmodell* skizziert:

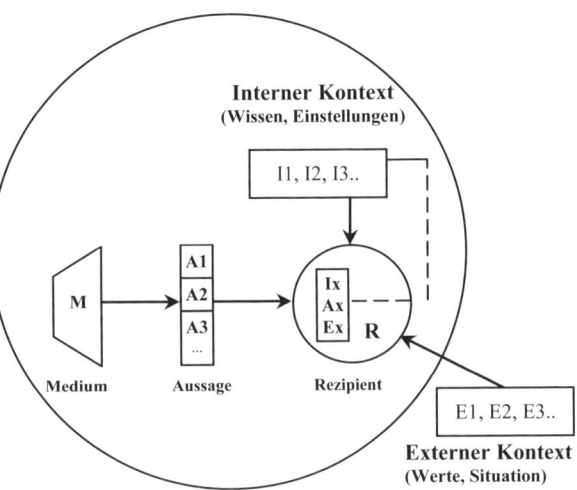

Anhand dieses Modells lassen sich zunächst vier wesentliche Bedingungen für persuasive Kommunikation nochmals präzisieren:

1. Die *bewusste* Absicht des Kommunikators
2. Spezifische (persuasive) Zurichtung des Informationsangebotes, vor allem durch *Bewertungen* (sachliche Reflexivität) und beständige *Wiederholung* (temporale Reflexivität)
3. Nutzung *sozialer* Kontexte (soziale Reflexivität) als Orientierung

Abb. 3: Trimodales Wirkungsmodell

Belehrung nutzt zwei dieser Bedingungen: Sie basiert auf einem vom Kommunikator *vorsätzlich* strukturierten Informationsangebot, das durch beständige *Wiederholung* (temporale Reflexivität) stabilisierend wirkt. Die Bedingungen optimaler Belehrung sind längst Gegenstand einer eigenen Disziplin, nämlich der *Didaktik*, die hierzu sehr differenzierte Modelle vorgelegt hat. Interessant ist dabei der kybernetische Ansatz, der Belehrung als gezielte Wissensvermittlung mit kleinen Lernschritten, Verstärkung und Ergebniskontrolle versteht (vgl. etwa Frank 1969).

Werbung basiert demgemäß auf einem 1) vom Kommunikator *vorsätzlich* strukturierten Informationsangebot, das 2) *Wertungen* kommuniziert und dies 3) in beständiger (ggf. variierender) Wiederholung. Dieses steigert die Persuasivität der angesonnenen Verhaltensprämisse dadurch, dass sie 4) auf das gleichartige Verhalten (Wahrnehmen, handeln, meinen, überzeugt sein) *anderer* verweist (etwa: „Immer mehr Hausfrauen waschen mit..."). Gerade für die persuasiven Potenziale der Werbung sind die meisten empirischen Untersuchungen durchgeführt worden. Dabei wurden, seit den Pionierarbeiten von Hovland (1957), eine Vielzahl von Variablen, vor allem die Anordnung und Valenz von Argumenten, die Kombination von Wort und Bild, der Einfluss des mitformulierten Kontextes in der Kommunikationssituation (vgl. Bettinghaus 1968; O'Keefe 1991), aber auch der Einfluss verschiedener Medien im Vergleich sowie Variablen wie die Glaubwürdigkeit des Kommunikators untersucht (vgl. Gleich 1998).

Von Petty/Cacioppo (1986) wurde ein probabilistisches Persuasionsmodell (ELM-Modell) vorgelegt, das an der Valenz von Argumenten ansetzt. Mittlerweile gibt es eine Vielzahl weiterer Persuasionsmodelle (vgl. Reardon 1991: 65ff).

Überzeugung basiert analog auf allen drei reflexiven Modi, nutzt aber darüber hinaus eine vierte, generalisierte reflexive Struktur durch Reflexivisierung der jeweiligen mentalen Struktur (vertrauen, glauben, überzeugt sein etc.): Glauben an etwas ist deswegen so effektiv, weil man an den Glauben selbst glauben kann; Vertrauen mindert Risiken gerade deshalb, weil man in sein eigenes Vertrauen *selbst* vertrauen kann (vgl. Luhmann 1968: 17f). Der typische Fall dieses komplexesten Typus persuasiver Kommunikation zur Generierung von Überzeugungen ist der Typ der *Propaganda*.

4. Propaganda

Da der *Glauben* an Heilswesen oder Heilslehren nicht rational begründet werden kann, sondern nur durch den Glauben an den Glauben,[5] ergibt sich schon daraus ein wichtiger Hinweis, dass Propaganda keine rational argumentierende Kommunikationstechnik sein kann, sondern mit anderen Mitteln – wie immer im Einzelnen beschaffen – inszeniert werden muss.

Glaube wird als Überzeugung, aber auch als Vertrauen, im christlichen Sinne als Antwort auf die Gnade Gottes (Fiduzialglaube) verstanden, der als solcher nicht kognitiv begründbar ist, dem aber die Kognition dann zu folgen hat (um die Autorität Gottes anzuerkennen). Glaube ist *prinzipiell* kontrafaktisch gegen Widerlegung durch Wirklichkeit geschützt. Er lässt sich strukturell als *Reflexivwerden von Überzeugung* begreifen und gewinnt gerade dadurch seine kontrafaktische Stabilität. Glaube richtet sich auf ein einziges bestimmtes Objekt, das als solches konkurrenzlos gestellt wird (Alleinvertretungsmerkmal) und erlangt in der Form von Weltanschauung vor allem dadurch unbegrenzte Wirksamkeit, dass der Glaube – von jedermann und temporal unbegrenzt – verbindlich erwartet oder sogar abgefordert wird. Dabei wird die Implementation von Glauben oft mit anderen Mitteln bewirkt als die Aufrechterhaltung von Glauben.

---

5 Der Glaube lässt damit mindestens zwei Erklärungen zu: Für die Heerschar der Gläubigen verheißt er letztendlich (eschatologisch) Glückseligkeit und damit auch schon auf Erden Entlastung und Heilsgewissheit. Rational betrachtet, handelt es sich dagegen um die effiziente Implementation einer Machtstruktur durch doppelte, aufeinander bezogene Fiktionalisierung: (1) Es wird eine übermenschliche Allgewalt (Gott) postuliert, die (2) ihren Erfindern mehr oder minder unbeschränkte Rechte einräumt, schon auf Erden ‚Gottes Wille' zu verkünden und durchzusetzen – also weltliche Macht auszuüben. Für politische Propaganda ist es daher unumgänglich, dass der weltliche Herrscher (‚Führer') sakrosankt sein muss.

Nach diesen Vorklärungen lässt sich die Struktur von Propaganda in einem ersten Ansatz wie folgt beschreiben:
1. Eine beliebiges Objekt (Idee, Ereignis, Handeln, Person oder Produkt) wird als einzigartig propagiert und gewinnt so ein *Alleinstellungsmerkmal*.
2. Für den Umgang mit diesem Objekt wird für die Rezipienten von Propaganda eine Verhaltensprämisse vorgegeben, die *Ausschließlichkeitscharakter* besitzt. Diese wird unnachgiebig postuliert und durchgehalten.
3. Dem Adressat von Propaganda wird – vorsätzlich und konsequent – die Befolgung dieser Verhaltensprämisse abverlangt, womit ihm zugleich die Freiheit *eigener* Entscheidung entzogen ist.
4. Damit der Rezipient dieser Vorabentscheidung (bedingungslos) folgt, werden positive und insbesondere negative Sanktionen skizziert, die
5. möglichst so formuliert werden, dass sie *nicht* überprüft werden können. Typisch hierfür ist, dass sie in die *Zukunft* verlegt werden – als Drohung oder auch als eschatologische Heilsgewissheit.

Die semantische Feinstruktur von Propaganda macht dabei ebenfalls systematischen Gebrauch von Einsatz oder Erzeugung *reflexiver* Effekte (vgl. Merten 1999: 349), die in drei Modi, – zeitlich, sachlich und sozial (und am besten in allen drei Modi zugleich) – genutzt werden können, um starke Wirkungen zu erzeugen und durchzusetzen. Insbesondere ist dabei darauf hinzuweisen, dass Reflexivisierung von Fiktion Fakten erzeugt resp. beschafft (vgl. Merten 2001) – hier in der Form von Generalisierung auf allen drei Ebenen:

Sachlich, indem die anzusinnende Alternative als „gut" bewertet wird und, nochmals reflexivisiert, als „einzig richtige" Alternative dargestellt wird. Abstrakter gesagt, kann man die fiktive (unterstellte) Wahrheit eines Sachverhaltes dadurch absichern, dass man eine weitere fiktive (unterstellte) Wahrheit mit Bezug auf die erste unterstellte Wahrheit dazu formuliert. Genau diese Möglichkeit nutzt der Eid, der Schwur: Das Beschwören von Wahrheit (einer zugrundeliegenden Aussage) ist strukturell nichts anderes als eine Reflexivisierung („Es ist wahr, dass die zugrundeliegende Aussage wahr ist") und erbringt, wie alle reflexiven Strukturen, eine besondere Leistung. Sie besteht darin, dass durch Reflexivisierung fiktionale (unterstellte) Sachverhalte mit Wahrheitspotenzialen ausgerüstet werden können. Und natürlich erzeugt auch das spiegelbildliche Gegenteil, nämlich das Leugnen von Lügen, durch Reflexivisierung Wahrheit. *Sozial*, indem der laufende Verweis erfolgt, *das* zu tun oder zu denken, was auch *andere* tun oder denken und, in der weiteren Reflexivisierung, was *alle* tun oder denken, was *man* tut oder denkt. *Temporal*, indem die zeitliche Geltung generalisiert wird: So spricht hier – sicherlich nicht zufällig – die Kirche vom „ewigen Leben", der Nationalsozialismus vom „1000-jährigen Reich", der Kommunismus von dem *normativ* erwartbaren zukünftigen „Tag der Weltrevolution" etc.

Doch auch reflexive Überzeugungen bedürfen, wie exemplarisch am *Glauben* gezeigt werden kann, einer kontinuierlichen Stabilisierung, die in der Regel *kommunikativ* ins Werk gesetzt wird. Unterbleibt diese Stabilisierung – der Tanz um das Goldene Kalb ist hierfür wohl das erste historische Beispiel – so verlieren Überzeugungen offenbar ebenso schnell ihre Kraft, wie *Images*, die unabdingbar auf kontinuierliche Unterfütterung angewiesen sind. Das lenkt die Frage auf Bedingungen, unter denen Wirkungen stark und flächendeckend generiert werden können.

Eine erste Antwort lässt sich aus der Wirkungsforschung ableiten. Wie bekannt, verdanken sich die starken Effekte von Kommunikation nicht unbedingt den Stimuli, die der aristotelisch geschulte Kommunikator vielleicht absendet, sondern vielmehr einem spezifischen Arrangement des Kontextes, in dem die Kommunikation stattfindet, nämlich erneut *reflexiven* Effekten, deren Einsatz auch die Inszenierung von Propaganda fordert. Der laufende Verweis darauf, dass alle (anderen) sich konform verhalten (i.e. die angesonnene Propaganda befolgen), ist ein erstes und basales Mittel, Propaganda zu stützen: Die regelmäßige Herstellung von Öffentlichkeit, die Stabilisierung durch Wahrnehmung von Gleichgesinnten leistet, ist vermutlich die wichtigste Stabilisierungsmöglichkeit – durch die regelmäßige *öffentliche* Versammlung zum Gottesdienst, organisierte Massenaufmärsche, aber auch durch die notwendig *öffentliche* Ketzerverbrennung oder organisierte Schauprozesse.

Daneben werden alle Strategien genutzt, um das Objekt der Propaganda groß und erhaben darzustellen und den Rezipienten auch dadurch zu stabilisieren bzw. einzuschüchtern – sei es durch gewalttätige Architektur wie etwa die ägyptischen Pyramiden, die christlichen Kirchtürme, die Nürnberger Reichsparteitagsbauten, sei es durch laufende Verweise auf Leistung (die sowohl dem Einzelnen, dem „Held der Arbeit") oder dem System (als dem *überlegenen* System) zugerechnet werden, sei es durch Entfaltung von Pomp.[6] Diese und andere Mittel lassen sich auch unter dem Begriff „Propaganda der Tat" (vgl. Smith 1968: 579) fassen und Weisheiten wie „Man muss ad oculos demonstrieren" (Wallenstein) haben hier ihren Ort. Mithin kann Propaganda wie folgt definiert werden:

Propaganda ist eine kommunikative Technik der Akzeptanz angesonnener Verhaltensprämissen, bei der die kommunizierte Botschaft durch Reflexivisierung generalisierte Wahrheitsansprüche erzeugt, deren Akzeptanz durch simultane Kommunikation latenter Sanktionspotenziale sichergestellt wird.

5. Rahmenbedingungen für Persuasion

Den Begriffen des Lernens, der Überredung und der Überzeugung lässt sich eine gemeinsame theoretische Fragestellung wie folgt zugrunde legen:

Unter welchen Randbedingungen ist *Ego* bereit, Handlungsprämissen von *Alter* zu akzeptieren? Interessanterweise ist diese Frage nach „generalisierten Medien", deren Funktion in der Garantie sozialer Integration liegt, eine der prominentesten Fragen der theoretischen Soziologie, zu der sich u.a. Talcott Parsons, Niklas Luhmann und Jürgen Habermas ebenso ausführlich wie zueinander widersprüchlich geäußert haben: Die Antwort darauf sind drei Entwürfe einer Theorie der „generalized media" (vgl. Habermas 1981: 229ff; Luhmann 1975; Parsons 1980). Verkürzt besagt dieses Kon-

---

6 Fishbein/Ajzen (1975: 463) stellen resümierend fest, dass die Veränderung von Überzeugungen umso besser gelingt, je geringer das Selbstwertgefühl des zu Überzeugenden und je größer seine Beeinflussbarkeit (persuasibility) ist, wenn der Kommunikator (der beeinflussenden Kommunikation) hohe Glaubwürdigkeit besitzt und wenn es um ein eher unwichtiges Thema geht.

zept, dass alle uns bekannten Gesellschaften Mechanismen (generalized media) entwickelt haben, mit denen die Akzeptanz von generalisierten Leistungen sichergestellt werden kann: Durch Anwendung von Macht (etwa durch Gewaltanwendung), durch Geld (etwa durch gekauftes Schweigen oder gekauftes Reden), durch Wahrheit (etwa durch logisch nachvollziehbare Argumentation) oder aus Liebe (zu einem Menschen bzw. aus Verehrung von Herrschern und Heiligtümern).

Bei der *Belehrung* gilt offenbar latent, dass das zu lernende Wissen wahrheitsfähig ist: Man lernt, wie das Backen von Brot, die Berechnung von Summen, das Betanken eines Fahrzeugs „richtig" vor sich geht. Und da Lernprozesse nicht nur realitätsbasierte Objekte zum Gegenstand haben, sondern auch von vielen anderen Menschen absolviert werden, gibt es sehr präzise, sozial hochkonsentierte Maßstäbe für „richtiges" Lernen.

Werbung erlangt ihr persuasives Potenzial nicht durch Bezug auf Wahrheit, sondern durch die deutlich fiktional gestaltete Weckung von Bedürfnissen, durch Kommunikation von Maßstäben für *Geschmack* und Mode (vgl. so Luhmann 1996: 89ff). Der Begriff der „Richtigkeit" bei der Belehrung wird ersetzt durch den Begriff der Richtigkeit des Geschmacks, der Meinung etc., d.h. es werden für die Werbung von Produkten vorab oder simultan Regeln des richtigen Verhaltens für etwas formuliert, was allenfalls sozial richtig, aber nicht wahr sein kann, was aber den Rahmen abgibt, anhand dessen ein Kaufanreiz deduziert und mitformuliert werden kann.

Ganz anders dagegen *Überzeugungen*: Was für den Glauben als Typus der religiösen Propaganda gesagt wurde, gilt für alle Typen von Propaganda. Aber anders als die Werbung, setzt *Propaganda* ihre Intention nicht nur dadurch um, dass sie positive Assoziationen herstellt, sondern in ihrem Anspruch *totalitär* vorgeht und bei Nichtausführung (Nichtbefolgung) der angesonnenen Handlungsalternative Sanktionen bereithält. Dass diese Androhung im Prozess der Indoktrination an Sichtbarkeit und Notwendigkeit abnehmen kann und nurmehr latent wirksam bleibt, sagt nichts gegen ihre *prinzipielle* Verfügbarkeit. Denn nur im Idealfall führt der sanktionsfreie Einsatz von Propaganda zum Glauben an das propagierte Objekt.[7] Die Feststellung von Buss (1992: 6), dass es das „Ziel der propagandistischen Kommunikation ist [...], Menschen zu veranlassen, die Autorität anderer von sich aus anzuerkennen, ohne dass dazu die Androhung von Sanktionen erforderlich ist", ist allerdings bezweifelbar, weil auch der Glaube auf laufende Befestigung angewiesen ist und daher die Möglichkeit der Sanktionsdrohung geradezu unersetzlich ist.

Bezogen auf Propaganda ist das Akzeptanz erzeugende generalisierte Medium die Macht: „Von Macht wollen wir in einem sehr weiten Sinne immer dann sprechen, wenn eine Kommunikation die Folge hat, dass der Empfänger die mitgeteilte Information als Verhaltensprämisse übernimmt" (Luhmann 1970a: 96).

Daraus ergibt sich ein weiteres Unterscheidungskriterium für Propaganda gegenüber Werbung, nämlich der kommunikative Einsatz von nichthinterfragbaren Fiktionen, der kommunikativ typisch in der Form der *Drohung* artikuliert werden kann. Drohung mit Gewaltanwendung (in der christlichen Lehre beispielsweise mit dem

---

7 Beispielsweise kann man im Begriff der „Marke" zwangsfreie Überzeugungen orten. Marken sind sozusagen Elemente säkularisierter Heilsgewissheit, die angesichts einer immer komplexeren Konsumwelt Sicherheit, Vertrauen für den richtigen Kaufakt garantieren können. Eine Marke ließe sich in diesem Sinne auch definieren als der Glaube an eine Marke (vgl. Merten 2003).

Fegefeuer) ist dabei nur ein Aspekt, denn Drohungen können auch wirtschaftliche Aspekte (etwa: Boykott, Verlust des Arbeitsplatzes) umfassen. Die nur kommunikativ artikulierte Drohung mit Sanktionen hat darüber hinaus den Vorteil, dass sie im Regelfall gar nicht verifiziert werden muss, weil Drohungen in die Zukunft hinein formuliert und genau dadurch latent *infinit* wirksam sind. Diese kommunikative Absicherung einer kommunikativen Botschaft kann zudem von der Unwahrheit gezielten Gebrauch machen: Der Kommunikationstyp der *Lüge*, der als erster mit fiktionalen Strukturen hantiert und dadurch faktische Wirkungen erzielt, gewinnt im Prozess der Propaganda in der Form der Möglichkeit (Supposition) ihre temporale Latenz: Einmal in der Behauptung eines idealisierten, einzigartigen Objekts, zum anderen in einer unwiderlegbar richtigen und relevanten Verhaltensprämisse, zum Dritten in dem möglichen Wirksamwerden von Sanktionen bei deren Nichtakzeptanz.

Begreift man den Einsatz von Drohungen, Verheißungen und Unwahrheiten als *kommunikative* Manipulation,[8] dann kann man Werbung von Propaganda klar dadurch unterscheiden, dass Werbung auf die Manipulation verzichtet.[9] Schein et al. (1961) begreifen Propaganda demgemäss auch als Fall von „Coercive Persuasion".

6. Konsequenzen

Die Ära der Mediengesellschaft zeichnet sich vor allem dadurch aus, dass die Unterscheidung zwischen Fakt und Fiktion nicht mehr trennscharf möglich ist. Für die Anwendung persuasiver Kommunikation, die in einer ordinalen Abfolge, von der Belehrung zur Propaganda, offenbar umso wirksamer ist, je mehr sie Wahrheiten oder Zutreffendes behaupten und gleichzeitig die Prüfung darauf immer weniger aussichtsreich gestalten kann, bedeutet die Zunahme von Fiktion konsequenterweise auch vermehrte Anwendung. Schon bei Lasswell (1935: 146) findet sich der interessante Hinweis auf die besondere Rolle fiktionaler Struktur: „We are accustomed to think of the complexity of our *material* environment and to underestimate the complexity of our *symbolic environment*."

Die Konsequenzen, die diese Entwicklung hat, lassen sich derzeit erst erahnen, vor allem die nun erwartbare funktionale Äquivalenz von Fakt und Fiktion, die derzeit anlässlich von Wahlkämpfen bereits sichtbar wird (vgl. Merten 2002).

Zumindest der Zuwachs an Propaganda hat Konsequenzen: Zum einen erleichtert die Fiktionalisierung der Medien die Implementation von Versuchen, durch Propaganda Entscheidungen zu beeinflussen, also Macht auszuüben, weil der mutmaßliche Erfolg von Propaganda – trotz aller Aufklärung – nicht ab-, sondern zunehmen wird. Zum anderen hat dies auch Konsequenzen für eine ethische Perspektive, wie sie für Public Relations von Bentele (1992) und Avenarius (1995: 294ff) diskutiert wird: „Propaganda

---

8 Dabei wird die Anwendung von Zwang (Gewalt) oder bewusstseinsverändernder chemischer oder andersgearteter Mittel oder Praktiken (etwa: Sensorische Deprivation) hier ausgeschlossen. Nicht ausgeschlossen ist damit aber die *Drohung*, so zu verfahren.

9 Das äußert sich auch darin, dass bei Werbung z.B. Superlative oder gar Alleinstellungsbehauptungen verpönt oder sogar verboten sind. Andererseits wird unterstellt, dass der Verführungscharakter von Werbung, das Unterstellen von Realität – zumindest für Kinder – nicht genügend evident ist.

ist mit einem modernen Verständnis von Public Relations nicht vereinbar. Propaganda polarisiert, radikalisiert, emotionalisiert und genau dies kann nicht Gegenstand von PR sein" (Buss 1992: 20).

Diese Feststellung muss man bezweifeln. Denn das Kommunikationssystem einer Gesellschaft fragt nicht nach der Ethik, sondern allenfalls nach der Viabilität persuasiver Kommunikation und dies umso mehr, je gesellschaftlich relevanter der Einsatz solcher Kommunikation erscheint.

Literatur

Aristoteles (1959a) (Hrsg. von Paul Gohlke): Rhetorik. Paderborn: Schöningh.
Aristoteles (1959b) (Hrsg. von Paul Gohlke): Rhetorik an Alexander. Paderborn: Schöningh.
Avenarius, Horst (1995): Public Relations. Die Grundform der gesellschaftlichen Kommunikation. Darmstadt: Wissenschaftliche Buchgesellschaft.
Bentele, Günter (1992): Ethik der Public Relations als wissenschaftliche Herausforderung. In: Avenarius, Horst/Armbrecht, Wolfgang (Hrsg.): Ist PR eine Wissenschaft? Opladen: Westdeutscher Verlag. S. 151-170.
Bettinghaus, Erwin P. (1968): Persuasive Communication. New York, Chicago, London: Holt, Rinehart & Winston.
Buss, Eugen (1992): Propaganda. Anmerkungen zu einem diskreditierten Begriff (= Bd.4 der Schriftenreihe PR-Kolloquium). Wuppertal: Landesgruppe NRW der DPRG
Fishbein, Martin/Icek, Ajzen (1975): Belief, attitude, Intention and Behaviour: An Introduction to Theory and Research. Reading, London, Amsterdam: Addison-Wesley.
Frank, Helmar²(1969): Kybernetische Grundlagen der Pädagogik. Baden-Baden: Kohlhammer.
Gleich, Uli (1998): Aktuelle Ergebnisse der Werbewirkungsforschung, in: Media Perspektiven, Nr. 4, S. 206-210.
Habermas, Jürgen (1981): Theorie des kommunikativen Handelns. Band II: Zur Kritik der funktionalistischen Vernunft. Frankfurt a. M.: Suhrkamp.
Hoffmann, Michael/Kessler, Christine (Hrsg.) (1998): Beiträge zur Persuasionsforschung. Frankfurt a. M.: Lang.
Hovland, Carl Iver (Hrsg.) (1957): The Order of Presentation in Persuasion. New Haven, London: Yale University Press.
Kant, Immanuel (1968). Gesammelte Werke. Frankfurt a. M.: Suhrkamp.
Lasswell, Harold D. (1935): Research on the Distribution of Symbol Scecialists, in: Journalism Quarterly, 12. Jg., S.146-156.
Luhmann, Niklas (1968): Vertrauen. Ein Mechanismus der Reduktion sozialer Komplexität. Stuttgart: Enke.
Luhmann, Niklas (1970a): Soziologische Aufklärung. Köln, Opladen: Westdeutscher Verlag.
Luhmann, Niklas (1970b): Reflexive Mechanismen. In: Luhmann, Niklas: Soziologische Aufklärung. Opladen: Westdeutscher Verlag, S. 92-112.
Luhmann, Niklas (1975): Einführende Bemerkungen zu einer Theorie generalisierter Kommunikationsmedien. In: Luhmann, Niklas: Soziologische Aufklärung 2. Opladen: Westdeutscher Verlag, S.170-192.
Luhmann, Niklas ²(1996): Die Realität der Massenmedien. Opladen: Westdeutscher Verlag.
Merten, Klaus (1977): Kommunikation. Opladen: Westdeutscher Verlag.
Merten, Klaus (1999): Einführung in die Kommunikationswissenschaft. Band I: Grundlagen. Münster, Hamburg: Lit.
Merten, Klaus (2001): Erzeugung von Fakten durch Reflexivisierung von Fiktionen. Strukturen der Ausdifferenzierung des Kommunikationssystems. In: Baum, Achim/Schmidt, Siegfried J. (Hrsg.): Fakten und Fiktionen. Über den Umgang mit Medienwirklichkeiten. Konstanz: Universitätsverlag, S.36-47.
Merten, Klaus (2002): Politik in der Mediengesellschaft. Interpenetration von Politik und PR. In: Merten, Klaus/Zimmermann, Rainer/Hartwig, Andreas (Hrsg.): Handbuch der Unternehmenskommunikation III. Köln, Neuwied: Luchterhand, S.81-98.
Merten, Klaus (2003): Der Begriff der Marke in kommunikationstheoretischer Perspektive. In: Markenartikel, 65. Jg., Nr. 1. S. 26-30; Nr. 2. S. 12-17; Nr. 3. S. 10-17.

Merten, Klaus (2007): Überredung und Überzeugung als Kriterien zur Differenzierung von Werbung und Public Relations? (in Vorbereitung).

Merton, Robert King (1946): Mass Persuasion: The Social Psychology of a War Bond Drive. New York, London: Harper & Brothers.

Nickl, Milutin M. (1998): Einige Entwürfe und Erträge in der kommunikationswissenschaftlichen Persuasionsforschung. In: Hoffmann, Michael/Kessler, Christine (Hrsg.): Beiträge zur Persuasionsforschung. Frankfurt a. M.: Lang, S. 21-53.

O´Keefe, Daniel (1991): Persuasion. Theory and Research. Newbury Park, London: Sage.

Parsons, Talcott (1980): Zur Theorie der sozialen Interaktionsmedien. Opladen: Westdeutscher Verlag.

Petty, Richard E./Cacioppo, John T. (1986): Communication and Persuasion. Central and peripheral routes to attitude change. New York: Springer.

Reardon, Kathleen (1991): Persuasion in Practice. Newbury Park: Sage.

Schein, Edgar et al. (1961): Coercive Persuasion. New York: Norton.

Smith, Bruce Lannes (1968): Propaganda. In: International Encyclopedia of the Social Sciences, Vol.12. London, New York. S. 579-588.

Watzlawick, Paul F./Bavin, Janet H./Jackson, Don D. ^{2}(1971): Menschliche Kommunikation. Formen, Störungen, Paradoxien. Bern, Stuttgart, Wien: Huber.

Organisation und Organisationsinteresse

Peter Szyszka

1. Organisationsbegriff als Schlüsselbegriff

Organisation ist ein Schlüsselbegriff moderner Gesellschaften. Unterschiedliche Organisationstypen prägen die nachabsolutistische Gesellschaft, da sie die verschiedenen gesellschaftlichen Interessen (wirtschaftliche, politische, öffentliche, gemeinnützige und wohltätige Interessen) organisieren. So kann bei der modernen Gesellschaft auch von einer *Organisationsgesellschaft* gesprochen werden (vgl. Büschges 1983: 22ff; Scott 1986: 24). Pluralistische Gesellschaften fordern organisationsseitige Interessenvertretung geradezu ein (vgl. im PR-Kontext: Ronneberger 1977). Pluralität der Interessen bedeutet aber, dass *Interessenkoalitionen, Interessenkonkurrenz* wie *Interessenkonflikte* zwischen Organisationen eines Organisationssystems wie zwischen Organisationssystemen, aber auch zwischen Organisationen verschiedener Organisationssysteme bestehen können.

Im systemtheoretischen Verständnis sind Organisationen Systeme der gesellschaftlichen Meso-Ebene. Luhmann unterscheidet *Organisationssysteme* wie Politik, Wirtschaft usw. (gesellschaftliche Teilsysteme) von *formalen Organisationen* wie Parteien, Unternehmen usw. (vgl. Luhmann 1984: 16 u. 268). Er spricht von Organisationen als sozialen Systemen, „wenn Handlungen mehrerer Personen sinnhaft aufeinanderbezogen werden und dadurch in ihrem Zusammenhang abgrenzbar sind von der nicht dazugehörigen Umwelt" (1975: 9). Sinnhafte Aufeinanderbezogenheit konstituiert ein System, macht dessen Subsysteme zu funktonalen Teilsystemen und grenzt Umwelt als nicht zum System gehörig ab.

Der soziologische Organisationsbegriff ist mehrdeutig (z.B. Türk 1989: 148):
- Organisation als *Tätigkeit* (Organisieren als Handlung),
- Organisation als *Eigenschaft* sozialer Gebilde (Organisiertheit als Struktur) und
- Organisation als *Ergebnis* des Organisierens (Organisation als soziales Gebilde).

Röttger verweist darauf, dass in dieser Mehrdeutigkeit bereits „die Verschränkung von Handlung und Struktur", die der Strukturierungstheorie (Giddens 1987) zugrunde liegt, angelegt sei (2000: 127). Schimank bemerkt, dass nicht soziale Systeme als solche, sondern immer deren Akteure Interessen verfolgten (1992: 264).

Schließlich stellt der Begriff *Organisation* im Kontext des Public Relations-Diskurses einen, wenn nicht den Schlüsselbegriff dar, sind doch Public Relations nicht ohne Abhängigkeit von oder in Bezug zu einer *Organisation* zu denken:
- Als *öffentliche Beziehungen* (Public Relations) markieren sie den *kommunikativen Zusammenhang zwischen einer Organisation und deren sozialem Umfeld*; eine Organisation ist immer die *Beziehungsquelle eines Beziehungsnetzes*.

- Als *Kommunikationsmanagement* (Public Relations-Aktivitäten) werden sie organisationsseitig aktiv mitgestaltet und dienen der *kommunikativen Interessenvertretung; diese ist Ausdruck organisationaler Haltung, Werte und Interessen.*

2. Merkmale

Die wesentlichen Merkmale einer Organisation lassen sich in zwei zentrale Begriffe fassen: *soziales Gebilde* und *Interesse* (vgl. dazu insgesamt z.B. Türk 1989; Kiser/ Kubicek 1992; Hill u.a. [5]1994; Staehle [7]1994; Ulrich/Fluri [7]1995; Schreyögg 1996; im PR-Kontext im Überblick auch Röttger 2000: 126ff). Organisationen schließen Menschen zusammen (soziale Gebilde), um ein jeweils ganz bestimmtes Interesse (Organisationszweck) verfolgen zu können. Sie benötigen diese Menschen als Mitglieder, um ihren jeweiligen Organisationszweck überhaupt operationalisieren zu können. Organisationsinteressen lassen sich grundsätzlich unterscheiden in

- *spezifische*, auf den unmittelbaren Organisationszweck hin bezogene, kurz- und mittelfristige *Interessen* (Erstellung/Erbringung organisationsspezifischer Leistungen) und
- *allgemeine*, auf die Gewährleistung der Organisationsexistenz hin bezogene, mittel- und langfristige *Interessen* (Fortbestand der Organisation unter möglichst günstigen Bedingungen).

Beide Interessentypen sind miteinander verwoben, können im Einzelfall aber auch zu divergenten Kräften werden. Da eine Organisation das grundlegende Interesse ‚ihres' Organisationssystems vertritt und an dessen Operationalisierung mitwirkt, ist sie von dessen grundsätzlichen formalen Struktur- und Verhaltensmerkmalen vorgeprägt. Erst innerhalb dieses Schemas können Organisationen ihre Ziele eigenständig realisieren.

Zweckorientierung bedeutet, dass festgelegte Ziele dauerhaft verfolgt und verwirklicht und damit eine ganz bestimmte Interessenkonstellation vertreten werden soll. *Organisationszweck* und *Organisationsziele* sind im Zeitverlauf veränderbar, so dass Organisationen Wandlungsprozessen unterliegen. Zweckorientierung bedeutet weiter, dass im jeweils aktuellen Zusammenhang die formale Struktur einer Organisation mit ihren spezifischen Handlungsrollen auf die *Realisation der Organisationsinteressen* angelegt ist; die Zielsetzung bestimmt die Ausrichtung und Steuerung der aufeinander bezogenen Handlungen. Organisationen sind damit gleichermaßen handlungsprägende wie handlungsfähige Systeme (Schimank 1985: 430f). Sie verfügen über ein *originäres Ideen- und Wertesystem* als die sie strukturierende Programmatik, die durch das Handeln der Organisationsmitglieder realisiert wird.

Organisationen sind *soziale Rollensysteme*. Sie gründen in organisationsspezifischen, aufeinander bezogenen und koordinierten Handlungen ihrer *Mitglieder* (Träger organisationaler Handlungsrollen). Der jeweils spezifische Handlungszusammenhang macht eine Organisation einmalig und auch von gleichartigen Organisationen abgrenz- und unterscheidbar. Da die Handlungen von Organisationsmitgliedern in einem gemeinsamen Handlungszusammenhang erbracht werden, markiert Mit-

gliedschaft/Nicht-Mitgliedschaft die System-Umwelt-Differenz einer Organisation. *Gemeinsam* bedeutet dabei,
- dass ein *arbeitsteiliger und kooperativer Zusammenschluss* von Individuen zu einem koordinierten Rollensystem aus operativen Gründen notwendig ist, da Organisationsziele ansonsten *grundsätzlich* nicht realisierbar sind, aber auch,
- dass *Organisationsziele als übergeordnete Ziele* die individuellen Ziele der Organisationsmitglieder dominieren; Organisationsmitglieder müssen Organisationsziele als Bedingungen für ihre Mitgliedschaft anerkennen und sich diesen unterordnen, da Organisationsziele ansonsten *situativ* nicht realisierbar sind.

In der sozialen Dimension werden spezialisierte Handlungsrollen ausgewiesen, koordiniert und reguliert, d.h. es wird im Grundsatz festgelegt, welche Handlungen welche Akteure im kooperativen Verbund wie auszuführen haben.

Als *soziale Gebilde* verfügen Organisationen damit über eine formale, d.h. geplante und gewollte Organisiertheit, zu deren Operationalisierung es anleitender und regelnder Kommunikationsprozesse bedarf. Da Organisationen aus Menschen bestehen, die als Menschen mit Mitmenschen alle möglichen Formen des Umgangs pflegen, verfügen Organisationen neben ihrer *formalen Organisiertheit* gleichzeitig auch über eine weitgehend affektive und verborgene *informale Organisiertheit*, für die sich in der Literatur die Metapher des großen, aber nicht sichtbaren Teils eines „Eisberges" findet (z.B. Ulrich/Fluri ^{7}1995: 206). Während formelle Gruppen auf Effizienzüberlegungen einer Organisationsführung basieren und strukturell vorgegeben werden, gründen informelle Gruppen in den Bedürfnissen der Organisationsmitglieder. Die Frage des Einflusses vorrangig zwischenmenschlicher Beziehungen als informale Strukturen auf Erleben und Verhalten von Organisationsmitgliedern ist auch im Kontext von Public Relations als Frage nach zweckmäßigen internen Public Relations-Aktivitäten ein wesentliches Thema.

3. Binnendifferenzierung

Organisationen sind von ihrer Binnenstruktur her koordinierte Systeme mit spezialisierten Rollen, die über eine *Leitungsstruktur* verfügen und *Entscheidungskompetenz* rollenspezifisch delegieren; organisationale Prozesse bedürfen der *Formalisierung und Koordination* (vgl. z.B. Kieser/Kubicek 1992: 74). Um Rollensysteme beschreiben zu können, kennt die Literatur unterschiedliche Organisationsformen:
- *Linienorganisation*: Jeder Rollenposition ist einer anderen Rollenposition direkt zugeordnet, die dieser Weisungen erteilt bzw. die sie zur Rechenschaft verpflichtet. Leitendes Prinzip ist hier die „Einheit der Auftragserteilung".
- *Stab-Linien-Organisation*: Hier sind einzelne, der Entscheidungen der Leitung vorbereitende Rollenpositionen aus der Linienstruktur herausgenommen. Sie sind Entscheidern weisungsgebunden nachgeordnet und verfügen nur im eigenen Aufgabenbereich über Weisungs- und Entscheidungskompetenz.
- *Funktionale Organisation*: Sie ist ein Mehrliniensystem, das Mehrfachunterstellung ausweist, d.h. eine einzelne Rollenposition ist hier zur koordinierten Leistungserstellung mehreren übergeordneten Rollenpositionen unterstellt.

- *Matrix-Organisation*: Sie verzichtet auf die ausgeprägte hierarchische Abstufung (Pyramiden-Modell) und gliedert Leitungspositionen funktional. Kennzeichnend sind in der Regel zwei gleichberechtigte Autoritätslinien, in die eine Rollenposition eingeknüpft ist und die sie zur Abstimmung mit beiden Seiten verpflichtet (vgl. Hill u.a. ^{5}1994: 212ff).

Im Kontext von Public Relations-Aktivitäten werden i.d.R. ‚Stab-Linien-Organisation' oder ‚Linienorganisation' diskutiert, um Public Relations-Aktivitäten als

- *strategische Funktion* (leitende Rollenposition in der Linienorganisation),
- *Strategien mitvorbereitende Funktion* (Stabsorganisation) oder
- *ausschließlich operative Funktion* (eingeordnet in die Linienorganisation).

einzustufen. Werden Public Relations-Aktivitäten als strategische Funktion organisationalen Kommunikationsmanagements eingestuft, lassen sich alternativ auch leitende Rollenpositionen in den Modellen der ‚funktionalen Organisation' wie der ‚Matrix-Organisation' diskutieren.

Im Modell der *Matrix-Organisation* werden zwar Entscheidungsstrukturen verändert und hierarchisches ‚Pyramiden-Denken' durch „funktionale Autorität" ersetzt, eine letztlich hierarchische Organisationsgliederung bleibt aber hier im Grundsatz erhalten (Hill u.a. ^{5}1994: 217), denn auch abgeflachte Hierarchien heben das Basisprinzip von Führung (Entscheidungsfindung) und Ausführung (operative Umsetzung) nicht auf. Es ist daher legitim, bei der Darstellung grundlegender Organisationsprobleme wie der Frage von Kommunikation in, von und über Organisationen auf das *Modell der Pyramide* als Vorstellung einer *prinzipiell hierarchischen Gliederung* zurückzugreifen.

Die Binnenstruktur gliedert Organisationen als *koordinierte Rollensysteme* mit hierarchischer Stufung und Ausdifferenzierung der Aufgabenverteilung (Handlungsrollen). An jede *Handlungsrolle* knüpft sich eine spezifische Verhaltenserwartung, die als Handlungsschemata generalisiert Kompetenz (Zuständigkeit, Handlungsrechte), Verantwortlichkeit (Haftung) und Aufgaben (Soll-Leistungen) zuweist und vom Rollenträger adäquate Handlungen (Erbringung der Soll-Leistung) abfordert. Rollen bestehen unabhängig von ihrem konkreten Rollenträger. Rollenträger wiederum erfüllen nicht nur Verhaltenserwartungen, sondern gestalten ihre Rolle auch aktiv (vgl. z.B. ebd.: 122), was sie nur bedingt austauschbar macht.

Grundsätzlich lassen sich *zwei Rollentypen* unterscheiden:

- *Führungsrollen*: Exponierte Organisationsakteure tragen die Gesamtverantwortung (grundlegende Entscheidungskompetenz). Ihnen ist es vorbehalten, die dem Organisationszweck dienenden Grundsatzentscheidungen auszuhandeln und zu treffen, Zielvorgaben zu formulieren und die zielorientierte Umsetzung dieser Vorgaben anzuweisen. Ihr Entscheidungshandeln ist strategisch und dient der Existenzsicherung und Weiterentwicklung ‚ihrer' Organisation.
- *Operative Rollen*: Alle anderen Akteure sind in die Organisationsstruktur eingeordnet und realisieren im Rollenverbund angewiesene Aufträge und Zielvorgaben (aufgabenbezogene Ausführungskompetenz). Sie erfüllen formale Rollenvorgaben und sollen als Beteiligte des operativen Prozesses zu dessen optimaler Gestaltung beitragen (vgl. Szyszka 1999: 134).

4. Binnenkommunikation

Kommunikation gilt im systemischen Denken als verbindendes, auch als ausgrenzendes Element. In ihrer gesellschaftlichen Dimension sind Organisationen als *offene Systeme* zu verstehen, die sich unter dem Einfluss ihrer Umwelt in diese einpassen müssen. Wird dagegen nach der Zugänglichkeit von Organisationsexistenz als authentische Organisationsinformation gefragt, sind sie als *geschlossene Systeme* zu betrachten; die Metapher des ‚privaten Raumes' innerhalb des ‚öffentlichen Raumes' bringt dies zum Ausdruck.

Als Pyramide dargestellt besteht eine Organisation (‚privater Raum') aus zwei Räumen unterschiedlicher Zugänglichkeit: dem *Raum der Organisationsführung* (strategische Aushandlungs- und Entscheidungsprozesse) und dem Raum der operativen Umsetzung getroffener Entscheidungen (vgl. Szyszka 1993: 204; 1999: 135); für letzteren wird in älterer betriebswirtschaftlicher Literatur der treffende Begriff der „Verrichtung" verwandt (vgl. Kosiol 1962: 49f):

- Der *Raum der Organisationsführung* kann als ein „geheimer Raum" aufgefasst werden, innerhalb dessen strategische Optionen geprüft, Handlungsspielräume ausgelotet, organisationspolitische Entscheidungen ausgehandelt und damit verbundene Leistungsziele formuliert werden. Aus diesem Raum wird die Verrichtung angewiesen. Von diesen Prozessen (sinnhafte Entscheidungen) wird idealtypisch als Anweisung und Anleitung nur organisationsöffentlich, was einer zielgerichteten Verrichtung der operativen Organisationsprozesse dient. Weiterreichende Sinn-Informationen über Entscheidungsgründe und -optionen bleiben den Mitgliedern der Organisationsführung vorbehalten. Hierfür gibt es mindestens drei Gründe:
  - Organisationspolitische Entscheidungsprozesse loten organisationale Handlungsspielräume unter den Aspekten *Machbarkeit und Durchsetzungsfähigkeit* (Konvergenz/Divergenz mit Normen, Werten und Umweltinteressen) aus.
  - Organisationspolitische Entscheidungen sind wettbewerbsstrategische Entscheidungen, die auf *Wettbewerbsvorteile gegenüber konkurrierenden Organisationen* bzw. anderen gesellschaftlichen Interessen zielen.
  - Organisationspolitische Entscheidungen kommunizieren Verhaltensabsichten, an die sich Verhaltenserwartungen knüpfen: Je weniger konkret eine *Verhaltensabsicht* kommuniziert wird, desto größer verbleibt der mit *Verhaltenserwartungen* kompatible Realisierungsspielraum.

- Der *operative Raum*, dem alle anderen Organisationsmitglieder angehören, ist ein von der Organisationsführung durch eine Zugangsbarriere abgegrenzter, „organisationsöffentlicher Raum", in dem prinzipiell alle verrichtungsrelevanten Informationen über Organisationsentscheidungen, Leistungsvorgaben und -ziele verfügbar sind. Kommunikationsprozesse sind hier in dem Maße vorgesehen, wie sie den *Prozessen der Verrichtung* dienen. Einzelne Rollenträger oder Gruppen von Rollenträgern haben dabei minimal die Informationen zur Verfügung, die aus vorgesetzter Perspektive für eine leistungsgerechte Aufgabenerfüllung notwendig sind. Organisationsmitglieder verfügen damit nur über geringe, ausschnittartige Einblicke in Motive und Beweggründe organisationspolitischer Entscheidungen. Aus Binnenperspektive macht sie das zu den ersten *Betroffenen* organisationspolitischer Entscheidungen. Aus der Außenperspektive werden sie jedoch als an den Organisationsprozessen *Beteiligte* eingestuft, denen aufgrund von Zugehörigkeit und Nähe eine gewisse organisationspolitische Informiertheit unterstellt werden kann.

Da „Arbeitsleistung" nicht nur auf den ‚objektiv' physischen Arbeitsbedingungen, sondern auch auf der ‚subjektiv' psychischen Arbeitszufriedenheit von Organisationsmitgliedern beruht,[1] spielt heute für die Effektivität des Verrichtungsprozesses neben der Verfügbarkeit faktischen *Handlungssinnes* auch die Frage der schematischen Rekonstruierbarkeit weiterreichenderer Sinnzusammenhänge (Wissen, Werte) eine gewisse Rolle. Organisationsintern besteht somit ein weiterreichender funktionaler Informationsbedarf (Erklärung wie Aufklärung), um *effektiven Handlungssinn* zu vermitteln, der eine möglichst produktive Verrichtung (ausgeprägte Handlungsbereitschaft) unterstützen soll. Unterscheiden lassen sich damit zwei Formen von gegenüber Organisationsmitgliedern zu vermittelnder Rationalität:

- *instrumentelle Rationalität* als die „Produktivität der Systemprozesse, d.h. Beitrag der Organisation zum Verhältnis zwischen Systemleistungen an die Umwelt einerseits und aus der Umwelt bezogenen Ressourcen und Arbeitsleistungen der Systemmitglieder andererseits", und
- *sozio-emotionale Rationalität* als die „Befriedigung der Systemmitglieder, d.h. Beitrag der Organisation zur Erfüllung der Erwartungen der Systemmitglieder in bezug auf ihre Arbeitssituation" (Hill u.a. [5]1994: 169).

Organisationspolitische Prozesse werden von Organisationsmitgliedern als Binnenöffentlichkeit in dem Maße beobachtet und bewertet, wie ihnen neben der Nachvollziehbarkeit instrumenteller Rationalität (unmittelbarer Handlungssinn) auch für die Befriedigung sozio-emotionaler Erwartungen (organisationaler und persönlicher Bedeutungssinn) bedeutsam erscheint. Der vielfach zitierte Satz „public relations begins at home" kann dazu als fortgesetzter Verweis auf den daraus potenziell resultierenden kommunikativen Handlungsbedarf gegenüber dieser als Binnenöffentlichkeit einzustufenden Betroffenengruppe gelten. Die Frage, in welchem Maß intern ausgerichtete Public Relations-Aktivitäten aus Effizienzüberlegungen sozio-emotionale Bedürfnisse von Organisationsmitgliedern bedienen sollten, ist, wie überhaupt das Thema interne Public Relations-Aktivitäten, in der Forschung bislang nicht befriedigend bearbeitet worden.

---

[1] Verstärkte Hinwendung zum Individualismus (Arbeitszufriedenheit, Motivation, Sinn/Sinnstiftung) ist Folge des gesellschaftlichen Wertewandels, der in der industriellen und postindustriellen Gesellschaft für eine Abwendung von Konformismus gesorgt hat (Klages 1984; Inglehardt 1989). Organisationslehre und Organisationspsychologie haben sich mit Wertekonflikten und Informiertheitsbedürfnissen von Organisationsmitgliedern auseinandergesetzt (vgl. z.B. von Rosenstiel u.a. [8]1995: 44ff).

5. Öffentliche Beziehungen

Grundlegende Organisationsinteressen und die hierauf basierenden, fortwährend situativ wie kontingent getroffenen organisationspolitischen Entscheidungen spielen in Beziehungen einer Organisation zu deren externen Bezugsgruppen die wesentliche Rolle. *Bezugsgruppen* – in der Literatur auch als Teilöffentlichkeiten bezeichnet (vgl. Signitzer 1988: 101f) – sind dabei als kollektive Umfeldgrößen einer Organisation (*Quasi-Gruppen*) zu verstehen, denen jeweils aufgrund gleicher oder ähnlicher Beziehungsmerkmale eine organisationsbezogene gemeinsame Ausrichtung von Beziehungssinn unterstellt werden kann; Organisiertheit ist dabei keine Voraussetzung für die Einordnung einer Gruppe als Bezugsgruppe. In ihrer Gesamtheit markieren Bezugsgruppen das gesellschaftliche Umfeld einer Organisation. Beziehungsverhältnisse bewegen sich zwischen den Polen von Interessenkonvergenz und Interessendivergenz. *Organisations-Bezugsgruppen-Beziehungen* können als ‚öffentliche Beziehungen' (*Public Relations*) bezeichnet werden, da zumindest auf jeweils einer der beiden Beziehungsseiten eine an eigenen Interessen bemessene und bewertete Bekanntheit dieser Beziehung vorliegt.

Öffentliche Beziehungen sind in diesem Sinne kommunikative Prozesse, innerhalb derer Informationen gewonnen, interpretiert und bewertet werden. Innerhalb ihres Beziehungsnetzes wird eine Organisation überall dort Public Relations-Aktivitäten entwickeln, wo ihr dieses aufgrund ihrer Nutzen-Kalkulationen (Chancen oder Risiken für die eigenen Handlungsspielräume als Relevanzkriterium) sinnvoll oder notwendig erscheint (Haedrich 1992: 269; Szyszka 2004: 151 ff).

Organisationen sind potenzielle Objekte öffentlicher Beobachtung. Potenziell bedeutet, dass Organisationen aufgrund der allseits knappen Ressource *Aufmerksamkeit* situativ nur beobachtet werden, wenn dies bezugsgruppenseitig bedeutsam erscheint, weil sich deren Mitglieder in ihrer Befindlichkeit betroffen wähnen.[2] Um Befindlichkeitsstadien unterscheiden zu können, haben Grunig/Hunt eine „Theorie der situativen Teilöffentlichkeiten" formuliert (1984: 147ff; vgl. auch Signitzer 1992: 142 ff); Vorbilder liefert die ältere Managementliteratur (vgl. Neske 1977: 45ff). Derartige Modelle versuchen, die *Befindlichkeit* einer Bezugsgruppe und damit deren potenzielle Aktivität oder Passivität differenzier- und prognostizierbar zu machen. Die an Grunig/Hunt angelehnte Abbildung 1 arbeitet mit drei Indikatoren:

- *Problembewusstsein,*
- *Betroffenheitsbewusstsein* und
- *Aktivitätsbereitschaft.*

Markiert werden damit vier Befindlichkeitsstadien, von denen zwei (‚potenziell' als Fehlen eines Organisations-Bezugsgruppen-Bewusstseins, ‚latent' als Vertrauenssituation) *Formen von Passivität* sind. ‚Bewusst' markiert dagegen *Beobachtungs- und Bewertungsaktivitäten*, während ‚aktiv' auf organisationsbezogenes kommunikatives oder anderes Handeln verweist.

---

2 Ein gleiches Kriterium gilt entsprechend umgekehrt auch aus Organisationsperspektive.

Befindlichkeits-stadium	Aufmerksamkeitsniveau und Aufmerksamkeitsindikatoren	bedeutungsbezogenes Verhalten im Entdeckungszusammenhang
‚aktiv'	*hohe* Aufmerksamkeit: Problembewusstsein Betroffenheitsbewusstsein konkret beobachtbare Aktivität	Bezugsgruppe reagiert durch ausgeprägtes Verhalten, um sich Restriktionen zu erwehren oder von Extensionen zu partizipieren
‚bewusst'	*ausgeprägte* Aufmerksamkeit: Problembewusstsein Betroffenheitsbewusstsein *keine* konkret beobachtbare Aktivität	Bezugsgruppe realisiert Folgen und reagiert durch ausgeprägte Informationsverarbeitung, nicht aber durch ausgeprägtes Verhalten
‚latent'	*allgemeine* Aufmerksamkeit: Problembewusstsein *generalisiertes, unspezifisches* Betroffenheitsbewusstsein	Bezugsgruppe nimmt Beziehungszusammenhang generalisiert wahr, nicht aber Chancen oder Risiken für die eigene Existenz
‚potenziell'	*geringe* Aufmerksamkeit: *kein* Problembewusstsein	Bezugsgruppe nimmt keinen Beziehungszusammenhang wahr; dieser ist aber aus Beziehungsmerkmalen rekonstruierbar

Abb. 1: Beziehungsrelevanz und Aktivität

An anderer Stelle ist schon darauf verwiesen worden, dass jede einzelne Organisation zwar eigenständig in Verhalten und Entwicklung ist, sie dabei aber gleichzeitig auch grundlegend durch den vom Organisationssystem vorgegebenen Organisationstypus bestimmt wird. Abbildung 2 nimmt eine *Differenzierung von Organisationstypen* anhand des jeweils organisationskonstituierenden Interesses (Primärinteresse) vor. Beobachtungen in der Diskussion um Public Relations-Aktivitäten zeigen, dass die grundsätzliche Ausrichtung eines Organisationsinteresses Einfluss auf Einstellungen gegenüber deren Public Relations-Aktivitäten nimmt: Das Bewertungsspektrum reicht von ‚eher gut' für den Non-Profit-Bereich bis hin zu ‚eher manipulativ' für den politischen und wirtschaftlichen Bereich. Diese Einstellungen beziehen sich dabei weniger auf die Qualität von Public Relations-Aktivitäten, als vielmehr auf das Primärinteresse des vertretenen Organisationstypus.

Die Zugehörigkeit zu einem Organisationstypus strukturiert also die öffentlichen Beziehungen einer Organisation als grundlegendes Akzeptanzkriterium vor. Dabei kann unterstellt werden, dass der Grad der Identifikation mit dem jeweiligen Primärinteresse auch den Akzeptanzgrad vorgibt. Der Organisationstypus ist damit eine wesentliche Ausgangsbedingung für Bedarf und Formen der Interessenvertretung einer Organisation – also auch für deren Public Relations-Aktivitäten –, aber auch für die Wahrscheinlichkeit von Akzeptanz und Durchsetzung. Dies legt den Schluss nahe, dass Organisationen, die sich in Feldern gesellschaftlicher Interessen engagieren, die nicht ihr primäres Eigeninteresse repräsentieren, damit ein höheres Maß an öffentlicher Akzeptanz zu generieren wollen (vgl. Röttger 2000: 170f).

Der Organisationstypus beeinflusst *Einstellungsdispositionen*, geht also als Einflussfaktor in die bezugsgruppenseitige Bewertung von Organisationsbeobachtungen ein. Als maßgeblicher Einflussfaktor kann Organisationsverhalten selbst eingestuft

Organisationstyp	konstituierendes Interesse	Organisationsformen	Charakteristik des Interesses
Einzelorganisation	Einzelinteresse	Unternehmung	vertreten eindeutig definierbare wirtschaftliche Einzelinteressen
Solidarorganisation	ökonomisches und/oder politisches Gruppeninteresse	Parteien, Verbände	vertreten Gruppeninteressen, um sich bei der Realisierung wirtschaftlicher oder politischer Einzelinteressen Vorteile zu verschaffen
Gemeinorganisation	Gruppeninteresse	Gruppen, Vereine	vertreten gemeinwohlgeprägte Gruppeninteressen ohne primär monetären Ertragscharakter, von denen das einzelne Mitglied partizipiert
Gemeininteressenorganisation	nichtstaatliches, anwaltschaftliches Gruppeninteresse	Soziale und Protestbewegungen, NGOs	übernehmen das Mandat für einzelne Themen und Probleme, ohne dass die Mehrzahl der Mitglieder unmittelbar vom Erfolg partizipiert
öffentliche Organisation	Gemeininteressen	gewählte Räte, öffentliche Verwaltung	vertreten dem Gemeinwohl dienende Interessen grundlegender gesellschaftlicher Organisationen bzw. Teilorganisationen

Abb. 2: Organisationstypen

werden, da dieses beobachtbarer Ausdruck von Interessen- und Sinndisposition ist. Der bezugsgruppenseitigen Beobachtung einer Organisation zur Rekonstruktion und Bewertung von Interessen- und Sinndisposition als Organisationsidentität bieten sich dazu grundsätzlich *drei der Perzeption zugängliche Beobachtungsebenen*:
- das *Handeln von Organisationsakteuren* (behavior),
- die *kommunikative Selbstdarstellung* der Organisation (communication) und
- deren äußeres *Erscheinungsbild* als Gesamtrahmen (design).[3]

Gemeinsam bilden sie die formale Struktur einer Organisation ab, da sich dieser organisationspolitisches Entscheidungsverhalten unterstellen lässt.[4] Da ihnen dahinterstehendes Entscheidungsverhalten unterstellt werden kann, verfügen sie als *Aussagen über Organisationsinteressen* über eine gewisse Validität. Da sie aber nur Ausdruck von Entscheidungsverhalten sind, verbleiben sie als Interessenzuweisung und -bewertung immer Interpretation, sind also immer mit Ungewissheit belegte Unterstellungen.

---

[3] Zur Gliederung von Organisationsidentität (Corporate Identity) in behavior, design und communication vgl. Birkigt/Stadler/Funck ⁵1992: 19-24. Inwieweit Corporate Identity (CI), die diese Bereiche zu operationalisieren sucht, ein zielführendes Konzept darstellt, wäre eine andere Frage. Deutlich werden soll hier lediglich: Bei CI-Prozessen werden grundsätzlich die Perzeptionsebenen operationalisiert.

[4] Dabei gilt auch ‚Nicht-Gestaltung' als Relevanzbewertung und ist als organisationspolitische Entscheidung einzustufen.

6. Organisationskommunikatoren als Interessenvertreter

Da sich Organisationen der potenziellen Beobachtung durch ihre Umwelt nicht entziehen können, sind ihre *Mitglieder natürliche Organisationskommunikatoren*, da sie mit ihren organisationsbezogenen Aussagen immer auch Organisationsinteressen repräsentieren. Da unterstellt werden kann, dass formellen wie informellen Kommunikationsprozessen eine gegenüber anderen Möglichkeiten umweltseitiger Informationsgenerierung höhere Wertigkeit zukommt, sind Organisationsmitglieder auch dann organisationale Kommunikationsakteure, wenn ihnen dies nicht als besondere Rollenkompetenz zugewiesen wurde. Als Kommunikationsakteure werden sie insbesondere in handlungsbezogenen Kontexten und kommunikativen Nachfragesituationen aktiviert. Aus dieser organisationalen Allgemeinheit herausgehoben verfügen bestimmte Organisationsakteure über eine besondere kommunikative Rollenkompetenz, die sie insbesondere auch zur Unterbreitung organisationaler Informationsangebote autorisiert.

Entsprechend zugewiesener Rollenkompetenz lassen sich drei organisationale Kommunikatorrollen unterscheiden:

- *Formelle Organisationskommunikatoren* sind nur die Organisationsmitglieder, die von ihrem Vertretungsmandat her zu kommunikativem Handeln autorisiert sind:
  - *Mitglieder der Organisationsführung* verfügen über ein allgemeines Vertretungsmandat, welches die kommunikative Vertretung ihrer Organisation einschließt. Sie sind damit autorisiert, verfügen über einen hohen Informationsstatus und agieren allgemein strategisch; ihr kommunikatives Verhalten muss allerdings nicht zwangsläufig professionell sein.
  - *Fachkräfte für Kommunikationsmanagement* (Public Relations-Aktivitäten[5]) verfügen über ein ihnen besonders übereignetes kommunikatives Vertretungsmandat, das auf bestimmte Kommunikationsprozesse eingegrenzt ist. Sie sind damit anwaltschaftlich autorisiert, verfügen über einen von ihrem Informationszugang abhängigen Informationsstatus und agieren kommunikationsstrategisch; ihr kommunikatives Verhalten sollte rollenbedingt professionell sein.
- *Informelle Organisationskommunikatoren* sind alle anderen Organisationsmitglieder, die kommunikativ handeln, wenn sich ihre Aussagen organisationsbezogen zuordnen und bewerten lassen. Ihnen wird umweltseitig aufgrund ihrer Organisationszugehörigkeit (*Beteiligte*) Informiertheit unterstellt. Ihre tatsächliche Informiertheit hängt allerdings von ihrem Informationszugang ab, der i.d.R. vergleichsweise gering ist (*Betroffene*). Ihr Kommunikationsverhalten wird dagegen eher als authentisch bewertet, so dass ihnen eine besondere Glaubwürdigkeit in externen Beziehungen unterstellt werden kann.

---

5 Public Relations-Aktivitäten werden hier in einem allgemeinen, auf Regelungsprozesse des kommunikativen Managements einer Organisation bezogenen Sinne verstanden.

7. Forschungsfelder und Forschungsstand

Die Beschäftigung mit Organisationskommunikation rückt Organisationen unter zwei zentralen Aspekten in den Forschungsfokus:
- Organisationen als Objekte öffentlicher Kommunikation (Kommunikation über Organisationen) und
- Organisationen als Subjekte instrumenteller Kommunikationsprozesse (Kommunikation in und von Organisationen).

Das bislang vergleichsweise geringe Interesse der Organisationsforschung an Organisationskommunikation hat Anna Theis bereits vor zehn Jahren in ihrer Habilitationsschrift nachgewiesen (1994; [2]2004). Werden Public Relations bzw. Public Relations-Aktivitäten als ein wesentliches Feld des operativen Umgangs mit organisationalen Kommunikationsproblemen angesehen, ist der wissenschaftliche Literaturfundus zwar deutlich breiter, vielfach aber auf Unternehmen im besonderen und nicht auf Organisationen im allgemeinen fokussiert. Auffällig ist dabei, dass Fragen zum Einfluss öffentlicher Beziehungen auf Organisationsexistenz und -entwicklung und die damit zu verknüpfende Frage nach einem grundlegenden Funktionalisierungsbedarf von Kommunikationsmanagement auch hier eine – zumindest in der Breite betrachtet – bislang nachrangig behandelte Fragestellung darstellen.

Literatur

Birkigt, Klaus/Stadler, Marinus M./Funck, Hans Joachim [5](1992): Corporate Identity. Grundlagen, Funktionen, Fallbeispiele. Landsberg a. L.: Moderne Industrie.
Büschges, Günter (1983): Einführung in die Organisationssoziologie. Stuttgart: Teubner.
Giddens, Anthony (1988): Die Konstitution der Gesellschaft. Frankfurt a. M./New York: Campus.
Grunig, James E./Hunt, Todd (1984): Managing Public Relations. New York: Holt, Rinehart and Winston.
Haedrich, Günter (1982): Öffentlichkeitsarbeit und Marketing. In: Haedrich, Günter/Barthenheier, Günter/Kleinert, Horst (Hrsg.): Öffentlichkeitsarbeit. Dialog zwischen Institutionen und Gesellschaft. Ein Handbuch. Berlin/New York: de Gruyter, S. 67-75.
Hill, Wilhelm/Fehlbaum, Raymond/Ulrich, Peter [5](1994): Organisationslehre. Bd. 1. Bern/Stuttgart/Wien: Haupt.
Inglehardt, Ronald (1989): Kultureller Umbruch. Wertewandel in der westlichen Welt. Frankfurt a. M.: Campus.
Kieser Alfred/Kubicek, Herbert [3](1992): Organisation. Berlin/New York: de Gruyter.
Klages, Helmut (1984): Wertorientierung im Wandel. Rückblick, Gegenwartsanalyse und Prognosen. Frankfurt a. M./New York: Campus.
Kosiol, Erich (1962): Die Organisation der Unternehmung. Wiesbaden: Gabler.
Luhmann, Niklas (1975): Soziologische Aufklärung 2: Aufsätze zur Theorie der Gesellschaft. Opladen: Westdeutscher Verlag.
Luhmann, Niklas (1984): Theorie sozialer Systeme. Grundriss einer allgemeinen Theorie, Frankfurt a. M.: Suhrkamp.
Röttger, Ulrike (2000): Public Relations – Organisation und Profession. Öffentlichkeitsarbeit als Organisationsfunktion. Eine Berufsfeldstudie. Wiesbaden: Westdeutscher Verlag.
Ronneberger, Franz/Rühl, Manfred (1992): Theorie der Public Relations. Ein Entwurf. Opladen: Westdeutscher Verlag.
Rosenstiel, Lutz von/Molt, Walter/Rüttinger, Bruno [8](1995): Organisationspsychologie. Stuttgart/Berlin/Köln: Kohlhammer.

Signitzer, Benno (1988): Public Relations-Forschung im Überblick. Systematisierungsversuche auf der Basis neuerer amerikanischer Studien. In: Publizistik, 33. Jg., Nr. 1, S. 92-116.

Schimank, Uwe (1992): Spezifische Interessenkonsense trotz generellem Orientierungsdissens. Ein Integrationsmechanismus polyzentrischer Gesellschaften. In: Giegel, Hans-Joachim (Hrsg.): Kommunikation und Konsens in modernen Gesellschaften. Frankfurt a. M.: Suhrkamp, S. 236-278.

Schreyögg, Georg (1996): Organisation. Grundprobleme der Organisationsgestaltung. Mit Fallstudien. Wiesbaden: Gabler.

Scott, W. Richard (1986): Grundlagen der Organisationstheorie. Frankfurt a. M./New York: Campus.

Staehle, Wolfgang H. [7](1994): Management: München: Vahlen.

Szyszka, Peter (1993): Öffentlichkeit als konstituierendes Prinzip der Public Relations. In: Faulstich, Werner (Hrsg.): Konzepte von Öffentlichkeit. Bardowick: Faulstich, S. 195-214.

Szyszka, Peter (1999): „Öffentliche Beziehungen" als organisationale Öffentlichkeit. Funktionale Rahmenbedingungen von Öffentlichkeitsarbeit. In: Szyszka, Peter (Hrsg.): Öffentlichkeit. Diskurs zu einem Schlüsselbegriff der Organisationskommunikation. Wiesbaden: Westdeutscher Verlag, S. 131-146.

Szyszka, Peter (2004): PR-Arbeit als Organisationsfunktion. Konturen eines organisationalen Theorieentwurfs zu Public Relations und Kommunikationsmanagement. In: Röttger, Ulrike (Hrsg.): Theorien der Public Relations. Wiesbaden: Verlag für Sozialwissenschaften, S. 149-168.

Theis, Anna M. (1994): Organisationskommunikation. Theoretische Grundlagen und empirische Forschungen. Opladen: Westdeutscher Verlag. [Wieder als: Theis-Berglmair, Anna Maria [2](2004): Organisationskommunikation. Münster: Lit].

Türk, Klaus (1989): Neuere Entwicklungen in der Organisationsforschung. Ein Trendreport. Stuttgart: Enke.

Ulrich, Peter/Edgar Fluri [7](1995): Management. Eine konzentrierte Einführung. Bern/Stuttgart/Wien: Haupt.

Identität und Image

Reinhold Bergler

1. Ausgangslage

‚Identität' und ‚Image' als Schlüsselbegriffe innerhalb von Unternehmensführung, Marktbearbeitung und Public Relations finden sich in einem ebenso viel gebrauchten wie wenig eindeutig definierten begrifflichen Umfeld wie u.a. Corporate Identity, Unternehmensleitbild, Unternehmensvision, Unternehmensphilosophie, Unternehmenskultur, Unternehmensgrundsätze, Corporate Behaviour, Corporate Communication, Corporate Design, Unternehmensimage, Reputation Management, Firmenbild, Markenbild oder Unternehmensidentifikation. Die vorliegende Begriffsverwirrung wird der essenziellen Bedeutung, die den damit etikettierten Sachverhalten im Rahmen einer effektiven Unternehmensführung und Unternehmensprofilierung zukommt, in keiner Weise gerecht (vgl. zur Problemsituation u.a. Birkigt et al. 1995; Bromann/Piwinger 1992; Bungarten 1993; Herbst 1998; Kirsch 1997; Lill 1993).

Die Analyse der Zusammenhänge in einem Prozessmodell – von der Unternehmensidentität zum Unternehmensimage – versteht sich als ein Beitrag zur Klärung der Begrifflichkeiten und damit der theoretischen Begründung eines Verhaltens- und Handlungsmodells zur Unternehmensidentität (vgl. Abb. 1).

2. Unternehmensidentität

Unternehmens-Gründerpersönlichkeiten wie z.B. Krupp, Siemens oder Henkel repräsentierten noch die integrierte Ganzheit von Unternehmensidentität und gelebter Unternehmenskultur. Das individuelle Selbstverständnis eines Unternehmens war in der Individualität der Gründerpersönlichkeit implizit definiert. Auch das kollektive Selbstverständnis einer Unternehmensführung (die Vision/Leitidee/Philosophie des Unternehmens) ist unabhängig von dem praktizierten Handeln des Unternehmens eine eindeutige und konstante Größe, die eigentlich nicht in Frage gestellt werden darf, sondern unternehmerisches Handeln verbindlich bestimmen muss. Die implizite und dann auch explizite Definition einer Unternehmens-Identität, also das Selbstverständnis von Unternehmensideen und Unternehmenszielen, ist dabei immer im Kontext von spezifischen gesellschaftlichen, kulturellen, politischen, wissenschaftlichen, volkswirtschaftlichen und regionalen Rahmenbedingungen zu sehen. Identität ist immer Individualität, Unverwechselbarkeit, Eindeutigkeit und Verbindlichkeit. Unternehmensidentität muss in Unternehmenskultur ausformuliert und dann auch durch Kultur-Transformation in Handeln umgesetzt werden. Das Selbstverständnis eines Unternehmens, seine Identität determiniert Unternehmenskultur und darüber hinaus unter bestimmten Bedingungen immer auch unternehmerisches Handeln.

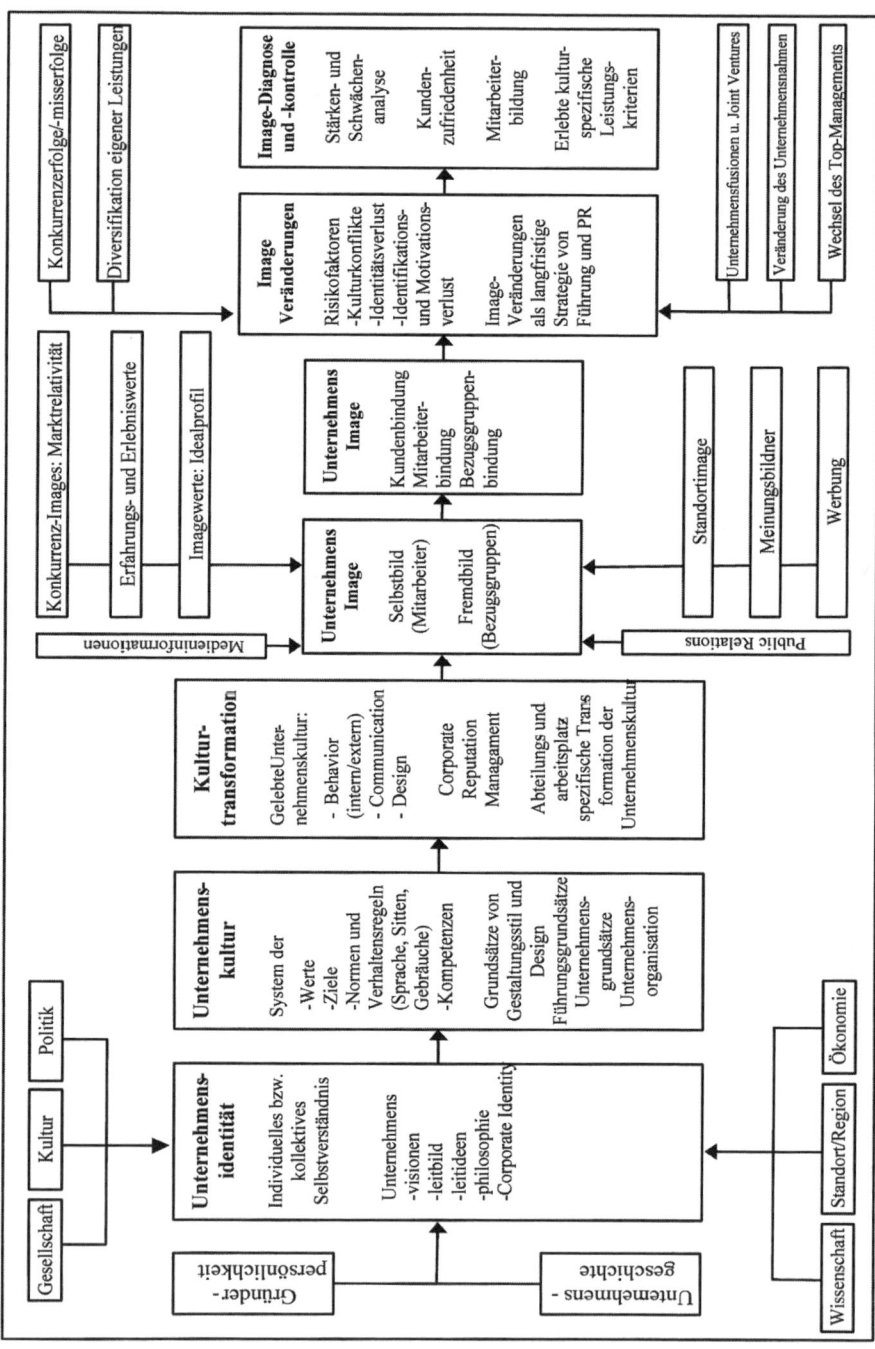

Abb.: Prozessmodell

3. Unternehmenskultur

Unternehmenskultur ist die Ausformulierung und Konkretisierung von Unternehmensidentität in ein System der Unternehmenswerte und wünschenswerten Unternehmensziele, der Kompetenzen und Verhaltensregeln (Normen), die dann sowohl das Verhalten aller Mitarbeiter wie auch das Leistungsprofil und das Erscheinungsbild eines Unternehmens prägen sollen. Unternehmenskultur wird darüber hinaus bestimmt durch die Sprache, die Sitten und Gebräuche, aber auch den Gestaltungsstil und das Design eines Unternehmens (vgl. Bergler 1993).

- *Unternehmenswerte*: Repräsentieren die Unternehmensethik und lassen sich umschreiben als Glaubwürdigkeit, Vertrauenswürdigkeit, Transparenz, einfache Sittlichkeit, gesellschaftliche soziale Verpflichtungen.
- *Unternehmensziele*: Niedergelegt in allgemeinen Unternehmensgrundsätzen, die jeweils der unternehmensspezifischen Veranschaulichung bedürfen, z.B. Diversifikation ausschließlich im Rahmen der Kernkompetenzen; im Konkurrenzvergleich Maximierung des objektiven Qualitätsstandards der Produkte, der Innovationsrate, der regionalen Integration, der weltweiten Kundennähe, der positiven Lizenzbilanz u.a.
- *Unternehmensnormen* (Verhaltensregeln): Niedergelegt in Führungsgrundsätzen und Organisationsstrukturen. Erfolgreiche Unternehmen und funktionierende soziale Systeme bedürfen zu ihrer Existenzerhaltung ganz bestimmte allgemeine Verhaltensregeln. Diese Verhaltensregeln müssen ohne Ansehen der Person und Position durchgesetzt werden. Verhaltensregeln sind keine ‚Kann'-, sondern ‚Muss'-Vorschriften; Ausnahmen davon kann es nicht geben. Verstöße gegen Führungsgrundsätze sind Normverstöße und müssen unter Sanktionsdruck geraten. Ein soziales System kann nur überleben, wenn es verbindliche Regeln des Zusammenlebens gibt; nur so ist menschliche Anpassung an die Umwelt möglich. Unternehmen wie auch Menschen leben im Schutz von Regeln und Sprache. Gibt es keinen Konsens in den Grundregeln und keinen Konsens in der Sprache, dann folgt daraus nicht Harmonie, sondern Chaos.
- *Unternehmenskompetenzen*: Niedergelegt in den Unternehmensgrundsätzen, u.a. in der Definition der unternehmens- und markenspezifischen Problemlösekompetenz, aber auch der kommunikativen Kompetenz; darunter ist auch die Fähigkeit zur zielgruppenspezifischen, attraktiven, glaubwürdig begründeten und verständlichen personalen wie medialen Kommunikation (Public Relations und Werbung) zu verstehen.
- *Unternehmenssprache, -sitten und -gebräuche*: Mit einer Firmenkultur sollten immer auch bestimmte Sprachregelungen, die bis hin in die Geschäftskorrespondenz und auch den Umgang mit Mitarbeitern reichen, verbunden sein. Das Deutsch vieler Geschäftsbriefe ist oft mehr als defizitär und zeigt wenig unternehmensspezifische Stilelemente. Unternehmenskultur umschließt aber auch bestimmte unternehmensspezifische Sitten und Gebräuche. Werden sie praktiziert, dann fallen solche gelebten Spezifika einer Firmenkultur Außenstehenden viel deutlicher auf als den eigenen Mitarbeitern.

- *Unternehmensdesign*: Niedergelegt in den verbindlichen Richtlinien für alle Formen der Unternehmenskommunikation. Das äußere Erscheinungsbild eines Unternehmens muss die spezifische attraktive Darstellung des eigenen Wollens, Könnens und Verhaltens sein. Nur das, was an Substanz vorhanden ist, kann auch wirksam kommuniziert werden. Die nachhaltige Wirksamkeit eines notwendigen Informationsverhaltens ist allerdings an ganz bestimmte Leistungskriterien gebunden wie z.B. Eigenständigkeit des Stils, positive Konkurrenzdistanz, Prägnanz, Angebotsspezifität, Konstanz, Glaubwürdigkeit. Der Gestaltungsstil eines Unternehmens muss in allen Druckerzeugnissen in identischer Form zum Ausdruck kommen. Er reicht von den Visitenkarten über die Gestaltung der Briefbögen, die charakteristische Schreibweise des Firmennamens, die Gestaltung von Werbung, Bauschildern bis hin zum Geschäftsbericht u.a. eines Unternehmens; auch die Firmenarchitektur sollte in diesem Zusammenhang nicht vergessen werden. Gestaltungsstile müssen bindende Verhaltensregeln sein, die nicht beliebig geändert werden können. Ein Stilbruch wird immer als Veränderung eines Firmencharakters – einer Firmenkultur – erlebt.

Die kulturspezifischen Grundsätze des Unternehmens, der Führung, der Organisation und der kommunikativen Gestaltung sind zunächst einmal allgemeine Erfolgskriterien des Unternehmens und dann aber auch Leistungskriterien für die Beurteilung von Mitarbeitern und Führungskräften. Die Festlegung der Unternehmenskultur als normative Ausformulierung der Unternehmensidentität ist nun zwar eine notwendige, aber noch keine hinrichende Bedingung dafür, dass diese Kultur dann auch in entsprechendes Handeln und Gestalten umgesetzt wird; es gibt hier keinen Automatismus der Umsetzung von Normen in Verhalten.

4. Transformation der Unternehmenskultur in Verhalten

Eine Unternehmenskultur ist nur dann gestaltend und ökonomisch wirksam, wenn sie durch Führung in Motivation und in einen alltäglichen Verhaltensstil umgesetzt wird. Die Umsetzung einer Firmenkultur in einen kultivierten Firmen- und Gestaltungsstil erfordert zum einen die Umsetzung in Strategien und dann deren verhaltensmäßige Verwirklichung. Die Umsetzung von Konzeptionen in Handeln und Verhalten und damit die praktische Verwirklichung eines prägnanten, unverwechselbaren, innovativen, problemlösenden und attraktiven Firmenstils ist von den Rahmenbedingungen der alltäglichen Arbeitswelt – auch der Organisationsstruktur – entscheidend mitbestimmt. Die zentrale Bedeutung als Vermittler der Firmenkultur kommt dabei allen Führungskräften eines Unternehmens zu. Sie müssen durch ihr Vorbild die Werte, Leitbilder, Kompetenzen und Normen des Unternehmens vermitteln und sind gleichzeitig verantwortlich für die Einhaltung und kreative Kontrolle der Verhaltensregeln. Dabei ist entscheidend, dass die Leistungskriterien der Firmenkultur, die Grundsätze und Normen, durch die Führungskräfte jeweils eine abteilungs- und personenspezifische Transformation, also Konkretisierung erfahren: Nicht Abstraktes, nur Konkretes motiviert. Es kommt ein Weiteres hinzu: Nur wer andere wirklich begeistern kann, sollte Vorgesetzter werden. Das Ziel aller Führung muss die Identifikation der Mitarbeiter mit der Identität und der Kultur des eigenen Unternehmens und damit deren Motivation sein. Die Identifikation von Mitarbeitern ist allerdings wesentlich davon abhängig, wieweit sich zunächst die Führungskräfte selbst mit ihrem Unternehmen identifizieren (vgl. Bergler 1993; Haase 1997).

Transformierte Unternehmenskultur ist immer gleichbedeutend mit gelebter, erlebter und kommunizierter Unternehmenskultur. Dabei entspricht es sicherlich der empirischen Realität, wenn man bei jedem Unternehmen immer die kritische Frage danach stellt, in welchem Ausmaß in welchen Organisationseinheiten von wem und in Verbindung mit welchen Aktivitäten die definierte Unternehmenskultur tatsächlich umgesetzt wird. Entscheidend in diesem Prozess der Transformation ist die Fähigkeit des jeweiligen Vorgesetzten, die allgemeinen Grundsätze der Unternehmenskultur in ihrer spezifischen Bedeutung für den jeweiligen Arbeitsplatz und das Tätigkeitsprofil eines Mitarbeiters zu konkretisieren, also verständlich und motivierend zu transformieren: die personen- bzw. zielgruppenspezifische Transformation.

Einen wesentlichen Beitrag zur Transformation der Unternehmenskultur hat immer und wesentlich auch die PR-Arbeit nach innen wie nach außen zu leisten. Öffentlichkeitsarbeit kann niemals ‚dekorative' Kosmetik sein, sondern sie muss immer eine in der Identität und der Kultur und damit eine in Leistungen begründete, zielgruppenspezifische Selbstdarstellung des Unternehmens sein. Öffentlichkeitsarbeit muss das Unternehmen nach innen wie nach außen immer wieder und auch mit Redundanz anschaulich und in einer verständlichen Sprache definieren. Nur wer sich selbst glaubwürdig, kompetent und attraktiv definiert, entgeht dem Risiko, von anderen auf Basis von Vorurteilen definiert zu werden.

Die gelebte Unternehmenskultur muss letztlich ihren alltäglichen Ausdruck finden:

1. im „Corporate Design", also dem universellen Erscheinungsbild des Unternehmens, wie es sich im Logo, im Fotodesign, in der Spezifität der Abbildungen und Grafiken, aber auch dem alltäglichen Gestaltungsraster, der Typografie, der Gebäudebeschriftung, dem Produktdesign, Architekturdesign, allgemeinen Kommunikationsdesign u.a. präsentiert;
2. in den „Corporate Communications", also dem wesentlichen Marken- und Firmenstil und den verschiedenen Medien der Verkaufsförderung (z.B. Displays, Prospekte, Packungen, Sonderplatzierungen, Gratisprospekte);
3. in allen PR-Maßnahmen, die im Dienste der Gewinnung von öffentlichem Vertrauen für das Unternehmen stehen; Beispiele dafür sind u.a. PR-Anzeigen, Medienarbeit, Broschüren, Filme, audiovisuelle Medien, aber auch Mitarbeiterzeitung und Betriebsversammlungen;
4. im „Corporate Behaviour", wie es sich niederschlägt im Verhalten von Mitarbeitern und Führungskräften untereinander, in der Qualität der Aus- und Weiterbildung, der Förderung und Beförderung, der Gestaltungspolitik etc., aber auch im Umgang mit Marktpartnern und den verschiedenen Zielgruppen des Unternehmens und nicht zuletzt im unternehmensspezifischen Stil der Problem- und Konfliktlösung (vgl. u.a. Birkigt et al. 1995; Grunig 1992; Herbst 1998).

Gutes Management besteht fast ausschließlich aus der Etablierung, Durchsetzung und Verwirklichung einer bestimmten Unternehmenskultur. Ist eine Unternehmenskultur erst einmal zu einem selbstverständlichen alltäglichen Verhaltensstil geworden – also internalisiert –, dann dient sie den Mitarbeitern wie dem Unternehmer in gleicher Weise. Eine gelebte Unternehmenskultur gewährleistet nämlich:

1. Orientierungssicherheit durch Bekanntheit eines Systems erwünschter bzw. unerwünschter Verhaltensweisen;
2. Entscheidungserleichterung durch Definition und Internalisierung von Kriterien für den Zweifelsfall;
3. Auswahl und Anwendung systemadäquater Verhaltensweisen;
4. Einheitliche Ausrichtung des gesamten Unternehmens: Integration gegenüber der Entwicklung einer negativen Eigendynamik einzelner Geschäftsbereiche;
5. Grundkonsens, positive Emotionalität (Freude, Interesse), Bindung, ‚Wir-Gefühl': Identifikation;
6. Vermittlung von Sinnbezügen, Verantwortlichkeit und Lebensqualität,
7. Erleichterung und unbürokratische Ermöglichung von Kommunikation auf Basis des gemeinsamen Grundkonsens;
8. Erleben von Ganzheit und Gemeinsamkeit und damit Überschaubarkeit und Verständlichkeit;
9. Entlastung in neuartigen Situationen, wobei dies in Folgendem begründet ist: Die Identifikation mit den Werten und Normen des Unternehmens führt zur Ausbildung und Anwendung von gleichsam informellen Kontrollmechanismen auf Seiten der Mitarbeiter: Gelernte und akzeptierte Normen steuern auch dort Verhalten, wo keine ausformulierten schriftlichen Handlungsanweisungen vorliegen und außerdem der Vorgesetzte nicht anwesend ist.

Mit der fortschreitenden Verhaltenswirksamkeit, also der zunehmenden Selbstverständlichkeit der Anwendung der Regeln, vermindert sich auch der Bedarf an formalen und strukturellen Regelungen (Bürokratisierung).

5. Das Unternehmensimage

5.1 Theorie

Ein Unternehmen ist nicht ein Ding an sich, das in objektiver Weise von der Umwelt und auch seinen Mitarbeitern wahrgenommen und bewertet wird. Menschen verarbeiten, vereinfachen und verzerren Informationen (vgl. Bergler 1978, 1986). Um der objektiven Reizüberflutung zu entgehen, werden bestimmte, persönlich bedeutsame Informationen selektiert, während andere vernachlässigt werden. Trotzdem gilt: Was nicht kommuniziert wird, ist nicht existent. Kommunikation heißt hier aber nicht nur Sendung von Informationen, sondern findet erst dann statt, wenn Informationen dialogfähig sind, also bestimmte Rahmenbedingungen der Verständlichkeit, der Attraktivität, der persönlichen Bedeutsamkeit u.a. erfüllt sind. Kommunikation beginnt immer beim ‚Du' und niemals beim ‚Ich'. Die Öffentlichkeitsarbeit eines Unternehmens kann nur dann eine Unternehmenskultur verhaltenswirksam transportieren, wenn sie die Inhalte der Botschaft auf die Erwartungs-, Bewertungs- und Verhaltensmuster der unterschiedlichsten Zielgruppen transformiert. Informationen über eine Firma erhält man im Regelfall nicht nur auf dem direkten, sondern auch auf vielfältigen indirekten Wegen wie z.B. von relevanten Bezugspersonen oder von Mitarbeitern des Unternehmens und deren Umfeld an einem ganz bestimmten Standort (vgl. Bergler 1991). Hinzu kommen mögliche persönliche positive oder negative Erfahrungen mit Produkten/Dienstleistungen unterschiedlicher und auch miteinander konkurrierender Unternehmungen, die die Qualität des eigenen Unternehmensimages nachhaltig zu beeinflussen vermögen. In einer solchen Informationsvielfalt und auch möglichen Widersprüchlichkeit muss sich ein konkretes Unternehmen nicht nur durch Produkt- und Markenwerbung (vgl. Bergler 1989), sondern vor allem auch durch seine unternehmensspezifische Öffentlichkeitsarbeit profilieren und positionieren. Ziel all dieser Bemühungen ist die Entwicklung eines attraktiven, sympathischen Unternehmensimages auf Seiten der relevanten Zielgruppen.

Images sind ein universelles Phänomen. Menschen haben Images von Landschaften, Regionen, Städten, Berufen, Wissenschaften, Tieren, Personen, Produkten, Dienstleistungen und auch Unternehmen. Sie bilden die Realität nicht im fotografischen Detail ab, sondern sie machen ihre Schlussfolgerungen an Schlüsselreizen, exemplarischen Leistungen, einzelnen Erfolgen, aber auch einzelnen Misserfolgen fest. Images entstehen – wie insbesondere die Psychologie des ersten Eindrucks (vgl. Bergler/Hoff 2001) deutlich macht – kurzfristig, auf Basis eines Minimums an Informationen. Die dazu erforderlichen psychologischen Mechanismen funktionieren mit hoher Geschwindigkeit, weitgehend automatisiert und ohne Störungen durch Denken: Skepsis und Zweifel werden ausgeschaltet, ‚wenn' und ‚aber' nicht zugelassen, sondern nur subjektiv plausibel erscheinende eindeutige Urteile.

Der Zwang zur psycho-ökonomischen Bewältigung der Umwelt auf Basis eines notwendigerweise reduzierten Informationsstandes, aber auch Verständnishorizontes führt unvermeidlich zur Verwendung und Anwendung vereinfachter Formeln der Realitätsbewältigung. Für diese vereinfachten Formeln der Umweltbewältigung hat sich der Begriff des Images, aber auch des Marken- und Firmenbildes eingebürgert. Zu unterscheiden ist dann noch das Selbstbild der Mitarbeiter und das Fremdbild, wie es sich auf Seiten der verschiedenen Zielgruppen der Öffentlichkeit und des Marktes findet.

Ein Unternehmensimage ist ein gegenüber der objektiven Realität vereinfachtes, dabei aber immer noch komplexes dynamisches System von Vorstellungen und Bewertungen, das aus der Begegnung und wechselseitigen Abhängigkeit von Individuum, Gesellschaft und dem Produkt- oder Dienstleistungsangebot in seiner objektiven, imagemäßigen und werblichen Gestalt entsteht. Firmenimages sind ganzheitliche, mehrdimensionale, verfestigte, die objektive Realität vereinfachende, kognitive Schemata. Sie sind immer das Resultat der Wechselwirkungen von individueller Biographie, inner- und außerbetrieblicher Kommunikationsrealitäten und -strategien sowie den realen Produkt- und Dienstleistungsangeboten. Die mit einem Unternehmen in Verbindung gebrachten Vorstellungen, Erwartungen, Gefühle, Hoffnungen, Befürchtungen, Qualitätsvorstellungen, Bewertungen etc. sowie Meinungen über

Anwendungsmöglichkeiten und Techniken, stellen die Konkretisierung eines Firmenbildes dar. Ein *Unternehmensimage* ist also die vereinfachte psychologische Bewältigung eines Unternehmens auf der Basis einer emotional verankerten, ganzheitlichen, dabei aber mehrdimensionalen stereotypen Formel.

Quellen und Auslöser für die Entwicklung eines Unternehmensimages sind bzw. können sein:

1. Informationen, die durch die Öffentlichkeitsarbeit und die Qualität der Produkt- und Dienstleistungsangebote auch unter werblichen Aspekten vermittelt, angenommen und emotional positiv verarbeitet werden: Imageentwicklung und -steuerung durch Aktivitäten des Unternehmens: aktive Imageprofilierung und damit Immunisierung gegenüber Fremdinformationen im weitesten Sinne;
2. Unverständlichkeit von Firmeninformationen: Sie produzieren negative Imagewerte des Misstrauens, der Antipathie, lassen Vorurteile aufbauen und bereiten den Boden für Gerüchte;
3. Nichtwissen: Leerräume des Nichtwissens geraten immer unter Etikettierungszwang und führen dann zu einem Rückgriff auf in der öffentlichen Meinung gehandelte Imagewerte;
4. erlebte Informationsdefizite: Werden Fragen, die man als Kunde, als Politiker, als Nachbar usw. an ein Unternehmen hat, nicht beantwortet, dann finden sich andere Quellen, die ungesteuert durch das Unternehmen solche Fragen beantworten: Ein Unternehmen, das befragt wird und keine glaubwürdige, seiner Unternehmenskultur verpflichtete Antwort gibt, leistet einen wesentlichen Beitrag zur eigenen negativen Imageprofilierung;
5. Neugierde: Sie ist die Basis aller Umweltexploration: Öffentlichkeitsarbeit muss immer auch Neugierde befriedigen und deshalb muss sie Sensibilität dafür entwickeln, worauf Menschen in Bezug auf das eigene Unternehmen neugierig sind;
6. Informationen der Medien in positiver oder negativer Hinsicht, z.B. Dramatisierung von Umweltrisiken eines Unternehmens durch die Medien.

5.2 Mechanismen der Imagebildung

Ein Image ist immer das Resultat von Prozessen

1. der Vereinfachung und Typologisierung,
2. der Verallgemeinerung von positiven bzw. negativen Einzelerfahrungen (die ‚Körnchen-Wahrheit-Hypothese'),
3. der Überverdeutlichung und Polarisierung und
4. der emotionalen Bewertung:

Je stärker ein ‚Urteil' affektiv aufgeladen ist, desto mehr ist eine solche Aussage, also ein Imagewert, auch für das persönliche Handeln relevant, und desto stabiler und damit resistenter für gegenläufige Informationen ist der Imagewert auch im zeitlichen Ablauf.

5.3 Merkmale von Imagesystemen

1. Images sind hochgradig verfestigte Systeme: Stabilität. Haben sie sich erst einmal ausgebildet, dann sind sie nur mit großen Investitionen mittel- und langfristig veränderbar. Firmenimages lassen sich nicht einfach auf dem Verordnungsweg demontieren: Sie sind immaterieller Bestandteil des Geschäftswertes eines Unternehmens.
2. Images sind gruppenspezifisch. Ein Unternehmen ist ein offenes System im Koordinatensystem gesellschaftlicher Gruppierungen; es steht in Wechselwirkung zu Mitarbeitern, Eigentümern, Verbrauchern, Kunden, Lieferanten, Fachinteressenten, Banken, Meinungsbildnern, Politikern, Gewerkschaften, Schulen und Universitäten, Kirchen, potenziellen Arbeitnehmern, der Öffentlichkeit, dem Handel u.a. Es ist die zentrale Aufgabe aller Öffentlichkeitsarbeit, den für das jeweilige Unternehmen relevanten Zielgruppen die Unternehmenskultur – entsprechend transformiert – zu vermitteln und so ein individuelles, attraktives, kompetentes und glaubwürdiges Unternehmensimage zu etablieren.
3. Images sind Systeme von Merkmalsgruppierungen. Trotz ihrer insgesamt vereinfachten Struktur ist jedes Unternehmensimage ein multifaktorielles Wirkungssystem. Eine Vielfalt von in sich wieder vielschichtigen Dimensionen bestimmt das, was wir das Unternehmensimage nennen. Diese Dimensionen definieren gleichzeitig die Notwendigkeiten der attraktiven Unternehmensprofilierung. Auch wenn man primär ein Image mit einem oder auch einigen Merkmalen umschreibt, ist dies doch immer nur die Spitze eines Eisberges.

Begreift man das Unternehmensimage als multidimensionales Wirkungssystem, dann muss man empirisch begründet von folgendem Konzept ausgehen:

1. Allgemeines Unternehmensimage: Zentrale Beschreibungsmerkmale und Bewertungsmuster: Ausmaß an Sympathiewertigkeit, Attraktivität, Vertrauens- und Glaubwürdigkeit, Firmenbiographie und Internationalität.
2. Spezielles Unternehmensimage: Es umfasst an Imagedimensionen: Organisationsform und Firmenkultur, ökonomische und volkswirtschaftliche Potenz (Größe, Umsatz, Gewinn und Stabilität), Forschungs-, Entwicklungs- und technologische Kompetenz, Produkt- und Markenkompetenz (Innovationsfähigkeit, Qualitätsstandard, Aktualitätsgrad, Preis-Leistungs-Relation), Kundenorientierung, -nähe, -dienst, Kontaktqualität, Reklamationsverhalten, kommunikative Kompetenz (Qualität, Aktualität, Interessewertigkeit des Informationsverhaltens nach innen wie nach außen, Öffentlichkeitsorientierung und -information: Kommunikationsstil), ökologische Kompetenz in Bezug auf Rohstoffe, Produktion und Produktanwendung, Management, Führungskompetenz, Mitarbeiterorientierung und Mitarbeitermotivation. Diese Liste von Wirkfaktoren eines Imagesystems ist immer als offen für weitere firmen- wie gruppenspezifische Differenzierungen zu verstehen.
3. Images sind niemals isolierte Größen – Monaden –, sondern sie entwickeln sich immer in Abhebung von anderen: Relativität (Vergleichsniveau der Alternativen). Menschen vergleichen Unternehmen, Standorte, Marken, Dienstleistungen

usw. Deshalb müssen Imagestudien immer die Relativität des Marktes abbilden: Es gibt kein Image an sich, allerdings ist es das Ziel aller Öffentlichkeitsarbeit, dem eigenen Unternehmen in der Marktrealität ein kulturspezifisches Imageprofil zu vermitteln und dann auch zu stabilisieren.

5.4 Verhaltensrelevanz von Images

Die angewandte Imageforschung hat sich weitgehend auf die Beschreibung eines Unternehmens anhand vorgegebener Imagemerkmale und auf einen Vergleich unterschiedlicher Unternehmen anhand dieser Merkmale, von denen man annahm, dass sie unabhängig von der jeweiligen Unternehmensidentität und auch Unternehmenskultur Gültigkeit hätten, beschränkt. Man ging nun aber bei der weiteren Interpretation der Daten implizit mindestens von der Annahme aus, dass ein allgemeines positives Imageprofil ausreichend ist, um dann eine Vorhersage über ein entsprechendes wirtschaftliches Handeln und auch wirtschaftliche Erfolge machen zu können. Ein positives Image ist nun zweifellos eine notwendige Voraussetzung dafür, dass ich mich überhaupt mit einem Unternehmen, seiner Kultur und seinem Verhalten auseinandersetze; dies allein ist jedoch nicht hinreichend, um dann auch eine gesicherte Vorhersage über das tatsächliche Verhalten eines Marktteilnehmers machen zu können. Die Theorie der psychologischen Bilanzierung (vgl. Bergler 1999; Hoff 2002) vermag hier empirisch hinreichend begründet zu einem höheren Erklärungs- und Vorhersagewert gelangen. Dabei werden berücksichtigt:

1. Die Erwartungswerte an das Imageprofil des in Frage kommenden Unternehmens: das Idealprofil;
2. die Analyse der psychologischen Kosten- und Nutzenfaktoren des Unternehmens, wie sie sich in den Imagemerkmalen widerspiegeln;
3. die Analyse der persönlichen Eintretenswahrscheinlichkeiten in Bezug auf die Kosten- und Nutzenfaktoren des Unternehmens;
4. die Wichtigkeit – Zentralität – der verschiedenen Merkmale für das persönliche Entscheidungsverhalten.

Aus den so gewonnenen Daten lässt sich der so genannte individuelle Bilanzwert errechnen.

Dieser erfährt dann aber noch eine zusätzliche Gewichtung durch zwei weitere Bilanzwerte: Zum einen die Bilanz der für einen Kauf als kompetent erachteten, sozial relevanten Bezugsperson und zum anderen auch die persönliche Bilanz in Bezug auf die möglicherweise vorhandenen konkurrierenden Alternativen. Der so ermittelte Gesamtbilanzwert hat dann hohen prognostischen Wert für weiteres Verhalten eines Marktteilnehmers auf der Basis einer differenzierten Imageanalyse. Ein solches methodisches Vorgehen lässt die Bedeutung eines Imagewertes und damit die Notwendigkeit seiner systematischen Entwicklung vor allem durch PR-Aktivitäten noch prägnanter nachweisen.

5.5 Das Image als Unternehmenswert

Die zunehmende Bedeutung einer attraktiven Imageprofilierung ergibt sich nicht zuletzt vor dem Hintergrund einer Reihe von Marktveränderungen wie die Zunahme der Marktsättigung, der Häufigkeit von Einführungen neuer Produkte, aber auch der Austauschbarkeit von Produkten/Dienstleistungen bei Gleichzeitigkeit der Veränderung psychosozialer und psychodemographischer Unterschiede, die ein Unternehmen und sein Marktangebot attraktiv machen. Die glaubwürdigen Leistungen eines Unternehmens werden in der systematischen Öffentlichkeitsarbeit erkennbar. Das Image ist letztlich der Repräsentant einer Unternehmensidentität und -kultur.

Der betriebswirtschaftliche Wert einer gelebten Unternehmenskultur und damit auch eines unverwechselbaren Unternehmensimages ist unter einer Mehrzahl von Aspekten nachzuweisen:

- Der Imagewert als *immaterieller Bestandteil des Geschäftswertes*, wie er in der Marktsituation, den Börsennotierungen u.a. zum Ausdruck kommt.
- Der Imagewert als *politischer Wert*: Auch für Politiker ist ein Unternehmen in seinen Imagewerten präsent. Positive wie negative ‚Meldungen', aber auch politische firmenbezogene Entscheidungen beziehen sich immer auch auf solche ganzheitlichen Beurteilungs- und Bewertungsmuster.
- Der Imagewert als *Kontaktwert* bei der Herstellung von möglichen Geschäftskontakten: der Vorverkaufswert eines Images.
- Der Imagewert als *Nachfragewert* auf dem Personalmarkt: hohe Nachfragewirkung eines attraktiven Firmenimages auf potenzielle Bewerber.
- Der Imagewert als *Motivationswert* für Mitarbeiter: Eine Vielzahl auch internationaler Untersuchungen hat eindeutig gezeigt, dass die Leistungs- und Arbeitsmotivation der Mitarbeiter eines Unternehmens und damit dessen betriebswirtschaftliches Gesamtergebnis positiv beeinflusst wird, wenn Mitarbeiter sich mit dem Basisimage des Unternehmens, dem Produkt- und Dienstleistungsimage, den organisatorischen Rahmenbedingungen und der Führungsqualifikation des Vorgesetzten identifizieren.
- Der Imagewert als *Kommunikationswert* (Public-Relations-Wert): Informationen von attraktiven Unternehmen werden mit wesentlich höherer Wahrscheinlichkeit auch von Massenmedien aufgenommen und multiplikativ vervielfältigt.
- Der Imagewert als *Immunisierungswert*: Imagesysteme, die hohe Glaubwürdigkeit, Kompetenz und Attraktivität repräsentieren, lindern kritische Unternehmensereignisse in ihren Wirkungen auf den Markt, die Öffentlichkeit, aber auch auf die eigenen Mitarbeiter ab.
- Der Imagewert als *Prognosewert*: Sich andeutende Veränderungen von Imagewerten haben einen hohen Voraussagewert; psychologische Belastungen sind im Regelfall solchen betriebswirtschaftlichen Naturen vorgeordnet.

Im Bewusstsein der Öffentlichkeit und der verschiedenen Zielgruppen verankerte positive Unternehmensimages sind nicht nur veröffentlichte und gelernte Namen, sondern repräsentieren Werte, Kompetenzen, Produkte, Verhalten und Erfahrungen in individueller Gestalt, also eine problemlösende ‚Firmenpersönlichkeit' und damit eine unverwechselbare Identität; dies ist nun aber nicht nur von theoretischer, sondern von unmittelbar praktischer, handlungsrelevanter und gerade auch deshalb betriebswirtschaftlicher Relevanz. Hier liegen noch sehr viele Aufgaben für eine interdisziplinäre Zusammenarbeit auf der einen und eine solche zwischen den Wissenschaften und der Praxis auf der anderen Seite.

6. Unternehmensidentifikation

Menschen unterscheiden sich nach dem Ausmaß, in dem sie sich mit einem Unternehmen identifizieren, ihm ‚Goodwill' und Sympathie entgegenbringen. Sowohl die Identifikation der Mitarbeiter mit ihrem Unternehmen wie auch der verschiedenen Ziel- und Berufsgruppen des Marktes und der Öffentlichkeit wird sichtbar in der jeweils gruppenspezifischen Imagerealität. Die Qualität der Unternehmensbindung – Commitment – ist Motivationsbasis menschlichen Entscheidens, Handelns und Investierens und besitzt dafür hohen Erklärungs- und Vorhersagewert. Dimensionen der Mitarbeiterbindung sind z.B. affektives und kalkulatives Commitment (vgl. Haase 1997). Mit der zunehmenden positiven Ausprägung der relevanten Imagedimensionen steigt auch die Unternehmensidentifikation; sie ist begründet in der Führungsqualifikation und der kommunikativen Kompetenz des Unternehmens extern wie intern. Unternehmensidentifikation ist das Ausmaß, in dem das Imageprofil in Leistung und Bindung umgesetzt wird, also das im Imagewert real vorhandene Leistungs- und Marktpotenzial betriebswirtschaftlich zur Wirkung gelangt.

7. Risikofaktoren der Imageveränderung

Das Image als die transformierte, in einer biografisch gewachsenen Identität begründete Unternehmenskultur, ist immer nur eine relativ konstante Größe; es gibt auch Veränderungen und diese können unterschiedlich begründet sein in (1) Erfolge wie Misserfolge konkurrierender Unternehmen; (2) Diversifikation der Produkt- und Dienstleistungsangebote; (3) Unternehmensfusionen und Joint Ventures; (4) Namensveränderungen; (5) Wechsel des Top-Managements. Alle Veränderungsbedingungen sind Risikofaktoren künftiger Unternehmenspolitik und Unternehmenseffektivität. Die Risikofaktoren einer Imageveränderung sind durch eine regelmäßige, systematische Imagediagnose beherrschbar. Entscheidend ist die Diagnose als Präventionsstrategie, d.h. bereits mit der z.B. beschlossenen Fusionsabsicht, der Veränderung der Eigentumsverhältnisse, aber auch der Namensgebung muss eine Diagnose der aufeinander treffenden Imagesysteme und damit auch der Unternehmenskulturen erfolgen. Nur unter diesen Bedingungen können schon vor dem Eintritt von Veränderungen PR-Kommunikations-, aber auch Führungsstrategien entwickelt und trainiert werden, die es ermöglichen, vorhersehbare ‚Kulturkonflikte', die immer auch Identitätskrisen sind, aufzufangen und einer ganzheitlichen kreativen Lösung zuzuführen. Die erheblichen betriebswirtschaftlichen Folgen von Kulturkonflikten, die mit massiven Identifikations- und Motivationsverlusten verbunden sind, müssen zu einem solchen Vorgehen zwingen. Der Vorhersagewert der Ergebnisse von Imageanalysen bedarf einer stärkeren Beachtung und systematischen Anwendung.

PR-Strategien sind wesentlich effizienter, wenn sie nicht als Therapie, sondern als präventive Gestaltungsaufgabe für eine grundsätzlich zukunftsorientierte Imageprofilierung zur Anwendung kommen. Die Kulturverträglichkeit von zwei Unternehmen mit Fusionsabsichten ist auch in Zeiten der Globalisierung eine zentrale Frage; immer ist hier zu klären: Unter welchen kulturspezifischen Rahmenbedingungen ist eine identifikationsfähige integrierte und den Markt wie die Menschen motivierende Unternehmensidentität und Unternehmenskultur möglich?

8. Imagediagnose und Imagekontrolle

Die systematische Anwendung von Imageanalysen hat in gleicher Weise Kontroll- wie Innovationsfunktion für notwendige Veränderungen. Imageanalysen dienen in gleicher Weise der Imageprognose wie der Imageprävention. Sie definieren zukunftsorientierte Rahmenbedingungen von effektiver Führung und kommunikativer Gestaltung auf Basis der kulturspezifischen Leistungskriterien eines Unternehmens.

Es ist allerdings immer eine Frage der Qualität der Diagnosemethoden, ob man eine hinreichende und spezifische Imagediagnose erhält. Nur wenn man alle real existierenden Imagedimensionen berücksichtigt, sie also primär explorativ empirisch gefunden und nicht am Schreibtisch erfunden hat, kann man auch alle theoretisch möglichen Ansätze einer positiven Imageprofilierung erkennen. Die Praxis ist unter wissenschaftlich methodischen Aspekten vielfach defizitär (vgl. Bergler 1990). Man kann nicht einen Satz von lediglich theoretisch postulierten, nicht aber empirisch erhobenen Eigenschaften universell, d.h. unabhängig von dem jeweiligen Unternehmen und der spezifischen Branche anwenden. Es muss Konzeptadäquatheit gewährleistet sein, wenn diagnostische Sicherheit gewährleistet sein soll (vgl. Bergler 1977). Das Messinstrument muss gerade auch die spezifischen Eigenschaften einer im Image zum Ausdruck kommenden Unternehmensidentität messen können. Ein Großteil handelsüblicher Imagestudien geht bereits wieder von einem Image des Images aus, d.h. es liegt bereits in den Vorannahmen eine unerlaubte Reduktion der tatsächlich vorhandenen Imagewerte vor. Schon die Dimensionalität des Profils eines realen bzw. potenziellen Standortimages (vgl. Bergler 1991) verdeutlicht die Notwendigkeit der Entwicklung differenzieller Messmethoden. Die Methoden der Imageforschung sollten wissenschaftlichen Ansprüchen gerecht werden und nicht das Ergebnis subjektiver Plausibilitätsüberlegungen sein (vgl. Bergler 2004).

9. Schlussbemerkung

Erfolgreiche Unternehmen – das ist schon das Ergebnis der Studie von Peters und Waterman (1982) gewesen – haben eine von einer Firmenkultur und ihrer Umsetzung in Verhalten geprägte Geschichte. Die Qualität des Selbstverständnisses eines Unternehmens, der Leitbilder und Wertesysteme sowie des Führungsverhaltens und der kommunikativen Kompetenz determinieren primär den Erfolg; demgegenüber sind formale Strukturen und Strategien erst von sekundärer Bedeutung.

Literatur

Bergler, Reinhold (1978): Psychologie des Firmenbildes. In: Forschungsinstitut für Ansatz und Handel der Hochschule St. Gallen (Hrsg.): Unternehmung und Markt. Zürich: Verlag Moderne Industrie, S. 43-84.

Bergler, Reinhold ²(1987): Psychologie in Wirtschaft und Gesellschaft. Köln: Deutscher Instituts-Verlag.

Bergler, Reinhold (1989): Kulturfaktor Werbung. Bonn: edition ZAW.

Bergler, Reinhold (1990): Forschung als Etikett. In: Media Spectrum, Nr. 28, S. 82-92.

Bergler, Reinhold (1991): Standort als Imagefaktor. In: Kongressbericht Deutsche Public Relation Gesellschaft, S. 47-64.

Bergler, Reinhold (1993): Unternehmenskultur als Führungsaufgabe. Münster: Regensberg.

Bergler, Reinhold (1999): Anwendungsorientierung in der Psychologie: Schnittstelle zwischen Universität und Gesellschaft. In: Rudinger, Georg/Stöwer, Ralph (Hrsg.): Menschen, Traditionen, Perspektiven. Bonn: Bouvier, S. 197-231.

Bergler, Reinhold (2004): Marktforschung – Standards in Wettbewerbsmärkten. In: Bergler, Reinhold: Wer nicht kommuniziert lebt nicht. Köln: Deutscher Instituts Verlag, S. 323-362.

Bergler, Reinhold/Hoff, Tanja (2001): Psychologie des ersten Eindrucks. Deutscher Instituts-Verlag: Köln.

Birkigt, Klaus/Stadler, Marinus M./Funck, Hans J. ⁸(1995): Corporate Identity – Grundlagen, Funktionen, Fallbeispiele. Landsberg am Lech: Moderne Industrie.

Bromann, Peter/Piwinger, Manfred (1992): Gestaltung der Unternehmenskultur. Stuttgart: Schäffer-Poeschel.

Bungarten, Theo (1993): Unternehmensidentität: Corporate Identity. Tostedt: Attikon.

Grunig, James E. (Hrsg.) (1992): Excellence in public relations and communication management. Hillsdale: Lawrence Erlbaum Associates.

Haase, Dietmar (1997): Organisationsstruktur und Mitarbeiterbindung: Eine empirische Analyse in Kreditinstituten. Köln: Deutscher Instituts-Verlag.

Herbst, Dieter (1998): Corporate Identity. Berlin: Cornelsen Verlag.

Hoff, Tanja (2002): Akkulturation und Alkohol. Köln: Deutscher Instituts-Verlag.

Kirsch, Werner ⁴(1997): Betriebswirtschaftslehre: Eine Annäherung aus der Perspektive der Unternehmensführung. München: Kirsch.

Lill, Waldemar (1983): Perception, Kognition: Image. In: Irle, Martin (Hrsg,): Marktpsychologie als Sozialwissenschaft. Enzyklopädie als Psychologie. Band 4. Göttingen: Hogrefe, S. 402-471.

Peters, Thomas J./Waterman jun., Robert H. ⁴(1993): Auf der Suche nach Spitzenleistungen. Landsberg am Lech: Moderne Industrie.

Öffentlichkeit und öffentliche Meinung

Anna Maria Theis-Berglmair

Die Begriffe ‚Öffentlichkeit' und ‚öffentliche Meinung' finden in der Kommunikationswissenschaft keine einheitliche Verwendung. Gleichwohl lassen sich durchaus Gemeinsamkeiten entdecken, die der Mehrzahl der vorfindbaren Ansätze eigen sind:

- die demokratietheoretische Begründung, die dazu führt, dass Öffentlichkeit in erster Linie, wenn nicht sogar ausschließlich, mit Bezug auf Politik bzw. politische Entscheidungen thematisiert wird,
- die Feststellung, dass Öffentlichkeit als Produkt und Kennzeichen moderner Gesellschaften zu verstehen ist,
- die implizit oder explizit formulierte Annahme, dass Öffentlichkeit eine integrierende bzw. vermittelnde Funktion zukomme im Sinne der Produktion einer „herrschenden Meinung" (Neidhardt 1989) oder einer durch rationalen Diskurs zustande gekommenen „öffentlichen Meinung" (Habermas 1979).

Jarren/Donges (2002) klassifizieren die vorhandenen Öffentlichkeitsmodelle und unterscheiden Diskursmodelle, Modelle, welche Öffentlichkeit als intermediäres System begreifen sowie systemtheoretische Spiegelmodelle. Diese Systematik soll in leicht modifizierter Form an dieser Stelle übernommen werden, weil sich daran die grundlegenden Fragen und Problembereiche der Phänomene ‚Öffentlichkeit' und ‚öffentliche Meinung' anschaulich darstellen lassen.

1. Diskursmodelle

Diskursmodelle beruhen ausnahmslos auf den Ausführungen von Jürgen Habermas. Habermas (1979)[1] hatte in seinem ‚Strukturwandel der Öffentlichkeit' ein normatives, basisdemokratisch orientiertes Idealmodell von Öffentlichkeit konzipiert, welches Öffentlichkeit als eine Sphäre zeichnet, in der öffentliche Belange unter Teilnahme aller Bürger diskutiert werden. Das Resultat dieses mit rationalen Argumenten geführten Diskurses stellt die ‚öffentliche Meinung' dar, die sodann in politische Entscheidungen einfließt. Habermas hat bei seinem Idealmodell die bürgerliche Öffentlichkeit im Blick, die „zum Publikum versammelten Privatleute" (Habermas 1979: 42), die er mit einer massenmedial erzeugten Öffentlichkeit kontrastiert, bei der der Einfluss von Verbänden und Parteien unübersehbar ist. Unter den Bedingungen der Existenz und dem ambivalenten Potenzial von Massenmedien stellt Öffentlichkeit für Habermas keine aktive, unabhängig denkende, sachlich informierte und

---
1   1. Auflage: 1962

vom Staat unabhängige Größe mehr dar, sondern besteht wesentlich aus Werbung, Public Relations und Versuchen, Meinungen zu erzeugen. Folglich sei es unter heutigen Bedingungen immer schwieriger, das Idealmodell einer bürgerlichen Öffentlichkeit zu realisieren.

Die Thematisierung des Phänomens Öffentlichkeit steht bei Habermas und in der Folge auch bei anderen Autoren in engem Zusammenhang mit Demokratisierungstendenzen; von daher spielt der Begriff zunächst für die *politische Sphäre* eine bedeutende Rolle. In einem demokratischen Gemeinwohl gerät Öffentlichkeit zur normativen Forderung, und zwar dahingehend, dass die Angelegenheiten des Staates öffentlich zu sein haben und nicht auf geheimen Beschlüssen eines (absoluten) Monarchen beruhen, wie dies im absolutistischen Staat der Fall ist.

Die Zentrierung auf den engeren Bereich der Politik spiegelt sich auch in den einschlägigen Definitionen wider: „Unter Öffentlichkeit in modernen, demokratischen Gesellschaften soll ein Kommunikationssystem verstanden werden, in dem Akteure über politische Themen im Horizont eines Publikums, das durch ‚prinzipielle Unabgeschlossenheit' [...] gekennzeichnet ist, kommunizieren", schlägt Gerhards (1998: 269) unter Bezugnahme auf Habermas vor. Diese Definition schränkt Öffentlichkeit auf politische Themen ein. Selbst wenn man den Begriff des Politischen sehr weit definiert, ist fraglich, ob eine solche thematische Einschränkung theoretisch fruchtbar und empirisch haltbar ist.

Ein demokratietheoretisch fundiertes Verständnis findet sich auch in den Arbeiten von Gerhards und Neidhardt wieder. Für sie stellt sich Öffentlichkeit aus mehreren Foren/Arenen bestehend dar, die zugleich auch unterschiedliche Ebenen benennen. Dementsprechend unterscheiden sie die Encounteröffentlichkeit, die Versammlungsöffentlichkeit (beides Formen von Öffentlichkeit, die an Präsenz gebunden sind) sowie die massenmedial hergestellte Öffentlichkeit. Zwar ist ihr Modell in erster Linie analytisch konzipiert, durch die demokratietheoretische Grundlegung ist der normative Bezug aber implizit vorhanden.

Mit den normativen Forderungen an die öffentliche Sphäre setzt sich Bernhard Peters (1993) auseinander. Gleichheit und Reziprozität, (Themen-)Offenheit und Diskursivität macht er als derartige Anforderungen aus, weist aber gleichzeitig auf Einschränkungen und Grenzen der Realisierbarkeit des Modells hin: Der Gleichheit und Reziprozität stehe die „Herausbildung spezieller öffentlicher Sprecherrollen mit entsprechenden asymmetrischen Kommunikationsbeziehungen" gegenüber (ebd.: 72), die prinzipielle Themenoffenheit würde durch Prozesse des Agenda-Settings und Agenda-Buildings eingeschränkt, was den ressourcenstarken (korporativen) Akteuren Vorteile verschaffen und latente Probleme verdrängen könnte. Dem diskursiven Charakter öffentlicher Kommunikation stehe schließlich die Einschränkung der Verständigung durch kulturelle Pluralität entgegen.

Gleichzeitig macht Peters darauf aufmerksam, dass sich im Zuge der Entwicklung der Gegenstandsbereich der öffentlichen Kommunikation ausgedehnt habe: „Der Umkreis von Sachverhalten, die dem Bereich kollektiver Verantwortlichkeiten zugerechnet werden, hat sich vergrößert gegenüber solchen, die als schicksalhaft oder unveränderlich betrachtet werden, die privater Verantwortung überlassen bleiben, die dem Verantwortungsbereich anderer politischer Kollektive zugeschrieben werden oder die schließlich dem Publikum einfach unbekannt bleiben" (Peters 1993: 61). Von der thematischen Ausweitung der öffentlichen Sphäre seien letztlich alle Bereiche und potenziell alle Akteure betroffen, Wirtschaftsorganisationen ebenso wie Nicht-Regierungs-Organisationen. Gleichwohl sei die Verarbeitungskapazität der Öffentlichkeit angesichts dieser Vielzahl an möglichen Themen begrenzt. Daraus ergebe sich zum einen ihre ausgeprägte Selektivität, zum anderen aber auch die Bemühungen verschiedener Akteure oder Akteurskonstellationen, Einfluss auf Auswahl und Präsentation von öffentlichkeitsrelevanten Themen zu nehmen. Die eigentliche Offenheit der Sphäre der Öffentlichkeit sieht Peters (1993: 63) in dem Wirksamwerden eines spezifischen Auswahlprozesses, der dafür sorgen soll, dass den „wichtigsten" Themen die größte öffentliche Aufmerksamkeit zukommt. In diesem Punkt zeigen sich die problematischen Implikationen eines normativ orientierten Öffentlichkeitsmodells, da die Frage, wie über die Wichtigkeit von Themen entschieden werden soll, nicht hinreichend beantwortet werden kann.

Als drittes Merkmal eines normativen Modells nennt Peters das Vorliegen diskursiver Strukturen. Diskursive Kommunikation setze jedoch einen gemeinsamen Verständigungshorizont voraus, was angesichts der Vielzahl unterschiedlicher kultureller Sinnwelten nicht gegeben sei. Eine theoretische Lösung für dieses grundlegende Problem ist Peters zufolge nicht in Sicht. Alternativen, welche von normativen Postulaten abstrahieren, lehnt er hingegen – gerade wegen des Verzichts auf derartige Postulate – ab.

Neben den von Peters benannten Einschränkungen liegt das zentrale Problem aller normativ begründeten Modelle darin, dass es sich letztlich um teleologische Modelle bzw. um Modelle handelt, die einen bestimmten Prozess bzw. eine bestimmte Verfahrensweise der Produktion einer Öffentlichkeit als Ideal benennen. Dahinter steht implizit oder explizit die auf Habermas und die Kritische Schule zurückgehende Hoffnung, durch Diskursivität des Prozesses die Rationalität des Ergebnisses, nämlich „öffentliche Meinung" zu erhöhen oder gewährleisten zu können.

Weitreichende Folgeprobleme einer derartigen Konzeption von Öffentlichkeit und öffentlicher Meinung werden spätestens beim Versuch der Operationalisierung der Begriffe sichtbar. „Öffentliche Meinungen sind die im Öffentlichkeitssystem kommunizierten Themen und Meinungen, die zu unterscheiden sind von den aggregierten Individualmeinungen der Bürger", stellt Gerhards (1998: 269) fest. Letztere können empirisch erhoben werden (durch Befragungen) und mit den öffentlich kommunizierten Meinungen, d.h. den über Massenmedien verbreiteten Meinungen, verglichen werden – ein Unterfangen, das die Arbeiten von Noelle-Neumann (1989) kennzeichnet. Mit der empirischen Erhebung der Meinungen wird der Kollektivsingular ‚öffentliche Meinung' problematisch. Die Meinungsvielfalt in modernen Gesellschaften macht es schwierig, diesen Singular aufrecht zu erhalten. Dieses Problem taucht jedoch erst auf, wenn man sich daran gibt, ‚öffentliche Meinung' zu messen; dann kann man nur mehr von (aggregierten) Meinungen (Plural) oder von der ‚Mehrheitsmeinung' sprechen. Letztlich würde das bedeuten, dass der Kollektivsingular ‚öffentliche Meinung' hinfällig würde, da der Begriff im Prozess seiner empirischen Überprüfung schlichtweg zerfällt.

2. Öffentlichkeit als intermediäres System

Die Einführung des Systembegriffs allein bringt uns einer Lösung dieses Problems nicht zwingend näher, weil mit dem Systembegriff auch grundlegende Entscheidungen über die Verwendung des Begriffs und die Vorstellung von Gesellschaft verbunden sind, die aber nicht immer explizit benannt werden. Neidhardt (1994) und Gerhards/Neidhardt (1991) etwa begreifen Öffentlichkeit als ein *spezifisches Kommunikationssystem*, das sich allgemein verständlicher sprachlicher Kommunikation bedient, welches offen im Hinblick auf die teilnehmenden Mitglieder ist, deren Teilnahme „weder an Stand und Status noch an spezielle Expertenrollen gebunden ist"[2] (Gerhards/Neidhard 1991: 46) und dessen Sinnstruktur sich durch „einfach strukturierte Rationalität" (ebd.: 47) ergibt. Die Autoren diskutieren ihr Öffentlichkeitsmodell im Zusammenhang mit der Theorie funktionaler Differenzierung, die von der Existenz funktionaler Teilsysteme in modernen Gesellschaften ausgeht. Gleichzeitig negieren Gerhards und Neidhardt aber die prinzipielle Gleichstellung der Funktionssysteme und schreiben dem politischen System eine hierarchisch übergeordnete Position zu[3] – eine überaus weitreichende Entscheidung, die mit den Grundannahmen der Theorie funktionaler Differenzierung nicht vereinbar ist. Letztere spricht keinem der Funktionssysteme eine Rolle als oberste Steuerungsinstanz zu, sondern zeichnet die Systeme als prinzipiell gleichrangig (Tyrell 1978). Das Öffentlichkeitskonzept von Gerhards/Neidhardt (1991: 81) hingegen knüpft an der Vorstellung an, dass das politische System „Steuerungsaufgaben gegenüber den Teilsystemen und deren Problemproduktionen" erfülle. Öffentlichkeit als intermediärem System komme die Aufgabe einer „Vermittlung" zwischen der Politik und den Bürgern sowie zwischen anderen Teilsystemen zu und trage auf diese Weise dazu bei, dass „Politik selber gegenüber ihrer gesellschaftlichen Umwelt sensibel gehalten wird und vor pathologischer Eigendynamik bewahrt bleibt" (ebd.). Die Schwerpunktsetzung auf Politik und Öffentlichkeit, die beide als Produkte eines Ausdifferenzierungsprozesses betrachtet werden[4], macht die Relevanz von Öffentlichkeit für andere ausdifferenzierte Funktionssysteme der Gesellschaft nicht gerade offensichtlich. Anschlussmöglichkeiten ergeben sich lediglich in puncto Akteure bzw. Arenen der Öffentlichkeit, die offensichtlich von korporativen Akteuren jeglicher Couleur dominiert werden.[5] Demokratietheoretisch abgeleitete Publizitätsgebote, wie sie im Hinblick auf politische Instanzen und Akteure formuliert werden, existieren für Wirtschaftsorganisationen nicht per se – sieht man einmal ab von gesetzlich vorgeschriebenen Veröffentlichungspflichten (z.B. für Aktiengesellschaften). Mit dem Verweis auf diese Pflichten lassen sich jedoch die in den letzten Jahren gestiegenen Publizitätsanstrengungen von Wirtschaftsorganisationen oder anderen korporativen und kollektiven Akteuren nicht hinreichend begründen.

---

2   In diesem Punkt orientieren sich die Autoren an den Vorstellungen von Habermas, der in seinem Modell ebenfalls von Status und Klasse abstrahiert.
3   Sie tun das ganz bewusst in Abgrenzung zu anderen systemtheoretischen Entwürfen von Gesellschaft (siehe Gerhards/Neidhardt 1991: 37, Fußnote 4).
4   Die Sonderstellung der Politik wird u.a. auch von Juliana Raupp (1999: 126f) kritisiert.
5   Eine Beobachtung, die auch Habermas (1979) bereits macht, die dieser aber als Zeichen der Abweichung von einem Idealmodell der Öffentlichkeit interpretiert.

Die Öffentlichkeitskonzeption von Gerhards/Neidhardt wirft darüber hinaus weitere Probleme auf: Zum einen ist der Begriff des Öffentlichkeitssystems dahingehend unterdefiniert, als nicht deutlich wird, welches die Systemelemente sind. Gerhards/Neidhardt scheinen von Personen auszugehen, wenn sie die Zugänglichkeit des Systems für die verschiedenen Akteure thematisieren und daraus auch seine Offenheit ableiten: „Öffentlichkeit ist in diesem Sinne ein System, das keine klare Mitgliedschaft besitzt" (Gerhards/Neidhardt 1991: 45). Andererseits ist davon die Rede, dass das System „sich auf der Basis des Austauschs von Informationen und Meinungen" konstituiere (ebd.: 44f), was auf Themen als Öffentlichkeit konstituierende Elemente verweist. Durch den Verzicht auf eine explizite, präzise Festlegung der das System konstituierenden Elemente bleibt der Systemcharakter von Öffentlichkeit ebenso unbestimmt wie die intermediäre Rolle dieses Kommunikationssystems, das „zwischen dem politischen System einerseits und den Bürgern und den Ansprüchen anderer Teilsysteme der Gesellschaft vermitteln soll" (ebd.: 41). Aus einer konsequent systemtheoretischen Perspektive betrachtet, hat das politische System aber nicht *den* Bürger im Sinn, sondern allenfalls den *Wahl-Bürger*, dessen Stimme entscheidend ist für die Besetzung von Regierungs- bzw. Oppositionspositionen durch die Mitglieder politischer Parteien. Themen, die im Öffentlichkeitssystem auftauchen und mit Meinungen belegt werden, sind für das Funktionssystem der Politik lediglich im Hinblick auf die Beeinträchtigung von Regierungs- bzw. Oppositionspositionen und die wiederkehrenden Wahlen von Interesse, mit anderen Worten im Hinblick auf Macht. Hier stellt sich die Frage, inwiefern die bewusste Abkehr von den Prämissen der Theorie funktionaler Differenzierung (dass Funktionssysteme grundsätzlich als gleichwertig und nicht als hierarchisch strukturiert zu betrachten sind) zu einer Überforderung des politischen Systems in Bezug auf dessen Lösungsfähigkeit gesellschaftlicher Probleme führt bzw. geführt hat.[6] Die Tatsache beispielsweise, dass die Konsequenzen der demographischen Entwicklung in der Bundesrepublik Deutschland, wie wir sie heute in der Öffentlichkeit thematisiert finden, lange kein politisches Thema waren, obwohl genau diese Sachverhalte seit Jahrzehnten von der Wissenschaft aufgezeigt wurden, kann – je nach theoretischer Ausgangslage – unterschiedlich interpretiert werden: Als Folgeproblem einer funktionalen Differenzierung und der sich durch die Eigenlogik des Systems ergebenden selektiven Thematisierungen, die politische Akteure dazu veranlasst, Themen auf ihre Machtrelevanz hin zu überprüfen und die nicht machtversprechenden auszusortieren.[7] Diese Art von Themenselektion und Nicht-Problembearbeitung könnte dann politischen Akteuren nicht zur Last gelegt werden, vielmehr wäre sie im wahrsten Sinne des Wortes „systemimmanent". Sofern aber trotz dieser Erkenntnis weiterhin an der Selbstbeschreibung von Politik als einer zentralen Instanz zur Lösung gesell-

---

6 Wiewohl das politische System selbst meist diese Form der Selbstbeschreibung wählt. Derartige Selbstbeschreibungen können aber nicht der Ausgangspunkt einer sozial- und kommunikationswissenschaftlichen Analyse sein.

7 Mit dem Thema der Folgen der demographischen Entwicklung konnte man in der Vergangenheit offenbar keine Wahl gewinnen – zumindest hat es keine Partei versucht. In diesem Zusammenhang gewinnen auch Anstrengungen zur Feststellung von Nicht-Thematisierung in der Öffentlichkeit eine Rolle, wie sie die Autoren Ludes/Pöttger mit ihrer *Initiative Nachrichten-Aufklärung* vorgeschlagen haben (www.nachrichtenaufklaerung.de).

schaftlicher Probleme festgehalten wird, bleiben an die Politik gerichtet lediglich der Vorwurf der Heuchelei (man tut, als ob) oder der Selbsttäuschung (man glaubt, man könnte). Geht man hingegen von den Prämissen einer doppelten Sonderstellung des politischen Systems aus, wie dies Gerhards/Neidhardt tun[8], stehen nicht mehr Heuchelei und Selbsttäuschung zur Debatte, sondern Unfähigkeit. Denn dann stellt sich die Frage, warum das System der Politik in der Vergangenheit doppelt unfähig war, unfähig, das Problem als solches zu erkennen, oder wenn es erkannt wurde, unfähig, es trotz seiner Sonderstellung und seiner propagierten Problemlösungskompetenz zu lösen.[9] Die Sonderstellung des politischen Systems als gesellschaftsumfassender Problemlösungsinstanz hatte bereits durch die Ergebnisse der Implementationsforschung Risse bekommen (Mayntz 1980). Sie zeigen nämlich, dass Maßnahmen keineswegs immer so umgesetzt werden, wie es politisch intendiert ist, sondern dass sie durch die Eigenrationalität der durchlaufenen Instanzen eine Veränderung erfahren. Diese Beobachtung entspricht neueren Systementwürfen, die nicht mehr von der Möglichkeit ausgehen, unmittelbar steuernd auf andere (Teil-)Systeme einwirken zu können, sondern diese allenfalls irritieren und zu eigenen systemspezifischen Operationen anregen zu können.

Unter Berücksichtigung dieser Erkenntnisse ist das Konzept einer ‚intermediären Öffentlichkei' wie Gerhardt/Neidhardt es vorschlagen, als ein Konzept im Übergang zu begreifen, nämlich im Übergang von der normativ konzipierten Öffentlichkeitsvorstellung, wie Habermas sie vorschlägt, hin zu systemtheoretisch konzipierten Ansätzen. In diesem Sinne ist es selbst als intermediär zu begreifen. Eine Alternative dazu stellen diejenigen Ansätze dar, die mehr oder weniger explizit auf den Arbeiten von Niklas Luhmann beruhen. In Anlehnung an Jarren/Donges (2002: 113) könnte man hier durchaus von *Spiegelmodellen* sprechen, wobei sich derzeit noch kaum ausgearbeitete Modelle benennen lassen als vielmehr Wege, die zu einem derartigen Modell führen könnten. Weil der Aspekt der Beobachtung eine zentrale Rolle spielt, soll an dieser Stelle von Spiegel- bzw. Beobachtungsmodellen die Rede sein.

---

8 Doppelt dahingehend, dass Politik sowohl als Problemadressat für die von den Teilsystemen ungelösten Probleme als auch als den anderen Teilsystemen übergeordneter Lösungsakteur begriffen wird, wobei sich die Lösungskompetenz durch das besondere Zugriffsrecht auf andere Teilsysteme ergibt (Gerhards/Neidhardt 1991: 38).
9 Hier ergeben sich deutliche Bezüge zum Thema Politikverdrossenheit, die ja häufig im Zusammenhang mit der Darstellung von Politik in der Öffentlichkeit gesehen wird, die man aber durchaus auch in Verbindung bringen könnte mit den Selbstbeschreibungen von Politik. In der Vergangenheit hat die Politik das Bild ihrer doppelten Sonderrolle, die ihr theoretisch mitunter zugeschrieben wird, offenbar gerne aufgegriffen. Unter Berücksichtigung der hier angeführten Punkte rückt die Lernfähigkeit des politischen Systems in den Blickpunkt der Aufmerksamkeit und zwar nicht die Lernfähigkeit im Hinblick auf mediale Strategien der Darstellung von Politik, sondern im Hinblick auf ihre eigene Problemlösungsfähigkeit unter den Bedingungen einer funktional differenzierten Gesellschaft.

3. Spiegel- bzw. Beobachtungsmodelle von Öffentlichkeit

Spiegelmodelle von Öffentlichkeit basieren auf systemtheoretischem Gedankengut und abstrahieren gänzlich von normativen Postulaten. Die Bezugnahme auf die Arbeiten Luhmanns ist dabei unübersehbar, gleichwohl stellen sich Unterschiede dahingehend ein, wie ‚Öffentlichkeit' systemtheoretisch zu verorten ist.

Bereits 1971 hatte Luhmann ein Modell von *öffentlicher Meinung* vorgeschlagen, das auf dem Konzept der funktionalen Differenzierung aufbaut (Luhmann 1975). Die Umstellung auf diese Differenzierungsform, so Luhmann, mache es Individuen und Gruppen schwer, sich ihr zu entziehen und den Anspruch zu erheben, sie seien die Gesellschaft. Das von Habermas dargestellte Modell von Öffentlichkeit als kleine diskutierende Kreise, deren Teilnehmer sich als weitgehend gleich empfinden, weil sie von ökonomischen, klassenmäßigen oder systemstrukturellen Bedingungen weitgehend abstrahieren (können) und die auf diskursivem Wege zu einer auf individuellen Rationalität basierenden öffentlichen Meinung gelangen, ließe sich in komplexer werdenden Gesellschaften nicht mehr realisieren. Als Konsequenz daraus definiert Luhmann (1975: 9f) öffentliche Meinung nicht mehr als politisch relevantes Ergebnis, sondern „als thematische Struktur öffentlicher Kommunikation". Unter „Themen" versteht er dabei „mehr oder weniger unbestimmte und entwicklungsfähige Sinnkomplexe, über die man reden und gleiche, aber auch verschiedene Meinungen haben kann" (ebd.: 13). In der Differenzierung zwischen Thema und Meinung sieht Luhmann eine Möglichkeit, den komplexer werdenden Kommunikationsprozessen in modernen Gesellschaften zu entsprechen, die ihre Integration nicht mehr durch eine gemeinsame Moral erfahren. Übereinstimmung ist folglich nicht mehr über Meinungen zu einem Thema zu erzielen, sondern lediglich über die *Akzeptanz von Themen der öffentlichen Kommunikation*:

> „Nicht an der Form der Meinungen – ihrer Allgemeinheit und kritischen Diskutierbarkeit, ihrer Vernünftigkeit, Konsensfähigkeit, öffentlichen Vertretbarkeit – ist die Funktion der öffentlichen Meinung abzulesen, sondern an der Form der Themen politischer Kommunikation, an ihrer Eignung als Struktur des Kommunikationsprozesses" (ebd.: 15f).

Die Komplexität des politischen Systems lässt sich daher an seiner Themenkapazität ablesen. Unter den Bedingungen der funktionalen Differenzierung gilt dies freilich auch für andere Funktionssysteme (die eine ähnliche Komplexitätssteigerung erfahren), weshalb Luhmann eine exklusive Zuweisung der öffentlichen Meinung an das politische System explizit ablehnt[10] (ebd.: 27).

Stattdessen – so Luhmann (1992) – sei mit der Durchsetzung dieses Differenzierungstyps eine Umstellung auf die Beobachtung zweiter Ordnung erfolgt.[11] Ähnlich wie in einem Spiegel sehen die Beobachter aber nicht durch diesen Spiegel hindurch auf sich selbst, sondern er (der Beobachter) sieht nur sich „vor dem Spiegel für den Spiegel bewegen" (Luhmann 1992: 84). Im Spiegel der öffentlichen Meinung

---

10 Wiewohl er dieser Beziehung einen besonderen Charakter zuschreibt.
11 Dies hängt damit zusammen, dass in einer funktional differenzierten Gesellschaft die Funktionssysteme jeweils spezifische Sichtweisen entwickeln. Da in modernen Gesellschaften eine übergeordnete Problemlösungsinstanz nicht auszumachen ist, bleibt nur der Weg über die wechselseitige Beobachtung.

(d.h. Themenstruktur und unterschiedliche Meinungen zu den Themen) sieht der Politiker nicht in die „Seele" des Menschen bzw. erkennt nicht, was diese wirklich denken[12], sondern man beobachtet die Beobachtungen der anderen und kann in der Eigenschaft als Beobachter zweiter Ordnung auch die Kriterien/Codes erkennen, nach denen beobachtet wird. Nicht nur die Politik ist in der Lage, die Beobachtungs- und Selektionskriterien beispielsweise der Öffentlichkeit zu erkennen, sondern auch das Wirtschaftssystem oder andere Funktionssysteme verfügen über diese Fähigkeiten. Die beobachtbaren Kommunikationen lassen sich dabei durch Zurechnung auf Handeln von Personen oder Organisationen beschreiben (Kohring 2000: 156).[13]

Während Luhmann in seinen ersten Ausführungen über Öffentlichkeit noch die Themenstruktur der öffentlichen Diskussion vor Augen hatte, modifiziert er die Funktion des Kollektivsingulars ‚öffentliche Meinung' zu einem späteren Zeitpunkt dahingehend, dass damit „die Festigung eines Schemas erfolgt, in dem darüber diskutiert werden kann" (Luhmann 2000: 302). Mit Schema ist eine Form gemeint, welche soziale Systeme benutzen, um Erinnern und Vergessen zu kombinieren. Diese Form ist zwar aus dem konkreten Kontext des Entstehens herausgelöst, aber nicht völlig kontextfrei. Beispiele für Schemata sind Kategorisierungen wie etwa ‚Krise'. Derartige Beschreibungen/Schemata können herangezogen werden, um zu sehen, „wie die öffentliche Meinung als Beobachter von Politik funktioniert" (ebd.: 303). Die Politik umgekehrt kann sehen, wie sich die verschiedenen Meinungen zu dem Schema entwickeln. Dazu muss aber erst ein Thema als Schema in der Öffentlichkeit etabliert sein. Mit anderen Worten: „Schemata sind die Formen, die als öffentliche Meinung produziert und reproduziert werden" (Luhmann 2000: 303).

Im Kontext der neueren Systemtheorie, welche die operative Geschlossenheit (eigene Leitdifferenz, binärer Code) und die informationelle Offenheit von Systemen betont, lassen sich Bemühungen konstatieren, Öffentlichkeit nicht wie bei Luhmann als Umwelt einzelner Funktionssysteme zu beschreiben, sondern als eigenständiges Funktionssystem, wobei die Begrifflichkeiten und Grenzziehungen jeweils unterschiedliche sind.[14] Diesbezüglich dürften in Zukunft noch Klärungen und Weiterentwicklungen zu erwarten sein.

4. Fazit und Konsequenzen

Systemtheoretisch orientierte Spiegelmodelle von Öffentlichkeit in der hier dargestellten Version verzichten auf eine explizite normative Komponente und betonen – wie der Name schon sagt – die Spiegelfunktion dieses Systems. Damit ergeben sich erstmals Möglichkeiten der Verortung von Öffentlichkeitsarbeit/Public Relations über die politische Sphäre hinaus. Öffentlichkeit zeigt Organisationen, Unternehmen, Parteien, Gruppierungen und anderen sozialen Systemen an, dass und wie sie

---

12 Das ist bereits durch die Annahme ausgeschlossen, dass Systeme operativ geschlossen sind.
13 Bei der Diskussion des systemtheoretischen Ansatzes von Luhmann wird oft übersehen, dass soziale Systeme „aus Kommunikationen und deren Zurechnung als Handlung" bestehen (Luhmann 1988: 240).
14 Kohring (2000) plädiert für „Öffentlichkeitssystem", daneben werden die „Publizistik" (Marcinkowski 1993) und „Journalismus" (Blöbaum 1994) als Systeme benannt.

beobachtet werden. Das eigene Verhalten wird daran gemessen, dass und wie es von anderen beobachtet wird. Durch Öffentlichkeit wird Fremdreferenz in soziale Systeme eingeführt (Irritationspotenzial von öffentlicher Meinung). Durch Umweltbeobachtung, z.B. die Beobachtung der Beobachtung des Öffentlichkeitssystems, werden soziale Systeme überhaupt erst in die Lage versetzt, Erwartungen über die Umwelt ausbilden zu können. Hierin etwa sehen Kohring/Hug (1997: 21) die spezifische Problemlösungsfähigkeit (Funktion) eines ausdifferenzierten Öffentlichkeitssystems begründet, welches in der Lage ist, Beobachtungen über Interdependenzen zwischen funktional autonomen Teilsystemen laufend zu generieren und zu kommunizieren. Aus der Perspektive des beobachtenden Systems (z.B. eines Unternehmens) besteht eine gelungene ‚Öffentlichkeitsarbeit' (der Begriff ist im wahrsten Sinne des Wortes zu verstehen) darin, dass es in der Lage ist, zu manipulieren, wie es beobachtet wird. Öffentlichkeitsarbeit ist mit anderen Worten *das Managen des Beobachtetwerdens*. An diesem Punkt lassen sich auch die von Gerhards/Neidhardt (1991) vorgeschlagenen Ebenen von Öffentlichkeit anschließen, die Encounter-, die Versammlungs- und die Medienöffentlichkeit. Während Unternehmen in den letzten Jahren viele Anstrengungen unternommen haben, das Beobachtetwerden auf der Versammlungsebene (z.B. Generalversammlungen, Pressekonferenz) und der massenmedialen Ebene (journalistisch aufbereitete Pressetexte) zu managen, waren die Einflussmöglichkeiten auf der Encounterebene, der „Kommunikation au trottoir" (Luhmann 1986: 75), bislang vor allem dadurch beschränkt, dass diese Form von Öffentlichkeit in der Regel nicht zugänglich für Organisationen war, sofern nicht zufällig ein Organisationsmitglied präsent war. Das ändert sich z.T. durch neue Kommunikationstechnologien. Die Etablierung spezieller Sites durch (meist unzufriedene) Kunden im Internet z.B. durch so genannte Online-Stammtische, zeigt den Unternehmen an, dass und von wem sie im Hinblick auf welche Aspekte beobachtet werden. Durch die prinzipiell freie Zugänglichkeit der Sites wird das Trottoir und damit das Publikum größer und strukturierbarer.[15] Vor allem aber schaffen diese Foren neue Möglichkeiten der Beobachtung von Beobachtung: Kunden beobachten, dass andere Kunden ähnliche Beobachtungen (Beschwerden) machen, wodurch Organisationen unter einen größeren Handlungsdruck geraten als bei der Bearbeitung singulärer Beschwerden. Daraus ergibt sich die verstärkte Notwendigkeit für Organisationen, diese neu entstehenden Ausprägungen von Öffentlichkeit im Blick, d.h. unter Beobachtung zu halten. Auch international agierende Nicht-Regierungs-Organisationen (NGOs) wie beispielsweise Greenpeace, Amnesty International oder der World Wildlife Fund nutzen diese interaktiven und gleichwohl öffentlichkeitsrelevanten Technologien, um ihre Beobachtungen einem prinzipiell unabgeschlossenen – wiewohl besser strukturierbaren – Publikum zu verdeutlichen. Umgekehrt haben betroffene Organisationen/Regierungen die Chance, auf diese Beobachtungen zu reagieren, etwa durch Gegendarstellungen, Kooperationsangebote, etc. Die potenzielle Dynamik eines solchen sozialen Systems lässt sich damit zwar nicht gänzlich ausschalten oder gar anhalten, allein die Beobachtung, dass es derartige Dynamiken gibt, verweist einmal mehr auf die theoretische und empirische Tatsache, dass „Öffentlichkeit als Sozialsystem zu identifizieren ist" (Rühl 1999), ganz gleich,

---

15 Die Web-Firma *Meetup.com* beispielsweise hilft Gleichgesinnten, sich zu finden.

welche „Ebene"[16] man im Sinn hat. Unter den Bedingungen der Existenz neuer Kommunikationstechnologien kann sich der Begriff der ‚Medienöffentlichkeit' jedenfalls nicht länger auf eine ausschließlich über traditionelle Massenmedien hergestellte Öffentlichkeit beziehen.

Literatur

Blöbaum, Bernd (1994): Journalismus als soziales System: Geschichte, Ausdifferenzierung und Verselbständigung. Opladen: Verlag für Sozialwissenschaften.

Gerhards, Jürgen (1998): Öffentlichkeit. In: Jarren, Otfried/Sarcinelli, Ulrich/Saxer, Ulrich (Hrsg.): Politische Kommunikation in der demokratischen Gesellschaft. Opladen: Westdeutscher Verlag, S. 268-274.

Gerhards, Jürgen/Neidhardt, Friedhelm (1991): Strukturen und Funktion moderner Öffentlichkeit: Fragestellungen und Ansätze. In: Müller-Dohm, Stefan/Neumann-Braun, Klaus (Hrsg.): Öffentlichkeit – Kultur – Massenkommunikation. Oldenburg: Beiträge zur Medien- und Kultursoziologie, S. 31-89.

Habermas, Jürgen (1979): Strukturwandel der Öffentlichkeit. Darmstadt: Suhrkamp.

Jarren, Otfried/Donges, Patrick (2002): Politische Kommunikation in der Mediengesellschaft. Eine Einführung. Band 1: Verständnis, Rahmen und Strukturen. Wiesbaden: Westdeutscher Verlag.

Kohring, Matthias/Hug, Detlef Matthias (1997): Öffentlichkeit und Journalismus. In: Medien Journal, Band 21, S. 15-33.

Kohring, Matthias (2000): Komplexität ernst nehmen. Grundlagen einer systemtheoretischen Journalismustheorie. In: Löffelholz, Martin (Hrsg): Theorien des Journalismus. Opladen: Westdeutscher Verlag, S. 153-168.

Luhmann, Niklas ²(1975): Öffentliche Meinung. In: Luhmann, Niklas (Hrsg.): Politische Planung. Aufsätze zur Soziologie von Politik und Verwaltung. Opladen: Westdeutscher Verlag, S. 9-34.

Luhmann, Niklas (1986): Ökologische Kommunikation: Kann die moderne Gesellschaft sich auf ökologische Gefährdungen einstellen? Opladen: Verlag für Sozialwissenschaften.

Luhmann, Niklas (1988): Soziale Systeme. Grundriß einer allgemeinen Theorie. Frankfurt a. M.: Suhrkamp.

Luhmann, Niklas (1992): Die Beobachtung der Beobachter im politischen System: Zur Theorie der öffentlichen Meinung. In: Wilke, Jürgen (Hrsg.): Öffentliche Meinung. Theorien, Methoden, Befunde. Freiburg, München: Alber, S. 77-86.

Luhmann, Niklas (2000): Die Politik der Gesellschaft. Frankfurt a. M.: Suhrkamp.

Marcinkowski, Frank (1993): Publizistik als autopoietisches System: Politik und Massenmedien. Eine systemtheoretische Analyse. Opladen: Westdeutscher Verlag.

Mayntz, Renate (Hrsg.) (1980): Implementation politischer Programme. Empirische Forschungsberichte. Königstein, Ts: Athenäum.

Neidhardt, Friedhelm (1989): Auf der Suche nach Öffentlichkeit. In: Nutz, Walter (Hrsg.): Kunst, Kommunikation, Kultur. Festschrift zum 80. Geburtstag von Alphons Silbermann. Frankfurt a. M.: Lang, S. 25-35.

Noelle-Neumann, Elisabeth (1989): Öffentliche Meinung. Die Entdeckung der Schweigespirale. Frankfurt a. M.: Ullstein

Peters, Bernhard (1994): Der Sinn von Öffentlichkeit. In: Neidhardt, Friedhelm (Hrsg.): Öffentlichkeit, öffentliche Meinung und soziale Bewegungen. Opladen: Westdeutscher Verlag, S. 42-76.

Raupp, Juliana (1999): Zwischen Akteur und System. Akteure, Rollen und Strukturen von Öffentlichkeit. In: Szyszka, Peter (Hrsg.): Öffentlichkeit. Diskurs zu einem Schlüsselbegriff der Organisationskommunikation. Opladen, Wiesbaden: Westdeutscher Verlag, S. 113-130.

---

16 Die Bezeichnung ‚Ebene' könnte eine Reifizierung des Öffentlichkeitsbegriffs bzw. seiner Strukturen nahe legen. Hier muss man sich vergegenwärtigen, dass Strukturen Erwartungsstrukturen darstellen und dass die Elemente des Systems, nämlich Kommunikationen, der ständigen Reproduktion bedürfen. Das macht letztlich den virtuellen Charakter des Systems Öffentlichkeit, aber auch den anderer Funktionssysteme aus.

Rühl, Manfred (1999): Leitbegriffe einer publizistischen Öffentlichkeit in der Gesellschaft. In: Szyszka, Peter (Hrsg.): Öffentlichkeit. Diskurs zu einem Schlüsselbegriff der Organisationskommunikation. Opladen, Wiesbaden: Westdeutscher Verlag, S. 37-48.

Tyrell, Hartmann (1978): Anfragen an eine Theorie der gesellschaftlichen Differenzierung. In: Zeitschrift für Soziologie, 7. Jg., Nr. 2, S. 175-193.

Vertrauen und Glaubwürdigkeit

Günter Bentele/René Seidenglanz

1. Vertrauen, öffentliches Vertrauen und Glaubwürdigkeit – Begriffsdefinitionen

In heutigen modernen Gesellschaften, häufig als Informations-, Kommunikations-, Medien- oder Wissensgesellschaften apostrophiert, ist wohl der größte Anteil der Wirklichkeitswahrnehmung des Weltgeschehens durch öffentliche Kommunikation, also einerseits durch vormediale Informationsproduktion der Public Relations sowie durch Selektions- und Konstruktionsprozesse, durch die mediale Wirklichkeiten entstehen, vermittelt. Da medienvermittelte Information in der Regel nicht direkt und unmittelbar nachprüfbar ist, scheint Vertrauen – insbesondere öffentliches Vertrauen – in solchen Gesellschaften noch höhere Relevanz zu gewinnen als dies in jeder Gesellschaft ohnehin der Fall ist. In gleichem Maße sind politische und wirtschaftliche Einzelakteure wie korporative Akteure (Organisationen) immer stärker auf die Zuschreibung solchen (öffentlichen) Vertrauens angewiesen. Auch die Wissenschaft ist damit herausgefordert, sich umfassender als bisher mit Phänomenen wie Vertrauen und Glaubwürdigkeit auseinander zu setzen.

Grundsätzlich kann *Vertrauen* in Anlehnung an Luhmann (1973: 23ff) als (kommunikativer) Mechanismus zur Reduktion von Komplexität, als riskante Vorleistung bestimmt werden. Dabei spielen Erwartungen in zukünftige Ereignisse, die in der Regel allerdings auf der Kenntnis vergangener Ereignisse, also Erfahrungen basieren, eine zentrale Rolle. Auf dieser Grundlage scheint es sinnvoll zu sein, *öffentliches Vertrauen* als Prozess und Ergebnis *öffentlich hergestellten* Vertrauens in *öffentlich wahrnehmbare* Akteure (Einzelakteure, Organisationen) und Systeme (gesellschaftliche Teilsysteme wie das Rentensystem, das Parteiensystem, das politische oder das wirtschaftliche System oder aber die ganze Gesellschaft als System) zu definieren (vgl. auch Bentele 1994: 141). *Glaubwürdigkeit* ist sinnvollerweise als ein Teilphänomen von Vertrauen rekonstruierbar und kann als eine Eigenschaft bestimmt werden, die Menschen, Institutionen oder deren kommunikativen Produkten (mündliche oder schriftliche Texte, audiovisuelle Darstellungen) von jemandem (Rezipienten) in Bezug auf etwas (Ereignisse, Sachverhalte, etc.) zugeschrieben wird. Insofern ist Glaubwürdigkeit keine inhärente Eigenschaft von Texten, sondern Element einer mehrstelligen Relation (vgl. Bentele 1988: 408). Während sich die Zuschreibung von Glaubwürdigkeit alltagssprachlich vor allem auf die Kommunikation von Personen bezieht, ist die Extension von Vertrauen breiter: Man vertraut nicht nur Aussagen von Akteuren, sondern auch den technischen, instrumentalen und problemlösungsbezogenen Aspekten von Gegenständen (z.B. Autos), Institutionen (z.B. Arbeitslosenversicherung, Parteien), Umständen (z.B. Wetterlage) oder sozialen Systemen (z.B. dem Rentensystem, der Marktwirtschaft oder der parlamentarischen Demokratie), natürlich graduell, in unterschiedlichem Ausmaß.

Etymologisch sind ‚vertrauen' und ‚glauben' miteinander verbunden: Aus dem ursprünglichen Wortgebrauch im Sinne von ‚glauben, hoffen, zutrauen' entwickelte sich die Bedeutung ‚Vertrauen schenken' und aus dem reflexiven ‚sich trauen' die Bedeutung ‚wagen'. Vertrauen leitet sich von ahd. ‚fertruen', mhd. ‚vertruwen' ab. Das mittelhochdeutsche ‚truwen' heißt auch ‚hoffen'. Das Verb ‚glauben' geht auf das germanische ‚ga-laubjan' (für lieb halten, gut heißen) zurück und bezog sich schon bei den heidnischen Germanen auf das freundschaftliche Vertrauen eines Menschen zu Gott, später wurde es in abgeschwächter Form in der Bedeutung von ‚für wahr halten' bzw. ‚annehmen, vermuten' gebraucht.[1]

2. ‚Vertrauen' als Gegenstand wissenschaftlicher Betrachtung

2.1 Paradigmen und Perspektiven

Die wissenschaftliche Auseinandersetzung mit dem Phänomen Vertrauen hat eine ganze Reihe unterschiedlicher Definitionen und vor allem Ansätze hervorgebracht, die jeweils verschiedene Aspekte dieses komplexen Konstruktes hervorheben. Daher wird der Versuch einer Metabetrachtung sinnvoll. Zum einen erschließen sich unterschiedliche Zugangsmöglichkeiten zu ‚Vertrauen' aus der Perspektive der jeweiligen Wissenschaftsdisziplin mit jeweils eigenen Paradigmen, unter denen Begriff und Phänomen theoretisch aufgearbeitet und ggf. empirisch erforscht werden. In dieser Hinsicht lassen sich verschiedene psychologische, politik-wissenschaftliche, kommunikationswissenschaftliche, ökonomische, soziologische und andere (z.B. pädagogische) Sichtweisen identifizieren.

Neben der Unterscheidung system- und akteurstheoretischer Perspektiven ließen sich als weitere Möglichkeit zur Strukturierung von Vertrauensdefinitionen und -theorien theoretische Top-down bzw. Bottom-up-Strategien unterscheiden. Theorien einer Top-down-Strategie versuchen, Vertrauen zunächst aus seiner Funktion für die Gesamtgesellschaft respektive für ein gesellschaftliches System heraus zu verstehen bzw. zu definieren. Vertrauen wird dabei häufig als wichtiger ‚Mechanismus' und als Konstituens für das Funktionieren einer Gesellschaft verstanden. Diese Strategie findet sich vor allem in systemtheoretischen Arbeiten[2] aber z.B. auch innerhalb disziplinärer Perspektiven wie derjenigen der Politikwissenschaft.

Als Bottom-up-Strategie könnten solche Ansätze bezeichnet werden, die mit der kleinsten gesellschaftlichen Einheit – dem einzelnen Individuum, bzw. dem handelnden Akteur – beginnend, Vertrauen beschreiben und erklären. Vertrauen wird –

---

[1] Vgl. ausführlicher dazu den Etymologie-Duden, Bd. 7, S. 225 (glauben); S. 716 (trauen). Im Hebräischen wird sogar dasselbe Wort für „Vertrauen" und „Wahrheit" verwendet.

[2] In einigen Arbeiten werden allerdings beide Strategien angewendet. Luhmann (1973) beispielsweise greift sowohl Bottom-up-Elemente der Sozialpsychologie wie funktional-strukturelle Aspekte einer Top-down-Strategie auf.

auf das einzelne Individuum bezogen – meist als Einstellung (attitude) gegenüber anderen Individuen oder Organisationen begriffen (vgl. Vercic 2000). Basierend auf Erkenntnissen zum Erleben und Handeln des Einzelnen werden in dieser Strategie z.T. weiterführende Theorien entwickelt. Prinzipiell ließe sich hier die Mehrzahl der (sozial)psychologischen Ansätze zuordnen, daneben z.B. Arbeiten aus dem ökonomischen Bereich, die aus der individuellen Lebenswelt Einzelner heraus betriebswirtschaftliche Prozesse erläutern.[3]

2.2 Übergreifende Ansätze und Theorien

Luhmann geht in seinem funktional-strukturellen Ansatz davon aus, dass Vertrauen eine soziale Beziehung ist, die eigenen Gesetzlichkeiten unterliegt (Luhmann 1973: 4). Vertrauen wird als notwendiger, unausweichlicher Mechanismus zur Reduktion von Komplexität und gleichzeitig als „supererogatorische Leistung" (ebd.: 46) begriffen. Es kann nicht eingeklagt, sondern nur von jemand anderem freiwillig entgegengebracht werden. Als Vorleistung für die Zukunft ist Vertrauen zeitabhängig und muss immer wieder aktuell bestätigt werden. Misstrauen wird dabei nicht nur als Gegenteil von Vertrauen, sondern zugleich als ein funktionales Äquivalent für Vertrauen begriffen.

Anthony Giddens (1990) entwickelt und begründet die Notwendigkeit von Vertrauen in ‚modernen' Gesellschaften innerhalb eines makrogesellschaftlichen Modells, das der von uns so bezeichneten Top-down-Strategie entspricht. Vertrauen in ‚abstrakte Systeme', insbesondere Expertensysteme (Recht, Wissenschaft, Politik, Wirtschaft) wird als zentraler Mechanismus moderner Gesellschaften bezeichnet. Dadurch, dass Geltung nicht mehr allein als eine Frage der Wahrheit, sondern auch als eine Frage der gesellschaftlichen Akzeptanz aufgefasst wird, gewinnt Vertrauen die Bedeutung eines reflexiven Lenkungsmechanismus. Die Moderne wird in diesem Konzept als ‚high trust'-Zeit aufgefasst, der Begriff der ‚Gewissheit' – kennzeichnend für traditionelle Gesellschaften – wird nach Giddens vom entsprechenden Begriff ‚Vertrauen' innerhalb moderner Gesellschaften abgelöst.

Ein psychologisch fundiertes Modell von Vertrauensprozessen legt James S. Coleman (1982, 1995) vor. Vertrauenssysteme werden hier durch zweckorientiert handelnde Personen begründet. Es wird unterstellt, dass jeder involvierte Akteur in Verfolgung seiner Interessen Entscheidungen treffen muss. In diesen Prozess sind mindestens zwei Parteien einbezogen: *Vertrauender* und *Vertrauensperson*.[4] Diese stellen die beiden Grundelemente eines Vertrauenssystems dar. In vielen Vertrauensbeziehungen ist der Vertrauende nur deshalb bereit, einer Vertrauensperson zu vertrauen, weil ein *Vertrauens-Vermittler* auftritt. Dieser kennt die Vertrauensperson besser als der Vertrauende selbst, der seinerseits der Urteilsfähigkeit dieses Vermittlers hinreichend traut. Im Sinne einer Bottom-up-Strategie entwickelt Coleman aus sol-

---

3 Vgl. zusammenfassend für die Psychologie z.B. Petermann (1992), für die Betriebswirtschaftslehre Bittl (2003).
4 Diese Terminologie wird der Übersetzung in „Treugeber" und „Treuhänder2, die sich in der deutschen Ausgabe von Coleman (1991: 121ff) findet, vorgezogen.

chen Mikrostrukturen – kleinsten Vertrauenseinheiten – auch Gemeinschaften gegenseitigen Vertrauens als „große Systeme mit Vertrauensbeziehungen" (Coleman 1995: 243ff).

3. Vertrauen in unterschiedlichen disziplinären Perspektiven

3.1 Vertrauen in der Psychologie: zwischenmenschliches Vertrauen

Verschiedene Disziplinen bringen unterschiedliche Ansätze hervor, die sich mit Vertrauen und Glaubwürdigkeit auseinandersetzen. Dennoch finden sich stets Parallelen, Querverweise und Überlappungen: Beispielsweise haben psychologische Erkenntnisse in der Politik- und den Wirtschaftswissenschaften Eingang gefunden. Die psychologische Perspektive beschränkt sich weitgehend auf die zwischenmenschlichen Aspekte von Vertrauen[5], was zum Beispiel für eine Anwendung psychologischer Erkenntnisse im Bereich des öffentlichen Vertrauens einige Einschränkungen mit sich bringt. Im Gegensatz dazu führt diese starke Einengung und damit Konkretisierung des Forschungsinteresses aber auch zu einer Vielzahl empirisch belegter Ergebnisse. Eine grundlegende Annahme besteht darin, dass Vertrauen auf Erwartungen in zukünftige Ereignisse besteht. Diesen Ansatz konkretisiert Deutsch (1958, 1973) in seinem Erwartungs-Wert-Modell. Die Entscheidung, Vertrauen zu vergeben, hängt demnach vor allem von der Wahrscheinlichkeit ab, mit der eine positive Konsequenz auf diese Entscheidung erwartet wird, sowie von der beigemessenen Bedeutung dieser Konsequenz. Grundlage für eine solche Entscheidung sind wiederum Erfahrungen, die auf eigenen Erlebnissen oder Informationen anderer beruhen. Positive Erfahrungen sind demnach entscheidend für die Ausprägung von Vertrauen. In dieser Hinsicht kann nach Rotter (1967, 1971, 1980) eine Vertrauenserwartung als Ergebnis eines Lernprozesses beschrieben werden. Rotter unterscheidet dabei zwischen spezifischen Erwartungen – die sich auf einzelne Situationen beziehen – und generalisierten Erwartungen im Sinne einer relativ stabilen Persönlichkeitseigenschaft. Die Untersuchung solcher generalisierter Erwartungen ist mit Hilfe Rotters ‚Interpersonal Trust Scale' (IST) möglich. Durch dieses Instrumentarium wird erhoben, für wie vertrauensvoll eine Person insgesamt eingeschätzt wird[6].

Über die theoretische Verortung hinaus befasst sich die (Sozial)psychologie vor allem im Rahmen der Attributionsforschung mit Vertrauen und vor allem Glaubwürdigkeit. Hier soll erfasst werden, ob und aufgrund welcher kausalen Zusammenhänge und vor allem aufgrund welcher Kriterien Personen als glaubwürdig eingeschätzt werden oder nicht.[7] Ein psychologischer Forschungsbereich, der sich umfassend mit Glaubwürdigkeit auseinandersetzt, ist die forensische Glaubwürdigkeitsforschung und die benachbarte Glaubwürdigkeitsdiagnostik. Diese Forschungstradition

---

5 Vgl. u.a. Petermann (1992: 9).
6 Vgl. Rotter (1971, 1980). ITS hat in zahlreichen empirischen Untersuchungen innerhalb der Psychologie Anwendung gefunden (aber auch darüber hinaus – beispielsweise in der Politikwissenschaft).
7 Vgl. Ansätze von Kelley (1972), Eagly/Chaiken/Wood (1978), sowie zusammenfassend Köhnken (1990).

widmet sich der Frage, wie anhand bestimmter, objektiv zu erfassender Merkmale (zum Beispiel Mimik, Gestik oder psycho-physiologische Phänomene) glaubwürdiges respektive unglaubwürdiges Verhalten erkannt werden kann (vgl. dazu ebenfalls Köhnken 1990).

3.2 Vertrauen in der Wirtschaft

Die Vertrauensproblematik in den Wirtschaftswissenschaften ließe sich als „deus ex machina der ökonomischen Theorie" (Albach 1980: 6) charakterisieren, die „dieses Phänomen nicht in ihr Gebäude einzuordnen vermocht" hat. (ebd.: 2). Die Frage nach Stellenwert und Relevanz von Vertrauen stellt sich innerhalb der vorherrschenden neoklassischen Theorie nicht. Diese geht von der Annahme eines vollkommenen Marktes aus, in dem rational handelnde Akteure aufeinander treffen. Vollständige und korrekte Informationen und die entsprechende Verarbeitungskapazität stehen ihnen jederzeit zur Verfügung. Damit herrscht völlige Markttransparenz, was Unsicherheiten in der Beziehung zwischen den Marktteilnehmern – als Voraussetzung für die Notwendigkeit von Vertrauen – ausschließt.

Ein früher Ansatz, der sich dennoch – zumindest implizit – mit Vertrauen befasst, ist die Theorie des akquisitorischen Potenzials von Gutenberg (1979). Sie beschreibt Präferenzen von Nachfragern gegenüber einem Produkt, die auf eigenen oder von anderen vernommenen Erfahrungen beruhen. Simon (1985: 15) kennzeichnet dieses Potenzial als „Vertrauenskapital".

Grundlage für eine weiterführende – auch theoretische – Auseinandersetzung mit Vertrauen bietet erst die so genannte ‚Neue Institutionenökonomik'. Die ihr zugeordneten Ansätze – wie Property-Rights-Theorie, Transaktionskostenansatz, Prinzipal-Agenten-Theorie und Informationsökonomik (vgl. Kaas 1992b; Fischer 1993) – nehmen jeweils Abstand von einzelnen Annahmen der neoklassischen Theorie. Entscheidend für eine Einbeziehung der Vertrauensthematik ist, dass innerhalb der Neuen Institutionenökonomik Informationsasymmetrien zugelassen werden. Einen Informationsvorsprung besitzt beispielsweise der Anbieter von Gütern und Dienstleistungen bezüglich seiner eigenen Leistungen (vgl. Kaas 1992a: 886f). Aus dieser Asymmetrie entstehen Unsicherheiten, die wiederum Vertrauen als theoretisches Konstrukt relevant machen. Zählt man Medien zu den ‚Vertrauensgütern', wie dies in der Medienökonomie geschieht, so wird Vertrauen – im Rahmen der Neuen Institutionenökonomik – zu einem wichtigen Problem das theoretische Erklärungen verlangt (vgl. Heinrich/Lobigs 2003). Auch in der betriebswirtschaftlichen Marketinglehre gewinnt das Vertrauensphänomen vor allem im Zusammenhang mit dem Begriff ‚Reputation' Aktualität und großen Einfluss (vgl. z.B. Fombrun 1996; Voswinkel 2001).

Plötner (1995) versucht, in Anwendung einer Bottom-up-Strategie auf Basis psychologischer Erkenntnisse (zu interindividuellem Vertrauen) Marktgeschehen zu erklären. Unter den neueren Arbeiten innerhalb der Wirtschaftswissenschaften, die sich explizit und damit auch theoretisch mit dem Vertrauensphänomen auseinandersetzen (u.a. Dill/Kusterer 1988; Plötner 1995), kann zum Beispiel Bittl mit Hilfe von

Überlegungen aus der Kommunikationswissenschaft einen überzeugenden Ansatz vorlegen. Ausgehend von der Vertrauenskonzeption und der Diskrepanz-These von Bentele (1994) leitet er im Umkehrschluss die „Nondiskrepanz" – das Fehlen von kommunikativen Diskrepanzen – als wesentliches Konstituens von Vertrauen innerhalb von Märkten ab (vgl. Bittl 1997: 139ff; Bittl 2003). Auch Ripperger (1998) behandelt das Vertrauensphänomen spezifisch innerhalb der ökonomischen Theorie. Der Kern jeder Vertrauensbeziehung wird hier als Prinzipal-Agent-Problem verstanden, bei dem der Vertrauensnehmer einen Informationsvorsprung hinsichtlich seiner wahren Eigenschaften und Handlungsabsichten innehat.

3.3 Politik und Vertrauen

Auch wenn Vertrauen innerhalb vieler klassischer demokratietheoretischer Konzeptionen (vgl. als Überblick Röhrich 1981; von Beyme 1991; Böhret/Jann/Kronenwatt 1988) keine zentrale Rolle spielt, so hat die Auseinandersetzung mit diesem Phänomen in der politikwissenschaftlichen Diskussion dennoch eine lange Tradition. Bereits Machiavelli[8] entwirft in seinen ‚Discoursi' das Bild einer freiheitlichen, vom Volk getragenen Staatsform. Deren Bestand ist nur dann gewährleistet, wenn an ihrer Spitze eine Führungsperson steht, der das Volk weitreichendes Vertrauen entgegenbringt. „Will es aber das Schicksal, dass das Volk zu niemandem Vertrauen hat [...] so stürzt es unaufhaltsam in sein Verderben." (Machiavelli 1977: 136). Auf ein solches Konzept einer vertrauenswürdigen Führungspersönlichkeit greift unter anderem der Soziologe Max Weber zurück[9] (vgl. Weber 1956: 161). Auch in den Ausführungen von John Locke genießt Vertrauen einen gewissen Stellenwert. Ein demokratisches Gemeinwesen basiert nach Locke auf dem Vertrauen des Volkes in dessen Mandatsträger. Allerdings muss dieses Vertrauen durch staatliche Kontrolle und Garantien abgesichert werden (vgl. Locke 1966: 102, 110). Dieser Ausgleich von Vertrauen und Kontrolle bildet auch heute eine formale Grundlage moderner Demokratien. So existieren z.B. in Deutschland entsprechende institutionalisierte Verfahren (z.B. das Stellen der ‚Vertrauensfrage', das Einbringen eines ‚Misstrauensvotums', vgl. die §§ 61 und 62 GG). Almond/Verba (1965) entwickeln in ihrem ‚Civic Culture'-Ansatz eine Typenlehre politischer Kulturen, die auf den beiden Dimensionen ‚bürgerliche Aktivitätsbereitschaft' und ‚Vertrauen' beruht.

Seit mehreren Jahrzehnten werden von Forschern und Umfrageinstituten der USA – seit den sechziger Jahren auch in Deutschland – regelmäßig Daten zur Frage erhoben, welches Vertrauen die Bevölkerung in die Politik hat (vgl. als Überblick für die USA Lipset/Schneider 1983; Listhaug/Miller 1990). Führenden Politikern zugeschriebene Persönlichkeitsvariablen, Variablen der Politikdarstellung, der Grad der Übereinstimmung der jeweiligen Wähler mit politischen Positionen der Parteien sowie Variablen der Wähler wurden in verschiedenen empirischen Studien als wichtig herausgefunden. Parker (1989) konnte z.B. zeigen, dass Wählervertrauen in den USA ein für die Wahlentscheidung wichtigerer Faktor ist als die Identifikation mit

---

8 Vgl. z.B. Machiavelli 1977.
9 Weber hebt dabei auch die demokratische Legitimation einer solchen Führungsperson hervor.

der jeweiligen Partei. Grundsätzlich lässt sich aber feststellen, dass die amerikanische, politikwissenschaftliche Forschung deutlich in Richtung (öffentliches) Personen-Vertrauen tendiert – dass also vorrangig das Vertrauen in politische Mandatsträger untersucht wird.

Demgegenüber liegt der Schwerpunkt der deutschsprachigen Forschung eher in der Untersuchung des Vertrauens in politische Institutionen (vgl. u.a. Franz 1985; Döring 1990; Gabriel 1993; Walz 1996). Jäckel (1990: 33ff) begründet diese Ausrichtung vor allem damit, dass sich politisches Leben in seinen Institutionen repräsentiere. Demgegenüber muss aber festgestellt werden, dass die Einschätzung von Institutionen wesentlich durch ihre Repräsentanten bestimmt wird (vgl. z.B. Schweer 1997).

Insgesamt zeigt sich, dass in Deutschland unterschiedliche politische Organisationen unterschiedliches Vertrauen genießen. Während beispielsweise dem Bundesverfassungsgericht oder den Hochschulen/Universitäten hohes Vertrauen entgegengebracht wird, sind die entsprechenden Werte für Parteien oder Gewerkschaften eher gering. Bestimmten politischen *Institutionen* (Bundestag, Bundesregierung) wird mehr Vertrauen entgegengebracht als anderen (Parteien) oder den Politikern als personalen Akteuren (Bentele/Seidenglanz 2004).[10] Mit steigendem Alter steigt in Deutschland das Vertrauen in politische Institutionen. Parteipräferenz und politisches Interesse sind wichtige Einflussvariablen in der Vertrauenszuschreibung (vgl. ebd.; sowie Bentele 1992).

Eine grundsätzliche Diskussion im Sinne der oben definierten Top-down-Strategie befasst sich mit der Frage, inwieweit Vertrauen vs. Misstrauen als Konstituens moderner Demokratien verortet werden kann. Dabei lassen sich drei verschiedene Ansätze identifizieren.[11] Gamsons Theorie der politischen Vertrauensorientierung erachtet eine breite Vertrauensbasis als elementar für das Funktionieren eines demokratischen Staatswesens (vgl. Gamson 1968). Demgegenüber betonen zum Beispiel Almond/Verba die Rolle des Misstrauens einer kritischen Öffentlichkeit. Dieses Misstrauen fungiert als Kontrollinstanz und zwingt das politische System zur steten Legitimation. Ein dritter Ansatz (u.a. Sniderman 1981; Wright 1976) spricht sich für eine Mischung aus Vertrauen und Misstrauen als dem Optimum moderner Demokratien aus. Für Barber (1983: 93) hängt diese Frage insbesondere von der Definition des Staatswesens ab. Hinsichtlich einer elitistisch geprägten Demokratietheorie ist Vertrauen als Generalkategorie unverzichtbar, im Gegensatz dazu ist in eher populistischen, partizipatorischen Organisationsformen Misstrauen ein unerlässliches Korrektiv.

---

10 Die höchsten Vertrauenswerte in der deutschen Bevölkerung erreichten Bundesverfassungsgericht und Polizei, im oberen Mittelfeld fanden sich die Massenmedien und Journalisten. Politischen Parteien hingegen wird nur sehr geringes Vertrauen entgegengebracht.
11 Vgl. u.a. Schweer 2000:11.

4. Vertrauen in der Kommunikationswissenschaft: Glaubwürdigkeit und öffentliches Vertrauen

4.1 Medienglaubwürdigkeit

Zwar ist die Beschäftigung mit Vertrauen innerhalb der Sozialwissenschaften in den neunziger Jahren auf verstärktes Interesse gestoßen: Kramer (1999) spricht in seinem Literaturüberblick von einem dramatischen Wachstum des wissenschaftlichen Interesses während der neunziger Jahre. In der Kommunikationswissenschaft blieb dieses Interesse allerdings eher verhalten. Einerseits ist Glaubwürdigkeit in der Kommunikationswissenschaft im Gefolge der frühen Hovland-Studien – als Glaubwürdigkeit von Quellen bzw. Kommunikatoren – vor allem in der Medienwirkungsforschung seit langem rezipiert worden (vgl. Schenk 2001; Jäckel 2002). Erst seit etwa 15 Jahren stößt die Glaubwürdigkeit der Medien auf größeres Interesse. Glaubwürdigkeit fungiert hier als wichtige Imagedimension und bezieht sich nicht nur auf öffentliche Personen oder Institutionen, sondern auch auf die Medien selbst. Glaubwürdigkeit ist auch deshalb ein komplexes Phänomen, weil die ‚Glaubwürdigkeitsobjekte', also das, worauf sich die Attribuierungen beziehen, vielschichtig sind. Schweiger (1999: 91) unterschied systematisch zwischen sechs unterschiedlichen Ebenen: Präsentator (z.B. Moderator, Sprecher), Urheber/Akteur (z.B. Politiker), redaktionelle Einheiten (z.B. Sendung, Beitrag), Medienprodukt (z.B. ARD, BILD, etc.), Subsystem einer Mediengattung (öffentlich-rechtliches Fernsehen, Boulevardzeitungen) und Mediengattungen (Fernsehen, Tageszeitung). In den Einschätzungen über Glaubwürdigkeit spielen diese Ebenen vermutlich häufig ineinander. Nachdem in den USA Forschungstraditionen zur Untersuchung von Quellenglaubwürdigkeit und Medienglaubwürdigkeit schon seit mehreren Jahrzehnten bestehen, ist seit den achtziger Jahren auch in Deutschland theoretisch und empirisch verstärkt geforscht worden. Bentele (1988a; b) hat z.B. zeigen können, dass die Glaubwürdigkeitszuschreibungen der Bevölkerung nicht nur nach Mediengattungen (Fernsehen, Hörfunk, Printmedien), sondern innerhalb dieser Gattungen auch stark nach Einzelmedien variieren. Boulevardzeitungen werden z.B. als deutlich unglaubwürdiger eingeschätzt als Qualitätszeitungen. Alter, Geschlecht, Bildung und Mediennutzung sind wichtige Variablen, die Glaubwürdigkeitszuschreibungen beeinflussen. Die Forschung hat viele Faktoren bzw. Dimensionen identifizieren können, die Glaubwürdigkeitszuschreibungen beeinflussen bzw. sogar konstituieren,[12] was die empirische Forschung jedoch nicht einfacher macht. Ein jüngerer Tagungsband (Rössler/Wirth 1999) widmet sich der Glaubwürdigkeit der Internet-Information und setzt die Tradition der deutschen Medienglaubwürdigkeitsforschung fort. Für Matthias Kohring, der sich in den letzten Jahren intensiv diesem Thema gewidmet hat, bezieht sich Vertrauen im Kern auf *Selektivität*. Kohring geht vom Begriff der *Vertrauenshand-*

---

12 Vgl. die z.B. bei Navratil (1999) oder Wirth (1999) aufgeführten Dimensionen Kompetenz bzw. Sachkenntnis, Vertrauenswürdigkeit, Dynamik, Objektivität, Verständlichkeit, Attraktivität, Ethik, Ähnlichkeit, Soziale Billigung und Sympathie. Diese Dimensionen wurden häufig faktorenanalytisch ermittelt, was eine Reihe von Problemen aufwirft (vgl. Wirth 1999).

lung aus, konkretisiert diese in 15 Punkten und unterscheidet *Vertrauensbereitschaft*, *Vertrauen* bzw. *Vertrauenserklärung* und *Vertrauenswürdigkeit* (Kohring 2001: 56ff). Vertrauen in Journalismus, also traditionell Glaubwürdigkeit der oder von Medien, wird als *Vertrauen in journalistische Selektivität* rekonstruiert und in vier Typen differenziert: Vertrauen in Themenselektivität, Vertrauen in Faktenselektivität, Vertrauen in die Richtigkeit von Beschreibungen und Vertrauen in explizite Bewertungen (Kohring 2001: 85ff; Kohring 2002: 105, Kohring 2004).

4.2 Verlust von Vertrauen und Glaubwürdigkeit

Ein zentrales Problem in westlichen Demokratien ist der generelle Rückgang von Vertrauen innerhalb der letzten Jahrzehnte in Politiker oder politische Parteien, aber auch in Unternehmen, Wirtschaftsakteure, Branchen. Häufig hängen diese Vertrauenseinbußen bzw. -krisen mit bestimmten Vorfällen, die z.T. als Skandale gekennzeichnet werden können, offensichtlich aber auch mit der Berichterstattung über diese Vorfälle zusammen. Vertrauens*einbußen* entwickeln sich gelegentlich zu Vertrauens*krisen*. Neben einem allgemeinen Wertewandel ist vermutlich eine gesteigerte *Aufmerksamkeit des Mediensystems* gegenüber Skandalen und – allgemeiner – Aufmerksamkeit gegenüber *Diskrepanzen* mitverantwortlich. Diese wird wiederum durch die Veränderungen im Mediensystem (zunehmende Konkurrenz, Visualisierung, stärkere Unterhaltungsorientierung) begünstigt und kann wiederum eine Verstärkung des Misstrauens in den Bereichen Politik, Wirtschaft, etc. zur Folge haben. Ein wichtiger Aspekt sind diesbezüglich Möglichkeiten des *Vertrauenserhalts* bzw. der *Rückgewinnung von Vertrauen* durch Kommunikation, z.B. durch die Auswahl oder Auswechselung geeigneter Führungspersonen, Änderung organisatorischer Strukturen, attraktiverer Themen und vor allem eine professionellere Öffentlichkeitsarbeit.

Die Frage, ob mit dem schwindenden Vertrauen z.B. in politische Akteure und Institutionen auch eine Vertrauenskrise des demokratischen Systems einhergeht, wird in der Literatur überwiegend verneint. Gabriel (1993) erkennt allein eine Krise des Parteienstaates, auch Walz (1996) sieht das demokratische System nicht gefährdet. Diese Überlegungen lassen sich auf eine Unterscheidung zwischen Regierungsvertrauen – dem Vertrauen in die aktuelle Administration – und einem Systemvertrauen zurückführen, deren prominenteste Vertreter Miller[13] und Critin (1974) sind. Auch Easton (1975) formuliert in seinem Konzept der diffusen politischen Unterstützung eine derartige Differenzierung. Kuhlmann (2000: 28) begründet diesen Aspekt theoretisch und koppelt Vertrauen in ein politisches System von dem in die Akteure respektive Institutionen ab, die in ihm tätig sind.[14]

---

13   Vgl. Miller 1974; Listhaug/Miller 1990.
14   Demnach kann ein System nicht unter moralischen Gesichtspunkten bzw. seiner Integrität bewertet werden, wie dies bei Akteuren oder Institutionen der Fall ist.

4.3 Theorie des öffentlichen Vertrauens als PR-Theorie

‚Öffentliches Vertrauen' bezieht sich einerseits – rezeptionsorientiert und als (individuelle) Vertrauenshandlung (Kohring 2004) – auf die Zuschreibung von unterschiedlich stark ausgeprägtem Ver- oder Misstrauen öffentlich wahrnehmbarer Personen, Organisationen, also Akteuren und sozialer Systeme. Andererseits wird die Möglichkeit der Beobachtung dieser Akteure und Systeme ja durch aktiv organisierte Kommunikation (Public Relations) mitgesteuert sowie in komplexen öffentlichen Kommunikationsprozessen, also innerhalb der Öffentlichkeit erst hergestellt. Öffentliches Vertrauen bezieht sich so andererseits auf die sozialen Mechanismen der öffentlichen Kommunikation, *durch* die Vertrauen in Akteure und Systeme konstituiert wird. Politiker, politische Parteien oder das Bundespräsidialamt sind Akteure, das Renten- oder Gesundheitssystem, das pluralistische Parteiensystem oder das System der sozialen Marktwirtschaft sind Systeme, in die Individuen bzw. die Bevölkerung mehr oder weniger Vertrauen setzen kann. Prozesse der Vertrauensbildung oder von Vertrauensverlusten auf Rezeptionsseite hängen aber stark von durch PR und Medien vermittelte Information, also von den Regeln organisierter Kommunikation sowie von den Prozessen und Strukturen der öffentlichen Kommunikation insgesamt ab. Diesen Zusammenhang systematisch zu beschreiben und – womöglich – zu erklären, ist primäres Ziel einer ‚Theorie des öffentlichen Vertrauens', die in einigen Grundzügen von Bentele (1994) skizziert wurde.

Als *Elemente* im öffentlichen Vertrauensprozess – welche als Teildimension eines Prozesses der öffentlichen Kommunikation aufgefasst wird, werden fünf Instanzen unterschieden:

- *Vertrauenssubjekte, d.h.* Personen(-gruppen), die aktiv vertrauen,
- *Vertrauensobjekte*, d.h. die öffentlich wahrnehmbare Personen, Organisationen, oder Systeme (technische Systeme, soziale Systeme), denen vertraut wird und *Vertrauensvermittler*, also diejenigen Akteure, die öffentlich kommunizieren (Public Relations und Medien),
- *Sachverhalte und Ereignisse* sind Bezugsgrößen öffentlicher Kommunikation und
- *Texte/Botschaften* spielen in der öffentlichen Kommunikation eine zentrale Rolle.

Dabei wird nach vier *Vertrauenstypen* differenziert: (interpersonales) Basisvertrauen sowie (öffentliches) Personen-, Institutionen- und Systemvertrauen. Damit wird eine Integrationsmöglichkeit von (individual-)psychologischen sozialwissenschaftlichen Perspektiven aufgezeigt, Top-Down- und Bottom-Up-Strategien lassen sich durch ein solches Schichtenmodell verbinden. Es wird postuliert, dass verschiedene *Vertrauensfaktoren* (z.B. Sachkompetenz, Problemlösungskompetenz, Kommunikationsadäquatheit, kommunikative Konsistenz, kommunikative Transparenz, gesellschaftliche Verantwortung und Verantwortungsethik) existieren, die – werden sie in starker Ausprägung oder optimaler Kombination wahrgenommen – hohe Vertrauenswerte erzeugen. Eine nur geringe Ausprägung oder das Fehlen dieser Faktoren hingegen bewirkt Misstrauen. Vertrauen wird in zeitlich ausgedehnten, dynamischen

Prozessen eher langsam erworben, es kann aber (z.B. in Krisensituationen) sehr schnell verloren gehen.

Die wichtigste Ursache für *Vertrauensverluste* wird in der Wahrnehmung von *Diskrepanzen* durch die Vertrauenden gesehen. Es werden eine Reihe von unterschiedlichen *Diskrepanztypen* unterschieden, z.B. Diskrepanzen zwischen Information und tatsächlichem Sachverhalt (Lügen), zwischen verbalen Aussagen und tatsächlichem Handeln, zwischen verschiedenen Handlungen in gleichen Institutionen, zwischen Normen und Aussagen oder Handlungen, etc. Diskrepanzen werden durch die Kommunikation oder durch das Handeln der Akteure intentional oder nicht-intentional erzeugt oder sie sind im (politischen, wirtschaftlichen) System latent vorhanden. Bei der Bildung öffentlichen Vertrauens werden sie vom journalistischen System transportiert bzw. thematisiert, was der normativ (Demokratietheorie) gesetzten Kritikfunktion der Medien entsprechen würde. Sie werden aber von den Medien auch – in Vollziehung ihrer Nachrichtenwertelogik – entweder verstärkt oder überhaupt erst erzeugt, was dieser Aufgabenstellung nicht entsprechen würde. Journalistische Nachrichtenfaktoren (vgl. Staab 1990) wie Negativismus, Konflikt, Kontroverse und journalistische Routinen wie ‚aktuelle Instrumentalisierung' (vgl. Kepplinger 1994) können die *mediale Konstruktion* und die Wahrnehmung von Diskrepanzen auf Publikumsseite begünstigen. Insbesondere publizistische Konflikte sind dazu geeignet, Diskrepanzen zu transportieren, zu verstärken oder zu erzeugen und damit Vertrauensverluste beim Publikum gegenüber Akteuren aus Wirtschaft, Politik usw. zu bewirken. Dass die Bevölkerung Diskrepanzen z.B. zwischen eigenen Erfahrungen und Aussagen von Politikern, aber auch im Vergleich zur Medienberichterstattung über bestimmte Akteursgruppen (Arbeitslose, Ost- bzw. Westdeutsche) sehr bewusst wahrnimmt, lässt sich auch empirisch klar zeigen (vgl. z.B. Bentele/Seeling 1996).

4.4 Vertrauen in der Public Relations-Praxis

Vertrauen – insbesondere öffentliches Vertrauen – ist nicht nur ein wichtiges Thema innerhalb der Wissenschaft, sondern hatte von Anfang an eine herausragende Bedeutung auch für das praktische Handeln der Berufs- bzw. Professionsangehörigen.

Zweifellos spielt in vielen *Berufsfeldern* – wie im menschlichen Zusammenleben generell – Vertrauen eine entscheidende Rolle. Der Klient muss dem Anwalt vertrauen, dass er sein Anliegen professionell vertritt, der Patient setzt mehr oder weniger Vertrauen in seinen Arzt, wir müssen den Ingenieuren und Architekten vertrauen, dass technische Systeme funktionieren, dass Gebäude nicht einstürzen. Der besondere Stellenwert der Public Relations ergibt sich aus der Tatsache, dass sie im Zentrum vielfältiger *institutionalisierter Vertrauensbeziehungen* steht. PR-Akteure (z.B. PR-Agenturen, PR-Mitarbeiter oder PR-Abteilungen einer Organisation) befinden sich erstens in einem Vertrauensverhältnis zum jeweiligen Arbeits- oder Auftraggeber, deren Interessen sie vertreten. In dieser Eigenschaft fungieren sie zweitens als *Vertrauensvermittler* zwischen Organisationen und den spezifischen Teilöffentlichkeiten, darunter auch den Medien. Nicht zuletzt geht Public Relations drittens selbst eine Vertrauensbeziehung mit diesen *Teilöffentlichkeiten* ein. Ein Journalist oder das Mitglied einer Bürgerinitiative muss dem Pressesprecher oder der PR-Agentur vertrauen, die Informationen der Firmenleitung korrekt weitergegeben zu haben. So ist es auch zu erklären, dass *Vertrauen* zu einer der am häufigsten gebrauchten Begrifflichkeiten innerhalb der fachspezifischen Literatur zählt, insbesondere wenn es darum geht, die Beziehungen einer Organisation zu ihrer Umwelt qualitativ zu klassifizieren.

Bereits PR-Praktiker der fünfziger und sechziger Jahre wie Friedrich Korte (1955), Carl Hundhausen (1951), Albert Oeckl (1964) und Georg-Volkmar Graf Zedtwitz-Arnim (1961) definieren Vertrauen als wichtigen Zielwert praktischer Public Relations. Dabei reduziert sich diese Betrachtung allerdings weitgehend auf alltags- bzw. berufstheoretische Ansätze. ‚Vertrauen' wird als Alltagsbegriff benutzt, eine Reflexion des Vertrauensbegriffs, die wissenschaftlichen Standards standhält, ist in den ersten Jahrzehnten der PR-Literatur nicht zu finden, ebenfalls existieren keine empirischen Studien. Einen Anstoß hat die Literatur erst zu Anfang der 90er Jahre mit den Überlegungen von Ronneberger/Rühl (1992: 226ff) erhalten.

Auch wenn Praktikerliteratur *Vertrauen* nachhaltig zum Zielwert stilisiert, so konnte sie nie grundsätzlich die Vorstellung einer ‚mechanischen' Erzeugung von Vertrauen abstreifen, die z.B. mit der Formel „Werbung um öffentliches Vertrauen" (Hundhausen 1951) verbunden ist. Vertrauen entsteht durch vertrauenswürdiges Verhalten. Glaubwürdigkeit und Vertrauen ist an die Zuschreibung von Vertrauensfaktoren gebunden (z.B. Sachkompetenz, tatsächlich praktizierte offene Kommunikation u.a.) wohingegen Vertrauen, das vor einer konstruierten ‚Fassade' entsteht, früher oder später aufgrund wahrnehmbarer Diskrepanzen verloren gehen muss. Public Relations können diesen Prozess wirksam unterstützen und gewinnen dabei eine Schlüsselposition im Vergleich zu anderen Formen institutionalisierter Kommunikation – wie zum Beispiel der Werbung.

Im Rahmen eines solchen Vertrauenserwerbes oder -erhalts durch Public Relations wird offensichtlich mehr benötigt als der Einsatz einer beliebigen Reihe von Kommunikationstechniken. Auch verstärkte Informationsaktivitäten oder ausschließlich ‚richtige' Informationen führen nicht automatisch zu größerem Vertrauen. Perspektivisch gesehen sind es weniger traditionelle Elemente der Einweg-Kommunikation, die die Vertrauensbildung nachhaltig unterstützen, sondern vor allem *dialogische Formen, offenes Kommunikationsverhalten (Transparenz)*, die *Fähigkeit zu selbstkritischer Betrachtung* und zur *Revision* von (als falsch erkanntem) Verhalten. Dialog ist dabei nicht nur als Austausch von Argumenten zu verstehen, sondern als kommunikative Auseinandersetzung mit anderen Positionen, die auch die Möglichkeit einschließt, das eigene Verhalten zu korrigieren. Das Konzept einer ‚symmetrischen Kommunikation' (Grunig/Hunt 1984) oder das einer ‚verständigungsorientierten Öffentlichkeitsarbeit' (vgl. Burkart/Probst 1991; Burkart 1993) hat in dieser Richtung auch für die PR-Praxis Impulse geben können.

Vor der Aufgabe, Vertrauensbildung zu unterstützen, steht die Public Relations aber auch in eigener Sache. Eine Studie der Autoren aus dem Jahr 2003 hat gezeigt, dass für die Branche selbst bezüglich des Vertrauens, das die Bevölkerung mit dem

Beruf verbindet, erheblicher Nachholbedarf besteht.[15] Verbindliche und allgemein angewendete Kodizes, ein hoher Ausbildungsstandard und hohe persönliche Verantwortlichkeit der PR-Akteure sind Professionsmerkmale und Möglichkeiten, höheres Vertrauen in den Berufsstand zu erreichen.

Literatur

Albach, Horst (1980): Vertrauen in der ökonomischen Theorie. In: Zeitschrift für die gesamte Staatswissenschaft, 136. Jg., Nr. 1, S. 2-11.
Almond, Gabriel A./Verba, Sidney (1965): The Civic Culture. Political Attitudes and Democracy in Five Nations. Boston: Little, Brown and Company.
Barber, Bernard (1983): Logic and limits of political trust. New Brunswick, New York: Rutgers Univ. Press.
Bentele, Günter (1988): Der Faktor Glaubwürdigkeit. Forschungsergebnisse und Fragen für die Sozialisationsperspektive. In: Publizistik, 33. Jg., Nr. 2/3, S. 406-426.
Bentele, Günter (1992): Öffentliches Vertrauen. Eine Literaturauswertung. Unveröffentlichter Bericht, 138 S. Erstellt im Auftrag des Presse- und Informationsamtes der Bundesregierung.
Bentele, Günter (1994): Öffentliches Vertrauen – normative und soziale Grundlage für Public Relations. In: Armbrecht, Wolfgang/Zabel, Ulf (Hrsg.): Normative Aspekte der Public Relations. Grundlagen und Perspektiven. Eine Einführung. Opladen: Westdeutschers Verlag.
Bentele, Günter (1998): Glaubwürdigkeit/Vertrauen. In: Jarren, Otfried/Sarcinelli, Ulrich/Saxer, Ulrich (Hrsg.): Politische Kommunikation in der demokratischen Gesellschaft. Ein Handbuch mit Lexikonteil. Opladen, Wiesbaden: Westdeutscher Verlag, S. 305-311.
Bentele, Günter/Seeling, Stefan (1996): Öffentliches Vertrauen als zentraler Faktor politischer Öffentlichkeit und politischer Public Relations. Zur Bedeutung von Diskrepanzen als Ursache von Vertrauensverlust. In: Jarren, Otfried/Schatz, Heribert/Weßler, Hartmut (Hrsg.): Medien und politischer Prozess. Politische Öffentlichkeit und mediale Politikvermittlung im Wandel. Opladen: Westdeutscher Verlag, S. 155-167.
Bentele, Günter/Seidenglanz, René (2004): Das Image der Image-Konstrukteure. Eine repräsentative Studie zum Image der PR-Branche in Deutschland und eine Journalistenbefragung. Leipzig: Universität Leipzig
Beyme, Klaus von (1991): Theorie der Politik im 20. Jahrhundert. Frankfurt a.M.: Suhrkamp.
Bittl, Andreas (1997): Vertrauen durch kommunikationsintendiertes Handeln. Eine grundlagentheoretische Diskussion in der Betriebswirtschaftslehre mit Gestaltungsempfehlungen für die Versicherungswirtschaft. Wiesbaden: Gabler.
Bittl, Andreas (2003): Vertrauen in der Betriebswirtschaftslehre – Deus Ex Machina oder Forschungsgegenstand? In: Schmitz, Walther/Hess-Lüttich, Ernest W.B. (Hrsg.): Maschinen und Geschichte – Machines and History: Beiträge des 9. Internationalen Kongresses der Deutschen Gesellschaft für Semiotik (DGS) vom 3.-6. Okt. 1999 an der TU Dresden. Thelem, o.S.
Böhret, Carl/Jann, Werner/Kronenwett, Eva (1988): Innenpolitik und politische Theorie. Ein Studienbuch. Opladen: Westdeutscher Verlag.
Burkart, Roland (1993): Verständigungsorientierte Öffentlichkeitsarbeit - Ein Transformationsversuch der Theorie des kommunikativen Handelns. In: Bentele, Günter/Rühl, Manfred (Hrsg.): Theorien öffentlicher Kommunikation. Problemfelder, Positionen, Perspektiven. München: Ölschläger, S. 218-227.
Burkart, Roland/Probst, Sabine (1991): Verständigungsorientierte Öffentlichkeitsarbeit. Eine kommunikationstheoretisch begründete Perspektive. In: Publizistik, 36. Jg., Nr. 1, S. 56-76.
Coleman, James S. (1982): Systems of trust. A rough theoretical framework. In: Angewandte Sozialforschung, 10. Jg., Nr. 3, S. 277-299.
Coleman, James S. (1995): Grundlagen der Sozialtheorie. Band 1: Handlungen und Handlungssysteme. München: Oldenbourg.
Critin, Jack (1974): Comment: The Political Relevance of Trust in Government. In: American Political Science Review, 68. Jg., Nr. 3, S. 973-988.

---

15 Vgl. Bentele/Seidenglanz (2004). Im Vergleich mit anderen gesellschaftlichen Institutionen und Akteuren genießen PR-Berater bei der deutschen Bevölkerung nur geringes Vertrauen; bei Journalisten als wichtigem Partner im Prozess der Vertrauensvermittlung genießen PR-Fachleute sogar noch weniger Vertrauen.

Deutsch, Morton (1958): Trust and suspicion. In: Journal of Conflict Resolution, 2. Jg., S. 265-279.
Deutsch, Morton (1973): The resolution of conflict: Constructive and destructive processes. New Haven: Yale University Press.
Dill, Hermann/Kusterer, Marion (1988): Beziehungsmanagement: theoretische Grundlagen und explorative Befunde. In: Marketing ZFP, 10. Jg., S. 211-220.
Döring, Herbert (1990): Aspekte des Vertrauens in Institutionen. Westeuropa im Querschnitt der Internationalen Wertstudie 1981. In: Zeitschrift für Soziologie, 19. Jg., S. 73-89.
Eagly, Alice H./Chaiken, Shelley/Wood, William (1978): Casual inferences about communicators and their effect on opinion change. In: Journal of Personality and Social Psychology, 36. Jg., S. 424-435.
Easton, David (1975): A Re-Assessment of the concept of political support. In: British Journal of Political Science, 5. Jg., S. 435-457.
Fischer, Marc et al. (1993): Marketing und neuere ökonomische Theorie: Ansätze zu einer Systematisierung. In: Betriebswirtschaftliche Forschung und Praxis, 45. Jg., Nr. 4, S. 444-470.
Fombrun, Charles J. (1996): Reputation. Realizing Value from the Corporate Image. Boston, Massachusetts: Harvard Business School Press.
Franz, Gerhard (1985): Zeitreihenanalysen zu Wirtschaftsentwicklung, Zufriedenheit und Regierungsvertrauen in der Bundesrepublik Deutschland. Entwicklung eines dynamischen Theorieansatzes zur Konstitution der Legitimität einer Regierung. In: Zeitschrift für Soziologie, 14. Jg., S. 64-88.
Gabriel, Oscar W. (1993): Institutionenvertrauen im vereinigten Deutschland. In: Politik und Zeitgeschehen, 43. Jg., S. 3-12.
Gamson, Wiliam A. (1968): Power and Discontent. Homewood, Ill.: Dorsey.
Giddens, Anthony (1991): The consequences of modernity. Cambridge: Polity Press. Deutsche Ausgabe unter dem Titel „Konsequenzen der Moderne" (1996). Frankfurt a.M.: Suhrkamp.
Götsch, Katja (1994): Riskantes Vertrauen. Theoretische und empirische Untersuchung zum Konstrukt Glaubwürdigkeit. Münster/Hamburg: Lit.
Grunig, James E./Hunt, Todd (1984): Managing Public Relations. New York: Holt, Rinehart and Winston.
Gutenberg, Erich (1979): Grundlagen der Betriebswirtschaftlehre. Band 2: Der Absatz. Berlin u.a.: Springer
Heinrich, Jürgen/Lobig, Frank (2003): Neue Institutionenökonomik. In: Altmeppen, Klaus Dieter/Karmasin, Matthias (Hrsg.): Medien und Ökonomie. Band 1/1: Grundlagen der Medienökonomie. Wiesbaden: Westdeutscher Verlag, S. 245-268.
Hundhausen, Carl (1951): Werbung um öffentliches Vertrauen. Public Relations. Band 1, Essen: Girardet.
Jäckel, Hartmut (1990): Über das Vertrauen in der Politik. Nicht an Personen, sondern an Institutionen entscheidet sich das Wohl der Bürger. In: Haungs, Peter (Hrsg.): Politik ohne Vertrauen? Baden-Baden: Nomos.
Jäckel, Michael ²(2002): Medienwirkungen. Ein Studienbuch zur Einführung. Wiesbaden: Westdeutscher Verlag.
Kaas, Klaus Peter (1992a): Kontraktgütermarketing als Kooperation zwischen Prinzipalen und Agenten. In: Schmalenbachs Zeitschrift für betriebswirtschaftliche Forschung, 44.Jg, Nr. 10, S. 884-901.
Kaas, Klaus Peter (1992b): Marketing und Neue Institutionenlehre. Arbeitspapier aus dem Forschungsprojekt Marketing und ökonomische Theorie. Frankfurt a. M.
Kelley, Harold H. (1972): Attribution in social interaction. In: Kelley Harold H. et al. (Hrsg.): Attribution: Perceiving the causes of behavior. Morristown, NJ: General Learning Press.
Kepplinger, Hans Mathias (1994): Publizistische Konflikte. Begriffe, Ansätze, Ergebnisse. In: Neidhardt, Friedhelm (Hrsg.): Öffentlichkeit, Öffentliche Meinung, soziale Bewegungen. Sonderheft 34 der Kölner Zeitschrift für Soziologie und Sozialpsychologie. Opladen: Westdeutscher Verlag, S. 214-233.
Köhnken, Günter (1990): Glaubwürdigkeit: Untersuchungen zu einem psychologischen Konstrukt. München: Psychologie Verlags Union.
Kohring, Matthias (2001): Vertrauen in Medien – Vertrauen in Technologie. Arbeitsbericht. Nr. 196, September 2001. Stuttgart: Akademie für Technikfolgenabschätzung in Baden-Württemberg.
Kohring, Matthias (2002): Vertrauen in Journalismus. In: Scholl, Armin (Hrsg.): Systemtheorie und Konstruktivismus in der Kommunikationswissenschaft. Konstanz: UVK, S. 91-110.
Kohring, Matthias (2004): Vertrauen in Journalismus. Theorie und Empirie. Habilschrift, Konstanz: Universitätsverlag
Korte, Friedrich H. (1955): Über den Umgang mit der Öffentlichkeit (Public Relations). Berlin: Kulturbuch.
Kramer, Roderick M.(1999): Trust and Distrust in Organizations: Emerging Perspectives, Enduring Questions. In: Annual Review of Psychology. [www.findarticles.com]

Kuhlmann, Christoph (2000): Die Begründung von Politik als Beitrag zur Vertrauensbildung? In: Schweer, Martin K.W. (Hrsg): Politische Vertrauenskrise in Deutschland? Eine Bestandsaufnahme. Münster u.a.: Waxmann.

Lipset, Seymour M./Schneider, William (1983): The Confidence Gap. Business, Labor and Government in the Public Mind. New York: Free Press.

Listhaug, Ola/Miller, Arthur H. (1990): Political Parties and confidence in Government: A Comparison of Norway, Sweden and the United States. In: British Journal of Political Science, 20. Jg., S. 357-386.

Locke, John (1966): Über die Regierung. Hrsg. von Peter Cornelius. Reinbeck: Mayer-Tasch..

Luhmann, Niklas (1973): Vertrauen. Ein Mechanismus zur Reduktion sozialer Komplexität. Stuttgart: Enke.

Miller, Arthur H. (1974): Rejoinder to „Comment" by Jack Citrin: Political discontent of a ritualism? In: American Political Science Review, 68. Jg., Nr. 3, S. 989-1001.

Nawratil, Ute (1999): Glaubwürdigkeit als Faktor im Prozess medialer Kommunikation. In: Rößler, Patrick/Wirth, Werner (Hrsg.): Glaubwürdigkeit im Internet. Fragestellung, Modelle, empirische Befunde. München: Fischer, S. 15-31.

Oeckl, Albert (1964): Handbuch der Public Relations. Theorie und Praxis der Öffentlichkeitsarbeit in Deutschland und der Welt. München: Süddeutscher Verlag.

Parker, Glenn R. (1989): The Role of Constituent Trust in Congressional Elections. In: Public Opinion Quarterly, 53. Jg., S. 175-196.

Petermann, Franz (1992): Psychologie des Vertrauens. Göttingen: Hogrefe.

Plötner, Olaf (1995): Das Vertrauen des Kunden. Relevanz, Aufbau und Streuung auf industriellen Märkten. Wiesbaden: Gabler.

Ripperger, Tanja (1998): Ökonomik des Vertrauens. Analyse eines Organisationsprinzips. Tübingen: Mohr Siebeck.

Röhrich, Wilfried (1981): Die repräsentative Demokratie. Ideen und Interessen. Opladen: Westdeutscher Verlag.

Ronneberger, Franz/Rühl, Manfred (1992): Theorie der Public Relations. Ein Entwurf. Opladen: Westdeutscher Verlag.

Rößler, Patrick/Wirth, Werner (Hrsg.) (1999): Glaubwürdigkeit im Internet. Fragestellung, Modelle, empirische Befunde. München: Fischer.

Rotter, Julian B. (1967): A new scale of for the measurement of interpersonal trust. In: Journal of Personality, Nr. 35, 651-655

Rotter, Julian B. (1971): Generalized expectancies for interpersonal trust. In: American Psychologist, 26. Jg., S. 443-452.

Rotter, Julian B. (1981): Interpersonal trust, trustworthiness and gullibility. In: In: American Psychologist, 35. Jg., S.1-7.

Schenk, Michel [2](2002): Medienwirkungsforschung. Tübingen: Mohr-Siebeck.

Schweer, Martin K.W. (1997): Der „vertrauenswürdige" Politiker im Urteil der Wähler. In: Schweer, Martin K.W. (Hrsg.): Vertrauen und soziales Handeln. Facetten eines alltäglichen Phänomens. Neuwied: Luchterhand.

Schweer, Martin K.W. (2000): Politisches Vertrauen: Theoretische Ansätze und empirische Befunde. In: Schweer, Martin K.W. (Hrsg): Politische Vertrauenskrise in Deutschland? Eine Bestandsaufnahme. Münster u.a.: Waxmann

Schweiger, Wolfgang (1999): Medienglaubwürdigkeit - Nutzungserfahrung oder Medienimage? In: Rößler, Patrick/Wirth, Werner (Hrsg.): Glaubwürdigkeit im Internet. Fragestellung, Modelle, empirische Befunde. München: Fischer, S. 89-110.

Simon, H.A. (1978): Rationaltiy as process and as product of thought. In: American Economic Review, 68. Jg., S.1-16.

Sniderman, Paul M. (1981). A Question of Loyalty. Berkley: University of California Press.

Staab, Joachim Friedrich (1990): Nachrichtenwert-Theorie. Formale Struktur und empirischer Gehalt. Freiburg, München: Alber.

Vercic, Dejan (2000): Trust in Organisations: A Study of the relations between media coverage, public perceptions and profatability. Unpublished Doctoral Dissertation, London School of Economics and Political Science, London University.

Voswinkel, Stephan (2001): Anerkennung und Reputation. Die Dramaturgie industrieller Beziehungen. Mit einer Fallstudie zum „Bündnis für Arbeit". Konstanz: UVK.

Walz, Dieter (1996): Vertrauen in Institutionen in Deutschland zwischen 1991 und 1995. In: ZUMA-Nachrichten, 38. Jg., Nr. 20, S. 70-89.

Weber, Max (1956): Soziologie. Weltgeschichtliche Analysen. Politik. Stuttgart: Kröner.

Wirth, Werner (1999): Methodologische und konzeptionelle Aspekte der Glaubwürdigkeitsforschung. In: Rößler, Patrick/Wirth, Werner (Hrsg.): Glaubwürdigkeit im Internet. Fragestellung, Modelle, empirische Befunde. München: Fischer, S. 47-66.
Wright, J.D. (1976): The dissent of the governed. New York: Academic Press.
Zedtwitz-Arnim, Georg-Volkmar Graf von (1961): Tue Gutes und rede darüber. Public Relations für die Wirtschaft. Berlin, Frankfurt a.M., Wien: Ullstein.

Themen der Öffentlichkeit und Issues Management

Patrick Rössler

1. Einleitung

Den Gegenstand von Massenkommunikation beschreibt eine Reihe von Begriffen, die sich allesamt durch Unschärfen in ihrer Verwendung auszeichnen. Der Bogen spannt sich vom ‚Thema' über das ‚Ereignis' und das ‚Problem' bis hin zu den Anglizismen des ‚Issues', ‚Events' oder der ‚Topics' – Ausdrücke, die oft synonym gebraucht werden, obwohl sie unterschiedliche Facetten desselben Sachverhalts bezeichnen: Der *Inhaltsdimension sozialer Verständigung*, die meist eher faktische Züge trägt; im Gegensatz beispielsweise zur Bewertungsdimension oder zur Akteursdimension (wenngleich auch Werturteile oder Akteure zum Gegenstand öffentlicher Diskussionen werden können). Dabei sind Themen als ‚quasi-hierarchische Netzwerke' zu begreifen, für die immer ein nächsthöheres Thema existiert (vgl. Yagade/Dozier 1990), weshalb der Versuch einer verbindlichen Definition von Themen regelmäßig scheitern muss. Doch ungeachtet dessen – „angesichts der Funktion von Themen für den Kommunikationsprozess selbst, für das Verstehen, die Aufmerksamkeit und die Selektion der Akteure dürfte deren herausragende Bedeutung für die Öffentlichkeitsarbeit außer Frage stehen" (Arlt 2001: 127).

So wie die Public Relations generell um eine Steuerung der öffentlichen Diskurse bemüht ist, kann das *Issues Management* als Strategie bezeichnet werden, um den Prozess der Emergenz, Diffusion und Behandlung von konflikthaltigen Themen in der Öffentlichkeit zu beeinflussen, und zwar entsprechend der Ziele einer Organisation (vgl. Lütgens 1998). Im Folgenden wird daher zunächst der *Ablauf von Thematisierungsprozessen* unter den Bedingungen einer Medienlogik erläutert, wobei insbesondere auf Erkenntnisse zur *Charakteristik von Themenkarrieren*, auf die *Rolle von Schlüsselereignissen* und auf *Befunde zur Agenda-Setting-Funktion* von Massenmedien einzugehen ist. Der zweite Teil widmet sich dann genauer den genannten Steuerungsprozessen, die einerseits für den Bereich der *politischen Kommunikation* anhand der Forschung zum *Agenda-Building*, zur *Priming-Hypothese* bzw. zur *instrumentellen Aktualisierung* verdeutlicht werden, und die andererseits den Bereich der *Unternehmenskommunikation* anhand von Konzepten des erwähnten *Issues-Managements* und des *thematischen Framings* behandeln. Dabei können sich Public-Relations-Aktivitäten zur Durchsetzung eines Themas auf die unmittelbare Beeinflussung sowohl von Journalisten, als auch von gesellschaftlichen Akteuren beziehen, die sich außerdem gegenseitig beeinflussen und so eine mittelbare Resonanz von PR erzeugen.

2. Thematisierungsprozesse in der medialen Öffentlichkeit

Unbestritten repräsentiert die Herstellung von *Öffentlichkeit* eine Primärfunktion von Massenmedien in einer demokratischen Gesellschaft, wobei zu beachten ist, dass es sich bei der Medienöffentlichkeit um einen spezifischen Typ von Öffentlichkeit handelt (vgl. hier und im Folgenden ausführlicher Schulz 1997: 86ff mit weiteren Literaturverweisen sowie Szyszka 1999 zum Öffentlichkeitskonzept in der Organisationskommunikation). In der Folge von Habermas' einflussreicher Habilitationsschrift ‚Strukturwandel der Öffentlichkeit' (1962) wurde dieses wissenschaftliche Konzept insbesondere in der Soziologie verstärkt analysiert. Aufgrund seiner historischen Bedeutung für die Entwicklung moderner Demokratien ist der Begriff normativ aufgeladen, denn „in der Idealvorstellung vom Prozess der Meinungs- und Willensbildung verleiht Öffentlichkeit den politischen Entscheidungen Rationalität und demokratische Legitimation" (Schulz 1997: 87). Zentrales Kennzeichen von Öffentlichkeit ist dabei eben ihre Offenheit, sowohl im Sinne eines freien Zugangs für jedermann als auch im Sinne eines freien, in Reichweite und Gehalt unkontrollierten Informationsflusses. Als zwei Grundtypen lassen sich die autochtone und die repräsentative Öffentlichkeit gegenüberstellen, die beide als Vermittlungssystem zwischen Akteuren eines Zentrums aus politischen Akteuren und Herrschaftsträgern einerseits und einer Peripherie aus Bürgern, Bürgervereinigungen und Verbänden andererseits begriffen werden (vgl. Gerhards 1998). Aber während der erstere Typ unterstellt, dass die Willensbildung von der Peripherie ausgeht und durch rationale öffentliche Diskurse ein Konsens entsteht, den das Zentrum dann aufgreift und umsetzt, kommt im Modell der repräsentativen Öffentlichkeit den *Massenmedien* eine wesentliche Bedeutung zu: Kollektive Akteure des Zentrums repräsentieren und artikulieren unterschiedliche Positionen, Öffentlichkeit ist dieser Perspektive zufolge „nichts weiter als der Spiegel der kommunizierten Beiträge einer pluralistischen Gesellschaft" (ebd.: 32).

Dementsprechend spielen derzeit so genannte Präsenz- oder Versammlungsöffentlichkeiten nur mehr eine untergeordnete Rolle im gesellschaftlichen Entscheidungsprozess – im Gegensatz zu jener Öffentlichkeit, die durch Massenmedien kontinuierlich hergestellt, erneuert und modifiziert wird. An dieser Stelle können die allgemeinen Spezifika des Prozesses der (Massen-)Medienkommunikation, die diesen vom Idealtyp einer Präsenzöffentlichkeit grundsätzlich unterscheiden, aus Platzgründen nicht ausgeführt werden; verwiesen sei daher nur stichwortartig auf die Aspekte der Selektivität, Aufmerksamkeitssteuerung, Glaubwürdigkeit oder die Rollendifferenzierung im öffentlichen Kommunikationsprozess. Für den vorliegenden Zusammenhang ist hingegen zweierlei entscheidend: Zum einen die Tatsache, dass in einer repräsentativ organisierten Öffentlichkeit ein Kampf um die begehrten, aber nur begrenzt verfügbaren Inhalte und Sprecherplätze einsetzt, um den Prozess nach eigenen Interessen steuern zu können – und zum anderen die überragende Rolle von Themen zur Strukturierung von öffentlichen Kommunikationsprozessen.

Schon in den früheren 70er Jahren hatte Niklas Luhmann auf die besondere Bedeutung von Themen für die öffentliche Meinungs- und Willensbildung hingewiesen: „Öffentliche Meinung kann nicht mehr einfach als politisch relevantes Ergebnis, sie muss als thematische Struktur öffentlicher Kommunikation gesehen werden [...]. Was öffentliche Meinung genannt wird, scheint im Bereich solcher *Themen der Kommunikation* zu liegen" (Luhmann 1970, 1975: 9f; Hervorhebung im Original). Themen sind unumgängliche Erfordernisse der Kommunikation, sie organisieren das Gedächtnis der Öffentlichkeit und dienen gleichzeitig der strukturellen Kopplung der Massenmedien mit anderen Gesellschaftsbereichen – „der gesellschaftsweite Erfolg der Massenmedien beruht auf der Durchsetzung der Akzeptanz von Themen" (Luhmann 1996: 28). Als ‚Themenprozessor' kann sich der gesellschaftliche Diskurs nicht mit beliebig vielen Themen gleichzeitig und intensiv befassen: Die öffentliche Aufmerksamkeit ist endlich, die Kapazität der öffentlichen Tagesordnung ebenfalls. Nach Luhmann (1970, 1975: 20) übernimmt die Thematisierung durch Medien damit „die Funktion eines Steuermechanismus" des politischen Systems, der zwar Herrschaftsausübung und Meinungsbildung nicht determiniert, aber die Grenzen des jeweils möglichen festlegt. Jede Rolle im politischen Kommunikationsprozess muss, sofern sie auf Verständnis und Resonanz angewiesen ist, sich der Themenstruktur der öffentlichen Meinung bzw. den Regeln ihrer Veränderung fügen. So kann es kaum verwundern, dass die mediale Themenauswahl seit geraumer Zeit ein attraktives Zielgebiet für die Aktivitäten von PR-Strategen darstellt.

2.1 Themenkarrieren

Die Möglichkeiten, den medialen Thematisierungsprozess zu beeinflussen, variieren freilich mit dem öffentlichen Diskussionsstand zu einem bestimmten Thema. Ein zentrales Forschungsinteresse besteht deswegen darin, den zeitlichen Verlauf so genannter ‚Themenkarrieren' anhand von Phasenmodellen zu systematisieren, um die Charakteristika von Thematisierungsprozessen jenseits konkreter Fallstudien zu verallgemeinern und so ein universales Interventionsinventar entwickeln zu können. Wieder hatte zunächst Luhmann (1970, 1975: 18ff) die ‚Lebensgeschichte' eines Themas durch vier aufeinander folgende Phasen beschrieben:

1. *Latente Phase*: Das Thema ist nur für Eingeweihte und Interessierte sichtbar, aber noch nicht verhandlungsfähig. Oft fehlen die Anknüpfungspunkte im öffentlichen Diskurs oder auch nur ein entscheidendes Schlagwort zur Durchsetzung, weshalb diese Phase mitunter sehr lange andauern kann.
2. *Durchbruchphase*: Das Thema findet das Interesse von Multiplikatoren, die ihm Aufmerksamkeit, Ressourcen und Kontakte widmen. Hier wird der Grundstein für das öffentliche Interesse gelegt, aber politische Eliten können das Thema immer noch blockieren – oder aufgreifen und für ihre eigenen Zwecke nutzen.
3. *Modephase*: Das Thema gewinnt an Popularität und öffentlicher Resonanz, jetzt übernimmt es seine besondere Funktion als Strukturierungselement im Prozess öffentlicher Kommunikation. Mit seiner Etablierung wechselt die Zahl seiner Anhänger, die freilich unterschiedlicher Ansicht über seine Behandlung oder Lösung sein können.

4. *Ermüdungserscheinungen* und ‚Tod' des Themas: Das Thema verliert seine Anziehungskraft und ‚versteinert' zu einer zeremoniellen Größe. Oft stehen langwierige institutionalisierte Lösungsverfahren an (z.B. Gerichtsverhandlungen). Von öffentlichem Interesse sind bestenfalls kurzfristige Aktualisierungen durch – oft skandalisierte – Events. Ob das dem Thema zugrunde liegende Problem tatsächlich, vermeintlich oder gar nicht gelöst wird ist meist sekundär.

Seither wurden noch weitere Phasenmodelle entwickelt, die auf diesen und ähnlichen Überlegungen beruhen, sich in der Charakterisierung der einzelnen Phasen jedoch meist nur in Nuancen unterscheiden. Etwa zeitgleich zu Luhmann erstellte Downs (1972) ein eigenes Ablaufschema (‚Issue-Attention-Cycle'), dessen Titel bereits auf zwei bedeutsame Präzisierungen verweist: Zum einen sind Thematisierungsprozesse *zyklisch* zu verstehen, d.h. der Abschwung eines Themas korrespondiert mit dem Aufschwung eines anderen Themas, da die Medienöffentlichkeit im Sinne eines Nullsummenspiels zu jedem Zeitpunkt eine Mindestzahl von Themen benötigt (vgl. Zhu 1992). Zum anderen kann *Aufmerksamkeit* als die zentrale Dimension, die ‚Währung' (vgl. Franck 1998) aufgefasst werden, in der sich der Stellenwert eines öffentlichen Themas ausdrücken lässt.

In den achtziger Jahren untersuchten Mathes und Pfetsch den Thematisierungsprozess anhand verschiedener Fallbeispiele (Pfetsch 1986; Mathes/Pfetsch 1991). Für die Kommunikationsforschung bedeutsam ist an ihrem Phasenmodell, dass sie – im Gegensatz zu den früheren, soziologisch orientierten Modellen – die Rolle der Massenmedien deutlicher herausarbeiten, die in den einzelnen Phasen in unterschiedlichem Umfang relevant sind und unterschiedliche Funktionen ausüben. So können sie zeigen, dass die Berichterstattung über ein Thema oft von Spezial- und Alternativmedien ausgeht, die das Thema in den Diskurs einer Teilöffentlichkeit einspeisen und damit ins Blickfeld von anderen Journalisten rücken (‚Spill-Over-Effekt'). Weiterhin identifizieren sie so genannte Prestige- oder *Meinungsführer-Medien* (vgl. auch Kepplinger 1998), die von anderen Journalisten als Informationsquelle und Bezugsrahmen für die eigene Arbeit genutzt werden. Aufgrund ihrer Ausstrahlungswirkung in das Mediensystem besitzen sie gerade in der Durchbruchphase eine besondere Bedeutung für die Durchsetzung von Themen, weshalb sie für PR-Anstrengungen besonders attraktiv scheinen. Unter den Printmedien sind dies DER SPIEGEL und die SÜDDEUTSCHE ZEITUNG, im Fernsehen die Nachrichtensendungen der öffentlich-rechtlichen Programme (Weischenberg et al. 1994).

Als gemeinsames Kennzeichen ist festzuhalten, dass alle Ablauf- oder Phasenmodelle zur öffentlichen Thematisierung von gesellschaftlichen Problemen in ihrem Grundsatz jener Logik folgen, welche die Diffusionstheorie für die Marktdurchsetzung von Produkten formuliert hat (vgl. Rogers 1995). Die dort beschriebenen Mechanismen (z.B. der Aspekt der ‚kritischen Masse' für den Diffusionsverlauf) können zum besseren Verständnis der Rolle gerade von Public Relations in diesem Prozess beitragen. Im Folgenden werden allerdings zwei zentrale Aspekte von Themenkarrieren vertieft, die beide auf den Einfluss speziell der Massenmedien fokussieren: Die Funktion von Schlüsselereignissen für den Thematisierungsprozess, und die möglichen Wirkungen von Thematisierungen auf die Themenwahrnehmung des Medienpublikums, wie sie die Agenda-Setting-Forschung untersucht.

2.2 Schlüsselereignisse

Am Beispiel verschiedener Themen konnte bereits gezeigt werden, dass Berichterstattung in einem dynamischen Prozess die nachfolgende Berichterstattung selbst beeinflusst. Eine mögliche Erklärung für den Aufschwung eines Themas in den Themenkarrieren-Modellen liegt darin, dass im Nachgang zu so genannten Schlüsselereignissen über weitere Geschehnisse mit ähnlichen Kennzeichen bevorzugt berichtet wird. Dies kann den Eindruck einer außergewöhnlichen Häufung entsprechender Ereignisse – und einer besonderen Wichtigkeit des sie verbindenden Themas – hervorrufen. Als klassisches Beispiel hierfür wird oft eine Studie von Fishman (1978) zitiert, der durch die Gegenüberstellung von Berichterstattung und tatsächlichem Geschehen nachwies, dass die amerikanischen Medien in den 70er Jahren den Eindruck einer Kriminalitätswelle ('crime wave') hervorgerufen hatten, auf die es in den statistischen Daten der Strafverfolgungsbehörden keinerlei Hinweis gab.

Solche Beobachtungen übersetzten Brosius und Eps (1993: 514ff) in ein Konzept zu den publizistischen Wirkungen von *Schlüsselereignissen* ('key events'). Sie gehen davon aus, dass journalistische Selektionskriterien nicht stabil sind, sondern sich durch spektakuläre Vorkommnisse verändern können. Solche Schlüsselereignisse können dabei zum einen ein völlig neues Thema schaffen, dem bisher keine oder wenig Beachtung geschenkt wurde (z.B. die Diskussion über die Sicherheit von Gefahrguttransporten nach dem LKW-Unfall in Herborn), zum anderen können sie bekannten Themen eine neue Dimension verleihen (wie z.B. der Diskussion um Kernenergie durch den Tschernobyl-Unfall). Journalisten entwickeln dadurch eine höhere Sensibilität für dieses Thema und (1) suchen aufmerksamer nach Informationen, die den Qualitäten dieses Schlüsselereignisses entsprechen sowie (2) beachten ähnliche Ereignisse stärker als zuvor. Beide Mechanismen führen dazu, dass über das betreffende Thema umfangreicher berichtet wird, womit sich die journalistischen Selektionskriterien bezüglich dieses Ereignistyps verändert haben und gleichzeitig die Karriere des Themas beschleunigt wird.

Da sich journalistisches Selektionsverhalten durch einen Hang zum Negativimus auszeichnet (Kepplinger/Weißbecker 1991), ist die Wahrscheinlichkeit höher, dass sich journalistische Schlüsselereignisse auf negativ konnotierte Geschehen wie Unglücke, Katastrophen oder Skandale beziehen. Für die PR-Arbeit stellen solche Eigendynamiken der Medienberichterstattung eine erhebliche Herausforderung dar, weil Themen in der Folge eines Schlüsselereignisses nur noch schwerlich zu kontrollieren sind. Oft kann nur noch versucht werden, auf die spezifische Rahmung des Themas (*Framing*) Einfluss zu nehmen (siehe 3.2). Umgekehrt lassen sich Schlüsselereignisse aber auch positiv zur Positionierung eigener Standpunkte nutzen.

Während dieses Konzept zunächst die Entstehung und die Dynamik von Themen in der Medienberichterstattung näher beschreibt, werden darüber hinausgehend auch Selektionsprozesse auf Rezipientenseite angesprochen: Aus der vermehrten Berichterstattung über Schlüsselereignisse kann genauso ein verändertes Selektionsverhalten des Publikums resultieren, das dieses Thema ebenfalls stärker beachtet (Brosius/Eps 1993: 527). Solche und andere Wirkungen medialer Thematisierungsprozesse auf die Mediennutzer stehen im Mittelpunkt der Agenda-Setting-Forschung.

2.3 Agenda-Setting

Nach den bislang stark angebotsorientierten Überlegungen stellt sich die Frage, wie sich die Thematisierung in den Medien überhaupt auf die Wahrnehmungen der Rezipienten niederschlägt. Grundsätzlich vermutet die Agenda-Setting-Hypothese, dass eine positive Korrelation besteht zwischen (1) dem Umfang, mit dem über ein Thema in den Massenmedien berichtet wird, und (2) der Einschätzung der Bevölkerung, welche Bedeutung dieses Thema für die Gesellschaft besitzt (vgl. hier und im Folgenden zusammenfassend Rössler 1997). Dieser Zusammenhang wird in der Regel durch die Gegenüberstellung zweier aggregierter Datenquellen belegt: Aus den Ergebnissen einer Medieninhaltsanalyse wird zunächst eine so genannte Medienagenda zusammengestellt, auf der die Themen nach der Reihenfolge ihrer Resonanz in den untersuchten Medien angeordnet werden. Die Publikumsagenda hingegen ergibt sich aus Bevölkerungsumfragen, in denen die Teilnehmer die ihrer Meinung nach gerade wichtigsten gesellschaftlichen Themen nennen, die anschließend nach ihren Anteilswerten in der Stichprobe gereiht werden (vgl. McQuail/Windahl 1993). Als Maß für die Übereinstimmung der beiden Agendas werden anschließend Rang-Korrelationskoeffizienten berechnet, deren Aussagekraft freilich durch eine mehrwellige Datenerhebung deutlich gesteigert werden kann – diese erlaubt die Berechnung von Überkreuzkorrelationen, die alleine eine Aussage darüber erlauben, ob nun die Medienagenda tatsächlich die Publikumsagenda beeinflusst oder umgekehrt eher auf die Stimmung in der Bevölkerung reagiert (Rössler 1997: 63ff).

Zahlreiche Studien zur Agenda-Setting-Hypothese haben eine Reihe von Randbedingungen spezifiziert, die das Ausmaß des Effektes steuern; beispielsweise das unterschiedliche Wirkungspotenzial einzelner Medien, themenspezifische Wirkungsspannen der Medienagenda oder Rezipientenmerkmale wie das politische Interesse, das Orientierungsbedürfnis oder die Einbettung in interpersonale Kommunikationsnetzwerke (vgl. Schenk 2002; Rössler 1997). Trotz eher geringer Belege für eine direkte Wirkung auf individueller Ebene hat sich der *gesellschaftliche Einfluss medialer Thematisierungsprozesse* in der großen Mehrzahl der Studien bestätigt – und gerade hinsichtlich der aus PR-Sicht besonders bedeutsamen *Awareness*-Funktion, d.h. der Erzeugung von Aufmerksamkeit für ein Thema.

Doch während die PR-Forschung häufig Input-Output-Analysen durchführt, um die Resonanz ihrer Pressemitteilungen und anderer Aktivitäten auf die Medienagenda zu überprüfen, erfolgt (wegen des damit verbundenen Aufwandes) nur selten eine Messung der Publikumswahrnehmung. Dass PR dennoch als eine Komponente von Agenda-Setting beachtet werden muss, zeigten Manheim und Albritton (1984) am Beispiel von Staaten-PR: Deren Maßnahmen nutzen die Agenda-Setting-Funktion von Massenmedien gezielt zur Erzeugung von öffentlicher Resonanz aus. Gleichzeitig versteht die sich professionalisierende Öffentlichkeitsarbeit Agenda-Setting-Mechanismen oft als Herausforderung für die eigenen PR-Strategien und produziert – in Kenntnis medialer Selektionslogiken wie beispielsweise der relevanten Nachrichtenfaktoren – Pseudo-Ereignisse, um die mediale Themensetzung zu verändern (vgl. z.B. Pincus et al. 1993). Groteske Züge gewinnt diese Situation dann, wenn Nachrichtenmedien sogar mit der Berechenbarkeit ihrer Selektionsleistung kokettieren; beispielsweise verkündete der seinerzeit frisch gegründete Nachrichtensender n-tv in einem PR-Fachblatt, man nähme „alles, was Nachrichtenwert hat" (Koard 1993: 33) und lud so zur Beeinflussung der eigenen Agenda ein. Nur folgerichtig wurde daher bereits versucht, das insgesamt komplexe Modell des Agenda-Setting-Prozesses in ein Entscheidungssystem für PR-Praktiker zu übersetzen (Dyer 1996: 139ff), um die Gestalt von Medien- und Publikumsagenda zu steuern.

3. Steuerungsversuche

Der im Sommer 2002 in die Schlagzeilen gerückte PR-Berater Moritz Hunzinger brachte es auf den Punkt: Industrievertreter kämen zu ihm mit den Themen, die sie in der Öffentlichkeit behandelt wissen wollen, und durch seine Kontakte zu hochrangigen Politikern würde er dann dafür sorgen, dass das auch passiert – so zumindest seine Behauptung in einem Filmbericht zur Talkshow von Sabine Christiansen am 4. August 2002. Diese Versprechungen illustrieren die naiven Vorstellungen, die über die Wirkungsmacht von PR-Arbeit bei der Steuerung öffentlicher Thematisierungsprozesse mitunter existieren. Wissenschaftliche Analysen betrachten hingegen die Resonanz von Themen in der Öffentlichkeit vor dem Hintergrund der im ersten Abschnitt vorgestellten Prozesse und ihrer Bedeutung für die *politische* und die *Unternehmenskommunikation*.

3.1 Politische Kommunikation: Agenda-Building, Priming, Wahlkämpfe

Aus den eingangs erwähnten demokratietheoretischen Erwägungen sind Thematisierungsprozesse, insbesondere im Bereich der politischen Meinungs- und Willensbildung, von Interesse. Die gegenseitigen Einflüsse zwischen Massenmedien, Publikum und politischem System lassen sich dabei durch eine Dreiecksbeziehung verdeutlichen (Abb. 1), in der die einzelnen Sphären durch gegenseitige Abhängigkeiten und Beeinflussungen gekennzeichnet sind (vgl. auch Rogers/Dearing 1988). Die Beziehungen zwischen Massenmedien und Publikum spezifiziert die Agenda-Setting-Hypothese (s.o.); die Relationen beider zum politischen System werden unter dem Stichwort *Agenda-Building* diskutiert. Die Agenda des politischen Systems (1) bestimmt dabei die der Medien, die über seine Aktivitäten berichten, wird aber selbst durch die Medienagenda geprägt, wenn investigativer Journalismus unerwünschte Themen in die Diskussion einbringt oder Medienberichterstattung als Surrogat für öffentliche Meinung betrachtet wird. Die politische Agenda wirkt sich (2) auf die Publikumsagenda aus, wenn Politiker sich in der erwähnten Präsenzöffentlichkeit direkt an die Bürger wenden, aber umgekehrt auch ihre Finger – etwa durch Meinungsumfragen – ständig am Puls des Volkes haben und auf die Partizipation des Wahlvolkes angewiesen sind.

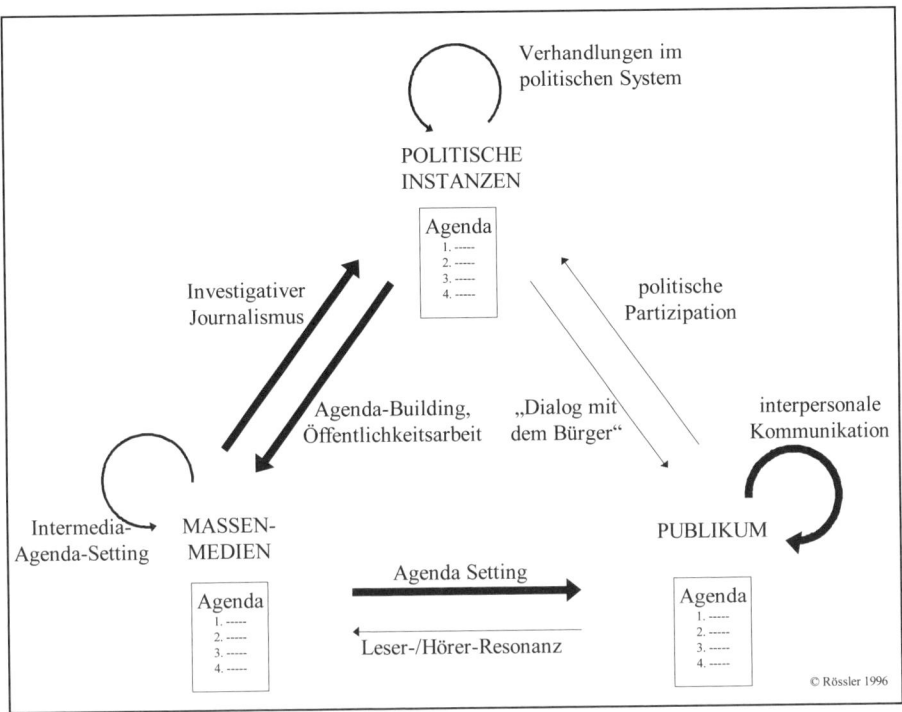

Abb. 1: Thematisierungsprozesse der klassischen Medienlandschaft (dicke Pfeile: starke Einflüsse; dünne Pfeile: schwache Einflüsse; Quelle: Rössler 1999: 153)

Da die unmittelbaren Beziehungen zwischen politischem System und Bürgern eher schwach ausgeprägt sind, kommt den Massenmedien als zentraler Vermittlungsinstanz in diesem Modell eine Scharnierfunktion zu, die durch die Möglichkeiten der ‚elektronischen Demokratie' in den weltweiten Computernetzen zukünftig möglicherweise an Bedeutung verliert (vgl. hierzu ausführlich Rössler 1999 mit weiteren Literaturverweisen sowie Emmer 2005).

Die enge Verflechtung (und wechselseitige Instrumentalisierung) gerade von Politik und Medien bei der Entstehung der jeweiligen Agendas untersuchten beispielsweise Wanta und Foote (1994) über 80 Wochen hinweg anhand politischer Verlautbarungen und der Berichterstattung über diese Probleme: Für zwei der 16 berücksichtigten Themen bestimmt die politische Agenda die Medienagenda, in drei Fällen ist es umgekehrt, aber in der Mehrzahl der Themen finden sich gegenseitige oder überhaupt keine Einflüsse. Es ist also insgesamt eher von einem *symbiotischen Verhältnis* auszugehen, und weniger von einer Determinierung der Medienagenda durch politische PR oder umgekehrt. Dementsprechend ziehen Rogers und Dearing (1988: 579) aus der Betrachtung der Literatur zum Agenda-Building letztlich drei Schlussfolgerungen:

1. Die Publikumsagenda, einmal von den Medien gesetzt oder von ihnen reflektiert, beeinflusst die politische Agenda der Entscheidungsträger in der Elite und in manchen Fällen auch die Umsetzung in konkrete politische Handlungen.
2. Die Medienagenda scheint einen direkten, manchmal starken Einfluss auf die politische Agenda der Entscheidungsträger in der Elite zu haben und in manchen Fällen auch auf die Umsetzung in konkrete politische Handlungen.
3. Für einige Themen scheint die politische Agenda einen direkten, manchmal starken Einfluss auf die Medienagenda zu haben.

Jenseits von Agenda-Setting-Prozessen stellt sich die Frage, welche Bedeutung die – gesellschaftlich durchaus erwünschte – Strukturierung von Öffentlichkeit durch Themen für den öffentlichen Diskurs letztlich besitzt. Studien zum *Priming-Effekt* von medialen Thematisierungen zeigen auf, dass die kognitive Repräsentation von Themenstrukturen zur Entwicklung eines Beurteilungsmassstabs beiträgt, den das Individuum dann in konkreten Entscheidungssituationen zur Meinungsbildung einsetzt (vgl. zusammenfassend Peter 2002). Beispielsweise konnten Iyengar und Simon (1993) belegen, dass sich die hohe Präsenz des Themas ‚Golfkrieg' in den Medien nicht nur auf die Problemwahrnehmung der Bevölkerung auswirkte *(Agenda-Setting)*, sondern gleichzeitig die generelle Bewertung des Präsidenten George Bush sen. auch zunehmend auf seiner Außenpolitik beruhte *(Priming)* und dementsprechend positive Einschätzungen zeitigte, während weniger prominente Themen nicht zu seiner Beurteilung herangezogen wurden.

Dieses Phänomen lädt Kommunikatoren zu gezielten Thematisierungsstrategien ein, um die öffentliche Meinung in ihrem Sinne zu beeinflussen. Dem Konzept der *Instrumentellen Aktualisierung* zufolge würden Journalisten in ihrer Berichterstattung weniger versuchen, selbst bestimmte Meinungen durchzusetzen, sondern statt dessen jene Aspekte in den Vordergrund rücken (also beim Rezipienten kognitiv ‚aktualisieren'), die mit den erwünschten Bewertungen verbunden sind (vgl. Kepplinger et al. 1992: 163ff). Andererseits bemühen sich auch die Spin Doctors der Parteien darum, ‚ihre' Themen im öffentlichen Diskurs durchzusetzen. Eine Stärken-Schwächen-Analyse positioniert potenzielle Themen in einem Vierfelder-Portfolio (Hinrichs 2001: 53):

1. *Gewinnerthemen* sind jene, bei denen man selbst stark und der politische Gegner schwach ist; sie sollten in der öffentlichen Diskussion durchgesetzt werden.
2. *Positionsthemen* kennzeichnet eine umgekehrte Konstellation – hier hat der Gegner seine Stärken, die er entsprechend ausspielt. In diesem Fall muss es gelingen, eine Position zu entwickeln, die die eigenen Verluste möglichst gering hält und die eigenen Gewinnerthemen zu platzieren ermöglicht.
3. *Hoch-Konflikt-Themen* sind die Zentren politischer Konflikte, weil hier alle Kontrahenten Stärken aufweisen und diese konsequent auszuspielen versuchen. Taktische Rückzüge aus diesem Kraft raubenden Bereich sind aber nicht immer möglich, da es oft Themen sind, denen die Öffentlichkeit (nicht zuletzt wegen des Parteienkonflikts selbst) eine hohe Relevanz beimisst.

4. Das so genannte *Niemandsland* markieren jene Themen, die bei allen Seiten schwach besetzt sind; mitunter handelt es sich um für das politische System insgesamt brisante Themen, die dann aber gerne von Lobbies oder Medienvertretern aufgegriffen werden. Hier kann aber auch der politische Gegner durch eigenen, ‚stillen' Kompetenzerwerb böse überrascht werden.

Dieser gezielte Einsatz von Thematisierungseffekten ist längst Teil einer modernen Wahlkampfführung geworden, die mit dem verbreiteten Schlagwort ‚Amerikanisierung' freilich nur unzureichend beschrieben ist (vgl. die Beiträge in Kamps 2000). „Ziel jeden Themen-Managements ist die Erlangung der Definitionshoheit über das Thema. Die eigene Sprachregelung, die eigene Sichtweise sollen von den anderen übernommen werden und übernommen werden müssen" (Hinrichs 2001: 46). Strategien für dieses ‚Themen besetzen' umfassen Wahlkampf-Experten zufolge u.a. die Identifikation von Schlüsselfragen und eine Themenpriorisierung; die Vermittlung der Themen sollte dann durch Reduktion, Emotionalisierung, Wiederholung, Visualisierung und geschicktes Timing erfolgen.

3.2 Unternehmenskommunikation: Issues Management, Themen-Framing

Während sich die bisherigen Überlegungen auf die Perspektive der politischen Kommunikation konzentrieren, beschäftigt sich auch die Unternehmenskommunikation mit Thematisierungsstrategien, Stichwort ‚Issues Management' (vgl. ausführlich Lütgens 1998). Ein grundsätzlicher Unterschied besteht freilich darin, dass – im Gegensatz zur Demokratie erhaltenden Funktion einer medial erzeugten, politischen Öffentlichkeit (‚Vierte Gewalt') – hier der Anspruch an die Medien deutlich geringer erscheint. Erst in jüngerer Zeit wird kritisch über die Rolle journalistischer Thematisierungen etwa im Kontext von Wirtschaftsberichterstattung und Börsennachrichten diskutiert (z.B. Wenk 2002). In anderen Fällen war schon länger offensichtlich, dass (im Widerspruch zu medienethischen Normen) eine Thematisierungsleistung ‚erkauft' werden soll – etwa wenn Werbeaufträge an redaktionelle Berichterstattung gekoppelt oder Journalisten durch Gratifikationen zu Artikeln animiert werden sollen (zur werblichen Dimension von Agenda-Setting vgl. Mulbach 1993). Die steile Karriere von Issues Management als PR-Strategie rief eine Reihe von Autoren auf den Plan, die das Phänomen aus theoretischer Perspektive, meist aber handlungsorientiert aus der Sicht von PR-Praktikern bearbeiten (z.B. Renfro 1993; Heath 1997; Liebl 2000).

Issues Management lässt sich allgemein als „eine organisationsbezogene Technik kommunikativer Vorsorge begreifen, mit der eine Organisation versucht, politische, wirtschaftliche oder gesellschaftliche Issues (Themen, Probleme oder Ereignisse) und die dazu einsetzende Meinungsbildung in der Öffentlichkeit zu identifizieren oder zu implementieren, mit dem Ziel, Nutzen für eine Organisation zu vermehren und/oder Schaden von ihr abzuwenden" (Merten 2001: 42). Für die PR-Forschung hat Röttger (2001: 19) eine Definition des Themenbegriffs vorgelegt, der im Weiteren gefolgt werden soll und die Issues als Spezialfall *öffentlicher Themen* begreift – nämlich solche Themen, die (1) von öffentlichem Interesse sind; (2) ein Konfliktpotenzial aufweisen; (3) tatsächlich oder potenziell Organisationen und deren Handlungspotenzial tangieren; (4) eine Beziehung zwischen Anspruchsgruppen/Teilöffentlichkeiten und Organisationen herstellen und (5) im Zusammenhang mit einem oder mehreren Ereignissen (,Events') stehen. Die Steuerung von Issues Management lässt sich dabei in Teilprozesse zerlegen, die je nach Autor unterschiedlich bezeichnet werden, aber meist die folgenden Aspekte adressieren: Die Suche und Identifizierung relevanter Issues durch ein kontinuierliches *Monitoring* von Medien, Öffentlichkeit und Akteuren; die *Priorisierung* der identifizierten Issues und Detail-Analyse der Top-Issues; die Entwicklung einer *Strategie* zur weiteren Themenbehandlung und schließlich die Planung und Durchführung von angemessenen Aktions- und Kommunikationsprogrammen sowie die *Ergebniskontrolle* bzw. Prozessevaluierung (vgl. Lütgens 2001: 64; Merten 2001: 50ff oder Schmidt 2001: 165ff mit einer detaillierteren Beschreibung der einzelnen Stufen). Diese Systematisierungen ähneln stark den verbreiteten allgemeinen Public-Relations-Modellen, weshalb zu Recht davor gewarnt wird, durch ein zu weites Verständnis von Issues jegliche Form kommunikativer Beeinflussung (auch die von Einstellungen oder Verhalten) unter Issues Management zu subsumieren: „Jede Werbekampagne, jedes Sponsoring-Projekt und jeder Wahlkampf wäre dann Issues-Management" (Röttger 2001: 17). Einer Befragung von 1999 zufolge verstehen die Unternehmen selbst zumeist Themensetzung und Themenbeobachtung unter diesem Begriff. Ziel wäre demnach das frühzeitige Erkennen von Krisensituationen und Chancen sowie die Schaffung gesellschaftlicher Akzeptanz für Themen (Bentele/Rutsch 2001: 150, 153).

Zunächst zur *Themenbeobachtung*: Für das Issue Monitoring als systematische Identifikation und Analyse von Themen und Ereignissen werden zumeist Inhaltsanalysen von Medienberichterstattung eingesetzt. Imhof und Eisenegger (2001: 264ff) unterscheiden hierbei das *induktive* vom *deduktiven* Issue Monitoring: Ersteres nutzt „die Medien einer definierten Medienarena als Seismographen neuer Entwicklungen", während das darauf aufbauende deduktive Verfahren relevante Themen zu strategischen Issues erklärt und dabei insbesondere ihr Karrierepotenzial aufgrund der medialen Diffusionslogik (s.o. Kap. 1.1) analysiert. Aus PR-Sicht entwickelte Lütgens (2001: 65) ein Issue-Lebenszyklus-Modell, das den Lösungsentscheid als Höhepunkt jeder Entwicklung begreift, wobei eine Auflösung des Themas prinzipiell zu jedem Zeitpunkt erfolgen und dadurch die latente Phase einläuten kann (siehe Abb. 2).

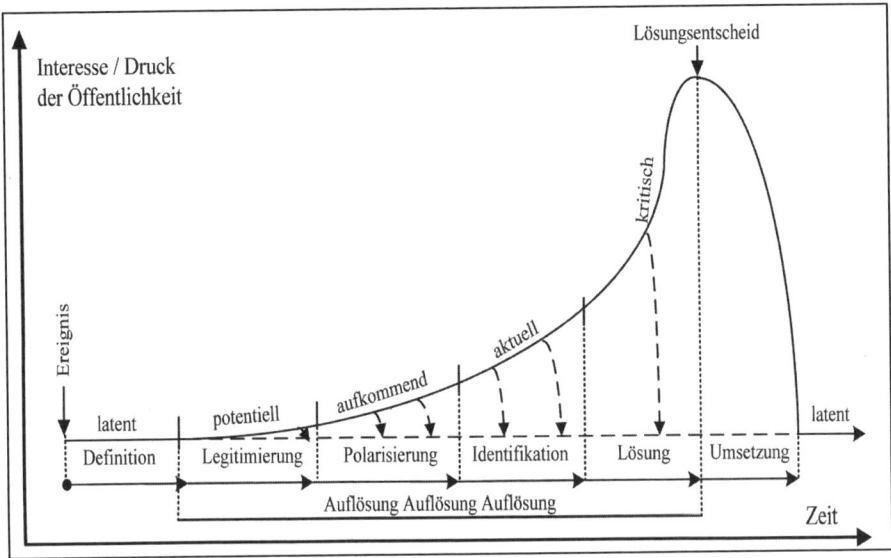

Abb. 2: Weiterentwicklung des Issues-Lebenszyklus-Modells nach Lütgens (2001: 65)

Für eine aktive *Themensetzung* verspricht eine Event-Produktion Erfolg, die sich den Input-Bedürfnissen des Mediensystems anpasst und einer stimmigen Inszenierungslogik auf nationaler, regionaler und lokaler Ebene folgt. Imhof und Eisenegger (1999: 198f) nennen vier zentrale Dimensionen eines erfolgreichen Event-Designs:

1. *Sozialdimension*: Das medienresonante Event verstößt zumindest in Teilaspekten gegen formelle oder informelle Normen und Werte, und dies umso mehr, je weniger etabliert die Initiatoren sind.
2. *Zeitdimension*: Die Produktionsbedingungen der gedruckten und elektronischen Medien werden beachtet; außerdem erfolgt eine flexible Reaktion auf konkurrierende Themen und, falls möglich, das Anknüpfen an Aktionen der Kontrahenten durch so genannte ‚Gegen-Events'.
3. *Sachdimension*: Anschluss an eingeführte, möglichst polare Themen und damit an verankerte Schemata, ohne dabei einen gewissen Überraschungseffekt zu vernachlässigen.
4. *Sozialräumliche Dimension*: Das Ereignis wird an möglichst symbol- und/oder geschichtsträchtigen Orten inszeniert.

Diese Aufzählung verdeutlicht erneut, dass es ‚das' Thema nicht gibt, sondern Themen als dynamisches Netzwerk von Ereignissen auf unterschiedlichste Weise strukturiert und kontextualisiert werden können. In der Kommunikationsforschung befasst sich der *Framing-Ansatz* mit der Art und Weise, in der Sachverhalte in der öffentlichen Diskussion ‚gerahmt' werden, d.h. welche Aspekte betont und welche weggelassen werden, welche Bezüge hergestellt und welche Parallelen gezogen werden (vgl. z.B. Scheufele 1999; Scheufele/Brosius 1999; Scheufele 2003, 2004).

Denn Experimente konnten belegen, dass die spezifische Form der Rahmung eines Ereignisses die Wahrnehmung des Publikums beeinflussen kann (Price et al. 1997). In der PR-Literatur wird dies als definieren von Deutungsmustern im Zuge des Thematisierungsprozesses bezeichnet (vgl. Abb. 3).

Die Emergenz eines Themas, beispielsweise durch ein Schlüsselereignis (vgl. Kap. 1.2), lässt zunächst noch Raum für die Festlegung, unter welchen Vorzeichen dieses Thema diskutiert wird. Erst die Fixierung eines kollektiv verbindlichen Deutungsmusters gibt dem Thema seine Konturen und beeinflusst damit maßgeblich die noch verbleibenden Interpretationsmöglichkeiten im öffentlichen Diskurs, was auf die an anderer Stelle erörterte Definitionshoheit für Themen und Sprachregelungen verweist. Gerade im Fall von Krisen- oder Risiko-Kommunikation kommt dem jeweils herausgebildeten Deutungsmuster eine wichtige Rolle für die Problembehandlung zu (Schulz 2001: 223).

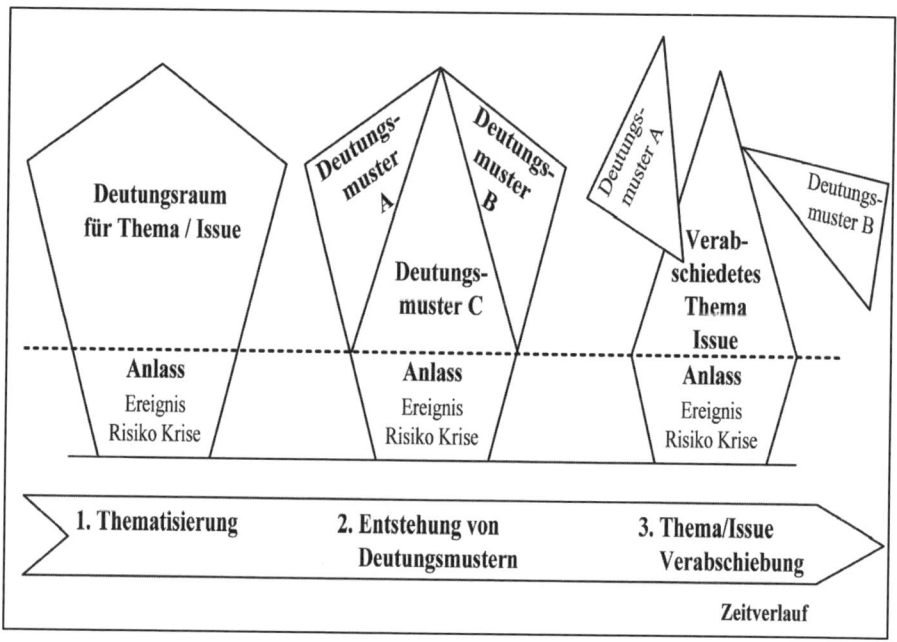

Abb. 3: Definition von Deutungsmustern (*Frames*) für Issues nach Schulz (2001: 223)

4. Schlussbemerkung

Themen strukturieren die öffentliche Kommunikation, sie stellen ein intuitives und selten in Frage gestelltes Gliederungsraster für das Zeitgeschehen bereit, und sie legen mögliche Lösungsalternativen für anstehende Probleme fest. Die Definitionsmacht über die Themen des gesellschaftlichen Diskurses ist deswegen möglicherweise einflussreicher als der erwiesenermaßen oft vergebliche Versuch, Einstellungen und Meinungen durch Propaganda zu verändern. Und so mag es kaum verwundern, dass unter dem Titel ‚Project Censored' schon seit 1976 eine amerikanische Jury jährlich eine Liste von 25 Themen veröffentlicht, die nach ihrer Ansicht in der Berichterstattung der Massenmedien zwar auftauchen, aber dort zu kurz kommen (http://www.projectcensored.org/; die Initiative gibt regelmäßige Jahrbücher heraus). Den Organisatoren ist es bereits mehrfach gelungen, Aufmerksamkeit für diese Themen von substanziellem öffentlichem Interesse zu wecken und die systematische Ausblendung ganzer Themenkreise zu unterlaufen.

Die Notwendigkeit einer solchen Initiative, von der es inzwischen auch ein deutsches Pendant gibt, unterstreicht freilich, dass die Thematisierungsprozesse eigenen Regeln folgen, unter denen die mediale Vermittlungslogik vielleicht die bedeutsamste ist: Agenda-Setting und Themen-Framing werden von Kriterien des Nachrichtenwerts und anderen journalistischen Selektions- und Vermittlungsmechanismen geprägt. Dabei absolvieren Themen oft typische Karrieren, die sich in Phasenmodellen darstellen lassen und durch Schlüsselereignisse beschleunigt werden. Public-Relations-Aktivitäten von politischen und korporativen Akteuren zielen deswegen immer häufiger auf die Gestalt der öffentlichen Agenda ab – ‚Issues Manager' versuchen, gesellschaftliche Thematisierungsprozesse zu kontrollieren und günstige Themen, Themenaspekte und Ereignisse in die öffentliche Arena einzuspeisen. Dies gelingt durchaus häufig, wie entsprechende Berichte aus der Praxis zeigen (vgl. Röttger 2001, Teil 2); die hohe Schule des Issues Management scheint freilich das ‚Agenda Cutting' zu sein: Themen aus einer einmal entfachten öffentlichen Diskussion wieder herauszunehmen gestaltet sich als bedeutend schwieriger, und der Versuch, die Eigendynamik eines außer Kontrolle geratenen Themas wieder in den Griff zu bekommen, erinnert oft an die Nöte des Zauberlehrling, der die im Übereifer gerufenen Geister nicht mehr los wird.

Literatur

Arlt, Hans-Jürgen (2001): Zwischen Öffentlichkeiten und Geschlossenheiten. Herr Hättich und Frau Wolltich als Issues Manager unterwegs. In: Röttger, Ulrike (Hrsg.): Issues Management. Opladen: Westdeutscher Verlag, S. 125-137.

Bentele, Günter/Rutsch, Daniela (2001): Issues Management in Unternehmen: Innovation oder alter Wein in neuen Schläuchen? In: Röttger, Ulrike (Hrsg.): Issues Management. Opladen: Westdeutscher Verlag, S. 141-160.

Brosius, Hans-Bernd/Eps, Peter (1993): Verändern Schlüsselereignisse journalistische Selektionskriterien? Framing am Beispiel der Berichterstattung über Anschläge gegen Ausländer und Asylanten. In: Rundfunk und Fernsehen, 41.Jg., S. 512-530.

Downs, Anthony (1972): Up and Down with Ecology - the „Issue-Attention-Cycle". In: Public Interest, 28. Jg., S. 38-50.

Dyer, Samuel Coad (1996): Descriptive Modeling for Public Relations Environmental Scanning: A Practitioner's Perspective. In: Journal of Public Relations Research, 8. Jg., Nr. 3, S. 137-150.

Emmer, Martin (2005): Politische Mobilisierung durch das Internet? Eine kommunikationswissenschaftliche Untersuchung zur Wirkung eines neuen Mediums. München: R. Fischer

Fishman, Mark (1978): Crime Waves as Ideology. In: Social Problems, 25. Jg., S. 531-543.

Franck, Georg (1998): Ökonomie der Aufmerksamkeit. München: Hanser.

Gerhards, Jürgen (1998): Konzeptionen von Öffentlichkeit unter heutigen Medienbedingungen. In: Jarren, Otfried/Krotz, Friedrich (Hrsg.): Öffentlichkeit unter Viel-Kanal-Bedingungen. Baden-Baden: Nomos, S. 25-48.

Habermas, Jürgen (1962): Strukturwandel der Öffentlichkeit. Untersuchungen zu einer Kategorie der bürgerlichen Gesellschaft. Neuwied: Luchterhand.

Heath, Robert L. (1997): Strategic Issues Management. Organizations and Public Policy Challenges. Thousand Oaks et al.: Sage.

Hinrichs, Jan-Peter (2001): Wir bauen einen Themenpark. Wähler werden doch mit Inhalten gewonnen – durch Issues Management. In: Althaus, Marco (Hrsg.): Kampagne! Münster: Lit, S. 45-64.

Imhof, Kurt/Eisenegger, Mark (1999): Politische Öffentlichkeit als Inszenierung. Resonanz von „Events" in den Medien. In: Szyszka, Peter (Hrsg.): Öffentlichkeit. Opladen: Westdeutscher Verlag, S. 185-218.

Imhof, Kurt/Eisenegger, Mark (2001): Issue Monitoring: Die Basis des Issues Managements. Zur Methodik der Früherkennung organisationsrelevanter Umweltentwicklungen. In: Röttger, Ulrike (Hrsg.): Issues Management. Opladen: Westdeutscher Verlag, S. 257-278.

Iyengar, Shanto/Simon, Adam (1993): News Coverage of the Gulf Crisis and Public Opinion. A Study of Agenda-Setting, Priming, and Framing. In: Communication Research, 20. Jg., S. 365-383.

Kamps, Klaus (Hrsg.) (2000): Trans-Atlantik, trans-portabel? Zur Amerikanisierungsthese in der politischen Kommunikationsforschung. Opladen: Westdeutscher Verlag.

Kepplinger, Hans Mathias (1998): Die Demontage der Politik in der Informationsgesellschaft. Freiburg: Alber.

Kepplinger, Hans Mathias/Brosius, Hans-Bernd/Staab, Joachim Friedrich/Linke, Günter (1992): Instrumentelle Aktualisierung. Grundlagen einer Theorie kognitiv-affektiver Medienwirkung. In: Schulz, Winfried (Hrsg.): Medienwirkungen. Weinheim: VCH, S. 161-189.

Kepplinger, Hans Mathias/Weißbecker, Helga (1991): Negativität als Nachrichtenideologie. In: Publizistik, 36. Jg., S. 330-342.

Koard, Hannelore (1993): ntv: Nachrichten pur. In: pr-magazin, Nr. 9, S.32-33.

Liebl, Franz (2000): Der Schock des Neuen. Entstehung und Management von Issues und Trends. München: Murmann.

Lütgens, Stefan(1998): Issues Management. Analyse und Weiterentwicklung eines Konzeptes zur strategischen Ausrichtung von Public Relations, unter besonderer Berücksichtigung der praktischen Anwendungsmöglichkeiten der Scanning- und Monitoring-Funktion zur Identifizierung von Issues. Dissertation an der Universität Salzburg.

Lütgens, Stefan (2001): Das Konzept des Issues Managements: Paradigma strategischer Public Relations. In: Röttger, Ulrike (Hrsg.): Issues Management. Opladen: Westdeutscher Verlag, S. 59-77.

Luhmann, Niklas (1970): Öffentliche Meinung. In: Politische Vierteljahresschrift, 11. Jg., S.2-28. Wiederabdruck in: Luhmann, Niklas ^{2}(1971, 1975): Politische Planung. Aufsätze zur Soziologie von Politik und Verwaltung. Opladen: Westdeutscher Verlag, S. 9-34.

Luhmann, Niklas ^{2}(1996): Die Realität der Massenmedien. Opladen: Westdeutscher Verlag.

Manheim, Jarol B./Albritton, Robert B. (1984): Changing National Images: International Public Relations and Media Agenda Setting. In: American Political Science Review, 78. Jg., S. 641-657.

Mathes, Rainer/Pfetsch, Barbara (1991): The Role of the Alternative Press in the Agenda-building Process: Spill-over Effects and Media Opinion Leadership. In: European Journal of Communication, 6. Jg., S. 33-62.

McQuail, Denis/Windahl, Sven (Hrsg.) ^{2}(1993): Communication Models for the Study of Mass Communications. London, New York: Longman.

Merten, Klaus (2001): Determinanten des Issues Managements. In: Röttger, Ulrike (Hrsg.): Issues Management. Opladen: Westdeutscher Verlag, S. 41-57.

Mulbach, Heidemarie (1993): Die Relevanz des Agenda-Setting-Konzeptes für die Werbekommunikation. Diplomarbeit an der Universität Köln.

Peter, Jochen (2002): Medien-Priming – Grundlagen, Befunde und Forschungstendenzen. In: Publizistik, 47. Jg., S. 21-44.

Pincus, J. David/Rimmer, Tony/Rayfield, Robert E./Cropp, Fritz (1993): Newspaper Editors' Perceptions of Public Relations: How Business, News, and Sports Editors Differ. In: Journal of Public Relations Research, 5. Jg., S. 27-45.

Pfetsch, Barbara (1986): Volkszählung '83: Ein Beispiel für die Thematisierung eines politischen Issues in den Massenmedien. In: Klingemann, Hans-Dieter/Kaase, Max (Hrsg.): Wahlen und politischer Prozeß. Analysen aus Anlaß der Bundestagswahl 1983. Opladen: Westdeutscher Verlag, S. 201-231.

Price, Vincent/Tewksbury, David/Powers, Elizabeth (1997): Switching Trains of Thought: The impact of news frames on readers' cognitive responses. In: Communication Research, 24. Jg., S. 481-506.

Renfro, William (1993): Issues Management in Strategic Planning. Westport: Quorum Books.

Rössler, Patrick (1997): Agenda-Setting. Theoretische Annahmen und empirische Evidenzen einer Medienwirkungshypothese. Opladen: Westdeutscher Verlag.

Rössler, Patrick (1999): Politiker: Die Regisseure in der medialen Themenlandschaft der Zukunft? Agenda-Setting-Prozesse im Zeitalter neuer Kommunikationstechnologien. In: Imhof, Kurt/Jarren, Otfried/Blum, Roger (Hrsg.): Steuerungs- und Regelungsprobleme in der Informationsgesellschaft. Opladen: Westdeutscher Verlag, S. 149-166.

Röttger, Ulrike (2001): Issues Management – Mode, Mythos oder Managementfunktion? Begriffsklärungen und Forschungsfragen – eine Einleitung. In: Röttger, Ulrike (Hrsg.): Issues Management. Opladen: Westdeutscher Verlag, S. 11-39.

Rogers, Everett M. ^{4}(1995): Diffusion of Innovations. New York usw.: Free Press.

Rogers, Everett M./Dearing, James W. (1988): Agenda-Setting Research: Where Has It Been, Where Is It Going? In: Anderson, James (Hrsg.): Communication Yearbook 11. Newbury Park: Sage, S. 555-594.

Schenk, Michael ^{2}(2002): Medienwirkungsforschung. Tübingen: Mohr Siebeck.

Scheufele, Bertram (2003): Frames – Framing – Framingeffekte. Theoretische und methodische Grundlegung des Framing-Ansatzes sowie empirische Befunde zur Nachrichtenproduktion. Opladen: Westdeutscher Verlag.

Scheufele, Bertram (2004): Framing-Effekte auf dem Prüfstand. Eine theoretische, methodische und empirische Auseinandersetzung mit der Wirkungsperspektive des Framing-Ansatzes. In: Medien & Kommunikationswissenschaft, 52. Jg., S. 30-55.

Scheufele, Bertram/Brosius, Hans-Bernd (1999): The frame remains the same? Stabilität und Kontinuität journalistischer Selektionskriterien am Beispiel der Berichterstattung über Anschläge auf Ausländer und Asylbewerber. In: Rundfunk und Fernsehen, 47. Jg., S. 409-432.

Scheufele, Dietram (1999): Framing as a Theory of Media Effects. In: Journal of Communication, 49. Jg., S. 103-122.

Schmidt, Oliver S. (2001): Stand und Praxis des Issues Managements in den USA. In: Röttger, Ulrike (Hrsg.): Issues Management. Opladen: Westdeutscher Verlag, S. 161-175.

Schulz, Jürgen (2001): Issues Management im Rahmen der Risiko- und Krisenkommunikation. Anspruch und Wirklichkeit in den Unternehmen. In: Röttger, Ulrike (Hrsg.): Issues Management. Opladen: Westdeutscher Verlag, S. 217-234.

Schulz, Winfried (1997): Politische Kommunikation. Theoretische Ansätze und Ergebnisse empirischer Forschung zur Rolle der Massenmedien in der Politik. Opladen: Westdeutscher Verlag.

Szyszka, Peter (Hrsg.) (1999): Öffentlichkeit. Diskurs zu einem Schlüsselbegriff der Organisationskommunikation. Opladen: Westdeutscher Verlag.

Wanta, Wayne/Foote, Joe (1994): The President-News Media Relationship: A Time Series Analysis of Agenda-Setting. In: Journal of Broadcasting and Electronic Media, 38. Jg., S. 437-448.

Weischenberg, Siegfried/Löffelholz, Martin/Scholl, Armin (1994): Merkmale und Einstellungen von Journalisten. Journalismus in Deutschland II. In: Media Perspektiven, Nr. 4, S. 154-168.

Wenk, Holger (2002): Attraktive Profession im Zwielicht. In: Menschen machen Medien, 51. Jg., Nr.7/8, S. 6-8.

Yagade, Aileen/Dozier, David M. (1990): The Media Agenda-Setting Effect of Concrete versus Abstract Issues. In: Journalism Quarterly, 67. Jg., S. 3-10.

Zhu, Jian-Hua (1992): Issue Competition and Attention Distraction: A Zero-Sum Theory of Agenda-Setting. In: Journalism Quarterly, 69. Jg., S .825-836.

Teil 4
Öffentlichkeitsarbeit als berufliches Handeln

Das Berufsfeld Öffentlichkeitsarbeit/PR-Arbeit bildet einen wichtigen Gegenstand der Public Relations-Forschung. Berufsfeldstudien haben dabei gerade in jüngerer Zeit einen Beitrag zur phänomenologischen Erfassung und Differenzierung einschlägigen beruflichen Handelns im deutschen Sprachraum geliefert.[1] Die Forschung steht hier vor zwei terminologischen Problemen. Zum einen gehört der Begriff ‚Berufsfeld' zu den berufssoziologisch eher indifferenten Begriffen, für die Definitionen weitgehend fehlen. Als Arbeitsdefinition soll hier deshalb unter einem Berufsfeld eine *Gruppe von Akteuren mit miteinander verwandten, spezialisierten beruflichen Aktivitäten bzw. Tätigkeiten* verstanden werden, *die auf Lösungen gemeinschaftlich bestehender, fachlicher Probleme ausgerichtet* sind. Das Berufsfeld weist *(z.B. soziodemographische oder auf unterschiedliche Arbeitsfelder bezogene) Strukturen auf und lässt sich auch in historischer Perspektive beschreiben.*

Im Falle von Öffentlichkeitsarbeit kommt das Problem der Referenzqualität berufsfeldbezogener Begrifflichkeiten hinzu. So verweisen in der Praxis einschlägig erscheinende Begriffe nicht immer auf im engeren Sinne einschlägige PR-Tätigkeiten: Unter der Bezeichnung ‚PR-Büro' wird faktisch nicht selten reine Werbung gemacht. Umgekehrt werden im engeren Sinne einschlägige PR-Tätigkeiten nicht immer mittels eindeutiger Begrifflichkeit etikettiert. Freie Journalisten oder Journalisten-Büros arbeiten oft in PR-Auftrag, ohne dies so zu nennen, auch in Werbeagenturen gibt es viel PR-Aktivitäten. Dies macht es einerseits z.B. schwer, verlässliche Angaben zur Größe des PR-Berufsfeldes zu machen. Andererseits aber rechtfertigt gerade dieser Umstand, von einem Berufs*feld* – in Abgrenzung von einem Beruf – zu sprechen. Um möglichen, sich hieran anknüpfenden Forschungsproblemen zu entgehen, wird in diesem Handbuchteil von Öffentlichkeitsarbeit als *beruflichem Handeln* gesprochen, welches darauf abzielt, allgemeine Kommunikationsprobleme einer Organisation in Bezug zu deren sozialer Umwelt fachlich fundiert zu regeln.

Wird Öffentlichkeitsarbeit, wie es Ronneberger/Rühl (1992) oder auch Saxer (1992)[2] vorgeschlagen haben, an die gesellschaftliche Ausdifferenzierung von Orga-

---

1   Vgl. exemplarisch Röttger, Ulrike (2000): Public Relations – Organisation und Profession. Öffentlichkeitsarbeit als Organisationsfunktion. Eine Berufsfeldstudie. Wiesbaden: Westdeutscher Verlag, Röttger, Ulrike/Jochen Hoffmann/Otfried Jarren (2003): Public Relations in der Schweiz. Eine empirische Studie zum Berufsfeld Öffentlichkeitsarbeit. Konstanz: UVK, Wienand, Edith (2003): Public Relations als Beruf. Kritische Analyse eines aufstrebenden Kommunikationsberufes. Wiesbaden: Westdeutscher Verlag.
2   Ronneberger, Franz/Manfred Rühl (1992): Theorie der Public Relations. Ein Entwurf. Opladen: Westdeutscher Verlag. Saxer, Ulrich (1992): Public Relations als Innovation. In: Avenarius, Horst/Wolfgang Armbrecht (Hrsg.): Ist Public Relations eine Wissenschaft? Opladen: Westdeutscher Verlag, 47-76.

nisationen geknüpft, dann findet sich zwar schon im 19. Jahrhundert vereinzelt und punktuell einschlägiges berufliches Handeln. Historische Bezüge reichen eindeutig bis in diese Zeit zurück. Ein bis zu einem gewissen Grad sich selbst reflektierendes Berufsfeld, in dem die einschlägigen Akteure über eine überbetriebliche informelle und später auch formelle *Vernetzung* verfügen und ihr problembezogenes Handelns analytisch bewerten, entsteht im deutschen Sprachraum aber erst später, spätestens allerdings in den Jahren der Weimarer Republik und dann auf breiterer Basis in der Wiederaufbauphase nach Ende des Zweiten Weltkriegs; wie groß dabei mögliche amerikanische Transferleistungen gewesen sind, ist noch Forschungsdesiderat.

Im ersten Teilkapitel stehen drei Beiträge, die über die Entwicklung des Berufsfeldes in der *Bundesrepublik Deutschland (Peter Szyszka)*, in der *Schweiz (Ulrike Röttger)* und in *Österreich (Karl Nessmann)* informieren. Auffällig ist dabei, dass alle drei Entwicklungsgeschichten sehr eigenständig ansetzen, was schon im jeweiligen Zeitpunkt der Gründung von Fachgesellschaften (Schweiz 1953, BRD 1958, Österreich 1974) zum Ausdruck kommt. Abgerundet wird dieser Teil mit einer Darstellung der Berufsgeschichte *sozialistischer Öffentlichkeitsarbeit in der DDR (Günter Bentele)*, in dem ein bestimmtes, aber durchaus diskutables Verständnis von Öffentlichkeitsarbeit unter den Bedingungen *totalitärer, nicht demokratischer* Gesellschaftssysteme zugrunde gelegt wird.

Im zweiten Teilkapitel, das Öffentlichkeitsarbeit als *berufliche Tätigkeit* in den Mittelpunkt stellt, knüpft an die Befunde zur Entwicklung des Berufsfeldes an. Im Beitrag *Public Relations als Beruf (Romy Fröhlich)* werden dabei anhand zentraler Befunde der Berufsfeldforschung insbesondere die Professionalisierungsdiskussion und der Professionalisierungsprozess nachgezeichnet und der Status Quo dargestellt. Die zunehmende Herausbildung spezifischer Handlungsrollen und Tätigkeitsfelder innerhalb der Public Relations liefert nicht nur Stoff für eine intensive Professionalisierungsdiskussion, sondern bietet vor dem Hintergrund damit verbundener Hierarchisierungstendenzen auch Anlass zur Bewertung dieser Entwicklung. Die unterschiedlichen Einwicklungen, Ausdifferenzierungen und Funktionalisierungen, die Öffentlichkeitsarbeit bei den verschiedenen Organisationstypen unterschiedlicher Gesellschaftsbereiche erfahren, sind Gegenstand der weiteren Beiträge dieses Teilkapitels. Damit werden gleichzeitig unterschiedliche Felder beruflichen PR-Handelns markiert: *Wirtschaft (Lothar Rolke)*, *Politik (Jens Tenscher/Frank Esser)*, *Verbände (Beatrice Dernbach)*, *Kommunen (Tobias Liebert)* und *Non-Profit-Organisationen (Jan Tonnemacher)*.

Das dritte Teilkapitel setzt sich mit dem beruflichen Handeln der PR-Akteure auseinander. Dabei werden jene grundsätzlichen Fragestellungen untersucht, die sich quer durch alle Berufsfelder ziehen und damit den Kern von Öffentlichkeitsarbeit bilden. Der erste Beitrag *Aufgabenfelder (Ulrike Röttger)* begibt sich auf die Ebene der Praxis und setzt sich mit den dort vorfindbaren Systematisierungsversuchen auseinander. Der Beitrag *Konzeption strategischer PR-Arbeit (Michael Behrent)* rückt danach die systematisch-analytische Dimension der Öffentlichkeitsarbeit in den Mittelpunkt. Er betont dabei die reflexive Struktur dieser Prozesse, ihre Rahmenbedingungen und ihre Zielsetzungen. Da Aktivitäten des Kommunikationsmanagements nicht nur der Selbstdarstellung von Interessen und Anliegen dienen sollen, sondern auch dem Umgang mit Risiken, Konflikten und Krisen dienen muss, sind *Risikokommunikation und Konflikt (Georg Ruhrmann)* Gegenstände des nachfolgenden Beitrags. Nachdem das Thema ‚Evaluation von PR' in den 1990er Jahren zu den wesentlichen, in PR-Praxis und -Wissenschaft diskutierten Themen gehörte, ist in jüngerer Zeit eine erfolgversprechendere Diskussion um die Wertschöpfungsleistung von Öffentlichkeitsarbeit an deren Stelle gerückt, mit dem der Beitrag *Steuerung und Wertschöpfung (Ansgar Zerfaß)* das Teilkapitel abschließt.

Professionelles berufliches Handeln ist nicht ohne Orientierung an normativen Vorgaben denkbar. Im Gegenteil: Normative Grundlagen gelten als Voraussetzung und Kriterium für Professionalität. Hiervon handelt das letzte Teilkapitel. Das normative Gerüst für das berufliche Handeln in den Public Relations rekrutiert sich zum einen aus *rechtlichen/juristischen* Bedingungen, Schranken und Erfordernissen, die im Rahmen professionellen beruflichen Handelns unbedingt beachtet und erfüllt werden müssen. Diese *rechtlichen Anforderungen an Öffentlichkeitsarbeit (Udo Branahl)* stellt der erste Beitrag zusammen. Ein zweiter, ganz wesentlicher Teil der Orientierung an normativen Grundlagen basiert im Berufsfeld Öffentlichkeitsarbeit auf *ethischen* bzw. *moralischen* Grundsätzen, denen Berufsangehörige verpflichtet sind bzw. sein sollten. Ethische Grundsätze sind nicht rechtsverbindlich; ihre Einhaltung wird in der Regel durch den Berufsstand selbst kontrolliert und gegebenenfalls sanktioniert. Der Beitrag *Ethik der PR – Grundlagen und Probleme (Günter Bentele)* setzt sich abschließend mit einigen theoretischen und praktischen Grundproblemen einer PR-Ethik, den bestehenden Kodizes und Richtlinien sowie zukünftigen Herausforderungen an einen ethischen Diskurs auseinander.

Berufsgeschichte

Bundesrepublik Deutschland

Peter Szyszka

1. Einleitung: Probleme deutscher PR-Historiographie

Kontinuität oder Diskontinuität? Diese in der Regel mit Blick auf das Dritte Reich gestellte Frage hat in jüngerer Zeit die Kommunikationsgeschichte intensiver in den Fokus kommunikationswissenschaftlicher Debatten gerückt (Medien & Zeit 2002). Hinterfragt wird dabei die nationalsozialistische Vergangenheit jener Personen, die nach 1945 Einfluss auf den Neubeginn des Faches nahmen. Gefragt wird dabei heute vor allem, ob NS-Ideen und Denkhaltungen weitergetragen oder aktualisiert wurden. Zwar hat Öffentlichkeitsarbeit als Fachgegenstand bis in die neunziger Jahre keine besondere Rolle gespielt, dennoch finden sich unter denen, die ins Fadenkreuz intensiver historischer Recherchen und Analysen geraten sind, mit Carl Hundhausen, Albert Oeckl und Franz Ronneberger gleich drei Akteure, die für die Entwicklung der Öffentlichkeitsarbeit in Praxis- und Wissenschaftsdiskurs zentrale Rollen gespielt haben (vgl. insb. Heinelt 1999; 2002).

Abgrenzungen gegenüber Propaganda als einem auf die Zeit des Nationalsozialismus bezogenem Kommunikationsphänomen haben lange Zeit die Versuche mitbestimmt, ein eigenes Profil von Öffentlichkeitsarbeit zu zeichnen (z.B. Oeckl 1964: 61; vgl. auch Fabian 1970: 210f). So finden sich in der von Praktikern dominierten PR-Literatur bis in die achtziger Jahre hinein verstärkt Arbeiten, die Public Relations von seiner Entwicklungsgeschichte her als amerikanisches Phänomen deklarieren, dessen weltweite und damit auch deutsche Entwicklung erst nach dem Zweiten Weltkrieg anzusetzen sei (z.B. Scharf 1971; Oeckl 1976: 92ff; Barthenheier 1982: 4; Flieger/Sohl 1991: 11f). Der durch Oeckl popularisierte und im Wesentlichen in Deutschland verwendete Begriff „Öffentlichkeitsarbeit" tat das Seinige, um von einer deutschen Vor- oder Frühgeschichte der PR abzulenken und Fragen nach inhaltlicher Kontinuität auszublenden. Die notwendige wissenschaftliche Auseinandersetzung mit deutscher PR-Geschichte begann erst in den achtziger Jahren, der Ertrag ist noch recht schmal (vgl. insb. Binder 1983; Kunczik 1997; Szyszka 1997).

Für Zugangsversuche zur PR-Geschichte lassen sich verschiedene Ansätze unterscheiden. In deutschsprachiger wie amerikanischer PR-Literatur weit verbreitet sind *fakten- bzw. ereignisorientierte Ansätze.* Sie versammeln Verweise auf PR-adäquate Arbeitstechniken und Tätigkeiten.[1]

Der *tätigkeitsorientierte Ansatz* verweist dabei auf Ursprünge, die sich bis in die antike Rhetorik zurückführen (vgl. Fiegenbaum 1996), letztlich aber auf die gesamte Menschheitsgeschichte ausdehnbar sind. Deutlich enger operiert der *begriffsorientierte Ansatz*, der nur Fakten akzeptiert, die mit dem Begriff Public Relations (bzw. Öffentlichkeitsarbeit) bezeichnet wurden (vgl. Binder 1983: 46ff), damit aber z.B. offen lässt, ob diese genuin sind. Gegen beide Ansätze hat Bentele zu Recht eingewandt, dass sie „im Grunde *theorielos*" seien, weil sie auf ein nur rudimentäres Vorverständnis von Public Relations zurückgreifen (1997: 144). Bentele plädiert für einen *modell- bzw. theorieorientierten Ansatz*, der als Ideengeschichte systematisierend und historisch interpretierend vorgeht, und führt als Beispiel die bekannten Grunig/Hunt-Modelle an (ebd.: 144ff). Hieran angelehnt rückt Szyszka in einem *organisationsfunktionalen Ansatz* die organisationspolitische Institutionalisierung einer eigenständigen Regelungsfunktion zum Versuch der Einflussnahme auf öffentliche Kommunikationsprozesse in den Mittelpunkt (1997a: 128ff).

2. PR-Vorgeschichte und deutsche PR-Frühgeschichte

Im organisationsfunktionalen Ansatz kann eine Zäsur zwischen PR-Vorgeschichte und PR-Geschichte mit dem *Beginn der Organisationsgesellschaft*[2] gesetzt werden. Diese Zäsur findet sich auf Deutschland bezogen in der Herausbildung pluralistischer Gesellschaftsstrukturen und der Ausdifferenzierung unterschiedlicher Organisationstypen Mitte des 19. Jahrhunderts, worüber weitreichender Konsens herrscht. Saxer unterscheidet für die hier beginnende Entwicklung und Funktionalisierung von PR-Arbeit – ohne eindeutige zeitliche Zuordnung – drei Entwicklungsphasen:[3] eine *Phase der sich industrialisierenden Gesellschaft* mit Bildung *reaktiver PR-Systeme*, eine *Phase der industrialisierten Gesellschaft* mit Ausdifferenzierung von *PR-Arbeit im Wirtschaftssektor* und eine *Phase der postindustriellen Gesellschaft* mit *gesamtgesellschaftlicher Entfaltung institutioneller PR-Arbeit* (1992: 57ff u. 75f). Konkreter wird Bentele, der sechs Perioden unterscheidet, wobei seine drei ersten Perioden „Entstehung des Berufs (ca. 1850-1918)", „Konsolidierung und Wachstum (1918-1933)" und „NS-Pressearbeit (1992-1945)" auf eine differenziert zu betrachtende Frühgeschichte verweisen (1997: 161ff).

---

1 Vgl. dazu die Sammlung bei Szyszka 1997: 317ff.
2 Zum Begriff vgl. Büschges 1983: 22.
3 Saxer legte dabei als Parameter den gesellschaftlichen Differenzierungsgrad, die Wirtschaftsdynamik, das Kommunikationssystem und den Repräsentationsbedarf zugrunde (1992: 57f).

2.1 PR-Vorgeschichte

Wird der Tätigkeitsansatz herangezogen, lassen sich eine Vielzahl vermeintlicher historischer PR-Beispiele finden: das *Handelshaus der Fugger*, das u.a. über ein eigenes internes und externes Informationswesen und mit einem eigenen Firmenzeichen über den Ansatz zu einer Corporate Identity verfügte, *Martin Luther*, der als Prediger den fremdbildbezogenen Grundsatz, man müsse „dem Volk aufs Maul schauen", prägte oder der deutsche Genius *Johann Wolfgang von Goethe*, dessen Auftragsdichtungen zur Begrüßung der österreichischen Kaiserin 1810 in Karlsbad als ein frühes Beispiel für Fremdenverkehrs- oder regionale Imagewerbung eingestuft werden (vgl. Kunczik 1997, passim). Wie zahllose andere Beispiele können diese Maßnahmen und Tätigkeiten als Vorläufer deutscher PR-Arbeit eingestuft werden, da sie zwar schon arttypisch, aber in der Regel nicht Teil einer über die Maßnahmen hinaus ausgeprägten systematischen Funktionalisierung von Kommunikationsarbeit waren. Die mit der beginnenden Industrialisierung einsetzende gesellschaftliche Umverteilung von Macht- und Einflussstrukturen und die zunehmende Verbreitung und Verfügbarkeit von Medien können als zentrale Rahmenparameter gelten, wenn es um den Umschlagpunkt zwischen Vor- und Frühgeschichte deutscher PR-Arbeit geht (vgl. Szyszka 1997a: 130f).

2.2 Politische Kommunikationsarbeit

Schon in der Zeit des Vormärzes wurde in Preußen ein „Ministerial-Zeitungsbüro" eingerichtet, das eine gezielte Pressezensur ausübte. Folgerichtig gehörte die schon aus dem frühen 19. Jahrhundert stammende Forderung nach Pressefreiheit zu den zentralen Anliegen der Demokratiebewegungen der Revolutionsjahre 1847/48. Nach der gescheiterten Märzrevolution wurde das Zeitungsbüro durch ein dem Innenministerium zugeordnetes „Literarisches Kabinett" bzw. dann „Ministerialanzeigenbüro" ersetzt, dessen Arbeit sich vorwiegend auf die Auswertung von Zeitungen beschränkt haben soll, ehe von 1851 an die „Centralstelle für Preßangelegenheiten" durch Korruption von Journalisten und Zeitungen von sich Reden machte (Kunczik 1997: 85f). Wird der Tätigkeitsansatz herangezogen, fällt es schwer, hierin Vorläufer heutiger staatlicher oder regierungsamtlicher Presse- und Öffentlichkeitsarbeit zu erkennen, zumal, wenn auch noch die Brüche (Kriegspresseamt im Ersten Weltkrieg, Reichsministerium für Volksaufklärung und Propaganda im Dritten Reich) in Rechnung gestellt werden. Tatsächlich wurde mittels der ergriffenen Maßnahme die *unter den jeweiligen historischen Rahmenbedingungen mögliche Einflussnahme auf die Darstellung der eigenen Interessen in den Medien* als gesellschaftlicher Informationsmultiplikator gesucht (Szyszka 1997a: 128ff).

2.3 Kommunale Nachrichtenämter

Die bekannte Entwicklungslinie kommunaler Öffentlichkeitsarbeit setzt im Jahr 1906 an, als in Magdeburg die Rechtsauskunftsstelle der Stadt den ausdrücklichen Auftrag erhielt, künftig auch Presseangelegenheiten zu bearbeiten. Damit wurde die erste kommunale Pressestelle in Deutschland eingerichtet. Die Art der Einrichtung lässt vermuten, dass die Entwicklungslinie weiter ins 19. Jahrhundert zurückreicht als bislang belegt.

Bis 1926 entstanden bei kommunalen Verwaltungen zwischen Aachen und Trier 83 kommunale Nachrichtenämter; in den dreißiger Jahren des 20. Jahrhunderts verfügte praktisch jede größere Gemeinde über ein Nachrichtenamt (vgl. Szyszka 1990: 128ff; Liebert 1995: 10), womit dies die breitest belegbare Form institutioneller Verankerung früher PR-Arbeit markiert. Da hier während des Dritten Reiches dem zeitgenössischen Sprachgebrauch nach ‚kommunale Propaganda' betrieben wurde (Zankl 1940/43), dürfte sich schon allein hierin ein Kriterium für das spätere Ausblenden dieser Kontinuität finden. Tatsächlich weist ein aus dem Jahr 1929 ebenfalls aus Magdeburg überliefertes Organigramm bereits große Ähnlichkeit mit Teilen des heutigen Aufgabenspektrums kommunaler Stellen für ‚Presse- und Öffentlichkeitsarbeit' aus: Ein *hohes Maß an funktionaler Kontinuität* scheint hier schon spätestens seit der Wende zum 20. Jahrhundert vorzuliegen.

2.4 Literatenbüros in der Wirtschaft oder mehr?

Die Frühgeschichte deutscher Wirtschafts-PR ist lange auf die Anführung einzelner Annalen reduziert worden, die den Eindruck erweckten, es handele sich um eher vereinzelte Aktivitäten. Jüngere Arbeiten zeigen allerdings, dass *einzelne Unternehmen bzw. Unternehmer früh Bedarf und Möglichkeiten zielgerichteter Kommunikationsarbeit erkannten und nutzten*: Zipfel (1997) hat dies am Beispiel der deutschen Elektroindustrie aufgezeigt. So sahen sich Werner von Siemens (Siemens & Halke) und Emil Rathenau (AEG) als Unternehmensgründer mit der Situation konfrontiert, dass elektrischem Strom in der zweiten Hälfte des 19. Jahrhunderts noch mit großer Skepsis, Ängsten, Vorurteilen und Widerständen begegnet wurde. Beide Unternehmer nutzten ein breites Kommunikationsrepertoire, das auf den Aufbau positiver Unternehmens- wie Produktimages hin ausgerichtet war; Pressearbeit und deren Institutionalisierung (AEG: ‚Literarisches Büro' 1899; Siemens: ‚Centralstelle für Pressewesen' 1902) waren damit nur Bausteine einer systematisch angelegten und letztlich wohl auch schon strategisch gedachten frühen deutschen PR-Arbeit. Dies lässt auch die vielzitierte Geschichte des Krupp-Konzerns, dessen Bekanntheit und Image (‚Hart wie Krupp-Stahl') letztlich auf der Präsentation eines zwei Tonnen schweren Stahlblocks anlässlich der Londoner Weltausstellung 1851 beruhten, in einem anderen Licht erscheinen. Dass sich die I.G.-Farben von 1929 bis 1934 der Dienste des damals populärsten amerikanischen PR-Beraters Ivy Lee bediente (Binder 1983: 61), zeigt letztlich, dass auch die *amerikanische Entwicklung in Deutschland bereits zur Kenntnis genommen* wurde.

2.5 Journalismus und frühe PR-Arbeit

Hinweise, dass diese *frühe PR-Arbeit offensichtlich breiter und einflussreicher agierte, als lange angenommen*, gibt schon die Fachliteratur der Weimarer Jahre. Sie finden sich etwa in kritischen Anmerkungen zu staatlicher, kommunaler und wirtschaftsseitiger PR-Arbeit im ersten zeitungswissenschaftlichen Lehrbuch Walter Schönes, der – selbst damals in Teilzeittätigkeit Leiter des Presseamtes der Stadt Leipzig – von verheerenden Auswirkungen des amtlichen Pressedienstes schrieb, die schon bis dato „das Ansehen der deutschen Presse auf das schwerste gefährdet" hätten (1928: 141). Dass es ein drängendes Thema gewesen sein muss, zeigen die Verhandlungen des 7. Deutschen Soziologentages 1930, die ihre vier Eingangsreferate diesem Einfluss auf den Journalismus widmeten. „Diesen vielen Stellen gegenüber ist die Presse in sehr vielen Fällen einfach machtlos", konstatierte dort der Zeitungswissenschaftler Wilhelm Kapp (Verhandlungen 1931: 55).

2.6 Zwischen Funktions- und Berufsgeschichte

Auch wenn der vielfach als Referenzquelle verwendete deutsche PR-Nestor Albert Oeckl, der seine PR-Karriere Mitte der dreißiger Jahre bei der I.G.-Farben begann, in vielen seiner PR-historischen Anmerkungen betonte, dass in Deutschland vor 1945 lediglich der Terminus, „nicht aber die dem Fachausdruck Public Relations innewohnende Philosophie" unbekannt gewesen seien (zuletzt: 1991: 13), wurde lange eine andere deutsche PR-Geschichte überliefert. Danach war es Carl Hundhausen, der von 1937 an mehrmals Beiträge zu Public Relations publizierte, die zeitbedingt aber kaum zur Kenntnis genommen worden seien (vgl. z.B. Barthenheier 1982: 4; Fuchs/Kleindieck 1984: 19f). Entsprechend dieser Lesart wurde PR-Arbeit dann als Teil amerikanischer Umerziehungs- und Wiederaufbaupolitik nach Deutschland ‚exportiert', wo es sich schnell in den Bereichen Wirtschaft und Politik ausbreitete. Der Verweis auf die Übernahme eines vermeintlich amerikanischen Phänomens machte es einfach, die NS-Zeit als eigenständiges Phänomen zu verorten und die Frage nach den Folgen personaler Kontinuität auszublenden.

Die generelle Behauptung, PR-Arbeit sei ein aus den USA nach Deutschland importiertes und adaptiertes Phänomen, ist falsch: PR-Arbeit fand faktisch – wenn auch nicht unter diesem Begriff – vor 1945 statt. Richtig ist nach heutigem Kenntnisstand aber, dass ein *Berufsfeld als formeller oder zumindest informeller Zusammenschluss* derer, die Tätigkeiten im Sinne heutiger Öffentlichkeitsarbeit ausübten, vor 1945 offensichtlich nicht bestand, sich nach 1945 – nicht zuletzt angeregt durch Studienreisen von Führungskräften – aber in schnellen Schritten entwickelte. Dies lässt es zu,

- eine *Frühgeschichte deutscher PR-Arbeit* als die Zeit, in der PR-Arbeit ihrer organisationspolitischen Funktion nach zwar faktisch betrieben wurde, ein eigenständiges Berufsfeld aber noch nicht existierte, von

- einer *Berufsgeschichte als PR-Geschichte* zu unterscheiden, in der Berufsangehörige ihr eigenes Tätigkeitsfeld mit dem Ziel reflektierten, Schritte für eine sukzessive Professionalisierung dieses Berufs einzuleiten (Bentele 1997: 154ff).

3. PR-Berufsgeschichte als Ideen- und Standesgeschichte

PR-Berufsgeschichte kann als *Geschichte der Auseinandersetzung um die inhaltliche und begriffliche Fassung des Berufes* (Ideengeschichte) und die *Geschichte der Organisation gemeinsamer beruflicher Interessen* (Standesgeschichte) untersucht werden.

3.1 Vertrauenswerbung – Meinungspflege – Öffentlichkeitsarbeit

Im Gegensatz zur Frühgeschichte deutscher PR-Arbeit war der *Beginn der Berufsgeschichte* in den fünfziger Jahren von einer *intensiven, durch Fachliteratur dokumentierten Auseinandersetzung um Begriff, Funktion und Inhalte* von Public Relations geprägt; erst die neunziger Jahre (!) brachten wieder einen ähnlich intensiven Diskurs hervor. Die Literatur weist dabei aus, dass sich die so genannte Gründergeneration nur eingeschränkt von amerikanischen Vorbildern leiten ließ. Sie wurden zwar vor Ort begutachtet, in den eigenen Darlegungen finden sich aber in vielen Fällen Ansätze eigenständiger theoretischer Fundierung (z.B. Hundhausen 1951). Auffällig ist dabei, dass unter dem Eindruck alliierter Reeducation-Politik zunächst angestrengt nach einem sinnvollen deutschen Terminus für den amerikanischen Begriff Public Relations gesucht wurde, wobei drei, von ihrem gedanklichen Ansatz her unterschiedliche Begriffe konkurrierten (vgl. Haacke 1957: 136ff)[4]:

- '*Meinungspflege*' (Domizlaff, Gross, Jahn, Mörtzsch): Den Ansatzpunkt lieferte hier öffentliche Meinung als organisationale Existenzbedingung; Ziel war die Vermittlung vermeintlicher Identität von Unternehmens- und Öffentlichkeitsinteressen (Gross 1951: 31).
- '*Vertrauenswerbung*' (Hundhausen, Korte): Hier wurde „Werbung" als das Bemühen um vertrauensvolle Beziehungen zu relevanten Bezugsgruppen betont, die mittels Beziehungspflege mitgestaltet werden sollten (Hundhausen 1951: 53).
- '*Öffentlichkeitsarbeit*' (Oeckl): Dieser vergleichsweise aussageschwächere Begriff rückte die Tätigkeit selbst als *Arbeit mit, für und in Öffentlichkeit* ins Zentrum (1964: 36) und setzte sich unter dem standespolitischen und publizistischen Einfluss Oeckls im Laufe der sechziger und siebziger Jahre in Deutschland als Synonym für Public Relations durch.

---

4   Die damals noch junge politische Wochenzeitung DIE ZEIT schrieb hierzu sogar einen Wettbewerb aus, der erfolglos blieb (vgl. Kunczik 1993: 6). In jüngerer Zeit hat Friederich H. Korte als Zeitzeuge in Gesprächen wiederholt an den Begriff der ‚*institutionellen Kommunikation*' erinnert.

3.2 Berufsständische Entwicklung

Über die frühe Entwicklung des Berufsfeldes ist überliefert, dass schon Mitte der fünfziger Jahre informelle Zirkel im rheinischen und im Hamburger Raum bestanden, PR-Leute also gezielt beruflichen Kontakt und Austausch suchten. Im Vorfeld des ersten PR-Weltkongresses in Brüssel kam es im Dezember *1958 zur Gründung der ‚Deutschen Public Relations-Gesellschaft'* (DPRG), deren 17 Gründungsmitglieder zunächst Professor Carl Hundhausen als den bekanntesten Fachvertreter an ihre Spitze wählten. Als Albert Oeckl dieses Amt 1961 übernahm, begann die inhaltliche Institutionalisierung des Verbandes. Wichtigster Meilenstein war hier 1964 die Verabschiedung der *‚Grundsätze der DPRG'* als berufliche Verhaltensgrundsätze, denen eine bis in die neunziger Jahre populäre PR-Definition vorangestellt war: „Public Relations sind das bewusste und legitime Bemühen um Verständnis sowie um Aufbau und Pflege von Vertrauen in der Öffentlichkeit auf der Grundlage systematischer Erforschung". Auffällig an dieser in Anlehnung an ein Vorbild des britischen Berufsverbandes entstandenen Definition ist der *Begriff ‚legitim'* – ihn kennt das Vorbild nicht (vgl. Oeckl 1964: 36ff) –, dessen Akzentuierung schon frühe öffentliche Akzeptanzprobleme der deutschen PR-Branche zu Tage fördert. Daneben wurde eine *Ehrenratsordnung* in der Verbandssatzung verankert, was den Anspruch auf Seriosität unterstreichen sollte.

Neben die DPRG, die heute auf eine wechselvolle Geschichte zurückblickt, trat 1973 die *‚Gesellschaft Public Relations Agenturen' (GPRA)* als ein Wirtschaftsverband zur Organisation und Vertretung der Interessen „führender PR-Agenturen", wie es bis heute in der Selbstdarstellung des Verbandes heißt. Beide Verbände sind bis heute in der Fachdiskussion sehr aktiv. Kaum in Erscheinung trat dagegen der 1990 gegründete *‚Deutsche Verband für Public Relations'*, der seiner Selbstdarstellung nach ein „moderner PR-Verband abseits von Gutsherrenart und überflüssigem Elitedenken" sein wollte, aber aufgrund eigenwilliger Mitgliederakquisition – Bezieher einer PR-Loseblattsammlung wurden zu Mitgliedern erklärt – zustande kam; aktuell lässt sich der DVPR nicht mehr ermitteln. Öffentlich wenig präsent, aber für die Bindung innerhalb des Berufsfeldes von nicht zu unterschätzender Bedeutung ist dagegen der *‚Fachausschuss Presse- und Öffentlichkeitsarbeit'* (früher: Journalisten in Wirtschaft und Verwaltung) *des Deutschen Journalistenverbandes (djv)*, der heute nach eigener Auskunft ca. 7.000 PR-Tätige bindet. In jüngster Zeit hat sich zudem ein *‚Bundesverband deutscher Pressesprecher'* (2003) gegründet.

3.3 ‚Legitimation durch Information'

Eine nicht aus der Branche, sondern aus der Wissenschaft heraus geführte deutsche Debatte um PR-Arbeit begann zwar ebenfalls in den fünfziger Jahren (vgl. z.B. Haacke 1957), vollzog sich aber trotz verschiedener wissenschaftlicher Abschlussarbeiten (z.B. Löckenhoff 1958) lange eher zögerlich. Erst mit dem von Hundhausen angestoßenen Ronneberger-Essay ‚Legitimation durch Information' setzte *1977* eine auch *wissenschaftsseitig systematischere Beschäftigung mit Public Relations* ein. Ausgehend von den Arbeiten Bernays, Hundhausens und Oeckls hinterfragte Ronneberger – geprägt vom Gedanken des Pluralismus – die Möglichkeit von gesellschaftlichem Konsens, die Rolle von Teilöffentlichkeiten, die Notwendigkeit der Öffentlichkeit von Interessen und deren Herstellung zu so etwas wie einem gesellschaftlichen Minimalkonsens, um schließlich eine Funktion von PR im politischen System zu bestimmen (Ronneberger 1977): Diese Position war zwar standespolitisch interessant (vgl. Szyszka 1993), blieb im wissenschaftlichen Diskurs aber nicht unwidersprochen (insb. Scheidges 1982). Ronnebergers Arbeiten mündeten in einem 1992 gemeinsam mit Rühl publizierten Theorieentwurf (Ronneberger/Rühl 1992).

3.4 ‚Führungsfunktion' und ‚pragmatische Rückbesinnung'

In den achtziger Jahren verstärkten sich die inhaltlichen Auseinandersetzungen um Rolle und Funktion von Öffentlichkeitsarbeit. Insbesondere standespolitisch waren die Bemühungen groß, den Berufsstand eigenständig zu profilieren. Mangels der Möglichkeit, sich auf ein ausreichend breites, wissenschaftliches bzw. fachlich-systematisches Fundament – vergleichbar etwa einem Teilbereich der Betriebswirtschaft – stützen zu können, entwickelte die DPRG 1990 ein *Berufsbild*, das für PR-Arbeit den *Anspruch einer Führungsaufgabe* formulierte (DAPR 1990: 7ff). Dabei gehörte es in der ersten Hälfte der neunziger Jahre zu einer gängigen Fehlinterpretation vieler Praktiker, vom Schein des Wachstums des Berufsfeldes geblendet, den standespolitischen Duktus der Diskussion zu übersehen, dominierten doch weiter operativ tätige PR-Techniker das Berufsfeld (vgl. Röttger 2000: 327ff). Im Verband selbst trat in der zweiten Hälfte der neunziger Jahre pragmatische Rückbesinnung an die Stelle der proklamierten Führungsfunktion. Sie kommt in einem ‚Qualifikationsprofil Öffentlichkeitsarbeit' (DPRG o.J.) zum Ausdruck, mit dessen Vorlage der Berufsverband durch Definition von PR-Basisqualifikationsmerkmalen auf den zunehmenden fachlichen PR-Bildungsbedarf und den sich etablierenden PR-Bildungsmarkt reagierte.

4. Entwicklungsphasen des Berufsfeldes

Bentele hat für die PR-Nachkriegsgeschichte drei Perioden verortet: „Neubeginn und Aufschwung (1945-1958)", „Konsolidierung des Berufsfeldes (1958-1985)" und „Boom des Berufsfeldes, Professionalisierung (seit 1985)" (1997, 161ff). Wird die Entwicklung beruflicher Ansprüche und Zuständigkeiten näher betrachtet, fällt auf, dass bis in die achtziger Jahre hinein Veränderungen in der Öffentlichkeitsarbeit mit wesentlichen zeitgeschichtlichen Zäsuren zusammenfallen. Wirtschafts- und sozialhistorisch unterscheidet Henning hierzu vier Phasen: „Wiederaufbau und Wirtschaftswunder (1949 bis 1960)", „Vollbeschäftigung und Neuorientierung (1961 bis 1972)", „struktureller Wandel und begrenztes Wachstum (1973 bis 1982)" und „neuer Aufbruch und Einbindung in Europäische Gemeinschaft (1982-1989)" (^{9}1997, 190f u. 318). In vier ähnliche Phasen lässt sich die PR-Berufsgeschichte fassen (vgl.

Abb.1), wenn in Rechnung gestellt wird, dass für eine Kommunikationsdisziplin Veränderungen im Mediensystem, wie sie in Deutschland Mitte der achtziger Jahre mit der Zulassung privaten Rundfunks ansetzten, ein maßgebliches zeitgeschichtliches Ereignis darstellen; die bislang jüngste Zäsur muss damit an dieser Stelle ansetzen (vgl. Szyszka 1998).

	Gründung (bis 1960)	*Etablierung* (1961 bis 1972)	*Positionierung* (1973 bis 1983)	*Expansion und Ausdifferenzierung* (seit 1984)
bei HENNING ([0]1997)	Wiederaufbau und Wirtschaftswunder	Vollbeschäftigung und Neuorientierung	struktureller Wandel, begrenztes Wachstum	Aufbruch, Problem der Wiedervereinigung
zeitgeschichtlich prägende Ereignisse	Umerziehung, soziale Marktwirtschaft, wirtschaftliche Expansion	1967 erste große Wirtschaftskrise, 1968 erste große politische Krise	Krisenjahr 1973: Energie, Beschäftigungsrückgang; ökologische Wende	Rezession, sozialer Umbau, Wiedervereinigung, Medienexplosion, Internet
dominierende Umbrüche	politischer Wandel: Demokratie statt Diktatur	wirtschaftlicher Wandel: Um-/Abbau statt Aufbau		gesellschaftl. Wandel: Individualinteresse statt Gemeininteresse
gesellschaftl. dominierende Werte	Pflicht- und Akzeptanzwerte			Werte individueller Sinnzuweisung
öffentl Kommunikation	Tageszeitung, ein Fernsehprogramm	Ausbau öffentlich-rechtlicher Rundfunk, Pressekonzentration		dualer Rundfunk, Spezialzeitschrift.
Fachereignisse	Gründung des Berufsverbandes	Grundsätze der DPRG, Standesethik, DRPR	PR-Training, öffentliche Präsenz des Verbandes	Berufsbilder als Ideal- und Realbild
Verbreitung	Wirtschaft und Politik	Wirtschaft und Politik	Öffnung in alle anderen gesellschaftlichen Felder	zunehmende Professionalisierung aller Felder
dominantes Selbstbild	Vertrauenswerbung, gesell. Integration	Beziehungspflege, Produkt-Publicity	Informationstätigkeit	Führungsfunktion, kommunikative Partizipation

Abb.: Entwicklungsphasen des Berufsfeldes in Deutschland (vgl. Szyszka 1998, 139)

4.1 Gründung

In der Gründungsphase des Berufsfeldes war PR-Arbeit im Wesentlichen bei *Wirtschaftsunternehmen* und *wirtschaftspolitischen* wie *politischen Institutionen* verbreitet. Die von hieraus geführten ersten beruflichen Selbstverständnisdebatten waren deutlich von den zeitgeschichtlichen Umständen geprägt. Den zentralen Anknüpfungspunkt lieferte die „neoliberale Idee der Marktwirtschaft, Sozialpartnerschaft und Interessenharmonisierung" (Scharf 1971: 176), die mit der auf den Amerikaner Bernays zurückgehenden Idee der Schaffung von Einvernehmlichkeit zwischen Organisations- und Gesellschaftsinteressen mittels PR-Arbeit kompatibel schien. Sie ließ die Ableitung eines Selbstverständnisses zu, in dessen Zentrum die Reklamation eines gesellschaftlichen PR-Mandats stand. Die Mitarbeit verschiedener PR-Leute an der wirtschaftspolitischen Kampagne ‚Die Waage' (1953-1965), die der sozialen Marktwirtschaft zu gesellschaftsweiter Akzeptanz verhelfen sollte (Kunczik/Schüfer 1993; Hein 1998: 86ff) bestärkte dieses Selbstbild; die Definition von PR-Arbeit als *„Summe derjenigen Maßnahmen und Verhaltensweisen der Unternehmer, welche in der Öffentlichkeit das Bewusstsein einer allgemeinen Interessenidentität mit der Marktwirtschaft erzeugen"* (Gross 1951: 22), bringt dies zum Ausdruck. Gesellschaftliche *Interessenidentität*, wie sie danach als Forderung einen Teil früher deutscher PR-Literatur durchzog und später auch bei Ronneberger (1977) ihren Niederschlag fand, galt als gegeben, schienen doch gesellschaftliche und partikulare Interessen *von ihrer Zielrichtung* her in eine Richtung zu weisen. Davon, dass dies schon damals nicht ohne Widerspruch blieb, zeugt der latente Vorwurf, Öffentlichkeitsarbeit ziele im Grunde auf *Manipulation* öffentlicher Meinung: Dies belegen teilweise seitenlange Versuche in der Handbuchliteratur, Public Relations insbesondere gegenüber Propaganda und Werbung abzugrenzen (vgl. Jessen/Lerch 1978: 39).

4.2 Etablierung

Mit der schnellen, weitgehend von der Kampagne unabhängigen Akzeptanz der sozialen Marktwirtschaft brach der deutschen PR-Arbeit schon bald ein Fundament dieses Selbstverständnisses weg. Auch organisationsseitig änderten sich die Rahmenbedingungen merklich. Im Wandel von Nachfrage- zu Angebotsmärkten etablierte sich die aufstrebende Absatzpolitik (Marketing) als eine zentrale unternehmenspolitische Führungsfunktion. PR-Arbeit wurde in vielen Fällen als Produkt-PR zum reinen Instrument der Absatzwerbung. Gleichzeitig trat die Funktion des Repräsentanten markant in den Vordergrund. Der elegante *Frühstücksdirektor*, der die Beziehung zu Journalisten und anderen Meinungsbildnern durch Kontakte und Präsenz pflegte, prägte das Bild vom Berufsstand. Adels- und akademische Titel galten als Türöffner, um ein Unternehmen ins Gespräch zu bringen (vgl. Zedtwitz-Arnim 1961: 21). Als Wirtschaftskrise 1967 und Studentenrevolte 1968 eine erste politische Krise in der Bundesrepublik auslösten und Medien nach konkreten Aussagen und Standpunkten fragen ließen, rückte allgemeine Pressearbeit ins Zentrum der PR-Arbeit. Das Berufsfeld öffnete sich für 'konvertierungswillige' Journalisten. Mikroökonomische Fragen der Absatzförderung und journalistische Fragen nach konkreten Standpunkten und Aussagen bildeten das Tagesgeschäft dieser Pressearbeit. Zwar war das Berufsfeld Ende der sechziger Jahre, nicht zuletzt dank der ambitionierten standespolitischen Aktivitäten Albert Oeckls, etabliert, seine fachliche Positionierung hatte es aber von außen her erfahren. Im Gegensatz hierzu zeichnete ein großer Teil der PR-Literatur weiter ein idealisierendes Berufsprofil, das den Gedanken von Interessenidentität und gesellschaftlicher Aufgabenstellung fortzuschreiben suchte.

4.3 Positionierung

Das Krisenjahr 1973 markiert mit Ölkrise, Streiks, Einstellungsstopp, Kurzarbeit und ersten Entlassungen eine wirtschaftspolitische Zäsur. Dieses Ende von Wachstum und Sorglosigkeit wirkte kommunikationspolitisch auf die Unternehmen zurück: Vormals noch 'Inseln der Privatangelegenheit ihrer Besitzer', rückten sie nun zunehmend ins Zentrum öffentlicher und damit journalistischer Aufmerksamkeit. Ein neues Mitbestimmungsgesetz, das den Arbeitnehmern mehr Rechte einräumte und Forderungen nach Transparenz und sozialer Absicherung formulierte, offenbarte eine Vertrauenskrise in Politik und Wirtschaft. Pflicht- und Akzeptanzwerte, in den Wiederaufbaujahren noch ein erfolgreich stabilisierendes Orientierungssystem, verloren ihren dominanten Stellenwert; an ihre Stelle rückten Werte individueller Selbstentfaltung, die sich im Wunsch nach Selbstverwirklichung, Eigenständigkeit und der Frage nach Sinn spiegelten (Klages 1988). Ein sich ausprägendes ökologisches Bewusstsein entließ Unternehmen nicht mehr aus dem Blickpunkt des öffentlichen Interesses. Ihrer Funktion als Motor von Wohlstand und Wohlfahrt beraubt, wurden sie nun von einer von Misstrauen und Ängsten geprägten Öffentlichkeit zunehmend kritischer hinterfragt, die nicht nur wissen, sondern auch verstehen wollte, was geschah oder geschehen sollte. Kritisches Hinterfragen, innerbetrieblich wie öffentlich, bedeutete in vielen Fällen Widerstand: Unternehmerische Handlungsspielräume wurden unkalkulierbarer. Kommunikationspolitischer Handlungsbedarf begann sich auch auf sogenannte Non-Profit-Bereiche auszudehnen. Die Zahl der PR-Leute stieg stetig und dürfte Ende der siebziger Jahre ca. 4.000 betragen haben, ohne dass ein konkretes Berufsprofil entstand. Das Thema *Sozialbilanz*, der unternehmenspolitische Versuch der Dokumentation und Bilanzierung sozialer Unternehmensleistungen, stellte nicht nur ein zentrales Thema dieser Phase dar, an ihm wurde auch die wirkliche Positionierung von Öffentlichkeitsarbeit deutlich: Weniger die Erstellung von Sozialbilanzen war Aufgabe des Gros der PR-Leute, sondern deren publizistische Gestaltung und Verbreitung.

4.4 Expansion und Ausdifferenzierung

Maßgeblichen Einfluss auf die weitere Entwicklung nahmen Mitte der achtziger Jahre die Veränderungen des Mediensystems. Die Zulassung privater Fernseh- und Hörfunksender vervielfachte das Programmangebot und prägte neue Berichterstattungs- und Präsentationsmuster aus. Parallel dazu expandierte der Zeitschriftenmarkt, vorrangig im Spezialzeitschriftensektor. Journalistische Ansprüche vermehrten sich, fragten noch mehr Informationen nach, boten aber auch Öffentlichkeitsarbeit neue Möglichkeiten zur Darstellung der von ihr vertretenen Interessen. Das Berufsfeld wuchs stetig. Der hohe Anteil von Pressearbeit – nun besser als Medienarbeit zu bezeichnen – verfestigte bei Teilen der Berufsangehörigen das Selbstverständnis vom *PR-Journalisten* als Vermittler zwischen den Mitteilungsbedürfnissen seiner Mandanten und den Informationsinteressen von Medienvertretern.[5] Mit dem Internet trat Mitte der neunziger Jahre ein neues Medium in den Blickpunkt des gesellschaftlichen Interesses, dem auch seitens der Öffentlichkeitsarbeit zunächst mit großer Euphorie und hohen Erwartungen begegnet wurde, ehe dies nüchterner Betrachtung wich. Gemäß dem ‚Rieplschen Gesetz' der Medien-Komplementarität, nach dem das Auftreten eines neuen Mediums zwar die Funktionen der bestehenden Medien verschiebt, sie aber nicht verdrängt (vgl. Lerg 1981), entstand ein neuer Informations- und Selbstdarstellungsträger, der Zugänglichkeit und Vielfalt verfügbarer Informationen veränderte und öffentliche Kommunikation quasi entgrenzte. Gleichzeitig wurde damit eine neue Form informeller Komplexität geschaffen, was in der Konsequenz neue Anforderungen an Öffentlichkeitsarbeit stellte. Insgesamt sorgten Expansion und Ausdifferenzierung des Mediensystems in den vergangenen zwei Jahrzehnten dafür, dass auch Öffentlichkeitsarbeit quantitativ und qualitativ expandieren musste und sich heute – mit unterschiedlichen Professionalisierungsgraden – in praktisch allen Bereichen moderner, gesellschaftlicher Organisation findet.

5. Fazit: Öffentlichkeitsarbeit – ein zeitgeschichtliches Phänomen

Zusammengefasst betrachtet ist Öffentlichkeitsarbeit ein Stück *Kommunikationsgeschichte der Organisationsgesellschaft*, die in Deutschland in der ersten Hälfte des 19. Jahrhunderts ihren Anfang nahm. Wird unter diesem Aspekt Zeitgeschichte als die der unmittelbaren Gegenwart vorausgehende Epoche – hier also als Epoche der Organisationsgeschichte – verstanden, dann lassen sich über die Geschichte der Bundesrepublik und des 1990 wiedervereinigten Deutschlands hinaus – auch unter Einbezug aller Brüche – Frühgeschichte und Berufsgeschichte deutscher Öffentlichkeitsarbeit als ein Phänomen einstufen, das in seiner gesamten Entwicklung maßgeblich von zeitgeschichtlichen Parametern beeinflusst wurde. Einflussfaktoren, die hier ihren Niederschlag fanden, können als kommunikationsrelevante – und aus Organisationsperspektive betrachtet – als *kommunikationspolitisch relevante Parameter* bewertet werden. Gesellschaftspolitisch wichtige Parameter wie etwa die deutsche Wiedervereinigung treten dabei solange in den Hintergrund, wie von ihnen keine unmittelbaren oder mittelbaren Einflüsse auf die kommunikativen Rahmenbedingungen der Organisationsgesellschaft ausgehen.

Dass Veränderung und Wandel dabei immanent sind, zeigen jüngste Entwicklungen in der Öffentlichkeitsarbeit. Möglicherweise kommt es nach der quantitativen Ausbreitung von Öffentlichkeitsarbeit über die Breite aller gesellschaftlichen Organisationstypen und den zunehmend höheren Qualifikationsanforderungen an PR-Leute in jüngerer Zeit, insbesondere in gesellschaftlich sensiblen Beziehungsbereichen, zu einer zunehmend organisationsspezifischeren Ausdifferenzierung in z.B. unterschiedliche Typen von Kommunikationsmanagements. Damit könnte bereits eine neue zeitgeschichtliche Phase begonnen haben, die erst mit genügendem Ab-

---

5 Der Begriff ‚Journalist' ist dabei irrig, weil er auf eine Berufsrolle, nicht aber auf ein Handwerk verweist.

stand retrospektiv historiographisch zu erfassen sein wird. Dabei könnte sich im Ergebnis herausstellen, dass der Begriff Öffentlichkeitsarbeit selbst für einen bestimmten historischen Zeitabschnitt und mit dessen Ablauf vor der Ablösung steht.

Literatur

Barthenheier, Günter (1982): Auf der Suche nach Identität. Zur historischen Entwicklung der Öffentlichkeitsarbeit/Public Relations. Ein Handbuch. In: Haedrich, Günther/Barthenheier, Günter /Kleinert, Horst (Hrsg.): Öffentlichkeitsarbeit. Dialog zwischen Institutionen und Gesellschaft. Ein Handbuch. Berlin, New York: de Gruyter, S. 3-13.

Bentele, Günter (1997): PR-Historiographie und funktional-integrative Schicht. Ein neuer Ansatz zur PR-Geschichtsschreibung. In: Szyszka, Peter (Hrsg.): Auf der Suche nach Identität. Berlin: Vistas, S. 137-169.

Binder, Elisabeth (1983): Die Entstehung unternehmerischer Public Relations in der Bundesrepublik Deutschland, Münster: Lit.

Büschges, Günter (1983): Einführung in die Organisationssoziologie. Stuttgart: Teubner.

DAPR (Hrsg.) (1990): Public Relations: Der Beruf Öffentlichkeitsarbeit [Broschüre]. Bonn: DAPR.

DPRG o.J. (1997): Qualifikationsprofil Öffentlichkeitsarbeit/PR [Broschüre]. Bonn: DPRG.

Fabian, Reiner (1970): Die Meinungsmacher. Eine heimliche Großmacht. Hamburg: Hoffman & Campe.

Fiegenbaum, Andreas (1996): Das Wahre ist das Glaubhafte. Die „Rhetorik" des Aristoteles: Eine Vorgeschichte der PR? In: Public Relations Forum, Nr. 1, S. 38-41.

Flieger, Heinz/Sohl, Beate (1991): Public Relations als Profession. Informationen zum Berufsfeld Öffentlichkeitsarbeit in allen staatlichen und gesellschaftlichen Bereichen. Wiesbaden: Verlag für deutsche Wirtschaftsbiographien.

Fuchs, Reimar/Kleindieck, Horst W. (1984): Öffentlichkeitsarbeit heute. Bochum: Industrie Werkstätten-Verlag.

Gross, Herbert (1951): Moderne Meinungspflege. Düsseldorf: Droste.

Haacke, Wilmont (1957): Das Vertrauen der Öffentlichkeit („public relations") In: Jahrbuch der Absatz- und Verbraucherforschung, 3. Jg., Nr. 2, S. 129-153.

Hein, Stephanie (1998): Public Relations und Soziale Marktwirtschaft. Eine Geschichte ihrer Abhängigkeiten. München: Reinhard Fischer.

Heinelt, Peer (1999): PR als Dienst an der „Volksgemeinschaft". Biographische Untersuchungen zur Geschichte einer Kommunikationsdisziplin. In: Medien & Zeit, 14. Jg., Nr. 1, S. 4-31.

Heinelt, Peer (2002): Portrait eines Schreibtischtäters. Franz Ronneberger (1913-1999). In: Medien & Zeit, 17. Jg., Nr. 2-3, S. 92-111.

Henning, Friedrich-Wilhelm [9](1997): Das industrialisierte Deutschland 1914-1992. Paderborn: Schöningh.

Hundhausen, Carl (1951): Werbung um öffentliches Vertrauen – Public Relations. Essen: Girardet.

Jessen, Joachim/Lerch, Detlef (1978): PR für Manager. Das Bild des Unternehmens. München: Langen-Müller/Herbig.

Klages, Helmut (1988): Wertedynamik. Über die Wandelbarkeit des Selbstverständlichen. Zürich, Osnabrück: Fromm.

Kunczik, Michael (1993): Public Relations. Konzepte und Theorien. Köln u.a.: Böhlau.

Kunczik, Michael 1997: Geschichte der Öffentlichkeitsarbeit in Deutschland. Köln u.a.: Böhlau.

Kunczik, Michael/Schüfer, Simone (1993): PR für die soziale Marktwirtschaft - Die Waage. Eine vergessene Wurzel der Public Relations. In: pr-magazin, Nr. 2, S. 35-40.

Lerg, Winfried B. (1981): Verdrängen oder ergänzen die Medien einander? Innovation und Wandel in Kommunikationssystemen. In: Publizistik, 26. Jg., Nr. 2, S. 193-201 [wieder in: Haas, Hannes (Hrsg.) (1990): Mediensysteme. Struktur und Organisation der Massenmedien in den deutschsprachigen Demokratien. Wien: Braumüller, S. 110-118].

Liebert, Tobias (1995): History of Municipal Relations in Germany. Second International Public Relations Research Symposium. Lake Bled, Slovenia, Discussion Paper.

Liebert, Tobias (1997): Über inhaltliche und methodische Probleme einer PR-Geschichtsschreibung. In: Szyszka, Peter (Hrsg.): Auf der Suche nach Identität. Berlin: Vistas, S. 79-99.

Löckenhoff, Helmut (1958): Public Relations. Versuch einer Analyse der öffentlichen Meinungs- und Beziehungspflege, insbesondere der des Industriebetriebes, in soziologischer, wirtschaftswissenschaftlicher und publizistischer Sicht. Diss., Berlin.

Medien & Zeit (2002): Themenheft „Kontinuitäten und Umbrüche. Von der Zeitungs- zur Publizistikwissenschaft". 17. Jg., Nr. 2-3.

Oeckl. Albert (1964): Handbuch der Public Relations. Theorie und Praxis der Öffentlichkeitsarbeit in Deutschland und der Welt. München.

Oeckl, Albert (1976): PR-Praxis. Der Schlüssel zur Öffentlichkeitsarbeit. Düsseldorf.

Oeckl, Albert (1991): Die historische Entwicklung der Public Relations. In: Wolfgang Reineke/Hans Eisele (Hrsg.): Taschenbuch der Öffentlichkeitsarbeit. Public Relations in der Gesamtkommunikation. Heidelberg, S. 11-15.

Ronneberger, Franz (1977): Legitimation durch Information. Düsseldorf.

Ronneberger, Franz/Manfred Rühl (1992): Theorie der Public Relations. Ein Entwurf. Opladen.

Röttger, Ulrike (2000): Public Relations – Organisation und Profession. Öffentlichkeitsarbeit als Organisationsfunktion. Eine Berufsfeldstudie. Wiesbaden.

Saxer, Ulrich (1992): Public Relations als Innovation. In: Avenarius, Horst/Wolfgang Armbrecht (Hrsg.). Ist Public Relations eine Wissenschaft? Eine Einführung. Opladen, S. 47-76.

Scharf, Wilfried (1971): »Public relations« in der Bundesrepublik Deutschland. Ein kritischer Überblick über den gegenwärtigen Stand der Ansichten. In: Publizistik 16. Jg., S. 163-180.

Scheidges, Rüdiger (1982/91): Kommunikationsverschmutzung. Zur „übergreifenden Theorie der PR. In: Dorer, Johanna/Klaus Lojka (Hrsg.), Öffentlichkeitsarbeit. Theoretische Ansätze, empirische Befunde und Berufspraxis der Public Relations. Wien, 20-28 [zuerst in: Medium 12. Jg., Nr. 1, S. 9-12].

Schöne, Walter (1928): Die Zeitung und ihre Wissenschaft. Leipzig.

Szyszka, Peter (1990): Zeitungswissenschaft in Nürnberg (1919-1945). Ein Hochschulinstitut zwischen Praxis und Wissenschaft. Nürnberg.

Szyszka, Peter (1993): Falsche Erwartungen? In: pr magazin 24. Jg., Nr. 1, S. 48-50.

Szyszka, Peter (1997a): Marginalie oder Theoriebaustein? Zum Erkenntniswert historischer PR-Forschung. In: Ders. (Hrsg.): Auf der Suche nach Identität. Berlin, S. 111-136.

Szyszka, Peter (1998): Öffentlichkeitsarbeit – ein Kind der Zeitgeschichte. Zeitgeschichtliche Einflüsse auf die Entwicklung der Öffentlichkeitsarbeit in Deutschland. In: Public Relations-Forum 4. Jg., Nr. 3, S. 138-144.

Verhandlungen des Siebenten Deutschen Soziologentages 1930 in Berlin (1931). Tübingen.

Zankl, Hans Ludwig (1940/43): Kommunalpolitik und Presse. In: Walther Heide (Hrsg.): Handbuch der Zeitungswissenschaft. 1.-7. Lieferung. Leipzig, Sp. 2400-2414.

Zedtwitz-Arnim, Georg-Volkmar Graf (1961): Tu Gutes und rede darüber. Public Relations für die Wirtschaft. Berlin.

Zipfel, Astrid (1997): Werner von Siemens und Emil Rathenau. Frühe Public Relations-Aktivitäten zweier gegensätzlicher Unternehmertypen. In: Szyszka, Peter (Hrsg.): Auf der Suche nach Identität. Berlin S. 243-263.

Schweiz

Ulrike Röttger

Die Erkenntnis ist ernüchternd: Wir wissen so gut wie nichts über die Geschichte des PR-Berufsfeldes in der Schweiz, seine Ursprünge und frühen (Vor-)Formen der Öffentlichkeitsarbeit. Die historische Entwicklung der Public Relations in der Schweiz ist bislang nicht wissenschaftlich aufgearbeitet worden. Ziel des Beitrags kann es daher nicht sein, die Schweizer PR-Berufsgeschichte nachzuzeichnen und wesentliche Entwicklungslinien des Berufsfeldes zu skizzieren – dies ist aufgrund der defizitären Forschungssituation nicht möglich. Ausgehend von den nationalen Besonderheiten des Landes und deren Konsequenzen für die PR sollen vielmehr in einem kurzen Überblick aktuelle Merkmale und Ausprägungen der PR beschrieben werden. Dies impliziert auch einen kritischen Blick auf den aktuellen Stand und die Geschichte von PR-Forschung und Ausbildung. Abschließend befasst sich der Beitrag mit den PR-Berufsorganisationen als berufsgeschichtlich besonders bedeutsamen Akteuren.

1. Merkmale und Besonderheiten der Schweiz

Kennzeichnend für die Schweiz sind ihre föderalistischen Strukturen, ihre Kleinräumigkeit und Sprachenvielfalt. Politisch ist die Schweiz in 26 Teilstaaten (Kantone) eingeteilt, die jeweils über eine eigene Verfassung, Regierung und Gerichte verfügen und insgesamt eine hohe Verwaltungsautonomie und Entscheidungsfreiheit haben. So hat beispielsweise jeder Kanton eine eigene Polizei und bestimmt selbst die Höhe der Steuern. Die kleinste politische Einheit ist die Gemeinde. Die durchschnittliche Einwohnerzahl pro Gemeinde ist die viertkleinste in Europa: Mehr als die Hälfte aller 3.000 Gemeinden hat weniger als 1.000 Einwohner. Die größten Städte der Schweiz sind Zürich (336.000 Einwohner), Genf (172.800) und Basel (168.700).[1]

In der Schweizer Verfassung sind vier Landessprachen (deutsch, französisch, italienisch und rätoromanisch) verankert; das Land ist in vier relativ klar voneinander abgegrenzte Sprachräume aufgeteilt. Von den 7,2 Millionen Einwohnern des Landes zählen 64 Prozent zum deutschen Sprachraum, 19 Prozent zum französischen, acht Prozent zum italienischen und 0,6 Prozent zum rätoromanischen Sprachraum (die restlichen neun Prozent entfallen auf andere Sprachen). In den vier Sprachräumen existieren jeweils eigene Zeitungen, Zeitschriften, Radio-/Fernsehprogramme und

---

1 Diese und die folgenden Strukturdaten zur Schweiz sind folgenden offiziellen Internetseiten entnommen: http://www.admin.ch und http://www.schweiz-in-sicht.ch (Stand März 2002). Der Redaktionsschluss dieses Beitrages war im Sommer 2003, Entwicklungen des PR-Berufsfeldes nach diesem Termin konnte daher nicht berücksichtigt werden.

Nachrichtenagenturen; die Medienlandschaft der Schweiz ist sprachkulturell segmentiert (vgl. Blum 2003).

Die wirtschaftliche Bedeutung der einzelnen Sprachregionen ist sehr unterschiedlich, die ökonomisch relevanten Zentren der Schweiz liegen vor allem in der Deutschschweiz. So werden 73 Prozent des Volkseinkommens in der Deutschschweiz erwirtschaftet, aber nur vier Prozent im Tessin; der entsprechende Wert für die Westschweiz liegt bei 23 Prozent (Quelle: www.statistik.admin.ch; Stand 1998).

2. Public Relations und die Sprachregionen

Die Zahl der hauptberuflichen PR-Praktiker in der gesamten Schweiz wird von Branchenkennern auf 4.000 bis 5.000 Personen geschätzt, im Vergleich dazu wird die Zahl der hauptberuflichen PR-Praktiker in Deutschland mit rund 10.000 bis 16.000 beziffert (DPRG o.J.). Die genannten Zahlen zur quantitativen Bedeutung des PR-Berufsfeldes sind jedoch lediglich Schätzwerte ohne fundierte empirische Basis. Auch die amtliche Statistik der Schweiz liefert keine Hinweise auf die quantitative Bedeutung der Öffentlichkeitsarbeit als Beschäftigungsbereich, denn sie erfasst PR nicht explizit.

Bereits ein erster Blick in Branchenbücher oder auf die Zusammensetzung der Mitgliedschaft in den Berufsverbänden zeigt, dass sich das PR-Berufsfeld in der Schweiz parallel zur wirtschaftlichen Bedeutung der einzelnen Regionen entwickelt hat. Der größte Teil der PR-Arbeitsplätze und der PR-Berufsinhaber findet sich in der Deutschschweiz und hier insbesondere rund um die Wirtschaftsmetropole Zürich. Quantitativ relativ unbedeutend für das Berufsfeld PR ist demgegenüber das Tessin.

Auch die Mitgliederstruktur der bedeutendsten PR-Berufsorganisation, die Schweizerische Public Relations Gesellschaft (SPRG), und ihrer Regionalgesellschaften spiegelt die unterschiedliche Bedeutung der verschiedenen Sprachregionen wider (siehe Abb. 1): Rund 82 Prozent der SPRG-Mitglieder kommen aus der Deutschschweiz, lediglich fünf Prozent der Mitglieder sind in der Tessiner Regionalgesellschaft Società Ticinese di Relazioni Pubbliche und 13 Prozent in der Société Romande de Relations Publiques organisiert.

Regionalgesellschaft	Anzahl März 1999*	Anzahl Dezember 2001**
BPRG, Berner Public Relations Gesellschaft	302	351
NPRG, Nordwestschweizer Public Relations Gesellschaft	110	102
PROL, Public Relations-Gesellschaft Ostschweiz/FL	87	95
SRRP, Société Romande de Relations Publiques	193	199
STRP, Società Ticinese di Relazioni Pubbliche	89	81
ZPRG, Zürcher Public Relations Gesellschaft	465	550
ZSPR, Zentralschweizer Public Relations Gesellschaft	140	153
Total Mitglieder	**1.386**	**1.531**

Abb. 1: Entwicklung der Mitgliederzahl der SPRG und ihrer Regionalgesellschaften (März 1999 und Dezember 2001) (*Kreis-Muzzulini 1999/** Angaben der SPRG)

Die unterschiedliche quantitative Relevanz der Landesteile im Hinblick auf Public Relations ist offensichtlich in erster Linie auf die Wirtschaftsstrukturen und nicht a priori auf kulturelle Unterschiede zurückzuführen. Dennoch stellt sich die Frage, welche Bedeutung die Mehrsprachigkeit und die Existenz relativ abgegrenzter Sprachräume für die Öffentlichkeitsarbeit hat bzw. für deren Entwicklung hatte. Ob und inwieweit die unterschiedlichen Sprachkulturen einen Einfluss auf die PR-Praxis und das PR-Verständnis der Kommunikatoren von Unternehmen, Behörden und Nonprofit-Organisationen haben, ist jedoch für die Schweiz bislang nicht systematisch untersucht worden. Dies unter anderem auch, da die Ausbildung spezifischer PR-Verständnisse und PR-Praktiken auf zahlreiche, sich wechselseitig beeinflussende Faktoren auf der Makro-, Meso- und Mikro-Ebene zurückzuführen ist. Entsprechend schwierig ist es, in diesem komplexen Gefüge relevante Einflussfaktoren zu identifizieren und Aussagen zu kausalen Beziehungen zu treffen.

Die quantitativ hervorgehobene Bedeutung der Deutschschweiz zeigt sich nicht nur im Hinblick auf die Verteilung der Arbeitsplätze in der PR, sondern trifft auch auf die PR-Forschung, -Lehre und -Ausbildung zu. Auch hier ist ein Bias zu Gunsten der Deutschschweiz erkennbar, der sich zwangsläufig auch in den folgenden Darstellungen widerspiegelt.

3. Zum Stand der PR-Forschung

Die fehlende Aufarbeitung der PR-Berufsgeschichte geht Hand in Hand mit einer bis in die 1990er Jahre schwach ausgeprägten und kaum institutionalisierten PR-Forschung in der Schweiz. Ausnahmen bilden hier lediglich die Arbeiten einzelner Wissenschaftler – wie z.B. Ulrich Saxer am damaligen Seminar für Publizistikwissenschaft der Universität Zürich.[2] Erst in der 1990er Jahren änderte sich die Situation langsam – verstärkte Forschungsaktivitäten u.a. am IPMZ in Zürich oder am mcm in St. Gallen zeugen davon. Und so ist es insgesamt nicht verwunderlich, dass der empirisch abgesicherte Wissensstand über das Berufsfeld Öffentlichkeitsarbeit/Public Relations in der Schweiz noch erhebliche Lücken aufweist.

Bei den vorliegenden Studien handelt es sich überwiegend um Fallanalysen bzw. studentische Abschlussarbeiten, die Einzelaspekte (z.B. Kultursponsoring von Banken; Öffentlichkeitsarbeit für Museen; interne Kommunikation von Unternehmen der Telekommunikationsbranche) untersuchen (vgl. u.a. Baer 2001; Kisseloff 2001; Birrer 2000; Nievergelt 2001; Bütschi 1984; Schärer 2000). Zudem liegen einige stark BWL-orientierte Arbeiten vor, die Unternehmens-PR vor allem im Kontext des Marketings bzw. der Unternehmenskommunikation betrachten (siehe z.B. Dick 1997; Lindner 1999).

Es sind zudem einige Abschlussarbeiten entstanden, die sich mit dem Berufsfeld PR und seiner Entwicklung bzw. mit den PR-Kommunikatoren im Speziellen beschäftigt haben (Rhomberg 1991; Müller 1991; Klar o.J.). Die Befunde der drei Studien sind allerdings nur sehr bedingt geeignet, Aussagen über die aktuelle Situa-

---

2 Heute IPMZ – Institut für Publizistikwissenschaft und Medienforschung der Universität Zürich.

tion des Berufsfeldes Öffentlichkeitsarbeit in der Schweiz zu liefern, da sie zum einen veraltet sind, sich zum anderen ausschließlich auf die Deutschschweiz beziehen und schließlich lediglich Mitglieder des PR-Berufsverbandes SPRG befragt wurden. Es ist aber davon auszugehen, dass SPRG-Mitglieder ein hochprofessionalisiertes Segment des PR-Berufsfeldes in der Schweiz repräsentieren, keinesfalls aber die PR-Berufsinhaber.

Die skizzierten Forschungsdefizite waren Ausgangspunkt des groß angelegten, vom Schweizerischen Nationalfonds finanzierten Forschungsprojekts ‚Public Relations in der Informationsgesellschaft Schweiz'. Ziel des von Otfried Jarren und Ulrike Röttger geleiteten Projektes ist es zum einen, erstmals im Sinne einer Kommunikatorstudie umfassende Erkenntnisse über die Strukturen des Berufsfeldes Öffentlichkeitsarbeit und die Merkmale und Einstellungen der PR-Kommunikatoren in der Schweiz zu erheben. Zum anderen soll Öffentlichkeitsarbeit theoretisch und empirisch als Kommunikationsfunktion von Organisationen analysiert werden: Wie sind die strukturellen Bedingungen und Handlungsspielräume der PR in Organisationen ausgestaltet und welche macht- und autonomiebegrenzenden wie auch fördernden Faktoren können identifiziert werden? Ferner sollen die Konsequenzen, die sich aus unterschiedlichen Organisation-Umwelt-Beziehungen für die PR ergeben, analysiert werden – existieren unterschiedliche, handlungsfeldtypische Modelle der PR?

Die empirische Studie wurde 2001 durchgeführt und basiert auf einer schriftlichen Befragung von 3037 PR-Führungskräften von Unternehmen, Behörden, Nonprofit-Organisationen und Agenturen aus der gesamten Schweiz (Rücklauf 32,7 Prozent) (Röttger/Hoffmann/Jarren 2003).

4. Frühe Schweizerische PR-Publikationen

Eine der ersten wissenschaftlichen PR-Arbeiten in der Schweiz stammt aus dem Jahr 1952. In seiner 65-seitigen (!) Dissertation an der juristischen Fakultät der Universität Bern beschäftigte sich Emil Greber mit der ‚Politik der Unternehmung zur Pflege der öffentlichen Meinung' (Greber 1952). Public Relations werden hier primär aus betriebswirtschaftlicher Perspektive betrachtet und im Hinblick auf ihren Beitrag zur ökonomischen Zielerreichung von Unternehmen bewertet. Die Funktion der PR liegt nach Greber vor allem in der Beeinflussung der öffentlichen Meinung:

> „Der wirtschaftliche Sinn der Public Relations liegt somit darin, dass sie durch die Erhaltung und Förderung einer positiven öffentlichen Meinung Voraussetzungen schafft, um die betriebswirtschaftlichen Grundsätze der dauernden Erhaltung der Unternehmung und der Wirtschaftlichkeit der Leistungserstellung im Betrieb zu verwirklichen." (Greber 1952: 27)

Positive Effekte der PR sieht Greber in folgenden Bereichen (Greber 1952: 27ff):

- „Größeres Angebot qualifizierter Arbeitskräfte, Verbesserung der Betriebsmoral, bessere Zusammenarbeit"
- „Weckung des finanziellen Risikowillens der Kapitalgeber, Heranziehung der Aktionäre zu aktiver Mitarbeit"

- „Schaffung günstiger Voraussetzungen für eine erfolgreiche Absatzwerbung, Ausschaltung gewisser Absatzstockungen"
- „Vermeidung unnötiger staatlicher Interventionen"

Mit Blick auf die öffentliche Wahrnehmung von Unternehmen und deren Handlungen fordert Greber bereits 1952 eine enge Zusammenarbeit von Werbung und PR, um so negative Effekte inkongruenter Botschaften zu vermeiden (Greber 1952: 55) und ist damit durchaus anschlussfähig an aktuell diskutierte Fragen der Integrierten Kommunikation. Hätte Greber gewusst, dass die von ihm geforderte enge Zusammenarbeit zwischen den verschiedenen Kommunikationsbereichen auch 50 Jahre später in der Praxis ein meist ungelöstes Problem ist, wäre seine ohnehin eher nüchterne abschließende Betrachtung der Potentiale und Grenzen der PR vielleicht noch pessimistischer ausgefallen:

> „Die Public Relations verlangt Mut und Ausdauer. Mit einzelnen Rückschlägen und Misserfolgen muss gerechnet werden. Die Reaktionen der Menschen sind so komplex, dass man den Erfolg einer Maßnahme nie mit absoluter Sicherheit vorausbestimmen kann. Der Kampf gegen tief verwurzelte Vorurteile erscheint oft geradezu hoffnungslos und erfordert viel Zeit und große Anstrengungen." (Greber 1952: 65)

Eine weitere frühe Dissertation mit PR-Thematik stammt von Bruno Heini aus dem Jahr 1960. Der Fokus liegt hier nicht mehr primär auf den Möglichkeiten der Beeinflussung öffentlicher Meinung durch PR, vielmehr versteht Heini Öffentlichkeitsarbeit in erster Linie als Werbung um Vertrauen und knüpft damit an die Überlegungen Carl Hundhausens an (vgl. Hundhausen 1951):

> „Vertrauenswerbung (public relations) ist die Aufgabe der Unternehmensführung durch Erfassung der öffentlichen Meinung, durch Ausrichtung der eigenen auf die öffentlichen Interessen und durch Verbreitung zweckentsprechender Information das Vertrauen der Öffentlichkeit zu gewinnen und in einer dauernden Beziehung zu erhalten, um dadurch die Unternehmungsziele besser zu erreichen." (Heini 1960: 38f)

Vertrauen und Goodwill, die Unternehmen in der Öffentlichkeit genießen, stehen auch im Mittelpunkt des PR-Verständnisses von Metzler und Helbling, die 1953 Public Relations definieren als „die Funktion der Exekutive eines Unternehmens, einer Organisation oder einer Institution [...], welche nach Evaluierung einer öffentlichen Meinung und nach Identifizierung der Geschäftspolitik mit dem öffentlichen Interesse ein kontinuierliches, fortschrittliches und auf bestimmte gesellschaftliche Gruppen gerichtetes Aktionsprogramm durchführt, welches Goodwill, Verständnis und Unterstützung schaffen, fördern oder erhalten soll." (Metzler/Helbling 1953)

Die drei von Metzler und Helbling beschriebenen Hauptfunktionen der PR – Analyse und Interpretation der öffentlichen Meinung, Beratung der Geschäftsleitung und zielgruppenspezifische Kommunikation (siehe Abb. 2) – wirken bereits recht modern und greifen in vielen Punkten Aspekte auf, die auch in der aktuellen Debatte um Funktionen und Leistungen der PR bedeutsam sind: Dazu gehören z.B. die interne Beratungsfunktion der PR, die Notwendigkeit einer wechselseitigen Abstimmung von Kommunikations- und Organisationsstrategie, langfristige und kontinuierliche Beziehungsgestaltung und eine zielgruppenspezifische Kommunikation.

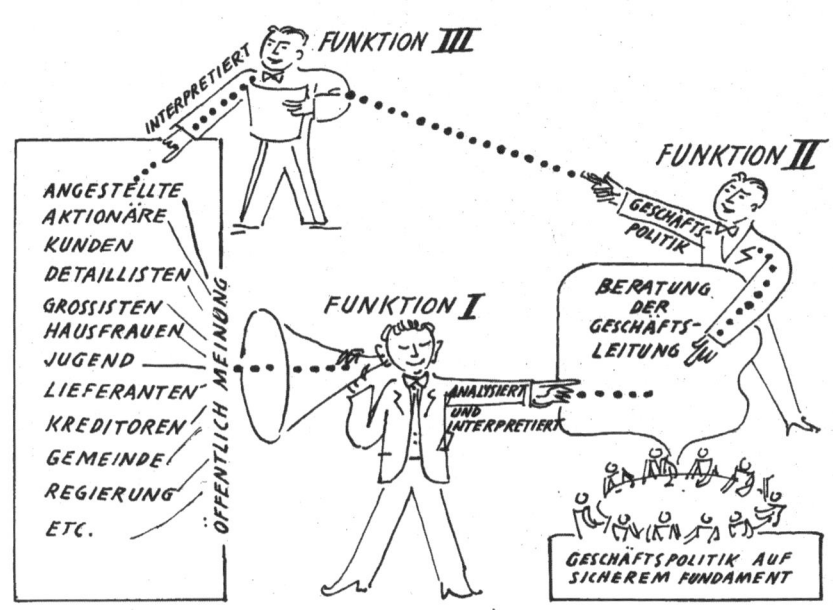

Abb. 2: PR-Funktionen nach Metzler und Helbling (1953)

Auffällig ist die starke Betonung von Vertrauen und Goodwill in der frühen schweizerischen PR-Literatur, die sich in ähnlicher Form auch in frühen deutschen PR-Texten findet und der für Deutschland zum einen als Versuch einer Abgrenzung gegenüber dem problematischen Propaganda-Begriff einerseits und eines bewussten Anschlusses an die amerikanische Berufstradition andererseits interpretiert wird (Szyszka 1997: 117f; siehe auch den Beitrag von Szyszka in Teil 4 in diesem Band). Insbesondere die starke Orientierung an der amerikanischen Theorie- und Praxisentwicklung kann auch für die (deutschsprachige) Schweiz konstatiert werden. Im Hinblick auf den Propaganda-Begriff wird allerdings ein unterschiedliches, kulturell geprägtes Begriffsverständnis in der Schweiz deutlich: Propaganda ist hier zwar auch negativ konnotiert, aber dies deutlich weniger als in Deutschland und wird im alltäglichen Sprachgebrauch zu Beschreibungen von Maßnahmen aus dem Bereich der Marketing-Kommunikation regelmäßig verwendet.

Zusammenfassend bleibt festzuhalten, dass die PR-Forschung in der Schweiz keine lange und intensive Tradition hat. Entsprechend gering ist der quantitative Output der vergangenen 50 Jahre. Die PR-Verständnisse der frühen PR-Autoren sind jedoch vergleichsweise modern und fortschrittlich. Eine relativ starke angloamerikanische Orientierung der Berufspraxis ist erkennbar. Beispielhaft soll abschließend für die Modernität der ‚frühen' Schweizerischen PR-Literatur auf einen Aufsatz von Edmond Tondeur und Jean P. Wälchli hingewiesen werden, die bereits 1973 „einige Denkschritte zu Integrierter Unternehmenskommunikation" präsentierten (Tondeur/Wälchli 1973):

> „Die Unternehmenskommunikation ist zu integrieren! ‚Integrierte' Unternehmenskommunikation besagt ein Zweifaches: Alle Wirkungen, die von einer Unternehmung ausgehen, sind in ihrer Gesamtheit imagebildend. Imagebildend ist demnach weder die einzelne Maßnahme noch der einzelne Kommunikationssektor, sondern das Miteinander, Ineinander (und mitunter Gegeneinander) aller Außenwirkungen. Alle Tätigkeiten, Beziehungsbereiche und Auswirkungen der Unternehmung sind unter dem Gesichtspunkt der angestrebten Kommunikationspolitik zu koordinieren." (Tondeur/Wälchli 1973: 40)

5. PR-Ausbildung in der Schweiz

PR ist auch in der Schweiz ein Beruf mit freiem, nicht durch verbindliche Ausbildungsvoraussetzungen geregeltem Zugang. Prinzipiell kann jeder und jede ohne spezifische Vor- und Ausbildung in der Öffentlichkeitsarbeit tätig werden. Im Unterschied z.B. zu Deutschland und Österreich existieren in der Schweiz aber zwei staatlich anerkannte Berufsprüfungen: Zum einen handelt es sich um die höhere Fachprüfung zum Erwerb des Diploms als Eidgenössisch diplomierter PR-Berater und zum anderen um die Berufsprüfung für PR-Assistenten. Die PR-Berufsorganisation Schweizerische Public Relations Gesellschaft (SPRG) führt die Prüfungen unter Aufsicht des Bundesamts für Berufsbildung und Technologie (BBT) als eigenständige Prüfungsinstanz durch. Die Höhere Fachprüfung für PR-Berater existiert bereits seit 1979, die Berufsprüfung für PR-Assistenten wurde fünf Jahre später eingeführt.

Berufsbegleitende Kurse, die auf die genannten Berufsprüfungen hinarbeiten, bietet das ‚Schweizerische Public Relation Institut' (SPRI) als wichtigste PR-Ausbildungseinrichtung in der Schweiz an. Das SPRI wurde 1969 von der Schweizerischen Public Relations Gesellschaft (SPRG), dem berufspolitisch bedeutsamsten

PR-Berufsverband der Schweiz, gegründet. Es hat die Entwicklung des PR-Berufsfeldes in der Schweiz in den letzten 30 Jahren in hohem Maße geprägt. Ziele des SPRI sind u.a. die Steigerung der Professionalität der PR, die Hebung des Ansehens der PR in der Öffentlichkeit und einen Beitrag zur verantwortungsbewussten Ausübung der Kommunikationstätigkeit zu leisten (vgl. www.spri.ch). Das SPRI bietet zahlreiche unterschiedliche Themen- und branchenbezogene Weiterbildungen an, im Mittelpunkt des umfangreichen SPRI-Ausbildungsangebotes stehen jedoch die PR-Assistenten- und PR-Berater-Kurse.[3]

Das SPRI führt in seiner Datenbank rund 1.000 Absolventen eines PR-Assistenten- und/oder Berater-Kurses. Von 195 Agentur-Leitern, die im Rahmen der Studie ‚Public Relations in der Informationsgesellschaft Schweiz' (siehe Abschnitt 3) befragt wurden, haben 15 Prozent einen PR-Assistenten-Kurs und 22 Prozent den Berater-Kurs absolviert. Etwas schlechter sieht das Bild auf der Ebene der Agentur-Mitarbeiter aus: Hier haben 14,5 Prozent einen Assistenten- und 10,5 Prozent einen Berater-Kurs abgeschlossen.

Das SPRI bietet seit 1989 zusammen mit der Università della Svizzera italiana in Lugano den Nachdiplomstudiengang Master of Public Relations (MPR) an. Der MPR-Studiengang kostet 35.000 CHF, umfasst 1.200 Kursstunden und richtet sich an erfahrene Kommunikationsmanager. Der Kurs ist inhaltlich relativ stark an der US-amerikanischen PR-Forschung ausgerichtet.[4]

Im Bereich der staatlichen Hochschulen existieren an Universitäten bislang keine eigenständigen PR-Studiengänge, sondern nur ein mehr oder weniger umfangreiches Angebot von PR-spezifischen Lehrveranstaltungen. Zu nennen ist hier v.a. das IPMZ (vgl. www.ipmz.unizh.ch). Vorlesungen und Seminare zu PR-Themen gehören in Zürich zum festen Bestandteil des Publizistikstudiums; Public Relations werden hier entsprechend v.a. aus kommunikationswissenschaftlicher Perspektive betrachtet und gelehrt. Eine starke betriebswirtschaftliche Prägung weist demgegenüber die PR-Forschung am mcm in St. Gallen auf (Institut für Medien- und Kommunikationsmanagement; www.mcm.unisg.ch).

In den vergangenen Jahren hat sich der bis anhin recht übersichtliche PR-Ausbildungsmarkt recht dynamisch verändert, da an zahlreichen Fachhochschulen neue PR-Studiengänge und Nachdiplomkurse ins Leben gerufen wurden. Die Hochschule für Wirtschaft HSW Luzern bietet den Studiengang Wirtschaftskommunikation an, die Fachhochschule Solothurn Nordwestschweiz das Nachdiplomstudium ‚Corporate Communication Management' und an der Zürcher Hochschule Winterthur kann im Studiengang ‚Journalismus und Organisationskommunikation' studiert werden.

---

3 Die Assistenten- und Beraterkurse orientieren sich im Wesentlichen an den idealtypischen Techniker- und Manager-Berufsrollen; genauere Informationen zu den Kursinhalten sind zu finden unter www.spri.ch.
4 Weitere Informationen zum Curriculum unter http://www.lu.unisi.ch/mpr/.

6. PR-Berufsorganisationen

PR-Berufsorganisationen wurden in vielen europäischen Ländern Ende der 1940er und Anfang der 1950er Jahre gegründet – so auch in der Schweiz: 1953 entstand die ‚Schweizerische Public Relations-Gesellschaft' (SPRG), die ein eigenes Berufsregister (BR SPRG) führt, in dem Ende 2001 244 PR-Fachleute eingetragen waren (Stand 31.12.2001). Das Berufsregister (BR SPRG) steht lediglich einem stark professionalisierten Segment des Berufsstandes offen, denn für die Aufnahme müssen die Bewerber relativ hohe Anforderungen erfüllen: Dazu zählt unter anderem neben einer hauptberuflichen PR-Tätigkeit entweder ein PR-Berater-Diplom oder ein PR-Assistenten-Diplom bzw. ein abgeschlossenes Hochschulstudium mit langjähriger Berufserfahrung in leitender Funktion (vgl. SPRG 2001).

Die Geschichte der SPRG ist bislang nicht aufgearbeitet worden. Die SPRG ist heute – seit einer Statutenveränderung 1992 – ein Dachverband, dem sieben Regionalgesellschaften mit insgesamt 1.531 Mitgliedern angehören (Stand: 31.12.2001/ ZPRG 2000). Das deutlichste Wachstum konnten in den letzten Jahren die beiden großen Regionalgesellschaften in Bern und Zürich verbuchen (jeweils plus 16 Prozent), stagnierend oder leicht rückläufig ist demgegenüber die Mitgliederzahl der Nordwestschweizer Public Relations Gesellschaft und der Società Ticinese di Relazioni Pubbliche. Ziele der SPRG sind u.a. (vgl. SPRG 1992):

- Förderung des Berufsstandes durch Information der Öffentlichkeit über das Berufsbild PR
- Vertretung und Wahrnehmung der Interessen des Berufsstandes in der Öffentlichkeit und gegen außen
- Förderung der beruflichen Aus- und Weiterbildung

Der SPRG obliegt – wie bereits erwähnt – neben der Führung des Berufsregisters auch die Durchführung der höheren Fachprüfung zum Erwerb des Diploms als Eidgenössisch diplomierter PR-Berater und die Berufsprüfung für PR-Assistenten (siehe Abschnitt ‚PR-Ausbildung in der Schweiz'). Die SPRG ist quantitativ und berufspolitisch die bedeutsamste PR-Berufsorganisation in der Schweiz. Neben ihr existieren aber noch weitere Verbände, die aber eher geringe Mitgliederzahlen haben und sich nur auf Teilsegmente der Öffentlichkeitsarbeit konzentrieren und das PR-Berufsfeld nicht in seiner ganzen Breite abdecken. So z.B. ‚Script', eine Berufsorganisation für Text, Redaktion und Adaption im Kontext von Werbung, Öffentlichkeitsarbeit und Unternehmenspublizistik, die im Sommer 2001 85 Mitglieder hatte (Script 2001). Auch der Schweizerische Verband für interne Kommunikation (svik) hat vor allem Berufstätige im Bereich Textproduktion bzw. der internen Kommunikation als Zielgruppe. Insgesamt zählt der Verband 217 Mitglieder (Stand: 01/2002).

Der 1976 gegründete Bund der Public Relations Agenturen der Schweiz BPRA vertritt standespolitische Anliegen mittlerer und großer PR-Agenturen in der Schweiz, regelt Arbeits- und Honorarsätze (Empfehlungen) und tritt für Maßnahmen zur Qualitätssicherung ein.

Die Aufnahmekriterien gleichen denen der deutschen Gesellschaft Public Relations Agenturen (GPRA): Mitglieder müssen über einen Personalbestand von mindestens fünf vollamtlichen, festen Mitarbeitern verfügen und seit mindestens fünf Jahren „qualitativ hochstehende Dienstleistungen im Sinne des ‚full service' (Beratung, Konzeption, Ausführung)" erbringen (BPRA 2000). Im April 2001 waren 21 Agenturen im BPRA zusammengeschlossen. Die BPRA-Agenturen erzielten im Jahr 2000 einen Gesamtumsatz von 84,8 Mio. CHF (www.bpra.ch). Kennzeichnend für die Agenturlandschaft der Schweiz sind in struktureller Hinsicht einige wenige Großagenturen, ein mehr oder weniger fehlendes Mittelfeld und eine große Anzahl von kleineren Agenturen. Gerade auch im Bereich der Agenturen ist eine Dominanz der Deutschschweiz erkennbar.

Die internationale Vernetzung der Schweizer Agenturen ist – zum Beispiel im Vergleich zur Werbebranche – eher schwach ausgeprägt und globale Agenturen sind in der Schweiz nicht sehr präsent. Zehn der 25 führenden Agenturen in der Schweiz bezeichnen sich als unabhängig und agieren ausschließlich auf nationaler und regionaler Ebene (vgl. Löffler 2000) und die Mehrzahl der verbleibenden 15 Agenturen ist überwiegend in losen Netzwerken engagiert.

7. Fazit: Forschungsbedarf

Die historische Entwicklung der PR und der Kommunikationsberatung in der Schweiz ist bislang nicht wissenschaftlich aufgearbeitet worden – es besteht erheblicher Forschungsbedarf. Denn die Auseinandersetzung mit Public Relations in historischer Perspektive kann Informationen über die Bedeutung, die Funktionen und das Selbstverständnis des PR-Berufsstandes im Zeitverlauf bereitstellen und ist theoriebildend aufgrund der Reflexion der Verallgemeinbarkeit des Analysierten in sachlicher, sozialer und zeitlicher Dimension (Szyszka 1997: 12f). Einen neuen Ansatzpunkt für das Verständnis und die Erklärung von (historischem) Wandel als intendiertem oder nicht-intendiertem Resultat rekursiver Reproduktion bietet dabei die Strukturrationstheorie, die Struktur immer unter der Spannung des Handelns (Ortmann/Sydow et al. 2000: 323) sieht. Folgende Fragestellungen sind insbesondere bedeutsam:

- Zu welcher Zeit, unter welchen Bedingungen, mit welchen Zielorientierungen und welchen Instrumenten haben Organisationen versucht, bewusst Einfluss auf ihre Kommunikationsbeziehungen und auf Kommunikationsbeziehungen in ihrer Umwelt zu nehmen? (vgl. Szyszka 1997: 13)
- Hat sich Public Relations in den verschiedenen Landesteilen der Schweiz unterschiedlich entwickelt und welche Faktoren waren hier jeweils ausschlaggebend?
- Wie haben sich PR-Berufs- und Ausbildungsorganisationen einerseits und die akademische Forschung andererseits entwickelt; welche Wechselwirkungen sind erkennbar?

Literatur

Blum, Roger (2003): Die Medienstrukturen der Schweiz. In: Bentele, Günter/Brosius, Hans-Bernd/Jarren, Otfried (Hrsg.): Öffentliche Kommunikation. Handbuch Kommunikations- und Medienwissenschaft. Wiesbaden: Westdeutscher Verlag, S. 366-381.
BPRA (2000): Grundsätze. http://www.bpra.ch/grund.htm. (Stand: 02. November 2000).
Dick, Marco (1997): Management von Produkt-PR. Ein situativer Ansatz. Bamberg.
DPRG (Hrsg.) (o.J.): Qualifikationsprofil Öffentlichkeitsarbeit/PR. (Redaktion: Peter Szyszka, Romy Fröhlich, Reinhold Fuhrberg 1998). Bonn.
Greber, Emil (1952): Public Relations. Die Politik der Unternehmung zur Pflege der öffentlichen Meinung. Bern: Haupt.
Heini, Bruno (1960): Public Relations. Die Vertrauenswerbung der Privatunternehmung. Mit besonderer Berücksichtigung der amerikanischen Auffassungen und Methoden. Dissertation Universität Freiburg/Schweiz. Winterthur.
Hundhausen, Carl (1951): Werbung um öffentliches Vertrauen. Essen: Girardet.
Kreis-Muzzulini, Angela (1999): Ein Netzwerk der Public Relations. In: Marketing und Kommunikation, Nr. 4, S. 30-31.
Lindner, Holger (1999): Das Management der Investor Relations im Börseneinführungsprozess: Schweiz, Deutschland und USA im Vergleich. Dissertation Univ. St. Gallen: Sankt Gallen.
Löffler, Jaromir (2000): Wird der Schweizer PR-Markt globaler? In: Marketing und Kommunikation, Nr. 1, S. 52/53.
Metzler, Charles R./Helbling, Alfons (1953): Das Unternehmen und die öffentliche Meinung. Public Relations. Thalwil-Zürich: Oesch.
Ortmann, Günther/Sydow, Jörg/Windeler, Arnold [2](2000): Organisation als reflexive Strukturation. In: Ortmann, Günther/Sydow, Jörg/Türk, Klaus (Hrsg.): Theorien der Organisation. Die Rückkehr der Gesellschaft. Wiesbaden: Verlag für Sozialwissenschaften, S. 315-354.
Script (2001): Protokoll der 19. ordentlichen Generalversammlung von script (8. Juni 2001). Zürich: Script.
SPRG (1992): Statuten SPRG (Version vom 4. Juni 1992). Zürich: SPRG.
SPRG (2001): Reglement des Berufsregisters (BR/SPRG) (Version vom 4. Juni 1992). Zürich: SPRG.
Röttger, Ulrike/Hoffmann, Jochen/Jarren, Otfried (2003): Public Relations in der Schweiz. Eine empirische Studie zum Berufsfeld Öffentlichkeitsarbeit. Konstanz: UVK.
Szyszka, Peter (1997): Marginalie oder Theoriebaustein? Zum Erkenntniswert historischer PR-Forschung. In: Szyszka, Peter (Hrsg.): Auf der Suche nach Identität: PR-Geschichte als Theoriebaustein. Berlin: Vistas, S. 111-136.
Szyszka, Peter (1997): PR-Geschichte als Theoriebaustein. Einführung. In: Szyszka, Peter (Hrsg.): Auf der Suche nach Identität: PR-Geschichte als Theoriebaustein. Berlin: Vistas, S. 9-17.
Tondeur, Edmond/Wälchli, Jean P. (1973): Public Relations und Werbung – ein völlig unnötiger Grenzstreit. Einige Denkschritte zur integrierten Unternehmenskommunikation. In: PR – erste Zeitschrift für Public Relations (heute prmagazin), 3. Jg., Nr. 2, S. 39-40.
ZPRG (2000): Die ZPRG im Jahre 2001: Ziel erreicht... Jahresbericht der Präsidentin. http://www.sprg.ch/portal/pdf/news_213_PDF1.pdf. (Stand: 18. Juni 2002).

Österreich

Karl Nessmann

1. PR-Vorgeschichte

Die österreichische PR-Berufsgeschichte beginnt nicht erst mit der Entstehung bzw. Etablierung des PR-Berufes (was in Österreich erst nach 1945 zu beobachten ist), sondern setzt an mit dem „Denken und Handeln in Kategorien, die heute unter der Bezeichnung Ö[ffentlichkeits]A[rbeit] subsumiert werden" (Kunczik 1997: 16). Der vorliegende Beitrag geht daher von einem sozialgeschichtlichen Verständnis aus und fragt zunächst nach funktionalen Äquivalenten von Öffentlichkeitsarbeit, die einer Vorgeschichte des Berufsfeldes zugeordnet werden können.[1]

Seit der Geburtsstunde Österreichs 996[2] findet man zahlreiche geschichtliche Persönlichkeiten als ‚PR-Vorgänger'. So haben z.B. die *Babenberger* oder die *Habsburger* im Laufe der Jahrhunderte namhafte Kaiser und Staatsmänner hervorgebracht, die vielfältige Propagandamittel eingesetzt haben (z.B. Münzen mit ihrem Porträt, Gemälde, schriftliche und mündliche Verlautbarungen, Kundgebungen etc.). All diese Bemühungen – heute würde man ‚PR-Instrumente' dazu sagen – dienten dem Zweck, ihren Bekanntheitsgrad zu steigern, ihre Interessen durchzusetzen oder ihre Macht aufrecht zu erhalten.[3]

Als exemplarisches Beispiel früher PR-Kampagnenarbeit kann die Informationspolitik Maria Theresias (1717 - 1780) eingestuft werden: Sie ließ Informationsblätter verbreiten, mit denen die Bevölkerung über bevorstehende Reformen (z.B. die Einführung des Schulsystems) aufgeklärt werden sollte. Als weiteres Beispiel solcher ‚Vorläufer' der österreichischen PR-Entwicklung kann die Herausgabe der ersten Gewerkschaftszeitung 1867 genannt werden. Die Zeitung richtete sich an Gewerkschaftsmitglieder und Opinion Leader und verstand sich – ganz im Sinne des heutigen PR-Verständnisses – als Instrument interner und externer Kommunikation.

In der ersten Hälfte des 19. Jahrhunderts begannen Staat, Wirtschaft und Interessensverbände mit PR-Aktivitäten, darunter Pressearbeit und auch Lobbying (ohne den Begriff zu verwenden). Verantwortlich hierfür waren die gesellschaftspolitischen Rahmenbedingungen dieser Zeit, z.B. die Propagierung der neuen österreichischen Verfassung 1867 (sog. ‚Dezemberverfassung'): *Alle Staatsbürger sind vor dem Gesetz gleich, haben Zutritt zu allen Ämtern, haben freie Berufswahl, genießen Glaubens- und Gewissensfreiheit usw.* Die Bürger erhielten ein Recht auf Informati-

---

1 Zur Frage von PR-Vorgeschichte und PR-Geschichte vgl. insb. Kunczik (1997) und Szyszka (1997).
2 Jahr der ersten urkundlichen Erwähnung des Namens ‚OSTARRICHI'.
3 Eine systematische Erfassung und Dokumentation der österreichischen PR-Geschichte liegt bis dato noch nicht vor. Erste fragmentarische und exemplarische Hinweise finden sich bei Klimek (1979), Haas (1987), Wachta (2000) und Nessmann (1995/2000).

on, Behörden und Unternehmen die Pflicht zur Information. Durch die Einführung des allgemeinen Wahlrechtes 1907 bildeten sich die ersten Großparteien wie die Christlichsoziale Partei und die Sozialdemokratische Partei, die sich mit Plakaten, Veranstaltungen und Medienberichten an die potenziellen Wähler wandten. In diesem Spannungsfeld entwickelten sich ‚Vorläufer' moderner Öffentlichkeitsarbeit.

Die ersten Pressestellen – sowohl im staatlichen als auch im wirtschaftlichen Bereich – wurden nach dem ersten Weltkrieg eingerichtet. Vor allem die Wirtschaft hat mit vielfältigen kommunikativen Aktivitäten versucht, Verständnis zu schaffen und Vertrauen aufzubauen. So stellte z.B. 1927 die österreichische Handelskammer (Interessensvertretung der Wirtschaft) erstmals einen Journalisten als Pressesprecher an. Er leistete nicht nur Pressearbeit im klassischen Sinn, sondern betreute auch die Mitgliederzeitschrift der Handelskammer. Als Beispiel aus der Wirtschaft kann der Unternehmer Julius Meinl angeführt werden, der einen äußerst fortschrittlichen Umgang mit Journalisten pflegte, indem er die Wirtschaftsredakteure großer Tageszeitungen kontinuierlich zu wirtschaftspolitischen Gesprächen einlud und sich deren publizistische Sympathien sicherte. Die österreichische Regierung der ersten Republik (1918 - 1938) begann mit periodischer Pressearbeit, indem sie in einem eigenen Mitteilungsblatt ihre Parlamentsberichte veröffentlichte und Pressekonferenzen abhielt. Alle diese Bespiele stammen aus der Zeit vor dem Dritten Reich, dessen Aufarbeitung – zumindest aus österreichischer Sicht – noch aussteht.

2. Etablierung und Weiterentwicklung

Von Etablierung und Professionalisierung der Öffentlichkeitsarbeit kann erst nach 1945 die Rede sein, als auf zunehmend breiterer Ebene Pressestellen in Politik, Wirtschaft und Verwaltung eingerichtet wurden. Im staatlich-öffentlichen Bereich entwickelte sich PR-Arbeit zügiger als im wirtschaftlichen Sektor. Insbesondere Interessensverbände, Kammern, Parteien und öffentliche Stellen richteten Referate für Presse- und Öffentlichkeitsarbeit ein.[4]

2.1. Entwicklung von Verbandsszene und Agenturwesen

Das Verbandssystem ist vergleichsweise breit gefächert. 1968 wurde eine Arbeitsgemeinschaft für Pressereferenten ins Leben gerufen, welche zunächst die Termine von Pressekonferenzen koordinieren sollte. Die AG für Pressereferenten erstellte ein erstes Berufsbild für Pressereferenten und suchte Kontakte zu ausländischen PR-Gesellschaften. Die Etablierung der 1969 gegründeten Österreichischen PR-Gesell-

---

4 Diese spezifisch österreichische Entwicklung der Öffentlichkeitsarbeit erklärt sich insbesondere aus den gesellschaftspolitischen Rahmenbedingungen. In Österreich existiert nämlich ein intensives (reges) Verbands- und Parteiensystem sowie das in den westlichen Industriestaaten einzigartige System der ‚Wirtschafts- und Sozialpartnerschaft'", d. h. die Austragung von Interessenskonflikten (eine typische PR-Aufgabe) wird weitgehend durch (de facto) verbindliche Absprachen auf Parteien- und Verbandsebene geregelt.

schaft misslang. Erst der 1975 gegründete PR Club Austria (seit 1980: Public Relations Verband Austria – PRVA) konnte sich durchsetzen. Die Vereinigung versteht sich heute als eine freiwillige Standesvertretung professioneller, selbstständig und unselbständig erwerbstätiger PR-Fachleute in Unternehmen, Agenturen, Organisationen, Institutionen, Gebietskörperschaften und der Politik. Nicht alle österreichischen PR-Leute sind Mitglied im PRVA, denn dieser „verfolgt in seiner Mitgliederpolitik ein klares Ausleseprinzip, nicht zuletzt auch, um Public Relations so eindeutig wie möglich von anderen Berufen mit unterschiedlichen Zielsetzungen abzugrenzen. Diese Ausrichtung bringt es mit sich, dass der Verband hohe Ansprüche an seine Mitglieder stellt" (Bogner 1999: 99). PR-Fachleute, die sich auf Investor Relations spezialisiert haben, finden im 1991 gegründeten Cercle Investor Relations Austria (C.I.R.A) eine Heimat (80 börsenorientierte Unternehmen im Jahre 2002). PR-Agenturen sind zum Teil im PRVA als ‚Agenturmitglieder' engagiert (55 im Jahre 2002). Daneben haben sich eine Reihe sogenannter Top-Agenturen 1997 zur Public Relations Group Austria zusammengeschlossen (17 im Jahre 2002). Wichtigste Plattform und Sprachrohr der Kommunikationsbranche ist allerdings der PRVA (400 Mitglieder in 2002).[5]

Die Agenturszene entwickelte sich ebenfalls relativ spät: Pubrel Public Relations (gegründet 1963) und Publico (gegründet 1964) gelten als die ersten PR-Agenturen Österreichs (Wachta 2000). Die Mitarbeiterzahl in den österreichischen PR-Agenturen liegt bei durchschnittlich vier bis acht (Brunner 2001). Die größte PR-Agentur, ECC Publico, verfügt derzeit über 60 MitarbeiterInnen (Stand: Januar 2003). Von der Größe her sind also die österreichischen PR-Agenturen mit internationalen Dimensionen nicht vergleichbar. Was die Qualität betrifft, so halten sie dem internationalen Vergleich sehr wohl stand, was u.a. internationale Auszeichnungen belegen. Zur Erhöhung des Aktionsradius und zum Austausch von Know-how gehen immer mehr Agenturen internationale Kooperationen (z. B. in Form von Beitritten zu großen PR-Netzwerken) ein. Dabei wird PR-Beratung zunehmend als *Kommunikationsmanagement* im umfassenden und ganzheitlichen Sinn gesehen (Frühbauer 2000: 140). Diese Entwicklung kommt auch in der Namensbezeichnung der Agenturen zum Ausdruck: Nur mehr ein Drittel firmiert unter den klassischen Begriffen *Public Relations* oder *Öffentlichkeitsarbeit*, ein weiteres Drittel agiert mit der Bezeichnung *Kommunikation* (z. B. Kommunikationsberatung, -consulting), ein weiteres Drittel tritt unter dem jeweiligen *Familiennamen* auf, meist mit einem Zusatzhinweis wie PR, Kommunikation, Public Affairs oder Lobbying (vgl. Nessmann 2002a).

2.2 Entwicklung von PR-Wissenschaft und PR-Ausbildung

An österreichischen Universitäten finden sich erste Dissertationen bereits in den fünfziger Jahren an der Rechts- und Staatswissenschaftlichen Fakultät der Universität Innsbruck. Gröpel (1953) betrachtete Public Relations aus wirtschaftswissen-

---

5 Die Verbände haben alle ihren Sitz in Wien. Um die regionalen Kommunikationsbedürfnisse der Branchenmitglieder kümmern sich auch kleinere Vereine in den einzelnen Bundesländern. Als Beispiel sei hier der bereits 1985 gegründete PR Club Kärnten erwähnt (100 Mitglieder im Jahre 2002).

schaftlicher Perspektive und identifizierte Öffentlichkeitsarbeit in Anlehnung an deutsche und amerikanische Autoren als Unternehmensfunktion. Schweighardt (1954) widmete sich der soziologischen Perspektive und definierte Öffentlichkeitsarbeit – ebenfalls in Anlehnung an deutsche und amerikanische Autoren – als *Beziehungs- und Meinungspflege*. Er ordnet die Public Relations den *Human Relations* (zwischenmenschlichen Beziehungen) zu. Für beide Autoren waren gegenseitiges Verständnis, Vertrauen und Ansehen zentrale Ziele von Öffentlichkeitsarbeit.

Die erste österreichische Buchpublikation mit dem Titel *Public Relations* legte Kronhuber 1972 vor. In dieser klassischen Einführung vertritt Kronhuber einen handlungsorientierten PR-Ansatz: Für ihn sind Public Relations vor allem vertrauenswürdiges Verhalten und wechselseitige Beziehungspflege (Kronhuber 1972: 8). Eine erste Bestandsaufnahme zum Thema *PR in Österreich* legte Signitzer 1984 in einem Sammelband vor, der die PR-Praxis in Österreich beleuchtete und auch deren Repräsentanten zu Wort kommen ließ. Meta Haas legte 1987 eine erste empirische Untersuchung über die österreichische PR-Berufsrealität vor.[6] Die theoretische Entwicklung dokumentierten insbesondere Publikationen von Signitzer (1988; 1992) und Dorer/Lojka (1991). Internationale Aufmerksamkeit erregte in der Theoriediskussion der von Burkart (1993) entwickelte *Ansatz der verständigungsorientierten Öffentlichkeitsarbeit* (Bentele/Liebert 1995). In jüngerer Zeit entsteht ein *personenorientierter PR-Ansatz*, der den Menschen – und nicht nur die Organisation – in den Mittelpunkt der Betrachtungen stellt (Nessmann 2002b). Das bekannteste PR-Lehrbuch in Österreich verfasste Bogner (1990) unter dem Titel ‚Das neue PR-Denken'.[7] In diesem klassischen PR-Handbuch vertritt Bogner einen organisationsorientierten PR-Ansatz, dementsprechend PR als eine wesentliche Kommunikationsfunktion des Managements eingestuft wird. Insgesamt sind mehrere Hundert Praxis-Publikationen, wissenschaftliche Arbeiten, Diplomarbeiten und Dissertationen in Österreich erschienen; eine österreichische PR-Bibliographie steht indes noch aus.

Eine universitäre Verankerung begann Mitte der achtziger Jahre an den kommunikationswissenschaftlichen Instituten der Universitäten Salzburg, Wien und Klagenfurt, wo PR-Studienschwerpunkte eingeführt wurden. Insbesondere der 1983 eingerichtete Salzburger Studienschwerpunkt unter der Leitung von Benno Signitzer war Richtung weisend für den gesamten deutschsprachigen Raum. Die erste universitäre PR-Ausbildung in Form eines eigenen Universitätslehrganges wurde 1987 an der Universität Wien angeboten.[8] Auch hiermit übernahm Österreich eine Vorreiterrolle im deutschsprachigen Raum: „Wenn man PR studieren möchte, so muss man eigentlich nach Österreich fahren", konstatierte seinerzeit der PR-Pionier Albert Oeckl (ÖGK-Medien Journal 1998: 42). Seither sind einige weitere PR-Ausbildungslehrgänge an Universitäten, Fachhochschulen und Bildungseinrichtungen

---

6   Die wichtigsten Ergebnisse dieser Studie werden weiter hinten im Vergleich mit einer aktuellen Berufsfeldstudie dargestellt.
7   1999 erschien die dritte, aktualisierte und erweiterte Auflage.
8   Seit dem Jahr 2000 kann der Wiener *Universitätslehrgang für Öffentlichkeitsarbeit* mit dem akademischen Titel ‚*Master of Advanced Studies in Public Relations'* abgeschlossen werden. Neben Wien gibt es seit 1996 auch in Klagenfurt einen *Universitätslehrgang für Öffentlichkeitsarbeit*.

der Erwachsenenbildung hinzugekommen.⁹ Die österreichischen PR-Programme sind – von ihrem Zielanspruch her – zwischen dem *pr-technician* und dem *pr-manager*-Modell positioniert (Nessmann 1998). Vor dem Hintergrund, dass die PR-Beratung in Österreich ein freies Gewerbe ist (freier Berufszugang ohne gesetzlich verankerte Prüfung), kommt der PR-Ausbildung eine bedeutende Rolle zu: Sie stellt einen entscheidenden Faktor im PR-Professionalisierungsprozess dar. Ob der Beitrag der Ausbildung ein *erfolgreicher* sein wird, wird von Signitzer (1998: 34) allerdings mit einem *optimistischen Fragezeichen* versehen.

3. Zur Situation der PR-Branche in Österreich

Die nachfolgenden Daten basieren insbesondere auf einer repräsentativen Umfrage zur Berufsrealität österreichischer PR-Experten (Zowack 2000). Um jüngere Entwicklungen zu dokumentieren, wird auch die erste österreichische Berufsfeldstudie (Haas 1987) vergleichend herangezogen.¹⁰

- *Hohes Ausbildungsniveau*: Das durchschnittliche Alter der österreichischen PR-Fachkräfte liegt in den letzten Jahren konstant bei 39 Jahren (Haas 1987; Zowack 2000). Das Ausbildungsniveau ist überdurchschnittlich hoch: heute verfügen knapp 90 Prozent über ein Hochschulstudium. Die dominierende Studienrichtung ist Publizistik und Kommunikationswissenschaft, gefolgt von Wirtschaft. 94,3 Prozent der österreichischen PR-Tätigen besuchen regelmäßig PR-Weiterbildungsveranstaltungen, was die fachliche Bildungsbereitschaft dokumentiert.

- *Frauen dominieren die Branche*: Der Frauenanteil steigt stetig. Mitte der achtziger Jahre waren noch 80 Prozent der PR-Fachleute Männer; heute ist es umgekehrt: Der Frauenanteil beträgt 70-80 Prozent. Damit liegt Österreich im internationalen Trend.

- *Hoher Stellenwert von PR*: Der hierarchische Stellenwert von PR in österreichischen Unternehmen ist hoch. Bereits 1984 waren 67,4 Prozent der PR-Leute direkt dem Vorstand oder der Direktion als Stabstelle zugeordnet (Haas 1987). Die Tendenz ist seither steigend: „Professionelle Öffentlichkeitsarbeit gehört mittlerweile zum unverzichtbaren Bestandteil der Management-Aufgaben. Das gilt für Politik und Wirtschaft ebenso wie für Kulturbetriebe und Non-Profit-Organisationen" (Frühbauer 2000: 140).

---

9   Einen vollständigen Überblick über die zahlreichen Aus- und Weiterbildungsprogramme erhält man im Internet (www.prva.at) oder im PR-Almanach 2003/04 (vgl. Frühbauer 2003).
10 Die Befragung von Haas wurde bereits 1984 durchgeführt (Stichprobe 256 Personen, Rücklauf 51,5 Prozent). Die Befragung von Zowack erfasste ebenfalls einen repräsentativen Querschnitt österreichischer PR-Fachleute. Die Studie wurde 1999 durchgeführt (Stichprobe 470 Personen, Rücklauf 41 Prozent). Zusätzlich zu den beiden Studien werden hier auch aktuelle Daten aus den österreichischen Branchenmagazinen eingebracht.

- *Die häufigsten PR-Tätigkeiten*: Die klassische Medienarbeit ist zwar nach wie vor ein wichtiger Tätigkeitsbereich von PR-Fachkräften, tendenziell aber rückläufig. *Managertätigkeiten* wie strategische Planung, PR-Konzeption, Kontaktpflege und Beratung gewinnen sowohl in den Agenturen als auch in Unternehmen zunehmend an Bedeutung.[11]

- *Kommunikationsmanager und -techniker*: Obwohl in der täglichen Arbeit die Technikertätigkeiten überwiegen (ca. 55 Prozent der täglichen Arbeit), schätzte sich die Mehrheit der österreichischen PR-Fachleute als *Kommunikationsmanager* ein. Die in den USA durchaus übliche Trennung zwischen Kommunikationsmanager und Kommunikationstechniker halten rund zwei Drittel der österreichischen PR-Fachleute für nicht sinnvoll (Zowack 2000). Dies dürfte u.a. auch mit der Struktur der österreichischen PR-Branche (kleinere Organisationseinheiten, keine strikte Trennung in Manager- oder Techniker-Rolle) zusammenhängen, was bedeutet, dass es für österreichische PR-Manager dazu gehört, auch Technikertätigkeiten auszuüben. Als interessantes Detail wäre noch zu erwähnen, dass sich viele österreichische PR-Fachleute (insbesondere Mitglieder des PRVA) als *Kommunikationsarchitekten* verstehen und damit auch den Führungsanspruch innerhalb der Kommunikationsdisziplinen erheben.

- *Das Wachstum der PR-Branche*: Die PR-Branche in Österreich war bis 2000 durch eine enorme Expansion gekennzeichnet. Zowack (2000) eruierte in ihrer Studie noch ein jährliches Wachstum von durchschnittlich bis zu 30 Prozent. Die steigenden PR-Ausgaben gingen Hand in Hand mit einer kontinuierlichen Aufstockung des PR-Personals.[12] Bedingt durch die weltweite Rezension (die bekanntlich durch die Ereignisse des 11. September noch verschärft wurde) konnten diese enormen Wachstumsraten in den letzten drei Jahren nicht mehr erreicht werden. Wohl aber hat sich die PR-Branche in Österreich in dieser wirtschaftlich schwierigen Zeit gegenüber anderen Kommunikationsdisziplinen (wie z.B. der Werbung) gut behauptet, wie die aktuellen Umsatzzahlen belegen (Fuith 2002; Frühbauer 2003).

- *Österreich im internationalen Vergleich*: Vergleicht man die hier skizzierten Entwicklungen der österreichischen PR-Berufsgeschichte mit der internationalen EBOK-Studie[13] (Vercic u.a. 2001), so zeigt sich ein recht zuversichtliches Bild: Die in dieser Arbeit vorgelegten Ergebnisse der österreichischen PR-Berufsfeldforschung decken sich weitgehend mit den Ergebnissen der europäischen Studie. Die österreichischen PR-Praktiker und PR-Wissenschafter haben ein

---

11 Dieser Trend wird auch in aktuellen (allerdings nur im Internet veröffentlichten) Studien des Public Relations Transfer Centers (2002) des Publizistik-Institutes der Universität Wien bestätigt: www.prtc.at
12 Die österreichischen PR-Tätigen (geschätzt ca. 10.000 Personen) verteilen sich dabei zu etwa einem Drittel auf PR-Agenturen und freie PR-BeraterInnen und zu einem weiteren Drittel auf Wirtschaftsunternehmen; das letzte Drittel teilen sich Institutionen, Behörden und Verbände.
13 EBOK: European Public Relations Body of Knowledge. Im Rahmen der EBOK-Studie wurde die europäische Sichtweise von Public Relations in neun europäischen Ländern (darunter auch Österreich) untersucht.

zeitgemäßes Verständnis von Öffentlichkeitsarbeit. Public Relations werden auch hierzulande als *ganzheitliches Kommunikationsmanagement* im Sinne der *Integrierten Kommunikation* aufgefasst. Öffentlichkeitsarbeit hat sich als unverzichtbarerer *Beratungsberuf* etabliert. Das Bewusstsein für die Notwendigkeit und Bedeutung von professioneller Öffentlichkeitsarbeit nimmt zu. Theorie und Praxis entwickeln sich kontinuierlich weiter. Die PR-Branche in Österreich ist *‚erwachsen'* geworden. Die Professionalisierung schreitet voran.

Literatur

Bentele, Günter/Liebert, Tobias (Hrsg.) (1995): Verständigungsorientierte Öffentlichkeitsarbeit. Darstellung und Diskussion des Ansatzes von Roland Burkart. Leipziger Skripte für Public Relations und Kommunikationsmanagement, Nr. 1. Institut für Kommunikations- und Medienwissenschaft der - Universität Leipzig.

Bogner, Franz (1990): Das neue PR-Denken. Strategien, Konzepte, Maßnahmen, Fallbeispiele effizienter Öffentlichkeitsarbeit. Wien: Ueberreuter.

Bogner, Franz (1999): Das neue PR-Denken. Strategien, Konzepte, Aktivitäten. Wien: Ueberreuter (3., aktualisierte und erweiterte Auflage).

Brunner, Doris (2001): PR-Berater fit für Euroland. In: Medianet, Nr. 50, 18. Dezember 2001, S. 5.

Burkart, Roland (1993): Public Relations als Konfliktmanagement. Ein Konzept für verständigungsorientierte Öffentlichkeitsarbeit. Wien: Braumüller.

Dorer, Johanna/Lojka, Klaus (Hrsg.) (1991): Öffentlichkeitsarbeit. Theoretische Ansätze, empirische Befunde und Berufspraxis der Public Relations. Wien: Braumüller.

Frühbauer, Milan (2000): PR heißt jetzt Professionalität. Von der Medienarbeit zur integrierten Kommunikation. In: Bestseller (20 Jahre Festschrift), S. 140-144.

Frühbauer, Milan (Hrsg.) (2003): PR-Almanach 2003/04. Wien: Manstein.

Fuith, Ute (2002): Der PR-Boom. In: Extradienst, Nr. 17–18, S. 88-90.

Gröpel, Hellmut (1953): Public Relations – Eine betriebswirtschaftliche Studie. Dissertation an der Universität Innsbruck.

Haas, Meta (1987): Public Relations. Berufsrealität in Österreich. Wien: Orac.

Klimek, Eva (1979): Öffentlichkeit und Öffentlichkeitsarbeit. Versuch einer Zuordnung. Dissertation an der Universität Wien.

Kunczik, Michael (1997): Geschichte der Öffentlichkeitsarbeit in Deutschland. Köln: Böhlau.

Kronhuber, Hans (1972): Public Relations. Einführung in die Öffentlichkeitsarbeit. Wien: Böhlau.

ÖGK – Österreichische Gesellschaft für Kommunikationsfragen (Hrsg.) (1998): Medien Journal 22. Jg., Nr. 3 (Themenheft „Public Relations. Qualifikationen & Kompetenzen").

Nessmann, Karl (1995): Public Relations in Europe. A Comparison with the United States. In: Public Relations Review, 21. Jg., Nr. 2, S. 151-160.

Nessmann, Karl (1998): Vermittlung von Basisqualifikationen. Berufsbegleitende PR-Bildungsprogramme. In: ÖGK (Hrsg.): Medien Journal, 22. Jg., Nr. 3 (Themenheft „Public Relations. Qualifikationen & Kompetenzen"), S. 35 -40.

Nessmann, Karl (2000): The origins and development of public relations in Germany and Austria. In: Moss, Danny/Vercic, Dejan/Warnaby, Gary (Hrsg.): Perspectives on Public Relations Research. London, New York: Routledge, S. 211-225.

Nessmann, Karl (2002a): Public Relations in Austria: Roots, Developments and Status Quo. In: Proceedings of BledCom 2002. The Status of Public Relations Knowledge in Europe and Around the World. Ljubljana: Pristop Communications, S. 50-55.

Nessmann, Karl (2002b): Personal Relations – eine neue Herausforderung für PR-Theorie und -Praxis. In: pr-magazin, Nr. 1, S. 47-54.

Schweighardt, Kurt (1954): Theorie und Praxis der öffentlichen Beziehungspflege einer Unternehmung unter besonderer Berücksichtigung der soziologischen Elemente. Dissertation an der Universität Innsbruck.

Signitzer, Benno (Hrsg.) (1984): Public Relations. Praxis in Österreich. Wien: Orac.

Signitzer, Benno (1988): Public Relations-Forschung im Überblick. Systematisierungsversuche auf der Basis neuer amerikanischer Studien. In: Publizistik, Nr. 1, S. 92-116.

Signitzer, Benno (1992): Theorien der Public Relations. In: Burkart, Roland/Hömberg, Walter (Hrsg.): Kommunikationstheorien. Ein Textbuch zur Einführung. Wien: Braumüller, S. 134-152.

Signitzer, Benno (1998): Professionalisierung durch Ausbildung? In: ÖGK (Hrsg.): Medien Journal, 22. Jg., Nr.3 (Themenheft „Public Relations. Qualifikationen & Kompetenzen"), S. 25-34.

Szyszka, Peter (Hrsg.) (1997): Auf der Suche nach Identität. PR-Geschichte als Theoriebaustein. Berlin: Vistas.

Vercic, Dejan et al. (2001): On the definition of public relations: a European view. In: Public Relations Review, Nr. 27, S. 373-387.

Wachta, Hansjörg (2000): Die Geschichte der Public Relations. Vom Orakel zum Onlineberater. In: Bestseller (20 Jahre Festschrift), S. 138-139.

Zowack, Martina (2000): Frauen in den österreichischen Public Relations. Berufssituation und die Feminisierung von PR. Dissertation an der Universität Wien.

Sozialistische Öffentlichkeitsarbeit in der DDR

Günter Bentele

1. Gesellschaftliche Rahmenbedingungen und Öffentlichkeitsarbeit

Das Thema ‚Öffentlichkeitsarbeit in der DDR' ist zwar seit Ende der sechziger Jahre innerhalb der DDR – bezogen auf Einzelaspekte und -themen – in einigen vor allem an der Sektion Journalistik der damaligen Karl-Marx-Universität Leipzig entstandenen Dissertationen und Diplomarbeiten behandelt worden,[1] nach 1989 fehlten jedoch bislang größere systematische Anstrengungen. Hervorzuheben ist die Leipziger Tagung, die sich 1997 mit einigen grundsätzlichen Problemen dieses Gegenstands befasste (Liebert 1998) oder einzelne Versuche kürzerer Gesamtdarstellungen (Bentele 1999a) und eine Reihe von Darstellungen, die einzelne Aspekte betreffen. Eine umfangreiche und systematische Darstellung der DDR-Öffentlichkeitsarbeit, die gleichzeitig begriffs- und ideologiekritisch sensibel ist, ist bislang Desiderat. Das Thema Öffentlichkeitsarbeit in der DDR ist nämlich – anders als systematische und vor allem berufshistorische Darstellungen in anderen Ländern[2] – mit dem Problem konfrontiert, dass Darstellungen aus der DDR-Eigenperspektive mit aktuellen Perspektiven mitnichten übereinstimmen. Die Unterschiede sind vor allem ideologisch-politischer Art, was sich aber auch in unterschiedlichen Definitionen, Bedeutungen oder Konnotationen zentraler Begrifflichkeiten (z.B. Public Relations und Propaganda) zeigt.

Westdeutsche PR-Praktiker in der Nachkriegszeit haben vielfach die Auffassung vertreten, dass es Public Relations in der DDR nicht gegeben habe, sondern ‚nur Propaganda'. Diese Position setzt begriffslogisch allerdings voraus, dass Propaganda und Public Relations als zwei sich nicht überschneidende Begriffe bzw. reale Phänomene betrachtet werden. Dies ist in der internationalen wissenschaftlichen Literatur nicht der Fall, zudem ist die Position in sich widersprüchlich.[3] Deshalb wird in diesem Artikel davon ausgegangen, dass Public Relations – verstanden als Kommunikationsmanagement von Organisationen mit ihren internen und externen Publika – zunächst ein *organisatorisches* Phänomen auf der gesellschaftlichen *Mesoebene* ist, das in unterschiedlichen Gesellschaftsformen in unterschiedlichen Formen realisiert ist und nur realisiert werden kann. Wir unterscheiden klar gesellschaftliche Strukturen der *Makroebene* von solchen der *Mesoebene* (organisatorischen Strukturen) und solchen der *Mikroebene* (soziale Handlungsebene von Indivi-

---

1 An dieser Fakultät waren vor allem in den siebziger Jahren eine Reihe von Dissertationen und Diplomarbeiten entstanden, die heute einen interessanten Einblick in das Berufsfeld Öffentlichkeitsarbeit geben können. Vgl. z.B. die Dissertationen von Merkwitschka (1968), Poerschke (1972), Wöltge (1973) und Liebold (1974), vgl. auch Schmelter (1972).
2 Vgl. dazu neuerdings die ersten systematischen Darstellungen, bezogen den globalen Kontext Sriramesh/Vercic (2003) und bezogen auf Europa van Ruler/Vercic (2004).
3 Vgl. zu einer ausführlicheren Argumentation zu dieser Frage Bentele (1999a) und Bentele (1999b).

duen). Zwischen den Ebenen bestehen Beziehungen, beispielsweise beeinflussen das *politische System*, das *ökonomische System*, das *Mediensystem* (dessen Formen und Handlungsspielräume wiederum sehr stark vom politischen System abhängen) und die *technische Entwicklung* in Gesellschaften (Makroebene) die organisatorischen Strukturen, Handlungsspielräume, Ressourcen und Regeln von *Kommunikationsabteilungen* in Organisationen (Mesoebene).

In Diktaturen bzw. *totalitären* politischen Systemen müssen Organisationen wie z.B. die herrschende Partei, staatliche Organisationen, staatliche Unternehmen, Massenorganisationen, kulturelle Einrichtungen auf kommunaler Ebene zwar ebenso wie in demokratischen Gesellschaften ihre Umwelt beobachten, informieren, kommunizieren und – besonders stark in solchen Systemen – persuadieren.[4] Die Gestaltungsspielräume dieser Organisationen sind aber stark vom politischen System und dessen Organisationen abhängig. *Thematisch-propagandistische Leitvorgaben* des politischen Systems müssen von den Organisationen umgesetzt werden und so entsteht im totalitären System ein *propagandistischer Kommunikationsstil*[5] der öffentlichen Kommunikation, der in der Regel im Journalismus und in den Public Relations relativ stark, in der Produktwerbung etwas weniger stark ausgeprägt ist. Politische Public Relations in totalitären Gesellschaften *werden* zur Propaganda, so könnte man formulieren. Propaganda oder propagandistische Kommunikation ist (in verschiedenen Abstufungen) die (kommunikative) Hauptfunktion politischer PR in totalitären Gesellschaften. Wir unterscheiden also zwischen einer *gesellschaftlichen Organisation von Propaganda* (Makroebene) und einem *propagandistischen Kommunikationsstil,* der sich auf der Meso- und der Mikroebene zeigt und analysieren lässt.[6] Zu diesem propagandistischen Kommunikationsstil können bestimmte journalistisch-normative Muster (z.B. die Ablehnung der journalistischen Norm der Trennung von Nachricht und Kommentar und der dafür geltenden Norm ‚Agitation durch Tatsachen'), bis hin zu Sprachwendungen wie die ‚feste und unverbrüchliche Freundschaft' mit der Sowjetunion, das ‚allseits gefestigte Bündnis' zwischen den Parteien der DDR, die ‚offen reaktionären politischen Gruppierungen im Ausland', die ‚konsequente Erfüllung der Hauptaufgaben' oder das ‚vom Geist des proletarischen Internationalismus geprägte Treffen' gezählt werden.[7] Dies heißt nicht, dass

---

[4] Vgl. die Unterscheidung der vier Basisfunktionen von PR (Beobachtung, Information, Kommunikation, Persuasion) bei Bentele 1998c.

[5] Unter *Informations- und Kommunikationsstil* der öffentlichen Kommunikation verstehe ich ein empirisch feststellbares *Kommunikationsmuster,* das sich aus einer bestimmten *Selektion von Inhalten* und der Verwendung bestimmter *Kommunikationsformen* (sprachliche und textuelle Muster, Terminologie, Argumentation etc.) zusammensetzt (vgl. Bentele 1999b).

[6] Moderne *Propaganda* (verstanden als Kommunikationsstil) wird von mir als unidirektionale, beeinflussende Kommunikation definiert, für die wahrheitsgemäße Information untergeordnet ist oder bewusst ausgeklammert wird, die in der Regel mit einfachen Kommunikationsmitteln (starke Durchdringung, Wiederholungen, einfache Stereotype, klare Wertungen, Vermischung von Information und Meinung), häufig emotionalisiert und mit Feindbildern arbeitet und zu ihrer vollen Entfaltung nur innerhalb einer zentralisierten, nicht-demokratischen Öffentlichkeitsstruktur kommt, d.h. in Systemen, deren Mediensystem staatlich gelenkt ist (vgl. Bentele 1998b).

[7] Vgl. mehr Beispiele u.a. bei Glück/Sauer (1990: 172ff).

Texte der Öffentlichkeitsarbeit bzw. journalistische Texte in jedem Satz, jedem Abschnitt propagandistisch ausgerichtet waren.

Voraussetzung dafür, dass in einer Gesellschaft überhaupt ein propagandistischer Kommunikationsstil der öffentlichen Kommunikation eine gewisse Stabilität und Dauerhaftigkeit erreicht, ist also eine bestimmte Organisationsform auf der Makroebene, also z.B. zentrale Unterordnung von dezentralern PR-Abteilungen unter eine politische Zentrale, Beobachtungs-, Kontroll- bzw. Zensurmechanismen, die von politischen System vorgegeben werden. In der DDR war Politik und öffentliche Kommunikation (Makro-Ebene) als ‚Top-down'-Modell organisiert: Macht, Kontrollmöglichkeiten und Informationsflüsse gingen ausschließlich ‚von oben nach unten'. Die Partei kontrollierte nicht nur ihre eigene Information und Kommunikation, wie in politischen Systemen der parlamentarischen Demokratie, sondern auch die Information und Kommunikation der Regierung, die der Massenmedien und die vieler Organisationen der Gesellschaft. Nicht Gewaltenteilung, sondern das Gewaltmonopol der SED und damit auch das *Informationsmonopol der Partei* war dominierendes Prinzip.

Die zentralen ‚Top-Akteure' waren das ZK der SED und das Politbüro des ZKs. Eine wichtige Steuerungsfunktion hatte für die politische Kommunikation der ZK-Sekretär für Agitation, der der Abteilung Agitation (und Propaganda) des ZKs der SED vorstand. Die politischen Richtlinien erließ das Politbüro der SED, für die publizistische Durchsetzung der Richtlinien war der *Sekretär des ZKs* zuständig, dem die Abteilungen Agitation und Propaganda unterstanden.[8] Albert Norden (1955-1967), Werner Lamberz (1967-1978) und Joachim Herrmann (1978-1989) waren in dieser Funktion tätig. Das SED-Zentralorgan Neues Deutschland wurde direkt vom ZK der SED, die Organe der Blockparteien (z.B. das *Bauern-Echo* der Demokratischen Bauern-Partei Deutschlands, Die *Neue Zeit* als Zentralorgan der CDU, *Der Morgen* als Organ der Liberal-Demokratischen Partei Deutschlands) über die Vorstände der Parteien ‚angeleitet'. Rundfunk und Fernsehen wurden von den Staatlichen Komitees für Rundfunk und Fernsehen beim Ministerrat ‚angeleitet', die ebenso wie das *Presseamt* beim Vorsitzenden des Ministerrats (1949 Amt für Information, ab 1952 ‚Presseamt beim Ministerpräsidenten der Regierung der Deutschen Demokratischen Republik', ab 1963 ‚Presseamt beim Vorsitzenden des Ministerrats der DDR') angesiedelt waren. Bezüglich der Nachrichten von ADN – wichtigste Grundlage für die Berichterstattung aller Nachrichtenmedien – gab es ein Weisungsrecht des Vorsitzenden des Ministerrats, das in der Praxis durch das Presseamt ausgeübt wurde. Die ‚Anleitung' reichte von inhaltlichen Themenvorgaben, Beitragsvorgaben, Sprachregelungen, thematischen Tabulisten über äußere Gestaltungsvorschriften bis zu Timing-Vorgaben. Neben schriftlichen gab es mündliche Anleitungen, die u.a. bei den ‚Argumentationen' des ZKs (Donnerstag-Argus) vorgenommen wurden und die Linienförmigkeit der gesamten DDR-Presse garantierten. „ADN diente also ebenso wie das Presseamt in erster Linie als Transmissionsriemen für die Informationspolitik der SED-Führung zur Durchsetzung ihres Meinungsmonopols" (vgl. Holzweißig 1997: 83).

---

8 Die Organisations- und Zuständigkeitsstrukturen änderten sich im Lauf der Zeit, vgl. genauer Holzweißig 1994.

2. Zum Verständnis von Propaganda, Öffentlichkeitsarbeit und benachbarter Begriffe in der DDR

Propaganda wurde in der DDR gemeinhin als übergeordneter Begriff, nämlich als „systematische Verbreiterung und gründliche Erläuterung politischer, philosophischer, ökonomischer historischer, naturwissenschaftlicher, technischer u.a. Lehren und Ideen" (KPW 1988, 795) verstanden. Im Gegensatz zur „imperialistischen Propaganda", die die

> „wirklichen Ziele kapitalistischer Herrschaft zu verschleiern versucht und das Bewusstsein manipuliert...vermittelt marxistisch-leninistische P., ausgehend von den objektiven Entwicklungsgesetzen [...] des weltweiten Übergangs vom Kapitalismus zum Sozialismus, die wissenschaftliche Gesellschaftsstrategie der marxistisch-leninistischen Partei und des sozialistischen Staates zur Erfüllung der historischen Mission der Arbeiterklasse" (KPW 1988: 795).

Während *Agitation* das Wesen gesellschaftlicher Verhältnisse eher im einzelnen Ereignis sucht und aufdecken soll, sich an die Gefühle der Menschen wendet, auf ihre Stimmungen eingeht, an ihre Begeisterungsfähigkeit und ihren Hass (!) appelliert und das in der Situation schlagende Argument suchen soll, wird Propaganda eher als systematische Vermittlung und Verbreitung des Marxismus-Leninismus und dessen wissenschaftlichem Weltbild gesehen. Das Vorgehen ist – anders als bei der Agitation – eher vollständig, allseitig und streng logisch (WdJ 1984: 70). Zentrales Ziel der DDR-Propaganda war also die Verbreitung der sozialistischen Ideologie auf allen Ebenen, in allen Formen. Dies begann bei den *staatlichen Hoheitssymbolen* (Staatsflagge, Staatswappen), reichte über die *nationalen Feiertage* (Tag der Befreiung am 8. Mai; Tag der Republik am 7. Oktober) und die politischen Feiertage (Tag der Ermordung Rosa Luxemburgs, 15. Januar), an denen Gedenkrituale, staatlich inszenierte Massenaufmärsche, etc. stattfanden, über unterschiedliche Formen von Kampagnen[9] bis hin zu großen, ganzjährigen, inszenierten „propagandistischen Gesamtkunstwerken" (Gibas 2000: 29).

Formen der Propaganda waren im DDR-Selbstverständnis z.B. die Parteischulung der SED und die *Massenpropaganda* (= massenpolitische Arbeit). Zu dieser wurden auch die kommunikative Tätigkeit der Zeitungen, Zeitschriften, Fernsehen, Hörfunk, Gedenkstätten, Museen, Messen und *Öffentlichkeitsarbeit*, darunter auch Konsultationsstützpunkte, die populärwissenschaftliche Arbeit der URANIA und andere Formen gerechnet (KPW 1988: 612). Die Massenmedien wurden auch parteioffiziell als Propagandainstrumente betrachtet. Diese Betrachtungsweise geht vor allem auf die Leninsche Funktionsbestimmung für die Zeitung zurück, kollektiver Agitator, Propagandist und Organisator zu sein (WdJ 1984: 70ff).

Die Verwendung des Begriffs ‚Öffentlichkeitsarbeit' unterlag in der DDR einem historischen Wandel. Bis etwa Mitte der 1960er Jahre wurde in der DDR in verschiedenen Schriften die Bezeichnung ‚Public Relations' ebenso wie in der alten Bundesrepublik – gleichbedeutend mit Öffentlichkeitsarbeit – benutzt, bevor sich

---

9 Gibas (2000: 9ff) unterscheidet drei Hauptformen von Kampagnen als zentrale Kommunikationstechniken der SED: Mobilisierungskampagnen, Indoktrinierungskampagnen und Disziplinierungskampagnen.

gegen Ende der sechziger Jahre ein Verständnis von ‚sozialistischer Öffentlichkeitsarbeit' herauszubilden begann. Der Begriff ‚Public Relations' wurde danach negativ konnotiert und offiziell – also im Sinne der herrschenden marxistisch-leninistischen Partei- und Staatsideologie – als Mittel der manipulativen Praktiken der kapitalistischen Gesellschaft verstanden.[10] Der offiziell gebrauchte Begriff in der DDR ab diesem Zeitpunkt war ‚Öffentlichkeitsarbeit', in Deutschland schon spätestens seit 1917 bekannt (vgl. Liebert 2003), der in der Bundesrepublik Deutschland seit Anfang der 1950er Jahre eine neue ‚Karriere' als Synonym zum amerikanischen Begriff ‚PR' begann.[11] ‚Öffentlichkeitsarbeit' wurde in der DDR ab Mitte der sechziger Jahre in einem umfassenden Sinne verstanden, blieb jedoch immer an das Ideologie- und Informationsmonopol der SED und ihrer Staatsmacht gekoppelt. Dieser Auffassung ist die Definition aus dem ‚Wörterbuch der Journalistik' der Sektion Journalistik der Universität Leipzig aus dem Jahre 1971 verpflichtet.[12] In ihrem ersten Teil ist diese Definition noch an damals gängige westliche Definitionen von Öffentlichkeitsarbeit angelehnt, die Funktionszuweisung für die Öffentlichkeitsarbeit, bei der ‚Entwicklung des sozialistischen Bewusstseins' mitzuhelfen, und der Bezug dieser Tätigkeit auf sozialistische Organisationen oder Institutionen, weist jedoch schon auf den bewusst gemachten Unterschied hin, der Öffentlichkeitsarbeit im Sozialismus zukomme. In dieser Hinsicht eindeutiger fällt die Definition von Öffentlichkeitsarbeit im selben Wörterbuch (Ausgabe 1984) aus:

> „Massenpolitische Arbeit von Staats- und Wirtschaftsorganen, Institutionen und Organisationen [verstanden]. Sie ist untrennbarer Bestandteil der von der Partei der Arbeiterklasse geleiteten gesamten politisch-ideologischen Tätigkeit. Öffentlichkeitsarbeit zu leisten ist ein Prinzip sozialistischer Leitungstätigkeit in allen Bereichen und auf allen Ebenen." (WdJ 1984, 148)

Dieses Verständnis grenzt sich dadurch deutlich und eindeutig von einem westlichen Verständnis ab, dass es die *politisch-ideologische Funktion* aller Öffentlichkeitsarbeit im Sozialismus betont und Öffentlichkeitsarbeit als *Teil* der politisch-ideologischen Tätigkeit der SED definiert. Damit wird Öffentlichkeitsarbeit im DDR-Selbstverständnis – wie Journalismus auch – *Teil von Agitation und Propa-*

---

10 Vgl. z. B. Heyden et.al. (1969: 190ff).
11 Vgl. dazu auch Wöltge (1979: 12ff), der die Verwendung des Begriffs ‚Öffentlichkeitsarbeit' in der DDR seit Mitte der sechziger Jahre nachzeichnet.
12 Die Definition lautet: "Öffentlichkeitsarbeit ist die von politischen Parteien, gesellschaftlichen Organisationen und staatlichen Institutionen – besonders auch von Institutionen im Bereich der Ökonomie – vermittels der verschiedenen journalistischen und nicht-journalistischen Kommunikationskanäle verbreitete kontinuierliche oder ad-hoc-Information über Anliegen, Leistungen und Probleme der Organisation oder Institution. Dadurch soll bei der angesprochenen breiten Öffentlichkeit oder speziellen Zielgruppe im In- und Ausland eine bestimmte Einstellung zu den Vorhaben, Auffassungen und Leistungen bzw. eine Bereitschaft zur Mitarbeit an den Aufgaben der betreffenden Organisation oder Institution gebildet oder verstärkt werden. Die Öffentlichkeitsarbeit erzielt eine wichtige Funktion bei der Entwicklung des sozialistischen Bewußtseins der Bürger. Entsprechend der prinzipiellen Übereinstimmung der grundlegenden Interessen aller gesellschaftlichen Kräfte im sozialistischen Staat dient die Öffentlichkeitsarbeit einer sozialistischen Organisation oder Institution – anders als die durch Klassenantagonismus und Konkurrenz bestimmten Public Relations in der imperialistischen Gesellschaft – immer zugleich [...] der Lösung der allgemeinen Aufgaben der sozialistischen Gesellschaft."(WdJ 1971: 266f)

ganda, den „beiden Funktionen der politisch-ideologischen Arbeit zur Führung der Werktätigen, zur Leitung der sozialistischen Gesellschaft" (WdJ 1984: 70).

Eine spezifische Form der Massenpropaganda war die Propaganda am Produktionsort, die *Produktionspropaganda*. Endzweck der Produktionspropaganda, so hieß es in der ersten DDR-eigenen, grundlegenden Schrift zur Produktionspropaganda, sei die maßgebliche Mithilfe daran, die „ökonomische Hauptaufgabe" zu erfüllen, nämlich die Produktivität der Arbeit zu steigern (Gries 1996: 129). Mittel und Medien der Produktionspropaganda waren z.b. das *gesprochene Wort* (z.B. Aussprachen, Agitprop-Gruppen, Referate, Zirkel, Konferenzen und Kabarett, Laien- und Puppenspiel sowie der Betriebsfunk), der *Erfahrungsaustausch* (z.B. Betriebsbegehungen, Vorführungen, Kurse und Lehrgänge), das *geschriebene und gedruckte Wort* (z.B. Handzettel, Flugblätter, Betriebszeitungen), *bildliche Darstellungen* (z.B. Diaserien, Lehrfilme, Betriebsmonatsschauen), *Sichtagitation* (z.B. Plakate, Wandzeitungen, Spruchbänder und Transparente, Wettbewerbstafeln) unterschieden (Gries 1996: 130f).

Diese theoretische Systematik zeigt viele Ähnlichkeiten zum Verständnis *unternehmensinterner Kommunikation* der fünfziger und sechziger Jahre in der Bundesrepublik Deutschland. Die Praxis der Produktionspropaganda reduzierte sich innerhalb der letzten beiden Jahrzehnte der DDR-Geschichte auf Sichtagitation als Teilaspekt und verlor ihre Relevanz durch die Einführung von Systemen materieller Produktionsanreize, die kommunikative Anreize und pädagogisch vorgetragene Losungen zumindest weitgehend wirkungslos, teilweise auch verhasst machten.

Die *DDR-Werbung*, die sich innerhalb der 40 Jahre DDR entwickelt hatte, ökonomische und politisch-ideologische Funktionen für den Staat besaß, als Berufsfeld mehrere Tausend Beschäftigte umfasste,[13] und auch – z.B. bei der DEWAG oder im Rahmen der Kommunikationsaktivitäten der Leipziger Messe – vielfältige Verschränkungen mit der Öffentlichkeitsarbeit aufwies, kann hier nicht eigentlich beschrieben werden.[14] Definiert wurde *sozialistische Wirtschaftswerbung* Ende der sechziger Jahre im Handbuch der Werbung der DDR als „parteiliche, planbezogene, planmäßige und wirtschaftliche Werbung" (Autorenkollektiv 1969: 23). Sie sollte „bewusste Einflussnahme auf Einzelpersonen, Personen und Massen mittels psychologisch begründeter Informationen (Wissensvermittlung), Argumentation (Überzeugung) und Appellen in sachlich-rationaler oder auch betont emotionaler Form sowie wahrheitsgemäßer Aussagen" (Autorenkollektiv 1969: 23) bewirken.

---

13 Nach Götz (1998: 42) hatte allein die parteieigene Werbeagentur DEWAG (Deutsche Werbe- und Anzeigengesellschaft) im Jahr 1990 etwa 4500 Mitarbeiter, hinzu kamen über 1000 freiberuflich Tätige mit einem mehr oder weniger festen Vertragsverhältnis zur DEWAG.
14 Vgl. aber z.B. Autorenkollektiv (1969), Götz (1998), Gries (2000), Tippach-Schneider (1999; 2002).

3. Das Berufsfeld Öffentlichkeitsarbeit in der DDR

3.1 Akteure und Strukturen politischer Öffentlichkeitsarbeit bzw. Propaganda

Geht man von der im ersten Kapitel skizzierten Unterscheidung zwischen (gesellschaftlicher) Makroebene und (organisationsbezogener) Mesoebene sowie der auf das Verhalten einzelner Akteure bezogenen Mikroebene aus, so lässt sich ebenso wie in Gesellschaften mit pluralistischen Demokratien ein *Berufsfeld* der Öffentlichkeitsarbeit identifizieren, das in seinen Strukturen, Funktionen, Zielsetzungen, mit den eingesetzten Instrumenten etc. beschrieben und mit dem Berufsfeldern in anderen Gesellschaften *verglichen* werden kann. Dieses Berufsfeld war zunächst klein, wuchs seit den späten sechziger Jahren deutlich. Die individuellen PR-Akteure haben innerhalb nach Vorgaben bestimmter *politischer Richtlinien*[15] innerhalb von Kommunikationsabteilungen (z.B. Pressestellen) gearbeitet. Es kam eine Reihe von für dieses Berufsfeld international üblichen Instrumenten zum Einsatz, die Arbeit wurde durch staatliche *Planungsregeln* zeitlich organisiert. Die Entscheidungsspielräume waren durch die staatlichen Vorgaben deutlich begrenzt, die konkrete Tätigkeit war bis hin zu Argumentationen, Beschreibungs- und Bewertungsmustern (propagandistischer Kommunikationsstil) geregelt. Für die Einzelorganisationen und damit für die Gesamtgesellschaft war Öffentlichkeitsarbeit aber – funktional gesehen – ebenso notwendig wie in der Bundesrepublik. Das Berufsfeld Öffentlichkeitsarbeit lässt sich auch für die DDR empirisch klar von den Berufsfeldern Journalismus und Werbung abgrenzen.

Einen wichtigen Teil des Berufsfelds Öffentlichkeitsarbeit stellt in parlamentarischen Demokratien die politische PR von Parteien, aber auch staatlichen Organisationen (Regierung, Ministerien), Parlamenten etc. dar (vgl. Bentele 1998b, Jarren/ Donges 2002, Bd.2: 59ff). Wie jede Regierung der Welt benötigte auch die DDR-Regierung eine organisatorische Abteilung, die für kommunikative Umweltbeobachtung, die Herausgabe und Produktion der aktuellen Regierungsinformation zuständig war. Das *Presseamt beim Ministerpräsidenten der Regierung der Deutschen Demokratischen Republik* nahm diese Funktionen wahr. Hervorgegangen aus dem unmittelbar nach Konstituierung der DDR im Oktober 1949 gebildeten ‚Amtes für Information', dessen Leitung Gerhart Eisler, der Bruder des Komponisten Hanns Eisler innehatte, firmierte das Amt ab 1. Januar 1953 unter dem neuen Namen. Die Leitung hatte von 1953 bis 1958 Fritz Beyling, abgelöst von Kurt Blecha, der dem Amt bis zum November 1989 vorstand. Das etwa 50 Mitarbeiter beschäftigende Presseamt hatte folgende *Aufgaben:* Lizenzvergabe für alle Presseerzeugnisse der DDR, Koordination der Öffentlichkeitsarbeit der Ministerien, Erstellung von regie-

---

15 Ein erster Beschluss des DDR-Ministerrats (DDR-Regierung) zur Öffentlichkeitsarbeit stammt aus dem Jahr 1967 (vgl. Beschluß 1967), der zweite Beschluss aus dem Jahr 1972. Dieser und weitere Beschlüsse (abgedruckt in Holzweißig 1991: 307ff) hatten quasi Gesetzescharakter und waren eine zentrale Grundlage für die Entwicklung der Öffentlichkeitsarbeit in der DDR. Schon im Beschluss von 1967 heißt es: „Die staatliche Öffentlichkeitsarbeit erfüllt eine wichtige Funktion bei der Entwicklung des sozialistischen Bewußtseins der Bevölkerung." (Beschluß 1967: 3)

rungsoffiziellen Informationsmedien wie z.B. den dreimal wöchentlich erscheinenden Regierungspressedienst ‚Presse-Informationen', kommunikative Umweltbeobachtung, d.h. z.B. auch die Redaktion der Monatszeitschrift ‚Presse der Sowjetunion', Registrierung dienstlich benötigter westlicher Zeitungen und Zeitschriften, sowie die ‚Anleitung und Kontrolle' der Blockpartei- und Kirchenzeitungen der DDR. Letzteres war – obwohl es in der DDR ja amtlich keine Zensur bzw. Zensurbehörde gab – faktisch Zensur. Nicht nur ließ sich das Presseamt die Fahnen der Kirchenzeitungen vor dem Andruck vorlegen,[16] wer den ‚Empfehlungen' des Presseamtes nicht genau genug Beachtung schenkte, wurde in ‚Auswertungsgesprächen' gerüffelt, Disziplinarmaßnahmen waren die Folge.[17]

Innerhalb bzw. abhängig von der Informationshierarchie der Partei gab es in der DDR eine Vielzahl von staatlichen Organisationen, von denen viele Abteilungen für Öffentlichkeitsarbeit hatten. Holzweißig (1992: 506) spricht von über 50 Pressestellen des Staatsapparats,[18] deren Arbeit die Informationsabteilung des Presseamts koordinieren sollte und wo es in der Zusammenarbeit wohl auch gelegentlich Kritik gab. Journalistische Eigenlogik, die – innerhalb enger Grenzen – wohl auch in einem zentralisierten System gelegentlich vorhanden war und unterschiedliche Grade von Geheimhaltung bzw. Offenheit führten ebenso wie Diskrepanzen zwischen der individuellen Wahrnehmung gesellschaftlicher Wirklichkeit einerseits und der Darstellungen eben dieser Wirklichkeit in den Medien zu Diskrepanzen, Friktionen und interner Kritik.

Auch *kommunale Öffentlichkeitsarbeit* existierte in der DDR innerhalb gewisser Grenzen. Das *Nachrichtenamt Leipzig* beispielsweise entfaltete gleich nach dem Krieg vielfältige Aktivitäten. Die Aufgaben in dieser Zeit: Herausgabe von Werbeschriften, Prospekten und Plakaten, die Aufgabe von Anzeigen in der Tages- und Fachpresse, die regelmäßige Bekanntgabe aller in Leipzig geplanten Veranstaltungen, Messe-, Ausstellungs- und Kongresswesen (vgl. Liebert 1998a: 26). Bestanden bis 1947/48 noch Chancen für eine städtische Öffentlichkeitsarbeit unter Vorzeichen einer kommunalen Selbstverwaltung, so ging diese ab Anfang der fünfziger Jahre in den zentralen Informationsapparat der DDR (Amt für Information) über. „Damit war kommunale Öffentlichkeitsarbeit organisatorisch eingepasst in staatliche Informationsarbeit und Propaganda." (Liebert 1998a: 30)

---

16 Im Krisenjahr 1988 hat dies zu 17 generellen Auslieferungsverboten geführt (Holzweißig 1997: 219).
17 Holzweißig zitiert eine ‚Empfehlung' zur publizistischen Behandlung des von der Grundwertekommission der SPD und der Akademie für Gesellschaftswissenschaften des ZK der SED im Jahr 1987 gemeinsam erstellten *Grundsatzpapiers* bei DDR-CDU-Zeitungen: „Es wird empfohlen, über die Pressekonferenz auf S. 1 zu berichten. Das ND wird das Dokument im Wortlaut veröffentlichen. Wir sollten Auszüge aus dem Dokument im Wortlaut in gebührender Länge bringen (keine ganze Zeitungsseite)! ND bringt zu dem Thema am 29.8. einen Kommentar. Auf der Grundlage dieses Kommentars sollte man anschließend selber kommentieren" (vgl. Holzweißig 1997: 78). Dieses Zitat zeigt die machtpolitisch motivierten Regelungen bis hin zu Platzierungs- und Layoutfragen recht gut auf.
18 Auch das Ministerium für Staatssicherheit betrieb – eigenem Verständnis zufolge – Öffentlichkeitsarbeit. Nur noch skurril mutet allerdings dieses Verständnis im ‚Wörterbuch der Staatssicherheit' an: „Die Ö[ffentlichkeitsarbeit] wird auf der Grundlage der Beschlüsse der Partei und der Befehle, Weisungen und Richtlinien des Genossen Minister unter strenger Wahrung der Konspiration und Geheimhaltung durchgeführt." (Wörterbuch 1993: 274).

3.2 Öffentlichkeitsarbeit in der DDR-Industrie und in anderen gesellschaftlichen Bereichen

Insgesamt hatte das Berufsfeld nach Angaben von Insidern in den achtziger Jahren eine Größe von bis zu 3000 Beschäftigten.[19] Abteilungen für Presse- und Öffentlichkeitsarbeit gab es in der *Industrieproduktion* in Form der Pressestellen bei den Generaldirektoren der 175 Kombinate, bei den Massenorganisationen (z.B. Deutscher Turn- und Sportbund DTSB, des Freien Deutschen Gewerkschaftsbundes FDGB etc.), in der Auslandsinformation (z.B. Leipziger Messe), im Bereich der Kultur, des Sports, der Hochschulen, also eigentlich in allen wichtigen Bereichen der DDR-Gesellschaft.[20] Es muss davon ausgegangen werden, dass das Reflexionsniveau und die Qualität der Öffentlichkeitsarbeit in den einzelnen Industriebranchen und anderen gesellschaftlichen Feldern wohl recht unterschiedlich war. Das verbreitete ‚Handbuch der Werbung' (Autorenkollektiv 1969: 118) nennt die *Musikinstrumentenindustrie* als Beispiel für eine qualitativ gute Öffentlichkeitsarbeit: „Förderung der musikalischen Erziehung der Kinder, Unterstützung von Laiengruppen und Werksorchestern, Organisation von öffentlichen Auftritten und kleineren Tourneen, Förderung der jährlich in Klingenthal stattfindenden ‚Tage der Harmonika', Auszeichnung der Sieger der ‚Marktneukirchener Musiktage' mit Meistergeigen durch den Generaldirektor des VVB, Fachgespräche mit führenden Musikern, Experten und Wiederverkäufern, Streuung der Informationszeitschrift „Musik-Instrumenten-Report" auf der Leipziger Messe", etc.

Wenngleich das *Selbstverständnis* wohl aller Öffentlichkeitsarbeit in der DDR politisch-propagandistisch ausgerichtet war und sein musste, waren die *Probleme* dieser Abteilungen häufig dieselben wie im Westen: ihre *hierarchische Anbindung*, ihr *Verhältnis zu den Medien, Schwierigkeiten der Wirkungskontrolle, Qualität*, u.v.a. Grundlage der Arbeit der Pressestellen der Kombinate, die ja den größten Teil der DDR-Wirtschaft ausmachten, war ein staatlich geregeltes Planverfahren.[21] Die *organisatorische Einbindung* der Pressestellen war dabei Mitte der siebziger Jahre durchaus unterschiedlich geregelt: Während beim VEB Leuna-Werke der Leiter der Abteilung Öffentlichkeitsarbeit dem Direktor für Beschaffung/Absatz und dieser erst dem Generaldirektor unterstellt war, war der entsprechende Leiter im VEB

---

19 Vgl. den Beitrag von Harald Müller (1998), der vor 1989 schon 18 Jahre lang Leiter der Pressestelle der VEB Kombinat Elektromaschinenbau Dresden war und nach 1989 als Verantwortlicher bei der DEKRA für die Presse (Ost) fungiert hat. Müller repräsentiert als Person berufliche Kontinuität über den Wechsel zweier politischer Systeme. Vgl. auch das Interview mit Harald Müller in Voigt (1993).

20 Vgl. zu einer Beschreibung einiger Bereiche dieses Berufsfelds (Kombinate, Kultureinrichtungen, Kommunale Öffentlichkeitsarbeit, etc.) verschiedene Beiträge in Liebert (1998), vgl. auch Bentele/Peter (1996).

21 Harald Müller verweist im Interview mit Beate Voigt 1993 auf die große Relevanz der Richtlinie des Ministerrats von 1972 und stellt fest: „Die Halbjahrespläne sind auch in allen 176 Kombinaten gemacht worden; ich kann Ihnen versichern, dass jeder Generaldirektor dem zuständigen Minister jeweils pünktlich [...] einen Plan seiner Öffentlichkeitsarbeit abgegeben hat. [...]. Also gab es für uns Rahmendaten, die wir mit unseren eigenen Vorhaben ausfüllten und so den Plan der Öffentlichkeitsarbeit für das kommende erste Halbjahr bereits im Dezember erstellen [...]. In den folgenden sechs Monaten haben wir dann diszipliniert diese Pläne abgearbeitet – es gab keine Ausweichmöglichkeit" (vgl. Voigt 1993, 165f.).

Chemische Werke Buna dem Generaldirektor direkt unterstellt (vgl. Liebold 1974: 93ff). Merkwitschka (1968) stellt u.a. die konzeptionellen Grundlagen der Öffentlichkeitsarbeit des Leipziger Messeamtes zum Ende der sechziger Jahre dar, die damalige Messe-Öffentlichkeitsarbeit setzte als wichtigstes Instrument z.B. den ‚vervielfältigten Pressedienst' ein, Presseinformationen, die an 3500 Redaktionen in aller Welt versandt wurden, andere Instrumente waren in- und ausländische Pressekonferenzen, Versendung von Fotos und Matern, Broschüren, Journalisteneinladungen und -betreuung im Pressezentrum sowie Exklusivinformationen. Sogar PR-Agenturen im Ausland (England) wurden damals schon beauftragt.

Ein symptomatisches Schlaglicht auf Verständnis und praktische Tätigkeit der sozialistischen Öffentlichkeitsarbeit zu Anfang der siebziger Jahre in der DDR-Industrie kann eine *Umfrage* des Leiters der Gruppe Öffentlichkeitsarbeit des VVB Automobilbau vom 5. Juni 1971 werfen.[22] Schon die ersten Fragestellungen[23] zeigen sehr deutlich die grundsätzliche *politisch-propagandistische Informationsfunktion* und eine *Mobilisierungsfunktion* der betrieblichen Öffentlichkeitsarbeit. Als wichtige Instrumente, um diese Funktion zu erfüllen, werden *Arbeitsbesprechungen* und *Betriebsversammlungen auf allen Ebenen, Plankontrollen*, das *System der Agitatorenanleitungen, Betriebszeitungen, Betriebsfunk, Neuererforen* bzw. das gesamte *Neuererwesen*, die *Produktionspropaganda, Wandzeitungen, überbetriebliche Ausstellungen,* etc. genannt.

Auf die Frage, welche *Formen, Methoden und Mittel* der Öffentlichkeitsarbeit zum Einsatz kommen, werden in den Antworten der VEBs und der Kombinate einige Male zwischen Mitteln des *gesprochenen Worts* (z.B. Agitatoranleitungen, Vertrauensleutevollversammlungen, Vorträge, Konferenzen, öffentliche Rechenschaftslegungen der Leiter, persönliche Gespräche, Erfahrungsaustausch, Rundtischgespräche, Rote Treffs), des *geschriebenen Worts* (Betriebszeitungen, Wandzeitungen, Sichtagitation, Informationsstützpunkte, Flugblätter, Handzettel, Broschüren, Wettbewerbstafeln, Materialien zur Produktionspropaganda, etc.) und *bildlichen Darstellungen* (z.B. Wand- und Betriebszeitungen, Schaukästen und Schaufenster, Aufsteller, Filme, Plakate, Lehrkabinette, Dia-Ton-Serien, etc.) genannt. Durch diese Antworten wird deutlich, dass die eingesetzten Kommunikations-Instrumente, sieht man von einigen DDR-typischen Instrumenten und Verfahren ab (z.B. Neuererwesen, Agitatoranleitungen, Rote Treffs, etc.) recht gut mit den zeitgleich im Westen eingesetzten Instrumenten vergleichbar sind. Die Unterschiede sozialistischer zu bundesdeutscher Öffentlichkeitsarbeit liegen also wesentlich in der *Funktion*, weniger im Bereich der eingesetzten Instrumente.

---

22 Ich beziehe mich auf bislang noch nicht publiziertes Material des Sächsischen Staatsarchivs Chemnitz, das Rainer Gries bei Recherchen gefunden und mir dankenswerterweise zur Verfügung gestellt hat. Das Material wird derzeit in einer Leipziger Magisterarbeit von Sandra Mühlberg systematisch ausgewertet. Die 14 Fragen wurden von 20 Verantwortlichen für Öffentlichkeitsarbeit beantwortet.
23 Die beiden ersten von insgesamt 14 Fragen lauteten: 1. Wie wurde im Betrieb bzw. Kombinat die sozialistische ÖA von den Leitern in Zusammenarbeit mit den gesellschaftlichen Organisationen dafür eingesetzt, um die Werktätigen für die Erfüllung der für die Partei und Regierung gestellten Aufgaben zu *mobilisieren*? 2. Wie wird die ÖA zur umfassenden *Information* der Werktätigen über wichtige Beschlüsse, Maßnahmen zu politischen, ökonomischen Schwerpunkten usw. eingesetzt" (Hervorh. G.B.)

Das *Verhältnis* der Kommunikationsabteilungen der VEBs und Kombinate *zu den Medien* wurde von den Verantwortlichen meist positiv gesehen, wobei die Zusammenarbeit vor allem mit den Lokal- bzw. Regionalzeitungen in der Regel gut und eingespielt war. Presseinformationen, Pressegespräche, Pressekonferenzen, Fachbeiträge für die Fachpresse, Pressearbeit auf Messen, fachliche Beratung für Hörfunk und Fernsehen wurden als Instrumente genannt. ‚Defizite' wurden im Verhältnis mit ausländischen Medien, einem generell heiklen Bereich, gesehen. Die *Stellung der Pressebeauftragten* im Betrieb war unterschiedlich: die Öffentlichkeitsarbeiter waren meist dem Betriebsdirektor eines Kombinatsbetriebes, in einigen Fällen dem Büroleiter des Kombinatsdirektors oder dem Direktor für Außen- und Binnenwirtschaft unterstellt. Was die benutzten *Evaluationsinstrumente* anbelangt, so reduzierten sich diese meist auf die Erstellung eines *Pressespiegels*, der offenbar auch außer Haus, vom ‚Globus-Auswahldienst' zusammengestellt wurde. Aber auch Kritiken und Vorschläge aus der Bevölkerung wurden ausgewertet. Soweit zur Situation im DDR-Automobilbau.

Aus heutiger Sicht waren die *Betriebszeitungen* ein wichtiges Instrument der internen (sozialistischen) Öffentlichkeitsarbeit in der DDR. Diese unterstanden zwar nicht den Betrieben selbst, also den Betriebs- und Generaldirektoren, sondern waren Organe der SED, wurden von Betriebsorganisationen der SED herausgegeben, waren also im formalen Sinn nicht Instrumente der betrieblichen Öffentlichkeitsarbeit. Sie fungierten als politische Führungsinstrumente der SED-Betriebsorganisationen, als Mittel der *politischen Massenarbeit* in Großbetrieben mit mindestens 1000 Beschäftigten. Betriebszeitungsredakteure waren Angestellte des SED-Parteiapparates, die Gesamtleitung aller Betriebszeitungen oblag der Abteilung Agitation des ZK der SED in Berlin. Ebenso wie der *Betriebsfunk*, der aber von den VEBs selbst verantwortet wurde, waren sie thematisch und vom Nutzungsaspekt her stark auf die Betriebsangehörigen bezogen. Da oft interne Dinge der Institution oder das, was die SED als ‚intern' definierte und der Öffentlichkeit vorenthalten wollte, den Gegenstand von Artikeln bildeten, waren diese Periodika für den Vertrieb in der Öffentlichkeit gesperrt und wurden deswegen nicht im öffentlichen Pressevertrieb der Post angeboten. Der Export ins Ausland – auch in andere Ostblockländer – war nicht gestattet. 1988 existierten 667 Betriebszeitungen mit einer Gesamtauflage von 2,21 Millionen Exemplaren. Harald Müller geht davon aus, dass die Betriebszeitungen – obwohl offiziell der SED unterstellt – „eine der größten Leistungen der DDR-Öffentlichkeitsarbeit" waren und intensiv gelesen worden sind, mit Ausnahme der „ersten vier Seiten offizielle Mitteilungen, die Abklatsch aus der Tageszeitung waren".[24]

Neben den Betriebszeitungen gab es Ende der achtziger Jahre über 500 *Zeitschriften*, 176 zentrale und 354 regionale *Mitteilungsblätter*, sowie *Wochenzeitungen und Zeitschriften* der Kirchen und religiösen Gemeinschaften. Diese wurden von der DDR-Journalistik zum Pressesystem der DDR gerechnet (Halbach 1988). Der Großteil dieser Produkte lässt sich aber aus heutiger Sicht als Erzeugnisse des Berufsfelds Öffentlichkeitsarbeit zurechnen. Von den Ministerien herausgegebene

---

24 Zitate aus dem Interview mit Harald Müller in Voigt (1993: 168).

Zeitschriften wie ‚Fahrt frei' (zentrale Zeitung der Eisenbahner, 14-täglich, Aufl. 100.000), die Monatszeitschriften ‚Bauzeitung' oder ‚Das Hochschulwesen' erfüllten für die Herausgeberorganisationen ebenso PR-Funktionen wie der ‚Deutsche Angelsport' als Organ des Deutschen Anglerverbandes der DDR (Aufl.: 150.000) oder ‚Der Sport-Kegler' des Kegler-Verbandes der DDR (Aufl.: 12.800).[25] Auch aus diesen Zahlen lässt sich schließen, dass das Berufsfeld eine bestimmte Größenordnung haben musste und wichtig für die DDR war.

4. Sozialistische Öffentlichkeitsarbeit: zusammenfassende Bewertung und Vergleich

Das Berufsfeld Öffentlichkeitsarbeit hatte also für Organisationen der DDR, wie auch für die gesamte Gesellschaft große Relevanz. Welche *Gemeinsamkeiten* und welche *Unterschiede* bestanden zwischen den Berufsfeldern in der DDR und dem in der Bundesrepublik?

1. Die völlig unterschiedlichen *politischen und ökonomischen Rahmenbedingungen* (Makrostruktur) in beiden Staaten waren für die *Unterschiede* der Öffentlichkeitsarbeit auf der organisatorischen Ebene (Mesostruktur) verantwortlich. Die für das DDR-Gesellschaftssystem typische zentrale Steuerung durch die Partei und das ZK, die direkte Abhängigkeit des Mediensystems und der meisten Organisationen von derselben Steuerungsinstanz führten zu einer grundsätzlichen und weitgehenden politischen *Instrumentalisierung* der Medien und auch der Öffentlichkeitsarbeit durch die Politik. Dies zeigte sich
   - durch die Aufstellung *staatlicher Richtlinien* für politische, aber auch industrielle, kulturelle etc. Öffentlichkeitsarbeit, die durch ihren Quasi-Gesetzescharakter den Rahmen bildeten, Freiräume politisch stark begrenzte
   - im prinzipiellen, konsequent *politischen Selbstverständnis* jeglicher Öffentlichkeitsarbeit, der politisch-ideologische Aufgabenstellung und somit einer zentralen *propagandistischen Funktion* für die ÖA der DDR,
   - in der politisch bestimmten Auswahl der zu kommunizierenden *Inhalte* und *Formen, also* in einem propagandistischen *Kommunikationsstil*.

2. Durch die politische Steuerung und den politisch-ideologischen Anspruch der DDR-Öffentlichkeitsarbeit, Teil der politischen Massenarbeit zu sein sowie durch die Tatsache, daß die DDR-Medien nachgeordnete Erfüllungsgehilfen der Politik und nicht teil-autonomes System waren, lässt sich für das Berufsfeld Öffentlichkeitsarbeit in der DDR ein großes gesellschaftliches *Einflusspotential* – vermutlich größer als in der alten Bundesrepublik – postulieren. Die Akteure und Organisationen im Berufsfeld Öffentlichkeitsarbeit haben dem DDR-Mediensystem (im engeren Sinn) wichtige Informationen geliefert, die dieses System ansonsten kaum ei-

---

25 Zu diesen und den nachfolgenden Angaben vgl. Halbach (1988) und – deutlich kritischer – Wilke (2002).

genständig hätte generieren können. Öffentlichkeitsarbeit als *zeitgeschichtlicher Faktor* hatte ein starkes Einflusspotenzial. Vermutlich wurde dieses Einflusspotential aber durch die geringe Glaubwürdigkeit der DDR-Medien in der DDR (Hesse 1988), den Slogans der Produktionspropaganda oder mancher zentralen Kampagne deutlich abgeschwächt.

3. Journalistische Einrichtungen und Organisationen der DDR (ADN, Tageszeitungen, Rundfunkanstalten) hatten aufgrund der Eingebundenheit in den von der SED gelenkten Informationsapparat eine deutlich geringere – relative – Autonomie als die entsprechenden Medien im Westen. Unter inhaltlichen Gesichtspunkten war so der thematische Einfluss der Öffentlichkeitsarbeit auf den Journalismus in der DDR vermutlich größer als in der alten Bundesrepublik.

4. Ein *struktureller Unterschied* des Berufsfelds bestand auch darin, dass zwar die SED-eigene Werbeagentur DEWAG existierte, die auch mit Aufgaben der Öffentlichkeitsarbeit betraut war, dass aber die Möglichkeit der Bildung kleinerer unabhängiger Kommunikationsagenturen fehlte. Ein entsprechender Agentur-Dienstleistungssektor war nicht vorhanden.

5. Was die Gemeinsamkeiten zwischen der Öffentlichkeitsarbeit in der DDR und in der (alten) Bundesrepublik anbelangt, so sind zunächst sicher *funktionale Gemeinsamkeiten* auf Mesoebene festzuhalten. Öffentlichkeitsarbeit in der DDR hatte ebenso wie im Westen grundsätzlich die Aufgaben *Beobachtung, Information, Kommunikation und Persuasion* im Interesse der jeweiligen Organisation. Insofern waren die entsprechenden *organisatorischen Funktionen* auch unter der Voraussetzung eines anderen politischen Systems dieselben.

6. Durch die alles fundierende *politisch-ideologische Funktion* sozialistischer Öffentlichkeitsarbeit und den damit eng verbundenen propagandistischen Kommunikationsstil wird gleichzeitig ein deutlicher Unterschied zwischen Ost und West markiert. Sozialistische Öffentlichkeitsarbeit in der DDR hatte ähnliche Funktionen wie der – nachgelagerte – sozialistische Journalismus: Propaganda, Agitation und Organisation. Sie war funktional integriert in die und definierter Teil der politischen Massenarbeit der SED und damit deren propagandistischer Tätigkeit. Unterschiedlich war vermutlich weniger *langfristige Planung* der Öffentlichkeitsarbeit in Ost und West, unterschiedlich war, dass dieser Prozess für alle gesellschaftlichen Bereiche vom Staat politisch vorgeschrieben und legitimiert war.

7. Auf der Ebene des Einsatzes bestimmter *Instrumente* (z.B. der Pressearbeit) und *Methoden* (z.B. der Planung und Evaluation) sind ebenfalls viele Gemeinsamkeiten festzustellen. Das klassische Instrumentarium der *Pressearbeit* (z.B. Organisation von Presseverteilern, Einsatz von Pressemeldungen, -erklärungen, die Organisation von Pressekonferenzen) oder der *Veranstaltungs-PR* (Organisation von Informationsveranstaltungen für die Presse, Tagungen, Jubiläumsveranstaltungen) bis hin zur Evaluation von Öffentlichkeitsarbeit wurde in der DDR ebenso wie in der Bundesrepublik Deutschland gleichermaßen eingesetzt. Was die komplexeren *Verfahren* der öffentlichen Kommunikation (z.B. Kampagnen,

der Inszenierung von Großereignissen) anbelangt, so wurden diese direkt von der Partei bzw. den dafür zuständigen politischen Stellen verantwortet und gaben auch der DDR-Gesellschaft ein für viele Diktaturen typisches ‚Gesicht'.

Durch das DDR-typische System öffentlicher Kommunikation, ein System, in dem Öffentlichkeitsarbeit und Medien gleichermaßen propagandistisch ausgerichtet waren, war Public Relations im Sinn von Dialog bzw. symmetrischer Kommunikation nicht möglich. Sozialistische Öffentlichkeitsarbeit reduzierte sich wesentlich auf die Typen ‚Propaganda/Publicity' und auf den Typ ‚Information' (vgl. Grunig/Hunt 1984). Sicher war es neben ökonomischen Faktoren auch diese strukturelle Unfähigkeit zu einem wirklichen Dialog zwischen den staatlichen Institutionen und der Bevölkerung, das Fehlen von selbständigen Medien als kritischen Instanzen, die Unglaubwürdigkeit der Propaganda, die mit zum Untergang der DDR führten.

Literatur

Akademie für Staats- und Rechtswissenschaften der DDR (Hrsg.) (1974): Informations- und Öffentlichkeitsarbeit – Erfahrungen aus der Praxis. Berlin: Staatsverlag der Deutschen Demokratischen Republik.
Autorenkollektiv (1969): Handbuch der Werbung. (2., überarbeitete Auflage). Berlin: Verlag Die Wirtschaft.
Bentele, Günter (1998a): Verständnisse und Funktionen von Öffentlichkeitsarbeit und Propaganda in der DDR. In: Liebert, Tobias (Hrsg.): Public Relations in der DDR. Befunde und Positionen zu Öffentlichkeitsarbeit und Propaganda. Leipziger Skripten für Public Relations und Kommunikationsmanagement. Nr. 3, Leipzig: Lehrstuhl für Öffentlichkeitsarbeit/PR, S. 48-59.
Bentele, Günter (1998b): Politische Öffentlichkeitsarbeit. In: Sarcinelli, Ulrich (Hrsg.): Politikvermittlung und Demokratie in der Mediengesellschaft. Opladen: Westdeutscher Verlag, S. 124-145. [gleichzeitig: Bonn: Bundeszentrale für Politische Bildung].
Bentele, Günter (Hrsg.) (1998c): Berufsfeld Public Relations. PR-Fernstudium, Studienband 1, Berlin: PR-Kolleg.
Bentele, Günter (1999a): Öffentlichkeitsarbeit in der DDR. Verständnisse, Berufsfeld und zeitgeschichtlicher Faktor. In: Wilke, Jürgen (Hrsg.): Medien und Zeitgeschichte. Konstanz: UVK, S. 395-408.
Bentele, Günter (1999b): Propaganda als Typ systematisch verzerrter Kommunikation. Zum Verhältnis von Propaganda und Public Relations in unterschiedlichen politischen Systemen. In: Liebert, Tobias (Hrsg.): Persuasion und Propaganda in der öffentlichen Kommunikation. Leipziger Skripten für Public Relations und Kommunikationsmanagement, Nr. 4, S. 95-109.
Bentele, Günter/Grazyna-Maria, Peter (1996): Public Relations in the German Democratic Republic and the New Federal German States. In: Culbertson, Hugh M./Ni Chen (Hrsg.): International Public Relations. A Comparative Analyses. Mahwah, New Jersey: Earlbaum, S. 349-365.
Beschluss über die „Aufgaben und Verantwortung der Leiter der Staats- und Wirtschaftsorgane und ihrer Presseinstitutionen für die Öffentlichkeitsarbeit im Zusammenwirken mit der staatlichen Nachrichtenagentur ADN, Presse, Rundfunk und Fernsehen." Vom 6. Dezember 1967. Manuskript [zit. als Beschluß (1967)]
Beschluss über die „Aufgaben und Verantwortung der Leiter der Staatsorgane, der wirtschaftsleitenden Organe und der zentralen staatlichen Einrichtungen und ihrer Presseinstitutionen für die Öffentlichkeitsarbeit im Zusammenwirken mit der staatlichen Nachrichtenagentur ADN, Presse, Rundfunk und Fernsehen.". In: Mitteilungen des Ministerrats der Deutschen Demokratischen Republik, Nr. 3 (14. Juni 1972). Abgedruckt in Holzweißig (1991), S. 307-310. [zit. als Beschluß (1972)]
Der Bundesbeauftragte für die Unterlagen des Staatssicherheitsdienstes der ehemaligen Deutschen Demokratischen Republik (Hrsg.) (1993): Das Wörterbuch der Staatssicherheit. Definitionen des MfS zur „politisch-operativen Arbeit. Dokumente, Reihe A, Nr. 1/93 [zit. als Wörterbuch 1993].

Gibas, Monika (1998): Agitation und Propaganda, Zur Theorie und Praxis öffentlicher Kommunikation in der DDR. In: Liebert, Tobias (Hrsg.): Public Relations in der DDR. Befunde und Positionen zu Öffentlichkeitsarbeit und Propaganda. Leipziger Skripten für Public Relations und Kommunikationsmanagement. Nr. 3 (1998), Leipzig: Lehrstuhl für Öffentlichkeitsarbeit/PR, S. 60-66.

Gibas, Monika (2000): Propaganda in der DDR. Erfurt: Landeszentrale für politische Bildung Thüringen.

Glück, Helmut/Wolfgang W. Sauer (1990): Gegenwartsdeutsch. Stuttgart: Metzler.

Götz, Marina (1998): "Im Osten was Neues": Die Entwicklung der Werbewirtschaft in den neuen Bundesländer unter vorrangiger Berücksichtigung der ostdeutschen Agenturszene. Münster: Lit.

Gries, Rainer (1996): „Meine Hand für mein Produkt". Zur Produktionspropaganda in der DDR nach dem V. Parteitag der SED. In: Diesener, Gerald/Rainer Gries (Hrsg.): Propaganda in Deutschland. Zur Geschichte der politischen Massenbeeinflussung im 20. Jahrhundert. Darmstadt: Primus, S. 128-145.

Gries, Rainer (2000): Werbung für alle! Kleine Ideologiegeschichte der Wirtschaftswerbung in der DDR mit einem Exkurs zur Gemeinschaftswerbung für „Wolcrylon". In: Wischermann, Clemens/Borscheid, Peter/Ellerbrock, Karl-Peter (Hrsg.): Unternehmenskommunikation im 19. und 20. Jahrhundert. Neue Wege der Unternehmensgeschichte. Dortmund: Gesellschaft für Westfälische Wirtschaftsgeschichte e.V., S. 99-129.

Grunig, James E./Hunt, Todd (1984): Managing Public Relations. New York, etc.: Holt, Rinehard and Winston.

Halbach, Heinz (1988): Das journalistische System der DDR im Überblick. Karl-Marx-Universität. Sektion Journalistik. Leipzig.

Hesse, Kurt R. (1988): Westmedien in der DDR. Nutzung, Image und Auswirkungen bundesrepublikanischen Hörfunks und Fernsehens. Köln: Verlag Wissenschaft und Politik.

Heyden Günter/Berger, Dieter/Haak, Gerda et al. (1968): Manipulation. Die staatsmonopolistische Bewußtseinsindustrie. Berlin: Dietz.

Holzweißig, Gunter (1992): Das Presseamt des DDR-Ministerrats. Agitationsinstrument der DDR. In: Deutschland Archiv, 25. Jg., Nr. 5, S. 504-512.

Holzweißig, Gunter (1994): Medienlenkung in der SBZ/DDR. Zur Tätigkeit der ZK-Abteilung Agitation und der Agitationskommission beim Politbüro der SED. In: Publizistik, 39. Jg., Nr. 1, S. 58-72.

Holzweißig, Gunter (1997): Zensur ohne Zensor. Die SED-Informationsdiktatur. Bonn: Bouvier.

Holzweißig, Gunter (Hrsg.) (1991): DDR-Presse unter Parteikontrolle. Kommentierte Dokumentation. Bonn: Gesamtdeutsches Institut (Analysen und Berichte, Nr. 3).

Jarren, Otfried/Donges, Patrick (2002): Politische Kommunikation in der Mediengesellschaft. Band 1: Verständnis, Rahmen und Strukturen; Band 2: Akteure, Prozesse und Inhalte. Wiesbaden: Westdeutscher Verlag.

Klein, Alfred (1964), Public Relations und unsere Außenhandelstätigkeit auf kapitalistischen Märkten. In: Neue Werbung. 3. Berlin

Kleines Politisches Wörterbuch (1988): (7., vollst. überarb. Aufl.). Berlin: Dietz [zit. als KPW 1988]

Liebert, Tobias (1998a): Kommunale Öffentlichkeitsarbeit der Stadt Leipzig vor Gründung der DDR von 1945 bis 1949. In: Liebert, Tobias (Hrsg.): Public Relations in der DDR. Befunde und Positionen zu Öffentlichkeitsarbeit und Propaganda. Leipziger Skripten für Public Relations und Kommunikationsmanagement. Nr. 3, Leipzig: Lehrstuhl für Öffentlichkeitsarbeit/PR, S. 23-35.

Liebert, Tobias (Hrsg.) (1998b): Public Relations in der DDR. Befunde und Positionen zu Öffentlichkeitsarbeit und Propaganda. Leipziger Skripten für Public Relations und Kommunikationsmanagement. Nr. 3, Leipzig: Lehrstuhl für Öffentlichkeitsarbeit/PR.

Liebert, Tobias (2003): Frühe Verwendungen der Begriffe „Public Relations" und „Öffentlichkeitsarbeit" in Deutschland. In: Liebert, Tobias (2003): Der Take-off von Öffentlichkeitsarbeit. Beiträge zur theoriegestützten Real- und Reflexions-Geschichte öffentlicher Kommunikation und ihrer Differenzierung. Leipziger: Leipziger Skripten für Public Relations und Kommunikationsmanagement, Nr. 5, S. 129-133.

Liebold, Rolf (1974): Die Öffentlichkeitsarbeit im sozialistischen Industriebetrieb - vorwiegend dargestellt an den Beziehungen der Pressestelle des VEB PCK Schwedt zu den journalistischen Massenmedien der DDR. Diss. Karl-Marx-Universität. Sektion Journalistik. Leipzig.

Merkwitschka, Fred (1968): Die auslandsinformatorische Pressearbeit als wichtiger Bestandteil der Öffentlichkeitsarbeit eines sozialistischen Unternehmens - dargestellt am Beispiel des Leipziger Messeamtes. Diss. Karl-Marx-Universität. Fakultät für Journalistik. Leipzig.

Müller, Harald (1998): Öffentlichkeitsarbeit/PR in DDR-Großunternehmen (Kombinat): Anspruch, Möglichkeiten, Freiräume Grenzen. In: Liebert, Tobias (Hrsg.): Public Relations in der DDR. Befunde und Positionen zu Öffentlichkeitsarbeit und Propaganda. Leipziger Skripten für Public Relations und Kommunikationsmanagement. Nr. 3, Leipzig: Lehrstuhl für Öffentlichkeitsarbeit/PR, S. 9-18.

Poerschke, Karla (1972): Zu Aufgaben und Problemen der sozialistischen Öffentlichkeitsarbeit, besonders dargestellt an der Öffentlichkeitsarbeit im Hochschulwesen der DDR. Diss., Karl-Marx-Universität. Sektion Journalistik. Leipzig.

Ruler, Betteke van/Vercic, Dejan (Hrsg.) (2003): Public Relations in Europe. A nation-by nation introduction to public relations theory and practice. Berlin: De Gruyter.

Schieder, Wolfgang/Dipper, Christoph (1984): Propaganda. In: Brunner, Otto/Conze, Werner/Kosellec, Reinhardt (Hrsg.): Geschichtliche Grundbegriffe. Band 5. Stuttgart, S. 69-112.

Schmelter, Rolf (1972): Die Funktion der sozialistischen Öffentlichkeitsarbeit bei der Herausbildung des sozialistischen Bewußtseins und der Leitung des Weiteren sozialistischen Aufbaus in der Deutschen Demokratischen Republik. Diss. Sektion Marxistisch-leninistische Philosophie der Humboldt-Universität Berlin.

Sriramesh, Krishnamurthy/Vercic, Dejan (Hrsg.) (2003): The Global Public Relations Handbook: Theory, Research and Practice. Mahwah, N.J.: Erlbaum.

Swoboda, Wolfgang H. (1986): Öffentlichkeitsarbeit in der DDR. Anmerkungen zur Theorie und Praxis sozialistischer Informationstätigkeit. In: PR-Magazin, Nr.7, S. 27-30.

Tippach-Schneider, Simone (1999): Messemännchen und Minol-Pirol. Werbung in der DDR. Berlin: Schwarzkopf & Schwarzkopf.

Tippach-Schneider, Simone (2002): Das große Lexikon der DDR-Werbung. Berlin: Schwarzkopf & Schwarzkopf.

Voigt, Beate (1993): Public Relations in den neuen Bundesländern. Historische Entwicklung, Themen und eine empirische Fallstudie. Unveröff. Diplomarbeit, Universität Bamberg.

Wilke, Jürgen (2002): Stichwort „Medien DDR". In: Noelle-Neumann, Elisabeth/Schulz, Winfried/Wilke, Jürgen (Hrsg.) (^{4}2002): Fischer Lexikon Publizistik Massenkommunikation. Frankfurt a. M.: Fischer.

Wöltge, Herbert (1973): Wissenschaftliche Grundlagen sozialistischer Öffentlichkeitsarbeit. Zu einigen allgemeinen theoretischen Fragen der Öffentlichkeitsarbeit in der DDR unter besonderer Beachtung ihres Bezuges zum Wirken der sozialistischen Massenmedien. Diss. Karl-Marx-Universität. Sektion Journalistik. Leipzig.

Wöltge, Herbert (1979): Theoretische Probleme der Öffentlichkeitsarbeit in der DDR. Lehrheft. Karl-Marx-Universität. Sektion Journalistik. Leipzig.

Wörterbuch der Journalistik (1971): Sektion Journalistik der Karl-Marx-Universität. Manuskriptdruck. Leipzig. [zit. als WdJ (1971)]

Wörterbuch der Journalistik (1984): Sektion Journalistik der Karl-Marx-Universität. Manuskriptdruck. Leipzig. [zit. als WdJ (1984)]

Zwanzig, K./Röhr, Karl-Heinz/Schreier, H. (1984). Journalistische Arbeit im Betrieb. Berlin: Dietz.

Berufsrollen und Berufsfelder

Public Relations als Beruf: Entwicklung, Ausbildung und Berufsrollen

Romy Fröhlich

Die charakteristischsten Kennzeichen moderner Gesellschaften sind ihre stetige Ausdifferenzierung in weitere und neue Teil- und Subsysteme, die Beschleunigung kommunikativer Austauschprozesse innerhalb dieser Systeme und untereinander sowie die zunehmende Herausbildung multikultureller Bedeutungszusammenhänge (Stichwort *Globalisierung*). Im Zuge dieses Prozesses wurden im Laufe des letzten Jahrzehnts aus den westlichen Industrienationen in Europa und Nordamerika, aber auch aus den so genannten Tigerstaaten in Asien Informations- und Kommunikationsgesellschaften. Diese Entwicklung, deren Ursprung und Motor rasante Technikinnovationen, eine anhaltende Medienevolution und im Zusammenhang mit beidem eine zunehmende wirtschaftliche und kulturelle Globalisierung sind, hat zur Herausbildung ganz neuer Kommunikations- und Medienberufe geführt, aber auch nachhaltigen Einfluss gehabt auf die klassischen Professionen in Journalismus, Public Relations und Werbung. Entsprechend der fortschreitenden gesellschaftlichen und ökonomischen Ausdifferenzierung haben auch diese drei Berufsfelder bedeutende Phasen zunehmender Spezialisierung und Professionalisierung erfahren. Der Zwang zur Adaption technischer Neuerungen, die gebotene Anpassung an neue Werte und Normen einer multikulturellen Informationsgesellschaft, die Notwendigkeit einer zielgruppengenaueren Ausrichtung kommunikativer Botschaften und die Erfordernis, solche Neuerungen in das berufliche, *handwerkliche* Handeln und Verhalten zu integrieren, haben besonders die Public Relations verändert. Bentele schreibt:

> „Public Relations entwickeln sich immer mehr zu einem komplexen und professionellen Kommunikationsberuf. Innerhalb nur weniger Jahrzehnte ist, jedenfalls in Deutschland, aus dem Berufsprofil eines Pressesprechers oder Leiters einer Pressestelle [resp. Leiterin] das projektive Bild eines Kommunikationsmanagers geworden, der [bzw. die] für immer ausgedehntere Handlungsfelder neue praktisch-technische sowie strategisch-analytische Kompetenzen benötigt. Und ein Ende dieser Entwicklung ist noch lange nicht in Sicht." (Bentele 1998: 11)

Für keine andere Kommunikationsbranche hat die Entwicklung von der Industrie- zur Informationsgesellschaft einen größeren Nachfrageboom zur Folge gehabt wie für die PR-Branche. So schnell ging die Entwicklung voran, dass die Nachfrage auf dem Arbeitsmarkt vor allem in den 80er und 90er Jahren nur schwer befriedigt werden konnte. Diese Nachfrage, so die Prognosen, wird anhalten und mit ihr auch die

Nachfrage nach gut ausgebildeten Kommunikations- und Informationsexperten. Von diesem Entwicklungsboom haben vor allem Frauen profitiert: Sie haben im Zuge der Nachfragesteigerung begonnen, die einstige Männerdomäne PR zu erobern. Dieser Trend ist kein rein deutsches Phänomen. Er ist für unterschiedliche europäische Länder, für die USA und Kanada empirisch belegt (Creedon 1989, 1993; Fröhlich 1991, 1992, 2001, 2002; Fröhlich/Creedon 1990; Fröhlich/Lafky, 2005). In den USA gilt Public Relations mittlerweile als das Berufsfeld mit den größten Zuwachsraten an weiblichen Arbeitskräften. Nach den Zahlen des U.S. Department of Commerce 1998 sind heute zwei Drittel der amerikanischen Beschäftigten in den Berufsfeldern *Public Relations* und *Business Communication* Frauen. Deshalb bezeichnet man die PR dort zunehmend als ‚Frauendomäne' oder ‚Frauenberuf'; die gesamte Entwicklung wird als *feminization of the field* beschrieben. In diesem Kapitel soll auf diese Entwicklung und ihre Probleme genauer eingegangen werden.

Im Gegensatz zu den USA, wo das PR-Berufsfeld seit Ende der 80er Jahre kontinuierlich erforscht wird, liegen in Deutschland bis heute kaum breit angelegte und repräsentative Überblicksstudien zum Berufsfeld PR vor, und die, die vorliegen, sind nicht aktuell. Die bisher umfassendste Berufsfeldstudie ist eine im Auftrag des Bonner Presse- und Informationsamtes von der Münchner Arbeitsgemeinschaft für Kommunikationsforschung durchgeführte Untersuchung aus den Jahren 1985 bis 1990 mit drei Befragungen in unterschiedlichen organisationalen Bereichen (Böckelmann 1988, 1991a, b). Die bisher aktuellste ist eine repräsentative Befragung von Simmelbauer aus dem Jahr 2002 (Simmelbauer 2002; vgl. auch Fröhlich/Peters/Simmelbauer 2005). Daneben gibt es eine Vielzahl von nicht repräsentativen Einzelstudien und Studien zu jeweils ganz spezifischen Aspekten des PR-Berufes wie etwa die Untersuchung von Martina Becher 1996 zur Einstellung der Berufsvertreter ethischen Problemen gegenüber. Wenn es also im Folgenden darum geht, die Entwicklung und den Status quo des Berufsfeldes in Deutschland auf Basis wissenschaftlicher Befunde zu beschreiben, dann müssen wir uns darüber im Klaren sein, dass es hierbei jeweils nur um eine Annäherung an die tatsächlichen Verhältnisse gehen kann.

1. Entwicklung und Status quo in Deutschland: Ergebnisse der PR-Berufsfeldforschung

Im Berufsfeld PR unterscheiden wir zwischen PR-Tätigkeiten in organisationsinternen Dienstleistungsabteilungen (bei Wirtschaftsunternehmen, im öffentlichen Dienst, bei Non-Profit-Institutionen usw.) und Tätigkeiten im externen Dienstleistungsmarkt der PR-Agenturen[1] und -Berater. Wie viele Menschen heute mit welchem beruflichen Selbstverständnis in welchem Bereich und dort auf welcher Hie-

---

[1] Der Begriff ‚PR-Agentur' gilt in Deutschland als etabliert. In den USA kommt er seltener vor. Hier ist z.B. in Anlehnung an ‚Law Firms' eher von ‚PR Firms'" die Rede. Fuhrberg: „Dies geschah in Abgrenzung zu Werbeagenturen und zu Presseagenten. Auch wollte man sich von der Vorstellung lösen, als Verkäufer oder Mittler das Geld Dritter auszugeben oder als Agent im Geheimen zu wirken." (Fuhrberg 1998: 244f)

rarchiestufe und mit welchem Tätigkeitsprofil genau in der Bundesrepublik Deutschland hauptberuflich arbeiten, kann kaum beantwortet werden. Hierzu liegen keine empirisch-repräsentativen Befunde vor. Erschwert wird die Datenerhebung in diesem Fragenkontext z.B. dadurch, dass – heute zwar zunehmend unter eingeschränkten Bedingungen – der Berufszugang offen und die Berufsbezeichnung, die sich im Übrigen als extrem uneinheitlich darstellt, nicht geschützt ist. Menschen, die im Berufsfeld PR arbeiten, nennen sich ‚PR-Berater/in' oder sogar ‚Unternehmensberater/in', ‚PR-Praktiker/in', ‚PR-Referent/in', ‚PR-Assistent/in', ‚Öffentlichkeitsarbeiter/in', ‚Pressesprecher/in' usw. Eine einheitliche Berufsbezeichnung etwa in Abhängigkeit spezifischer Tätigkeiten ist nicht auszumachen. Ein Weiteres kommt hinzu: Besonders im Segment der freien PR-Beratung in Ein-Mann- bzw. Ein-Frau-Betrieben finden sich Überschneidungen im professionellen Handlungsprofil zwischen journalistischen Tätigkeiten, Werbehandwerk und dem Kerngeschäft PR. Ein und dieselbe Person ist hier nicht selten in allen drei Berufssegmenten tätig. Auch das erschwert eine eindeutige Zuordnung zu einem einzigen Berufsfeld. Und schließlich ist jede ‚Zählung' der PR-Beschäftigten auch davon abhängig, wie eng oder wie weit das Tätigkeitsfeld der PR definiert wird: Zählt man z.B. wie in den USA das so genannte Lobbying[2] mit zum PR-Feld hinzu? In Deutschland sieht man, wie nicht zuletzt auch die Affäre um den Polit-Lobbyisten Hunzinger im Sommer 2002 gezeigt hat, eher davon ab.[3]

2. Strukturdaten und Demographie

Eine Möglichkeit, statistische Aussagen über das Berufsfeld PR zu machen, bieten Berufsverbände. Hier wird aufgrund von langjährigen Mitgliederlisten auch ein retrospektiver Blick auf die Entwicklung möglich. Das Problem hierbei: Es sind bei weitem nicht alle in diesem Berufsfeld Tätigen auch in einem Berufsverband organisiert. Immerhin aber können unter den genannten Einschränkungen *Relationen* und *Entwicklungen* in Berufsverbänden ein valider, repräsentativer Indikator für die Relationen und Entwicklungen im Berufsfeld selbst sein.

Nach Böckelmann (1991c) existierten Anfang der 90er Jahre 5.000 Pressestellen in den von ihm untersuchten Bereichen Wirtschaft, öffentliche Verwaltung und andere Organisationen. Seinen Berechnungen zufolge arbeiteten hier im Kernbereich (also ohne Beschäftigungsverhältnisse in Sekretariaten, bei Zulieferern z.B. im Bereich Grafik oder Produktion usw.) damals etwa 10.000 Personen. PR-Agenturen hat er ausdrücklich nicht untersucht. Immerhin aber existieren für den Agenturbereich die im jährlichen Turnus wiederholten Umfragen der Deutschen Public Relations Gesellschaft (DPRG). Nach diesem so genannten ‚DPRG-Beraterindex' stieg die Zahl von PR-Agenturen in Deutschland während der letzten zehn Jahre um über

---

2   In Washington D.C. arbeiten ernstzunehmenden Schätzungen nach ca. 100.000 professionelle Lobbyisten, die als Interessenvertreter z.B. von Unternehmen und Verbänden aber auch von Bundesstaaten gegen Bezahlung im Zentrum der politischen Macht der USA den Belangen ihrer Auftraggeber Gehör verschaffen (vgl. Koeppel 1998).
3   Zum Fall Hunziger vgl. Ahrens und Knödler-Bunte, 2003.

100 Prozent und die Zahl der dort im Kerngeschäft Beschäftigten von etwas über 1.000 Mitte der 80er Jahre auf aktuell über 5.000. Auch an der Entwicklung des Honorarumsatzes ist der enorme PR-Boom ablesbar. Er stieg von 22 Millionen DM im Jahr 1976 auf 440 Millionen Euro im Jahr 2001 (DPRG-Beraterindex 1976-2001).

In Ermangelung einer Berufsstatistik kann man nach plausiblen Schätzungen davon ausgehen, dass in Deutschland aktuell in Organisationsabteilungen (Unternehmen, Verbänden, öffentlicher Dienst, Non-Profit-Organisationen usw.) und in PR-Agenturen (inkl. Überschneidungsbereiche wie Medienbüros, Event-Marketing usw,) zusammen ca. 40.000 Personen hauptberuflich im PR-Kerngeschäft arbeiten. Dass das PR-Berufsfeld überdurchschnittlich stark wächst – z.B. im Vergleich zum journalistischen Berufsfeld – steht heute außer Frage. Wie rasant das Wachstum gerade in den 90er Jahren war, können auch Untersuchungen von Stellenanzeigen für PR-Jobs belegen. So zählten Altmeppen und Scholl (1990) für die Dekade zwischen 1977 und 1987 insgesamt 2.117 einschlägige Stellenangebote. Aber allein im Jahr 1991 waren es schon 344 (Altmeppen/Roters 1992; 1994), die überwiegende Mehrzahl davon bei Wirtschaftsunternehmen und in PR-Agenturen. Und Röttger hat im Zeitraum vom 1. Januar 1993 bis 31. August 1994 in 614 Anzeigen 633 unterschiedliche Stellenangebote ermittelt (Röttger 1997).

Der Entwicklungsboom in der PR-Branche seit Mitte der 80er Jahre ist auch an den DPRG-Mitgliederzahlen erkennbar, wie die folgende Abbildung zeigt.

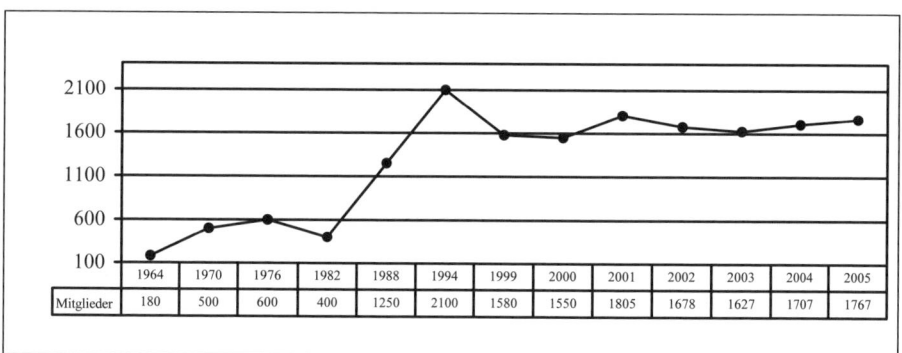

Abb. 1: Mitgliederentwicklung der DPRG 1964 bis 2005 (absolut)

Ein weiteres Indiz für den enormen Entwicklungsboom der PR und die damit einhergehende steigende Nachfrage nach PR-Nachwuchs ist die Entwicklung des Durchschnittsalters der DPRG-Mitglieder seit Mitte der 80er Jahre (Abbildung 2). Aktuell beträgt das Durchschnittsalter in der DPRG 43,82 Jahre.

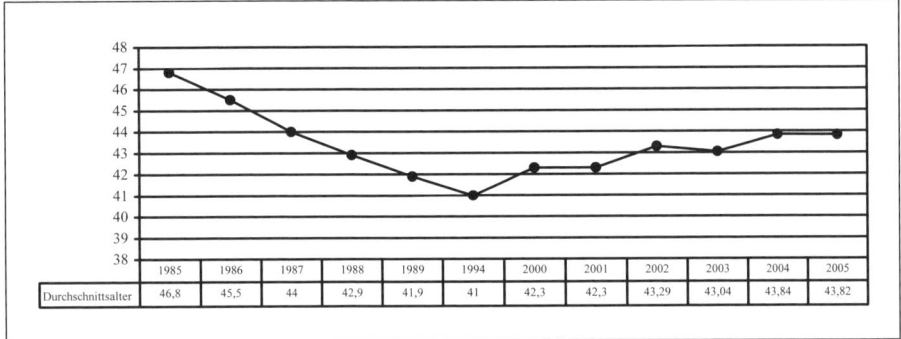

Abb. 2: Durchschnittsalter der DPRG-Mitglieder 1985-2005

Im Zuge des Nachfragebooms ist in Deutschland[4] der Frauenanteil in der PR überdurchschnittlich stark angestiegen. Das belegt z.B. ein Blick auf die DPRG-Mitgliederstatistik (siehe Abbildung 3).

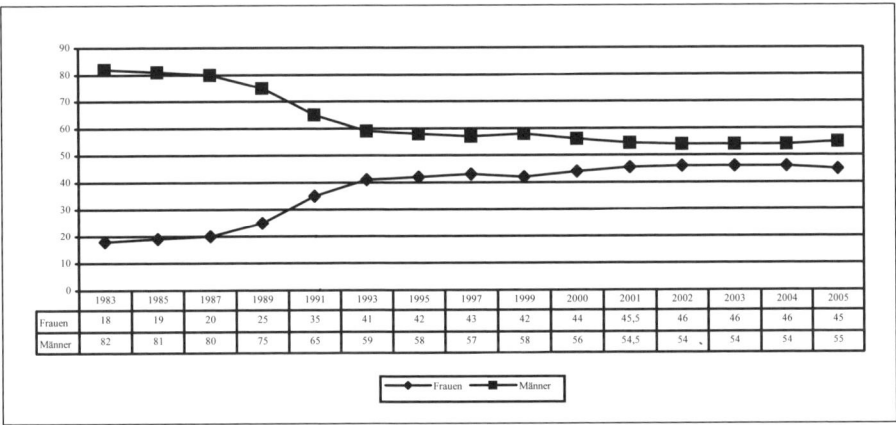

Abb. 3: Frauenanteil unter DPRG-Mitgliedern 1983-2005 in Prozent

So hat sich hier zwischen 1983 und 1990 der Frauenanteil unter den Mitgliedern von 16 Prozent auf 31 Prozent nahezu verdoppelt. Allein in den drei Folgejahren bis 1993 stieg er sogar weiter auf 41 Prozent. Ähnliche Zuwachsraten können seitdem aber nicht mehr beobachtet werden. Stattdessen stagniert der Frauenanteil unter den DPRG-Mitgliedern seit zehn Jahren zwischen 43 Prozent und 46 Prozent. Die aktuellste repräsentative Berufsfeldstudie kommt dagegen auf einen Frauenanteil von 53 Prozent

---

4   Im österreichischen Berufsverband PRVA haben Frauen aktuell einen Anteil von 48 Prozent, im Schweizer Berufsverband SPRG sogar 56 Prozent. Nach einer Berechnung des internationalen Berufsverbandes CERP aus dem Jahr 1994 liegt der Frauenanteil unter den CERP-Mitgliedern mit Ausnahme von Portugal (34 Prozent) überall in Europa deutlich über 40 Prozent, in Finnland und Irland sogar bei 70 Prozent und 69 Prozent (vgl. hierzu auch Fröhlich 2003).

(Fröhlich/Peters/Simmelbauer, 2005). Dieser vergleichsweise rasante Anstieg darf aber nicht den Blick trüben für die Tatsache, dass auch im Berufsfeld PR die Mehrzahl der männlichen Profis auf leitenden Positionen sitzt, Frauen hingegen mehrheitlich nicht-leitende Positionen innehaben (Merten 1997b: 47-49; Röttger 2000: 309; Fröhlich/Peters/Simmelbauer 2005).

Das formale Bildungsprofil deutscher PR-Praktiker ist heute hoch; der Berufsstand erfährt eine zunehmende Akademisierung. Damit ist gemeint, dass immer mehr PR-Praktiker in Deutschland über ein abgeschlossenes Studium verfügen. In einer DPRG-Mitgliederumfrage von 1973 gaben 32 Prozent der Befragten an, ein Hochschulstudium abgeschlossen zu haben. 1989 waren es dann schon 67 Prozent (vgl. auch Böckelmann 1991c: 177; Becher 1996: 86ff). Mittlerweile geht man davon aus, dass seit etwa Mitte der 90er Jahre fast 80 Prozent der im Kerngeschäft tätigen PR-Profis einen akademischen Abschluss haben (Merten 1997a, b). Ein abgeschlossenes Studium egal welcher Richtung gilt mittlerweile als Voraussetzung für den PR-Beruf. Die ganz überwiegende Mehrzahl z.B. der deutschen Pressesprecher (78%) verfügt heute über einen akademischen Abschluss; die unter den Abschlüssen bei weitem dominierendste Fächergruppe sind dabei die Geistes- und Sozialwissenschaften (Bentele, Großkurth, Seidenglanz 2005).

3. Organisationale Anbindung und Selbstverständnis

Böckelmann (1988; 1991a-c) hat in seinen Befragungen unterschiedliche Rollenbilder und Selbstverständnisentwürfe identifiziert. Er unterscheidet zwischen Befragten, deren Selbstverständnis als PR-Praktiker der Repräsentantenrolle entspricht, der Journalistenrolle oder der Mittlerrolle (zwischen Organisationen/Auftraggebern und der (Teil-)Öffentlichkeit). Becher bestätigt Mitte der 90er Jahre den Eindruck von der Dominanz der Mittlerrolle im PR-Berufsfeld: Nach ihrer Umfrage identifiziert sich die überwiegende Mehrzahl der Befragten (75 Prozent) mit dem Ziel, Vertrauen zwischen Organisation/Auftraggeber und der Öffentlichkeit zu schaffen. Dieses Rollenverständnis betrachtet die Mehrzahl aus einer organisationsbezogenen Perspektive; nur neun Prozent glauben, dass sie in ihrer Rolle auch Aufgaben für das Funktionieren einer demokratisch-pluralistischen Gesellschaft erfüllen. Dass es beim Selbstverständnis der PR-Profis Unterschiede – allerdings marginale – zwischen den Geschlechtern gibt, zeigen erste empirische Befunde (Fröhlich/Peters/Simmelbauer 2005

Die PR-Profis schätzen sich selbst und ihre Tätigkeit überwiegend positiv ein (Selbstbild). Sie glauben allerdings, dass sie und ihr Berufsstand in der Gesellschaft allgemein nicht so gut wegkommen (angenommenes Fremdbild) (Wilke/Müller 1979. Das hängt vielleicht auch mit der Tatsache zusammen, dass in deutschen Unternehmen und anderen Organisationen kaum ein Fünftel der PR-Profis Mitglieder des Vorstands oder der Unternehmensleitung sind; immerhin arbeitet die überwiegende Mehrzahl von ihnen (65 Prozent) aber auf einer Organisationsebene, die direkt unterhalb der Unternehmensleitung angesiedelt ist (Becher 1996; vgl. auch Merten 1997a). Im Gegensatz zu den 80er Jahren (vgl. Böckelmann 1991: 180) ist es heute jedenfalls schon selbstverständlicher, dass leitende PR-Praktiker in Organisationen regelmäßig an Vorstandssitzungen teilnehmen (vgl. Haedrich et al. 1994). Dies ist Praktikern im PR-Beratungsmarkt in der Regel nicht möglich. Ihre Ansprechpartner sind die Kommunikationsabteilungen in den Organisationen.

Mittlerweile liegt eine neue repräsentative Befragung der Berufsgruppe ‚Pressesprecher' vor (Bentele, Großkurth & Seidenglanz, 2005). Nach den neuesten Befunden dieser Studie sehen Pressesprecher in Deutschland ihre Rolle vor allem als Mittler zwischen den Organisationen und der Öffentlichkeit (86%; Mehrfachantworten) und als Berater des Vorstands/CEOs (59%; Mehrfachantworten). Als die beiden wichtigsten Ziele ihrer Arbeit definieren die Befragten (1) Vertrauen bei Journalisten und anderen Bezugsgruppen schaffen und (2) ein positives Medienecho zu erreichen.

4. Berufszugang und Ausbildungssituation

Vor dem Hintergrund *allgemeiner* Akademisierungstendenzen im Berufsfeld PR mag es verwunderlich erscheinen, dass noch bis vor kurzem an keiner deutschen Universität ein akademisches *PR-Vollstudium* existierte – im Gegensatz etwa zu diversen Angeboten an Journalistikstudiengängen.[5] Da in Deutschland der Berufszugang zum Beschäftigungsfeld immer noch offen ist und es also keinen spezifischen Ausbildungs- und Qualifikationsweg gibt, der berufsständisch oder gar staatlich geregelt wäre, existieren auch keine *geschlossenen* Ausbildungsgänge – weder akademische noch nicht akademische. Das entspricht der viele Jahrzehnte mit Nachdruck vertretenen standespolitischen Überzeugung, dass PR – wie im Übrigen auch der Journalismus – kein erlernbares Handwerk sei, sondern einen Begabungsberuf repräsentiert. Unter anderem auch deshalb sei der Berufszugang offen zu halten. Vor diesem Hintergrund ist es verständlich, dass sich die DPRG jahrzehntelang mit einer genauen Festlegung auf ein Berufsbild und ein Qualifikationsprofil schwer tat. Aus standespolitischer Sicht ist das nachvollziehbar, „weil jede Form von Verbindlichkeit ein stückchenweises Abrücken vom Postulat des ungeregelten Berufszugangs" bedeutet hätte (Szyszka 1995: 323). Heute hat man sich aber weitgehend von der früheren Auffassung verabschiedet, der PR-Beruf sei ein reiner Begabungsberuf. Und so sind nun auch deutliche Veränderungen beim Berufszugang zu beobachten, der wie im Journalismus heute weit weniger ‚offen' ist als früher. Eine geregelte Ausbildung existiert zwar immer noch nicht, die DPRG verabschiedete aber 1996 ein modernes Berufsbild, in dem sie auch das spezifische Qualifikationsprofil für eine Tätigkeit in PR und Öffentlichkeitsarbeit klarer skizziert (DPRG 1996). Feste Bestandteile dieses Qualifikationsprofils sind Beratung, Analyse, Strategie, Konzeption, Implementierung, operative Umsetzung und Evaluation. An diesem offiziellen Berufsbild orientieren sich mehr oder weniger eng die zahlreichen Aus- und Weiter-

---

5   Mittlerweile gibt es an der Fachhochschule Hannover und an der Fachhochschule Osnabrück/Lingen grundständige FH-Studiengänge für Public Relations und die Universität Leipzig hat zum Sommersemester 2003 einen B.A.-Studiengang ‚Public Relations' eingeführt, zum Wintersemester 2007/08 startet dort auch ein Master-Studiengang ‚Communication Management'.

bildungsgänge privater Bildungsträger.[6] Daneben gibt es in PR-Agenturen und in Unternehmen zunehmend Volontärs- und Traineeangebote, die sich als betriebliche Ausbildungsprogramme inhaltlich aber eher an den spezifischen und situativen Bedürfnissen der ausbildenden Organisation orientieren als an übergeordneten Qualifikationsprofilen und -forderungen.

5. Berufsbild und Qualifikationsprofil

In Anlehnung an das Kompetenzraster Weischenbergs (1990a, b), das dieser für den Journalismus entworfen hat, entwickelte Szyszka (1995: 335) ein „Kompetenzraster Öffentlichkeitsarbeit", das 1996 wiederum einfloss in das Berufs- und Qualifikationsprofil der DPRG (Abbildung 4).

Zur Bedeutung der *Fachkompetenz*, die nach Szyszka allgemeingültiges berufliches Grundwissen im Bereich Kommunikation repräsentiert, schreibt Szyszka: „Sie ist die originäre Kompetenz-Dimension, die Angehörige des Berufsstandes prinzipiell befähigt, in einem beliebigen Gesellschaftsbereich eine Tätigkeit im Bereich Öffentlichkeitsarbeit zu übernehmen." Im Unterschied dazu bezieht sich die Sachkompetenz auf den Kommunikationsgegenstand: „Sie versetzt den Inhaber in die Rolle des informierten und ‚kompetenten' Gesprächspartners." Die Ebene der Realisationskompetenz repräsentiert die Zusammenführung von Fachkompetenz und Sachkompetenz: „Um Wissensbestände aus Fachkompetenz und Sachkompetenz der beruflichen Funktion entsprechend einsetzen zu können, sind die hier subsummierten *Fähigkeiten* (situationsadäquates Handeln) und *Fertigkeiten* (normgerechte Anwendung von Arbeitstechniken) notwendig." Der Faktor *soziale Orientierung* schließlich repräsentiert das reflexive Vermögen der beruflich Handelnden und damit also die Notwendigkeit, sich mit der „in jedem Einzelfall konkreten Berufsrolle und den jeweils abverlangten Handlungen und Verhaltensweisen" (auch kritisch!) auseinander zu setzen (Szyszka 1995: 332f).

Dieses Kompetenzraster verdeutlicht zugleich den mittlerweile recht komplexen Grad an Ausdifferenzierung von Fähigkeiten, Fertigkeiten, Kompetenzen, Handlungsmustern und Tätigkeiten im Berufsfeld PR. Die Spezialisierung verläuft sowohl horizontal entlang der drei Kompetenzfelder ‚Fachkompetenz', ‚Sachkompetenz', ‚Realisationskompetenz' als auch vertikal innerhalb der drei Kompetenzfelder. Noch überwiegt in PR-Theorie und -Praxis allerdings das Anforderungsmodell des übergreifenden, eher umfassenden Kompetenzprofils. Dennoch: Im Zuge der qualitativen Entwicklung der Public Relations – weg von reiner Pressearbeit hin zu strategischer, hoch komplexer Kommunikationsarbeit mit vielen unterschiedlichen externen und internen Bezugsgruppen, Kommunikationssaufgaben und -zielen – erlebte das Berufsfeld auch schon in der Vergangenheit immer wieder mehr oder weniger starke Spezialisierungstrends. Damit ist ausdrücklich nicht die vermeintli-

---

6 In der Regel praxisorientierte Kurse – z.T. auch berufsbegleitend – mit unterschiedlicher Dauer zwischen wenigen Tagen und einem Jahr. Z.B. Deutsches Institut für Public Relations (DIPR), Initiative Communication Heidelberg, Abend- und Fernstudiengänge des PR-Kollegs Berlin oder PR+ plus Heidelberg.

che ‚Spezialisierung' in *Techniker*tätigkeiten und *Manager*tätigkeiten gemeint, die auf Grunig und Hunt (1984) zurückgeht.

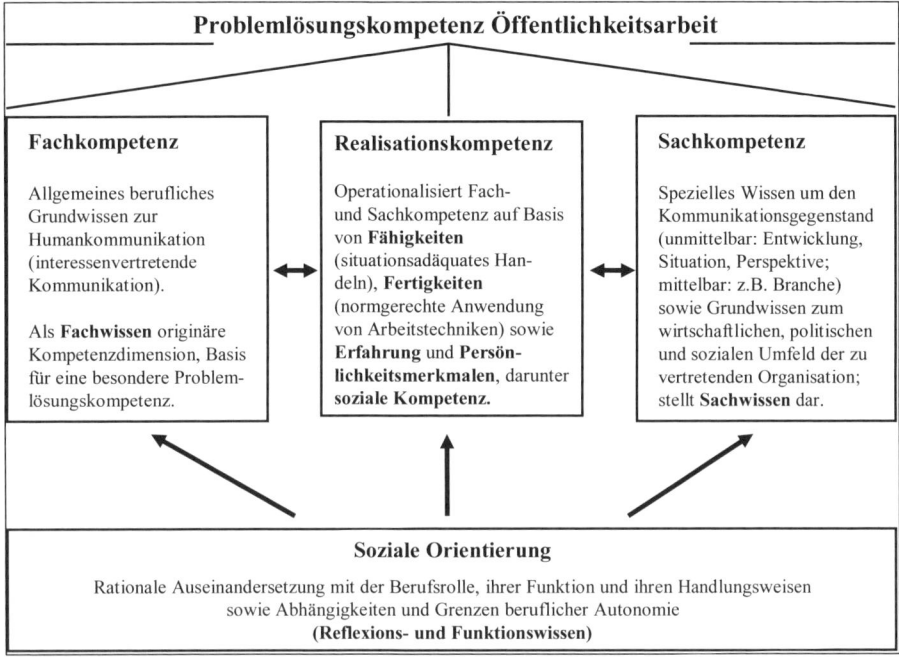

Abb. 4: Kompetenzraster DPRG

Meiner Auffassung nach handelt es sich hierbei nämlich nicht um eine beruflich-handwerkliche ‚Spezialisierung', sondern um die bloße Unterscheidung zwischen unterschiedlichen Hierarchie- und Machtstufen, auf denen sich natürlich auch PR-Praktiker im Laufe ihrer Karriere befinden (können). Diese Sichtweise (vgl. auch Szyszka 1995: 324) wird im Übrigen auch durch die Definitionen von Grunig und Hunt für Technikerrolle und Managerrolle gestützt. Auch sie beschreiben die beiden Rollen über die Kriterien ‚Machtbefugnis' bzw. ‚Machtausübungsmöglichkeit': „They [PR-Praktiker in der Managementrolle; R. F.] are involved in all segments of public relations decision making" und „(t)hey [PR-Praktiker in der Technikerrolle; R. F.] implement the decisions of others." (Grunig/Hunt 1984: 91) Vor dem Hintergrund jedenfalls der zunehmenden Spezialisierung und Ausdifferenzierung beruflicher Tätigkeiten, beruflichen Handelns und von Kompetenzprofilen verlor der viele Jahrzehnte lang gültige, geradezu klassische Berufseinstieg über den Journalismus – der viel zitierte Wechsel der Schreibtischseite also – seine Bedeutung als Königsweg in die PR (vgl. hierzu Wilke/Müller 1979; Haedrich et al. 1982; Böckelmann 1988). Bei den Pressesprechern in Organisationen kommen zwar immer noch 32% aus dem Journalismus, immerhin 27% sind aber nie in einem anderen Bereich tätig gewesen als in der PR und Organisationskommunikation (Bentele, Großkurth & Seidenglanz 2005).

6. Hintergrund und Probleme der Feminisierung

Über die quantitative Entwicklung des Frauenanteils in der PR wurden bereits Zahlen präsentiert. Diese geschlechtsspezifische, quantitative Entwicklung ist wie gesagt kein nur auf Deutschland beschränkter Trend. Am deutlichsten ist er in den USA zu beobachten, wo er sich schon Ende der 70er Jahre im Ausbildungssektor angekündigt hatte. Damals waren landesweit erstmals mehr weibliche als männliche Studierende an den entsprechenden Ausbildungsgängen amerikanischer Colleges immatrikuliert. Dieser ‚gender switch' drehte sich seither nie mehr um. Seit Ende der 80er Jahre studieren an amerikanischen Universitäten nun schon viermal so viele Frauen wie Männer ‚Public Relations', ‚Business Communication' oder ‚Organizational Communication', und in der *Public Relations Student Society of America* (PRSSA) sind zehnmal mehr Studentinnen als Studenten organisiert (Wright/Grunig/Springston/Toth 1991). Auch in Deutschland beobachten wir seit Mitte der 80er Jahre eine stetige Zunahme Studentinnen in publizistikwissenschaftlichen Universitäts- und Fachhochschulfächern, von denen sich ja eine nicht unerhebliche Zahl von Absolventen für den PR-Beruf entscheidet. Schon seit vielen Jahren studieren hier mehr Frauen als Männer. Auch an einschlägigen außeruniversitären Aus- und Weiterbildungsprogrammen für PR waren schon Anfang der 90er Jahre zwischen 54 Prozent und 59 Prozent der Teilnehmer/Absolventen Frauen. Heute stellen Frauen hier je nach Institution zwischen 70 Prozent und 90 Prozent der Kursteilnehmer (vgl. Fröhlich 2003). Der so genannte ‚gender switch' hat in Deutschland auf der Ausbildungsebene also schon vor zehn Jahren stattgefunden. Im Berufsfeld selbst dagegen ist er, wie gezeigt, erst heute angekommen, wenn auch auf deutlich niedrigerem Niveau. Zwischen dem Berufswunsch junger Frauen, ausgedrückt in sehr hohen Ausbildungsraten, und einer tatsächlichen späteren PR-Tätigkeit klafft also immer noch eine erhebliche Lücke.

Neben dem rein quantitativen Aspekt der so genannten ‚Feminisierung' gibt es aber auch qualitative Aspekte, die eine differenziertere Betrachtung des gestiegenen Frauenanteils in der PR erlauben. Beschäftigen wir uns zunächst mit der Frage, warum Frauen verstärkt Zugang zum PR-Berufsfeld suchen – und finden. Zunächst einmal muss man vermuten, dass der große PR-Nachfrageboom der vergangenen Jahrzehnte wohl die sonst üblichen geschlechtsspezifischen Diskriminierungsprozesse[7] abgeschwächt hat. Darüber hinaus wird behauptet, dass ‚Kommunikation' eine spezifische, sozialisations- und/oder biologisch bedingte Stärke von Frauen ist, die sie für PR als besonders geeignet, um nicht zu sagen als besonders ‚qualifiziert' erscheinen lässt.[8] Unter Umständen ist es aber genau dieses Argument von Frauen als den besseren

---

7   Zu den ‚klassischen' Gründen für schwindende Frauenanteile und geschlechtsspezifische Diskriminierung in Kommunikationsberufen siehe Fröhlich 2002.
8   So wird angenommen, dass Frauen für die auf Konsens, Dialog und Verhandlung angelegten kommunikativen Herausforderungen des PR-Berufes die idealen Voraussetzungen mitbringen – Voraus-

Kommunikatoren, das als ‚Karrierekiller' wirkt: Das bessere kommunikative Handeln und Verhalten von Frauen resultiert aus einem z.T. völlig unbewussten Einsatz eines seit Kindesbeinen eingeübten Katalogs an spezifischen Verhaltensweisen, die aus einer *niedrigeren Statusposition* heraus Interaktionsprozesse erleichtern sollen. Mit diesem erlernten Verhalten können bestehende (Status)-Unterschiede im kommunikativen Prozess ausgeglichen, Themen und Ziele geglättet und die gesamte Kommunikationssituation harmonisiert werden, um die eigenen Ziele trotz niedrigerer Statusposition durchsetzen und im gegebenen System bestehen zu können. Die Verhaltensforschung spricht hier von „Beschwichtigungsgesten" (vgl. Alfermann 1996).

Auch die PR-Berufswelt mit ihren noch immer vergleichsweise starren Hierarchien und Statuspositionen ist ein Szenario, in dem das kooperative Verhalten von Frauen die Folge ihrer geringeren Macht ist. Die PR-Frauen müssen und können ohne Probleme den zunächst an sie gestellten Erwartungen gerecht werden. Schließlich entspricht diese externe Erwartungshaltung durchaus auch ihrer eigenen und ist mit den individuellen Vorstellungen der Frauen von den Anforderungen des PR-Berufes deckungsgleich. In der Konkurrenz mit Männern um Aufstieg und Karriere können die vermeintlich besonderen psychologischen Qualifikationen von Frauen aber zu einem Nachteil umkodiert werden. Dann wird der weibliche Kommunikationsstil mit mangelnder Durchsetzungs- und Konfliktfähigkeit oder schwach ausgebildeten Führungsqualitäten gleichgesetzt. So erweist sich die These von der kommunikativen weiblichen Begabung als ein strenges Rollenkorsett, das im schmeichelhaften Gewande daherkommt und deshalb auf ganz besonders raffinierte Weise den Blick verstellt auf die üblichen dahinterliegenden Diskriminierungsmechanismen. Diesen Effekt bezeichne ich als „Freundlichkeitsfalle".[9] Eine allzu naive Interpretation des Frauenbooms im PR-*Ausbildungs*bereich und der steigende Frauenanteil in den PR einerseits sowie die geschlechtsstereotype These von Frauen als den idealen Kommunikatoren andererseits verstellen den Blick darauf, dass bei näherem Betrachten die PR trotz anders lautender Behauptungen kein Berufsfeld sind, in dem Frauen gleichberechtigt Karriere machen können. Kein Wunder also, dass sogar die PR-Frauen selbst ihre Diskriminierung nicht wahrnehmen (können), obwohl sie z.B. für die gleiche Arbeit/Position weniger verdienen als Männer (vgl. Merten 1997b; Fröhlich/Peters/Simmelbauer 2005; Simmelbauer 2002).

Literatur

Ahrens, Rupert/Knödler-Bunte, Elisabeth (Hrsg.) (2003): Public Relations in der öffentlichen Diskussion. Die Affäre Hunziger – ein PR-Missverständnis. Berlin: media mind.
Aldoory L. (1998): The language of leadership for female public relations professionals. In: Journal of Public Relations Research, Nr. 10, S. 73 – 101.
Alfermann, Dorothee (1996): Geschlechterrollen und geschlechtstypisches Verhalten. Stuttgart, Berlin, Köln: Kohlhammer.

---

setzungen, so wird unterstellt, die sich wohl nicht erlernen lassen (vgl. z.B. Rakow 1989). In diesem Zusammenhang entwarf Aldoory (1998) ihr „feminist model of leadership"; Grunig, Toth und Hon (2000) bezeichnen den weiblichen Input im PR-Feld gar als „revolution of the heart".
9   Zur Theorie der „Freundlichkeitsfalle" siehe ausführlich Fröhlich 2002.

Altmeppen, Klaus-Dieter/Scholl, Armin (1990): Allround-Genies gesucht! Journalistenausbildung und Rekrutierungspraxis I: Stellenanzeigen von Medienbetrieben: In: Weischenberg, Siegfried (Hrsg.): Journalismus & Kompetenz. Qualifizierung und Rekrutierung für Medienberufe. Opladen: Westdeutscher Verlag:, S. 243-260.

Altmeppen, Klaus-Dieter/Roters, Gunnar (1992): Weder Öffentlichkeitsarbeit noch PR? Notizen zu einem diffusen Berufsfeld. In: pr-magazin, Nr. 10, S. 39-50.

Altmeppen, Klaus-Dieter/Roters, Gunnar (1994): Identitätssuche – Was Stellenangebote über das Berufsfeld Öffentlichkeitsarbeit/Public Relations aussagen. In: Schulze-Fürstenow, Günther/Martini, Bernd-Jürgen (Hrsg.): Handbuch PR. Öffentlichkeitsarbeit in Wirtschaft, Verbänden, Behörden.: Neuwied: Luchterhand, [3.631], S. 1-19.

Becher, Martina (1996): Moral in der PR? Eine empirische Studie zu ethischen Problemen im Berufsfeld Öffentlichkeitsarbeit. Berlin: Vistas.

Bentele, Günter (Hrsg.) (1998): Berufsfeld Public Relations. PR-Fernstudium. Studienband 1. Berlin: PR Kolleg Berlin Kommunikation & Marketing.

Bentele, Günter/Großkurth, Lars/Seidenglanz, René (2005): Profession Pressesprecher. Vermessung eines Berufsstandes. Berlin: Helios Media.

Böckelmann, Frank E. (1988): Pressestellen in der Wirtschaft. Berlin: Spiess.

Böckelmann, Frank E. (1991a): Die Pressearbeit der Organisationen. München: Oehlschlaeger.

Böckelmann, Frank E. (1991b): Pressestellen der Öffentlichen Hand. Berlin: Oehlschlaeger.

Böckelmann, Frank E. (1991c): Pressestellen als journalistisches Tätigkeitsfeld. In: Dorer, Johanna/Lojka, Klaus (Hrsg.): Öffentlichkeitsarbeit. Theoretische Ansätze, empirische Befunde und Berufspraxis der Public Relations. Wien: Braunmueller, S. 170-184.

Creedon, Pamela J. (Ed.) (1989): Women in mass communication. Challenging gender values. Newbury Park, London, New Delhi: Sage.

Creedon, Pamela J. (Ed.) ²(1993): Women in mass communication. Newbury Park, London, New Delhi: Sage.

DPRG (Hrsg.) (1996): Berufsbild Qualifikationsprofil Öffentlichkeitsarbeit/PR (Konzept und Redaktion: Szyszka, Peter/Fröhlich, Romy/Fuhrberg, Reinhold). Bonn: DPRG.

Fröhlich, Romy (1991): Gender switch. Zur Feminisierung der Kommunikationsberufe in den USA und Deutschland. In: medium, 22. Jg., Nr. 1, S. 70-73.

Fröhlich, Romy (1992): Einleitung: Frauen und Medien – Nur ein Thema „en vogue"? In: Fröhlich, Romy: Der andere Blick. Aktuelles zur Massenkommunikation aus weiblicher Sicht. Bochum: Universitätsverlag Brockmeyer, S. 9-24.

Fröhlich, Romy (2001): Frauen in den PR. In: Brauner, Detlef J./Leitolf, Jörg/Raible-Besten, Robert/Weigert, Martin M. (Hrsg.): Lexikon der Presse- und Öffentlichkeitsarbeit. München, Wien: Oldenbourg, S. 111-114.

Fröhlich, Romy (2002): Die Freundlichkeitsfalle. Über die These der kommunikativen Begabung als Ursache für die „Feminisierung" des Journalismus und der PR. In: Starkulla Jr., Heinz/Nawratil, Ute/Schönhagen, Philomen (Hrsg.): Festschrift für Hans Wagner. Leipzig: Leipziger Universitätsverlag, S. 225-243.

Fröhlich, Romy (2003): Bestandsaufnahme und Probleme der „Feminisierung" von Kommunikationsberufen. In: Bentele, Günter/Piwinger, Manfred/Schönborn, Gerhard (Hrsg.): Kommunikationsmanagement. Strategien, Wissen, Lösungen (Loseblattsammlung Grundwerk 2001; 5. Aktualisierung März 2003). Neuwied, Kriftel: Luchterhand, (Sektion 8.01) S. 1-36.

Fröhlich, Romy/Creedon, Pamela J. (1990): PR-Karriere für Frauen: Gute Aussichten mit doppeltem Boden. In: pr-magazin, Nr. 12, S. 35-38.

Fröhlich, Romy/Lafky, Sue (2005): Women journalists in the Western world. Equal opportunities and what survey tell us. London: Hampton Press.

Fröhlich, Romy/Peters, Sonja/Simmelbauer, Eva-Maria (2005): Public Relations. Daten und Fakten der geschlechtsspezifischen Berufsfeldforschung. München, Wien: Oldenbourg.

Fuhrberg, Reinhold (1998): PR-Dienstleistungsmarkt Deutschland. In: Bentele, Günter (Hrsg.): Berufsfeld Public Relations. PR-Fernstudium. Studienband 1. Berlin: PR Kolleg Berlin Kommunikation & Marketing, S. 241-268.

Grunig, Jim/Hunt, Todd (1984): Managing public relations. Thomson Learning: New York u.a.

Grunig, Larissa A./Toth, Elisabeth L./Childers Hon, Linda (2000): Feminist values in public relations. In: Journal of Public Relations Research, Nr. 12, S. 49-68.

Haedrich, Günther/Kreilkamp, Edgar/Kuß, Alfred/Stiefel, Richard (1982): Öffentlichkeitsarbeit in der Wirtschaft. Wiesbaden: Verlag dt. Wirtschaftsbiographien.

Haedrich, Günther/Jenner, Thomas/Olavarria, Marco/Possekel, Stephan (1994): Aktueller Stand und Entwicklung der Öffentlichkeitsarbeit in deutschen Unternehmen – Ergebnisse einer empirischen Untersuchung. Berlin: Institut für Marketing, Lehrstuhl für Konsumgüter- und Dienstleistungs-Marketing..

Koeppel, Peter (1998): Lobbying: Das politische Instrument der Public Relations? In: www.pr-guide.de im Januar 1998.
Merten, Klaus (1997a): Das Berufsbild von PR – Anforderungsprofile und Trends. Ergebnisse einer Studie. In: Schulze-Fürstenow, Günther/Martini, Bernd-Jürgen (Hrsg.): Handbuch PR. Öffentlichkeitsarbeit in Wirtschaft, Verbänden, Behörden. Neuwied: Luchterhand:, [3.635], S. 1-23.
Merten, Klaus (1997b): PR als Beruf. Auforderungsprofile und Trends für die PR-Ausbildung. In: pr-magazin, Nr. 1, S. 43-50.
Rakow, Lana F. (1989): A bridge to the future: Re-Visioning gender in communication. In: Creedon, Pamela J. (Hrsg.): Women in mass communication: Challenging gender values. Newbury Park: Sage, CA, S. 299-312.
Röttger, Ulrike (1997):Journalistische Qualifikationen in der Öffentlichkeitsarbeit. Inhaltsanalyse von PR-Stellenanzeigen. In: Bentele, Günter/Haller, Michael (Hrsg.): Aktuelle Entstehung von Öffentlichkeit. Akteure — Strukturen — Veränderungen. Konstanz: UVK, S. 267-277.
Röttger, Ulrike (2000): Public Relations – Organisation und Profession. Öffentlichkeitsarbeit als Organisationsfunktion. Eine Berufsfeldstudie. Wiesbaden: Westdeutscher Verlag.
Simmelbauer, Eva-Maria (2002): Frauenpower oder Männerdomäne? Zur Situation von Frauen und Männern im Berufsfeld Public Relations. Eine Befragung von PR-ExpertInnen in Deutschland. Magisterarbeit an der Universität München.
Szyszka, Peter (1995): Öffentlichkeitsarbeit und Kompetenz: Probleme und Perspektiven künftiger Bildungsarbeit. In: Bentele, Günter/Szyszka, Peter (Hrsg.): PR-Ausbildung in Deutschland. Entwicklung, Bestandsaufnahme und Perspektiven. Opladen: Westdeutscher Verlag, S. 317-342.
U.S. Department of Commerce (1998): Statistical abstract of the United States, 1998: The national data book (117th edition). Washington, DC: U.S. Government Printing Office.
Weaver, David H. (Ed.) (1998): The global journalist. News people around the world. Cresskill, N.J.: Hampton Press.
Weischenberg, Siegfried (Hrsg.) (1990a): Journalismus und Kompetenz. Qualifizierung und Rekrutierung für Medienberufe. Opladen, Wiesbaden: Westdeutscher Verlag.
Weischenberg, Siegfried (1990b): Das Prinzip Echternach. Zur Einführung in das Thema »Journalismus und Kompetenz«. In: Weischenberg, Siegfried (Hrsg.): Journalismus & Kompetenz. Qualifizierung und Rekrutierung für Medienberufe. Opladen, Wiesbaden: Westdeutscher Verlag, S. 11-41.
Wilke, Jürgen/Müller, Ullrich (1979): Im Auftrag. PR-Journalisten zwischen Autonomie und Interessenvertretung. In: Kepplinger, Hans Mathias (Hrsg.): Angepaßte Außenseiter. Was Journalisten denken und wie sie arbeiten. Freiburg: Alber, S. 115-141.
Wright, Donald K./Grunig, Larissa A./Springston, Jeffrey K./Toth, Elizabeth L. (1991): Under the glass ceiling: An analysis of gender issues in American public relations. New York: The PRSA Foundation.

Berufsfeld Wirtschaft

Lothar Rolke

1. Die Kernaufgabe der PR

Public Relations/Öffentlichkeitsarbeit ist in den großen Unternehmen eine eigenständige und unverzichtbare Managementaufgabe. Doch auch immer mehr mittelständische Betriebe leisten sich für diese Funktion mindestens einen PR-Beauftragten. Public Relations soll dazu dienen, „zwischen einer Organisation und ihren verschiedenen Öffentlichkeiten wechselseitige Kommunikationsbeziehungen, Akzeptanz und Zusammenarbeit herzustellen und aufrechtzuerhalten" (Rex Harlow 1976 zit. nach Avenarius 2000: IX). Aus der Sicht des Unternehmens lassen sich diese Öffentlichkeiten auch als Ziel- oder Anspruchsgruppen beschreiben bzw. als Stakeholder oder Repräsentanten von Märkten identifizieren, wodurch jeweils unterschiedliche Aspekte in der Selbst- und Fremdwahrnehmung betont werden (Rolke 2004). Wie sich empirisch nachweisen lässt, gelten die Folgenden als besonders relevant: Kunden (die Repräsentanten des Absatzmarktes), Mitarbeiter (als Repräsentanten des wichtigsten Segments im Beschaffungsmarkt), Aktionäre und Analysten (die Repräsentanten des Finanzmarktes) und Journalisten (als Repräsentanten des Akzeptanzmarktes). In der Beurteilung der PR-Manager rangieren sie auf der Relevanzskala deutlich vor anderen möglichen Anspruchsgruppen wie Umweltaktivisten, Handel, Lieferanten oder Anwohnern (Rolke 2003: 22).

Kommunikative Relevanz besitzt, wer direkten Einfluss auf den Erfolg des Unternehmens nehmen kann, ohne durch andere Steuerungsmedien wie Geld oder Macht hinreichend koordiniert werden zu können. Umweltgruppen etwa verfügen aus Sicht der Unternehmen nur über einen indirekten Einfluss. Und zwar in dem Maße, wie es ihnen gelingt, das Verhalten der primären Zielgruppen – beispielsweise Journalisten oder Kunden – zu beeinflussen. Lieferantenbeziehungen z.B. werden dominant über die Steuerungsmedien Geld und Recht organisiert.

Die Grundlage stabiler Kommunikationsbeziehungen ist Vertrauen (Bentele 1994) in das Unternehmen und seine Produkte. Vertrauensbildende Maßnahmen sind dabei als Investitionen zu verstehen, die – finanzwissenschaftlich gesprochen – mit einer Auszahlung beginnen und mit einer Einzahlung für das Unternehmen enden. Was es zurück erhält, ist ein stabiles positives Image, an dem sich die verschiedenen Stakeholder verlässlich orientieren können (Buß/Fink-Heuberger 2000). Unternehmens- und Produktimage rangieren denn auch im Zielsystem der PR-Manager an erster Stelle (Zühlsdorf 2002: 179, 311). Im Durchschnitt zahlen knapp die Hälfte aller PR-Aktivitäten auf das Produkt-Image ein (48 Prozent), der verbleibende überhälftige Anteil auf das Unternehmens-Image (52 Prozent). Bei den großen börsennotierten Unternehmen steigt der Anteil unternehmensbezogener PR sogar auf 57 Prozent (Rolke 2003: 35). Bei kleineren mittelständischen Unternehmen, vor allem wenn sie auf Business-to-Business-Märkten tätig sind, kann der Anteil der produktbezogenen PR auf über 60 Prozent steigen.

In dem Umfang, in dem PR die Produktkommunikation unterstützt, übernimmt sie Aufgaben des Marketings, ist mitunter sogar dort angesiedelt. Die unternehmensbezogene PR hingegen ist in der Regel als Stabsstelle dem Vorsitzenden des Vorstandes bzw. der Geschäftsführung zugeordnet, der mehr und mehr zum Chief Reputation Officer (CRO) wird und dabei vom Leiter Corporate Communications/PR Unterstützung erhält. Vom Vorsitzenden wird heute erwartet, dass er mit allen Stakeholdern professionell kommunizieren kann. Das war keineswegs immer so.

Erst durch die großen umweltpolitischen Diskussionen der 70er und 80er Jahre sind die Unternehmen in ihrer Kommunikation besonders herausgefordert worden. Die unternehmensbezogene PR konnte in Folge enorm an Bedeutung gewinnen. Kein Konzern, der in dieser Zeit nicht seine PR-Abteilung ausgebaut hat. Die Beziehungen zu den wichtigen Stakeholdern – so hat sich gezeigt – müssen langfristig stabilisiert werden, damit die Unternehmen auch in kritischen Situationen kommunikationsfähig bleiben.

2. Die Stellung der PR im Unternehmen

Je umsatzstärker das Unternehmen ist, desto wahrscheinlicher verfügt es über eine eigene PR-Abteilung: Drei von vier Unternehmen mit einem Umsatz >250 Mio. Euro verfügen über eine solche Organisationseinheit. In 80 Prozent dieser Fälle berichten die Leiter/-innen direkt an den Vorsitzenden des Vorstandes bzw. der Geschäftsführung (Zühlsdorf 2002: 164). Bei den umsatzstärkeren Unternehmen geben 92 Prozent der PR-Führungskräfte an, „jederzeit persönlichen Zugang" zur obersten Entscheidungsebene im Unternehmen zu haben (Baerns/Klewes 2000). Genauer: 27 Prozent nehmen „regelmäßig an allen wichtigen Sitzungen (Vorstandssitzungen etc.)" teil; 55 Prozent werden immerhin noch zu den „Sitzungen der ersten Führungsebene eingeladen, in denen es um die Themen aus meinem Bereich" geht. 45 Prozent haben mehrfach die Woche Kontakt zu den Top-Entscheidern ihres Unternehmens, 30 Prozent immerhin einmal die Woche (ebd.).

Direkter und intensiver Kontakt zur ersten Führungsebene ist zwingende Voraussetzung für dauerhaften Erfolg nach außen. Aber das allein reicht nicht. Auch darüber hinaus muss der PR-Manager im Unternehmen vernetzt sein, um nach außen Akzeptanz zu finden, wo er allerdings weitere Fähigkeiten benötigt. Insgesamt betrachtet müssen PR-Manager also ein Kompetenzprofil ausbilden, das ihnen eine belastbare Vernetzung nach innen wie nach außen ermöglicht. Baerns/Klewes (2002) haben in ihrer Befragung die wichtigsten Eigenschaften von PR-Führungskräften abgefragt (jeweils drei Nennungen waren möglich). Dabei ergab sich folgendes, sehr aufschlussreiches Ranking:

1. Aufbau guter Beziehungen im Unternehmen (56 Prozent)
2. Effektiver Transport von Botschaften nach außen (53 Prozent)
3. Aufbau extrem guter Beziehungen zu Bezugspersonen (35 Prozent)
4. Top-Management beraten können (27 Prozent)
5. Initiativkraft (25 Prozent)
6. Vorschläge intern gut durchsetzen können (21 Prozent)
7. Kreativität/Visionskraft (19 Prozent)
8. Redaktionelle/PR-fachliche Qualifikation (17 Prozent)
9. Vermittlung gesellschaftlicher Entwicklungen an das Management (15 Prozent)
10. Kommunikationsprogramm planen können (13 Prozent)
11. Geradlinigkeit/Zuverlässigkeit (8,7 Prozent)
12. Branchenkenntnisse (7,5 Prozent)

Vergleicht man den Stellenwert der Fähigkeiten, die für die interne Durchsetzungsfähigkeit wichtig sind (z.B. 1,4,5,6), mit denjenigen, die für die externe Kommunikation von Bedeutung sind (z.B. 2,3,8), so belegt dieses Ranking, dass die ‚interne Durchsetzungsfähigkeit' als mindestens genauso wichtig gelten muss wie die nach außen gerichteten Kompetenzen. Die starke Position organisationsintern ist somit Voraussetzung für die Handlungsfähigkeit gegenüber externen Zielgruppen.

Für die Personalstärke der PR-Abteilungen ist neben der Umsatzgröße auch die Branche entscheidend. Beides führt zu extremen Unterschieden in der Personalausstattung. So reichen die „Mitarbeiterzahlen in den Abteilungen [...] von einer Teilzeitkraft bis zu 205 Vollzeitmitarbeitern" (Zühlsdorf 2002: 167) – letzteres bei einem Chemieunternehmen übrigens. In der Befragung der ‚Big 500' zeigte sich ein Durchschnitt von zwölf Mitarbeitern (Baerns/Klewes 2000), bei den 1200 umsatzstärksten Unternehmen in Deutschland ein Durchschnitt von 10,4 Mitarbeitern (Rolke 2003: 35). Wie einflussreich der Umsatz für die Personalausstattung ist, belegen auch die folgenden Zahlen: Unternehmen mit einem Jahresumsatz <1 Mrd. Euro beschäftigen in ihren PR-Abteilungen durchschnittlich 5,3 Mitarbeiter; bei Unternehmen mit Jahresumsätzen >10 Mrd. Euro finden sich durchschnittlich 33,3 Mitarbeiter (ebd.).

Trotz der unterschiedlichen Personalstärken weist das Aufgabenportfolio in der Grundstruktur bei vielen Unternehmen eine relativ große Übereinstimmung auf. Ausgehend vom Durchschnittswert 10,4 sieht die Verteilung des Personals nach Aufgabenbereichen wie folgt aus (ebd.):

- Aktuelle Medien: 1,8 Mitarbeiter
- Fachpresse: 1,7 Mitarbeiter
- Mitarbeiterkommunikation: 1,6 Mitarbeiter
- Gesellschaftsbezogene PR: 1,4 Mitarbeiter
- Produkt-PR: 2,6 Mitarbeiter (davon geschätzt die Hälfte Medienarbeit)
- Sponsoring: 1,3 Mitarbeiter (davon geschätzt die Hälfte Medienarbeit)

In der Praxis sind die Aufgabenbereiche fließend. Das heißt, es kümmern sich in der Regel mehrere Personen um denselben Bereich, aber dann nie mit 100 Prozent der eigenen Arbeitskraft. Außerdem gilt: Bei zunehmender Größe und bei Börsennotierung nimmt der Anteil der medien-orientierten Aufgaben (bis 60 Prozent) gegenüber den nicht-medien-orientierten Aktivitäten zu.

Im Zielsystem der PR rangieren der „Aufbau und der Erhalt eines positiven Firmenimages" (Nr.1) und „…Produktimages" (Nr.2) ganz oben (Zühlsdorf 2002: 177) – gefolgt von:

- „Information und Motivation der Belegschaft"
- „Ansehen bei gesellschaftlichen und politischen Institutionen"
- „Veröffentlichung neuer Produkteinführungen"
- „Transparenz über Unternehmenspolitik"
- „Unternehmen aus negativen Schlagzeilen heraushalten"
- etc.

Als wichtigstes Instrument kann nach wie vor die Medienarbeit gelten. Denn gut die Hälfte aller personellen Ressourcen in den PR-Abteilungen wird für Aufgaben eingesetzt, die aus dem Kontakt mit Presse, Funk und Fernsehen entstehen (sollen). Das umschließt auch die Bereiche ‚Sponsoring' und ‚Produkt-PR', wo Medienarbeit einfach dazu gehört. Im Durchschnitt betreuen 5,5 Pressesprecher 124 Journalisten regelmäßig (Kontaktintensität: 1:22,5). Erwartungsgemäß schwankt auch hier die Zahl der kontinuierlich kontaktierten Journalisten erheblich. Bei börsennotierten Unternehmen beispielsweise steigt sie auf 156; bei großen Konzernen (Umsatz >10 Mrd. Euro) sogar auf 300 Medienvertreter (Rolke 2003: 36).

Obwohl das Image im Zielsystem der PR-Abteilungen ganz oben rangiert, messen sogar unter den umsatzstarken Unternehmen nur 39 Prozent ihre Imagewerte. Deutlich wichtiger (oder zugänglicher) ist den PR-Managern die Meinungstendenz in den Medien, die immerhin 64 Prozent messen (ebd.: 40). Auch wenn die Meinungstendenz in den Medien als wichtiger Einflussfaktor von Image gelten kann, bleibt die Ergebniskontrolle auch bei den Unternehmen mangelhaft, die eine solche betreiben. Denn die PR-Verantwortlichen kümmern sich zu wenig um die gesamte Wirkungskette (Medienberichterstattung – Image – Markterfolg) des eigenen Tuns. Auch Image ist nur ein Werttreiber für die letztlich relevanten betriebswirtschaftlichen Erfolgsgrößen (wie Gewinn, Umsatz, Unternehmenswert etc.) und nicht ein Wert an sich. Immer deutlicher zeigt sich: Um mehr Einfluss im Unternehmen zu gewinnen, müssen PR-Manager mehr *Ergebnisverantwortung* übernehmen. Also wissen, wie sich ihr Beitrag zum Produkt- bzw. Unternehmensimage auf Umsatz-, Kosten- und Gewinnentwicklung auswirkt.

Die PR-Führungskräfte wissen um diese Schwachstelle. Denn die Defizite in der Erfolgskontrolle zeigen sich nicht nur regelmäßig in Befragungen (Röttger 2000: 287f; Zühlsdorf 2002: 314), sondern sie werden mittlerweile auch beklagt (Rolke 2003: 17).

3. Die Entwicklung der Tätigkeitsfelder

Der Ursprung der PR liegt in der Pressearbeit. Auch heute bildet der Umgang mit den Massenmedien, der gut 50 Prozent der Mitarbeiter einer PR-Abteilung bindet, die Basis der gesamten Öffentlichkeitsarbeit. Allerdings sind im Laufe der vergangenen 30 Jahre neue, sich dabei gegenseitig überlagernde Aufgabenfelder hinzugekommen. Hervorzuheben sind die folgenden Tätigkeitsfelder:

Medienarbeit: Die wichtigste Zielgruppe der PR-Abteilungen bilden die Journalisten – allen voran die Pressevertreter (nach Wichtigkeit) von Fachzeitschriften, Tageszeitungen, Nachrichtenagenturen und Wirtschaftsredaktionen. Deutlich abgeschlagen scheinen die Magaziner sowie die Hörfunk- und Fernsehjournalisten zu sein (ebd.). Besonders intensive Medienkontakte pflegen die umsatzstarken Unternehmen: Hier beträgt das Betreuungsverhältnis von Pressesprechern und Journalisten 1:15 (Unternehmen: Umsatz >10 Mrd. Euro). Kleinere Betriebe (Umsatz > 1 Mrd. Euro) hingegen pflegen einen extensiveren Kontakt zu den Journalisten. Die Medienkontaktintensität beträgt hier 1:40. Der Grund: Sie müssen offenkundig weniger nachrichtenwerthaltige Informationen auf relativ mehr Journalisten verteilen. Als die drei wichtigsten Erfolgsfaktoren gelten: „Relevanz des Themas", „Nähe zu den Medien" und „Persönliches Verhalten" (ebd.: 38). Dabei beweist die Einzelansprache der Journalisten („Persönliches Gespräch", „Telefonat", „Exklusivinterview") ihre überragende Bedeutung gegenüber der Gruppenansprache („Pressekonferenz", „Internetangebot", „Pressereise"). Eine Ausnahme bildet lediglich die Pressemitteilung, die ebenfalls sehr hoch bewertet wird, obwohl es sich hierbei um ein Instrument der kollektiven Ansprache handelt.

Produkt-PR: Ein beachtlicher Teil der öffentlichen Aufmerksamkeit, die PR-Manager erzeugen, filtern, konturieren, abwehren oder umlenken, gilt den Produkten und Dienstleistungen des Unternehmens. Von Anfang an wurden daher Produktinnovationen, interessante Stories rund um ein Produkt oder medial interessante Events für die PR-Arbeit genutzt. Produkt-PR wird heute auch von Seiten des Marketings als ein bedeutsames Kommunikationsinstrument geschätzt und rangiert bei den absatzfördernden Instrumenten an zweiter Stelle – gleich hinter „herausragender Produktqualität" und noch vor der so genannten „Unique Selling Proposition (USP)" (P.U.N.K.T. PR 2001). Ob Automobil- oder Spezialglashersteller, Finanzdienstleister oder Beratungsunternehmen – bei allen Unternehmen besteht die Chance, aus den eigenen Leistungen, den beteiligten Personen oder den besonderen Umständen Anlässe für Berichterstattung zu machen. Gerade die Automobilindustrie ist dafür ein instruktives Beispiel: Kein neues Modell, das nicht von der Fachpresse und den großen Tageszeitungen in Vergleichen und Testberichten vorgestellt wird. Aber auch geistig-künstlerische Produkte wie Kunstgemälde oder Bücher werden auf diesem Weg erfolgreich vermarktet. Mit Produkt-PR gelingt es Unternehmen immer wieder, die Akquisitionskosten für Neukunden deutlich zu senken. Allerdings ist Produkt-PR in der Regel dann besonders erfolgreich, wenn sie im Mix mit anderen Marketinginstrumenten eingesetzt wird.

Gesellschaftsbezogene PR: Seit den 70er Jahren sind Unternehmen mit einer gewissen Regelmäßigkeit in negative Schlagzeilen geraten. Neben der Kernenergie- und der Lebensmittelbranche waren davon vor allem Chemie und Pharma betroffen. Und zwar immer dann, wenn Gesundheit und Umwelt bedroht schienen. Der berufsständische Nebeneffekt: Durch Krisen konnten sich die PR-Abteilungen in den betroffenen Unternehmen bzw. Branchen professionell weiterentwickeln und entfalten. Das bestätigte sich fast als Gesetzmäßigkeit auch in späteren Krisenfällen (z.B. Shell): Wo immer die Öffentlichkeit mit Hilfe der Medien die Akzeptanz aufkündigte, rüsteten die Unternehmen anschließend personell und organisatorisch ihre PR-Abteilungen auf. Zum Beispiel hatte auch „die Hoechst AG, durch eine Kette von Chemieunfällen ins öffentliche Gerede gekommen, den Vorstands- und Pressesprecherwechsel zu einer Organisationsreform ihrer internen und externen Kommunikation genutzt. Mittlerweile ist die gesamte Kommunikationsverantwortung in einer Hand, direkt dem Vorstandsvorsitzenden zugeordnet" (Vieregge 1997: 311). Seine größte Bedeutung erreichte dieser Aufgabenbereich übrigens in der umweltpolitischen Diskussion (vgl. Rolke u.a. 1994), welche der Unternehmenskommunikation ganz neue Impulse gab. Und obwohl ökologische Fragen heute nur noch zu einer gedämpften öffentlichen Aufmerksamkeit führen, hat die kritische Beobachtung der Unternehmen nicht plötzlich aufgehört. Organisiert als „Globalisierungsgegner" oder „Anti-Corporate-Campaigner" erlebt die unternehmenskritische Protestszene – nicht zuletzt mit Hilfe des neuen Mediums Internet – eine bisher wenig beachtete Renaissance (vgl. Rolke 2002b). Gesellschaftsbezogene PR dient vor allem der Krisenabwehr und -prävention.

Mitarbeiterkommunikation: An Bedeutung hat die interne Kommunikation gewonnen. Neben dem ‚schwarzen Brett' hat die Mitarbeiterzeitschrift bei vielen Unternehmen eine lange Tradition. Doch nicht selten waren die dafür zuständigen Werksredakteure den Personalabteilungen zugeordnet. Auch der Leitspruch ‚PR begins at home' war zumindest in den Köpfen verbreitet. Aber erst mit den großen Restrukturierungswellen in den Unternehmen und den vielen Mergers and Acquisitions scheint die interne Kommunikation zu ihrer adäquaten Rolle zu finden: interne Kommunikationsbeziehungen wertschöpfungssteigernd zu organisieren. Hotlines zum Vorstandsvorsitzenden, Business TV und Intranet sollen dabei helfen. Sie haben in den vergangenen Jahren die Kommunikationsstrukturen der Unternehmen deutlich verändert (Deekeling/Fiebig 1999; Klöfer/Nies 2001). Inzwischen hat das Intranet in den großen Unternehmen die Themenführerschaft bereits übernommen. Allerdings ist die Qualität der internen Kommunikation bei 41 Prozent der Unternehmen schlechter als die mit den Kunden (Rolke 2003: 31).

Sponsoring: Ob im Sport- oder Kulturbereich, ob im Umweltschutz oder neuerdings auch beim Fernsehen – Unternehmen suchen die Sponsorpartnerschaft, um ihre Bekanntheit zu steigern und ihr Image zu verbessern. Dies soll im Kontext des jeweiligen Sponsorprojekts dynamischer, kreativer, umweltfreundlicher oder einfach nur präsenter erscheinen: Sponsoring ist häufig an der Schnittstelle zwischen PR und

Marketing angesiedelt. In den kommenden Jahren scheint es allerdings leicht an Bedeutung zu verlieren (ebd.: 16).

Finanzkommunikation: Nach dem Börsengang von Telekom und dem anschließenden Börsenboom um den neuen Markt begann sich in Deutschland eine Aktienkultur herauszubilden. Für die Unternehmen bedeutet dies, Investor Relations zu betreiben, was auch zu neuen Regeln und Aufgaben für die bisherigen Abteilungen Presse- und Öffentlichkeitsarbeit bzw. zur Schaffung einer eigenständigen Abteilung führte, die sich nun um die Finanz-Community zu kümmern hatte (vgl. Rolke/Wolff 2000; Kirchhoff/Piwinger 2000). Analysten erschienen für eine kurze Zeit sogar wichtiger als Journalisten.

Online-Kommunikation: Das Internet hat als kulturtechnisches System damit begonnen, Gesellschaft und Öffentlichkeit kommunikativ zu verändern (vgl. Rolke/Wolff 2002): Heute müssen Unternehmen 24 Stunden täglich und sieben Tage die Woche kommunikationsfähig sein, erhalten damit aber auch neue Chancen der direkten Beziehungspflege, die sie mittels Internet/Intranet/Extranet oder exklusiver Portale zu nutzen suchen. Gleichzeitig sind die Risiken gestiegen. Niemals zuvor hatte der Einzelne soviel Macht wie heute, um die weltweite Öffentlichkeit zu informieren, zu alarmieren oder auch zu verwirren. Insofern werden die Monitoringsysteme für Unternehmen künftig wichtiger werden. Aber auch der Qualitätsjournalismus wird an Bedeutung gewinnen (Wolff 2002), weil er hilft, in dem Überangebot an ‚rohen' Informationen Orientierung zu geben.

Insgesamt erlebte die PR-Branche in den vergangenen 20 Jahren eine Boomzeit. Fachleute für Öffentlichkeitsarbeit wurden allerorts gesucht und aus allen Disziplinen rekrutiert: Ob Studium der Germanistik oder Soziologie, Theologie oder Chemie, Medizin oder Pädagogik – viele interessierte Absolventen fanden ihren Weg in die Kommunikationsabteilungen der Unternehmen oder der Agenturen. Verantwortlich für die erhöhte Personalnachfrage nach PR-Experten waren einerseits die gestiegene Bedeutung der PR-Funktion und andererseits der deutliche Aufgabenzuwachs in den Unternehmen. Damit ist PR längst aus dem Schatten des Marketings herausgetreten, das über viele Jahre in der Öffentlichkeitsarbeit ausschließlich nur ein Instrument im großen Marketing-Mix sah. Heute erkennen ihre führenden Vertreter wie Heribert Meffert (1998: 708), „dass seit geraumer Zeit die unternehmenspolitische Bedeutung der Public Relations immer stärker hervorgehoben wird". Bei immer mehr Unternehmen haben Bedeutungs- und Aufgabenzuwachs inzwischen sogar zu einer Umfirmierung der Abteilung in ‚Unternehmenskommunikation' bzw. ‚Corporate Communications' geführt.

Die PR-Agenturen haben von dieser 20-jährigen Boomzeit profitiert und sind mit gewachsen: Mal sind sie nur der ‚verlängerte Schreibtisch', weil die unternehmensinterne Kapazität nicht ausreicht, mal übernehmen sie die vollständigen Aufgaben einer Pressestelle. Nicht selten werden sie auch gerade heute für Produkt-PR-Kampagnen engagiert, aber eben auch im Krisenfall gerufen. Kreativität und Zuverlässigkeiten wird an Agenturen von Seiten der Auftraggeber besonders geschätzt.

Sie können ‚Sparringspartner' sein bzw. übernehmen mitunter auch die Funktion des ‚Ausputzers'. Die Grenzen zwischen Agentur- und Unternehmensseite sind offen. Auf allen Hierarchieebenen sind Wechsel des Personals zu beobachten.

4. PR und Marketing

Image steht bei den PR-Managern an erster Stelle ihres Zielsystems, bei den Marketern immerhin an vierter (nach „Langfristiger Gewinn", „Kundenzufriedenheit" und „Umsatz"). Daher kommt Image aus Sicht von PR und Marketing eine strategische Bedeutung zu. Doch wem obliegt das Management dieses wichtigen Erfolgstreibers – zumal in vielen Unternehmen die Unternehmensmarke wichtiger ist (bei 49 Prozent) als die Produktmarken (32 Prozent). Etwa 18 Prozent halten beides für gleich wichtig. Reicht klassisches Marketingmanagement aus oder sollte PR hier die Führungsfunktion übernehmen? Erst die Tiefenanalyse, die zeigt, aus welchen einzelnen Komponenten sich Image zusammensetzt und wer sie verantwortet, kann hier Aufschluss geben.

Das Manager Magazin lässt diese Frage alle zwei Jahre von rund 2.500 Managern beantworten. Das Ranking aus dem Jahr 2002 weist insgesamt 13 Faktoren aus. Gewichtet man sie und fragt, welche Kommunikationsabteilungen im Unternehmen am meisten für ihr Bekanntsein bei den relevanten Zielgruppen zuständig sind, ergibt sich ein interessantes Bild über die verteilte Verantwortung für die einzelnen Facetten des Unternehmens-Image (vgl. Rolke 2003: 21):

- Marketing (43 Prozent): Kundenorientierung; Produktqualität; Innovationskraft (1/2); Preis-/Leistungsverhältnis.
- PR (26 Prozent): Managementqualität (1/3); Kommunikationsleistung; Internationalisierung; Umweltorientierung; Innovationskraft (1/2)
- Internal Relations (17 Prozent): Managementqualität (1/3); Mitarbeiterorientierung; Attraktivität für Manager.
- Investor Relations (14 Prozent): Managementqualität (1/3); Ertrags-/Finanzkraft; Wachstumsdynamik; Unabhängigkeit.

Fasst man ‚PR' im engeren Sinne und ‚Internal Relations' zur ‚Unternehmenskommunikation' zusammen, so erscheinen beide – Marketing und Unternehmenskommunikation – mit einem gleich großen Anteil von jeweils 43 Prozent für den Erfolgstreiber Image verantwortlich zu sein.

Um die vorgenannten 13 Faktoren optimal zu managen und zu kommunizieren, bedarf es einer strategischen Abstimmung zwischen den betroffenen Kommunikationsabteilungen. Dazu gehört im operativen Geschäft die Verzahnung der Maßnahmen. Die Fusion verschiedener Kommunikationsabteilungen kann dabei von Vorteil sein, muss aber nicht. 50 Prozent der befragten PR- und Marketingmanager schließen das aus. Dennoch sind auch sie zu 90 Prozent dafür, Marketing und PR besser zu verzahnen (ebd.). Der Grund: In mindestens 88 Prozent der Unternehmen gibt es „Aufgaben im Kommunikationsbereich, die nur gemeinsam von Public Relations-

und Marketing-Abteilung erledigt werden" können. In 55 Prozent der Fälle soll es dafür sogar einen Koordinator für Aufgaben geben, die beide Abteilungen angehen (vgl. Baerns/Klewes 2000).

Die Schaffung und Sicherung eines positiven Images kann dabei als die wichtigste gemeinsame Aufgabe der beiden Disziplinen Marketing und PR angesehen werden. Denn das Verhalten von Kunden und Mitarbeitern, Aktionären und Journalisten ist auf allen Märkten erfolgswirksam. Deshalb zählt die Mitgestaltung der Bilder und Vorstellungen über das Unternehmen und seiner Produkte zu den Kernaufgaben des Managements.

Karin Kirchner (2001) hat vor einiger Zeit amerikanische Unternehmen in einer aufschlussreichen Studie befragt, um den Grad der Integration festzustellen. Damit verfolgte sie das Ziel, Entwicklungsstufen auf dem Weg des Integrationsprozesses zu identifizieren, um die Entwicklung und ihr Ergebnis idealtypisch erfassen zu können. Am Ende zeigte sich jedoch: Entwicklungsstufen, die zwingend aufeinander aufbauen, lassen sich nicht erkennen. Dieser Befund ist deswegen interessant, weil er daraufhin deutet, dass es weder einen idealen Entwicklungsweg gibt, noch einen ‚goldenen' Integrations-Mix. Als falsifizierende Erkenntnis ist dieser Befund geeignet, mit einigen sich hartnäckig haltenden Missverständnissen über integrierte Kommunikation aufzuräumen: mit der Vorstellung einer Ideallösung beispielsweise, die für alle Unternehmen richtungsweisend sein soll.

Tatsächlich gibt es gut nachzuweisende Gründe, von unterschiedlichen Integrationsvarianten auszugehen, weil die Unternehmen höchst verschieden sind: Eher national oder global agieren, börsennotiert sind oder sich in Privatbesitz befinden, über eine Marke verfügen oder nicht, eher den Endverbraucher erreichen wollen (business-to-consumer) oder selber Zulieferer sind (business-to-business) etc. All das hat Auswirkungen auf die Kommunikationspolitik eines Unternehmens und kann deshalb nur zu unterschiedlichen Kommunikationsformen führen, wie die Studie ‚Produkt- und Unternehmenskommunikation im Umbruch' (Rolke 2003) zeigt: Jedes Unternehmen kann und muss sein spezifisches kommunikatives Arrangement schaffen. Wem so eine strategisch ausgerichtete optimale Kombination von Kommunikationsinhalten, -instrumenten und Interaktionsformen gelingt, verschafft sich eine *kommunikative Erfolgsposition* (KEP), die zu einem Vorsprung gegenüber den Wettbewerbern führt. Darin liegt die entscheidende Managementleistung von PR und Marketing.

Dass dies keine Kommunikationsabteilung mehr alleine kann, darf als sicher gelten: „Die Kommunikationsabteilungen müssen lernen, besser zusammen zu arbeiten, um insgesamt erfolgreicher zu sein" ist eine Selbstaufforderung, die von 94 Prozent der befragten PR-Manager und Marketer gleichermaßen geteilt wird (ebd.: 17).

Für eine optimale Abstimmung zwischen beiden Abteilungen gibt es aus Sicht des Marketings durchaus handfeste Gründe: So rangiert PR in der Marktkommunikation schon heute ganz oben. Bei B-2-B-Unternehmen steht Produkt-PR sogar an erster Stelle (vor Verkaufsförderung und klassischer Werbung). Bei B-2-C-Unternehmen rangiert zwar die ‚klassische Werbung' mit Anzeigen und Spots ganz vorne, aber Platz zwei belegt auch hier die Produkt-PR. Aus PR-Sicht besteht ebenfalls ein sachlicher Zwang zur gemeinsamen Planung, Abstimmung und Kooperation: Denn

48 Prozent aller Aktivitäten von Presse- und Öffentlichkeitsarbeit fallen schon heute unter die Rubrik ‚Produkt-PR'. Corporate PR macht im Durchschnitt 52 Prozent aus.

Dabei dürfte die Wichtigkeit von Produkt-PR in den kommenden fünf Jahren zunehmen. Fragt man die Marketer ganz hart: „Wie wird sich die Bedeutung der verschiedenen Instrumente in fünf Jahren verändern, wenn sie die Budgetentwicklung als Maßstab nehmen?", dann zeigt die Antwort: ‚Produkt-PR' befindet sich auf der Gewinnerseite (zunehmende Bedeutung!) hinter ‚Internet' und ‚Direkt-Marketing', die noch deutlicher zulegen werden. ‚Klassische Werbung' hingegen ist der eindeutige Verlierer. Bereits im Jahr 2003 soll der Anteil der klassischen Werbung in den USA, Deutschland, Großbritannien und Frankreich um etwa ein Prozent Punkt zurückgehen (auf 44,4 Prozent des gesamten Kommunikations-Budgets). Ein weiterer relativer Rückgang wird in den kommenden Jahren erwartet (ebd.: 16).

Obwohl heute bereits 55 Prozent der umsatzstarken Unternehmen über Koordinatoren für gemeinsame PR-/Marketing-Aufgaben verfügen sollen (Baerns/Klewes 2000), ist das Ergebnis bislang nicht befriedigend. Hier gestaltet sich die Praxis nicht anders als die (populär-)wissenschaftliche Diskussion auch: Oft mangelt es nicht an Einsicht und Ideen, aber an einem integrationsfähigen Ansatz und offenkundig an der Möglichkeit, die strukturellen Widerstände angemessen zu bearbeiten.

5. Theorieangebote für die Praxis

Gemeinsame Aufgaben mit Ziel- und Zeitvorgaben bilden in Unternehmen den wichtigsten Ansatzpunkt, um Personen, Abteilungen oder ganze Betriebsteile zu integrieren. Um dabei erfolgreich zu sein, bedarf es allerdings auch eines zielführenden Basiskonzepts. Wenn Image-Management die wichtigste gemeinsame Aufgabe von PR und Marketing ist, dann stellt sich hier die Frage, auf welcher wissenschaftlich-konzeptionellen Grundlage sie gelöst werden kann. Wissenschaft und Beratungspraxis halten vier Grundangebote bereit, die hier exemplarisch erläutert und zum Abschluss kurz bewertet werden sollen:

Corporate Identity (CI)-Konzepte stellen das älteste, immer wieder aktualisierte Angebot dar (Birkigt u.a. 2002; Herbst 2003; Kroehl 2000). Obwohl der Ursprung im Design liegt und mitunter auch darauf reduziert wird, hat sich daraus ein unternehmensumfassendes Konzept entwickelt, das den strategisch denkenden PR-Managern die Chance gab, Unternehmenskommunikation in ein übergreifendes Managementkonzept zu stellen und darüber einen Führungsanspruch aufzubauen. Die Prämisse der CI-Konzepte lautet, dass sich das Unternehmen zunächst über sich selber klar werden muss (Wer bin ich? Was kann ich? Wie will ich von anderen gesehen werden?), bevor es sich erfolgreich um das Fremdbild (Corporate Image) kümmern kann. Im Mittelpunkt aller Bemühungen steht daher die Schaffung der eigenen ‚Unternehmenspersönlichkeit', die über das ‚Organisationsverhalten' (Corporate Behavior), die ‚Kommunikation' (Corporate Communications) und das ‚Erscheinungsbild' (Corporate Design) dann nach innen und nach außen sichtbar werden soll. Der konzeptionelle Blick ist immer primär ins Unternehmensinnere gerichtet. Denn nur was dort geschaffen wird, kann nach außen strahlen. Folgerichtig wird

„das Corporate Image als Spiegelbild der Corporate Identity in den Köpfen und Herzen der Menschen" (Birkigt u.a. 2002: 23) verstanden. In der Praxis erlangte die CI-Entwicklung einerseits einen starken Schub über die Design-Konzepte, andererseits über die Schaffung von Unternehmensleitlinien, über die heute 85 Prozent der Unternehmen verfügen (KPMG 1999).

Corporate Branding-Konzepte richten ihren Blick – dem Markengedanken folgend – zunächst einmal nach außen auf die Zielgruppen. Denn auch eine Unternehmensmarke ist definiert als „das in den Köpfen der Anspruchsgruppen fest verankerte, unverwechselbare Vorstellungsbild über eine Unternehmung. Dabei besteht ein solches Vorstellungsbild auf Individualebene. Dies kann möglicherweise zu einer vielfältigen Ausprägung einer Unternehmensmarke führen" (Meffert/Bierwirth 2002: 184). Der Nutzen eines positiven und beständigen Vorstellungsbildes liegt für Unternehmen vor allem in der „Vertrauenseigenschaft" (ebd.: 189) gegenüber den Anspruchsgruppen, auf die die prinzipiell riskanten Kommunikationsbeziehungen angewiesen sind. Die Herausforderung dagegen besteht in der Vielzahl der angesprochen Individuen, die in wenig homogenen sozialen Kontexten agieren. Um den unterschiedlichen Ansprüchen und Erwartungen gerecht werden zu können, bedarf es eines „Markenleitbildes, welches als Orientierung für die Generierung von Maßnahmen fungiert" (ebd.: 197). Seine Basis wiederum soll eine „starke Unternehmensmarkenidentität" bilden, die sich aus der „hohen Übereinstimmung der vielfältigen Selbst- und Fremdbilder" (ebd.) ergibt. Erkennbar entsteht hier die Schnittmenge mit der Corporate Identity-Forschung. Aufgabe bleibt es, die Unternehmensmarke im Spannungsfeld unterschiedlicher Zielgruppen und sozialer Kontexte zu führen – immer mit der Absicht, den Markenwert zu steigern und diesen Mehrwert in geldwerte Vorteile für das Unternehmen umzuwandeln. Da für die meisten Unternehmen die Corporate Brand wichtiger ist als die Product Brands (Rolke 2003: 19), ist hier ein interessantes gemeinsames Aufgabenfeld für PR und Marketing entstanden.

Das Konzept der integrierten Unternehmens- und Markenkommunikation, wie es Manfred Bruhn (2000, 2003) versteht, ist nicht vom Ergebnis her (wie die beiden vorhergehenden Ansätze), sondern als (Management-) Prozess konzipiert, der sich primär „mit der Planung, Umsetzung und Kontrolle beschäftigt und dabei auch organisatorische und personelle Problemstellungen betrachtet sowie konkrete Lösungsvorschläge unterbreitet" (ebd. 2003: 52). Diese prozessuale Betrachtungsweise befördert den Blick auf strategische Fragen: Wie sind die Beziehungen der Instrumente zueinander zu sehen? Wie ist ein integrierender Planungsprozess zu organisieren? Wie lassen sich die Prozesse, Wirkungen und Effizienzpotenziale messbar machen? Damit konzentriert sich der Blick wiederum nach innen: auf die zu erbringenden Managementleistungen. Allerdings soll auch hier am Ende ein Fremdbild in den Köpfen der Anspruchgruppen entstehen, das dem Unternehmen einen Wettbewerbsvorteil bringt (ebd.:152).

Das Konzept des Stakeholder-Kompass ist zwar auch als Prozess (gemanagter Beziehungen) gefasst, richtet aber den Blick zunächst einmal nach außen auf die vier wichtigsten Anspruchsgruppen: Kunden, Mitarbeiter, Aktionäre und Medien, zu denen die Unternehmen unilaterale Beziehungen pflegen. Der Stakeholder-Kompass

(Rolke 2002a, 2002c, 2003) sieht in den Anspruchsgruppen zugleich Kommunikationspartner und Repräsentanten der unterschiedlichen Märkte. Beides beeinflusst sich gegenseitig. Die Beziehungen zu den vier Stakeholdern leben vom gemeinsamen Interesse, Kooperationsgewinne zu erzielen und angemessen zu verteilen. Dabei gilt für das Unternehmen: Es kann einen gemeinsamen, monetär bewertbaren Nutzen mit den Marktteilnehmern nur dann realisieren, wenn es mit der Kommunikation stimmt. Denn Kommunikation ist dem jeweiligen Marktverhalten vorgelagert. Dabei bestimmen Images und Beziehungserfahrungen das Handeln. Unternehmen müssen die Interaktion zu diesen vier primären Anspruchsgruppen (Rolke 2002a: 22) einerseits entlang der Wertschöpfungsachse (Mitarbeiter – Kunden), andererseits entlang der Wertsicherungsachse (Geldgeber – Medien) organisieren. Wem das besser gelingt als seinen Mitbewerbern, der baut sich über die Kommunikation Marktvorteile auf. Da das ungenutzte Erfolgspotenzial (im Vergleich zu allen anderen Marketinginstrumenten) nirgends so groß ist wie in der Kommunikation – immerhin 60 Prozent (Rolke 2003: 15) – lohnt es sich für Unternehmen, ihren strategischen Blick auf die Beziehung zu den Teilnehmern der verschiedenen Märkte zu konzentrieren.

Die vier hier vorgestellten Grund-Konzepte bilden keine sich ausschließenden Gegensätze, sondern ergänzen und überlagern sich. Wie nachfolgende Grafik noch einmal sichtbar macht, wird das Image Management der Unternehmen jeweils aus unterschiedlichen Blickwinkeln betrachtet. Buß/Fink-Heuberger (2000) haben vor einiger Zeit den anregenden Versuch unternommen, Image Management als übergreifenden Ansatz zu konzipieren. Als Problem erweist sich dort allerdings die mangelnde organisatorische und personelle Rückbindung an die Aufgabenbereiche von PR und Marketing, ohne die ein solches Konzept freischwebend bleiben muss.

MERKMALE:	Ergebnis-Orientierung	Prozess-Orientierung
eher nach außen fokussiert	Corporate-Branding: Wie lässt sich die Unternehmensmarke im Spannungsfeld unterschiedlicher Zielgruppen führen?	Stakeholder-Kompass-Navigation: Wie lassen sich unterschiedliche Kommunikationsbeziehungen auf Markterfolg ausrichten?
eher nach innen fokussiert	Corporate Identity-Management: Wie kann eine konsistente Unternehmenspersönlichkeit herausgebildet werden?	Integrierte Kommunikation: Wie lässt sich der gesamte Kommunikationsprozess eines Unternehmens planen, realisieren und kontrollieren?

Abb.: Theorie-Quellen für Image Management: Konzeptionelle Ausrichtung und Leitfragen (Rolke)

Intern/extern und Prozesse/Ergebnisse sind Unterscheidungskriterien, die helfen, den Blick auf das Ganze des Image Managements frei zu machen, das nun strukturierter zugänglich ist. Was aber Unternehmen aus dem vorgestellten Know-how-Portfolio tatsächlich in der Praxis berücksichtigen, ist nicht auf diskursivem Weg zu ermitteln, weil es auch von nicht-wissenschaftlichen Faktoren wie Praktikabilität und persönlicher Affinität abhängt.

Entscheidend wird etwas anderes sein – nämlich inwieweit für das Management des Corporate Image Erfolgsparameter entwickelt und durchgesetzt werden. Damit Kommunikation im Unternehmen weitergehende Möglichkeiten erhält, ihr Erfolgspotenzial zu beweisen, bedarf es zwingend einer Art Communications Controlling Card, die die kommunikativen Wertbeiträge erfasst (Rolke 2003). Marketer und PR-Manager, die über unterschiedliche Weltbilder verfügen, werden sich am leichtesten verständigen können, wenn die Erfolgsparameter klar sind. Und die müssen bei Wirtschaftsunternehmen am Ende monetär gewichtet sein: Denn auch wenn man an die Stelle von Managern in Unternehmen „Erzengel setzten würde, denen jegliches persönliches Interesse am Gewinn fehlte, müssten sich diese mit der Rentabilität beschäftigen" (Drucker 2002: 35).

Literatur

Avenarius, Horst (2000): Public Relations. Die Grundform der gesellschaftlichen Kommunikation. Darmstadt: Wissenschaftliche Buchgesellschaft.
Baerns, Barbara/Klewes, Joachim (2000): Untersuchung zur Managementpraxis in der Unternehmenskommunikation. o.O. (Manuskript).
Bentele, Günter (1994): Öffentliches Vertrauen – normative und soziale Grundlage für Public Relations. In: Armbrecht, Wolfgang/Zabel, Ulf (Hrsg.): Normative Aspekte der Public Relations. Opladen: Westdeutscher Verlag, S. 131-158.
Birkigt, Klaus (2002): Grundlagen. In: Birkigt, Klaus/Stadler, Marinus M./Funck, Hans Joachim (Hrsg.): Corporate Identity. Landsberg am Lech: Verlag moderne Industrie, S. 15-36.
Bruhn, Manfred (2000): Integrierte Kommunikation und Relationship Marketing. In: Bruhn, Manfred/Schmidt, Siegfried J./Tropp, Jörg (Hrsg.): Integrierte Kommunikation in Theorie und Praxis. Betriebswirtschaftliche und kommunikationswissenschaftliche Perspektiven. Wiesbaden: Gabler, S. 3-20.
Bruhn, Manfred (2003): Integrierte Unternehmens- und Markenkommunikation. Stuttgart: Schäffer-Poeschel.
Buß, Eugen/Fink-Heuberger, Ulrike (2000): Image Management. Frankfurt a. M: Frankfurter Allgemeine Buch.
Deekeling, Egbert/Fiebig, Norbert (Hrsg.) (1999): Interne Kommunikation im Corporate Change. Frankfurt a. M: FAZ/Gabler.
Drucker, Peter F. (2002): Was ist Management? München: Econ.
Herbst, Dieter (2003): Corporate Identity Management. Berlin: Cornelsen.
Klöfer, Franz/Nies, Ulrich (2001): Erfolgreich durch interne Kommunikation. Mitarbeiter besser informieren, motivieren, aktivieren. Neuwied, Kriftel: Luchterhand.
Kirchhoff, Klaus/Piwinger, Manfred (Hrsg.) (2000): Die Praxis der Investor Relations. Effiziente Kommunikation zwischen Unternehmen und Kapitalmarkt. Neuwied, Kriftel: Luchterhand.
Kirchner, Karin (2001): Integrierte Unternehmenskommunikation. Theoretische und empirische Bestandsaufnahme und eine Analyse amerikanischer Großunternehmen. Wiesbaden: Verlag für Sozialwissenschaften.
KPMG (1999): Unternehmensleitbilder in Deutschland. Frankfurt a. M., Nürnberg (Broschüre).
Kroehl, Heinz (2000): Corporate Identity als Erfolgskonzept im 21. Jahrhundert. München: Vahlen.
Manager Magazin (2002): Image-Profile 2002, 32 Jg., Nr. 2, S. 52-75.
Meffert, Heribert (1998): Marketing. Grundlagen marktorientierter Unternehmensführung. Wiesbaden: Gabler.
P.U.N.K.T. PR (2001): Markenartikler-Studie. Auswertung. o.O. (Manuskript).
Rolke, Lothar/Rosema, Bernd/Avenarius, Horst (Hrsg.) (1994): Unternehmen in der ökologischen Diskussion. Umweltkommunikation auf dem Prüfstand. Opladen: Verlag für Sozialwissenschaften.
Rolke, Lothar/Wolff, Volker (Hrsg.) (2000): Finanzkommunikation. Kurspflege durch Meinungspflege. Die neuen Spielregeln am Aktienmarkt. Frankfurt a. M.: Frankfurter Allgemeine Buch.

Rolke, Lothar/Wolff, Volker (Hrsg.) (2002): Der Kampf um die Öffentlichkeit. Wie sich Medien, Unternehmen und Verbraucher durch das Internet verändern. Neuwied, Kriftel: Luchterhand.

Rolke, Lothar (2002a): Kommunizieren nach dem Stakeholder-Kompass. In: Kirf, Bodo/Rolke, Lothar (Hrsg.): Der Stakeholder-Kompass der Unternehmenskommunikation. Frankfurt a. M.: Frankfurter Allgemeine Buch, S. 16-33.

Rolke, Lothar (2002b): Globaler Verbraucherprotest – neue Öffentlichkeiten im Netz. In: Rolke, Lothar/Wolff, Volker (Hrsg.): Der Kampf um die Öffentlichkeit. Wie sich Medien, Unternehmen und Verbraucher durch das Internet verändern. Neuwied, Kriftel: Luchterhand, S. 15-43.

Rolke, Lothar (2002c): Unternehmenskommunikation in Deutschland: Auf dem Weg zum monetären Leitprinzip und kommunikationsbasierten Stakeholder-Kompass. In: Viallon, Phillippe/Weiland, Ute (Hrsg.): Kommunikation, Medien und Gesellschaft. Berlin, Paris: Avinus, S. 117-144.

Rolke, Lothar (2003): Produkt- und Unternehmenskommunikation im Umbruch. Was die Marketer und PR-Manager für die Zukunft erwarten. Frankfurt a. M.: F.A.Z.-Institut.

Rolke, Lothar (2004): Public Relations – die Lizenz zur Mitgestaltung öffentlicher Meinung. Umrisse einer neuen PR-Theorie. In: Röttger, Ulrike (Hrsg.): Theorien der Public Relations. Wiesbaden: Verlag für Sozialwissenschaften.

Röttger, Ulrike (2000): Public Relations – Organisation und Profession. Wiesbaden: Verlag für Sozialwissenschaften.

Vieregge, Henning von (1997): Sorry, wir haben einen Fehler gemacht. Chancen und Risiken von Entschuldigungskampagnen. In: Röttger, Ulrike (Hrsg.): PR-Kampagnen. Über die Inszenierung von Öffentlichkeit. Opladen: Verlag für Sozialwissenschaften, S. 309-313.

Wolf, Volker (2002): Berichterstatter, Berater oder Verkäufer – Zum neuen Selbstverständnis der Journalisten und ihrer Verlage. In: Rolke, Lothar/Wolff, Volker (Hrsg.): Der Kampf um die Öffentlichkeit. Wie sich Medien, Unternehmen und Verbraucher durch das Internet verändern. Neuwied, Kriftel: Luchterhand, S. 103-112.

Zühlsdorf, Anke (2002): Gesellschaftsorientierte Public Relations. Wiesbaden: Westdeutscher Verlag.

Berufsfeld Politik

Jens Tenscher/Frank Esser

1. Einleitung

Ein breites Spektrum tief greifender Transformationen im soziokulturellen, politischen und massenmedialen Umfeld politischen Handelns hat in den vergangenen Jahren zu vielfältigen Veränderungen in den Strukturen, Prozessen und Inhalten der politischen Kommunikation geführt. Hierzu gehören etwa die zunehmende Personalisierung, Eventisierung, Talkshowisierung oder Entertainisierung des Politischen (vgl. Tenscher 2002). Diese Entwicklungen gelten einigen Beobachtern in Öffentlichkeit und Wissenschaft als sinnfällige Indikatoren für eine so genannte ‚Amerikanisierung' der politischen Kommunikation (vgl. Kamps 2000; Dörner/Vogt 2002). Gleichwohl handelt es sich bei diesen ‚lediglich' um empirisch zum Teil zu relativierende Veränderungen, die die *Art und Weise* der Politikvermittlung und der Politikdarstellung betreffen. Hinter diesen Wandlungen auf der *Inhaltsebene* zeichnen sich jedoch umfassendere strukturelle und prozessuale Transformationsprozesse ab, die es nahe legen, von einer sukzessiven *Modernisierung* der politischen Kommunikation in Deutschland und anderen hochentwickelten ‚Mediendemokratien' zu sprechen (vgl. Donges 2000).[1]

Entsprechende modernisierungsbedingte Veränderungen treten zu den Hochphasen politischer Kommunikation – in Wahlkämpfen – am deutlichsten zu Tage, mit entsprechend überdurchschnittlicher Beachtung seitens der publizistischen Beobachter, aber auch der politischen Kommunikationsforschung. Im Sinne von nachhaltigen *Professionalisierungsprozessen* kann jedoch angenommen werden, dass die Modernisierung der politischen Kommunikation ihren *dauerhaften* Niederschlag auch in der Organisation, im Prozess und nicht zuletzt in der sukzessiven *Veruflichung* der Hauptakteure der alltäglichen, routinemäßigen Politikvermittlung findet. Entsprechend lässt sich die Professionalisierung politischer Öffentlichkeitsarbeit, als dem am intensivsten gepflegten, am stärksten genutzten und – langfristig gesehen – wohl auch folgenreichsten Teilbereich moderner Politikvermittlung (vgl.

---

1 Im Gegensatz zu – aus heutiger Sicht nahezu ‚orthodox' anmutenden – *diffusionstheoretischen* Vorstellungen geht es also bei ‚Amerikanisierung' in einer modernisierungsspezifischen Betrachtungsweise nicht um den einseitigen Transfer bzw. um an den USA orientierte Anpassungsprozesse (vgl. Plasser 2000: 49), sondern vielmehr um *ungerichtete, modernisierungsbedingte Konvergenzen* der politischen Kommunikationslogiken in medienzentrierten Demokratien, deren Ausmaß abhängig ist von den jeweils gegebenen länder- bzw. kontextspezifischen soziokulturellen, medialen und politischen Rahmenbedingungen. Die USA sind demzufolge weniger Vor*bild* als vielmehr Vor*reiter* des Überganges zu einer postmodernen Logik politischer Kommunikation.

Tenscher 2003a: 76ff),² sowohl auf der Mesoebene der Gestaltung der Binnen- und Außenkommunikation politischer Organisationen (d.h. von Parteien, Parlament, Regierung, Neuen Sozialen Bewegungen etc.) als auch auf der Mikroebene der betroffenen Akteure überprüfen (vgl. Mancini 1999; Negrine/Lilleker 2002). Letztere ist die für den vorliegenden Kontext relevante Ebene: die Professionalisierung bzw. Verberuflichung der Zentralakteure der Politikvermittlung in Deutschland. Dazu ist es zunächst erforderlich, die in diesem Bereich tätigen Akteure eindeutig zu spezifizieren (Abschnitt 2), um anschließend deren ‚Professionalisierungsgrad' zu hinterfragen (Abschnitt 3). Abschließend werden die Möglichkeiten und Grenzen einer derartigen Professionalisierungsdebatte mit Blick auf die relevante Literatur diskutiert (Abschnitt 4).

2. Akteure moderner Politikvermittlung

Im Zuge der so genannten ‚Amerikanisierungsdebatte' ist einer Akteursgruppe in den vergangenen Jahren besondere Aufmerksamkeit zuteil geworden: den so genannten ‚Spin Doctors' (vgl. u.a. Kocks 1998; Holtz-Bacha 2000a: 49ff; Esser 2000a, b; Mihr 2003). Auf den ersten Blick scheinen diese in idealer Weise die vermeintlich rasant voranschreitende Modernisierung der politischen Kommunikation in der deutschen ‚Mediendemokrati' zu versinnbildlichen. Sie verkörpern, je nach Betrachter, Attribute wie ‚Professionalität', ‚Omnipotenz' und ‚Mediengeschick', aber auch solche wie ‚Intransparenz', ‚Illegitimität' und ‚Manipulation'. Derart konnotiert erschwert jedoch der in Presse, Öffentlichkeit und zum Teil auch Wissenschaft virulente „Mythos ‚Spin Doctor'" (Tenscher 2003b) den Blick auf andere Akteure professioneller Politikvermittlung und damit die vorurteils- bzw. wertfreie Analyse des Gesamtzustandes des Handlungsfeldes ‚Politikvermittlung'.

Bei genauerem Hinsehen umfasst dieses, als auch der Teilbereich der politischen Öffentlichkeitsarbeit, mittlerweile eine Fülle an „Politikvermittlungsexperten" (Tenscher 2000) mit spezifischen Kenntnissen und Fähigkeiten, mit zum Teil unterschiedlichen Sozialisations- bzw. Karrierewegen, mit divergierenden Aktionsfeldern, Interaktionspartnern, Handlungskompetenzen und Professionalisierungschancen. Gemeint sind damit zunächst die politischen Akteure selbst, die quasi ‚nebenberuflich' in immer stärkerem Maße darauf angewiesen sind, medien- und publikumsgerechte Öffentlichkeitsarbeit ‚in eigener Sache' zu betreiben (vgl. Bentele 1998;

---

2 Politikvermittlung trägt dem Umstand Rechnung, dass demokratische Systeme, politische Organisationen und Akteure auf spezifische Verfahren, Institutionen sowie professionalisierte Akteure zurückgreifen, durch die Politik zwischen politischen Entscheidungsträgern und Bürgern, zwischen ‚Herrschenden' und ‚Beherrschten' vermittelt wird. Hierbei geht es also um den aus demokratietheoretischem Blickwinkel unumgänglichen, kontinuierlichen, kommunikativen Austausch von politischen Organisationen einerseits und gesellschaftlichen (Teil-)Öffentlichkeiten andererseits, also um die permanente Beobachtung und Beeinflussung öffentlicher Meinung (vgl. Sarcinelli 1998: 11). Im Gegensatz zum Gesamtphänomen politischer Kommunikation bezieht sich der Begriff der Politikvermittlung auf die output-orientierten, top-down-gerichteten kommunikativen Aktivitäten politischer Akteure, also auf unterschiedliche Maßnahmen, Resonanzen in der politischen Öffentlichkeit zu erzeugen (vgl. Tenscher 2003a: 38ff).

Negrine/Lilleker 2002). Dadurch weitet sich ihr Kompetenzspektrum zwangsläufig in zunehmendem Maße über die rein politische Sach- und Fachlogik auf die mediale Darstellungs- und Vermittlungslogik aus (vgl. Sarcinelli 2001).

Neben diesen *funktionalen Politikvermittlungsexperten* hat sich in den vergangenen Jahren im Rahmen beschleunigter, aber noch nicht abgeschlossener Entwicklungs- und Strukturierungsprozesse von diversen *Politikvermittlungsagenturen* innerhalb und außerhalb politischer Organisationen (wie z.B. Presse- und Öffentlichkeitsabteilungen, Kampagnenstäben, PR- und Werbeagenturen etc.) auch die Gruppe der *professionalisierten Politikvermittlungsexperten* ausgebreitet und ausdifferenziert (vgl. Plasser 2000).[3] Damit sind all diejenigen angesprochen, die auf Grund spezifischer Kenntnisse und Fähigkeiten im Bereich der Politikvermittlung tätig sind, ohne selbst ein vom Volk gewähltes oder delegiertes politisches Mandat hauptberuflich auszuüben. Deren zentrale Aufgabe liegt im *Management* politischer Informations- und Kommunikationsprozesse, in der *Beratung und/oder Übernahme* einzelner Politikvermittlungstätigkeiten und/oder in der *Vermittlung* von Politik zwischen ihrem politischen Auftraggeber einerseits und politischen (Teil-)Öffentlichkeiten andererseits (vgl. Tenscher 2000). Ihre Tätigkeiten zielen auf die permanente Beobachtung und Beeinflussung der öffentlichen Meinung (vgl. Pfetsch 1997). Hierzu zählen insbesondere das so genannte News Management, das Image Building und nicht zuletzt das Management von Beziehungen zwischen Politikern und Journalisten. So verstanden, fungieren Politikvermittlungsexperten als Grenzstellen und Brücken zwischen politischen Organisationen einerseits und deren internen und externen Umwelten andererseits, sprich Medien und sonstigen Öffentlichkeiten. Sie wirken also nach innen und nach außen.

Politikvermittlungsexperten lassen sich erstens danach differenzieren, ob sie entweder *in* einer politischen Organisation institutionalisiert tätig sind oder ob sie *für* eine politische Organisation in einem assoziierten Verhältnis aktiv werden. Letztere Akteure sind folglich nicht per ausgewiesenem Funktionsbereich in eine politische Organisation integriert, sondern sind entweder in einer externen, kommerziell arbeitenden Politikvermittlungsagentur oder als freie Mitarbeiter tätig. Diese Unterscheidung nach dem Institutionalisierungsgrad ist nicht zuletzt dem Umstand der zunehmenden Professionalisierung der Politikvermittlungsexpertise sowohl *innerhalb* als auch *außerhalb* (Outsourcing) tradierter Organisationsstrukturen geschuldet (vgl. u.a. Plasser et al. 1998: 23ff; Holtz-Bacha 2000: 50f). Zugleich hat die Sozialisation und Verankerung eines Akteurs innerhalb oder außerhalb politischer Organisationen bzw. innerhalb des politischen Systems oder innerhalb der publizistischen Teilsysteme PR und Werbung Konsequenzen für das Rollenverständnis, für die Einflussmöglichkeiten und – nicht zuletzt – die Professionalisierungschancen der Akteure.

---

3   Dabei sind jedoch dem Prozess der Kommerzialisierung und Externalisierung der Politikvermittlung in Deutschland im Vergleich zu den USA oder Großbritannien insbesondere durch Restriktionen der Parteienfinanzierung und der Parteienwerbung (vgl. u.a. Donges 2000) sowie durch organisationsstrukturelle und organisationskulturelle Hemmnisse (vgl. Tenscher 2003a: 83ff) quasi-natürliche Grenzen gesetzt, die dazu führen, dass sich derzeit nur rund ein Dutzend kommerzieller PR- und Werbeagenturen im Bereich der politischen Kommunikation engagiert.

Zweitens können die Akteure des Handlungsfeldes ‚Politikvermittlung' danach differenziert werden, ob sie *permanent* oder *temporär* für eine politische Organisation bzw. einen politischen Akteur aktiv sind. Dabei bezieht sich die zeitliche Befristung in der Regel auf Wahlkampfphasen, in denen der Anteil der assoziierten Politikvermittlungsexperten im Vergleich zu den Routinephasen der Politikvermittlung steigt. Besonders deutlich wird dies am periodisch wiederkehrenden Aufkommen der bereits erwähnten ‚Spin Doctors' und anderer Kampagnenspezialisten (insbesondere aus dem assoziierten Bereich). Schließlich können auch den routinemäßig arbeitenden Akteuren in Wahlkampfzeiten zusätzliche Aufgaben erwachsen – und es kann zu Friktionen zwischen den organisationsintern sozialisierten, dauerhaft institutionalisierten Akteuren einerseits und den temporär beschäftigten Assoziierten andererseits kommen (vgl. Plasser et al. 1998: 23).

Drittens können die institutionalisierten Politikvermittlungsexperten, entsprechend der Größe bzw. Breite ihres Aufgaben- bzw. Kompetenzfeldes, in *Generalisten* und *Spezialisten* unterschieden werden. Während Generalisten (z.B. Bundesgeschäftsführer, Generalsekretäre, Regierungssprecher) hauptverantwortlich oder leitend mitverantwortlich für die Gesamtplanung, -organisation und -durchführung aller Politikvermittlungsprozesse einer politischen Organisation sind, besetzt eine Schar an Spezialisten einzelne Aufgabenfelder der Politikvermittlung, wie z.B. die direkte Kommunikation mit den Bürgern (Öffentlichkeitsarbeiter), den Informations- und Kommunikationsaustausch mit Massenmedien, Redaktionen und Journalisten (Pressesprecher) oder die Gestaltung von Inhalt und Form einzelner kommunikativer Botschaften (Redenschreiber). Abhängig vom Grad der funktionalen Ausdifferenzierung einer politischen Organisation bzw. ihrer Politikvermittlungstätigkeiten sowie von der finanziellen und personellen Ressourcenausstattung werden diese unterschiedlichen Aufgabenfelder auch nur von einem, dann wiederum verstärkt generalistisch tätigen Politikvermittlungsexperten wahrgenommen.

3. Zum ‚Professionalisierungsgrad' deutscher Politikvermittlungsexperten

Wird die Akteursgruppe der Politikvermittlungsexperten nach dem Grad ihrer Institutionalisierung und dem Grad der Dauerhaftigkeit ihrer Politikvermittlungstätigkeit systematisiert, dann führt dies, wie gesehen, zu mehreren Subgruppen im Akteursfeld ‚Politikvermittlung', die wiederum nach der Größe ihres Aufgabenspektrums, dem damit in der Regel verbundenen Verantwortungs- und Kompetenzbereich sowie den spezifischen Inhalten der Politikvermittlungstätigkeit unterschieden werden können. Das Ergebnis ist schließlich eine eindeutige, präzise und disjunkte Identifizierung der relevanten Rollenträger moderner Politikvermittlung. Unter diesen finden sich auch die gewöhnlich als ‚politische Öffentlichkeitsarbeiter' (Jarren 1994; Bentele 1998) titulierten Akteure wieder, jedoch nur als eine von mehreren komplementären Rollenträgern mit jeweils spezifischen Politikvermittlungskenntnissen und -kompetenzen.

Über die Gesamtzahl der in diesem Bereich in Deutschland aktiven Akteure liegen derzeit noch keine empirisch abgesicherten Befunde vor. Allerdings lässt sich vor dem Hintergrund von geschätzten rund 16.000 PR-Praktikern (vgl. Röttger 2000: 76) annehmen, dass nur einige *hundert Personen* als Politikvermittlungsexperten auf nationaler und regionaler Ebene in bzw. für politische Organisationen und Akteure in Deutschland tätig sind. Die meisten davon sind in der größten Politikvermittlungsagentur Deutschlands angestellt, dem Presse- und Informationsamt der Bundesregierung (BPA), das im Jahre 2002 rund 600 Mitarbeiter beschäftigte (darunter allerdings auch eine Vielzahl ohne spezifische Politikvermittlungskenntnisse). Es ist darauf hinzuweisen, dass von der Gesamtgruppe der deutschen Politikvermittlungsexperten lediglich eine Handvoll in der Lage ist, als ‚Spin Doctors' temporär mediale Aufmerksamkeit auf sich und ihre politische Organisation zu lenken (vgl. Esser/Reinmann 1999; Esser et al. 2001; Esser 2003).[4] Gleichwohl scheinen diese in besonderem Maße öffentlich wie publizistisch verbreitete Vorstellungen davon zu prägen, wie ‚professionell', ‚allmächtig', aber auch ‚hinterlistig' und ‚berechnend' deutsche Politikvermittlungsexperten vermeintlich sind (vgl. Tenscher 2003b).

Allein die überschaubare Anzahl deutscher Politikvermittlungsexperten verführt mitunter zu der Annahme, dass Handlungsfeld ‚Politikvermittlung' – und damit auch der Teilbereich der politischen Öffentlichkeitsarbeit – sei „unterprofessionalisiert" (vgl. u.a. Holtz-Bacha 2000: 49ff).[5] Um diese weit verbreitete Vermutung über den Professionalisierungs- bzw. Verberuflichungsgrad deutscher Politikvermittlungsexperten zu überprüfen, bieten sich prinzipiell zwei unterschiedliche ‚Messlatten' an, der so genannte *Merkmalsansatz* und der *Strategie-Ansatz* (vgl. Röttger 2000: 64ff).

Im Rahmen merkmalstheoretischer Konzeptionen kennzeichnen Professionen das Ende eines Kontinuums der Verberuflichung bzw. das Endstadium von zwei wesentlichen Professionalisierungsprozessen: der Systematisierung von Wissen und der zunehmenden sozialen und gesellschaftlichen Ordnung (vgl. u.a. Macdonald 1999). Professionen grenzen sich demnach von wenig bzw. (noch) nicht professionalisierten Berufen und Tätigkeitsfeldern vor allem dadurch ab, dass sie (1) über eine hohe fachliche Kompetenz und eine spezifische Problemlösungskompetenz auf Grund einer speziellen akademischen Ausbildung verfügen, die ihnen (2) ein hohes Maß an sachlicher und persönlicher Handlungs- und Entscheidungsautonomie garantiert. Professionelle Tätigkeiten sind zudem (3) in erster Linie gemeinwohlorientiert und tragen zur Stabilität der Gesellschaft bei. Sie zeichnen sich (4) dadurch aus, dass sie fehlende äußere Kontrolle durch individuelle und – in Form von Standesorganisationen und Berufsverbänden – professionsintern institutionalisierte Selbstkontrolle kompensieren. Die Orientierung an gemeinsamen Normen und die Mitglied-

---

[4] Erinnert sei in diesem Zusammenhang nur an die populärsten ‚Spin Doctors' der vergangenen Bundestagswahlkämpfe: Hans-Hermann Tiedje, Bodo Hombach, Mathias Machnig, Franz Müntefering oder Michael Spreng.

[5] Nur zum Vergleich: In den USA sind derzeit ca. 197.000 PR-Fachleute – darunter eine unbestimmte Zahl im Bereich der Politikvermittlung – und bis zu 12.000 Wahlkampfberater tätig (vgl. Althaus 1998: 67; Ruß-Mohl 1999a: 163). Dabei müssen jedoch die unterschiedlichen politischen, medialen, kulturellen und rechtlichen Rahmenbedingungen im Bereich der Politikvermittlung berücksichtigt werden.

schaft in Berufsverbänden prägen schließlich (5) das berufliche Selbstverständnis und führen zur Ausbildung einer professionsspezifischen Identität innerhalb der *professional community*. Dadurch gewinnen professionelle Experten an Autonomie sowohl gegenüber Laien bzw. der Allgemeinheit als auch gegenüber politischen Entscheidungsträgern.

In diesem eng definierten, merkmalsbezogenen Sinne können nur wenige Berufe, wie die des Mediziners, Wissenschaftlers oder Juristen, als *vollprofessionalisiert* gelten. ‚Moderne' Berufe (wie Öffentlichkeitsarbeit) und komplexe Handlungsfelder (wie Politikvermittlung) sind dagegen fast immer in Organisationen eingebunden, wodurch es ihnen in der Regel an der merkmalstheoretisch eingeforderten Handlungsautonomie, aber auch an der altruistischen Gemeinwohlorientierung fehlt. Gerade Öffentlichkeitsarbeit im Allgemeinen und Politikvermittlung im Besonderen zeichnen sich durch geringe organisatorische Unabhängigkeit, starke personelle Verpflichtungen, die schon im Rekrutierungsprozess zum Tragen kommen, Bindung an Partikularinteressen und demzufolge auch durch fehlende Handlungsautonomie aus (vgl. Jarren 1994; Röttger 2000: 74ff; Tenscher 2003a: 127ff). Dazu trägt nicht zuletzt eine (immer noch) unzureichende personelle und finanzielle Ressourcenausstattung bei.[6] Überdies fehlt es im Bereich der Politikvermittlung in Deutschland noch weitgehend an spezialisierten und zertifizierten akademischen Ausbildungswegen, an einem kontrollierten Berufszugang, an spezifischen Kodizes und ‚durchsetzungsfähigen' Selbstkontrollorganen, die zur Ausbildung einer organisationsunabhängigen, professionsspezifischen Identität beitrügen. Kurzum: Werden die Merkmale klassischer Professionen zu Rate gezogen, so muss Politikvermittlung in Deutschland *zwangsläufig* als ein gering professionalisiertes, weitgehend offenes, unscharfes und heterogenes Handlungsfeld bezeichnet werden (vgl. bereits Jarren 1994).

Allerdings stellt sich die Frage, ob diese merkmalsorientierte ‚Messlatte' nicht schlichtweg ein untaugliches Instrumentarium für solch ein Handlungsfeld in der Interpenetrationszone von Politik und Massenmedien ist. Denn angesichts der von beiden Seiten aufgespannten vielfältigen strukturellen und organisationsspezifischen *Constraints* ist auf absehbare Zeit nicht davon auszugehen, dass Politikvermittlungsexperten in merkmalstheoretischer Sicht den Zustand völliger Professionalität erreichen könnten (vgl. Tenscher 2003a: 129).

Als zeitgemäßere und dem Untersuchungsgegenstand angemessenere Alternative bietet sich in Bezug auf die Professionalisierung deutscher Politikvermittlungsexperten eher die Frage an, inwieweit es den Akteuren gelingt, sich als für bestimmte Probleme (eben Politikvermittlungstätigkeiten) einzig kompetente, für die Gesellschaft und die zentralen Interaktionspartner unersetzliche Akteursgruppe darzustellen und sich gegenüber diesen abzugrenzen. Professionalisierung wird in diesem *strategischen Sinne* also als ein fortwährender Prozess der öffentlich ausgetragenen Berufsaufwertung, als ein Prozess der kollektiven Vermarktung von Expertise sei-

---

6 So wurden allein im BPA in den vergangenen zehn Jahren etwa hundert Mitarbeiterstellen abgebaut und der Etat kontinuierlich gekürzt. Derartige Kürzungsmaßnahmen verzögern jedoch den Prozess der funktionalen Ausdifferenzierung spezifischer Handlungsrollen und darüber hinaus die Umsetzung einer strategisch, d.h. langfristig ausgerichteten Kommunikationspolitik.

tens der Berufsinhaber verstanden (vgl. Torstendahl 1990). Hierbei geht es zuvorderst um das *Image* der Kompetenz bzw. der Professionalität und nicht, wie beim Merkmalsansatz, um faktisch vorhandene, objektiv nachprüfbare Eigenschaften.[7]

Wird dieser Strategie-Ansatz als Prüfstein für den Professionalisierungsgrad deutscher Politikvermittlungsexperten genutzt, so fällt das *ambivalente Image* der Akteure in der öffentlichen Wahrnehmung und der publizistischen Berichterstattung auf, das sich, abgeleitet von einigen wenigen ‚Spin Doctors', zwischen den Polen ‚Professionalität' und ‚Manipulation' bewegt (vgl. Tenscher 2003b). Aus professionalisierungstheoretischer Perspektive kann hier – trotz erster Bestrebungen – insgesamt nicht von einer positiven kollektiven Vermarktung gesprochen werden. Diese ist auch zukünftig kaum zu erwarten, da es der großen Masse an Politikvermittlungsexperten schlichtweg an Prominenz fehlt, um sich öffentlich darzustellen. Zudem verhindern politische wie journalistische Akteure, die Hauptdarsteller in der ‚Arena politischer Öffentlichkeit', die Selbstpositionierung von Politikvermittlungsexperten (vgl. Tenscher 2000). Die kollektive Vermarktung der Expertise, mithin der Gewinn an Professionalität, bleibt somit zunächst auf die öffentlich nicht einsehbaren ‚Hinterbühnen' des politisch-medialen Beziehungsgeflechts beschränkt. Hier scheint es jedoch Politikvermittlungsexperten in immer größerem Maße zu gelingen, zentrale Positionen zu besetzen und sich gegenüber den zentralen Interaktionspartnern als unverzichtbar darzustellen, indem sie in wesentlichem Maße dazu beitragen, den permanenten Austausch von politischen und journalistischen Akteuren zu garantieren und zu regulieren (vgl. Pfetsch 2003; Tenscher 2003a).

4. Fazit

Wie skizziert, dient die Frage nach dem Ausmaß der Professionalisierung als wesentlicher Indikator für das Ausmaß an nachhaltigen strukturellen Veränderungen innerhalb eines politischen Systems bzw. einer politischen Organisation und somit als zentraler Gradmesser für die Einschätzung der Modernität der politischen Kommunikation (vgl. Donges 2000: 29ff). Dabei erweist sich Professionalisierung bei genauerem Hinsehen als ein Phänomen, das sowohl in Bezug auf strukturelle und prozessuale Veränderungen politischer Organisationen als auch in Bezug auf die Rollenträger der Politikvermittlung untersucht werden kann (vgl. Negrine/Lilleker 2002). Ein hoher organisatorischer Professionalisierungsgrad ist nicht (immer)

---

[7] Diesen Strategieansatz verfolgt beispielsweise die im Mai 2002 gegründete Deutsche Gesellschaft für Politikberatung (www.degepol.de). Der Vorsitzende Dominik Meier dazu: „Wenn das Image von Politikberatung in Deutschland nachhaltig verbessert werden soll, muss es gelingen, Politikberatung jenseits von Strippenziehern und schwarzen Koffern als *professionelles Berufsbild* zu etablieren". Dazu möchte die degepol „maßgeblich dazu beitragen, die *Vorstellungen über die Profession* Politikberatung mit den Begriffen Glaubwürdigkeit, Qualität und Diskretion zu verbinden". Dabei bestehe die „entscheidende Aufgabe" der degepol darin, den besonderen Nutzen und „das neue Profil von Politikberatung den Akteuren im politischen Feld, den Unternehmen und Organisationen in der Wirtschaft und Gesellschaft und der Öffentlichkeit *zu vermitteln*" (Meier 2003: 443; Hervorhebungen von J.T./F.E.).

gleichbedeutend mit einer starken Professionalisierung der involvierten Akteure *et vice versa* – auch wenn dies mitunter unterstellt wird.

Professionalisierung ist schließlich ein Prozess, dessen Ende nicht absehbar ist. Deutsche Politikvermittlungsexperten scheinen hier vergleichsweise am Anfang zu stehen und es ist angesichts der Komplexitäten und wechselseitigen Abhängigkeiten im Spannungsfeld von Politik und Massenmedien sowie vor dem Hintergrund vielfältiger politischer, medialer, kultureller wie rechtlicher Beschränkungen mehr als zweifelhaft, ob sie sich jemals wie ihre Kollegen in den USA werden entfalten können (vgl. Althaus 2002). Allerdings ist darauf hinzuweisen, dass auch die – mitunter bemühte – U.S.-amerikanische Situation als Messlatte für die deutsche Entwicklung der Verberuflichung des Handlungsfeldes Politikvermittlung bzw. politischer Öffentlichkeitsarbeit nur eingeschränkt erkenntnisfördernd ist.

So ist die U.S.-Vergleichsliteratur erstens nahezu ausschließlich auf Wahlkämpfe fokussiert, in denen die Wahlkampfberater zweitens unter völlig anderen Strukturbedingungen hinsichtlich des Wahlsystems, des Systems der Parteienkonkurrenz, der Parteien- und Kampagnenfinanzierung, des Mediensystem, der politischen Kultur und des gesellschaftlichen Modernisierungsgrades arbeiten (vgl. Plasser 2000). Drittens gibt es auch in den U.S.A. begründete Zweifel daran, ob derzeit von ‚professionalisierter' Wahlkampfberatung gesprochen werden kann (vgl. Scammell 1998). Ein viertes Problem der zahlreichen Literatur zum Thema liegt in der Tatsache begründet, dass sie vielfach auf journalistische Quellen oder Selbstaussagen der Berater angewiesen ist. Journalisten neigen jedoch aus professionellen Eigeninteressen (Aufwertung der eigenen Story, Abwehr von Fremdsteuerungsversuchen) dazu, die Rolle der Berater entweder mystifizierend zu überhöhen oder zu verteufeln. Demgegenüber tendieren einige Berater, im Sinne des geschilderten *strategischen Ansatzes*, aus professionellen Eigeninteressen dazu, ihre eigene Rolle zu überhöhen.

Schließlich fällt beim Blick auf die relevante Literatur die mitunter unklare und verwirrende Verwendung zentraler Termini auf. So ist beispielsweise zu beachten, dass der gemeinhin recht willkürlich verwendete Begriff des Spin Doctoring „kein neutrales wissenschaftliches Konzept (wie etwa Kommunikation) und auch keine Selbstbezeichnung einer Branche (wie etwa Public Relations) ist, sondern eine parteiische, negativ wertende Wortschöpfung von Journalisten, um die Arbeit von PR-Experten zu diskreditieren (als fragwürdige Strippenzieherei)" (Esser 2000b: 10). Nicht zuletzt dieses Defizit zu beseitigen und durch einen analytischeren, differenzierteren Zugriff auf die Thematik beizutragen, ist das Anliegen dieses Beitrags.

Literatur

Althaus, Marco (2002): Professionalismus im Werden. Amerikas Wahlkampfberater im Wahljahr 2000. In: Schatz, Heribert/Rössler, Patrick/Nieland, Jörg-Uwe (Hrsg.): Politische Akteure in der Mediendemokratie. Politiker in den Fesseln der Medien? Wiesbaden: Westdeutscher Verlag, S. 79-99.

Bentele, Günter (1998): Politische Öffentlichkeitsarbeit. In: Sarcinelli, Ulrich (Hrsg.): Politikvermittlung und Demokratie in der Mediengesellschaft. Beiträge zur politischen Kommunikationskultur. Wiesbaden: Westdeutscher Verlag, S. 124-145.

Donges, Patrick (2000): Amerikanisierung, Professionalisierung, Modernisierung? Anmerkungen zu einigen amorphen Begriffen. In: Kamps, Klaus (Hrsg.): Trans-Atlantik – Trans-Portabel? Die Amerikanisierungsthese in der politischen Kommunikation. Westdeutscher Verlag: Wiesbaden, S. 27-40.

Dörner, Andreas/Vogt, Ludgera (Hrsg.) (2002): Wahl-Kämpfe. Betrachtungen über ein demokratisches Ritual. Frankfurt a. M.: Suhrkamp.

Esser, Frank (2000a): Spin doctoring. Rüstungsspirale zwischen politischer PR und politischem Journalismus. In: Forschungsjournal Neue Soziale Bewegungen, 13. Jg., Nr. 3, S. 17-24.

Esser, Frank (2000b): Spin doctoring in den USA. Eine Lehre für Deutschland. In: PR Magazin, Nr. 10, S. 35-40.

Esser, Frank (2003): Wie die Medien ihre eigene Rolle und die der politischen Publicity im Bundestagswahlkampf framen – Metaberichterstattung: Ein neues Konzept im Test. In: Holtz-Bacha, Christina (Hrsg.): Die Massenmedien im Wahlkampf. Die Bundestagswahl 2002. Wiesbaden: Westdeutscher Verlag, S. 162-193.

Esser, Frank/Reinemann, Carsten (1999): „Spin Doctoring" im deutschen Wahlkampf. Wahlkampfmanager in der Berichterstattung zur Wahl 1998. In: Medien Tenor, Nr. 86, S. 40-43.

Esser, Frank/Reinemann, Carsten/Fan, David (2001): Spin Doctors in the United States, Great Britain and Germany. Meta-Communication about Media Manipulation. In: Harvard International Journal of Press/Politics, 6. Jg., Nr. 1, S. 16-45.

Holtz-Bacha, Christina (2000): Wahlkampf in Deutschland. Ein Fall bedingter Amerikanisierung. In: Kamps, Klaus (Hrsg.): Trans-Atlantik – Trans-Portabel? Die Amerikanisierungsthese in der politischen Kommunikation. Wiesbaden: Westdeutscher Verlag, S. 43-55.

Jarren, Otfried (1994): Kann man mit Öffentlichkeitsarbeit die Politik „retten"? Überlegungen zum Öffentlichkeits-, Medien- und Politikwandel in der modernen Gesellschaft. In: Zeitschrift für Parlamentsfragen, Nr. 4, S. 653-673.

Kamps, Klaus (Hrsg.) (2000): Trans-Atlantik – Trans-Portabel? Die Amerikanisierungsthese in der politischen Kommunikation. Wiesbaden: Westdeutscher Verlag.

Kocks, Klaus (1998): Was oder worüber spinnt ein spin-doctor? Akademische Anmerkungen zur sogenannten Amerikanisierung der Politischen Public Relations. Paper präsentiert auf dem 25. Jahrestag der Gesellschaft Public Relations Agenturen e.V. am 30. April 1998 in Frankfurt a. M.

Macdonald, Keith M. (1999): The Sociology of Professions. London: Sage.

Mancini, Paolo (1999): New Frontiers in Political Professionalism. In: Political Communication, 16. Jg., Nr. 3, S. 231-245.

Meier, Dominik (2003): Professionalisierung der Politikberatung. Plattform für ein neues Berufsfeld. In: Althaus, Marco/Cecere, Vito (Hrsg.): Kampagne 2. Neue Strategien für Wahlkampf, PR und Lobbying. Münster: Lit, S. 436-447.

Mihr, Christian (2003): Wer spinnt denn da? Spin Doctoring in den USA und in Deutschland. Eine vergleichende Studie zur Auslagerung politischer PR. Münster: Lit.

Negrine, Ralph/Lilleker, Darren G. (2002): The Professionalization of Political Communication. Continuities and Change in Media Practices. In: European Journal of Communication, 17. Jg., Nr. 3, S. 305-323.

Pfetsch, Barbara (1997): Zur Beobachtung und Beeinflussung öffentlicher Meinung in der Mediendemokratie. Bausteine einer politikwissenschaftlichen Kommunikationsforschung. In: Rohe, Karl (Hrsg.): Politik und Demokratie in der Informationsgesellschaft. Baden-Baden: Nomos, S. 45-54.

Pfetsch, Barbara (2003): Politische Kommunikationskultur. Politische Sprecher und Journalisten in der Bundesrepublik und den USA. Wiesbaden: Westdeutscher Verlag.

Plasser, Fritz (2000): „Amerikanisierung" der Wahlkommunikation in Westeuropa. Diskussions- und Forschungsstand. In: Bohrmann, Hans/Jarren, Otfried/Melischek, Gabriele/Seethaler, Josef (Hrsg.): Wahlen und Politikvermittlung durch Massenmedien. Wiesbaden: Westdeutscher Verlag, S. 49-67.

Plasser, Fritz/Scheucher, Christian/Senft, Christian (1998): Praxis des Politischen Marketing aus Sicht westeuropäischer Politikberater und Parteimanager. Ergebnisse einer Expertenbefragung. Wien.

Röttger, Ulrike (2000): Public Relations – Organisation und Profession. Öffentlichkeitsarbeit als Organisationsfunktion. Eine Berufsfeldstudie. Wiesbaden: Westdeutscher Verlag.

Ruß-Mohl, Stephan (1999a): Spoonfeeding, Spinning, Whistleblowing. Beispiel USA: Wie sich die Machtbalance zwischen PR und Journalismus verschiebt. In: Rolke, Lothar/Wolff, Volker (Hrsg.): Wie die Medien die Wirklichkeit steuern und selber gesteuert werden. Wiesbaden: Westdeutscher Verlag, S. 163-176.

Sarcinelli, Ulrich (1998): Politikvermittlung und Demokratie. Zum Wandel der politischen Kommunikationskultur. In: Sarcinelli, Ulrich (Hrsg.): Politikvermittlung und Demokratie in der Mediengesellschaft. Beiträge zur politischen Kommunikationskultur. Bonn, Wiesbaden: Westdeutscher Verlag, S. 11-23.

Sarcinelli, Ulrich (2001): Politische Akteure in der Medienarena. Beiträge zum Spannungsverhältnis zwischen Amtsverantwortung und Medienorientierung bei politischen Positionsinhabern. Landauer Arbeitsberichte und Preprints, Nr. 12, Landau.

Scammell, Margaret (1998): The Wisdom of the War Room: US Campagning and Americanization. In: Media Culture & Society, 20. Jg., S. 251-275.

Tenscher, Jens (2000): Politikvermittlungsexperten. Die Schaltzentralen politischer Kommunikation. In: Forschungsjournal Neue Soziale Bewegungen, 13. Jg., Nr. 3, S. 7-16.

Tenscher, Jens (2002): Talkshowisierung als Element moderner Politikvermittlung. In: Tenscher, Jens/ Schicha, Christian (Hrsg.): Talk auf allen Kanälen. Akteure, Angebote und Nutzer von Fernsehgesprächssendungen. Wiesbaden: Westdeutscher Verlag, S. 55-71.

Tenscher, Jens (2003a): Professionalisierung der Politikvermittlung? Politikvermittlungsexperten im Spannungsfeld von Politik und Massenmedien. Wiesbaden: Westdeutscher Verlag.

Tenscher, Jens (2003b): Mythos „Spin Doctors". Analytische Anmerkungen und empirische Befunde zu Zentralakteuren moderner Politikvermittlung. In: Sarcinelli, Ulrich/Tenscher, Jens (Hrsg.): Machtdarstellung und Darstellungsmacht. Beiträge zu Theorie und Praxis moderner Politikvermittlung. Baden-Baden: Nomos, S. 69-86.

Torstendahl, Rolf (1990): Essential Properties, Strategic Aims and Historical Development. Three Approaches to Theories of Professionalism. In: Burrage, Michael/Torstendahl, Rolf (Hrsg.): Professions in Theory and History. London: Sage, S. 44-61.

Berufsfeld Verbände

Beatrice Dernbach

1. Organisierte Interessen in der pluralistischen Demokratie

Alle Jahre wieder: Vertreter der Arbeitgeber- und Arbeitnehmerverbände sitzen bis tief in die Nacht an runden Tischen, um ihren Mitgliedern am nächsten Morgen tief betroffen mitzuteilen, dass kein Kompromiss gefunden werden konnte. Gewerkschaftliche Urabstimmungen werden organisiert, die Arbeitgeber sprechen von fatalen Folgen für die Wirtschaftsentwicklung und drohen mit Aussperrung. Nach mehr oder weniger hart umkämpften Wochen und dem Feilschen um Prozentpunkte einigen sich die Tarifpartner. Die Schlüsselbilder, von den Medien vermittelt, werden archiviert. Möglicherweise sind im darauf folgenden Jahr neue Gesichter zu sehen, die symbolische Politik bleibt dieselbe.

Ausnahmezustand: Im Gutenberg-Gymnasium in Erfurt erschießt ein 19-Jähriger am Freitag, 26. April 2002, 16 Menschen – darunter zwölf Lehrer – und sich selbst. Am selben Tag beschließt der Bundestag eine Verschärfung der Waffengesetzgebung. Die ‚Waffenlobby' hat nach Aussagen einiger Abgeordneter Druck ausgeübt, um die Gesetzesnovellierung zu Fall zu bringen. Der Täter von Erfurt war Mitglied in einem Schützenverein. Am Samstag, 27. April 2002, sollte der bundesweite Schützenverbandstag in Suhl stattfinden. Er wurde abgesagt.

Es entbrennt anschließend eine öffentliche Diskussion über Sinn, Zweck und Gefahren von Schützenvereinen, vor allem im Hinblick auf jugendliche Mitglieder. Die Ministerpräsidenten der Länder debattieren mit Bundeskanzler und Bundesinnenminister über eine weitere Verschärfung des Waffengesetzes.

Diese Beispiele verweisen auf nur zwei von Tausenden[1] von Verbänden in der Bundesrepublik Deutschland. Verbände werden verstanden als „Vereinigungen, die vor dem Hintergrund eines gemeinsamen Interesses der Mitglieder bestimmte nach außen und innen gerichtete Ziele verfolgen" (Hackenbroch 1998: 482). Kennzeichnend für Verbände sind die Gemeinsamkeit des Interesses, die nach außen gerichtete politische Zielrichtung, die formale, aber freiwillige Zugehörigkeit der Mitglieder, eine ausdifferenzierte, arbeitsteilig organisierte Struktur, ein Regelwerk (Satzung, Verfassung, Statut u.ä.) sowie ein Programm mit Zielen und Grundsätzen.

„Fast alles ist organisiert und verbandlich abgestützt. [...] Sie [die Verbände, BD] begleiten uns von der Geburt *(Deutsche Gesellschaft für Gynäkologie und Geburtshilfe)* bis zum Friedhof *(Bund deutscher Friedhofsgärtner)*, bei der Arbeit und in der Freizeit, von der Gemeinde bis zur UNO, von morgens bis abends [...]." (Alemann

---

1 Es gibt keine zentrale Erfassungs- und Meldestelle. Beim Deutschen Bundestag sind über 1700 Verbände eingetragen (die so genannte Lobbyliste); Schätzungen gehen – unter Einbeziehung von Vereinen und Bürgerinitiativen – von bis zu 50.000 nicht-staatlichen Interessensorganisationen aus.

1996a) Der neben Staat (staatl. Institutionen, Parlamente, Justiz etc.) und Markt (Organisationsformen, die wirtschaftlichen Erwerbszwecken dienen, wie Konzerne etc.) dritte Sektor (Vereinigungen, Gesellschaften, Vereine und Verbände, Nicht-Regierungsorganisationen) ist geprägt durch Vielzahl und Vielfalt.

1.1 Verbände als politischer Akteur

Eine pluralistische Demokratie lebt von der Auseinandersetzung der Interessen vor dem Hintergrund des Gemeinwohls, und dieser Prozess wirkt stabilisierend auf das politische System. Die freie Artikulation von Interessen stärkt die demokratische Legitimität der politischen Entscheidungen, und dies wiederum führt zur gesicherten Wahrnehmung und Berücksichtigung vielfältiger gesellschaftlicher Interessen. Deren Bündelung in großen Organisationen hat einen weiteren, wichtigen Effekt: Sie stärkt einerseits deren Durchsetzungsfähigkeit, garantiert dem politischen System aber aufgrund der Reduktion von Komplexität Überschau- und Verarbeitbarkeit (vgl. Rudzio 1996: 66).

Ronneberger (1981: 22ff) schreibt Verbänden, als einem Zusammenschluss vieler Gleichgesinnter in der parlamentarischen Demokratie und pluralistischen Gesellschaft, folgende Funktionen zu:

- Verhinderung des Klassenkampfes, kein Rückfall in die Zwei-Klassen-Gesellschaft;
- Schutzfunktion in Bezug auf die Mitglieder: Nicht jeder Einzelne ist den Interessen anderer, v.a. der Politik ausgesetzt;
- Disziplinierungsfunktion: Die Bildung einheitlicher Auffassungen verhindert das Chaos der unterschiedlichen Standpunkte;
- Statusfunktion: Der Einzelne findet mit Hilfe eines Verbandes seinen Platz in der Gesellschaft; die Definition der sozialen Rolle erfolgt in modernen Gesellschaften v.a. über den Beruf und damit wird sie nicht zuletzt über einen Berufsverband zugewiesen;
- die Repräsentationsfunktion umfasst die Stufen des Ausfindigmachens, Zusammenführens, des Artikulierens und des Geltendmachens von Interessen;
- die Selbstverwaltungsfunktion: Verbände wirken an der Erledigung öffentlicher Aufgaben mit, z.B. in Kammern, als Sozialpartner etc., und sie entlasten damit den Staat;
- die informelle Regierungsfunktion durch Informieren, Expertenbefragungen etc. hat einen hohen Grad an Institutionalisierung erreicht (siehe unten).

Ein Blick in die Historie zeigt, dass Verbände bis 1945 – selbst in einer ausdifferenzierten Landschaft während des Kaiserreiches und der Weimarer Republik – häufig eng mit politischen Parteien verwoben waren (vgl. Rudzio 1996: 64; Alemann 1996b). Die Nachkriegssituation in Deutschland verhinderte eine solche Verflechtung bis in die Jetztzeit. Der Einfluss vieler Gruppen auf die staatliche Willensbildung wird in einem demokratischen, pluralistischen System als legitim betrachtet.

Trotzdem oder gerade deshalb werden die Entwicklung und die Macht der Vereine von Staatsrechtlern, Politikwissenschaftlern und Politikern bisweilen sehr kritisch beobachtet. Gewinnen nicht Eliten Macht und Einfluss, was die staatliche Souveränität gefährden könnte?

Artikel 9 (1) Grundgesetz garantiert allen Deutschen das Recht, Vereine und Gesellschaften zu bilden. Über ein Viertel der Deutschen sind Mitglied eines Berufsverbandes oder einer Gewerkschaft, 60 Prozent in einem Verein; der Organisationsgrad ist bei den 45- bis 59-Jährigen mit 34 Prozent am höchsten (Alemann 1996c). Vereine und Verbände wie der ADAC, der Deutsche Sportbund, die Arbeitgeber- und Arbeitnehmerverbände haben Millionen von Mitgliedern. Über 1700 Verbände bemühen sich deren Interessen im Zentrum der Politik zu artikulieren und erfolgreich umzusetzen. Rund um den Bundestag in Berlin sind Hunderte von Büros angesiedelt, in denen die Lobbyisten (Verbandsangestellte, selbstständige Berater, Abgeordnete im Nebenerwerb) tagtäglich versuchen, vor allem Parlamentsabgeordnete – wegen der Effizienz in der Regel Mitglieder von Parlamentsausschüssen und Arbeitskreisen – von ihren Zwecken und Zielen zu überzeugen (vgl. Rudzio 1996: 87ff).

Als wohl größer einzuschätzen ist jedoch der Einfluss der Verbände im Vorfeld der Verabschiedung von Gesetzen, also bei deren Vorbereitung. Paragraf 24 der Gemeinsamen Geschäftsordnung der Bundesministerien – Besonderer Teil (GGO II) – sieht vor, dass Vertretungen der beteiligten Fachkreise und Verbände von den Vorhaben unterrichtet, um die Überlassung von Unterlagen gebeten werden und Gelegenheit zur Stellungnahme erhalten können (nach Rudzio 1996: 91f). Dies ist eine Kooperation, von der beide Seiten profitieren können: Die regierungs- und ministerialpolitischen Akteure erfahren über die Interessensvertreter auch, welche Durchsetzungschancen ein Gesetz hat, welche Widerstände und Maßnahmen es geben könnte. Verhandelt wird in der Regel ein Kompromiss, in den diese denkbaren Folgen eingerechnet sind.

Ein Beispiel dafür ist die Einführung des Dualen Abfallentsorgungssystems, besser bekannt als der ‚Grüne Punkt'. Angesichts des hohen Abfallaufkommens Ende der 80er Jahre sah die Politik Handlungsbedarf. Im Jahr 1991 wurde die Verpackungsverordnung beschlossen, in der neben Vermeidungsstrategien vor allem die Rücknahme- und Verwertungspflichten seitens Hersteller und Handel fixiert wurden. Schon während den Beratungen und Diskussionen spielten die Industrieverbände BDI und DIHT eine entscheidende Rolle. Sie gründeten bereits 1990 die Gesellschaft ‚Grüner Punkt – Duales System'", um ein eigenes Sammel- und Verwertungssystem aufzubauen und damit die chaotischen Folgen der Rücknahmeverpflichtung für die einzelnen Betriebe einzudämmen. Diesen Fluchtweg – der später im Gesetz formuliert wurde – hatten sie in den Beratungen mit Umweltminister Klaus Töpfer (CDU) ausgehandelt (Dernbach 1998). Dies ist wohl eines der bis dato größten Projekte im Zusammenspiel staatlicher Politik und Verbands- sowie gesellschaftlichen Interessen.

1.2 Verbände als Wirtschaftsfaktor

Die Spitzenverbände (v.a. Wirtschaftsverbände und Gewerkschaften) in Deutschland sind ein nicht zu unterschätzender Wirtschaftsfaktor. Zum einen vertreten sie die Interessen größter, großer, mittlerer und kleiner Unternehmen mit Millionen von Arbeitnehmern und Milliarden Euro Umsatz. Zum anderen bieten sie selbst Arbeitsplätze für über zwei Millionen hauptamtlich Beschäftigte (Alemann 1996c). Hinzu kommen mehr als fünf Millionen ehrenamtlich aktive Vereinsmitglieder. Zehn bis 25 Prozent der sozialen Dienstleistungen werden von Verbänden und Vereinen erbracht. Das Sozial- und Kultursystem im weiteren Sinne wäre bedroht, würden sich soziale und karitative Verbände aus den übertragenen und übernommenen Aufgabenbereichen zurückziehen.

Die Wertschöpfung wird auf einige zehn Milliarden Euro geschätzt. Um Verbands- und Vereinszwecke realisieren zu können, fließt Geld in die Bereiche Investition und Konsumtion. Gewinnorientierte Service-Gesellschaften von Vereinen (z.B. ADAC-Reisen) kurbeln wiederum Konsum, vor allem im Freizeitbereich, an (ebd.).

2. Struktur der Verbände

2.1 Typisierung

Eine Typisierung der Verbände wäre aufgrund der Unübersichtlichkeit und der deshalb anzustrebenden Komplexitätsreduktion hilfreich, aber sie ist problematisch. Möglich wären eine Ordnung nach Größe, Rechtsform (eingetragener Verein, öffentlich-rechtliche Körperschaften etc.), Organisationstyp (Mitglieder-, Dachverbände), Interesse/Vereinigungszweck (materiell/ideell) oder nach gesellschaftlichen Handlungsfeldern (Alemann 1996c). Von Alemann (ebd.) skizziert fünf gesellschaftliche Handlungsfelder: Wirtschaft und Arbeit, Soziales Leben und Gesundheit, Freizeit und Erholung, Religion/Weltanschauung und gesellschaftliches Engagement (auch Umwelt- und Naturschutzverbände) sowie Kultur, Bildung und Wissenschaft.

Rudzio (1996: 69ff) teilt die Interessenorganisationen in Deutschland wie folgt ein:

I. *Interessenorganisationen im Wirtschafts- und Arbeitsbereich*
   1. Unternehmens- und Selbstständigenorganisationen: Branchenverbände (z.B. Bundesverband der dt. Industrie mit 35 Einzelverbänden), Kammern (z.B. Industrie- und Handelskammern), Arbeitgeberverbände (Bundesverband der Deutschen Arbeitgeberverbände mit Branchen- und Unterverbänden);
   2. Arbeitnehmerverbände: Deutscher Gewerkschaftsbund, sonstige Gewerkschaften und Arbeitnehmerverbände (z.B. Deutsche Angestelltengewerkschaft DAG);
   3. Verbraucherverbände (z.B. Arbeitsgemeinschaft der Verbraucherverbände mit regionalen Verbraucherzentralen);
   4. Berufsverbände (z.B. Verein Deutscher Ingenieure)

II. Verbände im sozialen Bereich
  1. Kriegsfolgenverbände (z.B. Verband der Kriegs- und Wehrdienstopfer, Behinderten und Rentner VdK)
  2. Wohlfahrtsverbände (z.B. Deutsches Rotes Kreuz, Arbeiterwohlfahrt, Deutscher Caritasverband)
  3. Sonstige Sozialverbände (z.B. Bund der Steuerzahler, Deutscher Mieterbund, Weißer Ring)

III. Bürgerinitiativen
  z.B. Bundesverband Bürgerinitiativen Umweltschutz (BBU)

IV. Vereinigungen im Freizeitbereich
  z.B. Deutscher Sportbund (DSB), Deutscher Sängerbund, Allgemeiner Deutscher Automobilclub (ADAC)

V. Politische und ideelle Vereinigungen
  z.B. Naturschutzbund Deutschland, Greenpeace, Amnesty International

VI. Verbände öffentlicher Gebietskörperschaften
  z.B. Deutscher Städte- und Gemeindebund, Deutscher Städtetag, Deutscher Landkreistag

Diese Vorgehensweise ist analytisch, die Zuordnung einzelner Verbände zu diesen Kategorien ist nicht eindeutig, zeigt Überschneidungen. Ist der ADAC tatsächlich dem Freizeitbereich zuzuordnen? Oder ist er nicht vielmehr als Lobby von Millionen von Autofahrern ein hochpolitischer Verband?

2.2 Innere Struktur der Verbände

So komplex wie die äußere Struktur der Verbändelandschaft stellt sich auch die innere Struktur der Verbände dar. Hier ist der Unterschied zwischen Mitglieds- und Dachverband wichtig: Der einzelne lokale Sportverein ist ein Mitgliedsverein; Mitglieder sind natürliche Personen. Die vielen lokalen/regionalen Sportvereine entsenden Delegierte an den Bezirkssportbund, dieser wiederum an den Landessportbund und dieser wiederum an den Deutschen Sportbund (ca. 27 Millionen Mitglieder; http://www.dsb.de). Diese Dachverbände haben als Mitglieder keine natürlichen, sondern juristische Personen, also die Einzelverbände.

Von der Hierarchie ähnlich ist die Struktur des Deutschen Gewerkschaftsbundes und seiner Einzelgewerkschaften (Bau, IG BCE, GEW, IGMetall, NGG, GdP, Transnet, ver.di): Auf Kreisebene agieren die Mitglieder in der Delegierten- oder Mitgliederversammlung; assoziiert sind Betriebsräte und Vertrauensleute aus den Unternehmen vor Ort; auf der Führungsebene entscheiden Vorstand und Geschäftsführer. Die Mitglieder- und Delegiertenversammlung wählt bzw. entsendet Delegierte zur Landeskonferenz bzw. zum Bezirkstag und zum Gewerkschaftstag bzw. Bundeskongress auf nationaler Ebene. Auch auf diesen Ebenen gibt es jeweils einen Vorstand sowie einen Geschäftsführer bzw. geschäftsführenden Vorstand (auf Bundesebene).

Die Einzelgewerkschaften stellen 94 Regionsvorstände, neun Bezirks- sowie Landesvorstände; sie entsenden 13 Mitglieder in den Bundesvorstand, 70 Mitglieder in den Bundesausschuss und 400 Delegierte in den Bundeskongress. Fünf Mitglieder bilden den geschäftsführenden Bundesvorstand (http://www.dgb.de).

Mittlerweile konzentrieren sich die Verbände nicht mehr nur auf die nationale Positionierung. Im Zuge der Europäisierung und Internationalisierung haben sich Verbände bereits über nationale Grenzen hinaus zu Dachverbänden zusammengeschlossen. Ein gutes Beispiel dafür ist die Deutsche Public Relations Gesellschaft (DPRG), die 1959 mit den Verbänden aus Belgien, Frankreich, Italien und den Niederlanden die Confédération Européenne des Relations Publiques (CERP) gegründet hat. Mittlerweile hat der europäische Zusammenschluss der PR-Berufsverbände 27 Mitglieder (Achelis 2000: 189). Seit 1955 existiert die International Public Relations Association (IPRA), der mittlerweile Dutzende von PR-Verbänden weltweit angehören.

3. Verbandskommunikation

Die Strukturen der Verbändelandschaft in Deutschland wurden in dieser Ausführlichkeit dargestellt, um im Folgenden die Rahmenbedingungen für die Verbandskommunikation deutlich zu machen.

3.1 Adressaten der Kommunikation

Generell kann auch bei der Verbands-PR eine interne und externe Richtung unterschieden werden. Hackenbroch (1998: 483ff) identifiziert drei dominante Adressaten von externer Verbandskommunikation: Akteure des politischen Systems, andere gesellschaftliche Verbände und die Bürger. Der Schwerpunkt der Kommunikationsarbeit nach außen liegt zweifellos auf der ersten Gruppe, also Regierung, Parlament, Parteien sowie der Ministerialbürokratie. Zu differenzieren ist hier weiter zwischen öffentlicher (über öffentlichen Druck, z.B. über Kampagnen, Demonstrationen, Boykotte u.a.) und nicht-öffentlicher Kommunikation (Lobbying, z.B. personelle Vertretung von Verbandsmitgliedern in Parteien, Parlamenten; Weitergabe von Informationen; Einflussnahme über Geld). Öffentliche Kommunikation kann massenmedial (z.B. über professionelle Öffentlichkeitsarbeit über eigene oder die klassischen populären Medien) oder nicht-massenmedial vermittelt werden (z.B. Mobilisierung der Mitglieder im Wahlkampf, Streiks u.a.).

Andere Verbände stehen in der Regel in Konkurrenz um Aufmerksamkeit. Die quantitative Größe des jeweiligen Verbandes hat hierauf nicht automatisch den größten Einfluss. Der Bund der Steuerzahler, mit etwa 382.000 Mitgliedern nicht einer der größten Verbände, erreicht einmal jährlich eine enorme öffentliche, mediale Aufmerksamkeit – nämlich dann, wenn er in seinem Bericht zeigt, wo die Politik Millionen aus dem Steueraufkommen verplempert.

Manchmal wird die Konkurrenz auch zum Partner; so bekunden beispielsweise Deutscher Gewerkschaftsbund (DGB) und Deutsche Angestellten-Gewerkschaft (DAG) ihre Solidarität im Hinblick auf den gemeinsamen Gegner und das Erreichen gemeinsamer Ziele. Der DGB bzw. die Einzelverbände wie die ehemalige IG Druck und Papier, die Gewerkschaft Öffentliche Dienste, Transport und Verkehr u.a. haben sich – um trotz Mitgliederschwund in Zeiten der Globalisierung schlagkräftig zu bleiben – zu größeren Einheiten (ver.di) zusammengeschlossen.

Die Zielgruppe Bürger stellt die Verbände regelmäßig vor ein Dilemma: Sie wollen und müssen aus dem großen Potenzial heraus neue Mitglieder gewinnen. Angesichts von zunehmender Individualisierung und Entsolidarisierung in der Gesellschaft ist dies keine leichte Aufgabe. Wollen Vereinigungen ihre Ziele mittels öffentlichen politischen Drucks (z.B. über Demonstrationen, Boykotte, Streiks etc.) durchsetzen, laufen sie Gefahr gerade dieses Mitgliederpotenzial zu verschrecken. Im Allgemeinen wird jeder Bürger die Forderungen der Gewerkschaften nach höherem Gehalt für die Arbeiter und Angestellten im Öffentlichen Dienst verstehen und unterstützen; steht er aufgrund eines Streiks der Straßenbahn- und Busfahrer bei Schneeregen stundenlang in der Kälte oder im Stau, kann die Solidarität schnell dahin sein.

Adressaten der internen Verbandskommunikation sind die Mitglieder und Funktionäre auf allen Ebenen. Aufgrund der dargestellten komplexen und hierarchisierten Struktur besteht ein hoher Kommunikations- und Koordinationsbedarf zwischen den Ebenen. Wie im nächsten Kapitel dargestellt, können die Aufgaben entsprechend den Zielen aufgeteilt werden. Aufgabe des Bundesvorstandes kann es nicht sein, regelmäßig jedes einzelne Mitglied (als natürliche Person) anzusprechen, sondern dies muss durch regionale/lokale Instanzen geschehen.

3.2 Ziele der Verbandskommunikation

3.2.1 Ziele externer Kommunikation

Grundlegend für den Erfolg externer Verbands-PR ist die öffentliche Einstellung im Hinblick auf die Legitimität der Verbände im pluralistischen System im Allgemeinen und als Vertreter von Partikularinteressen im Besonderen. Das Image der Lobbyisten und Pressure Groups ist jedoch bisweilen nicht das Beste. Gerade in Tarifauseinandersetzungen ist es für alle betroffenen Seiten schwierig, den positiven Zusammenhang zwischen dem Durchsetzen der Einzelinteressen und dem Allgemeinwohl deutlich zu machen. Der „Handel" der Tarifpartner wird von der jeweiligen Gegenseite, den Politikern und anderen Interessensvertretern häufig für die (negative) wirtschaftliche Entwicklung verantwortlich gemacht. Aufgabe von Verbands-PR muss es deshalb sein, „diese von ihnen übernommene Verantwortung in Beziehung zu den einzelnen Problemen des Wirtschaftsprozesses zu bringen und den positiven Anteil der Tarifauseinandersetzungen am Funktionieren einer freien Wirtschaft zu würdigen" (Ronneberger 1981: 120f).

Externe Verbands-PR findet in drei Grundbereichen statt:

- Die allgemeine PR auf der Ebene des Bundesverbandes, z.B. Lobbying, Agenda-Setting im Bereich der medialen Politik- und Wirtschaftsberichterstattung,
- die PR der Landes- und Regionalverbände in den jeweiligen Regionen und Kommunen unter Ausschöpfung aller PR-Mittel (Pressefahrten, Hintergrundgespräche, Besichtigungen der Anlagen etc.) und
- die PR der einzelnen Konzerne der jeweiligen Branche.

Sind die Interessen und die Interessenspolitiken nicht in Einklang zu bringen, so kann die Geschlossenheit eines Verbandes durch Austritt einzelner Mitglieder gefährdet sein. Auch hier ergibt sich ein hoher Koordinations- und Kommunikationsbedarf.

Professionelle externe Verbands-PR versucht generell wie die Öffentlichkeitsarbeit aller Organisationen folgende Ziele zu erreichen (nach Lamers 2001):

- Verständnis zu wecken für die Aktivitäten, Haltungen und Ziele des Verbandes und der angeschlossenen Unternehmen, auch in Krisenzeiten;
- beim Endverbraucher Vertrauen in die Leistungen der Organisationen hervorzurufen;
- eine positive Meinung, ein positives Image vom Verband und den Unternehmen durch optimale Informationen zu kreieren;
- Vorurteilen, Falschmeldungen und Gerüchten entgegenzutreten bzw. sie zu vermeiden;
- Orientierungshilfen auf dem Markt und damit Identifizierbarkeit zu schaffen.

3.2.2 Kommunikation nach innen

Aufgrund der stark hierarchisierten Binnenstruktur der Verbände ist vor allem die Kommunikation nach innen eine Herausforderung. Die Informationskette muss von der Zentrale bis zu jedem Arbeitsplatz hin funktionieren (vgl. Petersen 1981: 80). Bisweilen erfahren die Mitglieder von Zielen, Strategien und Maßnahmen ihres Verbandes über die Massenmedien – sicherlich ein Beleg für schlecht koordinierte, wenig erfolgreiche interne Verbands-PR.

Wichtigste Ziele interner Kommunikation sind zweifelsohne die Bewusstseinsbildung, die Identifikation, die Mobilisierung und die Zufriedenheit der eigenen Mitglieder zu fördern bzw. zu erreichen. „Die Interessen (der Mitglieder, BD) sind nicht selbstevident, sondern in einem längeren und eingehenden Prozess rationaler Überlegungen und emotionaler Assoziation zu ermitteln und entwickeln." (Ronneberger 1981: 120).

Die Mobilisierung der Mitglieder bis hin zum Arbeitskampf ist auch für den Deutschen Gewerkschaftsbund nicht selbstverständlich voraussetzbar – „sie zu erhalten und zu aktualisieren in einer Gesellschaft, in der individuelles Kostennutzendenken als einzige rationale Verhaltensmaxime gilt, ist unmöglich ohne intensive organisationsinterne Kommunikation" (Arlt 1993: 181).

Vereins-/Verbandsmitglieder sollen und wollen mitbestimmen und die Organisation kritisieren und kontrollieren. Um diese beiden nach innen wichtigen Funktionen wahrnehmen zu können, sind die Mitglieder auf Informationen angewiesen. Aufgrund der komplexen Verbandsstruktur, der Aufgaben- und Arbeitsteilung in verschiedenen Gremien und Ausschüssen sind Informationsfluss und -transparenz jedoch nicht ohne weiteres herzustellen und zu sichern.

3.3 Lobbying[2]

Verbände sind mittels Public Relations im Gegensatz vor allem zu kleinen und mittleren Organisationen in der Lage, für relevante Themen in der gesellschaftspolitischen Diskussion Aufmerksamkeit zu gewinnen und auf diesem Wege die Interessen der einzelnen im Verbund durchzusetzen. Sie tun dies aber nicht nur über die öffentlichen und öffentlichkeitswirksamen Wege, sondern auch und gerade über informelle, nicht-öffentliche und vor allem nicht-massenmediale Kanäle: über Lobbying. Die Lobby ist die Vorhalle zum Parlament, in dem sich auch Nicht-Parlamentarier aufhalten dürfen. Und hier tummeln sich die Vertreter kleiner, mittlerer und großer Verbände, um einzelne Abgeordnete abzufangen und ihnen ein wenig Aufmerksamkeit abzuringen. „Politiker sind ständig umlagert und da muss man sich hartnäckig in Erinnerung rufen, Materialien zusenden, gezielt anrufen und vor Ort sein", berichtet die Lobbyistin Birgit Fischer vom Bundesverband Junger Unternehmer (UNI 1/2002: 31).

In Europa, vor allem in Deutschland, hat Lobbying eine nicht so lange Tradition und ein anderes Selbstverständnis als in den USA. Dort baut das politische System auf Lobbying auf: „Lobbyisten organisieren hier vor Wahlen das Geld für die Wahlkämpfe sowie die Unterstützung relevanter Gruppierungen, um nach den Wahlen Einfluß auf die Gesetzgebung zu haben. Alles sehr offen und sehr direkt." (Köppl 1999: 12) In den politischen Schaltzentralen der Mitgliedsländer der Europäischen Union, wie Berlin und Brüssel, hat Lobbying in den vergangenen Jahren quantitativ stark zugenommen.

Lobbying ist nicht gleichzusetzen mit Public Relations; ebenso wenig kann man das eine dem anderen unter- bzw. überordnen. Lobbying ist Beobachtung, Beratung und Einflussnahme, Public Relations ist öffentliche Darstellung und Kommunikation. Diese beiden Kommunikationsformen unterscheiden sich weniger in den Strategien während der Beobachtungsphase und des Beziehungsnetzwerkaufbaus zu den

---

2   Zur Begriffsklärung: „Lobby: ist jeder Zusammenschluß von Personen oder Organisationen zur Vertretung gemeinsamer Interessen gegenüber Dritten, insbesondere gegenüber Gesetzgeber und Verwaltung.
Lobbying: ist eine Methode und die Anwendung dieser Methode im Rahmen einer vorzubereitenden oder bereits festgelegten Strategie, Informationen zu sammeln, aufzubereiten und weiterzugeben und auf die Entscheidungszentren und Entscheidungsträger einzuwirken, wobei das wichtigste Mittel der rasche Informationsaustausch ist.
Lobbyist: ist die Person oder die Personenmehrzahl, die im Auftrage des Dritten als Angestellter oder im Rahmen eines Dienstvertrages das Lobbying durchführt, meist für eine Lobby oder ein Unternehmen oder eine Unternehmensgruppe." (Strauch 1993: 111f)

Teilöffentlichkeiten, sondern in erster Linie im Ziel, der Wirkung: „Lobbying ist vielmehr das Einwirken auf Entscheidungsträger und Entscheidungsprozesse durch präzise Information." (Strauch 1993: 19) Wesentlich hierfür sind als Strategien die Beobachtung und die Identifizierung der Machtstrukturen und der Entscheidungswege, die Einschätzung der Rollen, die Informationsbeschaffung und die Allianz mit anderen Akteuren zum Aufbau gemeinsamer Organisationsstrukturen sowie der Informationsaustausch (vgl. Strauch 1993: 43ff).

Köppl (1999: 12) unterscheidet zwei Ebenen von Lobbying:

- das direkte, gekennzeichnet durch persönliche Kommunikation mit dem zuständigen Entscheidungsträger,
- das indirekte, das kommunikative Hilfsmittel zur Beeinflussung benutzt, zum Beispiel Massenbriefe u.ä., also Instrumente der Public Relations.

Lobbyisten stehen im Wettbewerb mit anderen und sind auf Informationsaustausch in diesem öffentlichen und nicht-öffentlichen Markt angewiesen. Sie bewegen sich in einem Spannungsfeld: Ein Lobbyist ist ein guter Lobbyist, wenn er Informationen möglichst exklusiv erhält – aber selbst der Beste hat „kein Monopol auf die Informationen des Entscheidungsträgers" (Strauch 1993: 27). Auf diesem politischen Parkett sind die Lobbyisten großen Zwängen ausgesetzt: (öffentlich kommunizierte) Informationen „am falschen Ort zur falschen Zeit können (diplomatische) Lösungen verzögern" (Zapf 1993: 227).

Lobbyisten vertreten Interessen, zum Beispiel im Auftrag eines Verbandes. Verbände selbst sind Pressure Groups, die eigene Lobbyisten beschäftigen oder auf die Dienste von PR-Agenturen oder auf freie Lobby-Consultants zurückgreifen. Diese stellen die Repräsentanz des Verbandes in den politischen Zentralen sicher. Zu einer solchen hat sich der Sitz des Europäischen Parlaments in Brüssel Anfang der 90er Jahre explosionsartig entwickelt (vgl. Forster 1993: 176). Alle großen nationalen Verbände und auch viele der kleineren sind zum Teil dreifach in Brüssel vertreten:

- Mit einem eigenen Lobbyisten, um die nationalen Verbandsinteressen (Repräsentativität) und damit die Identität (vor allem für die Mitglieder) zu wahren (z.B. der Verband der Chemischen Industrie in Deutschland);
- innerhalb des Zusammenschlusses der nationalen Verbände zu einem europäischen Fachverband (z.B. der Branchenverband der europäischen chemischen Industrie CEFIC);
- innerhalb des Zusammenschlusses auf der Ebene nationaler und europäischer Spitzenverbände (z.B. der Bundesverband der deutschen Industrie BDI und die Vereinigung der nationalen Dachverbände von Industrie und Arbeitgebern UNICE) (vgl. Strauch 1993: 74f; Meller 1993: 206ff).

Innerhalb dieses etwas unübersichtlichen Flecht- und Netzwerks ist „kein Verband [...] in der Lage, ein Meinungs- oder Artikulationsmonopol herzustellen" (Strauch 1993: 100). Lobbying bedeutet in dieser Konstellation auch immer „Gegenlobbying" (ebd.), z.B. durch den europäischen Zusammenschluss der Gewerkschaftsverbände „Confédération Européenne des Syndicats" (Forster 1993: 177).

Erfolgreich war und ist Lobbying dann, wenn Verbandsmitglieder gewonnen werden bzw. Abgeordnete als Verbandsmitglieder aktiv sind. Die „bloße Verbandsmitgliedschaft (zieht) nicht zwangsläufig Verbandsgefolgschaft nach sich" (Rudzio 1996: 88). Hauptberufliche oder ehrenamtliche Funktionen in einer Interessenorganisation hingegen sind schon ein zuverlässigeres Indiz für interessenpolitische Bindungen. Nicht wenige Bundestagsabgeordnete sind Mitglied eines Verbandes; eine Affinität zwischen Partei- und Verbandszugehörigkeit ist ablesbar: So sind bei weitem mehr SPD-Mitglieder im DGB organisiert und die Abgeordneten der Grünen engagieren sich vornehmlich in Umweltorganisationen (vgl. Rudzio 1996: 90). So kommt es regelmäßig zu Diskussionen beispielsweise über die Frage, wem der Deutsche Bundestag gehöre (vgl. Monitor v. 26.09.02; www.wdr.de/tv/monitor/...).

3.4 Struktur der PR-Abteilungen in den Verbänden

Arlt benennt auch ein für die Verbands-PR wesentliches Problem: die Anerkennung, Akzeptanz und Ausstattung der Instanzen, die Öffentlichkeitsarbeit nach innen und außen betreiben. Öffentlichkeitsarbeit sei kein integrierter Bestandteil der Verbandspolitik, sondern werde behandelt wie eine „Krücke – eingesetzt als Gehhilfe oder als Schlaginstrument" (1993: 184). Verbandsführungen verließen sich, so resümiert Ronneberger (1981: 40), auf PR als Schönwettermacher und auf PR-Fachleute als Fassadenanstreicher.

Ein Hauptproblem liegt sicher in der Struktur der Verbände: PR müsste auf jeder Ebene stattfinden, also auf der Ebene des lokalen/regionalen Vereins ebenso wie auf Bezirks-, Landes- und Bundesebene. Wird Öffentlichkeitsarbeit tatsächlich auf jeder Ebene professionell realisiert, so ergibt sich ein hoher Koordinations- und Abstimmungsbedarf innerhalb der Organisation. Grundvoraussetzung aber dafür ist ein hoher Personal- und Technikeinsatz. Vielfach ist jedoch zu beobachten, dass Presse- und Öffentlichkeitsarbeit vor allem auf lokaler und regionaler Ebene quasi nebenbei von den Vorsitzenden, Geschäftsführern und Bevollmächtigten erledigt wird.

Die Größe und die Verankerung der PR-Stelle innerhalb der Verbände sind sehr unterschiedlich und hängen nicht automatisch von der Größe der Organisation ab. Wie überall findet man die zwei dominanten Modelle Stabsabteilung und Hauptabteilung. Im Verein Deutscher Ingenieure beispielsweise ist ‚Kommunikation und Presse' als Stabsstelle beim Direktor des VDI in der Hauptgeschäftsstelle angesiedelt (http://www.vdi.de). In der deutschen Sektion von Amnesty International (http://www2.amnesty.de) sind der Geschäftsführung vier Hauptabteilungen angegliedert: neben Mitgliedschaftsentwicklung und Betreuung, Politik/Programm, Administration und Finanzen auch die Öffentlichkeitsarbeit.

3.5 Instrumente der Verbands-PR

Verbands-PR greift auf die zum Teil aus den journalistischen Standards entwickelten PR-Symboltechniken und -medien zurück, um zu publizieren (also öffentlich zu kommunizieren): Recherchieren, Redigieren, Layouten u.a. sowie Stil- und Darstellungsformen. Nach Ronneberger/Rühl (1992: 276f) können 1. extra- (z.B. Pressemitteilungen), 2. inter- (z.B. Branchenpublikationen) und 3. intraorganisatorische (z.B. Verbandspublikationen) PR-Symbolmedien unterschieden werden, auf die auch Verbands-PR stets zurückgreift. Herausgegriffen wird hier ein wichtiges, für Verbände profilbildendes PR-Instrument: die Kampagne (vgl. Röttger 2001). Mittels einer Verbands- oder Branchenkampagne kann gesellschaftsweit ein Problem thematisiert und durch Kommunikation Aufmerksamkeit gewonnen werden.

Seit Ende der 80er Jahre steht die „Chemie im Dialog" (Mariacher 1996: 287ff). Der Verband der Chemischen Industrie (VCI) initiiert und führt in verschiedenen Formen bundesweit und regional, auf Branchenebene ebenso wie auf der Ebene der Landes- und Fachverbände und den Einzelunternehmen einen ‚chemiepolitischen Dialog' mit Politikern, Gegnern und Bürgern. Einzelmaßnahmen sind beispielsweise Lehrerkongresse, bundesweite Tage der offenen Tür, Diskussionsveranstaltungen, Aktionen in Schulen, Beteiligung am Deutschen Umwelttag sowie Veranstaltungen, Diskussionen, Aktionen in den Unternehmen vor Ort. Über die Beteiligung von VCI-Verantwortlichen beispielsweise in der Enquete-Kommission des Deutschen Bundestages ‚Schutz des Menschen und der Umwelt' soll zum einen die Übernahme von Verantwortung für eine breite gesellschaftliche Diskussion über das Themenfeld Chemie signalisiert werden; zum anderen wird darüber hinaus der politische Einfluss des Verbandes bzw. der Branche auf politische Entscheidungen gesichert und durch die Kanalisierung der Kräfte sogar gestärkt. Ein einzelnes Unternehmen wäre mit dieser Aufgabe überfordert.

4. Berufsfeld Verbands-PR

Noch einmal Verbände in Zahlen: Über 8.000 hauptamtlich geführte Interessensorganisationen gibt es laut einer Schätzung der Deutschen Gesellschaft für Verbandsmanagement (DGVM); bei 5.400 Organisationen existieren neben einem Hauptgeschäfts- und einem Geschäftsführer noch weitere Stellen wie zum Beispiel Referentenposten für bestimmte Sachgebiete. Im Bereich der Non-Profit-Organisationen ist das Angebot an Arbeitsplätzen schneller gewachsen als in jedem anderen Wirtschaftszweig (vgl. UNI 2002b: 26).

Der Wandel der Verbände hin zum modernen Dienstleister, zum Serviceanbieter rund-um-die-Uhr mit entsprechender Mitgliederbetreuung ist vollzogen. Zudem fungieren Verbände als Wissensspeicher und -vermittler. Ein Großteil dieser Aktivitäten basiert auf Kommunikation und Vermittlungskompetenz, nicht zuletzt unter Nutzung der neuen Medien. Neben Experten für die jeweiligen Sachgebiete (Wirtschaft, Technik etc.) und Fachleuten wie Juristen und Informatiker werden nicht zuletzt Publizisten zum Wissensmanagement und zur Wissensvermittlung gesucht.

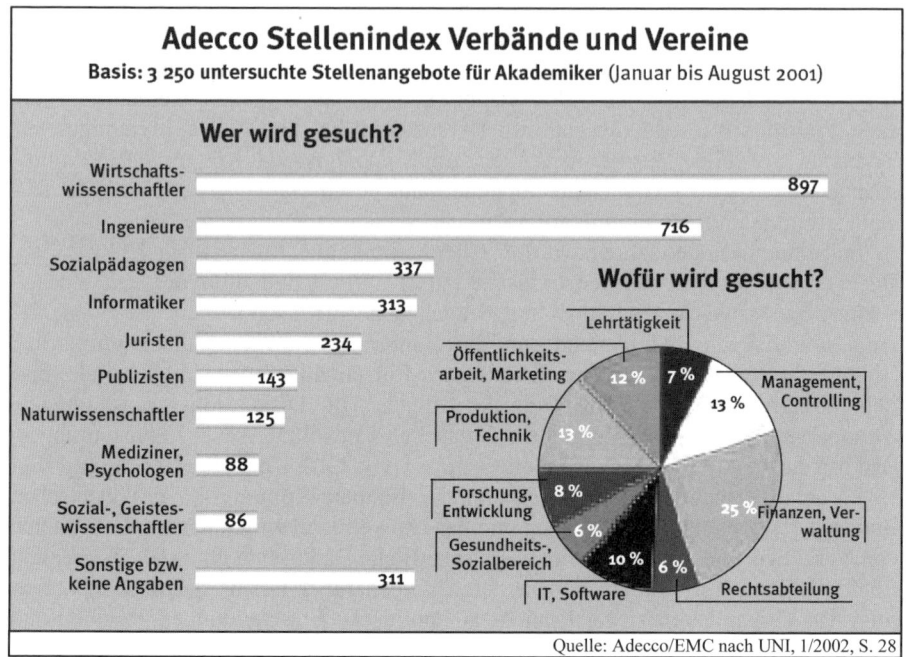

Abb.: Adecco Stellenindex Verbände und Vereine

5. Resümee

Angesichts der scheinbar gegenläufigen gesellschaftlichen Tendenzen – Globalisierung und Individualisierung – haben sich die Anforderungen einerseits an die Komplexität der Verbände zur Lösung der über nationale Grenzen hinausgehenden Aufgaben erhöht (Zusammenschluss mit anderen nationalen Verbänden zur europaweiten Durchsetzung der Interessen z.B. der Arbeitnehmer), zum anderen ist es zur Existenzsicherung notwendig, das einzelne Mitglied zu binden. Letzteres wird vor allem über eine Strategie realisiert, die auch in anderen Branchen (z.B. im Medienmarkt) zur Sicherung der Aufmerksamkeit zu beobachten ist: der Schaffung von Nutzwert oder Mehrwert. Bei den Verbänden zeigt sich dies vor allem darin, dass sie ihren Dienstleistungs- und Servicebereich in den vergangenen Jahren erheblich ausgebaut haben. Und diese Leistungen basieren im Wesentlichen auf Kommunikation: Wissens- und Know-how-Transfer, Beratung, per Brief, Telefon, e-Mail und Faxabruf. Aufgrund der genannten gesellschaftspolitischen Entwicklungen und des Konkurrenzdrucks werden Verbände – wollen sie wesentliche Akteure bleiben – in Zukunft noch stärker darauf angewiesen sein, ihre Leistungen zu kommunizieren, mit professionellem Personal über eine Vielzahl von technischen Kanälen und mittels unterschiedlicher Instrumente.

Literatur

Achelis, Thomas (2000): Das Dach der europäischen PR. In CERP sind die „DPRG-en" Europas vereint. In: PR-Forum, 6. Jg., S. 189-201.

Alemann, Ulrich von (1996a): Was sind Verbände? In: Informationen zur politischen Bildung. Herausgegeben von der Bundeszentrale für politische Bildung. Band 253. http://www.bpb.de/info-franzis/html/body_i_253_1.html <12. Mai 2002>.

Alemann, Ulrich von (1996b): Wie, wann und warum entstanden Verbände? In: Informationen zur politischen Bildung. Herausgegeben von der Bundeszentrale für politische Bildung. Band 253. http://www.bpb.de/info-franzis/html/body_i_253_2.html <12. Mai 2002>.

Alemann, Ulrich von (1996c): Die Vielfalt von Verbänden. In: Informationen zur politischen Bildung. Herausgegeben von der Bundeszentrale für politische Bildung. Band 253. http://www.bpb.de/info-franzis/html/body_i_253_3.html <12. Mai 2002>.

Arlt, Hans-Jürgen (1993): Die PR der Gewerkschaften. In: Kalt, Gero (Hrsg.): Öffentlichkeitsarbeit und Werbung. Instrumente, Strategien, Perspektiven. Frankfurt a. M.: IMK, S. 181-186.

Dernbach, Beatrice (1998): Public Relations für Abfall. Ökologie als Thema öffentlicher Kommunikation. Opladen: Westdeutscher Verlag.

Forster, Karina (1993): Lobbying in Brüssel. In: Strauch, Manfred (Hrsg.): Lobbying: Wirtschaft und Politik im Wechselspiel. Frankfurt a. M., Wiesbaden: FAZ/Gabler, S. 171-202.

Hackenbroch, Rolf (1998): Verbändekommunikation. In: Jarren, Otfried/Sarcinelli, Ulrich/Saxer, Ulrich (Hrsg.): Politische Kommunikation in der demokratischen Gesellschaft. Ein Handbuch. Opladen, Wiesbaden: Westdeutscher Verlag, S. 482-488.

Köppl, Peter (1999): Lobbying: Das politische Instrument der Public Relations? In: PR-Forum, 5. Jg., Nr. 1, S. 12-14. (http://www.pr-guide.de/prfor/arch/ar1-99_3.htm <17.09.2002>)

Lamers, Richard (2001): „Wer macht hier die PR?" Verbands-PR zwischen selbst machen und machen lassen. In: Verbändereport, Nr. 5, http://www.verbaende.com/Management/VR05_01_pr.html <12.05.2002>.

Mariacher, Anton (1996): Dialogkommunikation als Ausdruck verantwortlichen Handelns auf Branchenebene: Das Beispiel der chemischen Industrie. In: Bentele, Günter/Steinmann, Horst/Zerfaß, Ansgar (Hrsg.): Dialogorientierte Unternehmenskommunikation. Berlin: Vistas, S. 287-303.

Meller, Eberhard (1993): Lobbying in Brüssel aus der Sicht der deutschen Verbände. In: Strauch, Manfred (Hrsg.): Lobbying: Wirtschaft und Politik im Wechselspiel. Frankfurt a. M., Wiesbaden: FAZ/Gabler, S. 203-216.

Petersen, Günther (1981): Umgang mit den Medien. Die Zusammenarbeit der Industriegewerkschaft Bau-Steine-Erden mit Presse, Hörfunk und Fernsehen. Ein Leitfaden für die örtliche Pressearbeit. In: Rühl, Manfred (Hrsg.): Public Relations der Gewerkschaften und Wirtschaftsverbände. Düsseldorf: Verlag für deutsche Wirtschaftsbiographien, S. 66-108.

Röttger, Ulrike (Hrsg.) (2001): PR-Kampagnen. Über die Inszenierung von Öffentlichkeit. Wiesbaden: Westdeutscher Verlag.

Ronneberger, Franz (1981a): Die politische Rolle der Verbände in der parlamentarischen Demokratie und pluralistischen Gesellschaft. In: Rühl, Manfred (Hrsg.): Public Relations der Gewerkschaften und Wirtschaftsverbände. Düsseldorf: Verlag für deutsche Wirtschaftsbiographien, S. 22-44.

Ronneberger, Franz (1981b): Thesen zu Public Relations der Gewerkschaften und Wirtschaftsverbände mit Ergänzungen und Betrachtungen auf der Grundlage der Diskussionsergebnisse des Seminars. In: Rühl, Manfred (Hrsg.): Public Relations der Gewerkschaften und Wirtschaftsverbände. Düsseldorf: Verlag für deutsche Wirtschaftsbiographien, S. 119-135.

Ronneberger, Franz/Rühl, Manfred (1992): Theorie der Public Relations. Ein Entwurf. Opladen: Westdeutscher Verlag.

Rudzio, Wolfgang (1996): Das politische System der Bundesrepublik Deutschland. Opladen: Leske Budrich.

Strauch, Manfred (1993): Lobbying: Wirtschaft und Politik im Wechselspiel. Frankfurt a. M., Wiesbaden: FAZ/Gabler.

UNI (2002a): Lobbyistin in Berlin. Immer präsent sein. Nr. 1, S. 31 oder http://www.unimagazin.de/200201/05.pdf <12.05.2002>.

UNI (2002b): In neuen Kleidern. Nr. 1, S. 26 oder http://www.unimagazin.de/200201/05.pdf<12.05.2002>.

Zapf, Marina (1993): Presse und Lobbies in der Brüsseler Schattenwirtschaft. In: Strauch, Manfred (Hrsg.): Lobbying: Wirtschaft und Politik im Wechselspiel. Frankfurt a. M., Wiesbaden: FAZ/Gabler, S. 217-229.

Berufsfeld Kommunen/kommunale PR

Tobias Liebert

1. Kommunen: Kommunikationsplattform par excellence

1.1 Die kommunale Sphäre und ihre Bedeutung

Man(n oder Frau) kann *nicht nicht* in Gemeinde – ob Dorf oder Stadt – und Kreis leben. Die Abwandlung des bekannten Axioms von Watzlawick verdeutlicht die Bedeutung des kommunalen Bereichs für den Menschen: In Deutschland existieren 13.735 kreisangehörige Gemeinden – davon 10.612 in 1.687 Verwaltungsgemeinschaften organisiert –, 117 kreisfreie Städte und 323 Landkreise (Statistisches Jahrbuch 2000: 101). Kommunen als Gebietskörperschaften und insbesondere Städte, auf die sich im Folgenden oft konzentriert wird, stellen Siedlungsformen mit besonderem Rechtsstatus sowie komplexe geografische, politisch-administrative, ökonomische, soziokulturelle und architektonisch-ästhetische Gebilde dar. Diese Mannigfaltigkeit kommunalen Lebens erklärt wichtige Besonderheiten kommunaler PR (z.B. im Vergleich zu Wirtschaftsunternehmen): funktionale Vielfalt, thematische Breite (nahezu universell), Berücksichtigung einer differenzierten Interessenstruktur, Vielzahl von Akteuren und Zielgruppen, Grenzen im strategischen Charakter. Im Sinne Luhmanns ist Stadt intermediär, eine strukturelle Kopplung, ein systemisches Konglomerat. (Boettner/Rempel 1996: 174; Liebert 1997; 1999: 687 sowie die Literatur dort). Deshalb ist es auch theoretisch gerechtfertigt, das Praxisfeld kommunaler PR von politischer, staatlicher, wirtschaftlicher etc. abzugrenzen.

Für ‚kommunale Selbstverwaltung' sind außerdem – im Gegensatz beispielsweise zu privaten Unternehmen, aber auch in Abgrenzung zum Staat (Bund und Länder) – in hohem Maße normative (juristische[1], historisch überkommene, demokratietheoretische) Grundlagen maßgebend. Freilich lassen insbesondere gesamtstaatliche Politikverflechtung, zunehmende Mobilität und Globalisierung sowie kommunikative Digitalisierung manche traditionelle und normative Vorstellung empirisch fragwürdig erscheinen. Indem sich die bürokratischen Verwaltungen zu modernen Dienstleistungs- und Serviceorganisationen reformieren, verlangt dies zudem eine stärkere Adaption betriebswirtschaftlich-unternehmerischer Regeln – nicht zuletzt auch bei der Kommunikation. Zugleich konstatieren nicht wenige Autoren wieder eine Renaissance des Lokalen, Kommunalen, Regionalen in ihrer Spezifik. Wie dem auch sei: Egal, ob als Bewohner oder Besucher, ob ein Leben lang in ein und dersel-

---

[1] Die formal-amtliche Seite kommunaler Presse- und Öffentlichkeitsarbeit hängt beispielsweise von der Informationsgesetzgebung ab (Akteneinsicht etc.). Vgl. dazu die gegenwärtigen Diskussionen um ein Informationsfreiheitsgesetz. (u. a. Pöppelmann 2001)

ben oder mehreren Kommunen – hier, ‚vor Ort', stellen sich die lebensweltlichen Kontexte her, hier ist Zivilisation als Mikrokosmos primär erfahrbar, hier ist Demokratie am gestaltbarsten (u. a. Jonscher 1995: 19ff).

Ähnliches gilt auch für Organisationen: Institutionen, Unternehmen etc. wirken an einem oder mehreren ‚Standorten', halten in der Regel die Kommunikation mit ihrem kommunalen Umfeld, ihrer Nachbarschaft für wichtig (kommunale Public Affairs, Community-PR). Selbst virtuelle Gemeinschaften kommen nicht ohne kommunale Metaphern aus, wenn sie beispielsweise Rathaus, Stadtcafé etc. als Ordnungsstrukturen nutzen. Jüngste ‚reale' Großprojekte, wie die Autostadt Wolfsburg oder die Gläserne Manufaktur Dresden, aber auch die traditionellen Schaufenster in den Geschäftsstraßen, zeigen zudem, wie opulent ‚Stadt' für unternehmerische Selbstdarstellung und die Inszenierung von Produktwelten genutzt wird.

1.2 Stadt als Medium und Kommunikationsraum

Man kann *nicht nicht* in und mit der Kommune kommunizieren. ‚Kommunal' und ‚Kommunikation' haben nicht zufällig den gleichen Wortstamm: Die Stadt kann selbst in einem medienwissenschaftlichen Sinne als *Medium* aufgefasst werden: „als gebautes Journal, als museale Vermittlung von Nähe und Ferne, Bleiben und Sich-Verändern, Hier/Jetzt und Weltgeschehen, als komplexe Konzentration des sozial gemischten Lebens, als anziehend gebaute Bindung der Peripherie, als Suche nach der Bedeutung des eigenen Namens". Ihre *Bedeutung für die Medienevolution* ist fundamental: Die moderne Zeitung und damit der neuzeitliche Journalismus waren ein „Kind" der Großstadt (Schreiber 1991: 147ff, 163). Medieninnovationen auch der letzten Jahrzehnte, wie Stadtmagazine und lokaler Rundfunk, sind urbanen Ursprungs (Jonscher 1995: 73ff u. 162ff). Zur deutschen Tradition vor 1949 gehörte es auch, dass Städte selbst (!) *journalistische* Medien herausgaben (Liebert 1998: 27).[2]

Die Stadt stellt einen topographisch fixierten, hoch verdichteten, dynamischen *Kommunikationsraum* dar, der als Austausch-, Assimilations- und Integrationszentrum wirkt (Bott u.a. 2000: 15ff). Zugleich bildet sie eine *Öffentlichkeitsarena*, in der sich – gewiss nicht unbeeinflusst von den verschiedensten überlokalen Medienarenen – eine „episch-szenische Verknüpfung" der lokalen „gemeinsamen Welt" konstituiert (Boettner/Rempel 1996: 171). Einschlägige, politikwissenschaftlich orientierte Modelle verorten in der Regel *kommunale Öffentlichkeit* als Netz von Willensbildungs- und Entscheidungsprozessen zwischen kommunaler Selbstverwaltung (Gemeinderat/Gemeindeverwaltung) und den Gemeindebürgern. Als Mittler fungieren Parteien, Vereine/Verbände, Bürgerinitiativen, auch Wirtschaftsunternehmen,

---

2 Heute hat die Auffassung Oberhand, dass Journalismus staatsfern konstruiert sein soll und Kommunen keine journalistischen Organe herausgeben dürfen. Das für die kommunale Sphäre typische ‚Amtsblatt' ist als PR-Instrument oder im Falle von reinen Verkündungsblättern als ‚juristische Kommunikation' einzustufen. Von den über 2.000 in Deutschland erscheinenden Amts- und Mitteilungsblättern wird der größte Teil von Kommunen herausgegeben. Allzu weit gehende Versuche von Kommunen, die Attraktivität ihrer Amtsblätter dadurch zu erhöhen, dass diese Funktionen von lokalen Zeitungen übernehmen, führten in den letzten Jahrzehnten immer wieder zu verfassungs-, presse- und wettbewerbsrechtlichen Problemen. (Müller 1977; Peter/Müller 1998: 211 u. 220)

vor allem aber die lokalen Massenmedien (Jarren 1984: 82; Kurp 1994: 31). Eine der Information des Bürgers dienende Presse- und Öffentlichkeitsarbeit ist *Pflichtaufgabe* der Kommunen (Leitsätze 1998; Schwarzer 1999). Das medial, thematisch und qualitativ *sehr differenzierte* (groß-)städtische journalistische und subjournalistische Angebot stellt dabei kommunale PR vor große Herausforderungen.

2. Kommunale Presse- und Öffentlichkeitsarbeit: Grenzziehungen und Zahlen

2.1 Kommunale PR im engeren Sinne: Verwaltungs-PR

Umfassende und aktuelle empirische Daten zum Berufsfeld kommunaler PR fehlen. Nicht nur deshalb ist es sinnvoll, einige analytische Erwägungen vorzunehmen. Zum Praxisfeld kommunaler Public Relations wird in der Regel die Kommunikationsarbeit der *Kommunalen Selbstverwaltung* (also der Gemeinde-, Stadt- und Kreisverwaltung) gezählt, nicht etwa die aller Akteure kommunaler Öffentlichkeit. Die PR der örtlichen Vereine, Parteigliederungen etc. verficht zumeist Partialinteressen und erfährt ihre primäre Prägung durch den jeweiligen Organisationscharakter, sodass dort eine Zurechnung zur Verbands- PR, Parteien- PR etc. zweckmäßig ist. Bezogen auf die klassische Definition von PR als Kommunikation von *Organisationen* erscheint damit kommunale PR bereits – vor allem als eine spezifische Form von *Verwaltungs- bzw. Behörden- PR* oder auch als *Non-Profit-PR* – umrissen. Bezogen auf das Begriffsverständnis in der kommunalen Praxis zählt all das zur Presse- und Öffentlichkeitsarbeit, was von speziellen und auch so oder so ähnlich benannten Organisationseinheiten und von eigens dafür zuständig erklärten Personals *innerhalb* der kommunalen Verwaltung geleistet wird.

Die immer noch aktuellste veröffentlichte Kommunalstatistik dazu stammt von 1994: In den 191 deutschen Gemeinden mit 50.000 und mehr Einwohnern (ohne Berlin, Hamburg und Bremen, die zugleich Länder sind) waren zusammengerechnet über 1.000 Verwaltungsangehörige mit kommunaler Presse- und Öffentlichkeitsarbeit befasst. Die Personalstärke der jeweiligen Ämter, Referate, Abteilungen oder Sachgebiete schwankte von 0,1 bis 33 (Pokorny 1995: 341ff; Liebert 1998b). Bei der breit angelegten Untersuchung der Arbeitsgruppe Kommunikationsforschung München (AKM) über Pressestellen (aber nicht über das gesamte PR-Berufsfeld und nur alte Bundesländer) Ende der 1980er Jahre kamen die staatlichen und kommunalen *Institutionen* auf hochgerechnet 3.500 Mitarbeiter, das entspricht 36 Prozent des Personals aller damaligen Pressestellen. Von diesen *Institutionen* mit Pressereferat und/oder Pressesprecher entfielen 34,9 Prozent auf die Kommunen: davon wiederum knapp sechs Zehntel auf Städte und reichlich vier Zehntel auf Kreise/Regionen (Böckelmann 1991a: 43; 1991b: 175).

Ein auf Organisations- und Personalbezeichnungen bezogenes oder auf Pressearbeit reduziertes Verständnis erweist sich aber empirisch wie theoretisch schnell als zu einseitig und unzureichend, wenn das ‚Subjekt' kommunaler PR genauer betrachtet wird:

Kommunikationswissenschaftliche Befragungen (Kutscher-Klink 1994: insb.: 106, Böckelmann 1991a: XVII) und Fallstudien (Bentele u.a. 1998), die Analyse von Organigrammen und Stellenplänen (dazu u.a. Liebert 1998b) sowie die praktische Erfahrung zeigen immer wieder auch *dezentrale Kapazitäten* von kommunaler PR innerhalb der vielgliedrigen Verwaltung auf. Recht häufig leisten neben der zentralen Stelle für Presse- und Öffentlichkeitsarbeit auch andere Bereiche (separate Bürgerbüros, Ämter für Wirtschafts- und/oder Fremdenverkehrsförderung, Kulturämter etc.) spezifische Funktionen von PR. Dies kann in den Stellenbezeichnungen transparent zum Ausdruck kommen, muss es aber nicht (z.B. bei Persönlichen Referenten von Dezernenten). Öffentlichkeitsarbeit wird also nicht nur organisiert von eigens dafür angestellten PR-Experten, sondern auch in einem recht hohen Maße funktional von nebenamtlichen PR-Beauftragten ausgeübt (nach: Röttger 2000: 218ff). Dabei kommt insgesamt ein breites Spektrum überwiegend auch sonst üblicher Instrumente und Methoden zum Einsatz.

Fachkommunikatoren	zugeordnete PR-Kommunikatoren hauptberufliche PR-Experten und nebenamtliche PR-Beauftragte		
Typen	Typen	Beispiele für	
		PR-Manager-Rollen	PR-Techniker-Rollen
Leitende auf zentraler Ebene (Oberbürgermeister, Verwaltungschef)	Zentrale/ koordinierende (Stabsstellen wie Amt für Presse- und Öffentlichkeitsarbeit od. Ä.)	Leiter des Amtes für Presse- u. ÖA, Pressesprecher, stellv. Pressesprecher, Stadtmarketing-Manager (in der Regel hochprofessionell)	Redakteure für Pressedienste, Amtsblatt, Mitarbeiterzeitung, Publikationen und Online-Angebote; Designer/Layouter, Fotograf; Mitarbeiter/innen (MA) für Anzeigen, Pressedokumentaton/Erfolgskontrolle, Repräsentation/Protokoll, Stadtwerbung; Organis. Bürgerversammlungen; MA in Bürgerbüro/ Büro für Ratsangelegenheiten u. ä.
Leitende auf dezentraler Ebene (Dezernenten, Beigeordnete)	Dezentrale (in Stabsfunktion)	Persönliche Referenten, z. T. Presse- und Öffentlichkeitsarbeits-Referenten	Sekretär/in mit PR-Funktionen
Administrierende (Verwaltungsfachleute in den Facheinheiten)	Dezentrale (in Linienfunktion)	PR-Referenten für Wirtschafts- und Tourismusförderung	MA für Bürgerbeteiligung Stadtplanung, Messen/Ausstellungen/Veranstaltungen, Standort-Marketing, Umweltinformation/Gesundheitsberichterstattung, ÖA im Kulturamt; Bürgermoderatoren u. ä.

Abb.1: Kommunikatortypen innerhalb der Verwaltung (Quelle: eigene Darstellung, Weiterentwicklung von Bentele u.a. 1997: 231f)[3]

Die vorstehende Tabelle systematisiert die Vielfalt möglicher kommunaler PR-Rollen innerhalb der kommunalen Verwaltung. Dabei wird von einer fiktiven Großstadt ausgegangen. In kleineren Städten ist das Berufsfeld weitaus weniger bis gar nicht ausdifferenziert, sodass dort oft die PR-Arbeit von einer Person, möglicherweise nur nebenamtlich, ausgeübt wird.

---

3   Die Rollen-Beispiele wurden zumeist aus Musterstellenplänen der KGSt und Organigrammen verschiedener deutscher Stadtverwaltungen zusammengetragen.

2.2 Kommunale PR im weiteren Sinne: Stadtkommunikation

Normative, demokratietheoretische Grundsätze definieren kommunale Presse- und Öffentlichkeitsarbeit nicht primär als eine Funktion der ‚Verwaltung', also nicht analog zum gängigen Verständnis von PR als Auftragskommunikation einer *Organisation*. Indem der ‚Bürger' nicht nur zum Hauptadressaten, sondern auch zum eigentlichen Auftraggeber kommunaler PR erklärt wird (die Verwaltung hat dem Bürger zu dienen), erscheint diese als Funktion des gesamten kommunalen Gemeinwesens, also einer räumlich-sozialen Gemeinschaft von Bürgern. Damit erfüllt wohl kommunale Öffentlichkeitsarbeit am ehesten das, was Faulstich (2000: 43) für PR generell beansprucht: Sie sei primär eben keine Managementfunktion der Leitung, sondern aller Elemente des Systems, das Öffentlichkeit konstituiert. Faktisch sind die entscheidenden kommunalen PR-Profis aber Verwaltungsangehörige, die an der Nahtstelle zwischen kommunaler Politik/Bürokratie und lokaler Öffentlichkeit/Medien eine schwierige Zwitterstellung einnehmen und oftmals in Rollenkonflikte geraten (Furchert 1996).

Kommunale PR als PR für die *ganze* Stadt und *der* Stadt: In diesem Sinne müssen auch Akteure außerhalb der Verwaltungen zu diesem Praxisfeld gezählt werden, wenn und in dem Maße sie – oft im kommunalen Auftrag – PR für ihre Gemeinde, ihre Stadt, ihren Kreis betreiben (z.B. Vereine oder GmbHs zur Wirtschafts- und Fremdenverkehrsförderung, Stadtmarketinggemeinschaften, Stadtteil- und Quartierskommunikation von Wohnungsgesellschaften, aber auch semiprofessionell oder ehrenamtlich in Heimatvereinen u.ä.). Ein solches weites Verständnis ist analytisch auch deshalb sinnvoll und zukunftsorientiert, weil Verwaltungen gegenwärtig unter Druck stehen zu verschlanken und kommunale Funktionen outsourcen, die dann von privatrechtlichen Organisationsformen erfüllt werden.

Hingegen ist die PR mancher *kommunaler Versorgungs- und Wirtschaftsunternehmen* (z.B. Verkehrsbetriebe) oder *nachgeordneter kommunaler Einrichtungen* (z.B. Theater) stark von den jeweiligen Sachtätigkeiten geprägt, sodass dort Zuordnungen zu anderen Praxisfeldern (z.B. unternehmerische PR oder Kultur-PR) sinnvoll erscheinen. Die PR der *kommunalen Spitzenverbände*, die die gemeinsamen Interessen ihrer Mitgliedsorte bzw. -kreise vertreten (Deutscher Städtetag DST, Deutscher Städte- und Gemeindebund DStGB, Deutscher Landkreistag DLT), und der mit ihnen zusammenarbeitenden Einrichtungen (z.B. Verband kommunaler Unternehmen VKU, Kommunale Gemeinschaftsstelle für Verwaltungsvereinfachung KGSt) kann gewissermaßen als Schnittmenge von kommunaler und Verbands-PR begriffen werden. Böckelmann (1991b: 171) hat diese Aktivitäten statistisch den kommunalen *Institutionen* zugerechnet und nicht – wie die sonstigen Verbände – den *Organisationen*. Die folgende Tabelle systematisiert die Vielfalt möglicher kommunaler PR-Rollen außerhalb der Verwaltung:

Fachkommunikatoren	zugeordnete PR-Kommunikatoren (hauptberufliche PR-Experten und nebenamtliche PR-Beauftragte)		
Typen	Typen	Beispiele für	
		PR-Manager-Rollen	PR-Techniker-Rollen
Wirtschaftlichdienstleistende (Fachleute in kommunalen Beteiligungsunternehmen, z. B. Wirtschaftsförderungs-GmbH)	Unternehmerische (in Unternehmensstäben)	PR-Referenten, Pressesprecher, Marketingleiter (in der Regel hochprofessionell)	Abteilungs-MA. für verschied. Aufgabenbereiche (siehe unter ‚Zentrale/koordinierende PR-Kommunikatoren')
Bürgerschaftliche (Ehrenamtliche oder Semiprofessionelle in kommunalen Vereinen, z. B. Heimat-, Fremdenverkehrsverein)	Verbandliche (in Vereinsvorstand bzw. -geschäftsstelle)	meist nur PR-Beauftragte:	
		Presse- und ÖA-Beauftragte, Vereinssprecher (beispielsweise Vorstandsmitglieder)	Schriftführer, MA der Geschäftsstelle
Politische (in die Gemeindevertretung gewählte ehrenamtliche Parteipolitiker bzw. Interessenvertreter, insbes. Fraktionsvorsitzende)	Politische (ÖA für einzelne politische Fraktionen der Gemeindevertretung bzw. für Mandatsträger)	oft nur PR-Beauftragte:	
		Persönliche Referenten, Pressesprecher, Fraktionsassistenten etc.	Sekretär/in mit PR-Funktionen

Abb.2: Kommunikatortypen außerhalb der Verwaltung (Quelle: eigene Darstellung)

3. Spezifika kommunaler PR

3.1 Die Binnenperspektive: Kommunikation im Gemeinwesen und mit dem Bürger

Wenn von Stadt- an Stelle von Organisationskommunikation die Rede ist, schwingen gewiss demokratisch-partizipatorische Ideale und historische Verklärungen aus den Anfangszeiten städtischer Selbstverwaltung mit. Dennoch ist die heutige Stadt *keine* Organisation im Sinne einer funktionalen Zweckgemeinschaft wie ein Unternehmen, das ein einheitliches kommunikatives Auftreten aller Organisationsmitglieder notfalls erzwingen könnte (Boettner/Rempel 1996: 183). Die Stadt bildet vielmehr ein pluralistisches Gemeinwesen, in dem die Verwaltung kein Sendermonopol besitzt und auch in sich heterogener ist als beispielsweise eine Unternehmensleitung.

Kommunale Selbstverwaltung besitzt eine duale Struktur aus Gemeindevertretung (Stadtverordneten- bzw. Ratsversammlung) und (eigentlicher) Verwaltung. Die Verwaltungsstelle für Presse- und Öffentlichkeitsarbeit trägt in der Regel auch die Verantwortung für die Rats-PR (Rat als Kollegialorgan!), allerdings werden Teilaufgaben zumeist von einer spezifischen Dienststelle (Stadtverordnetenbüro, Büro für Ratsangelegenheiten etc.) erledigt. Mit der eigentümlichen Struktur kommunaler Selbstverwaltung sind mindestens zwei *zentrale Probleme und Instrumentalisierungspotenziale* kommunaler PR verbunden:

a) Presse- und Öffentlichkeitsarbeit soll den Bürger objektiv, umfassend und überparteilich informieren, damit dieser an der kommunalen Demokratie teilhaben kann (Städtische Presse- und Öffentlichkeitsarbeit heute 1991: 20f; Peter/Müller 1998; Duggen 1998). Sie ist dabei solchen Werten wie Information, Partizipation (der Bürger), Akzeptanz (der Verwaltung), Kooperation (innerhalb der Kommune) und Wirtschaftlichkeit (sinnvoller Umgang mit Steuermitteln) verpflichtet (Faulstich 2000: 100f). In Übertragung eines Urteils des Bundesverfassungsgerichtes von 1977 muss die kommunale Dienststelle für PR parteipolitische Enthaltsamkeit üben. Deshalb müssen sich die einzelnen Fraktionen der Gemeindevertretung für ihre PR eigener Öffentlichkeitsarbeiter bedienen. Diese Fraktions-PR ist – obzwar auf kommunaler Ebene angesiedelt – normativ dem Praxisfeld der (partei-) politischen PR zuzurechnen. Faktisch gilt es aber zu bedenken, dass Verwaltungsführungskräfte, die gewählt werden, an ihrer ständigen Legitimierung und ggf. Wiederwahl interessiert sein müssen und damit auch parteipolitisch bzw. personenbezogen kommunizieren (lassen) (Häußer 1994: 36).

b) Obzwar die (ehrenamtliche) Gemeindevertretung als der aktivere, initiativere Teil konzipiert ist, liegen faktisch diese Funktion und damit die entscheidenden Themengenerierungskompetenzen bei der (professionellen) Verwaltung (Kurp 1994: 58). Zugleich entwickelt sich zwischen Entscheidungsträgern und Meinungsführern von Gemeindevertretung (Ausschuss- und Fraktionsvorsitzende) und Verwaltung (Dezernenten, wichtige Amtsleiter und Referenten) ein Netz informeller Beziehungen (so genannte ‚Vorentscheider'). Damit ist kommunale Presse- und Öffentlichkeitsarbeit immer auch anfällig für bürokratische, ressortspezifische oder fraktionelle Sonderinteressen.

3.2 Die Außenperspektive: Standort-PR

Im Unterschied zur *Binnenperspektive*, in der kommunale PR explizit dem örtlichen Gemeinwohl verpflichtet ist, verficht die Außendarstellung einer Stadt – auf das gesamtgesellschaftliche Gemeinwohl bezogen – Partialinteressen und nimmt Züge an, die auch der PR z.B. von privatwirtschaftlichen Unternehmen oder Interessengruppen eigen sind. Aus *überregionaler Perspektive* gerät eine Kommune faktisch in die Rolle eines Wettbewerbers im pluralistischen Spiel der Kräfte und auf dem Markt der Standorte. Die Stadt als eigenständige „Öffentlichkeitsarena" wird damit zum Akteur in anderen Arenen (Boettner/Rempel 1996: 183; Standortpolitik 2000).

Daraus ergeben sich *zwei deutlich unterscheidbare Dimensionen* und also Spezifika kommunaler PR: *Innerhalb der eigenen Stadt*: Informierend-neutraler Charakter und höherer Problemgehalt, Fokus auf Richtigkeit und Genauigkeit der Information, Transparenz, (vom Anspruch her:) dialogisch-symmetrisch. *Gegenüber auswärtigen Zielgruppen* (Investoren, Fachkräfte, Touristen, Besucher etc.): hohe Persuasivität und Emotionalisierung, Fokus auf Imagepflege, zeit- bzw. teilweise bewusste Nicht-Öffentlichkeit (z.B. bei Ansiedlungsverhandlungen), einwegig-asymmetrisch, Dominanz der Darstellung *der* Stadt im Vergleich zur Verwaltung (Liebert 1998b: 199ff; Tremel/Ohlmann 1999).

Wachsender Konkurrenzkampf untereinander und zunehmender finanzieller Druck auf die Kommunen führen zu Ziel- und Ressourcenkonflikten innerhalb der Kommunikationsarbeit. Hat normativ zwar die PR gegenüber dem eigenen Bürger das absolute Primat, so ist faktisch die PR für auswärtige Zielgruppen immer wichtiger geworden. Dies belegen millionenschwere Imagekampagnen deutscher Städte und Regionen: Von Hamburg (‚Tor zur Welt') über das Ruhrgebiet (‚Ein starkes Stück Deutschland') bis nach Leipzig (‚Leipzig kommt') (Schiller 2002: 9-11; Akalin 2001: 28-31). Vitalisierte Innenstädte oder ‚Urban Entertainment Center' – begleitet von kommunikativen Maßnahmen – sollen den Städtetourismus weiter ankurbeln (Themenheft 2001). Stadtpolitik wird zunehmend über kulturelle Großprojekte „festivalisiert" (Häußermann/Siebel 1993).

4. Organisation und Arbeitsteilung kommunaler PR

Mit der Vielfalt kommunaler PR sind mindestens zwei Probleme verbunden:
a) Sie lässt sich schwerer als ganzheitliche, integrierte und strategische Kommunikation betreiben. Dies drückt sich auch im Selbstverständnis kommunaler PR aus: Der Begriff ‚Public Relations' ist immer noch – jedenfalls offiziell – weitgehend unüblich. Vor allem die PR innerhalb der eigenen Stadt wird bevorzugt als ‚Presse- und Öffentlichkeitsarbeit' (dabei wird Öffentlichkeitsarbeit zumeist nur als nicht massenmedial vermittelte PR verstanden), ‚Informationstätigkeit', ‚Bürgerinformation' o. Ä. bezeichnet. Aktivitäten außerhalb der eigenen Stadt hingegen tragen Begriffe wie ‚Stadtwerbung', ‚Imagepflege' (dient auch der Identifikation der Bürger) oder Standort-PR (Liebert 1998b). Zweifellos versuchen kommunale Kommunikationsmanager gerade städtische Außendarstellung *wie* die einer Organisation zu führen, indem sie beispielsweise Corporate-Identity-Konzepte oder Marketing-Strategien aus dem unternehmerischen Bereich adaptieren. Dies geschieht zunehmend, wird jedoch immer auf gewisse Grenzen stoßen (Funke 1997; Grabow/Hollbach-Grömig 1998; Zerres/Zerres 2000).
b) Das häufige Vorhandensein auch dezentraler Kapazitäten für Kommunikation macht die Verteilung zentraler und dezentraler Ressourcen, Arbeitsteilung, Koordination und Führung zu wichtigen Managementproblemen. Traditionell sprach sich der Deutsche Städtetag stets – in Einklang mit der Unternehmenspraxis – für ein zentrales Presse- und Informationsamt unmittelbar beim Verwaltungschef aus (Leitsätze 1998). Wichtigste Parole der seit etwa einem Jahrzehnt ablaufenden Verwaltungsmodernisierung (‚Neues Steuerungsmodell' etc.) ist aber eine stärker dezentrale Fach- und Ressourcenverantwortung (Zentrale Steuerungsunterstützung 1996: 7ff; Liebert 1998b: 203, Peter/Müller 1998: 227). Dies verstärkte mindestens bei der serviceorientierten Kommunikation der Verwaltung mit dem Bürger als ‚Kunden' (Bürgerberatung, Bürgerinformation, Dienstleistungsangebote) periphere, zentrifugale Tendenzen. Zugleich entstanden aber mit ‚Bürgerbüros' oder ‚Lotsensystemen' innovative Lösungen, um Dienstleistung und Kommunikation aus einer Hand zu bieten.

Dezentralisierungstendenzen in der allgemeinen Presse- und Öffentlichkeitsarbeit wurden inzwischen wieder abgefangen, sodass die (auch) zentrale Realisierung kommunaler PR nicht mehr in Frage gestellt scheint (Wetterich 1998; Konken 2000a: 16; Presse- und Öffentlichkeitsarbeit im neuen Steuerungsmodell 2000: 41ff).

5. Zusammenfassung und Ausblick

Kommunale PR versteht sich heute mindestens vom Anspruch her als ganzheitliche und mehr oder weniger zentral geleitete bzw. koordinierte, jedoch polyfunktionale (Stadt-) Kommunikation. Sie wird – stärker als in anderen PR-Praxisfeldern – arbeitsteilig (unterschiedliche Akteure) realisiert und gegenüber der Vielzahl verschiedener Teilöffentlichkeiten (Einwohner, Umlandbewohner, Touristen, ansässige und auswärtige Wirtschaft, Politik und Behörden verschiedener Ebenen, Partnerstädte, Vereine/Verbände etc.) deutlich differenziert. Der Einwohner – klassischer und normativer Hauptadressat – wird heute in seinen unterschiedlichen Rollen als ‚Bürger' (Wähler, Steuerzahler, Mitgestalter etc.) des kommunalen Gemeinwesens (Bürgerbeteiligung etc.) und ‚Kunde' der kommunalen Dienstleistungs-Verwaltung (Serviceorientierung) angesprochen.

PR gegenüber auswärtigen Zielgruppen nimmt weiter zu. Dies und der generelle Aufschwung von Stadtmarketingkonzepten, die allerdings auf sehr unterschiedlichen Verständnissen beruhen (ganzheitliches Stadtmarketing, Standort-, Tourismus-, City-, Verwaltungsmarketing), begünstigen die Indienststellung von PR für Marketingzwecke bzw. eine Verflechtung von PR und Marketing (Konken 2000b: 15).

Kommunale PR wendet – in den größeren Städten – modernes Kommunikations-Know-how auch aus anderen gesellschaftlichen Sphären an, nutzt ein breites Instrumentarium traditioneller (Amtsblätter, Broschüren etc.) sowie moderner Medien (Internet etc.) und stellt einen professionellen Partner des (Lokal-) Journalismus (seit den 1990er-Jahren auch des Lokalfunks) dar. Insbesondere bei der Bürgerbeteiligung an Planungs- und Entwicklungsprozessen in Stadt und Quartier hat sich eine große Vielfalt teilweise innovativer Formen direkter, dialogischer Kommunikation entwickelt: Aktion ‚Ortsidee', Mediationsverfahren in Konfliktfällen, Planungszellen, Zukunftswerkstätten etc. (Selle 1996). Darüber hinaus wollen die Städte künftig noch mehr eine „Rolle des *Moderators*, des Förderers und des *Vernetzers* gesellschaftlicher Initiativen und Leistungen" ausüben (Leipziger Resolution 2001: 52).[4]

Dem liegt das Bewusstsein zu Grunde, dass die entscheidenden Probleme menschlicher Zivilisation in der kommunalen Sphäre kulminieren (‚Think global, act local!').

---

4 Bei der Nutzung des Internets kommt dies beispielsweise dadurch zum Ausdruck, dass nicht wenige Städte die Stadtdomain (<www.stadtname.de>) als Plattform beziehungsweise Portal auch für andere Anbieter gestalten (Wetterich 2002: 23). Zur kommunalen Internetnutzung allgemein siehe Furchert 2000.

Literatur

Akalin, Ann-Kathrin (2001): Stadtbekannt. Im Zeitalter der Globalisierung und Mobilität buhlen Städte um Konzerne und Arbeitnehmer. In: PR-Magazin, Nr. 5, S. 28-31.
Bentele, Günter/Liebert, Tobias/Seeling, Stefan (1997): Von der Determination zur Intereffikation. Ein integriertes Modell zum Verhältnis von Public Relations und Journalismus. In: Bentele, Günter/Haller, Michael (Hrsg.): Aktuelle Entstehung von Öffentlichkeit. Akteure-Strukturen-Veränderungen. Konstanz: UVK, S. 225-250.
Bentele, Günter/Liebert, Tobias/Reinemann, Carsten (1998): Projekt „Bestandsaufnahme, Informationsfluss und Resonanz kommunaler Presse- und Öffentlichkeitsarbeit" in Leipzig bzw. in Halle. Abschlussberichte.
Böckelmann, Frank (1991a): Die Pressestellen der öffentlichen Hand. München: Ölschläger.
Böckelmann, Frank (1991b): Pressestellen als journalistisches Tätigkeitsfeld. Eine Untersuchung der Pressearbeit in Unternehmen, Organisationen und Institutionen. In: Dorer, Johanna/Lojka, Klaus (Hrsg.): Öffentlichkeitsarbeit. Theoretische Ansätze, empirische Befunde und Berufspraxis der Public Relations. Wien: Braumüller, S. 170-184.
Boettner, Johannes/Rempel, Katja (1996): Kleine Stadt was nun? Weimar auf dem Weg zur Kulturstadt Europas. Forschungsprojekt „Die Arena in der Arena". Weimar: Bauhaus-Universität.
Bott, Helmut/Hubig, Christoph/Pesch, Franz/Schröder, Gerhart (Hrsg.) (2000): Stadt und Kommunikation im digitalen Zeitalter. Frankfurt a. M., New York: Campus.
Duggen, Hans (1998): Öffentlichkeitsarbeit in der Kommune: Darstellung. Wiesbaden: Kommunal- und Schul-Verlag.
Faulstich, Werner (2000): Grundwissen Öffentlichkeitsarbeit. München: Fink.
Funke, Ursula (1997): Vom Stadtmarketing zur Stadtkonzeption. Stuttgart: Kohlhammer.
Furchert, Dirk (1996): Konfliktmanagement in der kommunalen Presse- und Öffentlichkeitsarbeit. Stuttgart: Kohlhammer.
Furchert, Dirk (2000): Vernetzte PR – städtische Presse und Öffentlichkeitsarbeit im Internet. Stuttgart: Kohlhammer.
Grabow, Busso/Hollbach-Grömig, Beate (1998): Stadtmarketing – eine kritische Zwischenbilanz. Berlin: Deutsches Institut für Urbanistik.
Häußer, Otto (1994): Zum personellen Anforderungsprofil der Öffentlichkeitsarbeit der öffentlichen Verwaltung – Konsequenzen für die Aus- und Fortbildung. In: Verwaltung und Fortbildung. Köln, Bonn: Bundesakademie für öffentliche Verwaltung/Heymann, Nr.1, S. 30-48.
Häußermann, Hartmut/Siebel, Walter (Hrsg.) (1993): Festivalisierung der Stadtpolitik. Stadtentwicklung durch große Projekte. Opladen: Westdeutscher Verlag.
Jarren, Otfried (1984): Kommunale Kommunikation. Eine theoretische und empirische Untersuchung kommunaler Kommunikationsstrukturen unter besonderer Berücksichtigung lokaler und sublokaler Medien. München: Saur.
Jonscher, Norbert (1995): Lokale Publizistik: Theorie und Praxis der örtlichen Berichterstattung. Ein Lehrbuch. Opladen: Westdeutscher Verlag.
Konken, Michael (2000a): Pflicht und Kür. Stadtmarketing und Verwaltungsreform – die Kommunen sind in Bewegung geraten. In: Journalist, Nr. 4, S. 14-16.
Konken, Michael (2000b): PR – eine Definition. In: Journalist, Nr. 4, S. 15.
Kurp, Matthias (1994): Lokale Medien und kommunale Eliten. Partizipatorische Potenziale des lokalen Journalismus bei Printmedien und Hörfunk. Opladen: Westdeutscher Verlag.
Kutscher-Klink, Anja (1994): Kommunale Öffentlichkeitsarbeit in der Bundesrepublik Deutschland – Bestandsaufnahme und Kritik. Berlin, FU, Inst. f. Publizistik und Kommunikationspolitik: unveröffentlichte Magisterarbeit.
Leipziger Resolution (2001) für die Stadt der Zukunft. In: Der Städtetag, Nr. 6, S. 50-55.
Leitsätze (1998) zur städtischen Presse- und Öffentlichkeitsarbeit des Deutschen Städtetages in der Fassung vom 4. Februar 1998.
Liebert, Tobias (1997a): Über einige inhaltliche und methodische Probleme einer PR-Geschichtsschreibung. In: Szyszka, Peter (Hrsg.): Auf der Suche nach Identität. PR-Geschichte als Theoriebaustein. Berlin: Vistas, S. 79-99.
Liebert, Tobias (1998a): Kommunale Öffentlichkeitsarbeit der Stadt Leipzig vor Gründung der DDR von 1945 bis 1949. In: Liebert, Tobias (Hrsg.): Public Relations in der DDR. Leipziger Skripten für Pub-

lic Relations und Kommunikationsmanagement, Bd. 3. Leipzig: LS Öffentlichkeitsarbeit/PR, S. 23-37.

Liebert, Tobias (1998b): 6.3 Kommunale Public Relations. In: Bentele, Günter (Hrsg.): Berufsfeld PR. Berlin: PR Kolleg Berlin Kommunikation & Management, S. 194-219.

Liebert, Tobias (1999): Messe und mehr? Kommunale Imagepolitik für Leipzig. In: Bentele, Günter/Hopfstedt, Thomas/Zwahr, Hartmut (Hrsg.): Leipzigs Messen 1497-1997. Gestaltwandel- Umbrüche- Neubeginn. Teilband 2. Köln u.a.: Böhlau, S. 687-702.

Müller, Ewald (1977): Bürgerinformation – Kommunalverwaltung und Öffentlichkeit. Köln: Kohlhammer.

Peter, Joachim/Müller, Ewald (1998): Presse- und Öffentlichkeitsarbeit in der Kommune: das Praktiker-Handbuch. München: Jehle-Rehm.

Pokorny, Reiner (1995): Presse- und Öffentlichkeitsarbeit 1994. In: Deutscher Städtetag (Hrsg.): Statistisches Jahrbuch Deutscher Gemeinden. 82. Jahrgang 1995. Köln: Bachem, S. 341-357.

Pöppelmann, Benno H. (2001): Informationsfreiheit. Transparenz im Amt. In: Journalist, Nr. 7, S. 40-42.

Presse- und Öffentlichkeitsarbeit im neuen Steuerungsmodell (2000) – Ein Diskussionsbeitrag. KGSt-Bericht 6/2000. Köln.

Röttger, Ulrike (2000): Public Relations – Organisation und Profession. Öffentlichkeitsarbeit als Organisationsfunktion. Eine Berufsfeldstudie. Wiesbaden: Westdeutscher Verlag.

Schiller, Harald (2002): Kampf um Investoren. In: PR-Report, 1. März 2002, S. 9-11.

Schreiber, Mathias (1991): Die Stadt als Medium. In: Schabert, Tilo (Hrsg.): Die Welt der Stadt. München u. a.: Piper, S. 145-165.

Schwarzer, Markus Maximilian (1999): Staatliche Öffentlichkeitsarbeit. Eine juristische Untersuchung der Frage, wie der Staat bzw. staatliche Institutionen Öffentlichkeitsarbeit betreiben dürfen. (Dissertation) Stuttgart.

Selle, Klaus (Hrsg.) (1996): Planung und Kommunikation. Wiesbaden, Berlin: Bauverlag.

Städtische Presse- und Öffentlichkeitsarbeit heute (1991). Eine Arbeitshilfe. Bearbeitet von: Müller, Ewald/Peter, Joachim/Istel, Werner. Köln.

Standortpolitik (2000) für die Städte. Kommunale Wirtschafts- und Beschäftigungsförderung in Deutschland. Köln.

Statistisches Jahrbuch (2000) Deutscher Gemeinden. 87. Jg. Köln, Berlin.

Themenheft (2001) Städtetourismus. Der Städtetag, Nr. 7-8.

Tremel, Holger/Ohlmann, Marianne (Hrsg.) (1999): Studiengang Öffentlichkeitsarbeit der evangelischen Publizistik e.V. Frankfurt a.M. Bd. 8: ÖA in Gesellschaft und Organisationen (Kap. 8.7 und 8.8).

Wetterich, Susanne (1998): Einer fragt – alle antworten. Gerät die städtische Presseinformation auf dem Holzweg? In: Der Städtetag, Nr. 1, S. 19-22.

Wetterich, Susanne (2002): Für eine Online-Offensive der Städte. Internet erfordert neue Formen der Zusammenarbeit. In: Der Städtetag, Nr. 3, S. 22-23.

Zentrale Steuerungsunterstützung (1996). Köln.

Zerres, Michael/Zerres, Ingrid (Hrsg.) (2000): Kooperatives Stadtmarketing. Stuttgart u.a.: Kohlhammer.

Berufsfeld Non-Profit-PR

Jan Tonnemacher

1. Abgrenzung von Non-Profit-PR

So einig sich die Fachwelt darüber ist, dass Non-Profit-PR als Kategorie neben Profit-PR existiert und in den ersten Jahrzehnten der Existenz des Begriffs nur wenig Beachtung gefunden und eine untergeordnete Rolle gespielt hat, so uneinig ist man sich in der Frage der Abgrenzung der beiden Bereiche. Noch in einem 1982 erschienenen Handbuch der Öffentlichkeitsarbeit findet sich kein Grundsatzbeitrag zum Thema Non-Profit-PR, wohl aber gibt es einzelne Fallstudien, u.a. zur PR einer Kommunalverwaltung, eines Verbraucherverbands, von Bürgerinitiativen, Hochschulen oder Kirchen (Haedrich u.a. 1982). Im Titel deutschsprachiger Publikationen ist der Begriff Non-Profit-PR aber in dieser Zeit schon aufgetaucht, als Übernahme des Fachterminus aus den USA (Kotler 1978 und Ronneberger/Rühl 1982). In einem Lexikon der Public Relations findet sich dagegen wiederum kein Beitrag unter dem Stichwort Non-Profit-PR (Pflaum/Pieper 1989).

Eine primär einfache Frage, nämlich die der Bestimmung des Begriffs *Profit*, führt hier zu großen Schwierigkeiten, da es einerseits um eine quantifizierbare Umsatz- oder Gewinnsteigerung gehen kann, die sich aber auch im Erreichen eines ideellen oder gesellschaftlich wünschbaren *Fortschritts* oder *Vorteils* ausdrücken kann. Umstritten könnte andererseits sein, ob die Anwendung bestimmter PR-Instrumente, wie beispielsweise des Social oder Cultural Sponsoring, von der alle Beteiligten profitieren sollen, insoweit unter den Begriff der Profit-PR fällt, als sie zwar dem Unternehmensgewinn eines Unternehmens als Sponsor dient, gleichzeitig aber auch als Non-Profit-PR-Maßnahme, etwa zur Förderung eines Gesundheitsziels oder der Verbreitung von klassischer Musik gesehen werden kann. Unklar ist schließlich, welche gesellschaftlichen Bereiche – oder in der Sichtweise der Systemtheoretiker: Teilsysteme – Non-Profit-PR betreiben. Einig ist man sich bei Kirchen und karitativen Organisationen oder anderen Institutionen, die ausschließlich ideelle oder soziale Zielsetzungen verfolgen. Problematischer wird es dagegen beispielsweise bei staatlichen Einrichtungen, die vielfach zur Non-Profit-PR gezählt werden, obwohl sie durchaus auch politische Eigeninteressen verfolgen, die aber dann zumeist nicht quantifizierbar sind (Merten 2000: 205 und Röttger 2000: 189f). Vollends unklar wird es bei Parteien, Gewerkschaften oder Verbänden, die zumeist handfeste Eigeninteressen ihrer Mitglieder vertreten und allemal an Profit im Sinne von Erfolg oder Vorteil für diese interessiert sind.

Insofern wird hier dafür plädiert, Non-Profit-PR einerseits an die Kriterien der Nichtkommerzialität und der ideellen und/oder sozialen Zielsetzung sowie andererseits an die Intention einer Förderung von Fremdnutzen zu binden. Non-Profit-PR wäre dann folgendermaßen abzugrenzen:

Non-Profit-PR ist die Gestaltung der Kommunikationsbeziehungen einer Person oder Institution mit ihren Teilöffentlichkeiten zur Erreichung ideeller und sozialer Zielsetzungen, ohne dass dabei Eigeninteressen verfolgt werden, die über die Aufrechterhaltung und Verbesserung der eigenen Funktion zur Erreichung dieser Ziele hinausgehen. Nach dieser Definition betreiben beispielsweise Organisationen wie Parteien oder wirtschaftliche Interessenverbände keine Non-Profit-PR, denn sie vertreten politische oder kommerzielle Interessen ihrer Mitglieder, wobei die Parteien natürlich Ziele für das Gemeinwohl herausstellen, mindestens genauso aber an dem Erreichen oder der Erhaltung von Machtpositionen interessiert sind. Öffentlich-rechtliche Rundfunkanstalten und nichtkommerzielle Bildungseinrichtungen dagegen würden sich als Institutionen mit Non-Profit-PR bezeichnen lassen. Problematisch bleibt bei der Definition die Einschätzung des Grades von deren Eigeninteresse; ein Vorteil besteht aber darin, dass sie klarere Abgrenzungsmöglichkeiten schafft.

2. Probleme der Non-Profit-PR

In einer in wachsendem Maße und heute zum allergrößten Teil durch Medien vermittelten Öffentlichkeit *vorzukommen*, setzt entsprechende Maßnahmen voraus; *nicht vorzukommen* kann sich in einer auf Information, Kommunikation und Wissen basierten Gesellschaft heute weder eine Person noch eine Organisation leisten. Im Bereich der Unternehmenskommunikation wird dies in einer auf Wettbewerb, Wachstum und Profit ausgerichteten Wirtschaft inzwischen als selbstverständlich und als Conditio sine qua non gesehen. Im Non-Profit-Bereich hat das aber viel länger gebraucht und sich auch heute noch nicht überall durchgesetzt. Vorurteile gegen PR werden teilweise noch tradiert, und es herrscht durchaus noch häufig die Vorstellung vor, man habe ‚so etwas nicht nötig' und müsse eher mit Argumenten und Leistung überzeugen als ‚mit Werbung und Propaganda'.

Andererseits gibt es genügend Beispiele dafür, dass sich der PR-Gedanke auch im Non-Profit-Bereich durchgesetzt hat. So ist die Öffentlichkeitsarbeit von Organisationen wie ‚Greenpeace' oder ‚Amnesty International' geradezu vorbildlich. Deren Kampagnen haben Umweltprobleme und Umweltsünder in den Mittelpunkt der Aufmerksamkeit gerückt oder weiten Teilen der Bevölkerung überhaupt erst bewusst gemacht, dass die Menschenrechte in den meisten Ländern dieser Welt nach wie vor nicht verwirklicht sind und vielfach mit Füßen getreten werden. Nicht zu reden von den vielfachen PR-Kampagnen von politischen, sozialen und kulturellen Organisationen, die – zumeist in der klassischen Form einer PR-Konzeption verwirklicht – deren Ideen und Zielen zum Erfolg verholfen haben.

Größtes Problem für die Non-Profit-PR stellt zumeist die mangelhafte und zur Erreichung der Ziele selten ausreichende Finanzierungsbasis dar, die in Zeiten wirtschaftlicher Schwächeperioden überdies meist als erste und dann auch überproportional gekürzt wird. Die im Gegensatz zu kommerziellen Organisationen im PR-Bereich oft unterfinanzierten Non-Profit-PR-Bemühungen führen teilweise auch dazu, dass der Professionalisierungsgrad nicht in gleichem Maße entwickelt werden konnte und PR-Aufgaben dann häufig von Mitarbeitern ohne eine entsprechende Ausbildung quasi nebenher wahrgenommen werden. Hier ist ein weiteres Feld für Weiterbildungsmaßnahmen offen, wie sie inzwischen von einer wachsenden Zahl von entsprechenden Einrichtungen auch wahrgenommen werden.

Soweit im Non-Profit-Bereich keine Institution mit Finanzkraft hinter den Maßnahmen steht, treten daher auch die PR-Instrumente zur *Geldbeschaffung* zu den gewohnten Mitteln hinzu, die direkt oder über die Vermittlung durch die Medien eingesetzt werden. Insbesondere sind dies die Werbe- und PR-Maßnahmen für Mitglieder und damit Beiträge, vor allem aber für Spenden und Sponsoren, was in der Literatur unter dem Begriff ‚Fundraising' behandelt wird.

3. Nutzen und Chancen der Non-Profit-PR

Einerseits ist wohl festzuhalten, dass die heute weitgehend selbstverständliche Akzeptanz und Anwendung von PR im nichtkommerziellen Bereich insgesamt auch zu einer Imageverbesserung von PR und zu einem weiteren Abbau von Vorurteilen gegenüber der Öffentlichkeitsarbeit beigetragen haben wird. Andererseits – aber dies wäre noch zu belegen – werden Wettbewerb und eine entsprechende Öffentlichkeitsarbeit, wie sie jetzt auch im sozialen und kulturellen Bereich stattfinden, das Bild offener und farbiger gestaltet und die Produkte und Dienstleistungen verbessert haben. Vielfach ist durch die Informationen der PR sogar in der Bevölkerung erst Problembewusstsein geschaffen worden und Betroffenheit entstanden.

Je geringer bei den Adressaten die Skepsis und das mangelnde Vertrauen in Glaubwürdigkeit und Absichten der Quelle, desto größer die Akzeptanz und die Bereitschaft, eine Meinung oder eine Einstellung anzunehmen oder zu verändern oder sogar sein Verhalten entsprechend zu gestalten. Dies trifft für die Bevölkerung ebenso zu, wie für die Journalisten als Vermittler der PR-Botschaften in ihrer Rolle als Gatekeeper bei der Auswahl dessen, was ‚gebracht' wird. Folgerichtig haben es Institutionen mit Non-Profit Absichten auch oft sehr viel einfacher, in den Medien berücksichtigt zu werden, was wiederum deren Chancen bei der Verwirklichung ihrer Ziele erhöht.

In der Professionalisierungsdebatte und der Frage, ob PR als eigenständige Wissenschaft zu sehen ist (Avenarius/Armbrecht 1992) führt Non-Profit-PR ebenfalls einen großen Schritt weiter, weil sie in wesentlicher Ergänzungsfunktion zum kommerziellen Bereich die *gesamtgesellschaftliche* Funktion und damit die gesellschaftstheoretische Sichtweise in der theoretischen Fundierung der PR stützt und rechtfertigt (Ronneberger/Rühl 1992). Nachdem die *marketingtheoretische* Sichtweise nur noch in der betriebswirtschaftlichen Theorie vertreten wird, ist die *organisationstheoretische* Sichtweise schon damit zu begründen, dass die Verengung auf den Marketingbegriff der Tatsache nicht gerecht werde. PR könne eben nicht nur als Marketing- und damit Verkaufsinstrument gesehen werden, sondern erfülle ganz andere Funktionen: So beispielsweise im Sinne der Systemtheoretiker als „Interaktion der Gegenwartsgesellschaften" (Ronneberger/Rühl 1992) oder auch bei PR-

Praktikern mit der Aufgabe der Integration, etwa in der Formel: „Öffentlichkeitsarbeit = Information + Anpassung + Integration" (Oeckl 1976).

4. Die Instrumente der Non-Profit-PR

Die Instrumente der Non-Profit-PR unterscheiden sich nicht grundsätzlich von denjenigen im kommerziellen Bereich. Bedingt durch andere Ziele und Aufgaben sowie die meist geringeren finanziellen Möglichkeiten nichtkommerzieller Organisationen finden die Instrumente allerdings in unterschiedlicher Gewichtung Anwendung. So haben Aktivitäten, die sich auf die Einwerbung von Geld beziehen, größere Bedeutung neben den klassischen Instrumenten der Erzielung von Aufmerksamkeit und Beachtung, des Aufbaus und der Pflege eines Images sowie der Werbung um Verständnis und Vertrauen. Zusammengestellt ist das Instrumentarium der Non-Profit-PR in der folgenden Abbildung 1:

Die Instrumente der Non-Profit-PR

1. Persönliche Öffentlichkeitsarbeit im Dialog

1.1 Mit den Vermittlern (Journalistenkontakte, Medienarbeit, Pressekonferenzen)
1.2 Mit den Bezugsgruppen (auf Messen, Ausstellungen und bei sonstigen Events)
1.3 Mit Multiplikatoren (Lobbying, Repräsentanz)
1.4 Mit Geldgebern (Fundraising, Sponsoring)
1.5 Mit den eigenen Mitarbeitern (alle Instrumente der personalen internen PR)

2. Öffentlichkeitsarbeit mit eigenen Publikationen

2.1 Publikationen für die Vermittler (Pressemitteilungen, Newsletter)
2.2 Publikationen für die Bezugsgruppen (Geschäftsberichte, Broschüren, Folder)
2.3 Publikationen für die Multiplikatoren (PR-Publikationen geeigneter Art)
2.4 Publikationen für die Geldgeber (PR-Publikationen geeigneter Art)
2.5 Publikationen für die Mitarbeiter (alle Instrumente der medialen internen PR)

Abb.: Die Instrumente der Non-Profit-PR

5. Die Akteure der Non-Profit-PR

Gemäß der in diesem Beitrag aufgestellten und deutlich engeren Definition für Non-Profit-PR, die bei den Zielsetzungen ein Fehlen egozentrischer Ziele und Motive voraussetzt und diese am *Gemeinwohl* orientiert, ist auch der Bereich der Anwender einzuschränken. Grundsätzlich lassen sich folgende Gruppierungen feststellen (die

Aufzählung ist mit Sicherheit nicht vollständig):

Organisationen und Personen mit einem auf die Verbesserung der sozialen Lebensbedingungen gerichteten Ziel. Beispiele wären:
- Umweltschutzorganisationen
- Organisationen der Wohlfahrtspflege und der Gesundheitsfürsorge
- Organisationen der Verbraucherinformation (einschließlich Mieterinformation)
- Politische Institutionen und Ämter auf Bundes-, Landes- und Kommunalebene
- Politische Stiftungen
- Organisationen, die für die Beachtung der Gesetze und für die öffentliche Sicherheit zuständig sind
- Organisationen zum Schutz der Menschenrechte
- Organisationen der Hilfe für Länder der 3. Welt
- Bildungseinrichtungen nichtkommerzieller Art

Organisationen und Personen mit einem auf die Verbesserung der psychischen und emotionalen Lebensbedingungen gerichteten Ziel. Beispiele könnten sein:
- Religionsgemeinschaften
- Institutionen der Kulturkommunikation
- Öffentlich-rechtliche Rundfunkanstalten

Natürlich ist eine solche Aufzählung nur bedingt gültig, da beispielsweise die Kirchen ihre Aufgaben nicht nur im seelsorgerischen Bereich sehen, sondern auch in der Verbesserung der Lebensbedingungen existentieller Art. Allerdings geschieht dies dann zum großen Teil über Organisationen, die in der Wohlfahrtspflege, der Gesundheitsfürsorge, der Bildung und der Entwicklungshilfe tätig sind. Ebenso könnte man die Erfüllung des Informationsauftrags der Rundfunkanstalten als Voraussetzung für die physischen Lebensbedingungen ansehen, und umgekehrt Bildungsinstitutionen eher mit Zielen und Wirkungen im kognitiven und emotionalen Bereich ansiedeln. Eine weitere Möglichkeit wäre es, nach dem Wirkungsbereich in national und international zu unterteilen, wobei dann eine erhebliche Anzahl von Institutionen hinzukäme, die sich aber alle in der obigen Aufzählung abbilden ließen.

6. Kampagnen als wichtiges Instrument der Non-Profit-PR

Kampagnen gibt es natürlich auch im Bereich der nichtkommerziellen PR, aber gerade die Non-Profit-PR bedient sich dieses Mittels sehr häufig, vielleicht auch, weil ideelle und soziale Zielsetzungen, die am Gemeinwohl orientiert sind, oft Aufgaben mittel- bis langfristiger Art erfüllen sollen und Kampagnen zumeist auch entsprechend längerfristig angelegt sind. Eine Definition sieht Kampagnen als „dramaturgisch angelegte, thematisch begrenzte, zeitlich befristete kommunikative Strategien zur Erzeugung öffentlicher Aufmerksamkeit [...], die auf ein Set unterschiedlicher kommunikativer Instrumente und Techniken – werbliche Mittel, marketingspezifische Instrumente und klassische PR-Maßnahmen – zurückgreifen" (Röttger

2002: 15f). Obwohl diese Definition ganz neue Techniken und Methoden erwarten lassen könnte, ist hier zu konstatieren, dass es sich sowohl im Ablauf als auch im Einsatz der Instrumente eigentlich um die klassische Vorgabe einer PR-Konzeption handelt, die in den vier Hauptschritten

- Situationsanalyse,
- Konzeptionserarbeitung,
- Realisierung und
- Erfolgskontrolle

abläuft und je nach PR-Literatur in zehn bis 13 Einzelschritten (Merten, 2. Bd. 2000: 253) zu realisieren ist. Der Einsatz der Instrumente richtet sich dann nach Zielen, Zeitrahmen und dem ebenfalls vorgegebenen Budget. Das Ziel der „Erzeugung öffentlicher Aufmerksamkeit" in der obigen Definition stellt nur ein „Minimalziel" dar (Röttger 2002: 16), denn vielfach geht es gerade in Kampagnen im Gesundheits- oder Umweltschutzbereich um Image- und Glaubwürdigkeitsprobleme sowie um Einstellungs- und Verhaltensänderungen, ja vielleicht sogar um die Etablierung neuer Werte oder eines anderen Wertesystems. Sie sind wie jede andere PR-Maßnahme darauf gerichtet, die Öffentlichkeit entweder über die Medien als Vermittler oder auch direkt zu erreichen und setzen häufig auf Wiederholung, plakative Parolen, Verkürzungen und manchmal auch auf öffentlichkeitswirksame Aktionen, wie es sich beispielsweise im in der Literatur inflationär ‚ausgeschlachteten' Fall der Brent-Spar-Affäre, also des Konflikts zwischen Greenpeace und Shell sowie bei vielen anderen Aktionen dieser Umweltschutzorganisation gezeigt hat und zeigt.

Als ‚Issues Management', also „gezielte Implementierung von politischen, wirtschaftlichen Themen in die Öffentlichkeit durch Unternehmen oder Organisationen" (Merten, 2. Bd. 2000: 155) kommt es auch häufig vor, dass Unternehmen kulturelle oder soziale Fragestellungen in Kampagnenform lancieren oder als Sponsoren für Non-Profit-Organisationen auftreten, was aber keine Non-Profit-PR darstellt, weil die Erwartung eines eigenen Vorteils (Profit) hinter dieser Aktivität steht. Und auch Entschuldigungskampagnen, wie jüngst die der Deutschen Bahn zu Verspätungen und verkomplizierter Preisgestaltung dienen zwar dem Ziel einer Verbesserung der Reisebedingungen, letztlich aber dem Wohlergehen des Unternehmens.

Kennzeichnend für Kampagnen im Non-Profit-Bereich ist einerseits tatsächlich die Vermischung von Werbe- und PR-Instrumenten sowie entsprechenden Argumenten, was hier jedoch eher legitim erscheint, da es nicht um kurzfristigen und profitablen Verkauf von Gütern und Dienstleistungen geht, und andererseits eine „Tendenz zur moralischen Auflagung" besteht (Röttger 2002: 21). Vielfache und vielfältige Beispiele für Kampagnen fallen einem außer den bereits erwähnten ein: Gesundheitskampagnen beispielsweise gegen Rauchen, Alkohol und andere Drogen; gegen die Armut und Not in den Ländern der 3. Welt durch das Rote Kreuz, Terres des Hommes, Misereor oder Brot für die Welt, gegen die Globalisierung durch Attac und andere Organisationen der Globalisierungsgegner; gegen Umweltverschmutzung, für den Natur- und Tierschutz und für weitere politische und soziale Zielsetzungen. Längst hat hier der Non-Profit-Bereich durch Übernahme, Anwendung und teilweise auch Verbesserung der im kommerziellen Bereich entwickelten PR-Instrumente gleichgezogen und einen Professionalisierungsgrad erreicht, wie man ihn für den ‚Spätentwickler' nicht erwartet hätte. Ob man diese Entwicklung nun ausschließlich begrüßen kann und der Zweck einer Mobilisierung der Öffentlichkeit für wichtige soziale Themen durch Kampagnen die Mittel der PR heiligen lässt, oder ob man schon wieder besorgt sein muss, dass die wachsende Verschränkung von Politik, Macht und Moral zu einer „Abstumpfung" und damit „geringeren Mobilisierungsbereitschaft" auf Seiten des Publikums führt (Röttger 2002: 23), das muss sicherlich abgewartet werden. Ob aber – wie dieselbe Autorin es ebenda als Frage formuliert – „Sozial- und Solidarkampagnen lediglich Ausdruck einer symbolischen Inszenierung von gesellschaftlichem Engagement" darstellen, das mag wiederum von Intention und Zielsetzung von Auftraggeber und/oder Sponsor der Kampagne abhängen und kann mit Sicherheit nicht grundsätzlich angenommen werden.

7. Zusammenfassende Thesen

1. Non-Profit-PR muss ideelle oder soziale Zielsetzungen verfolgen, die sich am Fremd- oder Gemeinwohl orientieren, um als solche angesehen werden zu können.
2. Der Non-Profit-PR stehen in anderer Gewichtung dieselben PR-Instrumente zur Verfügung, wie der PR im kommerziellen Bereich. Fundraising und Kampagnen spielen eine größere Rolle. Die Budgets sind allgemein meist geringer. Die Abgrenzung von Werbung und PR kann im nichtkommerziellen Bereich nicht so streng gesehen werden, wie dies bei kommerzieller Zielsetzung vielleicht notwendig ist.
3. Die Aussichten der Non-Profit-PR, ihre Ziele zu erreichen, sind allgemein ungleich höher als die der PR im kommerziellen Bereich, da die meist höhere Glaubwürdigkeit zu mehr Akzeptanz- und Mobilisierungsbereitschaft führt.
4. Non-Profit-PR trägt dazu bei, Vorurteile gegenüber der PR insgesamt abzubauen.
5. Vielfach ist auch in der Non-Profit-PR inzwischen ein hoher Professionalisierungsgrad erreicht, nachdem sich das „neue PR-Denken" (Bogner 1990) hier erst später entwickelt hat als im kommerziellen Bereich. Immer noch gibt es aber oft Skepsis und Widerstand zu überwinden, denn auch kulturelle und soziale Organisationen sind verstärkt dem Wettbewerb ausgesetzt und müssen um Aufmerksamkeit und Akzeptanz, um Verständnis und Vertrauen werben.
6. Und letztlich stellt die Non-Profit-PR ein noch stark entwicklungsfähiges Berufsfeld dar, denn ebenso wie die Möglichkeiten medialer Vermittlung (und daher auch die entsprechende Nachfrage der Medien) gestiegen sind, hat sich das Interesse an sozialen Themen entwickelt, und hier herrscht noch eindeutiger Nachholbedarf.

Literatur

Avenarius, Horst/Armbrecht, Wolfgang (Hrsg.) (1992): Ist Public Relations eine Wissenschaft? Eine Einführung. Opladen: Westdeutscher Verlag.

Bogner, Franz M. ³(1999): Das neue PR-Denken. Strategien, Konzepte, Maßnahmen, Fallbeispiele effizienter Öffentlichkeitsarbeit. Wien. Ueberreuter.

Haedrich, Günther/Barthenheier, Günter/Kleinert, Horst (Hrsg.) (1982): Öffentlichkeitsarbeit. Dialog zwischen Institutionen und Gesellschaft. Ein Handbuch. Berlin, New York: De Gruyter.

Kotler, Philipp (1978): Marketing für Non-Profit-Organisationen. Stuttgart: Poeschel.

Merten, Klaus (2000): Das Handwörterbuch der PR. 2 Bde. Bd. 1: A-Q, Bd. 2: R-Z. F.A.Z.-Institut für Management-, Markt- und Medieninformationen: Frankfurt a. M.

Oeckl, Albert (1976): PR-Praxis. Der Schlüssel zur Öffentlichkeitsarbeit. Düsseldorf: Econ.

Pflaum, Dieter/Pieper, Wolfgang (Hrsg.) (1989): Lexikon der Public Relations. Landsberg/Lech: Moderne Industrie.

Ronneberger, Franz/Rühl, Manfred (1982): PR der Non-Profit-Organisationen. Wiesbaden: Flieger.

Ronneberger, Franz/Rühl, Manfred (1992): Theorie der Public Relations. Ein Entwurf. Opladen: Westdeutscher Verlag.

Röttger, Ulrike (2000): Public Relations – Organisation und Profession. Öffentlichkeitsarbeit als Organisationsfunktion. Eine Berufsfeldstudie. Wiesbaden: Westdeutscher Verlag.

Röttger, Ulrike ²(2002): PR-Kampagnen. Über die Inszenierung von Öffentlichkeit. Wiesbaden: Westdeutscher Verlag.

Kommunikationshandeln

Aufgabenfelder

Ulrike Röttger

Pressesprecher der Stadt Kamen, Campaigner bei Greenpeace, Kommunikationsmanagerin bei General Motors, Issues Manager bei Daimler, Redakteurin einer Mitarbeiterzeitschrift, Sponsoring-Experte bei der Aidshilfe, Beraterin einer internationalen PR-Agentur – die Bandbreite möglicher Berufsbezeichnungen und Tätigkeitsfelder in der Öffentlichkeitsarbeit ist außerordentlich groß. Da die Ausgangsbedingungen und die Zielvorstellungen, mit denen Öffentlichkeitsarbeit in der Praxis konfrontiert ist, sehr heterogen und vielfältig sind, unterscheiden sich auch die konkreten Aufgaben und Arbeitsbereiche von PR-Berufsinhabern zum Teil erheblich und sind kaum vergleichbar. Entsprechend ist es unmöglich, *die* Aufgaben der PR und *den* Arbeitsbereich des PR-Experten zu beschreiben.

Im Folgenden sollen daher vor allem Kernfunktionen und Kernaufgaben der PR beschrieben und systematisiert werden, die typisch für eine Vielzahl von unterschiedlichen Tätigkeiten in der Öffentlichkeitsarbeit sind, um anschließend einzelne Arbeitsfelder genauer zu betrachten.

1. Public Relations: Vielgestaltiges Berufsfeld mit unscharfer Kontur

Öffentlichkeitsarbeit ist ein relativ junges Berufsfeld mit freiem, nicht normierten Zugang und keinen konsensualisierten oder gar geschützten Berufsbezeichnungen: Jeder und jede kann sich PR-Berater nennen und als solcher tätig sein: Spezifische Befähigungsnachweise oder Ausbildungsvoraussetzungen, die den Berufszugang einengen könnten, existieren nicht, entsprechend arbeiten heute Menschen mit den unterschiedlichsten Bildungs- und Berufsbiographien in der PR. Vielfältig und unübersichtlich sind bislang auch die in der Praxis vorfindbaren Berufsbezeichnungen, denen teils sehr unterschiedliche PR-Verständnisse zu Grunde liegen. Nicht immer beschreiben gleiche Berufsbezeichnungen gleiche oder auch nur ähnliche inhaltliche Aufgabenbereiche.

Zudem weist Public Relations in Theorie und Praxis zahlreiche Berührungspunkte und Schnittstellen zu benachbarten Berufen mit ähnlichen Tätigkeitsmustern auf – hierzu zählen insbesondere Werbung, Marketing und Journalismus. Die Grenzen zwischen diesen Berufsfeldern sind nicht immer einfach zu ziehen und verwischen in der Praxis in mancher Hinsicht völlig: Dies gilt zum Beispiel für freie Journalisten, die nicht nur für Medienunternehmen tätig sind, sondern auch für Kunden- oder Mitarbeitermagazine – also PR-Produkte – schreiben. Oftmals finden sich in der betrieblichen Praxis auch Funktionsüberschneidungen, etwa dann, wenn die Marketing-Abteilung auch für PR zuständig ist oder zwischen Werbung und Public Relations im Unternehmen nicht differenziert wird.

Es wird deutlich: Öffentlichkeitsarbeit ist ein Berufsfeld – und nicht *ein* Beruf – mit unscharfen Grenzen zu benachbarten Berufen und einer Vielseitigkeit an Arbeitsbereichen und Aufgabenfeldern. Die konstatierte Heterogenität und Konturlosigkeit ist typisch für ein Berufsfeld mit recht kurzer Geschichte, das in den vergangenen Jahren und Jahrzehnten eine relativ dynamische quantitative und qualitative Ausdifferenzierung erfahren hat. Prozesse der Selbstdefinition und Identitätsbildung sind zurzeit kennzeichnend für das Berufsfeld – diese führen dazu, dass zunehmend ein Kern zentraler und PR-spezifischer Aufgabenfelder und Arbeitsbereiche erkennbar wird und sich stabilisiert.

2. Public Relations: definitorische Grundlagen

Ausgangspunkt für eine systematische Entwicklung und Beschreibung von PR-Aufgabenfeldern sind Definitionen von Public Relations und ihren grundlegenden PR-Funktionen. Jenseits einer Alltagsperspektive können Definitionen aus primär wissenschaftlicher Perspektive von stark berufsfeldorientierten Definitionen unterschieden werden (vgl. Bentele 1998: 27ff). Letztere basieren häufig auf Erfahrungswissen einzelner PR-Praktiker und spiegeln deren Auseinandersetzung mit ihrem Berufsalltag wider. Sie sind oft stark normativ geprägt, wie beispielsweise die bekannte Beschreibung von PR „tu Gutes und rede darüber" (Zedtwitz-Arnim 1961). Derartige Definitionen geben Auskunft über den Grad der Reflexion seitens der Praxis, sie sind jedoch nicht geeignet, den Gegenstand PR systematisch und allgemeingültig zu beschreiben.

Auch die verschiedenen PR-Berufsorganisationen bieten PR-Definitionen an, die weniger ein Abbild der faktischen Berufsrealität liefern, sondern vor allem normative Formulierungen standesethischer und -politischer Ansprüche und Ziele darstellen. So definiert die Schweizerische Public Relations Gesellschaft (SPRG) PR als „[...] Management von Kommunikationsprozessen für Organisationen und deren Bezugsgruppen. [...] Public Relations heisst: aktive Kommunikationsgestaltung [...] Public Relations heisst Dialog. [...] Public Relations sind eine Führungsaufgabe." (SPRG o.J.: 2f) Ähnlich ist das PR-Verständnis der Deutschen Public Relations Gesellschaft (DPRG) ausgerichtet:

> „Öffentlichkeitsarbeit/Public Relations ist Auftragskommunikation. In der pluralistischen Gesellschaft akzeptiert sie Interessengegensätze. Sie vertritt die Interessen ihrer Auftraggeber im Dialog informativ und wahrheitsgemäß, offen und kompetent. Sie soll Öffentlichkeit herstellen, die Urteilsfähigkeit von Dialoggruppen schärfen, Vertrauen aufbauen und stärken und faire Konfliktkommunikation sichern. Sie vermittelt beiderseits Einsicht und bewirkt Verhaltenskorrekturen. Sie dient damit dem demokratischen Kräftespiel." (DPRG 2002)

Eine starke Betonung der Dialogfunktion und der Gemeinwohlorientierung der PR (Stichwort gesellschaftlicher Konsens) findet sich zuweilen auch in wissenschaftlichen PR-Definitionen:

> „Öffentlichkeitsarbeit oder Public Relations sind das Management von Informations- und Kommunikationsprozessen zwischen Organisationen einerseits und ihren internen oder externen Umwelten (Teilöffentlichkeiten) andererseits. Funktionen von Public Relations sind Information, Kommunikation, Persuasion, Imagegestaltung, kontinuierlicher Vertrauenserwerb, Konfliktmanagement und das Herstellen von gesellschaftlichem Konsens." (Bentele 1997: 22f)

Öffentlichkeitsarbeit als Organisationsfunktion ist aber in erster Linie ein Instrument zur Artikulation und Durchsetzung partikularer Interessen und damit eine organisationale Funktion zur Gestaltung kommunikativer Beziehungen mit der Organisationsumwelt. Insofern ist es fraglich, ob die Herstellung von gesellschaftlichem Konsens eine Primärfunktion der PR ist. In ihrer Gesamtheit kann allerdings die an Einzelinteressen orientierte PR einzelner Organisationen gesellschaftliche Konsensfindung unterstützen; dies muss aber als sekundäre Folgewirkung der PR und nicht als primäre Wirkungsabsicht verstanden werden (vgl. hierzu Ronneberger/Rühl 1992: 252; Szyszka 1995: 53, 1998: 69f; Röttger 2000: 33f).

Alle genannten Definitionen betonen den Aufbau und die langfristige Gestaltung der Organisation-Umwelt-Beziehungen als Kernfunktion der PR. Public Relations beobachtet – zusammen mit anderen Organisationsabteilungen – die relevanten Organisationsumwelten, gestaltet und stabilisiert kommunikative Beziehungen mit relevanten Bezugsgruppen. PR als Grenzstelle von Organisationen hat die Aufgabe, zwischen den Interessen und Perspektiven der auftraggebenden Organisationen und denen ihrer Bezugsgruppen, d.h. zwischen den unterschiedlichen Mustern der Sinnkonstitution von Akteuren in der Organisationsumwelt und der Organisation selbst zu vermitteln. PR kreiert und stellt organisationsintern und -extern wirksame Images, Deutungsmuster und Interpretationshilfen bereit. Diese Produktion von Angeboten der Sinnkonstitution erfolgt unter primärer Bezugnahme auf die Werte, Normen und Regeln der auftraggebenden Organisation. Um langfristig stabile Beziehungen zu Anspruchsgruppen aufbauen zu können, muss sie sich zudem an den Werten, Normen und Logiken dieser Anspruchsgruppen orientieren und Anpassungsleistungen sowohl auf Seiten der Organisation als auch der Anspruchsgruppen initiieren. Die Bedeutung der PR für Organisationen liegt gerade darin begründet, dass sie die Erwartungen und Problemdefinitionen von Bezugsgruppen kennt und diese Informationen in die organisationale Systemreproduktion einspeist. Deutlich wird hier, dass außen- und binnenkommunikative Funktionen der PR Hand in Hand gehen. Neben dieser bedeutsamen ‚Übersetzungsleistung' erfüllt PR zudem wichtige binnenkommunikative Funktionen, indem sie organisationsinterne Kommunikationsprozesse organisiert und gestaltet.

3. RACE und AKTION: Systematisierungsversuche

Welche konkreten Aufgaben lassen sich nun aus den genannten Funktionen der PR für Organisationen ableiten? Es liegen sehr viele Versuche der Systematisierung der vielgestaltigen Aufgaben und Arbeitsbereiche der Öffentlichkeitsarbeit vor, die sich zwar in Details unterscheiden, im Kern aber sehr ähnliche Beschreibungen liefern.

Die Deutsche Gesellschaft für Public Relations (DPRG) fasst die Kernaufgaben der Öffentlichkeitsarbeit mittels der AKTION-Formel zusammen (vgl. DPRG 1999: 10f; o.J. 1998: 7; Brauer 1997: 13):

- *A*nalyse, Strategie, Konzeption
- *K*ontakt, Beratung, Verhandlung
- *T*ext und kreative Gestaltung (Informationsaufbereitung und -gestaltung)
- *I*mplementierung (Zeit- und Maßnahmenplanung, Budgetierung)
- *O*rganisation
- *N*acharbeit (Evaluation)

Sehr ähnlich werden PR-Aufgaben von der RACE-Formel beschrieben:
„Public relations activity consists of four key elements: Research – what is the problem; Action and planning – what is going to be done about it; Communication – how will the public be told; Evaluation – was the audience reached and what was the effect?" (Wilcox/Ault/Agee 1997: 8)

Die genannten Schemata stellen eine erste Annäherung an die Aufgabenfelder der PR dar, sind jedoch letztlich unbefriedigend, da sie nicht in der Lage sind, originäre Aufgaben der PR zu beschreiben und PR-Aufgaben von denen benachbarter Berufe wie zum Beispiel der Werbung abzugrenzen. Denn AKTION- und RACE-Formel sind durchaus geeignet, das Tätigkeitsfeld eines Werbefachmannes oder einer Werbefachfrau zu beschreiben.

Schließlich kann das Spektrum der unterschiedlichen PR-Tätigkeiten anhand von fünf zentralen Grundfunktionen der Öffentlichkeitsarbeit systematisiert werden (vgl. DPRG o.J. 1998: 17, 2002). Die fünf Grundfunktionen – Konzeption, Redaktion, Kommunikation, Organisation, Abwicklung und Controlling – skizzieren das gesamte Tätigkeitsspektrum der Öffentlichkeitsarbeit. Der konkrete quantitative und qualitative Stellenwert einzelner Grundfunktionen und die damit verbundenen Tätigkeiten können je nach konkretem Stellenprofil unterschiedlich gewichtet sein:

- *Konzeption (Analysieren, Planen, Beraten)*
  Konzeptionelle Tätigkeiten sind ein Kernelement der PR-Managementfunktion. Im Mittelpunkt stehen die systematische (empirisch basierte) Analyse der Ausgangssituation und das Erstellen von Stärken-Schwächen-Profilen, die Identifikation von Zielgruppen und relevanten Issues, die Festlegung von Kommunikationszielen und -aufgaben, die Entwicklung von Strategien und Konzeptionierung von PR-Programmen und schließlich die Beratung der Organisationsleitung in PR-relevanten Fragestellungen.

- *Redaktion (Informieren, Gestalten)*
  Redaktionelle Tätigkeiten, die Informationsaufbereitung und Mediengestaltung stellen einen qualitativ und quantitativ bedeutsamen Teil des PR-Aufgaben-Spektrums dar. Dazu gehören Tätigkeiten wie das Recherchieren, Schreiben und Redigieren, die Planung, Gestaltung und Produktion von organisationseigenen Medien wie z.B. Geschäftsberichten, Kundenzeitschriften oder Imagebroschüren, aber auch die zielgruppen- und mediengerechte Aufbereitung von Informationen (Text und Bild) für Massenmedien.
- *Kommunikation (nach innen und außen)*
  Zu den zentralen Aufgaben der PR als Management kommunikativer Umfeldbeziehungen gehört der Aufbau und die kontinuierliche Pflege von Kontakten zu relevanten (internen wie externen) Bezugsgruppen u.a. mittels persönlicher Gespräche, Diskussionen und öffentlichen Veranstaltungen. Dazu zählen zum Beispiel Gespräche mit Journalisten, Politikern und Repräsentanten von ökonomisch oder gesellschaftspolitisch relevanten Organisationen, aber auch organisationsinterne Beratungsgespräche und Kontakte zu Mitarbeitern bzw. Mitgliedern bei Vereinen und Verbänden.
- *Organisation (Umsetzung und Abwicklung)*
  Der Einsatz unterschiedlicher PR-Maßnahmen und Instrumente muss systematisch geplant, zeitlich, inhaltlich und im Hinblick auf mögliche Wirkungen koordiniert und aufeinander abgestimmt werden. Organisierende Tätigkeiten in der PR beginnen bei der Planung und Vorbereitung von Kommunikationsmaßnahmen – einschließlich der Zeit-, Kosten-, Verlaufs- und Personalplanung – und reichen über deren Durchführung bis hin zur Dokumentation von abgeschlossenen Projekten. Aufgabe der PR ist auch die Organisation, Koordination und Überprüfung der Arbeit, die Fremdleister (Grafiker, freie Journalisten, Druckereien etc.) zuliefern.
- *Controlling (Aufzeigen, Steuern, Anpassen)*
  Mit Hilfe wissenschaftlicher Verfahren werden Informationen gesammelt, analysiert und interpretiert, um auf diesem Weg den Wert und die Effektivität von PR-Leistungen, -Prozessen und -Effekten bestimmen zu können. Die Überprüfung der Zielerreichung und der Wirkungen von PR-Maßnahmen dient der Optimierung von PR-Programmen und ist die Basis jeder strategischen PR-Planung. Zum Einsatz kommen im Rahmen des Controlling bzw. der Evaluation unterschiedlichste Methoden der empirischen Sozialforschung und begrenzt auch die Instrumente der Markt- und Mediaforschung: Meinungsumfragen, Zielgruppenbefragungen, Imageanalysen, Inhaltsanalysen der Medienberichterstattung (Medienresonanzanalysen) etc. Bestandteil einer systematischen PR-Evaluation sind zudem die Budgetkontrolle und die Kosten-Nutzen-Analyse.

Die fünf Grundfunktionen beschreiben zentrale Aufgabengebiete der Public Relations präziser als beispielsweise die RACE- oder AKTION-Formel. Unbefriedigend bleibt dieser Systematisierungsvorschlag dennoch, da die einzelnen Funktionen nicht ausreichend trennscharf formuliert werden und unterschiedliche Klassifikationskriterien angewandt werden: Zum Teil beziehen sich einzelne Funktionen auf einzelne Phasen des Modells strategischer PR (Konzeption, Controlling), zum Teil werden Arbeitsweisen und Handlungsverrichtungen (Redaktion, Organisation) als Grundfunktion beschrieben.

4. Zentrale PR-Aufgabenfelder

Im Folgenden werden daher zentrale Aufgabenfelder und Tätigkeiten der PR systematisch nach Ziel- bzw. Bezugsgruppen, Themen bzw. „Beziehungsproblemen" und nach Instrumenten bzw. Kommunikationsformen unterschieden (Barthenheier 1988: 27; DPRG o.J. 1998: 16):

1. Arbeitsfelder, die primär über ihre zentralen Bezugsgruppen definiert werden können:
- *Internal Relations (Interne Kommunikation)*: Im Mittelpunkt stehen Kommunikationsbeziehungen zu aktuellen und auch ehemaligen Mitarbeitern und deren Angehörigen. Die Ausgestaltung der internen Kommunikation – z.B. zwischen Unternehmensführung und Mitarbeitern – fällt in den Aufgabenbereich der Internal Relations. Vorhandene Definitionen und Beschreibungen der Internal Relations sind häufig stark normativ unterlegt: Interne Kommunikation soll über umfangreiche Information der Organisationsmitglieder und die Organisation eines Dialogs zwischen Management und Mitarbeitern die Integration und Identifikation der Organisationsmitglieder fördern und damit letztlich ihre Motivation und Leistungsbereitschaft erhöhen. Gleichwohl diese ‚Funktionskette' eine starke Simplifizierung darstellt und die Leistungsfähigkeit der internen Kommunikation überschätzt wird, übernehmen Internal Relations wichtige koordinierende und steuernde Funktionen und unterstützen die Ausrichtung der organisationsinternen Handlungen und Interaktionen auf den Organisationszweck und die Organisationsziele hin.
- *Media Relations*: Auch wenn strategische PR nicht auf Medienarbeit reduziert werden kann, ist die systematische Pflege der Beziehungen zu Journalisten und Massenmedien nach wie vor ein sehr bedeutsames Aufgabenfeld der Öffentlichkeitsarbeit. Organisationen, die mit ihren Themen und Positionen in der öffentlichen Diskussion zu Wort kommen wollen, sind auf die Vermittlungsleistung der Medien angewiesen, denn Öffentlichkeit wird heute weitgehend über Medien hergestellt. Journalisten sind daher als potenzielle Multiplikatoren eine zentrale Zielgruppe der Öffentlichkeitsarbeit. PR-Informationen, die in der redaktionellen Berichterstattung aufgegriffen werden, erzielen nicht nur große Reichweiten, sondern profitieren zudem von der höheren Glaubwürdigkeit journalistischer Berichterstattung. Neben der Beziehungspflege zu Journalisten über persönliche Kontakte und Gespräche, ist es Aufgabe der Media Relations, Medienmitteilungen zu schreiben und zu versenden, Pressekonferenzen zu organisieren, Anfragen von Journalisten zu beantworten bzw. kompetente Gesprächspartner aus dem Unternehmen für Interviews zu vermitteln. Auch die Organisation von Journalis-

tenreisen und die Produktion von sendefertigen Hörfunk- und Fernsehbeiträgen kann Teil der Media Relations sein.
- *Community Relations* richten sich an die Standortbevölkerung und das direkte nachbarschaftliche Umfeld von Organisationen.

2. Arbeitsfelder, die primär über ihre zentralen Themen bzw. Beziehungsprobleme definiert werden können:
- *Issues Management* liefert auf Basis einer systematischen Beobachtung (Scanning, Monitoring) und unter Einsatz von Prognosetechniken und Meinungsanalysen entscheidungsrelevante Informationen über Themen und Erwartungen von Anspruchsgruppen (Issues), die die Handlungsspielräume der Organisation und die Erreichung ihrer strategischen Ziele potenziell oder tatsächlich tangieren. Ziel ist die Früherkennung möglicher Gefahren – aber auch Chancen – und die Einflussnahme auf die Entwicklung dieser Issues u.a. mittels Thematisierungs- und De-Thematisierungsstrategien. Issues Management ermöglicht Organisationen damit eine proaktive Auseinandersetzung mit konflikthaltigen Sachverhalten.
- *Crisis Management (Krisen-PR)*: Die Verhinderung aber auch die kommunikative Bewältigung von Krisen- und Konfliktfällen sind Aufgaben der Krisen-PR. Bereits im Vorfeld müssen – auf der Basis von Szenarien möglicher Krisen und Analysen der vorhandenen Risiko- und Krisenpotentiale – Zuständigkeiten, zentrale kommunikative Strategien und Verfahrensschritte zur Bearbeitung von Krisen festgelegt und Führungskräfte im Hinblick auf problematische Situationen kommunikativ geschult werden. Krisen-PR setzt lange vor tatsächlichen Konfliktfällen an – langfristiger und kontinuierlicher Aufbau von Vertrauen und von stabilen Beziehungen zu relevanten Bezugsgruppen sind die Basis für eine erfolgreiche Kommunikation bei tatsächlichen Konflikt- oder Krisenlagen. Teil des Crisis Managements ist selbstverständlich auch, möglichst frühzeitig erste Signale für Problemlagen wahrzunehmen und durch adäquate Kommunikationsarbeit Krisen wenn möglich zu verhindern – die Nähe der Krisen-PR zum Issues Management wird hier deutlich.
- *Public Affairs* umfassen alle kommunikativen Aktivitäten von Unternehmen und Non-Profit-Organisationen, die auf das politisch-administrative System und das gesellschaftspolitische Umfeld der Organisation ausgerichtet sind und zum Ziel haben, die Organisationsinteressen im politischen Entscheidungsprozess zu vertreten und Akzeptanz im Sinne von Legitimität zu schaffen. Zielgruppen der Public Affairs sind insbesondere Mandats- und Entscheidungsträger in Politik und Verwaltung. Neben öffentlichen Kommunikationsformen, wie zum Beispiel Kampagnen im Rahmen von Wahlen, sind insbesondere auch nicht-öffentliche Formen der Kommunikation, wie etwa das Lobbying, bedeutsam.
- *Financial und Investor Relations* gestalten die kommunikativen Beziehungen im Kapital- und Finanzmarkt und stellen diese auf Dauer sicher. Zielgruppen sind Anleger und Finanzmarktexperten gleichermaßen (u.a. Aktionäre, Investoren, Banken, Börsen, Finanz- und Wirtschaftsjournalisten). Insbesondere aufgrund des wachsenden öffentlichen Interesses an Geld- und Börsenthemen, gehören In-

vestor Relations zu den PR-Arbeitsfeldern, die in den letzten Jahren erheblich an Bedeutung gewonnen haben.
- *Corporate Identity* betrifft die Gestaltung des institutionellen Erscheinungsbildes von Organisationen. Mittels CI-Strategien versuchen Organisationen sich in Übereinstimmung mit ihrem eigenen Selbstverständnis und ihrer Kultur in ihrer Gesamtheit gegenüber der Öffentlichkeit bzw. den einzelnen Teilöffentlichkeiten einheitlich und unverwechselbar zu positionieren. Ziel ist die Übereinstimmung von Erscheinung, Kommunikation und Handlung. Dazu zählen u.a. ein einheitliches Erscheinungsbild, ein einheitlicher Auftritt aller Organisationseinheiten und -mitglieder und die Abstimmung aller von der Organisation veröffentlichten Botschaften.

3. Arbeitsfelder, die primär über die zentralen Instrumente/Kommunikationsformen definiert werden können:
- *Online-PR*: Planung und Gestaltung des Internet-Auftritts bzw. von zielgruppenspezifischen Websites
- *Kampagnen*: Konzeptionierung und Umsetzung von dramaturgisch angelegten, thematisch begrenzten, zeitlich befristeten kommunikativen Maßnahmen zur Erzeugung öffentlicher Aufmerksamkeit unter Einbeziehung unterschiedlicher kommunikativer Instrumente und Techniken – werbliche Mittel, marketingspezifische Instrumente und klassische PR-Maßnahmen
- *Veranstaltungen*: Planung und Durchführung von zielgruppenspezifischen Veranstaltungen (Messen, ‚Tag der offenen Tür', Konferenzen, Feste etc.)
- *Mediengestaltung*: Planung und Gestaltung von Geschäftsberichten, Broschüren, Mitarbeiter-/Kundenzeitschriften, Flyern, Anzeigen etc.
- *Sponsoring*: Festlegung von Leistungsvereinbarungen mit Organisationen insbesondere aus den Bereichen Sport, Kultur, Soziales, Ökologie und Wissenschaft
- *Training*: Kommunikations- und Medienschulungen, Argumentationstrainings

Die nach Bezugsgruppen, Themen und Instrumenten differenzierten Tätigkeiten kennzeichnen den Kern der PR-Aufgabenfelder. Darüber hinaus existieren weitere ergänzende Arbeitsbereiche – wie z.B. Personality-PR, Fundraising, Öko Relations –, die jedoch aufgrund ihres quantitativen Stellenwerts oder aber aufgrund der Tatsache, dass sie nicht eindeutig als PR-spezifisch identifiziert werden können, von nachgeordneter Bedeutung sind.

5. PR-Aufgaben und Tätigkeitsorte

Die eingangs skizzierte Vielfältigkeit der Organisationen, für die PR-Experten tätig sind, hat Konsequenzen für das Berufsfeld und das Aufgabenprofil der PR: Aus den unterschiedlichen Zielen, Handlungsfeldern und Organisationstypen – Unternehmen, Regierungen, Verwaltungen und privaten Non-Profit-Organisationen – und den unterschiedlichen Funktionen der Strukturen der PR-Auftraggeberorganisationen ergeben sich verschiedene Interaktionsformen der Organisationen mit ihrer Umwelt und mit relevanten Bezugsgruppen und damit unterschiedliche Funktionen, Ziele und Aufgaben der Öffentlichkeitsarbeit. Die Öffentlichkeitsarbeit für ein Altenheim unterliegt anderen Anforderungen als die PR für ein Gentechnik-Labor. Je nach Handlungsfeld, Organisationstyp und Zielgruppe der PR-Auftraggeber variiert daher die konkrete Bedeutung der verschiedenen PR-Aufgaben in der Praxis zum Teil erheblich. Als weitere Faktoren, die Einfluss auf die Gewichtung einzelner Aufgabenbereiche nehmen, sind z.B. die Größe, der Grad der öffentlichen Beobachtung und das wahrgenommene Risikopotenzial der Produkte und Dienstleistungen der Auftraggeberorganisation bedeutsam. Und schließlich weisen empirische Studien zum Berufsfeld PR darauf hin, dass einigen der genannten Arbeitsbereiche in der Theorie ein hoher Stellenwert im Rahmen strategischer PR zugewiesen wird, der sich in der Berufspraxis nicht adäquat wieder findet; dies gilt beispielsweise für die Arbeitsbereiche Evaluationen und PR-Konzeptionen (vgl. Röttger 2000: 287f). Auf der anderen Seite zeigt der Blick in die Praxis, dass hier einzelne Aufgabenbereiche, wie z.B. die Medienarbeit, quantitativ und qualitativ deutlich höher gewichtet werden als aus theoretischer Perspektive (vgl. Röttger 2000: 277ff).

Die Schwierigkeiten, die mit dem Versuch verbunden sind, PR-Aufgaben einerseits in ihrer Vielfalt umfassend und andererseits inhaltlich spezifiziert und eindeutig von anderen Tätigkeitsfeldern abgegrenzt darzustellen, sind deutlich geworden. *Der* typische PR-Arbeitsplatz und *das* allgemein gültige PR-Aufgabenprofil existieren in der Praxis kaum, denn die Ausgangsbedingungen und Zielvorstellungen, mit denen Öffentlichkeitsarbeit in der Praxis konfrontiert ist, sind zu unterschiedlich und vielfältig.

Literatur

Barthenheier, Günter (1988): Public Relations/Öffentlichkeitsarbeit heute – Funktionen, Tätigkeiten, berufliche Anforderungen. In: Schulze-Fürstenow, Günther (Hrsg.): PR-Perspektiven: Beiträge zum Selbstverständnis gesellschaftsorientierter Öffentlichkeitsarbeit. Neuwied: Luchterhand, S. 27-39.
Bentele, Günter (1997): Grundlagen der Public Relations. Positionsbestimmungen und einige Thesen. In: Donsbach, Wolfgang (Hrsg.): Public Relations in Theorie und Praxis. Grundlagen und Arbeitsweisen der Öffentlichkeitsarbeit in verschiedenen Funktionen. München: Fischer, S. 21-36.
Bentele, Günter (1998): Was ist eigentlich PR? Verständnisse von PR in Beruf und Wissenschaft. In: Bentele, Günter (Hrsg.): Berufsfeld Public Relations. PR-Fernstudium. Band 1. Berlin: PR Kolleg Berlin, S. 21-38.
Brauer, Gernot (1997): Öffentlichkeitsarbeit/PR. Blatt zur Berufskunde für die Bundesanstalt für Arbeit. (Erarbeitet im Einvernehmen mit der Deutschen Public Relations Gesellschaft (DPRG) und der Gesellschaft PR-Agenturen (GPRA). Bonn.
DPRG (Hrsg.) (1999): Einstieg in die Public Relations. Qualifikationsprofil Öffentlichkeitsarbeit/PR. (Redaktion: DPRG-Fachkommission Junioren). Bonn.
DPRG (2002): Berufsbild. In: http://www.dprg.de/dprg/ber/ber.htm (Stand: 15. Juni 2002).
DPRG (Hrsg.) (1998): Qualifikationsprofil Öffentlichkeitsarbeit/PR. (Redaktion: Peter Szyszka/Romy Fröhlich/Reinhold Fuhrberg). Bonn.
Ronneberger, Franz/Rühl, Manfred (1992): Theorie der Public Relations. Ein Entwurf. Opladen: Westdeutscher Verlag.
Röttger, Ulrike (2000): Public Relations – Organisation und Kommunikation. Öffentlichkeitsarbeit als Organisationsfunktion. Eine Berufsfeldstudie. Wiesbaden: Westdeutscher Verlag.
SPRG (o.J.): Public Relations. Selbstverständnis einer Branche und eines Berufsstandes. Zürich.

Szyszka, Peter (1995): Verständigungsorientierte Öffentlichkeitsarbeit. Überlegungen zum Theorie-Praxis-Transfer des Burkart-Konzeptes (VÖA). In: Liebert, Tobias (Hrsg.): Verständigungsorientierte Öffentlichkeitsarbeit. Darstellung und Diskussion des Ansatzes von Roland Burkart. (Leipziger Scripten für Public Relations und Kommunikationsmanagement Nr. 1). Leipzig.

Szyszka, Peter (1998): Öffentlichkeitsarbeit – ein Demokratieprodukt? Zur Frage einer Bewertung „sozialistischer" Öffentlichkeitsarbeit. Leipzig.

Wilcox, Dennis L./Ault, Phillip H./Agee, Warren K. (Hrsg.) ^{5}(1997): Public Relations. Strategies and Tactics. New York: Allyn and Bacon.

Zedtwitz-Arnim, Georg-Volkmar Graf (1961): Tu Gutes und rede darüber. Berlin: Ullstein.

Konzeption strategischer PR-Arbeit

Michael Behrent

1. Problematisierung

Jede professionelle, d.h. arbeitsteilige und zielgerichtete PR für Institutionen, Produkte, Themen oder Personen braucht als Grundlage ein Konzept. Eine einfache und klare Feststellung, die zudem noch wesentliche Elemente der Definition des ‚PR-Konzeptes' beinhaltet. Doch von hier bis zu einer ‚Konzeptionslehre' führt ein unsicherer Weg. Denn wo finden wir die Grundlagen einer solchen PR-Konzeptionslehre?

Es gibt weder eine (oder mehrere konkurrierende) auch unter Praktikern hinreichend verbreitete und akzeptierte PR-Theorie, noch gibt es eine systematische und zugängliche Auswertung der Praxis. Es gibt zwar eine Vielzahl von Fällen exzellenter PR, denen ganz sicher jeweils Konzepte zugrunde lagen. Doch die Planungsprozesse und die Struktur der Konzepte haben sich vermutlich in vielem unterschieden. Darüber lässt sich aber auch nur spekulieren, weil solche Konzepte meist nicht öffentlich sind bzw. selber zu einem Teil der PR werden, sofern man sie etwa in Fallstudien dokumentiert (und dabei wohl kaum den authentischen Planungsvorgang aufdeckt).[1] Das sind die Gründe, warum es kein allgemeines oder gar verbindliches Modell zur Konzeptionierung exzellenter PR gibt. Hilfsweise orientiert man sich in der Regel an den Modellen und Begriffen aus Marketing und Werbung und überträgt sie auf die Fragestellungen der PR.[2] So hilfreich diese Adaptionen sein mögen: Sie reflektieren den Prozess der Konzeptionierung nicht ausreichend. Der aber ist gerade in der PR ein Teil der Sache selbst.

Konzeptionieren heißt: Planung eines Erfolges, der in der Zukunft eintreten soll. Wer hätte dazu nicht gerne das Patentrezept?! In dessen Ermangelung teilt sich der Konzeptioner von PR das Risiko des Scheiterns mit allen anderen Strategen in Unternehmensplanung und Marketing, im Finanzmarkt und in der Politik, im Profifußball und in der Filmwirtschaft. Sie alle schlagen sich mit zwei Aufgaben herum: Erstens, eine wirklich neue Idee zu finden, die zweitens noch dazu sicher funktioniert. Aber anders als der PR-Verantwortliche verfügen diese Schicksalsgenossen über differenzierte Analyse- und Planungsinstrumente sowie eine ausreichend entwickelte Fachsprache, mit deren Hilfe sie sich darüber verständigen, was neu ist und funktioniert.

In der Abwesenheit vergleichbar entwickelter und praxisrelevanter Instrumente werden „Glanz und Elend der PR" (vgl. Kocks 2001) sichtbar: Ihre umfassende

---

1 Neben den als Buch veröffentlichten Sammlungen bietet etwa die jährliche Ausschreibung der ‚Goldenen Brücke' entsprechende Einblicke.
2 Siehe etwa die Sammlung von Konzeptionsmodellen bei Dörrbecker/Fissenewert.

Zuständigkeit für alle Vorgänge und Themen bei gleichzeitig ebenso umfassender Nachrangigkeit in den allermeisten organisatorischen Prozessen; ihre beschränkte Fähigkeit zur quantifizierbaren Erfolgskontrolle und komplementär die Schuldzuweisungen an die PR, sofern die Kommunikation nicht funktioniert; die Empathie ihrer Macher und deren Opportunismus; der Voluntarismus ihrer Entscheidungen und der Eklektizismus ihrer Reflektionen. All diese Zwiespältigkeiten sind unausweichliche Begleiterscheinungen des faszinierenden Auftrages, Organisationen, Themen und Personen erfolgreich durch die Arenen der Öffentlichkeit zu geleiten. Größere Klarheit wäre hier nur zu gewinnen, wenn es eine allgemein akzeptierte oder zumindest dominierende Theorie der Öffentlichkeit gäbe.

Niemand hat es jedoch bisher vermocht, das elementare Geschehen in der Öffentlichkeit in analytische Kategorien zu fassen, die zugleich handlungsanleitend sein können. Um also zu sinnvollen, und das heißt vor allem zu praktikablen Ansätzen einer Konzeptionslehre zu kommen, darf man die daraus resultierenden Ungewissheiten nicht leugnen und auf dem Weg keine Angst vor den Vagheiten der Kommunikationswissenschaften, den Abstraktionen der Strategielehren, dem Eklektizismus aus Soziologie, Politologie und Publizistik und vor allem vor Untiefen, Strömungen und Unwettern in der Öffentlichkeit haben. Eine Konzeptionslehre der PR muss den Prozess und den Gegenstand der Konzeptionierung angemessen einfach strukturieren, um einen praktischen Nutzen zu haben. Andererseits: Wer die Entwicklung eines Konzeptes als Abhaken einer Checkliste versteht, wird am Ende eine ausgefüllte Checkliste haben, aber kein Konzept.

Nachfolgend sei konzeptionelle PR zunächst als Haltung und als reflexiver Prozess innerhalb einer Organisation beschrieben. Dann soll der Handlungsrahmen konzeptioneller PR – die ‚Öffentlichkeit' – praktikabel operationalisiert werden, die zentralen Planungskategorien erläutert werden und einige dramaturgische Kernelemente eines wirksamen und funktionierenden Kommunikationskonzeptes benannt werden. Abschließend noch ein paar Tipps zur Erarbeitung eines Konzeptes. Alle Überlegungen bauen auf den einschlägigen Konzeptions- bzw. Briefingmodellen auf, die hier nicht im Detail erläutert werden (siehe etwa Dörrbecker a.a.O. oder Güttler/Klewes).

2. Konzeptionelle PR als professionelle Haltung und Perspektive

Wenn Sie einem Vorstandsvorsitzenden ein PR-Konzept vorstellen wollen, sollten Sie in der Lage sein, die Ziele, Ideen, organisatorischen und budgetären Konsequenzen innerhalb von 15 Minuten so darzustellen, dass er sich für die Umsetzung entscheidet. Nach dieser positiven Grundentscheidung mag es sein, dass er sich vertieft mit einzelnen Aspekten beschäftigt, aber darauf sollten Sie nicht zählen. Die kurze Präsentation vor dem Entscheider ist die eigentliche Geburtsstunde des Konzeptes, ab jetzt wird es zur Grundlage öffentlich wirksamer Handlungen. Wie Sie zu diesem Konzept gekommen sind, ist dem Vorstand gleichgültig, er erwartet nur, dass es funktioniert und gibt unter dieser Voraussetzung die Budgets frei.

Dies führt dazu, dass die Konzeptionserstellung in der Praxis häufig mit der Erstellung einer knackigen Präsentation gleichgesetzt wird. Eigentlich entscheidend ist aber die Frage, wie man zu einem real *funktionierenden* Konzept kommt. Erste Voraussetzung dafür ist, die richtige Perspektive auf die Aufgabe einzunehmen. Diese Perspektive ist dadurch gekennzeichnet, dass man sich zumindest gedanklich auf Augenhöhe mit den Entscheidern begibt. Wer mit der Haltung und Perspektive eines reinen Erfüllungsgehilfen an die Aufgabe herangeht, wird möglicherweise eine erfolgreiche Präsentation vor dem Vorstand hinlegen, aber dass die Kommunikation auf dieser Grundlage im öffentlichen Raum die optimale Wirkung erzielt, ist eher selten. Die Leitfrage in einem Konzeptionsprozess muss daher sein: „Wie kann ich die Aufgabe mit kommunikativen Mitteln lösen?"

Jedes gute Konzept basiert auf einer radikalen Reflektion dieser Grundfrage, d.h. es stellt zunächst alle heiligen Kühe – einschließlich der ursprünglichen Aufgabenstellung – zur Disposition und hinterfragt alle Regeln, bevor es sie wieder integriert. Hier sind wir beim Glanz der PR: Der PR-Mensch ist zuständig für die öffentliche Kommunikation und dies legitimiert und nötigt ihn, sich die Perspektive und die Interessen aller anderen Akteure im öffentlichen Raum in Hinblick auf seine Organisation oder sein Thema zu Eigen zu machen. Man kann auch sagen: Er macht sich das Fremdbild zu Eigen, oder: Er holt die Leute ab, wo sie stehen.

Zugleich muss er sich aber auch die Binnenperspektive der Organisation bzw. des Auftraggebers zu Eigen machen. Erst die richtige Schlussfolgerung aus beiden Perspektiven führt zu erfolgreicher strategischer Kommunikation. Mit der Einbeziehung der Binnenperspektive der Organisation kommen wir zur Einbindung der Konzeptionierung von PR in die übergeordneten Politik- und Strategieprozesse einer Organisation. Die qualifizierte Konzeption von PR ist nicht wirklich zu trennen vom übergreifenden Strategieprozess, d.h. der Strategieprozess muss die Perspektive der PR inhaltlich und organisatorisch integrieren.

‚Strategie' soll hier klassisch definiert sein: „Strategie ist die grundlegende Handlungssteuerung in Abstimmung von externen Chancen und internen Fähigkeiten".[3] Am Ende differenzieren wir also zwischen der Strategie einer Organisation und der dazu passenden PR-Strategie. D.h. die PR-Perspektive muss eine eigenständige bleiben. Die strategischen Ziele der Organisation und die strategischen Ziele ihrer Kommunikation stehen immer in einem gewissen Spannungsverhältnis, das wiederum bestimmt wird durch die Spannung zwischen internen Fähigkeiten und externen Chancen, d.h. kommunikativ gesehen zwischen eigenen Interessen und externen Erwartungen. Dieses Spannungsverhältnis ist der eigentliche Motor der Kommunikation, dort entstehen die Inhalte und die Energie, die man braucht, um sich öffentlich Gehör zu verschaffen. Ein gutes Konzept lässt sich vorbehaltlos auf diese Spannungen ein und formuliert eine Idee, die diese kommunikativ nutzbar macht.

---

3 Siehe z.B. der unterhaltsame Überblick über die gängigen Strategieschulen von Henry Mintzberg.

3. Die reflexive Struktur konzeptioneller PR

Die meisten Konzeptionsmodelle der PR beschreiben konzeptionelle Kommunikation als linearen Regelkreis:

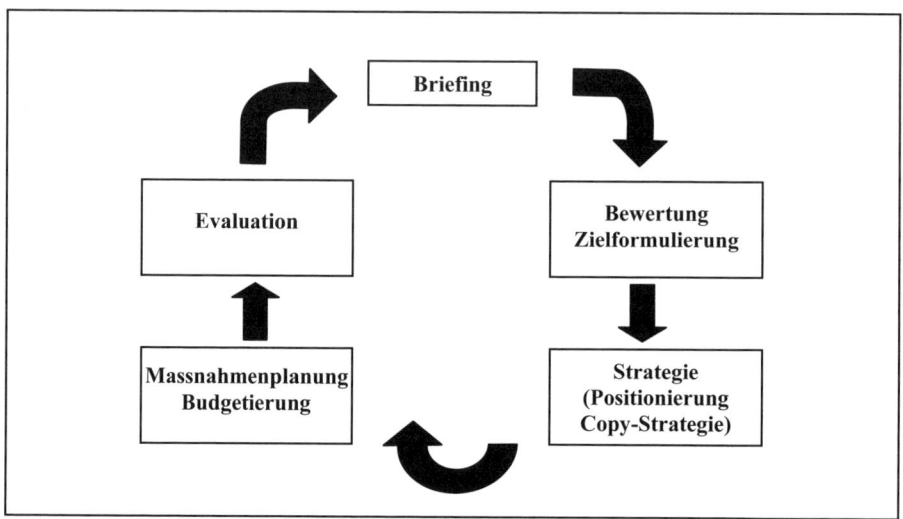

Abb. 1: Konzeptionelle Kommunikation als linearer Regelkreis

Dieses Modell ist angelehnt an die so genannte ‚Designschule' als immer noch dominierende Planungsschule des strategischen Managements. Es beschreibt wenig mehr als die modellhaft isolierte Abfolge konzeptioneller Planungsschritte. Konzeptionelle PR ist aber mehr als bloße strategische Planung, sie meint strategische Steuerung von Kommunikation in den laufenden Prozessen. Konzeptionelle PR verknüpft also die Kommunikation mit den Strukturen und Prozessen in einer Organisation und in der Öffentlichkeit. Dies stellt das lineare Modell nicht dar. Das einfache Kreislaufmodell hilft, die Gedanken zu strukturieren, aber nicht die realen Prozesse.

Konzeptionelle PR berücksichtigt die realen Strukturen (z.B. intern in einer Matrix-Struktur, einer zentralen Struktur, einer dezentralen Struktur etc.) mit ihren jeweils eigenen Abläufen und Zuständigkeiten. Die Kommunikationsplanung und die Umsetzung müssen sich an die jeweiligen Bedingungen anpassen. Wie weit der Konzeptionsprozess unmittelbar mit den Strukturen und Planungsprozessen in einer Organisation operativ verknüpft werden muss, hängt von der jeweiligen Aufgabenstellung ab. Grundsätzlich lassen sich drei Planungsebenen unterscheiden:

- Auf der Meso-Ebene werden grundsätzliche und langfristig geltende Guidelines sowie Aufbau- und Ablauforganisation der Kommunikation konzeptionell definiert.
- Auf der Makro-Ebene werden Jahresprogramme und Kampagnen konzipiert.
- Auf der Mikro-Ebene werden Einzelaktionen konzipiert.

Es ist einsichtig, dass die Stufen des Regelkreises je nach Ebene einen anderen Ablauf beinhalten. Je höher die Ebene, desto größer der Implementierungsaufwand, desto mehr Beteiligte und desto einfacher müssen die Kategorien sein, in denen man sich verständigt. Das bedeutet schlicht, dass der Prozess der Konzeptionserstellung und der Prozess der konzeptionellen Kommunikation für die Vielen nachvollziehbar sein muss, die nicht acht Semester Kommunikationswissenschaften studiert haben. Dazu braucht man eine Sprache, die das Handlungsfeld hinreichend differenziert beschreiben kann und zugleich so einfach bleibt, dass es möglich ist, andere an der konzeptionellen Kommunikation zu beteiligen, ihnen deutlich zu machen, welcher Beitrag von ihnen gebraucht wird und warum. Und man braucht Prozesse, die die Arbeitsteilung nachvollziehbar und effektiv strukturieren. Konzeptionelle PR in diesem Sinne ist *internes Kommunikationsmanagement*.

Diese reflexive Struktur prägt sowohl die organisatorische wie die inhaltliche Ebene des Konzeptionsprozesses. Konzeptionelle PR beinhaltet den Anspruch, nicht bloß auf Öffentlichkeit zu reagieren, sondern in ihr planmäßig zu intervenieren. Das bedeutet, dass konzeptionelle Kommunikation nicht voraussetzungslos ist. Ihr Antrieb und ihre Perspektive ist der Wille zur Gestaltung von Öffentlichkeit und zur Realisierung eigener Interessen. In ihrem Zentrum steht daher eine Vision. Ohne diese Vision lässt sich kein arbeitsteiliger Konzeptionsprozess auf diesen Handlungsebenen organisieren, weil es keinen gemeinsamen Bezugspunkt gibt. Zugleich ist die Vision Inhalt der Kommunikation nach innen und außen.

Der modellhafte Gesamtprozess sieht also wie folgt aus und ähnelt nicht zufällig dem mathematischen Zeichen für Unendlichkeit:

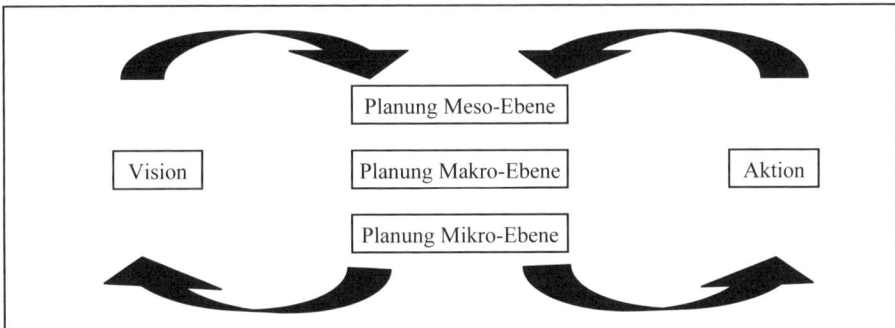

Abb. 2: Modellhafter Gesamtprozess

Die Zuordnung der kommunikativen Aktivitäten der eigenen Organisation zu diesem Schema ist ein erster Schritt in der konzeptionellen Planung auf der Meso-Ebene. Daraus ergeben sich schlüssig die weiteren Schritte einschließlich der Überlegungen zur konkreten organisatorischen Strukturierung, Arbeitsteilung und Delegation.

4. Akteur – Arena – Publikum: Der Bezugsrahmen konzeptioneller PR

Die bisherigen Überlegungen betrafen zunächst die organisationsinternen Prozesse, auf die sich konzeptionelle PR beziehen muss. Sie gelten für alle PR-Aufgaben in und für Unternehmen, Parteien, Institutionen, NGOs, Personen etc. Nun zum Bezugsrahmen konzeptioneller PR.

PR ist eine Intervention in öffentliche Kommunikation. Konzeptionelle PR braucht daher eine analytisch hinreichend tragfähige und zugleich einfache und operationalisierbare Vorstellung von öffentlicher Kommunikation. Ohne eine solche Vorstellung wird sie sich reduzieren auf die Planungslogik bestimmter Kommunikationskanäle, d.h. in der Regel auf Medienarbeit. Erfolgreiche öffentliche Kommunikation lässt sich aber definitiv nicht auf Medienarbeit reduzieren und auch nicht per se aus erfolgreicher Medienarbeit ableiten – womit die entscheidende Bedeutung der Medien für die öffentliche Kommunikation nicht geleugnet werden soll. Aber um deren Funktion für erfolgreiche öffentliche Kommunikation richtig einschätzen zu können, bedarf es eines übergreifenden Modells.

Dieses Modell kann sich nicht erschöpfen in einer bloßen Abwandlung des klassischen Sender-Empfänger-Modells aus dem Marketing. Denn die grundlegende Vorstellung des Marketing und der Werbung ist, den potenziellen Käufer individuell anzusprechen und zu überzeugen. Die Botschaft der Werbung ist: „Hallo, hör mal her! Dich, ja, genau Dich meine ich! Du brauchst mich!"[4] Die zentralen Planungskategorien des Marketing und der Werbung heben darauf ab, eine individuell erscheinende Botschaft massenhaft und in industriellem Maßstab ans Publikum zu bringen.[5] Und das funktioniert ja auch ganz gut. Aber obwohl Werbung im öffentlichen Raum stattfindet und seine Logistik benutzt (z.B. die Medien als Transportmittel) ist ihr Ziel von Haus aus nicht, in öffentliche Kommunikation zu intervenieren oder Öffentlichkeit herzustellen.

Bei der Konzeption von PR darf man daher die Planungskategorien des Marketings nicht so umstandslos übernehmen, wie es sehr häufig geschieht. So hat etwa der Begriff ‚Zielgruppe' im Marketing eine sehr präzise Bedeutung. Zwar wird er in der PR ebenfalls genutzt, aber oft spricht man auch von Bezugsgruppe, Dialoggruppe, Mittlerzielgruppe oder auch Teilöffentlichkeit. Darin drückt sich das Unbehagen an der Unschärfe aus, die der Begriff Zielgruppe im Kontext der strategischen Planung öffentlicher Kommunikation annimmt. Und diese Unschärfe hat negative Konsequenzen für die konzeptionelle Klarheit. Denn ist die ‚Zielgruppe' der PR nicht immer irgendwie ‚die Öffentlichkeit'?

Um zu tragfähigen Kategorien für die Konzeption von PR zu kommen, muss die Frage beantwortet werden: Wie werden ‚Zielgruppen' zur Öffentlichkeit? Öffentlichkeit entsteht immer dann, wenn ein Publikum entsteht, d.h. wenn viele Einzelne

---

[4] Als Beleg für dieses kontextunabhängige Selbstverständnis ein Zitat aus einem Beitrag in dem von Matthias Machnig herausgegebenen Sammelband ‚Politik – Medien – Wähler'. Darin schreibt Frank Stauss, der Kreativchef der Werbeagentur Butter: „Wenn der Wähler abends vor dem Fernseher sitzt und einen politischen Werbespot sieht, dann hat die Partei ihn für sich." (S. 219) Der letzte Teil des Satzes ist einfach falsch, aber er beschreibt die zur Kreation eines Werbespots notwendige Selbstillusionierung.

[5] Einen guten Einblick in die Konzeption von Werbung gibt Ralph E. Hartleben.

wissen, dass viele andere an einem kommunikativen Vorgang beteiligt sind. Ich erkenne mich als öffentliches Wesen, wenn ich merke, dass sich andere für meine Themen interessieren, wenn andere zuschauen, zuhören, miteinander diskutieren und mit agieren. Gerade aus diesen zunächst unüberschaubaren Interaktionen entstehen die wesentlichen Effekte öffentlicher Kommunikation, die Möglichkeiten des Agenda-Building und die manchmal schlagartige Wirksamkeit von Themen. Hier entsteht eine Wirkungsmacht, die die Wirkungsmöglichkeiten der Werbung bei der Durchsetzung bestimmter Interessen mitunter um Dimensionen übertrifft, die sich aber auch plötzlich gegen einen einzelnen Akteur oder eine Gruppe richten kann.

Für die Konzeption von PR ist es daher essenziell, alle ‚Zielgruppen' als mitwirkende Akteure zu begreifen. Der Soziologe Friedhelm Neidhardt hat drei Begriffe geprägt,[6] die in diesem Sinne als konzeptioneller Bezugsrahmen taugen: Akteur – Arena – Publikum. Sie eignen sich gerade aufgrund ihres schillernden Charakters, der mannigfaltige Assoziationen erzeugt. Der öffentliche Akteur gestaltet seinen Auftritt im Bewusstsein, sich mit anderen Akteuren in einer Arena zu befinden und vor Publikum zu handeln. Der Begriff ‚Arena' beschreibt die Rahmenbedingungen öffentlicher Kommunikation, ihre Vieldimensionalität und Dynamik. Er beinhaltet die Aggressivität, die Schaulust, aber auch die Lust im Scheinwerferlicht zu stehen. Er verweist auf Strippenzieher, Kulissenschieber und heimliche Regisseure. Er steht für die spezifische Atmosphäre des Unberechenbaren, der Überraschungen und gelungenen Coups. Und die Arena steht für den intensiven Wettbewerb um die Aufmerksamkeit des Publikums, eines Publikums, das ‚öffentlich' Beifall spendet, verdammt oder – noch schlimmer – gleichgültig bleibt. Die Arena bevölkert sich in dieser Perspektive mit Wettbewerbern, Unterstützern, Sympathisanten, Gleichgültigen und Unbeteiligten, zu denen der Akteur in einer Beziehung steht. Aufgabe der konzeptionell gesteuerten PR ist, die Beziehung zu diesen Gruppen kommunikativ zu gestalten. Damit erhält der Begriff ‚Zielgruppe' einen PR-spezifischen Sinn.

5. Die Planungskategorien konzeptioneller PR

Das Begriffsdreieck ‚Akteur – Arena – Publikum' hat den Vorteil, dass es auch von Menschen verstanden wird, die nicht Kommunikationswissenschaften studiert haben. In seinem Bezugsrahmen fällt es vergleichsweise leicht, sich über komplexe Fragen wie operationalisierbare Kommunikationsziele zu verständigen oder auch über Positionierungsstrategien zu debattieren.

---

6   In seiner Einleitung zum 1994 erschienen Sammelband ‚Öffentlichkeit, öffentliche Meinung, soziale Bewegung'. Sein Erkenntnisinteresse richtet sich dort auf den Zusammenhang von öffentlicher Meinung und politischer Kommunikation.

Zunächst sind Akteur, Arena, Publikum selber Planungskategorien. Sie führen zu fünf konzeptionellen Fragen:

- Wie lässt sich die Arena definieren?
- Wer ist in der Arena aktiv?
- Wie ist das Publikum strukturiert?
- Gibt es eine Agenda?
- Welche Themen sind relevant?
- Welche Kommunikationskanäle werden genutzt?

Sind diese Fragen beantwortet, lassen sich die zentralen Schlussfolgerungen bezüglich der eigenen strategischen Optionen leicht ziehen.

Unabhängig von jeder konkreten Aufgabenstellung gibt es drei Kommunikationsziele auf der Meso-Ebene, die heute für praktisch jeden Teilnehmer an öffentlicher Kommunikation essentiell sind. Dies sind:

- Präsenz
- Image
- Kommunikationsfähigkeit

in der Arena. Präsenz heißt dabei nicht nur ‚share of mind', sondern reale Präsenz in den Medien. Denn auch wenn sich PR nicht auf Medienarbeit reduzieren lässt, ist PR ohne Medien in unserer Mediengesellschaft nicht denkbar. Kommunikationsfähigkeit lässt sich jedoch nicht auf die mediale Präsenz reduzieren. D.h. der reine Zugang zu den Medien reicht nicht aus, sondern es bedarf der Fähigkeit zu überzeugen. Diese Fähigkeit steigt proportional mit der eigenen Glaubwürdigkeit bei Akteuren und Publikum. Das Paradoxe ist hier wiederum, dass man Glaubwürdigkeit nicht beliebig erzeugen kann, sondern dass sie einem zugeschrieben wird. Die kommunikative Handlungsfähigkeit als Akteur insgesamt hängt direkt von den genannten drei Faktoren ab, sie repräsentieren das abrufbare Leistungspotenzial in der öffentlichen Kommunikation. Und sie haben den Vorteil, dass sie sich mit bekannten Methoden evaluieren lassen und mit den Potenzialen von Wettbewerbern und anderen Akteuren vergleichen lassen.

Mit diesen Daten wird die wesentliche Grundlage für die Festlegung der Ziele geschaffen. Vor deren Hintergrund entscheidet sich, wessen Aufmerksamkeit und wessen Unterstützung man, ausgehend von welcher Positionierung, mit welchen grundsätzlichen Botschaften erreichen will.

Die *Positionierung* ist so etwas wie der Punkt, an dem man die Welt in der Arena aus den Angeln heben möchte. Von ihm aus definiert sich die Beziehung zu den Akteuren und zum Publikum. Eine gute Hilfskonstruktion, um zu einer stimmigen Positionierung zu kommen ist folgendes gedankliches Experiment: Versetzen Sie sich in die Rolle des Akteurs, für den Sie ein Konzept entwickeln. Stellen Sie sich vor, Sie betreten als dieser Akteur einen Saal in dem eine Party stattfindet, auf der alle für Sie in ihrer Rolle unmittelbar relevanten Akteure und Publikumsgruppen anwesend sind. Mit welchem Satz stellen Sie sich vor?

Die *Kommunikationsstrategie* ist der Hebel, mit dem Sie die Welt kommunikativ aus den Angeln heben, mindestens aber bewegen wollen. Sie legt fest, mit welchen

Strukturen und strategischen Instrumenten welche Themen, welche Argumentation, welche Informationen, in welcher Tonalität kommuniziert werden.

Um beim Gedankenexperiment zu bleiben: Veranstalten Sie die Party selber? Oder ist das gar keine Party, sondern ein Konzert etc. In der Umsetzung stellen sich dann weitere Fragen: Wenn Party, brauchen Sie Scheinwerfer, Mikrofon, Musik, Kostüm? Was machen Sie, nachdem Sie sich vorgestellt haben? Mit wem reden Sie über welche Themen? Was sagen Sie zum anwesenden Gesellschaftsreporter etc.?

All dies sind übliche und konkrete konzeptionelle Fragen und Kategorien, deren PR-spezifischer Sinn sich jedoch im Begriffsdreieck ‚Akteur – Arena – Publikum' richtiger erschließt, als wenn man sich gedanklich im Bezugsrahmen des Marketing oder im Bezugsrahmen der Medienmacher bewegt.

6. Die dramaturgischen Elemente eines funktionierenden Konzepts

Bis zu diesem Punkt taugen die genannten Kategorien zur analytischen und systematischen Strukturierung für konzeptionelle PR. Sie helfen bei der Wertung der Umwelt aus der Perspektive des eigenen Interesses und umgekehrt bei der Wertung des eigenen Interesses aus der Perspektive der anderen Akteure und des Publikums. Und sie tragen schon die Beschreibung der eigenen Aktion in sich. Aber wie kommt man nun von der Analyse und systematischen Auswertung zu einer funktionierenden Idee?

Ein gutes Konzept ist jedenfalls nicht einfach logisch ableitbar aus einer empirisch abgestützten Analyse. Wenn es so wäre, wäre PR eine Art Rechenaufgabe. Irgendwann muss jedoch in den Überlegungen ein qualitativer Sprung erfolgen, irgendwann zählen Erfahrung, Kreativität und Mut. Zum Bereich Erfahrung gehört zum Beispiel das Wissen über die Kommunikationsleistung der verschiedenen Kommunikationskanäle wie Medienarbeit, Internet, personale Kommunikation, Werbung etc. Es gibt schlichtweg keine allgemeingültigen Erkenntnisse, wie sich ein bestimmtes Thema im Zusammenspiel dieser Kanäle am besten kommunizieren lässt. Und manchmal besteht eine PR-Aufgabe ja auch darin, ein Thema oder eine Kontroverse aus diesen Kanälen verschwinden zu lassen.

Um dies richtig zu lösen, bedarf es der Einsicht, wie eine Geschichte in der Arena läuft, es bedarf der Fähigkeit, das zugrunde liegende ‚Script' der Geschichte zu lesen. ‚Geschichte' bezeichnet eine sinnhaft zusammenhängende Folge von Vorgängen in einer Arena, einen Zusammenhang also, der nicht nur durch einen Akteur ausgelöst und getragen wird, sondern Gegenstand öffentlicher und damit in der Regel auch medialer Kommunikation geworden ist. Der Begriff ‚Geschichte' ist zutreffend, weil jedes Thema, jede Information, jedes Ereignis in der öffentlichen Kommunikation zur Geschichte wird, sobald es Relevanz gewinnt. Der Begriff Geschichte impliziert einen Erzähler und seine Übermittlung und Deutung eines Vorganges für einen Zuhörer. Die Arenen sind voller Geschichten und für den PR-Menschen ist es wichtig zu erkennen, wie sich die Geschichte seines Themas in der öffentlichen Erzählung entwickelt. Die Fähigkeit zu erkennen, ‚wie der Hase läuft', wächst mit der Erfahrung. Erfahrung meint dabei, dass man selber in entsprechende ‚Geschichten' involviert war, aber auch, dass man durch intensive Mediennutzung und eigene Analysen eine Vielzahl solcher Geschichten verfolgt hat.

Die Zahl der Muster, nach denen Geschichten in der Arena funktionieren, ist überschaubar. Einige Beispiele für dramaturgische Grundmuster: Es gibt den Enthüllungsskandal, den öffentlichen Fehltritt, die Überraschung, die interessante Information, das business-as-usual, die positive Bestätigung des schon Bekannten etc. Um die Idee zu einem PR-Konzept zu finden, ist es mitunter hilfreich, sich zu fragen, wie der anwesende Teil des Publikums zu Hause weitererzählen soll, was man ihm geboten hat. Dabei darf man sich aber nicht damit überheben, eine Geschichte beliebig inszenieren oder drehen zu wollen. Denn in öffentlicher Kommunikation geht es immer um Geltungsfragen und um Fragen der Angemessenheit: wahr oder unwahr, richtig oder falsch, glaubwürdig oder unglaubwürdig, übertrieben oder aus der Seele gesprochen etc.? Dabei funktioniert eine Geschichte nach einem zugrunde liegenden kollektiven Script, das nicht beliebig veränderbar ist. ‚Fakten, Fakten, Fakten' ist selber ein journalistischer Mythos. In den kollektiven Scripten werden Vergangenheit und Zukunft, Werte und Themen, Mythen und Legenden zu einem Erwartungshorizont verdichtet, dem man in irgendeiner Form gerecht werden muss. Dabei empfiehlt es sich zwar oft, das Unerwartete zu tun, aber man darf sich nie verführen lassen, in der krampfhaften Suche nach dem Unerwarteten das Falsche zu tun.

Auf der Suche nach der richtigen Idee ist es in jedem Falle erforderlich, folgende strategische Elemente der öffentlichen Kommunikation systematisch und zueinander kohärent zu definieren, weil man mit ihnen entscheidende Hebelwirkungen erzielt:

Identität – die eigene Identität (Marke, Werte, Style, Tonality, ...), aber auch die Identität des Publikums und der anderen Akteure klar definieren. Die Menschen mögen Klarheit. Identität schafft Glaubwürdigkeit.

Fokussierung – sich auf eine Idee, ein Leitthema festlegen und es wiederholen. Weder Medien noch Publikum nehmen eine einmalige Äußerung wirklich wahr. Fokussierung schafft Durchschlagskraft.

Kolportage – die Kolportage erzählen. Die Menschen hassen das völlig Neue und sie lieben das Alte in neuem Gewande. Das ist das Wesen der Kolportage. Kolportage schafft Eingängigkeit.

Bilder und Symbole schaffen – folgt aus der Kolportage und wird in der PR viel zu häufig vernachlässigt. Bilder und Symbole helfen, das Alte neu zu erzählen. Bilder und Symbole schaffen Wiedererinnerung.

Grenzüberschreitungen oder Eingemeindungen – hängt zusammen mit dem Punkt Identität. Wenn ich die Identität geklärt habe, kann ich eine Grenze klar markieren und sie spektakulär überschreiten. Oder sie aufheben. Beides schafft Interesse und Aufmerksamkeit.

Rhythmus und Timing – Kommunikation geht mit Erwartungen um, d.h. mit Annahmen über die Zukunft. Jede Geschichte hat ihren Rhythmus, den man treffen muss. Ein falsches Timing verhindert das Gelingen von Kommunikation. Das richtige Timing schafft Zustimmung.

Agenda-Building und Prozesssteuerung – eng verbunden mit dem vorhergehenden Punkt. Wer die Agenda in der Arena beherrscht, hat das Steuer in der Hand und ist nicht mehr so leicht aus dem Rhythmus zu bringen. Agenda-Building schafft Sicherheit und Wirksamkeit.

7. Erarbeitung konzeptioneller PR im Team

Bis zu diesem Punkt der Überlegungen gilt alles Gesagte für alle PR-Aufgaben. Der nächste Schritt in die Konkretisierung führt zur Differenzierung. Wie konkret Planung und Kreation aussehen, hängt davon ab, ob es sich beim Gegenstand der Planung um eine Organisation, eine Person, ein Produkt, eine Marke oder ein Thema handelt. Ferner hängt es davon ab, ob es um die Entwicklung einer übergeordneten Strategie im Sinne der schon erwähnten Guidelines geht, um ein (Jahres-)Programm im Rahmen gegebener Strukturen und Guidelines, um eine Kampagne oder um eine Aktion im Rahmen eines Programms oder einer Kampagne. Eine Fortführung der Überlegungen zu einer Konzeptionslehre führt jetzt zur Differenzierung in die Bereiche Unternehmenskommunikation, politische und gesellschaftliche Kommunikation, Markenkommunikation etc. Dies führt hier zu weit.

Dennoch lassen sich noch einige Erfahrungen zur Planung von PR-Konzeptionen beitragen. Abhängig von der jeweiligen Aufgabenstellung muss man sich sein Planungsteam zusammenstellen und den Planungsprozess auflegen. Schon mit diesen ersten Entscheidungen hat man sich auf eine bestimmte Lösungsrichtung festgelegt. Und so geht es im gesamten Planungsprozess weiter. Es liegt in der Natur der Sache, dass man im gesamten Planungsprozess mit hochverdichteten Annahmen arbeitet. An jedem Punkt des Prozesses können daher neue Aspekte auftreten, die alles bis dahin erarbeitete in einem neuen Licht erscheinen lassen. Ein gutes Konzept und eine starke Idee entstehen nicht linear, sondern im besten Fall in einer auf ein Zentrum hinführenden spiralförmigen Suchbewegung.

Daher empfiehlt es sich, die ursprüngliche Aufgabenstellung zunächst nur als groben Wegweiser zu benutzen, mit dessen Hilfe man in eine bestimmte Richtung aufbricht. In dieser Richtung sammelt man Informationen, Ideen und Überlegungen, die dann zu Schlussfolgerungen verdichtet werden. Diese Schlussfolgerungen führen oft zu einer Präzisierung der Aufgabenstellung und damit zu einem erneuten präzisierten Recherchebedarf. Erst diese gezielten Recherchen führen meist zu den richtigen strategischen Ansätzen, die wiederum nicht selten von den Erwartungen der Auftraggeber abweichen. Daher ist an diesem Punkt der Planung ein Rebriefing mit dem Auftraggeber sinnvoll.

In diesen ersten beiden Phasen der Planung werden spontan viele Ideen geboren, viele absurde und manche, die großartig erscheinen. Für die Qualität der Planung ist es wichtig, dass diese Ideen nicht unterdrückt, sondern aufbewahrt werden. Es ist aber auch wichtig, sie nicht unsystematisch weiter zu verfolgen. Die eigentliche Entwicklung bzw. Bewertung von Ideen erfolgt in den Phasen nach dem Rebriefing auf der Grundlage strategischer Entscheidungen. Es hat sich schon oft gezeigt, dass eine gute, witzige, kreative Idee auf Irrwege geführt hätte, hätte man die gesamte strategische Planung nach ihr ausgerichtet. Ebenso oft wurde diese Idee dann in der Umsetzung und Maßnahmenplanung in irgendeiner Form realisiert. Für den gesamten Planungsprozess muss daher gelten: Es darf keine Denkverbote geben und es gibt keine absurden Ideen. Sondern es wird zu gegebener Zeit eine Entscheidung über den aussichtsreichsten Weg und die besten Einzelschritte getroffen.

Bei der Planung größerer Programme, Kampagnen und Aktivitäten arbeiten unterschiedliche Fachleute zusammen. Je nachdem, welche Kommunikationsinstrumente entwickelt und geplant werden müssen, treten zusätzliche spezifische konzeptionelle Dimensionen hinzu. Wenn etwa im Rahmen einer PR-Strategie eine Werbekampagne umgesetzt werden soll, werden die Macher in ihrer Planung Kategorien wie ‚Consumer Insight' oder ‚psychologische Positionierung' benutzen, Grafiker werden die Diskussion über eine Gestaltungslinie möglicherweise mit Hilfe von verschiedenen ‚Mood Boards' führen und die Webmaster sprechen über ‚Usability'. Dies alles muss hier nicht nachvollzogen werden, denn wie diese Fachleute die Planung eines erfolgreichen Beitrages gestalten, ist ihre Sache. Entscheidend ist, dass man ein gemeinsames Verständnis des übergreifenden Scripts gewinnt, die Funktion des jeweiligen Instrumentes akzeptiert und alles für den gemeinsamen Erfolg tut.

8. Letzte Fragen

Eine Konzeptionslehre der PR muss sich dem Phänomen der Differenzierung der PR-Funktionen stellen. Aus der Pressestelle im Unternehmen sind inzwischen mitunter schwer durchdringbare Organigramme geworden, in denen Produkt-PR, Interne Kommunikation, Investor Relations oder auch Corporate Citizenship etc. nicht selten unterschiedlichen Vorstandsressorts berichten und gleichwohl alle irgendwie auf ein übergreifendes Ziel hin arbeiten sollten. Es entsteht folgendes Paradoxon: Je stärker Institutionen und Personen die Chancen und Verpflichtungen öffentlicher Kommunikation erkennen, desto schwächer wird die Position der zentralen PR-Funktionen. Damit steht die Erarbeitung einer Konzeption vor der wachsenden Herausforderung, die Aktivitäten dieser Funktionen zu koordinieren und ihnen eine gemeinsame Grundlage zu geben. Was für den Konzeptionsprozess wiederum bedeutet, dass er die heterogenen fachlichen Begrifflichkeiten aufeinander beziehen muss. Dafür bietet der vorliegende Vorschlag einen Rahmen. Um der Verachtung der diversen untreuen PR-Töchter zu entgehen, kann man das ja Kommunikationsmanagement nennen.

Wie immer man es damit hält, konzeptionelle PR ist professionell, weil sie nicht dominiert wird von persönlichen Vorlieben. Weil sie sich messen lassen muss an Erfolgsparametern, weil sie in organisatorischen und institutionellen Kontexten funktionieren muss. Die Konzeption von PR fungiert in diesem Zusammenhang als *Prozess* und als *Dokument* einer Idee. Unabhängig von den dicken Brettern, die man in der Planung gebohrt hat und den Massen von Daten, die man ausgewertet hat: Das Konzept muss am Ende verständlich, pragmatisch, handlungsorientiert präsentiert werden. Es kann durchaus sinnvoll sein, die Idee in der Präsentation systematisch und linear abzuleiten, weil die Menschen kausale Zusammenhänge lieben. Aber es kann auch richtig, weil wirkungsvoller sein, auf alle Vorüberlegungen zu verzichten. Denn zum Schluss kommt es nur noch darauf an, dass ein Konzept funktioniert, dass es durch eine positive Entscheidung ‚geboren' wird, dass es wächst und gedeiht, weil es viele überzeugt und zur Mitarbeit bei der Umsetzung motiviert, und dass es schließlich in der Arena erfolgreich ist. Wie schlau man als Planer sein musste, um diesen Erfolg zu erzielen, interessiert zum Schluss keinen. Hier sind wir beim Elend der PR: „Wenn der Kandidat gewinnt, dann wegen seines Charmes, seiner Intelligenz und seiner Beliebtheit beim Wähler. Wenn er verliert, war es Dein Fehler."[7]

Literatur

Dörrbecker, Klaus/Fissenewert, Reneé (2001): Wie Profis PR-Konzeptionen entwickeln. Frankfurt a. M.: Frankfurter Allgemeine Buch.
Hartleben, Ralph E. (2001): Werbekonzeption und Briefing. Erlangen: Publicis MCD.
Kocks, Klaus (2001): Glanz und Elend der PR. Zur praktischen Philosophie der Öffentlichkeitsarbeit. Opladen: Westdeutscher Verlag.
Güttler, Alexander/Klewes, Joachim (2002): Drama Beratung! Consulting oder Consultainment. Frankfurt a. M.: Frankfurter Allgemeine Buch.
Machnig, Matthias (Hrsg.) (2002): Politik – Medien – Wähler. Wahlkampf im Medienzeitalter. Wiesbaden: Verlag für Sozialwissenschaften.
Mintzberg, Henry (1999): Strategy Safari – Eine Reise durch die Wildnis des strategischen Managements. Wien: Ueberreuter.

---

7 Jospeh Napolitan zitiert nach Peter Radunski im Sammelband von Matthias Machnig.

Risikokommunikation und Konflikt

Georg Ruhrmann

In der Öffentlichkeitsarbeit kommt Risikokommunikation als strategisch orientierte Kommunikationspolitik gezielt zum Einsatz. Einerseits werden möglicherweise schädliche Ereignisse öffentlich thematisiert. Andererseits lösen öffentlich ausgetragene unterschiedliche Schadensbewertungen eine riskant erscheinende Kommunikation erst aus. Die Auseinandersetzung mit Risikokommunikation liefert also sowohl theoretisch als auch praktisch wertvolle Anregungen für eine auch zunehmend auf die Organisationsperspektive bezogene Öffentlichkeitsarbeit. Mit dem Begriff des Risikos definiert man Ereignisse bzw. Entscheidungsfolgen, die hinsichtlich verschiedenster Kriterien als Schäden bewertet werden und die mit einer bestimmten Wahrscheinlichkeit eintreten können. Ziel der folgenden Ausführungen ist es, ausgehend von Prozessen und Strukturen der Risikokommunikation und Risikoberichterstattung, Anregungen für die Kommunikationsforschung und die Auseinandersetzung mit Öffentlichkeitsarbeit zu geben.

1. Risikokommunikation

Risikokommunikation lässt sich als ein Prozess beschreiben, der die Unsicherheit und Ungewissheit über zukünftige Schäden problematisiert. Zugleich handelt es sich um einen Versuch, zumeist wirtschaftlich organisierter Akteure, in Organisationen mit Hilfe des gezielten Einsatzes von Kommunikationsmitteln in der Öffentlichkeitsarbeit die Akzeptanz riskanter Entscheidungen zuverlässig(er) zu erreichen. Doch als Folgen dieser Art von Risikokommunikation werden Zweifel an der Zweckmäßigkeit der angestrebten Ziele laut (vgl. Otway/Wynne 1989). Das Problem von Öffentlichkeitsarbeit besteht also darin, als absichtsvoll organisierte Kommunikation durchschaut zu werden.

1.1 Organisatorische Perspektiven

Größere Organisationen in Bereichen von Wirtschaft, Politik und Wissenschaft haben nach dem Vorbild der USA in den letzten zwanzig Jahren damit begonnen, Risikokommunikation systematisch zu gestalten (vgl. Ruhrmann 2001). Optimiert werden Eigenschaften des Kommunikators, etwa seine Kompetenz oder sein Einfluss. Es geht z.B. um die Konzeptionierung politischer Führung, um ihre Glaubwürdigkeit sowie um Vertrauen der Öffentlichkeit in die Leistungen von Politik und Journalismus (vgl. Kohring 2004). Man versucht dabei im Kontext von Issues Management eine Art Frühwarnung und Steuerung zu erreichen (vgl. Röttger 2001), um riskante Szenarien beobachten und bewerten, aber auch um Risiken abbauen zu können. Organisationen setzen dabei Issues Management ein, um für bestimmte Öffentlichkeiten und Zielgruppen konkurrierende Themen zu strukturieren und die Aufmerksamkeit dafür zu erhöhen, um diese Themen dann auch durchzusetzen. Damit wird die eigene Kommunikationsbereitschaft verstärkt, was möglicherweise Innovationseffekte auslösen kann.

Im Kontext der Organisationssoziologie lässt sich Risikokommunikation begreifen als Folge der „Unmöglichkeit perfekt rationalen (optimalen) Entscheidens [...] vorauszusehen, was eine Entscheidung gewesen sein wird" (Luhmann 1991: 203). Damit werden Fragen bezüglich des gemeinsamen Organisationszieles erneut gestellt und anlässlich eingetretener Schäden wird untersucht, ob die bisher gewählten Hierarchien und Zuständigkeiten des Risikomanagements noch zeitgemäß sind.[1]

In *sachlicher Hinsicht* wird der Prozess des Entscheidens in Einzelschritte zerlegt und ermittelt, welche Organisationsform das Risiko am besten analysieren, als ‚Issue' aufklären und kommunizieren kann (vgl. Schulz 2001). Ungewissheit und widersprüchliche Effekte können dabei als erste Kommunikationsrisiken angesehen werden. So wird die Unbestimmbarkeit von zukünftigen Schäden thematisierbar. „Einerseits kann es zu einem künftigen Schaden kommen – oder nicht [...]. Andererseits, und zusätzlich, hängt das, was künftig geschehen kann, auch von der gegenwärtig zu treffenden Entscheidung ab" (Luhmann 1991: 25). Die wissenschaftlich bestätigte Ungewissheit offener Sicherheitsfragen kommt zur Sprache.

In *sozialer Hinsicht* wird die Unterschiedlichkeit der Entscheider- und Betroffenenperspektiven sichtbar: Über eine angemessene Verwendung von jeweiligem (Fach)Wissen können sich Experten und Laien häufig nicht verständigen. Außerdem bleibt unklar, wer an den jeweiligen Entscheidungen beteiligt ist bzw. werden kann und wer davon betroffen ist. Als Konsequenz daraus werden Machtfragen und legitimierbare Machtansprüche gestellt. Kommunikationskonflikte sind damit vorprogrammiert.

In *zeitlicher Hinsicht* werden durch Zeitknappheit Präferenzen und Ziele bei der Risikobewältigung deformiert, gerade wenn der als unwahrscheinlich gehaltene Schaden doch eintritt. Vor der Öffentlichkeit müssen Irrtümer zugegeben werden und die Legitimation von beibehaltenen oder aber neuen Entscheidungsprämissen zeitaufwendig beschafft werden.

1.2 Konflikte

Konflikte lassen sich als Anlass und Folge der Risikokommunikation beobachten, ja sie können in Form einer sich selbst erfüllenden Voraussage eskalieren. Konflikte verdeutlichen, wer *für* oder wer *gegen* bestimmte Entscheidungen ist oder wer eine

---

1 Und wie die „Möglichkeit organisatorisch aggregierter Kommunikation" (Luhmann 2000: 389) aussieht, etwa mit der Folge, dass die Entscheidungsprogramme von Öffentlichkeitsarbeit –‚Tu Gutes, und rede davon' – ganz anders aussehen können als die gesellschaftliche Funktion von PR, deren Organisationsprogramme und Rezepte meistens selbst weder öffentlich bekannt –, sondern als Führungswissen eher geheim –, noch als besonders gut – oder gar wohltuend –, sondern als manipulierend, ja als lästige Werbung empfunden werden können (vgl. Luhmann 2000: 393).

Risikodiskussion vermeiden möchte. Durch diese explizite Zwei-Seiten-Form können kompliziertere „dritte Wege" ausgeschlossen werden bzw. müssen nicht geprüft werden. Konflikte lassen sich durch typische Kommunikationsstrukturen charakterisieren (vgl. Ruhrmann 1996; Hug 1997):

In der *sachlichen* Dimension ist der Streit um die Richtigkeit von Aussagen und Fakten relevant, was zugleich zu einer Komplizierung des Konfliktes führen kann, wenn die jeweiligen Positionen mit immer neuen Argumenten untermauert werden. Verständigungsprobleme fungieren als ein wesentlicher Auslöser von Risikokonflikten. Experten sprechen sich wechselseitig die korrekte Verwendung der Fachsprache ab. *Rationalisierung* lässt sich als der Versuch begreifen, bedrohliche, ungewisse oder mehrdeutige Ereignisse und Entwicklungen zu erklären. Seien es wissenschaftliche, politische oder wirtschaftliche Erklärungen: Die Funktion der Rationalisierung besteht darin, unverständliche Gefahren als verstehbare Risiken zu bewerten, zu kalkulieren oder zu legitimieren.

In der *sozialen Dimension* zeigen sich Konflikte dadurch, dass Handeln und Entscheidungen zunehmend und bisweilen zwanghaft unter der Perspektive des Gewinnens und des Verlierens gesehen werden. Etwa dadurch, dass die Risikowahrnehmungen des anderen als ‚irrational' bezeichnet werden. Emotionalisierung ist ein wesentliches Moment der Konfliktaustragung: In der Auseinandersetzung werden kontroverse Aussagen emotionalisiert vorgetragen, was zur weiteren Konfliktverschärfung führen kann. Kalkulierte Regelverletzungen können dabei zur Verschärfung des ‚emotionalen Klimas' instrumentalisiert werden. Risiken können unter diesen Bedingungen nur bedingt als „Chance" aufgefasst und bewältigt werden.

In *zeitlicher* Dimension kommt es zu einer Umstrukturierung der Zeithorizonte: Sicherheitsbehauptungen der Vergangenheit werden plötzlich neu interpretiert, etwa als Vortäuschung falscher Risikoannahmen. Zugleich wird auch die Zukunft beobachtet und als bedrohlich erfahren, weil zu vermuten ist, dass aktuelle und zukünftige Entscheidungen des Konkurrenten die eigenen Optionen einschränken.

2. Risikoberichterstattung

Im Kontext der Diskussion über Risikoberichterstattung wird immer wieder gefragt, ob Medien sachlich, objektiv und ausgewogen berichten oder nicht Ereignisse z.B. durch Akzentuierung bestimmter Schadensmerkmale oder, wie im Falle des Terrors, durch die rituelle Wiederholung von Schreckensbildern, dramatisieren (vgl. Norris u.a. 2003). Wenn Presse, Hörfunk und Fernsehen über drohende Risiken berichten, erzeugt dies stets eine besondere öffentliche Aufmerksamkeit. Dies gilt speziell wenn Journalisten Risiken in einer Weise diskutieren, *als ob* die so genannten schlimmsten Fälle schon eingetreten wären. Vorwürfe an die Adresse der Medien werden laut und man glaubt zu wissen, was und wie die Medien eigentlich berichten sollten.

2.1 Medienkritiker und ihre Vorwürfe

Unternehmen, Wissenschaftler und Politiker kritisieren gerne die Katastrophen- und Risikoberichterstattung der Massenmedien (vgl. Dunwoody/Peters 1993). Dazu werden gerne folgende Vorwürfe in den Raum gestellt: *Allgemein* berichteten Medien *unsachlich* über die Folgen von Katastrophen; die Eintrittswahrscheinlichkeit seltener Folgerisiken werde überschätzt und bei der Darstellung eingetretener Schäden und Unfälle werde eine auf die Sensation ausgerichtete Darstellungsweise bevorzugt. Ein weiterer Vorhalt betrifft die *Ausgewogenheit*: Positionen von Betroffenen und Kritikern würden ausführlicher dargestellt als die von Entscheidern und Experten (vgl. Ruhrmann 1992). Ein weiterer, Katastrophen- und Terrorberichterstattung zugeschriebener ‚Mangel', betrifft die aufbauschende Bewertung von Unfällen und Zwischenfällen, die zu einer *Emotionalisierung* der Öffentlichkeit führe. Beklagt wird ferner *personalisierende* Darstellung, die auch das komplexeste Geschehen stets nach dem Verursacherprinzip einem verantwortlichen Entscheider zurechne, auch wenn dies im Kontext ökologischer Sachverhalte oder gar von Naturkatastrophen völlig unsinnig sei. Schließlich kritisieren insbesondere Wissenschaftler und Vertreter der Wirtschaft die *ungenaue und wissenschaftlich nicht ‚korrekte'* Risikodarstellung der Massenmedien. Implizit wird gefordert, Medien hätten sich einer quasi (natur)wissenschaftlichen Beobachtung und Beschreibung zu befleißigen (vgl. Ruhrmann 1998). Von der Öffentlichkeitsarbeit indes wird gefordert, nicht nur die Risiken, sondern vor allem die Chancen bestimmter Ereignisse und Entscheidungen hervorzuheben.

2.2 Merkmale und Leistungen der Medien

Unabhängig von diesen normativ gehaltenen und recht populären Medienkritiken kann man in theoretischer Perspektive zentrale Merkmale der Medienberichterstattung bzw. der Öffentlichkeitsarbeit wissenschaftlich-analytisch untersuchen. Dabei fallen die Konstruktivität und die Selektivität der Medien ins Auge:

2.2.1 Konstruktivität

Journalisten erzeugen eine soziale Risikowirklichkeit der Nachricht, der Werbung, der Öffentlichkeitsarbeit oder der Unterhaltung. Sie sind jeweils durchsetzt mit bestimmten Rahmungen der jeweiligen Situation, in denen auch zwangsläufig die jeweiligen subjektiven Definitionen ins Spiel kommen[2]:

---

[2] Es geht im berühmten, die Kommunikationswissenschaft mitkonstituierenden Thomas-Theorem gerade um die *subjektiven Vermutungen* und zwar unabhängig davon, ob diese objektiv richtig sind oder nicht (vgl. Esser 1999: 63ff sowie 170ff). Medien betonen aufgrund dieser Struktur häufig auch die eher negativen Folgen von Risiken.

1. Journalisten stellen fest, ob und welche ihrer Recherchen wann, wo und wie redaktionell *machbar* sind oder nicht. In der Regel weiß man vorab zu wenig über viele Risiken, erst recht über drohende Naturkatastrophen. So kann man vor Ort (noch) nicht recherchieren. Terroristische Anschläge sind ihrer Natur nach hochgradig überraschend. Sie lassen allenfalls die journalistische Aufbereitung der Aussagen von Augenzeugen sowie von deren Bild- und Tonmaterial zu. In der Öffentlichkeitsarbeit geht es darum, Risikoszenarien und Gefahrenlagen in einer Weise darzustellen, die der Bevölkerung realisierbare (Re)Aktions-Möglichkeiten aufzeigt.
2. Wenn Aussagen in einen bestimmten *Themenkontext* passen, werden sie vermutlich eher als ein ‚wirkliches' Ereignis eingeschätzt. Wenn man über eine Jahrhundertflut spricht, sieht man eher die Außergewöhnlichkeit, und weniger die Normalität eines schleichenden ökologischen Risikos. Ist das Thema Hochwasser aber erst einmal etabliert, so lassen sich im Ereignisfall multiperspektivisch diverse Aspekte der Katastrophengenese, des Katastrophenverlaufs und seiner Folgen behandeln. In der Öffentlichkeitsarbeit von Unternehmen werden Entscheidungen als notwendige Risiken dargestellt, die man eingehen muss, um bestimmte Innovationen zu erreichen.
3. Je *attraktiver* die beschriebenen Akteure oder Themen sind, desto eher werden entsprechende Nachrichten für ‚wirklichkeitsnah' gehalten. In den letzten zehn Jahren hat die Personalisierung innerhalb von TV-Nachrichten deutlich zugenommen. Der wie ein Quasi-Messias inszenierte Terroristenführer oder der entschlossen wirkende amerikanische Präsident sind in den von Medien jeweils aktuell forcierten Personalisierungen ideale Attraktionen für die knappe öffentliche Aufmerksamkeit. Ähnlich bei Katastrophen: Fluten und Stürme sind attraktivere Themen als das Konzept der „Nachhaltigkeit" (Ruhrmann 2001). In der Öffentlichkeitsarbeit werden vor allem solche Personen und Persönlichkeiten herausgestellt, die schwierige Probleme erfolgreich bewältigt haben. Damit wird einem in modernen Gesellschaften dominanten Trend entsprochen, Risiken und ihre Lösungen zu individualisieren.
4. Risiken, die als *Ursache oder als Wirkung* von anderen Schadensereignissen erlebt werden können, werden von Journalisten eher als wirklich angesehen im Vergleich zu Risiken, die sich nicht ohne weiteres kausal interpretieren lassen. Für gravierende Überschwemmungen wird umstandslos das Klima oder das Versagen der staatlichen Katastrophenvorsorge verantwortlich gemacht. Die Fehlentscheidungen bei kommunalen Bebauungsplänen, die Versiegelung ganzer Auenlandschaften werden seltener erwähnt. Journalistisch unbehandelbar erscheint gar die kritische Frage nach der Zulässigkeit einfacher Kausalerklärungen oder die Suche des Zusammenhanges zwischen ökologischen und ökonomischen Prozessen. In der Öffentlichkeitsarbeit geht es vor allem um die Anschlussfähigkeit von Issues Management und Risikokommunikation im Kontext von Erklärungen, die von den Teilpublika und Zielgruppen verstanden und akzeptiert werden.

5. Als wirklich gilt schließlich der Schaden oder der Nutzen, der unmittelbar *sinnlich erfahrbar oder sichtbar* ist. Dies ist bei Katastrophen, bei Hurrikans, Erdbeben oder Überschwemmungen der Fall. Auch die Folgeschäden terroristischer Anschläge sind in der Regel sichtbar. Dies gilt aus der Sicht der Medien gerade dann auch, wenn man den Überraschungseffekt des internationalen Terrorismus mit ins Kalkül zieht. Public Relations ist daran gelegen, die erfolgreiche Risikobewältigung oder die Realisierung von Nutzen in den Vordergrund des öffentlichen Interesses zu stellen, um damit Akzeptanz und Zustimmung für Produkte und Entscheidungen zu gewinnen.

2.2.2 Selektivität

Das zweite wesentliche Merkmal der medialen Risikoberichterstattung ist ihre Selektivität:[3] Journalisten und PR-Strategen treffen eine bestimmte Auswahl nachrichtenrelevanter bzw. öffentlichkeitswirksamer Aussagen, die selbst schon selektiv sind (vgl. Ruhrmann 1994). Dabei lässt sich unterscheiden, ob die Medien bestimmte Aussagen

1. ignorieren, weglassen bzw. unterdrücken (*totale* Selektion). Dies ist der Fall bei fehlender Berichterstattung mangels journalistischer Erkenntnisse oder Präsenz oder aufgrund technischer Übermittlungsprobleme, vor allem bei offener oder verdeckter Zensur durch Krisenstäbe und Militär. Ähnlich ist es bei Unterlassung von Öffentlichkeitsarbeit im Falle von eingetretenen Schäden oder Katastrophen.
2. Ereignisse und Themen können in der Präsentation hervorgehoben werden (*formale* Selektion). Wir denken an die Rangfolge und visuelle Gestaltung von TV-Nachrichten zur prime time, die Berichterstattung der auflagenstarken Boulevardpresse oder die Präsentation auffälliger PR-Kampagnen.
3. Medien können bestimmte Ereignisse aktualisieren (*inhaltliche* Selektion). Gemeint ist hier vor allem die Interaktion verschiedener Nachrichtenfaktoren in der Katastrophen- und Krisenberichterstattung (vgl. Ruhrmann u.a. 2003). Relevant ist hier auch das Framing einzelner Meldungen (vgl. Norris u.a. 2003); im Bereich von PR geht es um die Attraktivität bestimmter durchsetzungsstarker Issues.
4. Schließlich kommentieren Medien einzelne Aussagen (Selektion durch *Bewertung*). Hierunter fallen nicht nur positive und negative Bewertungen, sondern auch direkte und indirekte Handlungsanweisungen sowie die vielfältigen Möglichkeiten der Bildsprache (vgl. Scheufele 2001). Öffentlichkeitsarbeit und Werbung bieten hier ein reichhaltiges Anschauungsmaterial.

Damit sind Fragen der Folgen von Risikokommunikation bzw. Öffentlichkeitsarbeit, nämlich von Akzeptanz von Ereignissen und Entscheidungen mit ungewissen bzw. schädlichen Folgen angesprochen.

---
3   Siehe dazu grundlegender McLeod u.a. 1999; Fahr 2000; McCombs 2001; Görke/Ruhrmann 2003; Kohring 2004.

3. Akzeptanz

Akzeptanz bezieht sich auf die Annehmbarkeit, die Billigung von riskanten Entscheidungen bzw. Risikokommunikation. Im Prozess der Risikowahrnehmung, -bewertung und -kommunikation ist Akzeptanz als *Resultat* eines selektiven Prozesses der politischen Informationsverarbeitung anzusehen (vgl. Ruhrmann 1996). Akzeptanz ist dabei nicht einfach eine Funktion von Akzeptabilität. Zwischen beiden Größen besteht kein eindimensionaler Zusammenhang. Mit Akzeptanz wird in der Regel eine positive Einstellung gegenüber einzelnen Entscheidungen, Aussagen oder Technologien benannt. *Akzeptabilität* bezeichnet darüber hinaus die kommunizierten und kommunizierbaren Gründe und Umstände der Akzeptanz. Dieser Begriff meint in der Regel die Zumutbarkeit von Risiken aus der Sicht von Entscheidern: Auswirkungen und Folgen einer umstrittenen Entscheidung müssen analysiert *und* bewertet werden. Bei staatlicher und unternehmerischer Krisen- und Störfallkommunikation geschieht dies unter besonderem Zeitdruck (vgl. Ruhrmann/Kohring 1996; Kepplinger/Hartung 1995). Bei der Ermittlung von Akzeptanzpotentialen sind fünf Prognosen über Akzeptanz zu unterscheiden, welche die Verständigung erschweren (vgl. Ruhrmann/Kohring 1996):

1. Zunächst kann man aus dem *gegenwärtigen* Verhalten der Betroffenen nicht generell auf die Akzeptanz in der Zukunft schließen. Bedeutsam ist hierbei gerade auch angesichts von forcierter Öffentlichkeitsarbeit und Werbung die Unterscheidung von *geäußerten* (was sagen die Leute) und *gezeigten* Präferenzen (was akzeptieren die Leute tatsächlich).
2. Die *passive Hinnahme* von Risiken oder von umstrittenen Entscheidungen, über die zudem weder informiert noch in der Öffentlichkeitsarbeit hingewiesen wurde, kann angesichts vollzogener Entscheidungen und Unwissen über die Spätfolgen einer Entscheidung nicht als Akzeptanz gewertet werden.
3. *Fehlender kollektiver Protest*, das Ausbleiben oder der Zusammenbruch sozialer Bewegungen gegen riskante Entscheidungen und Entwicklungen signalisieren ebenfalls nicht zwangsläufig Akzeptanz.
4. (Stillschweigende) Risikoakzeptanz durch *bestimmte Bevölkerungsgruppen*, die möglicherweise durch zielgruppenspezifische PR beeinflusst wurden, lässt keine Rückschlüsse auf die Akzeptanzbereitschaft anderer Gruppen zu.
5. Individuell können sich je nach *Interessen* und *Lebensstilen* sowie aufgrund unterschiedlicher Rollenanforderungen Akzeptabilität und Akzeptanz widersprechen, nicht zuletzt weil PR als Werbung durchschaut wird und dann innerlich abgelehnt wird.

Akzeptanz kann sich langfristig nur auf der Grundlage der Akzeptabilität von Prämissen einstellen. Akzeptanzprobleme sind Auslöser und zugleich eine viel beachtete Folge, ja häufig eine verzögert eintretende Wirkung, medial vermittelter Kommunikation, insbesondere aber von moderner Organisations- und PR-Kommunikation. Fehlende Akzeptanz kann bzw. soll durch effektivere ‚zielorientierte' Kommunikation geschaffen werden. Als Folge dieser Bemühungen, etwa in Gestalt von Kampagnen oder forcierter Public Relations, wird jedoch sehr schnell deutlich, dass die Bedingungen der Möglichkeit von Akzeptanz nicht geklärt worden sind, ja mehr oder weniger bewusst übergangen werden.

4. Perspektiven für Wissenschaft und Kommunikationspraxis

Die Risikoberichterstattung orientiert sich u.a. an Aktualität, Negativität und Konflikthaftigkeit von Ereignissen. Aber auch die Attraktivität und die Glaubwürdigkeit des Angebotes für ein zahlungswilliges Publikum spielt eine entscheidende Rolle. Daraus ergeben sich folgende Perspektiven für die Kommunikationswissenschaft und -praxis.

4.1 Forschungsbedarf

Weiterführende Studien hätten sechs Bereiche theoretisch und empirisch zu analysieren (vgl. Luhmann 1991: 217ff; Ruhrmann 2001: 272ff), insbesondere wenn es um die Frage der Risikoakzeptanz geht:

1. *Sachverhalte*: Kommunikationswissenschaftler sollten die jeweilig behandelten Sachverhalte (Beobachtungsobjekte) aus verschiedenen Sozialsystemen besser in ihrer jeweiligen Eigenlogik verstehen.
2. *Experten*: Zu befragen sind Experten (vgl. Peters 1994; Ruhrmann 1996): in der Öffentlichkeitsarbeit, in Krisenstäben und in Redaktionen. Zu berücksichtigen wäre im Interesse valider Ergebnisse, dass die organisatorischen Bedingungen der Expertenkommunikation explizit zur Sprache kommen.
3. *Kommunikatoren*: Eine weitere Analyseaufgabe betrifft die Kommunikatoren, die Risiken mit ihrer Vorgeschichte zum Thema machen. Zu fragen ist, ob und inwieweit ein innovatives Marketing bestimmte Formen der strategischen PR möglich, ja geradezu erforderlich macht.[4] Wie ist es um die Glaubwürdigkeit und das Vertrauen bestellt (vgl. Kohring 2004). Hier könnte sichtbar werden, wie auch bestimmte Haltungen, Bereitschaften und Gefühle aktualisiert bzw. dramatisiert werden.
4. *Journalisten*: Hier geht es um die Analyse ökonomischer, technischer und sozialer Rahmenbedingungen, unter denen (freie) Journalisten und Redaktionen arbeiten. Klassisch und nach wie vor notwendig sind Analysen über die Nachrichtenfaktoren der Krisen, Risikoberichterstattung (vgl. Fahr 2000) sowie über die sie beeinflussenden (Nachrichten-)Frames.[5] Derartige Erkenntnisse lassen weiterführende Aussagen zur Aktualität von Risikokommunikation zu.

---

4   Siehe dazu statt anderer für die Marketing- und PR-Forschung Cutlip/Center/Broom 1994 sowie Böcker/Helm 2003.
5   Siehe dazu grundlegender McLeod/Detenber 1999; Scheufele 1999a; Kohring/Matthes 2002; Reese u.a. 2002 sowie Ruhrmann u.a. 2003.

5. *Medien/Inhalte*: Durchzuführen sind vor allem längerfristig angelegte verbale und visuelle Inhalts- und Themenanalysen der Darstellung und visuellen Präsentation von Risiken, nicht nur in Nachrichten und Magazinen, sondern vor allem auch in der Unternehmenskommunikation, in der Öffentlichkeitsarbeit (Issues Management), im Internet sowie in Spielfilmen.
6. *Rezipienten*: Zu erfassen sind kognitive *und* emotionale Rezeptionsmodalitäten (vgl. Suckfüll 2003) und -schemata des Publikums und seiner Teilgruppen (vgl. Ruhrmann/Woelke 1998; Ruhrmann u.a. 2003). Diese Analysen geben auch Aufschluss darüber, wie unter Bedingungen konkurrierender attraktiver Medienangebote Aussagen staatlicher und unternehmerischer Öffentlichkeitsarbeit mit Erfahrungen und Erwartungen in Bezug auf Unsicherheit verknüpft werden. In Form von Panels sind die Konsumstile und Verhaltensstile der Rezipienten zu erheben. Diese rekrutieren sich nicht nur aus unmittelbar Betroffenen und Bedrohten von Risiken und Katastrophen. Es geht auch um gesellschaftliche Gruppen, die der Öffentlichkeitsarbeit aus diversen, hier nicht zu diskutierenden, Gründen erkennbar kritisch und skeptisch gegenüber stehen. Ergebnisse derartiger Analysen erlauben eine zielgruppenspezifische Ausformulierung kommunikationspolitischer Strategien von organisierter PR, die auf mehr Akzeptanz stoßen könnten.

Die Analyse des Zusammenspiels dieser sechs Ebenen kann zu neuen und validen Erkenntnissen führen, insbesondere, wenn ein vernetztes Forschungskonzept vorliegt, das relevante Themenbereiche in international und interkulturell vergleichender Perspektive erfasst.

4.2 Kommunikationspraxis

Aufgrund von Analysen und Erfahrungen lassen sich Perspektiven für die Kommunikations- und Medienpraxis[6] erkennen:

1. Die *wirtschaftliche und strategische Bedeutung von Öffentlichkeitsarbeit und Risikokommunikation wird* aktueller, weil insbesondere in Europa ökonomische und kulturelle Grundlagen von sozialstaatlichen Demokratien und ihrer weiteren Entwicklung auf dem Spiel stehen (vgl. Wolfsfeld 2003).
2. Die *Medienkompetenz der Verbände* wird ausgebaut und im Rahmen von Konzepten zur strategischen Öffentlichkeitsarbeit gefördert (vgl. Röttger 1997, 2001). Zunehmend geht es um Fähigkeiten und Möglichkeiten, technische, ökonomische und kulturelle Medienentwicklungen zu erkennen, zu bewerten und eigenständige Handlungskonsequenzen zu ziehen.
3. Eine *Personalpolitik in Ministerien, Stäben und in Redaktionen* sorgt dafür, dass qualifizierte Experten als strategisch orientierte Kommunikatoren wirken können. Es geht auch um die Schaffung und qualifizierte Besetzung von Positionen

---

6 Siehe dazu aus unterschiedlichen Perspektiven statt anderer: Ruhrmann/Kohring 1996; Röttger 2001; Antrecht/McKinsey 2002.

in ministeriellen Organisationen, in denen Topqualifikationen, Fähig- und Fertigkeiten der strategischen Kommunikation erforderlich sind.[7]
4. *Positive Identifikationsmöglichkeiten* werden gefördert. Berichte über gelungene PR-Kampagnen erfolgreiche Risiko- und Krisenbewältigung verbessern die Motivationen der Bevölkerung und beseitigen die Furcht des Publikums vor neuen Risiken, Katastrophen und terroristischen Anschlägen. Öffentlichkeitsarbeit verfügt über vielfältige Möglichkeiten, solche Identifikationen zu stärken.
5. Vor allem müssen Staat und Unternehmen ihre *Handlungsfähigkeit* bei der Krisenkommunikation zurückgewinnen bzw. erweitern und diese nicht – was verfassungsrechtlich problematisch sein kann – ausschließlich den Massenmedien überlassen. Denn es sind zunehmend die Medien, die durch ihr Agenda-Setting und -Building der Politik im wahrsten Sinne des Wortes vorschreiben, was zur Erhaltung und Gewinnung von Macht und Einfluss wann und wie zu entscheiden oder zu vertagen ist.
6. *Zielgruppenspezifische Informations- und Programmangebote* sind auszubauen. Dazu sollten Administration und Medien, Politiker und Journalisten zu neuen und neuartigen Kommunikationsformen kommen, die angesichts globaler Bedrohungen durch den internationalen Terrorismus auf einen intelligenten, interkulturell validen und langfristig tragfähigen Konsens setzen.

Diese Empfehlungen bedürfen der intensiven Diskussion, gerade weil auch Fragen nach unbeabsichtigten Nebenfolgen von Risikokommunikation aufgeworfen werden (vgl. Otway/Wynne 1993). Selbstverständlich sollte es auch sein, praktische Verbesserungen und Neukonzeptionen von Öffentlichkeitsarbeit und Risikokommunikation zum Gegenstand weiterer Forschungen und behutsamer Empfehlungen zu machen.

5. Fazit

Risikokommunikation steht im Schnittfeld zwischen strategisch orientierten Zielen und organisatorischen Rahmenbedingungen von Öffentlichkeitsarbeit über Entscheidungen unter Unsicherheit. Innerhalb von Organisationen geht es dabei um die geplante Entdeckung, Analyse und Bewertung von unvorhersehbaren und möglicherweise schädlichen Ereignissen und Problemen, die von den Medien thematisiert und zumeist negativ bewertet werden. Durch eine sich entwickelnde Dynamik im Prozess der öffentlichen Meinung können Imageprobleme und Vertrauensprobleme auftauchen. Risikokommunikation innerhalb von Organisationen versucht dabei, riskante Krisen- und Konfliktlagen kontinuierlich zu beobachten, zu analysieren und zu behandeln bzw. mit Blick auf die Medien proaktiv Fragen und Themen in einer Weise zu formulieren, dass sie von der Öffentlichkeit als plausibel und akzeptabel wahrgenommen werden können. Dazu ist es notwendig, den jeweils betroffenen Adressatenkreis, die passende Zielgruppe, auch zuverlässig zu erreichen und darauf abgestimmt aktuelle Issues zu kreieren und öffentlichkeitswirksam durchzusetzen.

---

7 Zu Anforderungen einer qualifizierten kommunikationswissenschaftlichen Bildung an Universitäten vgl. Bentele/Szyszka 1995; Ruhrmann u.a. 2000.

Medien greifen diese Kommunikationsangebote auf und aktualisieren sie in ihrer Berichterstattung über Risiken. Dabei vermischen sich die Beobachtungsebenen: Die Analyse und (journalistische) Bewertung von Ereignissen als Risiken ist nicht mehr unterscheidbar von ihrer journalistischen Beschreibung und Kommentierung sowie von der Konstruktion konfliktreicher Risikofolgen als neuem politisch, wirtschaftlich oder kulturell relevantem Ereignis. Das bedeutet: Folgen von riskanten Ereignissen bzw. Entscheidungen und Folgen von entsprechender Risikokommunikation sind für den Rezipienten quasi dasselbe. Rezipienten können nur von der Berichterstattung auf mögliche Risiken schließen. Ihre jeweiligen Schlussfolgerungen können dazu führen, dass Organisationen, ihre Produkte und ihre Kommunikation nicht mehr akzeptiert werden. Risikokommunikation kann dann selbst riskant sein. Staat, Firmen und Verbände indes verfügen mittlerweile über genügend Ressourcen und Routineprogramme (vgl. Luhmann 2000: 393), um diese Kommunikation als organisierte Kommunikation begreifen und bewältigen zu können. Und die Kommunikationswissenschaft sowie Journalistik und anspruchsvolle PR-Forschung können diesen Sachverhalt als Ansporn begreifen, sich mit dem Entscheidungsbezug von Kommunikation auch auf der Ebene der „Sicherung kollektiver Handlungsfähigkeit korporativer Akteure" (Schimank 2002: 35) theoretisch und empirisch auseinander zu setzen.

Literatur

Antrecht, Rolf/McKinsey and Company (2002): Risiko. Hamburg: brand eins Wissen GmbH & Co KG.
Bentele, Günter/Szyszka, Peter (Hrsg.) (1995): PR-Ausbildung in Deutschland. Entwicklung, Bestandsaufnahme und Perspektiven. Opladen: Westdeutscher Verlag.
Böcker, Franz/Helm, Roland ^{7}(2003): Marketing. Stuttgart: Lucius und Lucius.
Cutlip, Scott./Center, Allen H./Broom, Glen M. ^{7}(1994): Effective Public Relations. Englewood Cliffs, N. J.: Prentice Hall.
Dunwoody, Sharon/Peters, Hans-Peter (1993): Massenmedien und Risikowahrnehmung. In: Bayerische Rück (Hrsg.): Risiko ist ein Konstrukt. München: Bayerische Rück, S. 317-342.
Esser, Hartmut (1999): Soziologie. Spezielle Grundlagen. Band 1: Situationslogik und Handeln. Frankfurt a. M.: Campus.
Fahr, Andreas (2000): Katastrophale Nachrichten. Diss. 305 gez. Seiten: München.
Görke, Alexander/Ruhrmann, Georg (2003): Public Communication between Facts and Fictions. In: Public Understanding of Science, 12. Jg., Nr. 3, S. 229-255.
Hug, Detlef Matthias (1997): Konflikte und Öffentlichkeit. Zur Rolle des Journalismus in sozialen Konflikten. Opladen: Westdeutscher Verlag.
Kepplinger, Hans-Mathias/Hartung, Uwe (1995): Störfall-Fieber. Wie ein Unfall zum Schlüsselereignis einer Unfallserie wird. Freiburg, München: Alber.
Kohring, Matthias (2004): Vertrauen in Journalismus. Theorie und Empirie. Konstanz: UVK.
Kohring, Matthias/Matthes, Jörg (2002): The face(t)s of biotech in the nineties: how the German press framed modern biotechnology. In: Public Understanding of Science 11, S. 143-154.
Luhmann, Niklas (1991): Soziologie des Risikos. Berlin, New York: De Gruyter.
Luhmann, Niklas (2000): Organisation und Entscheidung. Opladen: Westdeutscher Verlag.
McLeod, Douglas. M./Detenber, Benjamin (1999): Framing Effects of Television News Covering of Social Protest. In: Journal of Communication, 49. Jg., Nr.3, S. 3-23.
McCombs, Maxwell (2001): Setting the Agenda. The News Media and Public Opinion. Malden, MA: Polity Press.
Norris, Pippa/Kern, Montague/Just, Marion (Hrsg.) (2003): Framing Terrorism. The News, Government and the Public. New York: Routledge.

Otway, Harry/Wynne, Brian (1993): Risiko-Kommunikation: Paradigma und Paradox. In: Krohn, Wolfgang/Krücken, Georg (Hrsg.): Riskante Technologien. Frankfurt a. M.: Suhrkamp, S. 101-112.

Peters, Hans-Peter (1994): Wissenschaftliche Experten in der öffentlichen Kommunikation über Technik, Umwelt und Risiken. In: Sonderheft der Kölner Zeitschrift für Soziologie und Sozialpsychologie 34, S. 162-190.

Reese, Stephen/Gandy (Jr), Oscar H./Grant, August E. (Hrsg.) (2001): Framing public life. Perspectives on Media and our understanding of the social world. Mahwah, N. J., London: Erlbaum.

Röttger, Ulrike (Hrsg.) (1997): PR-Kampagnen. Über die Inszenierung von Öffentlichkeit. Opladen: Westdeutscher Verlag.

Röttger, Ulrike (Hrsg.) (2001): Issues Management. Theoretische Konzepte und praktische Umsetzung. Opladen: Westdeutscher Verlag.

Ruhrmann, Georg (1992): Genetic engineering in the press: a review of research and results of a content analysis. In: Durant, John (Hrsg.): Biotechnology in public. London: Science Museum, S. 169-201.

Ruhrmann, Georg (1994): Öffentliche Meinung. In: Dammann, Klaus/Grunow, Dieter/Japp, Klaus (Hrsg.): Die Verwaltung des politischen Systems. Neuere systemtheoretische Zugriffe auf ein altes Thema. Opladen: Westdeutscher Verlag, S. 40-52.

Ruhrmann, Georg (1996): Gefahren – Versäumnisse? Risikokommunikation zwischen Experten und Laien In: Universitas, 51. Jg., Nr. 604, S. 955-968.

Ruhrmann, Georg (1998): Media and 'the distortion of reality' in the public understanding of science. In: Dierkes, Meinolf/Grothe, Claudia von (Hrsg.): Public Understanding of Science. Berlin: WZB Berlin, S. 57-69.

Ruhrmann, Georg (2001): „Medienrisiken". Medialer Risikodiskurs und Nachhaltigkeitsdebatte. In: Zeitschrift für Umweltpolitik und Umweltrecht, 24. Jg., S. 263-284.

Ruhrmann, Georg/Kohring, Matthias (1996): Staatliche Risikokommunikation bei Katastrophen. Informationspolitik und Akzeptanz. Bonn: Bundesamt für Zivilschutz.

Ruhrmann, Georg/Kohring, Matthias/Görke, Alexander/Maier, Michaela/Woelke, Jens (2000): Im Osten was Neues? Zur Standortbestimmung der Kommunikations- und Medienwissenschaft. In: Publizistik 45. Jg., Nr.1, S. 283-309.

Ruhrmann, Georg/Woelke, Jens (1998): Rezeption von Fernsehnachrichten im Wandel. In: Kamps, Klaus/Meckel, Miriam (Hrsg.): Fernsehnachrichten. Opladen: Westdeutscher Verlag, S. 103-110.

Ruhrmann, Georg/Woelke, Jens/Maier, Michaela/Diehlmann, Nicole (2003): Der Wert von Nachrichten im deutschen Fernsehen. Ein Modell zur Validierung von Nachrichtenfaktoren. Opladen: Leske und Budrich.

Scheufele, Bertram (1999): Framing as a Theory of Media Effects. In: Journal of Communication, 49. Jg., Nr. 1, S. 103-122.

Scheufele, Bertram (2001): Visuelles Medien-Framing und Framing-Effekte. In: Knieper, Thomas/Müller, Marion. G. (Hrsg.) (2001): Kommunikation visuell. Das Bild als Forschungsgegenstand. Köln: Haag und Herchem, S. 144-158.

Schimank, Uwe (2002): Organisationen: Akteurskonstellationen – korporative Akteure - Sozialsysteme. In: Allmendinger, Jutta/Hinz, Thomas (Hrsg.): Organisationssoziologie. Opladen: Westdeutscher Verlag, S. 29-54 (= Kölner Zeitschrift für Soziologie und Sozialpsychologie Sonderheft 42/2002).

Schulz, Jürgen (2001): Issues Management im Rahmen der Risiko- und Krisenkommunikation. Anspruch und Wirklichkeit in Unternehmen. In: Röttger, Ulrike (Hrsg.): Issues Management. Theoretische Konzepte und praktische Umsetzung. Opladen: Westdeutscher Verlag, S. 217-234.

Suckfüll, Monika (2004): Rezeptionsmodalitäten. Ein integratives Konstrukt für die Medienwirkungsforschung. München: Fischer.

Wolfsfeld, Gadi (2003): Media and the path to peace. Cambridge (U.K.): Cambridge University Press.

Steuerung und Wertschöpfung von Kommunikation

Ansgar Zerfaß

Die Bedeutung der Kommunikation als strategischer Erfolgsfaktor in Unternehmen, Non-Profit-Organisationen und anderen Institutionen nimmt weiter zu. Dies belegen zahlreiche empirische Studien bei Entscheidern (Booz 2004; Rolke 2003) ebenso wie die vergleichsweise gute Auftragslage, die PR-Dienstleister auch in Zeiten der Wirtschaftskrise verzeichnen können. Doch weiterhin besteht in Wissenschaft und Praxis ein großes Defizit, wenn es darum geht, den Beitrag der Kommunikation zur Profitabilität und zur Wertsteigerung von Organisationen konkret darzustellen. Das ist jedoch zwingend notwendig: Nur wer nachweisen kann, wie und in welchem Umfang Kommunikation zum ökonomischen Erfolg und zur gesellschaftlichen Akzeptanz beitragen, kann sich dauerhaft im Wettstreit um Ressourcen und Kompetenzen behaupten. Hier setzt die Debatte um neue Methoden der Steuerung und Evaluation an, die im Sinne eines umfassenden *Kommunikations-Controlling* weit über die traditionellen Ansätze der PR-Konzeption und -Kontrolle hinausgehen und insbesondere auf die *Wertschöpfung* fokussieren. Die drängenden Fragen der Praxis haben dazu geführt, dass dieses Thema europaweit in Branchenverbänden diskutiert (Pfannenberg/Zerfaß 2004 und 2005; IPR 2004; SPRA 1996) und interdisziplinär untersucht wird (Zerfaß 2005; Piwinger/Porák 2005).

1. Kommunikation als doppelte Quelle des Vermögensaufbaus

In professionelle Kommunikation, entsprechende Strukturen, Mitarbeiter und Aktivitäten wird heute in großem Umfang investiert. Dahinter steht die Einsicht, dass die Unternehmens- bzw. Organisationskommunikation eine doppelte Quelle des Vermögensaufbaus ist: Einerseits tragen Public Relations, Marktkommunikation und interne Kommunikation unterstützend und damit *indirekt* zur Wertschöpfung bei. Durch Motivation der Mitarbeiter, produkt- und leistungsbegleitende Kampagnen usw. wird die Aufgabenerfüllung gefördert – sei es die Gewinnerzielung in Unternehmen oder auch die Verwirklichung bestimmter gesellschaftlicher Ziele in Non-Profit-Organisationen. Gleichzeitig werden die notwendigen Handlungsspielräume gesichert, beispielsweise durch Lobbyismus und Krisenkommunikation.

Andererseits wird immer deutlicher, dass das Kommunikationshandeln auch *direkt* Werte schaffen kann. Dies ist dann der Fall, wenn qua Kommunikation nachhaltige Reputation, Marken, innovationsfördernde Organisationskulturen und anderes immaterielles Vermögen aufgebaut und weiterentwickelt werden. Diese in der herkömmlichen Rechnungslegung nicht erfassten ‚Intangibles' können nicht ohne weiteres imitiert werden. Dies macht sie zur Grundlage nachhaltiger Wettbewerbsvorteile (Kaplan/Norton 2004).

2. Das Ende des Dornröschenschlafs

Die Kommunikation rückt damit vom äußeren Rand direkt in den Mittelpunkt der Strategiediskussion. Ihr jahrzehntelanger Dornröschenschlaf ist ein für allemal beendet. Allerdings: Das Erwachen ist keineswegs so sanft, wie es viele PR-Verantwortliche gerne gehabt hätten. Denn mit dem Bedeutungszuwachs geht auch eine *steigende Rechenschaftspflicht der Unternehmens- und Organisationskommunikation* einher. Eine professionelle Steuerung aller Kommunikationsaktivitäten ist ebenso notwendig wie der jederzeitige Nachweis, wie und in welchem Ausmaß die Kommunikation zur Zielerreichung der Gesamtorganisation beiträgt (Wertschöpfung). Die Anforderungen gehen dabei deutlich über die etablierten Methoden der PR-Konzeption (Schmidbauer/Knödler-Bunte 2004; Behrent 2005) und die funktionsspezifischen Ansätze zur operativen Wirkungskontrolle von Kommunikationsmaßnahmen (Merten 2004; Besson 2003; Mast 2002: 134ff; DPRG 2000) hinaus. Gefragt sind vielmehr *kennzahlengestützte Steuerungs- und Kontrollsysteme,* die sich an weit verbreiteten, allgemeinen Managementkonzepten wie dem Value Based Management und der Balanced Scorecard orientieren.[1] Die wachsende Bedeutung von Kennzahlen ist Ausfluss einer weitreichenden gesellschaftlichen Entwicklung. Wir leben heute in einer „Audit Society" (Power 1997) mit neuen Steuerungsformen, die durch ein System dezentraler Kontrollketten und auditierter Kontrollprozesse gekennzeichnet sind (vgl. vertiefend Zerfaß 2005). Dies gilt für Unternehmen ebenso wie für Verwaltungen und gemeinnützige Einrichtungen – überall müssen Ziele offen gelegt, Prozesse optimiert und Handlungen messbar gemacht werden.

Der Bedeutungszuwachs der Kommunikation und die zunehmende Rechenschaftspflicht sind untrennbar miteinander verbunden. Wer auf der Führungsebene mitspielen will und höhere Budgets beansprucht, muss standardisierte Erfolgsnachweise liefern. Wer sich dagegen der vorherrschenden Steuerungslogik entzieht, schwächt den Stellenwert der Kommunikation. Dennoch fürchten in der *Kommunikationspraxis* viele den Einfluss von Controllingabteilungen, die die besonderen Spielregeln der öffentlichen Meinungsbildung und der Medienwelt nicht kennen und untaugliche Erfolgskennzahlen einfordern. Vorbehalte gibt es insbesondere gegen die Fokussierung auf Prozesse und deren Normierung. Denn die meisten Praktiker sind vor dem Hintergrund ihrer zumeist journalistischen oder geisteswissenschaftlichen Ausbildung erfolgreiche Spezialisten für Inhalte, nicht für Abläufe. Das ‚kreative Chaos' gilt daher bis heute in vielen Kommunikationsabteilungen und -agenturen als identitätsstiftendes Merkmal, mit dem man sich zugleich gegenüber dem ungeliebten Rationalitätsdenken gelernter Ingenieure und Betriebswirte abschottet.

Zugleich befasst sich die *PR-Forschung* bislang vorwiegend mit der Wirkungskontrolle; d. h. es wird ex post analysiert, welche Wirkungen operative Kommunikationsmaßnahmen bei den avisierten Bezugsgruppen entfalten. Hierzu dienen eine Vielzahl empirischer Methoden, beispielsweise die quantitative Medienbeobachtung (Clippings), die inhaltliche Auswertung der Berichterstattung (Medienresonanzana-

---

1 Solche Managementsysteme sind heute in Unternehmen und Non-Profit-Organisationen weit verbreitet; vgl. Horváth & Partners 2004, Scherer/Alt 2002. Zu weiteren Treibern des Themas „Wertschöpfung durch Kommunikation" vgl. Pfannenberg/Zerfaß 2004, S. 2ff.

lyse) und die Erhebung von Vorstellungsbildern (Imageprofile). Diese Methoden wirken wiederum identitätsstiftend; sie definieren den Kern der Evaluationsforschung in der PR und grenzen sie von anderen wissenschaftlichen Domänen ab.

Wie lässt sich dieses Dilemma zwischen dem Status quo und den zukunftsgerichteten Anforderungen an die Steuerung und Wertschöpfung von Kommunikation überwinden? Die Antwort liegt auf der Hand: Theorie und Praxis des Kommunikationsmanagements müssen ihre identitätsstiftende Fokussierung auf die operative Wirkungskontrolle bzw. auf Inhalte und Kreativität aufgeben. Kommunikationsverantwortliche müssen stärker als bisher in Prozessen denken und sich das dazu notwendige Management-Know-how aneignen. Notwendig ist ein umfassendes Verständnis des Kommunikations-Controlling, das im Dialog zwischen PR-Forschung und Controllingforschung (im Sinne einer Lehre von den Methoden der Steuerung und Kontrolle) zu entwickeln ist.

3. Kommunikations-Controlling als Prozesssteuerungsfunktion

Das Kommunikations-Controlling wird vorrangig im Kontext der Unternehmenskommunikation (Zerfaß 2004b) diskutiert, weil Fragen der Wertschöpfung in der Wirtschaft naturgemäß ein zentrales Thema sind. Grundsätzlich gilt die nachfolgend zu entfaltende Begrifflichkeit und Argumentation jedoch für alle Anwendungsfelder der Organisationskommunikation (Szyszka 2005). In wissenschaftstheoretischer Hinsicht orientieren wir uns an der Strukturationstheorie und dem methodischen Konstruktivismus (Giddens 1984; Zerfaß 2004b; Jarren/Röttger 2004), um auf diese Weise die Aporien und unfruchtbaren Auseinandersetzungen zwischen System- und Handlungstheorien in der PR-Forschung zu überwinden.

3.1 Dimensionen der Wertschöpfung

Unternehmens- bzw. Organisationskommunikation muss von den konstitutiven Aufgaben der jeweiligen Organisation und den zu deren Erfüllung notwendigen, zentralen Managementaufgaben her definiert werden.[2] Der zentrale Bezugspunkt ist dabei stets die *Strategie* (vgl. Abb. 1). Sie bestimmt die spezifische Positionierung in Markt und Gesellschaft.

Im Hinblick auf die *Wettbewerbsstrategie* geht es darum, welche Leistungen für wen produziert bzw. angeboten werden (Produkt-Markt-Konzept), wie der Wettbewerb in den damit definierten Geschäftsfeldern bestritten wird, und auf welche längerfristigen Erfolgsgrundlagen bzw. Kernkompetenzen man sich dabei stützt (Steinmann/Schreyögg 2000: 153ff). Dieser Aspekt steht bei Unternehmen, deren konstitutive Aufgabe die Gewinnerzielung ist, im Vordergrund. Aber auch alle anderen Organisationen müssen definieren, welche konkreten Leistungen sie anbieten (z. B. soziale Dienste, ökologische Interessenvertretung, Sport und Freizeitgestaltung), mit

---

[2] Vgl. zur Systematisierung von Unternehmen und anderen Organisationstypen im Kontext der Kommunikationspolitik insbes. Zerfaß 2004b, S. 236ff., sowie Herger 2004, S. 145ff.

welchen Alternativangeboten sie dabei konkurrieren und wie sie die dafür notwendigen Einnahmen generieren. Der Unterschied besteht insbesondere darin, dass Unternehmen aus Sicht der Anteilseigner bzw. Kapitalgeber im Allgemeinen eine definierte Mindestrendite erwirtschaften müssen, während bei Non-Profit-Organisationen nichtökonomische Ziele im Vordergrund stehen und daher die Sicherstellung der jederzeitigen Liquidität ausreichend ist.

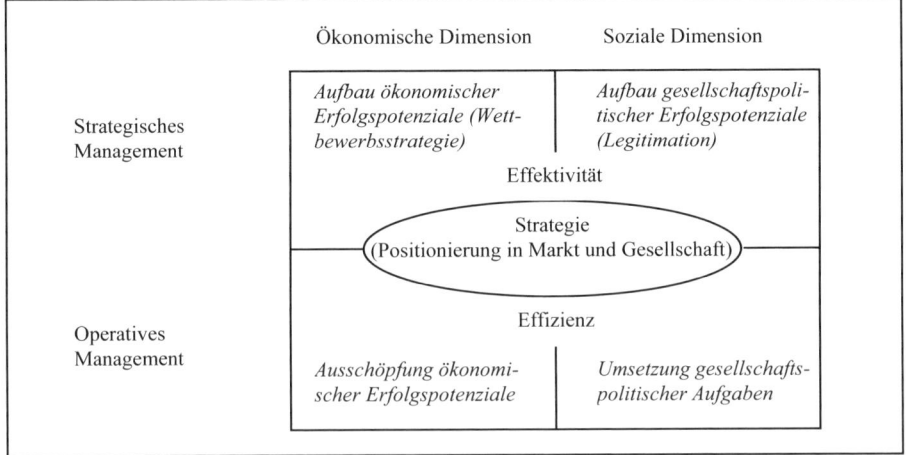

Abb. 1: Dimensionen der Wertschöpfung in modernen Gesellschaften

Über diese wettbewerbspolitische Positionierung hinaus muss jedes Unternehmen und jede Organisation aber auch eine klare *gesellschaftspolitische Strategie* verfolgen. Dieser Aspekt tritt bei Non-Profit-Organisationen und Institutionen in öffentlicher Trägerschaft besonders deutlich zu Tage. Sie verfolgen in der Regel bestimmte inhaltliche Ziele, mit denen gesellschaftliche Bedürfnisse aufgegriffen oder auch Probleme thematisiert und gelöst werden. Der Erfolg der Organisation hängt wesentlich davon ab, dass diese Ziele von möglichst vielen als legitim angesehen werden und somit politische und finanzielle Unterstützung für die eigene Arbeit gefunden wird. Die Geschichte vieler Großorganisationen (Bundesagentur für Arbeit, Greenpeace, Vertriebenenverbände) zeigt, dass ein Legitimationsverlust die Erreichung der Organisationsziele massiv behindern kann. Dies gilt auch für Unternehmen. Sie müssen ebenfalls so agieren, dass die Verfolgung von Marktzielen nicht gegen rechtliche oder moralische Normen verstößt. Denn die unabdingbare Freiheit im Wettbewerb führt immer wieder dazu, dass Konfliktlagen entstehen, die sich nicht ordnungspolitisch vorregeln lassen. Von allen Mitgliedern moderner Gesellschaften wird heute erwartet, dass sie solche Konflikte so weit wie möglich dezentral lösen.

Das wird unter den Stichworten Gesellschaftliche Verantwortung der Unternehmensführung, Unternehmensethik und Corporate Citizenship in der Praxis seit langem erkannt und befolgt.

Insofern zeichnen sich ganz systematisch *zwei Dimensionen der Wertschöpfung* ab: der Aufbau sowie die Ausschöpfung ökonomischer und sozialer Erfolgspotenziale. Wenn diese doppelte Aufgabenstellung nicht erfüllt wird, droht Unternehmen ebenso wie anderen Organisationen einerseits der ökonomische Niedergang, andererseits der (schleichende) Entzug der ‚licence to operate' durch öffentliche Kritik, nachhaltigen Glaubwürdigkeitsverlust, gesetzliche Auflagen oder – bei Non-Profit-Organisationen und öffentlichen Institutionen – durch den Entzug politischer Unterstützung. Die praktische Unterscheidung der beiden Dimensionen der Wertschöpfung kann theoretisch nachvollzogen werden, wenn man sich vor Augen führt, dass Unternehmen und andere Organisationen keine natürlichen Gebilde sind, sondern soziale Einheiten, deren Eigenschaften und Handlungsspielräume durch kulturell tradierte Strukturmuster bestimmt werden. Diese Strukturen begegnen uns in Form rechtlicher Regelungen der Wirtschafts- und Unternehmensordnung, aber auch in gesellschaftlichen Wertesystemen (z. B. Moralvorstellungen), die eine ähnlich große Verbindlichkeit entfalten können. Sie sind Ausdruck und Bezugspunkt einer gemeinsamen Praxis, die nicht immer formal kodifiziert wird (Wittgenstein 1993). Strukturen werden im strategischen Handeln gleichzeitig reproduziert – weil man sich immer wieder an ihnen orientiert – und verändert, weil sie bewusst oder eher unbeabsichtigt neu definiert werden können (Giddens 1984). Das Management muss sich also einerseits an bewährten Richtlinien und Normen (z. B. Führungsgrundsätzen und Geschäftssitten) orientieren, andererseits aber auch immer wieder darüber nachdenken, wie sich diese Strukturen durch innovative Vorgehensweisen (z.B. neue Organisationsformen und -kulturen) aufbrechen lassen.

3.2 Herausforderungen für das strategische und operative Management

Um ökonomische und soziale Werte zu schaffen, sind die Verantwortlichen – wie in Abb. 1 dargestellt – zweifach gefordert (Steinmann/Schreyögg 2000: 259ff):

In *strategischer Perspektive* geht es um die Schaffung und Erhaltung von Erfolgspotenzialen, die für die Umsetzung einer Vision und Strategie ausschlaggebend sind. Dies können Personalressourcen, Produktionsverfahren, Patente und Imagefaktoren, im Hinblick auf die notwendige gesellschaftliche Legitimation aber auch Glaubwürdigkeitspotenziale und die Herbeiführung gesetzlicher Regelungen sein, die die Tätigkeit der jeweiligen Organisation befördern. Die entsprechenden Entscheidungen befassen sich mit der Frage, welche Ziele sinnvollerweise anzustreben sind. Ihr Maßstab ist die Effektivität verschiedener Zielsetzungen und Teilpolitiken („Are we doing the right things?").

In *operativer Perspektive* geht es um die optimale Ausschöpfung strategischer Erfolgspotenziale. Der ökonomische Zielhorizont wird auf dieser Ebene um die Kriterien der jederzeitigen Liquidität und – bei Unternehmen – um die Rentabilität (den Bilanzerfolg) erweitert. Operative Entscheidungen befassen sich mit der Wahl geeigneter Mittel für gegebene Ziele. Als Messlatte dient hierbei die Effizienz alternativer Vorgehensweisen, d. h. die Frage, ob bestimmte Vorgehensweisen rationell bzw. kostengünstig sind („Are we doing things right?"). Dies gilt nicht nur mit Blick auf den Wettbewerb, sondern auch im Hinblick auf die Umsetzung gesellschaftspolitischer Aufgaben. Hierbei müssen knappe Ressourcen – seien es Finanzmittel oder das ehrenamtliche Engagement in Non-Profit-Organisationen – ebenfalls möglichst effizient eingesetzt werden.

Die Grenzziehung zwischen strategischen und operativen Fragestellungen hat – das ist bedeutsam – grundsätzlich nichts mit der Kurz- oder Langfristigkeit oder der ‚Wichtigkeit' von Entscheidungen zu tun. Sie lässt sich deshalb nur im Einzelfall konkretisieren. Beide Aspekte müssen sich ergänzen: Jedes Unternehmen und jede Organisation kann nur dann überleben, wenn die notwendigen Erfolgspotenziale sowohl ausgenutzt als auch laufend weiterentwickelt werden – dies betrifft auch die Gestaltung und Durchführung der Kommunikationspolitik.

3.3 Kommunikationsmanagement und Unternehmens-/Organisationskommunikation

Als *Kommunikationsmanagement* bezeichnet man den Prozess der Planung, Organisation und Kontrolle von Kommunikationsaktivitäten, also von symbolischen Handlungen, die eine Verständigung und darauf aufbauend eine zweckorientierte Beeinflussung bestimmter Rezipienten zum Ziel haben (vgl. zum Kommunikationsbegriff Zerfaß 2004b: 144ff) (vgl. Abb. 2).

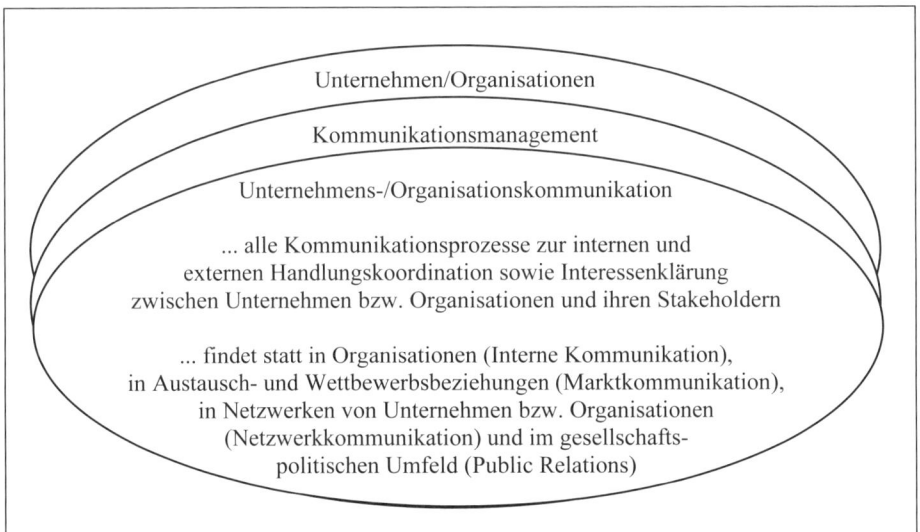

Abb. 2: Unternehmens- und Organisationskommunikation

Der Gegenstand und Ausfluss dieser Bemühungen ist die *Unternehmens- bzw. Organisationskommunikation*. Sie umfasst alle Kommunikationsprozesse zur internen und externen Handlungskoordination sowie Interessenklärung zwischen Unternehmen bzw. Organisationen und ihren Bezugsgruppen (Stakeholdern). In der PR-Forschung finden sich zahlreiche Beschreibungen des Kommunikationsmanagements und seiner idealtypischen Phasen (Cutlip et al. 2000: 341ff; Schulz 2002: 533ff; Mast 2002: 103ff; Bruhn 2003: 140ff; Zerfaß 2004b: 320ff). Sie weisen darauf hin, dass zunächst eine Situationsanalyse (Bezugsgruppen/Stakeholder, Themen/Issues, Images/Meinungen, eigene Potenziale) erfolgen soll, darauf aufbauend dann Kommunikationsstrategien, Programme/Kampagnen und Einzelmaßnahmen zu planen und umzusetzen, sowie die Ergebnisse zu kontrollieren sind. Darüber hinaus ist eine begleitende Prozesskontrolle vorzusehen, um erfolgskritische Meilensteine im Auge zu behalten und unvorgesehene Änderungen aufzufangen (Zerfaß 2004b: 319ff).

Jenseits dieser Prozessmodelle blieb jedoch lange unklar, wie der in der Praxis so wichtig gewordenen Begriff des Kommunikations-Controllings konzeptionell gefasst werden kann. Um ein interdisziplinär anschlussfähiges Verständnis herzustellen, sollte man sich an der Managementforschung und dem dort dargelegten Verhältnis von Controlling, Managementprozess und Leistungserstellungsprozess orientieren. In Analogie dazu kann das Zusammenspiel von Kommunikations-Controlling, Kommunikationsmanagement und Unternehmenskommunikation erklärt werden.

3.4 Kommunikations-Controlling als Funktion und Institution

Der Controlling-Begriff (Weber 2004; Horváth 2003) ist in den letzten Jahren immer populärer geworden. Er wurde dabei so nachhaltig erweitert, dass viele ihn inzwischen als Synonym für sämtliche Aufgaben des Managements verwenden. Andererseits ist insbesondere in der PR-Literatur immer wieder festzustellen, dass das angelsächsische ‚Controlling' schlicht mit der Managementfunktion ‚Kontrolle' gleichgesetzt wird. Beide Interpretationen helfen ersichtlich nicht weiter, da damit nur andere Worte für bereits bekannte Sachverhalte eingeführt werden. Zusätzliche Verwirrung entsteht dadurch, dass die Funktion des Controllings häufig nicht von der Institution des Controllers bzw. der Controllingabteilung getrennt wird.

Die Managementforschung schlägt deshalb präzisierend vor, das *Controlling als Prozesssteuerungsfunktion* zu verstehen, d. h. als (Meta-) Steuerungsaufgabe, „bei der es um die Steuerung des (arbeitsteiligen) Managementprozesses geht" (Scherer 2002: 8; vgl. auch Steinmann/Scherer 1996). Der Managementprozess umfasst die Funktionen Planung, Organisation, Personaleinsatz, Mitarbeiterführung und Kontrolle und dient der Steuerung der eigentlichen Leistungserstellung im Rahmen von Beschaffung, Produktion/Dienstleistung, Vertrieb und Service (Steimann/Schreyögg 2000: 5ff). Die Notwendigkeit, die Steuerung des Managementprozesses selbst nochmals zu thematisieren und im Rahmen der Controlling-Funktion zu optimieren, erwächst aus der zunehmenden Komplexität von Unternehmen und Organisationen. Ein einzelner Manager wäre – wenn man von kleineren Einheiten absieht – mit der Bewältigung der anstehenden Aufgaben schlicht überfordert. In diesem Verständnis stellt das Controlling eine wichtige *Funktion* zur Ermöglichung erfolgsversprechender arbeitsteiliger Steuerung und Kontrolle dar, übernimmt aber selbst keine Rolle beim Management oder bei der Leistungserstellung (Steinmann/Scherer 1996: 143). Diese Funktion ist grundsätzlich von allen Verantwortlichen im Unternehmen bzw. in der Organisation wahrzunehmen. Über eine Bündelung entsprechender Aufgaben bei der *Institution* eines Controllers oder einer Controlling-Abteilung ist dann nachzudenken, wenn sich dadurch Effizienzvorteile (Standardisierung, bessere Verfügbarkeit von Know-how und Methoden) realisieren lassen.

Diese Erkenntnisse lassen sich nahtlos auf die Unternehmens- bzw. Organisationskommunikation übertragen (vgl. Abb. 3): Das Kommunikations-Controlling ist eine Prozesssteuerungsfunktion, die auf die Steuerung des Kommunikationsmanagement-Prozesses abzielt, welcher wiederum die Unternehmens- bzw. Organisationskommunikation plant, organisiert und kontrolliert. Die Definition lautet:
Kommunikations-Controlling steuert und unterstützt den arbeitsteiligen Prozess des Kommunikationsmanagements, indem Strategie-, Prozess-, Ergebnis- und Finanz-Transparenz geschaffen sowie geeignete Methoden und Strukturen für die Planung, Umsetzung und Kontrolle der Unternehmens- bzw. Organisationskommunikation bereitgestellt werden.

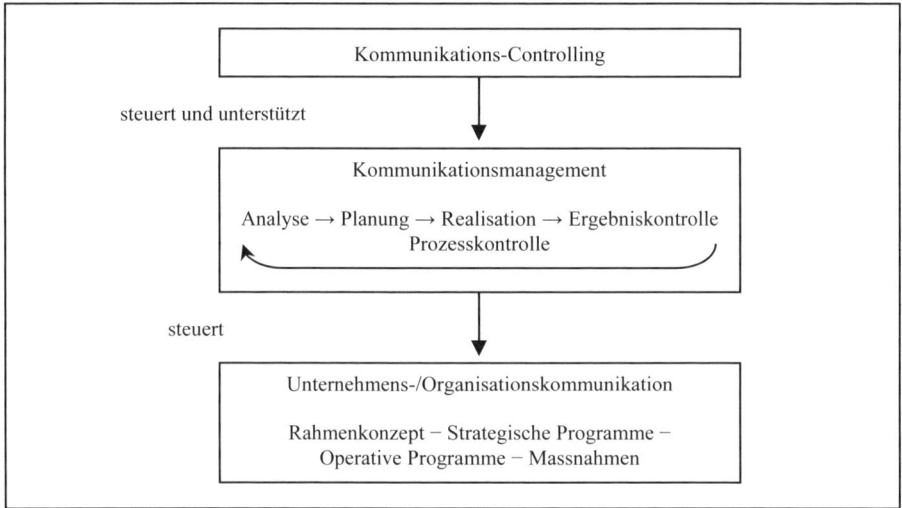

Abb. 3: Kommunikations-Controlling, Kontrolle und Unternehmens-/Organisationskommunikation

Es wird deutlich, dass das Kommunikations-Controlling – im Gegensatz zu dem häufig auch in der Fachliteratur anzutreffenden Sprachgebrauch – begrifflich klar zu unterscheiden ist von der *Kommunikations-Kontrolle bzw. -Evaluation* als Teilbereich des Kommunikationsmanagements, bei dem es um die rückblickende, mitlaufende oder vorausschauende Erfassung und Bewertung von Prozessen und Ergebnissen geht. Hierbei spielen Evaluations-Dienstleister wie Medienbeobachtungs-Agenturen und Meinungsforscher in der Praxis eine große Rolle.

Die Controlling-Funktion in dem hier skizzierten Sinn muss von allen Kommunikationsverantwortlichen wahrgenommen werden. Sie kann jedoch mit zunehmender Bedeutung und Komplexität teilweise institutionalisiert werden. *(Kommunikations-) Controllern als Institution* obliegt es dann, die Funktion professionell auszufüllen, weiterzuentwickeln und als internen Service anzubieten. Entsprechende Stellen können sowohl in Kommunikations- als auch in Controllingabteilungen angesiedelt werden. Außerdem ist es möglich, die bereitgestellten Methoden und Prozesse, beispielsweise Kennzahlensysteme, durch unabhängige Instanzen im Rahmen eines *(Kommunikations-) Audit* zu überprüfen, zu begutachten und zu zertifizieren. Auf diese Weise kommen die gesamtgesellschaftlich allerortens beobachtbaren Strukturen der „Kontrolle der Kontrolle" (Power 1997; Zerfaß 2005) auch in der Kommunikationspolitik zum Tragen.

4. Ebenen, Methoden und Kennzahlen des Kommunikations-Controlling

Das Kommunikations-Controlling als Unterstützungsfunktion ist ebenso vielschichtig wie das Kommunikationsmanagement selbst. Es geht um eine Vielzahl von Teilprozessen und Fragekomplexen, die zudem organisations- und situationsspezifisch in unterschiedlicher Weise auftreten. Daher kann es aus systematischen Gründen niemals einen ‚one best way' des Kommunikations-Controllings oder einen umfassenden Controllingansatz geben. Notwendig ist vielmehr ein Portfolio von Methoden und Kennziffern, die den jeweiligen Problemstellungen gerecht werden. Unter Rückgriff auf die bereits genannten Unterscheidungen von strategischen und operativen Aspekten, von Kommunikationsmanagement und Unternehmens-/Organisationskommunikation, sowie von Strategien, Programmen und Maßnahmen als Konkretisierungsebenen der Kommunikationspolitik kann man ist hierfür den in Abb. 4 skizzierten Bezugsrahmen aufspannen. Das *Mehrdimensionale Kommunikations-Controlling (MKC)* systematisiert die Aufgaben, Perspektiven, Methoden und Kennziffern des Kommunikations-Controlling. Es hilft, die vorliegenden und künftig zu entwickelnden Methoden einzuordnen, zu bewerten und situationsadäquat einzusetzen. Dabei sind die genannten Methoden und Kennziffern selbstverständlich nur als Beispiele anzusehen; insbesondere auf der strategischen Ebene werden derzeit vielfältige neue Ansätze zur Steuerung und zur Bemessung der Wertschöpfung erprobt (Pfannenberg/Zerfaß 2004 und 2005).

4.1 Strategisches Kommunikations-Controlling

Das strategische Kommunikations-Controlling fokussiert auf die Schaffung und Erhaltung von Erfolgspotenzialen für das Kommunikationsmanagement.
Diese Aufgabe umfasst erstens die Schaffung von Transparenz und die Bereitstellung von Methoden und Strukturen für das *Kommunikationsmanagement* selbst. Es geht hier um die Prozesse, mit denen Unternehmens- bzw. Organisationskommunikation gesteuert und kontrolliert wird. Mit Prozessanalysen (z. B. Integrations-Audits; vgl. Bruhn 2003: 303f) kann man die organisatorische und personelle Ausgestaltung von Kommunikationsabteilungen, Kompetenzen, Verantwortlichkeiten, den internen Workflow und Schnittstellen zu Dienstleistern evaluieren und optimieren. Mit diesen Methoden will die Führungsebene sicherstellen, dass das notwendige Potenzial für die Umsetzung einer sinnvollen und wertschöpfenden Kommunikationspolitik vorhanden ist.

Das strategische Kommunikations-Controlling unterstützt zweitens die Steuerung und Kontrolle der *Kommunikationsstrategie*. Dieser Aspekt steht im Mittelpunkt der neueren Diskussion zur „Wertschöpfung durch Kommunikation" (Pfannenberg/Zerfaß 2005). Hier geht es um den Beitrag, den die Kommunikation zur Erreichung der strategischen Ziele der Gesamtorganisation leistet. Diese Wirkung wird auch als Outflow bezeichnet. Im Kern geht es um die Entwicklung und Erprobung von Methoden, die eine Bestimmung kommunikativ geschaffener Werte ermöglichen (beispielsweise Markenbewertung und Communication Due Diligence; vgl. Bentele et al. 2003; Högl et al. 2002; Pfannenberg 2004) sowie um Methoden, mit denen die Bedeutung der Kommunikation als Werttreiber für den Erfolg des Unternehmens bzw. der Organisation nachgewiesen werden kann. Besonders geeignet sind hierfür Adaptionen der Balanced Scorecard (vgl. unten Abschnitt 5).

4.2 Operatives Kommunikations-Controlling

Beim operativen Kommunikations-Controlling geht es um die Bereitstellung von Methoden und Strukturen, die eine optimale Ausschöpfung der durch Kommunikationsmanagement und -strategie geschaffenen Erfolgspotenziale ermöglichen.

Damit sind auf einer dritten Ebene zunächst die *Kommunikationsprogramme* angesprochen. Bei PR-Konzeptionen, Kampagnen usw. muss beispielsweise sichergestellt werden, dass sie stringent und widerspruchsfrei aufgebaut sind und dass die Finanzmittel optimal verteilt werden. Mit Hilfe von Programmanalysen (z. B. einer Konzeptionsevaluation, vgl. Besson 2003: 110ff) können die Kommunikationsverantwortlichen die Performance einzelner Programme steuern und kontrollieren.

Der vierte Aspekt ist das operative Kommunikations-Controlling auf der Ebene der *Kommunikations-Maßnahmen*. Hier geht es um Transparenz und Methoden für die Steuerung und Kontrolle einzelner Aktivitäten, beispielsweise für die Pressearbeit, das Corporate Publishing (Mitarbeiter- und Kundenzeitschriften), die Durchführung von Veranstaltungen oder den Betrieb von Kommunikationsplattformen im Internet. Dies ist der klassische Bereich empirischer Forschungsmethoden im Zuge der Maßnahmenplanung sowie der Wirkungskontrolle (Merten 2004; Besson 2003: 129ff; Mast 2002: 138ff; DPRG 2000; Brosius/Koschel 2005). Hier wird aus Sicht der Kommunikationsverantwortlichen gefragt, welche Effekte die Maßnahmen bei den avisierten Zielgruppen haben (werden). Dabei ist zu unterscheiden zwischen der Messung des Output, der das Kommunikationsangebot an die Rezipienten erfasst (z. B. Informationsbereitstellung im Internet), und der Bestimmung des Outcome im Sinne der Annahme des Kommunikationsangebots durch die Rezipienten. Diese Stufe umfasst sowohl die Wahrnehmung von Botschaften (Outgrowth) als auch die Veränderung von Wissen, Meinungen, Emotionen und Handlungsweisen. Für die Ergebnismessung – die immer im Nachhinein ansetzt – steht eine Vielzahl erprobter Methoden bereit, von Befragungen über die Medienresonanzanalyse bis zur Reputationsmessung, z. B. durch den international etablierten Reputation Quotient (Fombrun 2001). Darüber hinaus sollte künftig auch vermehrt an Erfolgsprognosen gedacht werden, die ‚ex ante' und ‚in between' einzusetzen sind. Zudem kann die herkömmliche Messung der Effekte durch eine systematische Berücksichtigung der Usability ergänzt werden (vgl. unten Abschnitt 5).

MKC	Aufgabe	Perspektive	Methoden	Kennziffern
Strategisches Kommunikations-Controlling	*Steuerung und Kontrolle des Kommunikationsmanagements*	Prozessqualität der UK/OK aus Sicht der Gesamtorganisation (Potenzial)	Prozessanalysen, z. B.: - Communication-Audit - Integrations-Audit	- Rating - Aktzeptanzquote
	Steuerung und Kontrolle der Kommunikationsstrategie	Wertbeitrag der UK/OK aus der Sicht der Gesamtorganisation (Outflow)	Wertbestimmung/Bilanzierung, z.B.: - Communication Due Diligence - Markenbewertung, Werttreiberbestimmung, z. B.: - Corp. Communications Scorecard	- Goodwill - Bilanzwert - Erfüllungsgrad
Operatives Kommunikations-Controlling UK/OK = Unternehmenskommunikation/ Ogansiationskommunikation	*Steuerung und Kontrolle der Kommunikationsprogramme*	Programmqualität der UK/OK aus Sicht des Kommunikationsmanagements (Performance)	Programmanalysen, z. B.: - Konzeptionsevaluation - Mittelallokation	- Rating - KommEf
	Steuerung und Kontrolle der Kommunikationsmassnahmen	Usability der UK/OK aus Sicht der Rezipienten (Usability)	Erfolgsprognosen, z. B.: - Anzeigen-Pretest - Web-Usabilitiy-Test Fortschrittskontrolle, z. B.: - Kampagnen-Milestones	- Sympathiewert - Lösungsquote - Erfüllungsgrad
		Effekte der UK/OK aus Sicht des Kommunikationsmanagements (Output, Outcome)	Ergebnismessungen, z. B.: - Aufmerksamkeit - Medienresonanzanalyse - Imageerhebung - Präferenzerhebung	- Recall-Wert - Akzeptanzquotient - Reputation Quotient - Ranking

Abb. 4: Mehrdimensionales Kommunikations-Controlling (MKC) als Bezugsrahmen

4.3 Vorgehensweise und Voraussetzungen

Das Konzept des Mehrdimensionalen Kommunikations-Controlling (MKC) verdeutlicht, dass für alle Ebenen und Methoden konkrete Kennziffern bereitgestellt, getestet und im Laufe der Zeit weiterentwickelt werden müssen. Dies müssen nicht zwangsläufige ökonomische Werte (Geldeinheiten) sein. In jedem Fall ist aber anzustreben, auch qualitative Aussagen in quantitative Größen zu überführen, wie dies beispielsweise bei der Einstellungsmessung durch den Reputation Quotient oder in Ratings geschieht. Damit sichert das Kommunikations-Controlling die Anschlussfähigkeit an den Steuerungs- und Kontrollzyklus der Gesamtorganisation.

Der skizzierte Bezugsrahmen und die darin einzuordnenden Modelle und Methoden helfen den Verantwortlichen in der Praxis,
- den richtigen Bezugspunkt bzw. die richtige Problemebene für ihre situativ auftretenden Fragen zu identifizieren;
- den dabei jeweils im Mittelpunkt stehenden Management- oder Kommunikationsprozess zu verstehen;
- diesen Prozess in der Folge steuerbar und kontrollierbar zu machen sowie
- alle Teilprozesse und Kennzahlen im Zuge der Anwendung kontinuierlich zu optimieren und so insgesamt die Performance zu erhöhen.

Kommunikations-Controlling ist also keine statische Angelegenheit, sondern eine *iterative Vorgehensweise* (vgl. Abb. 5).

Zur Identifikation der Problemebene (geht es z. B. um den Wertbeitrag der Unternehmens-/Organisationskommunikation oder um die Evaluation der Pressearbeit?) liegt mit dem MKC ein praxistaugliches Hilfsmittel vor. Weitere *Voraussetzungen* für die Umsetzung des Kommunikations-Controlling sind (1) Prozessmodelle, die den Zusammenhang zwischen steuerbaren (von der Organisation beeinflussbaren) Handlungen und erwünschten Ergebnissen einschließlich der dabei relevanten Parameter (Einflussfaktoren, Werttreiber usw.) beschreiben. Auf der strategischen Ebene sind dies Modelle des Kommunikationsmanagement-Prozesses (vgl. oben Abschnitt 3.3) und Modelle zum Wirkungszusammenhang von Kommunikation und Unternehmenserfolg, die derzeit erst in Ansätzen vorliegen (z. B. das schwedische Value Link-Modell; vgl. SPRA 1996) und weiter entwickelt werden müssen. Auf der operativen Ebene sind Prozessmodelle für Kommunikationsprogramme und -kampagnen (Cutlip et al. 2000: 374; Metzinger 2004) ebenso notwendig wie tragfähige Modelle des eigentlichen Kommunikationsprozesses zwischen Unternehmen und ihren Bezugsgruppen bzw. Rezipienten (Zerfaß 2004b: 141f). Der letztgenannte Punkt ist keineswegs trivial – allzu häufig werden Evaluationsmethoden auf der Grundlage mechanistischer Stimulus-Response-Modelle entwickelt, die der Komplexität von Kommunikationsprozessen nicht gerecht werden.

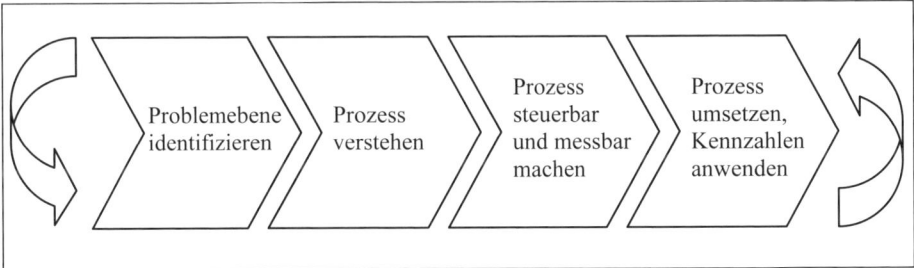

Abb. 5: Anwendung des Kommunikations-Controlling in der Praxis

Eine andere Voraussetzung ist im Hinblick auf die Steuerung und Messung einzelner Prozesse (2) die klare Definition von messbaren Zielen, die Benennung von Kennzahlen, die mit vertretbarem zeitlichen und finanziellen Aufwand empirisch erfassbar sind, sowie die systematische Erfassung aller internen und externen Aufwendungen für Kommunikationsmaßnahmen (Piwinger/Porák 2005). Schließlich müssen (3) die ausgewählten Methoden im Zuge ihrer Anwendung kontinuierlich hinterfragt und verbessert werden, um so sowohl das Prozessverständnis als auch die Kennzahlen laufend an neue Entwicklungen anzupassen.

5. Innovative Instrumente: Scorecards und PR-Usability

Über die etablierten Methoden der empirischen Kommunikationsforschung hinaus sollten aus unserer Sicht insbesondere zwei Vorgehensweisen verstärkt bei der Steuerung der Unternehmens- und Organisationskommunikation berücksichtigt werden: Der Einsatz von Scorecard-Ansätzen auf der strategischen Ebene sowie die Berücksichtigung der PR-Usability bei operativen Fragestellungen.

Die *(Corporate) Communications Scorecard* (vgl. ausführlich Zerfaß 2004a und 2005) ist ein Steuerungs- und Evaluationsinstrument, das eine Brücke zwischen der übergeordneten Unternehmens- bzw. Organisationsstrategie und einzelnen Kommunikationsprogrammen herstellt. Dazu wird – in Anlehnung und Erweiterung der klassischen Balanced Scorecard (Kaplan/Norton 1996; Horváth & Partners 2004) – die Gesamtorganisation gleichzeitig aus mehreren Perspektiven (Finanzen, Kunden, Prozesse, Potenziale, Gesellschaftspolitik) betrachtet. Für jede Sicht werden konkrete Ziele bzw. Erfolgsfaktoren festgelegt, die zugrunde liegenden (kommunikativen) Werttreiber identifiziert und messbare Leistungskennzahlen definiert. Daraus lassen sich dann strategische Handlungsprogramme, u. a. auch für die Kommunikationspolitik, ableiten. Im Zuge der Umsetzung werden die Kennzahlen regelmäßig evaluiert und ggf. die Prozesse und Maßnahmen verbessert oder auch die Zielvorgaben angepasst. Die Vorteile des Verfahrens liegen auf der Hand: Die Kommunikation wird nicht isoliert, sondern in den Wechselbezügen zu nicht-kommunikativen Einflussgrößen des Erfolgs betrachtet. Zudem können durch die unterschiedlichen Kennzahlen sowohl quantitative als auch qualitative Ziele und Wirkungen erfasst werden. Scorecards können über die Makroebene der strategischen Wertschöpfung hinaus auch auf der Mikrobene zur operativen Steuerung einzelner Kommunikationsprogramme eingesetzt werden (Zerfaß 2005). Vor allem stoßen sie in der Praxis auf breite Akzeptanz, weil sie auf einem weit verbreiteten und auch bei Controlling-Verantwortlichen etablierten Managementtool beruhen. Insofern ist es nicht erstaunlich, dass sich der Einsatz von Scorecards in der Kommunikation bei den börsennotierten Unternehmen in Deutschland von 2002 bis 2004 verdoppelt hat (Mast 2005) und dieses Instrument heute bei bekannten Firmen wie Bosch, Daimler Chrysler, Heidelberger Druckmaschinen und Roche eingesetzt wird.

Der Ansatz der *PR-Usability* (Zerfaß 2004b: 415f) lenkt den Blick darauf, dass die Bezugsgruppen in der heutigen Informationsgesellschaft weitgehend selbst entscheiden, welche Kommunikationsangebote sie nutzen wollen. Dies gilt insbesondere für interaktive Medienangebote wie das Internet, die ohne aktive Zuwendung erfolglos bleiben, aber auch für die Vielzahl jederzeit verfügbarer Hörfunk- und TV-Sender, Printpublikationen und Direktmailings. Deshalb ist es für die operative Steuerung und Kontrolle der Kommunikation von entscheidender Bedeutung, welchen Nutzen PR-Maßnahmen für die Rezipienten stiften. PR-Usability bezeichnet das Ausmaß, in dem ein Kommunikationsangebot oder Medium der Öffentlichkeitsarbeit von einem Benutzer verwendet werden kann, um kontextbezogene Ziele effizient und effektiv zu erreichen. Dies lässt sich mit Hilfe verschiedener Kriterien und Methoden (Befragungen, Experimente) empirisch erheben. Beispielsweise haben sich im Bereich der Online-Kommunikation Web-Usability-Tests mit der Methode des ‚Lauten Denkens' sehr bewährt (Zerfaß/Hartmann 2005). Hierbei werden fünf bis zehn Probanden gebeten, die Nutzbarkeit von Internetauftritten zu beurteilen. Jeder Beteiligte erhält mehrere Aufgaben (z.B. Informationsrecherche, Bestellung eines Geschäftsberichts) und muss seine jeweiligen Wahrnehmungen und Handlungen kommentieren. Durch die Auswertung der entsprechenden Protokolle werden grundlegende Nutzungsmuster und Missverständnisse schnell deutlich. Die PR-Verantwortlichen können ihre Kommunikationsangebote optimieren und so eine erhöhte Kontaktwahrscheinlichkeit und Wirkung sicherstellen. Weitere Beispiele für die kontextbezogene Nutzung von PR-Maßnahmen sind die Weiterbearbeitung von Pressemitteilungen durch Journalisten (als Textgrundlage, als Anstoß für Recherchen, ...) und der Umgang von Multiplikatoren mit postalisch zugeschickten Firmenmagazinen (Wahrnehmung als Fachzeitschrift oder als Werbematerial, Nutzung als flüchtiges Infomedium oder zur Recherche). Das bessere Verständnis der Nutzersicht birgt hier ein großes Optimierungspotenzial. In theoretischer Hinsicht unterstreicht die Berücksichtigung der Usabilityforschung die Bedeutung rezipientenorientierter Ansätze (Schenk 2002: 605ff) für den Methodenkanon des Kommunikations-Controlling.

6. Ausblick

Die Diskussion um die Wertschöpfung und Steuerung von Kommunikation steht ebenso wie die interdisziplinäre Betrachtung des Kommunikations-Controlling erst ganz am Anfang. Es gilt daher, die Zusammenhänge zwischen Kommunikation und Erfolg der Gesamtorganisation näher zu bestimmen, konkrete Methoden und Kennziffern für das strategische und operative Controlling zu erproben und nicht zuletzt den Dialog zwischen PR-Forschung und Managementtheorie zu vertiefen (Pfannenberg/Zerfaß 2004: 18ff). Das Denken in Prozessen und die konsequente Orientierung an der strategischen Positionierung des Unternehmen bzw. der Organisation in Markt und Gesellschaft bleiben eine dauerhafte Herausforderung für das Kommunikationshandeln.

Literatur

Behrent, Michael 2005: Konzeption strategischer PR-Arbeit. In diesem Band.
Bentele, Günter/Buchele, Mark-Steffen/Hoepfner, Jörg/Liebert, Tobias 2003: Markenwert und Markenwertermittlung. Wiesbaden: Deutscher Universitäts-Verlag.
Besson, Nanette A. 2003: Strategische PR-Evaluation. Wiesbaden: Westdeutscher Verlag.
Booz Allen Hamilton/c-trust 2004: Wertkreation mit Kommunikation. Herausforderung und Perspektiven für Unternehmen, Produkte und Marken. Frankfurt a.M.: Booz Allen Hamilton.
Brosius, Hans-Bernd/Koschel, Friederike ³2005: Methoden der empirischen Kommunikationsforschung. Wiesbaden: VS Verlag für Sozialwissenschaften.
Bruhn, Manfred ³2003: Integrierte Unternehmens- und Markenkommunikation. Stuttgart: Schäffer-Poeschel.
Cutlip, Scott M./Center, Allen H./Broom, Glen M. ⁸2000: Effective Public Relations. Upper Saddle River: Prentice Hall.
DPRG Deutsche Public Relations Gesellschaft 2000: PR-Evaluation. Bonn: DPRG.
Fombrun, Charles J. 2001: Corporate Reputation – Its Measurement and Management. In: Thexis, 18. Jg., Nr. 4, S.23-26.
Giddens, Anthony 1984: The Constitution of Society. Outline of the theory of structuration. Cambridge: Polity Press.
Herger, Nikodemus 2004: Organisationskommunikation. Wiesbaden: VS Verlag für Sozialwissenschaften.
Högl, Siegfried/Hupp, Oliver/Maul, Karl-Heinz/Sattler, Henrik 2002: Der Geldwert der Marke als Erfolgsfaktor für Marketing und Kommunikation. In: Gesamtverband Kommunikationsagenturen GWA e.V. (Hrsg.): Der Geldwert der Marke. Frankfurt a.M.: GWA.
Horváth & Partners (Hrsg.) ³2004: Balanced Scorecard umsetzen. Stuttgart: Schäffer-Poeschel.
Horváth, Peter ⁹2003: Controlling. München/Wien: Vahlen.
IPR Institute of Public Relations/The Communication Directors' Forum/Metrica Research 2004: Best Practice in Measurement and Reporting of Public Relations and ROI. London: IPR.
Jarren, Otfried/Röttger, Ulrike 2004: Steuerung, Reflexierung und Interpenetration. Kernelemente einer strukturationstheoretisch begründeten PR-Theorie. In: Röttger, Ulrike (Hrsg.): Theorien der Public Relations. Wiesbaden: VS Verlag für Sozialwissenschaften, S.25-45.
Kaplan, Robert S./Norton, David P. 1996: Balanced Scorecard. Boston: Harvard Business School Press.
Kaplan, Robert S./Norton, David P. 2004: Strategy Maps. Boston: Harvard Business School Press.
Mast, Claudia 2002: Unternehmenskommunikation. Stuttgart: Lucius & Lucius.
Mast, Claudia 2005: Werte schaffen durch Kommunikation. In: Pfannenberg, Jörg/Zerfass, Ansgar (Hrsg.) : Wertschöpfung durch Kommunikation. Frankfurt a. M.: Frankfurter Allgemeine Buch.
Merten, Klaus 2004: Möglichkeiten des Effect Controlling. In: Köhler, Tanja/Schaffranietz, Adrian (Hrsg.): Public Relations – Perspektiven und Potenziale im 21. Jahrhundert. Wiesbaden: VS Verlag für Sozialwissenschaften, S.225-241.
Metzinger, Peter 2004: Business Campaigning. Berlin/Heidelberg/New York: Springer.
Pfannenberg, Jörg 2004: Due Diligence – Ansatzpunkt für die Bewertung von Kommunikationsleistungen. In: Bentele, Günter/Piwinger, Manfred/Schönborn, Gregor (Hrsg.): Kommunikationsmanagement (Loseblattsammlung). Neuwied: Luchterhand 2001ff., Ergänzungslieferung Juni 2004, Nr. 4.11, S.1-19.
Pfannenberg, Jörg/Zerfaß, Ansgar (Red.) 2004: Wertschöpfung durch Kommunikation. Thesenpapier zum strategischen Kommunikations-Controlling in Unternehmen und Institutionen des Arbeitskreises „Wertschöpfung durch Kommunikation" der Deutschen Public Relations Gesellschaft. Bonn: DPRG.
Pfannenberg, Jörg/Zerfaß, Ansgar (Hrsg.) 2005: Wertschöpfung durch Kommunikation. Frankfurt a.M.: Frankfurter Allgemeine Buch.
Piwinger, Manfred/Porák, Victor (Hrsg.) 2005: Kommunikations-Controlling. Wiesbaden: Gabler.
Power, Michael 1997: The Audit Society. Rituals of Verification, Oxford: Oxford University Press.
Rolke, Lothar 2003: Produkt- und Unternehmenskommunikation im Umbruch. Was die Marketer und PR-Manager für die Zukunft erwarten. Frankfurt a.M.: F.A.Z.-Institut.
Schenk, Michael ²2002: Medienwirkungsforschung. Tübingen: Mohr Siebeck.

Scherer, Andreas G. 2002: Strategische Steuerung in öffentlichen Institutionen. In: Scherer, Andreas G./Alt, Jens M. (Hrsg.): Balanced Scorecard in Verwaltung und Non-Profit-Organisationen. Stuttgart: Schäffer-Poeschel, S.3-25.
Scherer, Andreas G./Alt, Jens M. (Hrsg.) 2002: Balanced Scorecard in Verwaltung und Non-Profit-Organisationen. Stuttgart: Schäffer-Poeschel.
Schmidbauer, Klaus/Knödler-Bunte, Eberhard 2004: Das Kommunikationskonzept. Potsdam: University Press UMC Potsdam.
Schulz, Winfried 2002: Public Relations/Öffentlichkeitsarbeit. In: Noelle-Neumann, Elisabeth/Schulz, Winfried/Wilke, Jürgen (Hrsg.): Publizistik Massenkommunikation (Fischer Lexikon), aktualisierte und vollständig überarbeitete Auflage. Frankfurt a.M.: Fischer, S.517-545.
SPRA Swedish Public Relations Association 1996: Return on Communications. Stockholm: SPRA.
Steinmann, Horst/Scherer, Andreas G. 1996: Controlling und Unternehmensführung. In: Schulte, Christof (Hrsg.): Lexikon des Controlling. München/Wien: Oldenbourg, S.139-144.
Steinmann, Horst/Schreyögg, Georg ^{5}2000: Management. Wiesbaden: Gabler.
Szyszka, Peter 2005: Organisationsbezogener Ansatz. In diesem Band.
Weber, Jürgen ^{10}2004: Einführung in das Controlling. Stuttgart: Schäffer-Poeschel.
Wittgenstein, Ludwig ^{9}1993: Philosophische Untersuchungen. In: ders.: Werkausgabe Band 1, Frankfurt a.M.: Suhrkamp, S.7-85 (Erstveröffentlichung 1956).
Zerfass, Ansgar 2004a: Die Corporate Communications Scorecard – Kennzahlensystem, Optimierungstool oder strategisches Steuerungsinstrument? In: prportal.de, Nr. 57, S.1-8.
Zerfass, Ansgar ^{2}2004b: Unternehmensführung und Öffentlichkeitsarbeit. Grundlegung einer Theorie der Unternehmenskommunikation und Public Relations, Wiesbaden: VS Verlag für Sozialwissenschaften.
Zerfass, Ansgar 2005: Rituale der Verifikation? Grundlagen und Grenzen des Kommunikations-Controlling. In: Rademacher, Lars (Hrsg.): Distinktion und Deutungsmacht. Studien zur Theorie und Pragmatik der Public Relations. Wiesbaden: VS Verlag für Sozialwissenschaften.
Zerfass, Ansgar/Hartmann, Bernd 2005: The Usability Factor. Improving the Quality of E-Content. In: Bruck, Peter A./Buchholz, Andrea/Karssen, Zeger/Zerfaß, Ansgar (Eds.): E-Content – Technologies and Perspectives for the European Market, Berlin/Heidelberg/New York: Springer 2005, S. 163-180.

Normative Grundlagen

Rechtliche Anforderungen an die Öffentlichkeitsarbeit

Udo Branahl

Zu den zentralen Handlungsfeldern der Öffentlichkeitsarbeit gehört die Beantwortung von Anfragen der Massenmedien und die Gestaltung von Publikationen, die teils für das allgemeine Publikum, teils für die eigene Klientel und teilweise für die eigenen Mitarbeiter bestimmt sind, wie Kundenzeitungen, Mitarbeiterzeitschriften, Pressemitteilungen, Rundschreiben u.ä. Unter rechtlichen Aspekten ergeben sich bei dieser Tätigkeit drei Fragen:

1. Welche Informationen müssen preisgegeben werden?
2. Welchen inhaltlichen Anforderungen müssen Auskünfte und Publikationen genügen?
3. Welche Rechte an Marken, Titeln und urheberrechtlich geschützten Werken sind zu beachten?

1. Auskunfts- und Publizitätspflichten

Welche Auskunfts- und Publizitätspflichten eine Organisation treffen, hängt von ihrem Träger und ihrer Rechtsform ab: Behörden und andere Einrichtungen der öffentlichen Hand sind den Vertretern der Massenmedien zur Auskunft verpflichtet (1.1). Unternehmen der Privatwirtschaft, Vereine und Verbände hingegen trifft eine solche Rechtspflicht nicht. Kapitalgesellschaften wiederum unterliegen den Publizitätspflichten des Handelsrechts (1.2). Soweit sie börsennotiert sind, haben sie darüber hinaus besondere Publikationspflichten zu beachten (1.3).

1.1 Auskunftspflichten der öffentlichen Hand

1.1.1 Der presserechtliche Auskunftsanspruch

Mitarbeiter der Massenmedien können von ‚Behörden' verlangen, dass sie ihnen die Auskünfte erteilen, die sie für ihre Berichterstattung benötigen (§ 4 Landespressegesetz, LPG).[1] Auskunftspflichtig sind alle Einrichtungen der Gebietskörperschaften (Bund, Länder, Gemeinden, Gemeindeverbände), Parlamente und Gerichte ebenso wie Regierung und Verwaltung. Dasselbe gilt für Körperschaften, Anstalten und Stiftungen des öffentlichen Rechts. So sind z.B. die Kammern und Innungen ebenso zur Auskunft verpflichtet wie die Träger der Sozialversicherung.

Bedient sich der Staat zur Durchführung seiner Aufgaben privatrechtlicher Organisationen, sind auch diese auskunftspflichtig. Das gilt sowohl für den Bereich der Hoheitsverwaltung (beliehene Unternehmen) wie für den der Daseinsvorsorge.

Im Bereich der Hoheitsverwaltung werden beispielsweise TÜV und DEKRA tätig, wenn ihre Mitarbeiter Kfz-Plaketten vergeben. Bei Unternehmen, die sich mehrheitlich im Eigentum von Bund, Ländern oder Gemeinden befinden, spricht eine Vermutung dafür, dass sie Aufgaben der Daseinsvorsorge wahrnehmen.

Auskunftspflichtig ist die Behörde bzw. das Unternehmen, nicht der einzelne Mitarbeiter. Von wem diese Pflicht im Einzelfall erfüllt werden soll, entscheidet die Leitung. Sie muss allerdings dafür sorgen, dass den Medien zu den üblichen Geschäftszeiten jemand zur Verfügung steht, der bereit und in der Lage ist, die entsprechenden Auskünfte zu erteilen. Im Übrigen hat die Behörden- bzw. Unternehmensleitung aber freie Hand. Sie kann sich vor allem bestimmte Medienauskünfte selbst vorbehalten und die Auskunftspflicht im Übrigen auf einzelne Mitarbeiter (Pressesprecher) delegieren. Entsprechende Weisungen wirken allerdings nur betriebsintern (als arbeits- bzw. dienstrechtliche Pflicht der eigenen Mitarbeiter). Der Umstand, dass ein Mitarbeiter weisungswidrig eine Auskunft erteilt hat, berechtigt das Unternehmen nicht, dem Journalisten die Veröffentlichung dieser Information zu verbieten.

Auskunft verlangen können Vertreter der Presse und des Rundfunks. Sie haben sich auf Verlangen als solche auszuweisen.

Die Auskunftspflicht endet dort, wo im Einzelfall durch die Auskunft berechtigte Interessen der Allgemeinheit, des Auskunftspflichtigen oder eines Dritten verletzt würden. So entfällt der Auskunftsanspruch für Informationen,

- die der Auskunftspflichtige auf Grund einer gesetzlichen Vorschrift geheim zu halten hat oder an deren (vorübergehender) Geheimhaltung ein überwiegendes öffentliches Interesse besteht,

---

1 Eine solche Regelung findet sich übereinstimmend in den Pressegesetzen der meisten Bundesländer. Nachweise bei Löffler 1997: 186ff.

- deren (vorzeitige) Veröffentlichung die sachgemäße Durchführung eines schwebenden Verfahrens oder von sonstigen im öffentlichen Interesse liegenden Maßnahmen vereiteln, erschweren, verzögern oder gefährden würde,
- deren Veröffentlichung ein schutzwürdiges privates oder geschäftliches Interesse verletzen würde oder
- deren Umfang das zumutbare Maß übersteigt.

Bei der Interpretation und Anwendung dieser Ausnahmebestimmungen ist in jedem Einzelfall abzuwägen zwischen den durch sie geschützten Interessen einerseits und dem Informationsinteresse der Allgemeinheit andererseits.

Soweit sie nicht aus einem der genannten Gründe verweigert werden darf, ist die Auskunft *wahrheitsgemäß und vollständig* zu erteilen. Insbesondere darf der Auskunftspflichtige nicht dadurch einen falschen Eindruck hervorrufen, dass er eine Information teilweise zurückhält.

Die Auskunft muss *in sachgerechter Form* erteilt werden. So wird beispielsweise ein umfangreiches Zahlenwerk wie eine Statistik oder ein Haushaltsplan schriftlich zur Verfügung zu stellen sein. Im Übrigen haben die Medien jedoch keinen Anspruch darauf, dass ihnen die Information in einer bestimmten Form präsentiert wird. Insbesondere geben die Pressegesetze keinen Anspruch auf Akteneinsicht, Gewährung eines Interviews oder die Anfertigung von O-Tönen.

Generell haben Einrichtungen der öffentlichen Hand auch bei der Information der Öffentlichkeit das *Gebot der Gleichbehandlung* zu wahren. Eine unterschiedliche Behandlung verschiedener Blätter oder Sender darf weder auf deren publizistische Ausrichtung noch auf ihre redaktionelle Leistungsfähigkeit gestützt werden. Deshalb steht der Auskunftsanspruch beispielsweise auch Anzeigenblättern mit redaktionellem Teil zu, ohne dass es auf dessen Qualität ankommt. Selbst durch journalistische Fehlleistungen verwirkt eine Redaktion ihren Auskunftsanspruch grundsätzlich nicht.[2]

1.1.2 Zugangsrechte des Publikums zu Informationen und Akten von Behörden

Einige Bundesländer[3] haben in den letzten Jahren Informationsfreiheitsgesetze erlassen, die jedermann einen umfassenden Anspruch auf Zugang zu den bei einer Behörde vorhandenen Informationen gewähren. Ohne Prüfung eines besonderen Informationsinteresses haben die Behörden in diesen Bundesländern auf Antrag jedem Auskünfte zu erteilen oder die Informationsträger zugänglich zu machen, die die begehrten Informationen enthalten. Ausnahmen gelten zum Schutz personenbezogener Daten sowie von Betriebs- und Geschäftsgeheimnissen, zum Schutz der Rechtsdurchsetzung und Strafverfolgung, interner behördlicher Entscheidungsprozesse, der Landesverteidigung und der internationalen Beziehungen. Auskunft und Akteneinsicht sind gebührenpflichtig.

---

2 Zu Einzelfragen vgl. Branahl 2002: 41ff.
3 Es handelt sich um Brandenburg, Berlin, Schleswig-Holstein und Nordrhein-Westfalen. Ein analoges Gesetz für den Bund befindet sich noch im Gesetzgebungsverfahren.

Umweltschutzbehörden haben nach dem Umweltinformationsgesetz auf Antrag jedem Zugang zu den Informationen über die Umwelt zu gewähren bzw. zu verschaffen, die bei ihnen oder den Unternehmen vorhanden sind, die sie beaufsichtigen (§§ 2,4 Umweltinformationsgesetz, UIG). Ausnahmen gelten auch hier für den Schutz öffentlicher und privater Belange (Zu den Einzelheiten vgl. §§ 7 und 8 UIG).

1.2 Publizitätspflichten von Kaufleuten und privatrechtlichen Organisationen

Von den oben (1.1.1) erörterten Ausnahmen abgesehen unterliegen Personen des Privatrechts keiner Auskunftspflicht. Unternehmen, Vereine und Verbände können deshalb grundsätzlich selbst entscheiden, mit welchen Informationen sie sich an die Öffentlichkeit wenden und welche sie lieber für sich behalten wollen. Faktisch sind dieser Entscheidungsfreiheit jedoch dadurch Grenzen gezogen, dass Kaufleute, Gesellschaften und Vereine verpflichtet sind, bestimmte Angaben über sich und ihre Tätigkeit zu publizieren. So lassen sich dem Handelsregister Informationen über die Rechtsform eines Unternehmens entnehmen. Bei Einzelkaufleuten, offenen Handelsgesellschaften und Kommanditgesellschaften enthält es auch Angaben über die gegenwärtigen Eigentümer (Inhaber).

Besonders umfangreichen Publizitätspflichten unterliegen Kapitalgesellschaften (Aktiengesellschaften, Gesellschaften mit beschränkter Haftung, Kommanditgesellschaften auf Aktien) und GmbH & Co KGs. Diese müssen ihren Jahresabschluss zum Handelsregister einreichen. Gegen Unternehmen, die dieser Pflicht nicht rechtzeitig nachkommen, kann das Registergericht ein Ordnungsgeld von 2.500 bis 25.000 € verhängen (§ 335a und b Handelsgesetzbuch, HGB). Außerdem kann es zur Durchsetzung – notfalls auch mehrfach – ein Zwangsgeld bis zu 5.000 € festsetzen. Es schreitet zwar nur auf Antrag ein (§§ 335 Abs. 2, 335a Abs. 3 HGB); ein entsprechender Antrag kann aber von jedermann gestellt werden (§ 140a Abs. 2 Gesetz über die freiwillige Gerichtsbarkeit).

Veranstalter bundesweit verbreiteter Fernsehprogramme unterliegen unabhängig von ihrer Rechtsform denselben Publizitätspflichten wie große Kapitalgesellschaften (§ 23 Abs. 1 Rundfunkstaatsvertrag, RStV).

1.3 Publizitätspflichten börsennotierter Unternehmen

Weitere Publizitätspflichten gelten für börsennotierte Unternehmen. So haben Unternehmen, deren Anteile (Aktien, Optionsscheine) zum amtlichen Handel an einer deutschen Börse zugelassen sind, halbjährliche Zwischenberichte über ihre Vermögens-, Ertrags- und Finanzlage zu veröffentlichen (§ 44b Börsengesetz).

Darüber hinaus sind alle an einer deutschen Börse notierten Unternehmen verpflichtet, unverzüglich jede neue Tatsache zu veröffentlichen, die in ihrem Tätigkeitsbereich eingetreten ist und wegen ihrer Auswirkung auf die Vermögens- und Finanzlage oder auf den allgemeinen Geschäftsverlauf des Unternehmens geeignet ist, den Kurs dieser Wertpapiere zu beeinflussen (Ad-hoc-Publizität; § 15 Abs. 1

Wertpapierhandelsgesetz, WPHG). Diese Pflicht zu Ad-hoc-Veröffentlichungen dient zum einen dazu, dem Publikum die Möglichkeit zu geben, sich ein möglichst zutreffendes Bild von der Vermögens-, Finanz- und Ertragslage des Unternehmens zu verschaffen, um auf dieser Basis Anlageentscheidungen zu treffen. Zum anderen soll sie dazu beitragen, unzulässigen Insidergeschäften den Boden zu entziehen. Denn durch die unverzügliche Veröffentlichung aller relevanten Tatbestände wird die Gefahr verringert, dass Insider ihre Kenntnisse für unerlaubte Geschäfte nutzen. Um dieses Ziel möglichst zuverlässig zu erreichen, ist für ihre Erfüllung ein bestimmtes Verfahren vorgeschrieben: Zunächst hat das Unternehmen die publizitätspflichtigen Tatsachen dem Bundesaufsichtsamt für den Wertpapierhandel und der Geschäftsführung der Börsen mitzuteilen, an denen das Wertpapier zum Handel zugelassen ist. Anschließend hat es sie in einem überregionalen Börsenpflichtblatt oder über ein elektronisches Informationssystem zu veröffentlichen, das bei den Banken und Versicherungen weit verbreitet ist (§ 15 Abs. 1 Satz 1 WPHG). *Erst im Anschluss daran dürfen solche Tatsachen in anderer Weise publiziert werden (§ 15 Abs. 3 Satz 2 WPHG).*

Die für die Öffentlichkeitsarbeit zuständigen Mitarbeiter eines solchen Unternehmens sind deshalb gesetzlich verpflichtet, Anfragen Dritter, die kursbeeinflussende Tatsachen betreffen, unbeantwortet zu lassen, solange diese nicht auf dem dafür vorgesehenen Weg publiziert sind. Der Verstoß gegen diese Pflicht ist als Ordnungswidrigkeit mit einem Bußgeld bis zu eineinhalb Millionen Euro bedroht (§ 39 Abs. 3 i.V.m. Abs. 1 Nr. 3 WPHG). Zugleich kann in einer solchen Mitteilung ein Verstoß gegen § 14 Abs. 1 Nr. 2 WPHG liegen. Diese Vorschrift verbietet einem Insider, einem anderen eine Insidertatsache unbefugt mitzuteilen oder zugänglich zu machen. Die vorzeitige Weitergabe einer solchen Information an die Massenmedien geschieht unbefugt, da sie gegen § 15 Abs. 3 Satz 2 WPHG verstößt. Dieser Verstoß bildet eine *Straftat*, die mit Freiheitsstrafe bis zu fünf Jahren oder mit Geldstrafe bestraft wird (§ 38 Abs. 1 Nr. 2 WPHG).

Publikationspflichtig sind schließlich Änderungen in den Beteiligungsverhältnissen börsennotierter Gesellschaften. Wer den Schwellenwert von fünf, zehn, 25, 50 oder 75 Prozent der Stimmrechte erreicht, über- oder unterschreitet, hat dies der Gesellschaft und dem Bundesaufsichtsamt unverzüglich zu melden (§ 21 Abs.1 WPHG).[4] Die Gesellschaft wiederum hat diesen Sachverhalt mit Name bzw. Firma und Wohnort bzw. Sitz des Anteilseigners in einem überregionalen Börsenpflichtblatt zu veröffentlichen (§ 25 Abs. 1 WPHG).[5]

---

4 Das gilt für Stimmrechtsanteile an inländischen Gesellschaften, deren Aktien zum Handel an einer Börse im Europäischen Wirtschaftsraum zugelassen sind (vgl. § 21 Abs. 2 WPHG).
5 Das gilt sowohl für inländische Gesellschaften, deren Aktien zum Handel an einer Börse im Europäischen Wirtschaftsraum zugelassen sind (vgl. § 21 Abs. 2 WPHG), als auch für ausländische Gesellschaften, deren Aktien zum amtlichen Handel an einer deutschen Börse zugelassen sind (vgl. § 26 WPHG).

1.4 Stellungnahme zu Rechercheergebnissen

Massenmedien sind gehalten, Informationen vor ihrer Veröffentlichung mit der gebotenen Sorgfalt auf ihren Wahrheitsgehalt zu prüfen. Ihrer journalistischen Sorgfaltspflicht können sie u.a. dadurch genügen, dass sie der betreffenden Organisation Gelegenheit zur Stellungnahme geben. *Für die Praxis der Öffentlichkeitsarbeit lässt sich daraus die Empfehlung ableiten, unangenehme Fragen von Journalisten nach Mängeln, die im eigenen Hause aufgetreten sind, nicht einfach unbeantwortet zu lassen.* Bekommt der Journalist nämlich keine Auskunft, kann er das Ergebnis seiner sonstigen Recherchen relativ gefahrlos veröffentlichen. Denn auch wenn sich später herausstellt, dass die Vorwürfe nicht zutreffen, scheitern Schadensersatzansprüche der Betroffenen in diesen Fällen daran, dass der Journalist seiner Sorgfaltspflicht genügt, also nicht fahrlässig gehandelt hat.

2. Rechtliche Anforderungen an den Inhalt von Auskünften und Publikationen

Grundsätzlich steht es jeder Organisation frei, auch solche Informationen zu verbreiten oder den Medien zur Verfügung zu stellen, zu deren Publikation sie nicht verpflichtet ist. Dabei darf sie jedoch nicht die Rechte anderer verletzen. Rechtswidrig sein kann eine Auskunft oder Publikation, weil sie gegen die Wahrheitspflicht (2.1) oder eine Geheimhaltungspflicht (2.2) verstößt, das Recht am eigenen Bild verletzt (2.3), unzulässige Schmähungen enthält (2.4) oder Schleichwerbung betreibt (2.5).

2.1 Wahrheitspflicht

Die Verbreitung von Unwahrheiten kann rechtliche Konsequenzen haben, wenn sie die Ehre oder das Persönlichkeitsrecht eines anderen verletzen, geschäftsschädigend oder wettbewerbswidrig sind. Einer Wahrheitsprüfung lassen sich nur *Tatsachenbehauptungen* unterziehen. Tatsachenbehauptungen sind Äußerungen, die einem Beweis zugänglich sind, bei denen man also prinzipiell, d.h. bei einer vollständigen Aufklärung des Sachverhalts, feststellen kann, ob sie zutreffen oder nicht. Die *Unwahrheit* einer Darstellung kann sich auch daraus ergeben, dass durch eine einseitige, verzerrte Auswahl von Fakten ein unzutreffendes Bild vermittelt wird. So darf beispielsweise die Wiedergabe eines Interviews nicht sinnentstellend gekürzt werden – etwa in der Weise, dass aus einer ausgewogen argumentierenden Stellungnahme einseitig nur die positiven oder die negativen Aspekte ausgewählt werden.

Welche Tatsachenbehauptung eine Äußerung enthält, ist durch ihre Auslegung zu ermitteln. Insbesondere bei satirischen Darstellungen ist der ernsthafte Aussagekern von der satirisch verfremdeten bzw. überzeichneten Einkleidung zu trennen.

Für das Wirtschaftsleben von besonderer Bedeutung ist der umfassende Wahrheitsschutz im Wettbewerbsrecht. Dieses verbietet generell, im Geschäftsverkehr zu Wettbewerbszwecken irreführende Angaben über Tatsachen zu machen, die für das eigene Geschäft von Bedeutung sind (§ 3 Gesetz gegen den unlauteren Wettbewerb, UWG). Irreführend sind neben unwahren Tatsachenbehauptungen auch solche, die einen falschen Eindruck erwecken. Demgemäß dürfen Unterlagen, die ein Unternehmen an die Medien verteilt (Pressemappen), keine unrichtigen oder irreführenden Angaben über seine Produkte oder Leistungen enthalten.

2.2 Geheimnisschutz

Der Verrat von Staatsgeheimnissen (§§ 93ff Strafgesetzbuch, StGB) dürfte in der Öffentlichkeitsarbeit kaum in Betracht kommen. Von größerer Bedeutung sind die Grenzen, die dem Schutz privater Geheimnisse und von Betriebs- und Geschäftsgeheimnissen dienen.

Dem Schutz *privater* Geheimnisse dienen zum einen einige Straftatbestände. So macht sich strafbar, wer ein nichtöffentliches Gespräch ohne Einwilligung der Gesprächspartner auf einen Tonträger aufzeichnet oder eine solche Aufnahme benutzt (§ 201 StGB), das Briefgeheimnis verletzt (§ 202 StGB) oder sich Zugang zu besonders gesicherten elektronisch gespeicherten Daten verschafft (§ 202a StGB). Einer besonderen Geheimhaltungspflicht unterliegen die Angehörigen einer Reihe von Berufen und Unternehmen, deren Arbeit es typischerweise mit sich bringt, dass sie Informationen aus der Privatsphäre ihrer Klienten erhalten, sowie Amtsträger und öffentlich bestellte Sachverständige (§ 203 StGB). Die Mitarbeiter von Post- oder Telekommunikationsunternehmen schließlich machen sich strafbar, wenn sie das Post- und Fernmeldegeheimnis verletzen (§ 206 StGB).

Einen umfassenderen Schutz gegen die Veröffentlichung von Informationen über das Privatleben bietet das Zivilrecht durch das ‚allgemeine Persönlichkeitsrecht'. Dieses gibt jedem grundsätzlich das Recht, selbst zu entscheiden, inwieweit solche Informationen der Öffentlichkeit zugänglich gemacht werden sollen. Ohne Einwilligung dürfen sie nur veröffentlicht werden, wenn sie (mit seinem Einverständnis) bereits anderweitig vorveröffentlicht sind oder an ihrer Veröffentlichung ein öffentliches Informationsinteresse besteht, hinter dem der Persönlichkeitsschutz im Einzelfall zurücktreten muss (vgl. Branahl: 115ff).

Neben dem Geheimnisschutz ist im Rahmen der PR-Arbeit außerdem zu beachten, dass sich niemand gefallen lassen muss, von einem Unternehmen ohne seine Einwilligung zu eigenen wirtschaftlichen, insbesondere Werbezwecken benutzt zu werden. Der Einsatz bekannter Persönlichkeiten im Rahmen von PR-Kampagnen ist deshalb nur mit deren Einwilligung zulässig.

Auch der Schutz von *Betriebs- und Geschäftsgeheimnissen* ist sowohl strafrechtlich wie auch zivilrechtlich gesichert. So verbietet § 203 StGB den Angehörigen von Heilberufen und beratenden Berufen, Amtsträgern und ähnlichen Personen die Preisgabe oder Verwertung von Betriebs- und Geschäftsgeheimnissen, von denen sie im Rahmen ihrer beruflichen Tätigkeit erfahren haben. Generell strafbar machen sich Unternehmensmitarbeiter, die während der Dauer ihres Arbeitsverhältnisses Betriebs- oder Geschäftsgeheimnisse, von denen sie durch ihre Tätigkeit in dem Unternehmen erfahren haben, aus Eigennutz, zugunsten eines Dritten oder um dem

Geschäftsinhaber zu schaden, unbefugt an jemanden zu Wettbewerbszwecken weiterzugeben (§ 17 Abs. 1 UWG). Betriebsfremde Personen können bestraft werden, wenn sie sich an einer solchen Straftat beteiligen (§ 20 UWG) oder ein Betriebs- oder Geschäftsgeheimnis, das sie sich unbefugt verschafft haben, unbefugt verwerten oder weitergeben (§ 17 Abs. 2 UWG).

Zivilrechtlich stellt jeder Verrat von Betriebs- und Geschäftsgeheimnissen, auch wenn er nicht zu Wettbewerbszwecken erfolgt, eine Verletzung des Rechts am Unternehmen dar. Diese löst gemäß § 823 Bürgerliches Gesetzbuch (BGB) Abwehr- und Schadensersatzansprüche aus, sofern sie nicht durch ein überwiegendes öffentliches Informationsinteresse gerechtfertigt ist. Eine Rechtfertigung kommt beispielsweise in Betracht, wenn die Veröffentlichung dem Umwelt- oder Verbraucherschutz oder der Abwendung von Gefahren für die Allgemeinheit dient.

2.3 Recht am eigenen Bild [6]

Abbildungen, auf denen Personen zu erkennen sind, dürfen grundsätzlich nur mit deren Einwilligung verbreitet oder öffentlich zur Schau gestellt werden (Recht am eigenen Bild, § 22 Abs. 1 Kunsturhebergesetz, KUG). Abbildungen von Personen, an denen die Öffentlichkeit auf Grund ihrer Stellung in der Gesellschaft oder auf Grund ihres eigenen Verhaltens dauerhaft oder zeitweise ein Informationsinteresse hat, dürfen auch ohne deren Einwilligung veröffentlicht werden („Bildnisse aus dem Bereich der Zeitgeschichte", § 23 Abs. 1 Nr. 1 KUG). Dasselbe gilt für Versammlungsfotos und für Bilder, auf denen die abgebildeten Personen nur als „Beiwerk" neben dem eigentlichen Gegenstand der Abbildung erscheinen (§ 23 Abs. 1 Nr. 2 und 3 KUG).

Bilder von Personen des öffentlichen Lebens und Versammlungsfotos dürfen ohne Einwilligung jedoch nicht veröffentlicht werden, wenn sie berechtigte Interessen der Abgebildeten bzw. ihrer Hinterbliebenen verletzen (§ 23 Abs. 2 KUG). Demgemäß sind die Regeln über den Wahrheitsschutz (2.2.1) und Geheimnisschutz (2.2.2) auch bei der Veröffentlichung von Bildern zu beachten. Außerdem verboten ist es, Versammlungsfotos und Bilder von Personen des öffentlichen Lebens ohne Einwilligung der Abgebildeten zu *Werbezwecken* zu benutzen. Durch die Verbreitung des Fotos darf beim Publikum nicht der Eindruck erweckt werden, der Abgebildete empfehle das Unternehmen, seine Produkte oder Dienstleistungen. Dieser Eindruck entsteht zwar bei der Verwendung in Anzeigen und Werbespots, nicht aber schon dadurch, dass die Abbildung in einer Kundenzeitschrift im Zusammenhang mit redaktioneller Berichterstattung verwendet wird. Das gilt nach der Rechtsprechung des Bundesgerichtshofs (BGH) selbst dann, wenn die Kundenzeitschrift zum größten Teil einem Werbeprospekt für die von dem Unternehmen angebotenen Produkte gleicht und der redaktionelle Teil kurz und inhaltsarm ist (BGH in Archiv für Presserecht (AfP) 1995: 495f). Andererseits darf die Regel, dass sich niemand ohne seine Zustimmung zu Werbezwecken einsetzen lassen muss, nicht dadurch

---
6   Eine detailliertere Darstellung des Rechts am eigenen Bild enthält Branahl 2000: 157ff.

unterlaufen werden, dass ein Prominenter in einem Werbespot ‚gedoubelt' wird. Unzulässig ist die Werbung mit einem Double bereits, wenn der Spot eine Reihe von Merkmalen enthält, die auf den Prominenten hinweisen.

2.4 Schutz gegen Schmähungen

Wertende Stellungnahmen zu Angelegenheiten von öffentlichem Interesse sind durch das Grundrecht der Meinungsäußerungsfreiheit generell in weitem Umfang geschützt. Das gilt unabhängig davon, ob sie sachlich gut begründet, inhaltlich nachvollziehbar, ausgewogen und gerecht sind oder nicht. Auch unbegründete, polemische und verletzende Werturteile genießen den Schutz des Grundrechts. Die Grenzen einer zulässigen Meinungsäußerung sind im Allgemeinen erst überschritten, wenn es in einer Äußerung überhaupt nicht mehr um eine Stellungnahme zur Sache geht, sondern nur noch um die *Beschimpfung* einer Person, einer Behörde oder eines Unternehmens. Eine solche ‚Schmähkritik' kann als *Beleidigung* straf- und zivilrechtlich verfolgt werden. Auch gegen negative, *geschäftsschädigende* Bewertungen seiner Leistungen kann sich ein Unternehmen im Allgemeinen erst zur Wehr setzen, wenn sie die Grenze zur Schmähkritik überschreiten.

Deutlich engere Grenzen setzt das *Wettbewerbsrecht* der Meinungsäußerungsfreiheit: Die öffentliche Herabsetzung eines *Konkurrenten* oder seiner Leistungen gilt im Allgemeinen als Verstoß gegen die guten Sitten. Gegen sie kann der Betroffene sich mit einer Unterlassungsklage wehren und Schadensersatz verlangen (§ 1 UWG). Auf seine Meinungsäußerungsfreiheit kann sich ein Geschäftsinhaber in diesem Zusammenhang nur berufen, wenn seine Stellungnahme eine Angelegenheit von allgemeiner Bedeutung betrifft und die Auswirkungen auf das Wettbewerbsverhältnis demgegenüber in den Hintergrund treten. Weniger harte Maßstäbe legt der BGH an, wenn kritische Äußerungen zu Fragen von allgemeiner Bedeutung für Zwecke der Imagewerbung instrumentalisiert werden (vgl. BGH AfP 1997: 905ff). In der Anzeigenwerbung zu politischen Themen Stellung zu nehmen ist nicht generell sitten- und damit wettbewerbswidrig.

Unzulässig ist jedoch die Verbreitung falscher Tatsachenbehauptungen und die pauschale Verunglimpfung Dritter. Den ethischen Minimalkonsens verletzt ferner eine Werbung, die gegen das Diskriminierungsverbot verstößt, indem sie herabsetzende Vorurteile ausnutzt, die in Teilen der Bevölkerung gegenüber bestimmten Bevölkerungsgruppen bestehen, z.B. gegenüber Ausländern, Muslimen o.ä. Andererseits ist eine Imagewerbung nicht schon deshalb wettbewerbswidrig, weil sie Missstände anprangert, das soziale Gewissen oder das Mitgefühl des Verbrauchers weckt, um auf diese Weise das Ansehen des Unternehmens zu steigern.

2.5 Trennung von Werbung und redaktioneller Berichterstattung: Das Verbot von Schleichwerbung

Das allgemeine *Verbot irreführender Werbung* (vgl. oben 2.2.1) setzt auch dem Einsatz der Massenmedien im Rahmen von PR-Strategien rechtliche Grenzen. So dürfen Werbebroschüren durch ihre Aufmachung und Gestaltung nicht den Eindruck von Informationsblättern erwecken, die von einer unabhängigen Redaktion gestaltet werden (Verbot des ‚Segelns unter falscher Flagge').

Werbung in Massenmedien mit einem redaktionell gestalteten Angebot muss als solche deutlich erkennbar sein. So schreiben die Pressegesetze der Länder vor, dass redaktionell gestaltete Anzeigen, die nicht schon durch ihre Platzierung als solche zu erkennen sind, deutlich mit dem Wort *Anzeige* gekennzeichnet werden müssen (§ 10 LPG).[7] Die Rundfunkgesetze verlangen, dass Werbung im Fernsehen durch optische, im Hörfunk durch akustische Mittel eindeutig von anderen Programmteilen getrennt wird. Dauerwerbesendungen müssen als solche angekündigt und während des gesamten Verlaufs gekennzeichnet werden.[8]

Werbung und Werbetreibende dürfen das redaktionell gestaltete Rundfunkprogramm inhaltlich nicht beeinflussen (§ 7 Abs. 2 RStV). Deshalb sind Vereinbarungen unzulässig, die einen Werbeauftrag an das Erscheinen oder die inhaltliche Gestaltung eines redaktionellen Beitrages knüpfen oder von einer wohlwollenden Beurteilung im redaktionell gestalteten Programm abhängig machen.

Auch bei Printmedien sind *Kopplungsgeschäfte* rechtswidrig, die einen Anzeigenauftrag mit der Erwartung oder dem Versprechen einer Erwähnung im redaktionellen Teil des Blattes verbinden. Rechtlich problematisch ist eine aktive Medienarbeit immer dann, wenn PR-Maßnahmen entweder verdeckt vorgenommen werden oder wirtschaftlicher Druck eingesetzt wird, um eine ‚gute Presse' zu bekommen. Die Grenze zur Strafbarkeit überschreitet, wer dem Mitarbeiter eines Senders oder Verlages eine Gegenleistung für eine ‚Vorzugsbehandlung' seines Unternehmens im redaktionellen Teil des Blattes oder Programms anbietet oder gewährt (Bestechung im geschäftlichen Verkehr, § 299 Abs. 2 StGB).

Schleichwerbung ist die Erwähnung eines Anbieters, seiner Waren, Dienstleistungen, Marken oder Tätigkeiten im redaktionellen Teil, die nicht durch das Informationsinteresse des Publikums gerechtfertigt ist, sondern allein oder überwiegend Werbezwecken dient.[9] Sie ist sowohl im Rundfunk (vgl. § 7 Abs.5 RStV) als auch in den Printmedien (§ 1 UWG) unzulässig. Eine Schleichwerbung liegt nicht schon darin, dass eine Zeitung nach sachlichen Kriterien entscheidet, welche Unternehmen sie im Rahmen ihrer Berichterstattung erwähnt. So ist es beispielsweise gerechtfertigt, den Inhaber eines Unternehmens als Fachmann zu Wort kommen zu lassen, ohne zugleich alle seine Konkurrenten ebenfalls um ihre Meinung zu bitten. Ein-

---

7 In Hessen findet sich die entsprechende Vorschrift in § 8, in Bayern, Berlin, Mecklenburg-Vorpommern, Sachsen und Sachsen-Anhalt in § 9 und in Brandenburg in § 11 des jeweiligen Landespressegesetzes.
8 Die Grundlage für die entsprechenden Vorschriften bildet § 7 Abs. 2 und 3 des Rundfunkstaatsvertrages.
9 Vgl. auch die Definition von Schleichwerbung in § 7 Abs. 5 RStV.

wendungen gegen die sachgerechte Auswahl des Fachmanns werden sich insbesondere dann nicht erheben lassen, wenn dieser eine führende Stellung in seiner Berufsorganisation (Verband, Innung, Kammer) bekleidet.

Vereinbarungen zum *product placement* in Rundfunksendungen, durch die dem Sender oder dem Hersteller des Beitrages eine Gegenleistung dafür versprochen oder gezahlt wird, dass ein Unternehmen, seine Produkte oder Dienstleistungen in dem Beitrag erwähnt werden, sind generell gesetzwidrig (vgl. § 7 Abs. 5 RStV) und deshalb nichtig (Oberlandesgericht München AfP 1988: 252ff). Das gilt auch für den Fall, dass ein Unternehmen einen freien Produzenten oder den freien Mitarbeiter eines Senders damit beauftragt, gegen ein entsprechendes Entgelt einen Rundfunkbeitrag zu einem aktuellen Thema anzufertigen und bei einem Sender ‚unterzubringen', in dem es selbst oder seine Leistungen erwähnt bzw. „in ein gutes Licht gerückt" werden (OLG München in AfP 1992: 306f, und in Zeitschrift für Urheber- und Medienrecht, ZUM 1995: 888ff). *Im Übrigen bestehen jedoch keine rechtlichen Bedenken dagegen, dass ein Unternehmen den Medien seine Informationen so präsentiert, dass sie von diesen leicht zu verarbeiten sind, etwa in Form fertiger Beiträge.*

Ebenso wenig steht das Medien- oder das Wettbewerbsrecht PR-Aktionen nach dem Motto: ‚Tu Gutes und rede darüber!' entgegen, die darauf setzen, mit Hilfe der Medien den guten Ruf des Unternehmens, sein ‚Image' zu verbessern (Sympathiewerbung). Deshalb ist beispielsweise nichts dagegen einzuwenden, dass ein Veranstalter einer Zeitung ein Kontingent von Eintrittskarten zur kostenlosen Verteilung an ihre Leser zur Verfügung stellt, ein Unternehmen Gewinne für ein Preisrätsel zur Verfügung stellt oder zusammen mit einer Zeitung oder einem Sender eine kulturelle Veranstaltung sponsert.

Die Versendung von Informationsmaterial über die eigenen Produkte an Massenmedien ist wettbewerbsrechtlich nicht zu beanstanden, wenn die Produktinformationen sachlich gehalten sind und keine unwahren oder irreführenden Angaben enthalten. Das Unternehmen ist im Allgemeinen nicht verpflichtet besondere Vorkehrungen zu treffen, um zu verhindern, dass solche Informationen von den Adressaten in wettbewerbswidriger Weise verwendet werden (BGH AfP 1996: 64ff – Produktinformation III).

2.6 Das Verbot der Wahlwerbung durch Staatsorgane

Die Öffentlichkeitsarbeit von Staatsorganen ist zulässig und notwendig, soweit sie darauf zielt, dem Publikum die Informationen zu liefern, die es zur sachgerechten eigenen Meinungs- und Willensbildung benötigt. Dazu gehört z.B., dass die Staatsorgane (Regierung, Parlament und Gerichte) ihre Überlegungen und Entscheidungen darlegen und erläutern, dem Publikum in allgemein verständlicher Weise den Inhalt von Gesetzen und deren Änderungen nahe bringen, es über seine Rechte und Pflichten aufklären, Verständnis für erforderliche Maßnahmen wecken und für ein sachgerechtes Verhalten werben. Die mit dieser Öffentlichkeitsarbeit notwendig verbundene Werbung für die Arbeit der Amtsinhaber ist von der Opposition hinzunehmen.

Demgegenüber ist es Staatsorganen nach der Rechtsprechung des Bundesverfassungsgerichts (BVerfGE 44: 125ff) verwehrt, im Wahlkampf zugunsten oder zu Lasten bestimmter politischer Parteien oder Wahlbewerber Partei zu ergreifen. Damit griffen sie in unzulässiger Weise in den durch das Demokratieprinzip geschützten Prozess einer freien öffentlichen politischen Meinungs- und Willensbildung ein und verletzten zugleich den Grundsatz der Chancengleichheit für alle politischen Parteien.

Insbesondere darf die Regierung staatliche Mittel nicht für eine Öffentlichkeitsarbeit einsetzen, die sich nach Form, Inhalt, Umfang oder Erscheinungstermin als Werbung für ihre Wiederwahl darstellt. Zudem muss sie Vorkehrungen dagegen treffen, dass Produkte, die sie für Zwecke der Öffentlichkeitsarbeit hat herstellen lassen, von Parteien oder anderen Gruppen, die sie bei der Wahl unterstützen, zur Wahlwerbung eingesetzt werden.

3. Marken- und Titelschutz; Urheberrechte

Besondere Vorsicht geboten ist bei der Auswahl und Gestaltung des Titels von PR-Veröffentlichungen. Dieser darf nicht irreführend sein, vor allem nicht den Eindruck erwecken, die Veröffentlichung stamme von einem anderen, beispielsweise von einem Konkurrenten oder einer ‚neutralen Instanz', etwa einer Nachrichtenagentur oder einem Medienunternehmen. So darf beispielsweise keine Buchstabenkombination verwendet werden, die bereits als Abkürzung zur Bezeichnung einer Druckschrift (z.B. FAZ, NJW) oder eines Unternehmens (AEG, BBC, BMW) dient.

Vor der Einführung eines neutralen Titels, der die Herkunft der Druckschrift nicht erkennen lässt, ist zu prüfen, ob sich dieser von allen anderen geschützten Titeln ausreichend unterscheidet. Geschützt sind Titel,

- die sich bereits auf dem Markt befinden,
- die noch im Planungsstadium, aber bereits in branchenüblicher Weise durch eine Titelschutzanzeige[10] angekündigt worden sind oder
- als Marke im Markenregister eingetragen oder zur Eintragung angemeldet sind.

Nicht mehr geschützt sind Titel, die endgültig[11] vom Markt verschwunden und auch nicht (mehr) als Marke eingetragen sind.

Unzulässig ist die Verbreitung eines Titels,

- der mit einem geschützten Titel verwechselt werden kann (§ 15 Abs. 2 MarkenG)
- oder die Bekanntheit oder Wertschätzung eines bekannten Titels in unlauterer Weise ausnutzt oder beeinträchtigt (§ 15 Abs. 3 MarkenG).

---

10 Zu Einzelheiten vgl. Löffler 1997: 1551ff.
11 Zur Abgrenzung von der vorübergehenden Nichtbenutzung vgl. Löffler 1997: 1554f.

Die Verwendung des eigenen (Firmen-)Namens ist grundsätzlich auch dann zulässig, wenn dieser bereits von einem gleichnamigen Unternehmen verwendet wird. In solchen Fällen ist durch die Verwendung geeigneter Gestaltungselemente (Farbe, Schrifttypen, Aufmachung) für die erforderliche Unterscheidbarkeit zu sorgen.

Sollen fremde Texte, Töne oder Abbildungen in eine PR-Publikation aufgenommen werden, ist zu prüfen, ob diese (noch) urheberrechtlich geschützt sind.[12]

Literatur

Branahl, Udo [4](2002): Medienrecht. Wiesbaden: Westdeutscher Verlag.
Löffler, Martin [4](1997): Presserecht. Kommentar zu den Landespressegesetzen der Bundesrepublik Deutschland. München: Beck.

---

12 Eine Darstellung der einschlägigen Regeln enthält Branahl 2002: 199ff.

Ethik der Public Relations - Grundlagen und Probleme

Günter Bentele

1. Hunzinger, die PR-Moral und das Branchenimage: eine Einleitung

Im Sommer 2002 wurde der damalige Verteidigungsminister Scharping von Bundeskanzler Schröder entlassen, nachdem er wegen umstrittener Kontakte zu dem PR-Unternehmer und ‚Kontaktmakler' Moritz Hunzinger in die Kritik geraten war. Moritz Hunzinger wurde in diesem Sommer zu einer Figur, die „einem zwielichtigen Gewerbe […] ein Gesicht gegeben" hat, so der Journalist Thomas Leif (2003: 45) in einem Band, der den Fall aufarbeitet (Ahrens/Knödler-Bunte 2003). Am 11. September 2002 hat der Deutsche Rat für Public Relations eine Rüge gegen Moritz Hunzinger ausgesprochen, weil er dem Ansehen des Berufsstandes erheblichen Schaden zugefügt hatte, insbesondere durch Geldzuwendungen, die Politiker in Konflikte mit ihren Ämtern gebracht haben und dadurch, dass er in der Öffentlichkeit den falschen Eindruck erweckt hat, dies sei übliche PR-Praxis. Dieser Fall hat zum ersten Mal in der deutschen Nachkriegsgeschichte dem Berufsfeld Public Relations eine hohe öffentliche Aufmerksamkeit beschert und die Branche selbst zum Nachdenken über sich selbst gebracht. Eine von der DPRG eingesetzte Expertenkommission hat u.a. die ‚Richtlinie zur Kontaktpflege im politischen Raum' entwickelt und zum ersten Mal wurde 2003 eine repräsentative Bevölkerungsumfrage zum Image der PR-Branche durchgeführt (vgl. Bentele/Seidenglanz 2004). Ergebnisse dieser Umfrage waren u.a., dass knapp 80 Prozent der erwachsenen Bevölkerung Deutschlands im Jahr 2003 den Begriff PR kennen, 90 Prozent den Begriff ‚Öffentlichkeitsarbeit'. Etwa 80 Prozent finden PR-Aufgaben wie ‚über eine Gesetzesinitiative informieren', Planung einer ‚Anti-Aids-Kampagne' oder ‚Sponsoren finden' wichtig für die Gesellschaft. Aber nur 17 Prozent haben Vertrauen in ‚PR-Manager und –berater'. Dieses *ambivalente Image der PR*, das bei Journalisten in der Regel noch deutlich negativer ausfällt, wird von diesen oft mit Begriffen wie ‚unseriös', ‚Schönfärberei', ‚Schleichwerbung', oder mit Begriffskombinationen wie PR-Gag, PR-Coup, PR-Trick, PR-Desaster usw. (vgl. auch Piwinger 1999) verbunden. Hinter diesem Image, in dem PR nur als die Herstellung schönen Scheins gezeichnet wird, verbirgt sich die Frage nach der vermeintlichen oder tatsächlichen *Moral* dieser Branche.

2. Gesetzesnormen, Ethik und die PR-Ethik

Das Handeln von PR-Akteuren und PR-Organisationen findet prinzipiell in gesellschaftlichen und in organisatorischen Kontexten statt. Soziale und organisatorische *Normen* bilden dabei wichtige Rahmenbedingungen des beruflichen Handelns. Zwei

Ebenen von Normen sind zu unterscheiden: *gesetzliche* und *ethische* Normen. Letztere *komplementieren* die in modernen Gesellschaften vorhandenen gesetzlichen Normen, teilweise *fundieren* sie sie. Über die Einführung und Abschaffung von *Gesetzen* wird innerhalb eines parlamentarischen Prozesses nach bestimmten Verfahrensregeln entschieden. Das System der Rechtssprechung entscheidet darüber, ob die Normen verletzt worden sind, ob solche Verletzungen durch Strafen sanktioniert werden.

Bei ethischen Normen ist dies anders. Ethik[1] ist heute eine primär philosophische, bis zur griechischen Philosophie zurückreichende Teildisziplin und beschäftigt sich mit dem moralisch-sittlichen *Handeln* der Menschen (deskriptive Ethik) bzw. mit moralischen *Normen* (normative Ethik). In der Philosophie werden die Begriffe *Ethik* und *Moral* nicht synonym (wie in der Alltagssprache) gebraucht, sondern meist drei Ebenen unterschieden:

- Auf der *moralischen Ebene, der Ebene des praktischen Handels,* stellen sich Fragen wie die, welche sittlichen Einstellungen existieren, wie sie auf reales Handeln angewendet werden, ob und inwiefern sich Individuen an sittlich-moralische Vorstellungen, die in der Gestalt von *Ge-* oder *Verboten* vorliegen, gebunden fühlen usw.
- Auf der *ethischen* (= *moraltheoretischen*) Ebene, auf der moralisches Handeln reflektiert wird, stellt sich die Frage nach der Begründungs- und Überzeugungskraft existierender Moralvorstellungen.
- Auf der *metaethischen* Ebene schließlich werden unterschiedliche Ethiken diskutiert, miteinander verglichen, dies vor allem in der Wissenschaft (vgl. u.a. Pieper 1991; Höffe 1992; von Kutschera 1982).

PR-Ethik kann sinnvoll als Teil der – allgemeineren – *Kommunikationsethik*[2] aufgefasst werden und überlappt z.B. mit der *Wirtschaftsethik* oder der *Ethik politischen Handelns*. Wie die Wirtschaftsethik, die Bioethik oder die *journalistische Ethik* kann die PR-Ethik als ein Bereich der *praktischen Ethik* betrachtet werden. Diskurse der PR-Ethik finden sich einerseits bei Branchenangehörigen selbst, andererseits in der Wissenschaft, vor allem der Kommunikationswissenschaft.

Eine *Ethik der Public Relations* beschäftigt sich mit dem moralisch-sittlichen Handeln von PR-Praktikern und den Normen, die diesem Handeln zugrunde liegen, deren Angemessenheit, Systematik, usw. Konkret widmet sie sich z.B. Fragen von Offenheit (Transparenz) und Geheimhaltung, Wahrheit, Objektivität, Präzision oder dem Verschweigen von Information von Unternehmensinformationen, den Problemen und Grenzen der Beeinflussung von Politikern (z.B. beim Lobbying), der Vergabe von Geschenken an Journalisten, das Anbieten von Wirkungsgarantien etc. Aufgaben einer PR-Ethik sind es, einerseits *Wertvorstellungen*, *Normen* und *Handlungsempfehlungen* zu formulieren bzw. auszuarbeiten, andererseits eine tragfähige Argumentation vorzulegen, um im Fall konfliktärer Ansprüche (z.B. Loyalität ge-

---

[1] Meinem Mitarbeiter Howard Nothhaft, M.A. sei für die Mitarbeit an einigen Passagen dieses Abschnitts gedankt.

[2] Dazu lassen sich beispielsweise die Ethik der interpersonalen Kommunikation, die Ethik der Werbung oder die des Journalismus bzw. der Medien zählen.

genüber Auftraggeber versus Verantwortung gegenüber der Öffentlichkeit) eine *Güterabwägung* vornehmen zu können. Die Verantwortung für die Güterabwägung kann dabei auf individueller Ebene (*Individualethik*), auf Organisationsebene (*Organisationsethik*) oder Branchenebene (*Branchenethik*) angesiedelt werden. Akzeptiert man diese Unterscheidung in drei Typen von PR-Ethik analog zu der entsprechenden Unterscheidung im Bereich Medien und Journalismus (vgl. Weischenberg 1992: 210ff), so kann der weltweite PR-ethische Diskurs als eine auf das Handeln des Einzelindividuums bezogene *Branchenethik* verstanden werden, die das Einzelhandeln von PR-Akteuren normieren will.

In der Praxis wird diese Aufgabe durch den – meist impliziten – Bezug auf unterschiedliche (allgemeine) Ethiken gelöst. Wenn beispielsweise eine *teleologische Ethik* zugrunde gelegt wird, bezieht man sich auf ideale Werte und Güter (wie z.B. Menschlichkeit). Im Rahmen einer *Verantwortungsethik* wird man sich auf konsequenzorientiertes Handeln (z.B. mit Blick auf Erhalt und Förderung öffentlichen Vertrauens) konzentrieren. Legt man eine *utilitaristische Ethik* zugrunde, wird man vor allem auf den Nutzen für einen selbst oder für die Organisation verweisen. Bei Zugrundelegung einer *prozessualen* Ethik wird man auf bestimmte *Verfahren verweisen*, wie z.B. das dialogische Aushandeln oder die Etablierung eines Ethikrates, der dann Handlungen (auf Basis bestimmter normativer Grundsätze) ethisch *begründen* bzw. legitimieren oder kritisieren soll. Förg (2004: 191ff) schlägt dazu ein gestuftes Diskussionsverfahren zwischen Ethikern und Praktikern vor.

Ethische Normen der PR werden in der Regel nicht von Philosophen, sondern von den nationalen und internationalen *Berufsorganisationen*, gelegentlich von Organisationen selbst (z.B. großen Agenturen) entwickelt. *Kodizes* und *Richtlinien* sind verschriftlichte Formen berufsethischer und/oder beruflicher Verhaltensnormen. Ihre Überwachung und teilweise auch ihre Entstehung obliegen in der Regel *Organen der freiwilligen Selbstkontrolle, deren* Sanktionsmöglichkeiten aufgrund dieser Konstruktion nicht sehr weit gehen können, da keine Möglichkeiten bestehen, die Verletzung ethischer Normen wirklich zu bestrafen oder deren Bestrafung zu erzwingen. Stärkste Sanktionsmöglichkeit ist die *öffentliche Rüge*, die nur durch die Veröffentlichung und die daraus resultierenden Effekte (z.B. auf Kollegen, Kunden, Berufsverbände) gewisse Wirkungen entfalten kann; stärkere Sanktionsmöglichkeiten wären nur mit einem staatlich geregelten, geschlossenen Berufszugang denkbar.

3. Kodizes, Richtlinien und der Deutsche Rat für Public Relations (DRPR)

3.1 Internationale und nationale Grundsätze und Kodizes

Moralische Verhaltensanforderungen an PR-Praktiker haben sich mit der Geschichte des Berufsfelds entwickelt. Die älteste bekannte PR-Richtlinie dürfte die ‚Declaration of Principles' von Ivy L. Lee sein, die dieser ab 1906 im Rahmen seiner Pressearbeit mit versandte (vgl. Hiebert 2005: 482ff). Sie enthielt u.a. die Forderungen nach *Offenheit* der Pressearbeit (gegenüber der damals eher dominierenden verdeckten, geheimen Pressearbeit) und *Genauigkeit* (accuracy). Mit dieser Deklaration revolutionierte Lee das damals vorherrschende Selbstverständnis der PR und läutete eine neue Epoche ein. Interessanterweise nennt die erst im Jahr 2000 als Vereinigung nationaler und regionaler PR-Verbände gegründete, internationale PR-Organisation *Global Alliance* ihren sich bescheiden ‚Protokoll' genannten Ethik-Kodex ebenfalls ‚Declaration of Principles'. In diesem werden Integrität, Wahrheit, Genauigkeit (accuracy), Fairness, Verantwortlichkeit den Kunden und der Gesellschaft gegenüber ebenso wie das professionelle Eintreten für Interessen (advocacy), Ehrlichkeit, Integrität, Sachverständigkeit (expertise) und Loyalität als Grundwerte beruflichen Handelns hervorgehoben (vgl. www.globalpr.org).

Für Deutschland finden sich ethische Regeln für Pressearbeit als *informelle Regeln* auch in früheren historischen Abschnitten (vgl. Bentele 1997; Kunczik 1997). Die ‚Standesehre' wurde hochgehalten und immerhin wurden solche PR-Regeln wie die, dass amtliche Nachrichtenstellen keine Meinungen fabrizieren, sondern ‚Tatsachen' festzustellen und zu verbreiten hätten, öffentlich thematisiert und diskutiert (vgl. Goslar 1921; A.B. 1921). Wenn man einmal von den Propaganda-Theorien der zwanziger Jahre und den Anwendungen durch Hitler und Goebbels absieht,[3] wurden in Deutschland PR-Berufsregeln erst mit den ersten Buchpublikationen der Nachkriegszeit etwas systematischer schriftlich formuliert bzw. kodifiziert. Eines der ersten deutschen Nachkriegssynonyma für PR – öffentliche Meinungspflege – wurde von Gross (1951: 25ff) auch aufgrund *ethischer Kriterien* von Werbung und Propaganda abgegrenzt. Die im selben Jahr erschienene Schrift von Carl Hundhausen (1951: 159ff) diskutiert *sechs Grundprinzipien* der Public Relations, darunter das Prinzip der *Wahrheit*, das Prinzip der *vollständigen Wahrheit* und das der *Offenheit*. Albert Oeckl sieht als PR-Grundregeln Wahrheit, Klarheit, die Einheit von Wort und Tat, daneben Offenheit und Integrität (Oeckl 1964: 47). Neske (1977: 37ff) benennt als Leitsätze der Öffentlichkeitsarbeit u.a. *Offenheit, Sachlichkeit, Ehrlichkeit* sowie *Kongruenz von Information und Handeln*. Alle diese Leitsätze thematisieren das Verhältnis zwischen *Wirklichkeit der Organisationen* und der kommunikativen Beschreibungen von Organisationen. Angesichts dieser frühen Reflexion von *Adä-*

---

3 Genau betrachtet haben aber auch die frühen deutschen Propagandatheorien (vgl. z.B. Plenge 1922; Stern-Rubarth 1921) inklusive der nationalsozialistischen Propagandavorstellungen eine ethische Dimension: Auch die Legitimation von Lügen als Instrument staatlicher Informationsarbeit oder die Ersetzung von Wahrheit durch Wirksamkeit bewegen sich auf der Ebene einer Diskussion über ethische Regeln.

quatheitsregeln (vgl. Bentele 1994a, b) in der Praktikerliteratur ist es erstaunlich, dass die *Wahrheitsnorm* im zentralen europäischen PR-Kodex ‚Code d'Athènes' nur beiläufig und an untergeordneter Stelle genannt wird.

In der neueren einführenden PR-Literatur Deutschlands – in den amerikanischen Textbooks ohnehin – ist die Behandlung ethischer Probleme ein festes Element: fast durchgehend wird normativ eine moralische Ausrichtung der PR-Arbeit gefordert und das Problemfeld angesprochen.[4] Innerhalb der ‚Praktiker-Literatur' wird neben Ratschlägen zum Umgang mit Journalisten vor allem immer wieder auf das Ziel von PR-Arbeit hingewiesen, *Vertrauen* zu schaffen und *glaubwürdig* zu sein. Dazu sind in Deutschland auch die gesellschaftliche Verantwortlichkeit von Unternehmen (Corporate Social Responsibility) und die gute und verantwortliche Unternehmensführung (Corporate Governance) zu wichtigen, öffentlichen Themen geworden.

Die von vielen nationalen Berufsverbänden heute anerkannten internationalen Kodizes sind der Code d'Athènes und der Code de Lisbonne. Der Code d'Athènes wurde am 11. Mai 1965 von der CERP in Athen beschlossen, die DPRG hat ihn 1966 übernommen. Im Code de Lisbonne, der 1978 von der Generalversammlung der CERP verabschiedet wurde, sind u.a. Verpflichtungen gegenüber der ‚Allgemeinen Erklärung der Menschenrechte' (Art. 2), eine Verpflichtung zur Wahrheit, Aufrichtigkeit, zur Offenheit, aber auch Loyalität und der Geheimniswahrung gegenüber dem Arbeit- oder Auftraggeber (Art 3, 4, 7) usw. enthalten. Konkrete Richtlinien betreffen z.B. das Verbot von Erfolgsgarantien (Art. 10), das Verbot von Täuschung (Art. 15) und das Verbot der gleichzeitigen Vertretung konkurrierender Interessen (Art. 6) enthalten. Gemeinsam mit nationalen deutschen Kodizes, insbesondere den schon 1964 verabschiedeten ‚Grundsätzen der DPRG' und den 1991 verabschiedeten ‚Sieben Selbstverpflichtungen', in denen Normen wie Wahrhaftigkeit, Fairness, Redlichkeit an zentraler Stelle genannt werden (Avenarius 1998: 56ff), bilden sie eine Grundlage für die *Spruchpraxis des Deutschen Rats für Public Relations*. Daneben greift der DRPR auf selbst entwickelte *Richtlinien zurück*, die für konkrete PR-Arbeitsfelder und ethische Problemzonen entwickelt wurden. Einen Überblick über die wichtigsten Kodizes und Richtlinien, die in Deutschland gelten, gibt Abbildung 1.

---

4 Vgl. stellvertretend für viele: Avenarius (2000: 376ff); Faulstich (2000: 93ff); Brauer (1993: 476ff).

Kodex	Wann durch welche Organisation verkündet bzw. verabschiedet
I. International	
Code d'Athènes (auch Code d'Ethiques)	1965 von der CERP, der europäischen Dachorganisation nationaler PR-Berufsverbände, verabschiedet 1966 von der *Deutschen Public Relations Gesellschaft* (DPRG) angenommen. 1968 von der *International Public Relations Association* (IPRA) in etwas veränderter Fassung als ‚Internationale ethische Richtlinien für die Öffentlichkeitsarbeit' übernommen.
Code de Lisbonne: Der europäische Kodex professionellen Verhaltens in der Öffentlichkeitsarbeit	1978 von der CERP angenommen. 1980 von der DPRG in reduzierter Fassung übernommen. 1991 abermals in veränderter, aber immer noch reduzierter Fassung von der DPRG bekräftigt.
ICO International Professional Charter, auch *Rome Charter*	1991 durch das *International Commitee of Public Relations Consultancies Assocations* (ICO) in Rom verabschiedet. 1995 von der deutschen Gesellschaft Public Relations Agenturen (GPRA) übernommen.
Declaration of Principles (Global Protocol on Ethics in Public Relations)	2002 von der Global Alliance, dem internationalen Verband der PR-Verbände, in Rom beschlossen
II. Deutschland	
Grundsätze der Deutschen Public Relations Gesellschaft	1964 von der Mitgliederversammlung der DPRG angenommen.
Grundsätze für GPRA-Agenturen	Von der GPRA 1995 verkündet.
Die Sieben Selbstverpflichtungen eines DPRG-Mitglieds	1991 von der Ethikkommission der DPRG erarbeitet, 1995 als einer der ethischen Maßstäbe des Berufsstandes in die DPRG-Leitlinien übernommen.
DRPR-Richtlinien: Richtlinie für den Umgang mit Journalisten	1997 vom Deutschen Rat für Public Relations (DRPR) verabschiedet
Richtlinie für die Handhabung von Garantien	1999 vom DRPR verabschiedet
Richtlinie zur Kontaktpflege im politischen Raum	2003 vom DRPR verabschiedet
Richtlinie zur ordnungsgemäßen ad-hoc-Publizität	2003 vom DRPR verabschiedet
Richtlinie über Product Placement und Schleichwerbung	2003 vom DRPR verabschiedet

Abb.: Wichtige internationale und deutsche PR-Kodizes und Richtlinien

3.2 Kritik und Einschätzung der Kodizes

Bei Betrachtung des Code d'Athènes, des Code de Lisbonne und der Grundsätze der DPRG fällt auf, dass sie sich stark auf allgemeine Normen menschlichen Zusammenlebens stützen: die Charta der Vereinten Nationen bzw. das Grundgesetz der Bundesrepublik Deutschland. Insbesondere der Code d'Athènes kommt erst nach einem langen Vorlauf zu den eigentlichen, PR-spezifischen Grundsätzen. Erst in Punkt 10 wird gefordert, dass Verbandsmitglieder es unterlassen sollten, die Wahrheit anderen Ansprüchen unterzuordnen. Dieser Kodex ist aus heutiger Perspektive *sehr (zu) allgemein*, auf allgemeine Moral bezogen und damit zu *unspezifisch*. Er weist zudem keine erkennbare Systematik auf. Ähnliches gilt für die ‚Grundsätze der Deutschen Public Relations Gesellschaft'.

Der Code de Lisbonne ist demgegenüber deutlich klarer strukturiert: Es werden *allgemeine*, berufliche Anforderungen von *spezifischen* Verhaltensnormen gegenüber den Auftrag- oder Arbeitgebern, gegenüber der Öffentlichkeit und den Medien und gegenüber dem Berufsstand bzw. den Berufskollegen unterschieden. *Aufrichtigkeit*, moralische *Integrität*, gleichzeitig *Loyalität* sind allgemeine Werte, Offenheit der PR-Arbeit und Zurückhaltung in der Eigenwerbung werden als allgemeine PR-Normen genannt. Eine Reihe von spezifischen Normen, darunter das Verbot von Erfolgshonorierung und Erfolgsgarantien (vgl. Rothe 1999), Respektierung des Berufsgeheimnisses, Täuschungsverbote gegenüber Journalisten, usw. sind einige der aufgeführten Regeln. Dieser Kodex ist deutlich berufsspezifischer und enthält gute Ansätze für einen modernen PR-Kodex. Es fehlen aber eine Reihe von Normen, die heute wichtig wären. Die von Horst Avenarius entwickelten, recht kurz und prägnant gehaltenen ‚Sieben Verpflichtungen' signalisieren Realismus und eine deutlich größere Modernität. Die Verpflichtung von PR-Praktikern der Öffentlichkeit gegenüber, die Beachtung des Wahrhaftigkeitsgebots, gleichzeitig aber die Verpflichtung des Arbeit- oder Auftraggebers gegenüber und dementsprechende Loyalitätspflichten, Achtung, Fairness und gewissenhaft Information gegenüber den Informanten, deren Unabhängigkeit nicht angetastet werden soll, stehen im Mittelpunkt dieses Kodex.

Die seit 1997 vom DRPR meist aufgrund konkreter Anlässe, d.h. *induktiv* entwickelten *Richtlinien* (s. Abbildung 1) liegen deutlich näher an konkreten Arbeitsfeldern von PR-Praxis. Sie versuchen, verallgemeinerte, normative Schlussfolgerungen aus den Fällen zu ziehen und markieren, analog zu den Richtlinien des Deutschen Pressekodex, eine Zwischenebene zwischen tatsächlichem Handeln und den allgemeiner gehaltenen Kodizes. Es lässt sich prognostizieren, dass auf einer solchen Basis zukünftig ein systematischer und moderner PR-Kodex entwickelt werden kann.

3.3 Der Deutsche Rat für Public Relations (DRPR) und seine Spruchpraxis

Die Existenz von Kodizes kann allerdings nur dann überhaupt eine gewisse Wirkung zeigen, wenn auch entsprechende Institutionen existieren, die auf deren Einhaltung achten. In Deutschland ist es vor allem[5] der 1987 von der DPRG und der GPRA gegründete *Deutsche Rat für Public Relations*, der als Organ der freiwilligen Selbstkontrolle fungiert. Nach einer ersten, recht inaktiven Phase[6] wurde der Rat mit der Übernahme des DRPR-Vorsitzes durch Horst Avenarius, ehemaliger PR-Chef von BMW, im Jahr 1991 deutlich aktiver. Avenarius hat durch seine organisatorischen und publizistischen Aktivitäten maßgeblich dazu beigetragen, dass der DRPR heute auch von einer größeren Öffentlichkeit wahrgenommen wird. Der DRPR besteht derzeit aus 11 Mitgliedern, die DPRG entsendet vier, die GPRA drei Mitglieder; die übrigen sind kooptiert. Der Rat tagt prinzipiell öffentlich (mit Ausnahme der engeren Beschlussfassung). Er kann Freisprüche, Mahnungen und öffentliche Rügen aussprechen. Vor allem Rügen können dadurch, dass sie – von den Medien verbreitet – Verhalten öffentlich an den Pranger stellen, wirksam werden, wenn sie z.B. aktuelle oder potenzielle Kunden, Kollegen oder die allgemeine Öffentlichkeit beeindrucken (vgl. Avenarius 2001). Seit 1991 hat der DRPR regelmäßig getagt und eine Reihe von Entscheidungen getroffen. Die Zahl der Fälle liegt deutlich niedriger als beim Deutschen Presserat oder Deutschen Werberat, weil PR-Arbeit der Öffentlichkeit gegenüber deutlich weniger zugänglich ist als journalistische Produkte oder Produkte der Werbung. Seit dem Jahr 2003 häufen sich jedoch die Fälle, die an den DRPR herangetragen werden. In den Berichtsjahren 2002/03 und 2004 gingen jeweils 20 Beschwerden ein.[7]

4. Relevanz der PR-Ethik für die PR-Berufspraxis

Inwiefern ist eine Ethik der PR überhaupt ein Thema für eine Auseinandersetzung mit der PR-Praxis und – darüber hinausgehend – ein Thema für die PR-Wissenschaft? Die wichtigsten Gründe für die Beschäftigung des Berufsfeldes mit ethischen Fragen, der Existenz von Kodizes und Richtlinien und die Arbeit entsprechender Räte sind folgende:

- PR-Akteure und Organisationen, die kommunizieren, übernehmen damit – ob sie wollen oder nicht – *Verantwortung* ihrem Auftraggeber, Ihren Kunden, verschiedenen Öffentlichkeiten, ihren Kollegen und auch unmittelbar von der Kommunikation Betroffen gegenüber. Daraus leiten sich auch Verpflichtungen diesen Gruppen gegenüber ab, die sich nicht prinzipiell negieren lässt.

---

5   Der 1967 ins Leben gerufene DPRG-*Ehrenrat* behandelt insbesondere Konflikte *zwischen* DPRG-Mitgliedern wie z.B. ehrenrührige Anschuldigungen und fungiert damit als *Konfliktregelungsinstrument* für die *Binnenkommunikation* des Berufsverbandes, nicht eigentlich als Ethik-Rat.
6   Der damalige Vorsitzende des DRPR, Friedrich von Friedeburg verstand seine Arbeit damals eher als „leise Führung" und als nicht-öffentliches Wirken (vgl. Bentele 1992).
7   Vgl. die entsprechenden Jahresberichte des DRPR auf www.drpr-online.de

- Organisationen und Personen können, weil sie nicht *nicht* kommunizieren können, sich auch nicht moralisch ‚neutral' verhalten. Kommunikative Praxis ist – auch deshalb, weil sie immer bestimmte Wirkungen zeitigt – *unauflöslich* mit ethischen Normen *verknüpft*, werden solche Normen nun befolgt oder verletzt. Mit jeder Kommunikation sind durch die explizit oder implizit damit verbundenen *Geltungsansprüche* (Wahrhaftigkeit, Wahrheit, Richtigkeit, Verständlichkeit vgl. Habermas 1981) auch moralische Ansprüche und damit Verantwortung verbunden. Die Verknüpfung zwischen dem kommunikativen Verhalten von Organisationen, Unternehmen, usw. und den zugrunde liegenden ethisch-kommunikativen Normen (z.B. Wahrheit; adäquate Darstellung von Sachverhalten; Fairness; etc.) wird von den jeweiligen Publika wahrgenommen, interpretiert und schlägt sich im Image der Organisation nieder. Dieser Prozess geschieht zwar häufig unbewusst, vermindert jedoch nicht die damit verbundenen Wirkungen. Insofern besteht eine Art ‚Zwang', sich zwar nicht in jeder Situation moralisch zu verhalten (auch nicht-moralisches Verhalten kann Vorteile bringen), sich aber doch kontinuierlich die moralische Dimension von Organisationskommunikation zu vergegenwärtigen.

- Die Existenz von ethischen Grundsätzen ist ein wichtiges Merkmal von klassischen Professionen (wie Ärzten, Juristen, Hochschullehrern). Auch wenn sich PR, ebenso wie Journalismus (vgl. Kepplinger/Vohl 1979), vor allem aufgrund des ‚freien Berufszugangs' nicht zu den klassischen Professionen zählen lässt, so existieren doch bestimmte Professionsmerkmale und dazu gehören auch berufsethische Grundlagen. Sind solche ethischen Grundlagen und Kodizes, auf die sich die Verbände bzw. Berufsrepräsentanten beziehen können, vorhanden, so wird auch die *Glaubwürdigkeit* der Berufsorganisation und des gesamten Berufsfelds verstärkt.

- PR-Kodizes und Richtlinien geben *Orientierungshilfen für* einzelne PR-Akteure, Organisationen und das gesamte Berufsfeld und besitzen damit eine *Orientierungsfunktion*.

- Akzeptierte ethische Grundsätze sind auch *innerhalb von Organisationen* wichtig: sie formulieren Verhaltensansprüche, denen eine Tendenz zur Demokratisierung innewohnt und sie erzeugen durch ihre Existenz Druck in der Binnenkommunikation von Organisationen. Dies vor allem dadurch, dass die Grundsätze von allen Organisationsmitgliedern beachtet werden müssen, auch von den hierarchisch an der Spitze Stehenden. Die Regeln der Corporate Governance sind dafür ein Beispiel. Für den einzelnen PR-Praktiker bzw. Kommunikationsmanager erleichtern solche Grundsätze Entscheidungen in Konfliktsituationen. Sie haben also auch eine *Entlastungsfunktion*.

- PR-Akteure und ihre Tätigkeiten werden dadurch, dass ein kontinuierlicher Kontakt (vor allem im Rahmen der Pressearbeit) besteht, stärker als viele andere Berufsgruppen intensiv von Journalisten beobachtet. Verstärkt ist dies in *Krisensituationen* der Fall: Medien und Öffentlichkeit reagieren hier sehr sensibel nicht nur auf die Inhalte, sondern auch auf die Art und Weise der Kommunikation von Unternehmen und Organisationen. Um Fehler mit größeren (ökonomischen) Auswirkungen zu vermeiden, bedarf PR-Kommunikation gerade in solchen Situationen einer *Reflexion,* einer *systematischen Analyse bzw. Evaluation.*

5. PR-Ethik in Ausbildung und Forschung

Das Thema PR-Ethik hat in vielen der seit Anfang der neunziger Jahre entstandenen universitären und außeruniversitären *Aus- und Fortbildungsangebote* einen Platz gefunden. In den Universitäten und Fachhochschulen, an denen in Deutschland PR-Ausbildung angeboten wird, werden regelmäßig Seminare zum Thema gegeben. Auch in dem 1999 von der DPRG beschlossenen ‚Qualifikationsprofil Öffentlichkeitsarbeit/Public Relations' (DPRG 1999) werden „rechtliche und ethische Grundlagen" als Element grundlegender Fachkenntnisse aufgeführt.

Auch die *PR-Forschung* in Deutschland hat sich dieses Problems angenommen; im Gegensatz zu den USA[8] sind die Forschungsergebnisse zu ethischen Problemen der PR hier aber sehr überschaubar. Aus den wenigen empirischen Studien ist einiges über das Wissen, das Denken und Einstellungen zu ethischen Problemen bekannt. Beispielsweise ist mehrfach festgestellt worden, dass der *Bekanntheitsgrad* der existierenden PR-Kodizes recht niedrig ist.[9] Becher stellte in der ersten umfassenden empirischen Studie zu Problemen der PR-Ethik 1992 fest, dass 22 Prozent der befragten DPRG-Mitglieder den Code d'Athènes nicht kannten, 52 Prozent war der Code de Lisbonne unbekannt. 70 Prozent hatten nichts von den ein Jahr zuvor von einer DPRG-Kommission verabschiedeten ‚Sieben Verpflichtungen' gehört.[10] Eine regional repräsentative Berufsfeldstudie von Röttger (2000: 324) erbrachte sogar, dass zwei von drei PR-Experten und über 90 Prozent der PR-Beauftragten die beiden wichtigsten Kodizes *nicht* kannten. Becher ermittelte, dass 72 Prozent der befragten DPRG-Mitglieder ‚gelegentlich' mit ihren Berufskollegen über ethische Probleme zu diskutieren, 18 Prozent tun dies nach eigenem Bekunden sogar ‚häufig'. Fast 90 Prozent der Befragten stimmten der Auffassung zu, dass man Journalisten gegenüber zwar nicht lügen darf, aber auch nicht unbedingt etwas sagen muss, was negative Auswirkungen hat. Die *Wahrheits- und Objektivitätsnorm* bekam auf einer Skala von 1 bis 5, mit der Werte/Normen in der PR-Praxis erfragt wurden,

---

8 Vgl. die jährlichen Bibliographien der amerikanischen Zeitschrift Public Relations Review, die immer auch einen Teil zur PR-Ethik enthalten.
9 Vgl. auch Riefler (1988) oder die DPRG-Mitgliederumfrage von 1990, nach der das vom eigenen Berufsverband beschlossene Berufsbild nur 45,5 Prozent bekannt war (DPRG 1990).
10 Immerhin waren auch 50 Prozent der DPRG-Mitglieder der Meinung, dass Ethik als Inhalt der PR-Ausbildung große Beachtung finden sollte. In der Berufsfeldstudie von Wienand (2003: 244ff) wird dem Wissensgebiet ‚Ethik von PR' von den Befragten nur eine mittlere Wichtigkeit zuerkannt.

zwar einen sehr hohen Wert von 1,4, die Norm ‚Offenlegung der Interessen', die sich auf eine Transparenznorm beziehen lässt, aber mit 2,3 den geringsten Durchschnittswert (Becher 1996).

6. Fazit und Ausblick

Die Existenz von Kodizes und Richtlinien, ein Merkmal klassischer Professionen, ist für das Berufsfeld und dessen Professionalisierungsprozess sehr wichtig. Kodizes, Richtlinien, die kontinuierliche Analyse, Reflexion, Bewertung von Konfliktfällen und ggf. die Verhängung von Sanktionen (Mahnungen und Rügen) durch den DRPR, also das, was man eine ‚funktionierende PR-Ethik' nennen kann, bilden eine unabdingbare Grundlage für professionelles, öffentliches Auftreten von Kommunikationsmanagern und die Glaubwürdigkeit des gesamten Berufsfelds. In modernen Grundverständnissen der PR-Arbeit (Dialogorientierung, Transparenz, Offenheit), sind allgemein akzeptierte ethische Normen enthalten. Die Bereitschaft zur Erreichung gegenseitigen Verständnisses, gegenseitiger Anpassung oder Konsens sind in vielen Grundpapieren und Modellen genannt, die Praxis sieht allerdings vielfach anders aus.

Um die Diskrepanzen zwischen Normen und Praxis kontinuierlich zu thematisieren und um die wichtigsten *ethischen Problemzonen*[11] weiter zu normieren, ist die Arbeit des DRPR sehr wichtig. Gerade das Problem der *wahrheitsgemäßen* und *objektiven* Information, Ansprüche an *richtige* und *genaue* Information sind es neben der *Offenheit* und *Transparenz*, die als unabdingbar für das Entstehen von Glaubwürdigkeit der PR bei Journalisten und anderen Stakeholdern betrachtet werden muss, die das Vertrauen schaffen, das so oft als Ziel von PR beschworen wird.[12] Die verschiedentlich geforderte *ethische Funktion von PR,* in der die Kommunikationsabteilung auch als *moralisches Gewissen von Organisationen* konzipiert wird, ist unter diesem Gesichtspunkt der Wahrheitsnorm bei näherer Betrachtung weniger idealistisch als vermutet, betrachtet man die gesetzlichen und ethischen Rahmenbedingungen, wie sie vor allem für aktiennotierte Unternehmen in den letzten Jahren geschaffen wurden. Eine wichtige Forderung ist die Verstärkung von *Forschung* in diesem Bereich, die z.B. Grundlagenstudien, empirische Studien, aber auch z.B. das Erstellen von Fallstudienliteratur (Case-Studies) einschließt, um über Lehrmaterialien Hilfestellungen bei moralischen Fragen, ethischen Dilemmata usw. zu geben.

---

11 Problemzonen sind die Beziehungen von PR-Akteuren mit a) Journalisten oder Redaktionen, b) den verschiedenen Publika bzw. Stakeholdergruppen, c) Vorgesetzten bzw. Auftraggebern und d) den darzustellenden Sachverhalten und Ereignissen (vgl. Bentele 1992).

12 Das Problemfeld ‚Wahrheit' sollte in PR-Kodizes stärker betont werden. Neben der zentralen Kategorie ‚Achtung' (vgl. Rühl/Saxer 1981) muss ‚Wahrheit' als Kernkategorie gelten. Die Norm der wahrheitsgemäßen und objektiven Darstellung von Organisationswirklichkeit lässt sich argumentativ, aber auch empirisch begründen, durch den Zusammenhang nämlich, der zwischen wahrheitsgemäßer Kommunikation auf der Seite der Kommunikatoren und dem Entstehen von ‚Vertrauen' (Bentele 1994 a) auf der Seite der Rezipienten besteht.

Literatur

A.B. (1921): Nachrichtenämter. Minister Simons verspricht Reformen. In: Vossische Zeitung, Nr. 76, Abend-Ausgabe vom 15. Februar 1921, S. 1.

Ahrens, Rupert/Knödler-Bunte, Eberhard (Hrsg.) (2003): Public Relations in der öffentlichen Diskussion. Die Affäre Hunzinger. Ein PR-Missverständnis. Berlin: Media Mind.

Avenarius, Horst (1998): Die ethischen Normen der Public Relations. Kodizes, Richtlinien, freiwillige Selbstkontrolle. Neuwied: Luchterhand.

Avenarius, Horst (2000): Public Relations. Die Grundform der gesellschaftlichen Kommunikation. 2., überarbeitete Aufl. Darmstadt: Primus.

Avenarius, Horst (2001): Arbeitsweise und Urteilskriterien. Der Deutsche Rat für Public Relations, seine Aufgaben, sein Wirken, seine Struktur. Vgl. unter www.drpr-online.de

Becher, Martina (1996): Moral in der PR? Eine empirische Studie zu ethischen Problemen im Berufsfeld Öffentlichkeitsarbeit. Berlin: Vistas.

Bentele, Günter (1992): Ethik der Public Relations als wissenschaftliche Herausforderung. In: Avenarius, Horst/Armbrecht, Wolfgang (Hrsg.): Public Relations als Wissenschaft: Grundlagen und interdisziplinäre Ansätze. Band 1. Opladen: Westdeutscher Verlag, S. 151-170.

Bentele, Günter (1994 a): Öffentliches Vertrauen - normative und soziale Grundlage für Public Relations. In: Armbrecht, Wolfgang/Zabel, Ulf (Hrsg.): Normative Aspekte der Public Relations. Grundlagen und Perspektiven. Eine Einführung. Opladen: Westdeutscher Verlag, S. 131-158.

Bentele, Günter (1994 b): Public Relations und Wirklichkeit. Anmerkungen zu einer PR-Theorie. In: Bentele, Günter/Hesse, Kurt R. (Hrsg.): Publizistik in der Gesellschaft. Festschrift für Manfred Rühl zum 60. Geburtstag. Konstanz: Universitätsverlag, S. 237-267.

Bentele, Günter (1997): PR-Historiographie und funktional-integrative Schichtung. Ein neuer Ansatz zur PR-Geschichtsschreibung.. In: Szyszka, Peter (Hrsg.): Auf der Suche nach einer Identität. PR-Geschichte als Theoriebaustein. Berlin: Vistas, S. 137-169.

Bentele, Günter (2000): Ethik der Public Relations - eine schwierige Kombination? In: PR$^+$ plus Fernstudium Public Relations. Band 17, Recht und Ethik für PR, S. 29-48.

Bentele, Günter/Seidenglanz, René (2004): Das Image der Image-Macher. Eine repräsentative Studie zum Image der PR-Branche in der Bevölkerung und eine Journalistenbefragung. Leipzig: Lehrstuhl Öffentlichkeitsarbeit/PR.

Brauer, Gernot (1993): ECON Handbuch Öffentlichkeitsarbeit. Düsseldorf et al.: Econ.

Deutsche Public Relations Gesellschaft (DPRG) (1990): DPRG-Mitgliederumfrage vom 1.9.1990. Bonn: unveröff. Tabellenausdruck.

Deutsche Public Relations Gesellschaft (DPRG) (Hrsg.) (o.J.[1999]): Qualifikationsprofil Öffentlichkeitsarbeit/Public Relations. Bonn: DPRG.

Faulstich, Werner (2000): Grundwissen Öffentlichkeitsarbeit. München: Fink (UTB).

Förg, Birgit (2004): Moral und Ethik der PR. Grundlagen – Theoretische und empirische Analysen – Perspektiven. Wiesbaden: Verlag für Sozialwissenschaften.

Goslar, Hans (1921): Staatliche Pressechefs als politische Beamte. In: Deutsche Presse, 9. Jg., Nr. 2 vom 14. Januar, S. 1-2.

Gross, Herbert (1951): Moderne Meinungspflege. Für die Praxis der Wirtschaft. Düsseldorf: Droste.

Grunig, James E./Hunt, Todd (1984): Managing Public Relations. New York et al.: Holt, Rinehart and Winston.

Habermas, Jürgen (1981): Theorie des kommunikativen Handelns. Band 1: Handlungsrationalität und gesellschaftliche Rationalisierung. Band 2: Zur Kritik der funktionalistischen Vernunft. Frankfurt a. M.: Suhrkamp.

Hiebert, Ray Eldon (2005): Lee, Ivy. In: Heath, Robert L. (Hrsg.): Encyclopedia of Public Relations. Vol. 1, Thousand Oaks et al.: Sage, S. 482-486.

Hundhausen, Carl (1951): Werbung um öffentliches Vertrauen. „Public Relations". Essen: Girardet.

Kepplinger, Hans Mathias/Vohl, Inge (1979): Mit beschränkter Haftung. Zum Verantwortungsbewusstsein von Fernsehredakteuren. In: Kepplinger Hans Mathias (Hrsg.): Angepasste Außenseiter. Was Journalisten denken und wie sie arbeiten. Alber: Broschur.

Kunczik, Michael (1997): Geschichte der Öffentlichkeitsarbeit in Deutschland. Köln, Weimar, Wien: Böhlau.

Kutschera, Franz von (1982): Grundlagen der Ethik. Berlin, New York: De Gruyter.
Leif, Thomas (2003): Der V-Mann der Branche. Moritz Hunzinger hat einem zwielichten Gewerbe ein Gesicht gegeben. In: Ahrens, Rupert/Knödler-Bunte, Eberhard (Hrsg.): Public Relations in der öffentlichen Diskussion. Die Affäre Hunzinger. Ein PR-Missverständnis. Berlin: Media Mind, S. 45-52.
Neske, Fritz (1977): PR-Management. Gernsbach: Deutscher Betriebswirte-Verlag.
Oeckl, Albert (1964): Handbuch der Public Relations. Theorie und Praxis der Öffentlichkeitsarbeit in Deutschland und der Welt. München: Süddeutscher Verlag.
Pieper, Annemarie ²(1991): Einführung in die Ethik. Tübingen: Francke.
Piwinger, Manfred (1999): PR-Liebe, PR-Gag, PR-Masche. ‚Public Relations'-Wortgebrauch und Schemawissen in der Fach- und Pressekommunikation. In: PR-Forum, 5. Jg., Nr. 4, S. 198.
Plenge, Johannes (1922): Deutsche Propaganda. Die Lehre von der Propaganda als praktische Gesellschaftslehre. Bremen: Angelsachsen-Verlag.
Riefler, Stefan (1988): Public Relations als Dienstleistung. Eine empirische Studie über Berufszugang, Berufsbild und berufliches Selbstverständnis von PR-Beratern in der Bundesrepublik Deutschland. In: PR-Magazin, 18. Jg., Nr. 5, S.33-44.
Rothe, Rainer (1999): PR-Erfolgsgarantien sind rechtswidrig. In: Public Relations-Forum, Nr. 4, S. 178-179.
Röttger, Ulrike (2000): Public Relations – Organisation und Profession. Öffentlichkeitsarbeit als Organisationsfunktion. Eine Berufsfeldstudie. Wiesbaden: Westdeutscher Verlag.
Rühl, Manfred/Ulrich Saxer (1981): 25 Jahre Deutscher Presserat. Ein Anlaß für Überlegungen zu einer kommunikationswissenschaftlich fundierten Ethik des Journalismus und der Massenkommunikation. In: Publizistik, 26. Jg., Nr. 1, S. 471-705.
Stern-Rubarth, Edgar (1921): Die Propaganda als politisches Instrument. Berlin: Trowitzsch und Sohn.
Weischenberg, Siegfried (1992): Journalistik. Theorie und Praxis aktueller Medienkommunikation. Band 1: Mediensystem, Medienethik, Medieninstitutionen. Opladen: Westdeutscher Verlag.
Wienand, Edith (2003): Public Relations als Beruf. Kritische Analyse eines aufstrebenden Kommunikationsberufs. Wiesbaden: Westdeutscher Verlag.

Teil 5
Lexikon

Vorbemerkung

Die fachspezifische Terminologie der Public Relations, insbesondere in der Public Relations-*Praxis*, ist vielfältig, die Semantik der Begriffe nicht immer eindeutig – ein nicht nur aus wissenschaftlicher Sicht unbefriedigender Zustand. Auf wissenschaftlicher Seite findet sich eine Ursache in der Interdisziplinarität des Gegenstandes: Unterschiedliche Disziplinen wenden ihre spezifische Fachterminologie jeweils im eigene disziplinspezifischen Kontext an. So wird z. B. in der BWL bisweilen „Organisationskommunikation" mit „interne Kommunikation" gleichgesetzt, während der Begriff in der Kommunikationswissenschaft vielfach als Dach-Terminus für *alle* Formen organisationaler Kommunikation verstanden wird. Eine andere Ursache findet sich in der PR-Praxis. Da Public Relations-Aktivitäten als Dienstleistungen dem Wettbewerb unterliegen, lässt sich hier spätestens seit Mitte der 1980er Jahre ein bisweilen gezieltes ‚Wording' beobachten. Damit wollen z. B. PR-Agenturen Wettbewerbsvorteile und Fachtrends befördern oder PR-Abteilungen in Unternehmen ihren Anspruch auf funktionale Eigenständigkeit unterstreichen. Der Erkenntniswert dieser Begriffe ist oft gering, da es sich in vielen Fällen z. B. lediglich um PR-Anglizismen als Synonyme oder Quasi-Synonyme bereits eingeführter Begrifflichkeiten handelt. Zurück bleibt Verwirrung. Das nachfolgende Lexikon will daher als Nachschlagewerk Begriffe verschiedener ‚Denkwelten' zusammenführen und einen Beitrag zur Versachlichung leisten.

In unser Nachschlagewerk haben vor allem solche Begriffe Aufnahme gefunden, die auf theoretischer oder empirischer Ebene als *wissenschaftsfähig* eingestuft werden können, weil sich mit ihnen ein jeweils spezifisches Erkenntnisinteresse oder ein bestimmter Erkenntniswert verknüpfen lässt. Weiter haben Stichwörter Aufnahme gefunden, deren definitorische Darlegung für die Beobachtung von PR-Praxis als Untersuchungsgegenstand der PR-*Forschung* große Bedeutung haben. Insgesamt haben wir 90 Begriffe ausgewählt, die diesen Kriterien unserer Auffassung nach entsprachen. Die Auswahl-Diskussion erwies sich dabei als kompliziert und langwierig und stellt einen selektiven Kompromiss der Herausgeber dar.

Ziel war eine möglichst knappe und prägnante Darlegung der ausgewählten Begriffe. Einigen Begriffen wird besondere Aufmerksamkeit geschenkt: Sie werden vergleichsweise ausführlich erörtert und dargestellt und um kurze Literaturverweise ergänzt. In der Regel trifft das für solche Stichwörter zu, die als Thema im Rahmen der Handbuchbeiträge keine ausreichende Berücksichtigung finden konnten. Begriffe, über die bereits in Beiträgen des Handbuchs eine entsprechende Auseinandersetzung stattfindet, können leicht über den *Index* des Buches erschlossen werden. Für Autorenangaben im Lexikon, zu denen keine Literaturangabe gemacht wird, verweisen wir auf die entsprechenden Handbuchbeiträge. Beiträge, Lexikon und der abschließende Index sind also als sich ergänzende Teile des Handbuchs zu sehen.

Autoren der Stichwörter

Sabine ADAM, *Universität Hohenheim*
Susanne ANDRES, *Berlin*
Günter BENTELE, *Universität Leipzig*
Reinhold BERGLER, *Universität Bonn*
Barbara BERKEL, *Universität Hohenheim*
Roland BURKART, *Universität Wien*
Romy FRÖHLICH, *Universität München*
Jörg HOEPFNER, *Universität Leipzig*
Tobias LIEBERT, *Universität Leipzig*
Klaus MERTEN, *Universität Münster*

Howard NOTHHAFT, *Universität Leipzig*
Barbara PFETSCH, *Universität Hohenheim*
Manfred PIWINGER, *Wuppertal*
Ulrike RÖTTGER, *Universität Münster*
Georg RUHRMANN, *Universität Jena*
Dagmar SCHÜTTE, *Fachhochschule Osnabrück*
Peter SZYSZKA, *Zürcher Hochschule Winterthur*
Stefan WEHMEIER, *Universität Leipzig*
Markus WILL, *Universität St. Gallen*
Ansgar ZERFAß, *Universität Leipzig*

Stichwörter

Advertising Value Equivalents Analysis
→ Werbeäquivalenzanalyse

Agenda Setting/-Building
Der Begriff A. Setting ist eine aus der amerikanischen Kommunikationswissenschaft stammende Bezeichnung für die *Thematisierungs- bzw. Themenstrukturierungsfunktion* der Massenmedien. Grundlegend sagt die These, die 1968 zum ersten Mal von Maxwell McCombs und Donald Shaw für die Wahlkampfberichterstattung in Chapel Hill, North Carolina, empirisch überprüft wurde, dass die *Häufigkeit*, mit der bestimmte Themen in der Medienberichterstattung behandelt werden, sich auch in der *zugeschriebenen Bedeutung* dieser Themen beim Publikum zeigt. Popularisiert wurde als A. Setting-These oft formuliert: „Medien setzen die Themen der (politischen) Diskussion". In den letzten 30 Jahren hat sich international eine Forschungstradition (Agenda Setting Approach) mit vielen empirischen Einzelstudien entwickelt, in der sich auch begriffliche Präzisierungen und Differenzierungen entwickelt haben, so die zwischen Thematisierung (Erreichung öffentlicher Aufmerksamkeit) und Themenstrukturierung, d. h. die Zuschreibung unterschiedlicher Bedeutungen verschiedener Themen beim Publikum durch Medieneinfluss. Während der *A. Setting*-Prozess sich zwischen Medien und Publikum abspielt, ist der *A. Building*-Prozess auf den kommunikativen Prozess bezogen, der sich zwischen Organisationen und den Medien abspielt. Prozesse des A. Building gehen der Frage nach, wer und was die Agenda der Medien setzt. Der Begriff geht auf eine Studie von Lang/Lang (1981) über die Watergate Affäre zurück. *G. Bentele*

Aufmerksamkeit
In der von einem Überangebot potenzieller Informationen geprägten Medien- oder Informationsgesellschaft sind Organisationen – ebenso ihre Publika/→ Bezugsgruppen als Teile von → Öffentlichkeit – dazu gezwungen, organisationale A. als Engpass-Ressource nur den Sachverhalten und Themen zu widmen, die ihnen als relevant und damit wichtig und wesentlich erscheinen (Prinzip von Betroffenheit und Interesse); der wissenschaftliche Diskurs hierzu beschäftigt sich mit dem Problem der A.sökonomie (Franck 1998). Diese Rationalisierung von A. birgt aus Organisationsperspektive Risiken (keine gewünschte oder unvorteilhafte öffentliche Wahrnehmung), bisweilen aber auch Chancen (Ausblendung aus Prozessen öffentlicher Wahrnehmung wie gezielte Einblendung schaffen angestrebte Handlungsoptionen). Das → Kommunikationsmanagement einer Organisation ist damit immer auch A.smanagement, mittels dessen versucht wird, eine Organisation, ihre Standpunkte und Leistungen so in öffentliche Diskurse ein- bzw. diese auszublenden, dass eine für eine für diese Organisation funktionale → Transparenz entstehen kann. *P. Szyszka*

Auftragskommunikation
Das Verständnis von PR-Arbeit als Auftragskommunikation entstammt der Berufspraxis und meint (1) in seinem *weitesten Sinne*, dass PR-Arbeit bzw. Akteuren der PR-Arbeit das Mandat dazu übertragen wird, die kommunikativen Interessen einer Organisation zu vertreten; der Begriff differenziert hier die Bindung von PR-Arbeit an partikulare Interessen von der Orientierung des Journalismus an öffentlichen Interessen. In einem *engeren Praxissinne* wird der Begriff (2) dazu genutzt, um die Sprecherrolle von PR-Akteuren und damit die nach außen gerichtete Sprachrohrfunktion (Sprecher, Ansprechpartner) zu betonen. Schließlich findet der Begriff (3) in der *Praxis* Verwendung, um die besondere Rolle externer PR-Dienstleistungen, die PR-Agenturen für einen Kunden erbringen, und damit verbundene Rollenprobleme zu markieren. *P. Szyszka*

Berufsbild
Unter B. versteht man die Beschreibung spezifischer *Charakteristika* eines Berufs, anhand derer er sich von anderen Berufen unterscheiden und abgrenzen lässt. Für den PR-Beruf fällt eine B.definition nicht einfach, weil die Tätigkeits- und Anwendungsbereiche im Berufsfeld Public Relations z. T. sehr unterschiedlich ausfallen und unterschiedlichen Spezialisierungsgraden und/oder Hierarchiestufen entsprechen.
Gültige oder verbindliche B.er erarbeiten in der Regel die jeweiligen berufsständischen Vereinigungen. Sie haben als Standesvertreter ein legitimes Interesse daran, dass die Berufe, die sie vertreten, in der Gesellschaft allgemein verständlich beschrieben werden und sich in diesen Beschreibungen auch mehr oder weniger klar die Grenzen zu anderen Berufen manifestieren. Die Deutsche Public Relations Gesellschaft (DPRG) ist eine solche berufsständische Vereinigung, die die Interessen der PR-Schaffenden in Deutschland vertritt. Das B. der DPRG für Öffentlichkeitsarbeit/Public Relations (DPRG 2005) beschreibt PR-Tätigkeit als „Management von Kommunikation". Im sogenannten *Qualifikationsprofil* der DPRG wird ausführlich beschrieben, was für eine erfolgreiche Tätigkeit im Berufsfeld PR nötig ist. Die DPRG definiert das B. über drei berufsrelevante Aspekte: (1) *Management von Kommunikation*, (2) *Kernaufgaben der PR* und (3) *PR-Berufsfeld*.

PR ist das *"Management von Kommunikation"*. Nach dem DPRG-B. wird hierunter eine Tätigkeit verstanden, die im Prozess öffentlicher Meinungsbildung *Standpunkte vermittelt* und *Orientierung ermöglicht*. Hierzu *plant und steuert PR Kommunikationsprozesse*. Die idealtypische Sichtweise geht dabei davon aus, dass ethisch verantwortliche PR *im Einklang mit unserer freiheitlich-demokratischen Werteordnung und geltenden PR-Codizes* praktiziert wird (→ PR-Ethik). Das bedeutet auch: PR akzeptiert grundsätzlich die Informationsgegensätze, die in einer pluralistischen und demokratischen Gesellschaft existieren. Nach dem B. der DPRG wird Public Relations außerdem als *Auftragskommunikation* verstanden, welche die Interessen ihrer Auftraggeber „im Dialog informativ und wahrheitsgemäß, offen und kompetent" vertritt. Nach dem Selbstverständnis der DPRG *stellt PR damit Öffentlichkeit her, schärft die Urteilsfähigkeit* von Dialoggruppen, *baut Vertrauen auf* und *sichert faire Konfliktkommunikation*. Die Voraussetzungen hierfür sind lt. B. „aktive und langfristig angelegte kommunikative Strategien" und die Anerkennung von PR als eine Führungsfunktion, die „eng in den Entscheidungsprozess von Organisationen eingebunden ist".

Das DPRG-B. beschreibt insgesamt sechs *Kernaufgaben* von Public Relations: Auf der Aufgabenebene (1) *Analyse* erfolgt auf Basis profunder und wissenschaftlichen Ansprüchen genügenden Ausgangs- und Zielanalysen die Entwicklung von Kommunikationszielen und konkreten Kommunikationsstrategien. Auf der Aufgabenebene (2) *Kontakt* kommen beratende Tätigkeiten und Verhandlungsexpertise zum Einsatz. Auf der Aufgabenebene (3) *Text* sind kreative Tätigkeiten der Content-Produktion gefordert (Informationsaufbereitung und -gestaltung im Bereich Text, Grafik, Foto, AV, Online usw.). Auf der Aufgabenebene (4) *Implementierung* erfolgen Tätigkeiten, die unter der Maßgabe einer Kosten- und Zeitevaluation der Planung von Maßnahmen dienen. Auf der Aufgabenebene (5) *operative Umsetzung* erfolgt die kontrollierte Realisierung der Maßnahmen im Feld. Auf der Aufgabenebene (6) *Nacharbeit* schließlich werden die Maßnahmen evaluiert, also im Hinblick auf beabsichtigte Wirkungsziele hin ‚gemessen' und falls nötig korrigiert.

Das DPRG-B. beschreibt Public Relations als eine Kommunikationsaufgabe, die heute in allen gesellschaftlichen Bereichen notwendig ist. Der Beruf selbst wird – ähnlich wie der Journalismus – als ein Beruf mit *freiem Zugang* verstanden, für den es aber *spezifischer Qualifizierung* in den Bereichen der *sechs Kernaufgaben* bedarf. Diese Kernaufgabenqualifikation sollte idealer Weise auf einer *breiten Allgemeinbildung* und *persönlicher Eignungen* basieren. Außerdem: Ein Berufseinstieg ohne erfolgreich absolviertes Hochschulstudium erscheint heute kaum mehr möglich.

R. Fröhlich

Literatur: DPRG (Hrsg.) (2005): Öffentlichkeitsarbeit/PR-Arbeit. Berufsfeld – Qualifikationsprofil – Zugangswege. Bonn: DPRG-Broschüre.

Berufsfeld

Public Relations in Deutschland und vielen anderen Staaten ist – trotz unverkennbaren Professionalisierungstrends – keine (klassische) Profession mit exklusiven Ausbildungs- und Zugangsregeln (wie z. B. Medizin oder Recht), sondern ein *B. mit offenem Zugang*. Zwar wurden seit den neunziger Jahren diverse Ausbildungs- und einige Fachhochschul- und Universitätsstudiengänge geschaffen, die für den PR-Beruf qualifizieren. Dennoch kommen zahlreiche *Quereinsteiger* aus dem Journalismus, weitere aus Disziplinen wie den Wirtschaftswissenschaften, Jura sowie aus sozial- und geisteswissenschaftlichen Fächern. Da eine Repräsentativstudie in Deutschland noch fehlt, können zur Größe des B.s nur Schätzungen erfolgen: Man nimmt an, dass klar über 30.000 Personen in Deutschland hauptberuflich PR betreiben. Den Erkenntnissen unterschiedlicher Studien zufolge sind über zwei Drittel der B.angehörigen Akademiker. Klar erkennbar ist auch ein Akademisierungstrend und ein Trend zur → Feminisierung. Das Einsatzgebiet ist vielfältig. Es reicht von PR-Agenturen über Unternehmen, Verbände und Vereine, staatlichen und öffentlich-rechtlichen Institutionen bis hin zu Kirchen und Parteien. Bei den Tätigkeiten dominiert zumeist noch die klassische Pressearbeit, doch entwickeln sich strategische Aspekte beispielsweise beim → Issues Management, bei den → Investor Relations oder der → Integrierten Kommunikation immer stärker.

G. Bentele/St. Wehmeier

Bezugsgruppe

Organisationen sind schon aufgrund ihrer faktischen Präsenz im sozialen Umfeld mit diesem durch ein vielfältiges Beziehungsnetz verbunden, dessen Qualität (Problembewusstsein, Betroffenheitsbewusstsein, Relevanz/Engagementbereitschaft) von wechselseitigen Bedeutungszuweisungen bestimmt wird. Das gesellschaftliche Umfeld einer Organisation (soziales Netzwerk) lässt sich anhand konkreter *Beziehungsmerkmale* (z. B. Nachbarschaft, Kapitalgeber, politische/administrative Entscheider in räumlich-konkreter Zuständigkeit) näher ausdifferenzieren. Der Begriff B. erscheint dabei semantisch stärker als der weitgehend synonym verwendete Begriff der → Teilöffentlichkeit, da letzterer lediglich auf die grundsätzliche Differenzierbarkeit des sozialen Umfeldes verweist. Der Begriff B. verfügt demgegenüber über den semantisch-analytischen Vorteil, dass er das Bestehen bestimmter, eben diese Bezugsgruppe konstituierender Beziehungsmerkmale, attestiert, im Kontext von B.n also immer nach den jeweils besonderen *beziehungskonstituierenden Merkmalen* zu fragen ist. Der Begriff B. wird heute weitgehend synonym zu dem aus den Wirtschaftswissenschaften stammenden Begriff → Stakeholder verwandt.

P. Szyszka

Botschaft
B.en sind Kern- oder Schlüsselaussagen, mittels derer ein Sender im Rahmen einer → Mitteilung einem Empfänger einen ihm wesentlichen Sachverhalt prägnant und möglichst eindeutig übermitteln will. Wahrnehmungspsychologisch besitzen nur Aussagenkerne die Chance, vom Empfänger adäquat im gemeinten Sinne des Senders verstanden zu werden, weil mit zunehmender Komplexität einer Mitteilung die *Unwahrscheinlichkeit eines Verstehens* des vom Absender gemeinten Sinnes abnimmt. Damit gehören die *Kalkulation*, dass nur bestimmte Teile einer Mitteilung als Aussagenkerne vom Empfänger rezipiert werden, und die *Kreation* von Botschaften als Reduktionen beabsichtigter Aussageinhalte auf minimale, möglichst eindeutig verstehbare *Kern- oder Schlüsselaussagen* zu den zentralen Aufgaben von PR-Arbeit.

P. Szyszka

Brand equity
→ Markenwert

Change Communication
Seit den 1990ern verändern sich Wirtschaft und Gesellschaft schneller als je zuvor. Kommunikation ist innerhalb des ‚Managements von Veränderungen' in und durch Organisationen (Change Management) ein wesentlicher Erfolgsfaktor. Change Communication bzw. Veränderungskommunikation wird häufig als ein *Prozess mit unterscheidbaren Phasen* betrachtet, die sich durch eine bestimmte Taktung und Dramaturgie von Instrumenten, Themen etc. auszeichnen. Zum Beispiel ausgehend von Lewins Drei-Phasen-Modell: *altes Verhalten in Frage stellen* (‚Unfreezing'; Rechtfertigung der Veränderung: Vorbereiten auf den Wechsel, Herausfordern des Status Quo, Gründe liefern), *Verhalten ändern* (‚Changing' bzw. ‚Moving'; Berichten über die Veränderungen: alle involvieren und Unsicherheit reduzieren, zielgruppen- und themenspezifischer kommunizieren, Fortschritte aufzeigen) und *neues Verhalten konsolidieren* (‚Refreezing'; Feiern der Veränderung: Verständnis aufbauen, Verstehen von persönlichen Folgen der Veränderung).

Mit verschiedenen *Strategien* und *Taktiken* (Erzeugen eines kollektiven Aufbruchs, Gefühl der Dringlichkeit erwecken, Visionen als Widerstandsbrecher etc.) sollen zumeist vordergründig negative Situationen (Desorientierung, Angst etc.) in chancenreiche Entwicklungen transformiert werden. Eine besondere Rolle spielen dabei die gekonnte Verbindung rationaler und emotionaler Kommunikation, insbesondere ‚Storys', die erfolgreichen Wandel sichtbar machen, beispielhaft und mobilisierend erzählen, und die Inszenierung des CEOs als menschlichem Mit-Akteur und führender Orientierungsfigur im Wandel.

Die Veränderung einer Organisation muss letztlich von (fast) allen Bezugsgruppen akzeptiert werden, insofern ist Change Communication ein Aspekt der gesamten Unternehmenskommunikation. Im Mittelpunkt stehen aber unternehmens*interne* und Face-to-face-Kommunikation. Unterschiedliche Change-Prozesse (Reengineering, Fusionen etc.) bedingen auch *spezifische Kommunikationsabläufe*. Dies bereichert die PR-Konzeptions- und Kampagnenlehre, Instrumentenkunde sowie Krisen- und Risikokommunikation.

Change Communication wird oft - wenigstens implizit - als Kontrast zum vermeintlich überholten *Corporate-Identity*-Konzept empfunden. Zwar unterscheiden sich die Stoßrichtungen beider Konzepte und ihre Nützlichkeit in bestimmten Phasen der Unternehmens- bzw. Umfeldentwicklung mag unterschiedlich sein, letztlich stellen sie aber zwei Seiten ein und derselben Medaille dar: Eine Organisation muss immer bei Strafe ihres Unterganges ein Optimum zwischen Kontinuität (Identity) und Veränderung (Change) finden. Wird - unter Rückgriff auf die Postmodernisten - anerkannt, dass Identität nicht nur konstruiert werden, sondern auch einer Dekonstruktion unterliegen kann, so scheint auch ihre Rekonstruktion möglich. Der Aufbau einer ‚*Corporate Brand'* stellt dabei einen Schlüssel dar, um trotz formal-organisatorischer Unstetigkeit und flexibler Anpassung an kurzfristige Markterfordernisse längerfristig eine kommunikative Positionierung zu halten und den Wert der aufgewandten Kommunikation zu wahren.

Tobias Liebert

Controlling
→ Kommunikationscontrolling

Corporate Behavior
C. B. oder *Organisations-Verhalten* bildet gemeinsam mit dem → Corporate Design (Organisations-Erscheinungsbild) und den → Corporate Communications (Organisations-Kommunikation)

die → Corporate Identity (Organisations-Persönlichkeit) (Leitautoren: Birkigt u. a. [11](2002)). C. B. meint dabei alle möglichen Formen von Organisations-Verhalten, die organisational gelebt und damit auch in der Öffentlichkeit oder bei Bezugsgruppen Wirkung erzielen können (bei einem Unternehmen: Angebots-, Preis-, Vertriebs-, Kommunikations-, Sozial-, Akteursverhalten u. a.). Im systemtheoretischen Sinne kann hier vom Auftreten einer Organisation in ihrem gesellschaftlichen Umfeld gesprochen werden.
C. B. muss dabei aus zwei unterschiedlichen Perspektiven betrachtet werden. Aus der *Perspektive einer Organisation* handelt es sich um *Realverhalten* als das tatsächliche Verhalten einer Organisation und ihrer Akteure nach innen und außen, das organisationspolitisch vorgegeben und mittels Corporate Identity-Aktivitäten gezielt auf dessen Öffentlichkeitswirkung hin (externe und interne Bezugsgruppen) mitgestaltet werden kann. Ziel ist dabei ein in aus Organisationsperspektive wesentlichen Teilaspekten markantes öffentliches Auftreten dieser Organisation. Aus *Perspektive von Öffentlichkeit und Bezugsgruppen* handelt es sich um *Bedeutungsverhalten* als die auf dieser Seite vorgenommene Auswahl von Ausschnitten organisationalen Verhaltens, die tatsächlich wahrgenommen oder gezielt beobachtet, interpretiert, bewertet und schließlich generalisiert, d. h. als repräsentativer Ausschnitt organisationaler Wirklichkeit behandelt werden; hinzu kommt, dass einer Organisation bezugsgruppenseitig auch Verhalten unterstellt wird (z. B. aufgrund früherer Erfahrungen oder der Substitution etwa von generalisiertem Branchenverhalten), ohne dass dem Realverhalten hierfür aktuelle Referenzpunkte liefern würde (z. B. negatives Image der Preispolitik in der Energiebranche). Mittels (gestalteter) Markanz im Realverhalten (Organisationsseite) soll deshalb möglicher Beliebigkeit in Auswahl und Bewertung (Öffentlichkeitsseite) entgegengewirkt werden. *P. Szyszka*
Literatur: BIRKIGT, Klaus/STADLER, Marinus M./FUNCK, Hans J. (Hrsg.) [11](2002): Corporate Identity. Landsberg/Lech: Moderne Industrie.

Corporate Communications
C., deutschsprachig oft als → *Unternehmenskommunikation* bezeichnet, ist organisatorisch betrachtet eine Managementfunktion für Kommunikation in der Unternehmensführung. Obwohl C. in der Praxis heute in vielen Fällen Realität ist, wird sie im Rahmen der Betriebswirtschaftslehre weiterhin nicht als eigenständige Funktionsdisziplin analog z. B. zu Finanz- oder Personalmanagement angesehen. C. organisiert einerseits die *Gestaltung, Entwicklung* und *Lenkung der Unternehmensmarke und -werte* und *stimmt* andererseits die *Kommunikationsprozesse* im Unternehmen *ab*, insbesondere mit dem Finanzbereich, dem Controlling, dem Personalbereich und dem Marketing (→ Integrierte Kommunikation).
Zielgruppen der C. sind Kunden, Lieferanten, Mitarbeiter, Aktionäre, Wettbewerber und Politiker. Zwischenzielgruppen sind Analysten, Lobbyisten und Journalisten. *Bereiche* der C. sind Media-, Investor-, Political- und Internal Relations sowie die Unterstützungsfunktionen Corporate Advertising, -Design und -Sponsoring. *M. Will*

Corporate Design
C. D. ist ein Teilbereich der → Corporate Identity und umfasst alle visuell wahrnehmbaren Elemente des visuellen *Erscheinungsbildes einer Organisation* (visuelle Kommunikation). Mittel stilistischer Ausdrucksformen – beginnend mit einem Logo als zentraler Markierung einer Organisation – und deren mehr oder weniger konsequenter Umsetzung auf den verschiedenen Ebenen visuell wahrnehmbarer Auftritte soll eine eindeutige Zuordnung aller zu einer Organisation gehörender Elemente, deren einfache Wiedererkennbarkeit unter den Bedingungen der Aufmerksamkeitsökonomie öffentlicher Kommunikation und eine möglichst authentische und positive Besetzung dieser Wahrnehmungen erreicht werden. Während in der Literatur für diese *Organisationsperspektive* vor allem der Gestaltungsgedanke betont wird, rückt beim Wechsel in die *Öffentlichkeitsperspektive* die Breite möglicher, mit einer Organisation in Verbindung zu bringender visueller Wahrnehmungen ins Zentrum. Entsprechend muss der Begriff des Erscheinungsbildes allgemeiner gefasst und auf alle Merkmale bezogen werden, die das Aussehen einer Organisation ausmachen oder bestimmen. Hierbei kann es sich um bewusst mit visueller Wirkungsabsicht gestaltete wie auch um nicht gestaltete Elemente handeln. Da hinter Gestaltung bzw. Nicht-Gestaltung immer organisationspolitische Entscheidungen stehen, kommt hier zugleich auch ein Ausschnitt des → Corporate Behavior einer Organisation zum Ausdruck. *P. Szyszka*

Corporate Identity (CI)
Der aus den Wirtschaftswissenschaften stammende Begriff, der in seiner Entstehung bis in die frühen 1980er Jahre zurückgeht und für den in der Praxis häufig das Kürzel CI Verwendung findet, ist Synonym für den Begriff der *Unternehmens-* oder – allgemeiner gefasst – *Organisationsidentität*. Als Leitautoren verstehen Birkigt u. a. [11](2002) hierunter „die strategisch geplante und operativ eingesetzte Selbstdarstellung und Verhaltensweise eines Unternehmens nach innen und au-

ßen auf der Basis einer festgelegten Unternehmensphilosophie, einer langfristigen Unternehmenszielsetzung und eines definierten (Soll-)Images – mit dem Willen, alle Handlungsinstrumente des Unternehmens in einheitlichem Rahmen nach innen und außen zur Darstellung zu bringen". In gewisser Analogie zum Marketing-Mix und dem marketingbezogenen Teil der Diskussion um → Integrierte Kommunikation markiert der Begriff C. einen *Identitäts-Mix*, bestehend aus *Organisationsverhalten* (Corporate Behavior), *optischem Erscheinungsbild* (Corporate Design) und *identitätsorientierter* Kommunikation (→ Corporate Communications).

Im Gegensatz zur Praxis, wo C. in vielen Fällen auf Eindeutigkeit im Erscheinungsbild verkürzt wurde, wird in der Literatur ein möglichst schlüssiges Unternehmensverhalten als wichtigster und wirksamster Baustein und Instrument der C. eingestuft, der durch Maßnahmen der Unternehmenskommunikation analytisch und operational gestützt werden soll. Birkigt u. a. [11](2002) unterscheiden von I., der *Unternehmenspersönlichkeit* als Selbstbild eines Unternehmens, deren *Corporate Image* als Fremdbild. Operativ verfügt C. hier über vier Handlungsparameter: (1) Sie interpretiert die Zwecksetzung des Unternehmens, (2) ist sie Leitlinie für dessen Zielsystem, (3) Basis für die Integration der Systemglieder und (4) Steuerungsinstrument der Interaktionen nach innen und außen.

Anfang der 1990er Jahre haben Raffee/Wiedmann (1993) den C.-Begriff differenziert, indem sie ausdrücklich in (1) C. als *Unternehmensidentität* und (2) C. als *strategisches Orientierungskonzept* unterschieden. Ihrem Verständnis nach zeichnet sich jedes Unternehmen durch eine spezifische Identität aus, die sich prägend auf alle Unternehmensaktivitäten auswirkt. Hiernach werden Unternehmen auch mit ihren Kommunikationsaktivitäten in den Meinungsbildungsprozessen ihrer → Bezugsgruppen immer im Kontext ihrer spezifischen Unternehmensidentität wahrgenommen, bewertet und eingeordnet. Die Unternehmensidentität liefert damit den spezifischen Orientierungsrahmen für die Planung und Realisierung der Kommunikationspolitik eines Unternehmens. Als *Konzept der Identitätsvermittlung*, das über *Corporate Behavior* auf eine in sich schlüssige, möglichst widerspruchsfreie Ausrichtung aller Verhaltensweisen der Unternehmensmitglieder zielt, *Corporate Design* zur symbolischen Identitätsvermittlung mittels visueller Elemente nutzen will und mittels *Corporate Communications* als systematisch kombiniertem Einsatz der Kommunikationsinstrumente Einfluss auf Meinungsbildungsprozesse sucht, sollen nach außen *Identifikation* und nach innen ein *Wir-Bewusstsein* herbeigeführt werden. Dieser Ansatz ist auf andere Organisationstypen übertragbar.

Im organisationstheoretischen Kontext erscheint insbesondere der eine Organisation determinierende Identitätsaspekt als der für ihre gesellschaftliche Akzeptanz wesentliche Aspekt. So ist eine Organisation als *Organisationspersönlichkeit* in Prozessen und Strukturen immer das Ergebnis vollzogener organisationspolitischer Entscheidungen, die von der spezifischen organisationalen Sinn- und Wertedisposition geprägt sind. Selbst- wie Fremdbeobachtung einer Organisation stellen entsprechend als Momentaufnahmen ein Produkt aus vollzogener *Organisationsgeschichte* und verfolgter *Organisationsphilosophie* dar; gemeinsam prägen sie als Interaktionsbasis und Entwicklungsperspektive die *Organisationskultur* als gelebte Organisationsidentität. *P. Szyszka*

Literatur: BIRKIGT, Klaus/STADLER, Marinus M./FUNCK, Hans J. (Hrsg.) [11](2002): Corporate Identity. Landsberg/Lech: Moderne Industrie. GRUNIG, James E./HUNT, Todd (1984): Managing Public Relations. New York et al.: Holt, Rinehart and Winston. RAFFEÉ, Hans/WIEDMANN, Klaus Peter (1993): Corporate Identity als strategische Basis der Marketingkommunikation. In: BERNDT, Ralph/HERMANNS, Arnold (Hrsg.): Handbuch der Marketing-Kom-munikation. Wiesbaden: Gabler, S. 43-67.

Corporate Image
Corporate I. (‚Firmenbild') entsteht als ein aus der Begegnung von Individuum, Gesellschaft und Unternehmen entstandenes, eigenständiges ganzheitliches, mehrdimensionales, verfestigtes System auf der Basis der objektiven innerbetrieblichen, produktionsmäßigen und kommunikativen Selbstdarstellung, dem Selbstverständnis (Werbung, PR) in Abhebung zu konkurrierenden Unternehmen. Corporate I. ist ein komplexes, dynamisches System, das sich aus der wechselseitigen Verbindung und Integration identitätsstiftender Kommunikationsstile und Erwartungssysteme auf Seiten der verschiedenen Zielgruppen der Öffentlichkeit entwickelt. Es äußert sich konkret in den spezifisch mit einem Unternehmen verbundenen Gefühlsqualitäten der Sympathie bzw. Antipathie, emotionalen Wünsche, Hoffnungen, Befürchtungen, Qualitätsvorstellungen und -erwartungen, Niveaueinstufungen, Prestigevorstellungen, dem Qualifikationsprofil des Managements, der Produkt- und Dienstleistungen und der kommunikativen Kompetenz; Imagewerte verbinden sich zudem mit der Betriebsstruktur, der Organisationsform des Unternehmens und der ökologischen wie sozialen Verantwortlichkeit. *R. Bergler*

Corporate Publishing
C. Publishing bezeichnet den Prozess und das Ergebnis der Planung, Herstellung, Organisation und Evaluation von *Unternehmenspublikationen*. Unternehmenspublikationen sind z. B. → PR-Medien wie Mitarbeiter- und Kundenzeitschriften bzw. -magazine (diese beiden Typen stehen im Mittelpunkt der C.-Aktivitäten), Newsletter, aber auch Online-Angebote wie interne und externe Websites, etc. Derzeit gehen Schätzungen dahin, dass im deutschsprachigen Bereich allein zwischen 3500 und 4000 Titel im Bereich Kundenzeitschriften mit einer Gesamtauflage von 450 Millionen Exemplaren existieren. Die Entwicklung der letzten Jahre geht unter quantitativen Gesichtspunkten (Titelzahl, Auflage) deutlich nach oben, aber auch die Ansprüche an Qualität, Glaubwürdigkeit und Nutzwert der Kunden- und Mitarbeiterzeitschriften steigen. In jüngster Zeit bieten vor allem traditionelle Verlagshäuser (z. B. Gruner & Jahr, Holtz-brinck, Burda, FAZ) erfolgreich die Herstellung von Kunden- und Mitarbeiterzeitschriften an.
G. Bentele

Corporate Social Responsibility
C. S. R. – das Kürzel CSR ist hier gebräuchlich – meint dem Begriffssinn nach zunächst die soziale Verantwortung einer Organisation. Im kommunikationsstrategischen Sinne kann CSR definiert werden als der *bewusste Umgang einer Organisation mit ihrer sozialen Verantwortung*, welche diese gegenüber den Bezugsgruppen ihres sozialen Umfeldes und der Gesellschaft wahrnimmt. In einer Pyramide sozialer Verantwortung hat Carroll (1991) hier ökonomische Verantwortung zugrunde gelegt, auf welche er übereinander die rechtliche, die ethische und die philanthropische Verantwortung aufsattelt. *Aus Perspektive von Bezugsgruppen* rückt vor allem die moralisch wertende Kategorie in den Vordergrund, an welcher bemessen wird, ob und in welchem Maße sich eine Organisationen der ihr von einer Bezugsgruppe konkret zugewiesenen Verantwortung stellt und inwieweit dabei neben Organisationsinteressen auch bezugsgruppenseitige Interessen zur Geltung kommen. An die dabei entstehenden Meinungen knüpfen sich Unterstützungs- oder Widerstandspotentiale gegenüber einer Organisation. Aus *Organisationsperspektive* muss sich CSR also mit dem Verhältnis der Organisation zur Öffentlichkeit und den sich hieran knüpfenden, unterschiedlichen Wertzuweisungen und Bewertungen und deren strategischen und/oder existenziellen Folgen für die betreffende Organisation beschäftigen.
Im angloamerikanischen Raum ist das *Postulat der sozialen Verantwortung* in den 1950ern formuliert worden und hat in den beiden Folgejahrzehnten Beachtung und Diskussion erfahren. In der PR-Literatur des deutschen Sprachraums finden sich Grundgedanken hierzu bereits bei Hundhausen (1951), der vom Unternehmen und dessen notwendiger Rolle als „guter Bürger" spricht (Corporate Citizen). Grunig/Hunt (1984) sind im Fachdiskurs soweit gegangen, dass sie die grundsätzliche Bereitschaft einer Organisation zur Übernahme sozialer Verantwortung zur Voraussetzung dafür erklärt haben, eine Funktionalisierung von PR-Aktivitäten überhaupt für sinnvoll zu erachten. In der *PR-Praxis* hat das Thema insbesondere in den 1980er unter dem Stichwort → Sozialbilanzen und in den 1990er Jahren unter dem Stichwort → Dialogkommunikation zentrale Beachtung gefunden. In jüngerer Zeit ist die Diskussion um Nachhaltigkeitskommunikation in diesen Kontext einzuordnen.
Die *Managementliteratur* ordnet CSR den stärker gesellschaftsbezogenen Unternehmungsleitbildern zu. Bei genauerer Betrachtung tritt der ethische Impetus dabei allerdings in den Hintergrund. Eher pragmatisch wird dabei nämlich davon ausgegangen, dass unternehmerische Freiheit ihre Grenzen an gesellschaftlichem Gegendruck erfährt und soziale Orientierung der Entscheidungs- und Handlungsspielräume einer Unternehmung kalkulierbarer macht. Davis/Blomstrom (1975) haben dazu das sog. *eiserne Gesetz Verantwortung* formuliert, wonach jede Institution auf die Dauer jene Macht verliert, die sie nicht verantwortungsvoll einsetzt. Aus *systemtheoretischer Perspektive* schließlich ist CSR als ein Beziehungsmerkmal von Organisationen als Systemen im Zusammenhang und im Verhältnis zu ihrer jeweiligen Umwelt einzustufen.
P. Szyszka
Literatur: CARROLL, Archie B. (1991): The Pyramid of Corporate Social Responsibility: Toward the Moral Management of Organizational Stakeholders. In: Business Horizons, 34. Jg., Nr. 4, S. 39-48. GRUNIG, James E./HUNT, Todd (1984): Managing Public Relations. New York et al.: Holt, Rinehart and Winston. HUNDHAUSEN, Carl (1951): Werbung um öffentliches Vertrauen. Public Relations. Band 1, Essen: Girardet.

Determination
Als D.these (auch: Determinationshypothese, Determinierungsthese) wird in der kommunikationswissenschaftlichen Literatur die einer Reihe empirischer Arbeiten zum Verhältnis von Journalismus und Public Relations zugrundeliegende Annahme bezeichnet, dass Öffentlichkeitsarbeit journalistische Berichterstattung *determiniere*. Unter *Determinierung* ist dabei in einer starken Interpretation *Steuerung* der einen Seite durch die andere, in einer schwächeren eine zumindest *starke, einseitige*

Beeinflussung zu verstehen. In jedem Fall handelt es sich nicht um eine *Hypo*these im streng sozialwissenschaftlichen Verständnis, sondern um eine auf empirischen Ergebnissen basierende *Leitthese*, ein *heuristisches Paradigma*, weswegen der gelegentlich verwendete Begriff D.*hypothese* streng genommen nicht zutreffend ist.

Die D.these geht auf Schriften von Barbara Baerns zurück. Obwohl der Begriff nicht von ihr selbst verwendet wurde, lehnt sich die Bezeichnung an Baerns' Publikationen an, die Öffentlichkeitsarbeit als *Determinante* journalistischer Informationsleistungen konzipiert haben. Die D.these in ihrer schwächeren Form – die zunächst nur einen *starken Einfluss* der Öffentlichkeitsarbeit auf journalistische Berichterstattung nachweist – ist von Anschlussuntersuchungen – bezüglich anderer empirischer Objektfelder - zwar vereinzelt widerlegt oder relativiert, in einer Reihe von Fällen aber auch bestätigt worden. Mit Blick auf das schärfere Postulat einer (normativ nicht wünschenswerten) *Steuerung* der journalistischen Berichterstattung durch Public Relations ist allerdings – ohne die Faktizität der empirischen Daten in Zweifel zu ziehen – Skepsis angebracht.

Viele Studien können zwar einen starken thematischen Einfluss auf bestimmte Berichterstattungsbereiche oder die Berichterstattung über die jeweiligen Organisationen zeigen, nicht aber auf die Berichterstattung insgesamt. Da PR als *Primärquelle* notgedrungen Einfluss auf journalistische Berichterstattung nimmt, stellt sich die Frage, *welche Elemente* der Berichterstattung durch PR *in welchem Ausmaß* beeinflusst werden, wieweit PR Einfluss auf die Selektion von Themen, die Bewertungen von Sachverhalten, Personen, etc. Einfluss hat. In theoretischer Hinsicht besteht die Meinung, dass die D.these weiterer Differenzierung bedarf, wobei besonderes Augenmerk auf den *gegenseitigen* Einfluss von Public Relations und Journalismus, aber auch auf *intervenierende Variablen* zu legen ist, wie sie bereits verschiedentlich vorgeschlagen worden sind. Das → *Intereffikationsmodell* versucht, den wechselseitigen Beziehungen zwischen PR und Journalismus Rechnung zu tragen. *G. Bentele/H. Nothhaft*

Dialog (Dialogkommunikation)
Der Begriff D. entstammt ursprünglich der interpersonalen Kommunikation und bezeichnet dort sprachlich geführte Interaktionen *wechselseitiger Rede oder Zwiegespräche*. Wird D. nicht nur von seiner formalen Seite (Wechselseitigkeit), sondern auch von der inhaltlichen Seite her problematisiert, dann sind D.e verbal-sprachliche Interaktionen, in deren Verlauf zwei oder mehrere D.partner einen Sachverhalt substanziell erörtern und sich dabei jeweils mit den Beträgen der Interaktionspartner inhaltlich-argumentativ auseinandersetzen. In den deutschsprachigen PR-Diskurs hat der Begriff auf zwei unterschiedlichen Wegen Eingang gefunden. Im *fachwissenschaftlichen PR-Diskurs* taucht der Begriff erstmals im Zusammenhang mit den vier PR-Modellen von Grunig/Hunt (1984) und hier insbesondere mit dem vierten Modelltyp der „symmetrischen Kommunikation" auf, dessen Ziel/Zweck die Urheber in einer wechselseitigen Übereinkunft (mutual understanding) aufgrund wechselseitiger Einwirkungen sahen, die sie später als ein Win-Win-Modell einstuften. Im deutschen *PR-Praxisdiskurs* tauchte der Begriff D. erstmals prägnant bei Fuchs/Kleindieck (1984) auf. Prominenz bekam er spätestens 1990, als ein damals neues Berufsbild der Deutschen Public Relations-Gesellschaft (DPRG) d.isches Handelns zu einem Grundmuster der PR-Arbeit stilisierte und apodiktisch erklärte: „PR ist Dialog". D.kommunikation, wie es in der Praxisterminologie gerne heißt, wurde dabei bisweilen zum „Königsweg der PR-Arbeit" erklärt und damit berufsideologisch überhöht. Dass es sich bei den Begriffen D.kommunikation wie im Ansatz auch bei symmetrischer Kommunikation um begriffliche Tautologien handelt, sei hier nur am Rande bemerkt.

Tatsächlich kann D. im Rahmen von PR-Arbeit und im Sinne einer an der *Zweck-Mittel-Relation* orientierten Interpretation der Grunig/Hunt-Modelle als ein bestimmter Aktionstypus von PR-Arbeit eingestuft werden, bei dem der Kontaktaufwand sehr hoch und der Kontakt vergleichsweise intensiv, die Kontaktgruppe sehr klein und damit die Kontaktkosten (pro Kopf) vergleichsweise hoch sind. Damit kann unterstellt werden, dass dieser Aktionstypus idealer Weise nur immer dann zum Einsatz kommt, wenn sich mittels anderer, aufwandgünstigerer Aktionstypen angestrebte Wirkungsziele nicht sinnvoll erreichen lassen und entsprechende Ressourcen (Zeit, Personal, Geld) auch hierfür verfügbar sind.

Auf inhaltlicher Ebene schließlich lassen sich im Handlungskontext der PR-Arbeit zwei Pole markieren: *ergebnisoffene Prozesse*, die dem grundlegenden D.gedanken der gemeinsamen Aushandlung eines gemeinsam getragenen Ergebnisses entsprechen, und *strategische Prozesse*, die d.isches Vorgehen simulieren (müssen), weil das angestrebte Ergebnis in engen Grenzen vorgeben und damit anzusteuern ist. Entsprechend hat Szyszka (1996) drei Erscheinungstypen des D.begriffs in der PR-Praxis verortet: einen *Idealtyp*, der als radikalste Variante D.orientierung tatsächlich als Ergebnisoffenheit behandelt, da hier Gesellschafts- oder Umfeldkonformität eine wesentliche Rolle spielt, einen *Realtyp*, der d.orientiertes Verhalten als kommunikationspolitisches Grundprinzip auffasst, dass im Sinne z. B. von → Corporate Social Responsibility in der friedlichen Koexistenz zwischen Organisation und Umwelt ein strategisches Basisprinzip sieht und entsprechend agiert, und einem *Fassadentyp*, der Offenheit und Wechselseitigkeit suggeriert, tatsächlich aber nur simuliert und grundsätzlich strategisch instrumentalisiert.

Mit der Gesamtproblematik der D.kommunikation hat sich Mitte der 1990er Jahre ein bis heute in seiner Substanz aktueller Sammelband (Bentele/Steinmann/Zerfaß (1996)) auseinander gesetzt.

P. Szyszka

Literatur: BENTELE, Günter/STEINMANN, Horst/ZERFAß, Ansgar (Hrsg.) (1996): Dialogorientierte Unternehmenskommunikation. Grundlagen – Praxiserfahrungen – Perspektiven. Berlin: Vistas. GRUNIG, James E./HUNT, Todd (1984): Managing Public Relations. New York et al.: Holt, Rinehart and Winston.

Dialoggruppe (dialogorientierte PR-Arbeit)
Der Begriff D. hat Ende der achtziger Jahre Eingang in die PR-Praxis gefunden. Hier meint er einerseits in einem *weiteren Sinne* mit der Bezeichnung Dialoggruppen → Zielgruppen, denen eine besonders *ausgeprägte Relevanz* zugemessen und zu denen daher ein besonders ausgeprägtes und intensives Verhältnis aufgebaut und unterhalten werden soll. In einem *engeren Sinne* wird von dialogorientierter PR-Arbeit gesprochen, wenn bei bestimmten Maßnahmen der PR-Arbeit ein besonders *intensiver Kontaktaufwand* betrieben wird, um in kommunikativ interaktive Prozesse einzutreten oder diese zu unterhalten. Der in der Praxis bisweilen verbreiteten Ansicht, dass letztere der ‚Königsweg der PR-Arbeit' sei, muss entgegengehalten werden, dass PR-Arbeit immer dem Kosten-Nutzen-Prinzip unterliegt und entsprechend auch vom betriebenen Aufwand her problemgerecht agieren muss, Dialogorientierung also nur eine Handlungsoption der PR-Arbeit sein kann.

P. Szyszka

Ereignis (Medienereignis)
E.se lassen sich als *zeitlich und räumlich abgrenzbare Realitätsausschnitte* definieren. Realität oder Wirklichkeit wird dabei oft als ein vom wahrnehmenden Organismus unabhängig, eigenständig ablaufendes Geschehen betrachtet, das im menschlichen Wahrnehmungs- und Erkenntnisprozess kognitiv (re-)konstruiert wird. Unterscheiden lässt sich zunächst zwischen *natürlichen* und *sozialen* E.sen. Natürliche *E.se* wie z. B. Erdbeben, Frühling, Ebbe und Flut oder die Wanderung der Lachse sind dadurch gekennzeichnet, dass sie in der Regel ohne menschliches Zutun geschehen und nicht oder nur sehr begrenzt durch menschliches Handeln beeinflussbar sind. *Soziale E.se* wie ein Ehestreit, ein Osterspaziergang oder eine Stadtratssitzung konstituieren sich hingegen durch menschliches Handeln. Sowohl natürliche, wie auch soziale E.se sind zunächst *genuine E.se* mit eigener *E.struktur* (Anfang, Ende, Vor- und Nachgeschichte, etc.). Sobald sie Objekt öffentlicher Kommunikation und damit in der Regel Objekt von Medienberichterstattung werden, ändert sich dies. Von der Gesamtmenge natürlicher und sozialer E.se ist für die öffentliche Berichterstattung, die den E.fluss der Welt zunächst einmal – nach ihren eigenen Regeln – beobachtet - nur ein winziger Bruchteil von Belang. Nur sehr wenige E.se gelangen in die Zeitung oder das Fernsehen. Diese E.se weisen bestimmte Merkmale (→ Nachrichtenfaktoren) auf, die sie für Medien bzw. die Öffentlichkeit interessant machen. Ihnen wird in diesem Fall von Organisationskommunikatoren oder Journalisten ein *Nachrichtenwert* zugeschrieben. Dadurch werden zu *berichteten E.sen* bzw. zu Elementen der *Medienwirklichkeit*.

M.se lassen sich als ein besonderer Typ *sozialer E.se* identifizieren. M.se oder → (Medien-)Events sind dadurch gekennzeichnet, dass ihr *primärer Zweck* darin besteht, Medienberichterstattung zu induzieren. Pressekonferenzen sind das klassische Beispiel für M.se. Pressekonferenzen, aber auch Protestaktionen von Greenpeace verlieren ihren Sinn, wenn sie nicht von Journalisten wahrgenommen und sie damit zu berichteten E.sen werden. M.se stellen dabei zwar auch reale E.se dar, weswegen der von Daniel J. Boorstin geprägte Begriff des *Pseudo-E.ses*, der implizit zwischen ‚echten' und ‚unechten' E.sen unterscheidet, semantisch irreführend ist. Sie sind aber von anderen sozialen E.sen, den *mediatisierten E.sen* (z. B. heutigen Parteitagen, Minister- oder Gipfeltreffen) zu unterscheiden, die zwar auch auf Medienberichterstattung zielen, von der Anlage aber primär andere Ziele verfolgen (wie z. B. ein Parteiprogramm, eine politische Strategie, etc. zu diskutieren). Mediatisierte E.se sind stark von der Medienlogik, d. h. von den Regeln und Strukturen medialer Berichterstattung (z. B. Personalisierung, Emotionalisierung, Nachrichten- und Unterhaltungswerte) geprägt und haben sich in der Regel aus ursprünglich *genuin-sozialen E.sen*, bei die in Planung und Ablauf ursprünglich unabhängig von medialer Aufmerksamkeit und Berichterstattung zu Stande kamen, entwickelt. Heute sind insbesondere Sport-E.se, internationale Treffen von Politik- und Wirtschaftsakteuren, Weltausstellungen, etc. stark *mediatisiert*. Der Übergang zu reinen M.sen ist manchmal nicht mehr klar zu ziehen.

In der Alltagssprache wird der Begriff M. gelegentlich auch gebraucht, um soziale oder natürliche E.se zu beschreiben, die in gesteigerter oder übermäßiger Art und Weise Gegenstand der Medienberichterstattung sind (z. B. ‚M. des Jahres').

G. Bentele/H. Nothhaft

Literatur: BENTELE, Günter (1994): Public Relations und Wirklichkeit. In: BENTELE, Günter/HESSE, Kurt R. (Hrsg.): Publizistik in der Gesellschaft. Konstanz: UVK, S. 237-267. BOORSTIN, Daniel J. (1963): The Image or What Happened to the American Dream. Harmondsworth: Penguin [dt. 1964, Reinbek]. KEPPLINGER, Hans-Mathias (1992): Ereignismanagement. Wirklichkeit und Massenmedien. Zürich: Edition Interfrom. KEPPLINGER, Hans-Mathias (2001): Der Ereignisbegriff in der Publizistikwissenschaft. In: Publizistik, 46. Jg., Nr. 2, S. 117-139.

Ethik-Kodizes

Ein Kodex ist ursprünglich eine Gesetzessammlung. Ethik-Kodizes sind eine Menge (in der Regel verschriftlichter) normativer Leitsätze bzw. Richtlinien, welche die allgemeine Ausrichtung und die Zielsetzungen beruflichen Handelns anleiten sollen. Bestimmte Berufe oder Branchen (z. B. Architekten, Sozialarbeiter, Wissenschaftler, Arbeitsmediziner, Fischer, Musiktherapeuten, etc.), so auch Kommunikationsberufe bzw. die entsprechenden Branchen (z. B. Public Relations, Journalismus, Werbung, etc.) haben – zumeist von ihren Berufsverbänden initiiert – insbesondere im Rahmen von Professionalisierungsprozessen internationale und nationale Kodizes hervorgebracht. Von internationalen und nationalen Berufsverbänden wurden für das PR-Berufsfeld eine Reihe von Kodizes, so z. B. von der CERP der Code d'Athènes (1964) und der Code de Lisbonne (1978) von der Global Alliance die ‚Declaration of Principles' (2002) verabschiedet. Wichtige moralische Grundvorstellungen, die in den Kodizes niedergelegt sind, betreffen Offenheit und → Transparenz, Wahrheit und Objektivität, Fairness, Präzision (accuracy), Ehrlichkeit, Integrität, Loyalität, aber auch Expertise und Professionalität.

Ethik-Kodizes haben nicht den Verbindlichkeitsgrad von Gesetzen; eine Verletzung kann nicht wie diese durch gerichtlich verhängte Strafen sanktioniert werden.

Ähnlich dem Rechtssystem, das mit den verschiedenen Gerichten Instanzen geschaffen hat, die auf die Einhaltung, Interpretation Weiterschreibung von Gesetzen, müssen auch im Bereich der Ethik zuständige Organisationen existieren, die für die Einhaltung, Entwicklung und Weiterschreibung der Kodizes zuständig sind. In Deutschland ist dies im Bereich Pressejournalismus der *Deutsche Presserat*, im Bereich Werbung der *Deutsche Werberat* und im Bereich Public Relations der *Deutsche Rat für Public Relations (DRPR)*. Diese Ethik-Kommissionen bzw. Räte im Kommunikationsbereich arbeiten in der Regel nach dem Prinzip der ‚freiwilligen Selbstkontrolle'. Sanktionen können zwar verhängt werden, sie beschränken sich in der Regel aber auf das öffentliche Bekanntmachen von Regelverletzungen und öffentliche Rügen desjenigen, der Kodizes verletzt hat. Trotz dieser eingeschränkten Sanktionsmächtigkeit sind die Sprüche/Urteile z. B. des Deutschen Presserates oder des Deutschen Rates für Public Relations nicht wirkungslos: Das Öffentlichmachen von Verletzungen von Kodizes wird von den potenziell zu Rügenden ob der erwarteten negativen Kommunikationseffekte gescheut. Nach Rügen des DRPR ändern die Gerügten i. d. R. das Verhalten, das zur Rüge geführt hat oder stellen es ab.

Gelegentlich wird zwischen Ethik-Kodizes (Codes of Ethics, Ethical Codes) einerseits und Berufskodizes (Codes of Conduct) andererseits unterschieden. Ethik-Kodizes sind eher allgemeiner Natur, Berufskodizes sind konkreter auf das berufliche Handeln bezogen. Obwohl dahingestellt sein mag, ob diese Unterscheidung wirklich Sinn macht, existieren tatsächlich Kodizes größerer oder geringerer Abstraktheit bzw. Allgemeinheit. Manche Ethik-Räte (z. B. der Deutsche Presse-Rat und der Deutsche Rat für Public Relations) unterscheiden deshalb auch zwischen den *Kodizes* einerseits, die von größerer Allgemeinheit sind, und *Richtlinien* andererseits, die oft aufgrund konkreter Vorfälle entwickelt werden. *G. Bentele*

Evaluation, PR-Evaluation

Unter E. wird den Sozialwissenschaften allgemein die Analyse und Bewertung eines Sachverhalts, vor allem zur Überprüfung von Innovationen, verstanden. Unter PR-E. bzw. PR-Kontrolle (auch: PR-Erfolgskontrolle oder PR-Wirkungskontrolle) versteht man die Messung und Bewertung von Kommunikationsaktivitäten im Hinblick auf gesetzte Ziele oder hinsichtlich der weiteren Gültigkeit von Annahmen, Plänen und Zielen. E. kann *formativ* (integrierter, begleitender Prozess) oder *summativ* (abschließende Ergebniskontrolle) vorgenommen werden. Obwohl E. nicht auf systematische wissenschaftliche Verfahren beschränkt ist (auch das bloße Sammeln von *Clippings*, Zeitungsartikeln, lässt sich als einfachste Form der E. auffassen), werden im Rahmen professioneller PR-E. zunehmend standardisierte, sozialwissenschaftlich fundierte Methoden (Beobachtung, Befragung, Inhaltsanalyse) eingesetzt.

Verschiedene Begriffe und Ebenen sind zu unterscheiden: Unter *Wirkungen* werden Veränderungen (z. B. Meinungs-, Einstellungs-, Verhaltensänderungen) in der Zielgruppe verstanden, während sich der *Erfolg* einer PR-Maßnahme oder -kampagne nur auf Basis eines Vergleichs zwischen *angestrebten* und *verwirklichten* Zielen beurteilen lässt. Wo angestrebte Zielparameter (Soll-Werte) als Steigerung oder Senkung eines bestehenden Werts formuliert werden (z. B. Bekanntheit eines Unternehmens *vergrößern*), sind seriöse Aussagen über Wirkung und Erfolg nur möglich, wenn auch der Wert *vor* Durchführung der Maßnahmen (Ist-Wert) ermittelt wurde; dies ist nicht notwendig, wenn z. B. das Ziel einer Messe in einer bestimmten Besucherzahl besteht. Unter *Effektivität* versteht man die *Wirksamkeit* von PR-Maßnahmen angesichts eines definierten kommunikativen Ziels (z. B. ein spezifisches Image zu schaffen), während *Effizienz* Maß für das Verhältnis von Aufwand und Ertrag ist.

Da Kommunikation verschiedene Wirkungen entfaltet, muss PR-E. dem Rechnung tragen. Eine international gebräuchliche Systematik stellt ein von Lindenmann vorgezeichnetes (1997), von der IPRA (*International Public Relations Association*) propagiertes und von der DPRG (*Deutsche Public Relations Gesellschaft*) empfohlenes und weiterentwickeltes 4-Ebenen-Modell dar: 1) *Output-Ebene*, auf der *Medienresonanz* gemessen und bewertet, also der Frage nachgegangen wird, inwiefern Maßnahmen überhaupt zu Medienberichterstattung geführt haben, PR-Botschaften Zielgruppen überhaupt zur Verfügung standen. Auf Output-Ebene findet vor allem die → *Medienresonanzanalyse* als Analyseinstrument Anwendung. 2) *Outgrowth-Ebene* der *direkten Zielgruppenwirkung*, auf der z. B. der Frage nachgegangen wird, inwiefern die Zielgruppen PR-Botschaften überhaupt zur Kenntnis genommen und verstanden haben, sie erinnern, sie für glaubwürdig halten. Direkte Zielgruppenwirkung ist nur durch direkte Befragung der anvisierten Zielgruppen seriös zu messen und zu bewerten. 3) *Outcome-Ebene der indirekten Zielgruppenwirkung*, auf der Wissens-, Einstellungs- und Verhaltensänderungen, auch Verschiebungen existierenund auf der Unternehmes- oder Produktimages bei Zielgruppen gemessen und bewertet werden; wird teilweise durch Beobachtung, in der Mehrzahl der Fälle aber durch Befragung der Zielgruppen möglich. 4) *Outflow-Ebene* als *betriebswirtschaftliche Erfolgsebene*, wo der Frage nachgegangen wird, welchen Beitrag Kommunikationsaktivitäten bezüglich ökonomischer Zielsetzungen wie Absatz-, Umsatz-, Produktivitäts- oder Kundenloyalitätssteigerung u. ä., welchen Beitrag sie also insgesamt also zur → Wertschöpfung durch Kommunikation geleistet hat. Anerkannte Verfahren, welche eine zuverlässige Isolierung des Beitrages von PR-Maßnahmen zu diesen Zielen leisten, sind für die unterschiedlichen Ebenen unterschiedlich weit entwickelt. Die Maßnahmen, die innerhalb der E. von PR entwickelt und bereitgestellt werden, werden vor allem vom → Kommunikationscontrolling gesteuert. *G. Bentele/H. Nothhaft/A. Zerfaß*

Literatur: BAERNS, Barbara (Hrsg.) [2](1997): PR-Erfolgskontrolle. Frankfurt a. M.: IMK. BESSON, Nanette A. (2007): Strategische PR-Evaluation. Wiesbaden: Westdeutscher Verlag. BUCHELE, Mark-Steffen (2007): Der Wertbeitrag von Unternehmenskommunikation. Leipzig: unveröff. Dissertation.. DPRG (Hrsg.) (2000): PR-Evaluation. Bonn: DPRG. LINDENMANN, Walter K. (1997): Measurement in PR – international experiences. In: Arbeitskreis Evaluation der GPRA. (Hrsg.): Evaluation von Public Relations. Dokumentation einer Fachtagung. Frankfurt a. M., S. 26-44.

Event

E.s lassen sich als von Organisationen (oder auch Einzelpersonen) inszenierte Ereignisse bzw. Sachverhalte definieren, deren Hauptziel es ist, öffentliche bzw. mediale Aufmerksamkeit bzw. Publizität durch Medienberichterstattung zu induzieren. Die strategisch geplante Generierung solcher E.s wird als *E.-Management* bezeichnet. Es lassen sich vor allem PR-orientierte (E.-PR) und marketingorientierte *Ziele* (E.-Marketing) des E.-Managements unterscheiden. Je nach Orientierung werden E.s eher informationsbezogen (z. B. Pressekonferenzen) oder produkt- bzw. verkaufsbezogen sein. Bei vielen E.s ist eine unterhaltsame, emotionale Komponente als Strukturmerkmal zu finden. Diese führt einerseits zu Attraktivität für das Publikum (z. B. Musikveranstaltungen, Feste, etc.) andererseits dazu, dass die vom Mediensystem verlangten Nachrichtenfaktoren (z. B. Prominenz) realisiert werden. Kontinuierlich stattfindende Großereignisse oder *Mega-E.s* (z. B. Olympiaden, Fußball-Weltmeisterschaften oder Weltausstellungen) sind heute bei Städten, Regionen oder Staaten vor allem zur Erreichung kommunikativer Ziele (Bekanntheit, Imagegestaltung) sehr beliebt und werden mit solchen Zielen organisiert. *G. Bentele*

Externe Kommunikation

In seinem *eigentlichen Sinne* bezeichnet E. alle operativen Kommunikationsmaßnahmen, mittels derer eine Organisation gegenüber verschiedenen Meinungsmärkten ihres gesellschaftlichen Umfeldes tätig wird. In einem *engeren, PR-bezogenen Sinne* wird er zudem bisweilen als Synonym für externe PR-Arbeit verwendet, um diese von → interner PR-Arbeit abzugrenzen. *P. Szyszka*

Feminisierung

F. steht (1) *quantitativ betrachtet* für den *steigenden Frauenanteil* (BRD: 53%) im (vormals männerdominierten) PR-Berufsfeld und (2) *qualitativ betrachtet* für die Annahme, dass sich PR mit steigendem Frauenanteil *qualitativ* verändern. Zu letzterem wird behauptet, dass Frauen mit ihrer – vermeintlich (!) – natürlichen Intuition und ihrem – vermeintlich (!) – unerschütterlichen ethischen Verantwortungsgefühl einen besonderen Beitrag leisten zum Verständnis von *PR als ethisch verantwortungsvolle, effiziente Kommunikationsform mit guter Reputation.* Hierfür wurden Theorie-Modelle entworfen wie das ‚feminist model of leadership' oder die ‚revolution of the heart'. Sie beschreiben den weiblichen Input im PR-Feld idealisierend. Empirische Forschung in den USA hat aber gezeigt, dass F. auch Nachteile hat: Durch den Wandel der PR von einem Männer- zu einem (typischen?) Frauenberuf sinken Status, Macht und Gehälter in den PR insgesamt.
R. Fröhlich

Framing

F. steht ursprünglich für eine Theorie zur Erklärung der Entstehung von Medienwirkungen. Gamson und Modigliani (1989) bezeichnen Frames (engl. ‚Rahmen') als „interpretative Pakete", die jene Parameter festlegen, mit denen einer Diskussion von Themen bestimmte Richtungen und ein spezifischer Zweck geben wird und die die individuellen Positionen in der Themendiskussion verdeutlichen und transportieren. Der F.-Ansatz geht davon aus, dass das Vorhandensein, die Betonung oder die Kombination verschiedener spezifischer (Teil)Aspekte eines öffentlichen Themas Einfluss darauf hat, wie dieses Thema von den Menschen auf- und wahrgenommen wird. Somit weist das F.konzept weit über das Modell des → Agenda-Setting/-Building hinaus: Während der Agenda-Setting-Ansatz erklären will, wie es in modernen Mediengesellschaften dazu kommt, dass Menschen bestimmte (gesellschaftliche, politische usw.) Themen für wichtig halten und andere nicht (‚*über welche Themen* denken Menschen nach'), versucht der F.-Ansatz Antworten auf die Frage zu finden, über welche spezifischen Aspekte, Interpretationen, Bewertungen, Lösungen usw. eines Themas nachgedacht und diskutiert wird (‚*wie* denken Menschen über bestimmte Themen').

In jüngster Zeit fand eine Übertragung der F.-Theorie auch auf Modelle der Nachrichtenproduktion statt (vgl. Scheufele, 2003). Denn wenn das Vorhandensein, die Betonung oder die Kombination spezifischer Aspekte eines Themas Einfluss auf seine Wirkung in der → Öffentlichkeit hat, dann – so kann man annehmen – hat das auch Einfluss darauf, wie dieses Thema von Journalisten und Medien auf- und wahrgenommen und wie es dort weiterverarbeitet wird. Damit erhält der F.-Ansatz automatisch auch Potenzial für Fragen der professionellen PR (hier besonders der Presse- und Medienarbeit) und der PR-Wirkungsforschung. Hallahan (1999) geht sogar so weit zu sagen, dass im Grunde genommen die wichtigste Aufgabe überhaupt von Public Relations das Gestalten von F.prozessen ist. Er argumentiert, dass ein Großteil der tagtäglich zu leistenden Arbeit von PR-Praktikern genau darin besteht: in Abhängigkeit der Problem- oder Zieldefinition eines Auftraggebers (→ Auftragskommunikation) Entscheidungen zu treffen über die Gestaltung und Auswahl von Interpretationsrahmen (= Frames) für PR-Botschaften, mit deren Hilfe eine Organisation gegenseitig nützliche Beziehungen zu → Teilöffentlichkeiten aufbaut, von deren Goodwill sie abhängt.

Vor diesem Hintergrund kann man F. z. B. verstehen als eine spezifische Mobilisierungsstrategie, mit der Organisationen (z. B. Neue Soziale Bewegungen, NGOs, politische Parteien) versuchen, ihre ganz besondere Sichtweise (= Frames) zu Themen in die öffentliche Debatte zu bringen in der Hoffnung, dadurch Unterstützung und Zustimmung von wichtigen → Zielgruppen zu erhalten. Nach dem F.-Konzept geschieht dies dadurch, dass nicht mehr nur bestimmte Themen auf der öffentlichen Agenda platziert werden, sondern gleich auch die jeweils intendierten, *spezifischen Lesarten und Interpretationen dieser Themen* kommuniziert werden oder von Lesarten, die den eigenen Zielen nicht entsprechen, bewusst abgelenkt wird. Die klassischen Mittel hierfür sind z. B. die Betonung von Subthemen eines Themas statt des Themas selbst, die Einbettung eines Themas in einen bestimmten Kontext, die Fokussierung auf bestimmte Lösungen für Probleme und/oder die Verbindung eines Themas mit moralischen Wertungen. Ein prominentes Beispiel hierfür ist das Statement des ehemaligen deutschen Außenministers Fischer auf dem Höhepunkt der kriegerischen Eskalationen in Ex-Jugoslavien: „Nie wieder Auschwitz!" Mit diesem Statement betrieb Fischer Framing, indem er das Thema „Gewalteskalation in Ex-Jugoslavien" in den Kontext „Auschwitz" setzte und so das Eingreifen ausländischer – vor allem auch deutscher – Truppen in den Konflikt rechtfertigte.

Angewandt im PR-Bereich kann eine detaillierte Frame-Analyse (z. B. der bisherigen Medienberichterstattung aber auch der öffentlichen Meinung zu einem Thema) einer strategisch geplanten → Kampagne vorausgehen und so für eine zielgenaue, professionelle → Konzeption einer Kampagne sorgen. Hallahan (1999; S. 210) identifiziert für den strategischen PR-Bereich insgesamt sieben unterschiedliche Anwendungsszenarien (von der Situationsanalyse bis zur Pressearbeit), in denen der F.-Ansatz für PR-Handeln gewinnbringend nutzbar gemacht werden kann. Aber auch nach Abschluss einer PR-Kampagne kann der F.-Ansatz im Rahmen der → Evaluation von PR zum Einsatz kommen, z. B. wenn überprüft werden soll, ob und wenn ja wie die vom PR-Absender gestalteten → Botschaften und Interpretationen von den Medien und/oder der Bevölkerung aufgenommen wurden oder welche Veränderungen genau die ursprüngliche Botschaft und der von der PR dazu angebotenen Interpretationsrahmen bei ihrem Weg in die Öffentlichkeit erfahren haben.

Der Vorteil der F.-Analyse gegenüber einer einfachen Themenanalyse, wie sie etwa eine Medienresonanzanalyse darstellt, liegt darin, dass sowohl in der Phase der strategischen Konzeption als auch in der Schlussphase bei der PR-Erfolgsmessung detailliertere Verfahren angewendet werden, die zu zielgenaueren Strategielösungen und/oder zu aussagekräftigeren Evaluationsergebnissen führen. Der persuasive Charakter einer Botschaft kann damit besser gesteuert und seine Wirkung genauer analysiert werden. Der Nachteil liegt im größeren methodologischen Aufwand, der sowohl bei der PR-Konzeption für die Soll-Analyse als auch bei der PR-Evaluation für Erfolgsmessung betrieben werden muss. Die Erhebungsinstrumente (z. B. Kategoriensystem, standardisierter Fragebogen, Interview-Leitfaden) für F.-Analysen sind hoch komplex, weil sie jenseits der Hauptthemen auch Subthemen und, noch aufwändiger, auch die Kontexte erheben müssen, in denen die Haupt- und Subthemen stehen. Idealtypischer Weise geht einer quantitativen F.-Analyse außerdem eine qualitative Frame-Analyse zur Identifikation relevanter Frames voraus. Das Erhebungsverfahren ist also zweistufig. Das macht F.-Analysen auch vergleichsweise teuer, was der Grund dafür sein dürfte, dass sie in der angewandten kommerziellen PR-Evaluationsforschung bisher kaum zum Einsatz kommen. Die wissenschaftliche Grundlagenforschung hat aber bereits belegt, wie Gewinn bringend F.-Analysen für Public Relations eingesetzt werden können (vgl. z. B. Fröhlich/Rüdiger, 2006; Hallahan, 1999; Knight, 1999; Reber/ Berger, 2005). *R. Fröhlich*

Literatur: FRÖHLICH, Romy/RÜDIGER, Burkhard (2006): Framing political public relations: Measuring success of strategies in Germany. In: Public Relations Review, 32. Jg., S. 18–25. HALLAHAN, Kirk (1999): Seven models of framing: Implications for public relations. In: Journal of Public Relations Research, 11. Jg., S. 205–242. KNIGHT, Myra Gregory (1999): Getting past the impasse: Framing as a tool for public relations. In: Public Relations Review, 25. Jg., S. 381–398. REBER, Bryan H./BERGER, Bruce K. (2005): Framing analysis of activist rhetoric: How the Sierra Club succeeds or fails at creating salient messages. In: Public Relations Review, 31. Jg., S. 185-195. SCHEUFELE, Bertram (2003): Frames – Framing – Framing-Effekte. Wiesbaden: Verlag für Sozialwissenschaften.

Führungsfunktion
Diskussionen um die Frage von PR-Arbeit als einer F. im Rahmen des Organisationsmanagements sind in der Vergangenheit vor allem auf standespolitischer Ebene geführt worden. Der *standespolitische Diskurs* entstand Ende der achtziger Jahre, als PR-Arbeit mit Blick auf die PR-Definition von Grunig/Hunt bei der Gestaltung von → Berufsbildern in Deutschland und dann nachfolgend auch in der Schweiz als → Managementfunktion der obersten Führungsebene deklariert wurde. Dieses standespolitische Ideologem behinderte die wissenschaftliche Diskussion um eine funktionale bzw. organisatorische Verortung der PR-Arbeit. Heute herrscht in der PR-Literatur weitgehend Einigkeit darüber, dass → Kommunikationsmanagement als Leistung der *PR-Arbeit ein zentrales Element organisationspolitischer Entscheidung* darstellt, ohne dass damit grundlegend etwas über deren hierarchische Positionierung innerhalb von organisationaler Strukturen (Managementfunktion, Stabsstelle, Einordnung in der Linie) ausgesagt würde. Eine weniger hierarchische Denkweise kommt im Begriff der Führungsaufgabe zum Ausdruck. *P. Szyszka*

Fundraising
F. ist Kommunikationsarbeit zur *finanziellen Alimentierung* sogenannter *Non-Profit-Organisation*. Es beschäftigt sich mit der Gewinnung und Pflege von Fördermitgliedern, Sponsoren und Spendern. Hierzu bringen Non-Profit-Organisationen die mit ihrer gesellschaftsbezogen übernommenen Aufgabenstellung und ihrem individuellen Organisationsimage verbundene Reputation als zentralen Wert ein, von welchem der oder die Geldgeber ihren Nutzen ableiten. Von seiner grundlegenden Ausrichtung her ist F. nichts anderes als die ‚Investor Relations-Aktivität' einer Non-Profit-Organisation, die → Reputation als ‚Sicherheit' anbietet, um hierdurch eine Wertschöpfung (materiell, immateriell) einleiten zu können. *P. Szyszka*

Gesellschaftsorientierte Public Relations
Produkt- und organisationsbezogene PR reicht in der modernen Gesellschaft oft nicht mehr aus: Organisationen stehen vor der Herausforderung, ihren *gesellschaftlichen Nutzen aktiv zu verdeutlichen*, um ein positives öffentliches Image zu generieren. G. kann bei diesem Prozess helfen, indem sie *auf gesellschaftliche Interpretationsprozesse Einfluss zu nehmen* sucht. Dies kann mittels unterschiedlicher Instrumente und Verfahren erfolgen, etwa durch Umwelt- und Kultursponsoring, Unterstützung kommunaler Aufgaben oder das Einrichten einer Online-Diskussionsplattform zu einem aktuellen Thema. Die Kernaufgabe der Organisation muss mit dem kommunizierten Thema harmonieren, damit G. nicht künstlich wirkt. Organisationen müssen bei G. den → Agenda-Building-Prozess, über den Themen direkt und massenmedial vermittelt an das Publikum dringen, verstehen und aktiv einsetzen. Problematisch ist die Steuerung des Kommunikationsprozesses, da G. mit einer Vielzahl nicht vorhersehbarer Variablen (externe Einflüsse) operiert und Kommunikation in der reflexiven Moderne unvorhersehbare Nebenfolgen zeitigen kann. *St. Wehmeier*

Gesundheitskommunikation
G. bezeichnet ein trans- und interdisziplinär angelegtes, gleichwohl recht klar abgrenzbares Praxis-, Forschungs- und Lehrfeld, das mit Kommunikationsprozessen im Gesundheits- bzw. Krankheitsbereich allgemein überschrieben ist. Konkret kann Gesundheitskommunikation als die Produktion, Verarbeitung, Weitergabe, Rezeption und Wirkung von Informations- und Kommunikationsprozessen von Personen, Organisationen und größeren sozialen Systemen im Gesundheitsbereich definiert werden. In der G. können die vier Ebenen intrapersonale Information/Kommunikation, interpersonale Kommunikation, Organisationskommunikation und Massenkommunikation unterschieden werden, die sich teilweise überlappen und auch miteinander vernetzt sich. Einzelphänomene und -fragestellungen der G. reichen von der medizinischen Diagnostik (Symptomologie) und der Arzt-Patienten-Kommunikation über die Presse- und Medienarbeit von Krankenhäusern und anderen Gesundheitseinrichtungen, die Werbe- und Public Relations-Aktivitäten im Bereich der Pharma-Kommunikation, die Wissenschaftsberichterstattung zu medizinischen Themen ebenso wie die Boulevard-Berichterstattung über psychisch Kranke und deren Stigmatisierung („Gefährlicher Verrückter bedroht Passantin"), die Kommunikation des Apothekerverbandes (z. B. über die Zeitschrift Apotheken-Umschau) und anderer Verbände im Gesundheitsbereich bis hin zu staatlichen Gesundheitskampagnen (z. B. Aids-Kampagne, Nicht-Raucher-Kampagnen, Präventionskampagnen wie Kampagnen gegen Fettleibigkeit, etc.) und den Patienteninformationen und -foren im Internet.

Als eine wichtige Ursache für die recht breiten PR-Aktivitäten vor allem im Pharmabereich müssen die starken Restriktionen für die klassische Werbung in der Arzneimittelgesetzgebung und der Gesundheitsgesetzgebung generell gesehen werden. Eine andere wichtige Voraussetzung für die Gesundheitskommunikation ist die Informations- und Fürsorgepflicht des Staates im Gesundheitsbereich, traditionellerweise als Gesundheitsaufklärung bezeichnet.

Ihre historischen Wurzeln hat die Gesundheitskommunikation in der Gesundheitsaufklärung seit Ende des 17. Jahrhunderts, der medizinischen Volksaufklärung und „Gesundheitspropaganda" des 18. Jahrhunderts, die zur Krankheitsvorbeugung eingesetzt wurde. Eine wichtige Institution der deutschen Gesundheitsaufklärung war das 1912 in Dresden gegründete Deutsche Hygiene-Museum, das auf eine Initiative des Dresdner Industriellen und Odol-Fabrikanten Karl August Lingner (1861-1916) zurückging und das vor allem mit Großausstellungen – immer auf neuestem wissenschaftlichen und technischen Stand – einen wichtigen Beitrag zur Gesundheitsvorsorge in Deutschland und zur Demokratisierung des Gesundheitswesens lieferte. Wichtige Gedanken und Positionen moderner Gesundheitskommunikation, wie sie z. B. auf der ersten Internationalen Konferenz zur Gesundheitsförderungen 1986 in Ottawa, Kanada, verabschiedet wurden („Ottawa Charter") haben in der Gesundheitsaufklärungstradition ihre Vorläufer.

In den USA hat sich der Begriff „Health Communication" innerhalb der letzten 25 Jahre zu einem gut etablierten Begriff mit einem entsprechend wichtigen und systematisch behandelten Forschungsfeld entwickelt. Die Professionalisierung zeigt sich z. B. an der Gründung eines „Center for Health Communication" an der Harvard School of Public Health, der Gründung von Fachzeitschriften (Health Communication, seit 1989, Journal of Health Communication seit 1996) oder der langjährigen Existenz einer Division „Health Communication innerhalb der International Communication Association (ICA). Im Gegensatz dazu steckt vor allem die trans- und interdisziplinäre Forschung zur G. im deutschsprachigen Raum noch in den Kinderschuhen. Allerdings existieren mittlerweile schon Bachelor- und Masterstudiengänge „Public Health" und „Gesundheitskommunikation" und die Forschung zu diesem Feld beginnt sich auch hierzulande – z. B. im Netzwerk „Me-

dien und Gesundheitskommunikation", das Tagungen organisiert und unterschiedliche Aktivitäten im Feld Gesundheitskommunikation vernetzt, zu entwickeln. *G. Bentele*
Literatur: JAZBINSEK, Dietmar (2000): Gesundheitskommunikation. Wiesbaden. Westdeutscher Verlag. LÜTTEKE, Henner (2004): Presse- und Öffentlichkeitsarbeit im Krankenhaus. Stuttgart: Kohlhammer. SISSIGNANO, Annamaria (2001): Kommunikationsmanagement im Krankenhaus. Neuwied: Luchterhand.

Guerilla-PR
Unter Guerilla-PR kann man eine PR- bzw. allgemeiner Kommunikations-Strategie verstehen, die nicht etwa kriegerisch, wie es dieser Begriff nahe legen könnte, sondern meist innovativ und kreativ vorgeht, mit Überraschungseffekten arbeitet, gleichzeitig aber wenig kostet und hohe öffentliche Aufmerksamkeit auf sich zieht. Beispiele sind nackte Frauen oder Männer, die unerlaubt über ein Fußballfeld flitzen, ein kilometerlanger blauer Strich auf der Straße, der dort nicht hingehört, aber zu einer Ausstellung des lokalen Museums führt oder viele Online-Aktionen. Konkrete Beispiele sind auch z. B. das Blair-Witch-Projekt, bei dem angeblich Studenten in einem Hexenwald verschwunden sind, oder die umstrittene und inszenierte holländische Organspendenshow im Mai 2007, die große Aufmerksamkeit in vielen Ländern zum Problem Organspenden hervorgerufen hat.
Der Begriff G. wird in der Praxis (und auch in der Praktikerliteratur) meist undefiniert und unpräzise verwendet, schafft aber auch in der Kommunikationsbranche Aufmerksamkeit und gibt Anlass für Ethikräte, über Sinn und Unsinn, Legitimität von G.-PR zu diskutieren. Der Begriff geht auf den Begriff „Guerilla-Marketing" zurück, der von Jay C. Levinson in den achtziger Jahren mit dem entsprechenden Buchtitel eingeführt wurde. Guerilla-Marketing und G. haben sich zu einem internationalen Trend ausgewachsen, auch deutsche PR-Agenturen haben diesen Begriff für sich entdeckt. Allerdings wird er hierzulande eher als Trendbegriff mit Marketing-Funktion verwendet, vor allem Agenturen wollen sich mit solchen Begriffen und dementsprechenden Angeboten oft neue Geschäftsfelder erschließen.
Die Strategie arbeitet oft mit dem „Charme" des Ungewöhnlichen und viele hier eingesetzte Kommunikationsmittel wirken auf viele Rezipienten, insbesondere der jüngeren Generationen, durchaus sympathisch. Da nicht selten auch Regelverletzungen oder Ordnungswidrigkeiten akzeptiert oder sogar – um des kommunikativen Effekt willen

– eingeplant werden, können bestimmte Fälle ethisch bedenklich sein.
Mit Ausnahme des Überraschungsmoments, das auch in klassischen Guerilla-Strategien eine wichtige Rolle spielt, haben die kommunikativen Strategien bzw. die eingesetzten Mittel, die unter Namen G.-PR oder Guerilla-Marketing eingesetzt werden, aber nichts mit dem bewaffneten Guerilla-Kampf alteuropäischer, lateinamerikanischer oder chinesischer Provenienz zu tun. *G. Bentele*
Literatur: LEVINSON, Jay Conrad (1989): Guerilla-Marketing. Offensives Werben und Verkaufen für Kleinere Unternehmen. München: Heyne.

Image
Der englische Begriff „I." (lat.: imago = Bildnis, Abbild) bezeichnet das vereinfachte, typisierte und in der Regel bewertete *Vorstellungsbild*, das sich über Eindrücke, Wahrnehmungen oder Denkprozesse von irgendetwas (Objekte, Personen, Sachverhalte, Organisationen) bildet. I.s sind allgegenwärtig in unserer Gesellschaft: Wir gehen im Alltag davon aus, dass Personen (z. B. Politiker, Schauspieler, Sportler), Organisationen (z. B. Unternehmen, politische Parteien, Medien), soziale Systeme (z. B. die Politik, die Wirtschaft), Städte, Regionen, Gegenstände, etc. I.s ‚haben'. Genauer betrachtet sind I.s keine Gegenstände, die man besitzen und abgeben kann: Sie bilden sich innerhalb interpersonaler und öffentlicher Kommunikationsprozesse. Allerdings weisen sie gewisse Strukturen und zeitliche Kontinuitäten auf.
Weil es in einer Gesellschaft für Personen und Organisationen unmöglich ist, nicht wahrgenommen zu werden, ist es auch unmöglich, kein I. zu haben. I.s von Personen und Organisationen können aus diesem Grund auch aktiv gestaltet und verändert werden. Es lassen sich unterschiedliche I.-Typen unterscheiden: Man spricht vom *Selbstbild* und *Fremdbild* von Organisationen, vom *vermuteten I.*, vom *Ist-I.,* das erst auf Basis von systematischen Untersuchungen entsteht, und vom *Soll-I.*, das eine Zielvorstellung bezeichnet. Aktive I.gestaltung bewegt sich vom vermuteten I. über die Untersuchung des Ist-I. zur Herstellung/Gestaltung des Soll-I.
I.s entstehen häufig - wie in der Psychologie des ersten Eindrucks deutlich wird - in sehr kurzen Zeiträumen auf Basis eines Minimums an Information. In der Psychologie (R. Bergler) werden *vier Mechanismen* der I.-Bildung unterschieden: a) Vereinfachung durch Typologisierung, b) Verallgemeinerung von Einzelerfahrung, c) Überverdeutlichung (ähnlich einem Lupeneffekt werden nur bestimmte Ausschnitte des Gegenstandes ‚herausgenommen' und vergrößert bzw. verdeutlicht) und d) positive oder negative Bewertung. Bei der

I.analyse (*I.messung, I.evaluation*) wird das äußerst komplexe mentale und auch soziale Konstrukt *I.* in mehrere *operationalisierbare* Items (im Prinzip: *Aussagen*) zerlegt, die dann getrennt voneinander abgefragt werden. *G. Bentele*

Impression Management
I. ist Eindruckssteuerung durch Selbstdarstellung. Ähnliche Bedeutungen haben die Begriffe *Self-Marketing, Reputation Management* oder *Personen-PR*. I. bedarf der Inszenierung, kann folglich als eine Inszenierungstechnik zur Herstellung eines bestimmten Ansehens (von Personen oder Organisationen) in der öffentlichen Meinung betrachtet werden. Methodisch ist es der Weg *von Niemand zu Jemand*. In der Literatur ist die Grenzziehung zu Imagebildungsprozessen bisher nicht genügend aufgegriffen und präzisiert worden. Es ist aber nicht abwegig, I. als einen *Inszenierungsprozess* zu begreifen, der zum → Image führt. Die Inszenierung selbst folgt neben kommunikativen auch wirtschaftlichen Regeln. Aufwand und Ertrag werden einander gegenüber gestellt. Der *Return on Investment* ergibt sich aus der Wettbewerbsbetrachtung: das bessere Image, der gute Ruf, das Ansehen in der Gesellschaft etc. Deren Herstellung ist mit oft hohen Investitionen verbunden, wobei auch die Gefahr des Misslingens der Selbstdarstellung in Rechnung zu stellen ist. Jede Art der Selbstdarstellung wird von den Anderen stets durch einen Filter von Normen, Wertvorstellungen, Vorurteilen, festen Meinungen wahrgenommen. Das *Bild des Anderen* über mich (das Unternehmen, die Organisation, die Person, die Regierung u.ä.) ist das Resultat der Selbstdarstellung und ein Wert an sich. I. steuert und kontrolliert nicht nur den Eindruck, den Anderen von uns haben, sondern spielt auch eine entscheidende Rolle beim Aufbau unserer sozialen Identitäten und Rollen. Das Konzept der → Corporate Identity beruht hierauf. *M. Piwinger*

Information
I. gehört gemeinsam mit → Kommunikation zu den in Kommunikationspraxis viel benutzten, aber meist wenig differenziert verwendeten *Grundbegriffen*. Die unterschiedlichen wissenschaftlichen Zugänge sind hilfreich; ihr Spektrum reicht allerdings von mathematisch-technischen Vorstellungen (möglichst störungsfreie Signalübertragung) bis zu kognitiven Ansätzen (Rekonstruktion und Bewertung eines gemeinten Sinnes).

Der *kommunikationswissenschaftliche I.begriff*, zu dem häufig die Begriffe Nachricht, Mitteilung und Botschaft synonym verwendet werden, lässt es offen, ob es sich bei I. um Übermittlungs- oder Verständigungsprozesse oder um das Ergebnis derartiger Prozesse handelt. Auf der mathematischen Informationstheorie basierende *ältere sozialwissenschaftliche Modelle* betrachten I. als die festgelegte, objektive Bedeutung oder den Neuigkeitswert eines Sachverhalts, der mittels Kommunikation vermittelt werden soll. Im *publizistischen Prozess* wird I. aus demokratietheoretischen Gründen die Funktion zugeschrieben, tatsachenbezogene Aussagen unter Maßgabe von Kriterien wie aktuell, wahrheitsgemäß, objektiv und differenziert zu vermitteln, um dem rechtlichen Gebot der Informationsfreiheit Rechnung zu tragen.

Im *Kontext von Organisationskommunikation* kommt kognitiven Ansätzen besondere Bedeutung zu, die über systemtheoretische und konstruktivistische Ansätze Eingang in die Kommunikationswissenschaft gefunden haben. I. wird hier als das Ergebnis eines systeminternen Konstruktionsprozesses (psychischer Systeme) aufgefasst: I. als Begriff für den *subjektiven Umgang eines Empfängers oder Beobachters mit* → *Mitteilungen* (I.angeboten). I. ist hier das Ergebnis des selektiven Zugangs sowie der subjektiven Auswahl, Interpretation, Bewertung und Einordnung eines Sachverhalts mit einstellungs-, meinungs- und verhaltensbeeinflussender Wirkung, die von Umweltreizen ausgelöst und durch Vorwissen, Erfahrungen, Kontextzusammenhänge, Stimmungen, situative Effekte u. a. beeinflusst wird.

Aus Organisationsperspektive markieren Mitteilung als ausgewählte Selbstkundgabe und I. als selektive Fremdwahrnehmung zwei Eckwerte, zwischen denen die Probleme der von PR-Arbeit zu regelnden Mitteilungsübermittlungsaktivität verortet sind. Ziel ist dabei die Überführung von Mitteilung in mitteilungsadäquate I. *P. Szyszka*

Integrierte Kommunikation
Der Begriff I. taucht im deutschen Sprachraum erstmals Anfang der 1980er Jahre und damit etwa zur gleichen Zeit wie der Begriff → Corporate Identity auf. Während sich der Corporate Identity-Diskurs mit den strategischen und operativen Möglichkeiten organisationaler Identitätsgestaltung und -vermittlung der Unternehmens- bzw. Organisationspersönlichkeit auseinandersetzt, ist ein großer Teil des mehrheitlich wirtschaftswissenschaftlichen Diskurses zur I. im Marketing geführt worden. Entsprechend beschäftigt sich der Ansatz mit der *Integration der Kommunikationsaktivitäten ins Marketing* und hier insbesondere mit der Integration der Instrumente der Marktkommunikation. Erst in jüngerer Zeit hat sich daneben ein managementbezogener Ansatz herausgebildet, der für den PR-Diskurs interessant ist. Er rückt die Frage nach einer unternehmenspolitischen Integration von Kommunikation und damit

nach einer notwendigen und möglichen *Integration aller Kommunikationsaktivitäten eines Unternehmens innerhalb des Managements* in den Blickpunkt.

Als typisch für den Marketingansatz kann eine Definition von Esch (1998) gelten, der unter I. „die inhaltliche und formale Abstimmung aller Maßnahmen der Marktkommunikation verstanden [wissen will], um die von der Kommunikation erzeugten Eindrücke zu vereinheitlichen und zu verstärken". Deutlich offener erscheint dagegen der Ansatz von Bruhn (1992), der von der Idee der Führung eines Unternehmens vom Markt her ausgeht und unter I. einen Prozess versteht, „der darauf gerichtet ist, aus den differenzierten Quellen der internen und externen Kommunikation von Unternehmen eine Einheit herzustellen, um ein für die Zielgruppen der Unternehmenskommunikation konsistentes Erscheinungsbild über das Unternehmen zu vermitteln". Die Konkretisierung der Integrationsfrage fördert die Marketingbindung zutage. Bruhn unterscheidet in eine *inhaltliche Integration* auf der Ebene von Themen, eine *formale Integration* auf der Ebene der Gestaltungsprinzipien und eine *zeitliche Integration* als Abstimmung innerhalb und zwischen Planungsperioden. Da Kommunikation hier in die Zuständigkeit des Marketings fällt, wird die Frage einer *strukturellen Integration* (Einbindung in unternehmenspolitische Entscheidungsstrukturen) an dieser Stelle auch nicht problematisiert.

Einen ersten weiterreichenden Ansatz, der als managementbezogen eingestuft werden kann, hat Wiedmann (1993) vorgelegt. Sein Modell des *Gesellschaftsorientierten Marketings* (GOM) verwendet zwar den Begriff I. nicht, Wiedmanns Zusammenführung von Beschaffungsmarketing, Absatzmarketing und Public Marketing (auf den öffentlichen Meinungsmarkt gerichtet) unter dem strategischen Dach einer auf die gesamte Unternehmenskommunikation bezogenen → *Corporate Communications-Politik* problematisiert dies aber faktisch. Zerfaß (2004), der von I. spricht, hat dies in seinem *Modell der Unternehmenskommunikation* weiter ausdifferenziert und den Ansatz damit begründet, dass Marktöffentlichkeit und politisch-administrative sowie soziokulturelle Öffentlichkeiten Teile der gesellschaftlichen Öffentlichkeit seien, die eine *Koordination aller Kommunikationsaktivitäten* erforderlich machen.

Szyszka (2003) hat seine Kritik am marketingbezogenen Ansatz damit begründet, dass unternehmens- bzw. *organisationspolitische Handlungsspielräume* heute in hohem Maße von der Bewertung und Einordnung einer Organisation nicht nur im Absatzmarkt, sondern in *verschiedenen Meinungsmärkten* (insb. Personalmarkt, Kapitalmarkt, politischer und öffentlicher Meinungsmarkt) abhängig sind, in denen Unterstützungs-, aber auch Widerstandspotenziale verankert sind. Dem *öffentlichen Meinungsmarkt* kommt dabei eine besondere Rolle zu, da er aufgrund seiner Zugänglichkeit auch auf alle anderen Meinungsmärkte einwirken kann. Dies lässt eine Integration der auf die verschiedenen Meinungsmärkte gerichteten Kommunikationsaktivitäten einer Organisation als zwingend erscheinen. Bogner (2003), der neben I. von *vernetzter Kommunikation* spricht, hat in Anlehnung an die Mengenlehre ein Modell skizziert, das für *operative Marketingkommunikation, operative PR-Arbeit* und *operative Corporate Identity-Aktivitäten* eine gemeinsame Schnittmenge ausweist, die er als *strategisches* → *Kommunikationsmanagement* bezeichnet und der er eine zentrale Integrationsfunktion zuweist. *P. Szyszka*

Literatur: BOGNER, Franz (2003): Die Wiener Schule der Vernetzten Kommunikation. In: Public Relations Forum, 9. Jg., Nr. 2, S. 86-94. BRUHN, Manfred (1992): Integrierte Unternehmenskommunikation. Stuttgart: Poeschel. ESCH, Franz-Rudolf (1998): Wirkungen integrierter Kommunikation. Wiesbaden: Deutscher Universitäts-Verlag. SZYSZKA, Peter (2003): Integrierte Kommunikation als Kommunikationsmanagement. In: prmagazin, 34., 12, 45-52. WIEDMANN, Klaus-Peter (1993): Rekonstruktion des Marketingansatzes und Grundlagen einer erweiterten Marketingkonzeption. Stuttgart: M&P. ZERFAß, Ansgar (2004): Unternehmensführung und Öffentlichkeitsarbeit. Wiesbaden: Verlag für Sozialwissenschaften.

Intereffikation

Der Begriff I. leitet sich ab von lat. *efficare* (ermöglichen) sowie lat. *inter* (gegen-, wechselseitig) und bezeichnet innerhalb des I.smodells, das von Bentele/Liebert/Seeling (1997) entwickelt wurde, die Beziehungsstruktur zwischen Journalismus und Public Relations. Das I.smodell stellt eine systematische Rekonstruktion der Annahme dar, dass sich Journalismus und PR (in demokratisch strukturierten Informationsgesellschaften) *gegenseitig beeinflussen, aneinander anpassen*, letztlich *voneinander abhängig* sind, demnach in einem Verhältnis *wechselseitiger Ermöglichung* (I.) stehen. Als ein in Auseinandersetzung mit der *Determinationsthese* (→ Determination) entstandenes *deskriptives Modell*, liefert der Ansatz ein theoretisch-systematisches Fundament, das es erlaubt, die komplexe Beziehungsstruktur zwischen Journalismus und PR in differenzierter Art und Weise empirisch zu untersuchen und metapherngestützte Beschreibungen des Verhältnisses zwischen PR und Journalismus (z. B. als ‚Symbiose' oder ‚siamesische Zwillinge') abzulösen. Das I.smodell geht davon aus, dass sich das Verhältnis zwischen Journalismus und PR auf *System-, Organisations-* sowie *Akteurs*ebene einerseits durch *Induktionen*, andererseits durch *Adaptionen* konstituiert.

G. Bentele/H. Nothhaft

Literatur: BENTELE, Günter/LIEBERT, Tobias/SEELING, Stefan (1997): Von der Determination zur Intereffikation. Ein integriertes Modell zum Verhältnis von Public Relations und Journalismus. In: BENTELE, Günter/HALLER, Michael (Hrsg.): Aktuelle Entstehung von Öffentlichkeit. Akteure, Strukturen, Veränderungen. Konstanz: UVK, S. 225-250.

Internationale Public Relations

I. lässt sich als das *Management von Informations- und Kommunikationsprozessen zwischen international tätigen Organisationen einerseits und ihren internen und externen Umwelten andererseits* definieren. Dabei werden – je nach Organisationstyp – vor allem zwei große Tätigkeits- und gleichzeitig Forschungsbereiche unterschieden: a) die internationale PR-Arbeit von Staaten und b) die international ausgerichtete PR-Arbeit von Unternehmen und anderen Organisationen (z. B. Umweltorganisationen wie Greenpeace). Davon zu unterscheiden ist c) die *international vergleichende PR-Forschung* (gelegentlich unpräzise auch als ‚internationale PR' bezeichnet), in der nationale PR-Berufsfelder beschrieben und unter bestimmten Aspekten verglichen werden. Im Themenbereich internationale PR von Staaten existieren z. B. Studien zum *nationalen Image* von Staaten (in anderen Staaten) in der auch Strategien, Instrumente und Methoden, diese Images zu beeinflussen oder zu gestalten, untersucht werden. Führende Industriestaaten wie die USA, England, Frankreich oder Deutschland haben eine lange Tradition, positive Images im Ausland aktiv zu gestalten. Dabei kommen u. a. klassische Mittel der Presse- und Medienarbeit, Einladungen und Information ausländischer Journalisten, Anzeigenkampagnen, etc. zum Einsatz. Aber auch die international ausgerichtete kulturelle oder wissenschaftliche Arbeit und ihre Institutionen (für Deutschland: Goethe-Institute, DAAD) ist unter Gesichtspunkten staatlicher Imagegestaltung wichtig. Fragestellungen sind u. a., wie die nationale Imagepolitik in einem Land im Vergleich zu einem anderen Land praktiziert wird, welches die spezifischen, landestypischen Imagemerkmale sind, welche Verzerrungen hier auftreten und wieweit diese Images beeinflussbar sind (Mahle 1995). Gelegentlich wird internationale staatliche PR in den Kontext von Manipulation gestellt (Kunczik 1991).

Die internationale *PR von Unternehmen* gewinnt vor allem durch den wirtschaftlichen Globalisierungsprozess an Relevanz und Dynamik (Andres 2004). Dabei lassen sich interne und externe Aspekte unterscheiden: In den Bereich interner internationaler PR fallen thematische Aspekte wie Unternehmenskultur, interkulturelles Management oder der Umgang mit Mitarbeitern unterschiedlicher kultureller und/oder religiöser Herkunft in den Unternehmen. Eine zentrale Fragestellung der (externen) internationalen PR von Unternehmen ist z. B. die nach den PR-Strategien, die Unternehmen verfolgen. Vier Strategien können unterschieden werden: (1) eine *zentralistische Strategie* (Zentrale leitet die internationale PR), (2) eine *international-kooperative Strategie* (internationale PR-Strategie wird von Zentrale in Kooperation mit anderen Unternehmensteilen erarbeitet), (3) eine *Dachstrategie* (strategisches Kommunikationsdach, auf dessen Basis Tochterunternehmen nationale Anpassungen vornehmen) und (4) eine *dezentrale Strategie* (Tochterunternehmen in anderen Ländern haben freie Hand bei Konzeption und Durchführung). Auch die internationalen Kommunikationsaktivitäten von NGOs wie Greenpeace oder Attac werden zunehmend Gegenstand wissenschaftlicher Forschung.

In jüngerer Zeit sind mehrere Sammelbände erschienen (vgl. Sriramesh/Verčič 2003; van Ruler/Verčič 2004) die nationale PR-Berufsfelder beschreiben und Grundlage für eine *international vergleichende PR-Forschung* sein können.

S. Andres/G. Bentele

Literatur: ANDRES, Susanne (2004): Internationale Unternehmenskommunikation im Globalisierungsprozess. Wiesbaden: Verlag für Sozialwissenschaften. KRISHNAMURTHY, Sriramesh/VERČIČ, Dejan (Hrsg.) (2003): The Global Public Relations Handbook. Mahwah, N.J, London: Erlbaum. KUNCZIK, Michael (1990): Die Manipulierte Meinung. Nationale Image-Politik und internationale Public Relations. Köln, Wien: Böhlau. VAN RULER, Betteke/VERČIČ, Dejan (Hrsg.) (2004): Public Relations and Communication Management in Europe. Berlin, New York: De Gruyter.

Interne Kommunikation

In seinem *engeren*, auf formale Kommunikationsprozesse bezogenen *Sinn* meint der Begriff alle Kommunikationsprozesse, die sich (1) mit der organisationspolitischen Entscheidungsfindung und -anweisung sowie (2) mit der Anleitung, Koordination, Kontrolle und ggfs. Korrektur aller den Leistungserstellungsprozess einer Organisation im primären Sinne betreffenden Kommunikationsprozesse befassen; in der betriebswirtschaftlichen Literatur finden sich hierfür die Begriffe der *Entscheidung* und *Verrichtung*. Die Inhalte dieser

Prozesse beziehen sich im Wesentlichen auf die Prozesse der *strategischen Ausrichtung* und einer *adäquaten Leistungserstellung*.

Da Organisationen als soziale Gebilde aus Menschen mit Informations- und Kommunikationsbedürfnissen bestehen, gehören in einem *weiteren Sinne* auch *informelle Kommunikationsprozesse* zur I., in denen Organisationsmitglieder weitergehende, ihre Rolle und ihren Mitgliedsbereich betreffende Informationen austauschen oder allgemeinen menschlichen Kommunikationsbedürfnisse nachgehen.

I. kann damit als ein Begriff aufgefasst werden, der sich auf Kommunikationsprozesse bezieht, die sich in Organisationen zwangsläufig ereignen. *Organisationspolitische Optimierungspotenziale*, die mittels → interner PR operativ ausgeschöpft werden sollen, bestehen überall dort, wo Motivation und Integration der Organisationsmitglieder gefördert (organisationale Effizienz) und deren Sub-Rolle als informelle Organisationskommunikatoren besser ausgeschöpft (kommunikative Effizienz) werden können. *P. Szyszka*

Interne PR-Arbeit
In der Literatur werden die Begriffe → interne Kommunikation und I. in vielen Fällen synonym verwandt, wobei hier in erster Linie *operative Tätigkeiten der internen Kommunikationsarbeit* und damit I. gemeint sind. Ein *Bedarf* an I. entsteht aus dem Umstand, dass nur ein kleiner Kreis ausgewählter Organisationsmitglieder (Führung) an organisationspolitischen Entscheidungsprozessen beteiligt ist und neben der faktischen, zur Leistungserstellung weiterkommunizierten Entscheidung auch über Kenntnis des Entscheidungssinns verfügt. Alle übrigen *Organisationsmitglieder* werden so zu *Betroffenen organisationspolitischer Entscheidungen*, die ein mehr oder weniger stark ausgeprägtes sozio-emotionales Bedürfnis nach Zusatzinformationen haben, die ihre Rolle und ihre persönlichen Perspektiven im Organisationsprozess oder die Rolle ihrer Organisation in Markt und Gesellschaft betreffen. I. befasst sich mit der *Ermittlung und Bewertung derartiger Informationsbedürfnisse*, steuert ermittelten Handlungsbedarf in *Entscheidungsprozesse* ein und befriedigt sozio-emotionale Informationsbedürfnisse, soweit dies Organisationsprozesse optiert und organisationspolitischen Zielsetzungen entspricht. Der in diesem Kontext auch verwendete Begriff der Mitarbeiterkommunikation kann als analoger, auf den Organisationstyp Unternehmen bezogener Begriff eingestuft werden. *P. Szyszka*

Investor Relations
Es gibt kein Feld der modernen Wirtschaft, in dem Kommunikation eine so bedeutende Rolle spielt, wie auf den Finanzmärkten. Am Aktienmarkt wird eine Firma jeden Tag analysiert, eingeschätzt und mit dem Tageskurs bewertet: Das *Unternehmen als Handelsware* – ein Gedanke, an den man sich erst gewöhnen muss.

Der zugehörige Begriff I. wird häufig gleichgesetzt mit dem der *Finanz(markt)-kommunikation*. In der Literatur kursieren zahlreiche Definitionen, die teilweise sehr unterschiedliche Auffassungen widerspiegeln. I. können so als *finanzmarktbezogener Teil der Unternehmenskommunikation* bezeichnet werden. Weiterhin fällt unter dem Begriff I. die Gesamtheit aller *pflichtgemäßen und freiwilligen Kommunikationsmaßnahmen* von Unternehmen, die darauf abzielen, finanzwirtschaftliche Ziele zu realisieren und damit verbundene Marktwiderstände zu überwinden. Anders als die herkömmliche Unternehmenskommunikation handelt es sich bei I. um eine *hochgradig regulierte, unternehmerische Kommunikationsdisziplin*. Man ist nicht frei, in dem was man tut, sondern hat eine Vielzahl unterschiedlicher gesetzlicher und privatrechtlicher Vorschriften und Terminsetzungen zu beachten. Damit haben andere Formen der Unternehmenskommunikation wenig zu tun, wird von der routinemäßigen Erstellung von Geschäftsberichten, der Bilanzpressekonferenz und der Abhaltung der jährlichen Hauptversammlung abgesehen.

Theoretisch ist nichts besser geregelt, als die Finanzkommunikation. Die wichtigsten *Anforderungen* dokumentieren Aktiengesetz (AktG), Börsengesetz (BörsG), Verkaufsprospektgesetz (VerkProsG), dem Wertpapierhandelsgesetz (WpHG), Handelsgesetzbuch (HGB), Börsenzulassungsverordnung (BörsZulV), dem Finanzmarktförderungsgesetz (FMFG) und dem Gesetz zur Kontrolle und Transparenz im Unternehmensbereich (KonTraG). In erster Linie dienen die Vorschriften dem Schutz der Anleger. Die Finanzmärkte sind sehr transparent, aber auch in hohem Maße risikobehaftet. Es gibt noch eine *weitere Differenzierung* zur gängigen Unternehmenskommunikation. I. sind in hohem Maße auch personelle Kommunikation mit Analysten, den Anlageberatern der Banken, privaten und institutionellen Anlegern, Fondsmanagern u. a. Börsen- und Finanzkommunikation erfordert die aktive Beteiligung des Managements an der unternehmerischen Selbstdarstellung. Die Aktie bekommt dadurch ein Gesicht. Der Vorstandsvorsitzende und der Finanzchef sind gefragt, doch häufig in dieser Rolle ungeübt.

Daneben ist zu beachten, dass es keinen lokalen Finanzmarkt gibt. I. sind kompromisslos *international*. Die *Erreichbarkeit rund um die Uhr* ist für

I.-Manager ein Muss. Ein weiteres Beispiel für kurze Reaktionszeiten auf den Finanzmärkten sind sogenannte Ad-hoc-Mitteilungen. Die *Ad-hoc-Publizität* schreibt börsennotierten Unternehmen vor, kursrelevante Tatsachen umgehend zu veröffentlichen. *Ad hoc* muss auch auf an der Börse umlaufende Gerüchte reagiert werden. Der richtige Umgang mit Gerüchten, insbesondere die Kunst des Dementis, muss daher Bestandteil jeder professionellen I.-Arbeit sein.

Börsennotierte Unternehmen sind verpflichtet, präzise, aufrichtig und transparent zu informieren und ihre Informationen jedermann zur Verfügung zu stellen. Insgesamt hat dies zu einer Offenheit der Unternehmen geführt, die noch vor wenigen Jahren undenkbar war. Die *schlichteste Form* der I. beschränkt sich auf die Erfüllung gesetzlicher und satzungsmäßer Informationspflichten gegenüber den Aktionären einer Gesellschaft.

Das *Copyright* des Begriffes I.-Begriffs liegt bei dem US-amerikanischen Unternehmen General Electric (Dürr 1995), das bereits 1953 ein Kommunikationsprogramm speziell für private Investoren mit dem Titel ‚I.' erstellte. Die *ursprüngliche Idee* war einfach: Mit einem Höchstmaß an Information an gewonnene und potenzielle Investoren sollten die Kapitalaufnahme vereinfacht werden. In *Deutschland* hat sich der Begriff seit Ende der 1990er Jahre eingebürgert.

Trotz zahlreicher Einzeluntersuchungen ist das Wissen über I. nicht ausreichend systematisch erfasst: typisch für die Frühphase einer Disziplin. Ein *spezielles Kommunikationswissen* hat sich auf diesem Sektor noch nicht angesammelt; eine kommunikationswissenschaftliche Forschung und entsprechende Studienangebote existieren zurzeit noch nicht. Als *Folge* davon kommen in der Praxis der I. unverbunden sowohl Elemente der Bankbetriebswirtschaftslehre, der Volkswirtschaft, der Markenpsychologie und Imageforschung, als auch der Alltagspsychologie zur Anwendung. Die Funktion der I. ist in der Mehrzahl der großen börsennotierten Unternehmen (E.ON, Volkswagen, Siemens, TUI, RWE u. a.) organisatorisch getrennt von der Unternehmenskommunikation, d. h., beide Kommunikationsdisziplinen bestehen nebeneinander. Dies wirft in der Praxis gelegentlich Probleme in der Abstimmung auf. Ob die organisatorisch anzutreffende Trennung von I. und Unternehmenskommunikation sachlich geboten oder eher *künstlich* ist, kann noch nicht abgesehen werden. Dies hat berufsständisch auch zu einem *eigenen Verband* geführt (Deutschen Investor Relations Kreis, DIRK). Die meisten Experten gehen jedoch davon aus, dass beide Disziplinen auf Dauer zusammen wachsen, weil eine einheitliche Kommunikation beider Bereiche im Sinne eines → Kommunikationsmanagements (*One Voice Policy*) unerlässlich ist. *M. Piwinger*

Literatur: DÜRR, Michael ²(1995): Investor Relations. Handbuch für Finanzmarketing und Unternehmenskommunikation. München, Wien: Oldenbourg.

Issues Management

Im Mittelpunkt des I. steht die *Identifikation, Analyse und strategische Beeinflussung* von öffentlich relevanten Themen bzw. Erwartungen von Anspruchsgruppen (Issues), welche die Handlungsspielräume einer Organisation und die Erreichung ihrer strategischen Ziele potenziell oder tatsächlich tangieren. *Ziel* ist die *Früherkennung* von möglichen Gefahren – aber auch Chancen – und die Einflussnahme auf die Entwicklung dieser Issues u. a. mittels Thematisierungs- und De-Thematisierungsstrategien. I. schafft damit die *informatorischen Grundlagen* für eine proaktive Auseinandersetzung mit konflikthaltigen Sachverhalten und Chancenpotenzialen und betont die strategische Dimension der Public Relations.

Der Issue-Begriff wird in der Literatur sehr uneinheitlich verwendet: Im deutschsprachigen Raum wird *Issue* häufig – und ungenau – mit *Thema* gleichgesetzt. Präziser ist es, Issues als *potenziell oder tatsächlich öffentlich diskutierte Themen* anzusehen, die mit kontroversen Ansichten, Erwartungen, Wertvorstellungen oder Problemlösungen einer Organisation einerseits und deren jeweiligen → Bezugs- und Anspruchsgruppen andererseits verbunden sind. Issues sind von öffentlichem Interesse und sie weisen einen klaren Organisationsbezug auf, d. h. sie haben tatsächlich oder potenziell Auswirkungen auf die Organisation. Im *allgemeinen Verständnis* und in der I.-Praxis werden vor allem Issues hervorgehoben, die einen *konflikthaltigen Charakter* aufweisen. I. bezieht sich damit primär auf die *Abwehr von Risiken, Konflikten und Schaden*, es ist aber nicht zwangsläufig auf diesen Bereich beschränkt: Bei einem *weiten I.-Verständnis* wird das *Chancenpotenzial* und die Entdeckung und Besetzung imagefördernder und markenstabilisierender Themen betont.

I. ist ein komplexes und ausdifferenziertes Verfahren der PR (→ PR-Verfahren). Der I.-Prozess entspricht im Grundsatz dem Modell strategischer PR und weist prinzipiell die gleichen Ablaufphasen auf – Situationsanalyse (Identifizierung und Analyse von Issues), Strategiephase (Wahl der Strategie zur Beeinflussung des Issues), Umsetzungsphase (Implementierung der Strategie zur Beeinflussung des Issues) und Evaluation. Der Schwerpunkt des I.s liegt aber zweifelsohne in der Identifikation und Bewertung von Issues. Zudem sind die einzelnen Phasen des I. komplexer als in der klassischen PR-Konzeption, da sich die relevanten Parameter laufend – und dies oft sprunghaft – ändern.

I. hat bislang keine wirklich neuen *Methoden und Instrumente* entwickelt, sondern es werden zur systematischen und gezielten Identifizierung von Issues verschiedene Formen von Umweltanalysen (Scanning, Monitoring) und Prognosetechniken (u. a. Delphi, Brainstorming, Szenariotechniken) eingesetzt. Das induktive, weitgehend ungerichtete *Scanning* in Sinne eines 360°-Abtastens des Organisationsumfeldes dient zur Identifikation schwacher Signale und neuer Issues. Die bereits identifizierten und gemäss ihrer Dringlichkeit, Wichtigkeit und Beeinflussbarkeit priorisierten Issues sind Gegenstand des deduktiven *Monitorings* und werden hier einer gezielten, detaillierten und kontinuierlichen Analyse unterzogen. Aufgrund des zentralen Stellenwerts der Medien im Kontext der Entwicklung von Issues und öffentlichen Thematisierungsprozessen stellt die systematische Analyse der Medienberichterstattung ein zentrales Element im Rahmen des Scannings und Monitorings dar. Immer bedeutsamer wird zudem die Beobachtung des Internets und seiner zahlreichen Diskussionsforen, das NGOs und Interessengruppen rechtlich und raumzeitlich kaum eingeschränkte Möglichkeiten zur öffentlichen Formulierung von Interessen und Ansprüchen bietet. Die mittels Umfeldanalysen gewonnen Informationen werden kontinuierlich ergänzt und bewertet und stellen die Grundlage für die konkrete Wahl der Strategie zur Beeinflussung des Issues und deren Implementierung dar. Die externe Wirkungsdimension, d. h. die Beeinflussung der von öffentlichen Thematisierungsprozessen und Issue-Entwicklungen, ist im Rahmen der I.-Praxis dominant. Prinzipiell beinhaltet I. aber auch eine interne Wirkungsdimension, d. h. eine Optimierung der organisationalen Entscheidungsprogramme und der Organisationspolitik durch Integration der ,outside-in-Perspektive'. *U. Röttger*

Kampagnen

Eine K. ist eine *dramaturgisch angelegte, thematisch begrenzte, zeitlich befristete kommunikative Maßnahme zur Erzeugung öffentlicher Aufmerksamkeit*, die unterschiedliche kommunikative Instrumente und Techniken aus Werbung, Marketing und PR ziel- und wirkungsorientiert kombiniert. Generelle Ziele von K. sind die Erzeugung von Aufmerksamkeit, die Legitimation der Interessen der kampagnenführenden Organisation u. a. über die Schaffung von Vertrauen und Glaubwürdigkeit und schließlich die Initiierung von Anschlusskommunikation und/oder Anschlusshandeln im Sinne der Organisationsinteressen.

Der *K.begriff* hat militärische Wurzeln, denn *campagna* bezeichnete ursprünglich die Zeit, die ein Heer im Feld verbrachte. Der Begriff diffundierte bereits im 17. Jahrhundert in das politische Handlungsfeld und bezeichnete hier Maßnahmen, die zur Sicherung oder Erlangung von Herrschaftspositionen eingesetzt wurden. Der Wahlkampf kann als eine Urform von K. bezeichnet werden. Auch jenseits von Wahlen und Abstimmungen kommt K. heute in der politischen Kommunikation eine wachsende Bedeutung zu, denn die Umsetzung politischer Programme wird zunehmend k.-förmig inszeniert. Hohe strategische Bedeutung haben K. vor allem für NGOs mit begrenzten institutionellen Zugängen zu politischen Entscheidungsprozessen, da sie ohne Öffentlichkeit und ohne Präsenz in den Medien ihre Ziele nicht verwirklichen können.

K. sind *nicht nur auf den Bereich der Politik beschränkt*, sondern werden in allen gesellschaftlichen Handlungsfeldern mit den unterschiedlichsten Zielen eingesetzt: Akteure aus Gesellschaft, Kultur, Wirtschaft und Politik – Unternehmen, Vereine und Verbände, Regierungen, Parteien – sind entsprechend Initiatoren und Träger von K.

Die aktuellen Entwicklungen der *K.kommunikation* sind eng verbunden mit den Bedingungen der Mediengesellschaft: Die Informations- und Vermittlungsleistung der Medien hat sich enorm beschleunigt und Medien sind mehr und mehr die Basis für die Kommunikationspraxis aller gesellschaftlichen Akteure. Medien konstruieren verstärkt die Wirklichkeit der Rezipienten – Themen und Akteure, über die die Medien nicht berichten, kommen zunehmend auch in der Wahrnehmung der Rezipienten nicht vor. Organisationen müssen – wollen sie öffentlich wahrgenommen werden – ihr Handeln an den Gesetzmäßigkeiten des Mediensystems ausrichten. Aufgrund der großen Konkurrenz von Informationen und Themen und der wachsenden Selektion seitens der Medien und des Publikums wird es zugleich immer schwieriger, sich öffentlich Gehör zu verschaffen. K. versuchen, die Selektionshürden des Mediensystems durch Erfüllung der Nachrichtenfaktoren, durch Ereignismanagement und nachrichtenfähige, spektakuläre Inszenierungen zu überwinden und in der Folge öffentliche Aufmerksamkeit zu erzielen. Reduktion, Wiederholung, Visualisierung und Emotionalisierung sind die zentralen Mittel, mit denen K. eine hohe Medien- und Publikumsresonanz erzielen sollen. K. sind inhaltlich und thematisch auf ein Thema, ein Problem fokussiert und sie basieren auf einer Serien von (Kommunikations-)Ereignissen, die aufeinander aufbauen und ineinander greifen: Die Intensität der K.wirkungen soll durch Kontakt-Wiederholungen, durch symbolische Verdichtungen und eingängige Bilder erhöht werden.

K. sind keine exklusive und ausschließliche Maßnahme der PR – die *Integration von unterschiedlichen werblichen, marketing- und PR-spezifischen Instrumenten* ist für K. gerade charakteristisch. Der Anspruch der → Integrierten Kommunikation nach einer einheitlichen kommunikativen Darstellung durch formale, inhaltliche und zeitliche Integration ist entsprechend per se Bestandteil der K.kommunikation. Sie ist strategische Kommunikation par excellence: Jede K. basiert auf einer Strategie, die in eine zentrale Botschaft und daraus abgeleitete zielgruppenspezifische Aussagen heruntergebrochen wird. Die Planung und Umsetzung von K. orientiert sich am Phasenmodell strategischer PR mit den Elementen Situationsanalyse, Strategiephase, Umsetzungsphase und Evaluation.

Die *zunehmende Bedeutung* von K. in der öffentlichen Kommunikation wird mit Blick auf die Politik auch kritisch betrachtet. Die Kritik bezieht sich auf die Schaffung von sog. Pseudoereignissen (→ Ereignis) und Inszenierungen im Rahmen von K., welche die Inhalte der Politik und politische Sachentscheidungen zunehmend in den Hintergrund stellen würden. Aus dem Mittel zum Zweck sei reiner Selbstzweck geworden; die politische Substanz gehe zunehmend verloren. *U. Röttger*

Kommunikation

K. als *basaler Grundbegriff der Sozialwissenschaften* ist nicht eindeutig definiert. Ganz grob lassen sich *drei Typen* von Definitionen unterscheiden. (1) *klassisch*: K. als Transfer (einseitig) oder Austausch (zweiseitig) von zeichenhaft verfassten Informationen. (2) *transklassisch*: K. als kleinstes soziales System, das alle größeren sozialen System durch reflexive Struktur erzeugt. In diesem Sinne lässt sich K. definieren als System, das sich durch die Reflexivität der wechselseitigen Wahrnehmung beteiligter Kommunikanden konstituiert und wechselseitig Informationsangebote erzeugt, aus denen die beteiligten Kommunikanden nach eigenen Kriterien selegieren. Daran knüpft auch das autopoietische Verständnis von Kommunikation an als interner Prozess aller Sozialsysteme, durch den diese ihre Identität gewinnen und aufrechterhalten. *Public Relations* verwenden (3) einen Typ von Definition, dem zufolge K. die → Massenkommunikation mit einschließt und als gezielte Verbreitung (Diffusion) von Informationsangeboten an relevante Öffentlichkeiten zu verstehen ist. *K. Merten*

Kommunikationscontrolling

K. ist eine Unterstützungs- und Steuerungsfunktion, die *Strategie-, Prozess-, Ergebnis- und Finanz-Transparenz* für den arbeitsteiligen Prozess des → Kommunikationsmanagements schafft sowie geeignete *Methoden, Strukturen und Kennzahlen* für die Planung, Umsetzung und Kontrolle der Public Relations bzw. → Organisationskommunikation oder →Unternehmenskommunikation bereitstellt. Damit bildet das K. das Scharnier zwischen der Steuerung der Gesamtorganisation und dem Kommunikationsmanagement. Geschäftsführung, Kommunikationsleitung und/oder spezialisierte Controlling-Abteilungen müssen ein an die jeweilige Strategie und Organisationsstruktur angepasstes Controllingsystem etablieren, damit die Kommunikationsaufgaben in ihrer ganzen Vielschichtigkeit arbeitsteilig und dennoch zielführend wahrgenommen werden können. Dabei gilt, dass das häufig als Stabsstelle bei der Kommunikationsleitung verankerte K. geeignete Methoden zur Bestimmung der → Wertschöpfung durch Kommunikation und zur → Evaluation von PR bereitstellt, die dann im Rahmen des Kommunikationsmanagements von den verantwortlichen Mitarbeiter selbst angewendet werden.

Der Hinweis auf die Evaluation als einem *Gegenstandsbereich* des K. verdeutlicht bereits, dass K. nicht mit der rückblickenden, mitlaufenden oder vorausschauenden Kontrolle bzw. → Evaluation von PR-Maßnahmen als einer wichtigen *Phase* des Kommunikationsmanagements gleichgesetzt werden darf. Diese auch in der Fachdiskussion immer wieder anzutreffende Verwechslung ist auf die Ähnlichkeit des deutschen Terminus ‚Kontrolle' (englisch: ‚evaluation') mit dem anders konnotierten Wort ‚Controlling' zurückzuführen.

Empirische Studien belegen, dass *K. in der Praxis zunehmend als zentrale Quelle von Wettbewerbsvorteilen* im Kommunikationsbereich gesehen wird. Dementsprechend werden entsprechende Verfahren sowohl von Großunternehmen als auch von innovativen Organisationen mittlerer Größe immer häufiger implementiert. Entsprechende Einführungsprozesse dauernd meist mehrere Jahre und münden aufgrund der engen Verzahnung mit der jeweiligen Strategie stets in organisationsspezifische Lösungen. Standardlösungen, die inzwischen von einigen Dienstleistern und Agenturen angeboten werden, eignen sich allenfalls in Teilbereichen, beispielsweise bei der Erhebung benchmarkfähiger Kennzahlen. Die Erfahrung zeigt, dass in den meisten Organisationen eine Vielzahl von Prozessbeschreibungen und Kennzahlen vorliegen, diese aber nicht explizit zusammengedacht und aggregiert werden. Ein systematisches K. bindet deshalb nicht zwangsläufig dauerhaft zusätzliche Ressourcen, sondern führt dazu, dass unnötige Erhebungen (z. B. Medienresonanzanalysen und Umfragen, deren Ergebnisse nicht für die Verbesserung der PR-Arbeit genutzt werden) wegfallen und bislang unbeachtete Informationen (z. B. Durchlaufzeiten und Prozesskosten bei der Erstellung von Mitarbeiterzeitschriften) zu Steuerungszwecken herangezogen werden.

Ein umfassendes K.-System beinhaltet ein *Portfolio von Methoden und Kennziffern,* das sich anhand der zugrund liegenden Problemstellungen wie folgt systematisieren lässt: 1) *K. zur Steuerung und Kontrolle des Kommunikationsmanagements:* Im Mittelpunkt stehen Audits, Prozessanalysen und andere Methoden, mit denen die strukturellen, kulturellen und personellen Dimensionen des Kommunikationsmanagements selbst durchleuchtet werden. 2) *K. zur Steuerung und Kontrolle der Kommunikationsstrategie:* Dieser Aspekt steht im Mittelpunkt der Diskussion zur → Wertschöpfung durch Kommunikation. Mit Methoden zur Bestimmung kommunikativ geschaffener Werte (Marken- und Reputationsbewertung, Intangible Capital Reports) und zur mehrdimensionalen Steuerung von Kommunikationsprogrammen (Scorecards) soll sichergestellt werden, dass die Kommunikation einen Beitrag zur Erreichung der strategischen Ziele der Gesamtorganisation leistet. 3) *K. zur Steuerung und Kontrolle von Kommunikationsprogrammen und Kampagnen:* Mit Hilfe von Konzeptionsevaluationen und Prozessanalysen ist es möglich, von Mitarbeitern oder Agenturen erstellte Planungen im Hinblick auf Stimmigkeit und Qualität zu beurteilen und auf diese Weise mögliche Fehlallokationen frühzeitig zu vermeiden. Von besonderer Bedeutung ist dies bei der → Integrierten Kommunikation. 4) *K. zur Steuerung und Kontrolle von Kommunikationsmaßnahmen:* Dieser in der Praxis am weitesten ausgebaute Bereich umfasst einerseits Methoden zur Erfolgsprognose (z. B. Pretests von Anzeigen und Internetangeboten) sowie Fortschrittskontrollen (z. B. inhaltliche Meilensteine und Budgetziele von Kampagnen) und zum anderen die vielfältigen Ansätze der → Evaluation von PR durch medien-, publikums- und imagebezogene Verfahren. *A. Zerfaß*

Literatur: PFANNENBERG, Jörg/ZERFAß, Ansgar (2005): Wertschöpfung durch Kommunikation. Frankfurt a. M.: Frankfurter Allgemeine Buch. PIWINGER, Manfred/PORÁK, Victor (2005): Kommunikations-Controlling. Wiesbaden: Gabler. UNIVERSITÄT LEIPZIG/DPRG (Hrsg.) (2007): Internetportal communicationcontrolling.de. ZERFAß, Ansgar (2006): Kommunikations-Controlling. In: SCHMID, Beat/LYCZEK, Boris (Hrsg.): Unternehmenskommunikation. Wiesbaden: Gabler, S. 431-465.

Kommunikationsmanagement

Der Begriff K. hat insbesondere durch die populäre PR-Definition von Grunig/Hunt (1984), wonach Public Relations „the management of communication between an organization and its publics" sei Eingang in den deutschen Sprachraum gefunden. Gemeint ist mit dem Begriff des Managements der mit *regelnder Absicht organisationsseitig vorgenommene Eingriff in die kommunikativen Beziehungen* zwischen einer Organisation und den für diese Organisation relevanten → Bezugsgruppen. Während die klassischen Berufsfeldbegriffe → Öffentlichkeitsarbeit oder → PR-Arbeit stark operativ geprägt sind, markiert der Begriff K. in der Diskussion eher die *strategische Dimension von Public Relations-Aktivitäten.* Entsprechend rückt der Begriff bei der aus PR-Perspektive geführten Diskussion um das Problem der → Integrierten Kommunikation in den Mittelpunkt. *P. Szyszka*
Literatur: GRUNIG, James E./HUNT, Todd (1984): Managing Public Relations. New York et al.: Holt, Rinehart and Winston.

Kommunikationspolitik

Innerhalb des PR-Diskurses gehört der Begriff K. zu den für eine managementbezogene Diskussion wichtigen, gleichzeitig aber auch zu den problematischen Begriffen, da er bereits in zwei problemnahen Bereichen fachlich eingeführt und festgelegt ist, was ihn leicht missverständlich macht.

Im *klassisch publizistikwissenschaftlichen Sinne* meint der Begriff zunächst alle ordnungspolitischen Regelungen und Maßnahmen, die das Mediensystem betreffen. Innerhalb der Wirtschaftswissenschaften und hier vor allem im *klassischen Marketingansatz* wird der Begriff synonym mit dem Begriff des Kommunikationsmix gebraucht, welches die Kommunikationsinstrumente des Marketings zusammenfassend beschreibt. Mit einem breiter angelegten Begriff operiert hier Bruhn (1997), der unter K. sämtliche Entscheidungen eines Unternehmens versteht, „die auf die Gestaltung der Kommunikation gerichtet sind"; er unterscheidet dazu in mikroökonomische (Informations-, Beeinflussungs-, Bestätigungsfunktion) und makroökonomische Funktionen (wettbewerbsgerichtete und sozial-gesellschaftliche Funktion).

Die *managementbezogene Diskussion,* die im engeren fachlichen Kontext z. B. im Zusammenhang mit Fragen nach → Integrierter Kommunikation und → Corporate Identity geführt wird, geht im Kern der Frage nach, ob und in welchem Umfang Kommunikationsaktivitäten Gegenstand der strategischen Planung und Entscheidung eines Unternehmens bzw. einer Organisation und damit eine Regelungsproblematik der Organisationspolitik an sich sind oder sein müssten. Der Begriff K. markiert in diesem Sinne einen potenziellen organisationspolitischen Entscheidungs- und Handlungsbedarf; analog dazu steht der Begriff → Kommunikationsmanagement für eine entsprechende, strategisch ausgerichtete Funktion organisationspolitischen Handelns. *P. Szyszka*

Konsens
Der Begriff K. lässt sich in der PR-Literatur bis zu Bernays zurückverfolgen und mündet in der PR-Praktikerliteratur in der *idealtypischen Vorstellung*, dass das Herbeiführen eines Konsenses zwischen den Interessen einer Organisation und den im jeweiligen Fall betroffenen Gruppen ihres sozialen Umfeldes Dachzielsetzung der PR-Arbeit sei. Burkarts Arbeit zur → verständigungsorientierten Öffentlichkeitsarbeit hat diese Vorstellung dahingehend zurückgenommen, als er auch die *Möglichkeit eines rationalen Dissenses* als Zieloption vorgeschlagen hat. Daran wird, wie in jüngerer Zeit formulierte Zielvorstellungen von PR-Arbeit zeigen, deutlich, dass eine derartige Dachzielsetzung eher mit dem Begriff der *wechselseitigen Akzeptanz* zu beschreiben ist. *P. Szyszka*

Konzeption
Eine K. (auch PR-Konzeption, Kommunikationskonzeption) ist ein systematischer – in der Regel verschriftlichter – Plan zur Behandlung und Lösung kommunikativer Problemstellungen (intern und extern) von Organisationen. Weil eine PR-K. Kommunikationsprobleme lösen sollen, ist sie wie jede systematische Problemlösung strukturiert. Sie enthält üblicherweise (1) eine systematische Ausgangs- oder Situationsanalyse, (2) eine Vorgehensweise zur Lösung des Problems, bestehend aus → Strategie und → Taktik inklusive Zeit- und Budgetplanung, (3) Angaben zur Umsetzung bzw. Implementierung der Strategie/Taktik und (4) Angaben zur → Evaluation von zielgerichteten (→ PR-Ziele) und strategisch ausgerichteter Kommunikationsprozessen.

Eine K. ist ein Planungsinstrument strategischer PR bzw. des → Kommunikationsmanagements. Als Planungsinstrument unterscheidet sich die K. allerdings vom realen PR-Prozess, der häufig ebenfalls als Modell mit vier Phasen (Ausgangsanalyse, Strategie-/Taktik-Entwicklung, Umsetzung, Evaluation) beschrieben wird.

In der PR-Praxis haben sich im Laufe der historischen Entwicklung aufgrund vieler Einzelerfahrungen Standards der Erstellung und Form von K.en bzw. K.spapieren herausgebildet. Heute legt jede größere PR-Agentur Wert auf ein möglichst eigenes K.modell. Aus Agenturperspektive wird das „Briefing" (auch Re-Briefing), d. h. das Eingangsgespräch zwischen Auftraggeber (z. B. Unternehmen) und Dienstleister (Agentur), das der grundlegenden Information und der Herausarbeitung von Kommunikationsproblemen dient, meist als eigenständiger Schritt im K.sprozess gesehen.

Auch wenn in der Praxis häufig vielstufige K.smodelle verwendet werden, lassen sich diese bei näherem Hinsehen alle auf das grundlegende Vier-Stufenmodell zurückführen. Die *K.slehre* ist die Lehre (nicht Wissenschaft) von der K.serstellung. Die einfache K.slehre kann auch als ein Typ von PR-Praktikertheorien verstanden werden. In dem Maße, in dem wissenschaftlich geprüfte Methoden und Instrumente für die Erstellung von K.en eingesetzt werden, nähert sich dieser Prozess dem Steuerungsprozess des komplexen → Kommunikationsmanagements. *G. Bentele*

Krisenkommunikation
Der seit dem 16. Jhdt. bezeugte Begriff *Krise* kommt von gr. *krisis* bzw. lat. *crisis* und bedeutet wörtlich *Wende- oder Entscheidungspunkt*. Zunächst in der Form *Crisis* als Begriff der medizinischen Fachsprache (Höhe- und Wendepunkt einer Krankheit) gebraucht, ging der Begriff im 18. Jhdt. in den allgemeinen Sprachgebrauch über. In der *Kommunikationspraxis* werden unter Krisen alle nicht intendierten, negativ-problematischen Situationen verstanden, in die Organisationen (oder Einzelpersonen) geraten und die bis zur Existenzbedrohung gehen können. Krisen können die unterschiedlichsten *Formen* annehmen, gemeinsam aber ist vielen Krisen aber eine bestimmte Verlaufsstruktur. Ein Auslöser bzw. eine Ursache führt zum Aufbau bzw. zum Entstehen einer Krise, die wiederum zu einer mehr oder weniger starken öffentlichen bzw. medialen Aufmerksamkeit führt. Jede Krise hat einen Höhepunkt und eine Auslaufphase, in der die öffentliche Aufmerksamkeit abebbt und sich langsam wieder normalisiert. Nach Beendigung der eigentlichen Krise kann diese analysiert bzw. evaluiert werden und das Krisenmanagement optimiert werden.

In der Literatur werden – je nach Auslöser bzw. Ursache (z. B. Naturkatastrophen, Störfälle, Unfälle, Management – oder Kommunikationsfehler), Branche und Organisation, Ort des Geschehens, Struktur oder Auswirkungen verschiedene *Krisentypen* unterschieden: Erdöl- oder Ernährungskrisen, politische Krisen, Parteikrisen, Staatskrisen, Vertrauens-, Führungs-, Existenzkrisen, etc.

Jede Organisation ist konstant Problemen und Gefahren bzw. Risiken ausgesetzt: Im Gegensatz zum Krisenmanagement (dem Management während einer schon begonnenen Krise) wird die Vorbereitung von Krisen demnach auch Risikomanagement genannt. Risiko- bzw. Krisenmanagement mit kommunikativen Mitteln ist Teil der umfangreicheren → Risikokommunikation. Unter *Risikomanagement* versteht man die aktive Antizipation aller möglichen Krisen und die bewusste Planung und Vorbereitung von krisenadäquaten Handlungsstrategien. In schriftlicher Form liegen diese häufig in Form von Krisenplänen vor, die Zeit- und Handlungsabläufe, Verantwortlichkeiten, Anlaufstellen, Adressen und Kontakte, etc. enthalten. Regelmäßig eintrainiert werden sie in Organisationen z. B. im Rahmen von Planspielen. Risikokommunikation beinhaltet z. B. das prophylaktische Verfassen von Pressemitteilungen und Informationsblättern, die Erstellung von Ghost-Sites für das Internet, die Auswahl eines Call-Centers und das Training der Call-Center-Mitarbeiter, die im Krisenfall als Ansprechpartner für die breite Öffentlichkeit dienen können.

Wichtig für Organisationen ist im Krisenfall das frühzeitige Agieren und der Versuch, die eigene *Handlungs- und Kommunikationshoheit* beizubehalten, was aber deshalb nicht durchgehend gelingen kann, weil die unterschiedlichen Akteure, die → öffentliche Kommunikation und Öffentlichkeit mit generieren (wie z. B. die Medien oder gut organisierte Umweltgruppierungen wie Greenpeace) nicht beliebig kontrollierbar sind. Um im Krisenfall möglichst schnell initiativ agieren zu können, ist es von Vorteil, problematische Themen und Entwicklungen durch eingerichtete *Frühwarnsysteme* möglichst frühzeitig zu erkennen und richtig einzuschätzen: durch schnelles Agieren können dabei mögliche Krisen oftmals abgemindert oder auch ganz vermieden werden. Ein bedeutendes Verfahren dazu stellt das → Issues Management dar.

In der Praktikerliteratur und der wissenschaftlichen Literatur zu Risiko- und K. sind eine Reihe von normativen *Regeln* zur Optimierung dieser Kommunikation enthalten. Dazu gehört, dass Organisationen *vor* der Krise *Glaubwürdigkeit und Vertrauen* bei den Medien und anderen Teilöffentlichkeiten vor allem durch dialogorientierte Kommunikation aufbauen können. Vertrauen, das in ruhigen Zeiten langfristig aufgebaut wurde, ist ein wesentlicher Erfolgsfaktor für das Krisenmanagement. Das breite Publikum tendiert dazu, in Krisen den ‚objektiven' Medien deutlich stärker zu glauben als den betroffenen Organisationen, denen grundsätzlich interessenbezogene Informationspolitik unterstellt wird.

Andere Regeln besagen, dass es für Organisationen im Krisenfall nicht nur wichtig ist, den Kontakt zur Öffentlichkeit direkt zu suchen und zu halten, sondern auch, die Medien konstant, umfassend und so offen wie möglich über die organisationsinternen Vorgänge zu informieren. Das Informationsinteresse der Medien und der verschiedenen Teilöffentlichkeiten und Zielgruppen (z. B. Anwohner, Geschäftspartner, Finanzmarkt, Lieferanten, Mitarbeiter, Konsumenten, aber auch Konkurrenz- oder Gegenorganisationen) ist nicht nur legitim, sondern sollte von Organisationen immer ernst genommen werden. Die Kommunikationsverantwortlichen der Organisation und auch die Organisationsführung (z. B. Vorstände) sollten Verantwortungsbewusstsein zeigen und sachlich, umfassend, ruhig, betroffen und in verständlicher (Fremdworte vermeidender) Sprache Informationen kommunizieren. Wichtig ist in diesem Zusammenhang, dass die Entscheidungsträger der Organisation bzw. deren Kommunikationsbeauftragte im Rahmen des Risikomanagements auf ihre Aufgabe gegenüber den Medien und der Öffentlichkeit geschult wurden und sich im Krisenfall auf die zu vermittelnden Inhalte konzentrieren können. Inhaltlich ist es in Krisen von Bedeutung, die Medien und die Teilöffentlichkeiten stets über die Fortschritte im Rahmen der Krisenbewältigung zu informieren. Wichtig ist ebenfalls die Erkenntnis, dass eine ‚Salamitaktik' (also das Zugeben von negativen Tatsachen in dem Augenblick, wenn sie aufgrund der Beweislage nicht mehr geleugnet werden können) stets Vertrauensverluste nach sich zieht und somit kontraproduktiv ist. Eine mögliche alternative Kommunikationsstrategie besteht in der umfassenden Kommunikation aller möglichen Risiken und dem schrittweisen Ausschluss jener Gefahren, die im fortschreitenden Krisenverlauf wirklich ausgeschlossen werden können. So muss sich die betreffende Organisation zu keiner Zeit den Vorwurf machen lassen, Risiken beschönigt oder verharmlost zu haben.

Geht man davon aus, dass die meisten Krisen sich abmildern bzw. die ihr zugrunde liegenden Probleme gelöst werden können, so lässt auch das Interesse der Öffentlichkeit und der Medien schrittweise nach. Für die betreffende Organisation beginnt dann der Zeitpunkt der Nachbearbeitung der Krise, also der Analyse von Ursachen und Abläufen, der Minimierung der Krisenursachen und der Verbesserung aller Instrumente zur Krisenbewältigung, z. B. der Notfallpläne. Weiterhin sollten die während der Krise aufgebauten intensiven Kontakte zu den Medien und den Öffentlichkeiten genutzt werden, um mit ihnen gemeinsam die Krise nachzubearbeiten, z. B. in Diskussionsrunden oder Werksführungen.

G. Bentele/J. Hoepfner

Literatur: AVENARIUS, Horst (2000): Public Relations. Die Grundform der gesellschaftlichen Kommunikation. Darmstadt: Wissenschaftliche Buchgesellschaft. MATHES, Rainer/GÄRTNER, Hans-Dieter/CZAPLICKI, Andreas (1991): Kommunikation in der Krise. Autopsie eines Medienereignisses. Frankfurt a. M.: Institut für Medienentwicklung und Kommunikation

Kundenzeitschrift
Kundenzeitschriften (auch Kundenzeitungen, Kundenmagazine) sind periodisch (z. B. monatlich, halbjährlich) erscheinende Medien, die von Unternehmen oder Branchen (bzw. deren Verbänden) als eigenständige Kommunikations-Instrumente herausgegeben werden. Als Instrument des → Corporate Publishing werden K. meist kostenlos an aktuelle und potenzielle Kunden (Geschäftskunden und Endverbraucher) vertrieben und bewegen sich bezüglich Zielen, Funktionen und Gestaltung im Überlappungsbereich zwischen Public Relations, Journalismus und Marketing.
Die wichtigsten *Ziele*, die Kundenzeitschriften erreichen sollen, sind Imagegestaltung (Imageaufbau, -pflege) für das Unternehmen und Kundenbindung. Die Verkaufsförderung ist dagegen weit weniger wichtig. Wichtige *Funktionen*, die K. erfüllen sollen, ist die fortlaufende Information über und teilweise die Kommunikation mit den herausgebenden Organisationen, die Selbstdarstellung der Unternehmen bzw. Branchen, Kundenbindung. Dazu werden auch unterhaltende Elemente eingesetzt. Da Kundenzeitschriften in der Regel einen redaktionellen Teil enthalten, sind für deren Produktion journalistisch-handwerkliche Kompetenzen unerlässlich. Kundenzeitschriften sind nicht vordergründig werblicher Natur und kommen nicht als Werbeersatz in Frage. Die neuere Entwicklung von K. geht stark auf inhaltlich und von der Gestaltung her sehr hochwertige Produkte, die teilweise auch z. B. am Kiosk verkauft werden; sie erscheinen dann als journalistische Medienprodukte, tatsächlich verbleiben sie aber als Medien im Auftrag von Organisationen inklusive einer wichtigen Selbstdarstellungsfunktion.
Die meisten Kundenzeitschriften werden ‚außer Haus', von spezialisierten Dienstleistern (Redaktionsbüros, Agenturen, Medienunternehmen) im Auftrag produziert und vor allem aus Marketing-Werbe- oder PR-Etats der Unternehmen finanziert. Vorteile dieses Mediums bestehen z. B. in der direkten Ansprache, den geringen Streuverlusten, der - im Vergleich zu Werbeanzeigen oder -spots größeren Glaubwürdigkeit.
K. lassen sich nach Herausgebern, aber auch nach Adressaten klassifizieren. Demnach kann man z. B. K. für Endverbraucher (B2C, business-to-consumer) oder K. für Geschäftskunden (B2B, business-to-business) unterscheiden. Außerdem lassen sich K. nach Branchen unterscheiden.
Weichler/Endrös (2005) geben eine Zahl von ca. 3500 Kundenzeitschriften für Deutschland im Jahr 2005 an mit einer Gesamtauflage von 465 Mio. Exemplaren. Allein in der Branche Banken/Finanzen/Versicherungen listet eine Aufstellung des Zimpel-Verlags im Jahr 2005 neunzig Objekte mit einer Gesamtauflage von 64 Mio. Exemplaren oder in den Rubriken Gesundheit/Ernährung/Lebensmittel über 120 Objekte auf. Einige der bekanntesten Kundenzeitschriften sind die 1954 gegründete und wöchentlich erscheinende *Bäckerblume*, die Zeitschrift des Bäckerhandwerks mit einer Auflage von ca. 200.000, oder die *Apotheken Umschau*, die in jeder Apotheke ausliegt. *G. Bentele*
Literatur: WEICHLER, Kurt/ENDRÖS, Stefan (2005): Die Kundenzeitschrift. Konstanz: UVK.

Legitimität/Legitimation
Legitimation bedeutet allgemein Anerkennung bzw. Nachweis der Berechtigung zu einem bestimmten Handeln. Legitimität bezeichnet im Staatsrecht die soziale Anerkennungswürdigkeit eines Gemeinwesens bzw. einer Herrschaftsordnung.
Im Kontext deutscher PR-Arbeit taucht der Begriff Legitimität explizit erstmals 1964 mit der ersten *berufsständischen Definition* der Deutschen Public Relations-Gesellschaft auf, in der es heißt, dass PR-Arbeit „das bewusste und legitime Bemühen um Verständnis sowie um Aufbau und Pflege von Vertrauen in der Öffentlichkeit" sei; abweichend vom britischen Vorbild wurde der Begriff des Legitimen in Deutschland offensichtlich bewusst hinzugefügt. Erklären lässt sich dies aus einem erkennbaren öffentlichen Misstrauen, das der deutschen PR-Branche in dieser frühen Entwicklungsphase entgegengebracht wurde. Gründe für dieses Misstrauen waren deren damals eher diffuse Aufgabenstellung (Beziehungspflege), deren mangelnde funktionale Darlegung in der Fachliteratur sowie die Herkunft prominenter Akteure der ersten deutschen Berufsgeneration der Nachkriegszeit, die teilweise dem NS-Propaganda-Apparat im weiteren Sinne entstammten. Insbesondere exponierte PR-Akteure (Hundhausen, Oeckl) versuchten vielfach, die als ‚neu' deklarierte PR-Tätigkeit von der als illegitim betrachteten Propaganda abzugrenzen. Auch international rezipierte Vorbehalte gegen Werbung (insb. Vance Packard 1957: The Hidden Persuaders) haben das Misstrauen eher befördert. Der 1965 verabschiedete europäische Ethikkodex Code d'Athènes verweist in seiner Präambel, vor allem aber auch in seinem letzten Absatz auf einen eu-

ropaweiten Erklärungs- und Legitimationsbedarf der PR-Branche in den frühen 1960er Jahren. In den 1990er Jahren ist dieses als Rechtfertigung des eigenen beruflichen Handeln einzustufende Verhalten aus dem Branchendiskurs weitgehend verschwunden.

Ronnebergers erster wissenschaftlicher PR-Essay trägt zwar den Titel ‚Legitimation durch Information', markiert aber bereits den Wandel zu einem anderen Begriffsverständnis, indem er nicht nach der Legitimität von PR-Arbeit fragt, sondern von einem organisationspolitischen Legitimationsbedarf ausgeht. Im aktuellen PR-Diskurs findet sich der Begriff Legitimität im dem der Akzeptanz wieder. Wenn → Kommunikationsmanagement die Aufgabe unterstellt wird, sich mit den Konsequenzen von Organisationspolitik auf kommunikativer Ebene auseinanderzusetzen, dann setzt sie sich u. a. mit der Organisationspolitik und organisationspolitischem Handeln bezugsgruppenseitig zugewiesen Legitimität auseinander. Damit ist Legitimation heute neben Beobachtung, Information und Kommunikation eine wichtige organisationspolische → PR-Funktion.

P. Szyszka/G. Bentele

Lobbying

L. ist der vor allem politische Kommunikationsprozess, der sich zwischen Akteuren *nichtpolitischer Organisationen* (Unternehmen, Verbänden, Vereinen, Gewerkschaften, Kirchen, Non-Profit-Organisationen, etc.) und *politischen Akteuren* (Abgeordneten, Referenten, etc.) abspielt mit dem primären Ziel, *mittelbaren* oder *unmittelbaren* Einfluss auf den politischen *Entscheidungsprozess* zu nehmen. L. arbeitet mit spezifischen Kommunikationsinstrumenten und ist in demokratischen Systemen an rechtliche und moralische Normen gebunden, d. h. bestimmte Verfahren (wie z. B. Bestechung) werden normativ, in der Regel gesetzlich, ausgeschlossen. Einen Sonderfall stellen L.prozesse zwischen politischen Akteuren dar.

Als *Modi* lobbyistischer Einflussnahme zu unterscheiden sind zunächst *Inside-L. (direktes L.)* und *Outside-L. (indirektes L.)*. Unter *Inside-L.* ist die *direkte* Ansprache der Entscheidungsträger zu verstehen: dies beschränkt sich u.U. auf *passive* Teilnahme an routinemäßigen Konsultationsverfahren (z. B. Anhörungen), umfasst in der Regel *aktive* beratende oder gestaltende Mitarbeit (z. B. Stellungnahme zu Gesetzesentwürfen, Gespräche mit Abgeordneten), schließt in letzter Konsequenz aber auch organisatorische und finanzielle Unterstützung von Personen oder Parteien im Rahmen der gesetzlichen Vorschriften ein. *Outside-L.* setzt dagegen darauf, Entscheidungsträger *indirekt*, durch Druck von außen zu beeinflussen. Die gezielte Beeinflussung der veröffentlichten Meinung durch → Kampagnen ist in diesem Zusammenhang ein häufig gewählter Ansatz; ein anderer die Aktivierung der Bürger und Wähler im Rahmen des sog. *Grassroot-L.* Wo *Grassroot-L.* den Anschein von Bürgerengagement erweckt, ohne tatsächlich von einer entsprechenden gesellschaftlichen Bewegung gestützt zu werden, spricht man neuerdings von *Astro-Turf-L.* (also von einer synthetischen Graswurzel-Ebene).

Mit Blick auf die *Intention* differenziert van Schendelen zwischen positivem und *negativem L.*, wobei *positives L. (konstruktives L.)* auf die Durchsetzung eigener Interessen gerichtet ist, während *negatives L. (Obstruktionsl.)* ungewünschte Entscheidungen, Vorlagen und Entwürfe zu verhindern oder zu verzögern sucht. Differenziert man an Hand der *Agenten* der lobbyistischen Tätigkeit, lässt sich ferner von *öffentlichem/staatlichem L.* versus *nicht-öffentlichem/privatem L.* sprechen. Besonders auf europäischer Ebene (*Eurolobbying*), wo sowohl Regierungen (die der EU-Mitgliedsstaaten) als auch Verbände und nationale/inter-nationale Unternehmen ihre Interessen gegenüber der Union zu verteidigen suchen, ist zunehmend aber Koexistenz und Interpenetration der beiden Dimensionen zu konstatieren.

Etymologisch leitet sich der Begriff *Lobby* vermutlich ab von lat. *labium* (Vor-, Warte- oder Wandelhalle), einige Autoren verweisen auch auf lat. *lobium* (Klostergang) oder althd. *louba* (Hütte, Halle). Zwar dürfte es unabhängig von der Herrschafts- und Staatsform immer Versuche gegeben haben, politisch-administrative Entscheidungen durch Einflussnahme auf Entscheidungsträger zugunsten bestimmter Interessen zu gestalten – dass Interessenvertreter in der Warte- oder Wandelhalle der parlamentarischen Einrichtungen warteten, um die ein- und ausgehenden Abgeordneten anzusprechen, kann allerdings als ein Kennzeichen der frühen parlamentarisch-demokratischen Systeme in Großbritannien und den Vereinigten Staaten angesehen werden. Die Begrifflichkeit L. geht dabei angeblich auf US-Präsident Ulysses Grant zurück, der nach einem Großbrand im Weißen Haus mit seiner Administration in das Willard Hotel in Washington umziehen musste, woraufhin die Interessenvertreter in der Hotellobby Stellung bezogen und dort versuchten, mit ihm in Kontakt zu treten.

G. Bentele/H. Nothhaft

Literatur: SCHENDELEN, Marinus van (1992): Regulation of Lobbying in the European Parliament or Which Remedy for Which Disease? Oxford: ECPA.

Managementfunktion
Ein erkennbarer Teil der Diskussion um funktionale bzw. hierarchische Einordnung von PR-Arbeit insbesondere in standespolitischen Kontexten in Deutschland scheint von dem Missverständnis geprägt, dass die seit Ende der achtziger Jahre im deutschen Sprachraum populäre PR-Definition von Grunig/Hunt (1984: PR is the management of communication between an organization and its publics) PR-Arbeit zur → Führungsfunktion erkläre; tatsächlich deklariert die Definition einen organisationspolitischen Regelungsbedarf. Von M. kann entsprechend gesprochen werden, wenn für eine Organisationsfunktion ein existenzieller Handlungsbedarf besteht (→ Kommunikationsmanagement). Eine derartige Diskussion wird um ein managementbezogenes Verständnis → Integrierter Kommunikation geführt, welche die Frage eines strategisch notwendigen Kommunikationsmanagement im Kontext organisationspolitischen Entscheidungsbedarfs thematisiert.

P. Szyszka

Literatur: GRUNIG, James E./HUNT, Todd (1984): Managing Public Relations. New York et al.: Holt, Rinehart and Winston.

Manipulation
Der von den lat. Begriffen *manus* (Hand) und *plere* (voll machen, füllen) abgeleitete Begriff wurde ursprünglich ausschließlich, teilweise auch noch heute neutral, in der Bedeutung *geschickte Handhabung* verwendet. Meist bezeichnet der Begriff heute aber eine *Lenkung bzw. Beeinflussung* einer oder mehrerer Personen durch bewusst verdeckte Information bzw. Kommunikation. Der Sender von Information oder Kommunikation besitzt bei M.sprozessen mehr Informationen (in der Regel auch mehr Macht) als der Empfänger. Dieser soll durch Anwendung bestimmter kommunikativer Techniken (z. B. Auslassungen, Verschweigen, Lügen, Täuschungen) und/oder anderer Mittel wie z. B. Gewaltandrohungen oder Drogen von Seiten des Senders zu einer Veränderung von Haltungen, Einstellungen, Denken oder zu einem bestimmten Handeln gebracht werden, das dem Sender in der Regel nützt und ohne dass dem Empfänger dies bewusst wird. In der politischen Kommunikation ist der Typ → Propaganda mit M. gekoppelt. Auch in der Werbung werden bestimmte Kommunikationstechniken (z. B. Beschönigungen, vor allem aber Versuche, subliminaler, d. h. unterhalb der bewussten Wahrnehmungsschwelle liegender Beeinflussungen, deren Existenz in der Wissenschaft umstritten ist) als M. begriffen. Der Einsatz manipulativer Kommunikationsmittel/-techniken ist mit (kommunikations-)ethischen Normen wie *offener*, *dialog-* oder *verständigungsorientierter* Kommunikation nicht vereinbar. Insofern ist M. bei Public Relations normativ, wenngleich nicht empirisch ausgeschlossen.

G. Bentele

Marke
Es existieren viele unterschiedliche Definitionen von M., so u. a. merkmalsorientierte Definitionen der 1960iger Jahre, funktionen- oder wirkungsbezogene oder rein juristische Definitionen. Im *merkmalsorientierten Ansatz* werden Merkmalskataloge aufgestellt (z. B. Qualität, Kontinuität, Verfügbarkeit, etc.), um M. von Nicht-M. zu unterscheiden. In *funktionsorientierten Definitionen* werden die M.funktionen hervorgehoben und in den *juristischen Definitionen* wird vor allem die Schutzfunktion, die mit dem Markenzeichen verbunden ist, betont. In einer integrierten Sichtweise lässt sich M. als Zeichenkomplex mit einer bestimmten Struktur (z. B. verbale und visuelle Elemente) definieren, die einerseits unmittelbare Bezüge zu bestimmten Produkten, Dienstleistungen oder anderen Markenobjekten besitzt, die sie kommunikativ repräsentieren und andererseits Beziehungen zu bestimmten Publika (Käufern, Kunden etc.) haben, für die sie bestimmte Gebrauchs- und Kommunikationswerte (z. B. Images, Reputation) repräsentieren. Innerhalb des sozialen Kontexts weisen M.n juristische, soziologische (z. B. Kultmarken), ökonomische und psychologische Dimensionen auf. M.n sind dementsprechend nicht mit dem *M.nzeichen* identisch, welches die M.n nur repräsentiert. Die *M.nstruktur* wird häufig mit Begriffen wie *M.npersönlichkeit*, *M.nidentität*, *M.ncharakter* oder *M.nkern*, etc. beschrieben. M.n haben verschiedene *Funktionen* (z. B. kommunikative oder ökonomische Grundfunktionen, spezifischer: Identifizierungsfunktion, Herkunftsfunktion, Qualitäts- oder Garantiefunktion, juristisch fixierte Schutzfunktion, etc.). M.n haben *M.nimages* bei den M.nbenutzern, wozu z. B. auch Dimensionen wie *M.nbekanntheit* oder *M.nsympathie* gehören. Die *Positionierung* einer M. ist eine Aufgabe der *M.nstrategie*, die wiederum Element der *M.nführung* bzw. des *M.nmanagements* ist. M.n können ein großes oder kleineres *M.npotenzial* besitzen, was von den Märkten abhängig ist.

G. Bentele/J. Hoepfner

Markenwert (brand equity)
Bezeichnung für den Wert all dessen, was einer → Marke verbunden ist. Die *Relevanz* der Berechnung von Markenwerten ergibt sich z. B. bei Verkäufen bzw. Käufen, Mergers oder Übernahmen von Unternehmen. Durch neue Bilanzierungsrichtlinien für Unternehmen und die Angleichung an international vorherrschende Bilanzierungsgrundsätze wie US-GAAP und IAS im Rahmen der EU-

Gesetzgebung müssen z. B. alle börsennotierten Unternehmen ab 2005 bei Firmenübernahmen den Wert der zugekauften Marke ermitteln und in der Bilanz nach den neuen International Financial Reporting Standards (IFRS) ausweisen.

In der Literatur und Kommunikationspraxis existieren eine Reihe von unterschiedlichen *Definitionen*, aber auch Messverfahren zum Markenwert. Ein bislang noch nicht gelöstes Problem unterschiedlicher Messverfahren ist es, dass ganz unterschiedliche Markenwerte in Bezug auf dieselben Marken (z. B. BMW oder Coca-Cola) ausgewiesen werden, die sich teilweise sehr stark unterscheiden. Beispielsweise hat die Fachzeitschrift Absatzwirtschaft im März 2004 mit Unterstützung von sieben Unternehmen eine Studie zur Markenbewertung publiziert, bei der die ausgewählten Markenexperten ihre Ansätze und Verfahren offen gelegt haben und das fiktive Unternehmen Tank AG bewertet haben. Die Bandbreite des ermittelten Markenwertes der Tank AG reichte von 173 bis 958 Millionen Euro.

Die wichtigsten Definitionen und Verständnisse von Markenwert sind a) monetär (finanzorientiert), b) konsumorientiert (psychologisch basiert) und c) integrativ ausgerichtet. Im ersten Fall wird der Markenwert als monetäre Größe definiert und meist als der Gewinn definiert, der eindeutig auf die Marke zurückzuführen ist, der also für den Markeninhaber ohne die Marke nicht zu erzielen wäre. Er resultiert aus den Erlösen, die durch die Marke bzw. das Markenzeichen zu erwirtschaften sind, abzüglich der Kosten, die direkt dem Markenzeichen zuzuordnen sind. Markenwert wird aber auch gleichzeitig mit *Markenkapital* gleichgesetzt und die mit der Marke potenziell zu erzielenden Erlöse als Chance und Ziel unternehmerischen Handelns begriffen. So ist das Markenkapital der Barwert aller zukünftigen Einzahlungsüberschüsse, die der Eigentümer aus der Marke erwirtschaften kann. Insgesamt kann heute gesagt werden, dass rein finanzwirtschaftliche Markenwertbestimmungen für ein Markenmanagement bzw. Unternehmensmanagement allgemein heute kaum mehr als relevant erscheinen, da diese keinerlei Aussagen über das Bild des Käufers von der Marke treffen. Es lassen sich im Sinne einer aktiven Markensteuerung auch keine Indikatoren entwickeln, wenn nur Kosten und Erlöse betrachtet werden. Aus diesem Grund sind *verhaltenswissenschaftliche* bzw. *konsumentenorientierte* Ansätze hier weiter entwickelt. Für so ausgerichtete Markenwertbegriffe ist die Annahme, dass der Markenwert für ein Unternehmen wesentlich von der Wahrnehmung der Marke, ihren Images und Bildern im Kopf des Konsumenten abhängt, wesentlich. Dieselbe Marke kann im Besitz des einen Unternehmens ein Vielfaches an Wert haben als für ein anderes Unternehmen. Es kommt deshalb darauf an, wie die Marke in das gesamte Marken-Portfolio passt, welches Entwicklungspotenzial sie mitbringt und wie das Unternehmen dies nutzen kann, aber auch wie der wechselseitige Transfer von Images funktioniert. Dieser „innere Markenwert" setzt sich zusammen aus dem inneren Markenbild bzw. *Markenimage* – was dem durch Marketing-Mix-Maßnahmen leicht beeinflussbaren aktuellen Auftritt der Marke entspricht – und dem *Markenguthaben*, also dem Vertrauen der Konsumenten in die Marke. Konsumentenurteile stehen so im Mittelpunkt, so dass der Markenwert als die marketingrelevante Größe zu sehen ist, die ein bislang unmarkiertes Produkt für den potenziellen Käufer attraktiver werden lässt.

Integrative Definitionen und *Verständnisse* versuchen hingegen, die beiden ersten Sichtweisen zusammenzubringen. Der Markenwert entsteht in den Köpfen der Konsumenten, darüber hinaus aber existiert ein Marketing- und Finanzbezug, wobei sich die ökonomischen Daten des Marktwettbewerbs aus monetären und nicht-monetären Zielgrößen zusammensetzen. So z. B. im Ansatz von Bekmeier-Feuerhahn (1998), der neben dem Markengewinn die *Markenstärke* als ein hypothetisches Konstrukt zu Hilfe nimmt, die wiederum als Antriebskraft verstanden wird, die aus der subjektiven Wertschätzung der Markierung entsteht. Ihr werden Wirkungen in preispolitischer, kommunikationspolitischer, produktpolitischer und distributionspolitischer Richtung zugeschrieben. Markengewinn und Markenstärke werden hier in einen marktorientierten Markenwert überführt und so Unternehmens- und Konsumentenperspektive integriert.

Mit einem solchen integrierten Verständnis wird ein Übergang von einer zwar integrativen, letztlich aber doch primär wirtschaftswissenschaftlich basierten Markt- auf eine *Kommunikationsperspektive* markiert. Eine solche Perspektive, die z. B. die Größe „Kommunikationsstärke" der Marke integrieren müsste, existiert in elaborierter, ausgearbeiteter Form bislang noch nicht. Anderseits hat die Diskussion um die → Wertschöpfung(sleistung) von Unternehmens- bzw. Organisationskommunikation in den letzten Jahren gezeigt, dass ein „shareholder value" nicht nur existiert, sondern dass man hier auch einige Fortschritte machen konnte bezüglich der Bestimmung und Messung sog. „intangible assets" wie Reputation, Vertrauen und Glaubwürdigkeit, welche innerhalb bestimmter Verfahren präziser bestimmbar sind und über Kennzahlensysteme, Scorecards, etc. in das → Kommunikationscontrolling eingebaut werden

können. *Günter Bentele/Mark-Seffen Buchele/Jörg Hoepfner*
Literatur: BEKMEIER-FEUERHAHN, Sigrid (1998): Marktorientierte Markenbewertung: eine konsumenten- und unternehmensbezogene Betrachtung. Wiesbaden: Gabler. BENTELE, Günter/LIEBERT, Tobias/ HOEPFNER, Jörg/BUCHELE, Marc-Steffen [2](2005): Markenwert und Markenwertbestimmung. Eine systematische Modelluntersuchung und –bewertung. Wiesbaden: Gabler.

Marken-PR
M. ist ein Teil der absatzbezogenen PR-Arbeit. Sie befasst sich mit der Profilierung von Marken, indem sie mittels Kommunikationsaktivitäten versucht, deren besondere, eine Marke alleinstellende Merkmale (Bekanntheit, Einzigartigkeit, Markenidentität, Markenimage, Markenüberzeugung) im öffentlichen Bewusstsein zu verankern und sie attraktiv und begehrenswert erscheinen zu lassen. Ihre Wirkungsziele sind damit Aufmerksamkeit, Präferenz und Einstellung bei Zielgruppen.

M. zielt mit ihren Aktivitäten zu einem großen Teil auf Medienresonanz, welche eigene Selbstdarstellung durch Fremddarstellung ergänzt und dadurch zu wirkungsverstärkenden Glaubwürdigkeitseffekten führen soll. Ein besonderes Problem der M. besteht darin, dass Markenakzeptanz Vertrauenswürdigkeit und Berechenbarkeit einer Marke und damit das im Grunde Immergleiche erfordert, öffentliche Aufmerksamkeit dagegen Neuigkeit und Attraktivität voraussetzt

Zentrale Aufgabe strategisch geplanter M. ist daher eine fortgesetzte Neuinszenierung von Markenauftritten, in denen → Events und eine diese begleitende → Presse-/Medienarbeit in vielen Fällen eng miteinander verzahnt sind. Im strategischen Prozess der M. gelten dazu vier Faktoren als wesentlich: (1) → *Issues Management*, da Markenführung Themenselektion zur Entdeckung von Chancen und Risiken für Marken in Meinungsmärkten voraussetzt, (2) *Konzentration auf Kernaussagen*, um Markenidentität auf differenzierende und repräsentierenden Kerngedanken zu reduzieren, die sie durch Alleinstellung und Faszination unterscheidbar machen, (3) *Storytelling*, da Marken nur über bezugsgruppenadäquate Geschichten aktualisierbar seien, welche zielgenau den Transport der Kernbotschaften in die Sprach- und (Er-)Lebenswelten der Zielgruppen leisten müssen, und (4) → *Dialog-Kommunikation*, da persönliche Begegnung mit abstrakten Marken Markenrelevanz und -bindung in den → Zielgruppen erhöht. *P. Szyszka/G. Bentele/J. Hoepfner*

Marktforschung (Meinungsforschung)
Unter dem Begriff *Marktforschung* werden diejenigen Instrumente zusammengefasst, die im Rahmen betriebswirtschaftlicher Entscheidungsprozesse systematisch auf empirischer Grundlage Daten und entscheidungsrelevantes *Wissen auf Absatz- und Beschaffungsmärkten* bereitstellen (z. B. Marktanalysen, Marktsegmentierung, Konsumententypologien). Marktforschung kann sich sowohl auf materielle als auch auf immaterielle Güter beziehen. Neben den *gängigen Methoden* der empirischen Sozialforschung (Befragung, Beobachtung, Experiment, Inhaltsanalyse) kommen speziell für die betriebs*wirtschaftliche Marktforschung* entwickelte Instrumente zur Anwendung (z. B. Conjoint Analyse, LISREL-Modelle, Produkttests, Testmärkte, Verbraucherpanels). Im Rahmen der → Konzeption und → Evaluation von Public Relations-Maßnahmen kommt der Marktforschung, vor allem den verschiedenen Instrumenten der Einstellungs- bzw. Imagemessung (Rating-Skalen, Semantisches Differential) zentrale Bedeutung zu. Von der betriebswirtschaftlichen Marktforschung wird die *demoskopische Marktforschung* (Meinungsforschung, Wahlforschung) unterschieden. *D. Schütte*

Marktkommunikation
Der Begriff der M. ist in den sozialwissenschaftlichen Kontext vor allem von Zerfaß (1996; zuvor Rust 1993; Schröter 1993) eingefaßt worden, der damit alle *Kommunikationsaktivitäten* markiert, die ein Unternehmen unternimmt, um die mit ökonomischer Absatzabsicht erstellten Leistungen *in den dafür relevanten Absatzmärkten* bekannt zu machen, zu positionieren, Begehrlichkeit herbeizuführen, diesbezügliche Informationsbedürfnisse zu befriedigen und schließlich den konkreten Absatz dieser Leistungen am Point of Sale (POS) durch verkaufsfördernde Maßnahmen zu unterstützen. M. ist in diesem instrumentellen Sinne *Marketingkommunikation*, in der Marketingliteratur auch als Kommunikationspolitik oder Kommunikationsmix bezeichnet. Mit → Marken-PR (Profilierung und Alleinstellung) und → Produkt-PR (Befriedigung produktbezogener Informationsbedürfnisse) verfügt M. über zwei aus der PR-Arbeit heraus entwickelte und verknüpfte Kommunikationsfunktionen, deren spezifische Funktionen in der Marketingliteratur in der Regel unscharf und wenig spezifisch ausgewiesen werden.

Als M. in einem weiteren, diskursbezogenen Sinn kann *Kommunikation über Produkte oder Dienstleistungen* im öffentlichen Meinungsmarkt und hier vor allem im Kontext des Absatzmarkts als einem thematisch spezifischen Meinungsmarkt aufgefasst werden. *P. Szyszka*

Medienarbeit
→ Pressearbeit

Medienereignis
→ Ereignis

Meinungsforschung
→ Marktforschung

Mitarbeiterzeitschrift
Mitarbeiterzeitschriften (auch Mitarbeiterzeitungen, Werk(s)zeitungen, -schriften, etc.) sind gedruckte, periodisch erscheinende Informations- und Kommunikationsmedien der innerorganisatorischen Kommunikation, die journalistische Textsorten und Stilmittel benutzen und vor allem über Sachverhalte und Geschehnisse des Unternehmens selbst informieren. Information, Unterhaltung und Mitarbeiterbindung (Organisationsfunktion) sind ihre wesentlichen Funktionen. Sie sind damit Teil des → Corporate Publishing und werden in der Regel kostenlos an Organisationsmitglieder und deren Familien, Pensionäre, Freunde des Hauses, etc. verteilt.

In Westeuropa existieren (geschätzt) etwa 5000 Mitarbeiterzeitschriften, in Deutschland geht man von etwa 2000 Mitarbeiterzeitschriften mit einer jeweiligen Auflage von 6 Mio. Exemplare aus. Nach Klöfer u. a.(1996) erreichen Mitarbeiterzeitschriften in Deutschland etwa 25 Prozent der berufstätigen Bevölkerung.

Die M. ist auch heute noch eines der am weitesten verbreiteten innerorganisatorischen Medien. Nach verschiedenen Studien setzen auch in den letzten Jahren noch mehr als 80 Prozent von Unternehmen ab einer bestimmten Größenordnung M. als innerbetriebliches Informations- und Kommunikationsinstrument ein. Informieren, Transparenz herstellen, Wir-Gefühl vermitteln, unterhalten, Bindung an Mitarbeiter herstellen, sind abgefragte Zielsetzungen von M. Die Häufigkeit des Erscheinens hängt von der Organisationsgröße und von Einsatz und Gestaltung anderer Instrumente (z. B. Intranet) ab, reicht aber von einem wöchentlichen Rhythmus bis zur zweijährlichen Publikation.

Die Inhalte von M. reichen externen Organisationssaktivitäten, Information über Strukturveränderungen, aktuellen Forschungs- und Entwicklungsergebnissen über Gesundheit, Human Touch, Meinungen, Personalia (Jubiläen., Managerportraits, Beförderungen, Todesanzeigen) bis hin zu Produktinformationen, Service (z. B. inner- und außerbetriebliche Veranstaltungstipps), Unterhaltungsinhalten (Rätsel, Comic, Freizeit, Leserwettbewerbe, etc.).

M. sind ein vergleichsweise altes Medium, die ersten erschienen im ausgehenden 19. Jahrhundert. Die damals meist noch so genannten Werkszeitungen waren Folge der Industriellen Revolution: es musste etwas zur Überbrückung der durch die industrielle Entwicklung enstandenen Kluft zwischen Arbeitgebern und Arbeitnehmern getan werden. Am 24. Juni 1882 erschien „De Fabrieksbode", herausgegeben vom Leiter der Niederländischen „Gist- und Spiritusfabrik" zum ersten Mal und am 27. Oktober 1888 erschien der „Schlierbacher Fabriksbote" in der Steingutfabrik Schlierbach/Hessen, der als ältestes deutsche Werkszeitschrift gilt. In den ältesten Werkszeitungen, die Bekanntmachungen, Ermahnungen der Fabrikbesitzer, Nachrichten über Arbeitsjubiläen, Danksagungen, etc. enthielten, ist die patriarchalische Einstellung der Unternehmer um die Jahrhundertwende deutlich zu spüren, mit der versucht wurde, die Arbeitnehmer zu belehren und zu führen. Nach dem ersten Weltkrieg, der hier eine Zäsur darstellt, begannen auch bald wieder „Werkszeitungen" zu erscheinen, darunter der Bosch-Zünder 1919, die Daimler Werkzeitung, beginnend mit dem Jahreswechsel 1919/1920, die „Siemens-Mitteilungen" ab 1921.

M. werden heute in der Regel (über 60 Prozent aller M.) von den entsprechenden Presse- bzw. Kommunikationsabeilungen organisatorisch und inhaltlich verantwortet, aber auch Personalabteilungen, andere Abteilungen oder Agenturen, die M. dann im Auftrag herstellen, sind dafür zuständig. *G. Bentele*

Literatur: BISCHL, Katrin (2000): Die Mitarbeiterzeitung. Kommunikative Strategien der positiven Selbstdarstellung von Unternehmen. Wiesbaden: Westdeutscher Verlag. CAUERS, Christian (2005): Mitarbeiterzeitschriften heute. Flaschenpost oder strategisches Medium? Wiesbaden: Verlag für Sozialwissenschaften. KLÖFER, Franz (1996): Mitarbeiterkommunikation 1996. Auf der Grundlage einer Erhebung bei Unternehmen mit mehr als 500 Mitarbeitern. Mainz: Fachhochschule Mainz.

Mitteilung
Im Kontext von Organisationskommunikation und Kommunikationsmanagement werden die Begriffe M. und → Information vielfach synonym verwendet. Analytisch ist dies problematisch, denn mit dem Begriff M. lässt sich das *Angebot* von aus Sicht des Absenders als informativ bewerteten Inhalten (z. B. *Pressem.*) bezeichnen, ohne dass damit eine Aussage darüber getroffen wird, ob und in welcher Weise der oder die Empfänger einer M. von dieser auch Gebrauch machen. Eine M. ent-

hält einen Aussagekern (→ Botschaft), den diese um Zusatzaussagen ergänzt vermitteln will. Erst mit der psychischen Verarbeitung einer M. werden ausgewählte Aussagen zur → Information des Empfängers, der damit darüber entscheidet, ob, was, in welchem Maße und in welcher Form eine M. (des Absenders) zu einer Information (des Empfängers) wird. *P. Szyszka*

Nachricht
Der Begriff N. bezeichnet (1) ganz allgemein eine → Mitteilung oder → Botschaft innerhalb der menschlichen Kommunikation. In dieser Bedeutung ist er als zeichentheoretischer oder speziell informationstheoretischer Begriff (vgl. auch das Stichwort → Information) verbreitet. Spezieller bezeichnet der Begriff in der Kommunikationswissenschaft (2) eine bestimmte, journalistische Textsorte, die von Journalisten oder anderen Kommunikatoren im Rahmen der öffentlichen Kommunikation hergestellt, bearbeitet und verbreitet wird. Die N. in dieser Bedeutung bildet das Kernstück der informierenden Textsorten oder Genres. Die Nachrichtenform, die in den ersten Zeitungen des 17. und 18. Jahrhundert durchaus noch chronologisch aufgebaut war, ist strukturell durch die ‚lead-Form' gekennzeichnet: im ‚lead', der am Anfang steht, sind kurze Information über die wichtigsten Information des Ereignisses (wer? was? wann? wo?) enthalten, der ‚body', d. h. der übrige Nachrichtentext enthält weitere Einzelheiten (wie? warum? etc.). Nachrichten kommen in verschiedenen medialen Formen vor: in Printmedien, online oder in auditiven (Hörfunk) oder audiovisuellen (Fernsehen) Formen. Nachrichtensendungen werden in lokaler, regionaler, nationaler oder internationaler Ausrichtung von Printmedien, Rundfunkanstalten und Online-Medien produziert, über entsprechende Kanäle verbreitet und dienen den Rezipienten vor allem zur aktuellen Information. Etwa die Hälfte der deutschen Bevölkerung wird heute von Tageszeitungs- und Hörfunknachrichten erreicht, etwa 2/3 von Fernsehnachrichten und über die Hälfte von Online-Nachrichten erreicht. *G. Bentele*

Nachrichtenwert
Der N. ist der von PR- oder journalistischen Kommunikatoren zugeschriebene Wert, den Ereignisse haben müssen, um für PR- oder journalistische Medien als berichtenswert zu gelten und damit die ‚Schwelle' zum ‚berichteten Ereignis', d. h. zur publizierten Nachricht zu überschreiten. Der Nachrichtenwert bildet sich nach bestimmten Mustern bzw. Selektionskriterien, den *Nachrichtenfaktoren*. Neuigkeit, Nähe, Prominenz, Dramatik, Sex sind Nachrichtenfaktoren, die schon von Kommunikationsforschern der 30er Jahre unterschieden wurden. Die Nachrichtenwerttheorie von Johan Galtung und Marie Holmboe Ruge, die 12 Nachrichtenfaktoren unterscheidet, darunter Frequenz, Eindeutigkeit, Bedeutsamkeit und Überraschung, wurde seither auch von deutschen Kommunikationswissenschaftlern (Winfried Schulz, Hans Mathias Kepplinger, u. a.) zu einem umfassenden Ansatz weiter entwickelt. In einem solchen theoretisch fundierten Forschungsansatz wird das Mediensystem als eine Art verlängerter Wahrnehmungsapparat der Gesellschaft (‚kollektiver Weltbildapparat') aufgefasst, der nach bestimmten sozialen Selektions-, Präsentations- bzw. Konstruktionsregeln Informationen selektiert, transformiert und präsentiert. Die N.theorie beschreibt und erklärt so die Prozesse des Zustandekommens (Konstruktion) von Medienwirklichkeit. Die von PR-Kommunikatoren benutzten Nachrichtenfaktoren unterscheiden sich teilweise von den journalistischen Nachrichtenfaktoren, müssen sich jedoch auch an diesen orientieren, soll die Presse- bzw. Medienarbeit erfolgreich sein. *G. Bentele*

NGO-Kommunikation
Unter NGO-Kommunikation wird die (vor allem externe) Kommunikation von Non-Governmental-Organizations (NGOs) verstanden. Solche Nicht-Staatliche-Interessenorganisationen stellen einen besonderen Organisationstyp dar, bei dem eine Organisation quasi-anwaltschaftlich freiwillig und selbstgewählt das ‚Mandat' für ein grundlegendes, gesellschaftlich relevantes Dachthema (z. B. Naturschutz, Menschenrechte) übernommen hat und dieses in Prozessen → öffentlicher Kommunikation (→ Kampagnen, PR-Arbeit) und nicht-öffentlicher Kommunikation (→ Public Affairs, → Lobbying) vertritt und befördert. Strategisches → Kommunikationsmanagement spielt hierbei naturgemäß eine zentrale Rolle. Die *Aktivitäten der NGO-K.* sind i. d. R. darauf ausgerichtet,
(1) dem *Dachthema* der Organisation in den Prozessen öffentlicher Kommunikation durch Kampagnenarbeit eine möglichst langfristige und dauerhafte Aufmerksamkeit und eine möglichst hochwertige Bedeutungszuweisung zu sichern,
(2) *konkrete Einzelthemen und Probleme*, welche auftreten und sich dem Dachthema zuordnen lassen, kurzfristig z. B. durch Skandalisierung in den Fokus öffentlicher Aufmerksamkeit zu rücken oder und öffentlichen Protest zu mobilisieren (Greenpeace und der ‚Fall Brent Spar' (1995) werden hier gerne als Musterbeispiel angeführt),
(3) sich den *Medien* gegenüber als kompetenter Ansprechpartner für möglichst viele, im Kontext des Dachthemas relevante Fragestellungen anzubieten bzw. zur Verfügung zu stellen und (4) die

Mitglieder, Förderer und Interessenten, welche auf ideeller wie materieller Ebene das zentrale Unterstützungspotential einer NGO bilden, informell zu betreuen und regelmäßig um Unterstützung anzugehen.

Da Kommunikationsarbeit ein zentrales Aufgabenfeld innerhalb von NGO-Aktivitäten darstellt, wird NGO-K. gerne als Beispiel für systematisch betriebene Public Relations-Aktivitäten herangezogen. Dem Selbstverständnis von NGOs nach wird deren Kommunikationsarbeit aber häufig in (1) thematisch ausgerichtete Kampagnenarbeit (lang- wie kurzfristig) zur Beförderung von Schlüsselthema und Anliegen (z. B. Kampagne zur Bewahrung der Meere) und in (2) *PR-Arbeit oder Öffentlichkeitsarbeit*, worunter sie ihre allgemeine, nicht an Kampagnen gebundene → Presse-/Medienarbeit (z. B. Bearbeitung von Medienanfragen zu allgemeinen Umweltthemen) sowie ihre auf Mitglieder, Förderer und Interessenten ausgerichteten Kommunikationsaktivitäten (meist einschließlich der Maßnahmen des → Fundraising) verstehen, unterschieden. *P. Szyszka*

Non-Profit-PR
N. ist PR-Arbeit für nicht-kommerzielle Organisationen des *dritten Sektors* (→ Verbände, Vereine, Institutionen, Stiftungen, gemeinnützige GmbHs und vergleichbare kollektive Akteure). Als Bindeglied zwischen dem ersten Sektor (Staat) und dem zweiten Sektor (Markt) kommt den Non-Profit-Organisationen (NPO) besondere Bedeutung zu. PR-Arbeit wird zu einer zentralen Management-Aufgabe von NPOs, da Kommunikationsleistungen hier eine zentrale Rolle spielen. Dabei werden zunehmend Instrumentarien aus dem kommerziellen Sektor auf den Non-Profit-Bereich übertragen. Mangelnde Bekanntheit der Organisation, unsystematische Organisation interner und externer Kommunikation, Scheu vor Transparenz, ein oft hoher Anteil ehrenamtlicher Mitarbeiter, ein begrenztes Budget sowie eine erschwerte Kostenkalkulation aufgrund stark diversifizierter Einnahmequellen sind spezifische Probleme der PR-Arbeit von NPO. Ein wesentliches Ziel von N. ist das → Fundraising, d. h. die Beschaffung von Ressourcen zum Erhalt und zur Förderung der Organisation und ihrer Ziele (vgl. auch → Social Marketing, → Corporate Identity, → Sponsoring, → Lobbying, → Image, → Corporate Communications). *D. Schütte*

Öffentliche Kommunikation
Unter Ö. sind Informations- und Kommunikationsprozesse zu verstehen, die *öffentlich* stattfinden – d. h. sich nicht an eine *von vornherein* definierte oder limitierte Empfängerschaft wenden, damit *prinzipiell jedermann (*oder *-frau)* zugänglich sind. Ö. ist demnach weder *privat* (wie z. B. ein Telefongespräch oder Briefverkehr) noch *exklusiv* (wie z. B. die hinter verschlossenen Türen stattfindende Rede eines Bürgermeisters im Stadtrat).

Ö. ist *konstitutiv* für → Öffentlichkeit. Der Auftritt eines Politikers auf dem Marktplatz, eine Theateraufführung oder Kundgebungen im Rahmen von Demonstrationen stellen bereits Phänomene Ö. dar. Ö. bedient sich heute häufig der Massenmedien bzw. wird durch Massenmedien vermittelt; man spricht dann von (massen-)medial vermittelter Ö. In industriellen Gesellschaften haben sich *spezifische Großformen* bzw. *Typen* von Ö. herausgebildet: Journalismus, Werbung oder Public Relations. Auch Propaganda kann als Typ von Ö. aufgefasst werden, der unter spezifischen Bedingungen autoritärer oder totalitärer Systeme meist den dominierenden Typ der staatlich gesteuerten, Ö. darstellt. *G. Bentele/H. Nothhaft*

Öffentlichkeit
Der Begriff Ö. spielt in verschiedenen Disziplinen (z. B. Soziologie, Kommunikationswissenschaft, Philosophie, Geschichtswissenschaft) eine wichtige Rolle. Kant, Rousseau, Locke, Mill im 18. Jhdt, Arendt oder Schumpeter im 20. Jhdt. haben sich bereits mit dem Phänomen des Öffentlichen und der Ö. beschäftigt. Der Begriff Ö. (engl.: *public sphere*) entwickelte sich im 18. Jhdt. aus dem Begriff *öffentlich* und hatte seither viel mit Ansprüchen an vernunftgemäßes Denken in der Tradition der europäischen Aufklärung zu tun. Heute lassen sich im wissenschaftlichen Diskurs mehrere Denktraditionen bzw. Ö.s-Theorien unterscheiden. Zwei der wichtigsten Theorien bzw. Modelle sind das *deliberative Modell* oder das *Diskursmodell*, das wesentlich mit dem Namen Jürgen Habermas verbunden ist und das *Spiegelmodell* von Niklas Luhmann. Habermas beschreibt in seiner klassischen Schrift ‚Strukturwandel der Öffentlichkeit' die historische Entwicklung und den Transformationsprozess von Öffentlichkeit, beginnend mit Ö.-Verständnissen des Altertums über die mittelalterliche *repräsentative Öffentlichkeit* bis zu den modernen Verständnissen und Ö.sformen des 18. und 19. Jhdts. Es wird ein *sozialer Strukturwandel* und ein *politischer Funktionswandel* von den diskursiv geprägten Versammlungsöffentlichkeiten der Aufklärung hin zur massenmedial hergestellten Ö. unterschieden, der als Prozess der *Vermachtung* interpretiert wird.

Luhmann sieht Ö. als ein „Kommunikationsnetz ohne Anschlusszwang", als ein *Medium*, in dem durch laufende Kommunikation *Formen* (Laute, optische Zeichen, Sätze, Themen) abgebildet und wieder aufgelöst werden. Für die Politik und die ganze Gesellschaft fungiert Ö. als ein *Spiegel*, in dem der Beobachter die Abbildung von sich selbst und anderen beobachten kann. Ähnlich wie das Preissystem des Marktes ermöglicht Ö. der Gesellschaft die Beobachtung von Beobachtern und damit auch Selbstbeobachtung.

Auch die Theorie der *Schweigespirale* (Noelle-Neumann) wurde für die Kommunikationswissenschaft wichtig: hier steht ein Mechanismus im Mittelpunkt, der auf Basis einer (sozialpsychologisch) postulierten Isolationsfurcht von Menschen eine Dynamik zu beschreiben versucht, nach der durch unterschiedlich stark ausgeprägte Meinungsbereitschaft in der Ö. bestimmte Meinungen zu- oder abnehmen.

In Arbeiten des Wissenschaftszentrums Berlin (WZB) ist ein *Arenamodell* der Ö. entwickelt worden. Ö. wird hier als ein auf mehreren Ebenen (Encounters, öffentliche Veranstaltungen, Massenmedienkommunikation) differenziertes Kommunikationssystem, ein *offenes Kommunikationsforum* verstanden, in dem Themen und Meinungen gesammelt, verarbeitet und weitergegeben werden. *Akteure* (*Sprecher* und *Kommunikateure*) agieren in diesem Forum bzw. in der *Arena* vor einer mehr oder weniger großen Zahl von Beobachtern, dem *Publikum*. *Sprecher* und *Medien* werden als zentrale Akteure begriffen, das *Publikum* ist – als kontingente Größe – Adressat ihrer Kommunikation. Mehrere *Sprechertypen* werden unterschieden: *Repräsentanten*, *Advokaten*, *Experten*, *Intellektuelle* und *Journalisten als Kommentatoren*. *Öffentliche Meinung* entsteht nach diesem Modell dann, wenn sich eine gewisse Konsonanz zwischen den Akteuren herstellt. *Öffentliche Meinung* und *Bevölkerungsmeinung* werden als unterschiedliche Größen verstanden, die sich allerdings ebenfalls annähern oder decken können, wodurch relativ starker Druck auf die politischen Entscheidungsträger entsteht. Im Rahmen der Entwicklung der modernen *Massenmedien* erhalten diese durch Ausdifferenzierung und Professionalisierungsprozesse eine relative *Autonomie* und prägen in ihrer Funktion als wichtige Akteure den Prozess der öffentlichen Kommunikation selbst wiederum sehr stark. Sie agieren und konkurrieren unter *Marktbedingungen* miteinander, dadurch wird auch die *Werbewirtschaft* als Akteur wichtig. *G. Bentele*

Literatur: IMHOF, Kurt (2003): Öffentlichkeitstheorien. In: BENTELE, Günter/ BROSIUS, Hans-Bernd/ JARREN, Otfried (Hrsg.) 2003: Öffentliche Kommunikation. Wiesbaden: Westdeutscher Verlag, S.193-209.

Organisationskommunikation
Im Gegensatz zu → *Unternehmenskommunikation* als einem auf einen ganz bestimmten Typus von Organisation zugeschnittenen Begriff kann O. als *Sammel- oder Dachbegriff* für alle Organisationstypen (neben Unternehmen also auch Verbände, Parteien, Vereine, Non-Profit-Organisationen) eingestuft werden. O. fragt damit nicht nach den Spezifika der Kommunikationsstrukturen einzelner Organisationstypen, sondern nach *allgemein grundlegenden organisationalen Kommunikationsstrukturen von Organisationen* als sozialen Systemen. Die Organisationssoziologie hat sich, beginnend mit den Arbeiten zum klassischen Strukturalismus, mit Fragen der O. allerdings nur weitgehend implizit beschäftigt und Kommunikationsprobleme damit eher ausgeblendet.

O. *im engeren Sinne* bezeichnet nach Theis (1994) die Kommunikation *in* und *von* Organisationen und ist damit an das kommunikative Handeln von Organisationsakteuren und deren Rolle als Organisationsmitglied gebunden. Der Begriff schließt sowohl formelle, also geplante und gewollte, wie auch informelle, aus dem sozialen Umgang der Akteure miteinander resultierenden und zwangsläufig entstehende organisationale Kommunikationsprozesse ein. Es bezieht sich auf alle Kommunikationsaktivitäten, die Organisationsmitglieder bewusst oder unbewusst im Zusammenhang mit der Planung, Erstellung und Präsentation der Leistungen einer Organisation oder als Repräsentanten dieser Organisation in Meinungsmärkten tätigen. Durch ihr für die Organisation stellvertretendes Handeln ihrer Mitglieder (Akteure) werden Organisationen als korporative Akteure in ihren Kommunikationsbeziehungen zu Kommunikationssubjekten.

In *einem weiteren Sinne* kann der Begriff O. auch auf die öffentliche Kommunikation *über* eine Organisation ausgedehnt werden, die sich organisationsbezogen in deren gesellschaftlichem Umfeld vollzieht. So wie Defizite oder Optimierungspotenziale in internen Kommunikationsprozessen die Aktivitäten von → interner PR-Arbeit als Fachkommunikation erforderlich machen, entsteht aus der öffentlichen Kommunikation über eine Organisation jener organisationspolitische Handlungsbedarf, der den nach außen gerichteten Aktivitäten der von PR-Arbeit zugrunde liegt. Vorhandene oder gewünschte öffentliche Kommunikation über eine Organisation liegt damit kausal dem Einsatz autorisierter Organisationskommunikatoren und ihrer Kommunikation über eine Organisation zugrunde.

Formelle Kommunikation in Organisationen kann unterschieden werden in dispositive Prozesse der Aushandlung und Anweisung von Entscheidungen (*Führung*) und exekutive Prozesse der Anleitung, Anweisung, Koordination, Kontrolle und Korrektur aller Aufgaben (*Ausführung*), die zur

Erbringung vorgegebener Organisationsleistungen erforderlich sind. Da Organisationen darüber hinaus soziale Netzwerke sind, finden auf sozioemotionaler Ebene informelle kommunikative Prozesse statt, welche organisationsbezogen die Rollensituation der Akteure betreffen und damit Gegenstand → interner PR-Arbeit sind oder in persönlichen Motiven der Akteure gründen.

Kommunikation *über Organisationen* ist → öffentliche Kommunikation der → Bezugsgruppen einer Organisation über eben diese Organisation. Die öffentliche Präsenz einer Organisation macht diese zum potenziellen Beobachtungsobjekt dieser Bezugsgruppen, die für sie relevante Informationen nicht nur aus wahrgenommener formeller und informeller O., sondern auch aus beobachteten und interpretierten Ausschnitten von Organisationsverhalten und -aussehen (vgl. → Corporate Identity) generieren, ohne dass Organisationsmitglieder oder -repräsentanten aktiv an diesen Prozessen beteiligen müssen. Die so entstehenden Einstellungen und in öffentlicher Kommunikation verhandelten Meinungen über eine Organisation kondensieren zu → Images als bezugsgruppenseitigen Vorstellungen von Organisationsrealität, die prägenden Einfluss auf nachfolgende Informationsverarbeitungs- und Meinungsbildungsprozesse über eine Organisation haben; Images nehmen Einfluss auf das Verhalten, was einer Organisation entgegengebracht wird, wirken auf deren Handlungsspielräume zurück und sind damit ein Gegenstand externer PR-Arbeit.

Kommunikation *von Organisationen* findet sich zunächst in informeller Form bei allen Organisationsakteuren, sofern diese über formale Organisations- oder soziale Kontakte zum organisationalen Umfeld verfügen und bezugsgruppenseitig in ihrer Rolle als Organisationsrepräsentanten wahrgenommen werden. Sie nehmen damit ungewollt einen i.d.R. eher als unterschwellig Einfluss auf Einstellungs- und Meinungsbildungsprozesse über die mit ihnen in Beziehung gesetzte Organisation. Ein demgegenüber großer Einfluss geht dagegen auf formeller wie informeller Ebene von autorisierten Repräsentanten einer Organisation aus, zu denen Führungsakteure und die mit entsprechenden Aufgaben betrauten Fachakteure/-kommunikatoren zu rechnen sind. *P. Szyszka*

Literatur: SZYSZKA, Peter (2004): PR-Arbeit als Organisationsfunktion. In: RÖTTGER, Ulrike (Hrsg.): Theorien der Public Relations. Wiesbaden: Verlag für Sozialwissenschaften, S. 149-168. THEIS, Anna-Maria (1994): Organisationskommunikation. Opladen: Westdeutscher Verlag.

Personalisierung

Unter P. kann man eine kommunikative Darstellungsform verstehen, in der Personen im Mittelpunkt stehen. Im Kontext verschiedener Typen von öffentlicher Kommunikation (z. B. Journalismus, Public Relations, Werbung) können grundsätzlich drei Typen von P. unterschieden werden: mediale P., soziale P., und organisationale P. *Mediale P.* kann dabei als die wesentliche gesellschaftliche Ursache von sozialer und organisationale P. identifiziert werden. Bei (medialer) P. handelt es sich nach Scherer (1998) um eine *"Eigenschaft von medialen Darstellungen [...], handelnde Menschen in den Vordergrund der Berichterstattung zu stellen"*. Personalisierung ist schon (z. B. als Prominenz) in den journalistischen Nachrichtenfaktoren angelegt, generell tendiert journalistische Darstellung innerhalb informativer und unterhaltender Genres zu Präsentationsformen, welche die Person in den Mittelpunkt stellen. Dadurch sollen dem Rezipienten von publizistischen Medien der Umgang und der inhaltliche Zugang zu Informationsangeboten erleichtert werden. P. reduziert Komplexität und vereinfacht damit auch Wiedererkennung, Informationsverarbeitung wird so beschleunigt.

Im Zuge der *Mediatisierung* von Gesellschaft, d. h. der immer stärkeren Ausrichtung wichtiger gesellschaftlicher Teilbereiche (z. B. Politik, Wirtschaft, Sport, etc.) an der Medienlogik, entsteht soziale P. als ein gesellschaftlicher Trend oder sogar Zwang, der sich auf der organisatorischen Ebene in vielfältigen Formen organisationale P. zeigt. Um die *Ursachen* von organisatorischer P. überhaupt erklären zu können, ist es notwendig, mediale und *soziale P.* von *organisationale P.* analytisch zu unterscheiden.

Soziale P. kann als eine soziale Kraft und als Trend definiert werden, der durch Mediatisierung entsteht und aufgrund dessen Organisationen unterschiedlichen Typs P. als Kommunikationsstrategie überhaupt erst einsetzen. Viele Beispiele für organisationale P. finden sich bei Unternehmen, aber auch politischen Parteien. Beide setzen – um in der öffentlichen Wahrnehmung Vorteile zu haben - stark auf P. Beispielsweise wird der Spitzenkandidat einer politischen Partei oder der CEO für ein Unternehmen bewusst und strategisch begründet in den Mittelpunkt der Kommunikation dieser Organisationen gestellt. Während in der *politischen Wahlkampfkommunikation* P. deutlich älter ist, ist *strategisch inszenierte CEO-Kommunikation* erst jüngeren Datums. Auch im Kontext von → (Public) Storytelling hat P. Vorteile bzw. wird sogar notwendig, weil sich Personen einfacher Rollen zuweisen lassen als Organisationen oder Sachverhalten. P. stellt im Kontext von Organisationen eine *Kommunikationsanforderung* und damit gleichzeitig auch eine kommunikative bzw. *kommunikationspolitische Strategievariante* (P. und De-P. von Themen und Sachverhalten) dar.

Elemente von Organisationen als soziale Gebilde sind zwar auch Individuen (Personen), ihre *Organisationspersönlichkeit* knüpft sich aber an die spezifischen Leistungen, welche eben diese Organisation im gesellschaftlichen Kontext erbringt. Organisationen werden damit zunächst über einen abstrakten Sachzusammenhang repräsentiert, der z. B. in Kennziffern oder Schlüsselbegriffe gefasst wird. Wahrnehmungspsychologisch betrachtet bleiben die Vorstellungen, die sich auf diesem Weg mit einer Organisation verbinden lassen, aber abstrakt. Da Individuen nicht nur eine wichtige Rolle innerhalb von Organisationen spielen, sondern diese auch von einzelnen Personen in herausgehobener Stellung geführt werden und sich an die Führungsrolle z. B. eines CEO juristisch eine allgemeine *Vertretungsberechtigung/Generalvollmacht* für die betreffende Organisation und bei anderen Führungspersonen für einen bestimmten, ihnen zugewiesenen Teilbereich knüpft, verfügt jede Organisation über ein natürliches P.spotenzial.

Führungspersonen sind *natürliche Repräsentanten* einer Organisation, die in der Öffentlichkeit entsprechend wahrgenommen werden. Der Repräsentant gibt seiner Organisation zunächst auf visueller Ebene ein ,*Gesicht'*, eine *physische Repräsentanz*, welche die Wiedererkennbarkeit der betreffenden Organisation erleichtert. In ihrem Auftreten repräsentieren sie darüber hinaus als ,*Kopf'* die Geschäftspolitik ihrer Organisation und realisieren dies als *psychische Repräsentanz*. Da die Öffentlichkeit kaum einen Einblick in die Binnenstrukturen und noch weniger in die Entscheidungsstrukturen einer Organisation hat, wird dem Auftreten und Verhalten von Repräsentanten i. d. R. Repräsentativität für die betreffende Organisation unterstellt: Das in der öffentlichen Kommunikation präsente Persönlichkeitsprofil des Repräsentanten wird damit zum weitgehend unterstellten Profil der Organisationspersönlichkeit. Im Idealfall bewegen sich dabei funktionale und personale Repräsentanz in einem gemeinsamen Zielkorridor (Eisenegger 2005).

P. birgt aber auch *Risikopotenziale*:
(1) Repräsentanz findet im Wesentlichen in der *Kommunikatorqualität* eines Repräsentanten ihren Ausdruck. Ist ein Repräsentant ein schlechter Kommunikator, ist er stereotyp mit bestimmten Rollenklischees behaftet oder verfügt er über mangelnde Authentizität, dann sind negative Auswirkungen auf die Qualität des P.spotenzials dieser Organisation wahrscheinlich.
(2) Befinden sich Repräsentant und Organisation nicht (oder nicht mehr) im selben *Zielkorridor*, dann findet in öffentlicher Kommunikation tatsächlich nur (noch) eine Einschätzung/Bewertung des Repräsentanten statt. Die Folgen können dabei negativer wie positiver Natur sein. Wenn ein CEO durch Kommunikationsfehler Imageverluste oder auch ökonomische Verluste verursacht hat, ist dies sicher negativ für die Organisation. Wenn ein CEO eine Organisation schon negativ geprägt hat und diese Person z. B. abgelöst wird, hat dies häufig positive Auswirkungen beispielsweise im Aktienmarkt.
(3) Hat ein Repräsentant über einen längeren Zeitraum oder in der öffentlichkeitswirksamen Situation die *Identität einer Organisationen* maßgeblich als Person geprägt und verlässt dann diese Organisation, so geht der Organisation in der Regel ein bestimmten Teil von Organisationsidentität und –image, das an ihn gebunden war, verloren. In dem Maße, in dem Organisationen auf P. setzen, steigt dieses Risiko.

Vom Begriff der P. zu unterscheiden ist der Begriff der ,Personen-PR' oder ,PR-Arbeit für Personen'. Hierbei handelt es sich um einen bestimmten Typ von PR-Arbeit, bei welchem eine Person in öffentlicher Kommunikation soviel Relevanz besitzt oder gerne besitzen möchte, dass um sie herum PR-Arbeit systematisch zu organisieren ist. Derartige Personen sind dabei zudem aufgrund des um sie herum betriebenen Organisationsaufwands i. d. R. als Klein-Unternehmen einzustufen.

P. Szyszka/G. Bentele

Literatur: EISENEGGER, Mark (2005): Reputation in der Mediengesellschaft. Konstitution – Issues Monitoring – Issues Management. Wiesbaden: Verlag für Sozialwissenschaften. SCHERER, Helmut (1998): Personalisierung. In: JARREN, Otfried/SARCINELLI, Ulrich /SAXER, Ulrich (Hrsg.): Politische Kommunikation in der demokratischen Gesellschaft. Opladen: Westdeutscher Verlag, S. 698-699.

Politische PR
P. bezeichnet die öffentlichkeitswirksame, an der Medienlogik ausgerichtete *strategische Kommunikation aller am politischen Prozess beteiligten Akteure*. Die PR-Arbeit von Akteuren im Zentrum des politischen Systems (Regierung und politische Parteien) zielt verstärkt darauf ab, die Darstellung und die Interpretation von politischen Entscheidungen in den Massenmedien zu beeinflussen bzw. zu kontrollieren. Hierzu werden Thematisie-

rungs-, Überzeugungs- und Dethematisierungsstrategien eingesetzt. Gesellschaftliche Gruppen (Interessensgruppen, Gewerkschaften, religiöse Gruppen, NGOs etc.) versuchen, durch PR-Arbeit Aufmerksamkeit und Zustimmung für ihre Interessen im politischen System zu finden und ihre Mitglieder an die Organisation zu binden.

Die zunehmende Bedeutung der P. ist die Folge eines grundlegenden gesellschaftlichen Wandels. Die generelle Tendenz hin zur Individualisierung zeigt sich in der Lockerung traditioneller Bindungen an politische Organisationen. Diese Entwicklung spiegelt sich im Niedergang der Parteipresse zugunsten einer säkularisierten und kommerzialisierten Medienlandschaft wieder. Um in Medien Wiederhall zu finden, sind die Akteure zunehmend auf professionelle P. angewiesen. Der professionelle Einsatz von Kommunikationsexperten, Umfrageanalysen und strategischem Themen- und Ereignismanagement beeinflusst direkt die zentralen Legitimierungsmechanismen des demokratischen Prozesses. P. muss sich deshalb an den demokratietheoretischen Normen des Vermittlungsprozesses messen lassen.

S. Adam/B. Berkel/B. Pfetsch

PR-Agenturen

P. lassen sich mit Nöthe (1994) als *erwerbswirtschaftlich orientierte Dienstleistungsunternehmen* definieren, die als *Kommunikationsdienstleister* für einen Kunden (jede Form von Organisation, aber auch Einzelpersonen) Aufgaben aus dem Bereich der PR-Arbeit erbringen. P. können dabei sowohl strategisch-analytische Aufgaben (Beratung, Konzeption) wie auch operative Aufgaben (Umsetzung von Maßnahmen) erbringen. Ein Teil der P. hat sich auf bestimmte Aufgabenfelder (z. B. Presse-/Medienarbeit) oder Branchen (z. B. Food, Pharma) spezialisiert.

Ergebnisse einer deutschen *Berufsfeldstudie* (Schütte/Szyszka 2003) zeigen, dass in der Praxis der größte Teil der übernommenen Aufgaben operativer Natur ist und in den Bereichen → Presse-/Medienarbeit und → Produkt-PR liegt. Von den ca. 1.000 PR-Agenturen in Deutschland sind 63 % als Kleinagenturen (4 bis 10 Mitarbeiter) einzustufen; 26 % verfügen über 11 bis 20 Mitarbeiter und nur 11 % über 21 und mehr Mitarbeiter. Zur Vertretung ihrer Interessen haben sich verschiedene PR-Agenturen in eigenen Wirtschaftsverbänden (→ Verbände) zusammengeschlossen. In jüngerer Zeit ist insbesondere in Deutschland zu beobachten, dass sich einzelne dieser Dienstleister als Unternehmensberatung für Kommunikation von klassischen P. abzugrenzen versuchen. *P. Szyszka*

PR-Beratung

Wird → Kommunikationspolitik in einem managementbezogenen Sinne als ein makro-ökonomischer, auf den allgemeinen kommunikativen Regelungsbedarf einer Organisation bezogener Begriff verstanden, dann ist → Kommunikationsmanagement ein *strategischer Prozess*, der organisationspolitisch relevanten kommunikativen Handlungsbedarf ermittelt, diesen in Entscheidungsprozessen vor dem Hintergrund der Frage nach Zielen, Chancen und Risiken vertritt und auf der Basis von Entscheidungen adäquate Kommunikationsprogramme initiiert. Wird unterstellt, dass organisationspolitische Entscheidungsfindung ein Beratungs- und Aushandlungsprozess ist, dann benötigen Organisationen im Rahmen dieser Prozesse eine fachliche, auf kommunikative Subprozesse bezogene B.leistung.

In der Praxis ist der Bereich Kommunikation allerdings nur in vergleichsweise wenigen Fällen eigenständiges Führungsressort oder zentraler Teil eines selbigen, welches zwangsläufig in Entscheidungsprozesse eingezogen ist. Kommunikationspolitik oder PR-Arbeit ist vielmehr meist in Stabsfunktion organisiert, die ihre *fachliche B.leistung* gegenüber den Führungspersonen oder -gremien erbringt, welche diese Expertise in ihre Entscheidungsfindung einfließen lassen. Der weitaus größere Teil fachlicher B. wird dann auf der Basis organisationspolitischer Entscheidungen in operativen Fragen erbracht, wenn es um die Fragen möglichst zweckmäßiger und zielführender Kommunikationsstrategien und deren taktischer Umsetzung geht. Beide Arten fachlicher B.leistungen können auch ganz oder teilweise bzw. ergänzend von → PR-Agenturen erbracht werden. *P. Szyszka*

PR-Berufsrollen

Die Professionalisierung von PR führt zunehmend zur Herausbildung zweier P.: *Techniker-* und *Manager-Rolle*. Den PR-*Manager* charakterisieren (1) Tätigkeiten der *Beratung* (nach innen und außen), *Entwicklung*, *Planung* und *Kontrolle*. Er trifft (2) *grundlegende Entscheidungen* über die Kommunikationspolitik und wendet (3) spezifische Fähigkeiten zur Konzeption und Durchführung *wissenschaftlich fundierter PR-Forschung* an. Demgegenüber sind PR-*Techniker* hauptsächlich mit dem (1) *Umsetzen* der Entscheidungen von PR-Managern betraut. Sie üben hier typischerweise (2) *kreative Tätigkeiten der Content-Produktion* aus (→ Berufsbild) und (3) stehen noch eher *am Anfang ihrer beruflichen Karriere*. Die Herausbildung getrennter Berufsrollen ist wegen erwartbarer Status/Macht-Veränderung kritisch: Wenn die unterschiedlichen Rollen auf unterschiedlichen Hierarchiestufen angesiedelt sind, werden Techniker-Tätigkeiten schlechter bezahlt als Manager-Tätigkeiten. *R. Fröhlich*

PR-Definitionen
P. lassen sich unterscheiden nach (1) *Alltags-* oder *Laien*-Definitionen, (2) *Praxis-/Berufsfeld*-Definitionen – und hier weiter nach (2a) *Praktiker*-Definitionen und (2b) *standespolitischen* Definitionen – sowie (3) *wissenschaftlichen* Definitionen. Aus Alltagsperspektive definieren *Laien ohne spezielle Kenntnis* PR. *Praxis- und Berufsfeld*-Definitionen beschreiben PR entweder (2a) in *Abhängigkeit individueller beruflicher Erfahrung* über die Beschreibung von Instrumenten, Zielen und Aufgaben oder (2b) in Abhängigkeit normativer und idealisierender PR-Sichtweisen *standespolitischer Berufsorganisationen*. Den Anspruch *allgemein gültiger* Definitionen erfüllen in der Regel nur *wissenschaftliche Definitionen*. Aber: Wissenschaftliche P. entstehen in einem disziplinären Kontext (z. B. Marketing-Kontext). Damit sind sie zwar *intra*disziplinär stimmig und allgemein gültig, nicht immer aber *inter*disziplinär übertragbar.
R. Fröhlich

Pressearbeit (Medienarbeit)
P. meint als Sammelbegriff alle PR-Aktivitäten, die auf die Gewinnung von Akzeptanz- und Multiplikationsleistungen des Journalismus ausgerichtet sind; sie bilden einen zentralen Teil der PR-Arbeit. Bei Verwendung klassischer Begrifflichkeit wird von *Pressearbeit* gesprochen; modernere, an der Breite des Mediensystems ausgerichtete Auffassungen benutzen den Begriff der *Medienarbeit*. Ziel aller derartigen PR-Aktivitäten ist die Weiterverbreitung von Kern- oder Schlüsselaussagen mit der von Seiten der PR-Arbeit vorgeschlagenen wertenden Ausrichtung. Das in der Diskussion gerne suggerierte Ziel einer 1:1-Weiterverbreitung von Pressemitteilungen muss skeptisch bewertet werden, da PR-Arbeit auch am kritischen Umgang des Journalismus mit dem angebotenen Informationsmaterial interessiert sein muss, um auf diesem Weg Rückmeldungen zur Akzeptanzfähigkeit der vertretenen Positionen und Inhalte zu gewinnen. Häufig eingesetzte *Instrumente* der P. (→ PR-Instrumente) sind Pressemitteilung oder Presseinformation, Presseerklärung und Pressefoto als Vermittlungsmedien sowie das rituelle Ereignis Pressekonferenz. *P. Szyszka*

PR-Ethik
Eine P. widmet sich der Problematik *moralischer Fragen* der Public Relations. Konkret sind beispielsweise Fragen von Offenheit und Geheimhaltung, Wahrheit, Objektivität, Präzision oder das Verschweigen von Information von Unternehmensinformationen, die Beeinflussung von Politikern (z. B. beim Lobbying), die Vergabe von Geschenken an Journalisten, das Anbieten von Wirkungsgarantien etc. angesprochen.

Aufgaben einer P. sind es, *Wertvorstellungen, Normen* und *Handlungsempfehlungen* auszuarbeiten, tragfähige Argumentationen vorzulegen, sowie im Fall miteinander in Konflikt stehender Ansprüche (z. B. Loyalität gegenüber der Auftraggeber versus Verantwortung gegenüber der Öffentlichkeit) eine *Güterabwägung* vorzunehmen ist. Die Verantwortung für die Güterabwägung kann dabei auf individueller Ebene (*Individualethik*) oder auf Organisationsebene (*Organisationsethik*) angesiedelt werden. Das Problem kann gelöst werden auf Basis einer *teleologischen Ethik* durch Rekurs auf ideale Werte und Güter (wie z. B. Menschlichkeit), im Rahmen einer *Verantwortungsethik* durch die Verpflichtung auf konsequenzorientiertes Handeln (z. B. mit Blick auf Erhalt und Förderung öffentlichen Vertrauens), in einer *prozessualen* Ethik (bestimmte *Verfahren*, wie z. B. dialogisches Aushandeln oder die Etablierung eines Ethikkomitees *begründen* ethische Legitimierung) oder aber unter Bezug auf eine *utilitaristische Ethik* durch Verweis auf Nutzenmaximierung.

Die berufsständischen Organisationen auf nationaler, europäischer und internationaler Ebene haben verschiedene Kodizes, so z. B. den Code d'Athènes (1964), den Code de Lisbonne (1978) oder die ‚Declaration of Principles' der Global Alliance (2002) verabschiedet, die Verbindlichkeit für PR-Praktiker beanspruchen. Die wichtigsten – in den Kodizes niedergelegten - moralischen Zielvorstellungen sind Offenheit und Transparenz, Wahrheit und Objektivität, Fairness, Präzision (accuracy), Ehrlichkeit, Integrität, Loyalität, aber auch Expertise und Professionalität. In Deutschland ist der von der Deutschen Public Relations Gesellschaft (DPRG) und der Gesellschaft PR-Agenturen (GPRA) gebildete Deutsche Rat für Public Relations (DPRG) die Instanz, die strittige Fälle diskutiert, entscheidet und Rügen aussprechen kann. *G. Bentele/H. Nothhaft*
Literatur: AVENARIUS, Horst (1998): Die ethischen Normen der Public Relations. Neuwied: Luchterhand. BENTELE, Günter (2000): Ethik der Public Relations – eine schwierige Kombination? In: PR+plus Fernstudium Public Relations. Band 17, S. 29-48.

PR-Evaluation
→ Evaluation

PR-Funktion(en)
Die Frage nach den *Funktionen* von PR ist schon früh gestellt worden. Meist sind verschiedene

Funktionen additiv und ungeordnet nebeneinander gestellt worden. So unterscheidet Zankl (1975) eine Informationsfunktion von einer Kontakt-, einer Führungs- und einer Imagefunktion, eine Harmonisierungs-, eine Verkaufsförderungs-, Stabilisierungs- und eine Kontinuitätsfunktion von PR. Während hier vor allem Organisationsfunktionen der PR genannt sind, kommen Ronneberger/Rühl (1992) in einer gesellschaftstheoretischen Perspektive dazu, die Funktion des publizistischen Teilsystems PR in autonom entwickelten Entscheidungsstandards zur Herstellung und Bereitstellung durchsetzungsfähiger Themen zu sehen. Bentele (1998) unterscheidet Funktionen auf mehreren Ebenen: a) *individuelle PR-Funktionen* auf der *Akteursebene*, b) *organisatorischen PR-Funktionen* auf der Organisationsebene und c) *gesellschaftliche/soziale Funktionen* auf der Ebene des gesellschaftlichen Systems.

Daneben unterscheidet er zwischen *Primärfunktionen* und *Sekundärfunktionen* von Öffentlichkeitsarbeit. *Primärfunktionen sind hier Beobachtung* (als Voraussetzung und Ergebnis von Kommunikation); *Information* (Darstellung von *etwas*, der *Selbst*darstellung inhärent ist); *Kommunikation* (inhärenter Versuch, Antwort zu erhalten) und *Persuasion* (inhärenter Versuch, etwas zu bewirken). *Sekundärfunktionen* variieren in der Literatur dahingehend, ob sie sich auf eine Organisation als Ausgangssystem oder auf → Bezugsgruppen/ → Zielgruppen beziehen.

Mit Blick auf *Organisationsumwelten* sorgen PR-Abteilungen z. B. dafür, dass ein Unternehmen der Öffentlichkeit vorgestellt wird (Publizitätsfunktion) oder sich → Anspruchsgruppen (z. B. Investoren, Anrainern, Kunden), eine Meinung über ein Unternehmen bilden können. Auf *Medien* bezogen hat die PR-Abteilung unter anderem eine *transparenzstiftende* Funktion, auf Grund derer es häufig erst möglich wird, fundierte Kritik an unternehmensinternen Vorgängen zu üben. Bezogen auf das eigene Unternehmen nimmt die Abteilung schließlich eine Vielzahl verschiedener Funktionen wahr, wobei sich *kommunikative* Funktionen (z. B. Imagegestaltung, Vertrauenserwerb), *organisatorische Funktionen* (z. B. Frühwarnsystem, Konflikt- und Krisenmanagement, Legitimation) und *ökonomische Funktionen* (z. B. Unterstützung der Marketing- und Vertriebsabteilung) unterscheiden lassen.

Aus organisationstheoretischer Perspektive geht Szyszka (2004) davon aus, dass Public Relations-Aktivitäten dem Umgang mit nutzenorientierten Sinndiskrepanzen dienen, die aus unterschiedlichen Sinnzuweisungen resultieren, die bei Organisationen und deren relevanten Bezugsgruppen bestehen. Public Relations-Aktivitäten legitimieren in diesem Kontext Organisationspolitik und -verhalten. Mit ihrer Hilfe sollen mittels Transparenzmanagement Chancen genutzt und Risiken minimiert werden, um → Akzeptanz, minimal zumindest Toleranz für eine Organisation und deren Handeln zu erreichen. Ziel sei es dabei, einer Organisation durch eine Schaffung funktionaler → Transparenz → soziales Vertrauen zu sichern. Auch international wird in den letzten Jahren häufig die Legitimationsfunktion von Public Relations-Aktivitäten betont. *G. Bentele*

Literatur: BENTELE, Günter (1998): Funktionen von Public Relations. In: BENTELE, Günter (Hrsg.): *Berufsfeld Public Relations* Berlin: PR-Kolleg, S. 101-127; RONNEBERGER, Franz/RÜHL, Manfred (1992): Public Relations. Ein Entwurf. Opladen: Westdeutscher Verlag; SZYSZKA, Peter (2004): PR-Arbeit als Organisationsfunktion. In: RÖTTGER, Ulrike (Hrsg.): Theorien der Public Relations. Wiesbaden: Verlag für Sozialwissenschaften, S. 149-168; ZANKL, Hans L. (1978): Public Relations. Leitfaden für die Unternehmens-, Verbands- und Verwaltungspraxis. Wiesbaden: Gabler.

PR-Instrumente
Der Begriff P. wird in der Kommunikations- bzw. PR-Praxis sowie in einem großen Teil der Praktikerliteratur als alltagssprachlicher, d. h. als nicht präzise definierter Oberbegriff für eingesetzte *PR-Mittel* oder *PR-Werkzeuge* benutzt, d. h. für alles, was im Rahmen von PR-Prozessen eingesetzt wird: Sprache, Bilder, Maßnahmen, Verfahren, Methoden, Maßnahmen, kommunikative Aktivitäten jeglicher Art wie z. B. Pressearbeit oder Investor Relations. Unter *systematisch-wissenschaftlichen Gesichtspunkten* scheint es sinnvoll und notwendig zu sein, unterschiedliche Begriffe definitorisch voneinander abzugrenzen und sie definitorisch zu präzisieren. Merten (2000) weist darauf hin, dass der Begriff *Instrument* logisch dem Begriff *Maßnahme* untergeordnet ist, d. h. dass Instrumente im Rahmen von (prozesshaften) Maßnahmen eingesetzt werden. Ein P. soll also möglichst einfach strukturiert sein und innerhalb eines komplexeren Prozesses eingesetzt werden. Pressemitteilungen, Pressemappen, Pressekonferenzen wären in dieser Logik Instrumente, die innerhalb der Presse- und Medienarbeit eingesetzt werden. Sinnvollerweise wären aber auch bestimmte PR-Medien wie Mitarbeiter- oder Kundenzeitschriften, Corporate-TV bis hin zum Intranet Instrumente, die innerhalb der externen oder internen PR eingesetzt werden können. PR-Medien werden hier also als spezifischer Typ von P. definiert. *G. Bentele*

Literatur: MERTEN, Klaus (2000): Wörterbuch der Public Relations. Frankfurt: F.A.Z.-Verlag.

PR-Maßnahme

Alltagssprachlicher Praxisbegriff, mit dem jedwede PR-Aktivität bezeichnet wird, also eine Pressekonferenz ebenso wie eine Gesundheits-Kampagne. Begriffslogisch und unter systematisch-wissenschaftlicher Perspektive sollte dieser Begriff aber nur für komplexere Aktivitäten verwendet werden, in denen → PR-Instrumente, d. h. auch PR-Medien eingesetzt werden. *G. Bentele*

PR-Medien

Begriff, der einen bestimmten Typ von in der PR-Praxis eingesetzten → PR-Instrumenten bezeichnet, die die Definitionskriterien bestimmter (Einzel-)Medien erfüllen. Der Begriff P. bezieht sich somit nicht (wie allgemein in der Kommunikationswissenschaft) auch auf technisch-physikalische Medien (Luft, Drähte, Telefonapparate), die Kommunikation ermöglichen, auch nicht auf Rundfunkanstalten, Verlage oder Zeitungsunternehmen (Medium als Organisation), sondern auf bestimmte von PR-Abteilungen oder Agenturen produzierte Medien mittlerer Komplexität, die in PR-Funktion, d. h. zur Information, Selbstdarstellung, Imageverbesserung, etc. eingesetzt werden. Beispiele sind Flugblätter, Zeitungen und Zeitschriften (z. B. Mitarbeiter-, Haus-, Werk- oder Kundenzeitschriften); Broschüren, Geschäftsberichte, Umweltberichte, Newsletter, Rundmails, Nachrichtendienste, Bücher, Filme, Videos, CDs und DVDs, Plakate, Fotos, aber auch das Corporate TV oder das Intranet. *G. Bentele*

PR-Methoden

Systematische Verfahren bzw. Techniken, die im PR-Prozess bzw. beim Kommunikationsmanagement innerhalb der unterschiedlichen Phasen (Analyse, Strategieentwicklung, Umsetzung und Evaluation) zum Einsatz kommen. P., die zwar nicht direkt der PR entstammen, sondern als sozialwissenschaftliche Methoden entstanden sind und die z. B. in der Analyse- oder der Evaluationsphase eingesetzt werden, sind Imageanalysen, Medienresonanzanalysen, also inhaltsanalytische Verfahren oder verschiedene Umfrage-Methoden (z. B. Telefonumfrage, Face-to-Face-Umfragen), die selbst wiederum mit verschiedenen Techniken arbeiten. Eine spezifische einfache Methode, die speziell für PR-Zwecke entstanden sein dürfte, ist das Clipping, die Erstellung von Pressespiegeln. Methoden bzw. Techniken, die in der Strategieentwicklungsphase eingesetzt werden, sind z. B. die SWOT-Analyse, d. h. die Analyse von Stärken (strengths), Schwächen (weaknesses), Chancen (opportunities) und Risiken (engl. threats), die Trend-Extrapolation, verschiedene Scanning- und Monitoring-Techniken, die Delphi-Befragung oder Szenario-Techniken. Generell lassen sich primär quantitativ vorgehende Methoden (Inhaltsanalysen, repräsentative Befragungen) von qualitativen Methoden (z. B. Leitfaden- oder Tiefeninterviews, Fokus-Gruppen-Befragungen) unterscheiden. Verschiedene Controlling-Methoden werden in der Umsetzungsphase eingesetzt. *G. Bentele*

Product Placement

Unter P. versteht man die außerhalb von Werbesendungen, etwa in Filmproduktionen oder redaktionell verantworteten Rundfunkprogrammen erfolgende Darstellung oder Erwähnung von gewerblichen Waren (Produkten), Marken oder deren Herstellern, von Dienstleistungen oder deren Anbietern. Angestrebt wird in der Regel ein positiver Imagetransfer zwischen dargestelltem Produkt und Film- bzw. Fernsehproduktion (etwa im Fall des BMW von James Bond in ‚Golden Eye' 1995). Als *Instrument im Marketing-Mix* bzw. → PR-Instrument erhält Product Placement angesichts eines nachlassenden Interesses der Konsumenten an kommerzieller Werbung einen zunehmenden Stellenwert im Zusammenwirken verschiedener absatzfördernder Kommunikationsmaßnahmen. Als zusätzliches Finanzierungsinstrument in der Spielfilmproduktion rechtlich zulässig, ist Product Placement im Rundfunk nur dann nicht zu beanstanden, wenn es aus programmlich-dramaturgischen Gründen oder zur Wahrnehmung von Informationspflichten erfolgt. Im Einzelfall ist etwa anhand der Intensität der Darstellung abzuwägen, ob es sich um unzulässige Schleichwerbung handelt (§ 7 Abs. 6 Satz 1 RStV) (→ Image, → Werbung). *D. Schütte*

Produkt-PR

Innerhalb der → Marktkommunikation stellt P. eine mit den Mitteln der PR-Arbeit erbrachte *Publizitäts- bzw. Informationsangebotsleistung über zentrale Merkmale von Unternehmensleistungen* (Produkte, Dienstleistungen) dar. Sie wird dort eingesetzt, wo potenziellen Kunden aufgrund eines mit dem Kauf verbundenen Risikoempfindens ein über die Leistungen von → Werbung (Animation) und → Verkaufsförderung (Hinführung uns Unterstützung am Verkaufort) hinausgehender, entscheidungs- und handlungsrelevanter Informationsbedarf unterstellt wird. *Einerseits* werden mittels → Presse-/Medienarbeit Informationsangebote an Massenmedien mit dem Ziel weitergegeben, von dort aus in die Öffentlichkeit hinein multipliziert zu werden (Fremddarstellung, Glaubwürdigkeitszugewinn). *Andererseits* nutzt P. auch eigene Handlungsmedien (Selbstdarstellung), um diese Informationen unter potenzielle Konsumenten bzw. in deren entscheidungsunterstützenden sozialen Umfeldern zu verbreiten. P. ist damit gemeinsam mit → Marken-PR eine organisatorisch nicht selten auch im Marketing angesiedelte und vergleichsweise unmittelbar auf den Absatzprozess ausgerichtete PR-Leistung. *P. Szyszka*

Professionalisierung
P. liegt vor, wenn sich aus einer/mehreren *Tätigkeit/en eines Berufsfeldes* im Laufe der Zeit *verbindliche Regeln, Ausbildungsvorschriften und allg. anerkannte Qualitätsmerkmale entwickeln* (→ Berufsbild), die *Grenzziehungen zu eher randständigen Tätigkeiten* ermöglichen. Auch die Herausbildung spezifischer Tätigkeitsfelder (→ PR-Berufsrolle) ist ein P.smerkmal. Es entstehen außerdem Handlungs- und Verhaltensregeln, die in eine Berufsethik münden. So wird aus einer *wenig strukturierten Berufsfunktion* ein *eigenständiger Beruf*, für den sich spezifische Ausbildungsgänge/Abschlüsse etablieren und Berufsverbände herausbilden. Letztere vertreten Standesinteressen, leisten Imagearbeit und grenzen berufliche Tätigkeiten aus bzw. kriminalisieren sie, wenn sie nicht von durch systematische Ausbildung qualifizierten Personen ausgeübt werden. Diese Stufen der P. sind im Berufsfeld PR mittlerweile klar erkennbar.
R. Fröhlich

Propaganda
P., ein ursprünglich biologischer Begriff (propagare = *ausdehnen, fortpflanzen* bzw. *pfropfen*) wurde von der katholischen Kirche seit dem 17. Jhdt. zur Bezeichnung ihrer Missionstätigkeit benutzt. Die *Congregatio de propaganda fide*, wurde 1622 gegründet, um den katholischen Glauben zu *verbreiten*. Durch die französische Revolution wurde er später – zunächst vor allem von deren Gegnern – auch in politischer Bedeutung verwendet.

In der Geschichte der Arbeiterbewegung (Liebknecht, Bebel, etc.) wurde der Begriff P. häufig – neben dem Begriff *Agitation* – auch positiv verwendet, in der Tradition von Plechanow und Lenin präziser *definiert*: unter P. wird in dieser Tradition die Vermittlung vieler Ideen an wenige Personen, unter Agitation die Vermittlung weniger Ideen an viele Personen verstanden.

Anfang des 20. Jhdts. wurde der P.begriff von der religiösen und politischen Sphäre auf den *wirtschaftlichen Bereich* ausgedehnt (Wirtschafts-P.) und häufig mit Werbung bzw. Reklame gleichgesetzt. Durch die Kriegs-P. des Ersten Weltkriegs bekommt der Begriff einen negativen Beigeschmack. Im Nationalsozialismus wird unter P. nicht die Aufklärung und Belehrung, sondern die effektive Beeinflussung mit einfachen Mitteln verstanden. Kriterium für die Richtigkeit von P. war für Hitler nicht die Wahrheit, sondern ausschließlich der wirksame Erfolg.

Vor allem aber nach den Erfahrungen mit dem nationalsozialistischen P.apparat, der nationalsozialistischen Partei- und Kriegs-P. wurde der Begriff nach 1945 im Westen Deutschlands nur noch negativ konnotiert. In der DDR hingegen wurden – gemäß leninistischer Tradition – die Begriffe Agitation und Propaganda vielfältig verwendet: P. wurde als die Verbreitung der wissenschaftlichen Weltanschauung des Marxismus-Leninismus verstanden und in vielen Formen (Auslands-P., Produktions-P., Journalismus als Teil der P.) und institutionellen Bezeichnungen (z. B. Abteilung Agitation und P. beim ZK der SED) umgesetzt und realisiert. P. im Nationalsozialismus war als die dominierende Form öffentlicher Kommunikation im *Reichsministerium für Volksaufklärung und P.* unter Goebbels als zentraler Lenkungsapparat organisiert und rechtlich abgesichert (z. B. mit dem Schriftleitergesetz 1933 und anderen Gesetzen). P. wurde als wesentliches Instrument zur Massenbeeinflussung gesehen, die eingesetzten Mittel reichten von der aggressiven Rede und Argumentation, Verleumdungen, über den Einsatz vieler *Kleinmittel* (z. B. NS-Briefmarken, Bildkarten, Transparente, Lichtreklame, Werbetafeln) bis hin zu NS-Kundgebungen mit Fahnen, Uniformen, Saaldekorationen, Ritualen und symbolischen Handlungen und der sorgsam inszenierten öffentlichen Führerrede. Es sollte ein sinnliches Gesamterlebnis entstehen, das die Leute in Bann zog.

Während das Verb *propagieren* auch heute noch neutral das Verbreiten von Ideen oder Informationen bezeichnet, wird der Begriff P. heute innerhalb der politischen Kommunikation überwiegend in negativen Kontexten gebraucht. Während Öffentlichkeitsarbeit von Parteien oder politischen Institutionen ebenso wie die politische Werbung als legitime und notwendige Kommunikationsaktivität begriffen wird, versteht man unter P. einseitige, beschönigende oder verzerrte Kommunikation. Moderne P. wird heute meist als unidirektionale, persuasive Kommunikation definiert, die wahrheitsgemäße Information unterordnet oder bewusst ausgeklammert, die in der Regel mit einfachen Kommunikationsmitteln (starke Durchdringung, häufige Wiederholungen, einfache Stereotype, klare Wertungen, Vermischung von Information und Meinung), häufig emotionalisiert und die mit Feindbildern arbeitet und zu ihrer vollen Entfaltung nur innerhalb einer zentralisierten, nicht-demokratischen Öffentlichkeitsstruktur kommt, d. h. in Systemen, deren Mediensystem staatlich abhängig bzw. gelenkt ist. *G. Bentele*
Literatur: BENTELE, Günter (1999): Propaganda als Typ systematisch verzerrter öffentlicher

Kommunikation. In: LIEBERT, Tobias (Hrsg.): Persuasion und Propaganda in der öffentlichen Kommunikation. Leipziger Skripten für Public Relations und Kommunikationsmanagement, Bd. 4. Leipzig. LS Öffentlichkeitsarbeit/PR., S. 95-106. LONGERICH, Peter (1993): Nationalsozialistische Propaganda. In: BRACHER, Karl-Dieter/FUNKE, Manfred/JACOBSEN, Hans-Adolf (Hrsg.): Deutschland 1933-1945. Bonn: Bundeszentrale für politische Bildung, S. 291-314. MERTEN, Klaus (2000): Struktur und Funktion von Propaganda. In: Publizistik, 45. Jg., Nr. 2, S. 143-162. SCHIEDER, Wolfgang/DIPPER Christoph (1984): Propaganda. In: BRUNNER, Otto/CONZE, Werner/KOSELLECK, Reinhardt (Hrsg.): Geschichtliche Grundbegriffe. Bd. 5. Stuttgart: Klett-Cotta, S. 69-112.

PR-Theorien
P. sind in unterschiedlichen wissenschaftlichen Disziplinen zu finden. *Kommunikationswissenschaftliche* P. zielen oft auf einzelne Phänomene wie etwa PR und Journalismus oder das Herstellen von öffentlichem Vertrauen, suchen aber auch Anschluss an Gesellschaftstheorien, indem sie etwa *die gesellschaftliche Funktion* bzw. gesellschaftliche Funktionen von PR zu beschreiben und zu erklären suchen. Die *Wirtschaftswissenschaft* hat normativ-praxeologische Theorien entwickelt, die PR häufig als Teil des Marketing beschreiben und analysieren. Die *Soziologie* untersucht PR ausgehend vom Begriff der Organisationskommunikation. Hier existieren normativ-kritische Ansätze der PR-Theorie ebenso wie strukturanalytische. Der Analyse und Kritik struktureller Entwicklungen von PR-Kommunikation in der (Medien-)Demokratie widmen sich schließlich auch *politikwissenschaftliche Ansätze*. P. lassen sich auf der soziologischen Mikroebene (etwa Rollentheorien), der Mesoebene (etwa das Verhältnis von PR-Abteilungen und journalistischen Redaktionen) und der Makroebene (PR als soziales System) finden. Zumeist handelt es sich um Theorien mittlerer Reichweite, die ein bestimmtes Phänomen analysieren, dabei aber keine grundlegende Sozialtheorie entwerfen.
G. Bentele/St. Wehmeier

PR-Verfahren
P. sind komplexe und in der Regel durch aufeinander abstimmte Handlungsabläufe und Zuständigkeiten organisierte PR-Aktivitäten, innerhalb derer einfacher strukturierte → PR-Instrumente, spezifische → PR-Medien und auch → PR-Methoden eingesetzt werden. In diesem Sinne lassen sich beispielsweise das → Issues Management, der Prozess der Herstellung einer → Corporate Identity, das → Lobbying oder → Kampagnen als PR-Verfahren bezeichnen.
G. Bentele

PR-Ziele
Den Punkt, Ort oder Zustand, den Akteure mit ihren Tätigkeiten erreichen wollen, nennt man *Ziel*. Intentionales Handeln ist – im Gegensatz zum automatisch ablaufenden (z. B. Verdauung) oder zufällig zustande kommenden Verhalten (z. B. Stolpern) insofern immer *zielgerichtet* und in der Regel motiviert, d. h. durch Motive (mit) verursacht. PR-Tätigkeit ist insofern zielgerichtet, als P. nur im Rahmen von intentionalem und geplantem Handeln vorkommen können. *P.* spielen also als Endzustände von PR-Handlungsplänen, d. h. PR-Strategien eine wichtige Rolle. Beispiele für P. sind größere Bekanntheit (von Personen, Organisationen), Publizität, ein bestimmtes öffentliches Image, eine bessere Reputation, auch ein besserer Verkauf, etc. P. können nur durch Einsatz bestimmter *Mittel* (z. B. PR-Instrumente, PR-Medien, PR-Verfahren) erreicht werden. → Zielgruppen sind diejenigen sozialen Gruppen, die durch PR-Maßnahmen intentional und (meist) im Rahmen von Kommunikationsstrategien anvisiert bzw. erreicht werden sollen.

In der PR-Praxis und in der praktischen Konzeptionslehre werden unterschiedliche *Zieltypen* unterschieden, z. B. übergeordnete (Globalziele, Hauptziele) und untergeordneten Ziele (Einzelziele, Nebenziele), temporäre und dauerhaften Ziele. Das Erreichen von P. wird im Rahmen der Generierung von Strategien z. B. bei Kampagnen immer unter bestimmten (z. B. finanziellen, zeitlichen, sozialen) Bedingungen oder Ressourcen stattfinden. Gelegentlich sind *Zielkonflikte* zu konstatieren, die Entscheidungen zwischen Zielen oder Wegen, die Ziele zu erreichen, notwendig machen. Um das Erreichen von P.n im Rahmen von → Evaluation zu messen, müssen diese präzise definiert sein.
G. Bentele

Public Affairs
Der Begriff P. gehört zu den bislang wenig eindeutig definierten Begriffen des → Kommunikationsmanagements. In seiner wörtlichen Übersetzung bedeutet er *öffentliche Angelegenheiten* oder auch *Gemeinwohl*, was in den 1980er Jahren u. a. zu der Auffassung geführt hat, P. seien Public Relations-Aktivitäten für das Gemeinwohl. In jüngerer Zeit hat sich dagegen die Auffassung durchgesetzt, dass es sich bei P. um die Beziehungen einer Organisation zu den → Bezugsgruppen im politischen und administrativen Bereich handelt.

Dabei wird davon ausgegangen, dass Organisationen nicht nur als Teile von Gesellschaft in ihr gesellschaftliches Umfeld eingebunden sind, sondern auch von deren rechtlichen Rahmen und dessen administrative Anwendung als öffentliche Angelegenheiten des Gemeinwesens abhängig sind. Da hiervon entscheidende Einflüsse auf die Handlungs- und Entwicklungsbedingungen einer Organisation ausgehen, ist es erforderlich, dass sich Organisationen auf kommunikativer Ebene mit den Bezugsgruppen der *politischen Mandatsträger* auseinandersetzen, die politischen über gesellschaftliche Rahmenbedingungen entscheiden, sowie mit den verschiedenen Ebenen der *öffentlichen Verwaltung*, auf denen diese Entscheidungen praktisch umgesetzt werden. Abhängig von der jeweils bestehenden *Problematik* können diese Beziehungen bzw. zu *aktivierenden Beziehungen* auf lokaler, regionaler, Landes- bzw. kantonaler oder nationaler Ebene, aber auch auf europäischer oder im Einzelfall internationaler Ebene angesiedelt sein. Darüber hinaus erscheinen in diesem Kontext die Beziehungen zu Nicht-Regierungs-Organisationen (NGOs oder Public Interest Groups) wichtig, die mit ihrer Arbeit die Einflussnahme auf politische und gesellschaftliche Rahmenbedingungen suchen.

P.-Aktivitäten lassen sich entsprechend definieren als *die aktive Ausgestaltung der Beziehungen einer Organisation zu Entscheidungsträgern in Politik, öffentlicher Verwaltung und politischem Umfeld mit dem Ziel, eine profilierte Bekanntheit der eigenen Organisation, ihrer Leistungsfähigkeit, aber auch ihrer Probleme zu vermitteln, um auf diesem Wege über Bekanntheit und Akzeptanz Unterstützungspotenziale für die Realisation der eigenen Organisationsziele zu gewinnen.* In diesem Sinne stellt → Lobbying eine bestimmte Aufgabe bzw. ein Instrument der P.-Aktivitäten dar. *Verbände* und *Vereinigungen*, die der gemeinsamen Vertretung der Interessen ihrer Mitglieder gegenüber den unterschiedlichen gesellschaftlichen Akteuren dienen, können damit als ein besonderer Organisationstypus eingestuft werden, bei dem P.-Aktivitäten zumindest eines der zentralen Organisationsanliegen bilden. *P. Szyszka*

Publicity
Als *P.* wird der historisch erste Typ von Public Relations in den Vereinigten Staaten bezeichnet, der zur Unterstützung wirtschaftlicher und politischer Interessen bei unterschiedlichen Interessengruppen schon bei Gründung der Vereinigten Staaten im 18. Jhdt. eingesetzt wurde und vor allem Einfluss auf die öffentliche Meinung nehmen sollte. P. ist definiert als "*information from an outside source that is used by the media because the information has news value. It is an uncontrolled method of placing messages in the media because the sources does not pay the media for placement*" (Cutlip et al. 1994: 9).

Kennzeichen von P. ist die unverbürgte Wahrheit ihrer Aussagen. Aus diesem Grunde wird der Begriff oft als *Propaganda* übersetzt, obwohl → Propaganda im ursprünglich kirchlichen und später auch politischen Verständnis eine weitaus restriktivere Kommunikationsform mit Zwangscharakter darstellt, die auf der Reflexivisierung von Überzeugungen (Glauben an den Glauben) beruht. *K. Merten*
Literatur: CUTLIP, Scott. M./CENTER, Allen H./ BROOM, Glen M. [7](1994): Effective Public Relations. Englewood Cliffs, NJ: Prentice-Hall.

Public Storytelling
Der Begriff St. oder P. St. bezeichnet Konstruktionsformen auf der *narrativen Ebene öffentlicher Kommunikation*. Dabei wird unterstellt, dass die durch Medien verbreiteten Mitteilungen immer Teile von Geschichten oder selbst Geschichten sind, die von Journalisten als solche verbreitet oder, angeregt durch die aus Medien entnommenen Informationen, in den Köpfen des Publikums zu solchen zusammengesetzt werden. Als Geschichten weisen sie den Akteuren Rollen zu und verweben die dazugehörigen Rollen zu Rollenkonstellation und Handlungsmustern. Rollen erfahren dabei stereotype Bewertungen und lassen auf eine bestimmte Entwicklung der Geschichte schließen. Die Grundmuster dieser Geschichten lassen sich über Märchen und Mythen bis in die Antike zurückverfolgen; das Repertoire der Grundmuster kann als begrenzt angesehen werden.

P. St. ist in öffentlicher Kommunikation aus verschiedenen Gründen von *Bedeutung*. Es erleichtert den Umgang mit Komplexität, da sich auf Basis weniger Verweise Zusammenhänge konstruieren wie rekonstruieren und verstehen lassen. Die unterhaltende Komponente erhöht die Wahrscheinlichkeit von Zuwendung und Beschäftigung mit einem Thema. Gleichzeitig wird der notwendige Aufmerksamkeitsaufwand geringer, was die Wahrscheinlichkeit der Verarbeitung zentraler Informationen beim Publikum erhöht. Rollenverteilung und erwarteter Verlauf legen zudem Bewertungsmuster nahe und entlasten auch auf dieser Ebene.

Aus *Organisationsperspektive* ist P. St. gleichermaßen als Risiko wie als Chance einzustufen. Grundsätzlich lassen sich zwei Arten von ‚Geschichten' unterscheiden. (1) *Geschichten mit Organisationen* behandeln in öffentlicher Kommunikation ein bestimmtes Thema, in dessen Kontext einer Organisation eine Rolle zugewiesen wurde oder abhängig von der weiteren Entwicklung des Themas noch zugewiesen werden kann. Derartige

Rollenzuweisungen können dem Selbstbild der betreffenden Organisation und deren strategischen Interessen entsprechen, ihnen – aus welchen Gründen auch immer – zuwider laufen oder sich indifferent zwischen diesen Polen bewegen. Bei (2) *Geschichten über Organisationen* dagegen wird eine bestimmte Organisation selbst zum Gegenstand und ein ausgewählter Aspekt ihrer Existenz durch i. d. R. Skandalisierung oder Heroisierung zum Thema öffentlicher Kommunikation. Die so hergestellte Öffentlichkeit kann im Organisationsinteressen befördern, ihnen entgegen stehen oder in anderer Weise rückwirkenden Einfluss nehmen.

Mittels → *Issues Management* lassen sich derartige Prozesse des P. St. identifizieren, beobachten und in ihrem Verlauf prognostizieren. *Kommunikationsmanagement* kann P. St. strategisch nutzen, um z. B. durch den gezielten Einsatz narrativer Strukturen Aufmerksamkeit und Interesse zu erhöhen und wünschenswerte Wirklichkeitsentwürfe in öffentlicher Kommunikation zu positionieren. Der bewusste Verzicht auf narrative Elemente kann umgekehrt zu geringerer Aufmerksamkeit und niederschwelliger Bedeutungszuweisung führen, was ebenfalls ein strategisches Kommunikationsziel sein kann. Wird P.St. als Instrument des Kommunikationsmanagements eingesetzt, wäre im Unterschied zum *P. St. der öffentlichen Kommunikation* von *strategischem P. St.* zu sprechen.

P. Szyszka

Reputation

Unter R. wird der Ruf bzw. das Ansehen einer Person oder einer Organisation verstanden. Seit Fombrun u. a. zu Beginn der neunziger Jahre mit der Anwendung von Verfahren zur Messungen der R. von Unternehmen begonnen haben, haben sich Forschungstraditionen entwickelt, in der R. als mehrdimensionales theoretisches Konstrukt entworfen und regelmäßige, vor allem vergleichende R.messungen bzw. R.studien durchgeführt wurden. Gleichzeitig ist R. zu einem der wichtigsten Begriffe des Kommunikationsmanagements von Unternehmen geworden. R. wird verschiedenen Studien zufolge auch von Vorständen und CEOs nicht nur als sehr wichtig angesehen, sondern markiert einen wichtigen unternehmerischen Erfolgsfaktor und ist somit Teil des *Marken- bzw. Unternehmenswerts*.

Im Kern ist R. die Gesamtheit der Werturteile, die sich im Laufe der Zeit über Personen, Produkte, Marken oder Organisationen – mit oder ohne deren aktives Zutun – entwickelt hat und somit ein Teil des → *Images*, das Personen, Marken, Organisationen, etc. ausbilden. Meist werden eine emotionale, eine finanzielle, eine soziale und eine kulturelles Dimension von R. unterschieden. *Reputation Management* ist der strategische Gebrauch unternehmerischer Ressourcen, um die Haltungen, Einstellungen, Meinungen und Handlungen von Stakeholdergruppen positiv zu beeinflussen. Mittlerweile existieren verschiedene R.indizes, Messmethoden und –verfahren, aber auch die organisatorische Infrastruktur wie spezialisierte Agenturen, Institute und regelmäßige Konferenzen, die sich mit R. und R.management kontinuierlich beschäftigen.

G. Bentele

Risikokommunikation

Mit dem Begriff des Risikos definiert man Ereignisse, die als Schäden bewertet werden und die mit einer bestimmten Wahrscheinlichkeit eintreten können. Diese *Risikoformel* war jahrzehntelang unumstritten. Doch anlässlich einer Zunahme von Risiken der Hoch- bzw. Großtechnologien, aber auch von Naturkatastrophen wurde klar: Schäden weisen nicht nur ökonomische, sondern auch soziale, kulturelle und psychische Dimensionen auf. Und die Wahrscheinlichkeitskalküle unterliegen kognitions- und neuropsychologischen Einflüssen. Wahrnehmung von Wahrscheinlichkeit ist selektiv strukturiert. Der politische sowie kognitions- und kommunikationswissenschaftliche Diskurs darüber konstituiert R.

R. kommt als *strategisch orientierte Kommunikation* gezielt u. a. in der Öffentlichkeitsarbeit zum Einsatz. *Einerseits* geht es dabei um Aspekte von Aufklärung: Möglicherweise schädliche Ereignisse werden von Betroffenen identifiziert und von Journalisten öffentlich thematisiert. Meistens ist damit eine politische Kritik an den Verursachern von Risiken bzw. an den sogenannten Entscheidern verbunden. *Andererseits* soll R. helfen, drohenden Schaden zu vermeiden und zu mindern. Die Betroffenen sollen davon überzeugt werden, mit Risiken aktiv umzugehen und sie mitzutragen. Letztendlich geht es also um eine Art Therapie. Im Idealfall erweitern im Risikodialog Entscheider und Betroffene ihre Perspektiven: Entscheider beziehen bisher kaum berücksichtigte Wertmaßstäbe in ihr Kalkül mit ein; Betroffenen lernen, Risiken auch als Wagnis zu begreifen und zu verstehen, aber auch, dass Risikovermeidung zu neuen oder vermehrten Risiken führen kann

R. lässt sich als ein *Prozess* definieren, der die Unsicherheit und Ungewissheit über zukünftige Schäden problematisiert. Zugleich handelt es sich um den Versuch, zumeist wirtschaftlich organisierter Akteure in Organisationen, mittels PR-Arbeit die Akzeptanz riskanter Entscheidungen zuverlässig(er) zu erreichen. Doch häufig werden Zweifel an der Zweckmäßigkeit der angestrebten Ziele laut. Das Problem von Öffentlichkeitsarbeit besteht also darin, als absichtsvoll organisierte Kommunikation durchschaut zu werden.

Im Kontext dieser Diskussion wird immer wieder angezweifelt, ob *Medien* angemessen mit Risiken umgehen, ob sie *sachlich*, *objektiv* und *ausgewogen* berichten. Oder ob sie unzulässig Ereignisse dramatisieren, bestimmte Schadensmerkmale übertreiben und zu häufig verallgemeinern. Beispiel Terror: Zunehmend berichten Medien so über Migranten, als ob es sich um potenzielle Terroristen handeln könnte. Beklagt wird die auch die personalisierende Darstellung. Sie rechne – so der Vorwurf der Experten – komplexes Geschehen stets nach dem Verursacherprinzip einem verantwortlichen Entscheider zu. Die dezentrale Netzwerkstruktur der Terroristen bleibe damit weitgehend ausgeblendet. Die Medien berichteten – so ein weiterer Vorwurf – häufig falsch über die Eintrittswahrscheinlichkeit von Anschlägen. Indem der Verdacht eines drohenden Terroranschlages von den Medien zunehmend wie ein eingetretener Schaden behandelt wird, verschwimmt der Ereignisbegriff mit der Folge, dass nicht mehr über Risiken, sondern über die Angst vor möglichen Risiken berichtet wird. Die aufklärerischen und therapeutischen Ziele von R. bleiben unerreicht.

Damit sind Fragen nach den *Folgen* von R., nämlich der Akzeptanz von Risiken angesprochen. Akzeptanz bezieht sich auf die Annehmbarkeit, die Billigung von riskanten Entscheidungen. *Akzeptanz* lässt sich als Resultat eines selektiven Prozesses der politischen Informationsverarbeitung ansehen. Mit Akzeptanz wird eine positive Einstellung gegenüber einzelnen Ereignissen bezeichnet. *Akzeptabilität* bezeichnet darüber hinaus die kommunizierten und kommunizierbaren Gründe und Umstände der Akzeptanz. Es geht um die Zumutbarkeit von Risiken aus der Sicht von Entscheidern: Auswirkungen und Folgen einer umstrittenen Entscheidung oder eines drohenden Schadens müssen analysiert und bewertet werden.

Doch *öffentlich kommunizierte Prognosen* über Akzeptanz können die Verständigung erschweren: Aus gegenwärtigem Verhalten von Betroffenen lässt sich nicht generell auf die Akzeptanz in der Zukunft schließen. Die nur passive Hinnahme von Risiken kann zudem noch nicht als Akzeptanz gewertet werden. Auch signalisiert fehlender kollektiver Protest nicht zwangsläufig Akzeptanz. Weiter lässt Risikoakzeptanz bestimmter Bevölkerungsgruppen keine Rückschlüsse auf die Akzeptanzbereitschaft anderer Gruppen zu. Unterschiedliche Lebensstile etwa führen zu jeweils typischen Einstellungen gegenüber Risiken.

Staat, Firmen und Verbände verfügen mittlerweile über genügend Ressourcen und Routineprogramme, um R. effektiv betreiben zu können.

Aufgabe der Kommunikationswissenschaft bleibt es, diese Prozesse und ihre Strukturen theoretisch und empirisch angemessen zu erfassen.

G. Ruhrmann

Selbstdarstellung

Baerns (1985) hat PR-Arbeit/Öffentlichkeitsarbeit als „S. partikularer Interessen durch Information" definiert. Sie verwies damit darauf, dass PR-Arbeit als organisationale Funktion immer im Interesse eines Absenders geschieht. → Mitteilungen sind dabei *bewusst ausgewählte Informationsangebote*, die eine Organisation über sich bereitstellen und vermitteln will; sie geht also *zielgerichtet* vor. Die S. einer Organisation kann dabei (1) *selbstreferenziell* sein, d. h. sich im wesentlichen an deren Mitteilungsinteressen orientieren (Grunig/Hunt-Modell *Informationstätigkeit*) oder sich (2) *fremdreferenziell* an Informationsbedürfnissen relevanter Bezugsgruppen ausrichten (G/H-Modell *asymmetrische Kommunikation*) oder sich (3) mit gesellschaftlich diskutierten Themen und der hierauf bezogenen *Position der eigenen Organisation* beschäftigen – immer vor dem Hintergrund der organisationseigenen partikularen Interessen. Das Mandat von PR-Arbeit unterscheidet sich damit eindeutig vom journalistischen Mandat, das auf die Fremddarstellung von Themen und Sachverhalten bezogen ist.

P. Szyszka

Social Marketing

S. oder eingedeutscht Soziomarketing wird in zwei verschiedenen Bedeutungen gebraucht: Einmal ist mit dem Begriff ein gesellschaftsorientiertes Marketing (bei Kotler auch: Generic Marketing) von Unternehmen und anderen Organisationen gemeint. Nicht nur Produkte und Dienstleistungen, sondern soziale Leitbilder, politische oder religiöse Inhalte können unter Konkurrenzbedingungen ‚ausgetauscht' werden.

Die zweite, heute in Deutschland eher dominierende Bedeutung bezieht sich auf die Anwendung des Marketingdenkens auf nicht-kommerzielle Organisationen: öffentliche Unternehmen wie Versorgungsbetriebe, kommunale Verkehrsunternehmen, Körperschaften, Anstalten und Stiftungen öffentlichen Rechts, Non-Profit-Organisationen im Umwelt-Bereich, Vereine, etc. Je mehr sich allerdings der Begriff des Social Marketing von der ursprünglichen Bedeutung von Marketing (marktorientiertes strategisches Verhalten von Unternehmen) entfernt, desto inhaltsleerer, unschärfer und weniger abgrenzbar wird er von Public Relations oder Öffentlichkeitsarbeit.

G. Bentele

Spin-Doctor, Spin
S. ist ein Begriff, der ursprünglich von Journalisten zur Bezeichnung von PR-Beratern führender Politiker geprägt wurde. Am 21. Oktober 1984 benutzte ein Journalist der New York Times den Begriff, um die Kommunikationsberater der beiden Präsidentschaftsbewerber Ronald Reagan und Walter Mondale zu bezeichnen, die im Presseraum direkt nach dem TV-Duell versucht haben, ihre jeweilige Interpretation über das Fernsehduell den anwesenden Journalisten anzubieten um damit der Berichterstattung einen gewissen Dreh (= engl. Spin, aus verschiedenen Ballsportarten wie Tennis oder dem Kricket bekannt) zu verleihen. Einige Tage später erschien in der Washington Post ein Artikel, der sich ebenfalls auf diese Fernsehdebatte bezog, ebenfalls von „Spin Doctors" sprach und diese als Berater einführte, die versuchen, ihren eigenen „spin" bzw. ihre eigene Analyse der (journalistischen) story aufzudrücken. Der Begriff ‚doctor' ist möglicherweise darauf zurückzuführen, dass die Journalisten auf die gute akademische Bildung der Kommunikationsberater anspielen wollten. Andererseits lässt sich damit sowohl im Englischen wie im Deutschen ein ‚Herumdoktern' assoziieren. Der Begriff machte in der folgenden nicht nur in den USA, sondern international Karriere und wurde nicht von den PR-Beratern selbst (die es meist ablehnen, so genannt zu werden), sondern – vor allem immer wieder von Journalisten - benutzt, um sowohl Kommunikationsberater führender Politiker, aber auch verallgemeinernd Public Relations Berater bzw. PR-Experten generell so zu bezeichnen. Da der Begriff von Anfang an auch negative Konnotationen auslöst, die mit Manipulation, Verzerrungen, dem Verdrehen von Wahrheit, etc. zu tun haben, eignet er sich sehr gut, selbst eine negativ- einseitige Sicht auf die PR-Branche insgesamt zu geben. In dieser Linie wurde auch Edward L. Bernays, einer der ersten amerikanischen PR-Berater und „Väter" der amerikanischen PR in einem biographischen Buch mit dem wenig schmeichelhaften Titel „Father of Spin" bezeichnet.
Als Personen, die tatsächlich als Kommunikationsberater führender Politiker gearbeitet haben und denen dann das Etikett ‚Spin Doctor' angeklebt wurde, sind insbesondere Joe Lockhardt, Dick Morris, die Bill Clinton beraten haben, Peter Mandelson und Alistair Campbell, die Tony Blair beraten haben, Karl Rowe, der Kommunikationsberater von George W. Bush und in Deutschland Matthias Machnig, der für die SPD und Gerhard Schröder 1998 und 2002 Wahlkommunikation betrieben hat, ebenso wie Michael Spreng, der im Wahlkampf 2002 Edmund Stoiber beraten hat, zu nennen. Persönliche Kommunikationsberatung wird heute, da nicht nur Wahlkampfkommunikation insgesamt strategischer geplant wird, sondern auch das persönliche Auftreten von Spitzenkandidaten (von der Kleidung, über die Gestik bis hin zur Argumentation) stärker in die Kommunikationsplanung miteinbezogen wird, wichtiger, insofern werden auch solche Berater häufiger verpflichtet. Die Tätigkeit des *Spin Doctors* wurde im amerikanischen Spielfilm *Wag the Dog* von 1997 mit Dustin Hofmann satirisch dargestellt.
S. weist allerdings auch – abseits und über die persönliche Kommunikationsberatung hinaus – Überschneidungen mit einem Typ von Public Relations aus, der seit den achtziger Jahren als → Publicity bezeichnet wird. Dieser Typ ist nicht nur ein historisches Phänomen, sondern auch heute noch ein empirisch festzustellender Praxis-Typ, für die die Erlangung öffentlicher Aufmerksamkeit im Mittelpunkt, für den das Ziel der wahrheitsgemäßen Information untergeordnet ist oder sogar bewusst ausgeblendet wird (z. B. bei Kriegs-PR). Insofern existieren auch Gemeinsamkeiten bzw. Überschneidungen von Spin-Doctoring mit Publicity und mit → Propaganda. *G. Bentele*

Sponsoring
S. bezeichnet die systematische Bereitstellung von Geld-, Sachmitteln oder Dienstleistungen durch Unternehmen für Personen oder Organisationen zur Erreichung unternehmerischer Marketing- bzw. Kommunikationsziele. Insofern ist S. ein Instrument der → Unternehmenskommunikation und unterliegt damit der typischen Phasenabfolge von Planung, Organisation, Durchführung und Evaluation. Im Unterschied zum Spendenwesen und zum Mäzenatentum stellt das S. ein Gegengeschäft dar: Unternehmen erhalten im Gegenzug kommunikative Leistungen wie z. B. Publizität, Imagegewinne, etc. Während sich das Sport-S. seit Beginn der achtziger Jahre schnell entwickelt hat, um insbesondere Unternehmen bzw. Marken breite Publizität (und damit auch Absatz) zu erwirken, hat sich S. danach auch im Bereich der Kultur, im sozialen Bereich (z. B. Gesundheit) und in der Wissenschaft durchgesetzt. Entsprechend wird von Kultur-, Sozio-, Öko- oder Wissenschafts-S. gesprochen. S. ist heute in Deutschland zu einem volkswirtschaftlich wichtigen Faktor geworden: schon Mitte der 1990er Jahre wurde das Gesamtaufkommen für S. auf etwa 1,5 Milliarden Euro geschätzt – Tendenz steigend. *G. Bentele*

Stakeholder
Der aus dem *wirtschaftswissenschaftlichen Kontext* stammende Begriff S. kann in seinem weiteren Sinne weitgehend synonym mit dem Begriff der → Bezugsgruppe verwendet werden; klassi-

sche Synonyme in diesem Sinne sind auch die Begriffe *Anspruchsgruppe* und *Interessengruppe*. Gemeint sind damit in erster Linie Gruppen der Organisationsumwelt. Freeman/Evan (1993) benennen Lieferanten, Kunden, Mitarbeitende, Kapitalgeber und das lokale Umfeld als S., zu denen nicht nur organisationale Beziehungen in Form von Betroffenheit bestehen, sondern die innerhalb dieser Beziehungen ihre Interessen auch *artikulieren, organisieren, an die betreffende Organisation als Ansprüche herantragen und vertreten*. Der in der Literatur in diesem Kontext verwendete Begriff der strategischen Anspruchgruppen verweist dabei auf das Kriterium der Relevanz, was bedeutet, dass sich an diese Gruppen Chancen und Risken knüpfen und sie in gewisser Weise einen existenziellen Einfluss haben, welcher den Einbezug ihrer Ansprüche/Interessen in Entscheidungsprozesse sinnvoll erscheinen lässt.

Als S. in einem *engeren Sinne* werden Gruppen bezeichnet, die unmittelbar mit dem Leistungserstellungs- oder Absatzprozess einer Organisation verknüpft sind oder ihn mit ihren eigenen Leistungen ermöglichen. *P. Szyszka*

Literatur: EVAN, William M./FREEMAN, R. Edward (1993): A Stakeholder Theory of the Modern Corporation, In: Journal of Behavioral Economics, 19. Jg., Nr. 4, S. 337-359.

Storytelling
→ Public Storytelling

Strategie
S.n sind Pläne, die Möglichkeiten aufzeigen oder beschreiben, gesetzte Ziele durch zielgerichtetes Handeln zu erreichen. Der Begriff ist aus dem franz. ‚stratégie' entlehnt, das aus dem gr. ‚stratēgia' (Heerführung, Feldherrnkunst) stammt. Vom Ende des 18. Jhdts. bis Mitte des 20. Jhdts. wurde der Begriff fast ausschließlich militärisch in der Bedeutung ‚Kunst der Heerführung, Feldherrnkunst, [geschickte] Kampfplanung' gebraucht. Carl von Clausewitz (1780-1831) hat in seiner unvollendeten und erst posthum erschienenen Schrift ‚Vom Kriege' (1832-34) Grundlagen der militärischen und allgemeinen Strategielehre gelegt. Erst im 20. Jhdt. ist das Wort S. auf den gesamten Staat (Gesamt-S. eines Staates) sowie auf das Handeln von Unternehmen und anderen Organisationen ausgeweitet worden.

In der Wissenschaft sind es insbesondere die Betriebswirtschaftslehre, die Mathematik und Logik (Spieltheorie), die Soziologie, neuerdings auch die Kommunikationswissenschaft, die sich mit strategischem Denken und Handeln beschäftigen. Jürgen Habermas hat in seiner Theorie des kommunikativen Handelns ‚strategisches Handeln' als Typ → sozialen Handelns definiert. Strategisch ist hiernach eine erfolgsorientierte Handlung, wenn sie unter dem Aspekt der Befolgung von Regeln rationaler Wahl betrachtet und der Wirkungsgrad der Einflussnahme auf die Entscheidungen eines rationalen Gegenspielers bewertet wird, und dies von → kommunikativem Handeln klar abzugrenzen ist. Für die Kommunikationswissenschaft und die Marketinglehre sind (strategisch) geplante Kommunikationsprozesse (z. B. die integrierte Unternehmenskommunikation oder öffentliche Kampagnen) Untersuchungs- und Ausbildungsgegenstände. In der Praxis wird hier in der Regel mit Phasenmodellen gearbeitet (z. B. Analyse, Strategie, → Taktik, Umsetzung, → Evaluation) operiert. *G. Bentele*

Taktik
Während der Begriff der → Strategie die zielorientiert angestrebte Handlungsrichtung beschreibt, bezieht sich der Begriff der T. auf die konkreten → PR-Maßnahmen und → PR-Instrumente, die zur Zielerreichung eingesetzt und aufeinander bezogen werden müssen: die beabsichtigte Umsetzung also. T. ist dabei zu unterscheiden von den ebenfalls strategisch eingesetzten Listen, wie sie z. B. historisch aus China als ‚Strategeme' bekannt sind und Eingang in die Managementlehre gefunden haben. T. als Maßnahmen- und Instrumentenplanung macht verbindliche Vorgaben für die operative Vorgehensweise der PR-Arbeit. *P. Szyszka*

Teilöffentlichkeit
T. stellt ein im Grunde weniger scharfes *Synonym* zum Begriff der → Bezugsgruppe dar. Nachdem der Begriff T. schon spätestens seit den siebziger Jahren (z. B. von Oeckl) einschlägig verwendet wurde, bekam er im deutschen Sprachraum seit Ende der achtziger Jahre als begriffliches Äquivalent für den amerikanischen Begriff *publics* neue Aktualität. Von seiner semantischen Aussagekraft her macht der Begriff deutlich, dass es Organisationen bei ihrem gesellschaftlichen Umfeld nicht mit Öffentlichkeit als einer amorph-dispersen Masse, sondern mit Öffentlichkeit als der *Summe näher bestimmbarer Teile* zu tun hat. Dem Begriff fehlt der semantische Verweis auf das Bestehen bestimmter, auf Ausrichtung, Qualität und Relevanz verweisender Beziehungsmerkmale, wie sie der → Stakeholder-Begriff (existenzielle Beziehung) oder der Bezugsgruppen-Begriff aufweisen.
P. Szyszka

Transparenz
Im Kontext der Prozesse öffentlicher Kommunikation meint der Begriff T. die Möglichkeit öffentlicher Einsicht in gesellschaftliche bzw. organisatorische Sachverhalte und Zusammenhänge. Die

Herstellung einer gesellschaftlichen Transparenz ist dabei Aufgabe des Journalismus, wovon sich z. B. in Deutschland auf normativer Ebene dessen in den Pressegesetzen verankerte „öffentliche Aufgabe" ableitet. Im Gegensatz dazu bezieht sich PR-Arbeit zwar ebenfalls auf die Prozesse öffentlicher Kommunikation, verfolgt dabei aber andere, nämlich strategisch intendierte Partikularinteressen. Ein Teil der Branchenvertreter sieht hierin bis heute eine Sonderform des Journalismus, was in der PR-Fachliteratur in der handlungsleitenden Basisanforderung nach Offenheit und T. zum Ausdruck kommt. Diese findet sich seit den Anfängen fachlicher Auseinandersetzung mit Public Relations nahezu durchgängig in der Fachliteratur und ist insbesondere bei exponierten Praktikern der Gründergeneration (Hundhausen, Oeckl) gut dokumentiert.

Die Forderung nach T. steht grundsätzlich dem organisationspolitischen Bedarf an Intransparenz bzw. Geheimhaltung entgegen, der notwendig ist, um strategisch agieren und in Öffentlichkeit und Wettbewerb bestehen zu können. Aus organisationspolitischer Perspektive kann es sich bei der Forderung nach T. daher i. d. R. nur um eine *funktionale, am Organisationsnutzen orientierte* T. handeln, bei der mit Mitteln der Kommunikation organisationale Chancen (→ Aufmerksamkeit, Publizität, Fremddarstellung) genutzt und Risiken (z. B. Fremdbewertung ohne deren Beziehbarkeit auf organisational autorisierte Informationen) minimiert werden sollen. Funktional bedeutet dabei, dass T. nur in den Fällen und in dem Maße geschaffen wird, wie sich hierdurch direkte und indirekte materielle wie immaterielle Zugewinne erwirtschaften lassen oder deren Erwirtschaftung unterstützt wird oder drohender Schaden abgewendet oder eingetretener Schaden begrenzt werden soll. Ist eine Organisation Objekt ausgeprägter öffentlicher Aufmerksamkeit (z. B. in Konfliktsituationen), dann kann unterstellt werden, dass die auf diesem Wege erzwungene T. ungleich größer ist als in Situationen, in denen die Organisation weitgehend aus Prozessen öffentlicher Aufmerksamkeit ausgeblendet bleibt (→ soziales Vertrauen). *P. Szyszka*

Unternehmenskommunikation
U. gehört zu den in der Praxis unscharfen Begriffen, die bisweilen als *Synonyme für unternehmensbezogene PR-Arbeit* Verwendung finden, ohne diesen Begriff dabei immer von → Marken-PR und → Produkt-PR als Formen absatzmarktbezogener PR-Arbeit abzusetzen; der Begriff suggeriert dabei den Status einer → Führungsfunktion. Dem eigentlichen Wortsinn nach kann U. als eine *auf den Organisationstyp Unternehmen bezogene*

Variante des Begriffs → Organisationskommunikation eingestuft werden. Mit dem Begriff lässt sich eine PR-basierte, über das klassische Verständnis von PR-Arbeit hinausreichende, kommunikationspolitische → Managementfunktion beschreiben, die einem managementbezogenen Verständnis → integrierter Kommunikation im Sinne eines strategischen → Kommunikationsmanagement entspricht. *P. Szyszka*

Unternehmenskultur
U. ist Teil des normativen Managements und spiegelt mittels Grundannahmen über den Menschen und seiner Beziehung zur Umwelt die Verhaltensweisen und das Handeln der Mitarbeiter wider. Der nach innen gerichtete Teil der U. ist die Identität, nach außen das → Image. Obwohl eine allgemeingültige Beschreibung von U. schwierig erscheint, lassen sich die Inhalte der Unternehmenskultur typisieren (z. B. eine *traditionsbestimmte* oder *zukunftsorientierte* U.) und die Stärke der U. abschätzen. So wird von einer starken U. angenommen, dass sie durch die Entwicklung eines *Wir-Gefühls* sinnstiftend ist und einen positiven Einfluss auf den Unternehmenserfolg hat. Die Gestaltbarkeit der U. ist begrenzt. Es ist jedoch anerkannt, dass Aufbau und Pflege einer starken und integrierten Unternehmensmarke einen positiven Einfluss auf die U. hat. *M. Will*

Verbände der PR-Arbeit
Die Einrichtung von Berufsverbänden kann als Kristallisationspunkt in der Entwicklung und Konsolidierung von → Berufsfeldern angesehen werden. Sie wurden im westeuropäischen Raum im Wesentlichen im Verlauf der 1950er Jahre gegründet; Darstellungen zur PR-Geschichte setzen oft fälschlicherweise hier an. Nachdem in Großbritannien bereits 1948 ein Berufsverband gegründet wurde, erfolgten die Gründungen im deutschsprachigen Raum 1954 in der Schweiz (*Schweizerische Public Relations-Gesellschaft*, SPRG), 1958 in Deutschland (*Deutsche Public Relations-Gesellschaft*, DPRG) und erst später 1974 in Österreich (*Public Relations Verband Austria*, PRVA). Die SPRG verstand sich zunächst als Branchenverband zur Förderung der Public Relations sowie fachlichen Qualifikation. Für die speziellen berufsständischen Bedürfnisse, insbesondere die Frage der Professionalisierung, bestand seit 1962 eine Berufsgruppe; seit 1987 versteht sich die SPRG auch als Berufsverband. Demgegenüber verstehen sich DPRG und PRVA von Anbeginn als Berufsverbände zur Vertretung standespolitischer Interessen.

Da sich in Deutschland in den beiden letzten Jahrzehnten konstant etwa ein Drittel der Standesangehörigen aus dem Journalismus rekrutiert, gehört ein Teil der Branchenangehörigen der Fachgruppe Presse- und Öffentlichkeitsarbeit (früher *Journalisten in Wirtschaft und Verwaltung*) des *Deutschen Journalistenverbandes* (DJV) an. 1989 ist ein *Deutscher Verband für Public Relations* (DVPR) nach wenigen Jahren gescheitert. 2003 wurde dagegen mit dem *Bundesverbands deutscher Pressesprecher* (BdP) ein offensichtlich erfolgreicher Versuch gestartet, eine konkurrierende Standesvertretung zu installieren.

International sind die wichtigsten PR-Verbände die 1955 in London gegründete International Public Relations Association (IPRA) und die erst 2000 in Chicago gegründete Global Alliance, ein Dachverband, der weltweit über 40 Mitgliederverbände organisiert und so über 100.000 PR-Praktiker repräsentiert. Im europäischen Kontext existieren die CERP (Confédération Européenne des Relations Publiques) als Praktikerverband und die EUPRERA (European Public Relations Education & Research Association) als Verband der Forscher und PR-Ausbilder. PR-Studierende sind auf europäischer Ebene in PRIME organisiert.

Von den *Berufsverbänden* zu unterscheiden sind *Wirtschaftsverbände* aus dem Bereich der → PR-Agenturen, die sich vor allem mit der Vertretung wirtschaftlicher Interessen ihrer Mitglieder auseinandersetzen: Bund der Public Relations-Agenturen (BPRA, Schweiz), Gesellschaft der Public Relations-Agenturen (GPRA, Deutschland) und PR Group Austria (Österreich). Insbesondere in Deutschland haben sich Berufsverband und Wirtschaftsverband lange als Schwestergesellschaften verstanden. *P. Szyszka/G. Bentele*

Verkaufsförderung
V. meint als Sammelbegriff alle kommunikativen Maßnahmen und Medien, die dem potenziellen Kunden ein Wiederfinden der mittels → Werbung, → Marken-PR und → Produkt-PR angebotenen Leistungen eines Unternehmens am Verkaufort ermöglichen und damit den angestrebten Absatzprozess zu seinem Ende bringen. In diesem Sinne ist auch der Prozess des persönlichen Verkaufs Gegenstand von Verkaufsförderungsaktivitäten.
P. Szyszka

Verständigungsorientierte Öffentlichkeitsarbeit
V. ist ein *Konzept* zur Planung und Evaluation von PR-Arbeit. Es geht davon aus, dass der Verständigungsprozess zwischen PR-Auftraggeber und bestimmten Zielgruppen eine zentrale, nicht zu unterschätzende Rolle spielt. Insbesondere in konfliktträchtigen Situationen kann diese Kommunikation jedoch mehrfach gestört sein: die Rezipienten zweifeln an der Wahrheit der verbreiteten Aussagen, an der Vertrauenswürdigkeit der involvierten Kommunikatoren und an der Legitimität der vertretenen Interessen. Diese Differenzierung erfolgt in Anlehnung an den Begriff von Verständigung, den Habermas in seiner Theorie des kommunikativen Handelns entwickelt hat. In der interpersonalen Kommunikation kann in solchen Situationen ein Diskurs (eine Art Metakommunikation) eingeleitet werden: Das ist der Versuch, ein gestörtes Einverständnis über die Wahrheit einer Behauptung und über die Legitimität eines Interesses durch Begründung wieder herzustellen. Analog dazu sieht das Konzept V. vor, derartige Begründungszusammenhänge im Einzelfall auch für die PR-Arbeit zu realisieren und dem jeweils erzielten (Verständigungs-)Erfolg gemäß zu evaluieren. *R. Burkart*
Literatur: HABERMAS, Jürgen (1981): Theorie des kommunikativen Handelns (Bd.1: Handlungsrationalität und gesellschaftliche Rationalisierung, Bd. 2: Zur Kritik der funktionalistischen Vernunft). Frankfurt a. M.: Suhrkamp.

Vertrauen, öffentliches
Grundsätzlich kann V. als (kommunikativer) Mechanismus zur Reduktion von Komplexität, als riskante Vorleistung bestimmt werden. Dabei spielen Erwartungen in zukünftige Ereignisse, die in der Regel allerdings auf der Kenntnis vergangener Ereignisse (Erfahrungen) basieren, eine zentrale Rolle. V. – in der Sozialpsychologie in der Regel als *Einstellung* untersucht – bildet eine Grundlage aller sozialen Beziehungen. In der Informations- und Kommunikationsgesellschaft wird öffentliches V. wichtig. *Öffentliches V.* lässt sich als *Prozess und Ergebnis öffentlich hergestellten (d. h. in der Regel medienvermittelten) V.s* in *öffentlich wahrnehmbare Akteure* (z. B. Einzelakteure, Organisationen) *und Systeme* (z. B. Teilsysteme wie das Rentensystem, das Parteiensystem, das politische oder das Wirtschaftssystem oder aber die ganze Gesellschaft als System) definieren. Individuelle Akteure (z. B. Politiker, führende Wirtschaftsmanager) und korporative Akteure (z. B. politische Parteien, Unternehmen, Verbände, Kirchen), Organisationen und soziale Systeme sind in der Informations- und Kommunikationsgesellschaft in ihren Handlungsmöglichkeiten stark vom V. der Bevölkerung abhängig. V. ist z. B. eine wichtige Voraussetzung für politische Akzeptanz. Durch Fehlverhalten der Akteure, aber auch durch die Aktivitäten der Medien selbst – können schnell V.sverluste und V.skrisen entstehen. Durch Mittel der Kommunikation, insbesondere der Öffentlichkeitsarbeit wird versucht,

V.sverluste auszugleichen und V.skrisen zu beheben. *G. Bentele*

Vertrauen, soziales
Aufgrund von Informationsüberangeboten und gesellschaftlicher Komplexität müssen in der Öffentlichkeit Themen und Sachverhalte aus unmittelbarer Beobachtung und Diskussion ausgeblendet bleiben, von denen erwartet wird, dass sie sich erwartungsgemäß vollziehen. Ihnen wird damit soziales V. gewährt. Situationen sozialen V.s kann unterstellt werden, dass öffentliche Erwartungen bzw. die Erwartungen organisationaler Bezugsgruppen hier eher generalisiert und damit weniger konkret sind. Damit besitzen tatsächlich eintretende Ereignisse eine größere Chance, auf den zuvor zugrunde gelegten Erwartungs- und V.skern hin interpretiert und im Sinne eines V.sbeweises bewertet zu werden. Davon lässt sich die Annahme ableiten, dass eine Organisation beim Genuss sozialen V.s zwar über weniger → Aufmerksamkeit, gleichzeitig aber über mehr Handlungsoptionen verfügt wie in Situationen, in denen soziales V. eingeschränkt ist oder fehlt. Um soziales V. aufzubauen und zu befestigen, bedienen sich Organisationen des Kommunikationsmanagements, das mittels der Schaffung funktionaler → Transparenz die Basis für eine Gewährung sozialen V.s zu legen sucht. *P. Szyszka*

Werbeäquivalenzanalyse (WÄA) [engl.: Advertising Value Equivalents Analysis]
Das Ziel einer Werbeäquivalenzanalyse (WÄA) ist es, werthaltige Aussagen darüber machen zu können, welche Leistung PR-Maßnahmen zur Erfüllung organisationaler Ziele (z. B. Unternehmensziele) konkret erbringen. Im Mittelpunkt steht dabei der Wunsch, ein monetäres Kennzahlensystem zu entwickeln, mit dem der Rückfluss von Budgetinvestitionen für PR quasi auf Heller und Pfennig bestimmt werden kann. Damit ist die WÄA eher eine Form des klassischen betriebswirtschaftlichen Controllings und nicht eine Form der → PR-Evaluation. Während letztere verstanden wird als ein Bündel von (empirischen) Maßnahmen zur strategischen Konzeption, Verlaufskontrolle und Qualitäts- bzw. Wirkungsmessung des gesamten PR-Prozesses oder von Teilen davon, handelt es sich bei der WÄA streng genommen lediglich um den Versuch, auch für den Bereich Public Relations einen Wert- und Investitionsnachweis zu errechnen, der anschluss- und integrationsfähig ist im Hinblick auf bestehende klassische betriebswirtschaftliche Controlling-Kennzahlen und die interne Berichtslegung.

Einfach gesagt wird mittels WÄA gemessen, welche finanziellen Mittel eingesetzt hätten werden müssen, um mit Werbeanzeigen der entsprechenden Größe die gleiche mediale Verbreitung der betreffenden Botschaft zu erzielen wie mit der praktizierten → Pressearbeit. Die einfache Berechnungsformel hierfür lautet: *Anzeigenpreis in € X Größe des redaktionellen Beitrags.* Der so gewonnene monetäre Wert in € ist jeweils die Kennzahl für die Werbeäquivalenz einer Pressekampagne, wobei die Kennzahlen für jedes unterschiedliche Medium bzw. jede unterschiedliche Sendung gesondert berechnet und dann addiert werden. Bei Printmedien wird hierfür der Anzeigenpreis pro Seite in Relation gesetzt zur Größe des betreffenden Zeitungs- oder Zeitschriftenartikels. Bei den elektronischen Medien Radio und Fernsehen wird der Werbepreis pro Sendesekunde in Relation gesetzt zur Länge des redaktionellen Beitrags in Sekunden. Der Anzeigen- bzw. Spotpreis ist abhängig von Auflage, Verbreitung, Reichweite oder Marktanteil eines betreffenden Mediums, eines Senders oder einer Sendung, er ist abhängig von der genauen Platzierung einer Anzeige in einer Zeitschrift oder eines Radiospots im Programm (Zeitpunkt) und im Printbereich zusätzlich auch von der produktionstechnisch relevanten Gestaltung einer Anzeige (schwarz-weiß oder farbig).

Von der ungewichteten Werbeäquivalenz nach der Formel oben wird die *gewichtete* unterschieden. Bei der gewichteten WÄA werden zusätzlich Faktoren eingerechnet, die qualitative Aspekte der Darstellung einer Botschaft oder eines Themas repräsentieren wie z. B. das Vorhandensein absenderintendierter Kernbotschaften, wertende Aussagen über den Absender, Platzierung des Artikels innerhalb des gesamten redaktionellen Umfelds, Aufmachung des Beitrags, Zielgruppengenauigkeit und -homogenität des Mediums usw. Wenn es z. B. die PR-Absicht war, mit einer Pressekampagne eine Berichterstattung im Wirtschaftsteil von überregionalen Qualitätszeitungen zu erzielen, die tatsächlichen ‚Abdruckergebnisse' dann aber in lokalen oder regionalen Tageszeitungen erfolgen und darüber hinaus dort auch nicht im Wirtschaftsteil, dann muss die WÄ-Kennzahl nach einer zuvor genau festgelegten und kontinuierlich angewandten Faktorenformel nach unten korrigiert werden.

Eine weiter vertiefende Analysemöglichkeit unter Anwendung der WÄA besteht darin, die (gewichtet oder ungewichtet) errechnete monetäre Kennzahl zu jenem Budget in Relation zu setzen, das aufgebracht werden musste, um die der Berichterstattung zugrunde liegende → Pressearbeit zu konzipieren und umzusetzen.

Die WÄA entstand vor allem unter dem wachsenden Druck auf PR-Verantwortliche, ihre Tätigkeit zu legitimieren und ihr Budget zu rechtfertigen – z. B. gegenüber dem Management oder im Falle von PR-Agenturen gegenüber dem Kunden und Auftraggeber. Sie ist allerdings eine höchst umstrittene Methode. Vor dem Hintergrund des beschriebenen Legitimierungsdrucks entsteht zum einen der Eindruck, als könne man mit der WÄA eine klare Aussage über den monetären Rückfluss betriebswirtschaftlicher Investitionen in Pressearbeit machen – eine Sichtweise, die besonders durch das betriebswirtschaftliche Controlling in Unternehmen Einzug in die PR-Branche gehalten hat.

Zum anderen wird die WÄA aber auch für ein Evaluationsziel eingesetzt, das weit über diesen quasi innerbetrieblichen Ansatz hinausgeht: WÄA gilt fälschlicherweise als Messinstrument für PR-*Erfolg* schlechthin. Dabei wird übersehen, dass Kommunikationsprozesse, deren Steuerung die Hauptaufgabe von PR ist, hoch komplex ablaufen und sich vor allem die Wirkung von Kommunikation als extrem heterogenes Phänomen erweist. Auch die Werbebranche geht ja nicht davon aus, dass allein schon das Vorhandensein einer medialen Botschaft – also z. B. einer Werbeanzeige – den intendierten Wirkungs*erfolg* hervorruft. Deshalb kommen in der modernen Werbewirkungsforschung auch Messmethoden zum Einsatz, mit denen die tatsächliche Werbewirkung eruiert wird: z. B. Nutzerbefragungen mit Hilfe so genannter Copy-Tests zur Erinnerungsleistung der Probanden oder ein Vergleich der Abverkaufszahlen von beworbenen Produkten und Dienstleistungen nach gezielt gesteuerten Werbestimuli. Umso fragwürdiger erscheint der simplifizierende Einsatz der WÄA zum Zweck der PR-*Erfolg*smessung.

Dass mit der WÄA die *Wirkung* einer PR-Botschaft beim Rezipienten nicht gemessen werden kann, ergibt sich aus einer Vielzahl unterschiedlicher Gründe: Zunächst wird übersehen, dass die WÄA nur dann eingesetzt werden kann, wenn es überhaupt zu medialer Berichterstattung als Folge von PR kommt. Public Relations können aber explizit auch das Ziel haben, Berichterstattung zu verhindern oder die Medien von bestimmten Themen abzulenken (De-Thematisierung) – z. B. in einem Krisenfall. In einem solchen Fall kann PR-Erfolg mit der WÄA gar nicht gemessen werden, weil kein Untersuchungsgegenstand vorliegt. Das gleiche gilt für alle anderen Instrumente und Mittel der PR jenseits klassischer → Pressearbeit, bei denen es zu keiner Berichterstattung oder zumindest zu keiner vom Absender intendierten Berichterstattung kommt. Und es gibt weitere Argumente die verdeutlichen, warum die WÄA ein höchst problematisches Mittel zur Erfolgsmessung von PR und Pressearbeit ist: (1) Speziell die ungewichtete WÄA generiert sinnlose Befunde, wenn Berichterstattung negativ ausfällt oder Kernbotschaften der Pressearbeit falsch, gar nicht oder nur unvollständig bzw. unzureichend Eingang in die Berichterstattung finden. Die ungewichtete WÄA kommt in Abhängigkeit der Artikelgröße nämlich trotz negativer Berichterstattung über ein Unternehmen zu einer positiven WÄ-Kennzahl. (2) Die Gleichsetzung redaktioneller Inhalte von Medien mit Werbeinhalten lässt auch die Tatsache außer Acht, dass redaktionelle Inhalte vom Medienpublikum ganz anders wahrgenommen, rezipiert und weiterverarbeitet werden als Werbebotschaften. Letztere genießen z. B. bei den Rezipienten deutlich weniger Glaubwürdigkeit als redaktionelle Medieninhalte. (3) Bei der Bemessung der WÄ bleibt darüber hinaus völlig unberücksichtigt, dass der Absender/Auftraggeber im Falle von Werbebotschaften immer die volle Kontrolle über Inhalt, Gestaltung und Platzierung der Inhalte hat und im Falle redaktioneller Berichterstattung diese Kontrolle vollkommen abgegeben wird an journalistische Gatekeeper. (4) Mit der WÄA kann man außerdem nur das spezifische PR-Instrument ‚Pressearbeit' bewertend betrachten, nicht aber alle anderen Instrumente der Public Relations. Ein Gesamtbild zum Investitionsrückfluss von PR insgesamt kann so nicht entstehen. (5) Die WÄA ist nicht in der Lage, personelle oder organisationale Spezifika PR-treibender Organisationen (z. B. Unternehmen oder Agenturen) sinnvoll mit in die Werteberechnung einfließen zu lassen.

Unter dem wachsenden Druck auch auf PR-Verantwortliche, ihre Tätigkeit zu legitimieren und ihr Budget zu rechtfertigen – z. B. gegenüber dem Management oder im Falle von PR-Agenturen gegenüber dem Kunden und Auftraggeber – findet die WÄA trotz der beschriebenen, ganz erheblichen Validitätsprobleme immer noch großen Einsatz. Die Gründe hierfür dürften sein, (1) dass die WÄA vergleichsweise einfach in der Anwendung und (deshalb auch) (2) sehr kostengünstig ist, und (3) dass die gewonnenen Werte anschluss- und integrationsfähig sind im Hinblick auf klassische betriebswirtschaftliche Controlling-Kennzahlen und die interne Berichtslegung. Gerade auch wegen der ungebrochen großen Verbreitung und der undifferenzierten, ja zuweilen naiven Anwendung der WÄA sehen sich viele PR-Berufsverbände gezwungen klarzustellen, dass sie diese Methode nicht als PR-Evaluationsmethode anerkennen: z. B. das Public Relations Institute of Australia (PRIA) 1999 in einem Positionspapier zu PR-Evaluation und 2001 das britische Institute of Public Relations (IPR) in seinem Forschungs-Evaluationshandbuch. Das US-amerikanische In-

stitute for Public Relations bezeichnet die WÄA in seinen ‚Guidelines and Standards for Measuring and Evaluating PR Effectiveness' aus dem Jahr 2000 sogar als unethisch und unehrlich. Fazit: Public Relations setzen ihre Glaubwürdigkeit aufs Spiel, wenn sie die WÄA als Evaluationstool anwenden und akzeptieren. Nicht gesteigerte Professionalität sonder Deprofessionalisierung ist die Folge. *Romy Fröhlich*
Literatur: INSTITUTE FOR PUBLIC RELATIONS (2000): Guidelines and Standards for Measuring and Evaluating PR Effectiveness. Miami, FL: Institute for Public Relations [http://www.instituteforpr.org/files/uploads/2002_MeasuringPrograms.pdf]. INSTITUTE OF PUBLIC RELATIONS (2001): The IPR Toolkit: Planning, research and evaluation for public relations success. London: Institute of Public Relations. PUBLIC RELATIONS INSTITUTE OF AUSTRALIA (1999): Research and Evaluation. Position Paper. Sydney: Public Relations Institute of Australia.

Werbung
Innerhalb der Marktkommunikation erbringt W. *Aufmerksamkeits-, Positionierungs-, Animations- und Stimulationsleistungen* für eine konkrete Unternehmensleistung (Produkt, Dienstleistung) mit dem Ziel, für ebendiese Begehrlichkeit bei potenziellen Kunden herbeizuführen. Darlegungen der Marketing-Literatur stufen W. innerhalb des Kommunikations-Mix des Marketing-Mix als das zentrale Kommunikationsinstrument der Marketing- bzw. → Marktkommunikation ein, das seine wesentliche Ergänzung durch Maßnahmen der → Verkaufsförderung am Verkaufsort erfährt. In Kaufprozessen, die nicht mit low-involvement verbunden sind (Spontankauf, Gewohnheitskauf) treten → Marken-PR und → Produkt-PR als notwendige absatzbezogene kommunikative Prozesselemente hinzu. *P. Szyszka*

Wertschöpfung (durch Kommunikation)
Die in Theorie und Praxis intensiv geführte Debatte um die W. geht der Frage nach, ob und wie erfolgreich durchgeführte Kommunikationsmaßnahmen einen *Beitrag zu den übergeordneten Zielen der jeweiligen Organisation* leisten und damit den *Wert der Organisation bzw. des Unternehmens* steigern. Die überzeugende Beantwortung dieser Frage ist für jegliche Auftragskommunikation von existenzieller Bedeutung. Denn Investitionen in Kommunikation lassen sich langfristig nur dann rechtfertigen, wenn sie sich kurz- oder langfristig im Zielsystem der jeweiligen Organisation niederschlagen. Die Entwicklung und Bereitstellung von Methoden zur Bestimmung und Steuerung der Wertschöpfung ist eine zentrale Aufgabe des → Kommunikationscontrollings.
Ausgangspunkt der W. ist die Festlegung, welche Werte eine spezifische Organisation steigern soll. In der Wirtschaft gilt gemeinhin der *Shareholder Value,* der bei börsennotierten Gesellschaften als Marktkapitalisierung aller ausgegebenen Aktien berechnet werden kann, als Maßstab. Die einseitige Ausrichtung an ökonomischen Werten reicht jedoch nicht aus, da Unternehmen wie auch alle anderen Organisationen keine natürlichen Gebilde sind, sondern ihre Legitimation vorrangigen gesellschaftspolitischen Entscheidungen (marktwirtschaftliche Ordnung, Eigentumsrechte, Vertragsfreiheit, kulturelle Akzeptanz konkreter Produkt-Markt-Strategien) verdanken. Deshalb ist der *Stakeholder Value,* bei dem neben ökonomischen Parametern auch die Legitimität und Akzeptanz des Handelns bei relevanten → Stakeholdern berücksichtigt wird, heute ein geeignetes Leitbild (Zerfaß 2007: 24 ff.). Durch diese Unterscheidung lassen sich *zwei Ansatzpunkte der W.* identifizieren: Kommunikation bzw. PR kann sowohl *Wettbewerbsvorteile, Rentabilität und Liquidität schaffen* (ökonomische Dimension) als auch die *„licence to operate"* sichern (gesellschaftspolitische Dimension).

Quer dazu liegen ein *dritter und vierter Ansatzpunkt der W.* Beide kommen in den Blick, wenn man statt der Inhalte und Bezugsgruppen die internen Wirkungszusammenhänge analysiert. Kommunikation bzw. PR kann einerseits die die *laufende Leistungserstellung unterstützen* und damit zum *Erfolg der Organisation* beitragen. Als „enabling function" unterstützt Kommunikation die laufende Leistungserstellung (Produkte und/oder Services) und die Vermarktung der Leistungen sowie die dazu notwendigen Managementprozesse. Kommunikation schafft Präferenzen am Point of Sale, motiviert Mitarbeiter und erweitert z. B. durch Lobbying sowie Corporate Citizenship-Programme die Handlungsspielräume des Unternehmens. So verstanden ist Kommunikation eine unterstützende Aktivität, die in allen Phasen der Wertschöpfungskette zum Tragen kommt und letztlich zu einem höheren Umsatz oder niedrigeren Kosten und damit zu einem verbesserten operativen Ergebnis führt (Gewinn- und Verlustrechung, Kostenrechnung). Darüber hinaus schafft Kommunikation aber auch *immaterielles Kapital* wie Reputation, Unternehmensmarken, Vertrauen und Glaubwürdigkeit sowie innovationsfördernde Unternehmenskulturen. Damit werden *Erfolgspotenziale* für das künftige Handeln aufgebaut. Diese Werte lassen sich heute nur unzureichend abbilden (allenfalls in Intangible Capital Reports bzw. Wissensbilanzen sowie in der Investitionsrechnung).

Dennoch sind sie von zentraler Bedeutung, da eine Organisation lange davon zehren und sie immer wieder in konkrete Vorteile ummünzen kann.

Methoden zur Bestimmung und Steuerung der W. werden in Wissenschaft und Praxis erst seit kurzem diskutiert. Zu unterscheiden sind insbesondere zwei Ansätze: 1) *Kennzahlensysteme* wie das Communication Control Cockpit (Rolke/Koss 2005) oder der Reputation Quotient (Wiedmann/Fombrun/van Riel 2007) versuchen, den Erfolg von Kommunikationsmaßnahmen quantitativ zu erfassen und teilweise mit ökonomischen Größen wie insbesondere den Kommunikationsaufwendungen sowie der Steigerung des finanziellen Unternehmenswerts zu korrelieren. Dabei wird der unstrittige Zusammenhang von Kommunikation und Organisationszielen jedoch als „black box" betrachtet und Wechselwirkungen mit anderen Einflussfaktoren wie z. B. Produktqualität, Lieferbereitschaft und Mitarbeitermotivation werden ausgeblendet. Zudem sind → Image bzw. → Reputation zwar wichtige, aber keineswegs die einzigen und auch nicht immer die bedeutsamsten Einflussfaktoren der Wertschöpfung. 2) *Scorecards* und andere mehrdimensionale Steuerungssysteme bilden die Wirkungszusammenhänge von Kommunikation dagegen in mehreren Perspektiven (z. B. im Hinblick auf Finanzen, Kunden, Mitarbeiter, gesellschaftspolitische Stakeholder und Prozesse) ab und definieren geeignete Kennzahlen bzw. Key Performance Indicators (KPIs). Damit entsteht ein organisationsspezifischer Bezugsrahmen für die ganzheitliche Steuerung der Unternehmenskommunikation, in dem strategische Zielvorgaben mit Ergebnissen der → Evaluation von PR und Kommunikationsmaßnahmen verknüpft werden. Scorecards dürfen dabei nicht als mechanistische Rechenwerke missverstanden werden. Im Gegenteil dienen sie dazu, Wissen und Erfahrungen der Kommunikationsverantwortlichen transparent abzubilden und so eine gemeinsame Grundlage für zielgerichtetes Handeln herzustellen. *A. Zerfaß*

Literatur: PFANNENBERG, Jörg/ZERFAß, Ansgar (2005): Wertschöpfung durch Kommunikation. Frankfurt a. M.: Frankfurter Allgemeine Buch. ROLKE, Lothar/KOSS, Florian (2005): Value Corporate Communications. Norderstedt: Books on Demand. WIEDMANN, Klaus-Peter/FOMBRUN, Charles J./VAN RIEL, Cees B. M. (2007): Reputationsanalyse mit dem Reputation Quotient. In: PIWINGER, Manfred/ZERFAß, Ansgar (Hrsg.): Handbuch Unternehmenskommunikation. Wiesbaden: Gabler, S. 321-337. ZERFAß, Ansgar (2007): Unternehmensführung und Kommunikation. In: PIWINGER, Manfred/ZERFAß, Ansgar (Hrsg.): Handbuch Unternehmenskommunikation. Wiesbaden: Gabler, S. 21-70.

Zielgruppen
Während die Begriffe → Bezugsgruppe und → Teilöffentlichkeit einzelne Teile des Beziehungsnetzes einer Organisation innerhalb der Gesellschaft markieren und damit auf systemische Zusammenhänge verweisen, ist der Begriff Z. – wie auch jener der → Dialoggruppe – ein Begriff zur Kennzeichnung *mehr oder weniger konkreter Gruppen in operativen Zusammenhängen*. Er markiert jene Bezugsgruppen, denen gegenüber Maßnahmen der PR-Arbeit – oder analog andere Kommunikationsaktivitäten – ergriffen werden (sollen). Für die Dauer dieser PR-Aktivitäten werden diese ausgewählten Bezugsgruppen zu Z.; laufen die ihnen geltenden Maßnahmen aus, fallen sie wieder in den Status ‚gewöhnlichen' Bezugsgruppen zurück.

P. Szyszka

Schlagwortregister

Abgrenzungssystematik 100, 108
Ablenkung 187
Adäquatheit 156f
Ad-hoc-Publizität 556, 597
Agenda-Building 264, 336, 362, 369f, 517, 520f, 591
Agenda-Setting 44, 82, 212, 336, 362, 366ff, 371f, 376, 475, 533
Agitation 416ff, 424f, 427, 618
Akteur 27, 42, 126, 149, 153, 166, 171, 285, 344, 346ff, 350, 352ff, 358, 458ff, 482, 484, 486, 488, 490, 513, 516ff, 579, 581f, 598, 602ff, 610ff, 619ff, 626
Akteursebene 210, 595, 616
Akteurstheorie 20
Aktionsforschung 110
Akzeptanz 24, 52, 56, 81, 93, 112, 115, 120ff, 141, 155, 169, 186ff, 244, 247, 252, 260ff, 275, 299, 304f, 316, 341, 348, 364, 373, 388, 390ff, 444f, 449, 478, 488, 495, 499, 507, 524, 529ff, 536, 546, 548, 583, 601, 604
Alltagstheorien 91
Ambivalenzmanagement 173
Amerikanisierung 30, 372, 458f
Angebotspolitik 242
Ansatz, rekonstruktiver 147
Anspruchsgruppe 62, 269f, 276f , 597, 616, 624
Arena 79, 155, 373, 376, 464, 483, 488, 516ff, 522,
Aufmerksamkeit 21, 25ff, 38ff, 67f, 76ff, 120, 131, 135, 144, 157, 172, 187, 205, 241, 247, 251, 291, 292, 315f, 337, 340, 354, 362ff, 368, 376, 392, 410, 448, 457, 459, 462, 473, 476, 479f, 494, 496ff, 508, 517f, 520, 525f, 528, 546, 565, 578f, 582, 586, 588, 592, 598, 601, 607, 609, 614, 620f, 623, 625, 627, 629
Aufmerksamkeitsmanagement 173
Auftragskommunikation 25, 99, 486, 502, 579, 589, 629
Ausbildung 23, 30, 45, 50,124, 131ff, 143, 211, 326, 396, 398, 402ff, 409ff, 431, 437f, 440f, 462f, 495, 537, 574, 580, 617f, 624
Awareness 368

Balanced Scorecard 76, 269, 537, 545, 548
Bedeutung 19, 24ff, 41, 52, 54, 62ff, 72ff, 82f, 86f, 102, 108, 113, 118, 132, 137f, 141, 161ff, 171, 179, 192, 196, 205, 250, 253ff, 270f, 281, 290, 295, 321, 324f, 330ff, 347ff, 356, 362f, 365, 368f, 388, 397ff, 405, 412f, 431, 438f, 445f, 448ff, 453, 482f, 496, 503, 508, 516, 532, 536f, 543, 545, 549, 557f, 560, 578ff, 593, 598ff, 602, 605, 607, 609, 614, 618, 620ff, 624, 629f, 610
Bedeutungsmanagement 44, 173
Berufsbild 164, 389f, 404, 408, 437f, 464, 574, 579, 585, 590
Berufsfeld 10ff, 29f, 35, 58, 91, 95, 98, 108f, 115, 293, 379ff, 386, 388ff, 396ff, 403f, 407, 410, 411, 415, 420f, 423, 426f, 431ff, 440f, 444, 458, 468, 479, 482, 484ff, 493, 499, 501f, 508f, 565, 568, 572ff, 579f, 587, 589, 595, 600, 614f, 618, 625
Berufstheorien 91
Berufsverband 388ff, 399, 403, 433, 435, 469f, 572, 574, 625f
Betriebszeitungen 420, 424f
Beziehungsrelevanz 315
Bezugsgruppen 26ff, 98, 165, 169, 172, 177, 262f, 387, 437f, 496, 502f, 505ff, 537, 541f, 547f, 579, 581f, 584, 600, 604, 607, 612, 616, 619, 622, 624, 627, 629f
Botschaft 51, 57, 104, 304ff, 327, 516, 518, 581, 588f, 590, 593, 599, 607, 609, 627f

Change Management 581
Code d'Athènes 569ff, 574, 587, 615
Code de Lisbonne 569ff, 574, 587, 615
Community Relations 176, 507
Corporate Behaviour 260, 321, 325
Corporate Branding 63, 70ff, 454
Corporate Communications 63, 75ff, 249, 253, 256ff, 267, 325, 445, 450, 453, 581ff, 594
Corporate Design 122, 260, 321, 325, 453, 581ff
Corporate Governance 569, 573
Corporate Identity 40, 75, 112, 246, 260, 264ff, 317ff, 321, 334, 384, 453ff, 508, 582, 593f, 600, 619
Corporate Image 453f, 456, 583
Corporate Publishing 545, 584, 603, 608
Corporate Social Responsibility 175, 569
Crisis Management 507

Declaration of Principles 114, 284, 568, 570, 587, 615
Determination 14, 33, 36, 159, 193, 198, 207f, 220ff, 265, 294, 584, 594
Dialog 28, 119, 123, 178, 185, 190, 253, 277ff, 291, 319, 357, 428, 440, 479, 496, 502f, 506, 538, 549, 580, 584ff, 602, 605, 607, 615, 621, 630

Dialoggruppe 516, 580, 586, 630
Diskrepanz 43, 56, 351, 354, 356f
Drohung 303ff

Einflussbeziehung 199
Einstellungsdispositionen 317
Ereignismanagement 83, 84, 159, 598, 614
Erfolgspotentiale 247, 258
Evaluation 150, 381, 425, 427f, 437, 504f, 509, 536, 538, 543, 545ff, 574, 580, 584, 587, 590, 593, 597, 599ff, 607, 617, 619, 623f, 626ff, 630, 615
Event 243, 362, 365, 367, 373f, 586, 588, 607
Excellence-Studie 290
Externe Kommunikation 71, 446

Feminisierung 34f, 440, 580, 589
Fiktionalität 142, 168
Finanzkommunikation 64, 67, 286, 450, 596
Firmenbild 321, 583
Fragmentierung 67, 187
Framing-Ansatz 207, 373
Fremdbild 173, 198, 327, 436, 453f, 513, 582, 592
Führungsfunktion 98, 389ff, 451, 580, 590, 605, 625
Fundraising 495f, 499, 508, 590, 610
Funktionssystem 19, 24, 128, 133, 149, 339, 342

Gatekeeper 193, 207, 495
Gebilde, soziales 309f
Gendering 35
Gesellschaftsbezogene PR 244
Gesellschaftsebene 107f
Gesellschaftstheorie 127, 147, 178, 293
Glaubwürdigkeit 14, 19, 33, 52, 126, 135, 147, 151, 157f, 168, 188, 245f, 296, 301, 304, 318, 323f, 329ff, 346, 349, 353f, 357, 427, 464, 495, 498f, 506, 518, 520, 524, 531, 573, 575, 584, 598, 602f
Glaubwürdigkeitsleistung 247
Globalisierung 67, 333, 431, 474, 480, 482, 498

Handlungsebene 107, 166, 416
Handlungstheorie 178, 184
Harmonisierung 55
Hinlenkung 173, 187
Human Relations 60, 410

Identifikation 32, 69ff, 112, 260, 269, 277, 316, 325f, 332, 351, 372f, 475, 489, 504, 506, 547, 583, 590, 597f
Identität 14, 24, 28, 36ff, 66ff, 116, 121ff, 135, 159, 166, 172, 253, 258, 265, 274, 296, 321, 325, 331f, 388, 391, 463, 477, 520, 581ff, 593, 599, 607

Image 14, 19ff, 28, 40, 48, 66, 69, 82, 87, 123, 132ff, 142, 145, 166ff, 175, 187, 209, 242, 245f, 250ff, 255, 259, 262ff, 267, 291ff, 296, 321, 328ff, 353, 384f, 444, 447, 449, 451f, 455, 460, 464, 474f, 495f, 498, 518, 560, 562, 565, 573, 582f, 588, 590ff, 595, 597, 600, 603, 605ff, 612f, 616ff, 621, 623, 625, 630
Imageanalyse 330
Imagebildung 130, 174, 328
Imageprofile 538
Imagesysteme 331, 332
Imagewert 272, 328, 331, 332
Impression Management 593
Induktion, kommunikative 211
Induktionsquote 218
Information 26f, 39, 52ff, 85, 89, 98, 103, 112ff, 119ff, 134, 137, 140ff, 144f, 150ff, 163, 169, 175, 189, 194ff, 212ff, 218ff, 244, 254, 264, 284ff, 291, 299, 305, 346, 349ff, 353, 355ff, 384, 388, 390, 392f, 399f, 403ff, 407f, 419ff, 427f, 416f, 431f, 447f, 450, 473, 475ff, 484, 488f, 494ff, 503ff, 519ff, 530, 533, 545, 548f, 552ff, 561f, 566, 568, 575, 579f, 585, 588, 591ff, 607ff, 612, 615ff, 620, 622f, 625ff
Informationsökonomik 350
Initiativinduktion 218
Institution 83, 98, 118, 398, 400, 419, 425, 428, 432, 440, 493ff, 497, 536, 539f, 542f
Instrumentelle Aktualisierung 375
Inszenierung 35, 60, 81ff, 87, 181, 187, 280, 304, 374, 428, 483, 499, 581, 593, 598f, 607
Integration 25, 39, 47, 63f, 74, 88, 93, 116, 119ff, 143, 161, 164, 170, 179, 241, 247, 252, 258ff, 268f, 272ff, 277, 304, 323, 326, 341, 390, 452f, 496, 506, 583, 593f, 596, 598f, 627f
Integrierte Kommunikation 19, 122, 249, 252, 259, 268, 279f, 452, 455, 583, 593
Integrität 279, 354, 568, 571, 587, 615
Interaktion 27, 34ff, 39f, 59, 70, 133, 149, 166, 175, 199, 211, 262, 273ff, 278, 452, 455, 495, 529
Intereffikation 14, 22, 31ff, 36, 94, 146, 155, 159, 199, 207ff, 265, 294, 585, 594
Interesse 25, 29ff, 37, 81ff, 114ff, 153, 161ff, 167, 180, 218, 296, 310, 317ff, 326, 339, 348f, 352f, 356, 363ff, 368f, 373, 376, 380, 400, 404, 407f, 419, 427, 455f, 463, 465, 468f, 474, 482, 484, 486f, 493f, 499, 502f, 507, 513, 515, 517, 519f, 529ff, 539, 541, 553f, 558ff, 568f, 575, 579f, 584, 597f, 601f, 604, 609f, 614, 617f, 620ff, 624ff
Interessenausgleich 25, 244
Internal Relations 451, 506, 582
Internationale PR 595
Interne Kommunikation 122, 150, 449, 506, 522, 536, 541, 578, 595f
Interne PR-Arbeit 596

Interorganisationsbeziehungen 167
Investor Relations 65, 75, 149, 154, 159, 409, 450f, 522, 507, 580, 590, 596f, 616
Involvement 56, 250
Issues Management 14, 29ff, 49, 150, 265ff, 296, 362, 372f, 376, 498, 507, 524f, 528, 532, 580, 597, 602, 607, 619, 621

Journalismusforschung 21, 32, 199

Kampagne 126, 373, 391, 418, 427f, 460f, 465, 473, 479, 498f, 514, 521f, 565, 581, 590f, 595, 598, 604, 609f, 617, 619, 627
Kapital, soziales 45
Kodizes 132, 358, 381, 463, 567ff, 587, 615
Kommunale Öffentlichkeit 422f, 483, 486
Kommunikation, asymmetrische 622
Kommunikation, erfolgsorientierte 184
Kommunikation, persuasive 31, 298, 618
Kommunikation, symmetrisch 26, 284, 289
Kommunikation, Zweiweg- 291
Kommunikations-Controlling 536, 538, 542ff, 549
Kommunikationsethik 566
Kommunikationsinstrument 245, 250ff, 257, 448, 583, 600, 604, 608, 629
Kommunikationsmanagement 10, 19, 59, 63ff, 75f, 109, 121f, 133, 150, 167ff, 173, 176, 207, 268, 293, 310, 318ff, 403, 409, 413, 415, 515, 522, 538, 541ff, 547, 579, 590, 594, 597, 599ff, 604f, 608f, 614, 617, 619, 621, 625, 627
Kommunikationsmanager 13, 51, 149, 188, 403, 412, 489, 573, 575
Kommunikations-Mix 242ff, 257, 629
Kommunikationspolitik 19, 35, 64, 76, 80, 85, 134, 169, 194, 242ff, 249, 252f, 260, 265f, 402, 452, 463, 524, 538, 541, 544, 548, 583, 600, 607, 614
Kommunikationstechniker 149, 412
Kommunikationswissenschaft 9, 12f, 17ff, 30, 33ff, 93, 123, 126, 133ff, 145ff, 159, 175, 190ff, 207, 216, 219ff, 253, 268, 281, 292ff, 307, 335, 347, 351, 353, 410f, 527, 531, 533f, 566, 578f, 584, 593, 597, 609ff, 617, 619, 621f, 624
Kommunikator 51, 138, 299ff, 304
Kompetenzprofil 445
Konflikt 14, 29, 35, 94, 213, 222, 356, 362, 371, 373, 381, 502f, 507, 525f, 531, 533f, 589, 597, 615f, 619, 625f
Konsens 95, 100, 118, 142, 182ff, 319, 363, 383, 389, 440, 503, 533, 575, 601
Konstruktivismus 27, 93, 133ff, 142, 145ff, 151ff, 159, 292, 538
Kontextmanagement 248
Kontingenzansätze 39
Krisenkommunikation 29ff, 66, 533, 601
Krisen-PR 507

Kybernetik 127, 132, 146, 285, 294

Legitimation 84ff, 89, 115, 120, 124, 134, 163, 171, 175, 180f, 222, 274, 277f, 351f, 363, 388, 525, 539f, 568, 598, 603f, 616, 629
Linienorganisation 311f
Lobbying 43ff, 79, 96, 111f, 245, 407, 409, 433, 473, 475ff, 496, 507, 566, 604, 615, 619f, 629

Makro 24, 130, 143, 156, 162, 172, 245, 277, 289, 425, 600, 614
Makroebene 195, 398, 415ff, 421, 514f, 548, 619
Management der Umweltbeziehungen 43, 279
Management von Kontingenz 45, 167
Managementfunktion 35, 63, 75f, 165, 264, 486, 504, 542, 582, 590, 605, 625
Managementmodelle 67, 255
Managementprozesse 76, 265
Manipulation 20, 106, 112, 115, 126, 178, 183, 186, 298, 306, 391, 459, 464, 595, 605, 623
Marke 63, 72ff, 113, 246, 252, 305ff, 451f, 454, 520f, 536, 545f, 552, 561, 563, 582, 597, 600, 605f, 607, 617, 621, 623, 625, 629
Marken-PR 102, 607, 618, 626, 629
Market based view 68ff
Marketing 19ff, 29, 64ff, 71, 75ff, 94, 101f, 108, 121f, 131, 241ff, 264ff, 280, 319, 350, 391, 398, 434, 445, 448, 450ff, 485ff, 489f, 495, 497, 501f, 508, 511, 516, 519, 531, 582f, 588, 592ff, 597f, 600, 603, 606f, 615f, 618f, 622ff, 629
Marketing, gesellschaftsorientiert 247, 622
Marketinginstrumente 243, 244, 448, 455, 599
Marketing-Mix 101, 244, 252, 256f, 450, 583, 606, 617, 629
Marktforschung 334, 607
Marktkommunikation 101f, 170, 255f, 259ff, 402, 452, 536, 541, 583, 593f, 607, 617, 629
Massenpropaganda 418, 420
Matrix-Organisation 149, 312
Media Relations 65, 217, 506f
Medienarbeit 86, 122, 149, 251, 325, 392, 412, 446ff, 496, 506, 509, 516, 518f, 561, 589, 591, 595, 607ff, 614ff
Mediendemokratie 78, 89, 458
Medienevolution 431, 483
Mediengesellschaft 30, 33f, 87f, 137, 141ff, 220, 267, 306f, 518, 589, 598
Medienglaubwürdigkeit 353
Medienkompetenz 532
Medienresonanzanalyse 150, 537, 545f, 588, 590, 600, 617
Medienwirklichkeit 148, 151, 155ff, 168, 213, 586, 609
Meinungsmarkt 252, 594, 607f
Meinungspflege 95, 115f, 123, 180, 385, 387, 410, 568

Meso 19, 25f, 33, 130f, 162, 171, 309
Mesoebene 293, 398, 415f, 421, 427, 459, 514f, 518, 619
Mikro 19, 25, 33, 107, 143, 162, 172, 245, 277, 293
Mikroebene 131, 195, 398, 459, 514f, 619
Misstrauen 99, 185, 348, 351f, 354f, 392, 603
Mitarbeiterkommunikation 64, 102, 448f, 596, 608
Mitteilung 127, 154, 254, 552, 556, 581, 593, 597, 602, 608f, 615f, 620, 622
Monitoring 32, 43, 46, 221, 373, 507, 598, 617
Moral 62, 128ff, 158, 276, 341, 498f, 565f, 568f, 571, 573, 575

Nachrichtenfaktoren 83, 154, 201, 207, 213, 356, 366, 529, 598, 609, 612,
Nachrichtenwert 83ff, 113, 201, 356, 369, 376, 586, 609
NGO 204, 516
Non-Profit-Organisation 101, 107, 132ff, 411, 479, 498, 507f, 536f, 539ff, 590, 604, 610f, 622
Non-Profit-PR 484, 493ff, 610
Normen 31ff, 45, 79, 108, 121, 125, 128, 131f, 147, 163, 171, 244, 278, 313, 323ff, 356, 372, 374, 431, 462, 503, 539f, 565ff, 569, 571, 573, 575, 593, 604f, 614f

Öffentliche Kommunikation 173ff, 220, 474, 602, 610ff
Öffentliche Meinung 88, 114, 139f, 190, 337, 344, 363f, 369, 371, 611, 620
Öffentliches Vertrauen 159, 169, 175, 346, 353, 355ff
Öffentlichkeit, repräsentative 178, 363, 610
Öffentlichkeit, verständigungsorientiert 48, 184, 189, 278,
Öffentlichkeitsarena 483, 488
Öffentlichkeitsmanagement 173
Öffentlichkeitssoziologie 80
Ökonomisierung 67
Online-PR 508
Organisationskommunikation 17, 22, 34ff, 49, 77, 95, 109, 134f,154, 160,170, 176, 267f, 271ff, 280, 290, 294, 319f, 344f, 363, 487, 536ff, 541, 543f, 547f, 573, 578, 591, 593, 599, 606, 608, 611, 619, 625
Organisationskommunikatoren 318, 596, 586, 611
Organisationssoziologie 13, 20, 40, 48,116, 123, 319, 525, 611
Organisationssystem 262, 316
Organisationstheorie 18ff, 37f, 43, 47ff, 164, 268f, 291, 320
Organisationstypen 17, 33, 170, 309, 316f, 380, 383, 393, 508, 538, 583, 611

Organisationsumwelt 45, 172, 150, 503, 616, 624
Organisationsziele 173, 245, 310f, 506, 539, 620, 630
Organisationszweck 310ff, 506

Parteienkommunikation 83, 89
Partizipation 178ff, 189, 369, 390, 488
Persuasion 14, 26, 52, 61, 126, 180, 277, 296ff, 503, 616
Persuasionsforschung 20, 51, 307f
Planungsprozess 454, 511, 514, 521f
Pluralismustheorie 20, 85f
Politikwissenschaft 13, 20, 347, 349, 351f
Politische Kommunikation 33ff, 87ff, 344, 369
Politische PR 29f, 613
Politisierung 67
PR-Agenturen 29, 35, 45, 48, 356, 388, 404, 409, 412, 432ff, 438, 450, 477, 578ff, 592, 614f, 626, 628
PR-Beratung 57f, 114, 409, 411, 433, 437, 614
PR-Berufsrolle 614
PR-Definitionen 14, 39, 42, 9ff, 106ff, 111, 210, 245, 502f, 615
Pressearbeit 78, 96, 101ff, 112, 133, 189, 201, 205ff, 217, 221f, 383, 385, 391f, 407f, 438, 448, 484, 545, 547, 568, 574, 580, 590, 615f, 627f
Pressure Group 474, 477
PR-Ethik 381, 565ff, 572, 574f, 615
PR-Funktion 86, 99, 108, 130, 245f, 250, 252, 401, 450, 485, 487, 502, 522, 604, 615ff
Priming-Effekt 371
PR-Instrumente 158, 407, 493, 495, 498f, 616f, 619, 624
PR-Kampagnen 35, 55, 265, 280, 407, 450, 494, 529, 533, 558
PR-Manager 207, 221, 284, 411f, 444f, 447f, 451ff, 456, 485, 487, 565, 614
PR-Maßnahme 9, 167, 325, 493, 495, 497, 505, 508, 549, 561, 588, 599, 617, 619, 624, 627
PR-Medien 150, 158, 584, 616f, 619
PR-Methoden 617, 619
Problemlösungskompetenz 340, 355, 462
Product Placement 570, 617
Produkt-PR 122, 243, 250ff, 391, 446ff, 450, 452f, 522, 607, 614, 617, 625f, 629
Produkt-Publizität 246
Profession 35, 130, 134, 143, 175, 267, 294, 319, 431, 462ff, 573, 575, 580
Professionalisierung 12, 29f, 34f, 41, 83f, 130, 279, 411, 431, 458ff, 580, 587, 591, 611, 614, 618, 625, 629
Profilleistung 243
Propaganda 20, 96, 100f, 105ff, 113f, 132f, 181f, 187ff, 281ff, 297f, 302ff, 375, 382, 384f, 391, 402, 494, 568, 591, 603, 605, 610, 618, 620, 623

Prophylaxe 163
Prozessanalyse 195, 221
Prozesssteuerungsfunktion 538, 542f
PR-Techniker 389, 485, 487, 614
PR-Theorie 12, 20, 23ff, 42, 47, 93, 124ff, 159ff, 177, 181ff, 189, 289f, 355, 438, 511, 619,
PR-Usability 548f
PR-Verfahren 619
PR-Ziele 112, 601, 619
Public Affairs 45ff, 149, 182, 409, 483, 507, 619
Public Marketing 247f, 253, 257, 594
Publicity 114, 129, 245, 250, 284f, 291, 298, 390, 620, 623
Publikum 78ff, 128ff, 155ff, 179ff, 187f, 215, 286f, 291, 335ff, 343, 356, 366ff, 371, 375, 516ff, 531ff, 552, 554, 556, 559, 561f, 579, 588, 591, 598, 600, 602, 611, 620, 628
Publizistik 12, 17, 22ff, 31ff, 49, 53, 87f, 123f, 133ff, 149, 158f, 164, 175f, 189f, 206ff, 216, 220ff, 294, 319, 342ff, 411f, 440, 512, 600

Qualifikationsprofil 164, 389, 437f, 574, 579, 583

Rationalität 38, 125, 130, 135, 189, 272, 279, 314, 337f, 363
Reaktanz 57
Refeudalisierung 178f, 189
Reflexivität 138ff, 301, 599
Regelkreise 286
Rekonstruktion 128, 147, 151ff, 157, 168, 247, 253, 314, 317, 581, 593f
Rollensysteme 310ff
Rollenträger 312f
Reputation Management 321, 593, 621
Resource based view 68ff
Retention 39, 128
Richtigkeit 85, 183, 192, 305, 354, 488, 526, 573, 618
Risikoberichterstattung 524, 526f, 529, 531
Risikokommunikation 206, 381, 524f, 528ff, 581, 602, 621
Rollentheorie 58
Rollenträger 170, 461, 464

Sachdimension 43, 47, 213, 373
Schleichwerbung 557, 561, 565, 570, 617
Schlüsselereignisse 362, 365, 366,375
Scorecard 280, 537, 545f, 548
Selbstbild 56, 134, 173, 327, 390f, 436, 583, 592, 621
Selbstdarstellung 17, 36, 41, 120, 129, 154, 167, 179, 188, 194, 317, 325, 380, 388, 393, 483, 582f, 593, 596, 603, 607, 616f, 622
Selektion 39, 54, 128, 145, 153f, 164, 193, 197, 200ff, 207, 212ff, 262, 362, 366f, 375, 529, 585, 598, 607, 609

Selektivität 10, 20, 138f, 153, 172, 298, 337, 353f, 363, 527, 529
Shareholder 72f, 77, 270ff, 280
Social Marketing 622
Sozialpsychologie 13, 18ff, 23, 50f, 55ff, 88, 159, 347, 626
Spill-Over-Effekt 365
Spin Doctor 370, 459, 461f, 464f
Sponsoring 149, 243, 372, 446f, 449, 493, 496, 501, 508, 582, 591, 623
Stab-Linien-Organisation 311
Stakeholder 49, 62, 73, 76, 94, 149, 211, 268ff, 444f, 454f, 541f, 581, 621, 623f, 629f
Stakeholder Kommunikation 272
Stakeholder Management 268ff
Stereotyp 55
Strategie 62ff, 82, 105, 124, 139, 182, 221, 261, 267ff, 275, 347f, 350, 352, 355, 362, 367, 370f, 437, 462, 464, 470, 475ff, 480, 504, 507f, 512ff, 517f, 521f, 537ff, 542ff, 548, 580f, 586, 589f, 592, 595, 597ff, 605, 608, 612ff, 617, 619, 624, 629
Strategieprozess 513
Strategisches Management 77
Strukturationstheorie 93, 167, 171, 538
Strukturhomologie 28, 166ff
Symbiose 35, 146, 210, 216, 220ff, 594
System, politisches 354
Systemebene 108, 216
Systemgedächtnis 44
Systemsystematik 100, 107f
Systemtheorie 24, 38ff, 80, 93, 126, 133ff, 147, 151f, 160, 164ff, 178, 256, 282ff, 292ff, 342,

Taktik 581, 601f, 624
Tätigkeitsfelder 380, 448, 501, 509, 618
Teilöffentlichkeit 163, 365, 372, 516, 580, 589, 602, 624, 630
Thematisierungsfunktion 155
Thematisierungsstrategie 82
Themenbeobachtung 372
Themeninduktion 218
Themenkarrieren 89, 362, 364ff
Themenmanagement 178, 187, 262
Themensetzung 212, 218, 367, 372f
Transaktionskostenansatz 350
Transaktionsmanagement 247
Transparenz 85, 171, 185f, 189, 197, 272f, 278, 295, 323, 350, 355, 357, 392, 447, 488, 543ff, 566, 575, 587, 596, 599, 608, 610, 615f, 624f
Transparenz, funktionale 579, 616, 627

Überredung 183, 299f, 304, 308
Überzeugung 57, 82, 98, 120, 297ff, 308, 437
Unique Selling Proposition 448
Unternehmensgrundsätze 321
Unternehmensidentifikation 321, 332

Unternehmensidentität 321ff, 330ff, 583
Unternehmensimage 71, 243ff, 260, 321, 326ff, 447
Unternehmenskommunikation 12ff, 19, 26, 34ff, 49, 54, 63ff, 72, 75f, 94f, 133, 146, 169, 175ff, 241, 245, 249, 253ff, 279f, 289f, 293f, 307, 324, 362, 368, 371, 398, 402, 449ff, 494, 521, 532, 538, 542, 581, 583, 594, 596f, 599, 611, 623ff, 630
Unternehmenskultur 66ff, 321ff, 595, 625, 629
Unternehmensleitbild 321
Unternehmensphilosophie 102, 287, 321, 583
Unternehmensstrategie 62, 66f, 261
Unternehmensvision 321

Value Reporting 70ff, 76
Verantwortung 130, 167, 174, 244, 247, 268, 271, 279, 336, 355, 447, 449f, 474, 479, 487, 489, 539, 567, 572f, 584, 589, 602, 615
Verantwortungsethik 355, 567, 615
Verbände der PR-Arbeit 625
Verbandskommunikation 473f
Verkaufsförderung 243, 250, 257, 284f, 325, 452, 603, 616f, 626, 629
Verständigungsprozess 183, 593, 626
Vertrauen 14, 19ff, 33, 46, 51, 98ff, 103, 111ff, 126, 134f, 151, 159, 168ff, 182f, 187, 242ff, 260, 275, 296, 300ff, 325, 346ff, 387f, 392, 400f, 408, 410, 436f, 444, 454, 472, 475, 495f, 499, 502f, 507, 524, 531, 533, 565, 567, 569, 575, 580, 598, 601ff, 606f, 616, 626, 629
Vertrauen, öffentliches 25, 34, 109, 123, 129, 175, 346, 353, 355ff
Vertrauen, soziales 25, 120, 172, 616
Vertrauensbeziehungen 167, 348, 356
Vertrauenswerbung 95, 115, 243, 387, 400

Vision 321, 515, 540
Vorurteil 55

Wahlwerbung 562f
Wahrhaftigkeit 27, 106, 183, 188, 569, 571, 573
Wahrheit 27, 28, 140f, 151, 156f, 183f, 188, 284f, 303ff, 328, 347f, 566, 568f, 571, 573ff, 580, 587, 593, 615, 618, 620, 623, 626
Werbung 20ff, 29, 34, 56, 60f, 75, 81, 88, 95ff, 122f, 132, 143, 175, 181ff, 187, 207, 241ff, 298ff, 323f, 334ff, 357, 379, 384, 387, 391, 400, 404, 412, 431, 452f, 460, 494, 496, 499, 511, 516f, 519, 527, 529f, 525, 557, 560ff, 565, 566, 568, 570ff, 583, 587, 591, 598, 603, 605, 610, 612, 617f, 626, 629
Wertkommunikation 72, 73, 77
Wertschöpfung 69, 173, 381, 471, 536ff, 544f, 548f, 588, 590, 599f, 606, 629f
Wettbewerbsstrategie 538f
Wirklichkeit 27, 34f, 43, 49, 85, 91, 99, 114, 124ff, 134ff, 167f, 175, 182ff, 190, 206ff, 220ff, 267, 294, 302, 346, 527f, 568, 575, 582, 586, 598, 609, 621
Wirklichkeit, kommunikative 154
Wirklichkeit, soziale 137, 148
Wirklichkeitsbezug 151ff
Wirklichkeitsrekonstruktion 151, 158

Yale-Studien 52

Zeitdimension 46f, 373
Zensur 529
Zielgruppe 9, 44, 65, 102, 276ff, 298, 400, 404, 474, 504ff, 516f, 525, 528, 530, 532f, 581ff, 586, 588f, 594, 599, 602, 607, 616, 619, 626f, 630

Autorinnen und Autoren

Adam, Silke, Dipl. rer. com./M. Sc., Studium der Kommunikationswissenschaft in Hohenheim und Boston. Seit 2001 wissenschaftliche Mitarbeiterin am Fachgebiet Kommunikationswissenschaft/Medienpolitik der Universität Hohenheim. Arbeitsschwerpunkte: International vergleichende politische Kommunikation, Europäische Integration, Netzwerkanalyse. Veröffentlichungen: u.a. Wahlen in der Mediendemokratie (2002).

Andres, Susanne, Dr. phil, Studium der Publizistik- und Kommunikationswissenschaft, englische Philologie und neuere Geschichte in Essen, Dublin und Berlin. Praktische PR-Erfahrungen in New York, Paris und Berlin. 1999 bis 2003 wiss. Hilfskraft am Lehrstuhl Öffentlichkeitsarbeit/PR der Universität Leipzig. 2003 dort Promotion mit einer Dissertation zum Thema ,Internationale PR'.

Behrent, Michael, Studium der Philosophie und Germanistik in Köln und Frankfurt. Dramaturg am Schauspiel Frankfurt und PR-Berater bei Leipziger & Partner. Gründungsgesellschafter der Ahrens & Behrent Agentur für Kommunikation GmbH (1993 bis 2001). 2002 Gründung von Script corporate + public communication GmbH.

Bentele, Günter, Univ- Prof. Dr., Lehrstuhl Öffentlichkeitsarbeit/PR an der Universität Leipzig seit 1994. Promotion 1982, Habilitation 1989 an der FU Berlin. 1989-1994 Professor für Kommunikationswissenschaft/Journalistik an der Otto-Friedrich-Universität Bamberg. 1995 bis 1998 Vorsitzender der Deutschen Gesellschaft für Publizistik- und Kommunikationswissenschaft (DGPuK). 1998 Visiting Research Professor an der Ohio University in Athens/Ohio (USA). Gastprofessuren an den Universitäten Zürich, Lugano, Klagenfurt, Jyväskylä (Finnland) und Riga (Lettland). Arbeitsschwerpunkt u.a.: Public Relations-Forschung, Mediennutzungs- und Kommunikationsraumforschung, Ethik von Kommunikationsberufen.

Bergler, Reinhold, Univ. Prof. Dr. (em.). Studium der Psychologie, Pädagogik und Soziologie. Promotion 1954, Habilitation 1960 und Gründung des Instituts für empirische Sozialforschung in Nürnberg. 1966 bis 1969 apl. Prof. an der Universität Heidelberg, 1970 Univ. Prof und Direktor des Psychol. Instituts der Universität Bonn (Lehrstuhl für Sozial- und Wirtschaftspsychologie). 1995 Emeritierung. Forschungsschwerpunkte: Vorurteile und Imagesysteme; Massenkommunikation; Markt-, Führungs-, Gesundheits- und Präventionspsychologie.

Berkel, Barbara, Dipl. Sozialwissenschaftlerin., Studium der Wirtschafts- und Sozialwissenschaften in Nürnberg und Montpellier; studienbegleitende journalistische Ausbildung. Seit 2001 wissenschaftliche Mitarbeiterin am Fachgebiet Kommunikationswissenschaft/Medienpolitik der Universität Hohenheim. Arbeitsschwerpunkte: International vergleichende politische Kommunikation, Europäische Integration, Konflikttheorie.

Branahl, Udo, Univ. Prof. Dr. jur., seit 1979 Professor für Medienrecht an der Universität Dortmund. Nebenberuflich in der Aus- und Weiterbildung von Journalisten (Redakteuren und Volontären) und auf dem Gebiet der Rechtsdidaktik tätig. Lehrbücher zum Medienrecht und zur Rechtsordnung der Bundesrepublik Deutschland. Arbeitsschwerpunkte: Rechte und Pflichten von Journalisten, Gerichtsberichterstattung.

Burkart, Roland, Dr. phil. und außerordentlicher Universitätsprofessor am Institut für Publizistik- und Kommunikationswissenschaft der Universität Wien. Ehrendoktor (Dr.h.c.) der Kliment-Ohridski-Universität Sofia (2003). Arbeitsgebiete: Öffentlichkeitsarbeit/Public Relations, Kommunikationstheorie, Rezeptionsforschung, Unternehmensberatung in PR-Fragen.

Dernbach, Beatrice, Prof. Dr., Professorin an der Hochschule Bremen und Leiterin des Internationalen Studiengangs ‚Fachjournalistik' (BA). Zuvor Journalistin und Hochschulassistentin an der Universität Bamberg. Lehr- und Forschungsschwerpunkte: die Zukunft der Zeitung und des Zeitungslesens, Journalismus und Public Relations, Fachjournalismus, Umwelt und Ökologie in den Medien.

Femers, Susanne, Prof. Dr., Professorin für ‚Text, Rhetorik und das Management internationaler Kommunikationsprozesse' im Studiengang Wirtschaftskommunikation der FHTW Berlin. Studium der Psychologie an der TU Berlin, Promotion am Forschungszentrum Jülich zum Thema ‚Risikokommunikationsforschung'. Danach acht Jahre berufliche Tätigkeit in der Kommunikationsberatung. Von 1998 bis 2002 Professorin für ‚Kommunikation und Wirtschaftspsychologie' an der Fachhochschule Bonn-Rhein-Sieg.

Esser, Frank, Prof. Dr., Professor für Vergleichende Medienforschung an der Universität Zürich. Studium der Publizistik, Germanistik, Ethnologie und Anglistik in Mainz. Diplom in International Journalism am 'Graduate Centre for Journalism' der City University, London. Wissenschaftlicher Mitarbeiter an der Universität Mannheim und an der Universität München. Promotion zum Thema ‚Journalismus in Großbritannien und Deutschland'. Danach wissenschaftlicher Assistent an der Universität Mainz, Gastprofessor an der University of Oklahoma und Assistant Professor am Department of Communication, University of Missouri-Columbia (USA). Arbeitsschwerpunkte: Journalismusforschung, Internationale Wahlkampfkommunikation sowie Fremdenfeindlichkeit und Medien.

Fröhlich, Romy, Univ. Prof. Dr., Professorin für Kommunikationswissenschaft am Institut für Kommunikationswissenschaft und Medienforschung (IfKW) der Ludwig-Maximilians-Universität München. Studium der Kommunikationswissenschaft, Neueren Deutschen Literaturgeschichte und Theaterwissenschaft in München. Promotion zum Thema ‚Rundfunk-PR'. Wiss. Mitarbeiterin der GFK Nürnberg und am Instituts für Journalistik und Kommunikationsforschung der Hochschule für Musik und Theater Hannover. Senior Consultant einer PR-Agentur. Professorin für Journalistik und Öffentlichkeitsarbeit an der Ruhr-Universität Bochum. Forschungs- und Lehraufenthalte in den USA und in Australien. Vorsitzende der Deutschen Gesellschaft für Publizistik- und Kommunikationswissenschaft. Arbeitsgebiete: Public Relations, Frauen in Medienberufen, Inhalte der Medien (Nachrichtenforschung), PR-Berufsfeldforschung.

Herger, Nikodemus, Dr. habil., Studium der Kunstgeschichte und der Publizistikwissenschaft in Zürich, Promotion zum Thema ‚Private Kunstförderung als öffentlich relevantes Wirkungsfeld', Habilitation an der Universität Zürich. Seit 1999 Lehrbeauftragter am Institut für Publizistikwissenschaft und Medienforschung der Universität Zürich zu Themen der Organisationskommunikation. 1991 bis 1995 verantwortlich für das Kultursponsoring bei der Bank Leu. Anschließend Direktor und Leiter Public Relations und stellvertretender Marketingleiter der Zürcher Kantonalbank. Seit 2002 Head of Corporate Branding der Swiss Re in Zürich.

Hoepfner, Jörg, M.A., Studium der Kommunikations- und Medienwissenschaft, Betriebswirtschaftslehre und Soziologie an der Universität Leipzig. 1998 Albert-Oeckl-Nachwuchspreis der DPRG. Diverse praktische Erfahrungen und Tätigkeiten. Von 2002 bis 2006 wiss. Hilfskraft und Stipendiat am Lehrstuhl Öffentlichkeitsarbeit/PR der Universität Leipzig. Danach freier Kommunikationswissenschaftler und -berater. Arbeitsgebiete: Redaktionell gestaltete Anzeigen, Markenführung, Marken-PR, Markenwert.

Jarren, Otfried, Univ. Prof. Dr., Ordinarius für Publizistikwissenschaft am Institut für Publizistikwissenschaft und Medienforschung der Universität Zürich (IPMZ). Studium der Publizistik, Politikwissenschaft, Soziologie und Volkskunde in Münster. Wissenschaftlicher Mitarbeiter/Hochschulassistent an der Freien Universität Berlin. 1987 bis 1989 Geschäftsführer des Studiengangs Journalisten-Weiterbildung an der FU Berlin. 1989 bis 1997 Professor für Journalistik mit dem Schwerpunkt Kommunikations- und Medienwissenschaft an der Universität Hamburg. 1995 bis 2001 nebenamtlich Direktor des Hans-Bredow-Instituts Hamburg. Schwerpunkte in Lehre und Forschung: Kommunikations- und Medienpolitik, Politische Kommunikation, Medien und gesellschaftlicher Wandel sowie Medien und Politische Kultur.

Karmasin, Matthias, Univ. Prof. Mag. Dr. rer. soc. oec. Dr. phil., Ordinarius für Kommunikationswissenschaft an der Universität Klagenfurt und Vorstand des Instituts für Medien- und Kommunikationswissenschaft. Studium der Publizistik und Kommunikationswissenschaft, Politikwissenschaft, Philosophie und Betriebswirtschaft, Habilitation für Kommunikationswissenschaft an der Universität Wien. Praxis als Unternehmens- und Medienberater. Lehrtätigkeiten u.a. an der University of Vermont, der University of Tampa. Faculty Member IMBA WU-Wien/University of South Carolina. Hauptforschungsgebiete: Kommunikationstheorie, Organisationskommunikation, interkulturelle Kommunikation, Kulturtheorie und Kulturwissenschaft, Medienethik, Wirtschaftsethik, Medienökonomie, Medienmanagement.

Kunczik, Michael, Univ. Prof. Dr., Institut für Publizistik, Johannes Gutenberg-Universität Mainz. Studium der Wirtschafts- und Sozialwissenschaften in Köln. Promotion zum Dr. rer. pol. 1974 in Köln und Habilitation 1982 in Bonn. 1972 bis 1974 wissenschaftlicher Assistent an der Universität Köln. Ab 1975 Akademischer Rat am Seminar für Soziologie, Universität Bonn. Gastprofessor an der Freien Universität Berlin. Seit 1988 Mitglied des Central Council der Worldview International Foundation, Colombo. Mitglied des Beirats Medienerziehung und Medienforschung der Bertelsmann-Stiftung und des Editorial Advisory Board des Journal of International Communication. Forschungsschwerpunkte: Medien und Gewalt, Public Relations, internationale Kommunikation (u.a. Nationenimages), Ethik des Journalismus.

Liebert, Tobias, Dr. rer. pol., Dipl.-Journ, Kommunikationsberater. Journalistikstudium und ab 1984 wissenschaftlicher Assistent an der Universität Leipzig. Beteiligung am Aufbau des Instituts für Kommunikations- und Medienwissenschaft Leipzig und wissenschaftlicher Assistent. Seit 1999 freiberuflich in Forschung, Ausbildung und Beratung u.a. als Koordinator der Leipziger Initiative Studenten-Agentur (LiSA). Lehraufträge und Professurvertretung an den Universitäten Leipzig, Ilmenau und Lüneburg. Gastprofessur an der Technischen Universität Dresden. Dozent in der beruflichen Aus- und Weiterbildung bei verschiedenen Bildungsträgern und Akademien.

Merten, Klaus, Univ. Prof. Dr., Professor für empirische Kommunikationsforschung an der Universität Münster, Studium der Mathematik, Publizistik und Soziologie an den Universitäten Aachen, Münster und Bielefeld. 1979 Promotion über den Kommunikationsbegriff. 1979 Professor für empirische Sozialforschung an der Universität Gießen. Gründer von COMDAT Medienforschung GmbH, PR$^+$plus GmbH und com$^+$plus GmbH. 1976 Top Award der International Communication Association (ICA) und 1991 der Thyssenstiftung. Arbeitsgebiete: Theorie und Methoden der Kommunikationsforschung, Wirkungsforschung, Public Relations.

Nessmann, Karl, Dr., Ass.-Prof. an am Institut für Medien- und Kommunikationswissenschaft der Alpen-Adria-Universität Klagenfurt. Verantwortlich für den PR-Studienschwerpunkt im Rahmen des Publizistikstudiums. Wissenschaftlicher Leiter des Klagenfurter PR-Lehrganges und des Forschungs- und Entwicklungsprojektes ‚Personal Communication Management'.

Nothhaft, Howard, M.A., Studium der Kommunikations- und Medienwissenschaft, Anglistik und Philosophie an der Universität Leipzig. Projektmitarbeiter am Lehrstuhl Öffentlichkeitsarbeit/PR. 2004 Albert Oeckl-Nachwuchs-Preis der DPRG. Seit November 2004 Promotionsstipendiat an der Universität Leipzig. Arbeitsgebiete: Journalismus und PR, Lobbying/Public Affairs, Management- und PR-Lehre.

Pfetsch, Barbara, Univ. Prof. Dr., Professorin für Kommunikationswissenschaft, insbesondere Medienpolitik, an der Universität Hohenheim. Studium der Politikwissenschaft. Wissenschaftliche Mitarbeiterin an der Universität Mannheim und am Wissenschaftszentrum Berlin für Sozialforschung, Forschungsgebiete: Politische Kommunikation in der Bundesrepublik und im internationalen Vergleich. Publikationen u.a.: ‚Politische Kommunikationskultur' (Wiesbaden 2003), ‚Politische Kommunikation im internationalen Vergleich' (zus. mit F. Esser, Wiesbaden 2003 und Cambridge University Press 2004) und ‚Die Stimme der Medien' (zus. mit C. Eilders und F. Neidhardt, Wiesbaden 2004).

Piwinger, Manfred, seit 1998 selbstständiger Unternehmens- und Kommunikationsberater. Über 30jährige Berufstätigkeit in verschiedenen Industrieunternehmen, davor Journalist. Lehrbeauftragter für Unternehmenskommunikation an der Universität Leipzig. 1997 in Helsinki Auszeichnung mit dem ‚PR-Oscar', dem Golden World Award der IPRA, und 1995 mit dem Deutschen PR-Preis. Autor und Herausgeber zahlreicher Publikationen zu Kommunikationsthemen.

Raupp, Juliana, Dr., Studium der Kommunikationswissenschaft und der Politikwissenschaft an der Universität von Amsterdam (NL). Mehrjährige Berufspraxis in der Öffentlichkeitsarbeit. Promotion (2000) an der FU Berlin; dort auch wissenschaftliche Mitarbeiterin. Seit 2004 Arbeit im DFG-Projekt ‚Demoskopie in der politischen Kommunikation'. Forschungsschwerpunkte: Öffentlichkeitsarbeit/PR, politische Kommunikation, Meinungsforschung.

Rössler, Patrick, Prof. Dr., Lehrstuhlinhaber für Kommunikationswissenschaft mit dem Schwerpunkt Empirische Kommunikationsforschung an der Universität Erfurt. Studium der Kommunikations-, Politik- und Rechtswissenschaft an der Universität Mainz. Promotion an der Universität Hohenheim zu Agenda-Setting. Ab 1997 Assistent an der LMU München. Seit 2004 Herausgeber der Buchreihe ‚Internet Research' und Mitherausgeber der ‚Reihe Rezeptionsforschung'. Seit 2007 Vorsitzender der Deutschen Gesellschaft für Publizistik- und Kommunikationswissenschaft (DGPuK). Arbeitsgebiete: Medienwirkungen, politische Kommunikation, Unterhaltungskommunikation, Neue Kommunikationstechnologien.

Röttger, Ulrike, Univ. Prof. Dr., Dipl.-Journ., Professorin für Public Relations am Institut für Kommunikationswissenschaft der Westfälischen Wilhelms-Universität Münster. Studium der Journalistik in Dortmund. 1994 bis 1998 wiss. Mitarbeiterin am Institut für Journalistik der Universität Hamburg. 1998 bis 2002 Oberassistentin am Institut für Publizistikwissenschaft und Medienforschung der Universität Zürich (IPMZ). Dissertation zum Thema ‚Public Relations – Organisation und Profession'.

Rolke, Lothar, Prof. Dr., Professur für Betriebswirtschaftslehre und Unternehmenskommunikation an der Fachhochschule Mainz und dort Sprecher des Studienschwerpunktes ‚Kommunikationsmanagement'. Seit fast 20 Jahren als Berater namhafter Unternehmen und Verbände in Fragen von Unternehmenskommunikation, Krisenmanagement und Public Affairs sowie in Coaching, Development und Medientraining tätig.

Rühl, Manfred, Univ. Prof. emer. Dr., 1983 bis 1999 Lehrstuhl für Kommunikationswissenschaft, Schwerpunkt Journalistik, an der Universität Bamberg; Studium der Wirtschafts- und Sozialwissenschaften, Publizistik- und Kommunikationswissenschaft sowie Philosophie in Erlangen, Berlin und Nürnberg. Wissenschaftlicher Assistent, Akad. Rat und Oberrat. Promotion und Habilitation an der Universität Erlangen-Nürnberg. Scholar-in-Residence an der Annenberg School of Communications, University of Pennsylvania, Philadelphia (USA). Akademischer Direktor, Sozialwissenschaftliches Forschungszentrum, Universität Erlangen-Nürnberg. 1976 bis 1983 Professor für Kommunikationswissenschaft und Leiter des Aufbaustudienganges Journalistik der Universität Hohenheim. Zahlreiche Gastprofessuren im In- und Ausland.

Ruhrmann, Georg, Univ. Prof. Dr., Lehrstuhl für Grundlagen der medialen Kommunikation und der Medienwirkung an der Friedrich-Schiller-Universität Jena. Studium der Philosophie, Soziologie und Biologie in Marburg und Bielefeld (Promotion). Hochschulassistent und Habilitation im Fach Publizistik- und Kommunikationswissenschaft in Münster. Mitglied der AG ‚Führung und Akzeptanz' am Institut Arbeit und Technik im Wissenschaftszentrum NRW. Projektleiter am Rhein-Ruhr-Institut für Sozialforschung und Politikberatung (RISP). 1995 Auszeichnung mit dem Preis der Schader-Stiftung ‚Gesellschaftswissenschaft im Praxisbezug'. Arbeitsgebiete: Kommunikations- und Mediensoziologie, Methoden der Medienwirkungsforschung, Public Relations, Risikokommunikation, Migration und Medien.

Schütte, Dagmar, Prof. Dr., Professur Kommunikationswissenschaft am Institut für Kommunikations-Management der Fachhochschule Osnabrück/Lingen, dort seit 2004 Leiterin des Instituts und Mitglied des Dekanats. Studium der Publizistik, Allgemeinen Sprachwissenschaft und Ethnologie an der Universität Münster. Zuvor Projektleiterin bei der infas Medienforschung GmbH in Bonn. Referentin für Forschung und Programmfragen bei der Landesanstalt für Rundfunk Nordrhein-Westfalen (LfR) in Düsseldorf. Lehraufträge an den Universitäten Münster, Düsseldorf und Jena.

Seidenglanz, René, M.A., Lehrbeauftragter und Promotionsstipendiat der Medienstiftung der Sparkasse Leipzig am Institut für Kommunikations- und Medienwissenschaft der Universität Leipzig. Studium der Kommunikations- und Medienwissenschaft, Germanistik und Psychologie an der Universität Leipzig. Koordinator PR der LiSA GmbH, Agentur für Public Relations und Projektforschung, Leipzig. Arbeitsgebiete: Verhältnis von Öffentlichkeitsarbeit und Journalismus, Öffentliches Vertrauen.

Szyszka, Peter, Prof. Dr., Professor am Institut für Angewandte Medienwissenschaft der Zürcher Hochschule Winterthur. Kaufmännische Berufsausbildung und Studium der Kommunikationswissenschaft, Germanistik, Soziologie, Philosophie an der Universität Münster, 1988 Promotion. 1992 bis 1997 wissenschaftlicher Mitarbeiter an der Universität Lüneburg. Professurvertretung an der Ruhr-Universität Bochum, Gastprofessur an der Universität Klagenfurt. Lehraufträge u.a. an den Universitäten Bamberg, Eichstätt, Münster, Hamburg und Zürich. 1998 bis 2000 Tätigkeit als Kommunikationsberater und als Dozent in der PR-Erwachsenenbildung in Deutschland und der Schweiz. 2000 bis 2004 Leiter des Instituts für Kommunikations-Management der Fachhochschule Osnabrück/Lingen und Aufbau des Studiengangs ‚Kommunikationsmanagement'. Arbeitsgebiete: theoretische Grundlagen und Praxisfragen der Public Relations und Organisationskommunikation.

Theis-Berglmair, Anna Maria, Univ. Prof. Dr., Professorin für Kommunikationswissenschaft/Journalistik an der Otto-Friedrich-Universität Bamberg. 1984 Promotion, 1993 Habilitation zur Organisationskommunikation. Lehr- und Forschungstätigkeit an den Universitäten Trier, Augsburg, Hamburg, Dresden und Bamberg sowie am Internationalen Institut für Empirische Sozialökonomie (INIFES) in Leitershofen b. Augsburg. Arbeitsgebiete: Neue Kommunikationsmedien, Medienökonomie, Organisationskommunikation.

Tenscher, Jens, Junior-Prof. Dr., Koordinator des Studiengangs Sozialwissenschaften an der Universität Koblenz-Landau. Studium der Politischen Wissenschaft, Medien- und Kommunikationswissenschaft sowie der Deutschen Philologie an den Universitäten Mannheim und Windsor (Kanada). 2003 Promotion zum Dr. phil., Projektmitarbeiter u.a. am ZUMA Mannheim, wissenschaftlicher Mitarbeiter an der Universität Hohenheim. Arbeitsschwerpunkte: Politische Kommunikation, Wahlkampfforschung, empirische Sozialforschung.

Tonnemacher, Jan, Univ. Prof. Dr., Lehrstuhl für Journalistik an der Katholischen Universität Eichstätt-Ingolstadt. Studium der Volkswirtschaftslehre und Publizistik an der FU Berlin. Tätigkeiten bei einer Tageszeitung, in der empirischen Wirtschafts- und Sozialforschung, als Pressesprecher sowie beim Sender Freies Berlin. Promotion und Habilitation in Publizistik an der FU Berlin. Apl. Professor an der FU Berlin. Vielfache Veröffentlichungen sowie Forschungsaufenthalte und Gastprofessuren u. a. in Japan, den USA und in Lateinamerika.

Wehmeier, Stefan, Dr., wissenschaftlicher Assistent am Lehrstuhl für Öffentlichkeitsarbeit/PR der Universität Leipzig. Zuvor Referent Kommunikation beim RTL-Vermarkter IP Deutschland, Redakteur beim kress report und Korrespondent für epd medien. Studium Publizistik, Neuere Geschichte und Wirtschaftspolitik an der

Westfälischen Wilhelms-Universität Münster. 1997 Promotion. Arbeitsgebiete: PR-Forschung, Medienstrukturen, Kommunikations- und Gesellschaftstheorien.

Westerbarkey, Joachim, Univ. Prof. Dr., Hochschullehrer am Institut für Kommunikationswissenschaft der Universität Münster. Studium der Publizistik, Soziologie und Germanistik in Münster und dort Promotion und Habilitation. Lehrstuhlvertretungen in Dortmund und Düsseldorf, Gastvorlesungen an verschiedenen Universitäten in Brasilien, Korea und Russland.

Will, Markus, Dr. rer. pol., Partner und Gesellschafter von goodwill communications - management consultants, einer Unternehmensberatung mit Fokus auf strategische Fragen der Kommunikation im Management. Lehrbeauftragter für Kommunikationsmanagement an der Universität St. Gallen und dort von 1998 bis 2001 Projektleiter des Zentrums für Unternehmenskommunikation. Zuvor Wirtschaftsjournalist bei der Börsen-Zeitung und Kommunikationsdirektor verschiedener Investmentbanken in Frankfurt und London.

Zerfaß, Ansgar, Univ.-Prof. Dr., Professor für Kommunikationsmanagement in Politik und Wirtschaft an der Universität Leipzig. Studium der Wirtschafts- und Kommunikationswissenschaften in Erlangen-Nürnberg, Abschluss als Dipl.-Kaufmann, Promotion in Betriebswirtschaftslehre, Habilitation für Kommunikationswissenschaft. Langjährige Berufserfahrung in Leitungsfunktionen der Unternehmenskommunikation und Politikberatung in Baden-Württemberg. Ausgezeichnet u. a. mit dem Albert-Oeckl-Preis, dem Ludwig-Schunk-Preis für Wirtschaftswissenschaften, dem Deutschen PR-Preis und als PR-Kopf des Jahres 2005 in Deutschland. Zahlreiche Bücher, Studien und Beiträge zu den Forschungsfeldern Strategie und Wertschöpfung, Innovation und Technologie, Politische Kommunikation sowie Interaktive Kommunikation.